창·의·력·과·학

아이 앤 아이

I&I

개정2판

물리학(상)

무한상상

바야흐로 창의력의 시대입니다.

과학창의력 향상은 단순한 과학적 흥미만으로는 부족합니다. 과제 집착력, 자신감을 바탕으로 한 체계적인 훈련이 필요합니다. 창의력 과학 아이앤아이 (I&I,Imagine Infinite)는 개정 교육 과정에 따라서 창의적 문제해결력의 극대화에 중점을 둔 새로운 개념의 과학 창의력 통합 학습서입니다.

과학을 공부한다는 것은

1. 과학 개념을 정밀히 다듬어 이해하고
2. 탐구력을 기르는 연습(과학 실험 등)을 꾸준히 하여 각종 과학 관련 문제에 대한 이해와 분석과 상상이 가능하도록 하며
3. 각종 문제 상황에서 창의적 문제 해결을 하는 과정을 뜻합니다.

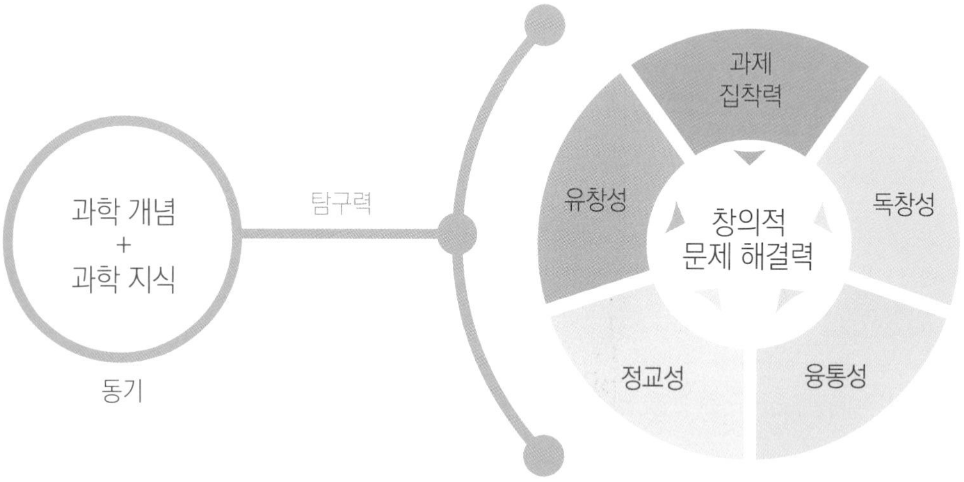

창의적 문제 해결력이 길러지는 과정

이 책의 특징은

1. 각종 그림을 활용하여 과학 개념을 명확히 하였습니다.
2. 교과서의 실험 등을 통하여 탐구과정 능력을 향상시켰습니다.
3. 창의력을 키우는 문제, Imagine Infinitely 에서 스스로의 창의력을 기반으로 하여 창의적 문제해결력을 향상할 수 있도록 하였습니다.
6. 영재학교, 과학고, 각종 과학 대회 기출 문제 또는 기출 유형 문제를 종합적으로 수록하여 실전 대비 연습에 만전을 기했습니다.
7. 해설을 풍부하게 하여 문제풀이를 정확하게 할 수 있도록 하였습니다.

이 책은

과학고, 영재학교 및 특목고의 탐구력, 창의력 구술 검사 및 면접을 준비하는 학생에게 창의적 문제와 그 해결 방법을 제공하며 각종 경시 대회나 중등 영재교육원을 준비하는 학생에게 심화 문제를 제공하고 있습니다. 고교 과학에서 필요한 문제해결 방법을 제공합니다.

영재학교 · 과학고 진학

현황

과학영재학교(영재고)의 경우 전국에 8개교로 서울, 경기, 대전, 세종, 인천, 광주, 대구, 부산에 각 1개씩 있으며, 과학고는 총 20개교로 서울2, 부산2, 인천2, 대구1, 울산1, 대전1, 경기1, 강원1, 충남1, 충북1, 경북2, 경남2, 전북1 ,전남1, 제주1개교가 있습니다. 두 학교가 비슷한 것처럼 보이기도 하지만 설립 취지, 법적 근거, 교육 과정 등 여러 면에서 서로 다른 교육기관입니다.

모집 방법

과학영재학교는 전국 단위로 신입생을 선발하지만, 과학고의 경우 광역(지역)단위로 신입생을 선발합니다. 과학영재학교는 학생이 거주하는 지역과 상관없이 어떤 지역이든 응시가 가능하고, 1단계 지원의 경우 중복 지원할 수 있지만 2단계 전형 일자가 전국 8개교 모두 동일해서 2단계 전형 중복 응시는 불가능합니다. 과학고의 경우 학생이 거주하는 지역에 과학고가 있을 경우 타 지역 과학고에는 응시할 수 없으며, 과학고가 없다면 타지역 과학고에 응시 가능합니다.

모집 시기

과학영재학교는 3월말~4월경에 모집하고, 과학고의 경우 8월초~8월말에 모집합니다.

지원 자격

과학영재학교는 전국 소재 중학교 1, 2, 3학년 재학생, 졸업생이 지원할 수 있으며, 과학고는 해당 지역 소재 중학교 3학년 재학생, 졸업생이 지원할 수 있습니다. 과학고의 경우 학생이 거주하는 지역 소재 중학교 졸업자 또는 졸업 예정자가 지원할 수 있습니다. 즉, 과학영재학교의 경우 중학교 각 학년마다 1번씩 총 3번, 과학고의 경우 중학교 3학년때 1번만 지원할 수 있는 것입니다.

전형 방법

과학영재학교는 1단계(학생기록물 평가), 2단계(창의적 문제해결력 평가, 영재성 검사), 3단계(영재성 다면평가, 1박2일 캠프) 전형이며, 과학고는 1단계(서류평가 및 출석면담), 2단계(소집 면접) 전형으로 학생을 선발합니다. 과학영재학교의 경우 1단계에서 학생이 제출한 서류(자기소개서, 수학/과학 지도교원 추천서, 담임교원 추천서, 학교생활기록부 등)를 토대로 1단계 합격자를 선발하고, 2단계는 수학/과학/융합/에세이 등의 지필 평가로 합격자를 선발하며, 3단계는 1박2일 캠프를 통하여 글로벌 과학자로서의 자질과 잠재성을 평가하여 최종 합격자를 선발합니다. 과학고의 경우 1단계에서 지원자 전원을 지정한 날짜에 학교로 출석시켜 제출 서류(학교생활기록부, 자기소개서, 교사추천서)와 관련된 내용을 검증 평가해 1.5~2 배수 내외의 인원을 선발하고, 2단계 소집 면접을 통해 수학 과학에 대한 창의성 및 잠재 역량과 인성 등을 종합 평가해 최종 합격자를 선발합니다.

준비 과정

과학은 창의력과 밀접한 관계가 있습니다. 문제를 푸는 과정, 실험을 설계하고 결론을 찾아가는 과정 등에서 창의력의 요소인 독창성, 유창성, 융통성, 정교성, 민감성의 자질이 개발되기 때문입니다. 이러한 자질이 개발되면 열정적이고 창의적이 되어 즐겁게 자기 주도적 학습을 할 수 있습니다. 어릴 때부터 이러한 자질을 개발하는 것도 중요하지만 호기심 많은 학생이라면 초등 고학년~중등 때부터 시작하여도 늦지 않습니다. 일단 과학 관련 도서를 많이 접하고, 과학 탐구 대회 등의 과학 활동에 많이 참여하여 과학이 재미있어지는 과정을 거치는 것이 좋습니다. 이후에 중학교 내신 관리를 하면서 문제해결력을 길러 각종 지필대회를 준비하는 것이 좋을 것입니다.

창의적 사고를 위한 요소

유익하고 새로운 것을 생각해 내는 능력을 창의력이라고 합니다.
사고를 원활하고 민첩하게 하여 많은 양의 산출 결과를 내는 유창성, 고정적인 사고의 틀에서 벗어나 다양한 각도에서 다양한 해결책을 찾아내는 융통성, 새롭고 독특한 아이디어를 산출해 내는 독창성, 기존의 아이디어를 치밀하고 정밀하게 다듬어 더욱 복잡하게 발전시키는 정교성 등이 대표적인 요소입니다.

아이앤아이는 창의력을 향상시킵니다.

창의력을 키우는 문제 에서는 문제의 유형을 단계적 문제 해결력, 추리 단답형, 실생활 관련형, 논리 서술형으로 나눠 놓았습니다.
창의적 사고의 요소들은 문제 해결 과정에 포함됩니다.

단계적 문제 해결력 유형의 문제

이 유형의 문제를 해결하기 위해서 기본적으로 유창성과 융통성이 필요합니다. 문제의 한 단계 한 단계의 논리 구조를 따라잡아야 유창하게 답을 쓸 수 있을 것이기 때문입니다. 또 각 단계마다 창의적 사고의 정교성과 독창성이 요구됩니다.

추리단답형 유형 문제

독창적인 사고의 영역입니다. 알고 있는 개념을 바탕으로 주어진 자료와 상황을 명확하게 해석하여 창의적으로 문제를 해결해야 합니다.

실생활 관련형 문제

우리 생활 속에 미처 생각하지 못하고 지나쳤던 부분에 숨겨진 과학적 현상을 일깨워줍니다. 과학이 현실과 동떨어진 것이 아니라 신기하고 친숙한 것임을 이해시켜 과학적 동기부여를 해줍니다.

논리서술형의 문제

대학 입시에서도 비중이 높아진 논술 부분을 대비하기 위해 필수적인 부분입니다. 이 문제를 풀기 위해서는 창의적 사고 요소의 골고루 필요합니다. 현재 과학의 핫 이슈를 자신만의 이야기로 풀어나갈 수 있어야 하며, 과학 관련 문제의 해결책을 창의적으로 제시할 수 있어야 할 것입니다. 이 문제들을 통하여 한층 정교해지는 과학 개념과 탐구 과정 능력, 창의력을 느낄 수 있을 것입니다.

실험에서의 탐구 과정 요소

과학에서 빼놓을 수 없는 것이 과학적인 탐구 능력입니다.

탐구 능력 또는 탐구 과정 능력이란 자연 현상이나 사물에 관한 문제를 연관시켜 해결하는 능력을 말합니다. 과학 관련 문제를 해결하기 위해서는 몇 가지 단계가 필요한데, 이 단계에서 필요한 요소를 탐구 과정 요소라고 합니다. 탐구 과정 요소에는 기초 탐구 과정 요소인 관찰, 분류, 측정, 예상, 추리와 통합 탐구 과정 요소인 문제 인식, 가설 설정, 실험 설계(변인 통제), 자료 변환 및 자료 해석, 결론 도출 등이 있습니다.

기초 탐구 과정 중 분류의 예

우리 주위의 여러 가지 물체나 현상 등을 관찰하여 특징과 용도에 따라 나눔으로서 질서를 정하는 과정을 말합니다. 분류를 하기 위해서는 모둠의 공통된 특징을 가려서 분류 기준을 정해야 합니다.

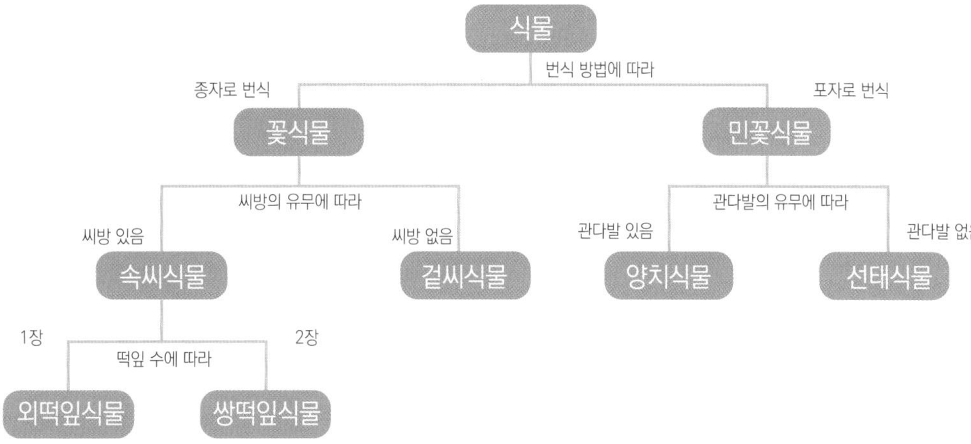

〈분류의 과정〉

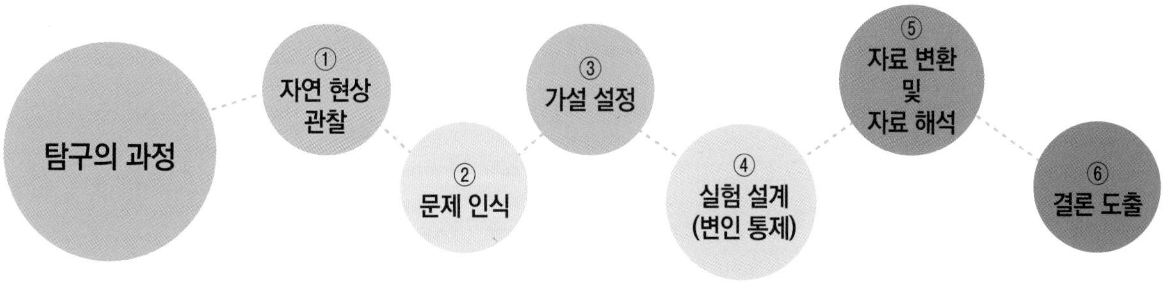

① 뉴턴 : 내가 자고 있는데 누가 날 깨우는 거야? 어라? 사과가 떨어져 나를 깨운 것이구나!

② 그런데 사과는 왜 아래로만 떨어지는 것일까? 사과뿐만 아니라 다른 물체도 아래로 떨어지는구나.

③ 우리가 알고 있는 힘 외에 어떤 다른 힘이 있다는 가설을 세워 보자.

④ 두 물체 사이의 잡아당기는 힘이 얼마인지 실험해 보자. 다른 힘들이 있으면 안되니까 전기적으로 중성이어야 하고, 거리를 재고, 질량을 재고, 힘을 측정해야 하겠지?

⑤ 여러 번 실험을 해서 자료를 종합해 보니

⑥ 새로운 힘이 존재하는데, 그 힘의 크기는 두 물체 사이의 거리의 제곱에 반비례하고, 질량의 곱에 비례하는구나! 이 힘을 만유인력이라고 해야지.

창·의·력·과·학

아이앤아이

단원별 내용 구성

도입

- **아이앤아이**의 특징을 설명하였습니다.
- 창의적 사고를 위한 요소, 탐구 과정 요소를 요약하였습니다.
- 각 단원마다 소단원을 소개하였습니다.

개념 보기

- 개정 교육 과정 순서입니다.
- 중고등 심화 내용을 모두 다루었습니다.
- 본문의 내용을 보조단 내용과 유기적으로 연관시켰습니다.
- 개념을 간략하고 명확하게 서술하되, 각종 그림 등을 이용하여 창의력이 발휘되도록 하였습니다.

개념 확인 문제

- 시험에 잘 출제되는 문제와 함께 다양한 문제를 제시하였습니다.
- 심화 단계로 넘어가는 중간 과정 문제를 많이 해결해 보도록 하였습니다.
- 기초 개념을 공고히 하는 문제를 제시하였습니다.

개념 심화 문제

· 한번 더 생각해야 해결할 수 있는 문제를 실었습니다.

· 고급 문제 해결을 위한 다리 역할을 하는 문제로 구성하였습니다.

창의력을 키우는 문제

· 창의적 문제 해결력을 향상할 수 있도록 하였습니다.

· 단계적 문제 해결형, 추리단답형, 논리서술형, 실생활 관련형으로 나누어서 창의적 문제 해결을 극대화하도록 하였습니다.

· 구술, 심층면접, 논술 능력 향상에도 도움이 될 것입니다.

대회 기출 문제

· 각종 창의력 대회, 경시 대회 문제, 수능 문제를 단원별로 분류하여 실었습니다.

· 영재학교, 과학고를 비롯한 특목고 입시 문제를 각 단원별로 분류하여 실었습니다.

Imagine Infinitely (I&I)

· 각 단원 관련 흥미로운 주제의 읽기 자료입니다.

· 말미에 서술형 문제를 통해 글쓰기 연습이 가능할 것입니다.

정답 및 해설

· 상세한 설명을 통해 문제를 해결할 길잡이가 되도록 하였습니다.

Contents 목차

창·의·력·과·학

아이앤아이

물리학(상)

I 힘과 힘의 표시

II 힘과 여러 가지 운동

III 운동량과 에너지

IV 열에너지

창·의·력·과·학

아이앤아이

물리학(하)

V 전기

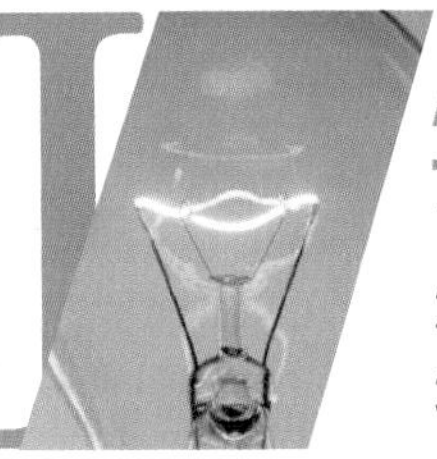

VI 전류의 작용

VII 파동과 빛, 소리

VIII 현대 물리

I

01 힘과 힘의 표시

지구상에는 많은 힘이 존재한다.
서로 잡아당기는 힘도 있고 서로 미는 힘도 있다.
힘이 관련된 문제를 어떻게 해결할까?

I 힘과 힘의 표시 (1)

1. 힘

(1) 힘의 작용

① **힘을 나타내는 방법** : 힘의 3요소(힘의 크기, 방향, 작용점)를 화살표로 표시한다. 물체를 끈으로 끌었으나 움직이지 않았을 때, 힘의 관계는 다음과 같다.

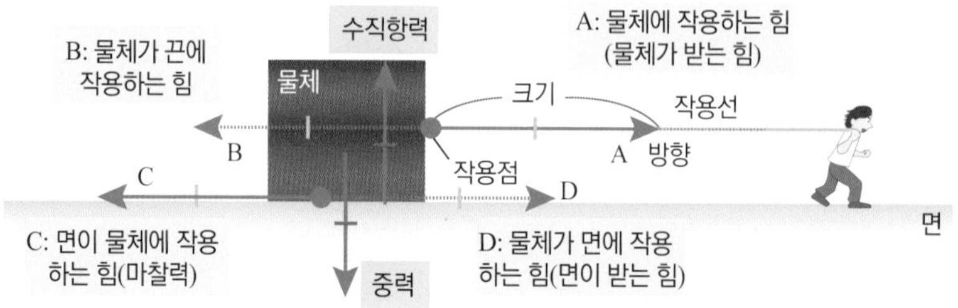

㉠ 화살표 A 는 물체에 힘을 작용하여(가하여) 물체를 끄는 힘을 나타낸다. 이때 물체가 수평 방향으로 받는 힘인 A와 C의 크기가 각각 같고 방향이 반대이므로 물체는 움직이지 않는다.

㉡ 화살표 B 는 힘 A에 대한 반작용으로 물체가 외부(끈)에 작용하는 힘이다.

→ 두 힘 A, B 는 크기가 같고 방향이 서로 반대인 작용과 반작용[1]의 관계에 있다. 힘 C와 D도 작용반작용 관계이다. 힘은 혼자 존재할 수 없고 항상 쌍으로 나타난다.

② **물체에 힘이 작용하는 경우** : 물체에 힘이 작용하면 물체의 모양이 변하거나 운동 상태[2]가 변한다.

모양 변형	모양 변형 + 운동 상태 변화	운동 상태 변화	회전(두 힘의 작용선이 다름) → 운동 상태 변화
			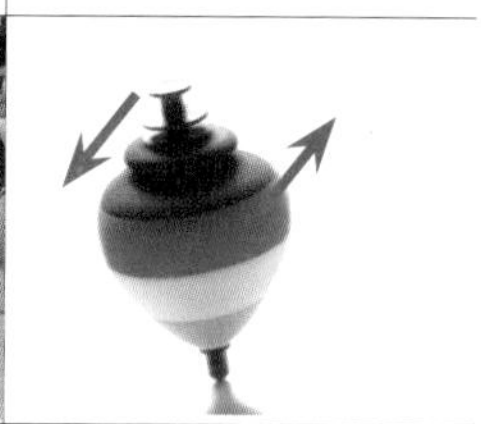

• 과학적 의미의 힘을 받는 경우가 아닌 예 : 운동 상태와 모양이 변하지 않는다.

예 앉아있기가 너무 힘들어(불편해), 운동을 했더니 너무 힘들어(피곤해), 밥을 먹었더니 힘이 난다(기분이 좋다) 등

③ **알짜힘** : 물체에 작용하는 힘들을 모두 합하면 한 개의 힘으로 나타낼 수 있는 데 이 힘을 알짜힘 또는 합력이라고 한다.

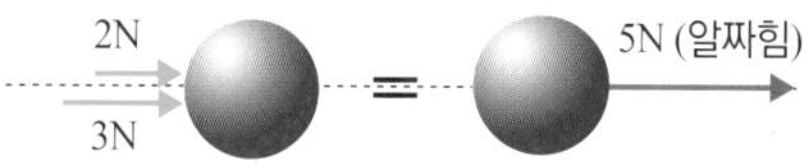

④ **힘의 단위** : N (뉴턴), kgf (킬로그램 힘)

→ 1 kgf 는 질량 1 kg 의 물체에 작용하는 지구 중력의 크기(무게)이다. 1 kgf = 9.8 N

정답 p 2

Q1 물체가 힘을 받지 않는 경우인 것은? 있는 대로 고르시오.

① 유리잔을 떨어뜨렸더니 깨졌다.(유리잔)
② 풍선을 눌렀더니 풍선의 모양이 변했다.(풍선)
③ 팽이채로 팽이를 쳤더니 팽이가 돌았다.(팽이)
④ 얼음을 냉장고에서 꺼내 놓았더니 녹기 시작했다.(얼음)
⑤ 배구공을 스파이크했더니 상대편 코트에 꽂혔다.(배구공)
⑥ 우주공간에서 우주선이 일정한 속력으로 가고 있다.(우주선)

---

❶ 작용과 반작용

물체에 힘을 주는 순간 물체로부터 같은 크기의 힘을 받게 되므로 힘은 항상 쌍으로 생긴다. 두 힘은 크기가 같고 방향이 반대이다.

▲ 주먹과 사람은 닿는 순간 힘을 주고 받는다.

▲ 가스가 지면에 아래로 힘을 작용하는 순간 지면에서는 위로 힘을 작용한다.

▲ 사람이 벽에 힘을 가하면(힘 A) 그 순간 사람은 벽으로부터 힘을 받아(힘 B) 뒤로 운동하게 된다.

❷ 작용선과 운동 상태

• **작용선** : 힘의 작용점과 방향을 포함한다. 힘의 화살표를 그릴 때 힘의 작용선을 따라 힘의 화살표를 옮겨도 힘의 효과는 같다.

• **운동 상태** : 물체가 일정한 속도로 운동하는 상태 또는 정지한 상태를 포함한다.

힘의 효과가 아닌 예

• 물이 끓는다(열에 의한 변화)
• 얼음이 녹는다(열에 의한 변화)
• 못에 녹이 슨다(화학 변화)

2. 접촉하지 않아도 작용하는 힘

(1) 자기력

① **자기력**❶ : 자석과 자석 사이에 작용하는 힘(인력과 척력), 또는 자석과 쇠붙이 사이에 작용하는 힘(인력)이다.

- 자석에는 N 극과 S 극이 있으며 같은 극끼리(N 극과 N 극, S 극과 S 극)는 미는 힘(척력), 다른 극끼리(N 극과 S 극)는 잡아당기는 힘(인력)이 작용한다.
- 자석를 이루는 원자(물질을 구성하는 가장 작은 입자)들은 작은 자석의 성질을 띠고 서로 나란하게 배열되어 있으므로 N 극과 S 극은 나눠지지 않는다.

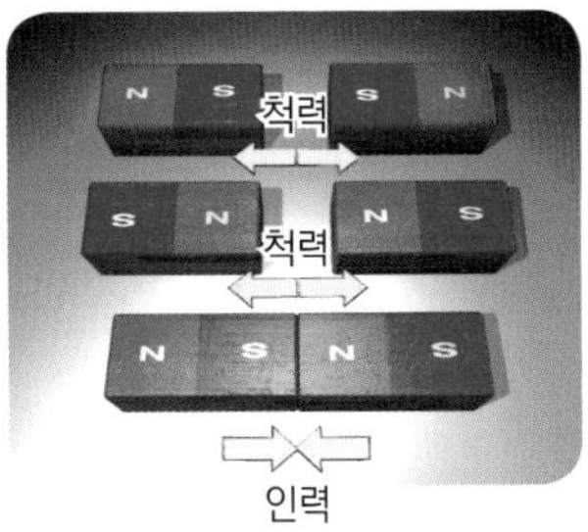

② **자기력의 크기**

- 자석의 세기가 셀수록 자기력이 크다.
- 자석과 자석 사이 또는 자석과 쇠붙이 사이의 거리가 가까울수록 자기력이 크다.

❶ **자기력의 이용**

▲ 칼 보관대

▲ 자기부상열차

▲ 스피커

▲ 마그네틱 띠

자화(磁 자석, 化 되다)
쇠붙이를 자석에 문지르면 쇠붙이의 원자(물질을 구성하는 가장 작은 입자)배열이 일정하게 되어 자석이 되는 현상을 말한다.

(2) 전기력

① **전기력** : 전기를 띤 물체 사이에 작용하는 힘이다.

- 마찰 전기❷ : 두 물체를 마찰시키면 한 물체는 + 전기, 다른 물체는 − 전기를 띤다.
- 같은 전기끼리(+ 전기와 + 전기, − 전기와 − 전기)는 밀어내는 힘(척력)이, 다른 전기끼리(+ 전기와 − 전기)는 잡아당기는 힘(인력)이 작용한다.

② **전기력의 크기**

- 물체가 띤 전기의 양이 클수록 세다.
- 같은 전기량이 있더라도 가까이 있을수록 세다.
- 두 전하 사이에 작용하는 힘은 전기량의 곱에 비례하고, 거리의 제곱에 반비례한다.

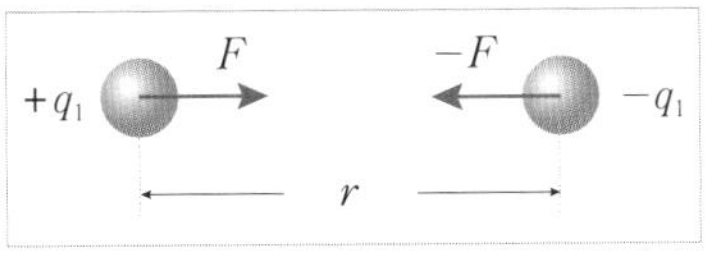

$$F = k\frac{q_1 \times q_2}{r^2}$$ (전기력의 세기 : 쿨롱 법칙)

❷ **마찰 전기**
빗으로 머리를 빗거나 책받침을 헝겊으로 문지르면 빗이나 책받침이 전기를 띠어 작은 종이 조각이 달라붙게 된다. 이렇게 마찰에 의해서 물체가 띠게 되는 전기를 말한다.

③ **전기력에 의한 현상**

정전기에 의해 머리가 뻗친다.	전기를 띤 풍선이 종이 조각을 잡아당긴다.	전기를 띤 막대에 의해 물줄기가 휜다.	번개
		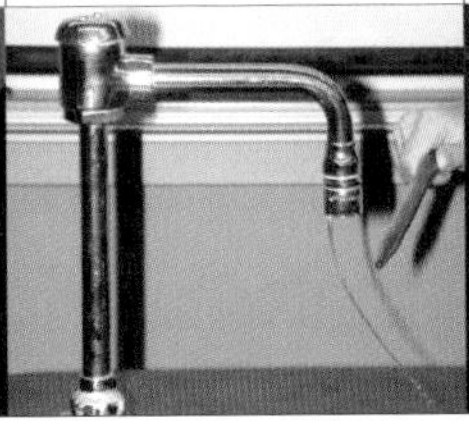	

정답 p 2

Q2 다음 중 전기력과 자기력의 공통점을 있는 대로 고르시오.

① 두 힘 모두 마찰에 의해서 생길 수 있다.
② 전기(자기)를 띤 두 물체가 닿아있지 않아도 작용한다.
③ 전기(자기)를 띤 두 물체가 서로 닿으면 작용하지 않는다.
④ 같은 종류의 전기(극)사이에는 척력, 다른 종류의 전기(극) 사이에는 인력이 작용한다.
⑤ 전기(자기)를 띤 두 물체 사이의 거리가 가까울수록 반발하는 힘(척력)은 커지나 잡아당기는 힘(인력)은 작아진다.

뉴턴(Isaac Newton : 1642~1727)

영국의 물리학자로 만유인력의 법칙을 발견하였다.

❸ 지구상의 중력

지구상의 물체가 지구로부터 힘을 받듯이 지구도 물체로부터 인력을 받게 된다(만유인력). 두 힘은 작용과 반작용의 관계에 있다.

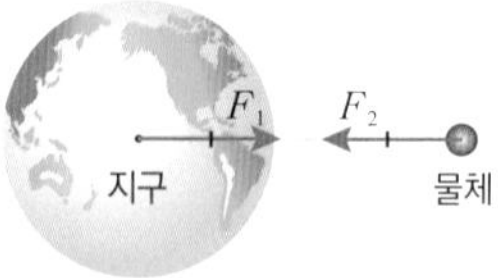

F_1 : 물체가 지구를 잡아당기는 힘
F_2 : 지구가 물체를 잡아당기는 힘

❹ 물체의 질량과 무게

질량을 m 이라 했을 경우 질량 m 의 물체가 받는 중력(무게)은 mg 가 된다.

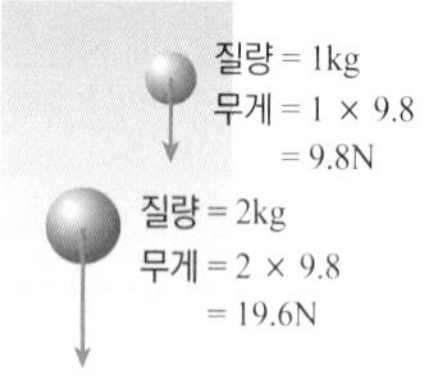

❺ 무게 = 질량 × 중력가속도

달 표면에서의 중력 가속도는 1.6m/s² 이며 지구 표면(9.8m/s²)에서의 $\frac{1}{6}$ 이다.

질량은 같으므로 달에서의 물체의 중력(무게)

= 지구에서의 중력(무게) × $\frac{1}{6}$

이다.

중력장

중력이 작용하는 공간을 중력장이라고 한다.

(3) 지구상의 중력

① **중력** : 지구상의 물체가 지구에 의하여 받는 인력(무게)을 말한다. ❸

② **중력의 방향** : 지구 중심을 향하는 방향(연직 방향)이다.

③ **중력의 크기**

- 물체의 질량이 클수록 커진다. 지구 표면에서 질량 1 kg 의 물체가 받는 중력의 크기를 1 kgf (킬로그램 힘)이라고 한다. 1 kgf = 9.8 N
- 지구 중심에서 멀어질수록 작아진다. 지구는 적도 반지름이 극반지름보다 크므로 같은 물체일지라도 극지방에서 중력이 가장 크고 적도 지방으로 갈수록 작아진다.

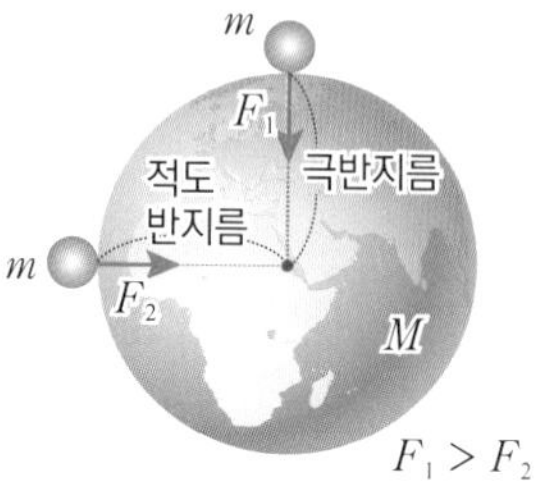

▲ 중력의 크기

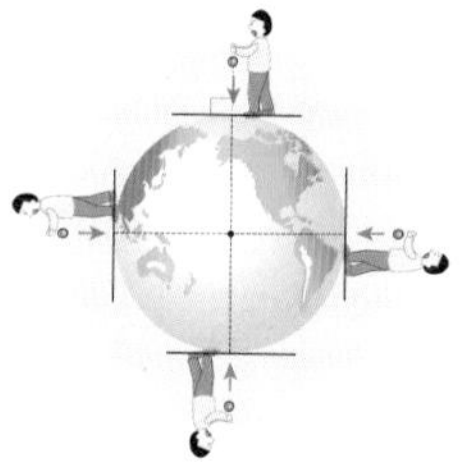

▲ 중력의 방향
지구 중심 방향(연직 방향)

④ **중력에 의한 현상**

낙하 현상	물이 아래로 흐른다.	비나 눈이 온다.	위로 물체를 던지면 다시 아래로 떨어진다.
			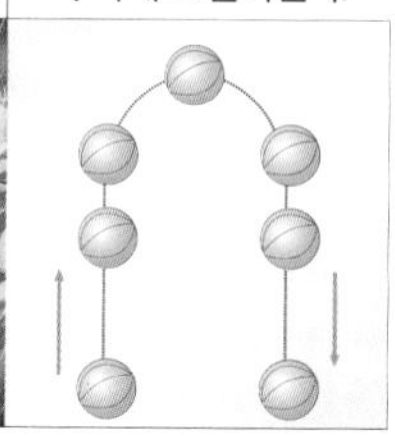

⑤ **질량과 무게(중력)** ❹

구분	질량	무게
뜻	물체의 고유한 양	지구(달)에서의 중력의 크기
단위	g, kg	N, kg$f$
장소에 따라	변하지 않음	변함
달과 지구에서	같음	달에서는 지구의 $\frac{1}{6}$ ❺
질량과 무게의 비교	같은 장소에서 무게는 질량에 비례 → W(무게) = mg (질량 × 중력 가속도)	

⑥ **만유인력** : 질량을 갖는 모든 물체는 서로 잡아당기는 힘을 작용한다.

〈 만유인력과 중력과의 관계 〉

· 물체가 지구의 표면에 있을 때

만유인력 = F_1 = F_2(작용반작용)

$= G\frac{Mm}{R^2}$

= mg (질량 m인 물체의 지표면에서의 중력)

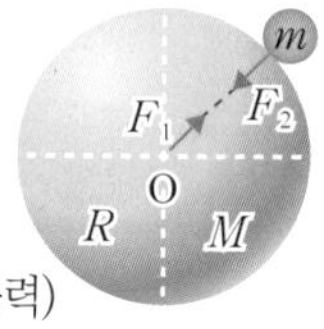

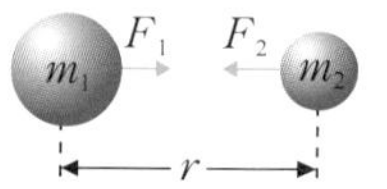

$F_1 = F_2 = G\frac{m_1 \times m_2}{r^2}$

$g = \frac{GM}{R^2}$ (지구 및 행성 표면에서의 중력 가속도), 지구 표면에서 중력 가속도 g = 9.8 m/s²

정답 p 2

Q3 지구 표면에서 질량 5 kg 의 물체가 지구로부터 받는 중력을 kgf 와 N 으로 표시하시오.

개념 확인 문제

힘

01 **다음 〈보기〉는 물체에 힘이 작용하였을 때 일어나는 현상이다.**

보기	
ㄱ. 모양의 변화	ㄴ. 운동 상태의 변화
ㄷ. 모양과 운동 상태의 변화	

다음의 경우와 관련있는 것을 찾아서 각각 기호를 쓰시오.

① 책받침을 구부렸다.
② 유리잔을 떨어뜨려 깨뜨렸다.
③ 축구공을 발로 찼다.
④ 완력기(운동 기구)를 눌러 운동을 했다.
⑤ 탁구공을 책상 위에서 입으로 불어서 운동시켰다.
⑥ 정지해 있는 수레를 밀었다.
⑦ 사과가 나무에서 떨어졌다.

02 **다음 중 물체에 힘이 작용하였을 때 나타나는 현상이 아닌 것은?**

① 고무 풍선을 불었더니 점점 커졌다.
② 야구 공을 배트로 쳐서 홈런이 되었다.
③ 고무줄을 잡아당겼더니 길게 늘어났다.
④ 부피를 줄이기 위해 빈 깡통을 찌그러뜨렸다.
⑤ 우주 공간에서 우주선이 일정한 속력을 유지하며 날아가고 있다.

03 **다음 중 물체에 힘이 작용하고 있는 경우를 고르시오.**

① 수레를 일정한 속력으로 끌었다.
② 모양이 변화되지 않은 상태로 한 곳에 정지해 있다.
③ 우주 공간에서 우주선의 날아가는 속력이 변하지 않는다.
④ 책상 위에서 수레를 운동시키고 가만히 두었더니 얼마 안가 정지했다.

04 **힘을 받지 않은 물체에 대한 설명 중 옳은 것만을 있는 대로 고르시오.**

① 운동장에서 축구공을 굴렸더니 속력이 점점 느려졌다.(축구공)
② 테니스공을 라켓으로 쳤더니 테니스공이 날아갔다.(테니스공)
③ 얼음 조각을 가만히 놓아두었더니 녹아서 물이 되었다.(얼음 조각)
④ 책상 위에 탁구공을 두고 두 사람이 반대 방향으로 입으로 불었더니 탁구공이 움직이지 않았다.(탁구공)

접촉하지 않아도 작용하는 힘

05 **다음 〈보기〉에서 자기력에 관련된 설명으로 옳은 것만을 있는 대로 고르시오.**

보기
ㄱ. 접촉하지 않아도 작용하는 힘이다.
ㄴ. 항상 인력만 작용한다.
ㄷ. 전류가 흐르는 코일은 쇠붙이를 잡아당긴다.
ㄹ. 자석은 쇠붙이를 끌어당기기도 하고 밀어내기도 한다.
ㅁ. 막대자석을 반으로 자르면 한 개는 N 극만 갖게 되고, 다른 한 개는 S 극만 갖게 된다.

06 다음 〈보기〉에서 전기력에 대한 설명으로 옳은 것만을 있는 대로 고르시오.

> **보기**
>
> ㄱ. 서로 다른 두 물체를 마찰시켜 마찰전기를 발생시킨 경우, 두 물체에 각각 같은 종류의 전기가 생긴다.
>
> ㄴ. (+)전기를 띤 물체와 (-)전기를 띤 물체는 서로 잡아당긴다
>
> ㄷ. 전기를 띤 물체 사이의 거리가 가까울수록 전기력이 세진다.
>
> ㄹ. 헝겊에 문지른 책받침에 종이 조각이 달라붙는 것은 전기력과 관계가 없다.

07 그림과 같이 지구상의 A, B, C, D 의 네 곳에서 각각 물체를 떨어뜨렸다. 물체가 떨어지는 방향을 그림에 직접 화살표로 표시하시오

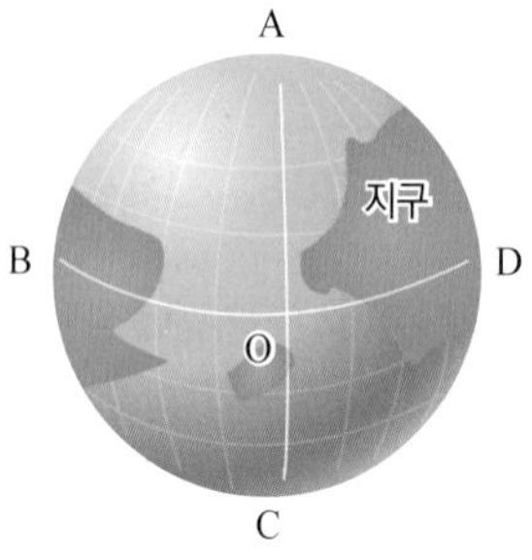

08 중력에 대한 설명으로 옳은 것만을 있는 대로 고르시오.

① 만유인력과 같은 의미이다.
② 중력에는 인력과 척력이 있다.
③ 지구에서는 무거운 물체일수록 중력이 크다.
④ 지구에서는 지구가 물체를 잡아당기는 힘이다.
⑤ 지구상에서는 지표면에서 높이 올라갈수록 커진다.

09 지구에서 질량이 50 kg 인 사람이 달나라로 가면 질량과 무게는 얼마로 될지 쓰시오. (단, 지구에서 질량 1 kg 인 물체에 작용하는 중력은 9.8 N 이다)

10 그림은 질량 m 인 물체를 지표면 상에서 위로 던졌을 때의 운동을 나타낸 것이다.

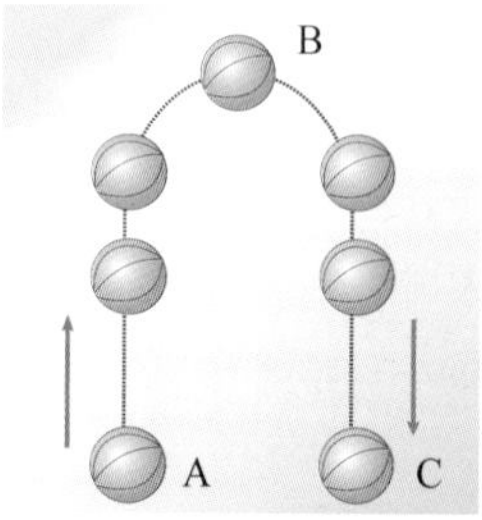

손을 떠난 공이 A, B, C 지점에서 받는 힘의 방향과 크기를 화살표로 나타내시오

11 그림과 같이 쇠구슬의 질량이 깃털의 질량보다 클 때, 진공 중에서는 쇠구슬과 깃털이 동시에 떨어지지만 공기 중에서는 쇠구슬이 먼저 떨어진다. 그 이유로 옳은 것만을 있는 대로 고르시오.

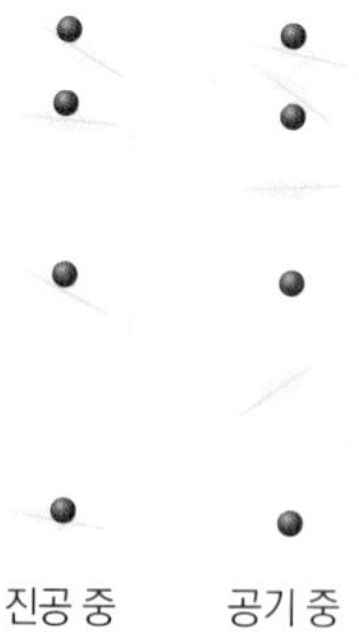

① 진공 중에서 쇠구슬과 깃털이 받는 중력이 같다.
② 공기 중에서 쇠구슬과 깃털이 받는 중력이 같다.
③ 진공 중에서 쇠구슬과 깃털의 가속도가 같다.
④ 공기 중에서 쇠구슬과 깃털의 가속도가 같다.
⑤ 공기 중에서는 공기 저항력을 받는데 진공 중에서는 공기 저항력을 받지 않는다.

개념 심화 문제

01 민재가 오른쪽 그림과 같이 스케이트 보드 위에서 벽을 밀었더니 뒤로 밀려나갔다. 민재가 벽을 미는 동안 민재와 벽 사이에 작용하는 힘은 그림의 화살표와 같이 힘 A 와 힘 B 로 나타났다. 벽을 미는 힘과 운동에 대한 설명으로 옳은 것만을 〈보기〉에서 있는 대로 고르시오. (단, 스케이트와 얼음판 사이의 마찰력은 작용하지 않는다고 가정한다.)

보기

ㄱ. 힘 A 를 증가시키면 힘 B 도 증가한다.
ㄴ. 힘 A 와 힘 B 는 서로 평형을 이룬다.
ㄷ. 민재가 뒤로 움직이면서 벽과 떨어지면 힘 A 는 0 이 된다.
ㄹ. 민재가 뒤로 움직이면서 벽과 떨어지면 민재의 속력은 변하지 않는다.
ㅁ. 힘 A 와 힘 B 는 작용 반작용의 관계에 있다.

02 달이 지구에 미치는 인력은 태양이 지구에 미치는 인력의 약 2 배이다. 태양과 지구 사이의 거리가 달과 지구 사이의 거리의 약 400 배라면 태양의 질량은 달의 질량의 몇 배나 되는가?

03 그림과 같이 질량이 각각 m, $2m$, $3m$ 인 물체 A, B, C 가 일직선 상에서 각각 같은 거리 r 만큼 떨어져 있다. 각 물체에 작용하는 만유인력의 합력의 크기를 F_A, F_B, F_C 라 할 때 $F_A : F_B : F_C$ 를 구하시오.

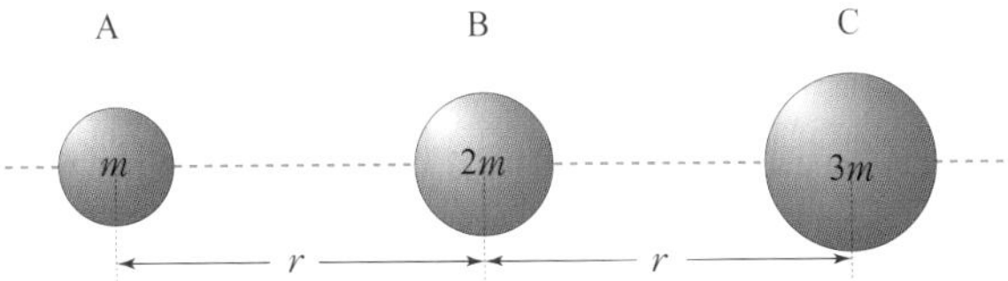

개념 돋보기

만유인력

만유인력이란 질량을 가진 두 물체 사이에 작용하는 서로 끌어당기는 힘으로 그 크기는 두 물체의 질량의 곱에 비례하고, 두 물체 사이의 거리(r)의 제곱에 반비례한다.

m_1, m_2 : 두 물체의 질량(kg), G : 만유인력 상수(6.67×10^{-11} N·m^2/kg^2)

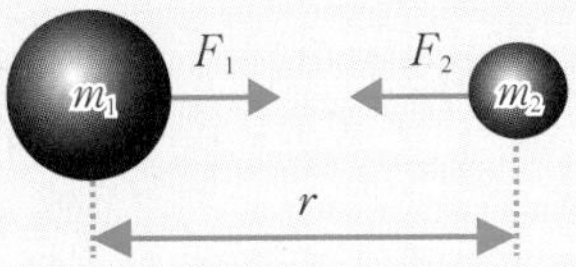

$$F_1 = F_2 = G\frac{m_1 \times m_2}{r^2}$$

I 힘과 힘의 표시 (2)

❶ **탄성력의 이용**

장대 높이뛰기, 스테플러, 당구, 컴퓨터 자판, 침대, 기타, 북, 활쏘기, 당구 등

▲ 장대높이뛰기

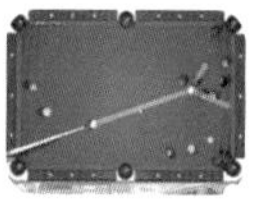

▲ 당구 치기

▲ 기타 연주

▲ 활쏘기

탄성체가 탄성을 잃는 경우

용수철과 같은 탄성체를 지나치게 많이 당겼다가 놓으면 원래 모양으로 되돌아가지 않는다. 이는 탄성체가 원래 모양을 유지할 수 있는 힘의 한계인 탄성 한계를 벗어났기 때문이다.

공기의 탄성력 (공기가 든 주사기)

공기가 압축되면 탄성력이 발생하여 주사기가 원래의 위치로 돌아가려 한다.

나무도막의 무게와 공기의 탄성력이 나무 도막에 작용하여 서로 평형을 이루고 있으므로 나무도막은 정지해 있을 수 있다.

미니사전

탄성 (彈 튀기다 性 성질) 변형된 물체가 원래의 상태로 되돌아가려는 성질

탄성체 탄성을 가진 물체, 대표적인 것으로는 고무줄, 용수철 등이 있다. 정도의 차이는 있으나 대부분의 물체는 탄성을 갖는다.

3. 접촉하여 작용하는 힘

(1) 탄성력

① **탄성력**❶ : 탄성체가 변형되었을 때 원래의 상태로 되돌아가기 위해 외부에 가하는 힘(= 복원력)이다.

② **탄성력의 크기와 방향** : 탄성체에 작용하는 외력(외부에서 작용하는 힘)과 크기는 같고 방향은 반대이다.

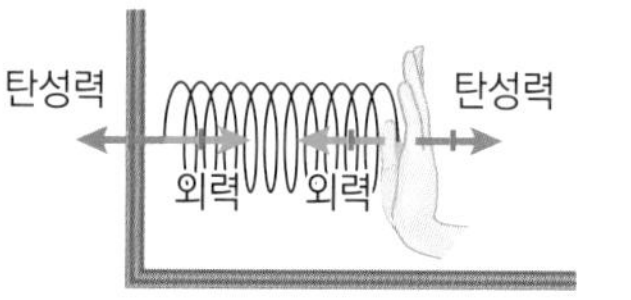

▲ 손으로 용수철을 눌러서 용수철이 압축되었을 때

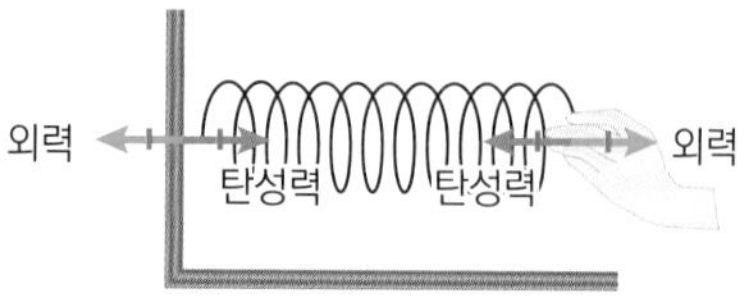

▲ 손으로 용수철을 잡아당겨서 용수철이 늘어났을 때

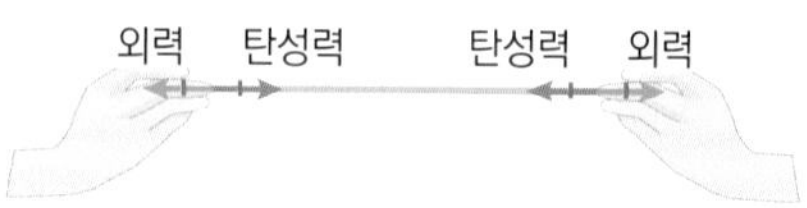

▲ 양손으로 고무줄을 잡아 늘렸을 때

③ **훅의 법칙** : 탄성력의 크기와 용수철의 늘어나거나 줄어든 길이의 관계이다.

$$\text{탄성력의 크기}(F) \propto \text{용수철의 늘어나거나 줄어든 길이}(x)$$

$$F = kx \qquad (k : \text{용수철 상수})$$

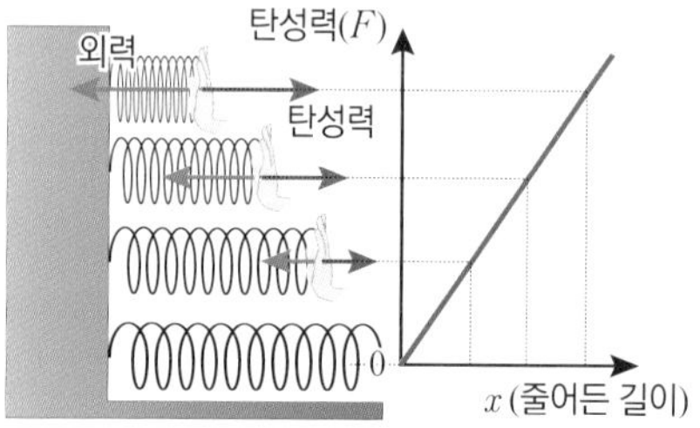

▲ 용수철을 압축시킬 때

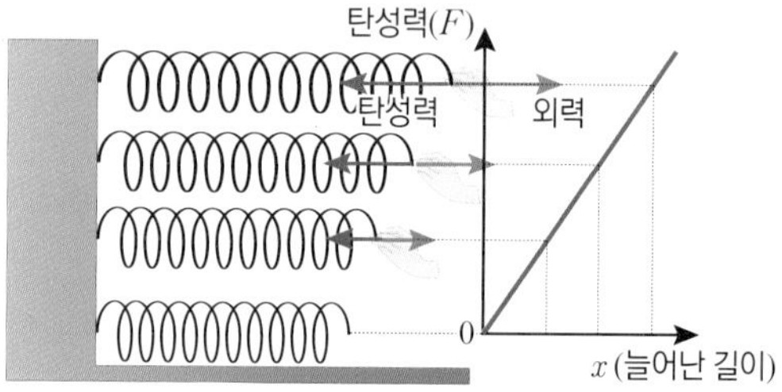

▲ 용수철을 잡아당길 때

④ **물체를 매달았을 때 각 용수철의 늘어난 길이**

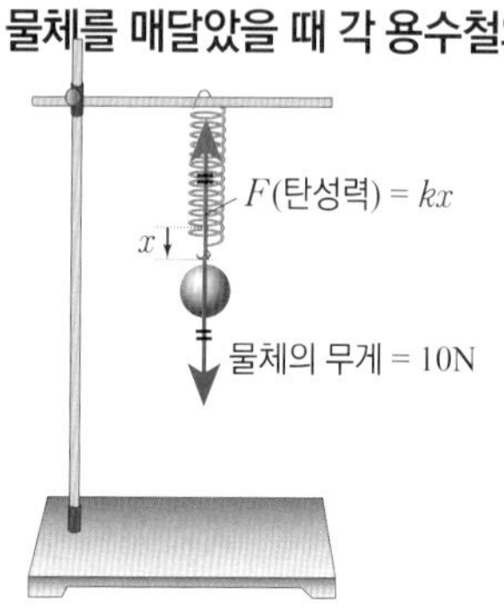

▲ 무게 10 N 의 물체에 의해 x 만큼 늘어났다.
(탄성력의 크기 = 무게)

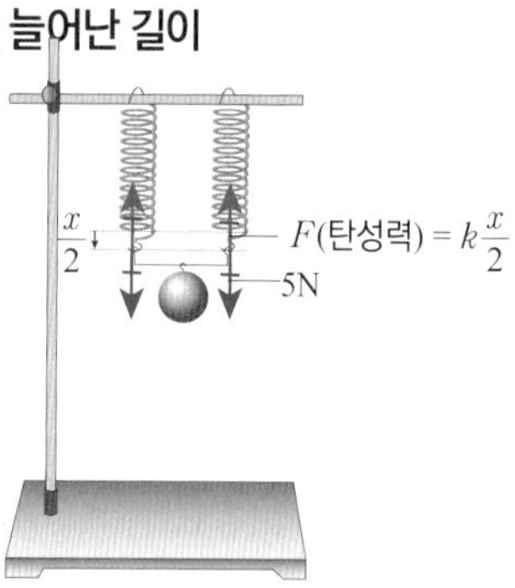

▲ 병렬 연결 : 용수철 1 개에 작용하는 힘은 물체 무게의 $\frac{1}{2}$ 인 5 N 이다.

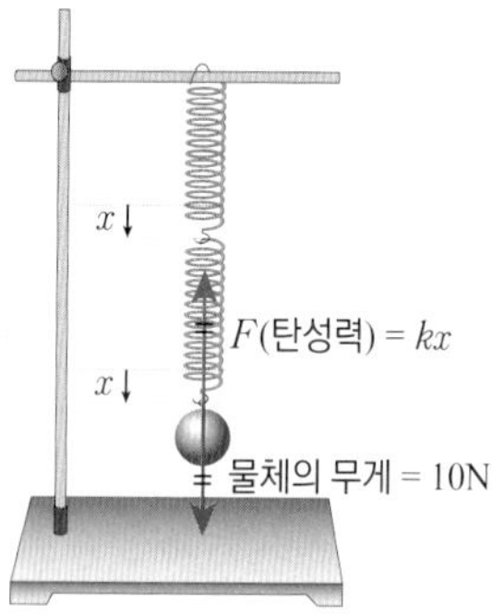

▲ 직렬 연결 : 두 용수철에 각각 5 N 이 작용하므로, 전체 늘어난 길이는 $2x$ 가 된다.

정답 p 4

Q4 10 N 의 추를 매달았을 때 5 cm 늘어나는 용수철 세 개를 병렬로 연결하여 30 N 의 추를 매달면 각 용수철은 몇 cm 씩 늘어나겠는가?

(2) 마찰력

① **마찰력**[2] : 면과 물체 사이에서 작용하는 힘으로, 면이 물체에 작용하여 물체의 운동을 방해하는 힘이다.

② **마찰력의 크기와 방향**

㉠ **수평면에서 물체가 움직이고 있는 경우** : 마찰력의 방향은 물체가 **운동하는 방향과 반대**이다.

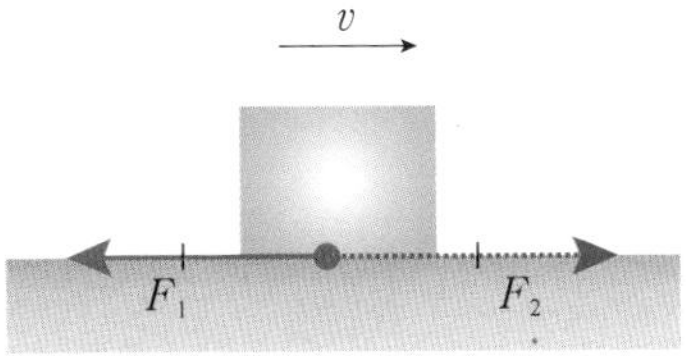

> F_1 : 면이 물체에 작용하는 마찰력
> F_2 : 물체가 면에 작용하는 힘 (F_1의 반작용)
> • 마찰력의 방향은 운동 방향(v)과 반대이다.
> • 마찰력의 크기와 방향은 외력과 무관하다. 이 경우 외부에서 물체에 힘이 작용하거나, 작용하지 않을 수도 있다.

㉡ **수평면에서 물체가 정지해 있는 경우**[3] : 물체는 외부에서 작용하는 **힘(외력)과 같은 크기**의 마찰력을 받아 정지 상태를 유지한다.

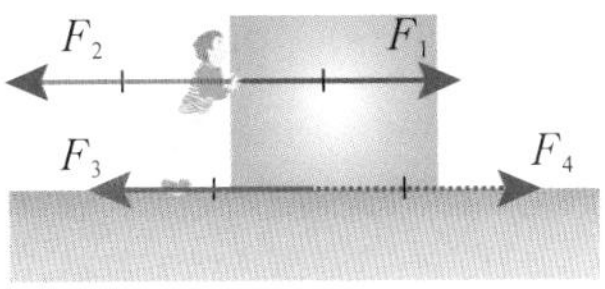

> F_1 : 물체를 미는 힘(외력)
> F_2 : 물체가 외부(사람)에 작용하는 힘, F_1의 반작용
> F_3 : 면이 물체에 작용하는 마찰력
> F_4 : 물체가 면에 작용하는 힘, F_3의 반작용
> • 물체에 작용하는 힘 : F_1, F_3 (물체가 움직이지 않을 때에는 $F_1 + F_3 = 0$ 이며, 물체에 작용하는 알짜힘(합력)이 0이다.)

㉢ **수평면에서 질량 m인 물체를 밀 때** : 물체에 작용하는 힘은 그림의 4가지이다.

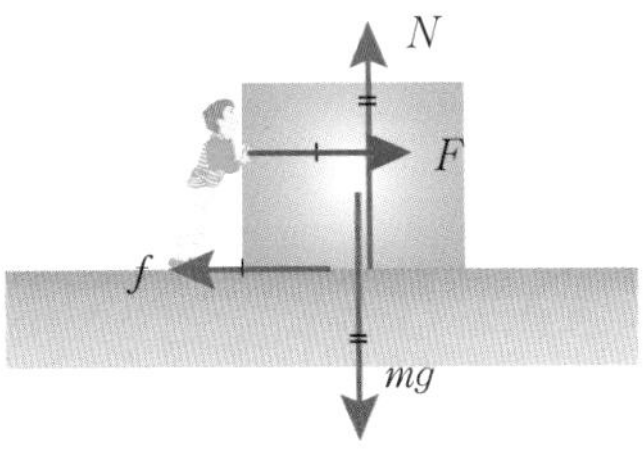

> • 중력(mg) : 지구가 물체에 작용하는 힘
> • 수직 항력(N)[4] : 면이 물체를 떠받치는 힘
> • 마찰력(f) : 면이 물체에 작용하는 힘
> • 외력(F) : 외부에서 물체를 미는 힘
> • $mg = N$(수직 방향의 힘의 평형)이며, $F = f$ 이면 물체는 정지하거나 등속 운동한다.

㉣ **면과 마찰력의 크기** : 물체의 운동 상태와 상관없이 마찰력은 수직 항력(N)에 비례한다. 거친 면일수록 마찰력이 크다.

마찰력의 크기(f) = μN (μ : 마찰계수 → 면이 거칠수록 커진다.)

(A) 매끄러운 면 (B) 매끄러운 면 (C) 거친 면

A 와 B 는 면과 물체 사이에 통나무가 있는 면에서 물체의 넓은 면과 좁은 면이 접촉한 채로, C 는 통나무가 없는 면에서 물체의 넓은 면이 접촉한 상태에서 물체를 밀고 있는 것을 나타낸 것이다. 물체의 무게가 모두 같다면 물체가 받는 마찰력은 C 가 가장 크며, A 와 B 는 같다.

Q5 마찰력에 대한 설명이다. 맞으면 O, 틀리면 X 하시오. 정답 p 4

(1) 면 위의 물체에 한 쪽 방향으로 힘을 가해도 움직이지 않으면 물체가 면으로부터 받는 마찰력은 0 이다. ( )

(2) 물체가 운동하는 경우 마찰력은 항상 물체가 운동하는 방향과 반대로 작용한다. ( )

---

② 마찰력의 이용

● **마찰력이 작아야 편리한 경우**
미끄럼틀을 탈 때, 스케이트나 스키를 탈 때, 서랍이나 기계의 회전 부분, 바닥에 놓여진 물체를 끌 때

● **마찰력이 커야 편리한 경우**
걷거나 달릴 때, 자동차가 멈출 때, 끈으로 물건을 고정시킬 때

▲ 스케이트 : 마찰력이 작아야 편리한 경우이다.

③ 수평면 위에서 물체를 밀어서 운동시키려고 할 때

물체를 점점 세게 밀어 힘(F_1)을 증가시키면 마찰력 F_3 도 점점 커져서 물체는 움직이지 않는다. 그러나 미는 힘 F_1을 더 증가시키면 물체가 움직이기 시작한다. (이때의 마찰력을 **최대 정지 마찰력**이라고 한다.)
물체가 운동하는 중에는 물체의 속도와 무관하게 일정한 마찰력이 작용한다. (이때의 마찰력을 **운동 마찰력**이라고 한다.)

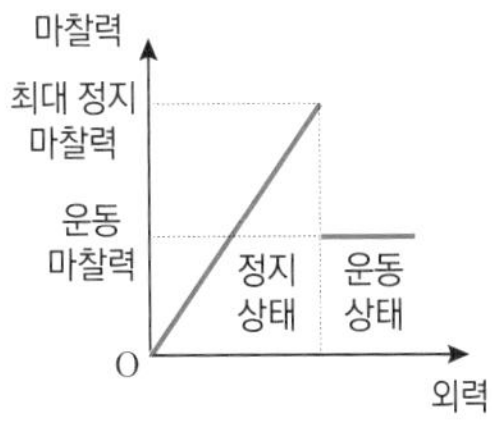

④ 수직 항력

물체가 면 위에 놓여있을 때 물체를 수직 위로 떠받치는 힘. 물체가 수직 항력을 받지 않으면 아래로 떨어져야 한다. 다른 힘이 없으면 중력(무게)과 크기가 같다.

(3) 부력

① **부력** : 물(액체)이나 공기 중의 물체를 뜨게 하는 힘이다.

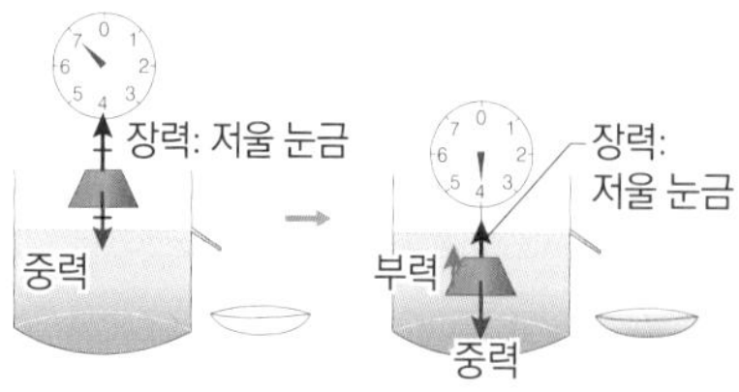

(가) (나)

- 그림 (가) : 물체는 중력을 받고 있고, 저울의 눈금 (장력)은 7을 가리키고 있다.(중력 크기 = 장력 크기)
- 그림 (나) : 중력 크기 = 장력 크기 +부력 크기 이며, 저울의 눈금(장력)은 4 를 가리키고 있다.
- 흘러넘친 물 : 그림 (나)에서 옆으로 흘러넘친 물의 부피는 물체의 부피와 같다.

→ 부력의 크기는 흘러넘친 물의 무게인 3 이다.

② **물(액체, 공기)속의 물체가 받는 부력의 크기** : 물체가 물(액체, 공기⑤)속에 있으면 물체의 부피만큼 물(액체, 공기)을 밀어낸다. 물체는 **밀어낸 물(액체, 공기)의 무게**만큼 부력을 받는다.

③ **부력의 방향** : 물체가 뜨는 방향(중력과 반대 방향)

→ 물속의 물체⑥ 는 중력과 부력을 받으며 두 힘 중 큰 쪽으로 물체는 뜨거나 가라앉는다.

정답 p 4

Q6 물이 가득 찬 비커에 물체 A 와 B 를 담그는 실험을 하였다. 물체 A 를 담갔더니 비커에서 물 30 cm^3 가 넘쳤고, 물체 B 를 담갔더니 비커에서 물 20 cm^3 만큼 넘쳤다. 물속에서 물체 A, B 가 받는 부력의 비를 구하시오

(4) 수직 항력

① **수직 항력(N)** : 면이 물체를 수직으로 떠받치는 힘이다.

② **물체 A 가 수평면 위에서 정지해 있을 때**

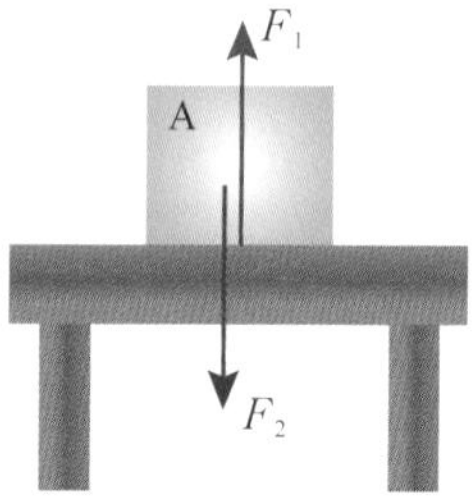

F_1 : 책상 면이 물체 A를 수직 위로 떠받치는 수직 항력(N)
F_2 : 지구가 물체를 잡아당기는 중력

- 물체 A 는 책상 면으로부터 수직 위로 작용하는 수직 항력을 받는다.
- 물체 A 에 작용하는 두 힘은 크기가 같고 방향이 반대므로 두 힘의 합력은 0 이다. 이때 물체는 책상 면 위에서 정지 상태를 유지한다.

(5) 장력

물체에 연결된 끈을 잡아당기면 끈은 물체에서 멀어지는 방향으로 물체에 힘을 가한다. 이 힘은 끈이 물체에 작용하는 힘으로 장력(張力)이라 한다. (보통 T 로 표시함)

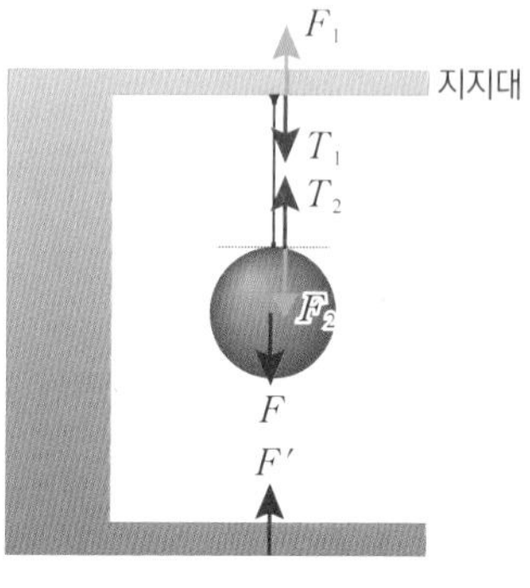

T_1 : 끈이 지지대를 잡아당기는 힘(장력)
F_1 : 지지대가 끈을 잡아당기는 힘
T_2 : 끈이 물체를 잡아당기는 힘(장력)
F_2 : 물체가 끈을 잡아당기는 힘
F : 지구가 물체를 잡아당기는 중력(= 무게 = mg)
F' : 물체가 지구를 잡아당기는 중력(크기 = mg)

- 작용 반작용 관계의 힘 : T_1 과 F_1, T_2 와 F_2, F와 F'
- 물체에 작용하는 알짜힘 = 0 ($T_2 + F = 0$)

(정지 상태이므로 각 힘의 크기는 모두 같다.)

아르키메데스의 원리 (부력의 원리)

- 공기나 액체 속에서 물체가 받는 부력은 그 물체가 차지하는 부피와 같은 공기(액체)의 무게와 같다는 원리이다.
- 아르키메데스(Archimedes, BC 287~BC 212) 고대 그리스의 수학자·물리학자

⑤ 공기의 부력

공기 중의 물체는 물체의 부피와 같은 공기의 무게만큼 부력(뜨는 힘)을 받는다.

⑥ 물속의 물체가 받는 중력과 부력

두 힘 중 큰 쪽으로 뜨거나 가라앉는다. (운동한다)

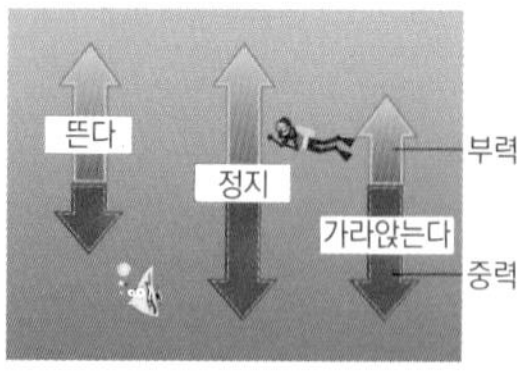

물체가 액체(공기) 위에 떠있거나 액체(공기) 중에 정지해 있을 때에는 부력과 중력의 크기가 같다. (방향은 서로 반대)

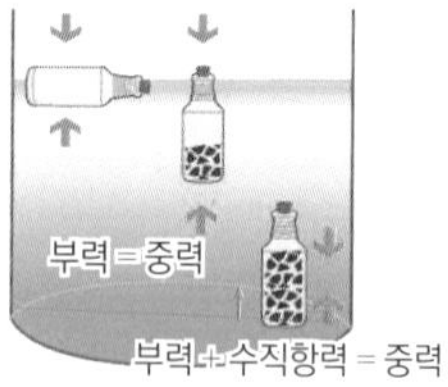

미니사전

부력 (浮 뜨다 力 힘) 뜨는 힘

항력 (抗 맞서다 力 힘) 물체가 면을 누를 때 면이 물체를 떠받치는 힘

장력 (張 펴다 力 힘) (끈 등으로) 잡아당겨서 생기는 힘

정답 p 4

Q7 오른쪽 그림과 같이 평면 위에서 어떤 사람이 물체를 오른쪽으로 잡아당기고 있다. 손과 물체 사이의 작용·반작용 관계의 힘들을 그려 보시오.

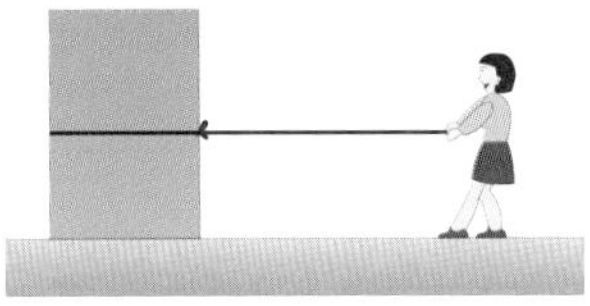

(6) 공기 저항력 [7]

① 공기 중에서 물체가 운동할 때 받는 공기의 마찰력이다 [8].

② 물체의 속력이 클수록, 공기를 받는 면적이 클수록 저항력이 커진다.

③ 방향 : 운동 방향의 반대이다.

④ 종단 속도(v_f) : 낙하 물체의 속도가 계속 증가하면 공기 저항력의 크기도 계속 증가하게 되어 공기 저항력과 중력의 크기 [9] 가 같아질 때가 발생한다. 이때 물체가 받는 알짜힘(합력)이 0 [10] 이 되어 물체는 등속 운동을 한다. 이때의 속도를 종단 속도(v_f)라고 한다.

공기 저항력의 크기(f) $\propto$ 물체의 속력(v)

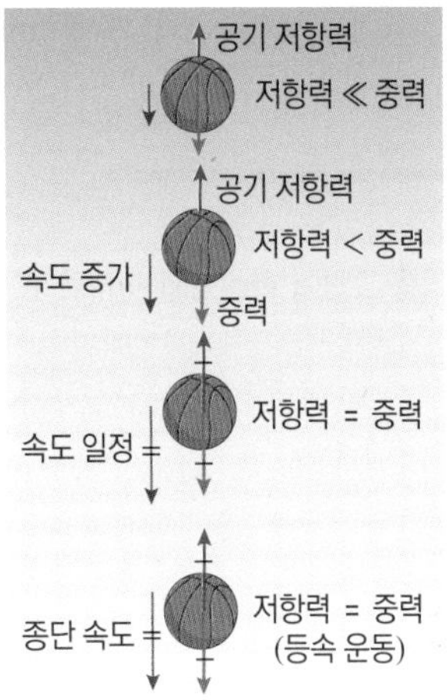

정답 p 4

Q8 공기 중에서 낙하하는 물체의 속력이 10 m/s 일 때 물체는 2 N 의 공기 저항력을 받는다면 이 물체의 속력이 20 m/s 일 때 물체가 받는 공기 저항력은 몇 N 인가?

(7) 힘으로 취급하지 않으나 힘이 관련되어 있는 물리량

① **압력** : 물체가 누르는 힘을 접촉 면적으로 나눈 값 즉, 단위 면적 (1 m^2 또는 1 cm^2) 당 접촉면이 받는 힘을 압력이라고 한다.

면은 물체로부터 누르는 힘을 받고, 물체는 면으로부터 수직 항력(N)을 받는다(작용과 반작용).

이때 누르는 힘의 크기 = 압력 × 접촉 면적 이다.

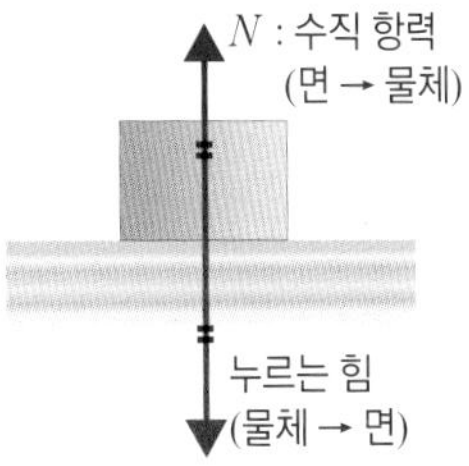

$$\text{압력}(N/m^2) = \frac{\text{면을 누르는 힘}}{\text{접촉 면의 넓이}\ (m^2)} \rightarrow \text{면이 받는 힘}(F) = \text{압력} \times \text{접촉면의 면적}$$

② **돌림힘(지레의 원리)** : 받침점을 중심으로 팔의 길이가 길수록, 같은 위치에서는 무게가 클수록 회전 효과가 크다. 이 회전 효과를 돌림힘이라 한다.

그림에서 두 물체가 평형을 이루어 정지하기 위해서는 회전 효과가 같아야 한다.

→ 회전 효과(돌림힘) = 팔의 길이 × 물체의 무게

6 kgf × 1 m = Mg × 3 m, Mg = 2 kgf

∴ M = 2 kg

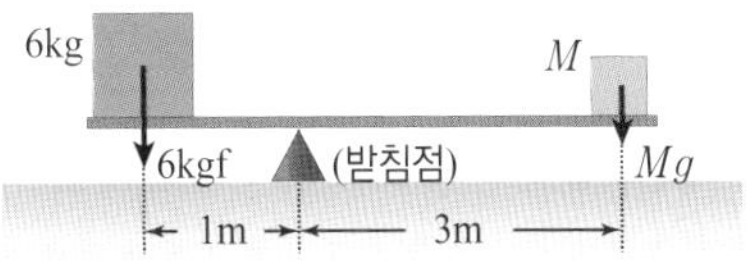

정답 p 4

Q9 수평면에 물체가 놓여있을 때 물체의 질량이 2 kg 이고, (A) 접촉면의 넓이가 0.5 m^2 일 때와 (B) 0.2 m^2 일 때 접촉면이 받는 압력을 각각 구하시오. 또 접촉면이 받는 힘을 각각 구하시오. (단, 질량 2 kg 인 물체의 중력은 20 N 으로 하시오.)

---

⑦ 공기 저항력

공기 저항력을 포함한 저항력은 물체의 운동을 방해하는 마찰력이라고 할 수 있다.

⑧ 공기 저항이 있는 경우와 없는 경우의 낙하 속도(v)

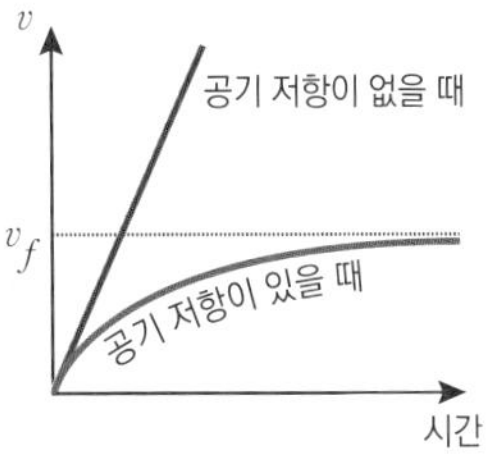

⑨ 공기 저항력과 중력의 크기

공기 저항력은 중력보다 커질 수 없다.

⑩ 물체가 받는 힘(알짜힘)이 0인 경우

물체는 정지해 있거나 등속 운동을 한다.

깃털과 쇠구슬의 낙하

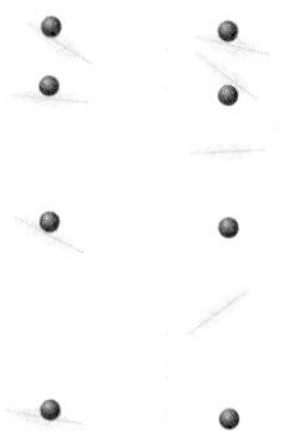

진공 중　　공기 중

진공 상태에서는 공기 저항력이 없으므로 동시에 떨어진다. 그러나 공기가 있으면 깃털이 공기 저항력을 많이 받으므로 쇠구슬이 먼저 떨어진다.

공기 중에서 낙하하는 물체가 받는 힘

중력과 공기 저항력, 부력의 세가지 힘을 받으나 다른 힘에 비해 부력의 크기는 매우 작다.

접촉하여 작용하는 힘

12 그림은 용수철에 10 N 의 힘을 주어 잡아당긴 상태이다.

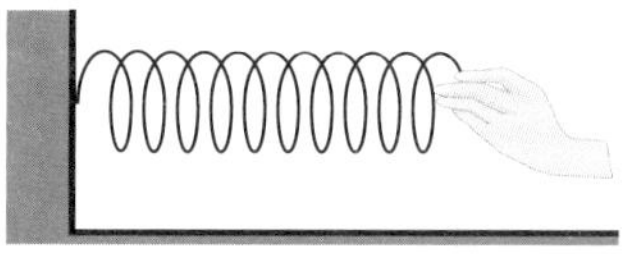

탄성력의 방향과 크기를 그림에 화살표와 숫자로 표시해 보시오.

13 그림은 용수철을 10 N 의 힘을 주어 압축시킨 상태이다.

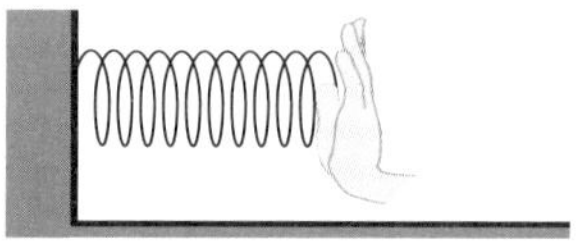

탄성력의 방향과 크기를 그림에 화살표와 숫자로 표시해 보시오.

14 그림은 두 개의 같은 용수철 A, B 에 무게가 다른 추를 각각 매단 것을 나타낸 것이다. 두 용수철의 원래 길이(추를 매달지 않았을 때)는 10 cm 이었고, 추를 각각 매달았더니 용수철의 길이가 각각 13 cm , 16 cm 가 되었다.

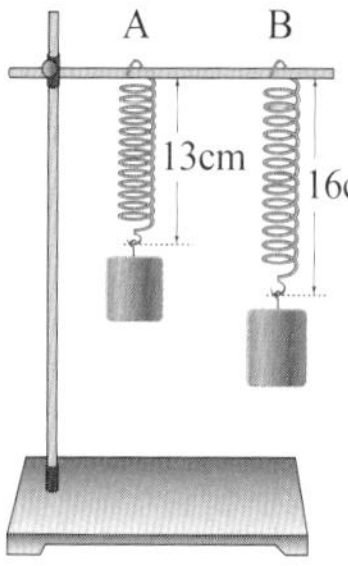

B 용수철의 탄성력은 A 용수철 탄성력의 몇 배인가?

15 오른쪽 그림과 같이 원래 길이가 10 cm 인 용수철 A 가 있다. 용수철 A에 물체를 매달았더니 용수철의 길이가 14 cm 로 늘어났다. 무게가 1.5 배인 물체를 매달면 용수철의 길이는 몇 cm 가 되겠는가?

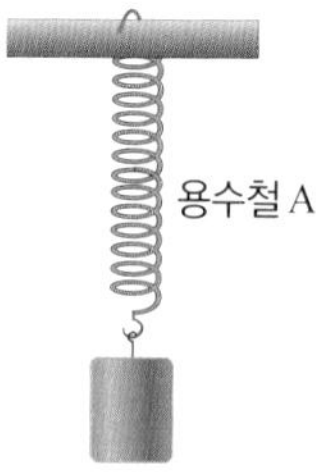

16 어떤 용수철에 10 N 의 물체를 매달았더니 6 cm 가 늘어났다. 용수철의 무게를 무시할 때 같은 용수철 2 개를 그림 (가), (나)와 같이 각각 연결한 후 10 N 의 물체를 매달면 용수철은 각각 몇 cm 씩 늘어나겠는가?

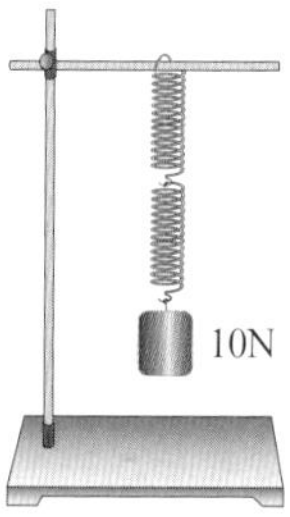

(가)

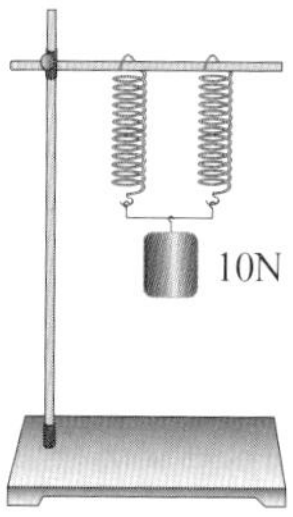

(나)

17 그림은 용수철에 매단 추의 개수를 달리하면서 용수철의 늘어난 길이를 측정한 결과이다. 물음에 답하시오. (단, 추 1 개의 무게는 2 N 이다.)

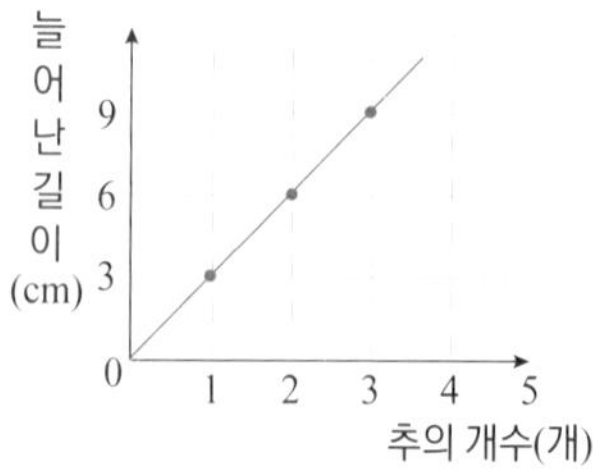

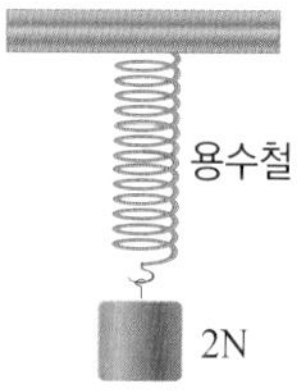

(1) 이 용수철에 추 7 개를 매달면 용수철은 몇 cm 늘어날지 쓰시오.

(2) 이 용수철을 18 cm 늘어나게 하려면 몇 N 의 힘이 필요할지 쓰시오.

18 서로 다른 용수철 2 개를 그림과 같이 연결하고 10 N 의 추를 매달았을 때 각 용수철이 가리키는 눈금을 바르게 짝지은 것은?

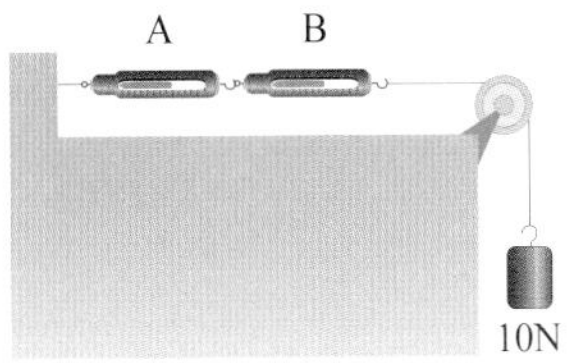

	A	B		A	B
①	6N	4N	②	5N	5N
③	4N	6N	④	5N	10N
⑤	10N	10N			

19 그림과 같이 마찰이 없는 도르래를 이용하여 용수철과 추를 연결하였다. 이 용수철은 10 N 의 힘으로 잡아당겼을 때 2 cm 늘어난다. 그림처럼 20 N 의 추를 양쪽에 매달았을 때 용수철의 늘어난 길이는 몇 cm 인가?

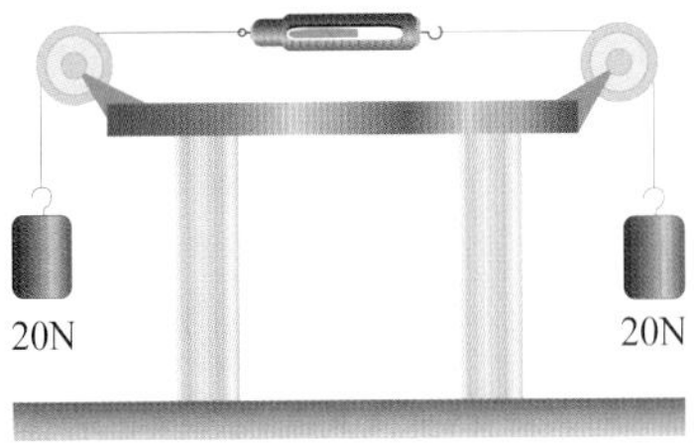

① 2 cm ② 4 cm ③ 6 cm
④ 8 cm ⑤ 10 cm

20 그림과 같이 동일한 나무 도막을 바닥에 놓고 끌었을 때 가장 움직이기 어려운 순서대로 쓰시오. (단, a, b, c 는 같은 면이고, d 는 거친 면이다.)

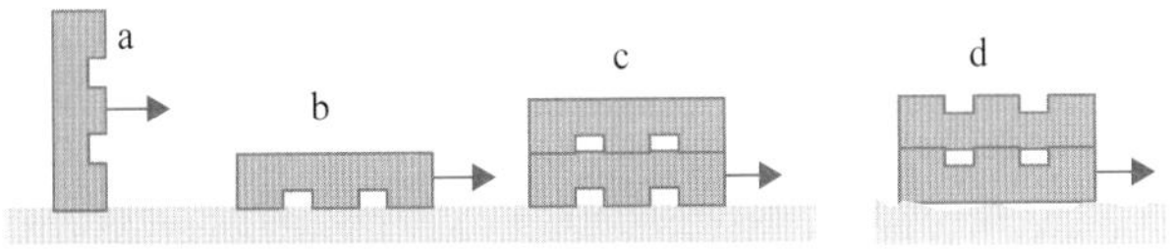

21 몸무게가 500 N 인 민재가 물속에서 몸무게를 쟀더니 100 N 이었다. 민재가 물로부터 받은 부력은 몇 N 인가?

22 몸무게가 500 N 인 민재가 물이 가득 찬 욕조에 들어가 몸을 물속에 완전히 담갔더니 무게 400 N 의 물이 욕조에서 흘러넘쳤다. 물속에서 민재의 몸무게를 재면 몇 N 일까?

23 그림과 같이 무게가 30 N 인 물체를 5 N 의 힘으로 끌었더니 물체는 움직이지 않았다. 이에 대한 설명으로 옳은 것만을 〈보기〉에서 있는 대로 고르시오.

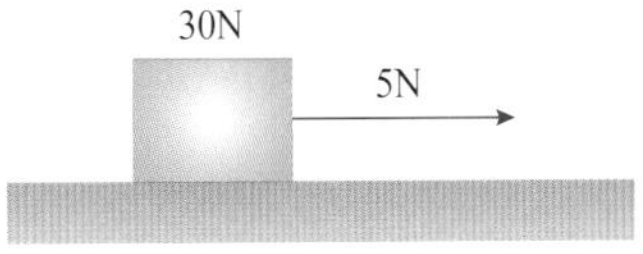

보기

ㄱ. 물체에 작용하는 마찰력은 0 이다.
ㄴ. 물체에 작용하는 마찰력은 5 N 이다.
ㄷ. 물체에 작용하는 마찰력은 5 N 보다 작다.
ㄹ. 마찰력의 방향은 왼쪽이다.

24 그림과 같이 얼음판에서 물체가 미끄러지고 있다.

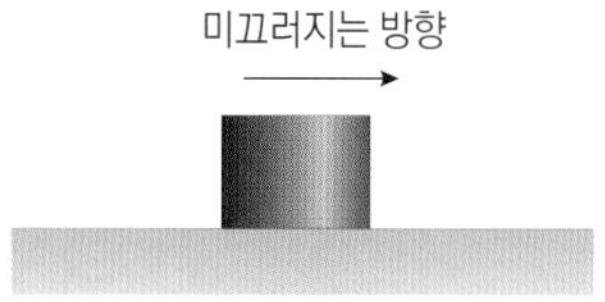

물체가 받는 마찰력을 그림에 화살표로 나타내시오.

25 그림과 같이 용수철에 나무도막를 매달아 빗면 위에 정지시켰다. 이때 나무 도막을 빗면을 따라 빗면 아래 방향으로 잡아 당겨 운동시켰다. 나무 도막에 작용하는 중력, 탄성력, 마찰력의 방향을 A ~ E 중 각각 고르시오.

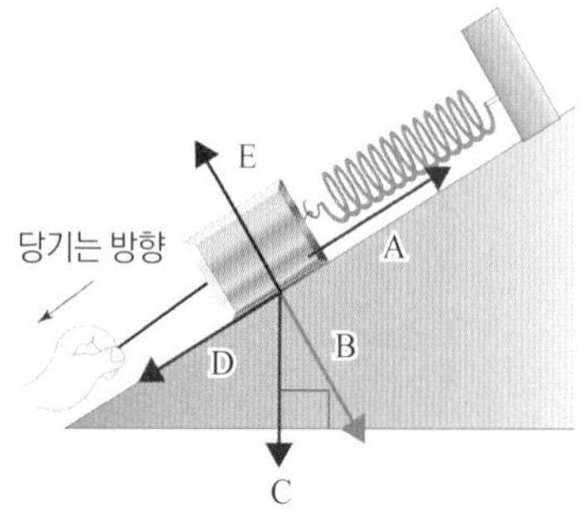

26 그림과 같이 수평면에서 무게가 200 N 인 나무 도막을 30 N 의 힘으로 당기고 있다.

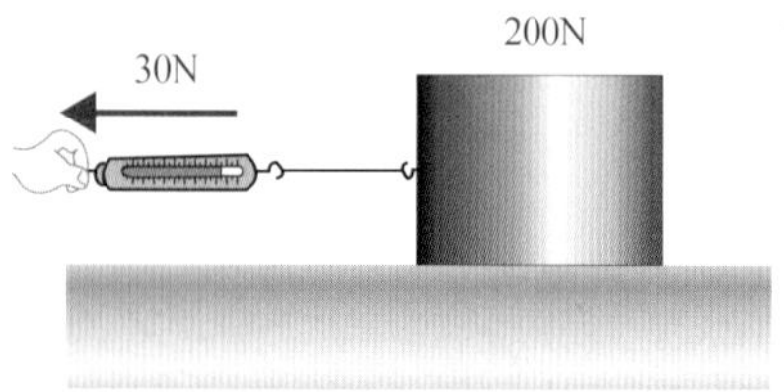

이때 나무 도막이 움직이지 않았다면 나무 도막에 작용하는 마찰력의 크기는?

27 그림과 같이 면 위에 물체가 놓여있고, 접촉면이 $0.1\ m^2$ 일 때 면이 물체로부터 받는 압력이 $500\ N/m^2$ 이었다. 물체가 면으로부터 받는 수직 항력은 얼마일까?

28 그림처럼 무게가 각각 10 N, 5 N 인 두 물체 A, B 가 매달려있을 때 두 물체가 받는 힘을 표시하고 각 줄에 걸리는 장력은 각각 얼마인지 쓰시오.

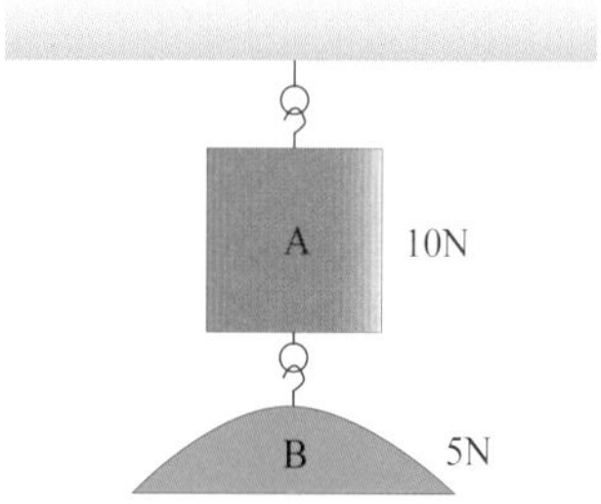

29 받침대를 중심으로 그림과 같이 여러 개의 물체가 매달려 있는 지레에 이때 힘 F 를 화살표 방향으로 가하여 평형을 유지시키려고 한다. 힘 F 의 크기는 얼마인가? (단, 지레 막대의 질량은 무시한다.)

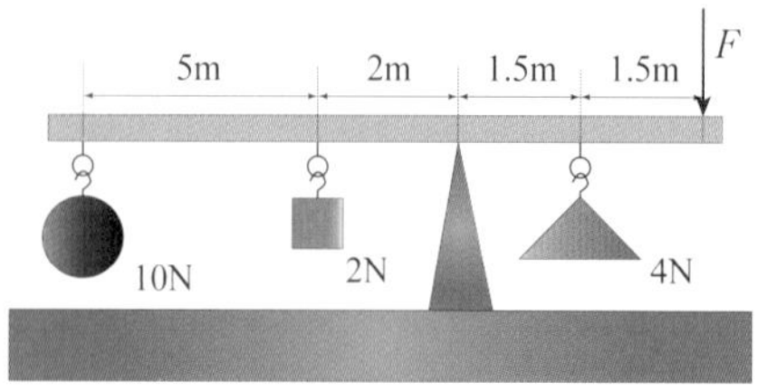

04 그림과 같이 용수철을 장치하고 무게 20 N 의 물체를 매달았더니 용수철이 각각 5 cm 씩 늘어났다. 용수철 한 개를 분리하여 같은 물체를 매달면 용수철은 몇 cm 늘어나겠는가?

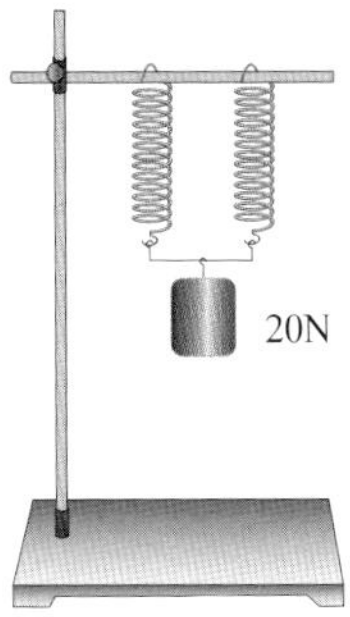

05 5 N 의 추를 매달면 2 cm 가 늘어나는 동일한 용수철 3개를 그림과 같이 장치하여 10 N 의 추를 매달았다. 용수철 자체의 무게는 무시할 수 있다고 할 때, 용수철 A, B, C 는 각각 몇 cm 늘어나겠는가?

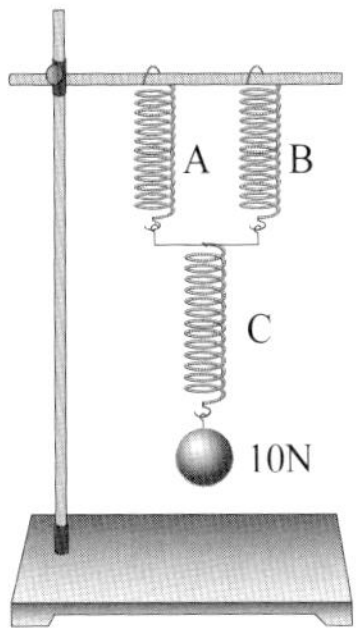

06 그림과 같이 질량이 각각 2 kg, 3 kg 인 물체 A, B 를 무게를 무시할 수 있는 두 용수철 C, D 에 매달았다. 용수철 C 는 1 kg 의 물체를 매달았을 때 2 cm 늘어나고, 용수철 D 는 1 kg 의 물체를 매달았을 때 3 cm 늘어난다. 그림에서 용수철이 늘어난 총 길이는 몇 cm 인가?

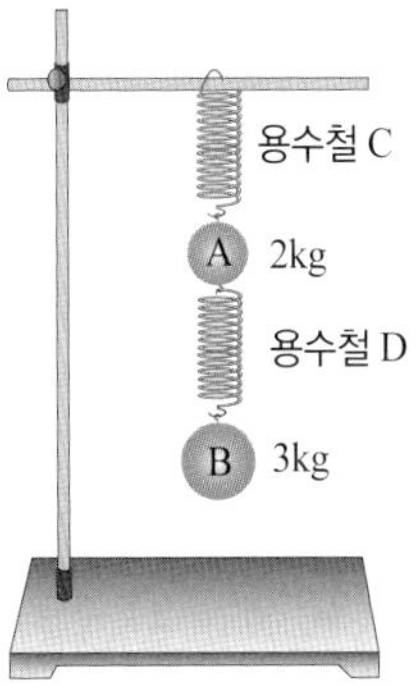

개념 돋보기

탄성체의 늘어난 길이와 용수철 상수(탄성 계수) 계산

훅의 법칙 $F = kx$ 에서 늘어난 길이 x 가 같아도 k 값이 크면 탄성력 F 가 크다. 용수철에 따라 k 값이 다른데 k 가 클수록 탄성력이 커져야 하므로 용수철은 잘 안늘어난다.

용수철 상수 k_1 인 용수철이 받는 힘 F_1 (늘어난 길이 x_1), 용수철 상수 k_2 인 용수철이 받는 힘을 F_2(늘어난 길이 x_2)라고 하고, 추의 무게가 F 라고 하자.

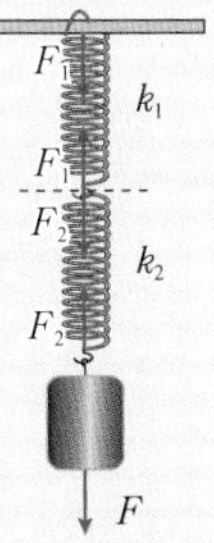

▲ 직렬 연결

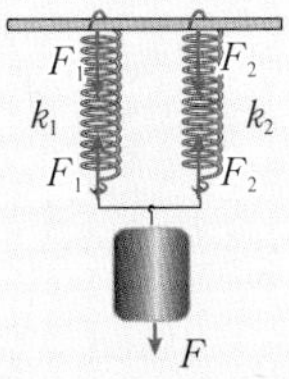

▲ 병렬 연결

① 직렬 연결

두 용수철이 받는 힘은 모두 F 이다. 두 용수철을 묶어서 용수철 상수 k 인 하나의 용수철로 생각하면 이 용수철에 작용하는 힘은 F 이다. 두 용수철의 늘어난 길이를 합하면 전체 늘어난 길이가 된다.

$x = x_1 + x_2$, $F = kx$, $F = k_1x_1 = k_2x_2$, $x = \frac{F}{k}$, $x_1 = \frac{F}{k_1}$, $x_2 = \frac{F}{k_2}$ 이므로 $\frac{F}{k} = \frac{F}{k_1} + \frac{F}{k_2}$ → $\frac{1}{k} = \frac{1}{k_1} + \frac{1}{k_2}$

[두 용수철을 연결한 전체 용수철의 탄성 계수는 작아진다(용수철은 잘 늘어난다.)]

② 병렬 연결

두 용수철을 하나로 생각했을 때 받는 힘 $F = F_1 + F_2$ 이다. $F = kx$, $F_1 = k_1x$, $F_2 = k_2x$

(수평을 유지하므로 늘어난 길이는 두 용수철 모두 x 로 같다.)

$\therefore k = k_1 + k_2$ [두 용수철을 하나의 용수철이라고 할 때 탄성계수는 커진다.(용수철은 잘 안늘어난다.)]

07 그림(가)는 가벼운 용수철 A, B 를 잡아당겼을 때 가한 힘과 늘어난 길이와의 관계를 나타낸 그래프이다. 만일 이 용수철을 그림 (나)처럼 직렬 연결하여 무게 2 N 의 물체를 매단다면 용수철의 전체 늘어난 길이는 얼마인가?

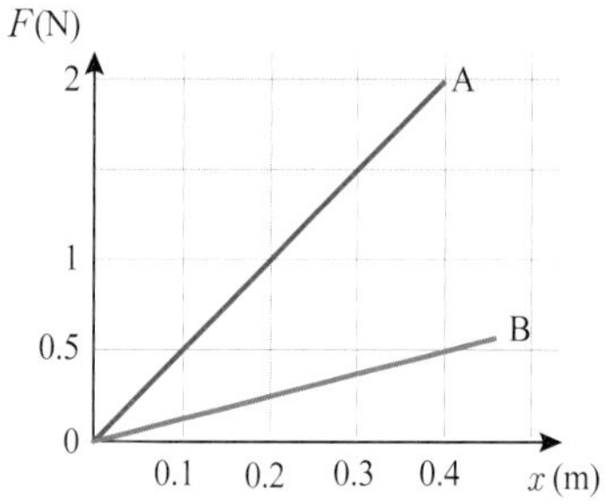

(가)

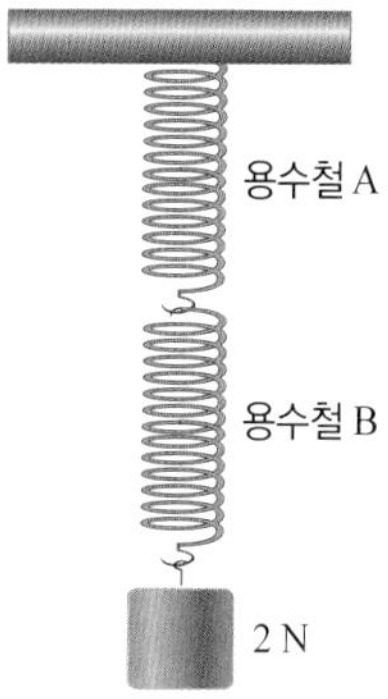

(나)

08 그림 (가), (나)는 용수철 A, B 에 각각 물체를 매달았을 때 물체의 질량과 용수철의 전체 길이와의 관계를 나타낸 그래프이다. 이 두 용수철을 각각 반으로 잘라 그림 (다)와 같이 직렬로 연결하고 400 g 의 물체를 매달았을 때 용수철 A, B 의 늘어난 길이는 각각 몇 cm 이겠는가?

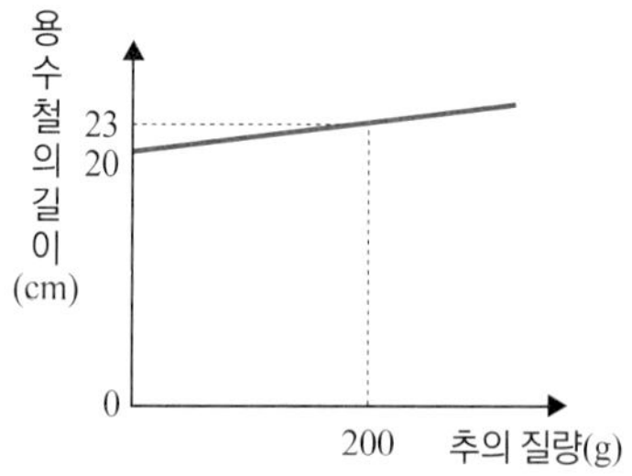

(가) 용수철 A

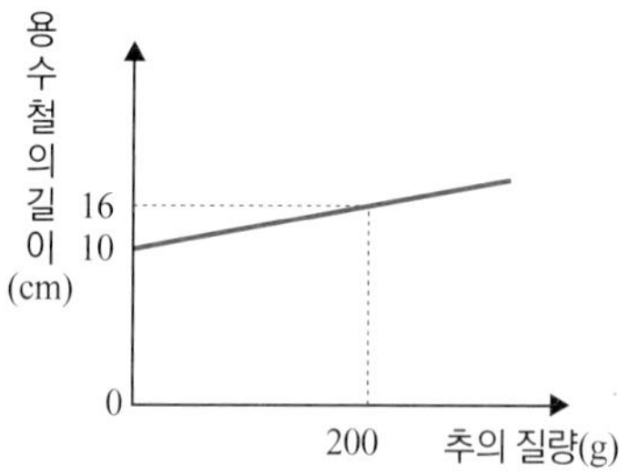

(나) 용수철 B

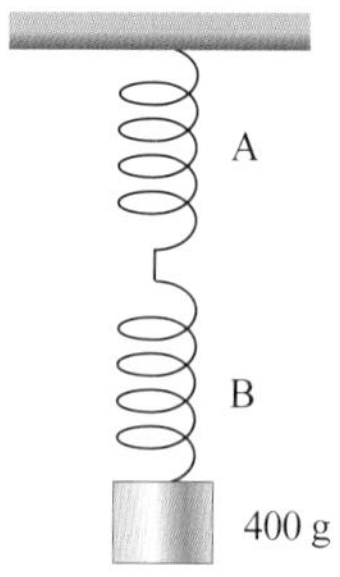

(다)

09 어떤 고무줄에 1 kg 의 추를 매달면 10 cm 가 늘어난다. 만일 이 고무줄을 반으로 접어서 두 겹으로 되게 한 다음 1 kg 의 추를 매달면 늘어난 길이는 얼마가 되겠는가?

10 지구에서 질량 10 kg 인 물체를 매달면 12 cm 가 늘어나는 용수철이 있다. 이 용수철을 달에 가져가서 질량 20 kg 의 물체를 매달면 이 용수철은 몇 cm 가 늘어나겠는지 논리적으로 설명해 보시오.

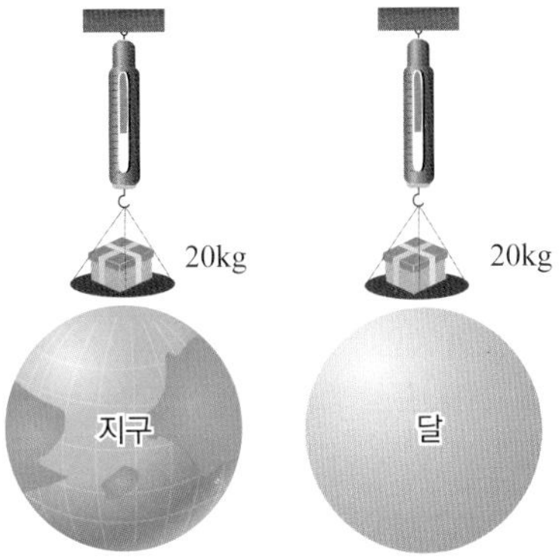

개념 돋보기

용수철을 잘랐을 때의 용수철 상수

용수철을 반으로 자르고 같은 물체를 매달면 자르기 전에 비하여 절반 밖에 늘어나지 않는다. 길이가 절반인 용수철로 같은 길이만큼 늘어나게 하기 위해서는 2배의 힘을 가해야 한다(용수철 상수가 2배로 된다). 용수철의 단위 길이 당 늘어나는 길이가 일정하므로 전체 길이가 짧아지면 늘어나는 길이도 비례하여 줄어드는 것이다.

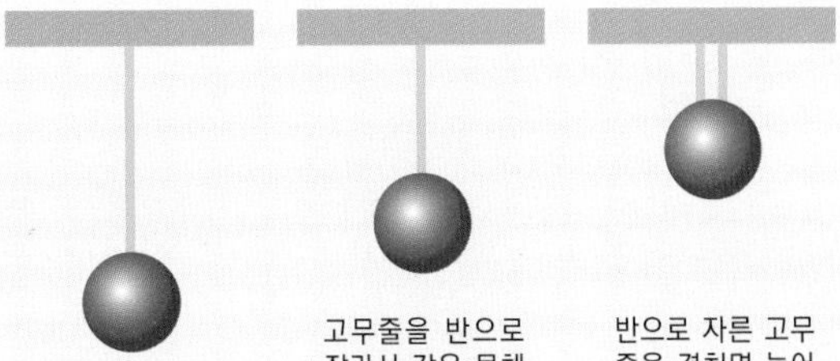

두 겹으로 하는 경우는 고무줄이 병렬 연결된 것이므로 같은 힘에 대해서 절반 밖에 늘어나지 않는다. → 용수철 상수가 2배가 된다.

11 **가로, 세로, 높이가 각각 2 m 이고 질량이 10 톤(10,000 kg)인 정육면체 모양의 물체를 잔잔한 강물 속에 넣고 무게를 측정하는 실험을 하였다. 부피 $1m^3$ 의 물의 질량은 1 톤(1,000 kg)이다. 물음에 답하시오.**

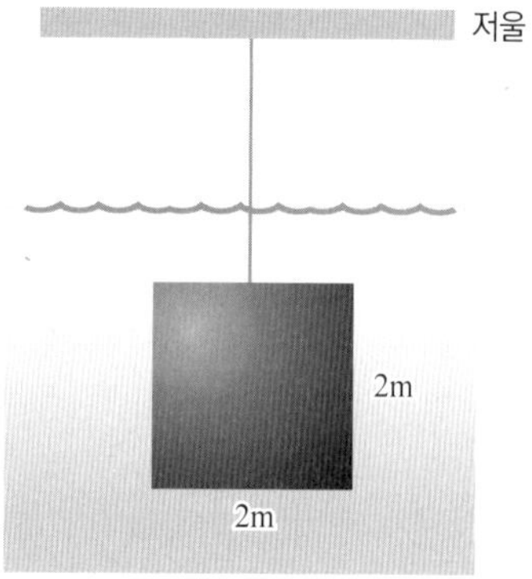

(1) 물체에 작용하는 힘을 표시하고 힘의 종류가 무엇인지 적으시오

(2) 물체가 받는 부력의 크기를 kgf 로 나타내시오.

(3) 물 위에서 물체의 무게를 재는 저울의 눈금은 얼마일까?

12 **질량 1 kg 의 도르래를 그림처럼 끈 B 로 천장에 매달고 질량 5 kg 의 물체를 한쪽 끝이 지면에 고정된 끈 A 의 다른 쪽에 매달았다. 끈 A, B 에 걸리는 장력은 몇 N 인가? (단, 도르래의 마찰은 없고, g = 9.8 m/s^2 이다.)**

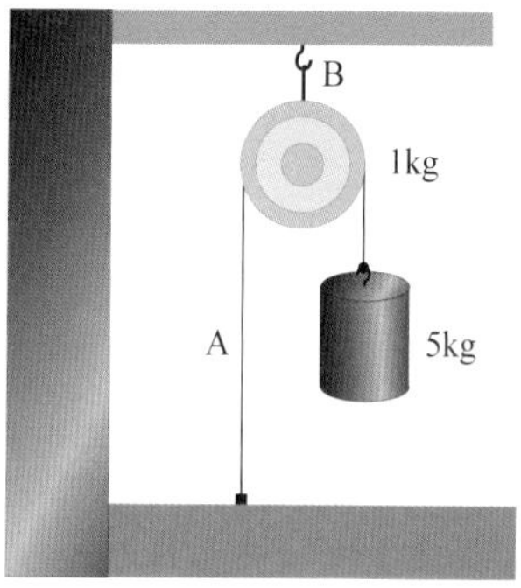

개념 돋보기

부력

(1) 부력 : 유체(액체, 기체) 속의 물체를 떠받치는 힘. 유체의 깊이에 따른 수압의 변화 때문에 발생한다.

(2) 부력의 계산 (아르키메데스의 원리)

만약 유체의 밀도가 ρ (단위 kg/m^3)이고 유체 속에 잠긴 물체의 부피가 $V(m^3)$라면 잠긴 물체의 부피에 해당하는 유체의 무게만큼 부력을 받는다.

질량 = 밀도 × 부피 (밀도 = $\frac{질량}{부피}$)이므로

물체가 받는 부력 $F = m$(밀어낸 유체의 질량) × $g = \rho \times V \times g$ (V :밀어낸 유체의 부피 = 잠긴 물체의 부피)가 된다.

잠긴 물체가 유체로부터 부력 F 를 받으면, 물체도 유체에 반대 방향으로 힘 F 를 작용하게 된다(작용·반작용).

I 힘과 힘의 표시 (3)

4. 힘의 표시

(1) 벡터

① **스칼라와 벡터** : 크기만 가지는 물리량을 스칼라량, 크기와 방향을 함께 가지는 물리량을 벡터량이라 한다.

예 스칼라량 : 시간, 속력, 길이, 질량, 온도, 일, 에너지 등

예 벡터량 : 힘, 위치, 변위, 속도, 가속도, 운동량, 충격량, 전기장, 자기장 등

② **벡터량의 표시** : 크기와 방향을 함께 나타내기 위해서 벡터량은 화살표로 나타낸다. 즉, 화살표의 방향은 벡터의 방향, 화살표의 길이는 벡터의 크기이다. 이때 벡터는 평행 이동시켜도 크기와 방향이 변하지 않으며, 합성하거나 분해할 수 있다.

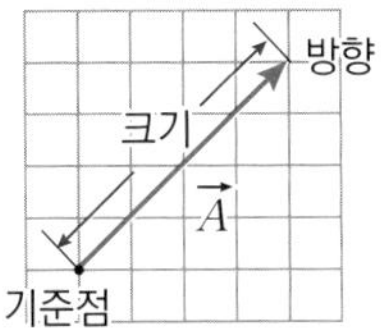

③ **벡터의 합성**❶ : 두 개 이상의 벡터를 합한 것과 같은 효과를 내는 한 개의 벡터를 구하는 것을 말한다.

벡터의 합 ($\vec{C} = \vec{A} + \vec{B}$)	
평행사변형법	삼각형법
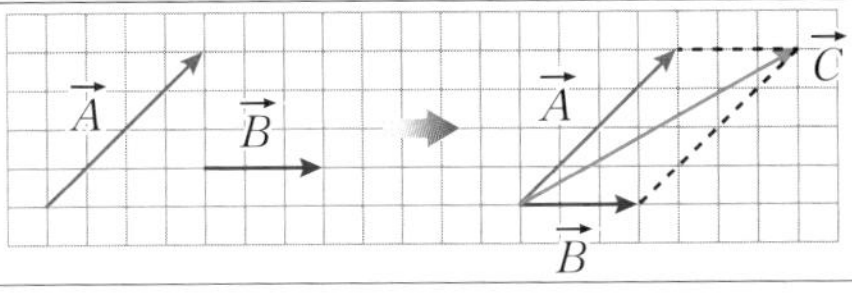	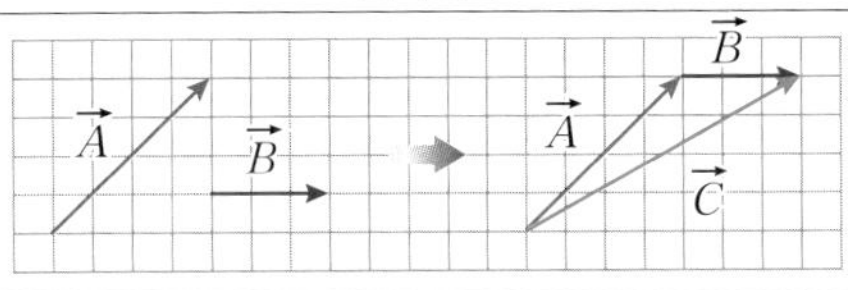
① 벡터 $\vec{A}$ 와 벡터 $\vec{B}$ 의 시작점이 일치하도록 벡터를 평행 이동한다. ② 평행사변형을 그린 후 대각선의 화살표가 합성 벡터 $\vec{C}$ 이다.	① 벡터 $\vec{A}$ 의 끝점에 벡터 $\vec{B}$ 의 시작점이 오도록 평행 이동한다. ② 벡터 $\vec{A}$ 의 시작점에서 벡터 $\vec{B}$ 의 끝점까지 연결하는 화살표가 합성 벡터 $\vec{C}$ 이다.

벡터의 차 ($\vec{D} = \vec{A} - \vec{B}$)❷	
평행사변형법	삼각형법
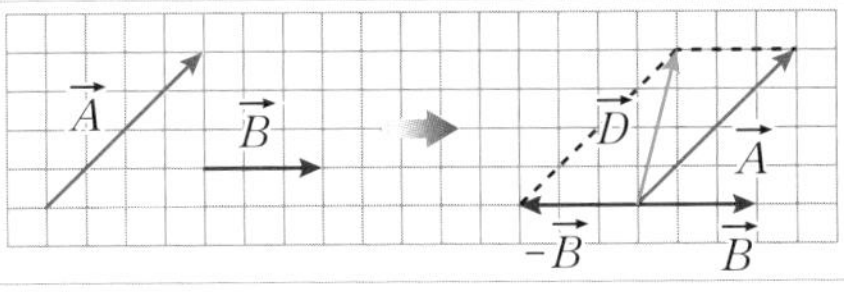	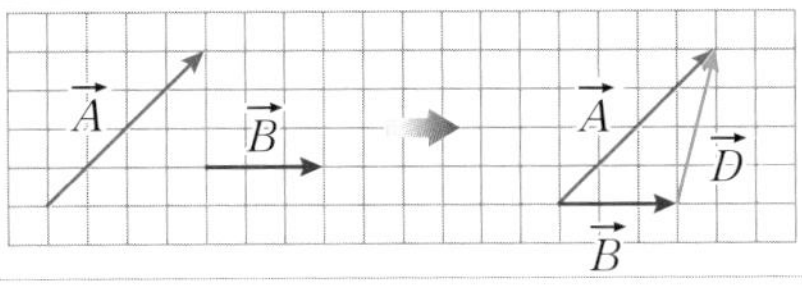
① 벡터 $\vec{A}$ 와 벡터 $-\vec{B}$ 의 시작점이 일치하도록 벡터를 평행 이동한다. ② 평행사변형을 그린 후 대각선의 화살표가 합성 벡터(벡터의 차) $\vec{D} = \vec{A} + (-\vec{B}) = \vec{A} - \vec{B}$ 이다.	① 벡터 $\vec{A}$ 의 시작점과 벡터 $\vec{B}$ 의 시작점을 일치시킨다. ② 벡터 $\vec{B}$ 의 끝점에서 벡터 $\vec{A}$ 의 끝점까지 연결하는 화살표가 벡터의 차 $\vec{D} = \vec{A} - \vec{B}$ 이다.

④ **벡터의 분해** : 한 개의 벡터와 같은 효과를 내는 두 개 이상의 벡터로 나누는 것을 말한다. 이때 분해된 벡터를 성분 벡터라고 한다.

〈 직각 좌표계를 이용한 벡터 $\vec{A}$ 의 분해 〉

$$\vec{A} = \vec{A}_x + \vec{A}_y$$

x 방향 성분 벡터($\vec{A}_x$)의 크기 : $A_x = A\cos\theta$

y 방향 성분 벡터($\vec{A}_y$)의 크기 : $A_y = A\sin\theta$

벡터 $\vec{A}$ 의 크기 : $A = \sqrt{A_x^2 + A_y^2}$

벡터 $\vec{A}$ 의 방향 : $\tan\theta = \dfrac{A_y}{A_x}$

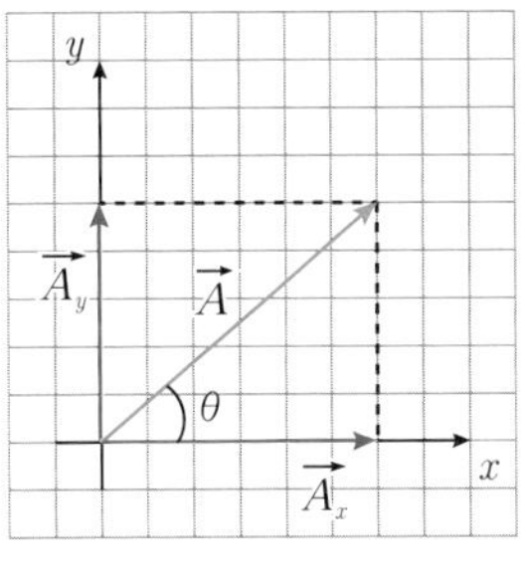

❶ **합성 벡터의 크기**

두 벡터 $\vec{A}$ 와 $\vec{B}$ 가 이루는 각이 θ 일 때, 합성 벡터 $\vec{C}$ 의 크기는 다음과 같다.

$$C = \sqrt{A^2 + B^2 + 2AB\cos\theta}$$

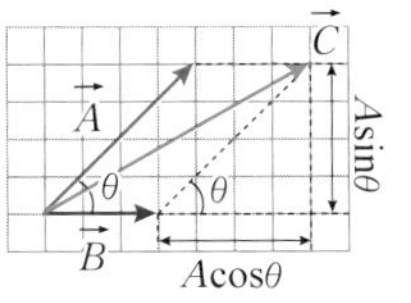

$C^2 = (B + A\cos\theta)^2 + A^2\sin^2\theta$
$= B^2 + 2AB\cos\theta$
$+ A^2\cos^2\theta + A^2 2\sin^2\theta$
$= B^2 + 2AB\cos\theta$
$+ A^2(\cos^2\theta + \sin^2\theta)$
$\therefore C^2 = A^2 + B^2 + 2AB\cos\theta$
($\because \cos^2\theta + \sin^2\theta = 1$)

❷ **벡터의 뺄셈**($F_1 - F_2$)

$-F_2$는 F_2와 크기는 같고 방향은 반대인 힘이다. 변위, 속도 등도 같은 방법으로 뺄셈을 한다.

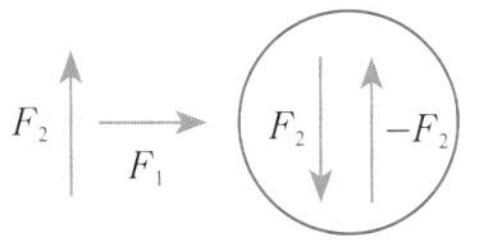

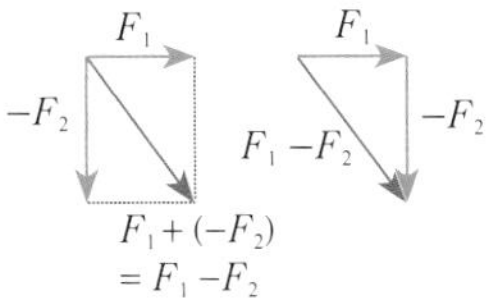

세 힘(벡터)의 합성

한 물체에 작용하는 세 힘의 합력을 구할 때에는 ① + ②를 먼저하여 두 힘의 합력을 구하고 ③번 힘과 합력을 구한다.

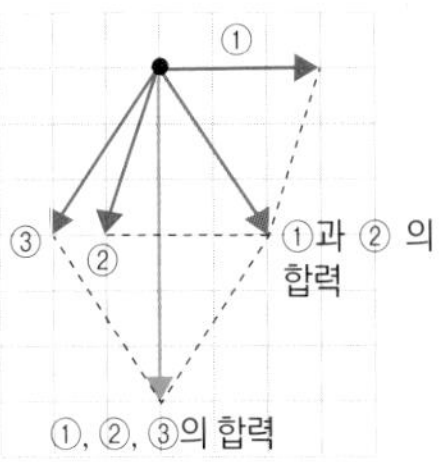

I 힘과 힘의 표시 (3)

힘의 효과

힘에 의한 변형이나 운동 상태가 변한 결과가 같으면 힘의 효과가 같다라고 한다.

힘의 크기가 다를 때	힘의 방향이 다를 때
변형이나 속력 변화 정도가 다르다.	물체의 운동 방향이 달라진다.

힘의 크기가 작을 때 → 변형 정도가 작다.	힘의 방향이 왼쪽 → 왼쪽으로 이동한다.
	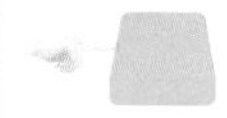
힘의 크기가 클 때 → 변형 정도가 크다.	힘의 방향이 오른쪽 → 오른쪽으로 이동한다.

힘의 작용점이 다를 때
물체의 운동 상태가 달라진다.

작용점이 병의 위쪽일 때 → 넘어진다.

작용점이 병의 아래쪽일 때 → 미끄러진다.

• 힘의 작용점을 힘의 작용선을 따라 옮기더라도 힘의 효과는 같다.

③ 합력

한 물체가 받는 여러 힘과 같은 효과를 가지는 한 힘을 합력이라고 하며, 알짜힘이라고도 한다.

(2) 힘의 표시

① **힘의 표시 방법** : 화살표로 표시하며, 힘이 작용한 지점에서 시작하여 힘이 작용한 방향으로 화살표를 그리고, 화살표의 길이는 힘의 크기에 비례하도록 한다.

• 힘의 크기는 화살표의 길이이다. → 힘의 크기가 2배가 되면, 화살표의 길이도 2배가 된다.

② **힘을 주고 받는 관계의 표현** : 외부에서 물체에 힘을 준다. = 외부에서 물체에 힘이 작용한다. = 물체가 외부로부터 힘을 받는다.

정답 p 9

Q10 다음 화살표는 오른쪽으로 작용하는 5 N 의 힘을 나타낸다. 왼쪽으로 작용하는 10 N 의 힘을 오른쪽 그림에 표시하시오.

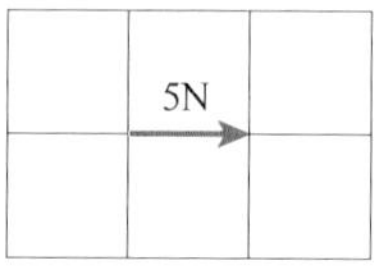

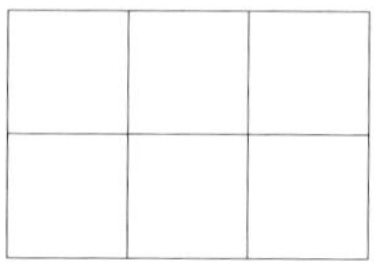

Q11 오른쪽 그림은 A 가 물체 B 를 밀고 있는 것을 나타낸 것이다. 둘 사이의 주고받는 힘 F_1 과 힘 F_2 를 화살표로 표시하였다. 다음 물음에 대하여 힘 F_1 과 힘 F_2 중에서 각각 선택하시오.

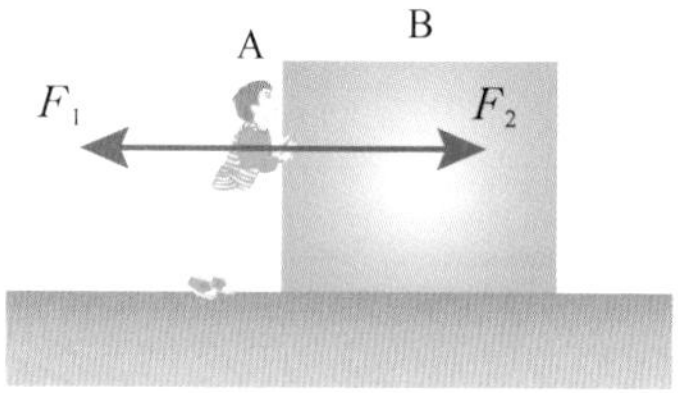

① A 가 B 에 작용하는 힘은?
② B 가 받는 힘은?
③ A 가 받는 힘은?
④ A 가 B 를 밀었지만 동시에 B 도 A 를 밀게 된다. B 가 A 를 미는 힘은?
⑤ F_1 과 F_2 는 작용·반작용 관계의 힘이라고 할 수 있을까?

③ **두 힘의 합력** ③ : 두 손으로 철봉에 매달린 경우와 한 손으로 철봉에 매달린 경우, 두 경우 모두 철봉에 작용하는 힘(철봉이 받는 힘)은 연직 방향으로 크기가 같다.

$F_1 + F_2 = F$ (합력) 이다.

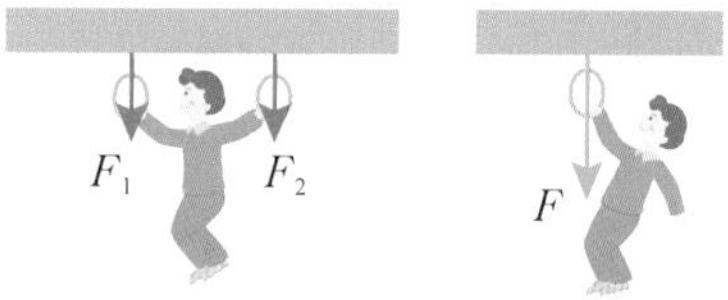

④ **평행한 두 힘의 합성** : 오른쪽 방향의 힘은 (+), 왼쪽 방향의 힘은 (-)로 정한다.

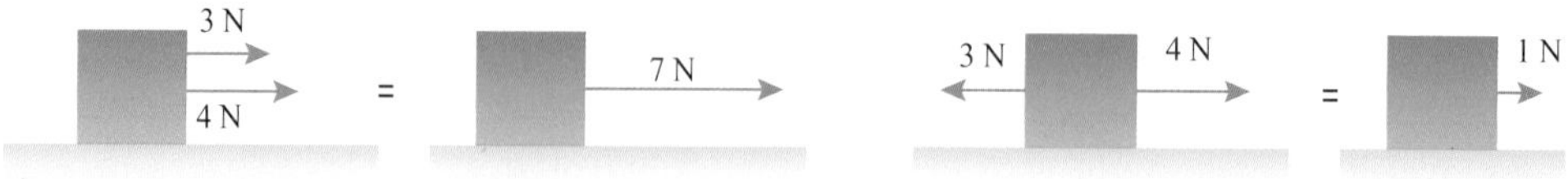

정답 p 9

Q12 두 힘의 합력(알짜힘)을 오른쪽 그림에 표시하시오.

⑤ **두 힘이 이루는 각과 합력의 크기** [4] : 두 힘 사이의 각이 작아질수록 합력의 크기는 커진다.

$F_A > F_B > F_C$

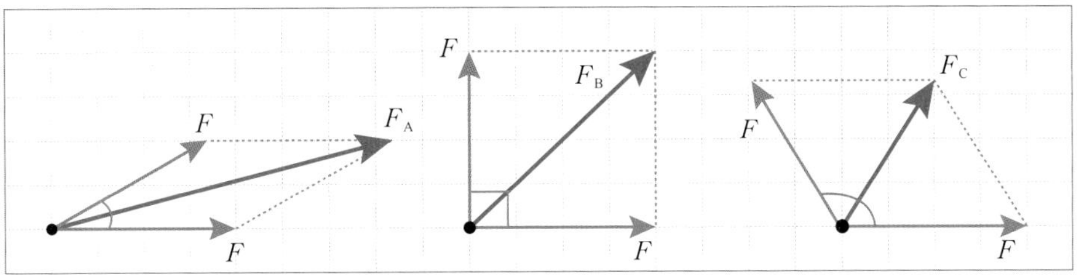

⑥ **직각을 이루는 두 힘의 합력 구하기** [5]

㉠ 유형 1

평행사변형법 삼각형법

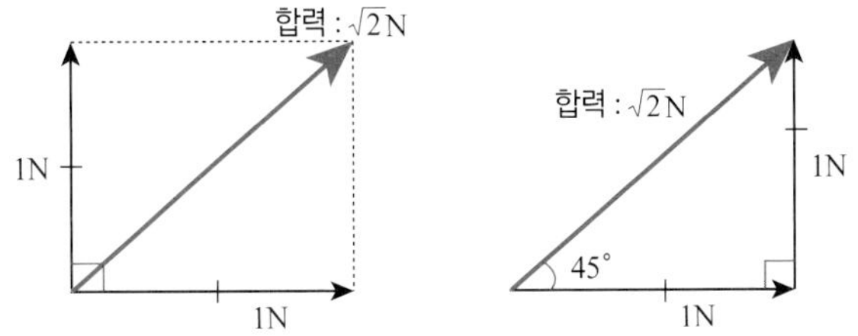

⇒ 힘의 크기가 같은 두 힘이 직각으로 작용하면 합력의 크기는 $\sqrt{2}$배가 된다. 직각으로 작용하는 두 힘과 합력의 크기의 비가 1 : 1 : $\sqrt{2}$ 이다.

㉡ 유형 2

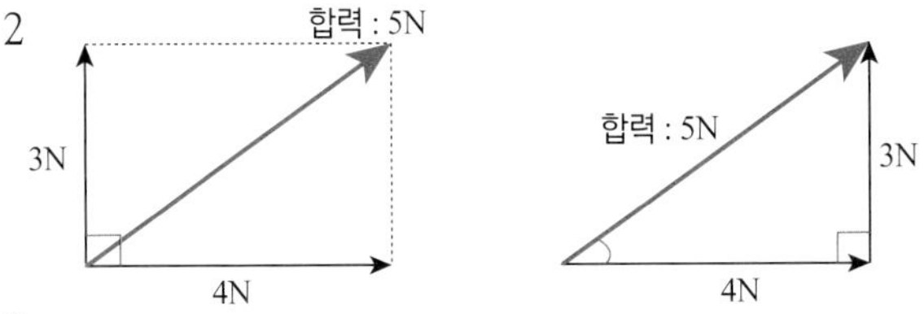

⇒ 직각으로 작용하는 두 힘과 합력의 크기의 비가 3 : 4 : 5 이다.

㉢ 유형 3

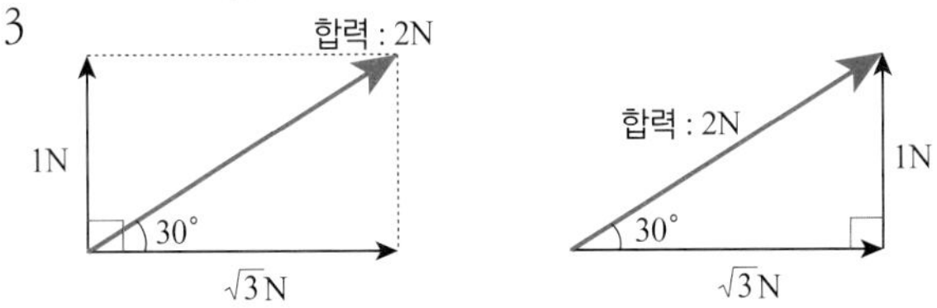

⇒ 직각으로 작용하는 두 힘의 합력의 크기의 비가 1 : $\sqrt{3}$: 2 이다.
(합력과 각 힘이 이루는 각이 30°, 60° 이다.)

⑦ **힘의 분해** : 한 힘을 똑같은 효과를 갖는 두 힘으로 분해할 수도 있다. 힘을 분해하는 과정은 힘을 합성하는 과정과 반대 과정이다.

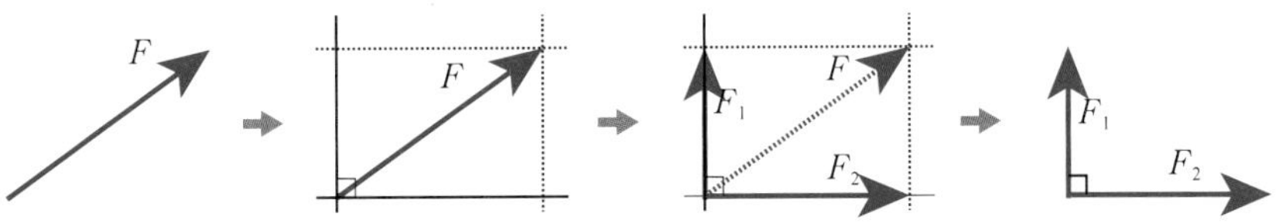

정답 p 9

Q13 오른쪽 그림과 같이 평행하지 않은 F_1, F_2 두 힘의 합력의 크기는 몇 N 인가? 그림은 변의 길이가 1 cm 인 정사각형의 모눈종이에 화살표로 힘을 표시한 것이며 1 cm 길이의 힘은 1 N 을 나타낸다.

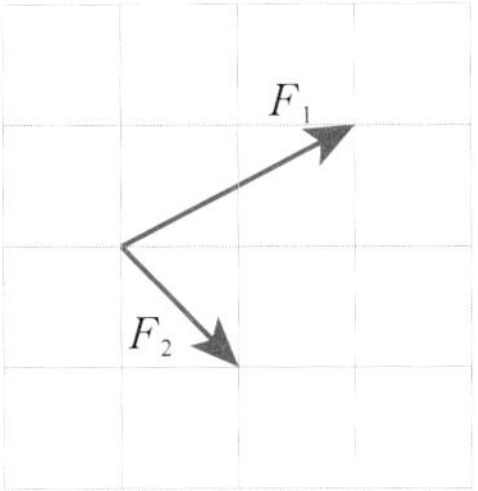

---

4 120°를 이루는 같은 크기의 두 힘의 합력의 크기

120°를 이루는 같은 크기의 두 힘의 합력의 크기는 각 힘의 크기와 같아진다. (방향은 다르다)

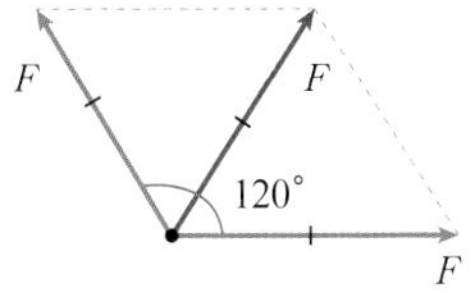

5 피타고라스 정리

직각 삼각형의 변의 길이에 관한 정리로 $a^2 + b^2 = c^2$ 이다.

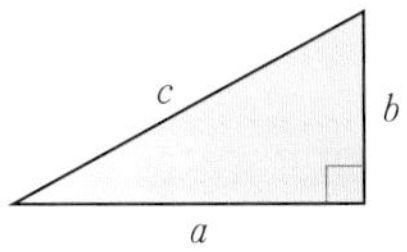

유형 1) $1^2 + 1^2 = (\sqrt{2})^2$
유형 2) $3^2 + 4^2 = 5^2$
유형 3) $1^2 + (\sqrt{3})^2 = 2^2$

피타고라스(Pythagoras)

그리스의 종교가·철학자·수학자로 만물의 근원을 '수(數)'로 보았다.

Q14 다음 두 힘의 합력을 그리고 크기를 구하시오. 정답 p 9

①

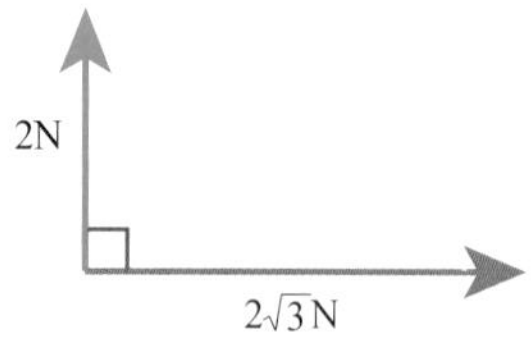

②

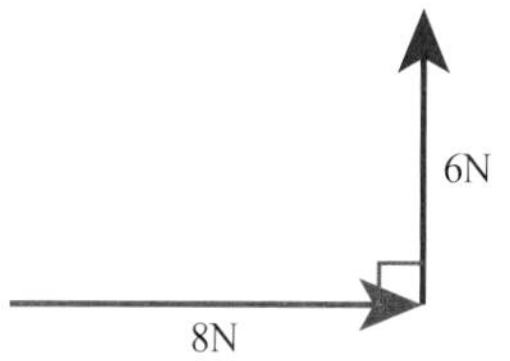

Q15 다음 힘 F 를 다른 두 힘 F_1, F_2 로 분해하는 그림에서 나머지 한 힘 F_2 를 그리고 크기를 구하시오.

①

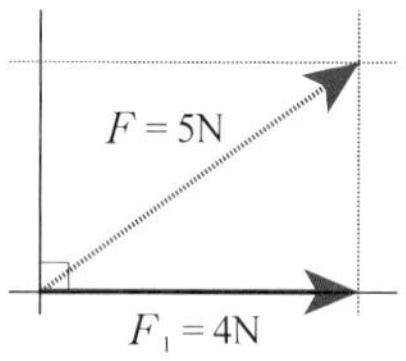

②

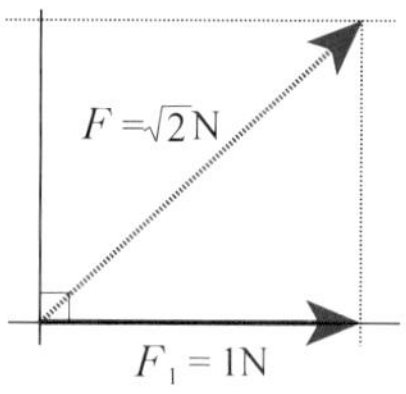

5. 힘의 평형

(1) 힘의 평형 ❶

① **힘의 평형** : 한 물체에 여러 힘이 작용하였으나 물체의 운동 상태가 변하지 않을 때 (정지하거나, 등속 운동할 때) 여러 힘들은 그 물체에 대해서 힘의 평형을 이루었다고 한다.(합력이 0)

② 물체 A에 두 힘 F_1, F_2 만 작용하여 물체의 운동 상태가 변하지 않으면 두 힘은 평형 상태에 있다.

③ **한 물체에 작용하는 두 힘이 평형을 이루기 위한 조건** : 두 힘의 ㉠ 크기가 같고 ㉡ 방향이 반대이며 ㉢ 두 힘이 같은 작용선 상에 있어야 한다.

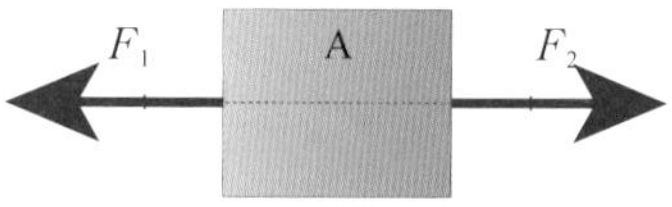

▲ 두 힘의 평형 : $F_1 + F_2 = 0$

④ **두 힘이 평형을 이루는 예**

▲ 용수철에 추가 매달려 있을 때

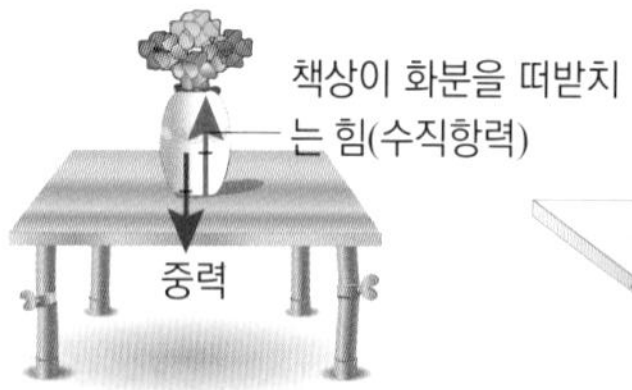

▲ 책상 위에 화분이 놓여 있을 때

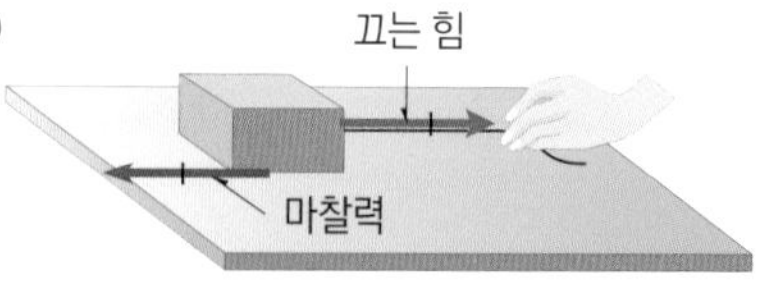

▲ 수평면에서 물체를 끌 때

정답 p 9

Q16 오른쪽 그림은 수평면에서 물체 A 에 5 N 의 힘을 오른쪽으로 작용하고 있는 모습이다. 힘을 작용했으나 움직이지 않았다면 이 힘과 평형을 이루는 힘의 방향과 크기를 구하시오. 구한 힘의 종류는 무엇이라고 할 수 있겠는가?

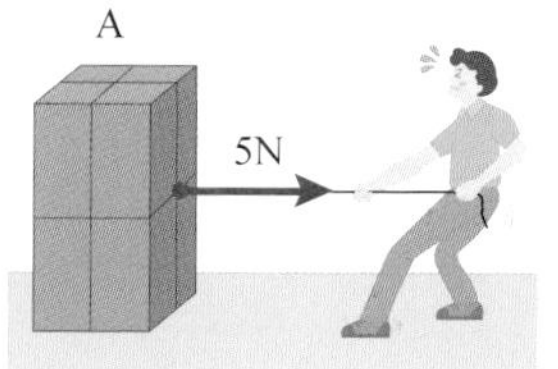

---

❶ 힘의 평형과 작용 반작용

- **힘의 평형** : 물체에 작용하는 힘들의 합력이 0 인 경우이다.
- **작용 반작용** : 크기가 같고 방향이 반대인 힘을 두 물체 사이에서 서로 주고받는 경우이다.

작용선이 다른 두 힘이 작용할 때

물체는 평형을 이루지 못하고 회전한다.

세 힘의 평형

$F_1 + F_2 = F'$ 이고 F_3 와 F' 가 평형되는 두 힘이라면 F_1, F_2, F_3 세 힘은 평형 상태에 있다.
→ $F_1 + F_2 + F_3 = 0$

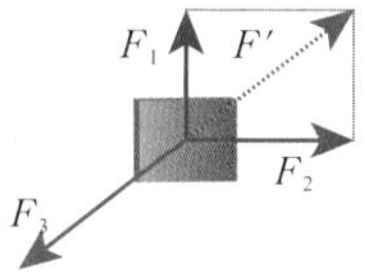

힘의 표시

30 그림은 6 N 의 힘을 화살표로 나타낸 것이다.

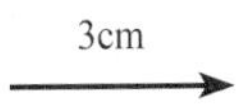

이 힘과 반대 방향으로 작용하는 9 N 의 힘을 표시하시오.

31 그림의 F_1 은 동쪽으로 작용하는 10 N 의 힘을 나타낸다.

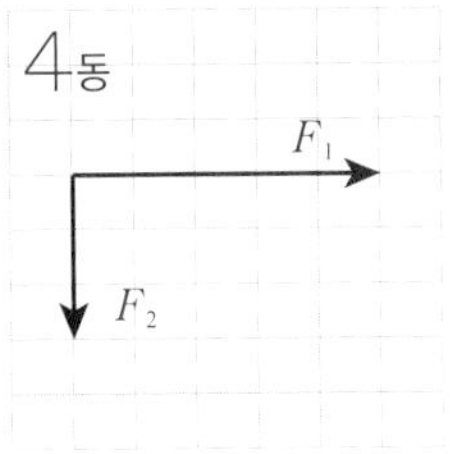

힘 F_2 의 방향과 크기는 얼마이겠는가?

32 그림은 두 사람이 서로 반대 방향으로 수레를 당기고 있는 것을 나타낸 것이다. 두 사람이 각각 10 N 의 힘으로 잡아당기고 있다면, 이 수레가 받는 힘의 합력(알짜힘)은 얼마인가? (단, 수레와 지면 사이에 마찰력은 작용하지 않는다고 가정한다.)

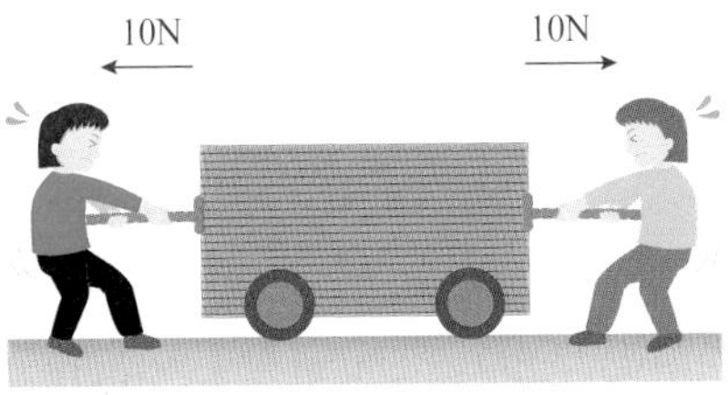

33 그림과 같이 세 힘이 한 물체에 작용할 때 합력(알짜힘)을 구하시오.

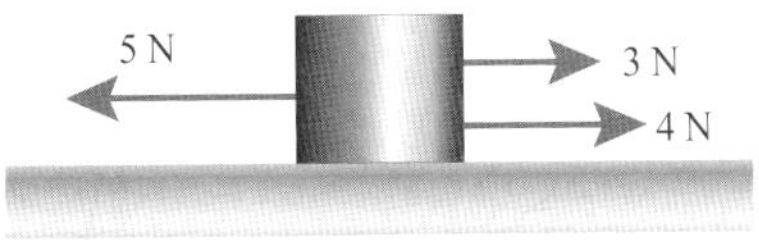

34 다음 그림과 같이 수레를 두 사람이 같은 방향으로 각각 20 N 의 힘으로 끌고 있다면 수레가 받는 힘의 합력(알짜힘)의 크기는 얼마인가? (단, 수레와 지면 사이의 마찰력은 0 이라고 가정한다.)

35 그림 중 F_1 과 F_2 의 합력(알짜힘)을 올바르게 나타내고 있는 것을 있는 대로 고르시오.

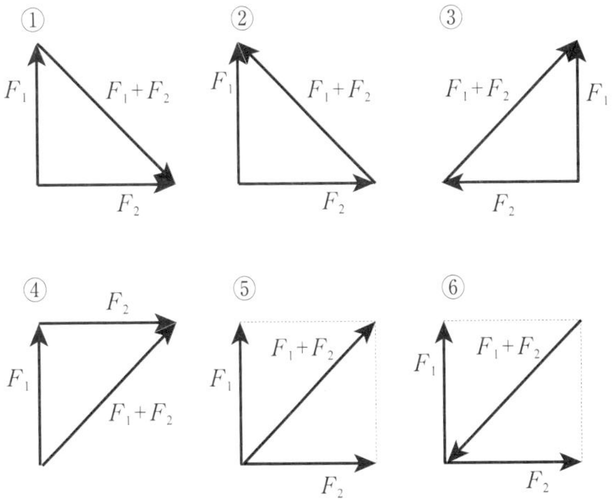

36 그림과 같이 크기와 방향이 다른 두 힘 F_1 과 F_2 를 합성하면 합력의 크기는 몇 N 인가? (단, 모눈은 정사각형이고 한 변의 길이는 1 N 을 뜻한다.)

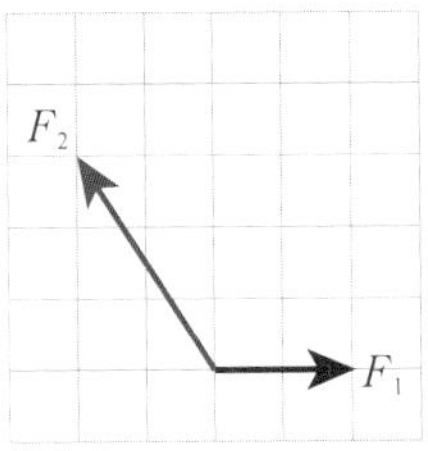

37 그림과 같이 F_1 과 F_2 가 서로 나란하지 않게 작용하고 있다. 물음에 답하시오. (단, 모눈은 정사각형이고 한 변의 길이는 1 N 을 뜻한다.)

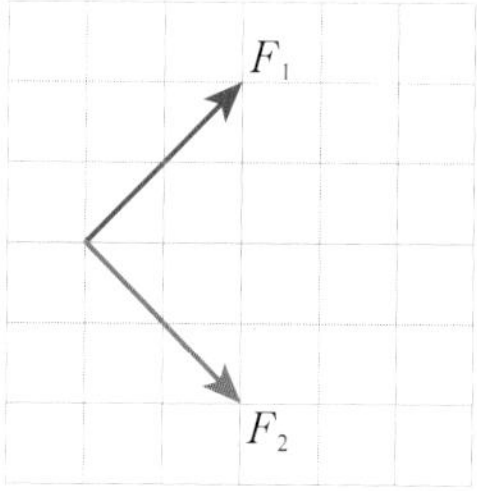

(1) 두 힘의 합력의 크기는 몇 N 인가?

(2) $F_1 - F_2$ 의 크기는 몇 N 인가?

38 어떤 물체에 5 N 과 3 N 의 힘이 동시에 작용할 때 합력으로 나타날 수 없는 힘은?

① 2 N ② 3 N ③ 5 N
④ 7 N ⑤ 10 N

힘의 평형

39 다음은 지면 위에 물체가 놓여있을 때 작용하고 있는 여러 가지 힘들을 나타낸 것이다. 이 힘 중 작용·반작용의 관계에 있는 힘의 쌍과 평형 관계에 있는 힘의 쌍을 고르시오.

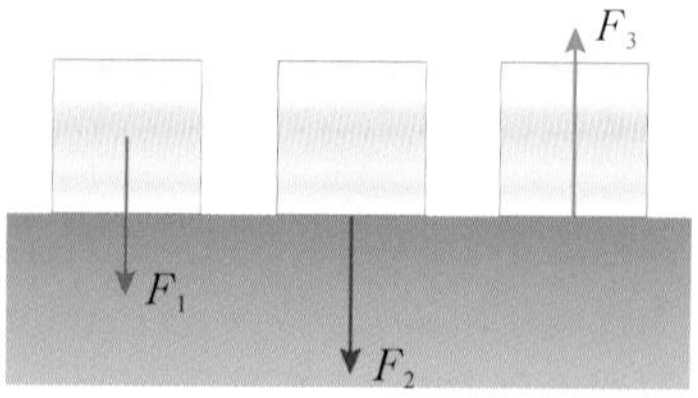

F_1 : 지구가 물체를 잡아당기는 힘
F_2 : 물체가 지면을 누르는 힘
F_3 : 지면이 물체를 떠받치는 힘

(1) 작용·반작용 관계의 두 힘

(2) 평형 관계의 두 힘

40 다음 중 평형을 이루는 두 힘에 대한 설명으로 옳은 것만을 〈보기〉에서 있는 대로 고르시오.

보기
ㄱ. 책상면 위에 놓인 물체에 작용하는 중력과 책상면이 물체를 떠받치는 힘
ㄴ. 책상 위에 있는 물체를 끌어당겼으나 물체는 움직이지 않았을 때, 물체를 끄는 힘과 책상이 물체를 떠받치는 힘
ㄷ. 경사면에서 물체를 끌어올리는 경우, 중력과 물체를 빗면 방향으로 끌어 올리는 힘
ㄹ. 용수철에 추가 매달려 정지해 있을 때 추에 작용하는 중력과 추를 위로 잡아당기는 용수철의 탄성력

41 그림에서 세 힘이 평형을 이루기 위해서는 나머지 한 힘 (F_3)의 방향은 어느 쪽을 향하는가?

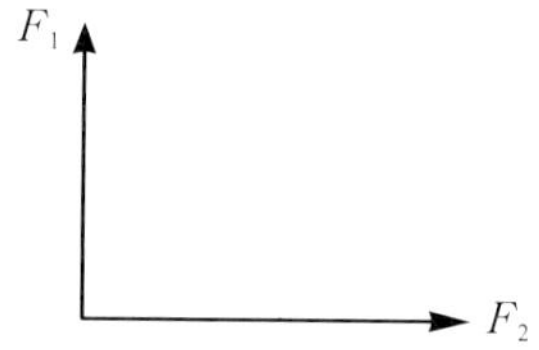

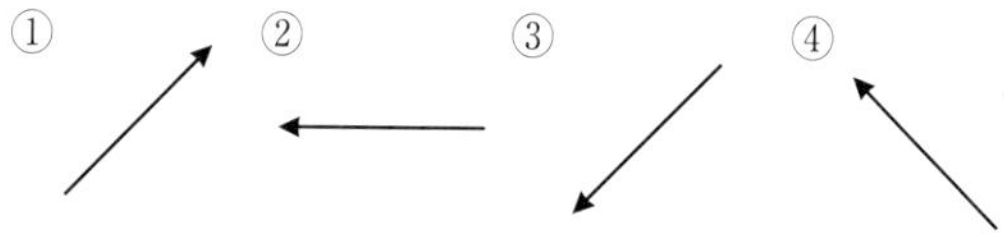

42 그림과 같이 세 힘이 한 점에 작용하여 평형을 이루고 있다. F_1 = 1 N, F_2 = 2 N 일 때 F_3 의 크기는?

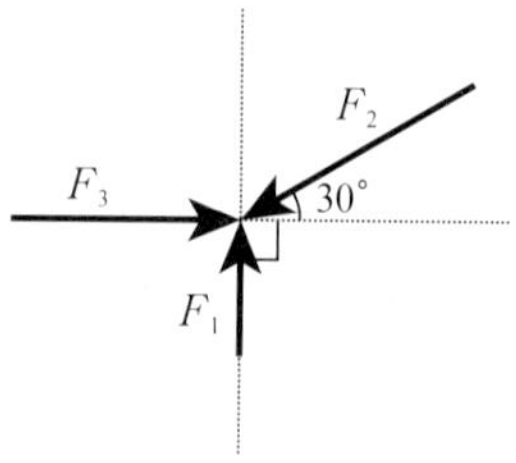

43 그림은 한 점 O 에 작용하는 여러 힘들을 나타낸 것이다.

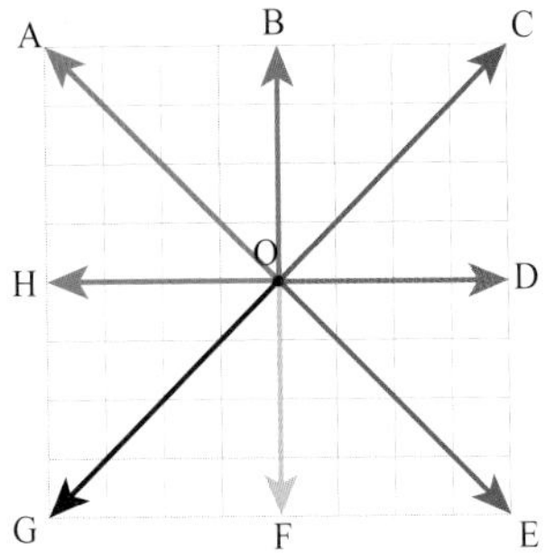

이에 대한 설명으로 옳은 것만을 있는 대로 고르시오.

① B - H 는 힘 G 이다.
② A 와 D 의 합력은 B 이다.
③ 힘 G 와 C 의 합력은 0 이다.
④ B, D, G 는 힘의 평형 상태에 있다.
⑤ B 와 H 의 합력은 B 와 D 의 합력과 평형을 이룬다.
⑥ H 와 E 의 합력이 40 N 이면 한 눈금은 10 N 의 힘에 해당한다.

44 그림과 같이 무게가 5 N 인 쇠구슬을 용수철저울에 매달고, 쇠구슬에 자석을 가까이 했더니 평형이 된 상태에서 용수철저울의 눈금이 15 N 을 가리켰다. 쇠구슬과 자석 사이에 작용하는 자기력은 몇 N 인가?

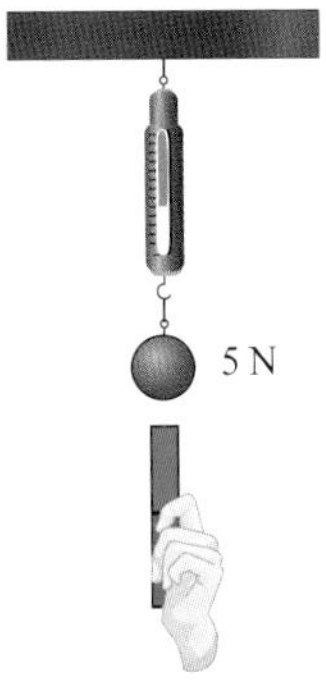

① 5 N ② 10 N ③ 15 N
④ 20 N ⑤ 25 N

45 그림처럼 10 N 의 힘이 수평 방향에 대하여 60° 의 방향으로 작용하고 있을 때 수평 방향의 힘과 연직 방향의 힘으로 나누고 그 크기를 구하시오.

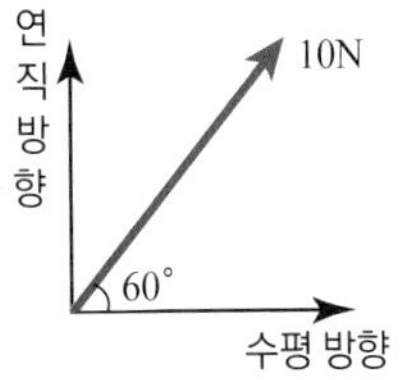

46 그림과 같이 도르래를 통하여 10 kg 의 물체와 2 kg 의 물체가 가벼운 끈으로 연결되어 정지해 있다. 도르래의 마찰은 없다고 하고, g = 10 m/s^2 이라고 할 때 책상 면이 물체에 작용하는 마찰력은 얼마인가?

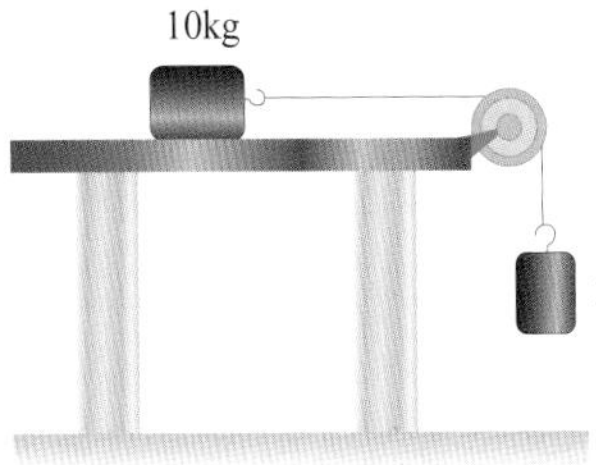

① 10 N ② 20 N
③ 10 N 보다 크고 20 N 보다 작다.
④ 20 N 보다 크고 100 N 보다 작다. ⑤ 100 N

47 그림은 책상에 쇠구슬을 놓고 손으로 누르고 있는 모습이다. 쇠구슬과 손가락 사이에 작용하는 힘 A, B 와 책상 면과 쇠구슬 사이에 작용하는 힘 C, D, 쇠구슬의 중력 E 등 5 개의 힘에 대한 설명으로 옳은 것만을 있는 대로 고르시오.

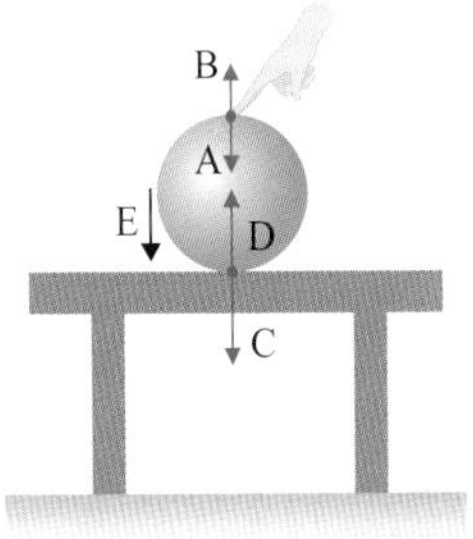

① 힘 A 와 힘 B 는 평형을 이루는 힘이다.
② 힘 A 와 힘 D, 힘 E 는 평형을 이루는 세 힘이다.
③ 힘 A 와 힘 D 는 평형을 이루는 힘이다.
④ 힘 C 와 힘 D 는 작용·반작용 관계에 있다.
⑤ 힘 C 와 힘 B 는 작용·반작용 관계에 있다.

48 그림과 같이 천장에 물체를 매달았을 때 두 끈의 장력이 똑같이 5 N 으로 나타났다. 두 끈이 이루는 각이 120° 라면 물체의 무게는 몇 N 인가?

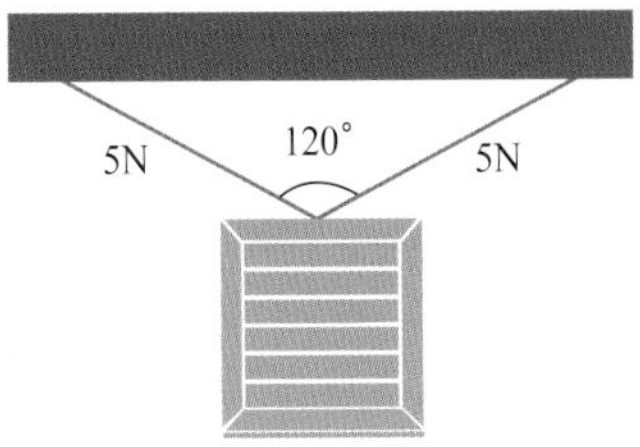

49 **소방관이 호스로 물을 내뿜을 때는 몸을 앞으로 숙여서 호스를 꽉 잡는다. 그 이유를 바르게 설명한 것은?**

① 호스가 무겁기 때문이다.
② 물이 호스를 뒤로 밀기 때문이다.
③ 몸이 물에 젖지 않게 하기 위해서이다.
④ 위에서 떨어지는 불똥이 위험해서이다.
⑤ 물의 방향을 쉽게 조절하기 위해서이다.

50 **그림과 같이 마찰이 없는 수평면 상에 놓인 물체를 은재와 선우가 서로 반대 방향으로 잡아당기고 있지만 물체는 움직이지 않고 있다. 물체에 작용하는 힘에 대한 설명으로 옳은 것만을 <보기>에서 있는 대로 고른 것은?**

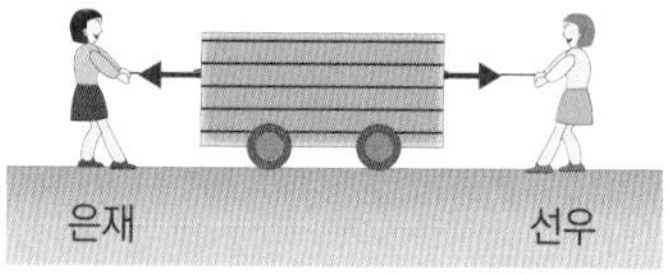

보기

ㄱ. 물체는 정지해 있으므로 물체에 작용하는 합력은 0 이다.
ㄴ. 합력이 0 이므로 선우가 물체를 잡아당기는 힘과 은재가 물체를 잡아당기는 힘은 크기가 같고 방향은 반대이다.
ㄷ. 위의 두 힘은 작용반작용의 관계에 있다.

① ㄱ ② ㄴ ③ ㄷ
④ ㄱ, ㄴ ⑤ ㄱ, ㄷ

51 **그림처럼 마찰이 없는 도르래에 질량이 m 인 물체를 매달아서 고정시켰을 때 용수철 저울 A 와 용수철 저울 B 의 눈금의 비는?**

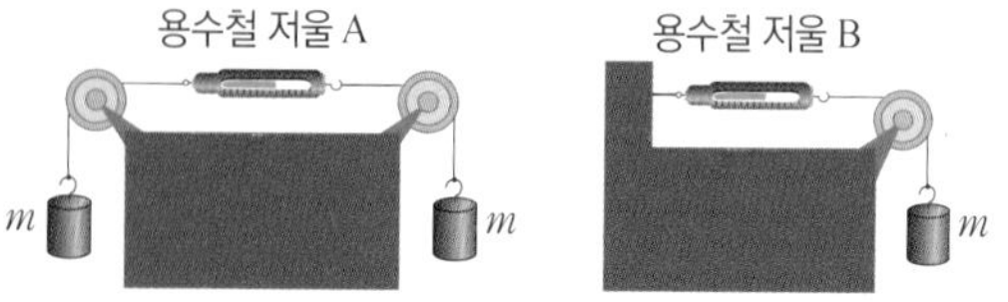

① 1 : 2 ② 1 : 1 ③ 2 : 1
④ 비교할 수 없다.

52 **은재는 사람이 땅 위에서 걸어가는 과정을 다음과 같은 단계로 생각하였다.**

> 1단계 : 사람이 발로 땅을 민다.
> 2단계 : 땅도 반작용으로 사람의 발을 민다.
> 3단계 : 발과 땅이 서로 작용하는 힘은 크기가 같고 방향이 반대이므로 합력이 0 이다.
> 4단계 : 합력이 0 이므로 사람은 앞으로 걸어갈 수 없다.

은재가 잘못 생각한 단계를 고르시오.

① 1 단계 ② 3 단계
③ 2, 3 단계 ④ 3, 4 단계

53 **그림처럼 무게가 2 N 인 두 개의 도르래를 사용하여 20 N 의 물체를 끌어올리기 위한 최소의 힘 F 를 구하시오.**

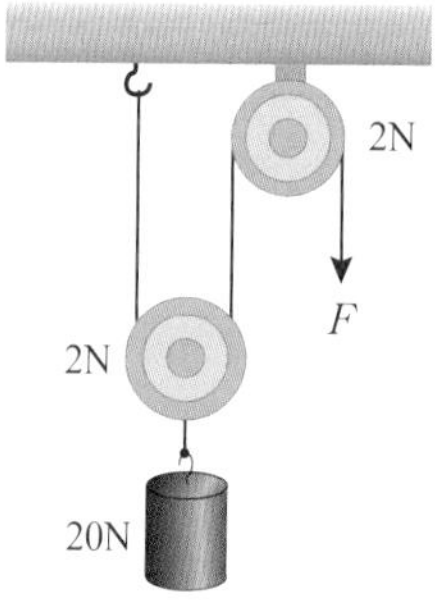

54 **그림과 같이 나무도막을 빗면 위로 밀어올리고 있다. 나무도막에 작용하는 마찰력과 중력, 수직 항력을 각각 화살표로 그려 보시오.**

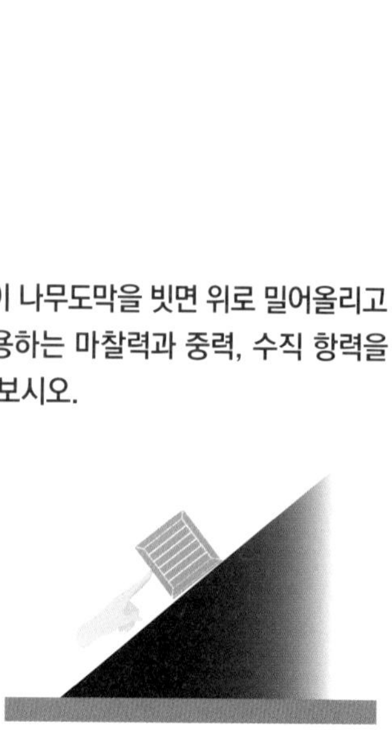

13 그림은 고무줄을 양손으로 잡아당기는 것을 나타낸 것이다. ( )에 해당하는 힘을 적고 물음에 답하시오.

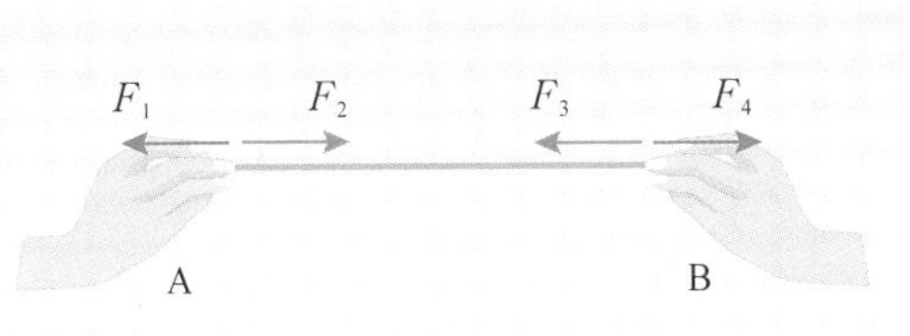

a. 손 A 가 고무줄을 잡아당기는 힘 - (   )
b. 고무줄이 손 A 를 잡아당기는 힘 - (   )
c. 고무줄이 손 B 를 잡아당기는 힘 - (   )
d. 손 B 가 고무줄을 잡아당기는 힘 - (   )

(1) 평형 관계의 두 힘을 고르시오

(2) 작용 반작용의 관계의 두 힘을 모두 고르시오

14 그림과 같이 탁자 위에 사과가 놓여 있다. 이때 F_2 는 사과에 작용하는 중력이고, F_4는 사과가 지구를 잡아당기는 힘이다. F_1 과 F_3 은 탁자와 사과 사이에 작용하는 힘이다. 물음에 답하시오.

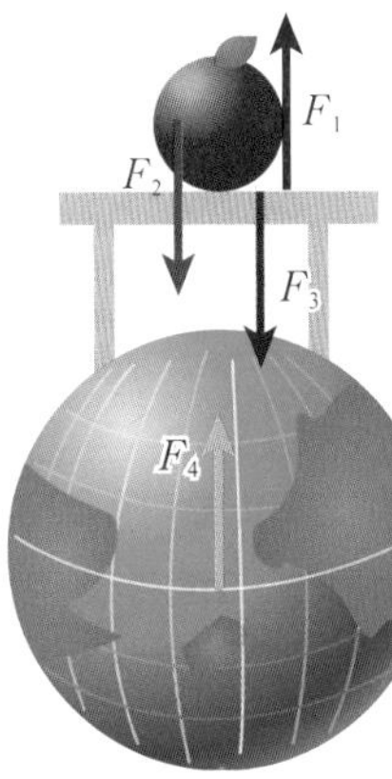

(1) 힘 F_1 이 어떤 힘인지 설명해 보시오.

(2) 힘 F_1 과 평형을 이루는 힘은 어떤 힘인가?

(3) 힘 F_2 와 작용·반작용의 관계에 있는 힘은 어떤 힘인가?

개념 돋보기

작용반작용과 힘의 평형

- **작용 반작용** : 두 물체 사이에 힘이 작용할 때는 항상 주고받는 관계로 작용한다. 다른 물체에 힘을 주면(작용) 반드시 같은 크기의 힘을 받게(반작용)된다.
- **힘의 평형** : 한 물체에 작용하는 힘들의 합력이 0이면 물체는 힘을 받지 않는 것과 같다.
- **힘이 작용하는 부분** : 물체 간의 경계면(만유인력(중력), 전자기력 제외)

개념 심화 문제

15 길이가 10 cm 인 용수철에 힘을 가하면서 늘어난 길이를 측정했더니 그래프 (가) 와 같이 나타났다. 같은 용수철에 80 N 의 물체를 매달아 그림 (나)와 같이 책상에 닿게 하였을 때 용수철의 길이가 16 cm 였다면 물체가 책상 면으로부터 받는 수직 항력은 몇 N 인가?

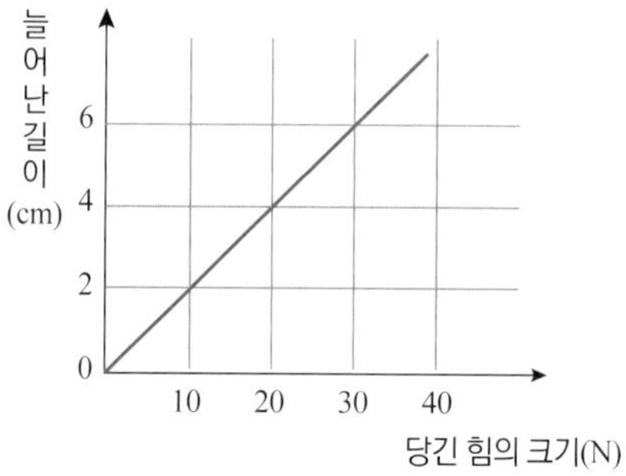

(가)

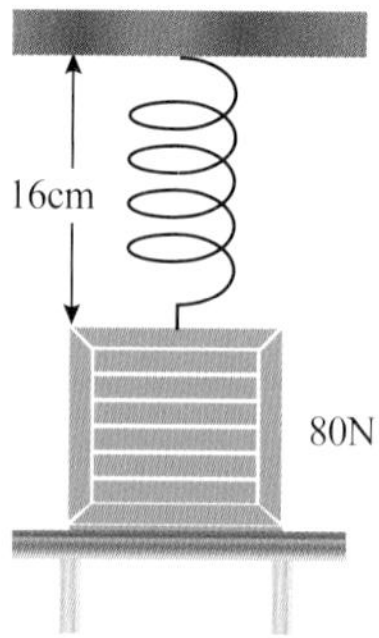

(나)

16 그림과 같이 1 kg 의 물체 A 를 벽에 수직한 방향으로 밀어서 미끄러져 내려오지 않도록 하고자 한다. 벽과 물체 사이의 정지마찰계수를 0.1 이라 할 때 물체가 미끄러져 내려오지 않으려면 벽에 수직한 방향으로 얼마의 힘을 작용해야 하는가? 단, 중력 가속도는 9.8 m/s^2 이다.

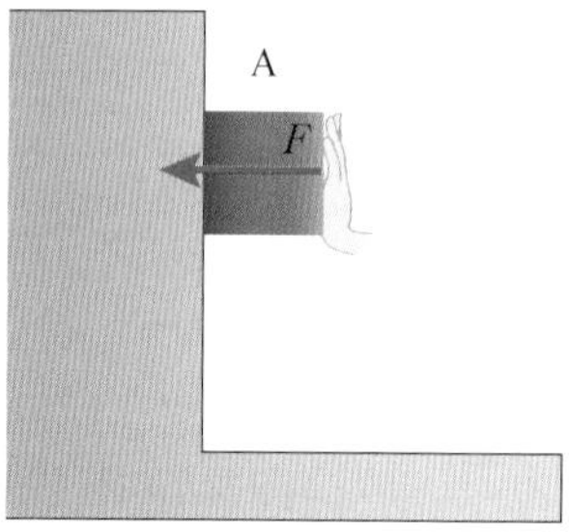

17 그림과 같이 질량 2 kg 의 물체를 수평면에 놓고 수평면과 30° 되는 방향으로 힘을 작용하여 물체를 끌어 당기려고 한다. 물체와 수평면 사이의 정지마찰계수를 0.1 이라고 할 때 물체를 움직일 수 있는 최소의 힘 F 는 얼마인가? (단, 질량 2 kg 의 물체의 무게를 20 N 으로 하고, $\sqrt{3}$ = 1.7 이다.)

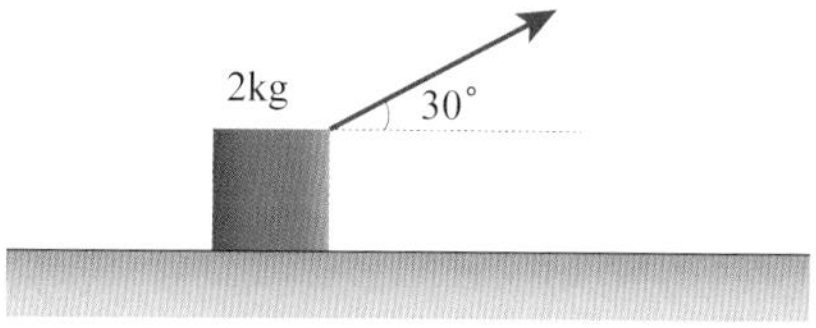

개념 돋보기

마찰이 있는 수평면 위에서 질량 m 의 물체를 외력 F 로 끌었을 때 물체에 작용하는 힘

물체에 외력을 작용했지만 운동 상태가 변하지 않고 있다면
힘의 평형 조건에서 $F_{외력} + F_{마찰력} = 0$ 이며, $N_{수직항력} + mg = 0$ 이다.
마찰계수는 면의 거칠기에 따라 결정되는 값이다. ($F_{마찰력} = \mu \cdot N_{수직항력}$)

마찰이 있는 면 위에서 물체를 끌었지만 물체가 움직이지 않는 경우 ▶

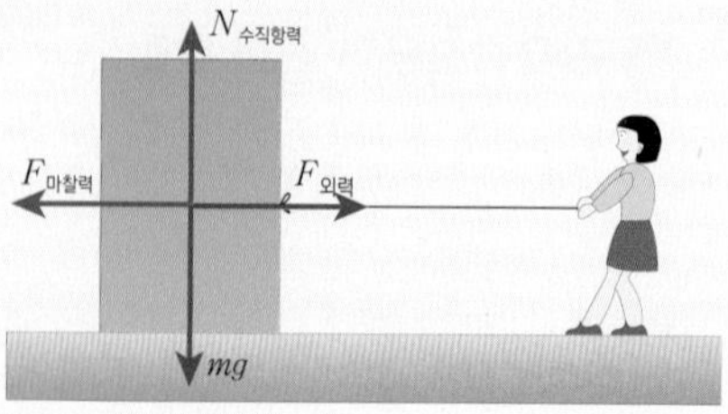

18 그림과 같이 A 와 B 가 서로 줄다리기를 하고 있는데 서로 끌려가지 않고 있는 상태이다. 이때 줄에 걸리는 장력은 각각 T_1, T_2 이고 A, B 와 지면 사이의 마찰력이 각각 F_1, F_2 이며, A의 몸무게가 B의 몸무게보다 크다고 할 때 다음 설명 중 옳지 <u>않은</u> 것은?

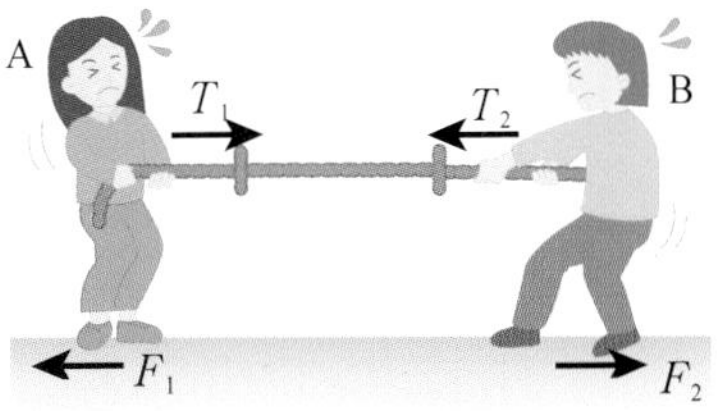

① F_1 과 F_2 의 크기는 같으며 방향은 반대이다.
② 사람 A 와 B 에 각각 작용하는 알짜힘은 0 이다.
③ T_1 과 F_1, T_2 와 F_2 는 작용·반작용의 관계이다.
④ 지면이 A 와 B 에 작용하는 수직 항력은 서로 다르다.
⑤ T_1, T_2 는 크기는 같고 방향이 반대이며 작용·반작용의 관계이다.

19 다음 그림과 같이 튜브처럼 생긴 물체에 3 N 과 4 N 의 힘이 서로 직각으로 작용하고 있다. 물체가 움직이지 않고 평형을 이루기 위해 필요한 힘 F 를 그리고 그 크기를 구하시오

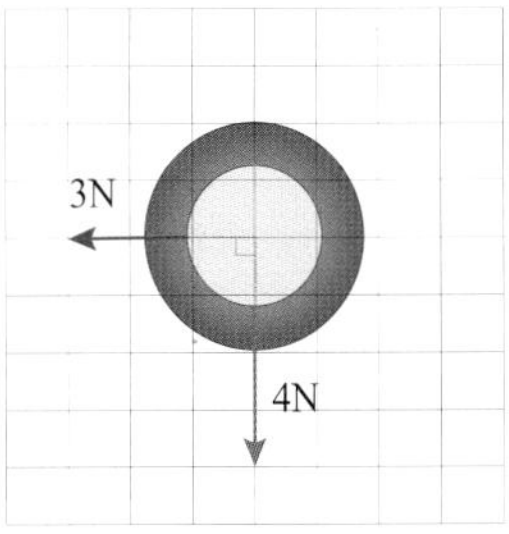

20 그림과 같이 물체 A 에 실을 연결하여 마찰이 있는 빗면 위로 잡아당기고 있다. 물체는 빗면 위 방향으로 막 움직이기 시작하는 상태이다. 물음에 답하시오.

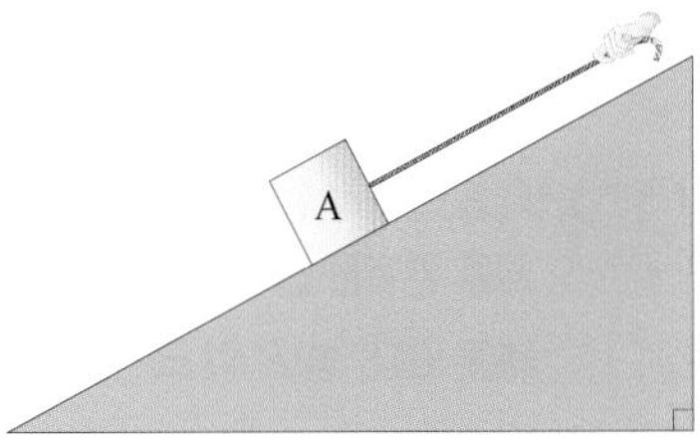

(1) 물체 A에 작용하는 힘을 모두 화살표로 표시하고 힘의 종류를 각각 적어 보시오.

(2) 평형되는 힘들을 각각 설명해 보시오.

개념 돋보기

빗면에서 등속으로 미끄러져 내려오는 2Kg 의 물체에 작용하는 힘의 평형

등속 운동하는 물체에 작용하는 알짜힘 = 0 이다.
그림에서의 힘의 평형 → $N + F_1 = 0,\ F_2 + f(\text{마찰력}) = 0$

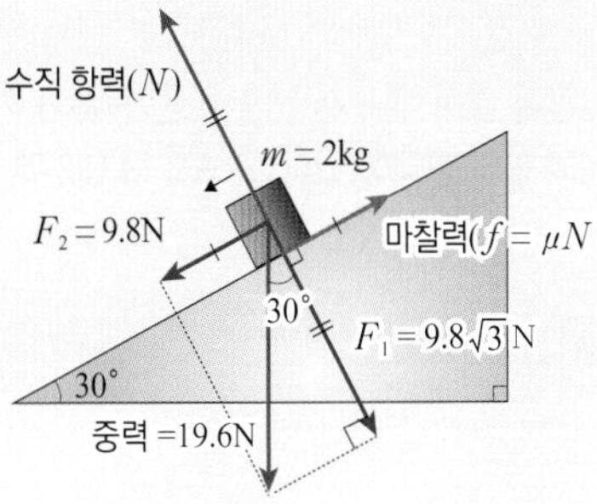

21 그림과 같이 원형 고리 자석을 막대에 끼워서 놓아 두었더니 두 자석의 반발력으로 그림과 같이 한 자석이 뜬 상태로 유지되었다. 자석이 끼워지지 않은 상태에서 장치의 질량은 200g 이고, 자석 1 개의 질량은 100 g 이며 두 자석은 동일하다. 그림과 같은 장치를 저울 위로 올려 무게를 재면 무게는 얼마이겠는가?

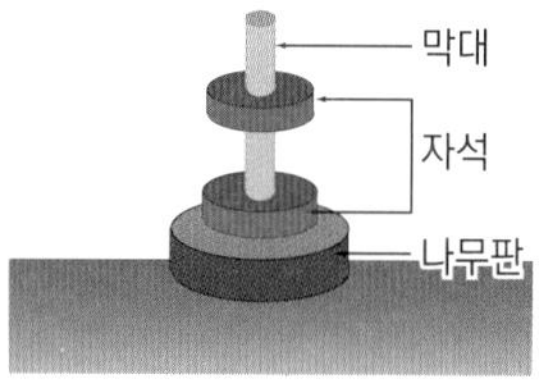

22 그림과 같이 두 사람이 물체를 끌어 올리고 있다. 물체가 한 쪽으로 치우치지 않고 점점 위로 올라옴에 따라 두 사람이 줄을 당기는 힘(또는 줄이 물체를 당기는 장력)은 어떻게 될지 논리적으로 설명해 보시오.

23 다음 그림과 같이 줄에 매달려 있는 질량 2 kg 인 물체에 힘 F 를 가해서 연직선과 물체를 연결한 끈이 연직선과 30° 를 이루게 하였다. O 점을 중심으로 세 힘이 평형 상태에 있다. 힘 F 의 크기를 구하시오. (단, g = 9.8 m/s^2 이고, $\sqrt{3}$ = 1.7 로 하시오.)

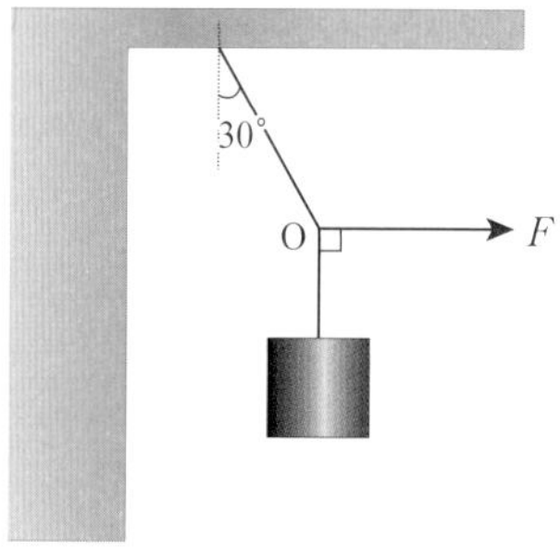

24 그림과 같이 무게가 100 N 인 물체가 가벼운 끈에 매달려 있다. 점 B 에 작용하는 장력들은 힘의 평형 상태에 있다. 끈 AB 와 BC 에 걸리는 장력을 각각 구하시오.

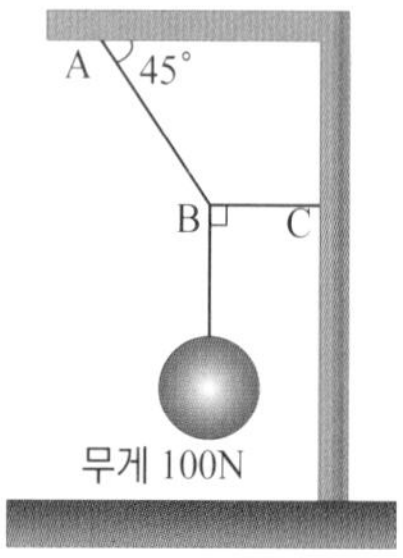

25 그림처럼 빗면에서 두 물체가 정지해 있다. 빗면과 도르래의 마찰이 없다고 가정하고 물체 P 의 질량은 2 kg 이라고 할 때 다음 물음에 답하시오. (단, g = 9.8 m/s^2 이고, $\sqrt{3}$ = 1.7 로 하시오.)

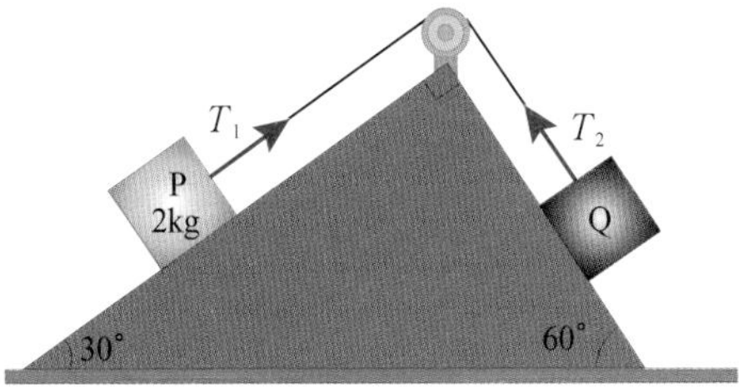

(1) 물체 Q 의 질량은 몇 kg 인가?

(2) 장력 T_1과 T_2는 각각 몇 N 인가?

26 무게가 똑같이 mg 인 두 물체가 그림과 같이 하나는 마찰이 없는 빗면 위에 놓여있고 하나는 무게를 재는 저울 위에 놓인 채 끈으로 연결되어 있다. 두 물체가 움직이지 않고 정지해 있다면 저울은 얼마의 무게를 나타내겠는가? (단, 도르래의 마찰은 무시하며, 끈의 질량은 충분히 작다.)

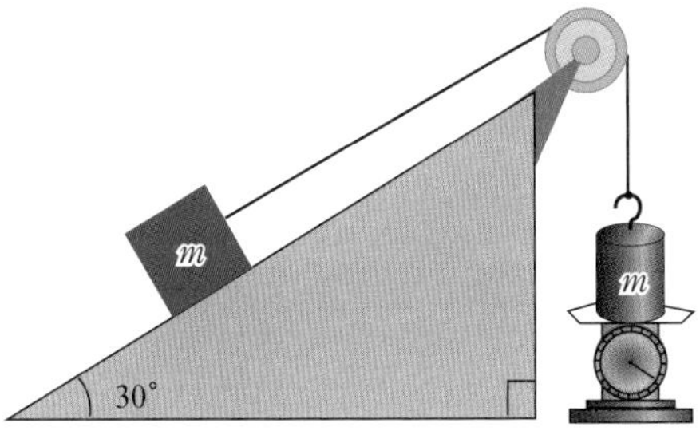

27 질량 100 kg 인 나무상자가 마찰이 없는 경사면(30°)위에서 수평 방향의 힘 F 를 받아서 일정한 속도로 밀려 올라갔다. (단, g = 9.8 m/s^2 이다.)

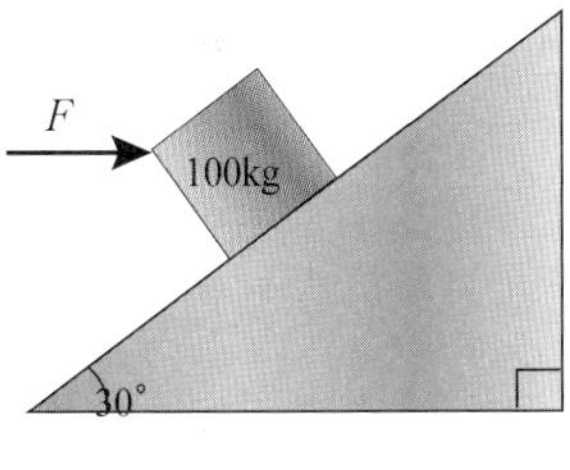

(1) F의 크기는 몇 N 인가?

(2) 경사면에 수직으로 나무상자에 작용하는 힘의 크기(수직 항력)를 구하시오.

개념 돋보기

빗면의 물체가 수평 방향의 힘 F 를 받을 때 그림처럼 힘을 분해한다.

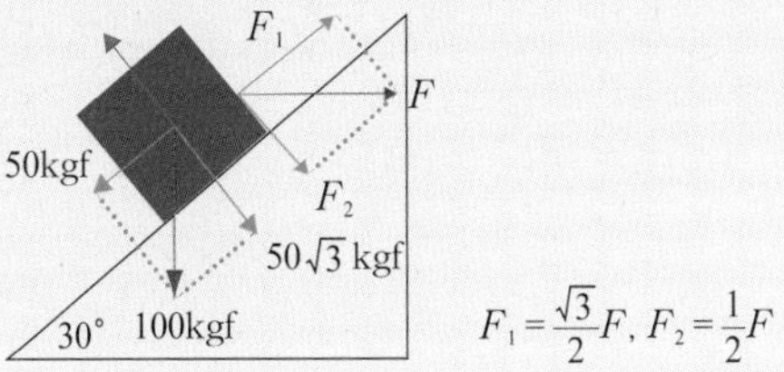

$F_1 = \frac{\sqrt{3}}{2}F,\ F_2 = \frac{1}{2}F$

개념 심화 문제

28 질량 3 kg 의 물체를 가벼운 실로 천장에 매달았더니 그림과 같이 각도를 이루어 평형이 이루어진 상태로 유지되었다. 장력 T_1 과 T_2 는 각각 몇 N인가? (단, g = 9.8 m/s^2 이다.)

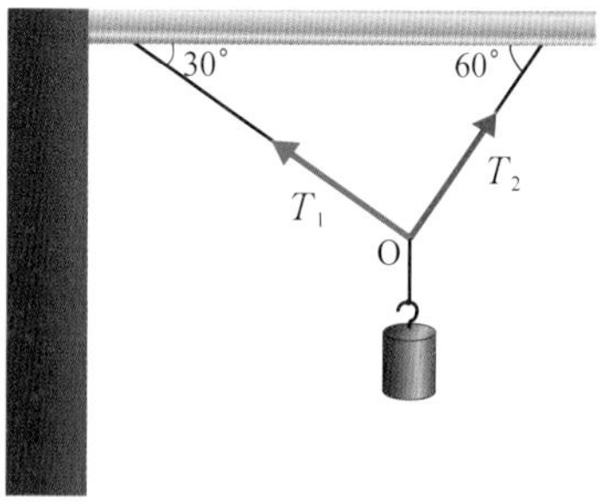

29 그림과 같이 무게가 300 N 인 물체가 가벼운 두 줄에 매달려 있다. 이 때 줄 A, B, C 의 장력은 각각 몇 N 인가?

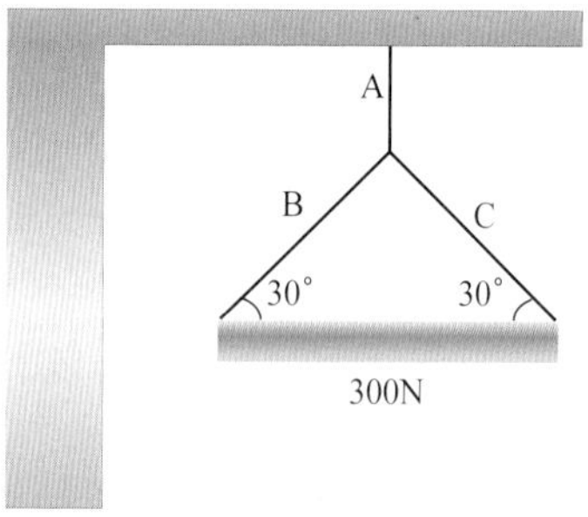

30 그림과 같이 고정 도르래 1 개와 움직 도르래 2 개를 사용하여 물체를 끌어올리려 하고 있다. 무게가 14 N 인 물체를 끌어올리기 위한 최소의 힘 F 와 이때 천정에 연결된 줄에 걸리는 장력 T 의 크기를 구하시오. (단, 도르래와 실의 무게, 도르래의 마찰은는 무시한다.)

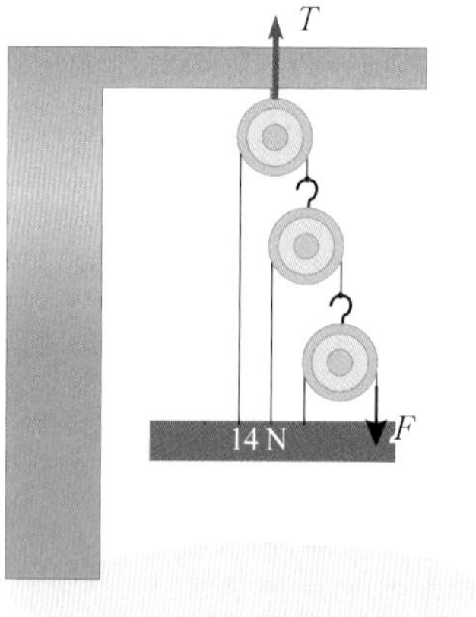

31 그림과 같이 마찰이 없는 빗면 위에 물체를 두고 빗면 위의 물체 A 를 매달고, 도르래 반대쪽에는 물체 B 를 매달았더니 정지한 상태가 되었다. 물체 A 의 질량을 m (무게 mg)이라 할 때 물체 B 의 질량을 구하시오.

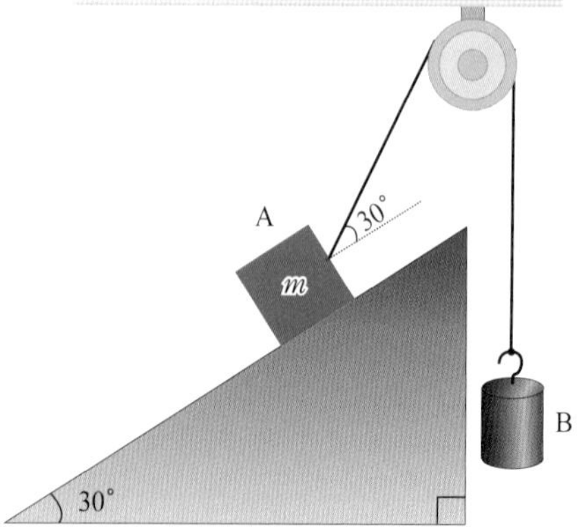

논리 서술형

01

그림은 물체의 속력이 변하지 않는 경우를 나타낸 것이다.

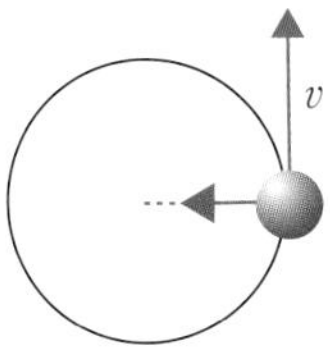

(가) 등속 원운동 : 일정 속력

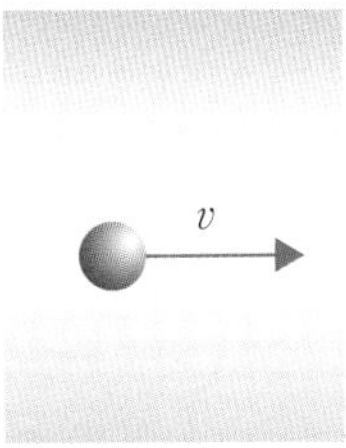

(나) 우주 공간 : 일정 속력

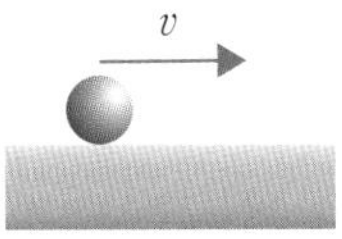

(다) 마찰이 있는 면 위에서 일정 속력

위 세 가지 경우를 물체가 받는 힘의 차원에서 차이점을 설명해 보시오.

등속 원운동

속력이 일정한 원운동을 등속 원운동이라 한다. 원운동하는 물체는 운동 방향과 수직 방향으로 힘 F 를 받는데 이 힘을 구심력이라고 한다.

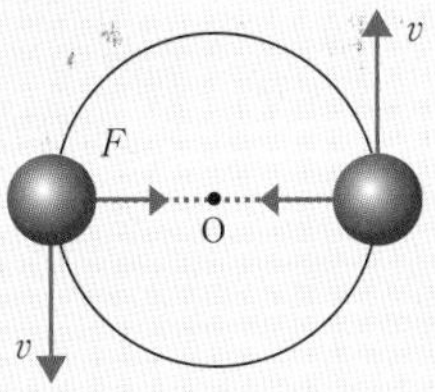

단계적 문제 해결형

02

원래 길이가 20 cm 인 용수철에 2 kg 의 추를 매달면 10 cm 가 늘어난다. 이 용수철에 5 kg 의 추를 매달아 그림처럼 저울 위의 물속에 담갔더니 저울의 눈금이 2 kg$f$ 증가했다. 다음 물음에 답하시오. (단, 중력 가속도 g = 9.8 m/s^2 이고, 물의 밀도는 1000 kg/m^3 이다.)

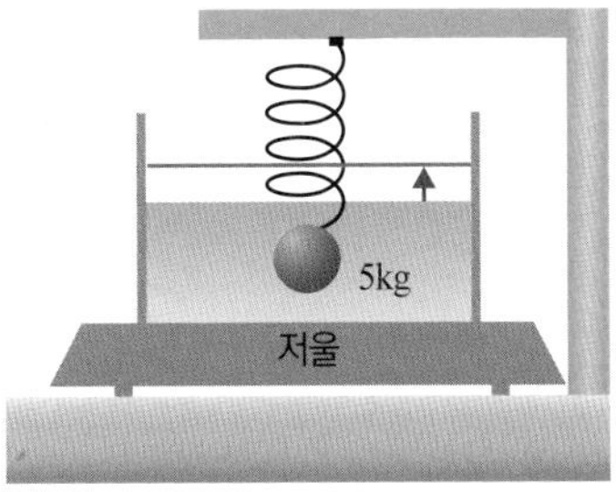

(1) 용수철은 몇 cm 늘어나는가?

(2) 물체가 받는 부력은 몇 N 인가?

(3) 용수철의 부피를 무시할 때 이런 경우 추의 부피는 얼마가 될지 논리적으로 서술하시오.

추는 물로부터 부력(뜨는 힘)을 받고, 반대 방향으로 같은 크기의 힘을 물에 작용한다.

아르키메데스의 원리

부력의 크기는 물체가 밀어낸 유체의 무게와 크기가 같다.

물체의 밀도

물체의 밀도(ρ) = $\dfrac{질량}{부피} = \dfrac{m}{V}$

(단위 : m [kg], V[m^3])

¤ 밀도를 알면 같은 부피의 물체 중 어떤 것이 더 무거운가를 알 수 있다.

¤ 물의 밀도 = 1000kg/m^3 = 1g/cm^3 이다.

질량 m 인 물체의 무게는 mg 로 나타내며 g 는 중력 가속도이다.

창의력을 키우는 문제

단계적 문제 해결형

자기력

¤ 자기력에는 인력과 척력이 있다.
¤ 같은 극끼리는 서로 밀어내고 다른 극끼리는 서로 잡아당긴다.
¤ 자기력은 자극이 서로 멀어질수록 약해지는 힘이다.

03 원형 고리 자석 3 개를 막대에 끼워 놓아 두었더니 그림과 같은 모양을 이루며 정지한 상태를 유지했다. 물음에 답하시오. (자석 C 는 밑면에 밀착되어 있으며 a, b, c 는 각각 자석 A, B, C 의 윗면을 뜻한다.)

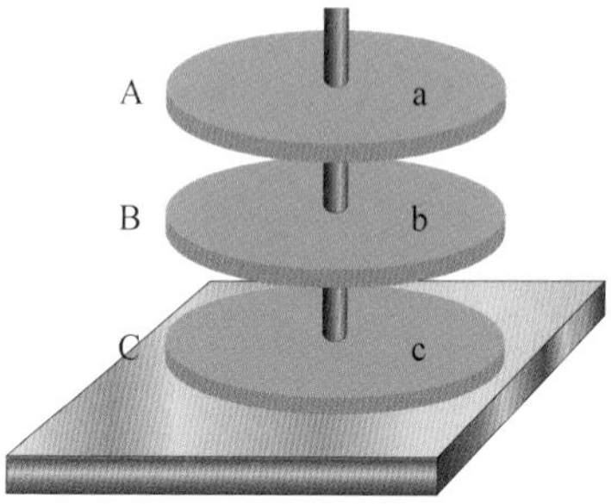

(1) 자석 A 의 a 부분이 N 극이라면 자석 B 의 b 부분과 자석 C 의 c 부분은 N 극일까 S 극일까?

작용 반작용

¤ 두 물체 사이에서 힘이 작용할 때는 서로 힘을 주고받는 관계로 작용한다.
¤ 힘은 혼자 존재하지 않고 항상 쌍으로 존재한다.(작용 반작용)

(2) 자석 사이에 작용하는 모든 힘을 화살표로 나타내 보시오.

(3) 현 상태에서 자석 A 와 B 사이에 작용하는 자기력이 5 N, 자석 A 와 C 사이에 작용하는 자기력이 1 N, 자석 B 와 C 사이에 작용하는 자기력이 7 N 이라면 자석 A 와 B 의 무게는 각각 몇 N 일까?

논리 서술형

힘의 평형

힘의 평형은 한 물체가 받는 힘의 합력(알짜힘)이 0 이 되는 경우이다.

04 다음은 '말과 마차의 역설' 을 설명한 글이다. 물음에 답하시오.

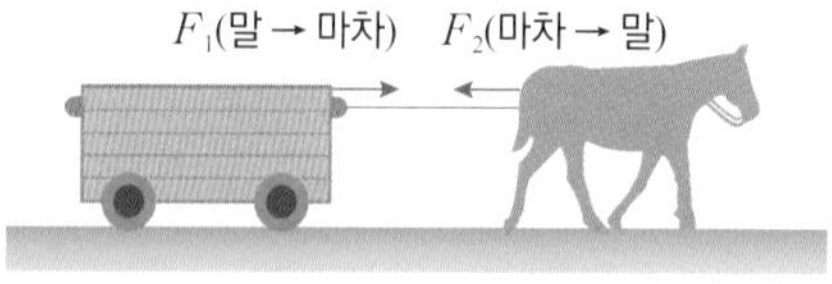

말이 마차를 끌면 작용·반작용에 의해 마차도 말을 잡아당긴다. 작용·반작용의 두 힘은 방향은 반대이고 크기가 같으므로 힘의 평형 상태이고 알짜힘이 0이 되어 마차는 앞으로 나갈 수 없다.

(1) 위의 내용 중 옳지 않은 부분을 찾고, 옳지 않은 이유를 설명하시오.

(2) 마차에 작용하는 힘을 찾아서 말과 마차가 앞으로 나갈 수 있는 이유를 설명하시오.

논리 서술형

05

그림 (가)처럼 가벼운 용수철에 물체를 매달아 용수철이 늘어나지 않은 상태에서 손으로 잡고 있을 때 원기둥 하단이 물에 살짝 닿았다. 그림 (나)의 상태로 정지하도록 손을 놓으니 용수철이 늘어나면서 원기둥의 일부가 물에 잠기게 되는데 물속에 몇 cm 가 잠기겠는지 다음 조건을 이용하여 구하시오. (단, 용수철의 무게는 무시한다.)

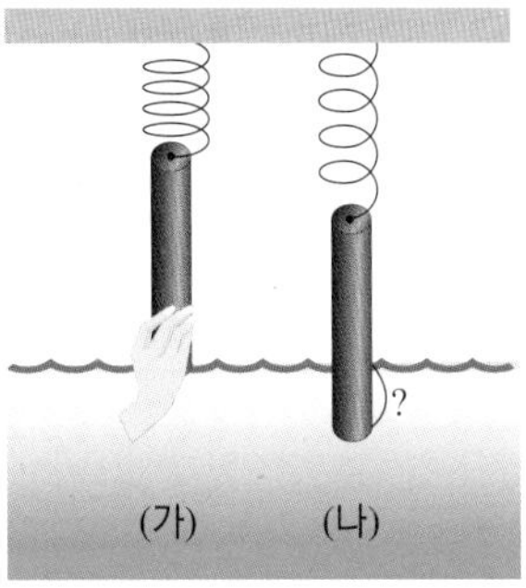

조건 1) 용수철은 100 g 을 매달면 10 cm 가 늘어난다.
조건 2) 원기둥은 높이가 20 cm, 단면적 10 cm^2 이며, 질량은 300 g 이다.
조건 3) 물은 밀도가 1 g/cm^3 이다.

원기둥이 밀어낸 물의 무게만큼 부력을 받는다.
- 원기둥의 부피는 밑면적 × 높이이다.
- 원기둥에 작용하는 힘은 중력, 부력, 탄성력이 있다.

단계적 문제 해결형

06

그림처럼 마찰이 있는 바닥 위에 재질이 같은 두 물체 A, B 가 놓여 있다. A 의 왼쪽에서 어떤 사람이 F 의 힘으로 밀고 있으나 물체는 움직이지 않았다. 물음에 답하시오.

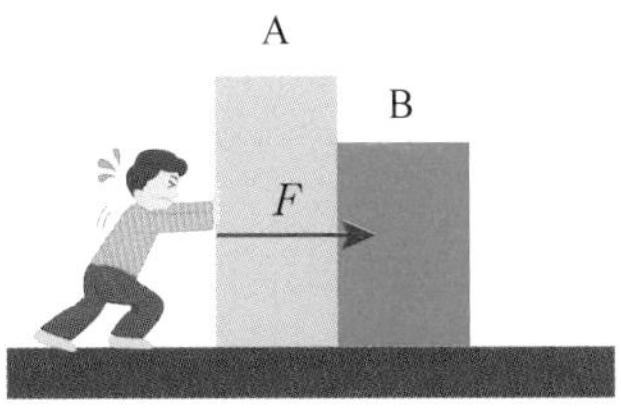

물체끼리 서로 맞닿은 면에서는 '접촉하여 작용하는 힘'들이 발생한다.
¤ 질량을 갖는 물체라면 지구로부터 중력이 작용한다.
¤ 물체 사이에서 힘이 작용한다면 서로 주고받는다.
¤ 힘의 평형 상태라면 물체에 작용하는 알짜힘은 0이다.

(1) 물체와 물체 사이에는 힘들이 작용하고 있다. 두 물체에 작용하는 힘들을 모두 화살표로 표시하고 힘의 종류를 밝히시오.

(2) 물체가 움직이지 않고 있는 이유를 논리적으로 서술하시오.

(3) 물체 A 가 받는 마찰력과 물체 B 가 받는 마찰력의 크기는 어느 것이 더 큰가?

(4) 물체 A 가 받는 힘들을 적어 보고 어떻게 평형 상태에 있는지 식으로 표현하시오.

(5) 작용, 반작용의 관계에 있는 두 힘들을 적어 보시오.

창의력을 키우는 문제

단계적 문제 해결형

07 **그림처럼 물체 A와 B 를 줄로 연결하여 어떤 사람이 일정한 속도 v 로 끌고 가고 있다. 물음에 답하시오.**

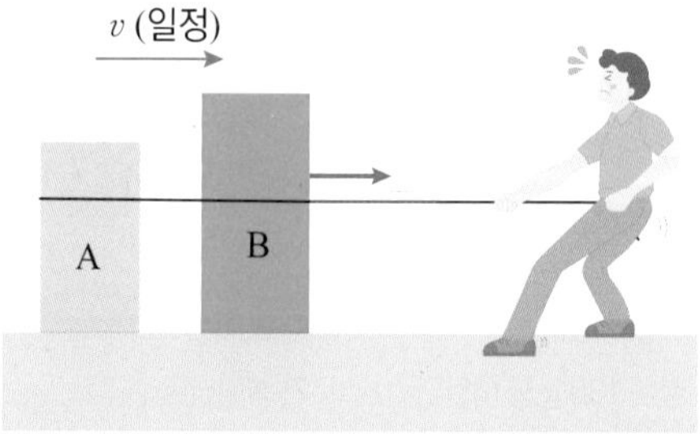

⬡ 물체가 일정한 속도로 운동하고 있으면 운동 상태가 변하는 것이 아니다. 그러므로 물체는 힘을 받고 있지 않다.
물체에 작용하는 알짜힘(합력)이 0일 때 물체는 힘을 받지 않는 것과 같다.

(1) 두 물체에 작용하는 힘을 모두 나타내고 그 종류를 말해 보시오.

(2) 정지해 있는 경우와 비교한다면 일정한 속도로 운동하는 경우는 무엇이 다른가?

(3) 물체 B 가 받는 힘들을 적어 보고 어떻게 평형 상태에 있는지 식으로 표현하시오.

(4) 작용, 반작용의 관계에 있는 두 힘들을 적어 보시오.

단계적 문제 해결형

08 **그림과 같이 5 kg 의 물체 A 와 1 kg 의 물체 B 를 줄로 연결하여 장치하였더니 움직이지 않고 정지한 상태가 되었다. 물음에 답하시오. (단, 도르래의 마찰은 무시한다.)**

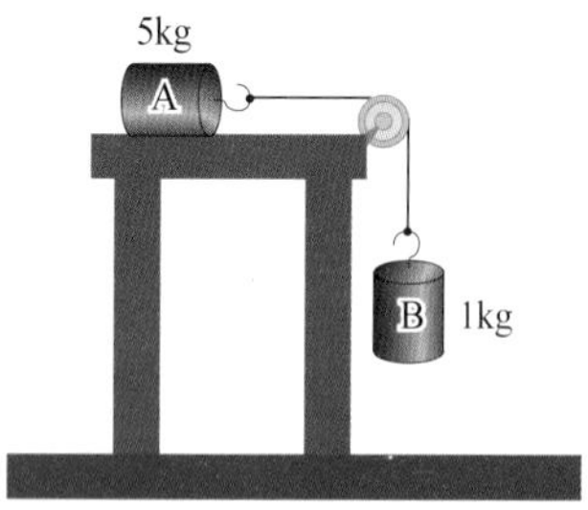

⬡ 물체가 정지한 상태인 경우 물체가 받는 알짜힘(합력)이 0인 상태이다.

⬡ 장력

장력은 실(끈)이 물체를 잡아당기는 힘이기 때문에 물체가 받는 힘이다.

(1) 물체 A, B 가 받는 힘들을 모두 화살표로 표시하고 종류와 크기를 적으시오.

(2) 힘의 평형 관계에 있는 힘들을 나타내시오.

(3) 작용, 반작용 관계에 있는 두 힘들을 모두 적으시오.

추리 단답형

09 각각의 무게가 3 N, 7 N, 15 N 인 나무도막 A, B, C 가 그림과 같이 책상 위에 포개져서 놓여 있다. 이때 나무도막 B 가 받는 힘을 표시하고 그 크기를 각각 구하시오.

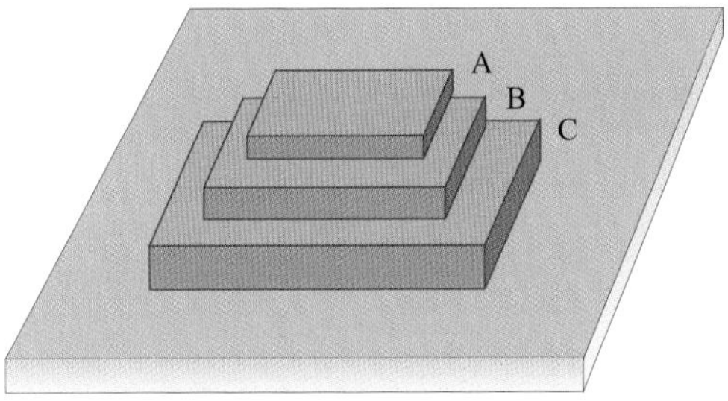

⬡ 물체가 연직 방향으로 쌓여 있을 때는 물체를 누르는 힘과 수직 항력, 중력의 세 힘을 받는다.

- ¤ 두 물체 사이의 힘은 항상 주고받는 관계로 작용한다.
- ¤ 물체가 움직이지 않거나 일정한 속도로 운동하고 있다면 힘의 평형 상태이다.

논리 서술형

10 그림과 같이 정지해 있는 버스 천장에 추가 실에 의해서 매달려 있다. 추의 오른쪽에 연결된 실을 끊는 순간 버스의 운동에 대해서 설명해 보시오. (단, 버스와 지면 사이의 마찰은 없다.)

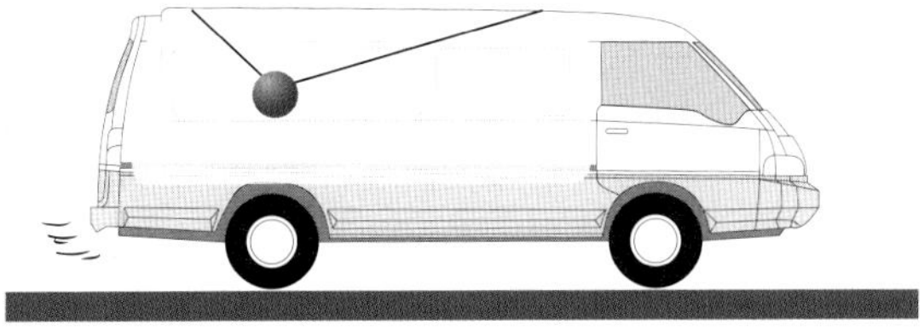

⬡ 추가 지지대에 매달려 있는 경우 추에도 장력이 작용하지만 지지대에도 장력이 작용한다.

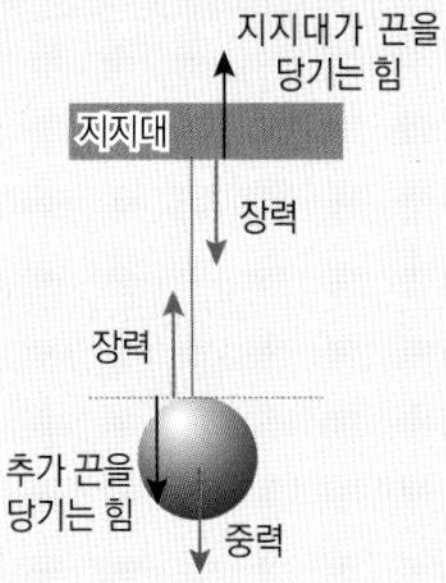

창의력을 키우는 문제

지표면에서의 중력가속도

지표면에서의 질량 m 의 물체에 작용하는 무게 mg 는 지구가 물체에 작용하는 만유인력이다. (자전 효과 무시)

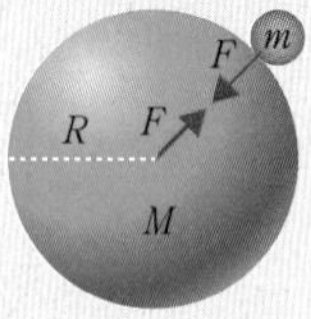

$mg = G\frac{M \cdot m}{r^2}$ 이므로 $g = \frac{Gm}{R^2}$

$= 9.8\text{m/s}^2$ 이다.

이 값을 중력가속도라고 한다.

지표면 상의 모든 물체는 질량에 관계없이 지구 중심 방향으로 가속도 9.8m/s^2 의 등가속도 운동을 한다. (원심력 효과 무시, 지역마다 약간의 차이가 있음.)

무게

무게는 물체에 작용하는 중력(힘)이다.

판자는 사람이 누르는 힘과 도르래가 위로 잡아당기는 힘, 중력, 지면으로부터의 수직 항력을 받고 있다.

¤ 사람은 끈이 위로 당기는 힘과 판자로부터의 수직 항력과 중력을 받고 있다.

¤ 판자가 지면에서 떨어지는 순간 지면이 판자에 작용하는 수직항력은 0이 된다.

단계적 문제 해결력

11 **여러 천체의 중력 가속도가 오른쪽 표와 같을 때 다음 물음에 답하시오.**

천체	중력 가속도(m/s^2)
지구	9.8
화성	3.7
금성	8.8
달	1.6

(1) 화성에서 질량 5 kg 의 물체의 무게는 몇 N 인가?

(2) 같은 물체를 고무줄에 매달았을 때, 지구에서 6 cm 늘어났다면 달에서는 몇 cm 늘어나겠는가?

(3) 같은 높이에서 물체를 놓으면 어느 천체에서 가장 늦게 표면에 떨어지는가?

추리 단답형

12 **그림과 같이 질량 m 인 사람이 질량 M 의 판자 위에서 도르래를 통해 끈을 T 의 힘으로 잡아당기고 있다. 물음에 답하시오. (단, 중력 가속도는 g 이다.)**

(1) 이때 사람이 판자에 작용하는 힘과 판자가 지면에 작용하는 힘은 각각 얼마인가?

(2) 판자가 지면에서 떨어지도록 힘 T 를 증가시켜 판자가 지면에서 떨어지는 순간 힘 T 를 M, m, g 로 표시하시오.

단계적 문제 해결형

13 원래 길이가 20 cm 인 같은 용수철 3 개가 있다. 각각의 용수철은 1 kg 의 물체를 매달았을 때 6 cm 가 늘어난다. 이 용수철을 그림과 같이 연직선 상으로 장치하고 전체 길이를 40 cm 로 유지하고, 중간에 2 kg 의 물체를 매달았을 때 물체가 정지하는 지점은 아래 지면으로부터 몇 cm 높이이겠는가? (단, 물체 자체의 높이는 무시한다.)

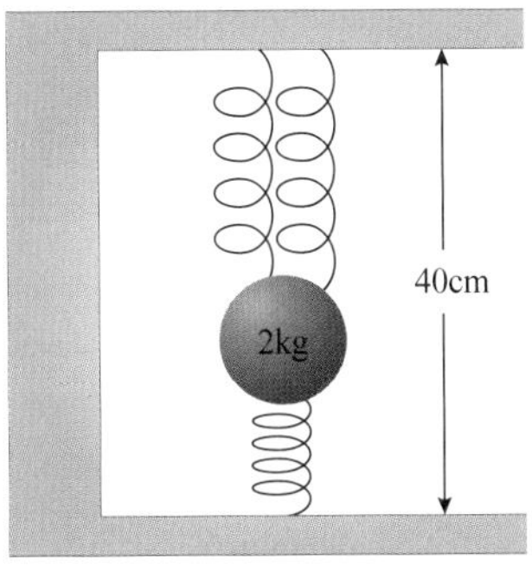

물체는 세 용수철에 의해 윗 방향으로 탄성력을 받는다.

추리 단답형

14 지구의 질량은 변하지 않으나 지구의 반지름이 현재의 절반으로 줄어든다면 어떤 일이 일어날까? 다음 〈보기〉의 설명 중에서 옳은 것만을 있는 대로 고르시오.

보기
(가) 지표면에서 물체의 무게를 측정하면 원래 무게의 2 배가 될 것이다. (나) 지표면에서의 중력 가속도가 현재의 4 배로 될 것이다. (다) 지구 주위를 지구 중심으로부터 같은 높이에서 돌고 있는 인공위성에 작용하는 지구의 중력이 절반으로 감소한다. (라) 지표 면에서 연직 위로 물체를 던지면 원래보다 훨씬 더 높이 올라간다.

지구 반지름을 R, 지구의 질량을 M 이라 하면 지표면에서의 중력 가속도 $g = \frac{GM}{R^2}$ 이다.

인공위성의 경우 R 은 지구 중심에서 인공위성까지의 거리가 된다.

추리 단답형

15 은재는 서울에서 민재는 북극에서 선우는 적도 지방에서 자신의 몸무게를 각각 정밀하게 측정하였더니 세 사람 모두 600 N 이었다. 세 사람이 한 곳에서 만나 몸무게를 다시 측정하면 어떤 결과가 나타나겠는가?

① 서울에서 측정할 때 은재의 몸무게가 가장 무거울 것이다.
② 서울에서 측정할 때 민재와 선우의 몸무게는 같을 것이다.
③ 북극에서 측정할 때 민재의 몸무게가 가장 무거울 것이다.
④ 남극에서 측정할 때 선우의 몸무게가 가장 무거울 것이다.
⑤ 어느 곳에서나 세 사람의 몸무게는 같을 것이다.

위도에 따른 중력

지구는 완전한 구형이 아니므로(극 반지름이 적도 반지름보다 짧음) 위도가 커질수록 중력의 크기가 커진다.

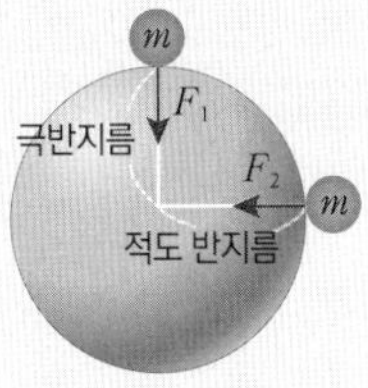

$F_1 > F_2$

만유인력

질량을 가진 두 물체 사이에 작용하는 서로 끌어당기는 힘이다.

만유인력의 크기

질량을 가진 두 물체 사이에 작용하는 서로 끌어당기는 힘이다.

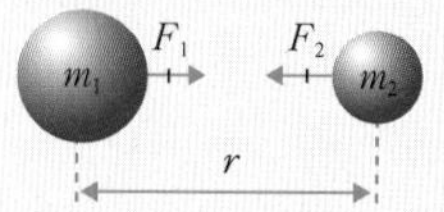

$$F_1 = F_2 = G\frac{m_1 \times m_2}{r^2}$$

[m_1, m_2 : 두 물체의 질량, G : 만유인력 상수 6.67×10^{-11} $N \cdot m^2/kg^2$]

물체에 커다란 구멍이 있는 경우, 외부 물체에 대한 만유인력을 구하려면 일단 구멍이 없다고 가정하여 만유인력을 계산하고 구멍을 채운 물체의 만유인력을 빼면 된다.

논리 서술형

16 그림 (가)의 물체 A 는 속의 일부가 비어 있는 구를 나타낸다. 물체 A 의 비어 있는 부분은 물체 C 의 크기와 정확히 같다. 그림 (가)처럼 속이 비어 있는 구가 물체 B 에 작용하는 만유인력과 그림 (나) 처럼 속이 비어 있지 않은 물체 A 와 물체 C 를 양쪽에 두었을 때 물체 B 에 작용하는 만유인력을 비교해서 설명하시오.

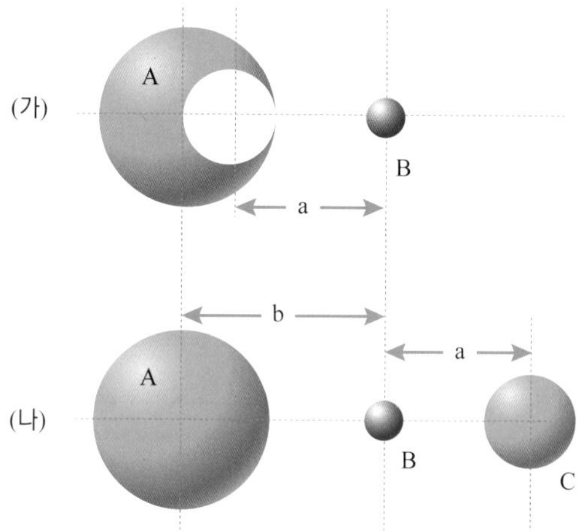

추리 단답형

17 그림과 같이 용수철 상수 k 인 용수철을 벽에 고정시키고 질량 m 의 물체를 매달았다. 현 상태는 용수철이 늘어나지 않은 상태이다. 지면과 물체 사이의 정지마찰계수를 μ 라고 할 때 물체를 O 점에서 점점 오른쪽으로 이동시키면 처음에는 마찰력 때문에 물체가 끌려가지 않다가 어느 순간 물체 A 는 용수철에 의해 왼쪽으로 끌려가게 된다. O 점으로부터 왼쪽으로 끌려가게 되는 최초 지점까지의 거리를 구하시오.

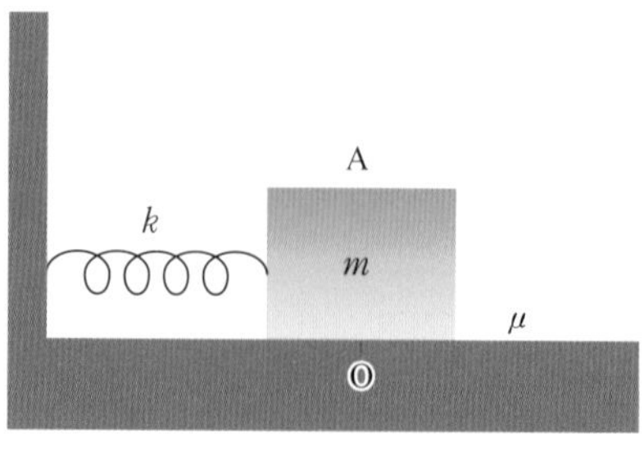

단계적 문제 해결형

18 다음 물음에 답하시오.

(1) 그림과 같이 경사각 30° 인 빗면을 따라 무게 50 N 의 물체가 일정한 속도로 미끄러져 내려가고 있다.

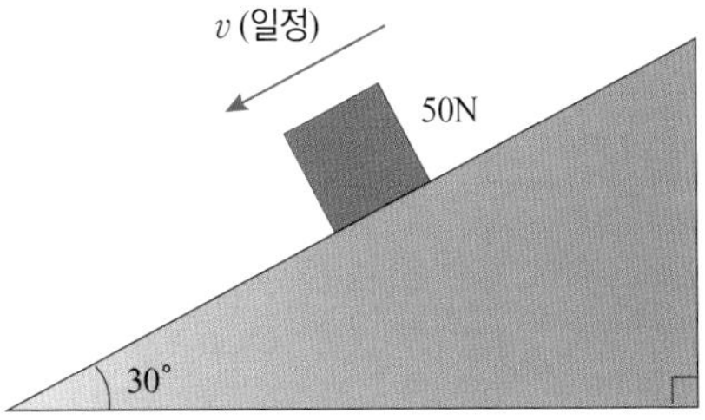

물체의 운동과 작용하는 힘에 대한 〈보기〉의 설명 중 옳은 것만을 있는 대로 고르시오.

보기

A. 물체가 빗면으로부터 받는 빗면 방향의 마찰력의 크기는 25 N 이다.
B. 물체를 빗면 윗방향으로 등속도로 밀어 올리려면 50 N 의 힘이 필요하다.

(2) 그림처럼 경사각 30° 인 빗면을 따라 무게 100 N 의 물체를 등속으로 밀어올리는데 최소 120 N 의 힘이 든다. 이 물체를 빗면을 따라 등속으로 밀어내리는 데에는 최소 얼마의 힘이 들겠는가?

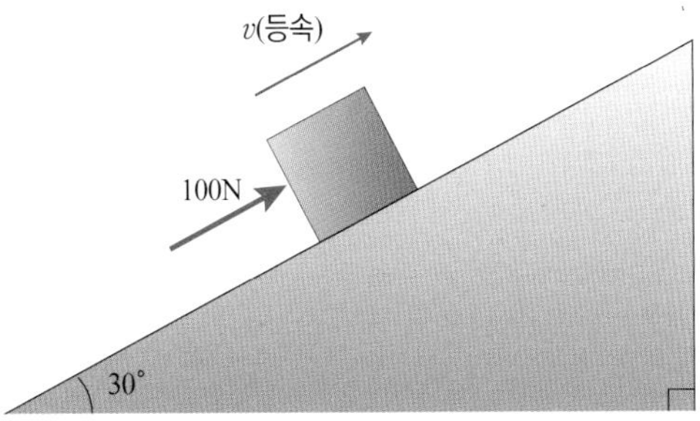

물체에 작용하는 힘은 중력이지만 중력은 운동 방향의 힘이 아니므로 중력을 운동 방향으로 분해한다.

마찰력

¤ 마찰력 $f = \mu N$ 이다. 빗면에 수직 방향으로 빗면이 물체에 작용하는 힘인 수직 항력(N)에 비례한다.
¤ 물체를 빗면 윗방향으로 운동시키려 할 때에는 마찰력의 방향은 빗면 아래 방향이 되며, 물체를 빗면 아랫 방향으로 운동시키려 할 때에는 마찰력의 방향은 빗면 윗방향이 된다.

단계적 문제 해결력

19 **그림과 같이 경사각 45° 인 빗면 위에 무게 100 N 의 물체를 놓고 고정 도르래를 통하여 수평 방향으로 F 의 힘으로 끌어당기고 있다. 경사면의 마찰과 도르래의 마찰은 각각 없다고 가정하고 다음 물음에 답하시오.**

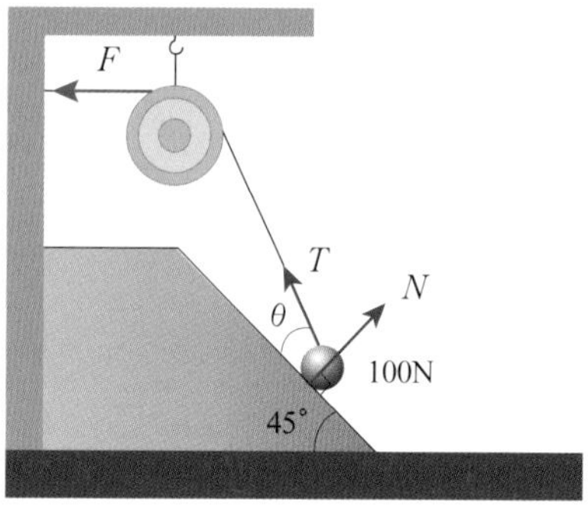

(1) 경사면과 끈이 각 θ 를 이룰 때, 힘 F 와 장력 T 를 각 θ 의 식으로 표시하시오.

(2) 경사면과 끈이 각 θ 를 이룰 때, 수직 항력 N 을 각 θ 의 식으로 표시하시오.

(3) 실을 잡아당겨 물체와 빗면이 분리되는 순간의 각 θ 는 몇 ° 인가?

힘의 분해

화살표로 표시된 한 힘은 같은 효과를 내는 두 힘으로 분해할 수 있다. 분해된 힘들은 분력이라고 한다. 화살표로 표시 가능한 위치, 변위, 속도, 가속도 등도 동일한 방법으로 분해한다. 힘이 관련된 문제를 푸는 방법 중 하나이다.

좌표 상에서 분해하기

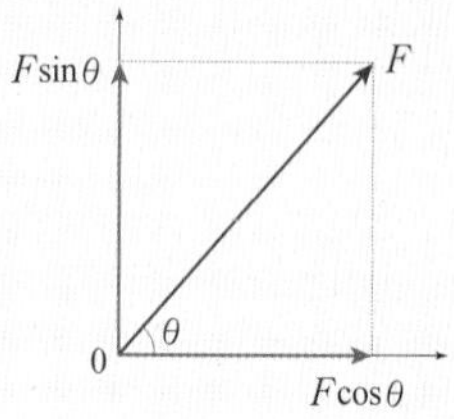

$F = F\cos\theta + F\sin\theta$

F_x (F의 x 방향 분력의 크기) = $F\cos\theta$
F_y (F의 y 방향 분력의 크기) = $F\sin\theta$
$F_x^2 + F_y^2 = F^2$

수직 항력은 면이 물체를 수직으로 미는 힘이다.

물체와 빗면이 분리되는 순간에는 수직 항력이 0 이 된다.

단계적 문제 해결형

20 **그림처럼 천장에 매달린 10 kg 의 추가 진자 운동을 하는 중에 진폭이 가장 큰 상태에서 연직선과 60° 를 이루고 있다. 이 상태는 추의 운동 방향이 바뀌기 직전 상태이며 추는 정지 상태에 있게 된다. 물음에 답하시오. (단, g = 10 m/s^2 이다.)**

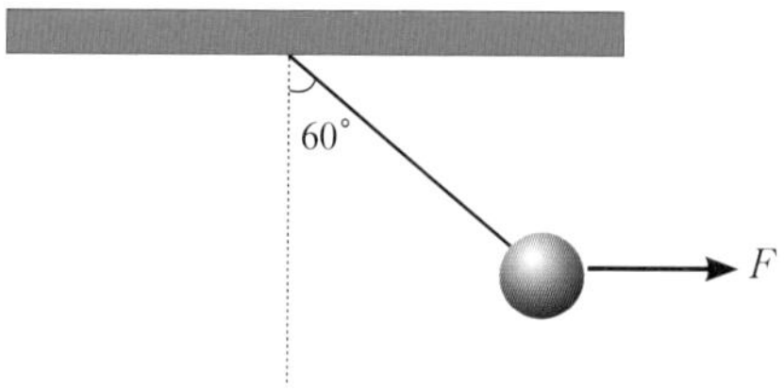

(1) 그림처럼 추가 정지한 상태에서 실의 장력은 얼마인가?

(2) 추를 수평 방향의 힘 F 를 가하여 계속 멈춰 있게 할 때, 힘 F의 크기를 구하시오.

정답 및 해설 18쪽

추리 단답형

21 그림과 같이 질량 5 kg 의 물체가 마찰이 있는 빗면 위에 놓여 있다. 빗면과 물체 사이의 최대정지 마찰력이 9.8 N 일 때 물체가 움직이지 않도록 하기 위한 물체 A 의 질량 값의 범위를 구하시오. (단, g = 9.8 m/s^2 이다.)

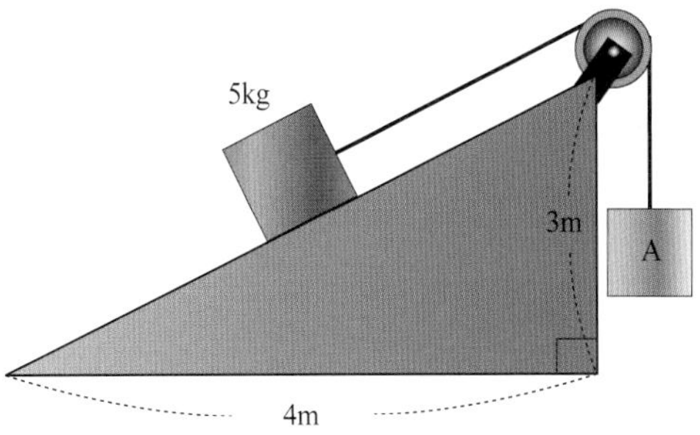

추리 단답형

22 수평면 위에 놓여 있는 질량 M 의 물체에 수평면과 각 θ 를 이루는 방향으로 물체에 힘을 작용시키고 있다. 면과 물체 사이의 마찰계수를 μ 라고 하고 중력 가속도를 g 라고 할 때 물체를 움직이는데 필요한 힘 F 는 얼마인가?

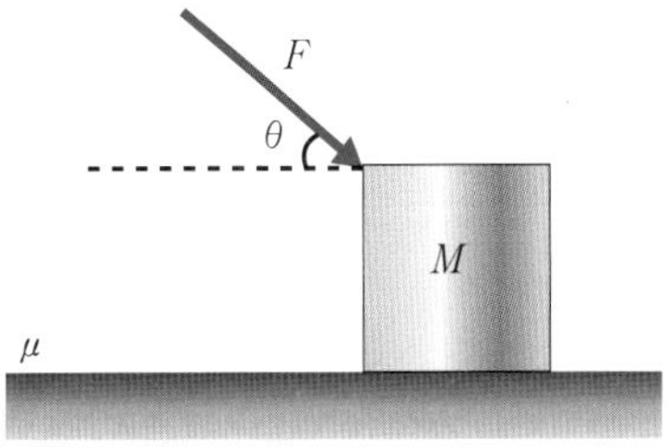

단계적 문제 해결형

23 다음 그림과 같이 두 도르래 A, B 에 질량이 2 kg 인 물체 a 와, 질량이 $2\sqrt{3}$ kg 인 물체 b, 질량이 M 인 물체 c 를 매달았다. 이때 끈 AC 와 BC 가 수평과 이루는 각이 각각 30°, θ 를 이루었을 때 물체는 모두 정지하였다. 물음에 답하시오. (단, 끈과 도르래의 질량은 무시하고, 도르래와 끈 사이의 마찰은 없다.)

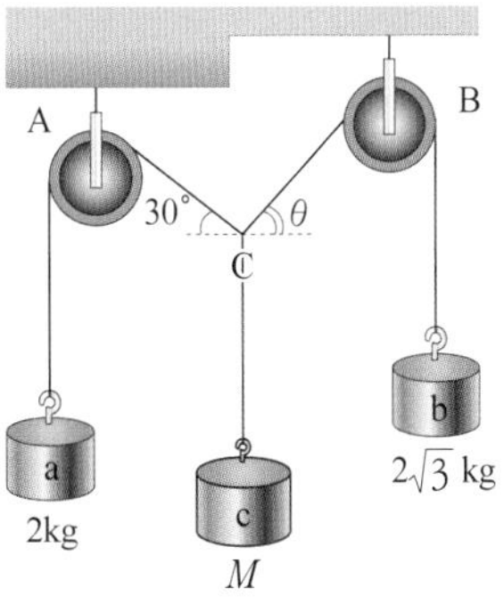

(1) θ 를 구하시오.

(2) 물체 c 의 질량 M 을 구하시오.

최대 정지 마찰력과 운동 마찰력

① 최대 정지 마찰력

$$F = \mu \times N_{수직항력}$$

정지 상태에서의 마찰력의 최대값은 최대 정지 마찰력이다.
최대 정지 마찰력은 물체가 마찰면 위에서 힘을 받아 움직이기 시작할 때(움직이기 직전)의 마찰력을 말한다.

② 운동 마찰력

$$F = \mu' \times N_{수직항력}$$

운동 중에는 운동 마찰력의 크기가 일정하게 유지된다.

마찰력의 특징

① 모든 마찰면에서 운동 마찰 계수는 정지 마찰 계수보다 작다. 따라서 운동 마찰력은 최대 정지 마찰력보다 작다.

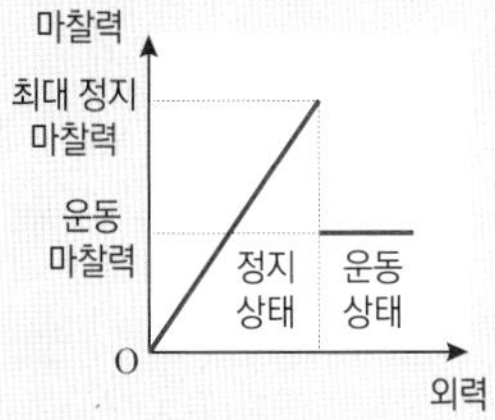

② 마찰력은 면의 거칠기에 관계하고 물체의 운동을 방해하는 힘이므로 외력과 반대 방향(정지 마찰력)이거나 운동 방향과 반대 방향(운동 마찰력)이다.

정답 및 해설 19

단계적 문제 해결형

24 **그림과 같이 지면 위에 눕혀 놓은 두 개의 반원 기둥 A, B 위에 같은 반경의 원기둥 C 가 놓인 채 평형을 이루고 있다. 원기둥 C 의 질량은 M 이고, 반원 기둥 A, B 와 원기둥 C 는 같은 재질로 되어 있으며, 밀도는 균일하다. 물음에 답하시오.**

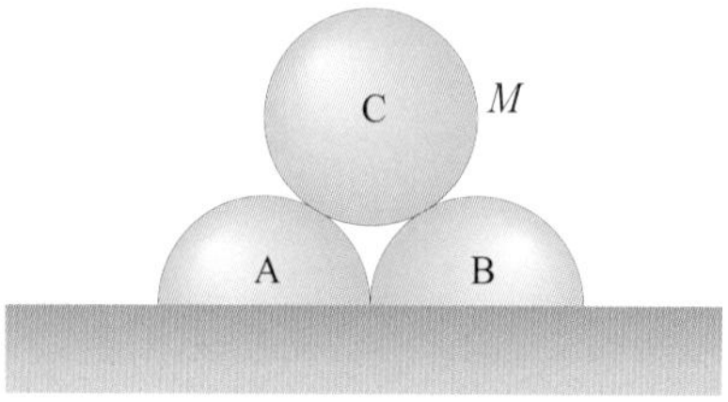

접촉한 두 구형 물체의 상호작용 하는 힘

접촉한 두 구형 물체는 접촉한 점을 지나는 접선에 수직한 방향으로 힘을 주고 받는다. 두 힘은 작용반작용이다.

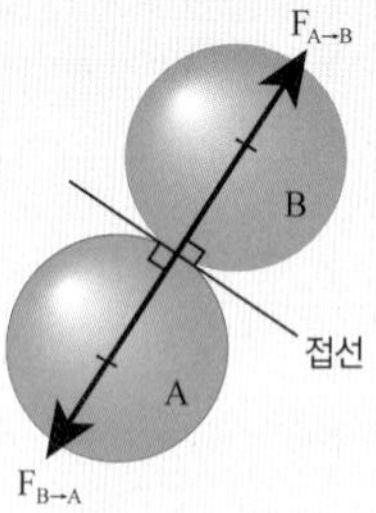

(1) 원기둥 C 에 작용하는 힘을 모두 표시하고, 그 크기를 각각 구하시오. (단, 중력 가속도는 g 이다.)

(2) 평형 상태를 유지하는데 필요한 반원 기둥과 지면 사이의 정지마찰계수를 구하시오.

(3) 그림과 같이 A를 고정시킨 후, 화살표 방향으로 원기둥 C 에 일정한 힘 F 를 가해 주면서 반원 기둥 B를 제거하여도 평형 구조를 유지하였다. 이 때 가해준 힘의 크기 F 를 구하시오.

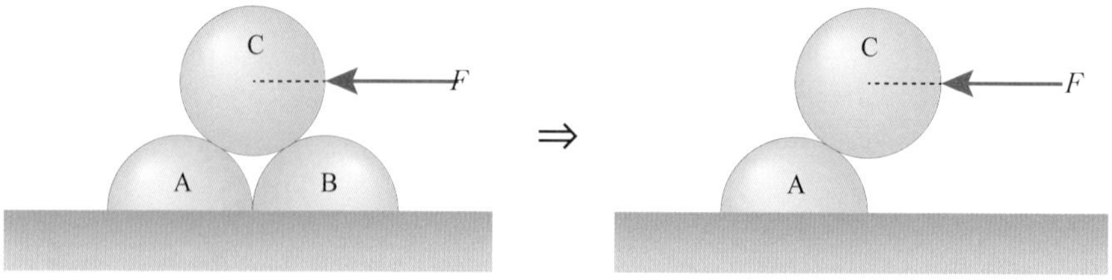

대회 기출 문제

01 영희가 빙판길에서 썰매를 끌고 있다. 그런데 빙판길의 거칠기가 위치에 따라 달라 썰매와 빙판길 사이의 마찰계수가 계속 변하고 있다. 이와 같이 빙판길에서 썰매를 끌 때, 썰매를 끄는 힘의 크기, 힘이 수평면과 이루는 각도 A, 그리고 마찰력의 크기 사이의 관계를 옳게 설명한 것을 있는 대로 고르시오

[대회 기출 유형]

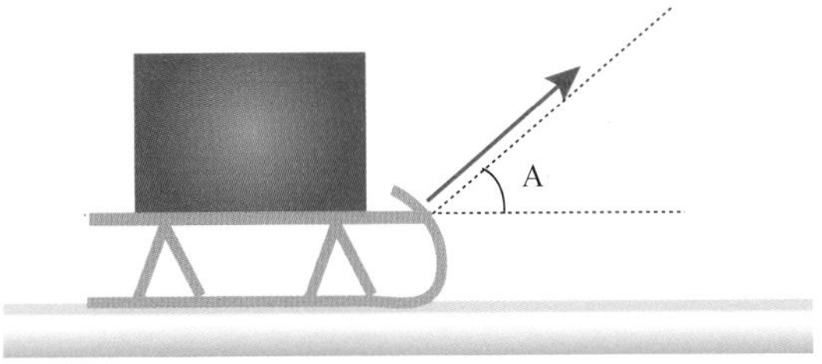

① 썰매를 끄는 각도가 클수록 마찰력은 작아진다.
② 썰매를 끄는 각도와 상관없이 마찰력은 일정하다.
③ 마찰력이 클수록 수평과 큰 각도로 끄는 것이 힘이 적게 든다.
④ 마찰력의 크기와 관계없이 수평으로 끄는 것이 힘이 가장 적게 든다.
⑤ 썰매에 실린 물건이 무거울수록 수평과 가깝게 끄는 것이 힘이 적게 든다.
⑥ 썰매가 정지 상태에서 출발할 때는 수평으로 끄는 것이 힘이 가장 적게 든다.

02 다음 그림은 고리형 자석 A, B 가 서로 반발하고 있는 상황을 보여 주고 있다. 고리형 자석들의 중심을 관통하여 나무로 만든 막대가 놓여 있어서 자석은 위아래 방향으로만 움직일 수 있도록 하였다. 그리고 이 장치의 바닥에는 저울이 놓여져 있다. 이 저울의 눈금에 나타난 값으로 옳은 것을 고르시오. (단, 고리형 자석 한 개의 질량은 300 g, 나무 막대의 질량은 50 g 이다.)

[대회 기출 유형]

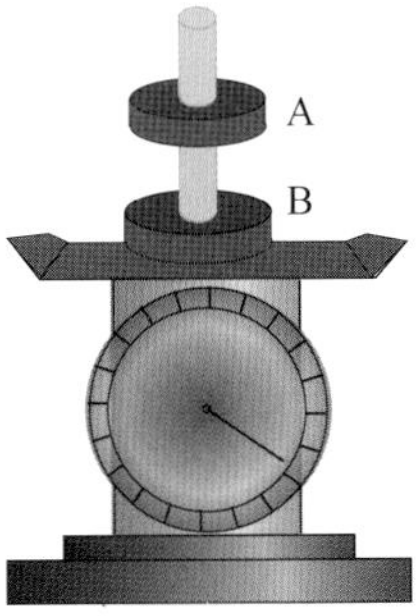

① 300 g 보다 크고 350 g 보다 작다.　② 350 g 이다.　③ 350 g보다 크고 650 g보다 작다.
④ 650 g 이다.　⑤ 650 g 보다 크다.

03 지구 주위를 돌고 있는 우주 정거장 안에서는 중력을 거의 느끼지 않는 상태를 경험할 수 있다. 우주 정거장 안에서 일어날 수 있는 모습으로 옳은 것만을 있는 대로 고르시오.

[대회 기출 유형]

① 촛불을 켜도 계속 타지 않고 금방 꺼진다.
② 저울 위에 올라서도 저울의 눈금이 달라지지 않는다
③ 나사를 돌리면 돌리는 사람의 몸은 반대로 돌아간다.
④ 공중에 뜬 채로 농구공을 던지면 던진 사람은 같은 속력으로 밀려 난다
⑤ 공중에 볼펜을 두고 한쪽 끝을 수직으로 살짝 치면 볼펜이 제자리에서 회전한다.

04 나무 도막을 작은 비커에 넣고 다시 이 작은 비커를 물이 담긴 큰 비커 속에 넣었다. 그 후 작은 비커 속에 있는 나무도막을 꺼내 큰 비커 속의 물에 넣었다.

[대회 기출 유형]

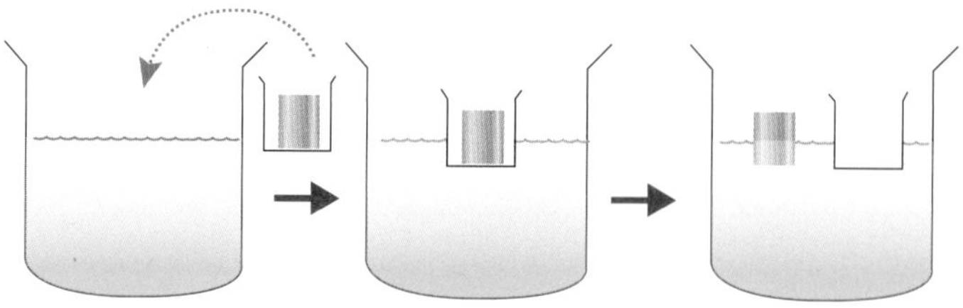

이 실험에 대한 다음 설명 중 옳은 것만을 있는 대로 고르시오. (단, 나무도막의 질량과 작은 비커의 질량은 다르다.)

① (가)의 물높이보다 (나)의 물높이가 더 높을 것이다.
② (나)에서 물 대신 같은 양의 소금물로 바꾸면 작은 비커는 덜 잠기게 될 것이다.
③ (나)에서 나무 도막을 꺼내 (다)와 같이 큰 비커 속에 넣으면 큰 비커의 물높이는 올라갈 것이다.
④ 물 대신 소금물을 사용해도 (나)에서 (다)로 변화할 때 큰 비커의 물높이 변화는 동일한 결과가 나타날 것이다.
⑤ (다)에서 나무 도막에 작용하는 부력의 크기와 작은 비커에 작용하는 부력의 크기는 같다.

05 **매년 체육대회에서 벌이는 운동 경기 중 하나인 줄다리기에는 많은 과학적 원리가 관련되어 있다. 줄다리기에 대한 다음 설명 중 옳은 것만을 있는 대로 고르시오.**

[대회 기출 유형]

① 힘을 주어 당기면 우리 팀도 같은 크기의 힘을 받는다.
② 신발과 바닥 사이의 마찰력을 크게 하면 이길 확률이 높다
③ 다른 조건이 동일하다고 할 때 줄다리기의 승부에 몸무게는 아무런 관련이 없다.
④ 두 사람이 줄다리기를 할 때 동일한 조건이라면 키가 큰 사람이 이길 확률이 높다
⑤ 무게와 키가 비슷한 두 사람이 줄다리기를 할 때 한 명이 다른 친구를 업고 줄다리기를 하면 이길 확률이 높아진다.

06 **민호는 다음처럼 부력에 대한 실험을 하였다. 먼저 물이 가득 담긴 유리컵을 저울 위에 올려놓고 질량을 측정하였다. 그런 다음 막대를 손으로 잡은 상태에서 유리컵에 닿지 않도록 조심하면서 물속에 모두 잠기도록 넣었다. 이 때 저울의 눈금 변화에 대한 설명으로 옳은 것만을 있는 대로 고르시오.**

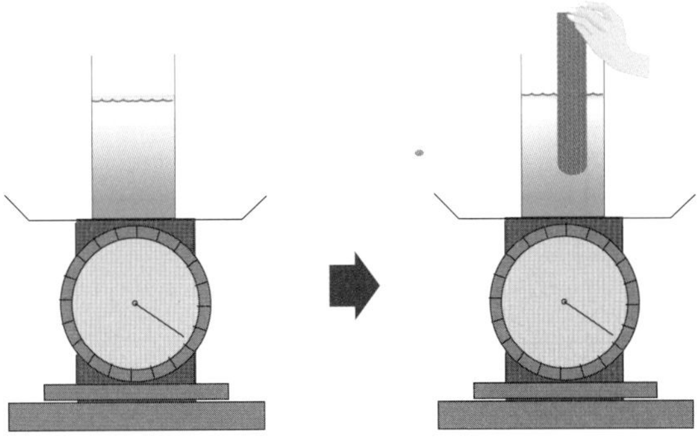

① 물 속에 잠긴 막대의 무게만큼 저울의 눈금이 올라간다.
② 막대가 직접 유리컵에 닿지 않았으므로 저울의 눈금은 변함이 없다.
③ 같은 부피가 잠기더라도 막대를 수직으로 넣으면 저울의 눈금이 더 올라간다.
④ 물 속에 잠긴 막대의 부피에 해당되는 물의 무게만큼 저울의 눈금이 올라간다.
⑤ 막대를 집어넣는 순간만 저울의 눈금이 올라가다가 다시 원래 위치로 돌아온다.
⑥ 막대와 길이가 다르고 부피가 같은 스티로폼을 넣어도 눈금은 같은 높이로 올라간다.

07 나무를 잘라 (A)와 같이 두 개의 나무도막을 만들었다. 이 두 개의 나무도막을 겹쳐서 (B)와 같이 수조 속에 넣었더니 큰 나무도막의 80 % 가 물속에 잠겼다.이 실험에 대한 설명으로 옳은 것만을 있는 대로 고르시오.

[대회 기출 유형]

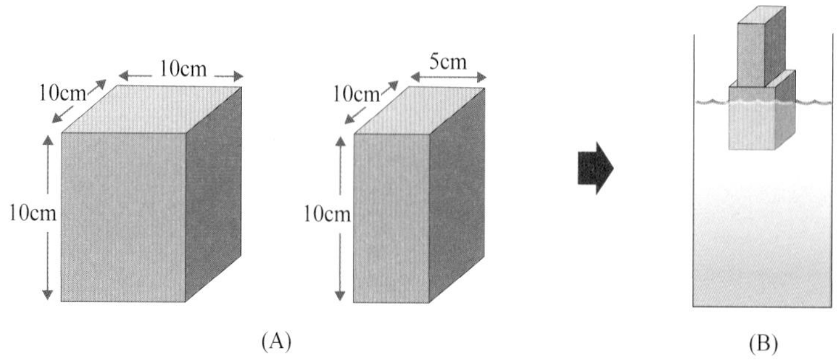

① 작은 나무 도막을 밖으로 빼내면 큰 나무 도막의 절반이 물에 잠길 것이다.
② 큰 나무 도막 위에 있는 작은 도막을 내려 물에 넣으면 수조 속의 물의 높이는 변화가 없을 것이다.
③ 큰 나무 도막을 작은 나무 도막 위에 올려 물에 넣으면, 작은 나무 도막은 물에 완전히 잠길 것이다.
④ 큰 나무 도막 위에 있는 작은 나무도막을 회전시키지 않고 그대로 물에 넣으면 큰 나무 도막의 물에 잠긴 깊이와 작은 나무 도막의 물에 잠긴 깊이는 같을 것이다.

08 그림은 책상에 놓인 사과와 관련된 힘을 과학자 뉴턴의 시각에서 간단하게 나타낸 것이다. 이에 대한 설명으로 옳은 것만을 있는 대로 고르시오. (단, 지구, 책상, 사과의 크기의 비가 다소 과장되게 나타나 있으며, 힘은 각 물체의 무게 중심에 작용한다.)

[대회 기출 유형]

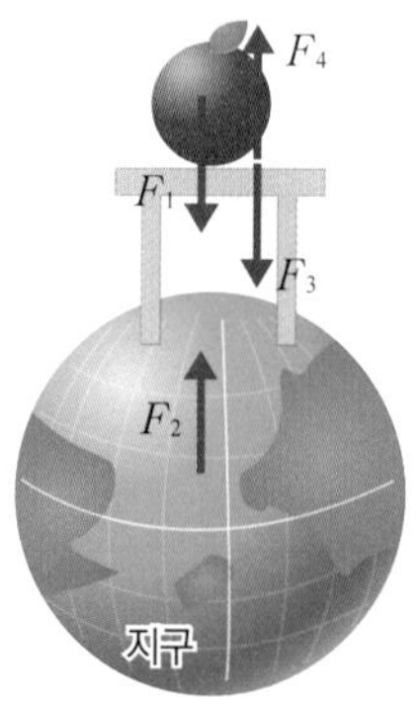

* F_1 - 지구가 사과를 당기는 힘(중력)
* F_2 - 사과가 지구를 당기는 힘(중력)
* F_3 - 사과가 책상 면을 누르는 힘
* F_4 - 책상 면이 사과를 떠받치는 힘

① 힘의 크기는 모두 같다.
② $F_1 + F_3 = F_4$ 가 성립한다.
③ 사과에 작용하는 중력 F_1 과 평형을 이루는 힘은 사과가 지구를 당기는 힘 F_2 이다.
④ 사과가 책상 면을 누르는 힘 F_3 와 작용 반작용의 관계에 있는 힘은 책상 면이 사과를 떠받치는 힘 F_4 이다.

09 **(가)는 철(쇠)로 만든 수레 앞에 아주 센 자석을 장치한 것이고 (나)는 나무로 만든 수레 앞에 아주 센 자석을 붙인 다음 그 앞에 자석의 극이 반대가 되도록 다른 자석을 장치한 것이다. 두 수레에 나타나는 현상을 가장 바르게 설명한 것은? (단, 마찰은 무시한다.)**

[대회 기출 유형]

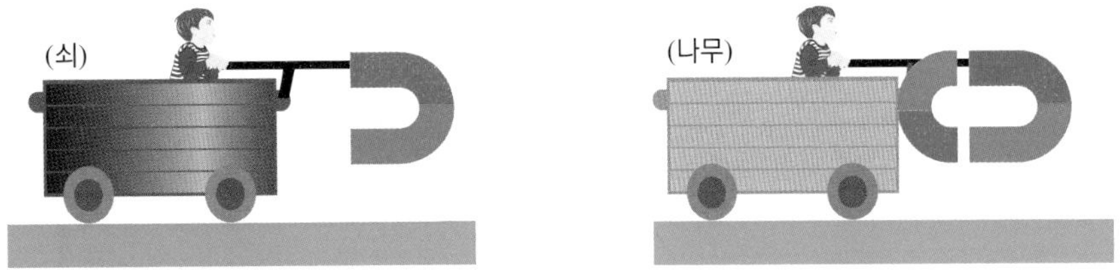

① (가)의 경우와 (나)의 경우 모두 수레는 앞으로 나아가지 못할 것이다.
② (가)의 경우가 (나)의 경우보다 수레가 더 빠르게 앞으로 나아갈 것이다.
③ (가)의 경우와 (나)의 경우 모두 수레가 같은 속력으로 앞으로 나아갈 것이다.
④ (가)의 경우는 수레가 앞으로 나아가지 못하고, (나)의 경우는 수레가 앞으로 나아갈 것이다.
⑤ (가)의 경우는 수레가 앞으로 나아갈 것이고, (나)의 경우는 수레가 앞으로 나아가지 못할 것이다.

10 **우주선이 발사대에 정지해 있을 때에는 우주선에 작용하는 중력은 매우 크다. 그렇다면 우주선이 지구 표면으로부터 200 km 상공을 비행하고 있을 때에 우주선에 작용하는 중력의 크기를 가장 잘 나타낸 것은? (단, 우주선이 운동하는 데 소모된 연료의 무게 변화는 무시한다.)**

[대회 기출 유형]

① 중력은 0 에 가깝다.
② 중력은 정확히 0 이 된다.
③ 중력은 우주선이 발사대에 정지해 있을 때와 같다.
④ 중력은 우주선이 발사대에 정지해 있을 때의 약 절반이 된다.
⑤ 중력은 우주선이 발사대에 정지해 있을 때와 차이가 10 % 이내이다.

대회 기출 문제

11 **아주 힘이 센 어떤 사람이 그림과 같이 세 가지 상황에서 각각 움직이지 않고 버티고 서 있다. 다음 설명 중 옳은 것만을 있는 대로 고르시오. (단, 각각의 말이 끄는 힘의 세기는 같다고 가정한다.)**

[대회 기출 유형]

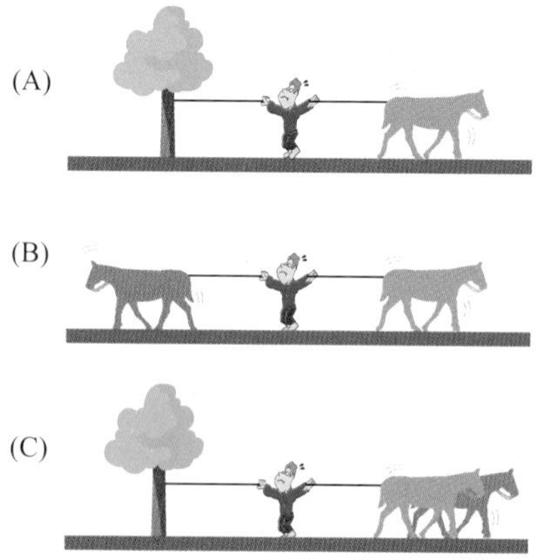

① (A)의 경우에 이 사람의 양쪽 팔이 받는 힘의 세기는 같다.
② (A)와 (B)의 경우에서 이 사람의 왼쪽 팔이 받는 힘의 세기는 서로 같다.
③ (B)와 (C)의 경우에서 이 사람의 왼쪽 팔이 받는 힘의 세기는 서로 같다.
④ (B)의 경우가 (C)의 경우보다 이 사람이 받는 힘의 세기가 더 크다.

12 **그림 (A)와 같이 평형을 유지하고 있는 장치가 있다. 만일 무게를 무시할 수 있는 실에 이 쇠공을 매단 후 그림 (B)와 같이 공이 물 속에 완전히 잠기게 했다. 이 실험과 관련된 설명 중 옳은 것만을 있는 대로 고르시오.**

[대회 기출 유형]

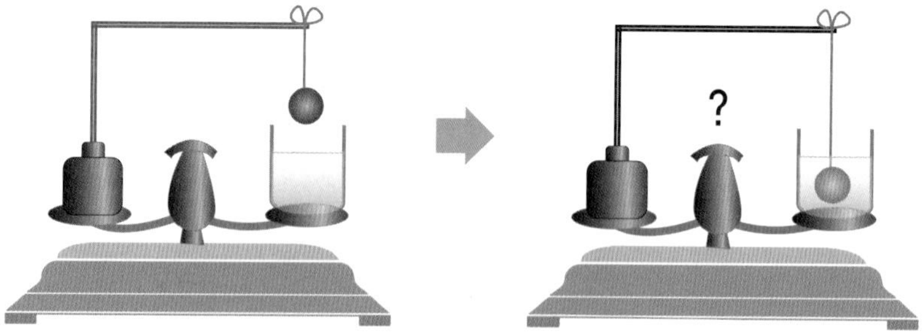

(A) (B)

① 쇠공이 (B)처럼 물 속에 잠기게 되어도 저울은 (A)와 같이 평형을 유지할 것이다.
② 쇠공이 (B)처럼 물 속에 잠기게 되면 저울의 오른쪽 팔이 아래쪽으로 기울어질 것이다.
③ (B) 저울을 다시 (A)와 같이 평형이 되게 하기 위해서 가해 주어야 하는 힘의 크기는 쇠공이 물속에서 받는 부력의 크기와 같다.
④ (B) 저울을 다시 (A)와 같이 수평이 되게 하기 위해서 가해 주어야 하는 힘의 크기는 쇠공이 물속에서 받는 부력의 크기의 2배와 같다.

13 **그래프 (가)는 길이 20 cm 의 고무줄에 물체를 매달았을 때 고무줄의 늘어난 길이와 물체의 무게 사이의 관계이다. 물음에 답하시오. (단, 고무줄의 무게와 마찰은 무시한다.)**

[과학고 기출 유형]

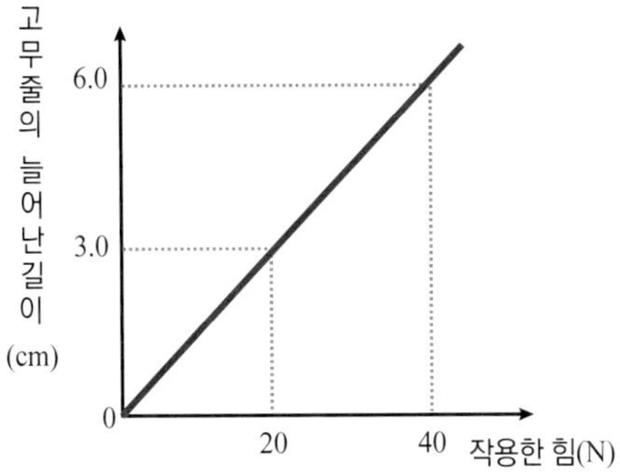

(가)

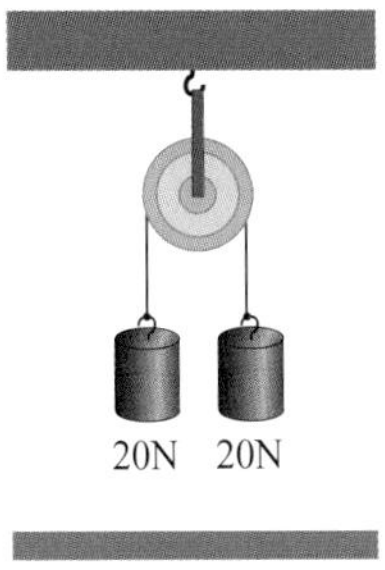

(나)

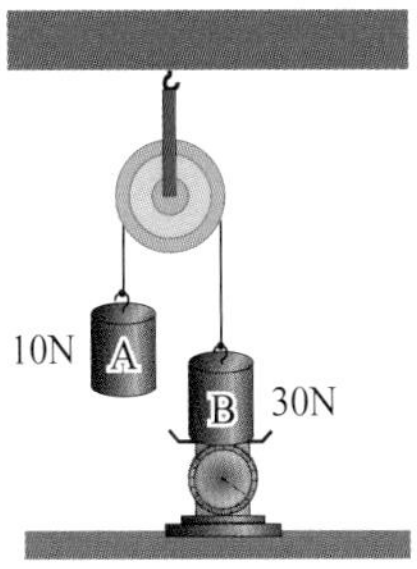

(다)

(1) 그림 (나)와 같이 고정도르래 양쪽에 무게가 20 N 인 물체를 20 cm 의 고무줄로 연결하여 매달았을 때 고무줄의 전체 길이는 몇 cm 가 되겠는가?

(2) 그림 (다)와 같이 고정도르래 양쪽에 무게 10 N 의 물체 A 와 무게 30 N 의 물체 B 를 20 cm 의 고무줄에 연결하여 매달고 물체 B 에는 저울을 받쳐 놓았다. 고무줄의 늘어난 길이와 저울의 눈금을 각각 구하시오.

14 **질량 20 kg 의 물체를 매달면 10 cm 늘어나는 용수철에 20 kg 의 추를 매달아 저울에 물체를 올려놓으니 저울의 눈금이 12 kg 을 가리켰다. 용수철에 힘을 가해 연직 위로 들어 올렸더니 저울의 눈금이 4 kg 을 가리켰다. 저울 위에 추를 올려놓을 때부터 위로 힘을 가해 들어 올리는 동안 용수철의 늘어난 길이는 어떻게 변할 것인지 쓰시오.**

[과학고 기출 유형]

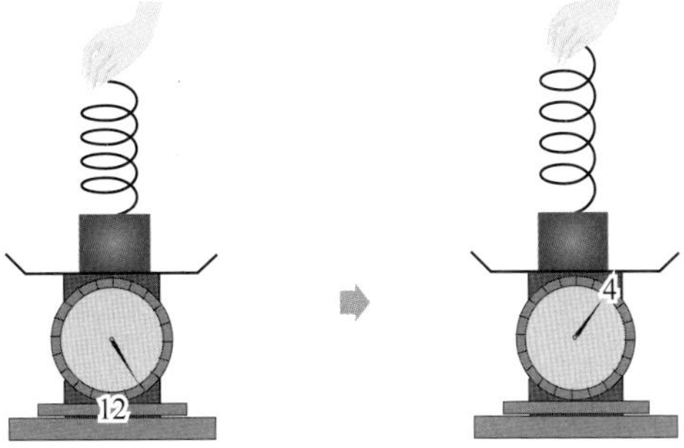

15 그림 (A)과 같이 고정도르래의 한 쪽엔 움직도르래를, 다른 한 쪽엔 무게 3 N 의 물체를 매달았더니 평형을 유지했다. 같은 도르래를 사용하여 그림 (B)와 같이 장치하였다. 그림 (B) 막대의 점선 사이의 간격은 모두 같다. 막대의 무게와 끈과 도르래 사이의 마찰을 무시할 때 다음 물음에 답하시오.

[과학고 기출 유형]

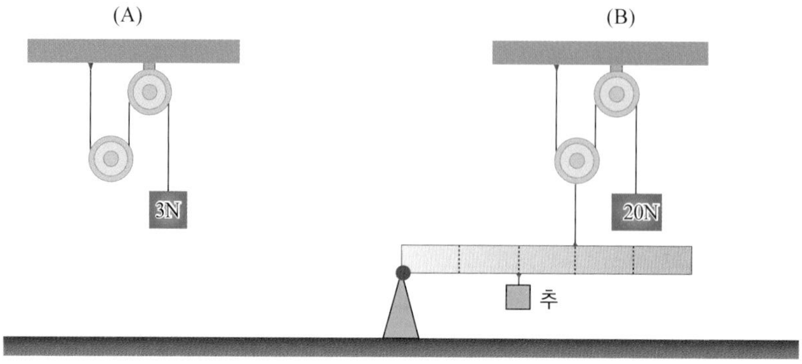

(1) 그림 (A)에서 움직도르래의 무게는 얼마이겠는가?

(2) 그림 (A)와 같은 고정도르래와 움직도르래를 사용하여 그림 (B)처럼 평형 상태를 만들었을 때, 그림 (B)의 아래 막대에 매달린 추의 무게를 구하시오.

16 수평면에 놓여있는 질량 m 인 물체에 그림과 같이 수평면과 30° 각도로 힘 F 를 작용하고 있다. 수평 면과 물체 사이의 정지마찰계수를 μ , 중력 가속도를 g 라고 할 때 다음 물음에 답하시오.

[과학고 기출 유형]

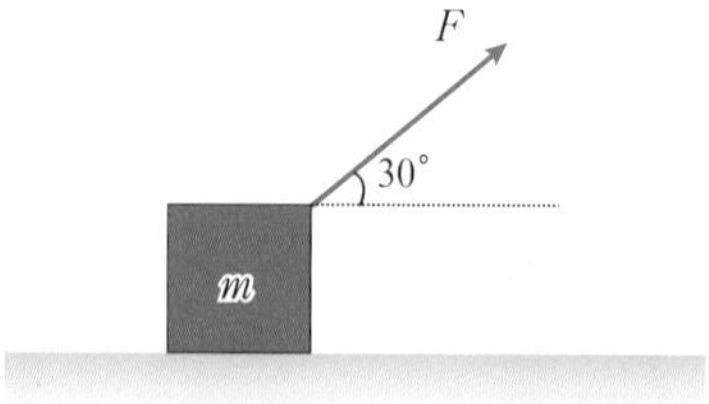

(1) 수평면이 물체를 떠받치는 힘인 수직 항력을 제시된 문자로 나타내 보시오.

(2) 물체가 정지 상태에서 움직이기 위해 필요한 최소한의 힘의 크기를 제시된 문자와 숫자로 나타내 보시오.

17 **다음 그림과 같이 질량과 크기가 같은 구슬이 담긴 접시 A, B, C 가 막대 양 끝에 매달려서 평형을 이루고 있다. 물음에 답하시오. 접시 자체의 무게와 부피는 무시할 수 있을 정도로 작다.**

[과학고 기출 유형]

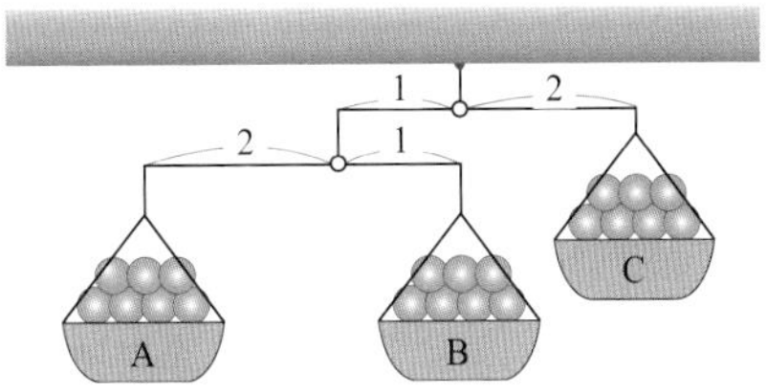

(가)

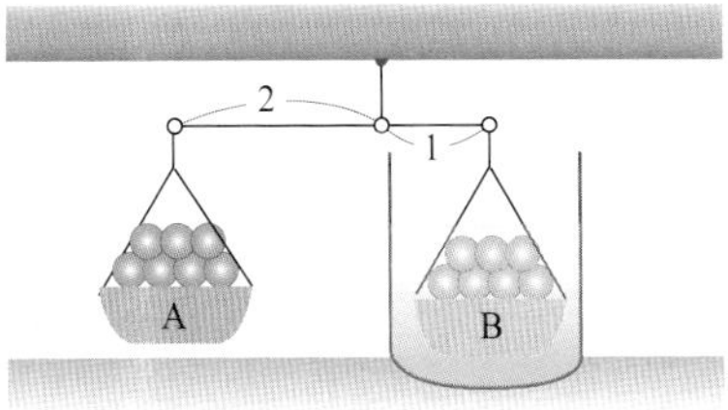

(나)

(1) 그림 (가)에서 접시 A 의 구슬이 20 개 일 때, 접시 B 와 C 의 구슬의 개수를 구하시오.

(2) 그림 (가)에서 접시 A, B 를 떼어서 그림 (나)처럼 접시 B 를 물속에 넣었더니 접시 A에서 구슬 4 개를 빼내야 평형을 이루었다. 이때 구슬의 밀도를 구하시오. 단, 접시의 질량과 부피는 무시한다.

18 **그림처럼 수평면 위에 질량 $2m$ 인 물체 A 가 있고, 그 위에 질량 m 인 물체 B 가 있다. 물체 B 를 수평 방향으로 힘 F 를 작용하여 끌었더니 물체 A, B 가 한덩어리처럼 일정한 속도로 운동하였다. 물음에 답하시오.**

[과학고 기출 유형]

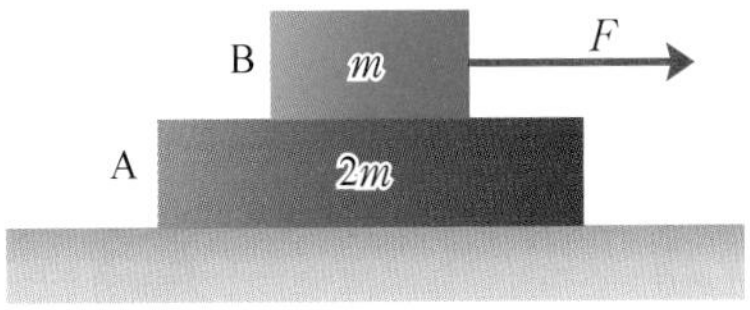

(1) 물체 A 와 B 사이에 작용하는 마찰력의 크기를 구하시오.

(2) 물체 A 와 B 에 작용하는 알짜힘을 각각 구하시오.

19 **원래 길이가 10 cm 인 용수철 A 와 12 cm 의 용수철 B 가 있다. 그림 (가)는 용수철 A, B 에 추를 매달았을 때 추의 질량과 늘어난 길이와의 관계를 나타낸 그래프이다. 물음에 답하시오. (단, 용수철의 질량은 무시한다.)**

[경시대회 기출 유형]

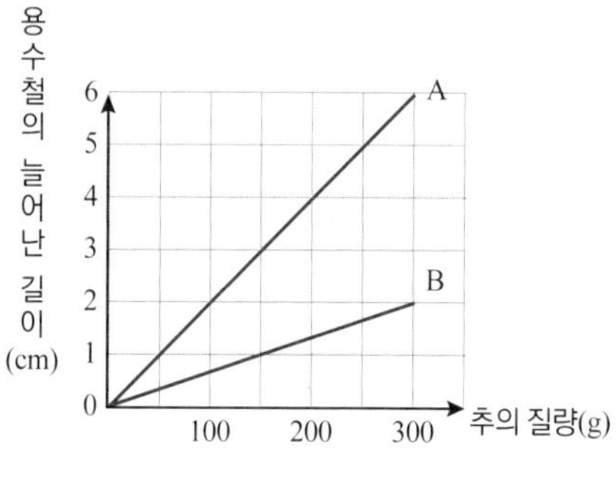

(가)

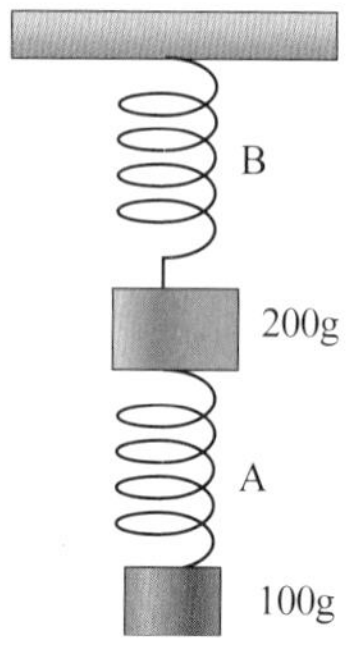

(나)

(1) 용수철 A 와 용수철 B 를 각각 14 cm 가 되도록 잡아당길 때 용수철 B 를 잡아당기는 힘은 용수철 A 를 잡아당기는 힘의 몇 배인가?

(2) 그림 (나)와 같이 용수철 B 에 200 g 의 물체를 매달고, 그 물체에 용수철 A 를 매단 다음 용수철 A 에는 100 g 의 물체를 매달았다. 용수철 A 와 용수철 B 의 늘어난 길이는 각각 얼마인가?

20 **그림과 같이 무게가 5 N 인 얇은 막대를 수직인 벽에 수평 방향으로 세우고 길이 0.6 m 의 막대 끝 B 지점에 20 N 의 물체를 매달고 벽으로부터 0.5 m 인 지점 A 에서 막대에 대해서 30° 의 각으로 줄을 매어 벽에 고정시켜 평형을 이루게 하였다. 물음에 답하시오.**

[경시대회 기출 유형]

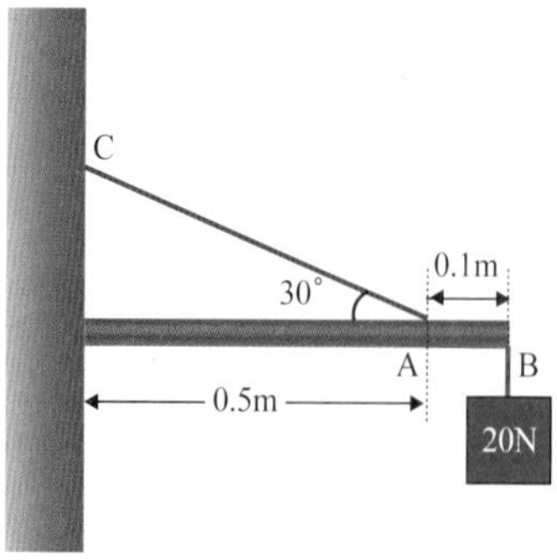

(1) 실의 장력은 얼마인가?

(2) 벽이 막대에 작용하는 수직 항력은 얼마인가?

21 **다음 그림은 수평면 위에 20 kg 의 물체를 놓고 용수철 저울로 물체를 수평으로 잡아당기면서 잡아당긴 힘과 마찰력의 관계를 그래프로 나타낸 것이다. 물음에 답하시오.**

[과학고 기출 유형]

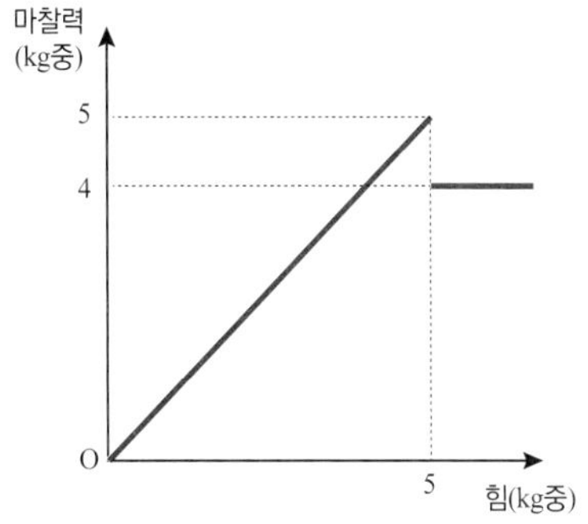

(1) 물체와 면사이의 최대정지마찰력과 정지마찰계수를 구하시오.

(2) 정지한 물체에 4 kgf 의 힘을 수평 방향으로 가했을 때 마찰력의 크기는 얼마인가?

22 **그림 (가)는 철수가 수영장 벽을 발로 미는 모습을, (나)는 책상 위에 책이 놓여 있는 모습을, (다)는 영희가 야구 방망이로 공을 치는 모습을 나타낸 것이다.**

[수능 기출 유형]

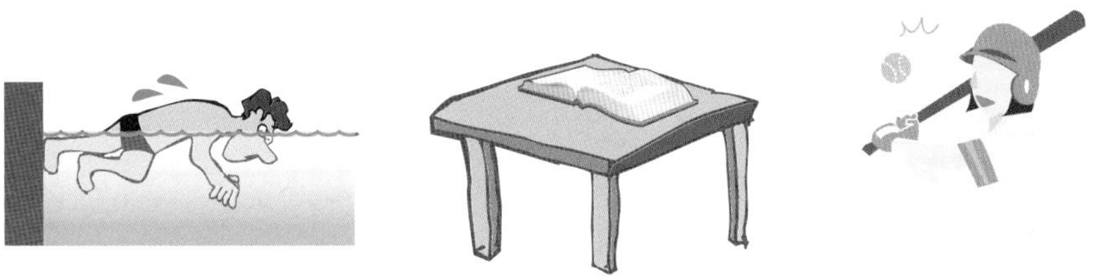

(가) (나) (다)

작용과 반작용의 관계에 있는 힘으로 옳은 것만을 〈보기〉에서 있는 대로 고른 것은?

보기

ㄱ. 철수가 벽을 미는 힘과 벽이 철수를 미는 힘
ㄴ. 지구가 책을 당기는 힘과 책상이 책을 떠받치는 힘
ㄷ. 영희가 야구방망이를 잡는 힘과 야구방망이가 공을 미는 힘

① ㄱ ② ㄴ ③ ㄷ ④ ㄱ, ㄴ ⑤ ㄱ, ㄷ

대회 기출 문제

23 그림은 영희가 지면에 서서 철봉을 일정한 힘 W 로 당기고 있는 것과 철수가 무게 W 인 역기를 들어올려 정지시킨 모습을 나타낸 것이다. 영희와 철수의 몸무게는 같다.

이에 대한 설명 중 옳은 것만을 〈보기〉에서 있는 대로 고른 것은?

[수능 기출 유형]

보기

ㄱ. 철봉이 영희를 당기는 힘의 크기와 철수가 역기를 받치는 힘의 크기는 같다.
ㄴ. 지면이 영희를 떠받치는 힘의 크기는 지면이 철수를 떠받치는 힘의 크기보다 작다.
ㄷ. 지면이 철수를 떠받치는 힘과 역기가 철수를 누르는 힘은 작용과 반작용의 관계이다.

① ㄱ　② ㄴ　③ ㄷ　④ ㄱ, ㄴ　⑤ ㄱ, ㄴ, ㄷ

24 그림 (가)는 길이가 각각 10 cm 인 두 용수철 A 와 B 를 물체에 연결한 모습이고, 그림 (나)는 (가)의 장치를 단단한 상자에 넣은 모습이다. 이때 A 의 길이가 8 cm, B 의 길이가 6 cm 인 상태로 물체는 정지하였다.

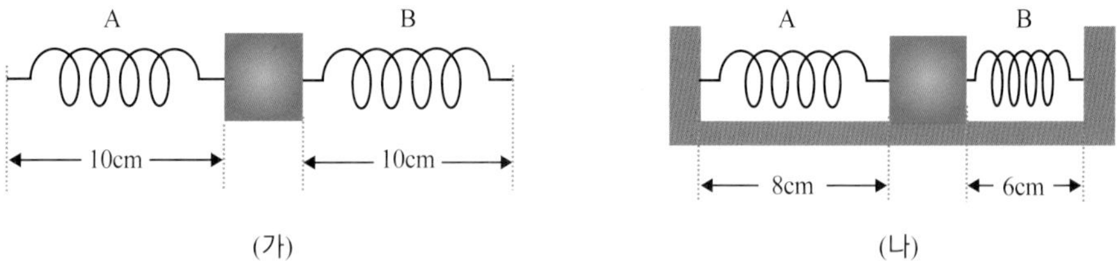

그림 (가), (나)에 대한 〈보기〉의 설명 중 옳은 것만을 있는 대로 고른 것은?

[수능 기출 유형]

보기

ㄱ. 용수철 상수의 크기는 A 가 B 의 2 배이다.
ㄴ. (나)에서 물체에 작용하는 합력(알짜힘)은 0 이다.
ㄷ. (나)에서 용수철 A 가 물체에 작용하는 힘의 방향은 오른쪽이다.

① ㄱ　② ㄴ　③ ㄷ　④ ㄱ, ㄴ　⑤ ㄱ, ㄴ, ㄷ

25 **그림과 같이 윗면의 넓이가 10 cm^2 이고, 높이가 2 cm 인 원기둥 모양의 구리 구리막대가 움직 도르래 A 와 고정 도르래 B에 연결되어 수심 50 cm 깊이에 잠겨 있다. 물 속에 있는 구리 막대를 들어올리기 위해서 필요한 최소한의 힘의 크기는 몇 N 인가? (단, 구리의 밀도는 8.94 g/cm^3, 물의 밀도는 1 g/cm^3 이고, 도르래와 실의 질량과 마찰력은 무시한다. g = 9.8 m/s^2 이다.)**

[경시대회 기출 유형]

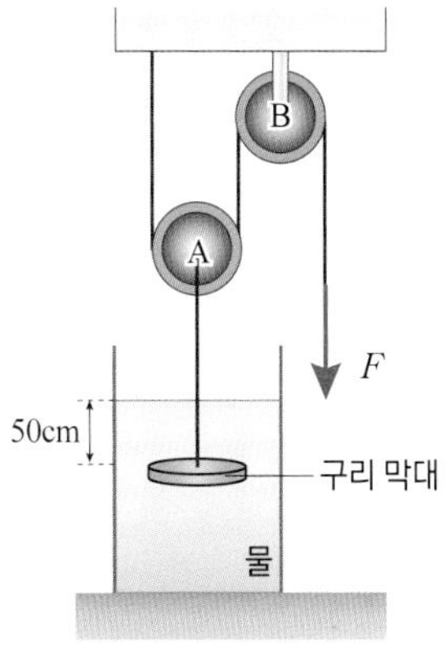

26 **용수철에 질량이 1 kg 인 추를 매단 후 추에 연결된 가벼운 끈을 이용하여 오른쪽 수평 방향으로 당겼다. 이때 그림과 같이 용수철 길이가 10 cm 인 상태를 유지하였다. 물음에 답하시오. (단, 용수철의 질량과 추의 크기는 무시하며, 용수철 상수 k = 150 N/m, g = 10 m/s^2 이다.)**

[경시대회 기출 유형]

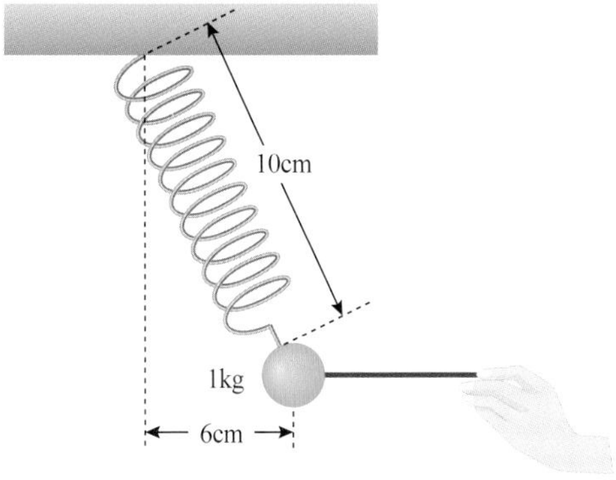

(1) 끈의 장력은 얼마인가?

(2) 용수철의 원래 길이는 몇 cm 인가?

27 **그림은 자석 A 와 B 가 수평면에 놓인 플라스틱 컵의 바닥면을 사이에 두고 붙어서 정지해 있는 모습을 나타낸 것이다. 이에 대한 설명으로 옳은 것만을 <보기>에서 있는 대로 고른 것은?**

[수능 모의 평가 기출]

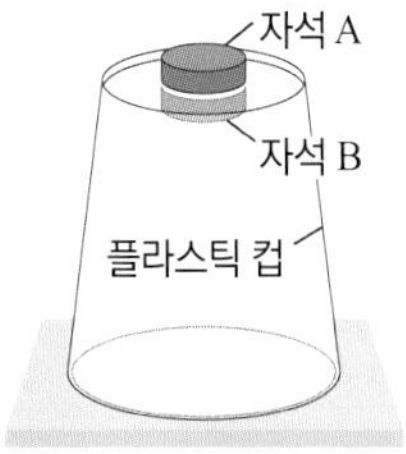

보기

ㄱ. A 가 B 에 작용하는 자기력과 B 가 A 에 작용하는 자기력은 작용과 반작용의 관계이다.
ㄴ. A 가 컵을 누르는 힘의 크기는 B 에 작용하는 중력의 크기보다 크다.
ㄷ. B 를 제거하면 A 가 컵을 누르는 힘의 크기는 감소한다.

① ㄱ ② ㄷ ③ ㄱ, ㄴ ④ ㄴ, ㄷ ⑤ ㄱ, ㄴ, ㄷ

발바닥과 다리 (Bridge)의 구조가 같다?

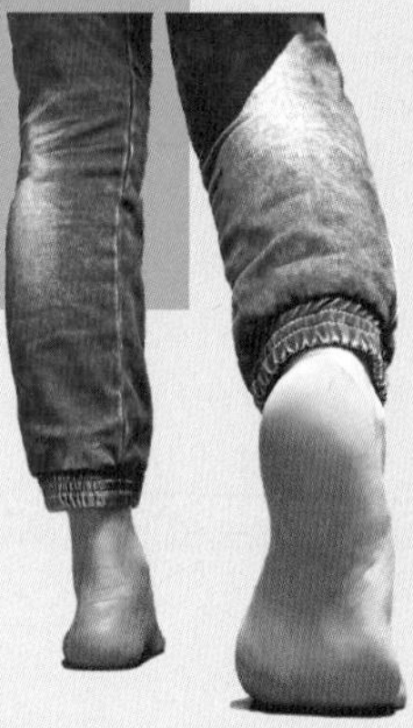

힘의 분산을 활용한 구조

평균적인 성인 남성의 경우 약 700 N 의 무게를 발이 지탱한다. 이 무게를 발바닥 전체에 효과적으로 나누지 못하면 발목과 이어진 발바닥 부분에 하중이 집중돼 매우 아플 것이다. 이런 이유로 발바닥은 가운데가 오목한 '아치' 모양을 띠고 있다. 발바닥이 아치 모양이 아닌 평발을 가진 사람은 걷는 것 자체만으로도 매우 피곤함을 느낀다. 발이 아치 구조가 아니었다면 사람들은 지금처럼 활동적이지 않았을 지 모른다.

▲ 로마의 콜로세움이 2000년 이상을 유지할 수 있었던 것도 아치 구조 덕분이다.

오랜 역사를 가진 아치 구조

다리 또는 체육관의 지붕처럼 그 위에서 작용하는 무거운 하중을 견뎌야 하는 구조물은 힘을 효과적으로 분산하여 지면에 전달해야 한다. 이러한 구조물에 가해지는 힘을 분산시키는 대표적인 방법이 아치 구조이다. 신석기 시대에도 삼각형 모양에 가까운 아치 구조를 이용하여 건축물의 입구를 만들었을 정도로 역사가 매우 오래됐다.

현수교에 숨은 힘의 분산 원리

미국의 서부 도시 샌프란시스코에는 금문교(Golden Gate Bridge)라고 하는 붉은 다리가 있다. 미국 캘리포니아 주에 위치한 현수교인데 1937년 완공 당시 가장 큰 다리였으며 지금도 샌프란시스코의 상징적인 건축물이다. 인구가 많고 관광객들이 많이 찾는 도시이니만큼 금문교를 지나다니는 차량의 숫자도 엄청나다.

Imagine Infinitely

▲ 금문교(Golden Gate Bridge)

금문교에는 큰 특징이 있다. 바로 교각이 양쪽 끝부분에 두 개밖에 없다는 것이다. 더군다나 교각 사이의 거리가 무려 1280m이다. 긴 다리임에도 불구하고 다리의 가운데가 무너지지 않는 것은 이 다리가 바로 '현수교' 이기 때문이다.

현수교는 다리 양 쪽에 높고 튼튼한 기둥을 설치하고 그 사이를 케이블로 연결한다. 이 케이블에 다리 상판과 연결된 줄을 매달아 상판을 단단히 잡고 있다. 현수교의 케이블은 아치모양으로 굽어져 있다. 바로 이런 구조로 인해 긴 상판이 받는 하중을 양쪽의 교각으로 잘 전달할 수 있어서 무거운 하중도 견딜 수 있다. 뿐만 아니라 금문교의 상판 아래는 하중을 교각으로 전달하는 트러스 구조로 되어있다.

다리의 다양한 종류에는 상판 아래가 아치 구조인 아치교도 있지만, 아치 모양인 현수교의 케이블처럼 아치 모양이나 구조만으로도 힘을 분산시킬 수 있다. 따라서 큰 하중도 효과적으로 견딜 수 있는 구조물을 만들 수 있다.

수십 톤의 무게를 버틸 수 있는 다양한 다리의 구조들

다리 위에는 적게는 1톤, 많게는 수십 톤의 무게가 나가는 수많은 자동차가 매일 지나다닌다. 이러한 다리들이 무너지지 않고 튼튼하게 버틸 수 있는 것은 다양한 조건에 따른 독특한 구조들 덕분이다.

▲ 아치교_시드니 하버 브릿지

▲ 아치교_동작대교

▲ 트러스교_동호대교

▲ 트러스교_성수대교

▲ 사장교_올림픽대교

- 트러스 구조 : 구조재를 삼각형으로 만든 뒤, 그 삼각형들을 나열해 힘을 분산하는구조
- 사장교 : 탑에서 비스듬히 친 케이블로 다리를 지탱하도록 설계된 구조이다. 현수교는 주 케이블이 양쪽 주탑으로 연결되어 있고 그 케이블에서 보조 케이블로 상판을 연결하여 지지하지만 사장교는 주탑에서 주케이블을 상판에 직접 연결하여 지지한다.

정답 p 23

Q 사장교와 현수교의 장단점을 비교해 보자.

Physics

II

02 힘과 여러 가지 운동

중력이 없는 세상을 느껴 보았는가?
중력이 없으면 물방울은 구 모양을 이루고 촛불은 동그랗게 타다가 꺼진다.
중력이 없으면 물체는 어떻게 운동할까?

II 힘과 여러 가지 운동 (1)

1. 운동의 표현

(1) 위치

① **위치 정하기** : A 위치에 있는 사람이 B 의 위치가 어디인지 설명하기 위해서는 A-B 간 거리와 방향을 말해야 한다.

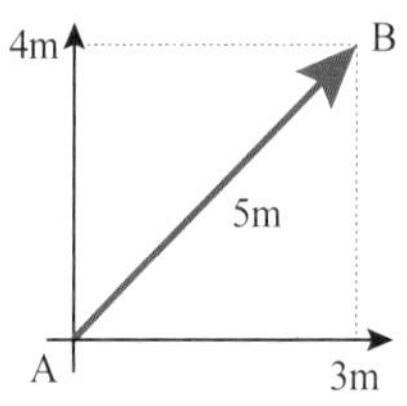

물체의 위치를 정하기 위해서는 기준점으로부터의 거리와 방향이 필요하다.

② **위치를 표시하는 방법** : 기준점으로부터 화살표로 방향과 거리를 표시한다.[2]

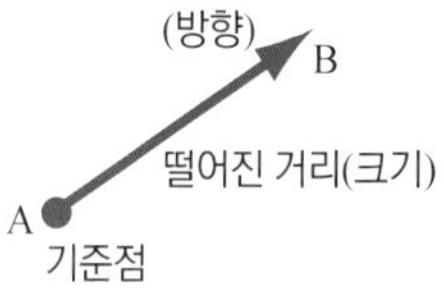

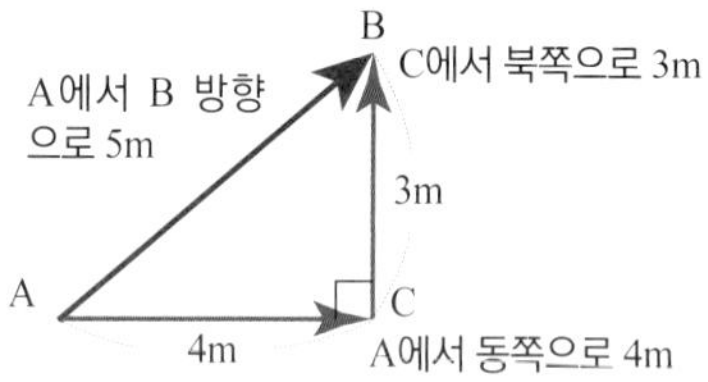

(2) 변위

① **변위** : 위치의 변화량으로 출발 지점에서 도착 지점까지의 직선 거리와 방향으로 나타내며, 출발 지점에서 도착 지점까지 화살표로 나타낸다.

② **직선 운동**

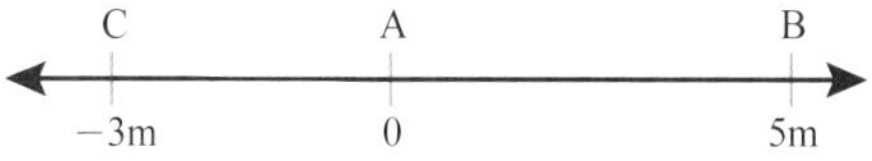

- A → B 직선 이동할 때 - 이동 거리 : 5 m , 변위 : +5 m
- A → B → A 직선 이동할 때 - 이동 거리 : 10 m , 변위 : 0
- A → B → A → C 직선 이동할 때 - 이동 거리 : 13 m, 변위 : −3 m

③ **평면 상의 운동**

- O → A 직선 이동할 때 : 이동 거리 3 m, 변위 동쪽 3 m
- A → B 직선 이동할 때 : 이동 거리 3 m, 변위 북쪽 3 m
- A → B → C 직선 이동할 때 : 이동 거리 6 m, 변위 북서쪽 $3\sqrt{2}$ m
- O→ A → B → C 직선 이동할 때 : 이동 거리 9 m, 변위 북쪽 3 m

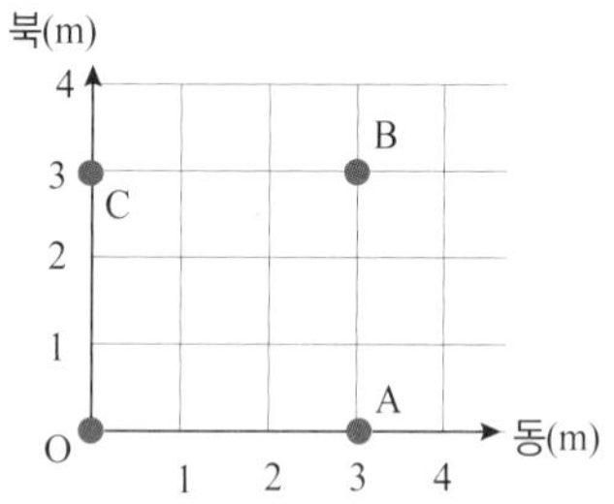

변위는 방향과 크기를 동시에 나타내야 하므로 처음 지점과 나중 지점을 잇는 화살표로 나타낼 수 있다. 변위끼리 합성할 수도 있다.[3]

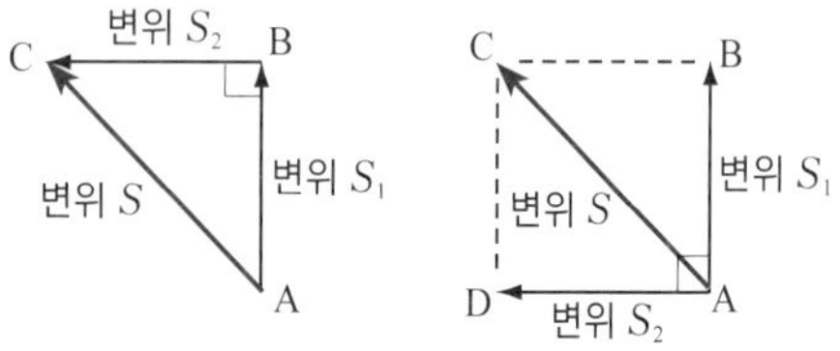

변위 S_1 + 변위 S_2 = 변위 S

(3) 속력과 속도

① **속력**(speed)[4] : 이동 거리를 시간으로 나누어 구한다. 빠르기를 나타내는 물리량으로 단위 시간(1초, 1분, 1시간) 동안 이동한 거리이다.

$$v\,(\text{속력}) = \frac{s\,(\text{이동 거리})}{t\,(\text{시간})}, \quad \text{평균 속력} = \frac{\text{전체 이동 거리}}{\text{걸린 시간}}$$

---

❶ B의 위치

- A 로부터 A-B를 잇는 방향으로 5 m 떨어진 곳이다.
- A 로부터 동쪽으로 3 m 가고, 다시 북쪽으로 4 m 가는 곳이다.

❷ **화살표로 나타낼 수 있는 물리량(벡터)**

위치, 변위, 속도, 평균 속도, 가속도, 힘 등 → 크기와 방향을 동시에 표시 해야 하므로 화살표로 표시한다.

화살표로 나타낼 수 없는 물리량(스칼라)

길이, 이동 거리, 속력, 부피, 질량, 시간, 밀도 등 → 방향을 나타낼 필요가 없다.

❸ **화살표로 나타낼 수 있는 물리량의 더하기**

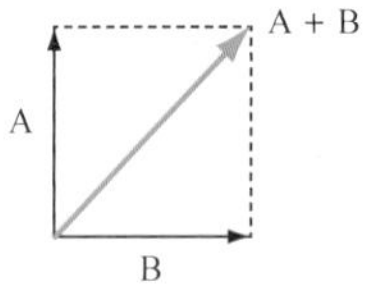

▲ 평행사변형법

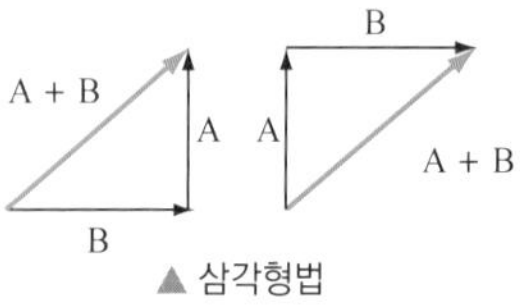

▲ 삼각형법

❹ **속력을 사용한 예**

현재 버스의 속력은 100 ㎞/h 이고, 육상 선수의 평균 속력은 10 m/s 이다.

미니사전

물리량 물질계의 성질이나 상태를 나타내는 양

② **속도**(velocity) [5] : 변위를 해당 시간으로 나누어 구한다. 빠르기와 방향 [6] 을 동시에 나타내는 물리량이므로 화살표로 나타낼 수 있다. 크기는 단위 시간 동안 변위의 크기이다.

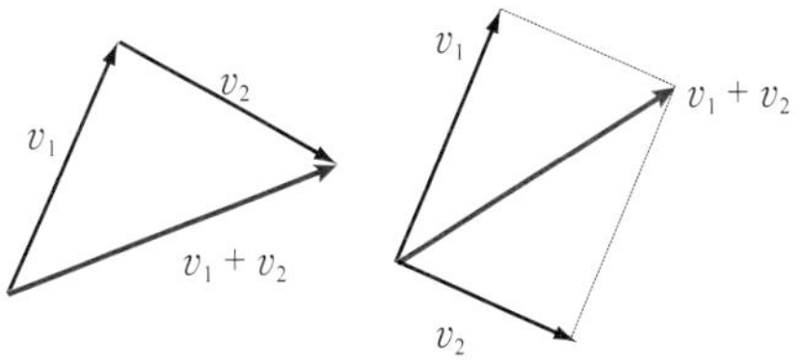

$$v\,(\text{속력}) = \frac{x\,(\text{변위})}{t\,(\text{시간})}, \quad \text{평균 속도} = \frac{\text{전체 변위}}{\text{걸린 시간}}$$

③ **상대 속도** [7] : 운동 중에 있는 물체 사이의 상대적인 속도이다.

$$v_{AB} = v_B - v_A$$

(v_{AB} : 물체 A 에 대한 물체 B 의 상대 속도, v_A : 물체 A 의 속도, v_B : 물체 B 의 속도)

● **같은 방향 운동일 때 A 에 대한 B 의 상대 속도** (오른쪽 방향 : +)

자동차 A 에 탄 사람이 느끼는 자동차 B 의 속도(상대 속도) : v_{AB}
자동차 A 의 속도 : v_A, 자동차 B 의 속도 : v_B

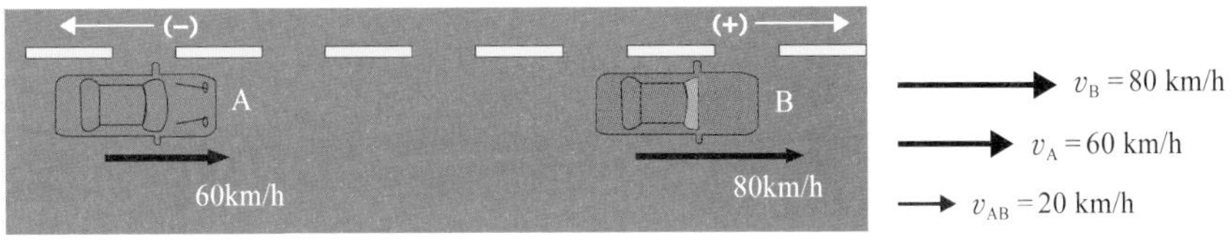

v_{AB} = 80 km/h − 60 km/h = 20 km/h
(A 가 보면 B 는 같은 방향(+)으로 20 km/h 로 가고 있다.)

● **반대 방향 운동일 때 A 에 대한 B 의 상대 속도** (오른쪽 방향 : +)

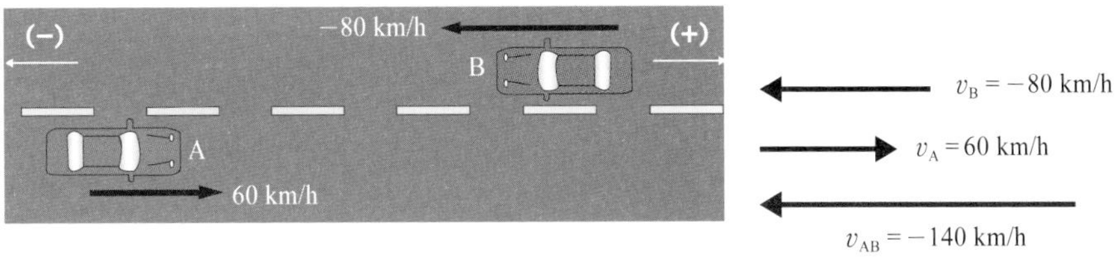

v_{AB} = − 80 km/h − 60 km/h = −140 km/h
(A 가 보면 B 는 반대 방향(-)으로 140 km/h 로 가고 있다.)

정답 p 24

Q1 그림과 같이 물체가 원점 O 에서 출발하여 동쪽으로 6 m 진행하여 A 점에 도착하는데 2 초 걸렸고, 즉시 A 점을 출발하여 남쪽으로 운동하여 B 점에 도착하는데 3 초가 걸렸다. 다시 서쪽으로 방향을 바꿔 B 점을 출발, C 점에 도착하는데 2 초가 걸렸다. 각 구간에서의 속력은 일정하며 각 점에 도착하기까지는 직선 운동을 하였다.

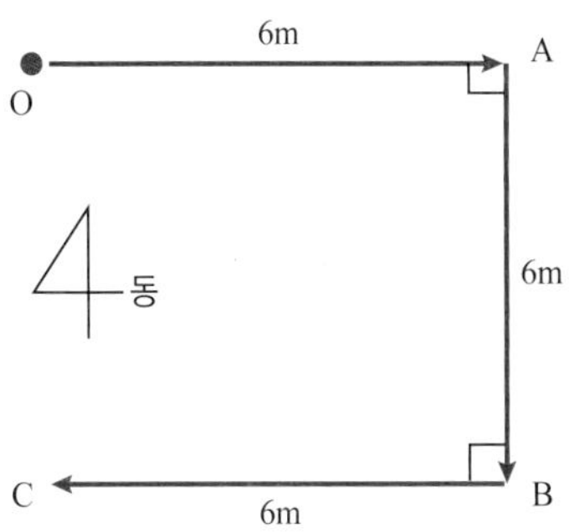

(1) O → A → B → C 동안 이동 거리는 얼마인가?
(2) A → B 과정의 변위를 구하시오.
(3) O → A → B 동안 변위를 구하시오.
(4) O → A → B → C 동안 변위를 구하시오.
(5) O → A → B 동안 평균 속력과 평균 속도를 각각 구하시오.
(6) O → A → B → C 동안 평균 속력과 평균 속도를 각각 구하시오.

5 속도를 사용한 예

지금 속도로 계속 가면 2시간 후 서울에 도달한다. (서울을 향하는 방향이라는 의미가 포함됨)

6 속도와 변위의 방향

속도는 변위를 시간으로 나눈 양이므로 속도의 방향은 변위의 방향과 같다.

7 상대 속도와 정지 속도

움직이는 관측자가 본 물체의 속도(상대 속도)는 정지한 관측자가 본 물체의 속도(정지 속도)와는 다르게 나타난다.

속력과 속도의 단위

m/s, cm/s, km/h, m/min 등이 있다.
1km = 1000m
1h = 60min = 3600s

● 72 km/h = $\frac{72{,}000\text{m}}{3600\text{s}}$ = 20 m/s

● 200 cm/s = $\frac{2\text{m}}{1\text{s}}$ = 2 m/s

● 120 m/min = $\frac{120\text{m}}{60\text{s}}$ = 2 m/s

실생활에서의 속력과 속도

실생활에서는 속력과 속도를 구별하여 사용하지 않으며 둘 다 빠르기의 의미로 쓰이고 있다.

정답 p 24

⑧ 가속도의 방향과 힘의 방향

가속도의 방향은 물체가 힘을 받는 방향과 일치한다. (물체가 힘을 받으면 운동 상태가 변한다.)

- 물체가 힘을 받아 속도가 증가했다.
- 물체가 힘을 받아 속도가 감소했다.
- 물체가 힘을 받아 운동 방향이 변했다.

오른쪽 방향을 +방향으로 하는 경우 2m/s^2 과 -2m/s^2

- $2\ \text{m/s}^2$: 1초 당 2 m/s씩 오른쪽으로 속도가 증가한다. 가속도는 오른쪽 방향이다.
- $-2\ \text{m/s}^2$: 1초 당 2 m/s씩 오른쪽으로 속도가 감소한다. 1초당 2m/s씩 왼쪽으로 속도가 증가한다. 가속도는 왼쪽 방향이다.

운동의 기록

- 다중 섬광 장치 : 운동하는 물체를 일정한 시간 간격으로 사진을 찍어 운동 상태를 나타내는 장치

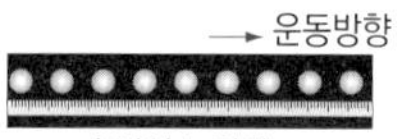

속력이 느리다.

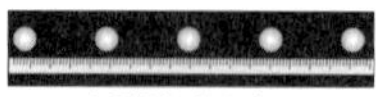
속력이 빠르다.

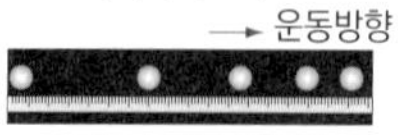

속력이 점점 느려진다.

속력이 점점 빨라진다.

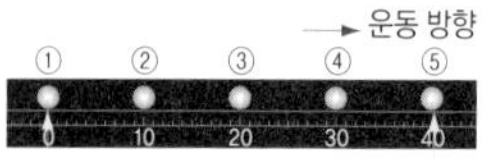

먼저 찍힌 물체　나중에 찍힌 물체

- 시간 기록계 : 운동하는 물체에 종이 테이프를 연결하여 테이프에 타점을 찍어서 운동을 나타내는 장치

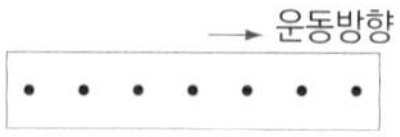

속력이 느리다.

속력이 빠르다.

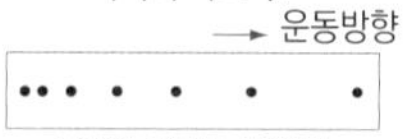

속력이 점점 느려진다.

속력이 점점 빨라진다.

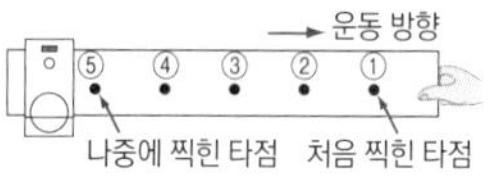

나중에 찍힌 타점　처음 찍힌 타점

Q2 동쪽 방향으로 100 km/h 의 속도로 달리는 승용차에 탄 사람이 반대 방향으로 마주 달려오는 200 km/h 속력의 화물차를 보았을 때 화물차의 속도는 얼마이겠는가?

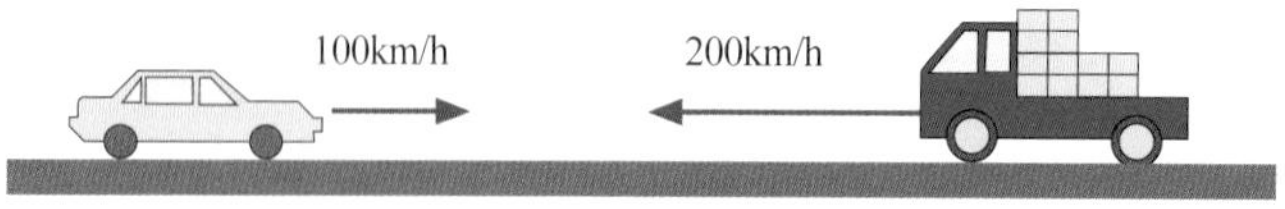

(4) 가속도

① **가속도(a)** ⑧ : 속도의 변화량을 변화한 시간으로 나누어 구하며, 단위 시간(1초, 1분, 1시간) 동안의 속도의 변화량이다. 화살표로 크기와 방향을 나타낸다. (단위 : cm/s^2 , m/s^2)

$$a\,(\text{가속도}) = \frac{\text{속도의 변화량}}{\text{시간}} = \frac{\text{나중 속도} - \text{처음 속도}}{\text{시간}}$$

② **방향이 변하지 않고 속도가 일정하게 증가하거나 감소하는 경우의 가속도** : 속도의 변화량을 해당 시간으로 나누어 구한다.

- **일직선상으로 속도가 일정하게 증가한 경우** (오른쪽 방향 : +)

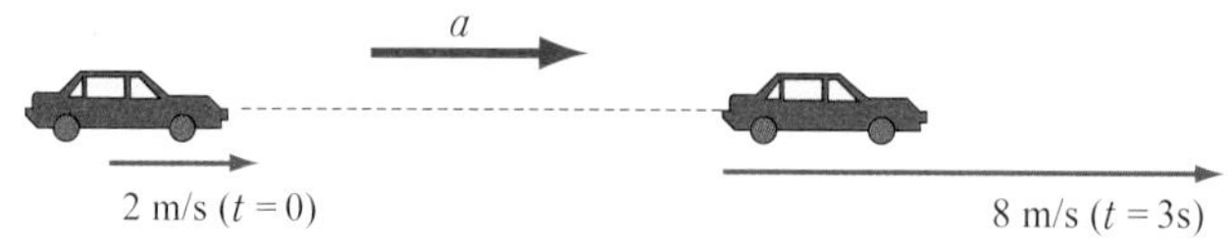

속도의 변화량(나중 속도에서 처음 속도를 뺌) : 8 m/s − 2 m/s = 6 m/s (오른쪽)
속도가 변화하는데 걸린 시간 : 3 s

$$a\,(\text{가속도}) = \frac{8\ \text{m/s} - 2\ \text{m/s}}{3\ \text{s}} = 2\ \text{m/s}\ (\text{오른쪽})$$

- **일직선상으로 속도가 일정하게 감소한 경우** (오른쪽 방향 : +)

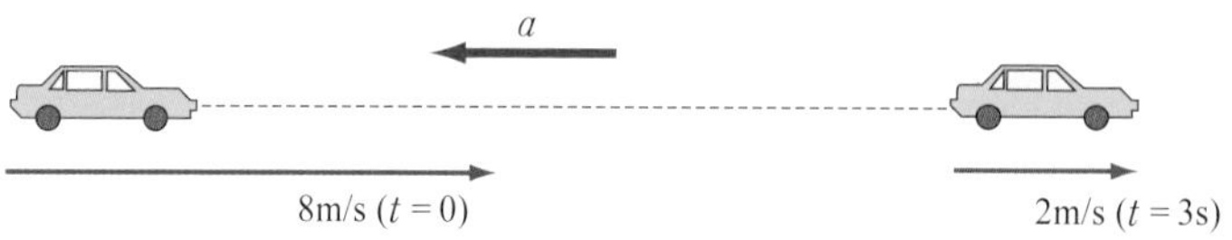

속도의 변화량(나중 속도에서 처음 속도를 뺌) : 2 m/s − 8 m/s = −6 m/s (왼쪽)
속도가 변하는데 걸린 시간 : 3 s

$$a\,(\text{가속도}) = \frac{2\ \text{m/s} - 8\ \text{m/s}}{3\ \text{s}} = -2\ \text{m/s}\ (\text{왼쪽})$$

③ **방향이 변하는 운동의 가속도** : 빠르기가 일정하다고 할지라도 운동 방향이 변하면 속도가 변한 것이므로 가속도를 구할 수 있다. 평행사변형법이나 삼각형법으로 속도의 변화량을 구한 후 시간으로 나눈다. 속도 변화량의 방향과 가속도의 방향은 같다.

- **동쪽으로 2 m/s 로 출발해서 2 초 후 남쪽으로 2 m/s 의 속도인 경우의 가속도**

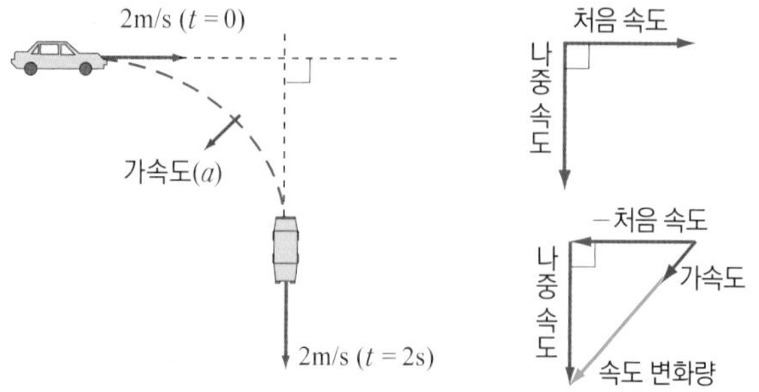

$$a\,(\text{가속도}) = \frac{\text{나중 속도} - \text{처음 속도}}{\text{시간}} = \frac{\text{속도의 변화량}}{\text{시간}} = \frac{2\sqrt{2}\ \text{m/s}}{2\ \text{s}} = \sqrt{2}\ \text{m/s}^2\ (\text{남서 방향})$$

운동의 표현

01 그림과 같이 동서로 곧게 뻗은 도로 위에 사람, 나무, 자동차가 위치해 있다. 다음 중 각각의 위치를 말한 것으로 옳은 것은?

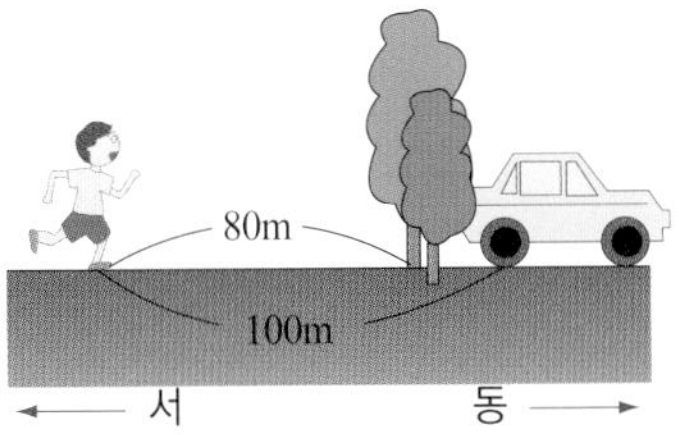

① 나무는 사람의 동쪽에 있다.
② 나무는 자동차로부터 20 m 떨어져 있다.
③ 나무로부터 80 m 떨어진 지점에 사람이 있다.
④ 사람은 자동차로부터 동쪽으로 100 m 되는 지점에 있다.
⑤ 자동차는 나무로부터 동쪽으로 20 m 되는 지점에 있다.

02 어떤 물체가 그림과 같이 A → B → C 경로를 따라 직선상으로 이동하였다. A 에서 출발하여 C 에 도달하였을 때 이동 거리와 변위를 바르게 묶은 것은?

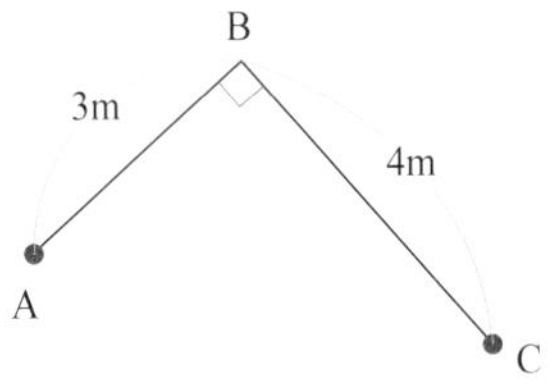

	이동 거리	변위		이동 거리	변위
①	7 m	3 m	②	7 m	4 m
③	5 m	7 m	④	7 m	1 m
⑤	7 m	5 m			

03 시간기록계의 타점 주기가 $\frac{1}{60}$ 초일 때 A ~ D 구간에서 수레의 평균 속력은 몇 m/s 인가?

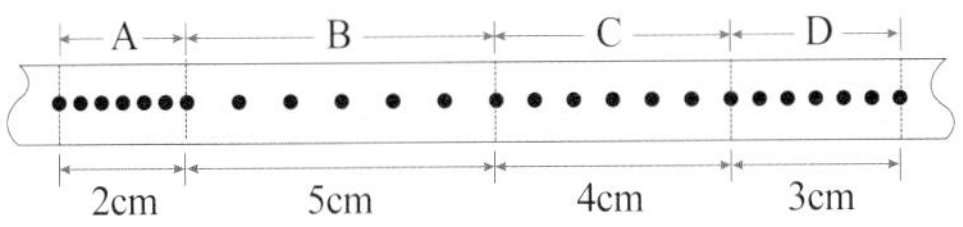

① 0.20 m/s ② 0.25 m/s ③ 0.30 m/s
④ 0.35 m/s ⑤ 0.40 m/s

04 서울에서 부산까지 승용차를 타고 가고 있다. 서울에서 대전까지 150 km 를 이동하는 동안은 3 시간, 대전에서 대구까지 150 km 를 이동하는 동안은 2 시간이 걸렸고, 대구에서 부산까지 150 km 를 이동하는 동안은 차가 막혀서 4 시간이 걸렸다면 서울에서 부산까지의 평균 속력은 얼마인가?

① 40 km/h ② 50 km/h ③ 60 km/h
④ 70 km/h ⑤ 80 km/h

05 일정한 속력으로 달리는 자전거와 자동차가 직선 도로상의 두 지점을 통과하는 시간을 측정하였더니 자전거는 40 분이 걸리고, 20 m/s 로 달리는 자동차는 10 분이 걸렸다. 물음에 답하시오.

(1) 두 지점 사이의 거리는 얼마인가?

① 10,000 m ② 12,000 m ③ 12,500 m
④ 13,000 m ⑤ 13,500 m

(2) 자전거의 속력은 얼마인가?

① 5 m/s ② 10 m/s ③ 15 m/s
④ 20 m/s ⑤ 25 m/s

06 서울에서 춘천까지 자동차를 타고 가려고 한다. 서울과 춘천의 중간점까지의 평균 속력이 40 km/h였고 나머지 거리를 80 km/h 로 달린다면 평균 속력은 얼마인가?

① 50 km/h ② 51 km/h ③ 53.3 km/h
④ 55 km/h ⑤ 60 km/h

개념 확인 문제

07 그림은 물체 A, B, C 의 운동을 이동 거리와 시간의 그래프로 나타낸 것이다. 각 물체의 운동에 관한 설명 중 옳은 것은?

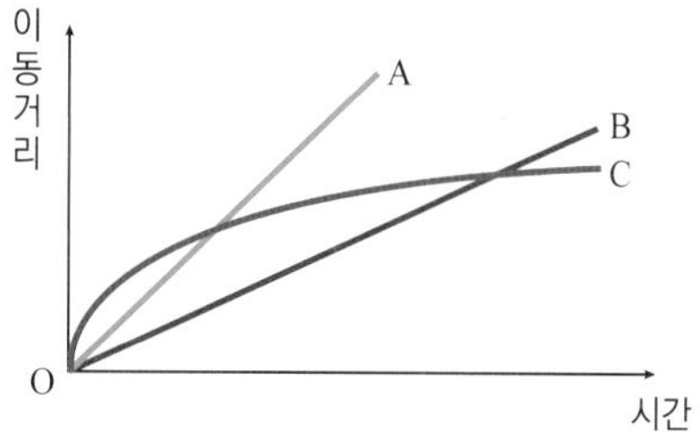

① 물체 A 와 B 의 속력은 0 이다.
② 물체 A 의 속력이 물체 B의 속력보다 작다.
③ 물체 A 와 물체 B 의 운동은 속력이 증가한다.
④ 물체 C 의 속력이 가장 크다.
⑤ 물체 C 의 속력은 점점 감소한다.

08 철수네 집에서 학교까지 직선 거리는 2500 m 이다. 학교까지 직선 도로를 따라 가는 길에 처음 1000 m 는 2 m/s 의 속력으로 갔으며, 그 다음 1200 m 는 6 m/s 로, 마지막 남은 거리는 1 m/s 의 속력으로 갔다. 철수가 학교까지 가는 평균 속력은 얼마인가?

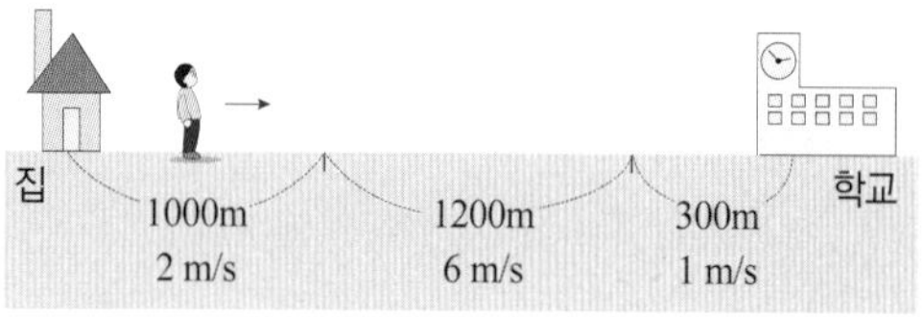

① 1.5 m/s ② 2.0 m/s ③ 2.5 m/s
④ 3.0 m/s ⑤ 4.0 m/s

09 자동차가 출발하여 그림과 같이 ㄷ 자형 도로를 따라 직선 운동을 시작했다. 서쪽으로 10 km 를 달린 후 남쪽으로 20 km 를 달리고, 다시 동쪽으로 10 km 를 달려 목적지에 도달하였다. 이때 시간이 총 20 분이 걸렸다. 출발부터 도착까지 자동차의 평균 속력과 평균 속도의 크기를 바르게 구한 것은?

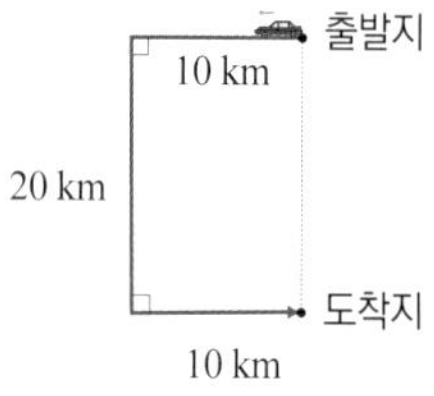

	평균 속력	평균 속도의 크기
①	40 km/h	80 km/h
②	80 km/h	120 km/h
③	80 km/h	60 km/h
④	100 km/h	80 km/h
⑤	120 km/h	60 km/h

10 그림처럼 v_2 의 일정한 속력으로 오른쪽으로 달리는 장난감 자동차가 v_1 의 일정한 속력으로 왼쪽으로 이동하는 컨베이어 벨트 위에서 운동한다. 이 운동을 관찰한 내용으로 옳은 것은?

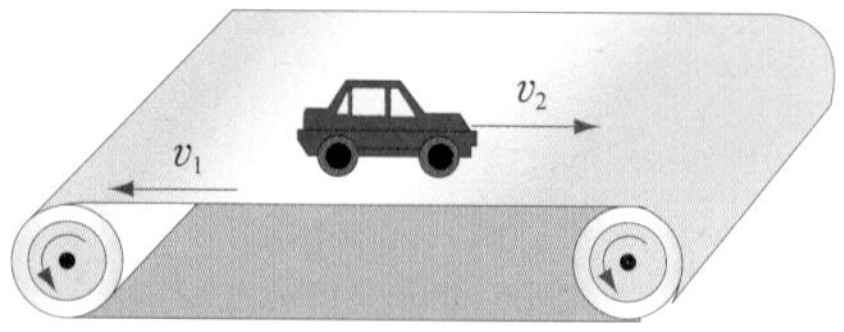

① 장난감 자동차는 벨트 위에서 정지해 있다.
② 장난감 자동차는 v_1 의 속력으로 왼쪽으로 이동한다.
③ v_1 이 v_2 보다 크면 장난감 자동차는 왼쪽으로 이동한다.
④ 장난감 자동차는 항상 v_2 의 속력으로 오른쪽으로 이동한다.
⑤ 장난감 자동차는 오른쪽으로 ($v_1 + v_2$) 일정한 속력으로 운동한다.

11 다음 그림은 두 대의 자동차 A, B 가 직선 도로를 따라 100 km 를 운동하는 동안 시간에 따른 위치를 표시한 그래프이다. 자동차 A, B 의 운동에 대한 설명으로 옳은 것만을 있는 대로 고르시오. (단, 두 자동차의 출발 시간과 도착 시간은 같으며, 출발 시간은 A, B 중 한 대라도 출발한 시간이고, 도착 시간은 A, B 모두 도착점에서 정지한 시간으로 한다.)

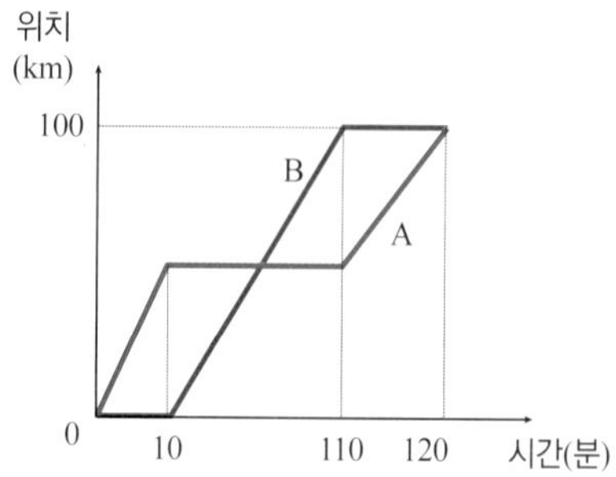

① 두 자동차의 평균 속력은 같다.
② 두 자동차는 도중에 한 번 정지하였다.
③ 자동차가 이동한 거리는 A 가 B 보다 크다.
④ 자동차 A 가 먼저 출발하였고 먼저 도착하였다.
⑤ 10~110분 사이의 자동차 B의 평균 속력은 1 km/분이다.

12 자동차 A 가 직선 운동을 시작하는 순간 일정한 속도로 다가오던 자동차 B 가 자동차 A 를 앞질러 나갔다. 그림은 자동차 A, B 의 운동에 대한 속도-시간 그래프이다. 물음에 답하시오.

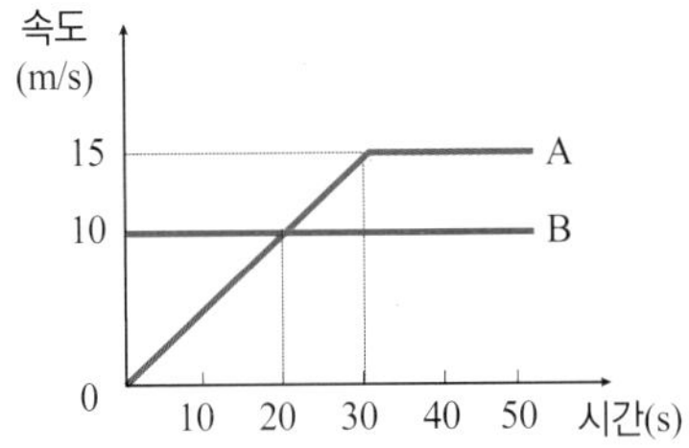

(1) 두 자동차의 속도가 같아졌을 때, B 는 A 보다 몇 m 앞에 있는가?

① 50 m ② 100 m ③ 150 m
④ 200 m ⑤ 250 m

(2) 자동차 A 가 50 초 동안 달릴 때, 그 동안의 평균 속도의 크기는 몇 m/s 인가?

① 5.5 m/s ② 10.5 m/s ③ 15.5 m/s
④ 20.5 m/s ⑤ 25 m/s

13 어떤 물체의 운동이 그림과 같을 때 0~8 초 동안의 평균 속도의 크기는 얼마인가?

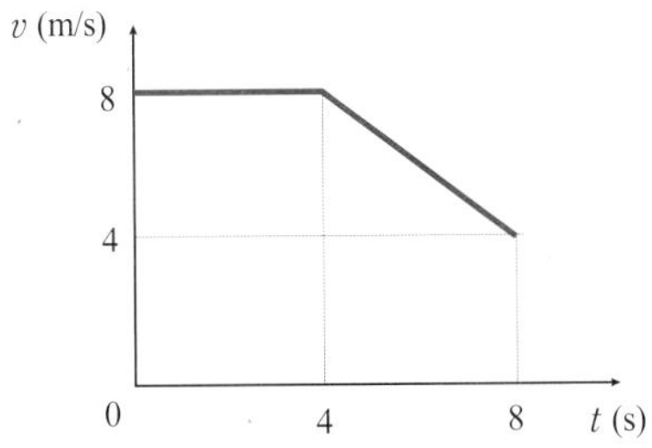

① 3 m/s ② 4 m/s ③ 5 m/s
④ 6 m/s ⑤ 7 m/s

14 어떤 물체가 처음 속도 10 m/s 로 직선상에서 운동하여 그림과 같이 속도가 변하였다. 물음에 답하시오.

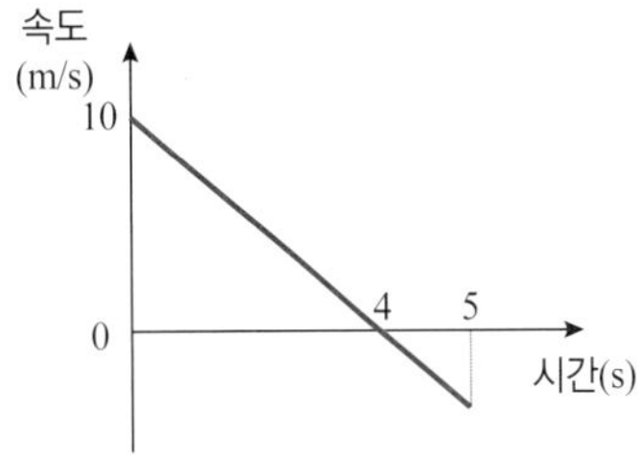

(1) 0~5 초 동안의 평균 속도의 크기는 몇 m/s 인가?

① 2.50 m/s ② 2.75 m/s ③ 3.50 m/s
④ 3.75 m/s ⑤ 4.50 m/s

(2) 0~5 초 동안의 이동 거리를 구하시오.

15 그림은 육상 경기 400 m 트랙이다. 100 m 경기에서는 직선 트랙만을 달려도 되지만 200 m 경기에서는 직선 트랙과 원형 트랙을 달려야 한다. 다음과 같이 200 m 트랙에서 출발점과 결승선까지의 직선 거리는 150 m 이다. 한 선수의 200 m 기록이 25 초로 측정되었을 때 다음 물음에 답하시오.

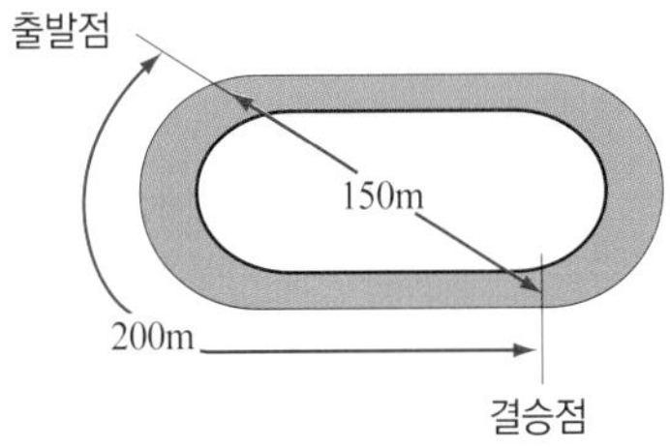

(1) 이 선수의 평균 속력은 얼마인가?

① 2 m/s ② 4 m/s ③ 6 m/s
④ 8 m/s ⑤ 10 m/s

(2) 이 선수의 평균 속도의 크기는 얼마인가?

① 2 m/s ② 4 m/s ③ 6 m/s
④ 8 m/s ⑤ 10 m/s

16 정지해 있던 두 자동차 A, B 가 동시에 출발하여 직선상에서 운동할 때, 10 초 후에 A 는 출발점에서 25 m 떨어진 지점을 달리고 있었고, B 는 15 m 떨어진 지점을 달리고 있었다. 다음은 두 자동차의 속도-시간 그래프이다.

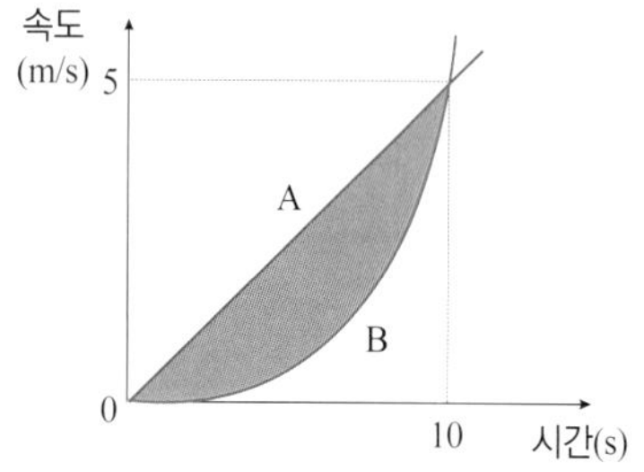

그림에서 색칠한 부분의 넓이는 얼마의 거리에 해당하는가?

① 5 m ② 10 m ③ 15 m
④ 20 m ⑤ 25 m

17 동서 방향으로 난 고속도로에서 동쪽으로 100 km/h 로 달리는 버스와 동쪽으로 120 km/h 로 달리는 자동차 A, 서쪽으로 100 km/h 로 달리는 자동차 B 가 있다.

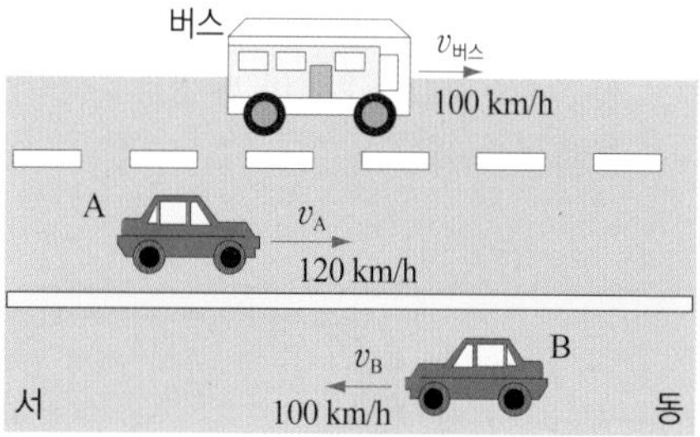

(1) 자동차 B 에 탄 사람에게는 자동차 A 의 속도가 어떠하겠는가?

① 동쪽으로 220 km/h ② 동쪽으로 120 km/h
③ 서쪽으로 220 km/h ④ 서쪽으로 100 km/h

(2) 버스에 탄 사람이 자동차 A 를 본다면 자동차 A 의 속도는 어떠하겠는가?

① 동쪽으로 220 km/h ② 동쪽으로 20 km/h
③ 서쪽으로 20 km/h ④ 서쪽으로 120 km/h

18 그림과 같은 도로에서 자동차 A, B, C 가 화살표 방향으로 등속 직선 운동하고 있다. B 의 운전자가 느끼는 A 의 상대 속도는 왼쪽 방향으로 4 m/s 이고, A 에 대한 C 의 상대 속도는 오른쪽 방향으로 14 m/s 이다. B 와 C 의 속력이 같다고 할 때 A 의 속력은 얼마인가?

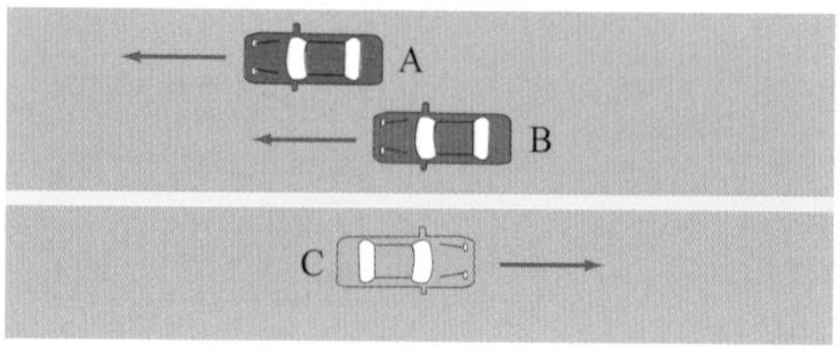

① 3 m/s ② 6 m/s ③ 8 m/s
④ 9 m/s ⑤ 14 m/s

19 다음 중 일어날 수 없는 운동은 무엇인가?

① 동쪽의 속도와 동쪽의 가속도를 가지는 운동
② 동쪽의 속도와 서쪽의 가속도를 가지는 운동
③ 속도는 0 이나 가속도가 0 이 아닌 운동
④ 일정한 가속도를 가지면서 속도는 변하는 운동
⑤ 일정한 속도이면서 가속도가 변하는 운동

20 정지해 있던 자동차가 출발하여 속도가 점점 증가하는 운동을 한다. 자동차의 속도가 36 km/h 가 되었을 때 가속하여 5 초 후에 시속 90 km/h 가 되었다. 이 5 초 동안의 평균 가속도의 크기는 몇 m/s^2 인가?

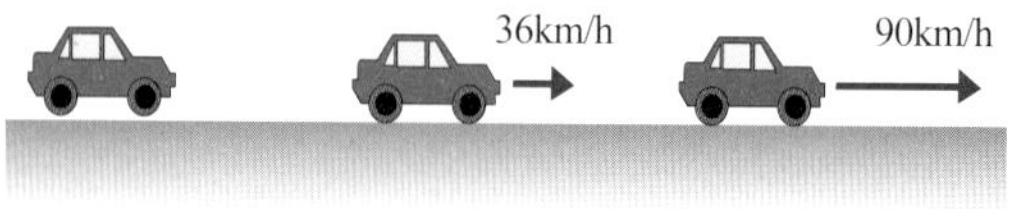

① 2 m/s ② 3 m/s ③ 4 m/s
④ 5 m/s ⑤ 6 m/s

21 **동쪽으로 50 m/s 로 달리던 자동차가 10 초 후에는 30 m/s 로 동쪽으로 달리고 있었다. 이 자동차의 10 초 동안의 평균 가속도는 얼마인가?**

① 동쪽 2 m/s^2 ② 서쪽 2 m/s^2 ③ 동쪽 8 m/s^2
④ 서쪽 8 m/s^2 ⑤ 서쪽 6 m/s^2

22 **강둑에서 관찰하는 사람에게 배가 처음에 동쪽으로 40 m/s 로 운동하다가 10 초 후 남쪽 방향으로 30 m/s 로 운동하였다. 물음에 답하시오.**

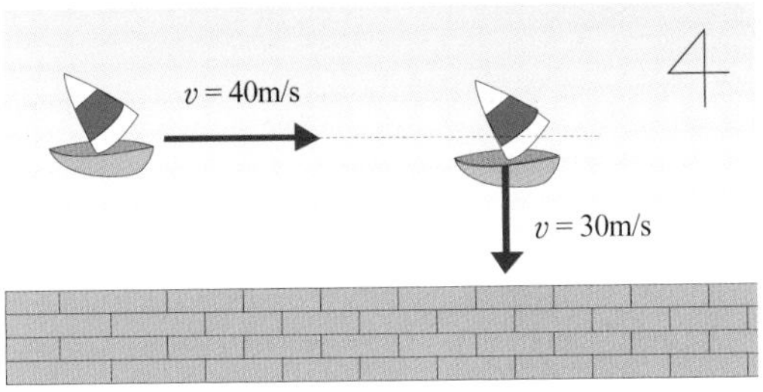

(1) 10 초 동안의 속도 변화량은 얼마인가?

① 남서쪽 50 m/s ② 남동쪽 50 m/s
③ 북서쪽 50 m/s ④ 남서쪽 10 m/s
⑤ 남동쪽 10 m/s

(2) 이 배의 10 초 동안의 평균 가속도는 얼마인가?

① 남서쪽 5 m/s^2 ② 남동쪽 5 m/s^2
③ 북서쪽 5 m/s^2 ④ 남서쪽 1 m/s^2
⑤ 남동쪽 1 m/s^2

23 **어떤 물체가 처음 속도 10 m/s 로 출발하여 속도가 점점 감소하는 운동을 하였다. 시간에 대한 속도의 변화가 다음 그래프와 같았을 때 물음에 답하시오.**

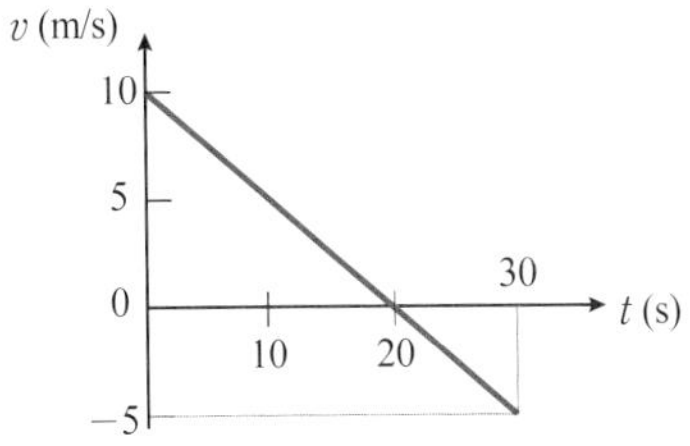

(1) 이 물체의 가속도는 몇 m/s^2 인가?

(2) 이 물체의 처음 30 초 동안 움직인 거리는 몇 m 인가?

(3) 물체가 처음 움직인 방향을 (+) 방향으로 할 때, 30 초 동안 물체의 변위는 몇 m 인가?

24 **그림은 정지 상태에서 출발하여 직선 운동하는 어떤 물체의 가속도-시간($a-t$)의 그래프이다. 그래프를 해석한 내용으로 옳은 것만을 있는 대로 고른 것은?**

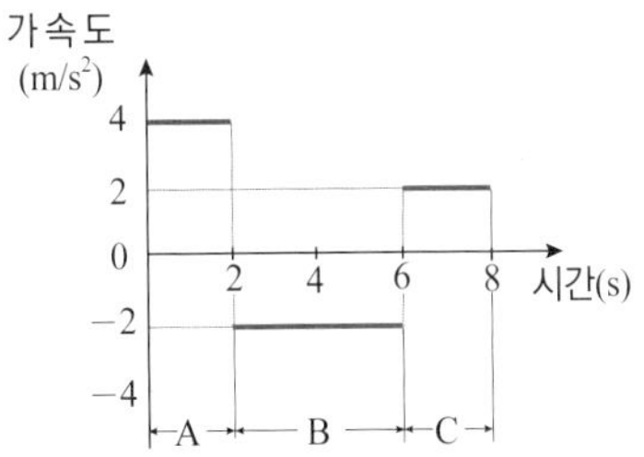

보기

(가) 2 초일 때와 6 초일 때 이 물체의 운동 방향이 바뀌었다.
(나) B 구간 동안 물체의 속도는 감소하였다.
(다) 출발점 외에 물체의 속도가 0 인 곳은 없다.
(라) 물체가 가장 많이 이동한 구간은 B 구간이다.

① (가), (다) ② (나), (다) ③ (다), (라)
④ (나), (라) ⑤ (가), (나)

개념 심화 문제

01 그림과 같이 A, B, C, D, E, F 점이 위치해 있다. 물음에 답하시오.

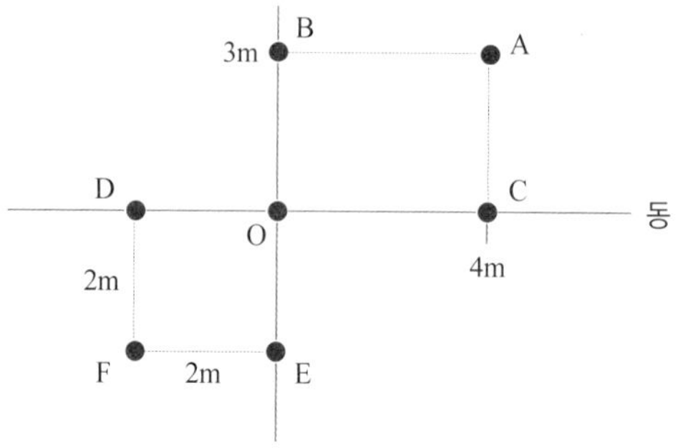

(1) 원점(O 점)을 기준으로 C 의 위치를 서술하시오.

(2) A 점을 기준으로 C 의 위치를 서술하시오.

(3) 원점을 기준으로 F 의 위치를 서술하시오.

(4) D 점에 있던 사람이 C 점까지 직선 이동하는데 2 초 걸렸다. 변위와 평균 속도를 서술하시오.

02 그림과 같이 자전거 선수가 반지름이 400 m 인 원형의 벨로드롬 경기장을 달리고 있다. 출발점을 A 로 하고, A → B → C → D 방향(시계 방향)으로 트랙을 돌고 있다. 물음에 답하시오. (단, 반지름 r 인 원의 둘레는 $2\pi r$ 이며, $\pi = 3$ 으로 한다.)

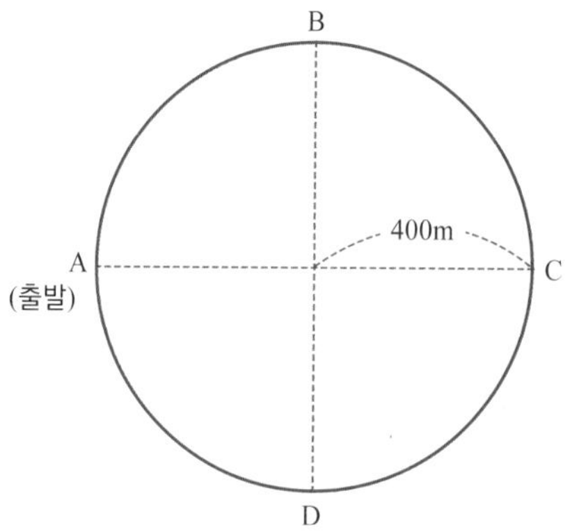

(1) 이 선수가 B 점에 도달했을 때 이동 거리와 변위의 크기를 각각 구하시오.

(2) 이 선수가 D 점까지 돌았을 때 4 초가 걸렸다면 이동 거리와 변위를 각각 구하고, 구한 값을 이용해 평균 속력과 평균 속도의 크기를 각각 구하시오.

(3) 이 선수가 운동장을 한 바퀴 돌아 다시 A 의 위치에 돌아올 때까지 6 초가 걸렸다면 이동 거리, 변위의 크기, 평균 속력, 평균 속도의 크기를 각각 구하시오.

03

서울에서 춘천까지 60 km/h 의 평균 속력으로 달려야 약속 시간에 도착할 수 있다. 길이 밀려서 서울과 춘천의 중간 지점까지 40 km/h 의 평균 속력으로 달렸다면 나머지 거리는 얼마의 평균 속력으로 달려야 약속 시간에 맞춰서 춘천에 도착하겠는가?

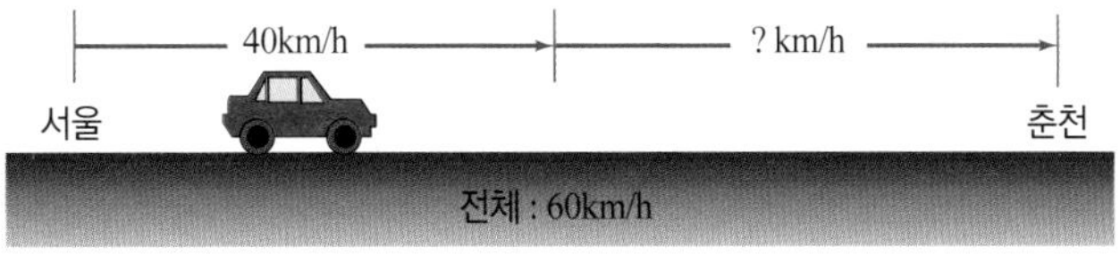

04

그림은 직선 상에서 운동하는 물체의 거리-시간 그래프이다. 물음에 답하시오.

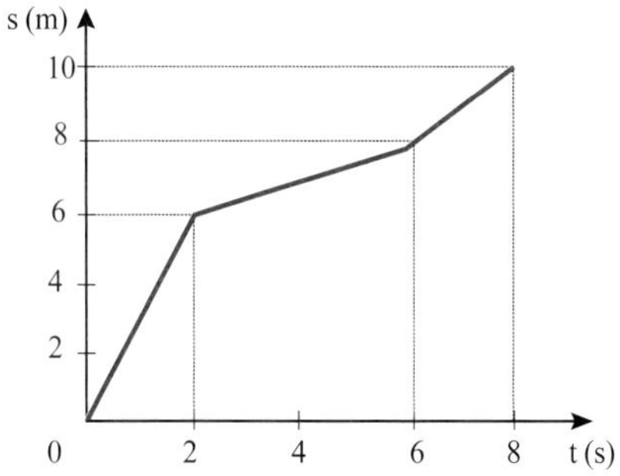

(1) 0 ~ 2 초 사이의 평균 속력은 얼마인가?

(2) 2 ~ 6 초 사이의 평균 속력은 얼마인가?

(3) 6 ~ 8 초 사이의 평균 속력은 얼마인가?

(4) 0 ~ 8 초 사이의 평균 속력은 얼마인가?

05

그림과 같이 길이가 각각 20 cm, 15 cm 인 시계의 분침과 시침 끝의 속력을 각각 구하시오.

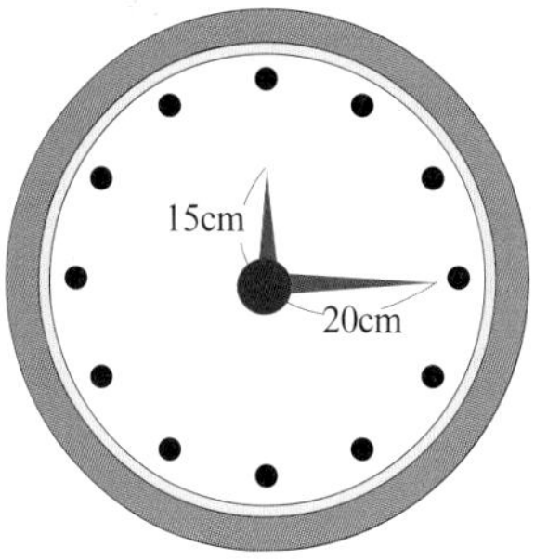

개념 돋보기

01 ~ 02

변위의 크기는 처음 지점과 나중 지점의 직선 거리이다. 화살표로 나타낼 수 있는 양이므로 방향이 다르면 평행사변형법이나 삼각형법으로 더하거나 뺀다.

03 ~ 04

평균 속력 = $\frac{\text{이동 거리}}{\text{걸린 시간}}$ 의 개념을 응용한다.

06 어떤 사람이 반지름이 60 cm 인 원둘레를 일정한 속력으로 돌고 있다. 원둘레의 $\frac{1}{6}$ 을 3 초 만에 돌았다면 이 3 초 동안의 평균 속력과 평균 속도의 크기는 각각 얼마인가?

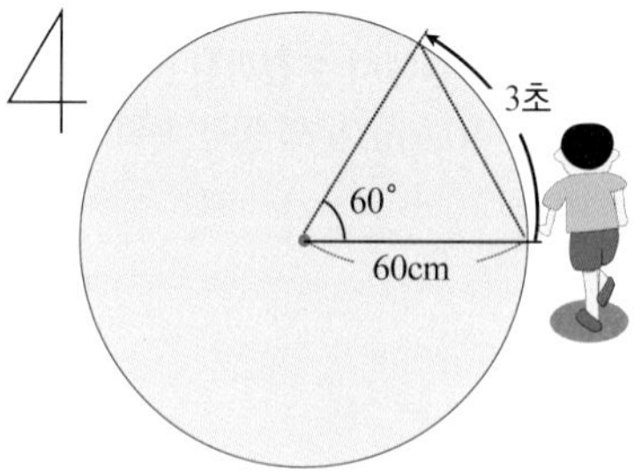

07 강물이 5 m/s 로 흐르는 강폭이 200 m 인 강을 배를 타고 건너려고 한다. 이 배는 강물이 흐르지 않을 때 10 m/s 의 속력으로 진행할 수 있다. 가장 빨리 강을 건너려면 뱃머리를 어디로 하여야 하며, 이때 강을 건너기까지 걸리는 시간은 얼마일까?

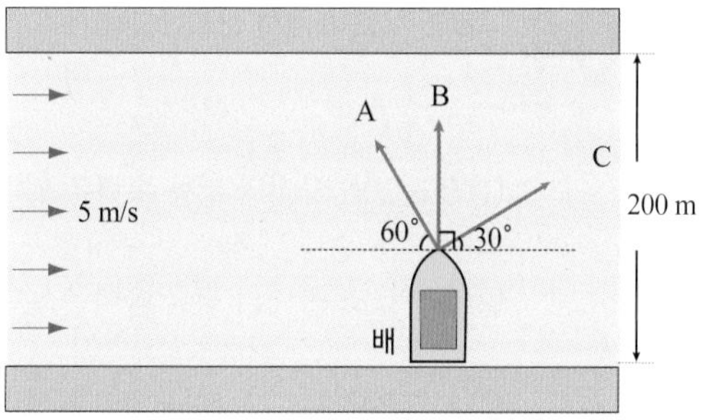

08 직선 도로 상에서 정지해 있던 두 자동차 A, B 가 같은 방향으로 출발하여 그래프와 같은 운동을 하였다. 자동차 A 가 본 자동차 B 의 상대 속도의 크기는 얼마인가?

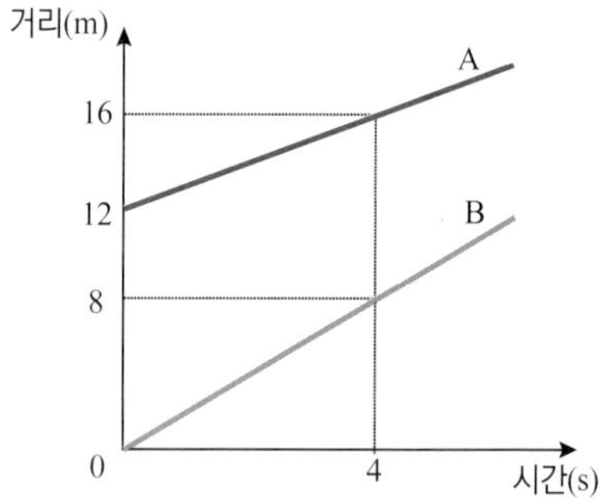

개념 돋보기

05 ~ 06

원둘레의 길이는 $2\pi r$ (r : 반지름, $\pi = 3$)이나, 변위의 크기는 처음 지점과 나중 지점의 직선 거리이다.
정삼각형의 세변의 길이는 같다.

07

맞은편 강가로 진행하는 속도의 성분이 클수록 빨리 건넌다.

09 10 m/s 의 동풍이 불고 있는 바다 위를 배가 10 m/s 로 남쪽을 향하여 가고 있다. 배의 연통에서 나온 연기는 배 위에서 보았을 때 얼마의 속력으로 어느 방향으로 굽어져 뻗어나가겠는가?

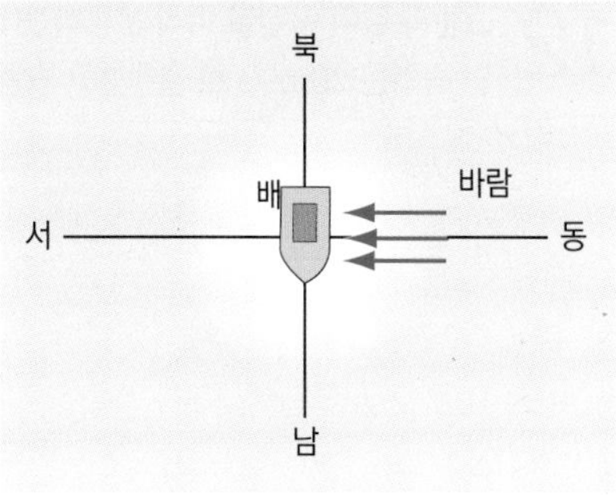

10 그림과 같이 A, B, C 세 자동차가 운동하고 있다. 다음의 상대 속도를 각각 구하시오.

(1) A 에 대한 C 의 상대 속도

(2) B 에 대한 A 의 상대 속도

(3) C 에 대한 A 의 상대 속도

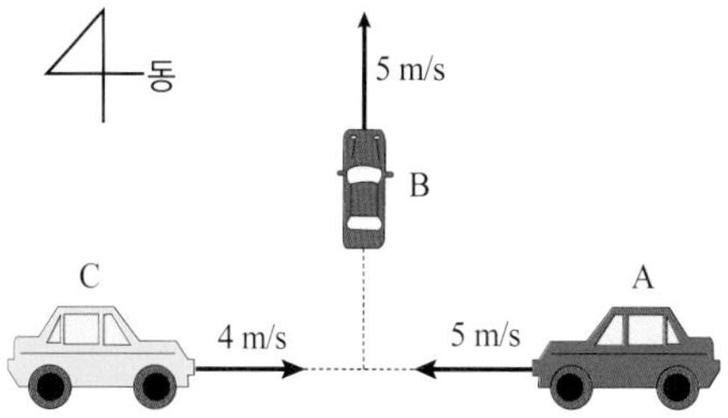

11 연직으로 떨어지는 빗방울을 10 m/s 의 일정한 속도로 달리는 기차 안에서 보았더니 연직 방향에 대하여 45° 뒤로 기울어져 내리고 있었다. 이 빗방울을 기차 밖에 서있는 사람이 보았을 때의 낙하 속도는 얼마이겠는가?

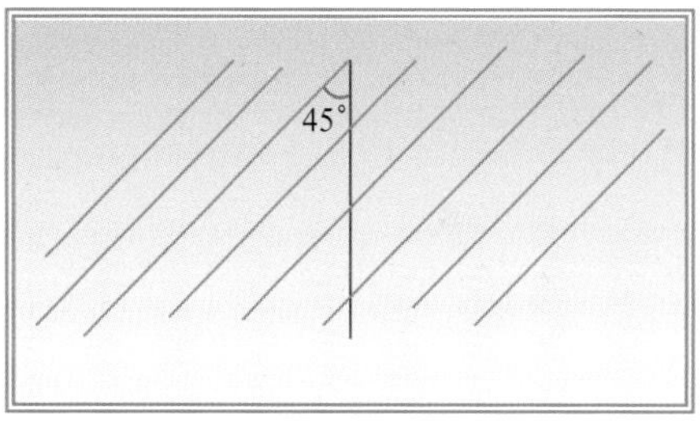

개념 돋보기

09 ~ 11

$v_{AB} = v_B - v_A$ 의 공식을 이용한다. $v_{AB} = v_B - v_A = v_B + (-v_A)$ 이다.

09

바람과 연기는 같이 움직인다. v_B 는 바람의 속도, v_A 는 관찰자의 속도, 즉 배의 속도이다.

11

v_B = 연직 방향으로 내리는 비의 속도(10m/s)

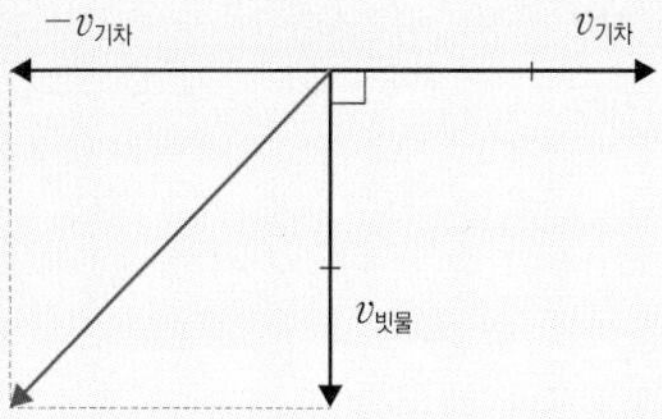

12 그림과 같이 곡선을 따라 운동하는 물체가 있다. 이 물체는 A 점에서 20 m/s 의 속력으로 출발하여 4 초 후에 B 점에 도달하는 동안 속력은 20 m/s 로 일정했고 방향은 그림과 같이 달라졌다. A ~ B 사이의 평균 가속도는 얼마인가?

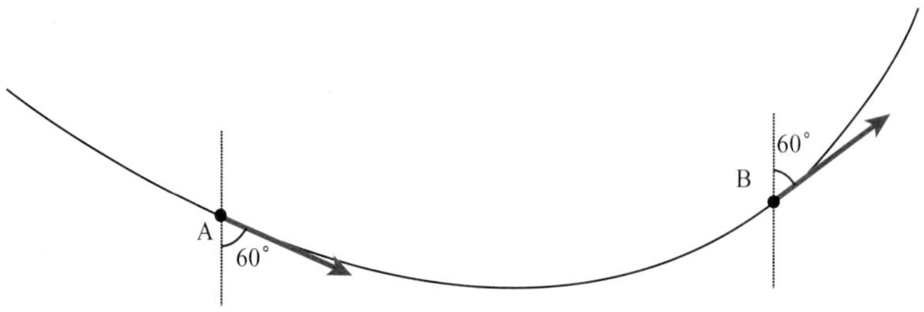

13 반지름 4 m 인 원둘레를 일정한 속력으로 운동하는 물체가 있다. 이 물체가 원둘레를 따라 A→B로 60° 회전하는데 2 초가 걸렸다면 그 동안의 평균 가속도의 크기는 얼마인가? (π = 3)

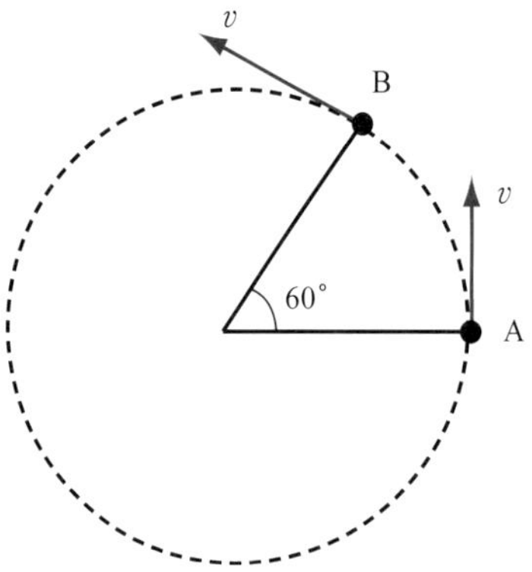

개념 돋보기

12 ~ 13

$$\text{평균 가속도} = \frac{\text{나중 속도} - \text{처음 속도}}{\text{걸린 시간}}$$

나중 속도(v_B)에서 처음 속도(v_A)를 뺄 때는 그림과 같이 하여 $v_B + (-v_A)$ 를 계산한다.

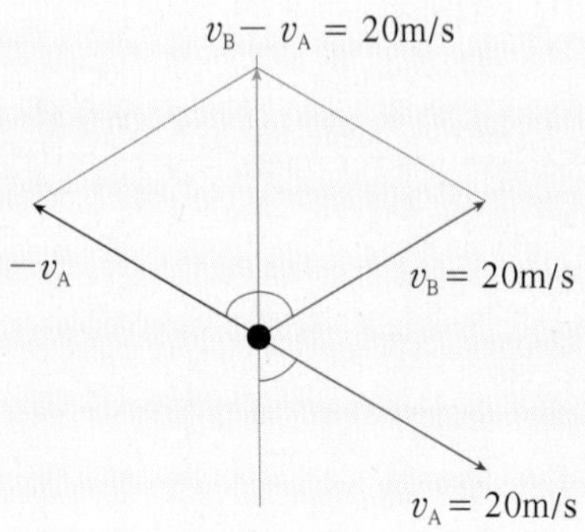

14 그래프는 직선 상에서 운동하는 자동차의 속도와 시간의 관계를 나타낸 것이다. 물음에 답하시오.

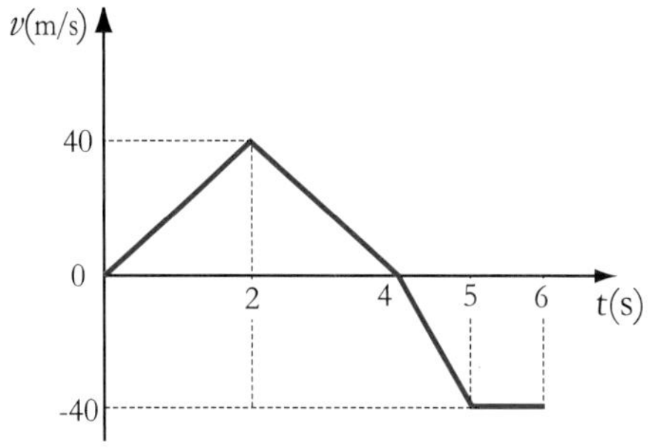

(1) 이 자동차의 출발부터 4 초까지의 평균 가속도의 크기는 얼마인가?

(2) 이 자동차의 3 초일 때의 가속도(순간 가속도)의 크기는 얼마인가?

(3) 이 자동차의 출발부터 6 초까지의 평균 가속도의 크기는 얼마인가?

15 그림처럼 자동차에 탄 사람이 볼 때 달리는 자동차의 옆 창에 빗방울이 연직 방향에 대하여 60° 의 방향으로 흘러내리고 있다. 브레이크를 밟아 4 초 만에 정지하였더니 빗방울은 연직 방향으로 흘러내렸다. 빗방울의 연직 방향 낙하 속력이 12 m/s 라면 자동차가 감속되는 4 초 동안의 평균 가속도의 크기는 얼마인가?

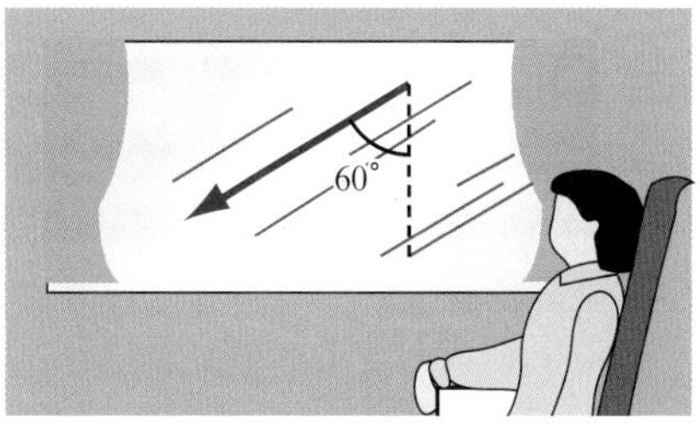

16 그림과 같이 A 는 동쪽으로 3 m/s 로 등속직선운동을 하고 B 는 남쪽으로 4 m/s 로 등속직선운동하고 있다. 이때 물체 A 가 본 물체 B 의 상대 속도는 얼마인가?

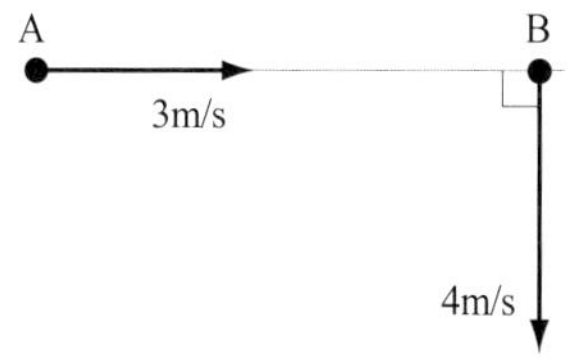

개념 돋보기

15

나중에 정지하였을 때 비가 연직으로 내리고 있었으므로 자동차가 출발할 때 v_B (비의 속도)의 방향은 연직 아래 방향이고, v_{AB} (자동차에 대한 비의 상대 속도)의 방향은 연직선과 60°를 이룬다.

2. 방향이 변하지 않는 물체의 운동

(1) 등속 직선 운동

① 등속[1] 직선 운동

• 힘을 받지 않은 물체의 운동이다.	• 속력(빠르기)과 운동 방향이 변하지 않는 운동이다.
• 직선상의 운동이다.	• 속도의 변화량이 0 (가속도 = 0)인 운동이다

② 속도는 변위를 시간으로 나누어 구한다.

$$s = vt, \quad v = \frac{s}{t}, \quad t = \frac{s}{v} \quad (v : \text{속도}, s : \text{변위}, t : \text{운동 시간})$$

③ **속도-시간, 변위-시간 그래프** : 등속직선운동 그래프에서는 속도와 속력이 같고, 변위(크기)와 이동 거리도 같게 나타난다. 기울기[2] 는 속도(= 속력)이다.

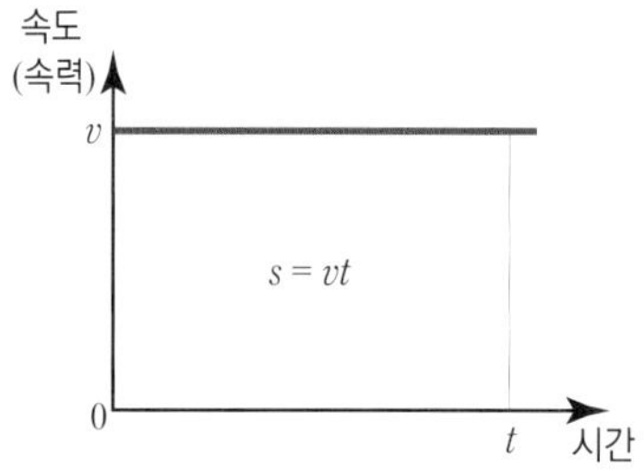

▲ 속도-시간 그래프

t 초 동안 이동 거리(변위의 크기)는 그래프 아래 넓이와 같다.

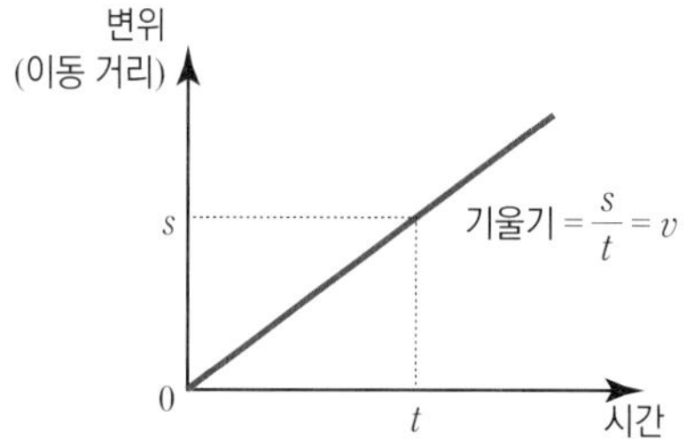

▲ 변위-시간 그래프

그래프의 기울기는 속도 $v = \frac{s}{t}$ 이다.

정답 p 29

Q3 그림은 직선 상에서 운동하는 물체의 그래프이다. A, B 그래프의 기울기를 구하고 속력을 비교하시오.

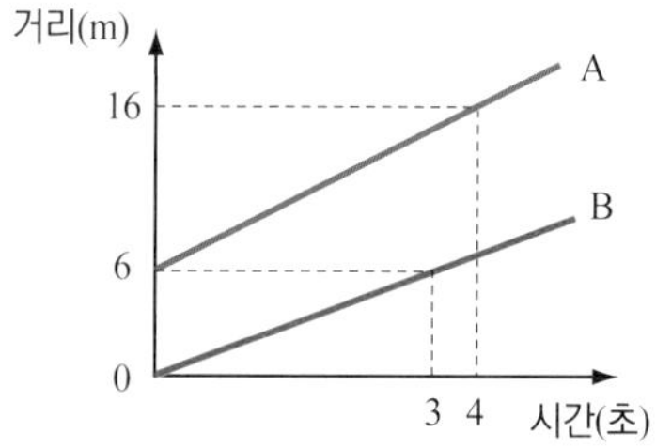

Q4 그림은 직선 상에서 운동하는 물체의 속도-시간 그래프이다. 8 초 동안의 평균 속도의 크기를 구하시오.

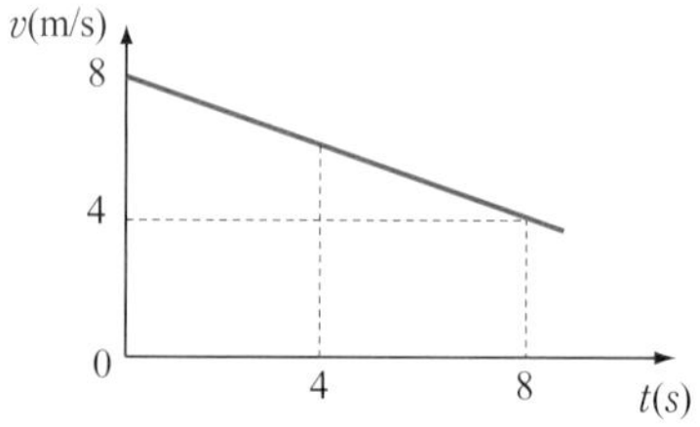

(2) 등가속도 직선 운동

① 등가속도 직선 운동

- 한 방향으로 일정하게 힘을 받는 물체의 운동이다.[3]
- 방향이 변하지 않고 속도가 일정하게 증가하거나 감소하는 운동이다.

---

❶ 등속(일정한 속도)

속도는 크기(빠르기)와 방향을 화살표로 표시하는 벡터(vector)이므로 일정한 속도라고 하는 것은 빠르기도 일정하고, 방향도 변하지 않는다는 것을 뜻한다.

물체에 작용하는 합력이 0 인 경우

물체는 등속직선운동을 한다.

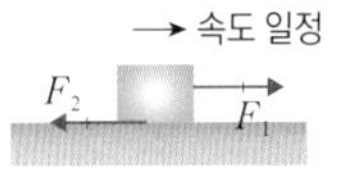

외력 F_1 : 외부에서 작용하는 힘
마찰력 F_2 : 면이 물체에 작용하는 힘
$F_1 + F_2 = 0$ 이면 물체는 등속직선운동을 한다.

❷ 그래프의 기울기

그래프가 가파를수록 기울기가 크다.

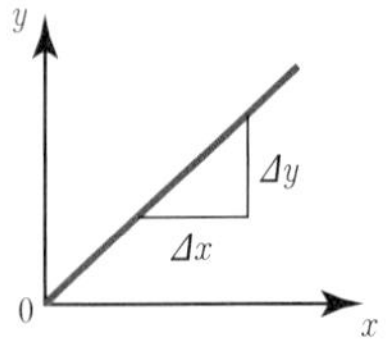

그래프의 기울기 $= \dfrac{\text{세로축의 변화량}(\Delta y)}{\text{가로축의 변화량}(\Delta x)}$

등속 운동의 예

무빙워크, 에어트랙, 스키리프트, 컨베이어 벨트, 우주 공간에서 엔진을 끈 우주선의 운동 등

▲ 무빙 워크 ▲ 컨베이어 벨트

▲ 스키 리프트 ▲ 에어 트랙

❸ 힘(F)과 가속도(a)

물체가 힘을 받으면 속도가 변하는 가속도 운동을 한다. 힘과 가속도의 방향은 같고, 크기는 비례한다. ($F \propto a$)

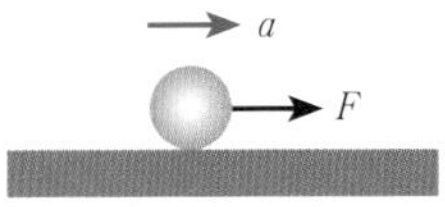

속도 변화량 : $v - v_0$

$$a = \frac{v - v_0}{t}$$

[a : 가속도, v_0 : 처음 속도(출발 속도),
v : 나중 속도(t초 후 속도)]

$v - v_0 = at$ → $v = v_0 + at$

v (t초 후 속도) = $v_0 + at$

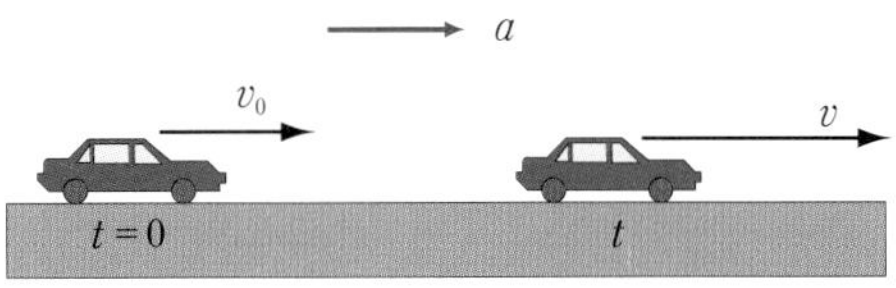

② **속도-시간($v - t$) 그래프** (+방향 : 오른쪽)

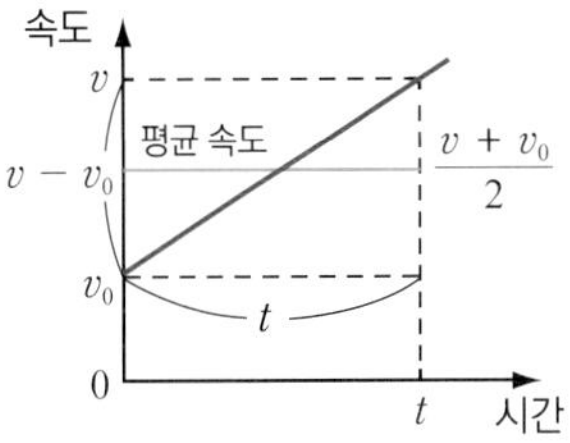

❶ 속도가 일정하게 증가하는 운동 $a > 0$

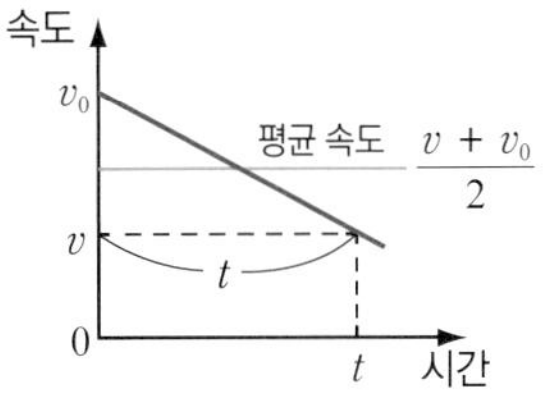

❷ 속도가 일정하게 감소하는 운동 $a < 0$

s (변위)는 v-t 그래프의 색칠한 부분의 면적과 같다.

$$s = v_0 \times t + \frac{1}{2}(v - v_0) \times t$$
$$= v_0 \times t + \frac{1}{2}(at) \times t$$
$$= v_0 t + \frac{1}{2}at^2$$

③ **가속도-시간($a - t$) 그래프** (+방향 : 오른쪽) : (v - t) 그래프의 기울기는 $\frac{v - v_0}{t}$ 이고, 이것이 가속도(a) 이다.[4]

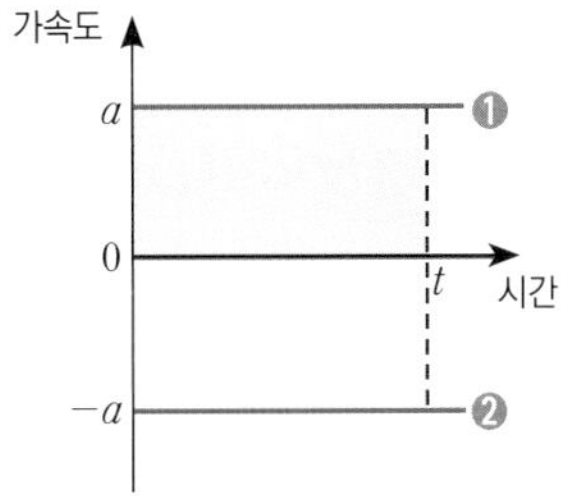

t 초 간 속도 증가량

t 초 간 속도 감소량

④ **변위-시간($s - t$) 그래프** (+방향 : 오른쪽, 처음 위치 : 원점)

- **평균 속도**[5] (속도가 일정하게 증가하므로) : $\frac{v + v_0}{2}$
- **s (변위)** = 평균 속도 × 걸린 시간 $= \frac{v + v_0}{2} \times t = \frac{1}{2}(vt + v_0 t) = \frac{1}{2}[(v_0 + at)t + v_0 t)]$

$$= v_0 t + \frac{1}{2}at^2$$

$$s\text{ (변위)} = v_0 t + \frac{1}{2}at^2$$

- **변위-시간 그래프에서의 가속도**

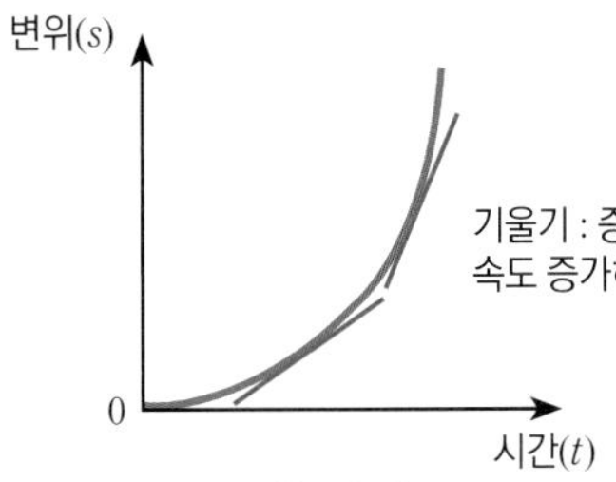

❶ $a > 0$

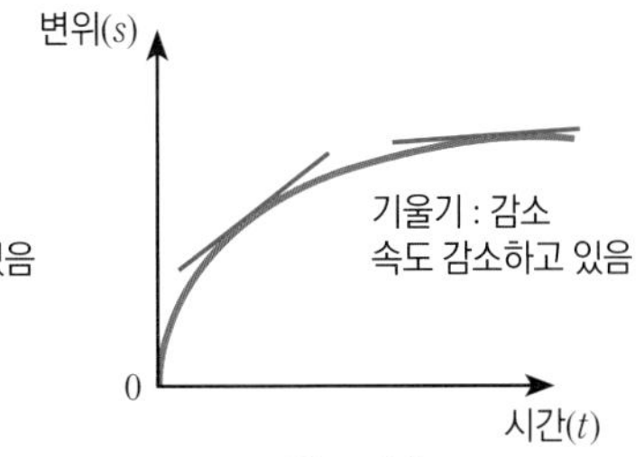

❷ $a < 0$

❹ 힘의 방향과 속도 증감

(+)방향(보통 오른쪽 방향)으로 운동하는 물체가 같은 방향으로 힘을 받으면 속도가 증가하고, 왼쪽 방향으로 힘을 받으면 속도가 감소한다.

▲ 착륙하는 비행기

❺ 평균 속도

평균 속도는 $\frac{\text{전체 변위}}{\text{걸린 시간}}$으로 구해야한다.

속도가 일정하게 증가하거나 감소하는 운동(등가속도 운동)에서는 평균 속도의 값이 $\frac{v + v_0}{2}$ 의 값과 일치한다.

등가속도 직선 운동에서의 변위와 이동 거리

물체의 운동 방향이 바뀌지 않으면 변위의 크기와 이동 거리는 같다. 운동 방향이 바뀌면 속도가 0 이 되는 곳을 찾아야 한다.

시간(t)이 포함되지 않은 공식

$s = v_0 t + \frac{1}{2}at^2$ (t초 동안의 변위)

$t = \frac{v - v_0}{a}$ $(a = \frac{v - v_0}{t})$

$\therefore s = v_0 \times (\frac{v - v_0}{a}) + \frac{1}{2}a(\frac{v - v_0}{a})^2$

$= \frac{v^2 - v_0^2}{2a}$

양변에 $2a$ 를 곱하면

$$2as = v^2 - v_0^2$$

등가속도 직선 운동의 예

낙하 운동, 자동차가 출발할 때, 비행기가 이륙할 때, 빗면에서 미끄러지는 물체의 운동, 연직 위로 던진 물체의 운동 등

⑥ **자유 낙하 운동**

▲ 스카이 다이빙

▲ 번지 점프

정답 p 29

Q5 그림과 같이 마찰이 없는 면 위에서 등가속도 운동을 하고 있다. 물음에 답하시오. (오른쪽을 (+)방향으로 한다.)

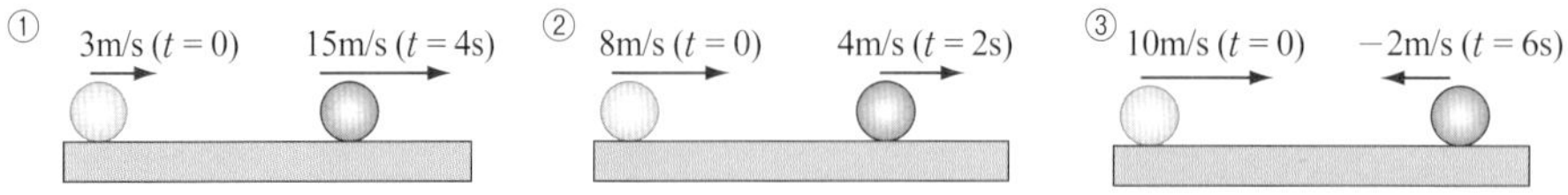

(1) 각 경우의 주어진 시간 동안의 가속도와 변위의 크기, 이동 거리를 구하시오.

(2) ③ 경우에 있어서 속도가 0 이 되는 위치는 처음 위치에서 얼마나 떨어져 있는지 구하시오.

(3) 중력장 내에서의 연직 운동

① **중력장 내에서의 연직 운동** : 중력장 내에서 물체에 작용하는 힘은 연직 아래 방향의 중력이고, 운동할 때의 가속도는 연직 아래 방향으로 g = 9.8 m/s^2 으로 일정하다.

② **자유 낙하 운동** ⑥ : 물체를 처음 속도(v_0)가 0 인 상태에서 가만히 떨어뜨렸을 때의 운동이다.

• **자유 낙하 운동 공식**

• (t초 후의 속도) $v = v_0 + at$	→	$v = gt$
• (t초 동안의 변위 : 떨어진 거리) $s = v_0 t + \frac{1}{2}at^2$	→	$s = \frac{1}{2}gt^2$
• $2as = v^2 - v_0^2$	→	$2gs = v^2$

⚙ **자유 낙하하는 물체의 위치, 속도 및 가속도 (윗방향이 + 방향이고, g = 9.8m/s^2)**

시간 (s)	위치 (m)	속도 (m/s)	가속도 (m/s^2)
0	0	0	−9.8
1	−4.9	−9.8	−9.8
2	−19.6	−19.6	−9.8
3	−44.1	−29.4	−9.8

정답 p 29

Q6 물체를 높은 곳에서 가만히 떨어뜨렸다. 물음에 답하시오. (g = 10 m/s^2)

① 3 초 동안 낙하한 거리는 몇 m 인가?

② 3 초 후의 물체의 속도의 크기는 얼마인가?

Q7 자유 낙하한 물체의 속도가 10 m/s 가 되었다. 떨어뜨린 곳으로부터 이 물체의 낙하 거리는 몇 m 인가? (g = 10 m/s^2)

③ **연직 하방 운동** : 물체를 처음 속력 v_0 로 연직 아래로 운동시켰을 때의 운동이다.

• **연직 하방 운동 공식** (아래 방향 : +)

• (t초 후의 속도) $v = v_0 + at$	→	$v = v_0 + gt$
• (t초 동안의 변위 : 떨어진 거리) $s = v_0 t + \frac{1}{2}at^2$	→	$s = v_0 t + \frac{1}{2}gt^2$
• $2as = v^2 - v_0^2$	→	$2gs = v^2 - v_0^2$

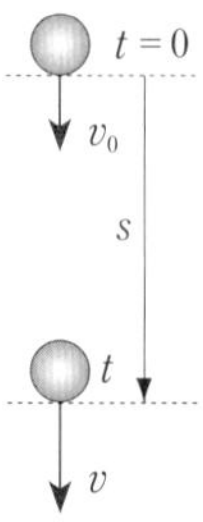

Q8 물체를 높은 곳에서 처음 속력 5 m/s 로 연직 아래로 던졌다. 물음에 답하시오. (g = 10 m/s^2)

① 3 초 후의 속도는 얼마인가?

② 3 초 동안 낙하한 거리는 몇 m인가?

③ 속력이 15 m/s로 되려면 몇 m 를 낙하해야 하는가?

④ **연직 상방 운동** : 물체를 연직 위로 속력 v_0로 던져 올린 운동이다.

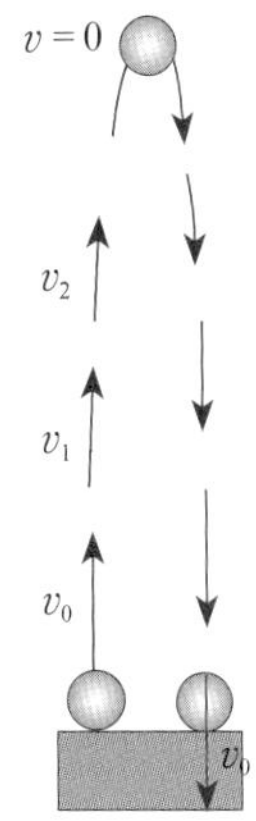

- **운동의 특징** : 최고점까지 올라갈 때는 속력이 점점 느려지다가 최고점에서 속력이 0, 다시 내려오는 과정에서는 속력이 점점 빨라진다. 그러나 윗방향이 +방향이므로 내려올 때 속도는 계속 감소한다(크기는 증가). 내려오는 과정은 자유 낙하 운동과 같다.
- 윗 방향을 +로 하는 운동이므로 물체가 받는 힘은 $-mg$로 일정하며, 운동하는 동안의 가속도는 $-g$ 이다.
- **연직 상방 운동 공식**

● (t초 후의 속도) $v = v_0 + at$	→ $v = v_0 - gt$
● (t초 동안의 변위 : 올라간 높이) $s = v_0t + \frac{1}{2}at^2$	→ $s = v_0t - \frac{1}{2}gt^2$
● $2as = v^2 - v_0^2$	→ $-2gs = v^2 - v_0^2$

㉠ **최고점까지 올라가는 데 걸리는 시간(t_1)** : 최고점은 속도가 0인 지점이다.

$$v = v_0 - gt,\ v = 0 \ ;\ 0 = v_0 - gt_1 \rightarrow \quad t_1 = \frac{v_0}{g}$$

㉡ **최고점의 높이(H)** : $v = 0$

$$2as = v^2 - v_0^2,\ -2gH = 0^2 - v_0^2 \ ;\ H = \frac{v_0^2}{2g} \rightarrow \quad H = \frac{v_0^2}{2g}$$

㉢ **던진 후 지면에 다시 도달하는 데 걸리는 시간(t_2)** : 최고점까지 올라가는 시간 = 최고점에서 내려오는 시간

$$t_2 = 2t_1 = \frac{2v_0}{g} \rightarrow \quad t_2 = 2t_1 = \frac{2v_0}{g}$$

㉣ **각 그래프 유형**

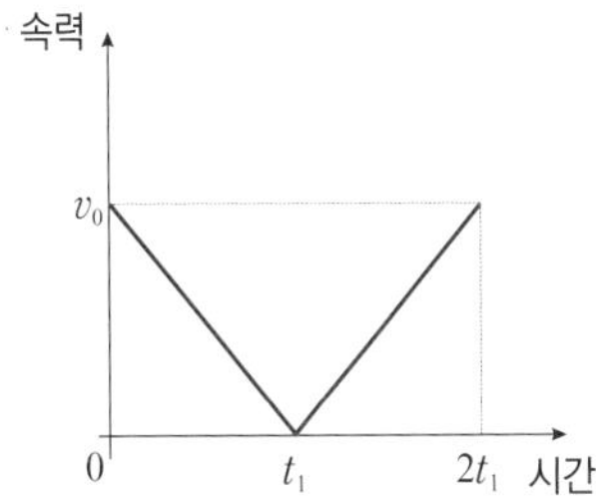

▲ 속력-시간 그래프

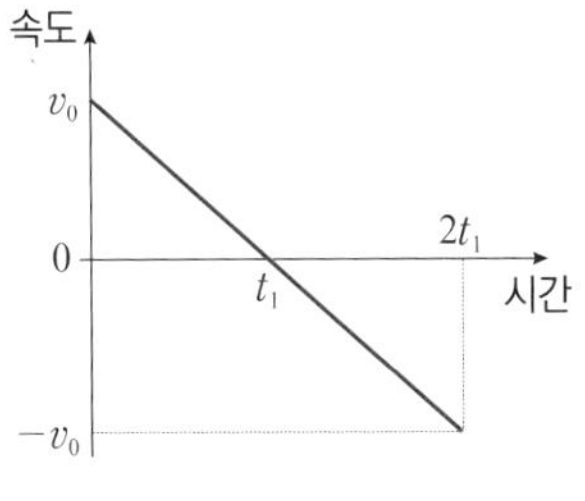

▲ 속도-시간 그래프

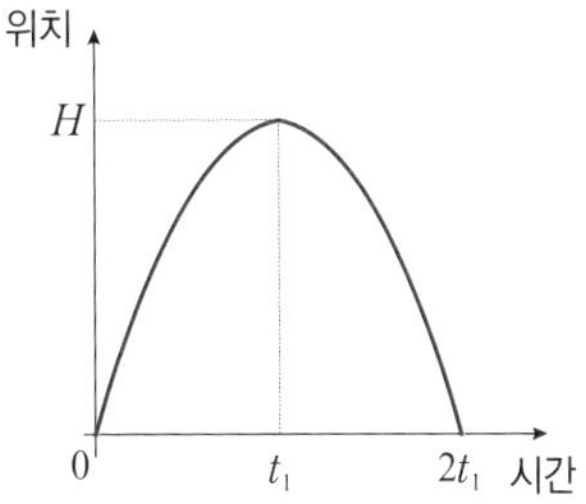

▲ 위치-시간 그래프

정답 p 29

Q9 물체를 연직 위로 20 m/s 로 던졌다. 물음에 답하시오. (g = 10 m/s^2)

① 몇 초 후에 최고점에 도달하는가?

② 최고점의 높이는 몇 m 인가?

③ 던진 곳에 다시 도달하는 시간은 몇 초 후인가?

Q10 야구공을 처음 속도 v_0 로 연직 상방으로 던지고 난 4 초 후에 처음에 던진 곳에서 잡을 수 있었다. 처음 속도의 크기 v_0는 얼마인가? (g = 10 m/s^2)

진공 중에서 깃털과 사과의 낙하

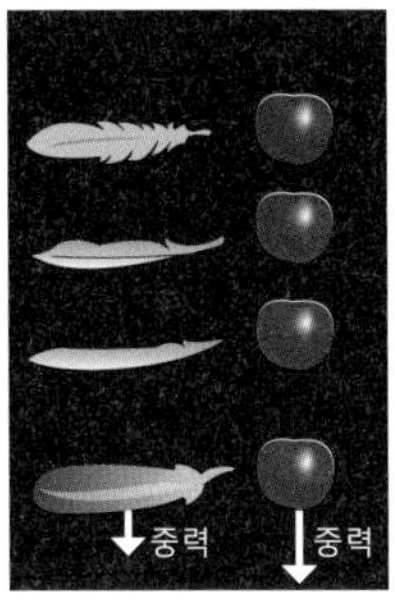

진공 중에서 같은 가속도 크기 g 로 자유 낙하하는 경우 공기의 저항이 없다면 깃털과 사과는 같이 떨어진다.

투수가 야구공을 연직 위로 던졌을 때의 운동 (윗 방향이 + 방향)

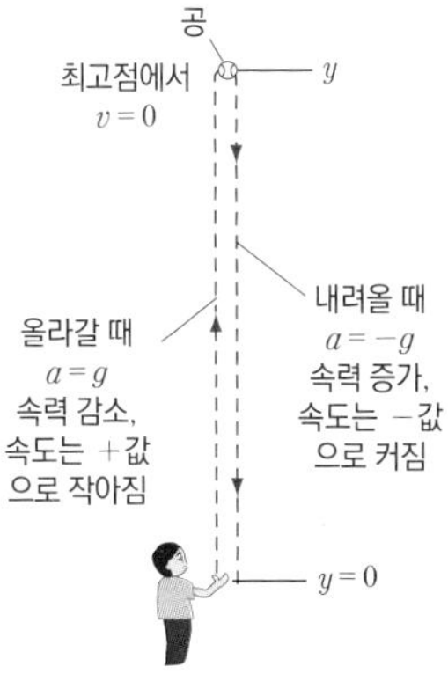

꼭대기 점에서 내려올 때의 운동은 자유 낙하 운동이다.

(4) 시간 기록계의 종이 테이프에 나타난 운동의 분석

① **시간 기록계** : 시간 기록계는 운동하는 물체에 매단 종이 테이프에 일정 시간 간격으로 점을 찍는 장치이다. 진동수 50, 60 Hz 의 시간 기록계가 많이 사용되는데, 여기서 진동수 50 Hz 라는 것은 1 초에 50 회 종이 테이프에 점을 찍는다는 것을 의미한다. 이런 경우 타점 1 개가 찍히는 시간(타점 주기)은 0.02 초(= $\frac{1}{50}$ 초)가 된다.

② **타점 분석** 1 : 다음은 50 Hz의 시간 기록계로 수레의 운동을 기록한 종이 테이프이다. 타점이 일정한 간격으로 찍혔다.

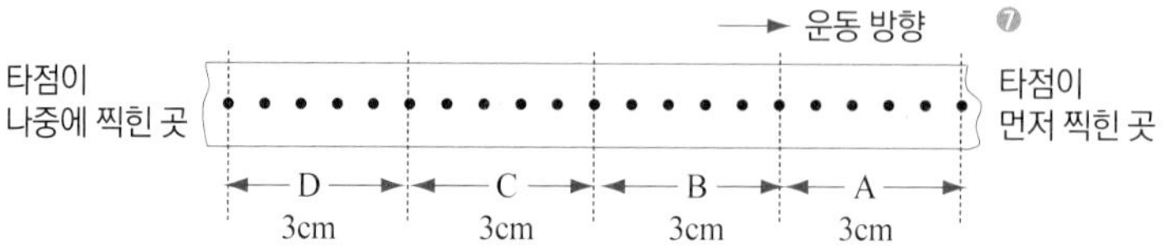

	A 구간	B 구간	C 구간	D 구간
걸린 시간(초)	$\frac{1}{50} \times 5 = 0.1$	0.1	0.1	0.1
이동 거리(cm)	3	3	3	3
평균 속도의 크기(cm/s)	$\frac{3}{0.1} = 30$	30	30	30

→ 이 운동은 구간마다 속도가 일정한 등속 운동이다.

(A ~ D)전체 평균 속도 : $\frac{12\text{ cm}}{0.4\text{ 초}} = 30\text{ cm/s} = 0.3\text{ m/s}$

③ **타점 분석** 2 : 진동수 50 Hz 의 시간 기록계로 다음과 같이 물체의 운동을 기록하였고, 5 타점마다 A, B, C, D 점들을 표시하였다.

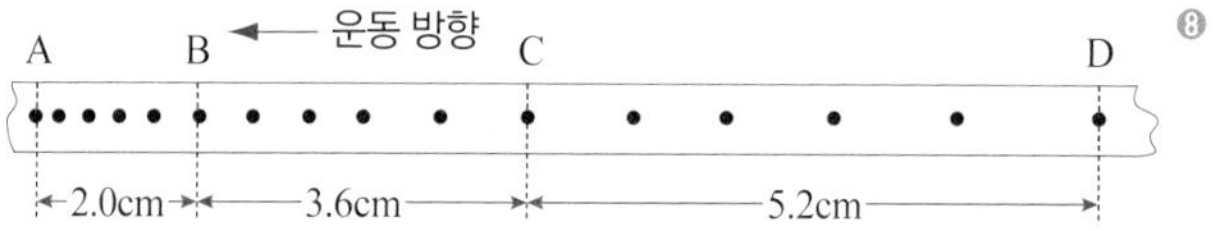

	A ~ B 구간	B ~ C구간	C ~ D 구간
걸린 시간(초)	$\frac{1}{50} \times 5 = 0.1$	0.1	0.1
이동 거리(cm)	2	3.6	5.2
평균 속도의 크기(cm/s)	$\frac{2}{0.1} = 20$	36	52

→ 이 운동은 5 타점마다 평균 속도가 16 cm/s 씩 증가하는 등가속도 운동이다. 평균 속도가 20 cm/s 에서 52 cm/s 로 증가하기까지 0.2 초의 시간이 걸렸다.

$$\text{평균 가속도} = \frac{\text{나중 속도} - \text{처음 속도}}{\text{걸린 시간}} = \frac{52\text{ cm/s} - 20\text{ cm/s}}{0.2\text{ 초}} = 160\text{ cm/s}^2 = 1.6\text{ m/s}^2$$

⑦ **타점 분석** 1

5타점마다 잘라 붙이면 가로축은 일정 시간 간격을 나타내고 세로축은 각 시간 간격 (현재는 5타점 시간) 당 이동 거리 즉, 속력이 된다.

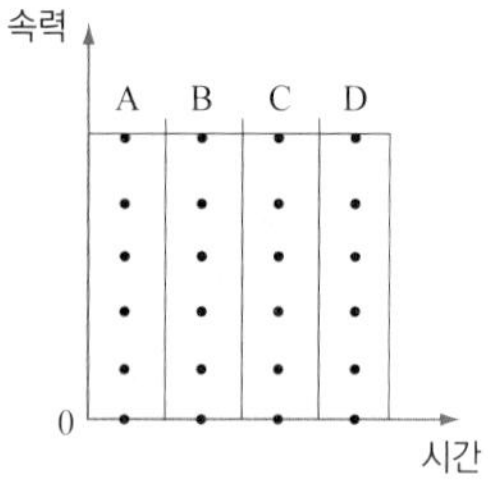

꼭대기 점을 이은 선은 속력이 일정함을 나타내므로 등속 운동의 그래프이다.

⑧ **타점 분석** 2

평균 속도가 점점 증가하고 있으므로 꼭대기 점을 이은 선의 기울기는 평균 가속도이다.

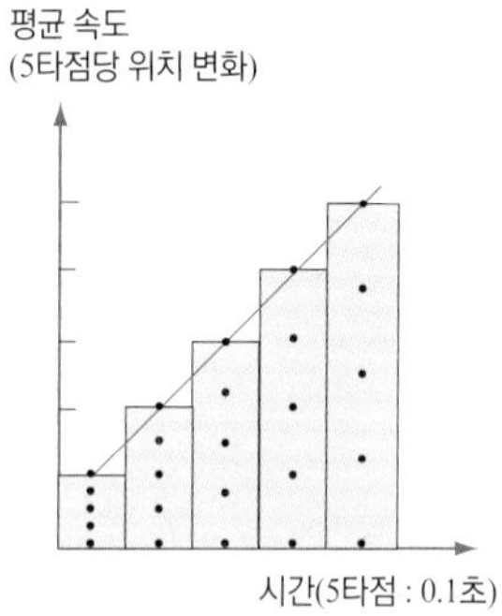

정답 p 29

Q11 물체에 힘을 주어 끌면서 물체의 운동을 50 Hz 타점기록계로 기록하였더니 다음과 같았다. 물체의 평균 가속도를 구하시오.

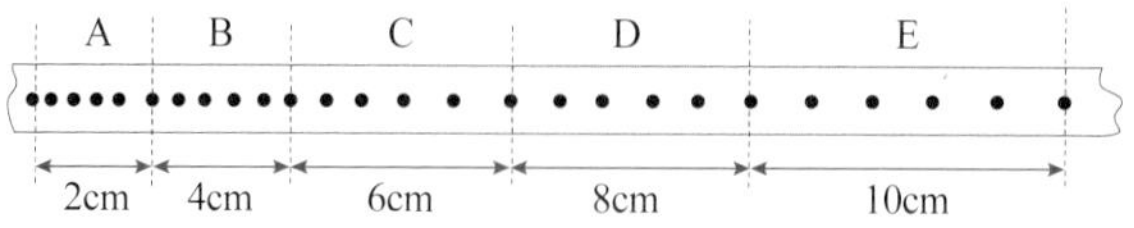

방향이 변하지 않는 물체의 운동

25 **물체의 운동에 대한 설명으로 옳은 것만을 〈보기〉에서 있는 대로 고른 것은?**

> **보기**
>
> ㄱ. 물체가 등가속도 운동을 하려면 일정한 힘을 받아야 한다.
> ㄴ. 등가속도 직선 운동에서는 평균 가속도가 변하지 않는다.
> ㄷ. 물체에 가해진 힘의 방향과 물체의 운동 방향은 같다.
> ㄹ. 곡선 운동은 모두 가속도 운동이다.

① ㄱ　② ㄴ　③ ㄱ, ㄴ
④ ㄱ, ㄴ, ㄷ　⑤ ㄱ, ㄴ, ㄹ

26 **다음 설명 중 등가속도 운동인 것은?**

① 직선을 따라서 일정하게 빨라진다.
② 포물선을 따라서 일정하게 빨라진다.
③ 일정한 빠르기로 원을 따라서 움직인다.
④ 일정한 빠르기로 직선을 따라 움직인다.
⑤ 직선을 따라서 일정하게 빨라졌다가 느려진다.

27 **그림은 등가속도 운동을 하는 어떤 물체의 위치를 0.1 초 간격으로 나타낸 종이 테이프이다. 이 운동의 가속도를 구하면? (단, 물체의 운동 방향은 왼쪽이다)**

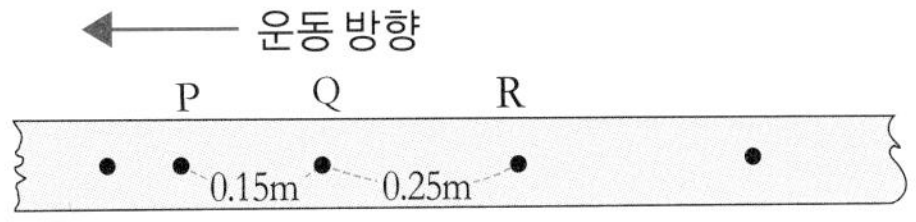

① 5 m/s　② 10 m/s　③ 15 m/s
④ 20 m/s　⑤ 25 m/s

28 **다음은 진동수가 50 Hz 인 시간 기록계를 이용하여 정지 상태에서 출발한 수레의 운동을 종이 테이프 위에 타점으로 기록한 것 중 일부이다. 5 타점 간격으로 구분하여 표시하였을 때, 다음 설명 중 옳은 것만을 있는 대로 고르시오. (단, 수레는 왼쪽으로 운동하고 있다.)**

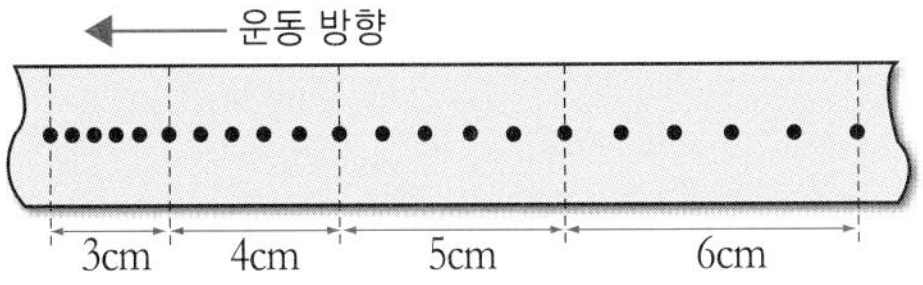

① 가속도는 1m/s^2 이다.
② 속도는 시간에 비례하여 증가한다.
③ 물체의 이동 거리는 시간에 비례한다.
④ 이웃 타점 간의 시간 간격은 0.1 초이다.
⑤ 그림에서 왼쪽에 있는 타점일수록 먼저 찍힌 것이다.

29 **어떤 물체의 운동을 50 Hz 시간 기록계로 종이 테이프에 타점을 찍어 5 개의 타점 간격으로 구분하여 보았더니 다음과 같았다.**

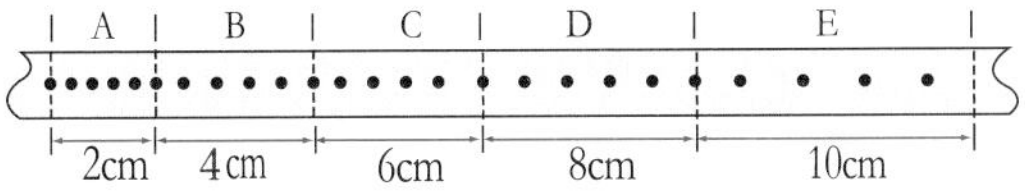

위의 종이 테이프를 5 개의 타점 간격으로 잘라 그림과 같이 차례대로 붙였다. 종이의 꼭지점을 연결한 선이 그림과 같이 나타났을 때 물음에 답하시오.

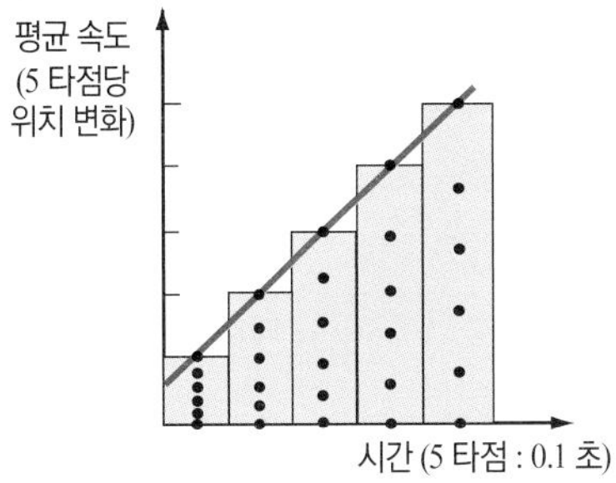

(1) 직선의 기울기를 m/s^2 단위로 구하시오.

① 1 m/s^2　② 2 m/s^2　③ 3 m/s^2
④ 4 m/s^2　⑤ 5 m/s^2

(2) 그래프의 가로축과 세로축은 각각 어떤 물리량을 나타내는가?

30 **정지한 물체가 출발하여 마찰이 없는 수평면 위에서 10 초 동안 2 m/s^2 의 등가속도 직선 운동을 하고 있다. 물음에 답하시오.**

(1) 10 초 후의 물체의 속도의 크기는 얼마인가?

① 10 m/s ② 20 m/s ③ 30 m/s
④ 40 m/s ⑤ 50 m/s

(2) 10초 동안 이동한 거리는 얼마인가?

① 100 m ② 200 m ③ 300 m
④ 400 m ⑤ 500 m

(3) 물체가 1 m 진행했을 때의 속도의 크기는 얼마인가?

① 1 m/s ② 2 m/s ③ 3 m/s
④ 4 m/s ⑤ 5 m/s

31 **동쪽 방향으로 처음 속도 10 m/s 로 출발한 물체가 등가속도 운동을 하여 10 초 후에 서쪽으로 30 m/s 의 속도를 가지게 되었다. 물음에 답하시오. (동쪽을 +로 하여 계산하시오.)**

(1) 이 물체의 가속도는?

① 동쪽 2 m/s^2 ② 서쪽 2 m/s^2 ③ 동쪽 4 m/s^2
④ 서쪽 4 m/s^2 ⑤ 서쪽 3 m/s^2

(2) 이 물체의 속도가 0 이 되는 곳은 몇 초 후인가?

① 1 초 ② 1.5 초 ③ 2 초
④ 2.5 초 ⑤ 3 초

(3) 속도가 0 이 될 때까지의 이동 거리는 몇 m인가?

① 2.5 m ② 5 m ③ 7.5 m
④ 10 m ⑤ 12.5 m

(4) 10 초 동안의 변위는 얼마인가?

① 동쪽 100 m ② 서쪽 100 m ③ 동쪽 300 m
④ 서쪽 300 m ⑤ 서쪽 200 m

(5) 10 초 동안의 이동 거리는 얼마인가?

① 75 m ② 100 m ③ 125 m
④ 150 m ⑤ 175 m

32 **24 m/s 로 달리던 자동차 A 와 20 m/s 로 달리던 자동차 B 가 동시에 브레이크를 밟아 일정하게 감속하여 정지하기까지 자동차 A 는 4 초, 자동차 B 는 5 초가 걸렸다. 다음 그래프는 브레이크를 건 순간부터 자동차 A 와 B 의 속도-시간 그래프이다. 물음에 답하시오.**

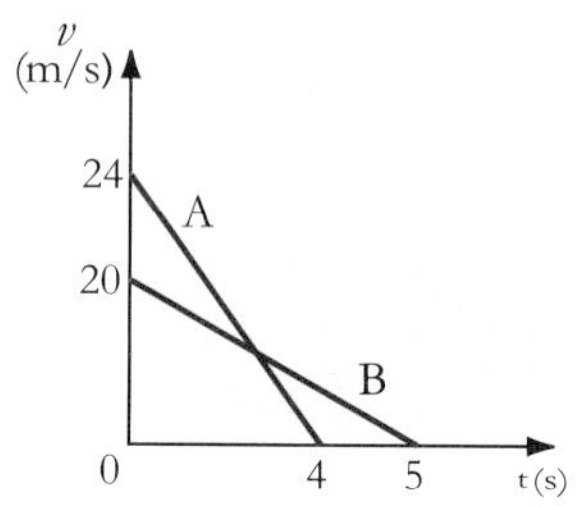

(1) 차 A 와 차 B 의 가속도 크기의 차는 얼마인가?

① 0.5 m/s^2 ② 1 m/s^2 ③ 1.5 m/s^2
④ 2 m/s^2 ⑤ 2.5 m/s^2

(2) 두 차의 속도가 같아지는 때는 브레이크를 건 후 몇 초 후인가?

① 1 초 ② 1.5 초 ③ 2 초
④ 2.5 초 ⑤ 3 초

(3) 브레이크를 건 후 정지할 때까지 간 거리는 각각 얼마인가?

33 **10 m/s 의 속도로 달리던 자동차가 일정한 가속도로 감속되어 멈추는데 5 m 의 거리가 필요하다고 한다. 이 자동차가 20 m/s 로 달리다가 같은 가속도로 감속하여 멈출 때까지 몇 m 가 필요하겠는가?**

① 10 m ② 15 m ③ 20 m
④ 25 m ⑤ 30 m

34 **자유 낙하 운동은 처음 속도가 0 이고 가속도가 연직 아래 방향으로 9.8 m/s^2 인 등가속도 운동이다. 처음 2 초 동안 낙하한 거리는?**

① 4.9 m ② 9.8 m ③ 14.7 m
④ 19.6 m ⑤ 24.5 m

35 자유 낙하한 물체의 2 초 후의 속도의 크기는 얼마인가? (g = 9.8 m/s^2)

① 4.9 m/s ② 9.8 m/s ③ 14.7 m/s
④ 19.6 m/s ⑤ 24.5 m/s

36 그림과 같이 뷰렛에서 일정한 시간 간격으로 물방울이 떨어지도록 장치하였다. 뷰렛의 밸브를 조절하여 물 한 방울이 페트리접시에 부딪히는 순간 다음 물방울이 낙하를 시작하도록 하였다. 물방울의 낙하 거리가 1 m 이고, 40 방울이 낙하하는데 18 초가 걸린다면 물방울의 낙하 가속도의 크기는 얼마인가?

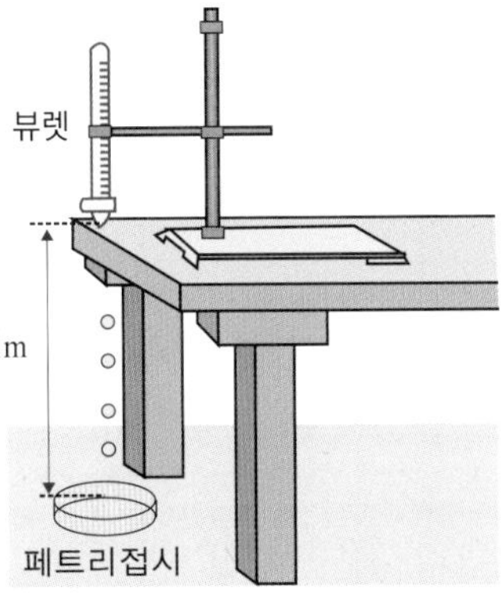

37 어떤 물체를 초속도 v_0 로 연직 아래로 던졌다. 처음 1초 동안 낙하한 거리가 15 m 라면 초속도 v_0 의 크기는 얼마가 되겠는가? (g = 10 m/s^2)

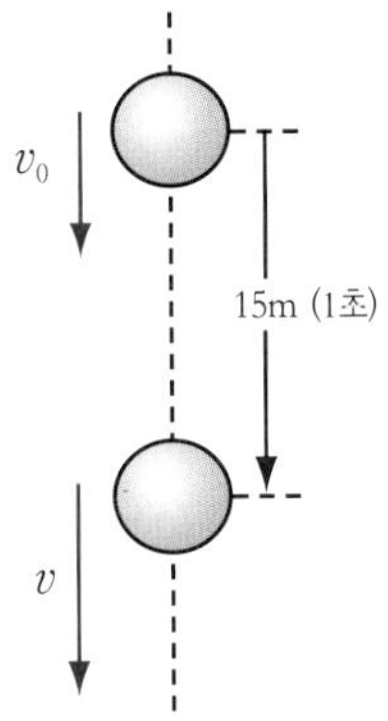

① 5 m/s ② 10 m/s ③ 15 m/s
④ 20 m/s ⑤ 25 m/s

38 어떤 물체를 연직 위로 던졌더니 2 초 만에 최고점에 도달하였다. 물음에 답하시오. (g = 10 m/s^2)

(1) 물체의 처음 속력(손을 떠날 때의 속력)은 얼마인가?

① 5 m/s ② 10 m/s ③ 15 m/s
④ 20 m/s ⑤ 25 m/s

(2) 던진 곳으로부터 최고점의 높이는 얼마인가?

① 10 m ② 15 m ③ 20 m
④ 25 m ⑤ 30 m

39 야구공을 지면에서 10 m/s 의 속력으로 연직 상방으로 던져 올렸다. 야구공은 몇 초 후에 다시 지면에 떨어지는가? (공기의 저항은 무시하고, g = 10 m/s^2 이다.)

① 1 초 ② 1.5 초 ③ 2 초
④ 2.5 초 ⑤ 3 초

40 다음은 신경 반응 속도에 관한 실험이다. A 점 부근에 손가락을 가까이 가져간 상태에서 종이가 낙하하는 것을 보고 최대한 빠른 시간에 종이를 잡는다. (낙하하기 전에 예상하여 미리 반응하면 안된다.) 잡은 위치 B 를 표시하여 A ~ B 의 거리 S 를 측정한다.

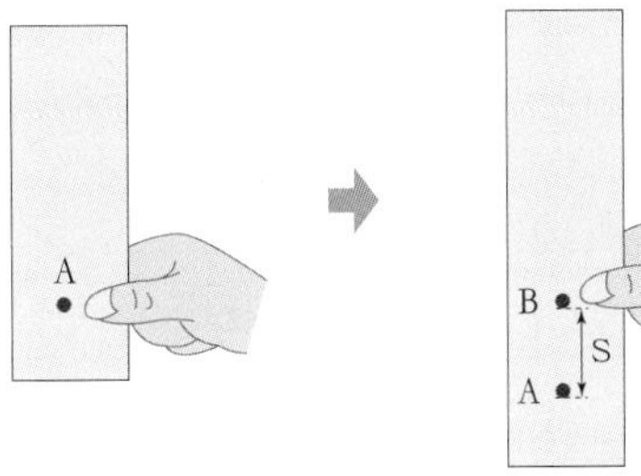

이 S 의 값은 사람마다 다르다. 만약 S 의 값이 20 cm 인 경우 반응 시간은 몇 초인가? (g = 10 m/s^2)

개념 심화 문제

17 그림은 직선 상에서 같은 방향으로 운동하는 물체 A, B 의 속도-시간 그래프이다. t = 0 일 때 같은 위치에서 동시에 출발하였다면 A, B 가 출발한 후 몇 초 후에 다시 만나겠는가?

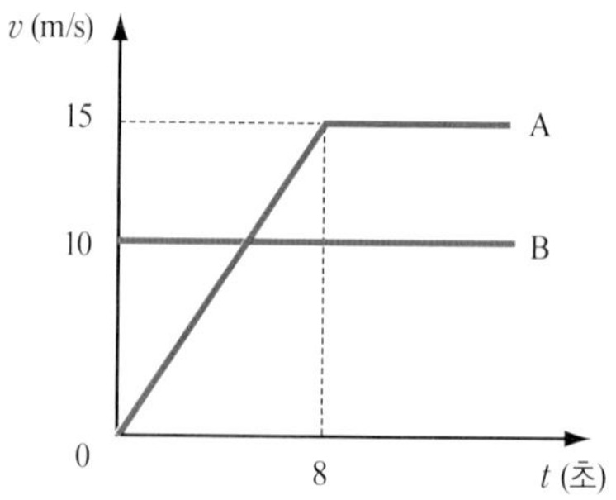

18 그림 (가)는 직선 상에서 운동하는 물체의 거리-시간 그래프이다. 이 물체가 정지 상태에서 출발하였을 때, 이 그래프를 보고 물체의 속력-시간 그래프 (나)를 완성하시오.

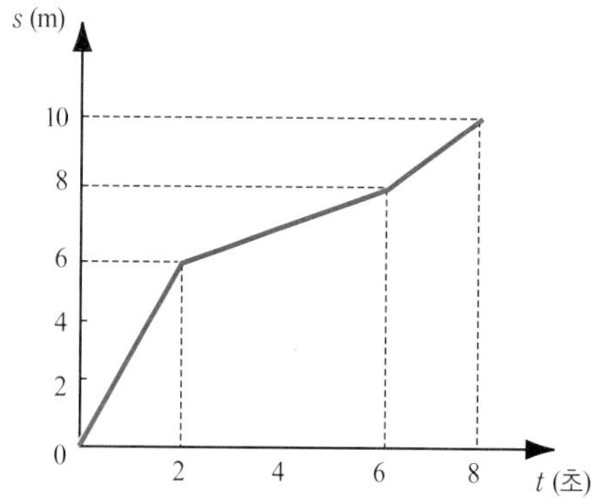

(가)

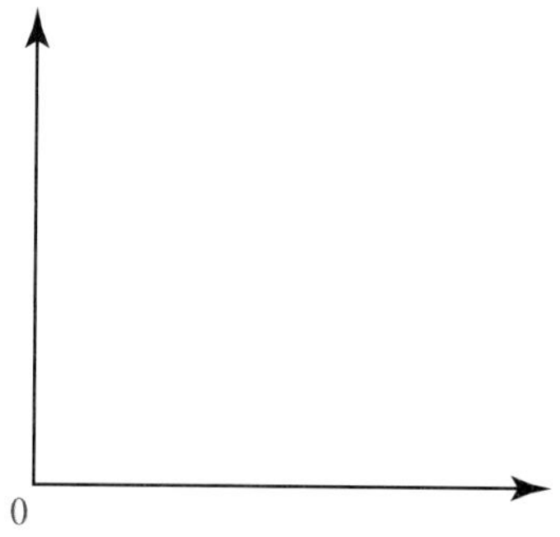

(나)

19 그림은 직선 상에서 운동하는 어떤 물체의 속도-시간 그래프이다. 물음에 답하시오.

(1) 출발 후 10 초 동안의 변위의 크기는 몇 m 인가?

(2) 처음 8 초 동안 이동한 거리는 몇 m 인가?

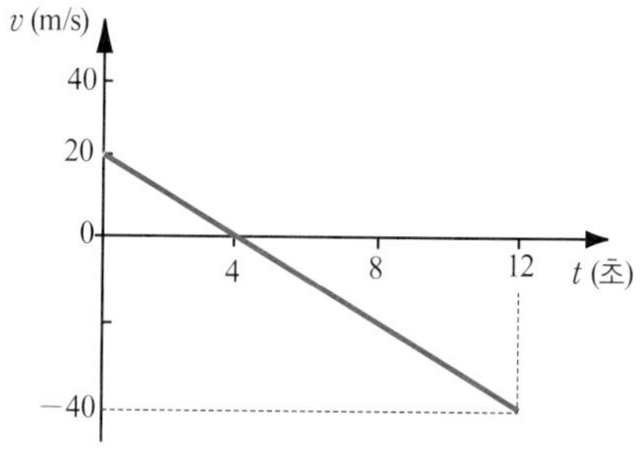

개념 돋보기

17

(속력-시간) 그래프 아래의 넓이는 이동 거리이고 이동 거리가 같으면 만난다.

18

(거리-시간) 그래프에서 기울기는 속력이다.

19

변위는 위치의 변동량으로 처음 지점과 나중 지점의 직선 거리이며, 4초 이후 물체는 반대 방향의 운동을 하였다.

20 **그림은 직선상에서 운동하는 세 물체 A, B, C 의 위치 - 시간 그래프이다. 세 물체의 운동에 대한 설명 중 옳지 않은 것은?**

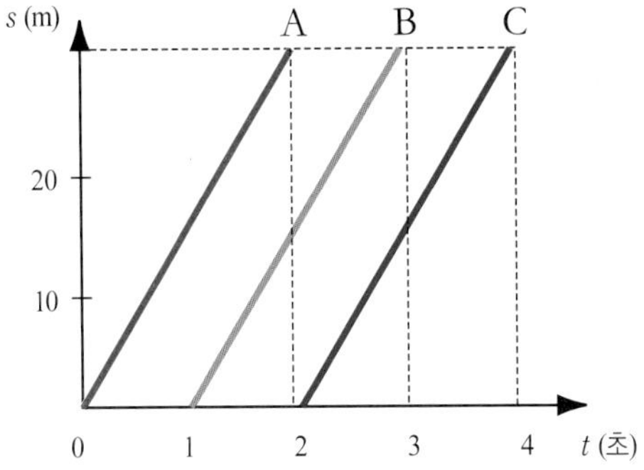

① A, B, C 의 운동 거리는 모두 30 m 이다.
② A, B, C 의 최종 도착 지점은 모두 다르다.
③ A, B, C 의 출발 지점은 모두 같다.
④ 운동하는 동안 A, B, C 의 속도의 크기는 모두 15 m/s 이다.
⑤ A, B, C 의 출발 시각은 모두 다르나 운동한 시간은 모두 2 초 동안이다.

21 **질량이 같은 A, B, C 세 대의 자동차가 같은 직선 도로 상에서 달리다가 멈추기 위해 브레이크를 밟았을 때, 자동차가 멈추기까지의 속도-시간의 그래프이다. 〈보기〉의 설명 중에서 옳은 것만을 있는 대로 고르시오.**

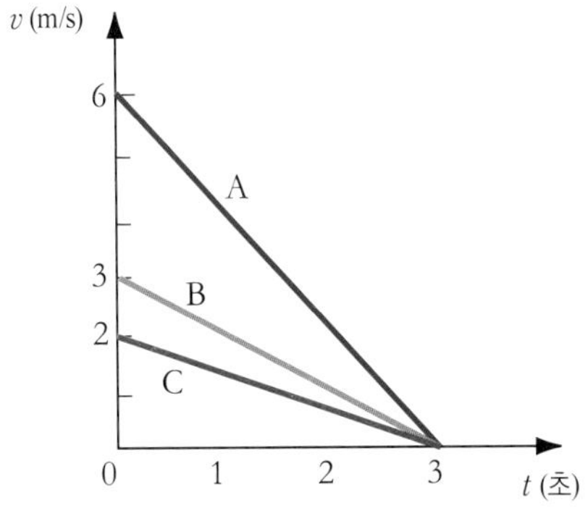

보기

(가) A 의 브레이크 성능이 가장 좋다.
(나) C 의 브레이크 성능이 가장 좋다.
(다) 자동차 A 의 미끄러진 거리가 가장 길다.
(라) 자동차 C 의 미끄러진 거리가 가장 길다.
(마) 자동차가 받는 마찰력의 크기는 A 가 가장 크다.
(바) 자동차 A 와 B 의 멈출 때까지 미끄러진 거리의 비가 2 : 1 이다.

개념 돋보기

20

A, B, C 모두 원점에서 출발하나 출발 시점이 다르다.

21

브레이크 성능은 반대 방향의 마찰력에 비례한다. **마찰력 ∝ 반대 방향의 가속도** 이다.

22 자동차의 기름통에서 새는 기름이 2 초 간격으로 지면에 떨어진다. 다음 그림은 도로에 떨어진 기름방울의 모습이다. 기름방울이 떨어지기 시작한 O 점으로부터 도로 표지판이 서 있는 S 점까지의 거리는 180 m 이다. 다음 물음에 답하시오.

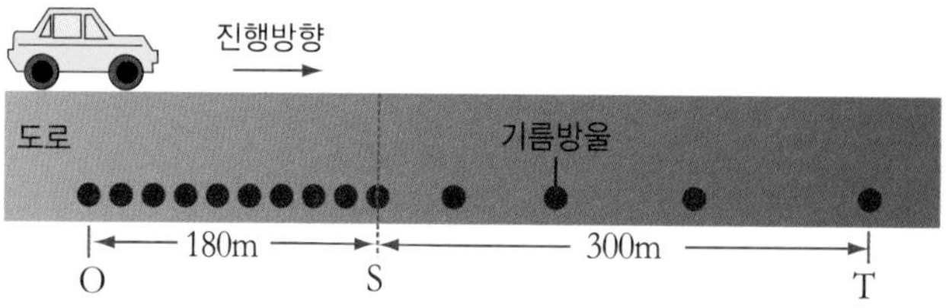

(1) 도로 표지판이 서 있는 S 점을 지나서 자동차의 속력이 일정한 비율로 증가하기 시작했다면 S 점에서 300 m 떨어진 T 점에서 이 자동차의 속력은 얼마인가?

(2) S 점에서 T 점까지 이 자동차의 가속도의 크기는 얼마인가?

23 다음은 직선상을 운동하는 물체의 시간과 속도의 관계를 나타낸 그래프이다. P 점과 Q 점의 물체의 운동에 대해서 설명한 것 중 옳지 않은 것을 고르시오.

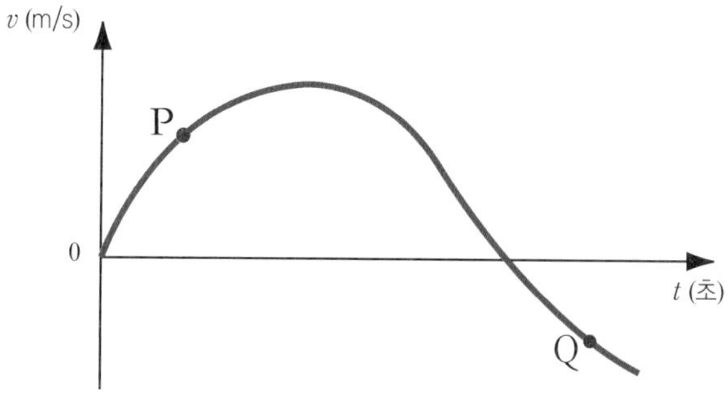

① P 점과 Q 점 모두 속력이 증가하고 있는 점이다.
② P 점에서는 속도가 증가하고 있지만 Q 점에서는 감소하고 있다.
③ P점과 Q 점에서의 가속도는 모두 0 보다 크다.
④ Q 점에서는 P 점과 반대 방향으로 운동한다.
⑤ Q 점은 P 점보다 출발점에서 먼 위치에 있다.

24 그림 (가)는 직선 운동을 하는 어떤 물체의 시간에 따른 속도의 그래프이다. 이 물체의 운동을 위치-시간(s - t) 그래프로 바르게 나타낸 것은?

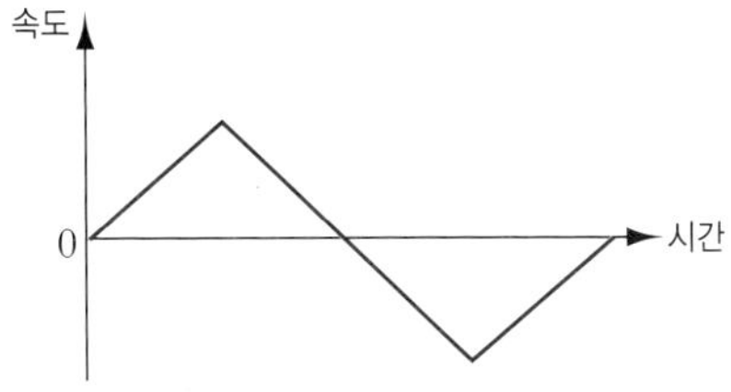

(가)

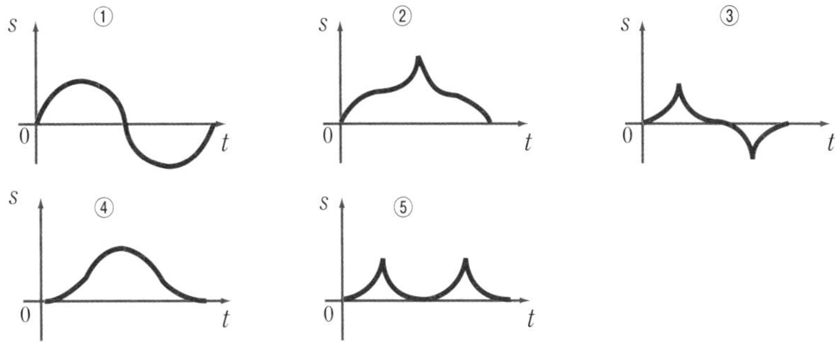

25 그림은 정지 상태에서 출발하여 직선 운동하는 물체의 가속도-시간(a- t)그래프이다. 물체의 운동에 대한 설명 중 옳은 것은?

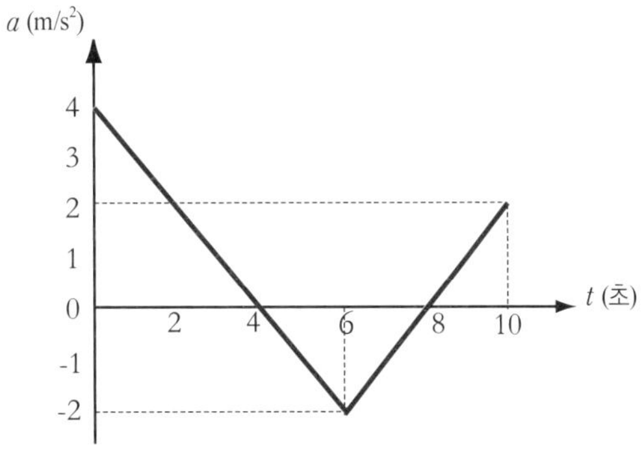

① 4 초 때와 10 초 때의 속력이 같다.
② 6 초 때 물체의 속력이 가장 작다.
③ 4 초부터 물체의 속력이 감소하기 시작한다.
④ 4 초부터 물체의 운동 방향이 바뀌었다.
⑤ 처음 4 초 동안 물체의 속력이 감소하였다.

개념 돋보기

23

각 점의 접선의 기울기가 그 지점에서의 가속도이다.

24

위치-시간(s-t) 그래프에서 한 점의 접선의 기울기는 그 위치에서의 속도가 된다. 위치-시간의 그래프에서 시간에 따라 기울기가 변화하고 있다면 시간에 따라 물체의 속도가 변하고 있는 것이다.

26 직선 도로 위에서 두 자동차 A, B 가 100 m 떨어져 있다. 자동차 A, B 가 동시에 출발하여 운동할 때의 변위 - 시간의 그래프가 그림과 같았다. 이 운동에 관한 설명 중 옳은 것만을 〈보기〉에서 있는 대로 고르시오.

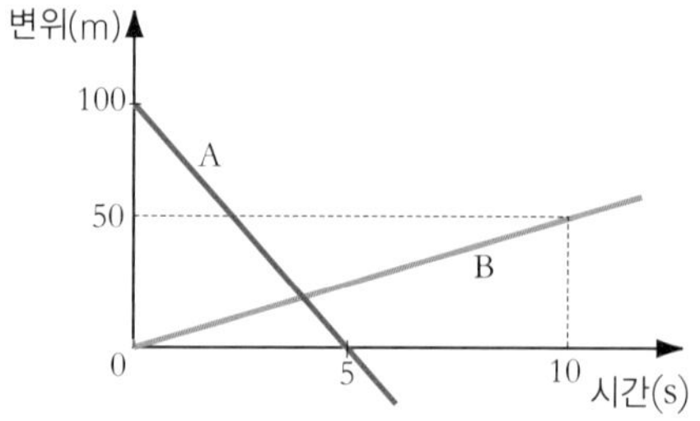

보기

(가) A, B 의 운동 방향은 서로 반대이다.
(나) A, B 사이의 거리는 시간에 비례한다.
(다) A, B 가 만나는 시간은 출발 후 4 초가 될 때이다.
(라) 운동을 계속하면 20 초가 될 때 A, B 사이의 거리가 400 m 이다.
(마) B 에 대한 A 의 상대 속도 크기는 15 m/s 이다.

27 60 m/s 의 일정한 속력으로 달리던 자동차가 갑자기 브레이크를 밟아 120 m 를 미끄러진 후 정지하였다. 브레이크를 밟으면 자동차의 속력에 관계없이 같은 크기의 제동력이 작용한다고 하면 40 m/s 의 일정한 속력으로 달리다가 같은 제동력으로 멈춘다면 몇 m 를 미끄러진 후 정지하겠는가?

28 자동차 운전자가 벽을 발견하고 브레이크를 밟기 직전, 벽과 자동차의 거리는 24 m 떨어져 있었고 자동차는 54 km/h 로 달리고 있었다. 브레이크를 밟은 후 속도가 일정하게 감속되면서 정확히 2 초 후 자동차는 벽과 충돌하였다. 물음에 답하시오.

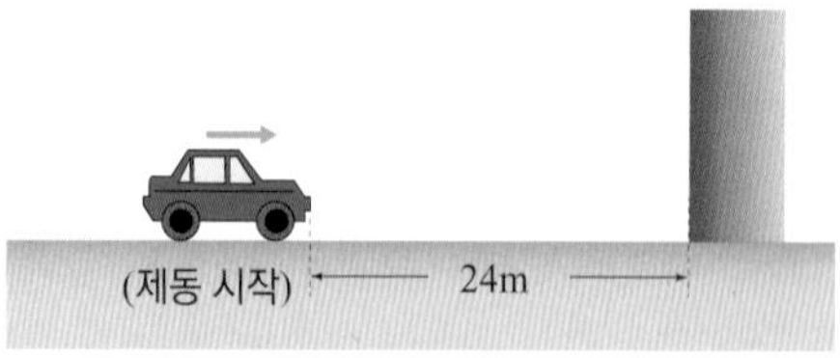

(1) 충돌하기 전 자동차의 가속도를 구하시오.

(2) 충돌 순간 자동차의 속력을 구하시오.

29 고속도로 변에 정차해 있는 경찰차 옆을 지나가는 과속 차량의 속도의 크기는 120 km/h 이었다. 이 순간 경찰차가 일정한 가속도로 출발하여 1 분 만에 과속 차량을 잡았다면 이 경찰차의 가속도의 크기는 얼마인가?

30 등가속도 운동을 하는 물체가 어떤 점 P 를 10 m/s 의 속력으로 통과한 다음 20 초 후에 다시 점 P 를 통과하였다. 물음에 답하시오.

(1) 물체의 가속도는 얼마인가?

(2) 물체가 점 P 를 처음 통과한 후 P 점으로부터 가장 멀리 떨어진 거리는 몇 m 인가?

31 빌딩의 옥상에서 작은 돌을 가만히 떨어뜨렸더니 3 초 만에 지면에 도달하였고, 지면에 닿는 순간의 속력이 29.4 m/s 였다. 중간층으로 내려와서 같은 실험을 하였더니 지면에 도달하는데 1 초가 걸렸다. 공기의 저항은 무시한다. (g = 9.8 m/s^2)

(1) 옥상에서 떨어뜨린 돌의 평균 가속도의 크기는 얼마인가?

(2) 중간층에서 옥상까지의 높이는 얼마인가?

개념 돋보기

31

평균 가속도는 속도의 변화량을 속도가 변화하는데 걸린 시간으로 나눈 값이다. 운동을 시작할 때의 속도(처음 속도)와 운동이 끝났을 때의 속도(나중 속도)를 비교하여 속도의 변화량을 구한다.
계산상으로는 나중 속도 − 처음 속도를 하면 속도의 변화량이 된다.
평행사변형법이나 삼각형법으로 방향이 변하는 경우도 계산 가능하다.

32 자유 낙하하는 물체가 있다. A 점을 지날 때의 속도가 29.4 m/s 이고, B 점을 지날 때의 속도가 49 m/s 였다. 물음에 답하시오. (g = 9.8 m/s^2)

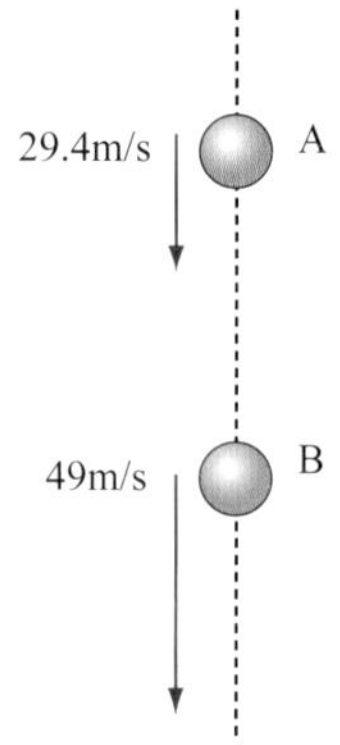

(1) A ~ B 사이의 거리는 몇 m 인가?

(2) A ~ B 사이를 통과하는데 걸리는 시간은 몇 초인가?

33 같은 시각에 같은 높이에서 한 물체는 자유 낙하시키고, 다른 물체는 연직 상방으로 10 m/s 로 던져 올렸다. 4 초 후 두 물체 사이의 거리는 몇 m 인가? 공기의 저항은 무시한다. (g = 10 m/s^2)

34 질량이 100 kg 인 스카이다이버가 지상 3000 m 상공에서 낙하하고 있다. 이 스카이다이버는 처음에 10 m/s^2 의 가속도로 낙하하였으나 시간이 지날수록 속력이 일정해져 나중에는 50 m/s 의 일정한 속력이 되었다. 그 후 지상 1000 m 상공에서 2 초 간 낙하산을 펼쳐 5 m/s 의 일정한 속력으로 운동하게 되었다. 이 스카이다이버의 운동에 대한 설명 중 옳은 것만을 <보기>에서 있는 대로 고르시오. (g = 10 m/s^2 이며, 공기에 의한 부력은 무시한다.)

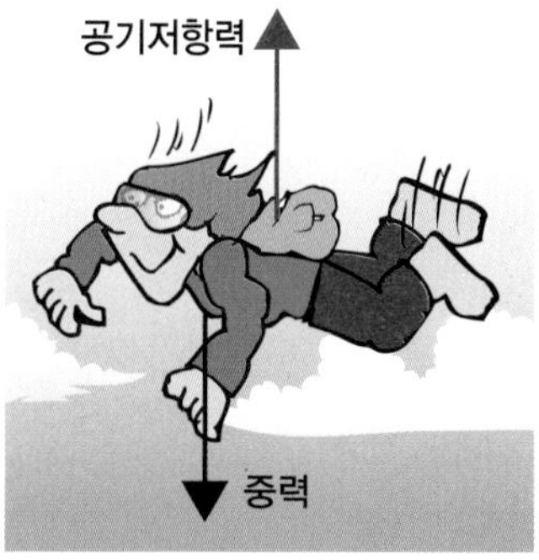

보기
A. 50 m/s 로 낙하할 때 공기저항력은 1000 N 이다. B. 낙하산을 펼치는 2 초 간 스카이다이버가 받은 평균 알짜힘은 1800 N 이다. C. 5 m/s 로 내려올 때 공기저항력은 100 N 이다.

35 그림과 같이 높이가 120 m 인 곳에서 물체 A 를 낙하시킴과 동시에 지상에서 물체 B 를 40 m/s 의 속력으로 연직 상방으로 던져 올렸다. 공기의 저항은 무시한다. (g = 10 m/s^2)

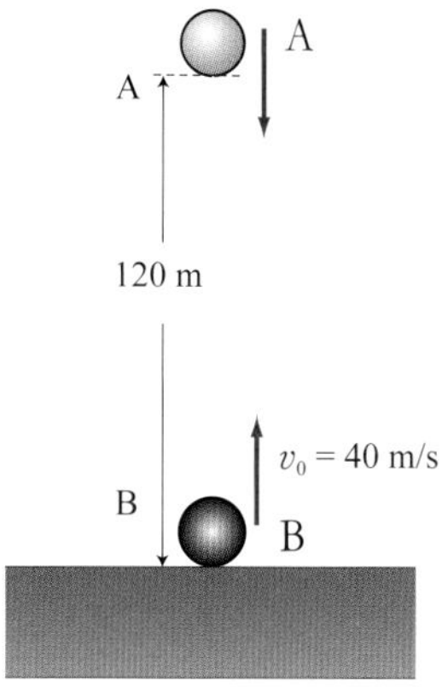

(1) A 와 B 가 만나는 시간은 던진 후 몇 초 후인가?

(2) A 와 B 가 만나는 높이는 던진 곳(지면)으로부터 몇 m 되는 지점인가?

36 같은 질량의 물체가 달 표면에서 받는 중력은 지구 표면에서의 $\frac{1}{6}$ 이라 할 때, 달 표면에서 연직 위로 던져진 물체가 올라갈 수 있는 최고 높이는 지구 표면(공기 저항 무시)에서 같은 속력으로 던져진 물체가 올라가는 최고 높이의 몇 배나 되겠는지 답하시오.

개념 돋보기

34

물체의 속도가 일정하면 가속도가 0인 상태이고 물체는 힘의 평형 상태에 있다.

36

중력은 mg 이며 달과 지구에서 질량이 일정하고 중력이 다르다면 중력 가속도가 다른 것이다.
지구에서 중력 가속도를 g 라고 하면 달에서는 얼마가 될까?

37 로켓이 수직으로 발사되어 2 m/s^2 의 일정한 가속도로 30 초 간 상승한 후 연료가 떨어져 중력만을 받게 되었다. 물음에 답하시오. 공기의 저항은 무시한다. (g = 10 m/s^2)

(1) 로켓이 지면으로부터 올라갈 수 있는 최고 높이는 얼마인가?

(2) 로켓이 발사된 후 지면으로 되돌아오는데 걸리는 시간은 얼마인가?

38 열기구가 9 m/s 의 등속으로 연직 방향으로 상승하다가 지상 80 m 에 도달했을 때 물체를 기구 밖으로 떨어뜨렸다. 떨어뜨린 직후부터 물체가 지표면에 도달하는 데 걸리는 시간을 구하시오. 공기의 저항은 무시한다. (g = 10 m/s^2)

39 중력 가속도 g 의 크기로 자유 낙하하는 실험 캡슐 안에서 여러 가지 실험을 해 보았다. 이 실험에 대한 설명으로 옳은 것만을 〈보기〉에서 있는 대로 고르시오.

보기
(가) 들고 있던 물체를 놓으면 물체가 위로 상승한다. (나) 얼음조각이 녹아 물방울이 되면 완전한 구의 모양이 된다. (다) 초를 켜 놓으면 초는 밝은 빛을 내면서 탄다. (라) 양팔저울로 물체의 무게를 재보았더니 무게가 0 이 되었다. (마) 단진자의 운동을 시킬 수가 없다.

개념 돋보기

38

물체를 기구 밖으로 떨어뜨렸지만 물체는 기구와 함께 올라가고 있었으므로 처음 속도는 연직 위 방향으로 9 m/s 이다.

39

중력 가속도의 크기로 자유 낙하하는 질량 m의 물체는 윗 방향으로 관성력 mg를 받는다. 중력 mg를 아래 방향으로 받고 있었으므로 결국 물체는 아무런 힘을 받지 않는 상태(무중력 상태)를 경험한다.

3. 방향이 변하는 물체의 운동

(1) 등속 원운동

- 물체가 받는 힘(구심력)의 방향과 운동 방향이 수직인 운동이다.
- 원운동하는 물체의 속력(빠르기)이 일정하다.
- 운동 방향은 계속 변한다.

① **등속 원운동하는 물체의 운동 방향** : 원의 접선❶ 방향이다.

- **원운동의 속력(v)**

$$v = \frac{s\ (\text{이동 거리})}{t\ (\text{걸린 시간})}\ (\text{일반식}) = \frac{2\pi r}{T}$$

[r : 반지름, $2\pi r$: 원둘레 길이, T : 주기(한바퀴 도는 데 걸린 시간)]

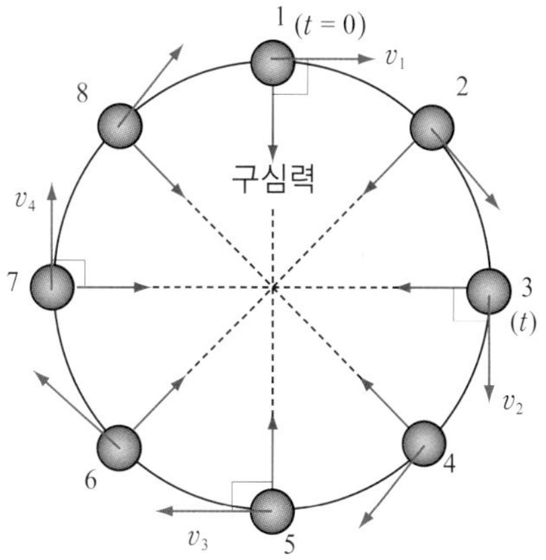

(등속 원운동 : 각 지점에서의 속도의 크기(속력) = v 로 모두 같다.)

$$v = \frac{2\pi r}{T}, \quad T = \frac{2\pi r}{v}$$

② **등속 원운동하는 물체의 평균 가속도** : 1 위치에서 3 위치까지 시간 t 가 걸렸다면

속도의 변화량 : $v_2 - v_1 = v_2 + (-v_1)$, 가속도(a) = $\dfrac{v_2 - v_1}{t}$

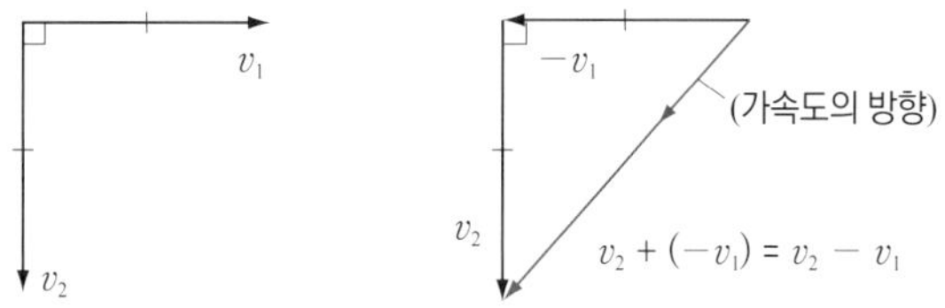

③ **등속 원운동하는 물체가 받는 힘** (구심력❷)

- 구심력(F)의 방향 : 원의 중심 방향 [= ma, (m : 물체의 질량)]
- 구심 가속도(a)의 방향 : 원의 중심 방향(구심력의 방향과 같다)

$$F\ (\text{구심력의 크기}) = ma = m\frac{v^2}{r}, \quad a\ (\text{구심 가속도 크기}) = \frac{v^2}{r}\ (\text{중심 방향})$$

등속 원운동의 구심력은 물체의 질량이 클수록, 원운동의 반경이 작을수록 크다.

④ **원운동의 주기**(T) : 원 주위를 한 바퀴 도는데 걸리는 시간(s : 초)

⑤ **원운동의 진동수**(f) : 1 초 동안의 회전 수(Hz :헤르츠) $f = \dfrac{1}{T} = \dfrac{v}{2\pi r}$

정답 p 35

Q12 위 등속 원운동 그림에서 물체의 속력이 10 m/s 로 일정하고, 물체가 원 주위를 등속 원운동하여 한 바퀴 도는데 8 초가 걸렸다. 오른쪽을 동쪽으로 했을 때, 다음 구간에서의 평균 가속도를 각각 구하시오.

① 1 ~ 3 위치 사이 ② 3 ~ 5 위치 사이

---

❶ 접선

곡선의 한 점에 닿은 직선

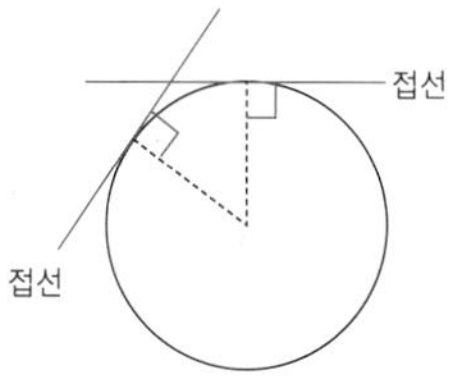

연직 원운동(중력의 영향을 받음)

수평 원운동

원주와 원주율

반지름 r 인 원둘레의 길이는 $2\pi r$ 이다. 원둘레를 원주라고 한다. π (파이) ≒ 3.14 이며 원주율이다.

운동 방향에 수직인 힘의 작용

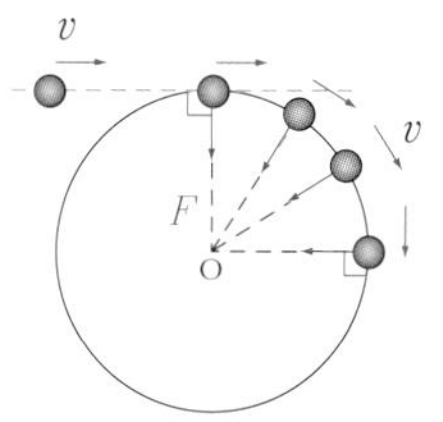

물체에 힘이 작용하지 않으면 계속 등속 운동할 것이다. 운동 방향에 수직인 힘이 작용하여 물체는 원운동을 하게 된다. 이 힘이 구심력(F)이다.

❷ 구심력

원운동하는 물체에 원의 중심 방향으로 작용하는 힘을 구심력이라고 한다.

- **구심력 역할을 하는 힘들** : 실의 장력(실에 매단 물체), 중력(비탈면을 돌 때, 만유인력(지구의 공전), 전기력, 마찰력(원판 위의 물체)

(2) 속력과 방향이 변하는 운동 ❸

① **진자의 운동** : 연직 원운동의 일부라고 생각할 수 있다. (알짜힘 ≡ 합력)

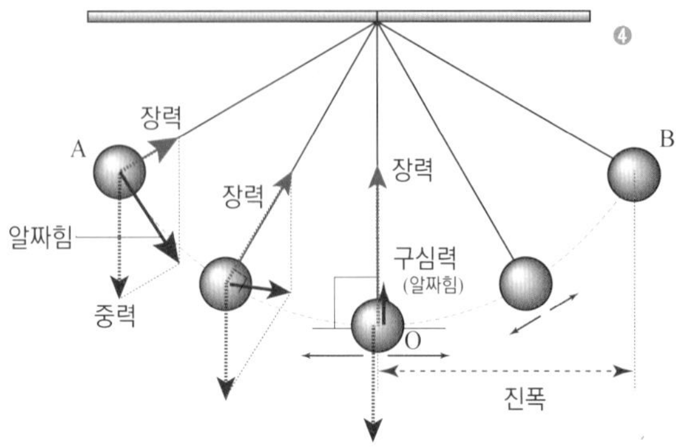

위치	A	O	B
진폭(변위)	최대	0	최대
속력	0	최대	0
힘(가속도)의 크기	최대	최소	최대

- **진자의 속력** : O 위치에서 가장 크고(방향은 원의 접선 방향), A 와 B 위치에서는 0 이다.
- **진자의 주기** : 진자가 한번 왕복하는데 걸리는 시간 (: A → B → A 운동하는데 걸리는 시간)

$$T\ (주기 : s) = 2\pi\sqrt{\frac{l}{g}} \quad [l : 진자의\ 길이,\ g : 중력\ 가속도]$$

- **진자가 받는 힘** : 진자의 운동은 연직 원운동의 일부이므로 원운동하기 위해서는 구심력이 필요한데, O 위치에서 추에 작용하는 알짜힘은 구심력인데, (끈의 장력+중력)이 구심력으로 나타난다. 추에 작용하는 끈의 장력과 추의 중력을 합하면 진자가 받는 알짜힘이 된다.

② **포물선 운동** ❺

- **포물선 운동하는 물체가 받는 힘** : 연직 아래 방향의 중력
- **물체의 속력과 방향** : 힘의 방향이 운동 방향과 다르기 때문에 물체의 속력과 방향이 계속 변한다. 포물선 운동하는 물체의 운동 방향(속도의 방향)은 궤도의 접선 방향이다.
- **수평으로 던진 물체의 운동**

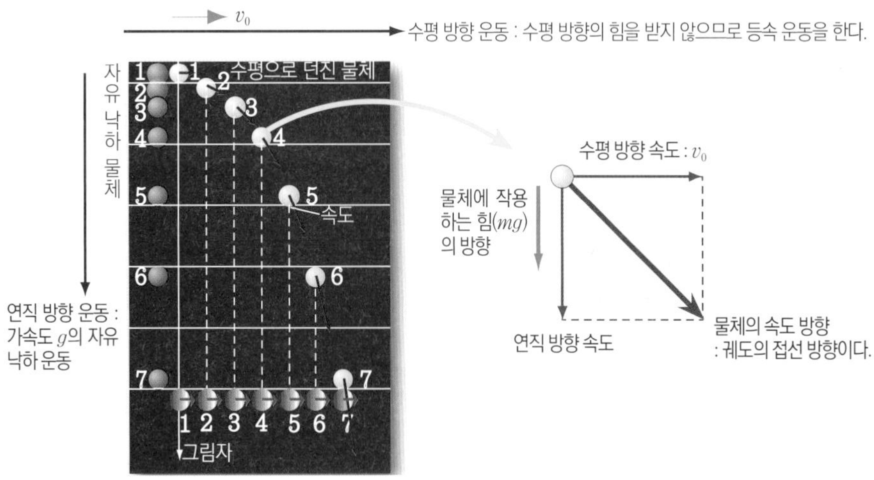

❸ 주기 운동

진자의 운동이나 등속 원운동처럼 일정한 시간마다 같은 운동 상태를 되풀이 하는 운동 (시계 추, 바이킹, 뉴튼 진자, 그네 등)

▲ 괘종 시계

▲ 뉴튼 진자

▲ 그네

괘종 시계의 진자는 주기가 일정한 주기 운동을 하며 진자의 길이가 길수록 주기가 길어진다. 중력 가속도가 커지면 주기가 짧아진다.

❹ 진자의 운동

A와 B 위치에서는 진자의 속력이 0이므로 구심력도 0 이나 운동 방향의 알짜힘(장력+중력)이 최대이다. 따라서 가속도도 최대이다. O 위치에서 추가 받는 알짜힘이 구심력이다.

❺ 포물선 운동

지면에 튀면서 진행하는 물체의 운동은 포물선 모양이다. 수평 방향의 속력은 일정하다.

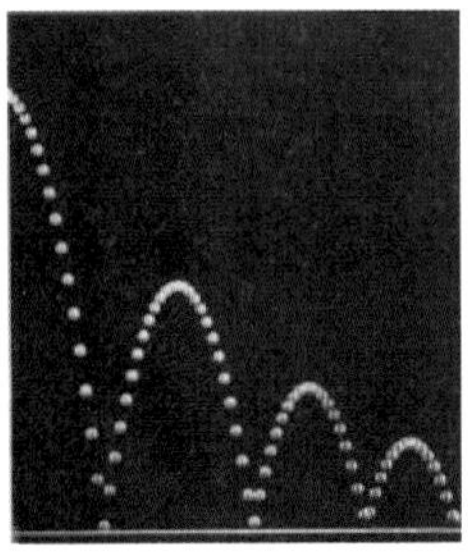

정답 p35

Q13 그림과 같이 절벽에서 물체를 수평 방향으로 속력 5 m/s 로 던졌다. 물체가 땅에 닿을 때까지 걸린 시간이 2 초라면 물체의 수평 도달 거리 R 은 몇 m 이겠는가?

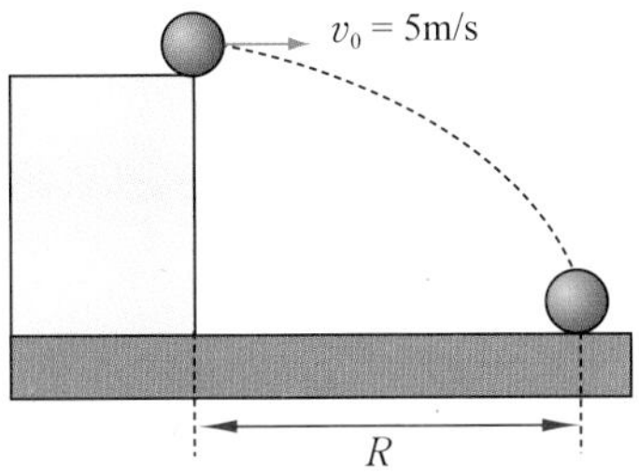

- **비스듬하게 던진 물체의 운동** ⑥

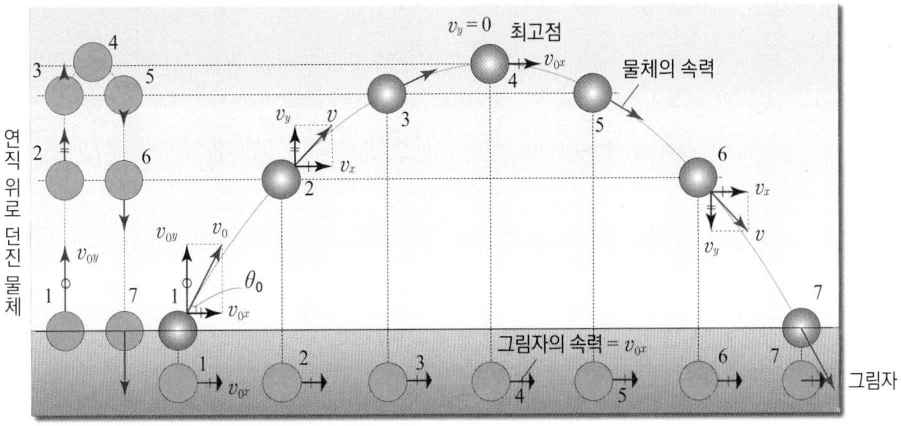

- 중력장 내에서 수평면과 θ_0 의 각으로 물체를 비스듬히 던진 운동이다.
- 수평 방향으로는 처음 속도의 x 성분(v_{0x})으로 등속도 운동을 하고, 연직 방향으로는 중력 mg 를 받아 연직 상방 운동(가속도 -9.8 m/s² : 윗방향이 +방향)을 하는 2차원 운동이다. 포물선 운동은 이 두 운동의 합성이다.
- 물체가 받는 힘(중력)의 방향은 연직 아래 방향, 운동 방향은 접선 방향이다.
- 지면에서 꼭대기까지 올라가는 운동과 꼭대기에서 다시 지면으로 내려오는 운동은 대칭이다.
- 물체가 위로 올라갈 때에는 속력(속도의 크기)이 점점 감소하고 내려올 때는 속력이 증가하는 운동이다. 꼭대기에서의 속력은 v_{0x} 와 같다.

정답 p35

Q14 지면에 대하여 어떤 각도로 비스듬히 발사된 물체가 있다. 처음 속도의 수평 성분은 60 m/s 이다. 물체가 발사된지 10 초 후에 지면에 떨어졌다면 물체의 수평 도달 거리는 몇 m 인가? (g = 9.8 m/s²)

⑥ 운동의 대칭성

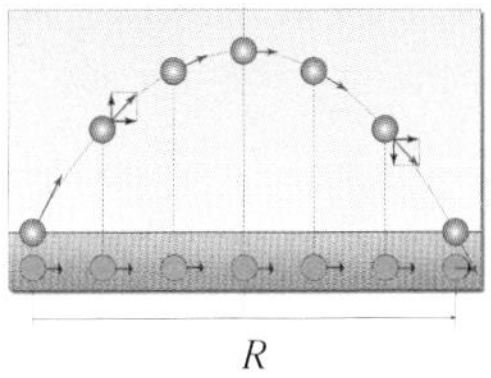

점선 왼쪽과 오른쪽의 운동은 방향만 서로 반대일 뿐 같은 운동이다. 점선 오른쪽의 운동은 수평으로 던진 물체의 운동과 같다.

수평 도달 거리(R)

θ_0(발사각)이 45°일 때 수평 도달 거리 (R)은 최대이다. 던지기 할 때 활용할 수 있다.

처음 속도의 수평 방향과 연직 방향의 분해

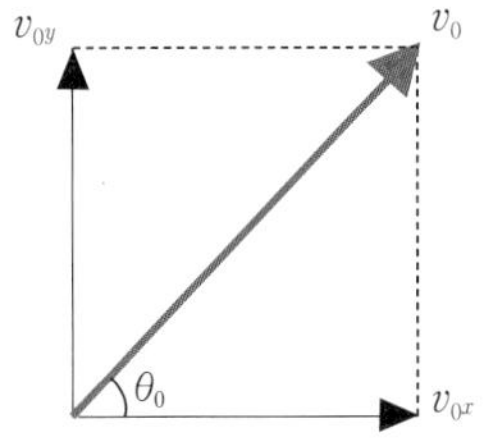

$v_{0x} = v_0 \cos\theta_0$
$v_{0y} = v_0 \sin\theta_0$

방향이 변하는 물체의 운동

41 물체를 실에 묶어 수평면 상에서 시계 방향으로 돌리다가 O 점에 왔을 때 실을 놓으면 물체는 A ~ D 중 어디로 날아가겠는가?

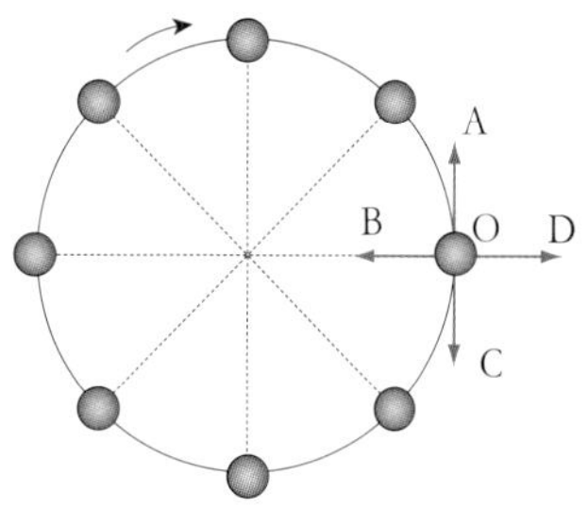

42 물체가 수평면 상에서 등속 원운동하고 있을 때 물체가 받는 힘의 방향과 운동 방향의 관계는?

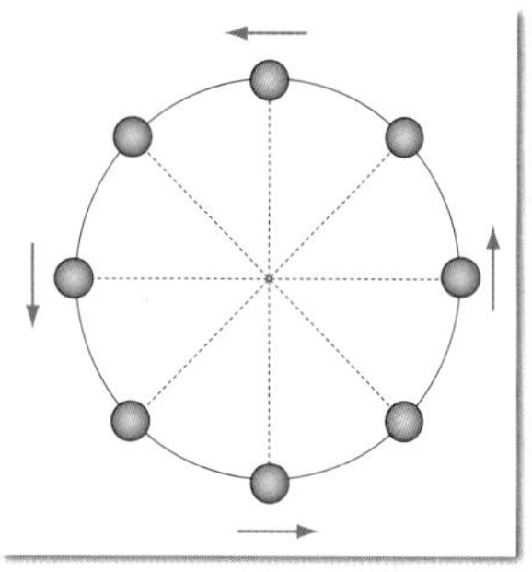

① 서로 같다. ② 서로 반대이다.
③ 60° 의 각을 이룬다. ④ 서로 수직이다.
⑤ 일정하지 않다.

43 길이 1 m 의 실에 질량 0.5 kg 의 물체를 고정시키고 수평면 상에서 등속 원운동을 시키고 있다. 이때 물체가 10 회전하는데 걸린 시간이 5 초일 때 다음 물음에 답하시오. (π = 3)

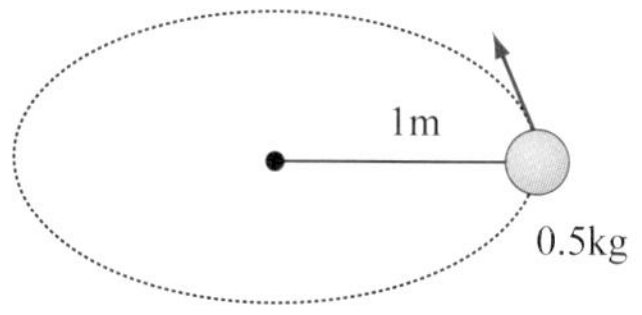

(1) 물체의 속력은 얼마인가?

① 3 m/s ② 6 m/s ③ 9 m/s
④ 12 m/s ⑤ 15 m/s

(2) 원운동의 회전 주기는 얼마인가?

① 0.5 초 ② 1 초 ③ 1.5 초
④ 2 초 ⑤ 2.5 초

(3) 원운동의 진동수는 얼마인가?

① 1 Hz ② 2 Hz ③ 3 Hz
④ 4 Hz ⑤ 5 Hz

(4) 0.25 초 동안의 평균 가속도의 크기는 얼마인가?

① 24 m/s^2 ② 36 m/s^2 ③ 48 m/s^2
④ 72 m/s^2 ⑤ 96 m/s^2

(5) 이 물체의 가속도(구심가속도)의 크기는 얼마인가?

① 24 m/s^2 ② 48 m/s^2 ③ 96 m/s^2
④ 144 m/s^2 ⑤ 192 m/s^2

(6) 이 물체에 작용하는 구심력의 크기는 얼마인가?

① 24 N ② 36 N ③ 48 N
④ 72 N ⑤ 96 N

44 1 분에 30 회전하는 원판이 있다. 원판의 중심에서 20 cm 떨어진 점의 속력은 얼마인가? (π = 3)

① 0.1 m/s ② 0.2 m/s ③ 0.4 m/s
④ 0.5 m/s ⑤ 0.6 m/s

45 그림처럼 회전목마를 타고 있는 두 어린이의 운동에 대한 설명으로 옳은 것만을 〈보기〉에서 있는 대로 고르시오.

보기

(가) 두 어린이는 같은 속력으로 가며, 회전수는 서로 같다.
(나) 어린이 A 는 어린이 B 보다 더 느리게 가나, 회전수는 서로 같다.
(다) 어린이 A 는 어린이 B 보다 더 빨리 가고 더 많은 회전을 한다.
(라) 어린이 A 는 어린이 B 보다 더 빨리 가나, 회전수는 두 어린이 모두 같다.

46 그림과 같이 30 m/s 의 속력으로 달리는 자동차가 속력을 일정하게 하여 반지름 300 m 의 원형 모양의 모서리를 돌려고 한다. 이때 자동차의 구심 가속도의 크기는 대략 얼마인가?

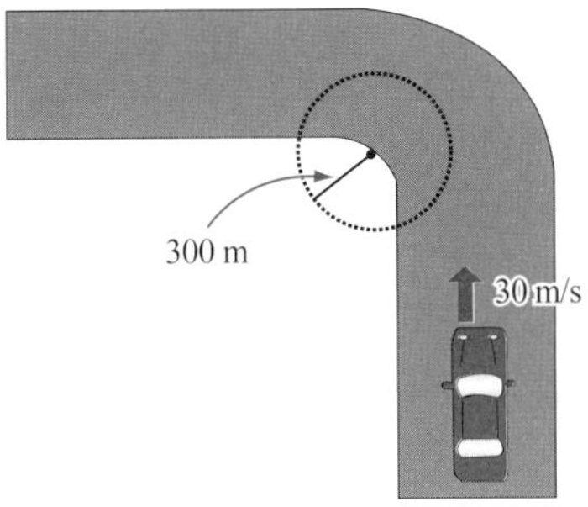

① 1 m/s^2 ② 2 m/s^2 ③ 3 m/s^2
④ 4 m/s^2 ⑤ 5 m/s^2

47 자동차가 수평면 위에서 그림처럼 회전하고 있다. 이때 자동차의 네 바퀴 중에서 더 큰 힘을 받는 바퀴는 어느 것인가?

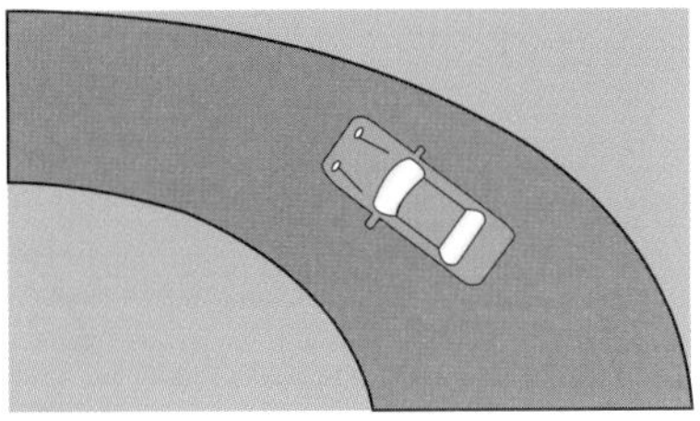

① 앞의 두 바퀴 ② 뒤의 두 바퀴
③ 좌측 두 바퀴 ④ 우측 두 바퀴
⑤ 모두 같다.

48 지지대에 연결된 길이 10 m 인 가벼운 끈에 0.5 kg 의 추를 매달아 단진자를 만든 후 진폭 1 m 의 단진동 운동을 시켰다. $g = 10\ m/s^2$, $\pi = 3$ 이다.

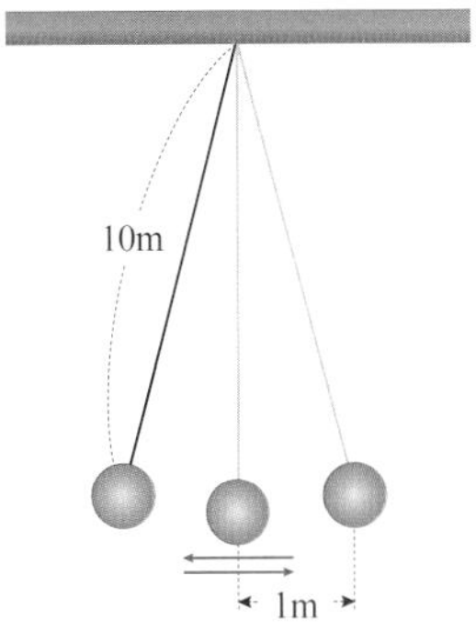

(1) 단진동의 주기는?

① 2 초 ② 4 초 ③ 6 초
④ 8 초 ⑤ 10 초

(2) 추의 질량을 1 kg 으로 바꾸어 변위가 같은 단진동을 시켰을 때 단진동의 주기는?

① 2 초 ② 4 초 ③ 6 초
④ 8 초 ⑤ 10 초

(3) 추의 질량을 바꾸지 않고 진폭이 50 cm 인 단진동을 시켰을 때 단진동의 주기는?

① 2 초 ② 4 초 ③ 6 초
④ 8 초 ⑤ 10 초

49 그래프는 단진자의 주기와 질량, 진자의 길이 사이의 관계를 보여 준다. 다음 중 그래프로 알 수 있는 것들을 있는 대로 고르시오.

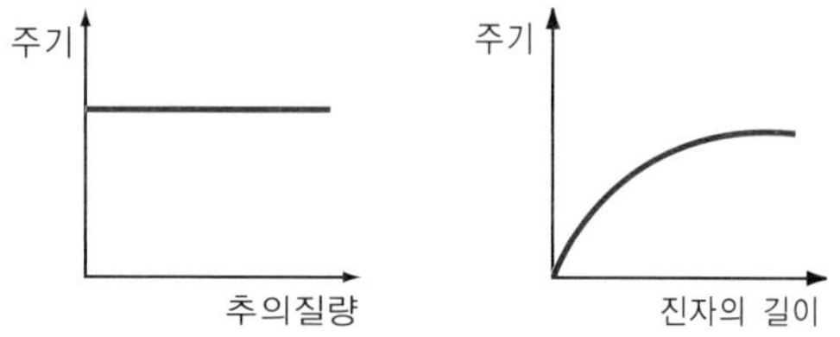

① 추의 질량이 크면 단진자 운동을 오래 한다.
② 추시계가 느리게 가면 진자의 길이를 줄여준다.
③ 그네의 속도는 가장 낮은 곳을 지날 때 가장 빠르다.
④ 추시계를 적도 지방에서 극지방으로 가져가면 주기가 길어진다.
⑤ 그네를 혼자 타든지 두 사람이 타든지 주기에는 큰 차이가 없다.

50 다음 그림과 같이 절벽 위에서 수평 방향으로 던진 물체가 P 점에 왔을 때 물체의 속도의 방향과 가속도의 방향은 각각 어디이겠는가? (공기 저항은 무시한다.)

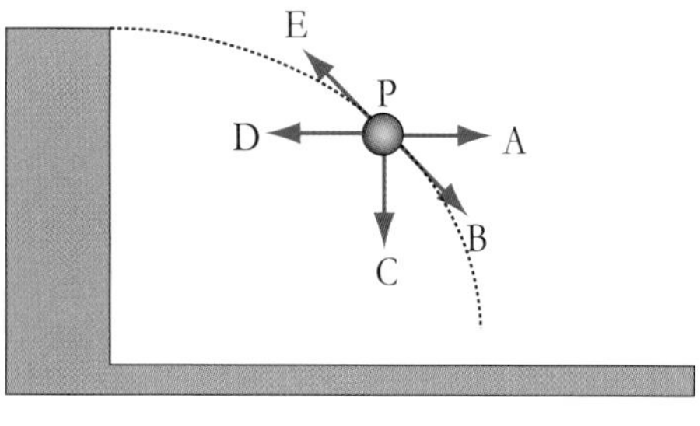

속도의 방향 :
가속도의 방향 :

51 높이 19.6 m 인 건물 위에서 공을 수평 방향으로 5 m/s 로 던졌다. g = 9.8 m/s^2 이다.

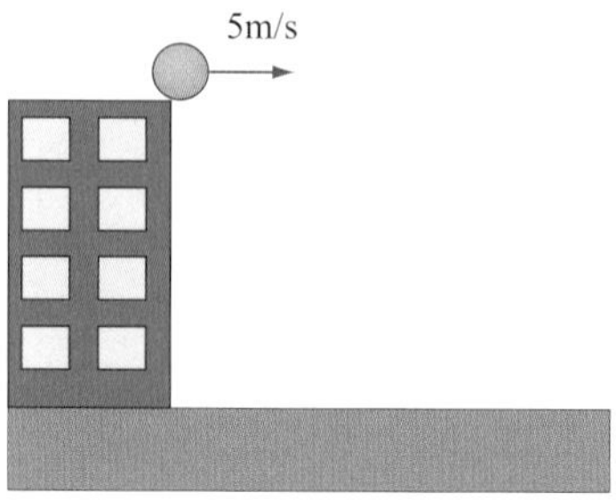

(1) 지면에 떨어지는데 걸리는 시간은 몇 초인가?

① 1 초 ② 1.5 초 ③ 2 초
④ 2.5 초 ⑤ 3 초

(2) 낙하 지점과 건물 사이의 수평 거리는 몇 m 인가?

① 10 m ② 15 m ③ 20 m
④ 25 m ⑤ 30 m

52 수평면 상에서 물체를 비스듬히 던져 올렸을 때의 운동 경로이다. 경로 상의 점 A, B, C, D, E 에서 가속도 방향을 그림에서와 같이 화살표로 나타냈을 때 이 중 옳은 것만을 있는 대로 고른 것은?

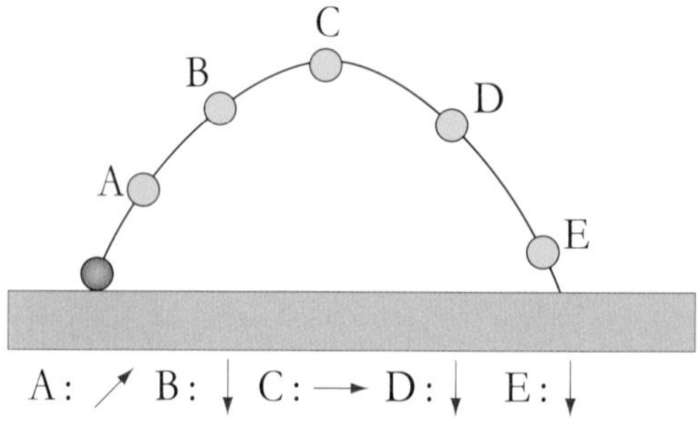

① A, C ② B, D ③ D, E
④ A, B, D ⑤ B, D, E

53 건물 옥상에서 세 개의 공을 A, B, C 방향으로 같은 속력으로 던졌을 때 이에 대한 설명으로 옳은 것만을 〈보기〉에서 있는 대로 고른 것은?

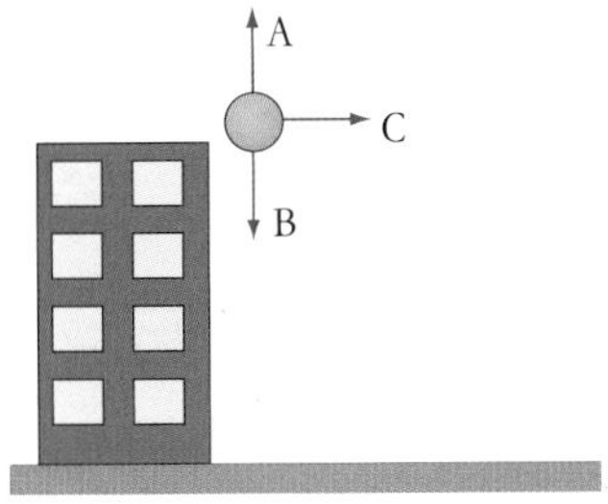

보기

(가) 공이 지면에 가장 먼저 도달하는 것은 B 이다.
(나) 공이 지면에 도달할 때의 속력이 가장 큰 것은 C 이다.
(다) 공이 운동하는 도중에 가속도가 가장 큰 것은 C 이다.
(라) 공이 운동하는 도중에 받는 힘이 가장 큰 것은 A 이다.

① (가) ② (나) ③ (라)
④ (가), (나) ⑤ (가), (다)

54 물체 B를 속력 v_0 로 A 를 향하여 수평으로 던짐과 동시에 같은 모양의 물체 A 를 같은 높이에서 자유 낙하시켰다. C 점에 도달하는 시간에 관하여 옳게 설명한 것은?

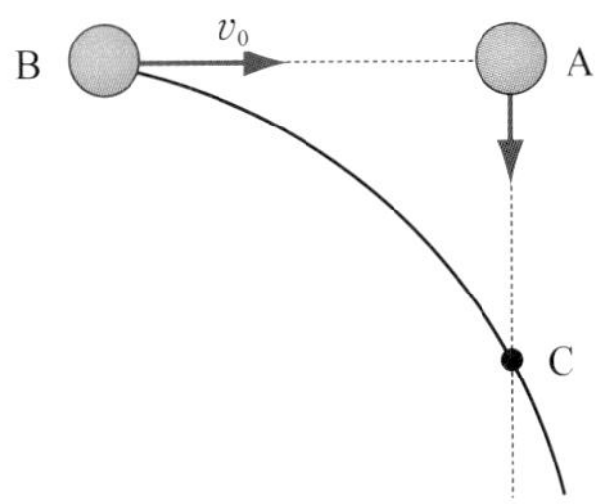

① A 와 B 가 동시에 만난다.
② B 가 먼저 떨어진다.
③ A 가 먼저 떨어진다.
④ v_0 가 9.8 m/s^2 보다 크면 B 가 먼저 떨어진다.
⑤ A 와 B 는 충돌하지 않는다.

55 그림은 지면에서 두 물체를 서로 다른 각도로 던졌을 때의 경로를 나타낸 것이다. 두 물체 A, B 의 운동에 대한 다음 설명 중 옳은 것만을 있는 대로 고르시오.

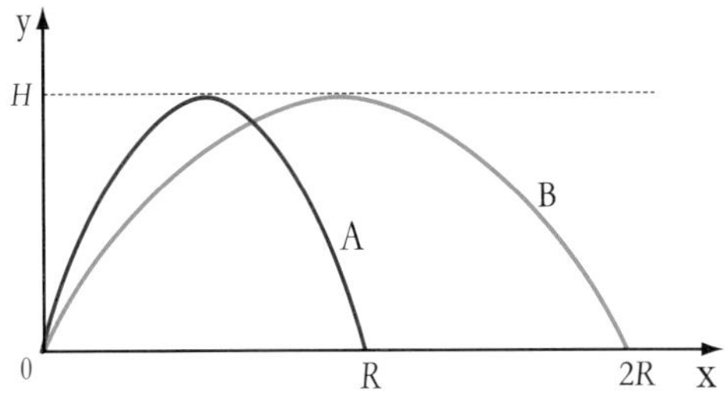

① 가속도는 같다.
② 처음 속력은 B > A 이다.
③ 던질 때의 수평 방향의 속도 성분은 같다.
④ A 와 B 가 공중에 머물러 있는 시간은 같다.
⑤ 던질 때의 연직 방향의 속도 성분은 A < B 이다.

56 지면 위의 같은 높이에 50 m 떨어져서 공 A, B 가 놓여 있다. A 는 B 를 향하여 30 m/s 로, B 는 A 를 향하여 20 m/s 로 동시에 던지면 두 공은 처음 높이에서 몇 m 낙하하여 충돌하겠는가? (g = 9.8 m/s^2)

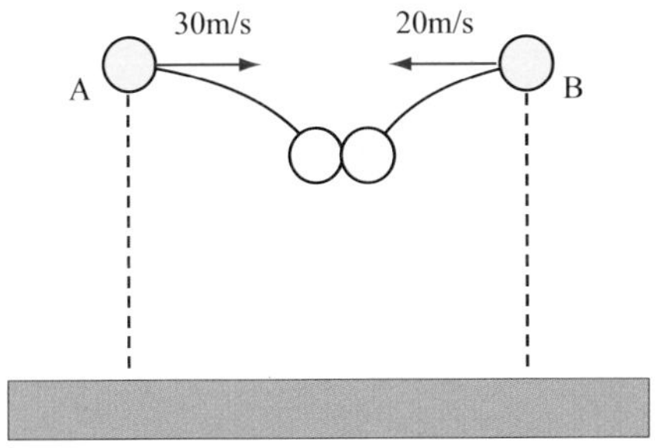

① 4.9 m ② 9.8 m ③ 14.7 m
④ 19.6 m ⑤ 24.5 m

개념 심화 문제

40 실의 한쪽에는 질량 m 인 고무 마개를 연결하고 유리관을 통하여 다른 한쪽에는 질량 M 인 추를 연결하여 수평면 상에서 속력 v 로 등속원운동을 시켰더니 반지름이 R 이 되었다. 추를 두 개로 하여 고무 마개를 같은 속력으로 원운동시키면 반지름은 어떻게 될지 설명하시오. 끈과 유리관 사이의 마찰은 무시할 수 있다고 가정한다.

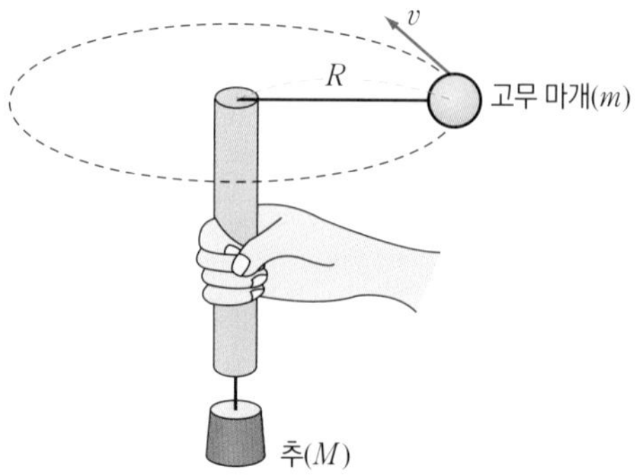

41 질량이 같은 두 자동차 A, B 가 수평면에서 원운동하고 있다. 원운동의 반지름의 비가 1 : 2 이고, 속력비가 1 : 3 이면 구심력의 크기의 비는?

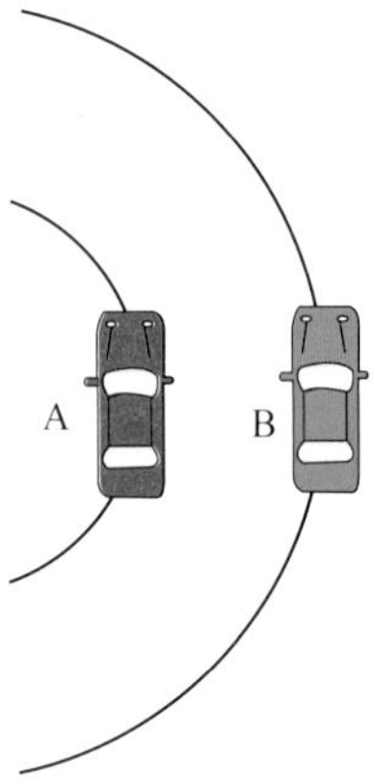

42 수평 원판 위에 물체를 놓고 원판을 등속 원운동시키고 있다. 원판의 회전 주기가 2 초일 때 물체가 원판 위에서 미끄러지지 않기 위해서 원판의 중심으로부터 최대로 얼마나 떨어진 곳에 물체를 놓을 수 있는가? (단, 원판과 물체 사이의 정지마찰계수는 0.2 이고, $g = 10\ \mathrm{m/s^2}$, $\pi = 3$ 으로 하시오)

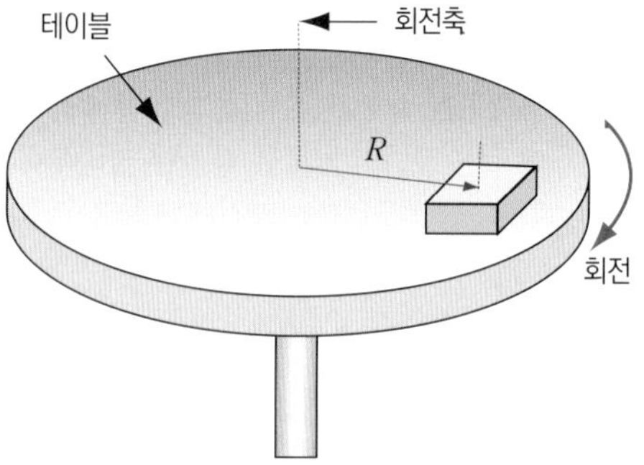

개념 돋보기

40

고무 마개가 원운동하기 위해서는 원 중심 방향의 구심력이 필요하다. 실이 고무 마개를 잡아당기는 장력이 구심력의 역할을 하고 있는 것이고, 그 장력은 매달린 추를 잡아당기는 장력과 같다. (유리관과 실 사이의 마찰은 무시)

즉, 추의 무게가 구심력의 역할을 하고 있다. $F(\text{구심력}) = \dfrac{mv^2}{R}$ 이며, 추를 두 개로 하면 구심력이 2 배로 늘어난다.

v 를 일정하게 유지시키려면 R 이 어떻게 되어야 할까?

43

질량 1 kg 인 물체를 길이가 1 m 인 줄의 중앙에 매달고 막대의 80 cm 떨어진 두 지점에 묶은 다음 수평 방향으로 등속 원운동을 시켰다. 회전수 f = 2 Hz 일 때 다음을 구하시오. (g = 10 m/s^2, π = 3 으로 하시오.)

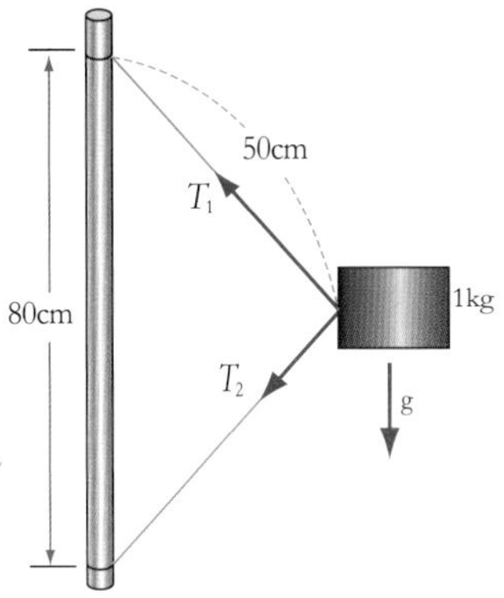

(1) 실의 장력 T_1, T_2 의 크기를 구하시오.

(2) 물체가 받는 알짜힘을 구하시오.

44

마찰이 없는 수평면에서 용수철 상수 k 인 용수철에 질량 m 의 물체를 매달아 속도 v 로 원운동시킬 때 용수철이 늘어난 길이는 얼마인가? (용수철이 늘어나지 않았을 때의 길이는 L 이다.)

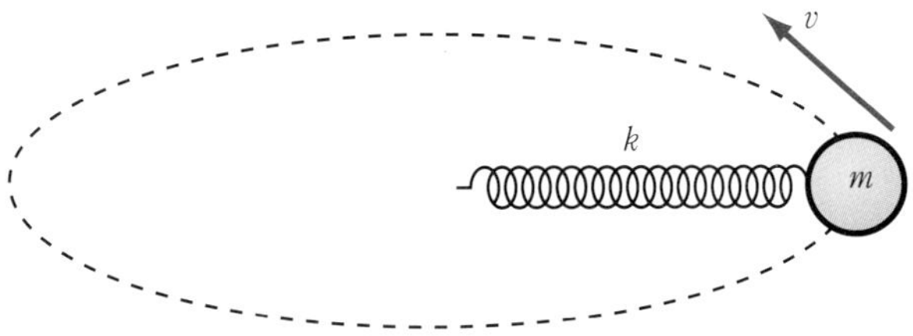

45

길이 l 인 줄의 한 쪽 끝에 질량 m 인 물체를 매달아 일정한 높이에서 물체를 가만히 놓았을 때 물체가 최하점을 지나는 속도가 v 였다. 최하점에서 줄의 장력과 물체의 가속도를 구하시오. 중력 가속도를 g 로 하시오.

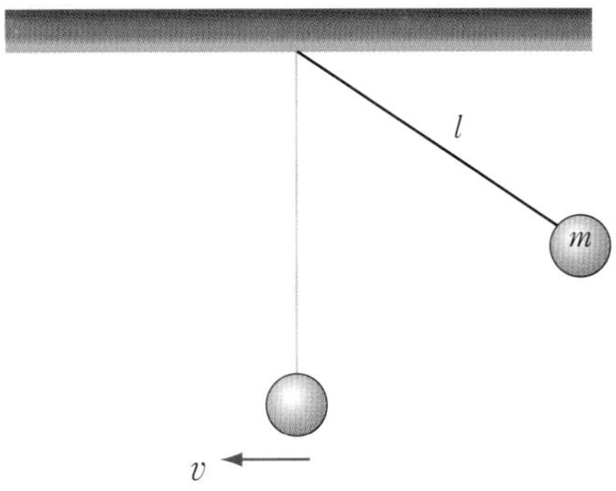

개념 돋보기

43

T_1 과 T_2 를 수평 방향과 연직 방향으로 나누고, 각각의 방향에 대하여 힘의 평형을 적용한다. 수평 방향의 힘은 원운동의 구심력이다.

T(주기) $= \frac{2\pi r}{v} = \frac{1}{f(\text{진동수})}$ 이다

44

방정식 $at^2 + bt + c = 0$ 에서 $t = = \frac{-b \pm \sqrt{b^2 - 4ac}}{2a}$ (근의 공식)이다.

45

최하점을 지날 때 추는 중력 외에 구심력, 끈의 장력을 받는다.

46 질량 m 인 물체를 실에 매달아 연직면 상에서 등속 원운동을 시킨다. 물체의 최고점에서의 속력과 최하점에서의 속력은 v 로 같다. 중력 가속도를 g 라고 했을 때 최고점과 최하점에서의 실의 장력의 차를 구하시오.

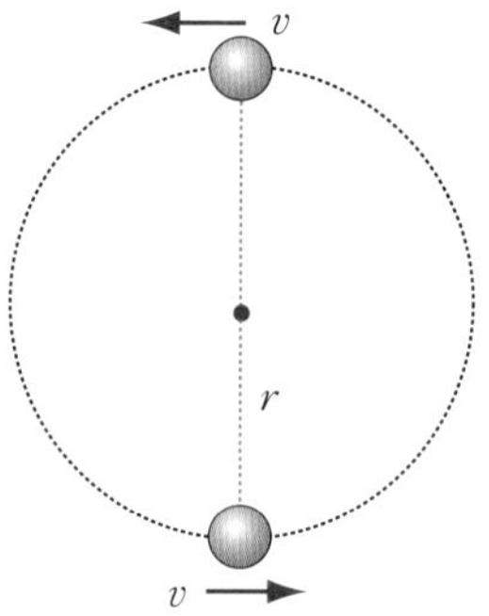

47 120 m/s 의 속력으로 수평하게 날고 있는 비행기에서 떨어뜨린 폭탄이 9 초만에 떨어져 폭발하였다. 물음에 답하시오. (g = 10 m/s^2)

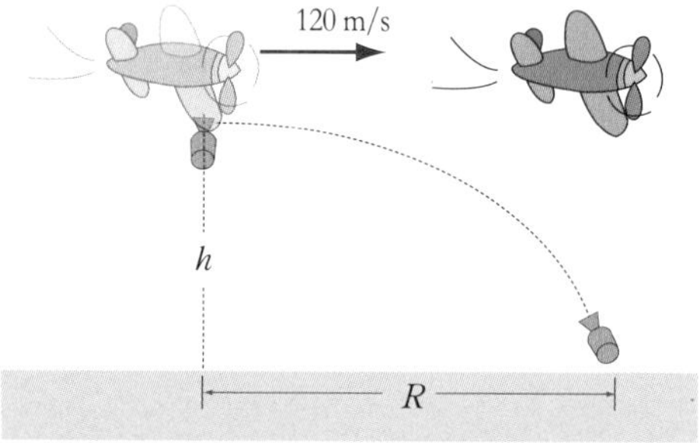

(1) 비행기가 폭탄을 떨어뜨릴 때의 높이(h)는 몇 m 인가?

(2) 폭탄이 투하된 곳으로부터 땅에 도달할 때까지의 수평 비행 거리(R)는 몇 m 인가?

(3) 폭탄이 바닥과 충돌할 때의 속력은 몇 m/s 인가?

개념 돋보기

46

물체를 실로 매달아 원운동을 시킬 때 실의 장력이 구심력의 역할을 한다. 원운동에 대한 중력의 방향이 다르다. 최하점에서는 실은 중력을 지탱하면서 구심력의 역할도 해야 하며 최고점에서는 실의 장력과 중력이 구심력 역할을 한다.

47

물체의 운동을 연직 방향의 운동과 수평 방향의 운동으로 나누어 생각한다. (자유 낙하 운동 + 등속 운동)

48 **처음 속도의 수평 방향 성분을 10 m/s, 연직 방향 성분을 10 m/s 로 하여 비스듬히 물체를 던졌다. g = 10 m/s^2 으로 할 때 물음에 답하시오.**

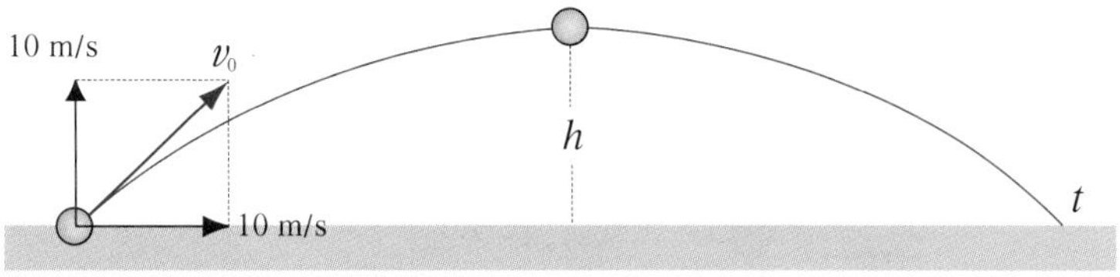

(1) 최고점에 도달하는데 걸린 시간과 최고점에서 물체의 속도를 구하시오.

(2) 물체가 도달하는 최고점의 높이를 구하시오

(3) 물체가 땅에 닿을 때까지 수평 도달 거리는 얼마나 되는가?

(4) 물체가 다시 땅에 부딪힐 때 속력은 얼마나 되는가?

49 **그림과 같이 A 점에서 연직 벽 위의 점 B 를 향하여 수평면과 각 θ 를 이루는 방향으로 v_0 의 속도로 물체를 던졌더니 연직 벽의 C 점에 충돌했다. B 와 C 사이의 거리는 얼마인가?(단, 중력 가속도는 g 라고 하고, A 점에서 벽까지의 수평 거리를 l 이라고 하자.)**

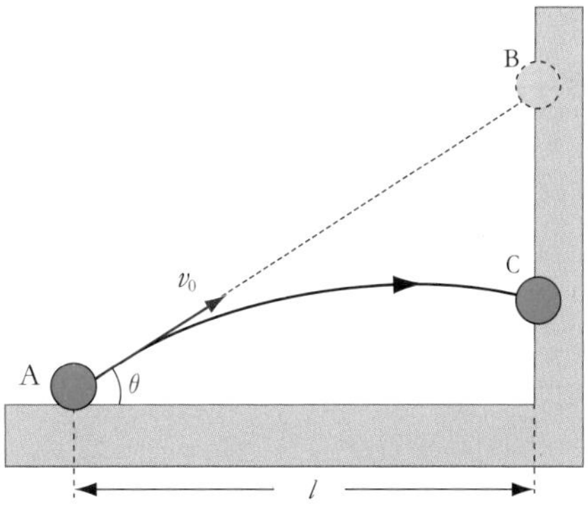

개념 돋보기

48

물체의 운동 = 연직 위로 던진 물체의 운동(연직 방향) + 등속 운동(수평 방향)

II 힘과 여러 가지 운동 (4)

4. 힘에 의한 물체의 운동

(1) 운동 제 1 법칙(관성[1] 법칙)

① **관성 법칙** : 힘이 작용하지 않는 경우의 운동 법칙이다. 운동하는 물체는 외부의 힘이 작용하지 않는 한, 자신의 운동 상태를 지속한다. 즉, 정지한 물체는 계속 정지해 있으려고 하며, 운동하는 물체는 계속 등속 직선 운동을 한다.

② **관성의 예**

- 버스가 급히 출발하면 승객이 뒤로 넘어지고, 갑자기 정지하면 앞으로 넘어진다.
- 이불을 털면 먼지가 떨어진다.

급제동하면 앞으로 넘어진다.

급출발하면 뒤로 넘어진다.

막대기로 이불을 치면 먼지가 떨어진다.

카드를 갑자기 치우면 카드 위의 동전이 컵으로 떨어진다.

(2) 운동 제 2 법칙(가속도 법칙)

- **가속도 법칙** : 힘이 작용하는 경우[2]의 운동 법칙이다. 물체의 속도 변화는 외부에서 가한 힘에 비례하며, 물체를 같은 가속도 크기로 운동시키는데 필요한 힘은 질량에 비례하여 늘어난다.

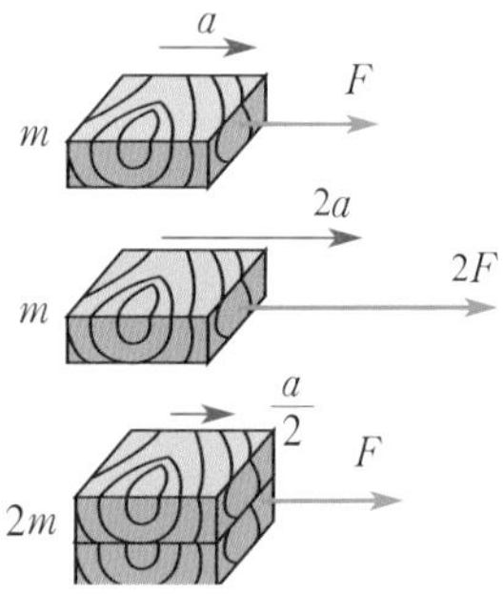

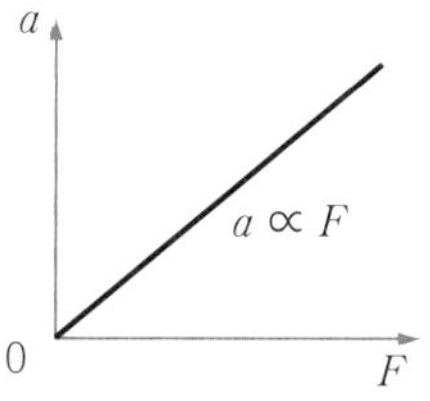

질량(m)이 일정할 때

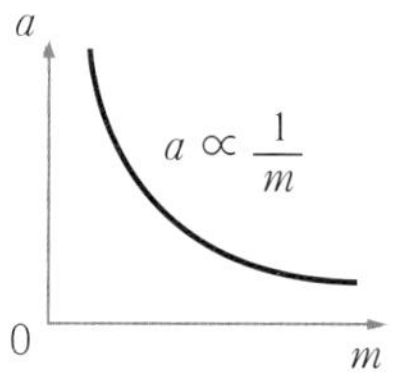

힘(F)이 일정할 때

$a \propto \frac{F}{m}$ 또는 $F = m \times a$ (F : 힘의 크기, m: 물체의 질량, a : 가속도)

(3) 운동 제 3 법칙(작용·반작용 법칙)

① **작용·반작용 법칙(상호작용 법칙)** : 힘이 작용하는 방식에 관한 법칙이다. 힘은 한쪽으로만 작용하지 않고 항상 서로에게 반대 방향으로 작용한다. (힘은 항상 쌍으로 나타난다.)

② **작용·반작용의 예**

- 용수철을 압축시키려면 양쪽에서 힘을 가해야 한다. • 대포를 발사하면 포신이 뒤쪽으로 밀린다.
- 물 위에서 배를 타고 다른 배를 잡아당기면 배가 서로 끌려온다.

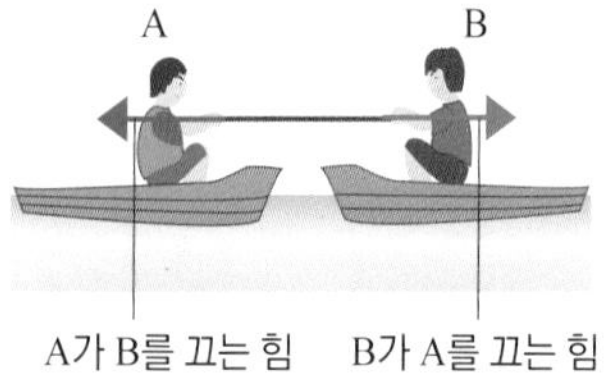

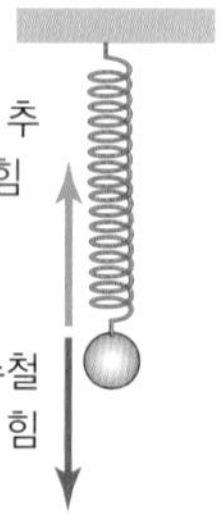

정답 p 38

Q15 매끄러운 수평면에서 정지하고 있던 질량 2 kg 의 물체를 일정한 힘으로 끌었더니 5 초 후에 속도가 20 m/s가 되었다. 이때 힘의 크기를 구하시오.

---

❶ 관성에 관한 갈릴레이의 사고 실험

면에 마찰이 없다고 가정하면 A에서 운동을 시작한 물체가 힘을 받지 않고 수평면에서 계속 등속 직선 운동하는 상황을 생각할 수 있다.

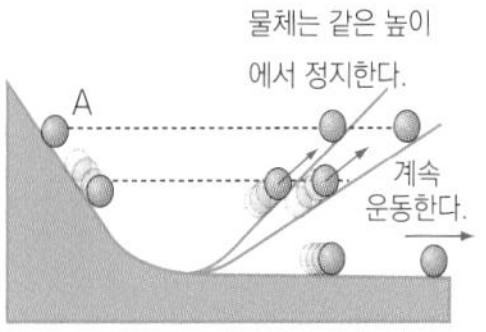

그 외의 관성의 예

- 망치 자루를 바닥에 쳐서 망치 머리를 꽉 고정시킨다.
- 후추통을 툭툭 흔들어 후추를 뿌린다.
- 달리던 사람이 돌부리에 걸려 넘어진다.
- 물을 채운 비커를 수레 위에 두고 수레를 운동시키면 수면이 기울어진다.

망치자루 바닥에 치기

후추통으로 후추 뿌리기

❷ 힘이 작용하는 물체의 운동의 예

- 등가속도 운동 : 운동 방향 또는 운동 방향과 반대 방향으로 힘이 작용
- 원운동 : 운동 방향과 수직으로 힘이 작용
- 포물선 운동 : 운동 방향과 비스듬히 힘이 작용

1 N의 힘

질량 1 kg의 물체에 힘이 작용하여 힘의 방향으로 1 m/s² 의 가속도가 생기게 하는 힘의 크기

$1N = 1kg \cdot 1m/s^2 = 1kg \cdot m/s^2$

(4) 뉴턴의 법칙을 이용한 문제 풀기 - 운동 방정식($F = ma$) 세우기[3]

① 물체에 두 가지 이상의 힘이 작용할 때

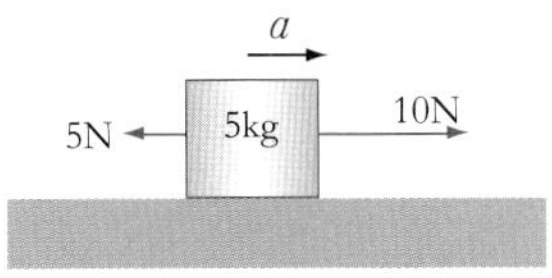

- 물체가 받은 힘 = 10 - 5 = 5N(오른쪽)
- 물체의 질량은 5 kg 이므로 $5 = 5 \times a$ ($F = ma$)

  $a = 1\ m/s^2$ (오른쪽) : 물체의 운동 가속도

② 힘이 비스듬하게 작용할 때 : 마찰이 없는 빗면 위에서 물체에 작용하는 힘이 그림과 같을 때 가속도 구하기 ($g = 10\ m/s^2$)

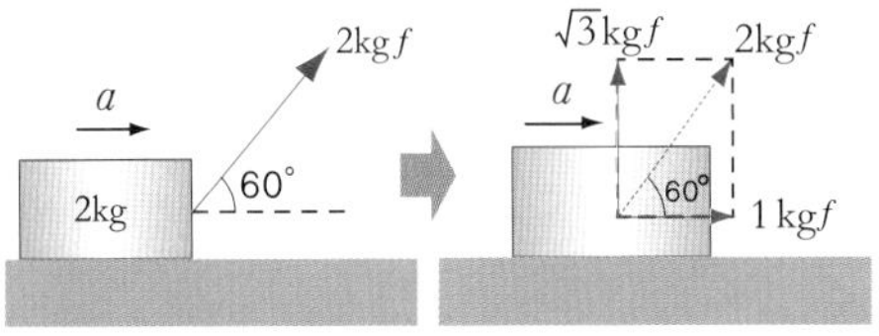

- 물체가 운동하는 방향(오른쪽 방향)으로 받는 힘 : 1 kgf
- $1\ kgf = 10\ N = 2 \times a$, $a = 5\ m/s^2$

③ 연결된 두 물체(수평면) : 마찰이 없는 수평면 위에서 끈에 연결된 두 물체에 8 N 의 힘이 가해질 때

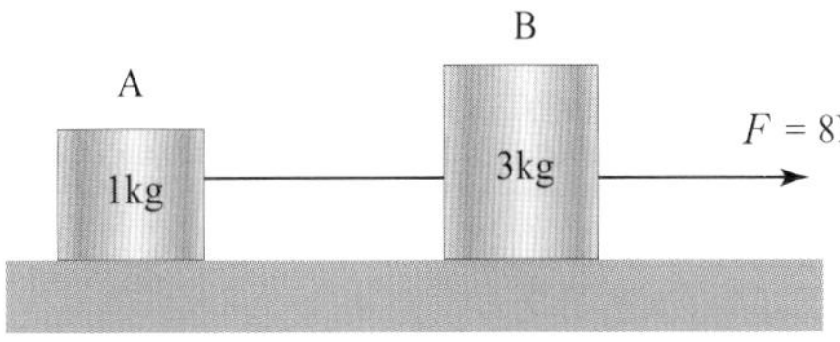

A 와 B 는 동시에 움직이므로 가속도가 같다. 두 물체의 운동에 관계하는 힘을 표시하면 아래 그림처럼 된다.

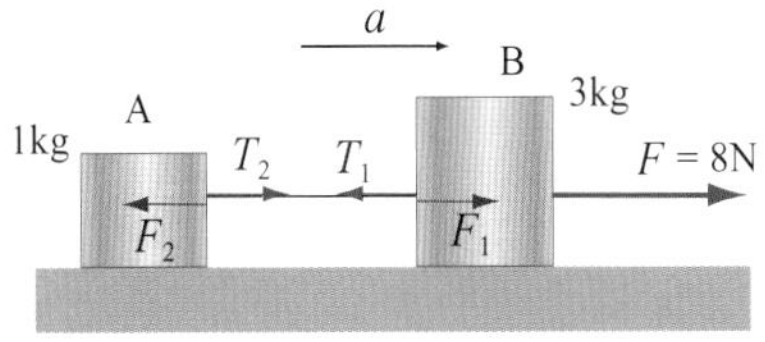

(운동 방정식 세우기)[4]

- 물체 A : $T_2 = 1 \times a$
- 물체 B : $8 - T_1 = 3 \times a$, $T_1 = T_2$

  $a = 2\ m/s^2$, $T_1 = T_2 = 2\ N$ (끈의 장력)

④ 접촉한 두 물체 : 마찰이 없는 수평면 위에 두 물체를 접촉시키고 왼쪽에서 8 N 의 힘을 작용했을 때

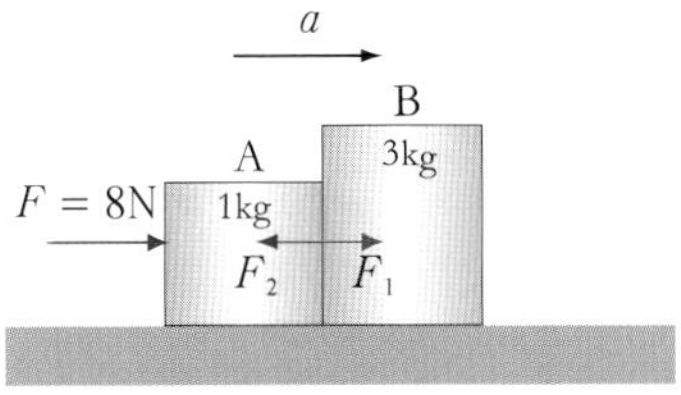

(운동 방정식 세우기)

- 물체 A : $8 - F_2 = 1 \times a$
- 물체 B : $F_1 = 3 \times a$, $F_1 = F_2$

  $a = 2\ m/s^2$, $F_1 = F_2 = 6\ N$ (접촉면에서 주고받는 힘)[5]

⑤ 마찰이 없는 책상 면 위의 물체와 중력을 받는 물체를 끈으로 연결한 경우[6] ($g = 10\ m/s^2$)

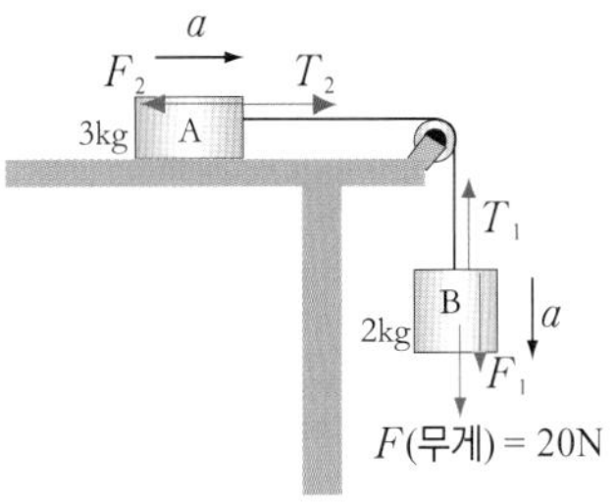

(운동 방정식 세우기)

- 물체 A : $T_2 = 3 \times a$
- 물체 B : $20 - T_1 = 2 \times a$, $T_1 = T_2$

  $a = 4\ m/s^2$

  $T_1 = T_2 = 12\ N$ (끈의 장력)

---

[3] 운동 방정식을 세우는 방법

① 한 방향을 정하여 (+)로 놓고 반대 방향은 (-)로 한다.

② 각각의 물체가 받고 있는 힘(각각의 물체에 작용하는 힘)을 파악하여 (+) 방향 힘(+힘)과 (-) 방향 힘(-힘)으로 분류하여 합력(알짜힘)을 구하여 $F = ma$ 공식에 적용한다.

③ 각각의 물체에 작용하는 힘들이 일직선 상이 아닐 경우(끈으로 연결되었을 경우는 일직선 상 힘으로 함) 에는 x축, y축 방향으로 분해하여 방향별로 $F = ma$ 공식을 적용한다.

물체의 무게

2kg중 = 2kg$f$ = 2×9.8N = 19.6N

$g = 10m/s^2$ 이면 2kg$f$ = 20N

[4] 힘의 종류

끈에 연결되었으므로 두 물체의 가속도는 같다.

T_1 : 끈이 물체 B를 왼쪽으로 끄는 힘(장력)

F_1 : 물체 B가 끈을 오른쪽으로 끄는 힘(끈이 받는 힘) (두 힘은 작용 반작용)

T_2 : 끈이 물체 A를 오른쪽으로 끄는 힘 (장력)

F_2 : 물체 A가 끈을 왼쪽으로 끄는 힘(끈이 받는 힘) (두 힘은 작용 반작용)

- 물체 A에 작용하는 힘 : T_2
- 물체 B에 작용하는 힘 : F와 T_1
- T_1의 크기 = T_2의 크기(실이 양쪽을 잡아당기는 것이므로)

[5] 접촉면에서 서로 주고받는 힘은 작용 반작용이다.

F_1 : 물체 A가 물체 B에 작용하는 힘

F_2 : 물체 B가 물체 A에 작용하는 힘

[6] 끈에 연결되었으므로 두 물체의 가속도 a는 같다.

T_1 : 끈이 물체 B를 위로 끄는 힘(연결 끈의 장력)

F_1 : 물체 B가 끈을 아래쪽으로 끄는 힘(끈이 받는 힘)

(T_1, F_1 작용반작용)

T_2 : 끈이 물체 A를 오른쪽으로 끄는 힘(연결 끈의 장력)

F_2 : 물체 A가 끈을 왼쪽으로 끄는 힘

(T_2, F_2 작용반작용)

- 물체 A에 작용하는 힘 : T_2
- 물체 B에 작용하는 힘 : F(무게)와 T_1
- T_1의 크기 = T_2의 크기(끈이 양쪽을 잡아당기는 것이므로)

⑥ 도르래에 매달린 두 물체의 운동(물체에 작용하는 힘만 표시)[7] (g = 10 m/s²)

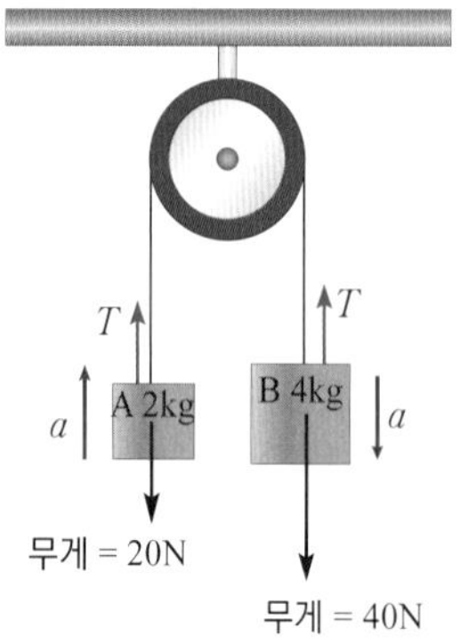

(운동 방정식 세우기)

- 물체 A : $T - 20 = 2 \times a$
- 물체 B : $40 - T = 4 \times a$

$$a(\text{가속도}) = \frac{10}{3}\ \text{m/s}^2$$

$$T = \frac{80}{3}\ \text{N (끈의 장력)}$$

정답 p 38

Q16 그림처럼 마찰이 없는 수평면에서 물체 A, B, C 가 서로 접촉한 상태로 있고, A 의 왼편에서 10 N 의 힘이 작용하고 있다. A 는 2 kg, B 는 3 kg, C 는 5 kg 일 때 B 가 C 를 미는 힘은 얼마인지 구하시오. [8]

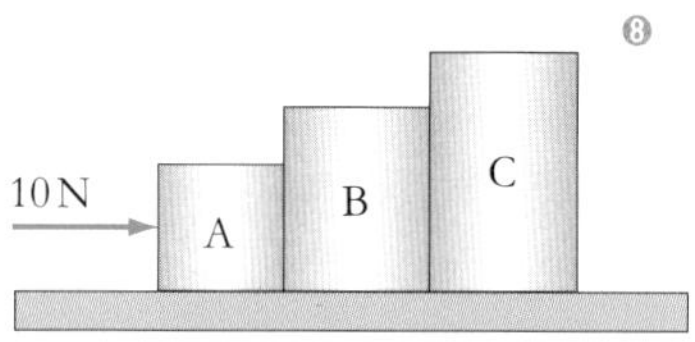

Q17 그림과 같이 마찰이 없는 면에 5 kg 의 물체 A 가 놓여 있고, 마찰을 무시할 수 있는 도르래를 통하여 3 kg 의 물체 B 가 끈에 의해서 매달려 있다. 끈의 장력의 크기를 구하시오. (g = 10 m/s²)

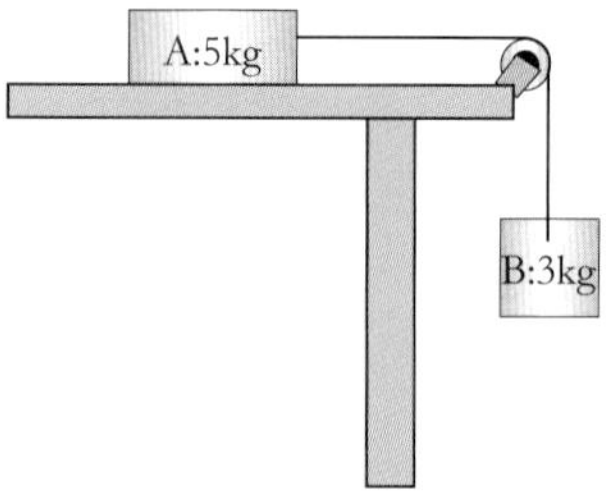

(5) 관성력[9]

① **관성력** : 가속도 운동을 하는 물체가 관성 때문에 느끼는 쏠리는 힘이다.

② **엘리베이터의 예** : 무게 mg 의 사람의 발 밑에는 체중계가 놓여 있다.

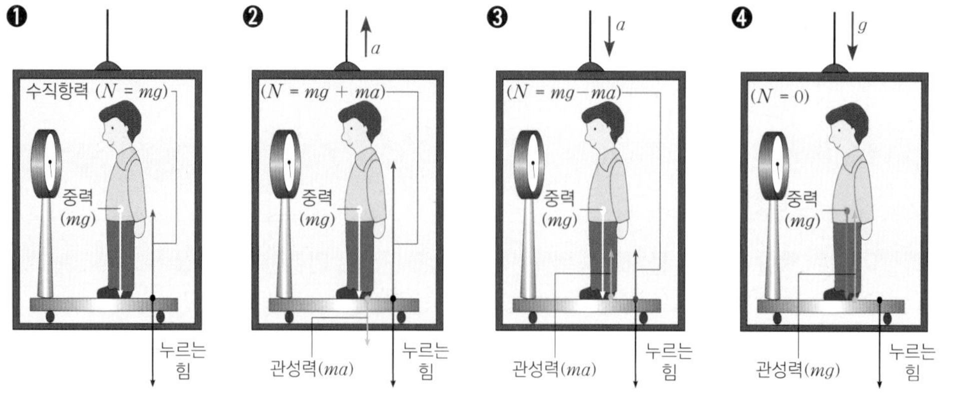

❶ **엘리베이터가 정지해 있을 때** : 저울의 눈금(N)은 mg 가 된다.

❷ **엘리베이터가 가속도 a 로 상승할 때** : 저울의 눈금(N)은 몸무게 mg 와 사람의 관성력 ma 가 합쳐져 $mg + ma$ 가 된다.

❸ **엘리베이터가 가속도 a 로 하강할 때** : 사람의 관성력은 윗방향으로 ma 가 되므로 저울의 눈금(N)은 $mg - ma$ 가 된다.

⚙ 마찰이 없는 면에서의 수직 항력

마찰이 없는 면에서도 수직 항력과 중력 등이 작용하지만 마찰력이 발생하지 않아 물체의 운동에 영향을 미치지 않으므로 힘의 표시를 하지 않는다.

❼ 끈으로 연결된 경우이므로 두 물체의 가속도의 크기는 같다.

A는 위방향으로 B는 아래 방향으로 (+)의 가속도 운동을 한다.

❽ 작용과 반작용 관계의 두 힘

B가 C를 미는 힘과 C가 B를 미는 힘은 작용과 반작용이다.

❾ 관성력

운동 상태를 변화시키지 않으려는 성질인 관성 때문에 나타나는 힘이므로 관성력이라고 한다. 관성력은 작용, 반작용의 법칙이 성립하지 않는 가상적인 힘이다.

⚙ 관성을 받는 물체

① 그림 (가)처럼 수레에 물체를 매달고 수레에 힘을 가하여 가속도 운동을 시키면 물체는 뒷방향으로 기울어진다.

② 그림 (나)처럼 관에 물을 채우고 가속도 운동을 시키면 물이 비스듬히 올라간다.

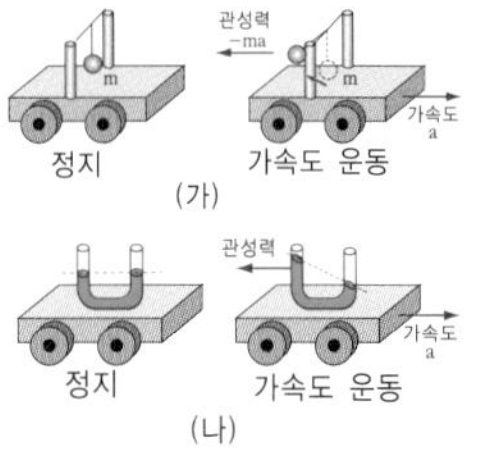

❹ 엘리베이터의 줄이 끊어졌을 때 : 엘리베이터는 가속도 g 로 하강하게 되므로 사람의 관성력은 윗 방향으로 mg 가 되고 사람에게 작용하는 힘의 합력인 중력 + 관성력 = 0 이 되어 저울의 눈금(N)도 0 이 된다. 이때 사람은 무중력 상태[10] 가 된다.

③ **열차의 예** : 손잡이가 기울어지는 현상에 대한 해석

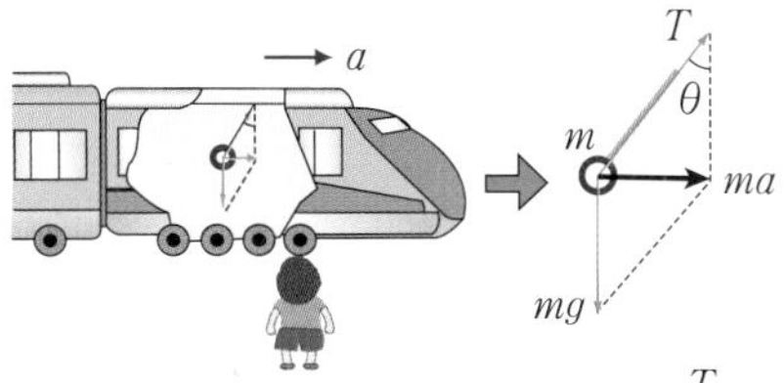

[열차 밖에서 관찰할 때]
가속도 운동하는 열차 밖에서는 손잡이가 연직선과 각 θ 를 이룬 상태로 가속도 a 의 운동을 한다.(손잡이의 질량이 m 이라면 ma 의 힘을 받는 운동을 한다)

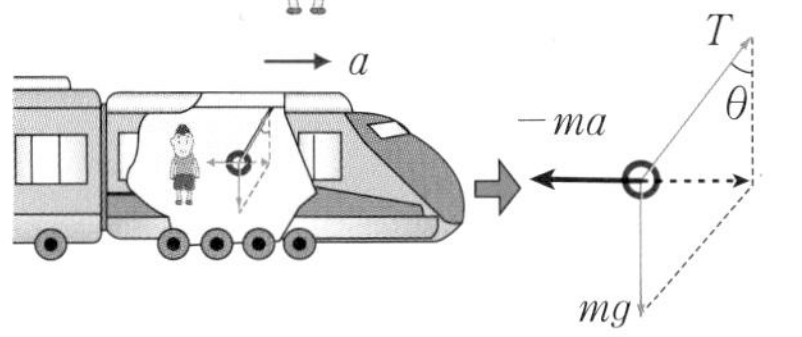

[열차 안에서 관찰할 때]
가속 운동하는 열차 안에서는 질량 m 의 손잡이가 열차의 가속도 a 의 방향과 반대 방향의 힘인 관성력 $-ma$ 를 받아서 연직선과 각 θ 를 이룬 상태로 평형 상태를 유지한다.

④ **원운동의 예** : 수평면 상에서 원운동하는 경우

- **밖에서 관찰하는 경우** : 원운동은 가속도 운동 ($a = \frac{v^2}{r}$)인데, 가속도의 방향은 원의 중심 방향이다. 원운동하는 물체는 원의 중심 방향으로

  구심력 $F = ma = m\frac{v^2}{r}$ 의 힘을 받는다.

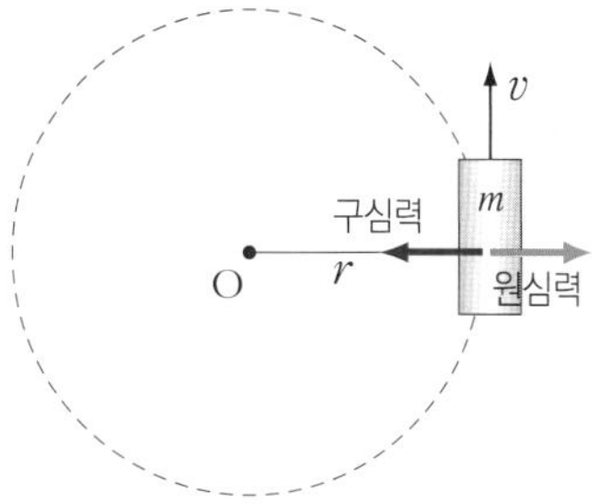

- **질량 m 인 물체의 입장에서 본 경우(원운동하고 있는 관찰자가 느끼는 경우)** : 원의 중심에서 멀어지는 방향으로 쏠리는 힘인 원심력 $F = ma = m\frac{v^2}{r}$ 을 느낀다.
- **원심력** : 가속도 운동하는 물체가 느끼는 관성력이다.

⑤ **관성력 계산** : 그림처럼 버스가 오른쪽으로 가속도 a 의 운동을 하는 경우 버스 내부의 질량 m의 물체가 받는 관성력의 방향은 버스 가속도의 반대 방향이다. (버스와 같이 운동하는 관찰자가 느끼는 힘)

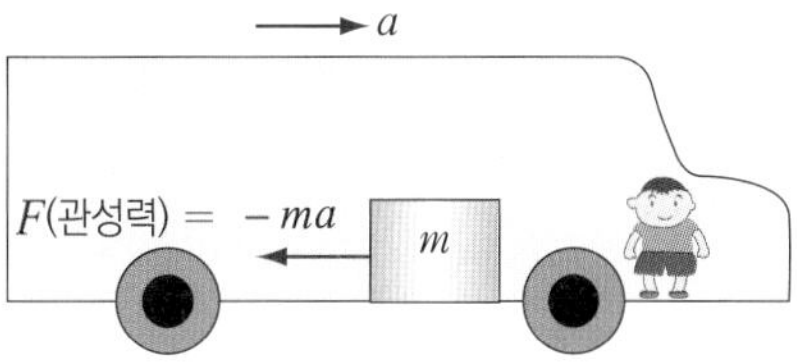

$$F(\text{관성력}) = -ma = -(\text{물체의 질량} \times \text{버스의 가속도})$$

정답 p 38

Q18 오른쪽으로 20 m/s 로 달리던 승용차가 브레이크를 밟아서 40 m 진행한 후 정지하였다. 이 승용차에 탄 60 kg 의 운전자가 받는(느끼는) 관성력을 구하시오.

Q19 윗 방향으로 크기 3 m/s^2 으로 가속도 운동하는 엘리베이터 속에서 재면 질량 50 kg 인 사람의 몸무게(중력)는 얼마가 되는가? (g = 10 m/s^2)

⑩ 무중력 상태

중력을 받는 물체가 중력과 크기가 같고 반대인 힘을 동시에 받아 알짜 힘이 0 이 된 상태 (지구 주위를 도는 인공위성, 줄이 끊어진 엘리베이터에 탄 사람, 물속에 떠 있는 잠수부)

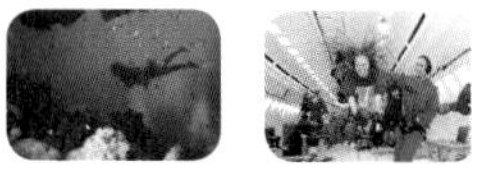

중력이 있을 때　무중력 상태

특징 : 위아래의 구별이 없다. 촛불이 구형을 이루고 타다가 곧 꺼진다.

일상 속 원심력의 예

① 돌아가는 원판 위에서 물체가 밖으로 미끄러진다.
② 회전 세탁기의 빨래들이 원통 벽면에 붙는다.
③ 탈수기가 돌아가며 물이 원통 바깥으로 뿌려진다.
④ 놀이동산에서 회전 열차를 타면 바깥으로 치우치는 힘을 받는다.

힘에 의한 물체의 운동

57 그림처럼 물체에 힘을 가할 때 물체는 가속도 운동을 하게 된다. 물체의 가속도가 큰 순서대로 쓰시오.

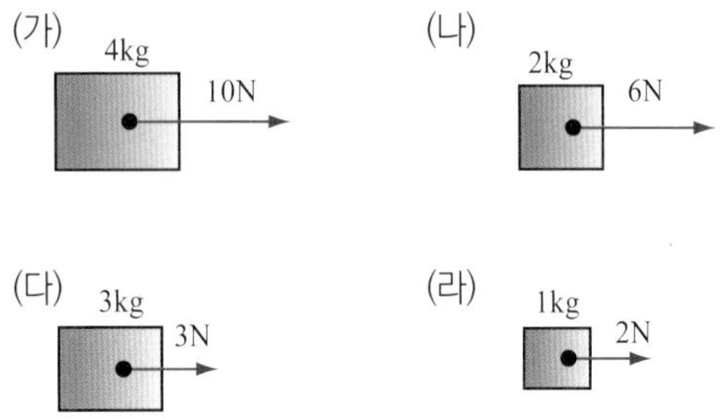

58 10 kg 의 물체를 매끄러운 면에서 힘 F 로 끌었더니 2 m/s^2 크기의 가속도 운동을 하였다. 만약 20 kg 의 물체를 같은 면에서 힘 $2F$ 로 끌면 물체의 가속도의 크기는 얼마이겠는가?

① 1 m/s^2 ② 2 m/s^2 ③ 3 m/s^2
④ 4 m/s^2 ⑤ 5 m/s^2

59 마찰이 없는 수평면에 정지해 있는 질량 3 kg 의 물체에 6 N 의 힘을 수평 방향으로 5 초 동안 작용하면 5 초 후 물체의 속도는 몇 m/s 가 되는가?

① 5 m/s ② 10 m/s ③ 15 m/s
④ 20 m/s ⑤ 25 m/s

60 마찰이 없는 수평면에 정지해 있는 질량 2 kg 의 물체에 8 N 의 힘을 5 초 동안 작용하면 물체의 이동 거리는 몇 m 인가?

① 30 m ② 40 m ③ 50 m
④ 60 m ⑤ 70 m

61 그림은 비행기에서 투하된 스카이다이버의 속도와 시간과의 관계를 나타낸 그림이다. 물음에 답하시오.

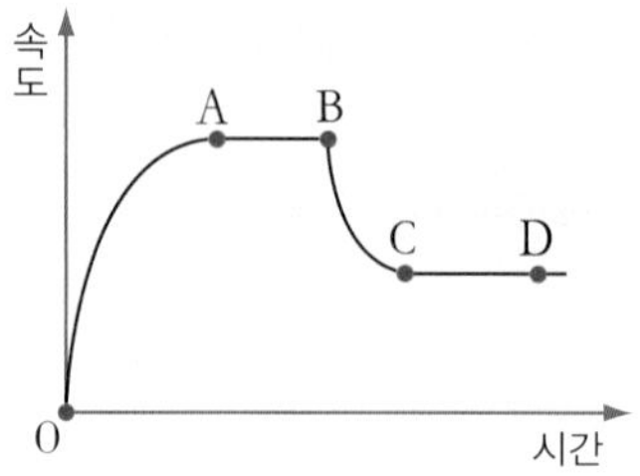

(1) 중력이 공기 저항력보다 큰 구간은?

(2) 중력이 공기 저항력보다 작은 구간은?

(3) 중력이 공기 저항력과 같은 구간은?

62 질량 1 kg 의 물체가 마찰이 없는 수평면 위에서 10 m/s 의 속도로 등속 직선 운동을 하고 있다. 이 물체에 운동 방향으로 일정한 힘을 가하면서 5 m 를 운동시켰더니 속력이 증가하여 20 m/s 가 되었다. 이 물체의 운동 상태가 변하는 동안 작용한 힘의 크기는 몇 N 인가?

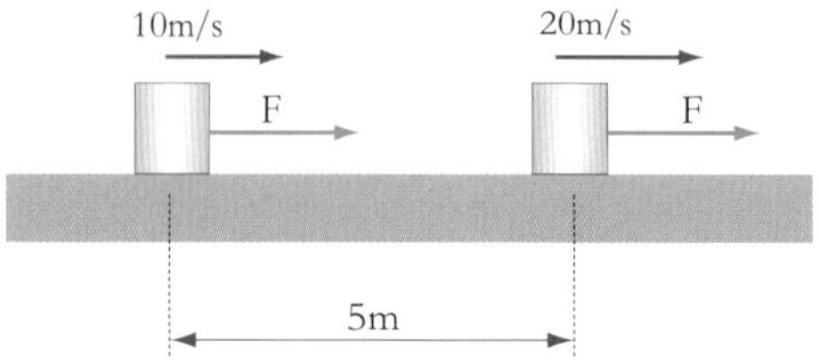

① 10 N ② 20 N ③ 30 N
④ 40 N ⑤ 50 N

63 마찰이 없는 수평면에서 서로 수직인 3 N, 4 N 의 두 힘이 5 kg 의 물체에 작용할 때 물체의 가속도의 크기는 얼마인가?

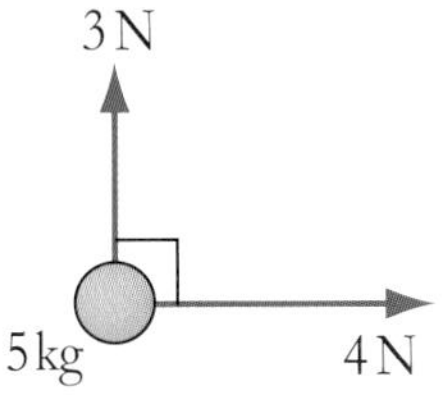

① 0.5 m/s^2 ② 1 m/s^2 ③ $\frac{3}{5}$ m/s^2
④ $\frac{4}{5}$ m/s^2 ⑤ $\frac{7}{5}$ m/s^2

64 그림처럼 10 kg 의 물체를 200 N 의 힘으로 위로 끌어 올렸다. 위로 끌어 올리는 동안 물체의 가속도는 얼마인가? (g = 10 m/s^2)

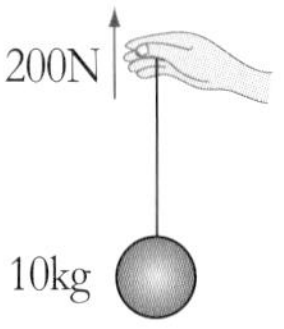

① 10 m/s^2 ② 20 m/s^2 ③ 30 m/s^2
④ 40 m/s^2 ⑤ 50 m/s^2

65 그림은 용수철 저울로 수레를 잡아당기며 수레의 운동을 분석하는 과정이다. 용수철 저울이 가리키는 눈금은 수레에 가한 힘과 같다. 아래의 그래프는 용수철 저울의 눈금이 3 N 을 가리키도록 일정하게 수레 또는 (수레+ 추)를 끌었을 때 속도-시간 그래프이다.

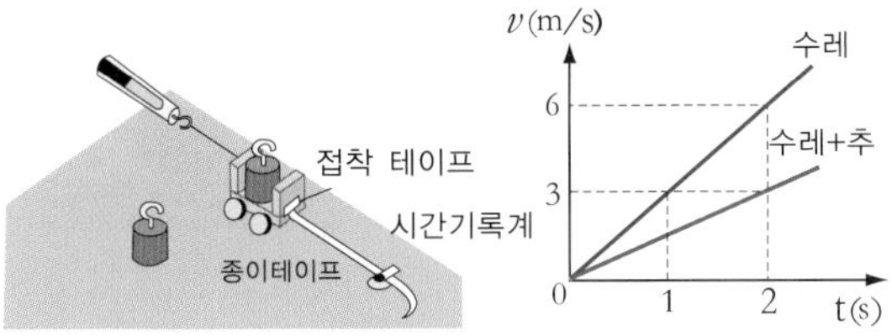

수레에 같은 추 3 개를 올려놓고 끌었을 때 용수철 저울의 눈금이 10 N 을 가리켰다면 끄는 동안 가속도는 얼마인가?

① 1 m/s^2 ② 1.5 m/s^2 ③ 2 m/s^2
④ 2.5 m/s^2 ⑤ 3 m/s^2

66 그림처럼 수평면 위에 놓인 물체에 오른쪽으로 20 N 의 힘을 가해서 운동을 시키고 있다. 이때 수평면으로부터 5 N 의 마찰력이 작용하고 있다면 물체의 가속도를 현재의 2 배로 하기 위해서 얼마의 힘이 더 필요한가?

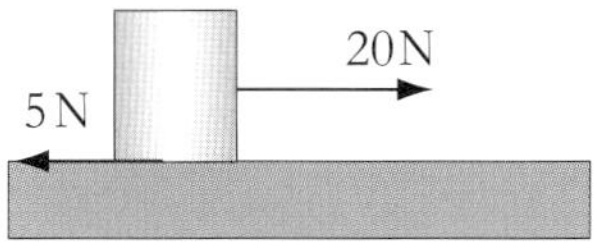

① 5 N ② 10 N ③ 15 N
④ 20 N ⑤ 25 N

67 그림과 같이 질량이 각각 2 kg, 3 kg 인 물체를 가벼운 끈으로 연결하여 오른쪽으로 20 N 의 힘을 작용하여 끌고 있다. 이때 물체를 연결한 끈의 장력은 몇 N 인가?

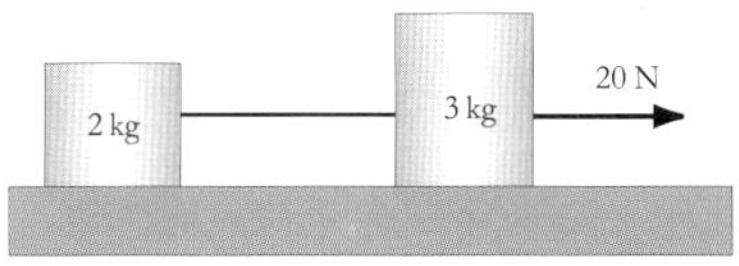

① 4 N ② 8 N ③ 12 N
④ 16 N ⑤ 20 N

68 그림과 같이 마찰이 없는 책상에서 두 물체를 가벼운 끈으로 연결하였더니 물체 A 가 미끄러지면서 운동을 시작했다. A 를 1 kg, B 를 4 kg 이라고 할 때 두 물체의 가속도는 얼마인가? g = 10 m/s^2 으로 하시오.

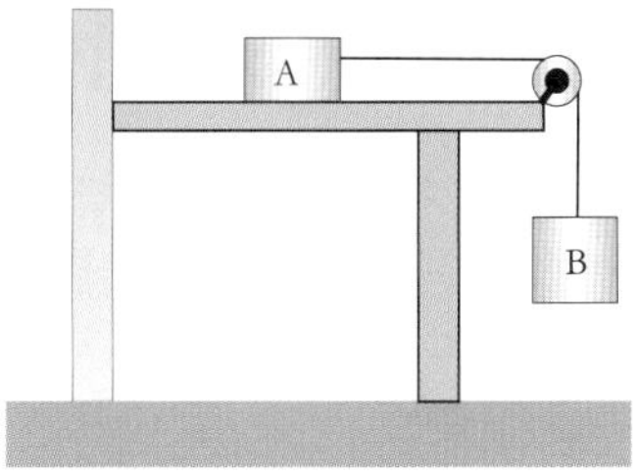

① 2 m/s^2 ② 4 m/s^2 ③ 6 m/s^2
④ 8 m/s^2 ⑤ 10 m/s^2

69 **마찰이 없는 수평면에서 3 kg 의 물체와 1 kg 의 물체를 접촉시키고 왼쪽에서 8 N 의 힘을 가해서 밀었을 때 접촉면에서 서로 작용하는 힘 F 의 크기는 몇 N 인가?**

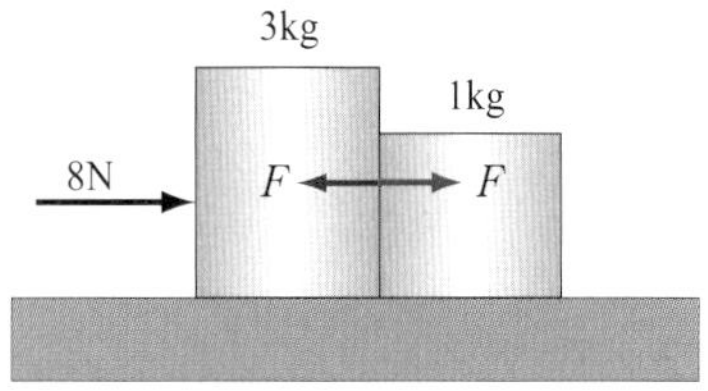

① 1 N ② 2 N ③ 3 N
④ 4 N ⑤ 5 N

70 **다음 중 관성의 법칙과 관련된 것을 있는 대로 고르시오.**

① 이불을 두드려 먼지를 터는 것
② 노를 저으면 배가 앞으로 나가는 것
③ 대포를 쏠 때 대포가 뒤로 밀리는 것
④ 뛰어가는 사람이 돌에 걸려 넘어지는 것
⑤ 커브를 돌 때 차 속에서 몸이 밖으로 쏠리는 것
⑥ 승강기를 타고 올라갈 때 몸무게가 무거워지는 것

71 **관성에 관하여 나머지와 종류가 다른 현상을 고르시오.**

① 이불을 두드리면 먼지가 떨어진다.
② 삽으로 흙을 파서 던지면 흙이 멀리 날아간다.
③ 버스가 갑자기 출발하면 반대 방향으로 사람이 쏠린다.
④ 식탁보를 재빨리 당기면 식탁 위의 물건은 딸려오지 않는다.
⑤ 나무도막을 쌓아놓고 가운데를 갑자기 치면 가운데 나무도막만 빠져나간다.

72 **그림처럼 무거운 물체를 매달고 아래쪽으로 갑자기 당기면 추 아래와 손 사이의 실이 끊어진다. 그 이유를 바르게 설명한 것은?**

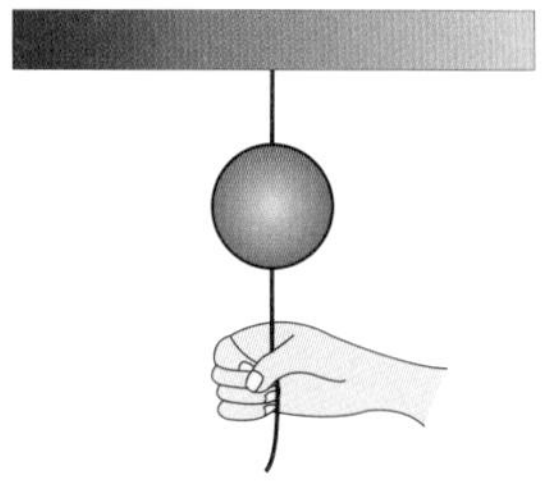

① 아래 방향의 중력 때문이다.
② 당기는 힘이 위쪽 실에는 작용하지 않기 때문이다.
③ 아래쪽 줄을 당겼으니 아래쪽 실이 끊어지는 것이 당연하다.
④ 추가 현재 정지해 있으므로 정지한 상태를 그대로 유지하려고 하기 때문이다.

73 **자동차 안에서 쇠구슬에 실을 매어 천장에 매달았더니 구슬이 그림과 같이 오른쪽으로 기울어졌다. 현재 이 자동차의 운동 상태는 어떠한가?**

① 자동차가 왼쪽 방향으로 천천히 가고 있다.
② 자동차가 왼쪽 방향으로 속력이 점점 느려진다.
③ 자동차가 왼쪽 방향으로 속력이 점점 빨라진다.
④ 자동차가 오른쪽 방향으로 속력이 점점 빨라진다.
⑤ 자동차가 오른쪽 방향으로 속력이 빠른 상태로 달리고 있다.

74 자동차 바닥에 가벼운 실로 헬륨 고무풍선을 떠 있게 매달고 자동차를 출발시켜 오른쪽으로 (+)가속도 운동을 시켰다. 고무풍선은 어떻게 되겠는가?

① 왼쪽으로 기운다.
② 오른쪽으로 기운다.
③ 현재 상태로 유지된다.

75 다음 중 관성이 가장 큰 것은?

① 발사된 총알
② 달리는 택시
③ 멈춰 있는 버스
④ 항구에 정박해 있는 유조선
⑤ 100 m 달리기 하는 육상선수

76 그림 (가) 와 같이 물병에 물을 채우고 물속에 코르크 마개를 실로 연결하여 고정시켰다. 물병을 그림 (나) 처럼 운동하는 버스 안에 놓았을 때 코르크 마개의 움직임에 대한 설명 중 옳은 것만을 있는 대로 고르시오.

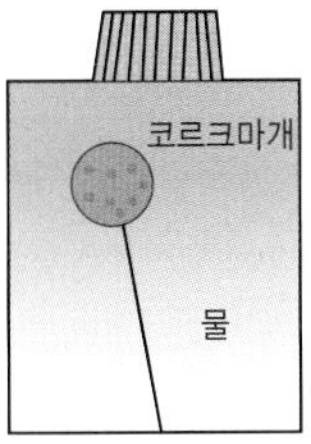

[그림 가]

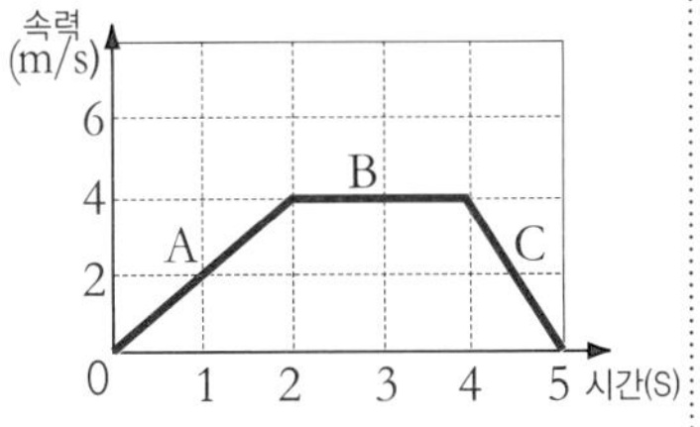

[그림 나]

① A 구간과 C 구간에서 코르크 마개의 기울어지는 방향은 서로 반대이다.
② 코르크 마개가 기울어지는 방향은 버스의 가속도의 방향과 같다.
③ 코르크 마개는 B 구간에서 가장 많이 기울어진다.

77 상승 또는 하강 시 엘리베이터는 $3\ m/s^2$ 의 가속도로 움직 인다. 몸무게 $50\ kgf$ 인 사람이 이 엘리베이터를 타고 올라갈 때와 내려갈 때 몸무게를 잿다면 몸무게의 차이는 얼마이겠는가? (g = $10 m/s^2$)

① 200N ② 250N ③ 300N
④ 350N ⑤ 400N

78 그림은 100 N 의 힘으로 잡아당기면 1 m 늘어나는 용수철에 질량 2 kg 의 물체를 매달아 엘리베이터 내부에 설치했다. 엘리베이터가 연직 위 방향으로 $0.5\ m/s^2$ 의 가속도 운동을 할 때 용수철의 늘어난 길이는 얼마인가? (g = $10\ m/s^2$)

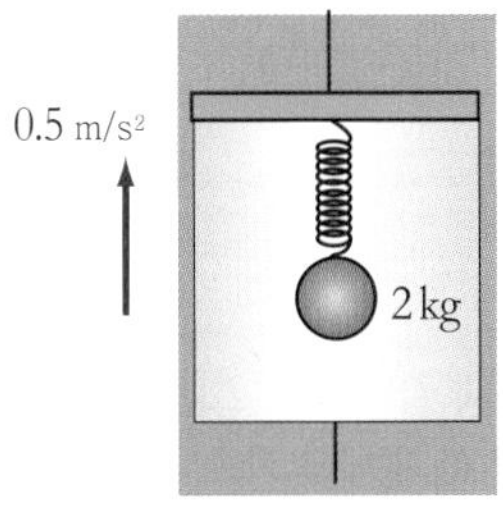

79 자동차가 수평면에서 등가속도 운동을 하고 있다. 이 자동차 안에 매달린 추가 그림처럼 기울어져 있다가 실이 끊어져서 추가 낙하하기 시작했다. 차 내부에 있는 사람이 보면 추는 어떤 궤도로 낙하하는가?

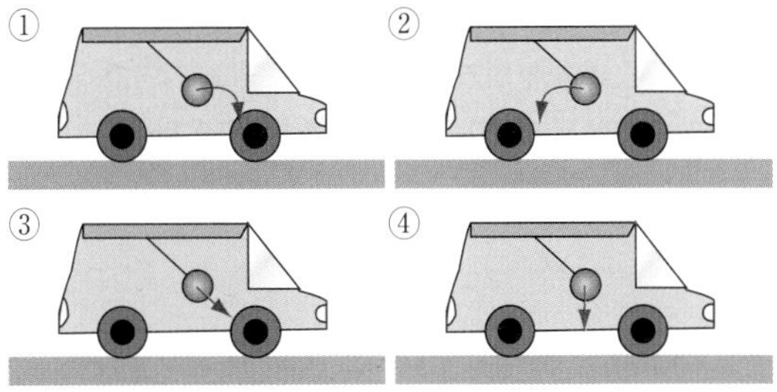

80 수평한 직선 도로에서 $9.8\ m/s^2$ 의 일정한 가속도로 운동하는 전동차의 천장에 매달린 추가 연직선과 이루는 각은 몇 ° 인가? (g = $9.8\ m/s^2$)

개념 심화 문제

50 마찰이 없는 수평면에 정지해 있는 2 kg 의 물체에 수평 방향과 60°를 이루는 방향으로 4 N 의 힘으로 잡아당겨서 운동을 시키려고 한다. 물음에 답하시오. ($\sqrt{3}$ = 1.7, g = 10 m/s^2 으로 한다.)

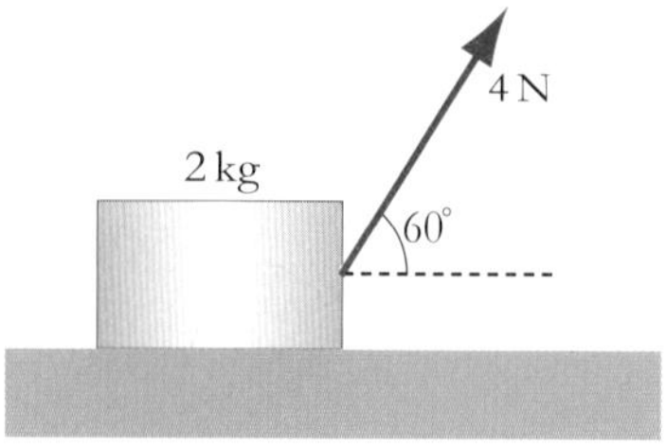

(1) 힘이 작용하는 동안 물체의 수평 방향의 가속도는 몇 m/s^2 인가?

① 1 m/s^2 ② 2 m/s^2 ③ 3 m/s^2 ④ 4 m/s^2 ⑤ 5 m/s^2

(2) 물체가 면으로부터 받는 수직 항력은 몇 N 인가?

① 3.4 N ② 10 N ③ 16.6 N ④ 20 N ⑤ 23.4 N

51 그림과 같이 질량 2 kg 의 물체에 10 N 의 힘을 수평 방향으로 작용시켰을 때 물체의 가속도가 3 m/s^2 이었다면 지면이 물체에 작용하는 마찰력은 몇 N 인가?

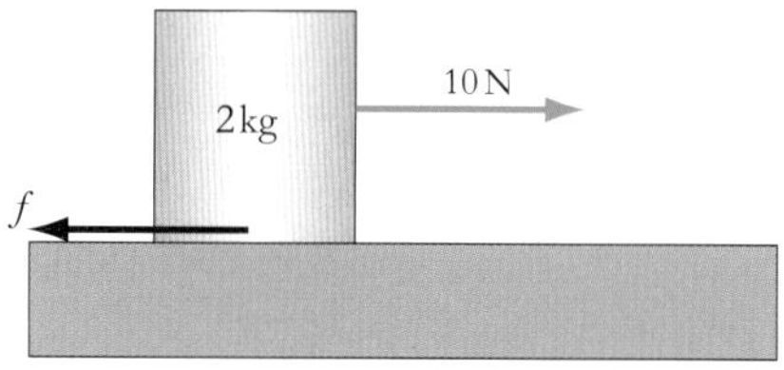

52 전체의 질량이 1000 kg 인 승용차가 72 km/h 로 달리다가 장애물을 발견하고 급브레이크를 걸었다. 브레이크를 건 순간부터 바퀴가 미끄러지기 시작하였다. 지면의 운동 마찰계수를 0.2 라고 할 때 장애물에 부딪히지 않으려면 장애물의 최소 몇 m 전방에서 브레이크를 밟아야 하는가? (g = 10 m/s^2)

53 질량이 각각 2 kg 인 물체 A, B 를 그림과 같이 가벼운 끈으로 연결하여 놓았더니 물체의 가속도가 2.5 m/s^2 이었다. 운동하는 동안 물체 A 가 받은 마찰력의 크기와 책상면의 마찰계수를 구하시오. (g = 10 m/s^2)

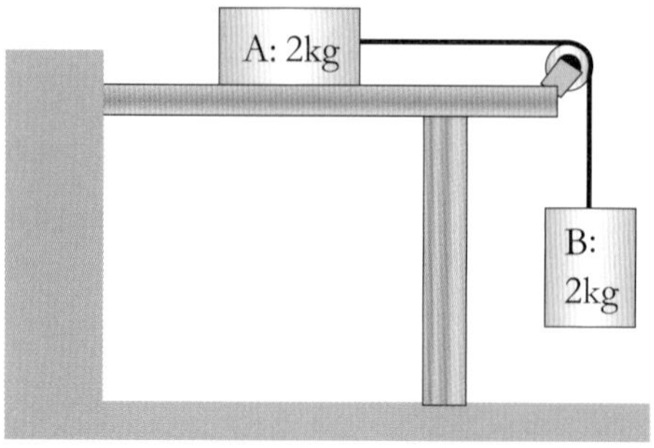

54 **그림과 같이 책상 면에 물체 B가 놓여 있고, 그 양쪽으로 도르래를 통하여 물체 A 와 C 가 매달려서 운동하고 있다. 물체 A, B, C 의 질량은 각각 1 kg, 2 kg, 3 kg 이다. 끈은 충분히 가볍다고 하고, g = 10 m/s^2 이다.**

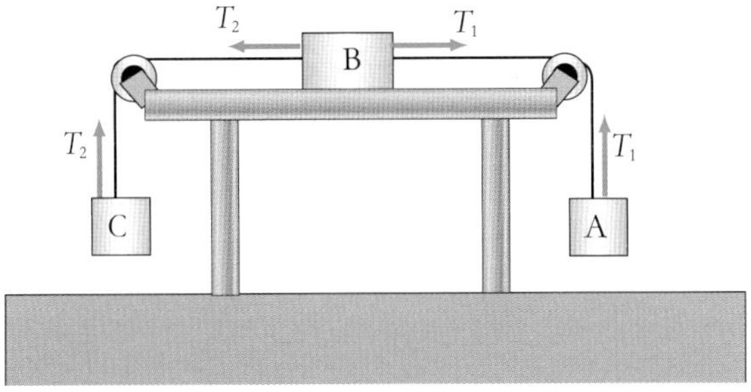

(1) 책상면의 마찰을 무시할 때 가속도의 크기를 구하시오.

(2) 오른쪽 끈이 B 를 잡아당기는 장력은 끈이 A 를 잡아당기는 장력과 크기가 같다. (B 와 C 사이도 마찬가지이다.) 그 이유를 쓰시오.

(3) 장력 T_1 과 T_2 를 구하시오.

(4) 책상면의 운동마찰계수(μ)가 0.1 이라면 장력은 어떻게 변하는가?

55 **마찰이 없는 도르래에 질량 1 kg 의 물체 A 와 질량 4 kg 의 물체 B 가 연결되어 있다. 끈이 물체 A 를 잡아당기는 장력과 물체 B 를 잡아당기는 장력은 크기가 같다. (g = 10 m/s^2)**

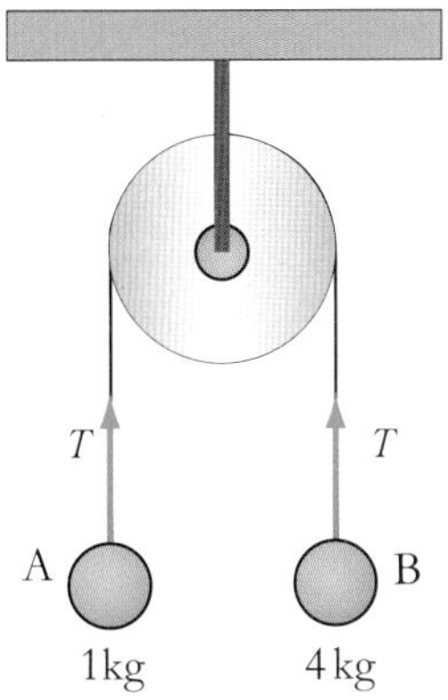

(1) 장력 T 를 구하시오.

(2) 물체의 가속도를 구하시오. (끈으로 연결되어 있으므로 두 물체의 가속도의 크기는 같다.)

56 1 kg 과 2 kg 의 두 물체를 용수철로 연결하고 6 N 의 힘을 오른쪽으로 작용하였다. 용수철의 용수철 상수는 100 N/m 이고, 지면과 물체 사이의 마찰은 없다. 물음에 답하시오.

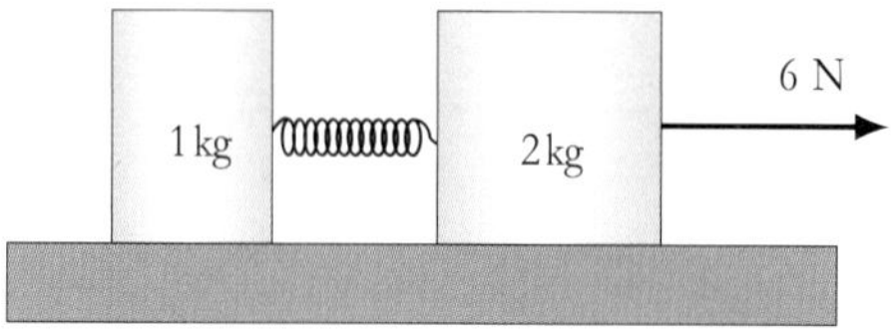

(1) 용수철이 늘어난 길이는 얼마인가?

(2) 6 N 의 힘을 1 kg 물체의 왼쪽으로 잡아당긴다면 용수철의 늘어난 길이는 얼마로 되는가?

57 마찰이 없는 도르래에 가벼운 실로 두 물체를 연결하여 가만히 놓았다. 물체 B 가 1 초 동안 낙하한 거리는 몇 m 인가? (g = 10 m/s^2)

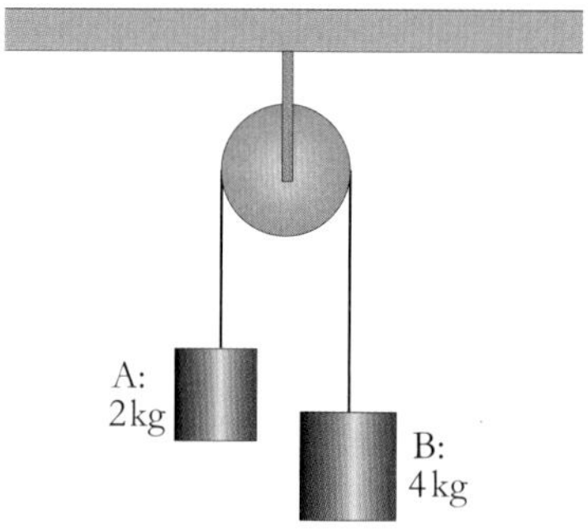

개념 돋보기

56

두 물체가 실로 연결되어 있다고 하면 실의 장력이 용수철의 탄성력이 된다.

57

끈에 걸리는 장력은 모두 같다. 장력이 물체에 작용하는 방향을 고려하여 운동방정식을 세운다.

58 그림처럼 질량을 무시할 수 있는 고정 도르래와 움직 도르래에 물체 A, B 를 매달고 정지한 상태에서 가만히 놓았다. 물체 A 를 2 kg, 물체 B 를 4 kg 이라 할 때 각각의 가속도를 구하시오. (도르래의 마찰은 무시하며, g = 10 m/s²)

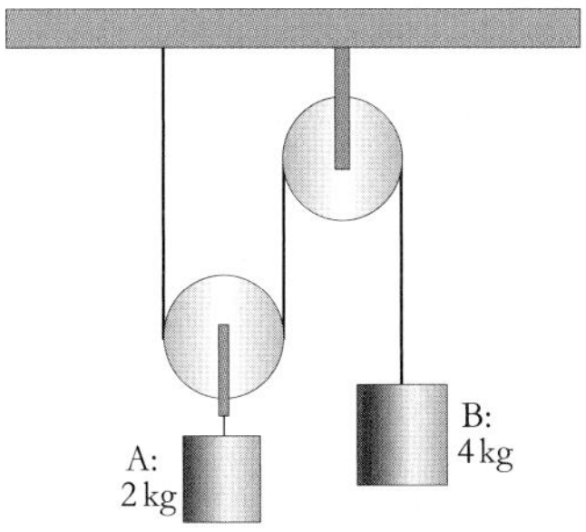

59 그림과 같이 가속도 운동을 하고 있는 버스의 손잡이가 그림과 같이 연직선과 30° 를 이루며 기울어져 있을 때 버스의 가속도를 구하시오. (g = 10 m/s²)

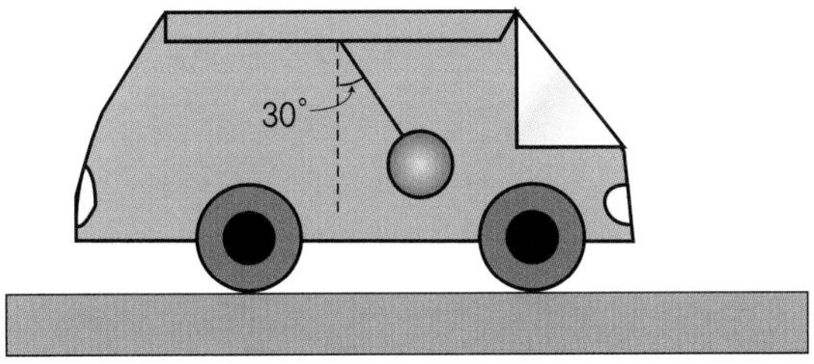

60 그림 (가)는 질량 40 kg 인 사람이 올라가고 있는 엘리베이터 안에서 몸무게를 재고 있는 것을 나타낸 것이다. 이 엘리베이터가 그림 (나)의 속도-시간 그래프와 같은 운동을 할 때 OA, AB, BC 구간에서의 체중계의 눈금은 각각 얼마로 나타나겠는가? (g = 10 m/s²)

(가)

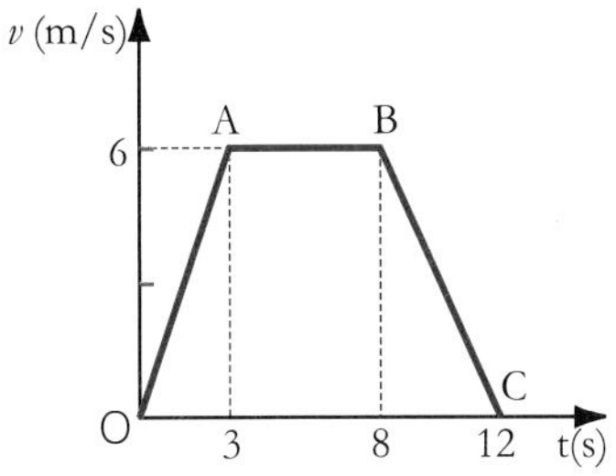

(나)

61 그림 (가)는 어떤 고무줄을 잡아당기는 힘과 늘어난 길이와의 관계 그래프이며, 그림 (나)는 이 고무줄을 접어서 두 겹으로 만든 다음 승강기의 천장에 고정시키고 질량 2 kg 의 물체를 매단 그림이다. 승강기가 움직일 때 고무줄이 3 cm 늘어난 상태가 되었다면 승강기의 가속도는 얼마인가? (g = 10 m/s^2)

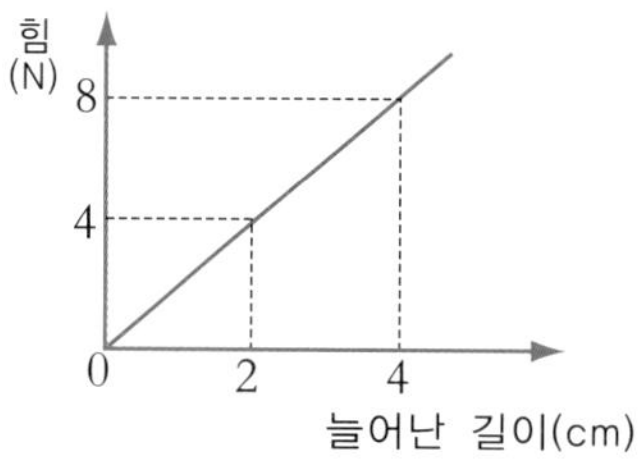

그림(가)

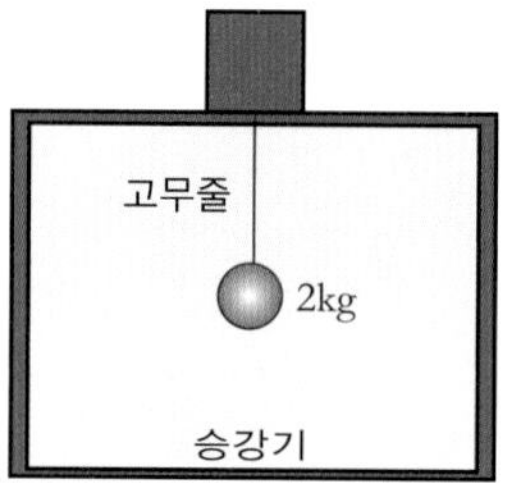

그림(나)

62 20 kg 의 물체 A 와 60 kg 의 물체 B 를 끈으로 연결하여 240 N 의 힘으로 끌고 있다. 두 물체와 지면 사이의 운동 마찰계수를 0.2 라고 하고 중력 가속도는 g = 10 m/s^{2}이다.

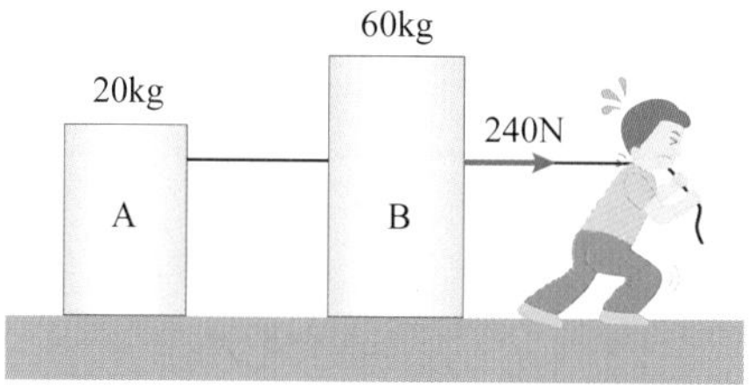

(1) 두 물체의 가속도의 크기를 구하시오.

(2) 두 물체 사이의 끈에 작용하는 장력 T 의 크기는?

개념 돋보기

59 ~ 61

가속도 운동하는 버스나 엘리베이터 안의 질량 m 의 물체는 버스나 엘리베이터의 가속도와 반대 방향으로 관성력을 받는다. 버스나 엘리베이터의 가속도를 a 라고 하면 F(관성력) = - ma 이다.

63 그림에서 서로 접촉해 있는 질량 1 kg 의 물체 A 와 3 kg 의 물체 B 사이의 정지마찰계수는 0.4 이고, 큰 물체 B 와 바닥 사이의 마찰은 없다. 두 물체를 접촉시킨 상태에서 물체 A 를 수평 방향으로 오른쪽으로 로 밀고 있을 때, 작은 물체 A 가 미끄러져 내려오지 않을 수평 힘 F 의 최소 크기를 구하시오. (g = 9.8 m/s^2)

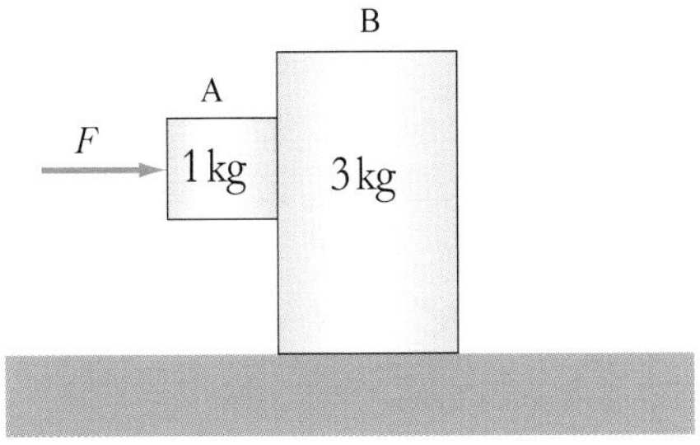

64 질량이 M 인 물체 A 를 마찰이 없는 수평면 위에 놓고 질량 m 인 물체 B 를 오른쪽 면에서 미끄러지도록 하였다. 물체 A 와 B 사이의 정지마찰계수를 μ 라고 하면 물체 A 의 왼쪽 면에서 밀어서 물체 B 가 미끄러지지 않도록 할 수 있는 최소한의 힘 F 를 구하시오.

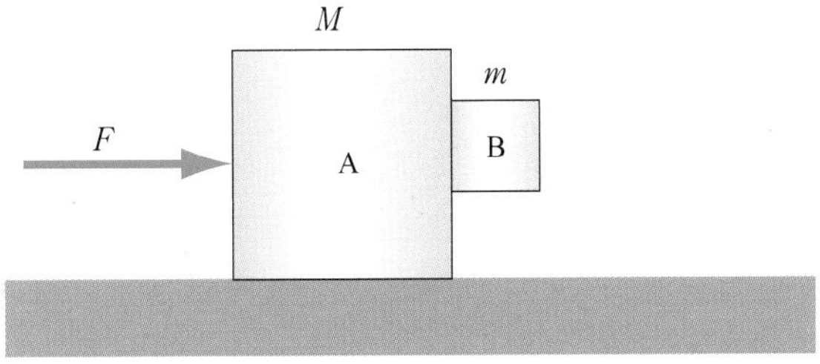

개념 돋보기

63 ~ 64

두 물체가 접촉하고 있는 경우 접촉면에서의 마찰력은 위 아래 방향으로 생긴다.

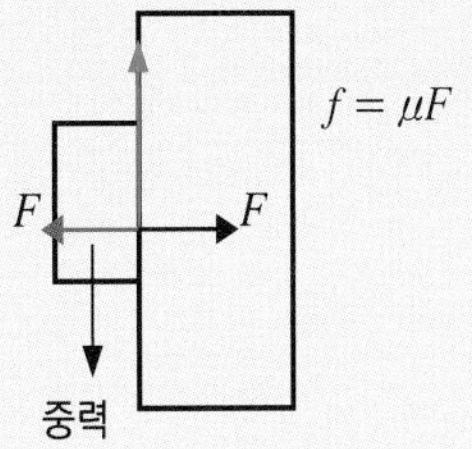

(f : 마찰력, F : 물체와 면 사이에서 작용하는 힘)

5. 케플러 법칙과 만유인력

(1) 케플러 법칙 : 태양계를 이루는 행성의 운동에 관한 법칙이다.

① **케플러 제 1 법칙(타원 궤도 법칙)** ❶ : 행성들의 궤도는 태양을 한 초점으로 하는 타원이다

② **케플러 제 2 법칙(면적 속도 일정 법칙)** : 행성이 태양 주위를 돌 때 행성과 태양을 잇는 선은 같은 시간에 같은 면적을 휩쓸고 지나간다($S_1 = S_2$). 그러므로 행성의 공전 속력은 근일점(태양과 가장 가까운 지점)에서 가장 빠르고, 원일점(태양과 가장 먼 지점)에서 가장 느리다.

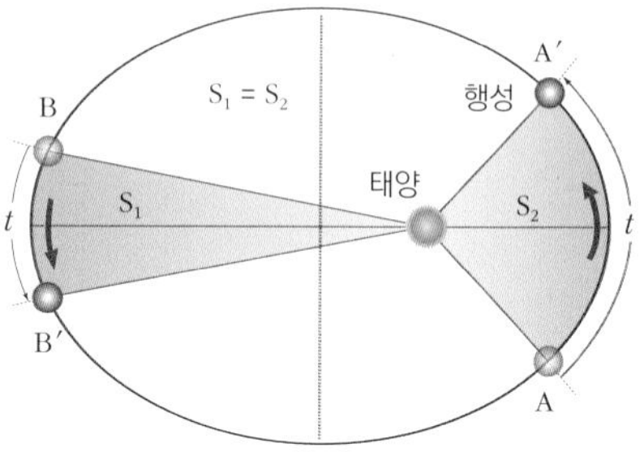

③ **케플러 제 3 법칙(조화 법칙)** : 행성의 공전 주기 T의 제곱은 공전 궤도의 긴 반지름(a)의 세제곱에 비례한다.

$T^2 = ka^3$ (일정) [T(공전 주기), a (천문 단위 : AU ❷), k (비례 상수)]

(2) 케플러 법칙과 만유인력 법칙 : 케플러 법칙을 바탕으로 뉴턴은 만유인력 법칙을 발견하였다.

질량이 m인 행성이 반지름이 R인 원둘레 상을 속력 v, 주기가 T인 등속 원운동할 때, 행성에 작용하는 구심력 F는 다음과 같다.

$$F = \frac{mv^2}{R} = mR\omega^2 ❸ = mR\left(\frac{2\pi}{T}\right)^2 = \frac{4\pi^2 mR}{T^2} \cdots ㉠$$

㉠식에 케플러 제 3 법칙 $T^2 = kR^3$을 대입하면

$$F = \frac{4\pi^2 m}{kR^2} \cdots ㉡$$

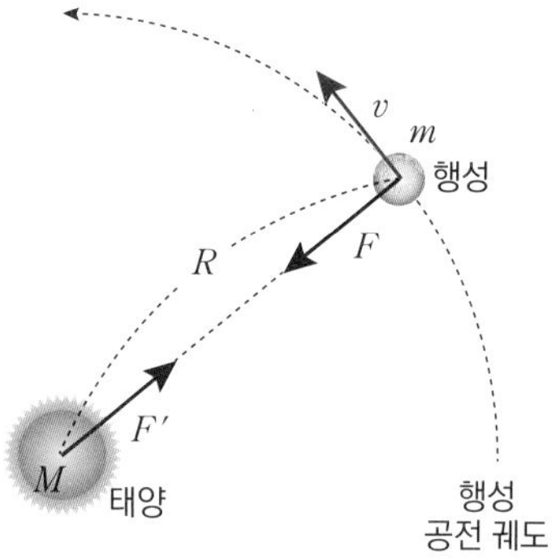

㉡은 태양이 행성을 당기는 힘이다. 이때 작용반작용에 의해 행성도 같은 힘으로 태양을 당기게 된다. 행성이 질량이 M인 태양을 당기는 힘을 F'이라고 하면,

$$F' = \frac{4\pi^2}{k'} \cdot \frac{M}{R^2}$$

새로운 상수 G를 도입하여 $GM = \frac{4\pi^2}{k}$, $Gm = \frac{4\pi^2}{k'}$ 라고 하면, 태양과 행성 사이에 작용하는 힘은 다음과 같다.

$$F = G\frac{Mm}{R^2} \cdots \text{(만유인력 법칙)}$$

이 힘은 질량이 있는 모든 물체 사이에 작용한다.

정답 p 43

Q20 그림과 같이 달과 r_1, 지구와 r_2 만큼 떨어진 위치에 물체가 놓여져 있다. 물체가 받는 힘이 0 일 때, $r_1 : r_2$를 구하시오. (단, 지구의 질량은 달의 81 배이다.)

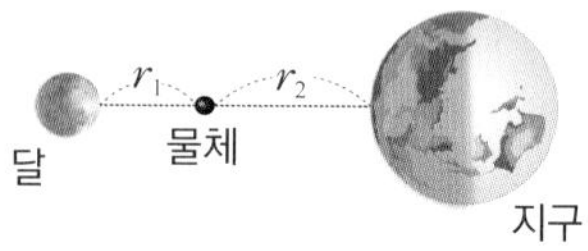

---

❶ **케플러 제 1 법칙**

궤도 상의 모든 점에서 $r_1 + r_2 = 2a$로 일정하다.(타원 궤도)

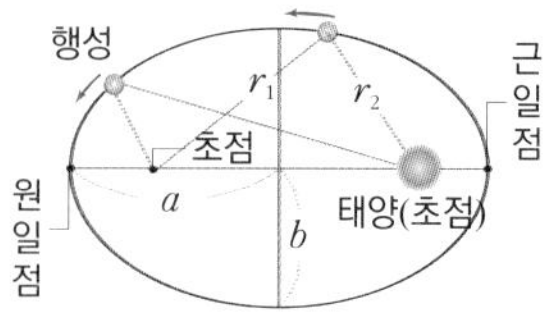

❷ **천문 단위(AU)**

지구와 태양의 평균 거리인 약 1억 5000만 km를 1천문 단위(1AU)로 한다.

❸ **ω : 각속도**

물체가 회전할 때 중심각이 만들어지는 속도이다. 한 주기(T) 동안 중심각은 $2\pi = 360°$ 만큼 만들어진다.
회전 속력을 v, 회전 반경을 R이라 하면

T(주기) $= \frac{2\pi R}{v}$

ω(각속도) $= \frac{2\pi}{T} = \frac{v}{R}$

케플러

독일의 천문학자인 케플러는 티코 브라헤가 남긴 화성 위치 변화의 관측 자료를 분석하여 화성의 궤도가 태양을 하나의 초점으로 하는 타원이라는 사실을 발견하였다.

(3) 인공위성

① **인공위성** : 지구와 같은 행성 주위를 돌도록 로켓을 이용하여 쏘아올린 위성으로, 인공위성에도 케플러 법칙이 적용된다.

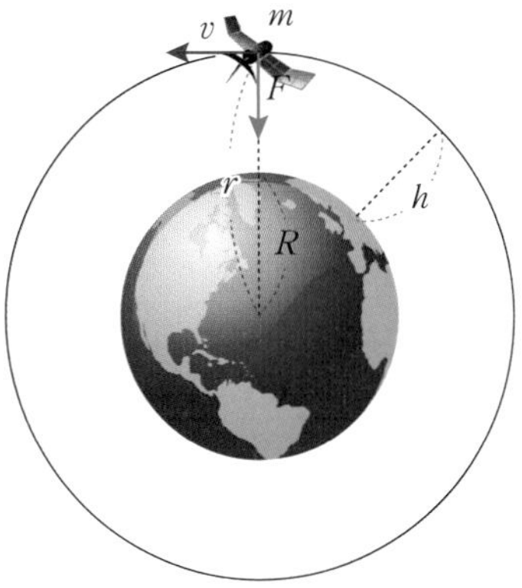

② **인공위성에 작용하는 힘** : 인공위성이 지면으로부터 높이 $h(h = r - R)$에서 지구 둘레를 속도 v로 등속 원운동할 때 인공위성에 만유인력이 작용하게 되고, 이 힘은 지구와 인공위성 사이의 구심력이다.

$$F = \frac{mv^2}{r} = G\frac{Mm}{r^2} = mg' \text{(궤도 반지름이 } r \text{ 일 때)}$$

③ **인공위성의 속력** : $GM = gR^2 = g'r^2$ = **일정** (g : **지표면에서의 중력 가속도,** g' : **높이** h $(r = R + h)$ **인 지점에서의 중력 가속도**)

$$v = \sqrt{\frac{GM}{r}} = \sqrt{\frac{gR^2}{r}} = \sqrt{g'r}$$

④ **인공위성의 주기** : 인공위성의 주기의 제곱은 궤도 반지름의 세제곱에 비례한다.(케플러 제3법칙)

$$T = \frac{2\pi r}{v} = 2\pi\sqrt{\frac{r^3}{GM}} = 2\pi\sqrt{\frac{r^3}{gR^2}}, \quad T^2 = \frac{4\pi^2 r^3}{GM}$$

⑤ **제 1 우주 속도** : 지구 표면을 스치듯이 공전하는 인공위성의 속도를 말한다. (궤도 반지름 : R)

$$mg = \frac{mv_1^{\ 2}}{R} = \frac{GMm}{R^2} \rightarrow v_1 = \sqrt{\frac{GM}{R}} = \sqrt{gR}$$

→ 지구 지표면에 스치듯이 인공위성이 원운동하기 위한 속도는 약 7.9 km/s 이다.

⑥ **제 2 우주 속도** : 지표면 위의 물체가 지구 중력장을 벗어나는데 필요한 탈출 속도이다. ❸

$$\frac{1}{2}mv_e^{\ 2} - G\frac{Mm}{R} = 0 \rightarrow v_e = \sqrt{\frac{2GM}{R}} = \sqrt{2gR}$$

→ 지구의 중력장을 탈출하기 위한 최소한의 속도는 약 11.2 km/s 이다.

정답 p 43

Q21 그림과 같이 질량 100 kg 인 인공위성이 지상에서 15,000 km 의 높이에서 지구 주위를 등속 원운동하고 있다. 인공위성의 속력을 구하시오. (단, 지구 반지름은 6,400 km, 지표면에서 g = 9.8 m/s², π = 3.14 이다.)

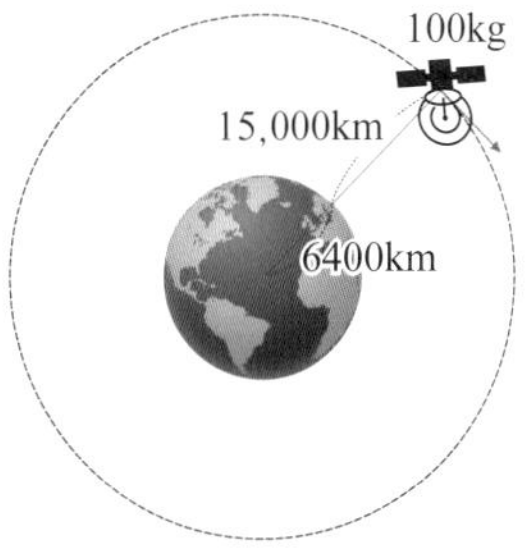

Q22 질량이 M, 반지름이 R인 구형 행성 표면에 질량이 m 인 물체가 놓여 있다. 이 물체가 행성으로부터 탈출하기 위한 최소한의 속도에 영향을 미치지 않는 물리량은 무엇인가?

① m ② M ③ R ④ 행성의 밀도 ρ ⑤ 행성의 중력 가속도 g

❸ 탈출 속도

인공위성의 역학적 에너지 E가 $E \geq 0$ 일 때, 인공위성은 지구 중력장을 탈출할 수 있다.

지구와 무한이 먼 지점에서 퍼텐셜 에너지는 0, 인공위성의 운동 에너지도 0이거나 0보다 크게 되는 경우이다.

퍼텐셜 에너지

① 물체의 퍼텐셜 에너지 : 기준점에서 어떤 특정한 위치로 물체를 서서히 이동시키는 동안 외력이 물체에 한 일이 물체의 퍼텐셜 에너지가 된다.

② 만유인력에 의한 퍼텐셜 에너지 : 질량이 M 인 물체가 만드는 만유인력장 내에서 거리가 r 만큼 떨어진 곳에 놓인 질량이 m 인 물체의 만유인력에 의한 퍼텐셜 에너지는 다음과 같다.

$$U = -G\frac{Mm}{r}$$

운동 에너지

운동하는 물체가 갖는 에너지로, 속력이 v, 질량이 m 인 물체의 운동 에너지는 다음과 같다.

$$K = \frac{1}{2}mv^2$$

역학적 에너지 E

물체가 가지는 운동 에너지와 퍼텐셜 에너지의 합이다.

$$E = U + K$$

지구에서 무한히 먼 곳에서 정지하려면(탈출 상태) U = 0, K = 0 이 되어서 역학적 에너지 E = 0 인 상태가 된다.

II 힘과 여러 가지 운동 (5)

6. 특수 상대성 이론과 일반 상대성 이론

(1) 특수 상대성 이론

① **관성 좌표계(관성계)** ❶ : 가속되지 않는 좌표계로 이 좌표계 내에서는 뉴턴 운동 제 1 법칙인 관성 법칙이 성립한다.

② **특수 상대성 이론** : 1905년에 아인슈타인이 발표한 이론으로 빛의 속도는 변하지 않으며 시간과 공간은 각각 관찰자에 따라 정의된다는 이론이다. 관성 좌표계와 관련된 문제를 다룬다.

③ **특수 상대성 이론의 기본 가설** : 아인슈타인은 특수 상대성 이론을 설명하기 위해 '상대성 원리'와 '광속 불변 원리' ❷ 의 두 가지 가설을 제시하였다.

상대성 원리 : 모든 관성 좌표계에서 모든 물리 법칙은 동일하게 성립한다.

두 관측자 A 와 B 가 보는 공이 움직이는 궤적은 다르지만 공에 대해 뉴턴의 운동 법칙($F = ma$)과 역학적 에너지 보존 법칙은 두 관찰자에게 모두 성립한다.

광속 불변 원리 : 진공 중에서 진행하는 빛의 속도는 관찰자나 광원의 속도와 관계 없이 일정하다.

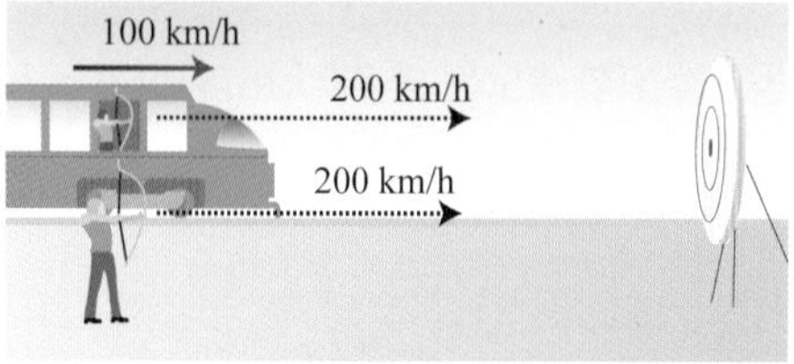

기차에서 쏜 화살의 속도
= 화살의 속도 + 기차의 속도

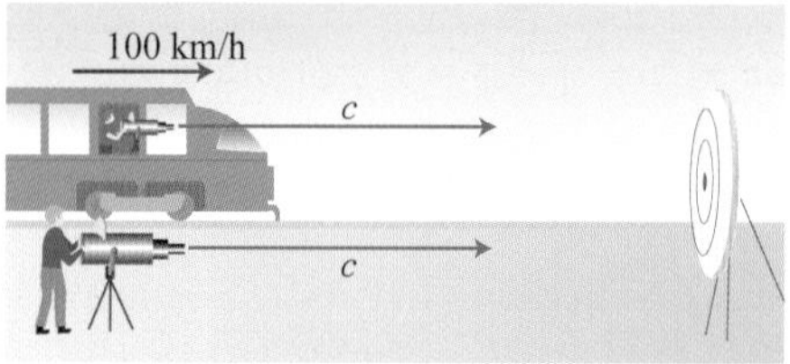

기차에서 쏜 빛의 속도(c)
= 지면 위에서 쏜 빛의 속도(c)

❶ **관성 좌표계**

관성 좌표계란 정지해 있거나 등속도 운동을 하는 좌표계로 정지해 있거나 등속도 운동을 하는 관찰자를 기준으로 정한다.

빛의 속도(c)

빛의 속도는 2.99792458×10^8 m/s 이며, 약 3×10^8 m/s 으로 나타낸다.

❷ **광속 불변 원리**

지면에 대해 속력 v 로 움직이는 기차 안에서 관찰자 A 가 쏜 레이저 빛의 속도는 기차 안에 있는 관찰자 A 뿐만 아니라 기차 밖에 정지해 있는 관찰자 B 가 관측했을 때에도 동일한 c 이다.

정답 p 43

Q23 지면에 대하여 $0.7c$ 로 등속 운동하는 우주선에서 우주선의 운동 방향으로 쏜 레이저 빛의 속력을 지면의 관찰자가 측정했을때 빛의 속력은 얼마인가?

④ **특수 상대성 이론의 적용**

㉠ **동시성의 상대성** : 동시에 일어난 사건이라도 관측자에 따라 상대적으로 달라질 수 있다. 즉, 같은 관성 좌표계에서 동시에 발생한 사건일지라도 다른 관성 좌표계에서는 동시에 발생한 사건이 아닐 수 있다.

→ 광속에 가깝게 운동하는 우주선의 정가운데에 위치한 광원에서 빛을 쏜 후 빛이 광원으로부터 같은 거리에 있는 벽 A, B 에 도달할 때

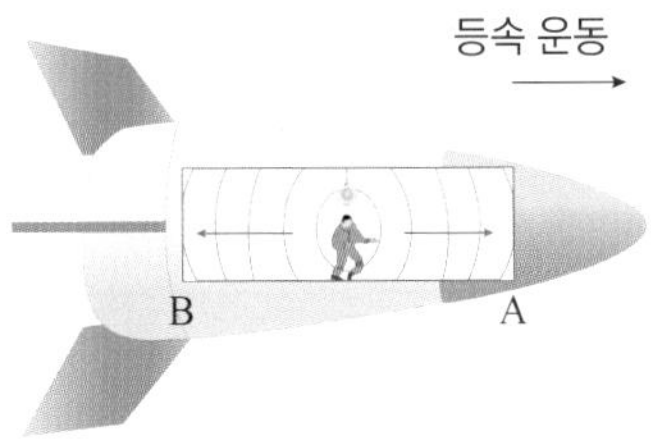

▲ 우주선 내부의 관측자

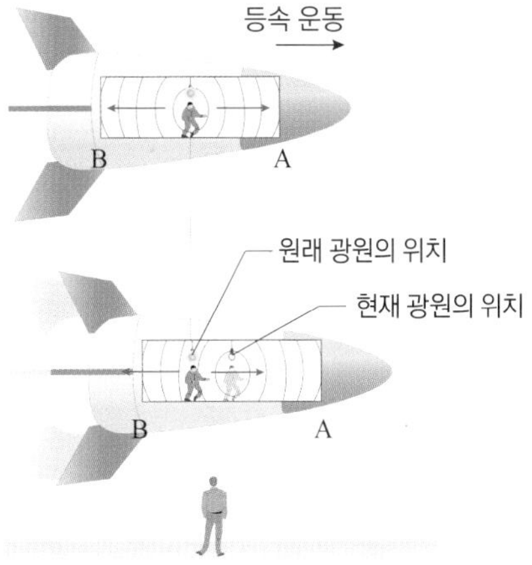

▲ 정지한 지구에 위치한 관측자

우주선 내부의 관측자에게 빛은 모든 방향으로 같은 속도(c)로 퍼져나간다. 즉, 우주선의 중심에서 같은 거리만큼 떨어진 오른쪽 벽 A와 왼쪽 벽 B, 양쪽에 빛이 동시에 도달한다.	정지한 지구의 관측자에게도 빛의 속도(c)는 같지만, 빛이 이동하는 동안 우주선도 이동한다. 빛은 왼쪽 벽 B 에 먼저 부딪치고, 오른쪽 벽 A 에 나중에 도달한다.

ⓛ **시간의 상대성(시간 지연)** : 서로 상대적으로 움직이는 관측자들에게 두 사건의 시간 간격은 상대적으로 다르게 측정된다. 즉, 우주선 외부의 관측자(정지한 관측자)가 측정한 시간이 우주선 내부의 관측자(운동하는 관측자)가 측정한 시간보다 더 길게 측정된다.

→ 광속에 가까운 일정한 속도 v 로 운동하는 우주선 내부에 빛 시계가 장치되어 있을 때

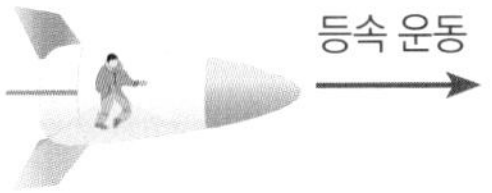

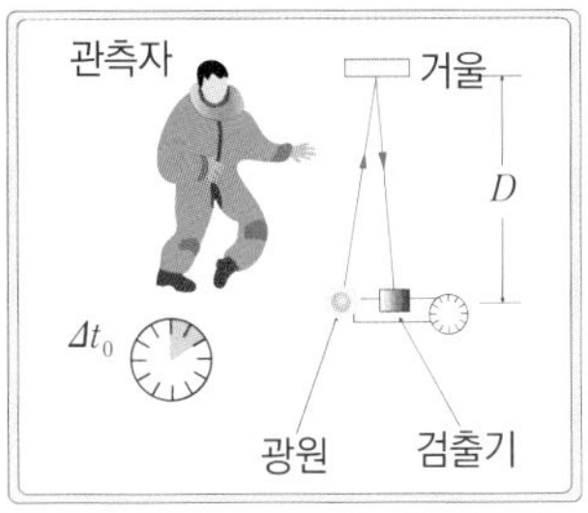

▲ 우주선 내부의 관측자

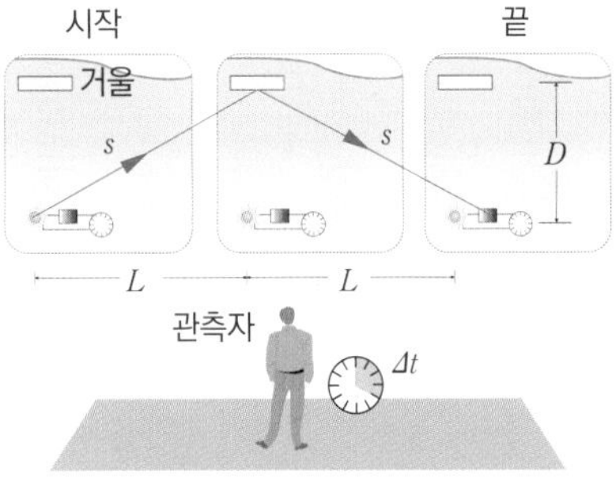

▲ 정지한 지구에 위치한 관측자

우주선 내부의 관측자가 측정한 빛이 왕복하는 시간을 Δt_0(고유 시간 [3])라고 할 때,

$$\Delta t_0 = \frac{2D}{c} \rightarrow D = \frac{c\Delta t_0}{2}$$

정지한 지구의 관측자가 측정했을 때, 빛이 왕복하는 시간을 Δt 라고 할 때,

$$\Delta t = \frac{2L}{v} = \frac{\Delta t_0}{\sqrt{1-\left(\frac{v}{c}\right)^2}} = \gamma \Delta t_0$$ [4]

정답 p43

Q24 우주인이 우주 공간을 여행하는 시간만큼 돈을 지구에 위치한 우주국에 낸다고 한다. 우주인은 빛의 속도에 가깝게 우주 여행을 마친 후 돌아왔다. 우주국이 돈을 더 많이 받기 위해서는 여행 시간을 ㉠ 지구에서 측정한 시간을 기준으로 해야 한다. ㉡ 우주선 안에서 측정한 시간을 기준으로 해야한다. ㉢ 상관없다.

[3] 고유 시간

사건이 발생한 좌표계에서 측정한 시간을 말한다. 즉, 시계에 대해 상대적으로 정지한 관찰자가 잰 시간이다.

[4] 시간 지연과 피타고라스 정리

거울과 우주선 바닥과의 거리가 D, 우주선 외부에서 측정한 빛이 왕복하는 시간을 Δt, 우주선이 이동한 거리를 L, 관찰자가 본 빛의 이동 거리를 s, 우주선의 속도를 v 라고 할 때,

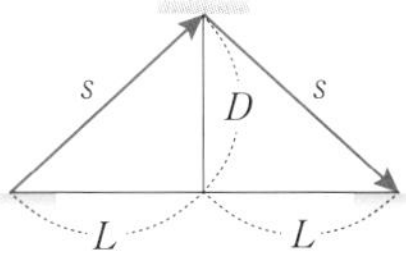

$$s = \frac{c\Delta t}{2} = \sqrt{D^2 + L^2}$$

$$L = \frac{v\Delta t}{2}$$

로런츠 인자 γ(감마)

로런츠 인자 γ 는 속도 v 가 광속 c 에 가까워질수록 값이 커진다. 일상생활에서 v 는 광속 c 에 비해 매우 느리기 때문에 $\gamma = 1$ 이 되어 상대론의 효과를 측정하기 어렵다.

로런츠 인자 γ 는 항상 1 보다 크다.

$$\gamma = \frac{1}{\sqrt{1-\left(\frac{v}{c}\right)^2}} > 1$$

미니사전

빛 시계 위에 설치된 거울에 아래쪽에 설치된 광원에서 나온 빛이 반사된 후 검출기에 도달할 때까지 걸린 시간을 측정하는 장치

ⓒ **길이의 상대성(길이 수축)** : 상대적으로 운동하는 좌표계에서 물체의 길이를 측정하면 정지 상태에서 측정한 길이보다 짧게 측정된다. 길이 수축은 운동 방향에 대해서만 나타나며 운동 방향에 수직인 방향으로는 일어나지 않는다.

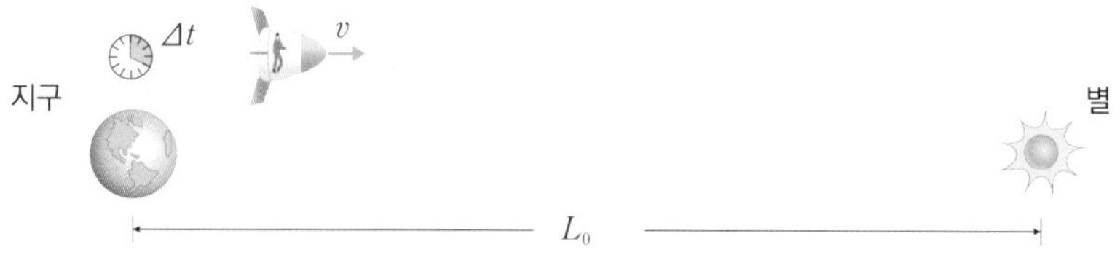

▲ 정지한 지구에서 우주선을 관측할 때 (가)

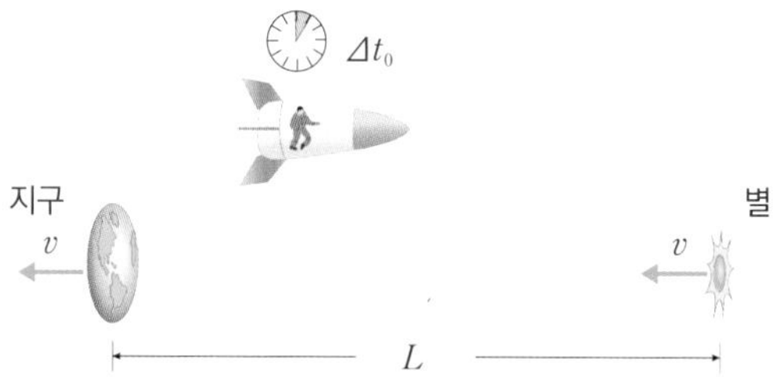

▲ 일정한 속도 v 로 운동하고 있는 우주선 내부에서 관측할 때 (나)

> 지구와 별은 고정되어 있으므로 지구에서 관측한 거리가 고유 길이 L_0 ❺
>
> **(가)** 우주선이 v 의 속도로 지구에서 별까지 가는 데 걸리는 시간 $\Delta t = \frac{L_0}{v}$
>
> **(나)** 우주선 내부에서 관측하면 자신은 정지해 있고, 별이 자신에게 속도 v 로 다가온다.
> 운동하고 있는 우주선에서 측정한 지구에서 별까지의 거리 L 일 때,
> 우주선이 지구에서 별까지 가는 데 걸리는 시간 $\Delta t_0 = \frac{L}{v}$
>
> $$\Delta t = \gamma t_0 \text{ 이므로, } \frac{L_0}{v} = \gamma \frac{L}{v} \rightarrow L = \frac{L_0}{\gamma} \quad (L_0 > L)$$

ⓔ **질량 · 에너지 동등성** : 특수 상대성 이론에 의하면 질량을 에너지로 바꿀 수 있으며, 반대로 에너지를 질량으로 바꿀 수도 있다. 이와 같이 질량과 에너지가 본질적으로 같다는 것을 질량 · 에너지 동등성이라고 한다.

> 정지해 있을 때 물체의 질량을 m_0 (정지 질량) 라고 하고, 이 물체가 v 의 속도로 운동하고 있을 때의 질량을 m 이라고 하면,
>
> $$m = \gamma m_0 = \frac{m_0}{\sqrt{1-\left(\frac{v}{c}\right)^2}}$$
>
> 이고, 질량 m 에 해당하는 에너지 E 는 다음과 같다.
>
> $$E = mc^2 = \gamma m_0 c^2$$

• **정지 에너지** : 물체가 정지해 있더라도 물체는 정지 질량 m_0에 해당하는 m_0c^2 의 에너지를 가진다. 이를 정지 에너지라고 한다.

정답 p 43

Q25 무한이는 자기를 지나쳐 멀어져가는 우주선을 보았다. 무한이는 우주선의 길이를 우주선이 지상에 정지해 있을 때의 길이보다 짧은 길이로 관측하였다. 우주선이 되돌아서 같은 속력으로 무한이에게 가까이 다가올 때 우주선의 길이는 어떻게 측정되겠는가?

❺ 고유 길이

정지한 좌표계에서 관측자가 측정한 물체의 길이를 말한다.

L 과 L_0 의 관계

$\Delta t = \gamma \Delta t_0$ 이므로,

$L_0 = v\Delta t = v\gamma\Delta t_0 = \gamma L$

$\rightarrow L = \frac{L_0}{\gamma} = L_0\sqrt{1-\left(\frac{v}{c}\right)^2}$

질량 증가

정지해 있을 때 질량(정지 질량)이 m_0 인 물체가 움직일 때의 질량 m 은 속도가 빠를 수록 커진다.

$m = \gamma m_0$

질량 증가 역시 상대적이다. 운동하고 있는 물체를 외부에서 보았을 때 질량이 증가하는 것으로 관측되지만 물체와 같이 운동하는 관측자에게는 질량이 증가하지 않는다.

(2) 일반 상대성 이론

① **일반 상대성 이론** : 1905년에 아인슈타인에 의해 완성된 이론으로 관성 좌표계와 비관성 좌표계를 모두 포함하는 이론이다.

② **중력 질량과 관성 질량**

중력 질량	관성 질량
뉴턴의 만유인력은 질량을 가진 두 물체에 작용하는 힘을 의미한다. 이때의 질량을 중력 질량이라고 한다.	뉴턴의 운동 제 2 법칙은 물체에 힘을 작용시킬 때 발생하는 가속도는 물체의 질량에 반비례한다는 것이다. 이때의 질량을 관성 질량이라고 한다.
$F = G\dfrac{Mm}{r^2}$	$F = ma$

③ **등가 원리** ⑥ : 관성력 ⑦ 과 중력은 본질적으로 서로 구별되지 않는다는 원리로 일반 상대성 이론의 바탕이 되었다.

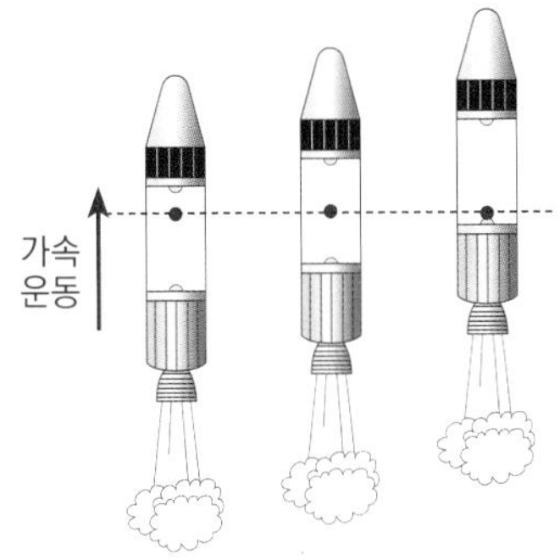

▲ 관성력에 의한 공의 운동

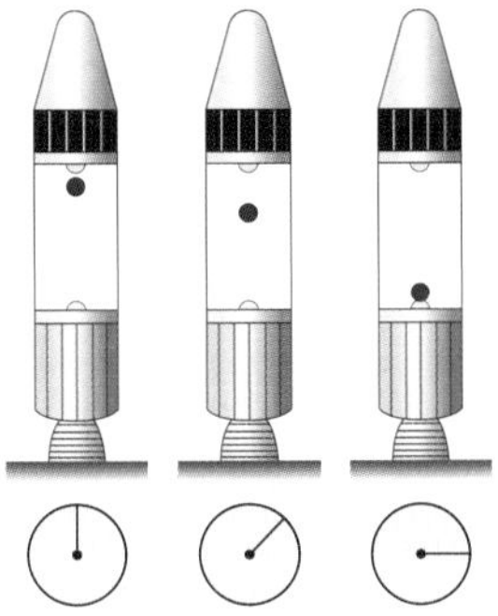
▲ 중력에 의한 공의 낙하

> 우주선이 위로 (+)의 가속도 운동을 할 때, 우주선 내부의 관측자에게는 공이 관성력에 의해 아래로 등가속도 운동한다. 이것은 물체가 중력을 받아 자유 낙하하는 것과 똑같이 관측된다.

④ **일반 상대성 이론에 의한 현상**

중력에 의한 빛의 휘어짐(중력 렌즈)	중력에 의한 공간의 휘어짐 ⑧
빛이 천체나 은하의 강한 중력장에 의해 휘어져 보이게 된다.	질량을 가진 천체나 은하가 주위 공간을 휘게 하고, 이 휘어진 공간을 따라 행성이 움직인다.
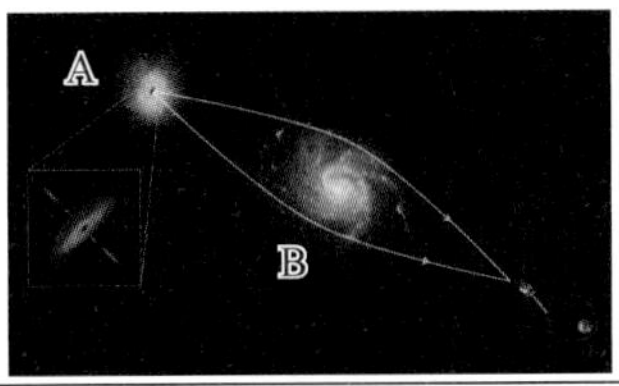	
B 은하의 중력으로 인하여 B 은하에 가려진 A 천체에서 나오는 빛을 지구에서 관측할 수 있다. 하지만 B 은하의 중력이 없으면 지구에서 관측할 수 없다.	A 위치에 있는 별에서 나온 빛은 태양 근처의 휘어진 공간을 따라 진행하여 지구에 도달한다. 따라서 지구에서는 별이 B 위치에 있는 것처럼 보인다.

중력에 의한 시간 팽창	
중력이 크게 작용하는 곳일수록 시간이 천천히 흐른다.	
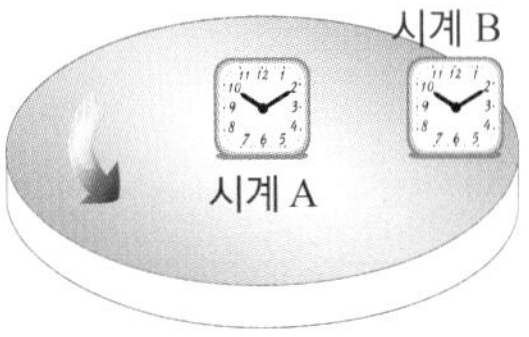	• 원판 밖의 관찰자 : 시계 A 는 정지, 시계 B 는 회전 운동하고 있으므로 시계 B 의 시간은 더 느리게 간다. • 원판 위의 관찰자 : 시계 A 와 시계 B 의 상대 운동이 없지만 중력과 구별할 수 없는 원심력이 시계 B 에 작용하여 시계 B 의 시간이 더 느리게 간다고 할 수 있다.

⑥ 등가 원리

중력에 의한 현상과 관성력에 의한 현상은 서로 구분할 수 없으므로 관성력을 받는 물체의 운동과 중력을 받는 물체의 운동은 서로 같게 나타난다. 그 결과로 관성 질량과 중력 질량은 서로 같게 측정된다.

⑦ 관성력

가속도 운동하는 좌표계(가속 좌표계)에서 물체의 운동을 설명하기 위해 도입한 가상의 힘이다.

가속도 a 로 운동하는 좌표계에 있는 질량이 m 인 물체에 작용하는 관성력의 크기는 $F = -ma$ 이고, 방향은 좌표계의 가속도와 반대 방향이다.

⑧ 중력에 의한 공간의 휘어짐

아인슈타인은 중력을 힘으로 간주하지 않고 공간의 휘어짐과 관련이 있는 현상이라고 하였다. 즉, 중력에 의해 물체가 낙하하는 것을 휘어진 공간을 따라 물체가 나아가는 것으로 생각하였다.

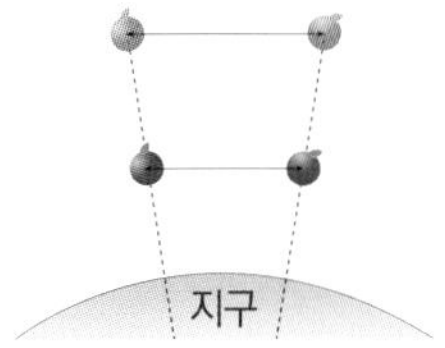

중력 렌즈 현상도 빛이 휘어진 공간을 따라 진행하는 것으로 생각할 수 있다.

아인슈타인의 십자가

1985년 허블 망원경으로 관찰한 퀘이사의 모양은 '아인슈타인의 십자가' 라고 부른다.

실제로는 80억 광년 떨어진 퀘이사에서 나오는 빛이 4억 광년 떨어진 은하의 강한 중력에 의해 빛이 굴절되어 십자가처럼 여러 개가 보이는 것이다.

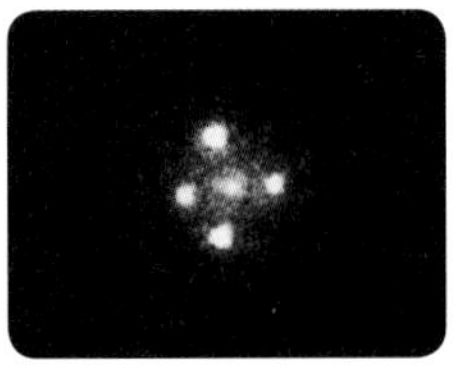

⑤ 일반 상대성 이론의 증거

빛의 휘어짐 관측	수성의 세차 운동 ⑨	위성과 지상 시간의 오차 ⑩
태양에 가려져 있는 별을 관찰할 수 있는 현상을 일반 상대성 이론으로 설명할 수 있다.	뉴턴 역학으로 계산한 값과 실제 관측값의 차이를 일반 상대성 이론을 적용하여 설명할 수 있다.	지구에 둔 시계보다 위성에 둔 같은 시계가 더 빨리 간다. 이는 지상과 위성의 위치에 따른 중력의 차이로 발생하는 현상으로 일반 상대성 이론으로 설명할 수 있다.
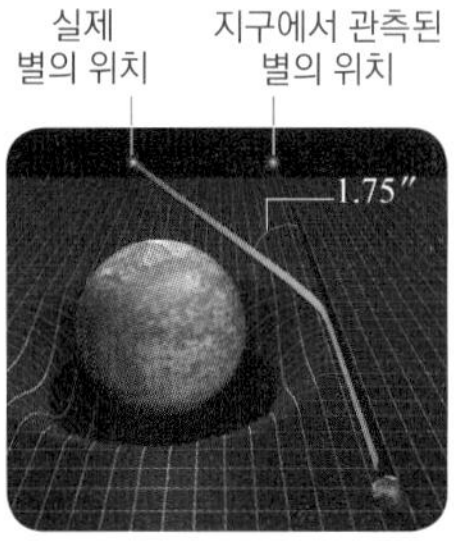	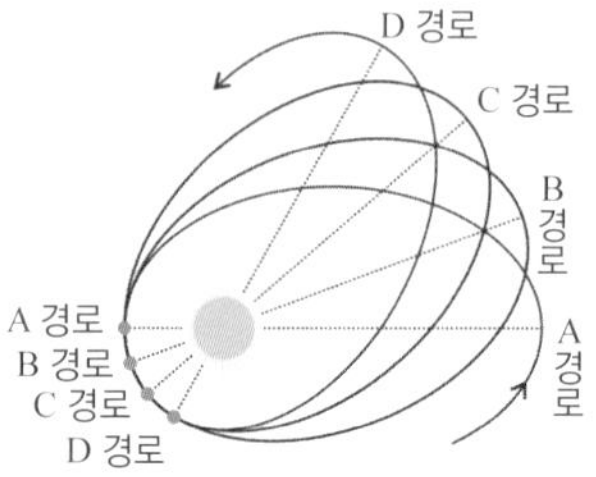	 ▲ 6개의 궤도에 배치되어 있는 24개의 GPS 위성

- **중력에 의한 적색 편이** : 별 표면에 있는 시계가 매초 신호를 보낼 때 관측자가 지니고 있는 시계는 신호와 신호 사이의 간격을 1초 보다 큰 값으로 기록한다. 이것은 빛의 진동수가 감소하는 별빛의 적색 편이 현상으로 나타난다. 이때 적색 편이는 별이 관측자로 부터 멀어질 때 발생하는 도플러 효과에 의한 적색 편이와 다른 현상이다.
- **중력파** : 일반 상대성 이론에 따르면 질량에 의해 시공간은 왜곡된다. 중력이 큰 물체들이 폭발이나 충돌에 의한 급격한 질량 변화가 발생할 때(중력이 큰 두 개의 별, 블랙홀이 하나로 합쳐지거나 초신성이 폭발할 때) 시공간의 흔들림이 파동의 형태로 사방으로 전파되어 나아가는 것을 중력파라고 한다. 1916년 아인슈타인은 일반 상대성 이론에서 중력파의 존재를 예측하며, 중력의 정체를 '시공간의 뒤틀림'으로 파악했다.
- **블랙홀** : 질량이 매우 큰(밀도가 매우 큰) 천체 주변에 극단적인 시공간의 휘어짐이 발생하여 빛조차도 빠져나올 수 없는 천체이다. 블랙홀 근처로 갈수록 중력이 매우 커서 시간이 천천히 가며 블랙홀의 어떤 경계에서는 시간이 멈춘 것처럼 보인다. 이 경계를 '사건 지평'이라고 한다.

▲ 회전하는 두 블랙홀에 의한 중력파 상상도

▲ 주변의 가스가 블랙홀로 빨려들어가면서 빛을 방출하고 있는 모습을 나타낸 모식도

정답 p 43

Q26 우주선에서 관측했을 때 지구 표면의 시계 A 와 지구에서 일정한 거리만큼 떨어져 정지해 있는 우주선의 시계 B 중에서 시간이 느리게 가는 시계는 무엇인가? (단, 다른 천체의 영향은 무시한다.)

⑨ 수성의 세차 운동

수성은 태양에 가장 가까이 있어 태양 중력의 영향을 가장 많이 받는 행성으로 세차 운동을 관측하기 쉽다.

뉴턴 역학으로 계산한 결과 수성의 궤도는 100년에 574″ 만큼 공전 궤도가 변하는 세차 운동을 한다. 이는 실제 관측값보다 43″ 만큼 작은 값이다.

일반 상대성 이론을 적용하여 태양 주변 시공간이 굽어지는 현상을 계산에 도입하여 해석한 결과 실제 관측값과 일치하였다.

⑩ GPS 시간 보정

2만 km 상공에서 시속 1만 4천 km로 운동하는 GPS 위성

1. 일반 상대성 이론에 의한 보정 : GPS 위성에서 시간은 지구에서 보다 작은 중력으로 인해 45 μs (마이크로초 = 100만분의 1초) 빠르게 간다.
2. 특수 상대성 이론에 의한 보정 : 위성의 속도 때문에 GPS 위성에서 시간은 지구에서 보다 7 μs 늦게 간다.

→ 38 μs 만큼 GPS 위성에서의 시간이 지구에서의 시간보다 더 빨리 간다.

미니사전

세차 운동 태양 공전 궤도의 회전축이 조금씩 달라져 근일점의 위치가 변하는 것

케플러 법칙과 만유인력

81 그림은 어떤 행성이 태양 주위를 타원 궤도로 공전하는 모습을 나타낸 것이다. 이 행성의 공전 주기는 360 일이다. 행성이 전체 공전 궤도 면적의 $\frac{1}{4}$ 을 지나는 시간 t 는 얼마인가?

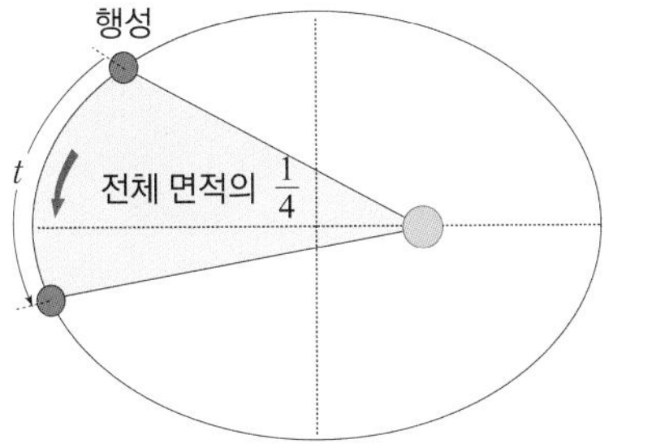

82 그림은 태양 주위를 도는 지구와 토성을 나타낸 것이다. 물음에 답하시오. (단, 토성의 공전 궤도 반지름은 지구의 10 배, 질량은 지구의 100 배이다.)

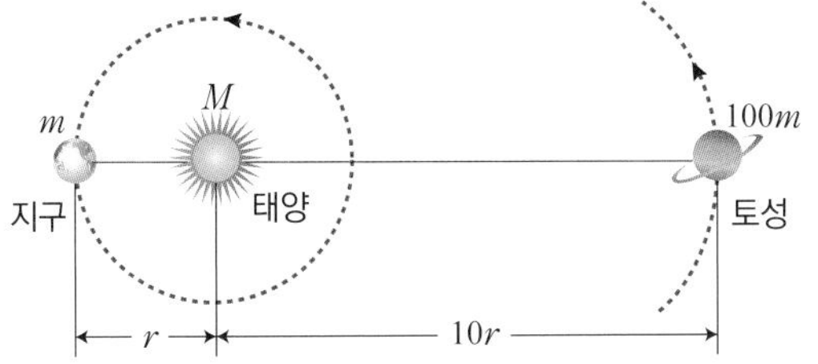

(1) 토성과 지구의 공전 주기를 등호 또는 부등호를 이용하여 비교하시오.

(2) 토성과 지구가 태양으로부터 각각 받는 만유인력의 크기를 등호 또는 부등호를 이용하여 비교하시오.

83 그림은 어떤 행성이 태양을 한 초점으로 타원 운동하는 것을 나타낸 것이다. 행성과 두 초점 사이의 거리가 각각 5 km, 3 km 라고 할 때, 타원 궤도의 긴 반지름은 얼마인지 고르시오.

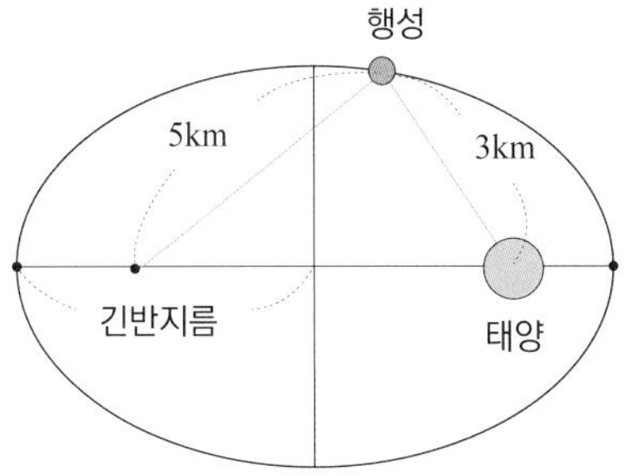

① 3 km ② 4 km ③ 5 km
④ 8 km ⑤ 9 km

84 그림은 질량이 m, $6m$ 인 두 위성이 지구의 중심으로부터 각각 r, $2r$ 만큼 떨어져 있는 모습을 나타낸 것이다. 질량 m 인 위성이 받는 만유인력이 F 일 때, 질량 $6m$ 인 위성이 받는 만유인력의 크기는 얼마인가?

85 어떤 행성 주위를 원궤도로 각각 공전하고 있는 위성 A, B가 있다. 위성 A, B 의 공전 주기가 각각 125 일, 64 일 일 때, 위성 A, B 의 공전 궤도 반지름의 비 $r_A : r_B$ 를 구하시오.

86 그림은 태양을 중심으로 타원 궤도 운동을 하는 행성 A와 반지름 r로 원운동하는 행성 B를 각각 나타낸 것이다. 점 a는 행성 A의 근일점이며 태양으로부터 $2r$ 만큼 떨어져 있고 A 궤도의 긴반지름은 B 궤도 반지름의 4 배이다. 물음에 답하시오.

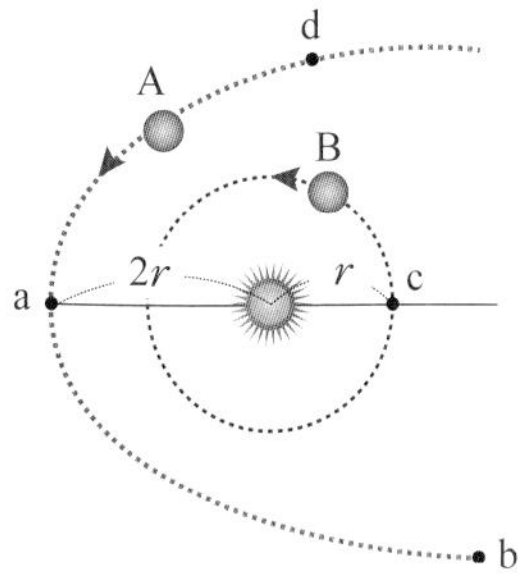

(1) a, b, d 지점 중 행성 A의 속력이 가장 빠른 지점은 어디인가?

(2) 행성 A의 주기는 행성 B의 몇 배인가?

87 지구 반지름이 약 6.4×10^6 m 일 때, 인공위성이 지표상의 적도를 따라 지구 둘레를 스치듯 원운동하는 데 필요한 속도를 구하시오. (g = 9.8 m/s^2)

88 그림과 같이 반지름이 지구 중심으로부터 거리가 r, $4r$인 원궤도를 따라 지구 주위를 등속 원운동하고 있는 질량이 같은 인공위성 A, B가 있다. 인공위성 A와 B의 주기를 각각 T_A, T_B라고 할 때, $T_A : T_B$은?

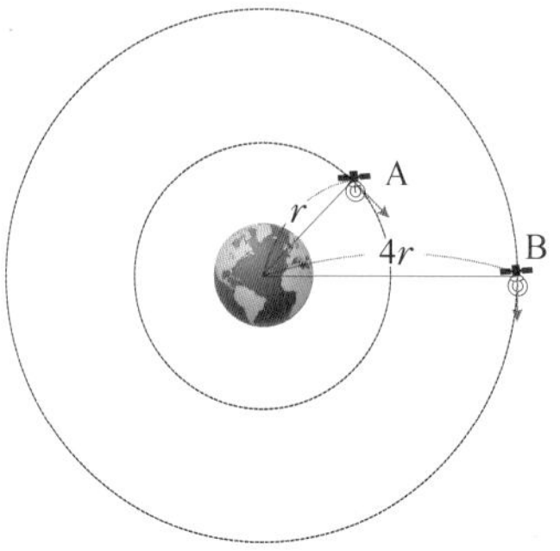

89 그림은 지구 주위를 공전하는 인공위성 모형을 나타낸 것이다. 인공위성 모형의 질량은 3 kg 이고 궤도 반지름은 9 m 일 때, 인공위성의 주기를 구하시오. (단, π = 3, GM = 1 로 하고 단위는 생략한다.)

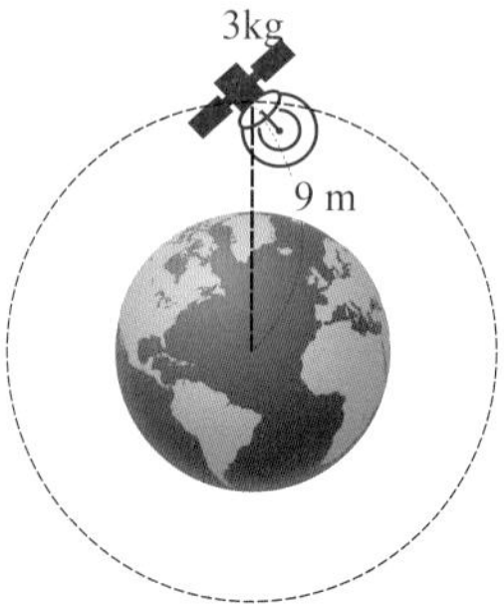

90 질량 50 kg 인 물체를 화성의 지표면으로부터 탈출시키기 위해 필요한 최소 속력은 약 5 km/s 이다. 그렇다면 질량 100 kg 인 물체를 화성의 지표면으로부터 탈출시키기 위해 필요한 최소 속력은 얼마인가?

91 다음 표는 두 행성 A와 B의 물리량을 상대적으로 나타낸 것이다. 행성 A의 탈출 속도 v_A와 행성 B의 탈출 속도 v_B의 비($v_A : v_B$)를 구하시오.

	질량	반지름
행성 A	m	$4R$
행성 B	$3m$	R

특수 상대성 이론과 일반 상대성 이론

92 무한이는 실험실에서 물의 끓는점이 100 ℃ 라는 사실을 확인하였다. 빛의 속도와 가까운 속도로 등속 운동하는 우주선 안에서 같은 실험 장치를 이용하여 물을 끓였다면, 물은 몇 ℃ 에서 끓을까? (단, 실험실과 우주선 안의 환경은 같으며, 기압은 모두 1 기압이다.)

① 물이 끓지 않는다.
② 똑같이 100 ℃ 에서 끓는다.
③ 물의 온도를 측정할 수 없다.
④ 100 ℃ 보다 낮은 온도에서 끓는다.
⑤ 100 ℃ 보다 높은 온도에서 끓는다.

93 만약 $0.9c$ 로 운동하면서 같은 방향으로 진행하는 빛을 관찰하였을 때 빛은 어떻게 보일까?(단, 빛의 속력 c = 30 만 km/s 이다.)

① 빛을 볼 수 없을 것이다.
② 빛은 정지해 보일 것이다.
③ 30 만 km/s 로 운동하는 것으로 보일 것이다.
④ 30 만 km/s 보다 느리게 운동하는 것으로 보일 것이다.
⑤ 30 만 km/s 보다 빠르게 운동하는 것으로 보일 것이다.

94 $0.8c$ 의 속력으로 이동하고 있는 우주선을 지구에 있는 무한이가 보고 있다. 무한이가 볼 때 우주선이 이동한 거리는 1560 km 였다. 물음에 답하시오.(단, $c = 3 \times 10^8$ m/s)

(1) 우주선 조종사가 측정한 우주선이 이동한 거리는 얼마인가?

(2) 무한이가 측정할 때 우주선이 이 거리를 이동하는데 걸리는 시간은 몇 초 인가?

(3) 우주선 조종사가 측정할 때 이 거리를 이동하는데 걸리는 시간은 몇 초 인가?

95 그림은 지표면과 나란한 방향으로 $0.6c$ 의 일정한 속도로 운동하는 우주선에서 측정한 우주선의 모양을 나타낸 것이다.

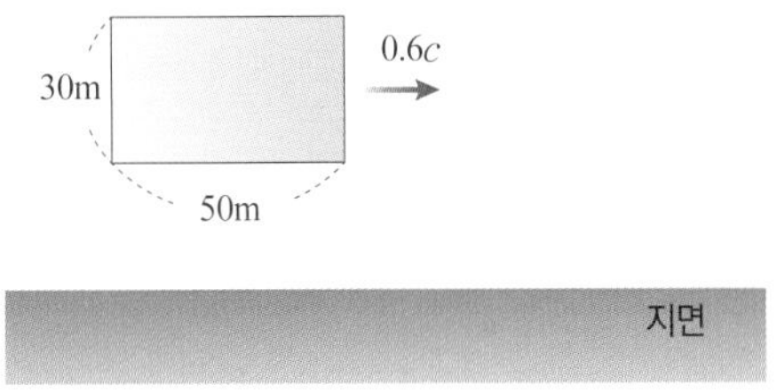

지면에 정지해 있는 관측자가 측정한 우주선의 가로, 세로 길이를 각각 구하시오. (단, c 는 빛의 속력이다.)

96 다음 그림은 달에 있는 상상이가 지구에서 행성으로 운동하고 있는 우주선을 탄 무한이를 보고 있는 것을 나타낸 것이다.

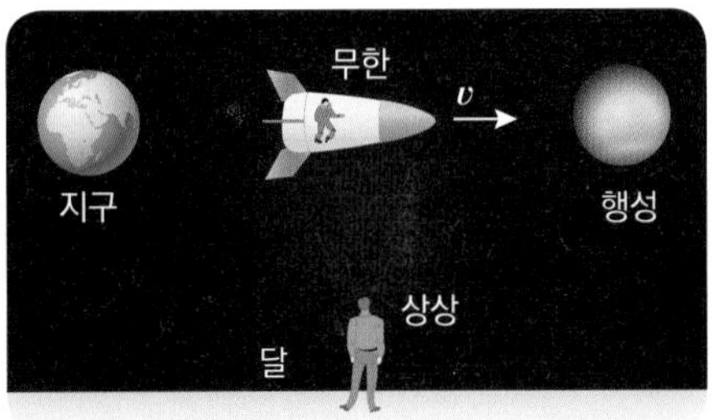

이때 우주선은 상상이에 대하여 $0.6c$ 의 일정한 속도로 운동하고 있으며, 지구에서 행성까지의 거리는 5 천만 km 떨어져 있다. 이에 대한 설명으로 옳은 것만을 〈보기〉에서 있는 대로 고른 것은? (단, 지구와 행성은 달에 대하여 정지해 있으며, c 는 빛의 속력이다.)

보기

ㄱ. 상상이가 볼 때 지구에서 행성까지의 거리는 5 천만 km 이다.
ㄴ. 무한이가 볼 때 지구는 $0.6c$ 의 속도로 우주선에서 멀어지고 있다.
ㄷ. 상상이가 볼 때 지구에서 행성까지 걸리는 시간을 t_1 이라 하고, 무한이가 볼 때 지구에서 행성까지 걸리는 시간을 t_2 라고 할 때, $t_1 < t_2$ 이다.

① ㄱ ② ㄴ ③ ㄷ
④ ㄱ, ㄴ ⑤ ㄱ, ㄴ, ㄷ

97 0.8c 의 일정한 속도로 운동하는 물체가 있다. 이때 물체의 에너지는 이 물체의 정지 에너지의 몇 배인가? (단, c 는 빛의 속력이다.)

98 각 설명에 해당하는 단어를 바르게 연결하시오.

(1) 중력 질량 • 　　　• ㉠ 뉴턴의 제 2 법칙을 이용하여 계산하는 질량

(2) 관성 질량 • 　　　• ㉡ 만유인력을 이용하여 계산하는 질량

99 다음 중 몸무게가 더 무겁게 측정되는 경우를 있는 대로 고르시오. (단, 체중계는 엘리베이터 내에 있다.)

① 일정한 속도로 운동하는 엘리베이터의 경우
② 위로 속력이 점점 빨라지는 엘리베이터의 경우
③ 위로 속력이 점점 느려지는 엘리베이터의 경우
④ 아래로 속력이 점점 빨라지는 엘리베이터의 경우
⑤ 아래로 속력이 점점 느려지는 엘리베이터의 경우

100 다음 〈보기〉에서 일반 상대성 이론과 관련이 깊은 것만을 있는 대로 고르시오.

보기

ㄱ. 중력파　ㄴ. 길이 수축　ㄷ. 중력 렌즈
ㄹ. 등가 원리　ㅁ. 빛의 휘어짐
ㅂ. 광속 불변 원리
ㅅ. 중력에 의한 시간 팽창

101 그림 (가)와 (나)는 우주선 속 빛의 경로를 나타낸 것이다. 각 우주선의 운동 상태에 대한 설명으로 옳은 것만을 〈보기〉에서 있는 대로 고른 것은?(단, 지구 중력 가속도는 g 이다.)

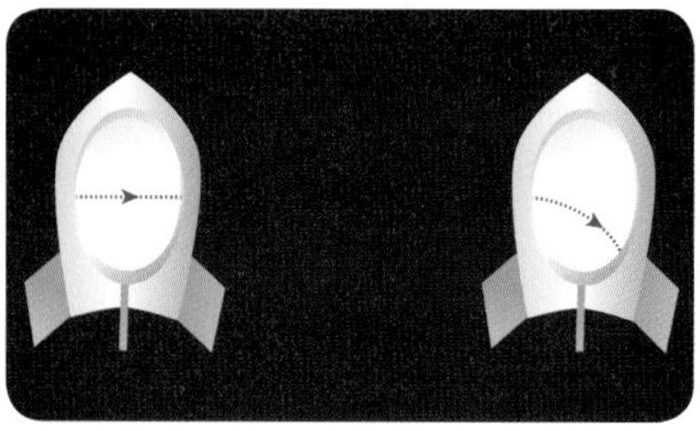

(가)　　　　(나)

보기

ㄱ. (가)는 무중력 상태에서 등속 운동하는 우주선이다.
ㄴ. (나)는 지구에 정지해 있는 우주선이다.
ㄷ. (나)는 무중력 상태에서 위쪽으로 속력이 증가하는 운동을 하는 우주선이다.

① ㄱ　② ㄴ　③ ㄷ
④ ㄱ, ㄴ　⑤ ㄱ, ㄴ, ㄷ

102 GPS 인공위성에서 시간 정보를 보낼 때에는 시간을 보정한 값을 보내야 정확한 시간을 적용할 수 있다. 그 이유에 대하여 세 학생이 대화를 나누고 있다. 바르게 설명한 학생을 있는 대로 고른 것은?

① 영희　② 무한　③ 순희
④ 영희, 무한　⑤ 영희, 순희

65 **지구는 지표면에 수평하게 8 km 진행할 때마다 5 m씩 낙하하는 구형이므로 대포를 수평 방향으로 8 km/s 로 쏜다면 지표면에 닿지 않고 지구 주위를 계속 원운동할 수 있다고 뉴턴은 생각하였다.**

▲ 대포를 수평 방향으로 8 km/s 로 쏘면, 대포알은 1 초에 5 m 씩 낙하하면서 운동하므로 지구 주위를 계속 원운동 할 수 있다.

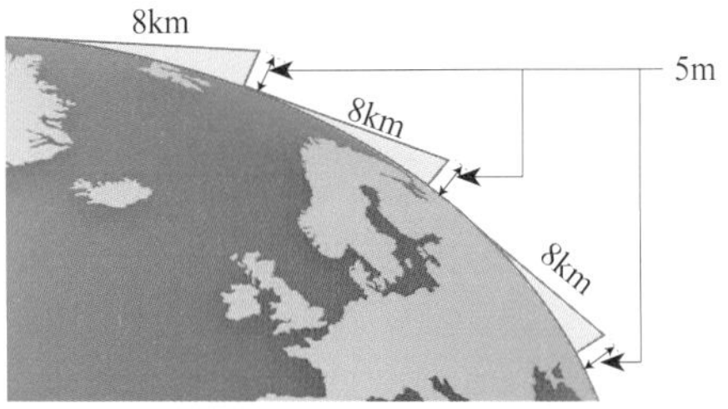

▲ 지표면에서 낙하하는 물체는 1 초에 5 m 씩 낙하한다. 지표면은 수평 방향으로 8 km 당 5 m 씩 낙하한다.

만약 지구의 질량만 2 배가 되면 대포는 몇 km/s 로 발사해야 하고 처음 1 초에 몇 m 낙하하는지 구하시오. (만유인력 상수 G = 6.67×10^{-11} N·m^2/kg^2, 지구 반경 R = 6400 km, 지구 질량 M = 6.0×10^{24} kg)

66 **그림 (가)는 행성 O 를 중심으로 원운동하는 위성 A 와 타원 운동을 하는 위성 B 를 나타낸 것이고, 표 (나)는 위성 B 의 궤도 상의 두 지점에서 행성 O 로 부터 받는 만유인력의 크기를 나타낸 것이다. 물음에 답하시오.**

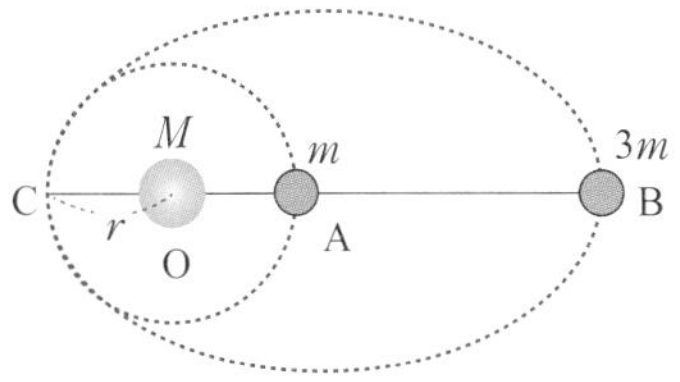

(가)

	근일점	원일점
만유 인력의 크기	$\frac{3GMm}{r^2}$	$\frac{GMm}{3r^2}$

(나)

(1) 위성 B 의 공전 궤도의 긴 반지름을 구하시오.

(2) 위성 B의 공전 주기는 위성 A 의 공전 주기의 몇 배인가?

(3) C점에서 위성 A, B 의 가속도의 크기 a_A, a_B 를 등호 또는 부등호를 이용하여 비교하시오.

67 그림은 지구의 인공위성이 고도 h 의 원궤도로 회전하고 있는 모습을 나타낸 것이다. 인공위성의 주기 T 를 구하시오. (만유인력 상수 G, 지구 질량은 M, 지구 반경 R 이다.)

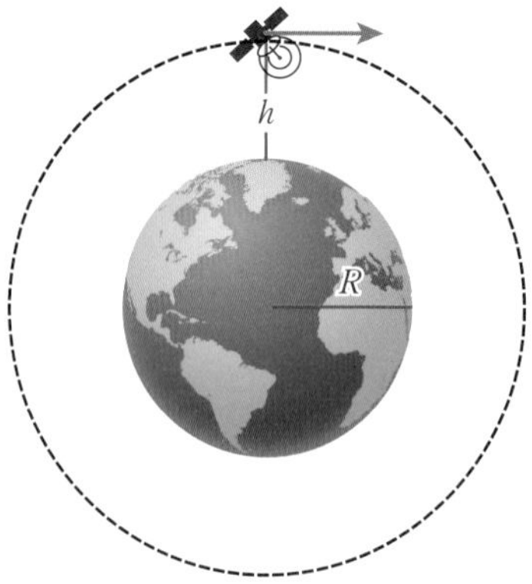

68 천체의 밀도가 극단적으로 높을 경우 빛이 천체 속으로 빨려 들어가 나오지 못하게 된다. 이러한 천체를 블랙홀이라고 한다. 태양이 블랙홀의 역할을 하기 위해서는 태양의 반지름은 몇 km가 되어야 할까? (단, 만유인력 상수 $G = 7 \times 10^{-11}\,\mathrm{N \cdot m^2/kg^2}$, 태양의 질량 $M = 2 \times 10^{30}\,\mathrm{kg}$, 빛의 속도 $c = 3 \times 10^8\,\mathrm{m/s}$ 이다.)

69 진자의 관성 기준계에서 측정한 진자의 주기가 8 초였다. 이 진자에 대하여 $0.9c$ 의 일정한 속도로 움직이는 관측자가 측정한 진자의 주기는? (단, c 는 빛의 속력이다.)

70 그림은 정지해 있던 물체 A 가 폭발하여 정지 질량이 m 인 두 조각으로 쪼개지는 것을 나타낸 것이다. 이때 각각의 조각은 원래 정지해 있던 물체에 대해 $0.6c$ 의 속력으로 분리되었다. 폭발하기 전 물체 A 의 정지 질량은 m 의 약 몇 배인가? (단, c 는 빛의 속력이다.)

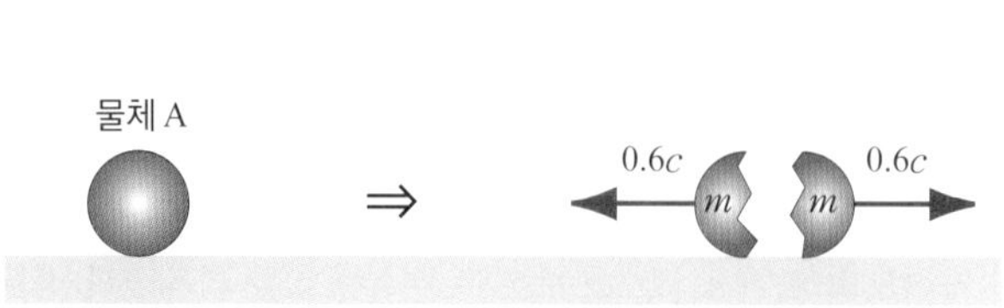

71 그림은 정지해 있는 상상이에 대해 무한이가 탄 우주선과 뮤온이 지표면과 나란하게 일정한 속력 $0.9c$ 로 운동하고 있는 순간의 모습을 나타낸 것이다. 이에 대한 설명으로 옳은 것만을 〈보기〉에서 있는 대로 고르시오. (단, c 는 빛의 속력이고, 중력에 의한 효과는 무시한다.)

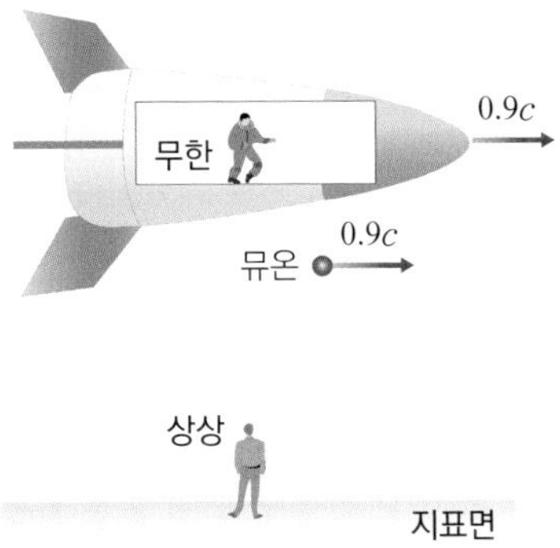

보기

ㄱ. 상상이가 보았을 때 운동하고 있는 뮤온의 수명은 늘어난다.
ㄴ. 무한이가 우주선 방향으로 레이저 빛을 쏘았을 때 무한이와 상상이가 측정한 빛의 속력은 같다.
ㄷ. 상상이가 보았을 때 무한이의 시간이 자신의 시간보다 빠르게 가는 것으로 관측한다.
ㄹ. 우주선의 고유 길이가 L 이라면, 상상이가 관측한 우주선의 길이는 L 보다 짧다.

72 그림은 정지해 있는 무한이에 대해 구간 A 에서는 $0.8c$ 의 일정한 속력으로 이동하고, 구간 B 에서는 등가속 운동, 구간 C 에서는 다시 $0.6c$ 의 일정한 속력으로 운동을 하는 우주선에 타고 있는 상상이를 나타낸 것이다. 이때 무한이가 측정한 우주선의 길이는 구간 A, B 에서 각각 L_A, L_B 이다. 물음에 답하시오.

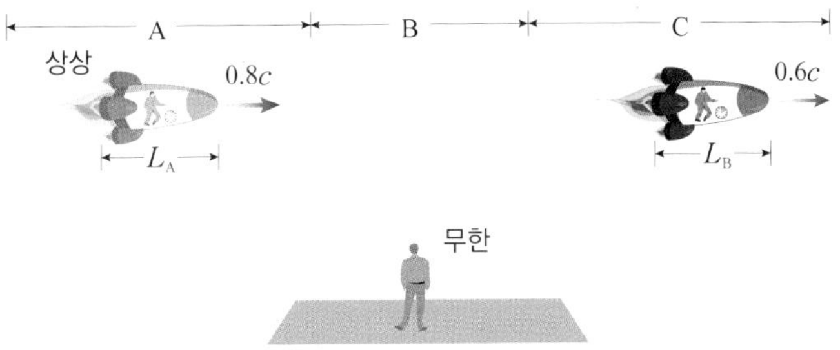

(1) 무한이가 측정할 때, 구간 A 와 C 중 상상이의 시간이 더 느리게 가는 구간은?

(2) 상상이가 측정할 때, 구간 A 와 B 중 무한이의 시간이 더 느리게 가는 구간은?

(3) L_A 와 L_B 를 부등호, 또는 등호를 이용하여 비교하시오.

II 힘과 여러 가지 운동 (6)

7. 유체

(1) 유체

① **유체** : 물질은 고체, 액체, 기체의 세 가지 상태가 존재한다. 이 중 고체는 힘이 가해져도 모양이 쉽게 변하지 않지만 액체나 기체는 힘이 가해지면 모양이 쉽게 변하고 흐를 수 있는 물질이기 때문에 유체라고 한다.

② **유체의 압력** ❶

- 유체 속 물체의 모든 표면에 수직으로 유체의 압력이 작용한다.
- 깊은 곳일수록 유체 압력이 크게 작용한다.
- **중력에 의한 압력** : 해수면으로부터 깊이가 h 인 곳에서 유체가 받는 압력 P 는 다음과 같다.

$$P = P_0 + \rho g h \ (P_0 : \text{대기압}, \ \rho g h : \text{유체의 무게에 의한 압력})$$

▲ 정지해 있는 유체 내의 한점에 작용하는 압력은 모든 방향에서 작용하며, 그 크기가 같다. 깊이가 깊을수록 수압은 증가한다.

(2) 아르키메데스 원리

① **부력** ❷: 유체 속에 잠긴 물체에 작용하여 윗부분과 아랫부분의 압력 차이에 의해서 물체를 위로 떠오르게 하는 힘을 부력이라고 한다.

- **부력의 방향** : 중력의 반대 방향으로 작용한다.
- **부력의 크기** : 밀도 ρ 인 유체 속에 잠긴 물체의 부피 V 에 해당하는 유체의 무게 mg 와 같다.

$$F_{\text{부력}} = \rho_{\text{유체}} V g = m_{\text{유체}} g$$

$$P_1 = P_0 + \rho g h_1, \ P_2 = P_0 + \rho g h_2$$
$$\Delta P = P_2 - P_1 = \rho g h_2 - \rho g h_1 = \rho g (h_2 - h_1)$$
$$F_{\text{부력}} = \Delta P A = \rho g (h_2 - h_1) A = \rho_{\text{유체}} g V = m_{\text{유체}} g$$

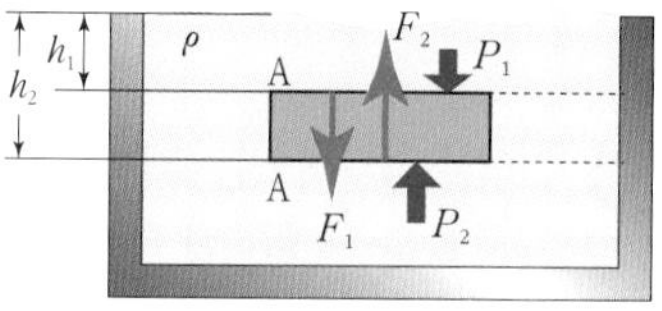

② **아르키메데스 원리** : 유체 속에 물체가 잠겼을 때 물체가 받는 부력의 크기는 유체 속에 잠긴 물체의 부피에 해당하는 유체의 무게와 같다.

(3) 파스칼 원리

① **파스칼 원리** ❸ : 밀폐된 용기에 담긴 비압축성 유체의 표면에 압력이 가해질 때 유체의 모든 지점에 같은 크기의 압력이 전달된다.

< 파스칼 법칙과 유압 장치 >

유압 장치는 단면적이 다른 두 실린더가 관으로 연결되어 있고, 두 실린더에는 움직일 수 있는 피스톤이 각각 설치되어 있으며 내부는 기름 등의 액체로 채워져 있다.

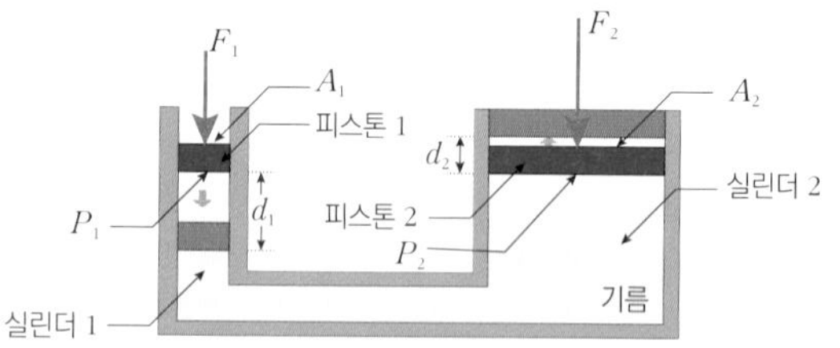

▲ 유압 장치

② **단면적과 힘** : 기름은 모든 방향으로 같은 크기의 압력이 작용하기 때문에 단면적이 커지면 받는 힘도 커진다.

$$P_1 = P_2 \rightarrow \frac{F_1}{A_1} = \frac{F_2}{A_2}$$

밀도와 비중

- 밀도 : 단위 부피당 질량

$$\text{밀도}(\rho) = \frac{\text{질량}(m)}{\text{부피}(V)}$$

[단위 : kg/m^3, g/cm^3]

- 비중 : 물체의 밀도를 4℃ 물의 밀도로 나눈 값으로 단위를 쓰지 않는다.

❶ 압력

단위 면적당 누르는 힘의 크기를 압력이라고 한다.

$$\text{압력}(P) = \frac{\text{힘}(F)}{\text{면적}(A)}$$

[단위 : Pa(파스칼), N/m^2]

❷ 부력의 이용

- 비행선 : 공기보다 밀도가 작은 헬륨 기체를 비행선에 채우면 부력이 비행선의 무게보다 커져 비행선이 공기 중에 뜰 수 있게 된다.
- 잠수함 : 공기 탱크에 공기를 공급하여 무게가 부력보다 작아지면 떠오르고, 공기를 밖으로 배출하면서 물을 채워 무게가 부력보다 커지면 가라앉는다.
- 수세식 변기 : 변기의 물통에 물이 차오르면 공기가 들어 있는 부구가 부력에 의해 떠오르고, 일정한 높이가 되면 급수관의 입구를 막아서 일정량의 물을 저장할 수 있다.

❸ 파스칼 원리 이용

- 브레이크 페달을 밟으면 발로 누르는 적은 힘으로도 네 개의 바퀴에 커다란 제동력을 동시에 전달할 수 있다.

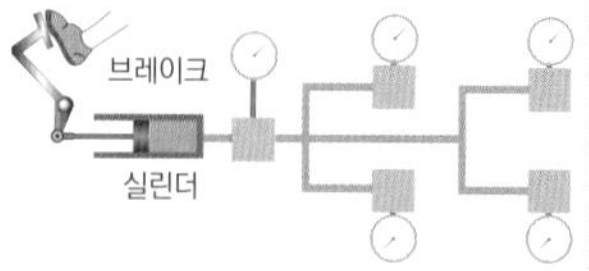

- 공기 압축기를 통해 기름통의 기름에 압력을 가하면 압력이 실린더의 기름에 전달되어 자동차를 들어 올릴 수 있다.

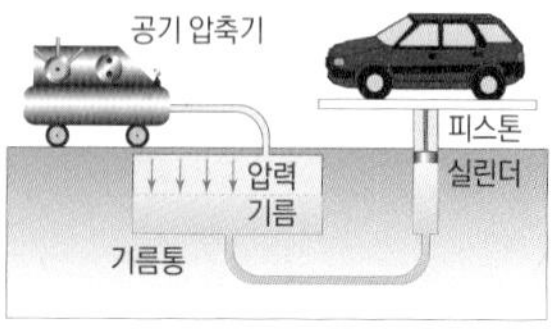

③ **단면적과 이동 거리** : 실린더 1 에서 부피가 V_1 만큼 줄어들면서 피스톤 1 이 d_1 만큼 내려가면, 실린더 2 에서 부피가 V_2 만큼 늘어나면서 피스톤 2 가 d_2 만큼 올라간다. 이때 V_1과 V_2 는 같기 때문에 단면적이 클수록 이동 거리가 줄어든다.

$$V_1 = V_2 \rightarrow A_1d_1 = A_2d_2 \rightarrow d_2 = \frac{A_1}{A_2}d_1$$

정답 p 46

Q27 유압 장치에서 피스톤의 단면적 비가 3 : 1 일 때, 각각 피스톤에 작용하는 힘의 비를 구하시오.

(4) 베르누이 법칙

① **정상류** : 유체의 흐름이 시간에 따라 속력과 방향이 변하지 않을 때 이 흐름을 정상류라고 한다.

- **유선** : 유체 속의 각 입자들이 흐르는 경로를 나타내는 선
- **유관** : 특정 면적을 지나는 흐름의 다발

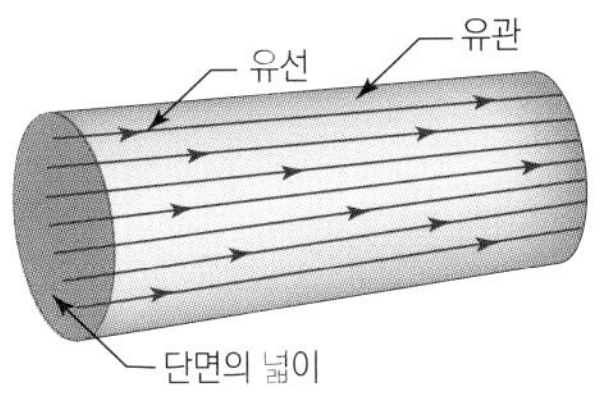

② **이상적인 유체** : 시간에 따라 일정한 흐름을 갖는 유체로, 비압축성, 비점성, 비회전, 정상류이다.

② **연속 방정식(유체 흐름의 질량 보존 법칙)** [4] : 밀도가 ρ 인 유체가 굵기가 변하는 관을 통과할 때, 같은 시간 동안 단면적 A_1 과 A_2 를 통과한 질량(또는 같은 시간 동안 통과한 유체의 부피)은 서로 같다.

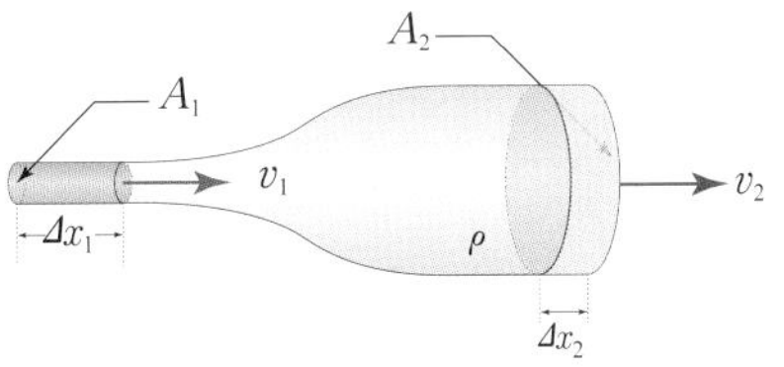

연속 방정식 : $A_1v_1 = A_2v_2 =$ 일정

A_1, A_2 : 관의 단면적
v_1 : A_1에서 유체의 속력
v_2 : A_2에서 유체의 속력
Δx_1, Δx_2 : 시간 Δt 동안 유체가 흐른 거리
$\Delta m_1 = \rho A_1 \Delta x_1$, $\Delta m_2 = \rho A_2 \Delta x_2$
$\Delta x_1 = v_1 \Delta t$, $\Delta x_2 = v_2 \Delta t$
$\Delta m_1 = \Delta m_2$이므로, $A_1v_1 = A_2v_2$이다.

③ **베르누이 법칙(유체 흐름에 있어 역학적 에너지 보존 법칙)** : 비압축성 유체가 흐름관을 따라 흐를 때 서로 다른 두 위치에서 유체의 압력과 속력 및 높이 사이의 관계를 나타내는법칙이다.

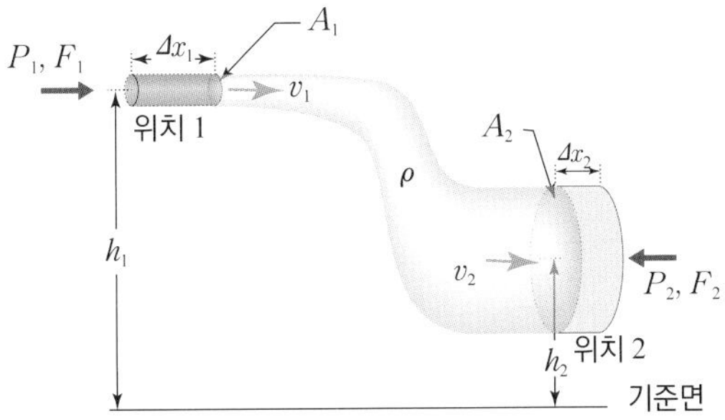

베르누이 법칙 :
$$P + \rho gh + \frac{1}{2}\rho v^2 = \text{일정}$$

F_1, F_2 : 단면적에 작용하는 힘, P_1, P_2 : 단면적의 압력
A_1, A_2 : 관의 단면적, v_1, v_2 : 각 단면적에서 유체의 속력
h_1, h_2 : 기준면으로 부터의 높이, Δx_1, Δx_2 : 시간 Δt 동안유체가 흐른 거리
ρ : 유체의 밀도, g : 중력 가속도

$$P_1 + \rho gh_1 + \frac{1}{2}\rho v_1^2 = P_2 + \rho gh_2 + \frac{1}{2}\rho v_2^2$$

④ 연속 방정식의 적용

① 모세 혈관 : 우리 몸 안의 모세 혈관은 우리 몸 안에서 가장 단면적이 큰 혈관이다. 따라서 모세 혈관 내부의 피의 속력은 혈관 중 가장 느리다.

② 수도꼭지 : 수도꼭지에서 물을 약하게 틀면 밑으로 갈수록 물줄기가 가늘어진다. 중력의 영향을 받아 물이 밑으로 갈수록 속력이 증가하기 때문에 단면적은 줄어들게 된다.

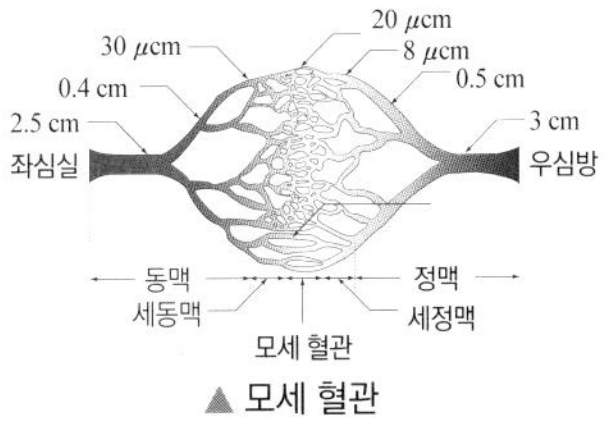

▲ 모세 혈관

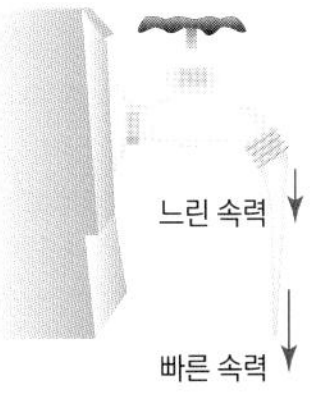

▲ 수도꼭지

부피 흐름율

단위 시간당 지나가는 부피이다.

$R_V = Av =$ 일정 [단위 : m^3/s]

(R_V = 부피 흐름율, A = 단면적, v = 유체의 속력)

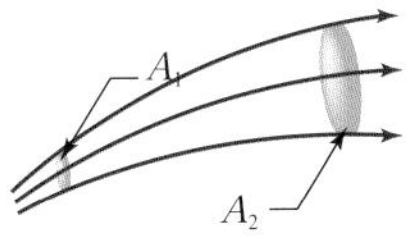

A_1, A_2의 부피 흐름율은 서로 같다. (연속 방정식)

④ 베르누이 법칙의 유도 과정

일정한 시간(Δt)동안 이상 유체가 위치 1 과 위치 2 에서 각각 Δx_1 과 Δx_2 만큼 흐른다고 하자.

① F_1과 F_2 (F_1과 반대 방향)가 각각 한 일은 $W_1 = F_1 \Delta x_1 = P_1 A_1 v_1 \Delta t = P_1 V_1$, $W_2 = F_2 \Delta x_2 = P_2 A_2 v_2 \Delta t = P_2 V_2$ 이다. 이상 유체이므로 연속 방정식에 의해 $V_1 = V_2 = V$ 라고 한다면, Δt 동안 유체에 한 알짜일은 다음과 같다.

$$\Delta W = W_1 - W_2 = (P_1 - P_2)\Delta V \ (\Delta V : \text{부피 변화량})$$

② Δt 동안 흘러간 유체의 부피는 ΔV이고 질량은 $\Delta m = \rho \Delta V$가 된다. 따라서 Δt 동안의 운동 에너지 ($E_k = \frac{1}{2} m v_2$) 변화량 ΔE_k은 다음과 같다.

$$\Delta E_k = E_{k.2} - E_{k.1} = \frac{1}{2}\rho \Delta V v_2^2 - \frac{1}{2}\rho \Delta V v_1^2 = \frac{1}{2}\rho \Delta V(v_2^2 - v_1^2)$$

③ Δt 동안 질량 Δm 의 중력에 의한 퍼텐셜 에너지($E_p = mgh$) 변화량 ΔE_p 은 다음과 같다.

$$\Delta E_p = E_{p.2} - E_{p.1} = \Delta m g h_2 - \Delta m g h_1 = \Delta m g(h_2 - h_1) = \rho \Delta V g(h_2 - h_1)$$

④ 일 - 에너지 원리에서 힘이 한 알짜일은 다음과 같다.

$$\Delta W = \Delta E_k + \Delta E_p, \rightarrow (P_1 - P_2)\Delta V = \frac{1}{2}\rho \Delta V(v_2^2 - v_1^2) + \rho \Delta V g(h_2 - h_1)$$

$$\therefore P_1 + \rho g h_1 + \frac{1}{2}\rho v_1^2 = P_2 + \rho g h_2 + \frac{1}{2}\rho v_2^2 = \text{일정}$$

⑤ 이상 유체 속 공 주위 공기의 속력 변화

공과 공기의 마찰에 의해 공의 회전 방향과 공기의 방향이 같을 때는 공기의 속력이 빨라지고, 공의 회전 방향과 공기의 방향이 반대일 때는 공기의 속력이 느려진다.

⑤ 베르누이 법칙의 적용

- **마그누스 힘** : 유체 속의 물체가 회전 운동을 하며 진행할 때, 회전축에 대해 수직인 방향으로 물체에 작용하는 힘을 마그누스 힘이라고 한다.

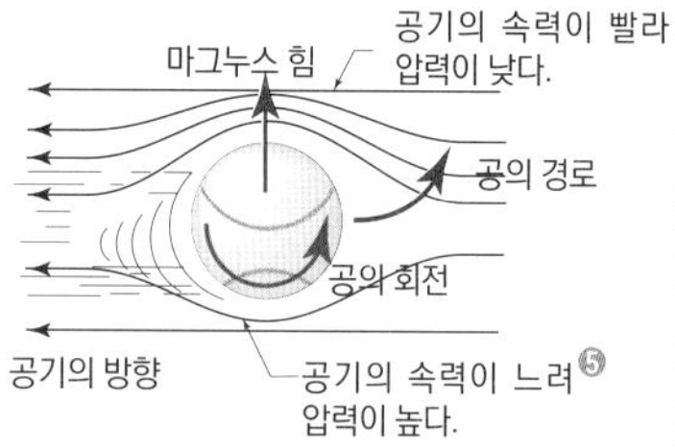

① 공기의 흐름과 공의 회전 방향이 같을 때 : 기압 낮아짐
② 공기의 흐름과 공의 회전 방향이 반대일 때 : 기압 높아짐
→ 공은 기압이 높은 쪽에서 낮은 쪽으로 힘을 받아 진행 방향이 휘어진다.

벤츄리관

관의 단면적이 클수록 유속이 느리고 단면적이 작을수록 유속이 빠른 성질을 이용하여 유량이나 유체의 속력을 측정하는 장치이다.

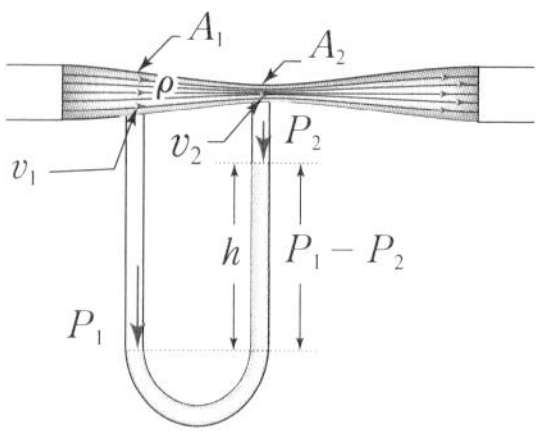

▲ 벤츄리관

A_1, A_2 : 관의 단면적
$P_1 - P_2$: 두 지점의 압력 차
P_1, P_2 : 각 단면에서의 압력
v_1, v_2 : 각 단면에서 유체의 속력
h : 수은 기둥의 높이 차
ρ : 유체의 밀도
유량(부피흐름률)
$Q = A_1 v_1 = A_2 v_2$

- **양력(비행기가 뜨는 힘)** : 비행기는 진행 방향의 반대 방향으로 공기가 흐른다. 비행기의 날개가 위로 볼록하므로, 공기의 속력은 같은 시간 동안 더 긴 거리를 가는 날개 위쪽에서 더 빨라진다. 베르누이 정리에 의해 속력이 더 느린 아래쪽의 압력이 위쪽보다 커지게 되고, 이때 압력 차이만큼 위쪽으로 작용하는 힘이 생기며, 이 힘을 양력이라 한다.

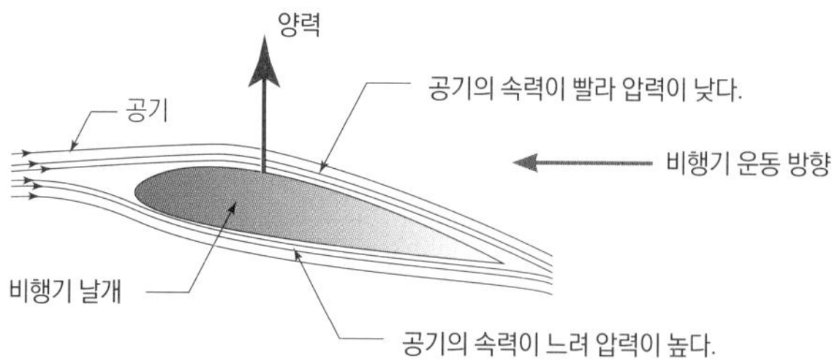

▲ 양력

정답 p 46

Q28 두 개의 풍선이 천장에 고정된 실에 연결된 채 약 1 cm 간격을 두고 떨어져 나란히 떠 있다. 두 풍선 사이로 바람을 불어넣는 경우 풍선은 어떻게 되겠는가?

① 서로 가까이 끌린다. ② 아무런 변화가 없다. ③ 서로에게서 멀어진다.

유체

103 **그림은 밀도가 1 g/cm^3 인 액체가 담긴 용기 속에 밀도가 5 g/cm^3 이고 부피가 100 cm^3 인 볼링공이 바닥에 가라앉아 있는 것을 나타낸 것이다. 볼링공이 바닥을 누르는 힘의 크기는 몇 N 인가? (g = 10 m/s^2)**

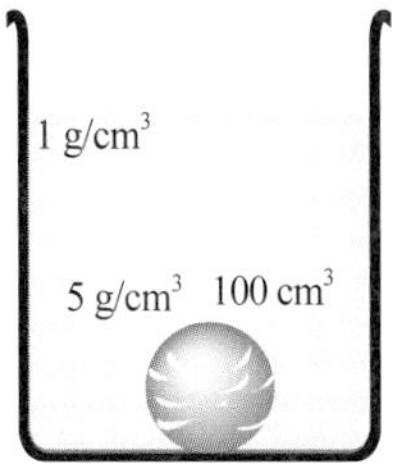

104 **그림은 서로 다른 모양의 투명한 관이 서로 연결되어 액체가 담겨 있는 모습을 나타낸 것이다.**

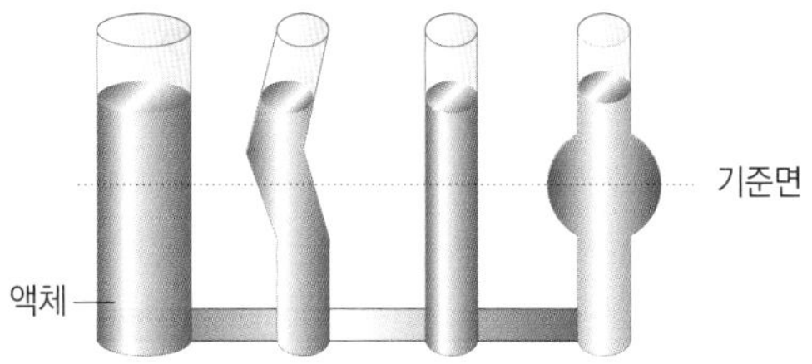

이에 대한 설명으로 옳은 것만을 〈보기〉에서 있는 대로 고른 것은?

> **보기**
> ㄱ. 각 관의 액체 표면에 작용하는 압력은 같다.
> ㄴ. 기준면에서 각 관의 액체의 압력은 모두 같다.
> ㄷ. 어느 관에서나 같은 깊이에서는 압력이 같다.

① ㄱ　② ㄴ　③ ㄱ, ㄴ　④ ㄴ, ㄷ　⑤ ㄱ, ㄴ, ㄷ

105 **그림 (가)와 같이 모양이 불규칙한 돌의 무게를 측정하였더니 50 N 이었고, 이 돌을 그림 (나)와 같이 물 속에 완전히 잠기게 하여 무게를 측정하였더니 40 N 이었다. 물음에 답하시오. (단, 물의 밀도 $\rho_{물}$ = 1.0 × 10^3 kg/m^3 이고, g = 10 m/s^2 이다.)**

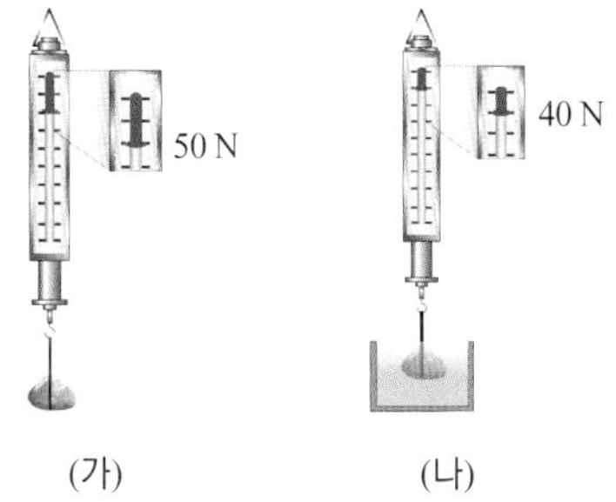

(1) 돌에 작용하는 부력은 얼마인가?

(2) 돌의 밀도는 얼마인가?

① 1.0 × 10^3 kg/m^3　② 2.0 × 10^3 kg/m^3
③ 3.0 × 10^3 kg/m^3　④ 4.0 × 10^3 kg/m^3
⑤ 5.0 × 10^3 kg/m^3

106 **그림은 탄산수 안에 있는 공기 방울을 나타낸 것이다. 공기 방울의 반지름이 0.1 mm 이고, 10 m/s^2 의 등가속도로 위로 올라가고 있다. 방울의 움직임에 대한 물의저항을 무시할 때 공기 방울의 질량은 몇 g 인가? (단, π = 3, g = 10 m/s^2, 탄산수의 밀도 $\rho_{탄산수}$ = 1.0 × 10^3 kg/m^3 이다.)**

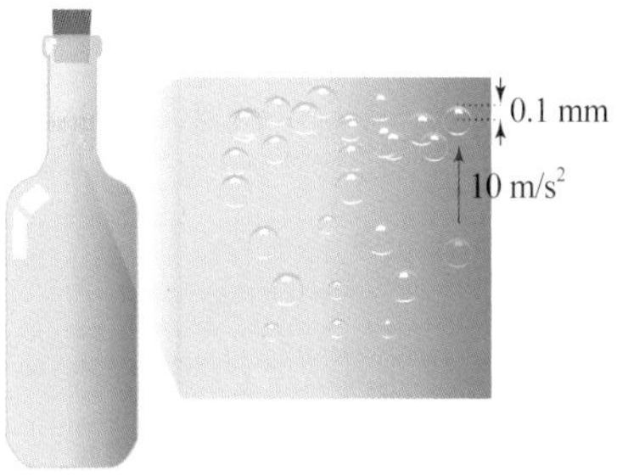

107 그림은 단면적이 각각 2 m^2, 6 m^2 인 두 실린더 1, 2 로 이루어진 유압 장치를 나타낸 것이다. 실린더 2 의 피스톤 위에 300 N 인 물체를 올려놓았다. 실린더 2 의 피스톤이 위로 움직이기 위해서 실린더 1의 피스톤에 수직으로 작용해야 하는 힘 F_1 의 최소한의 크기는 얼마인가? (단, 피스톤의 무게와 마찰은 무시한다.)

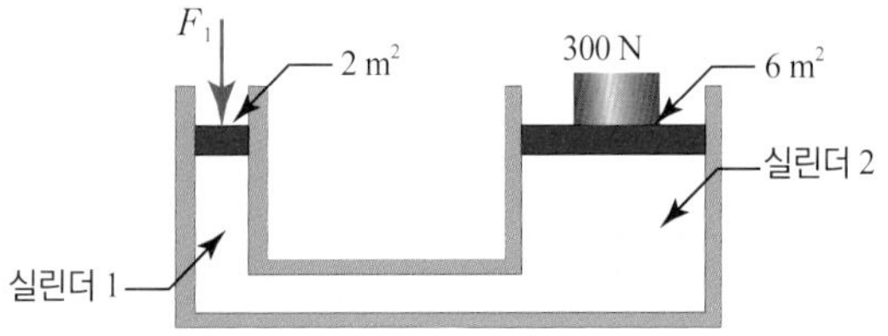

108 그림은 부피가 V 로 같고 밀도는 ρ_A, ρ_B 로 서로 다른 물체 A, B 가 단면적이 S_1 인 피스톤 1 과 단면적이 S_2 인 피스톤 2 위에 각각 놓여 정지해 있는 것을 나타낸 것이다. 단면적의 비 $S_1 : S_2$ = 1 : 5 이다. 물음에 답하시오. (단, 중력 가속도는 g, 대기압은 P_0 이고, 피스톤의 질량과 마찰은 무시한다.)

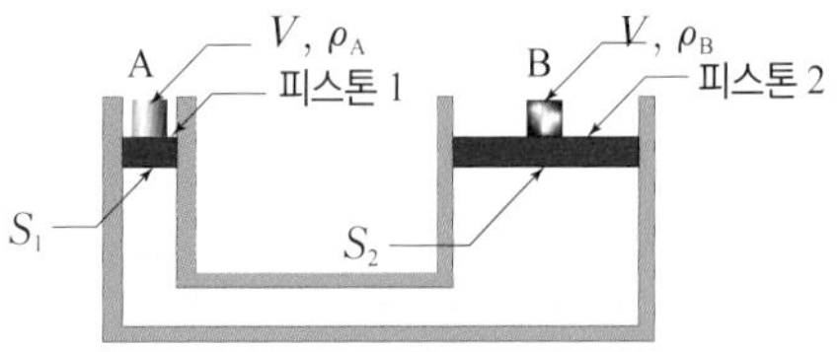

(1) 피스톤 1 에서 액체에 작용하는 압력에 대한 식을 쓰시오.

(2) 밀도의 비 $\rho_A : \rho_B$ 를 구하시오.

109 그림과 같이 A, B, C 지점의 관의 지름이 4 : 1 : 2 인 관을 따라 이상 유체가 흐르고 있다. ㉠ h_1, h_2, h_3 중 유체의 높이가 가장 높은 곳과 ㉡ v_1, v_2, v_3 중 가장 속력이 빠른 곳을 각각 쓰시오.

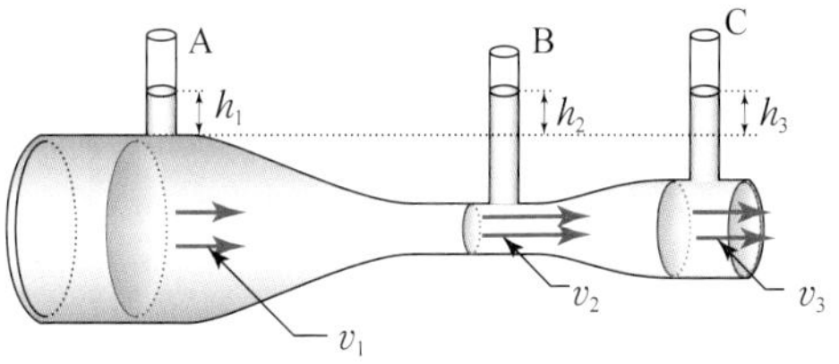

110 그림과 같이 이상 유체가 좁은 관에서 넓은 관으로 흐르고 있다. 단면적 A_1 = 4 cm^2, A_2 = 12 cm^2 이고, 단면 A_1 에서의 속력 v_1 = 3 m/s 일 때, 단면 A_2 에서의 속력 v_2 는 얼마인가?

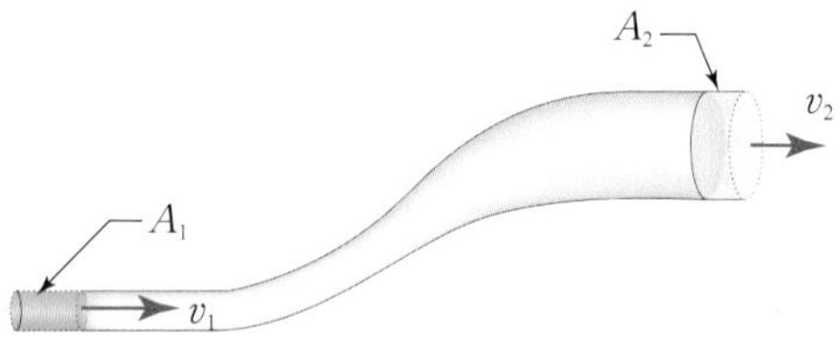

111 그림과 같이 밀도가 ρ = 1.0 × 10^3 kg/m^3 인 이상 유체가 높이가 같고 단면적이 변하는 관을 통과하고 있다. 굵은 관과 가는 관에서의 속력이 각각 v_1 = 0.1 m/s, v_2 = 0.5 m/s 이고 압력이 각각 P_1, P_2 일 때 두 관에서의 압력의 차 P_1 - P_2 는 얼마인가?

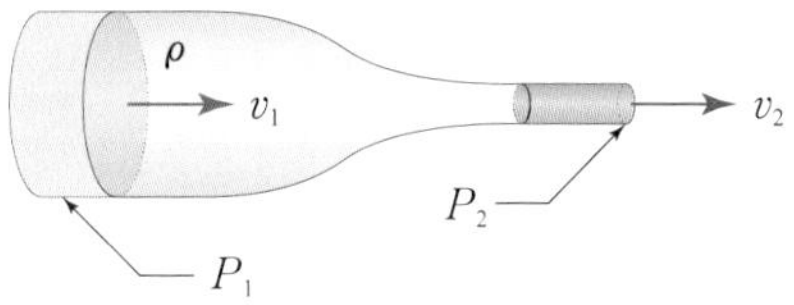

112 단면적이 일정한 관 속에 이상 유체가 흐르고 있다. 관 속의 세 점 A, B, C 에서 A 와 B 의 높이 차는 h 이고, A 와 C 의 높이 차는 $2h$ 이며, A 와 B 에서의 압력 차이는 $P_B - P_A = P_0$ 이다. 물음에 답하시오.

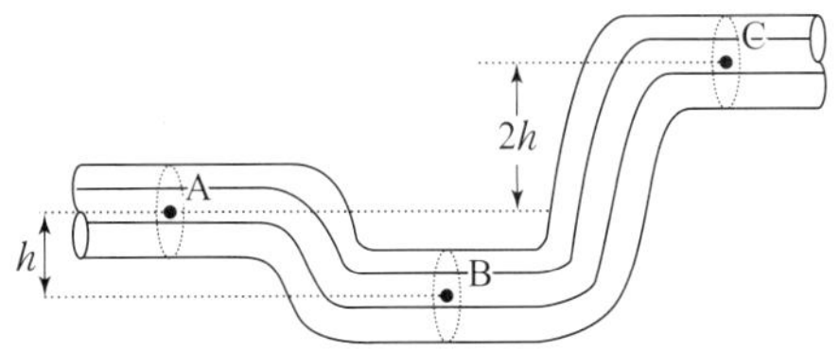

(1) A, B, C 지점 중 압력이 가장 큰 지점은?

(2) $P_B - P_C$ 는 얼마인가?

113 그림 (가)는 물이 가득 찬 물통의 물 표면에서부터 1.8 m 아래 바닥 근처에 배출구가 수평을 향하도록 열려 있는 모습을, 그림 (나)는 그림 (가)와 같은 높이의 배출구가 연직 위 방향으로 열려 있는 모습을 나타낸 것이다. 그림 (나)에서 물이 배출되었을 때 물의 최고 높이 h 를 구하시오. (g = 10 m/s^2 이고, 배출구의 단면은 물통의 단면에 비해 무시할 수 있을 정도로 작다.)

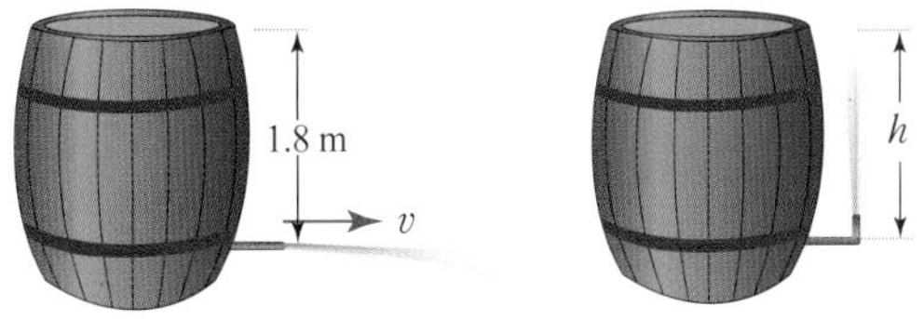

114 그림은 야구공이 회전하면서 오른쪽으로 날아가는 모습을 나타낸 것이다.

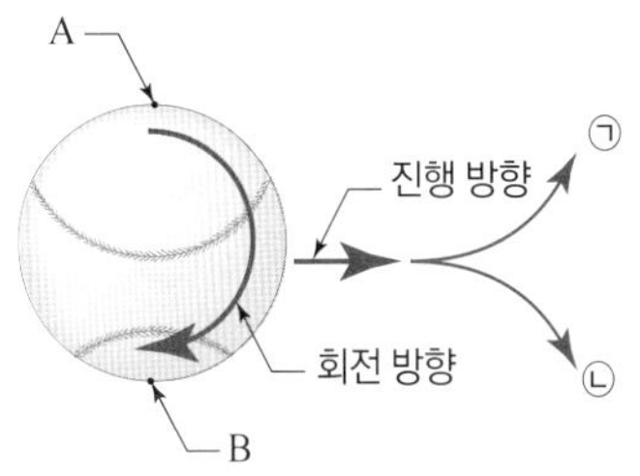

이에 대한 설명으로 옳은 것만을 〈보기〉에서 있는 대로 고른 것은?

> **보기**
>
> ㄱ. 공에 대한 공기의 속력은 A 가 B 보다 빠르다.
> ㄴ. 공기가 공에 작용하는 압력은 A 가 B 보다 크다
> ㄷ. 공은 ㉠ 방향으로 휘어지는 운동을 한다.

① ㄱ ② ㄴ ③ ㄱ, ㄴ
④ ㄴ, ㄷ ⑤ ㄱ, ㄴ, ㄷ

115 그림은 단면적의 비가 $A_1 : A_2 = 3 : 1$ 인 벤츄리 관을 나타낸 것이다. 밀도가 ρ_1 인 기체를 v_1 의 속력으로 불어 넣으면 관의 좁은 곳에서 v_2 의 속력으로 변한다. 이때 U 자관 속에서 밀도가 ρ_2 인 액체는 h 만큼의 좌우 높이차가 생긴다. 물음에 답하시오. (단, 중력 가속도는 g 이고, ρ_1 은 ρ_2 에 비해 무시할 만큼 작다.)

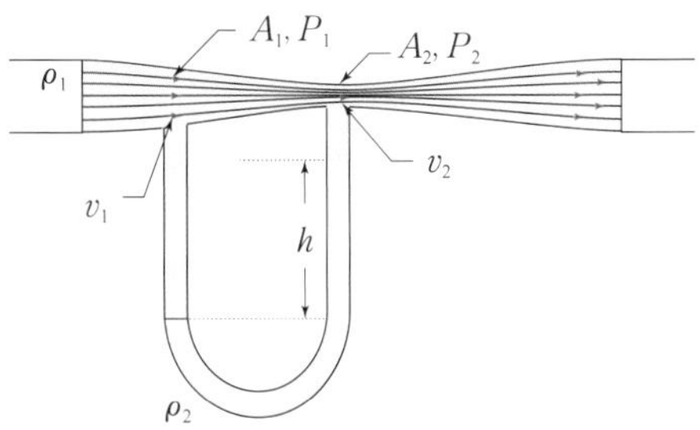

(1) 기체의 속력의 비 $v_1 : v_2$ 는?

(2) $P_1 - P_2$ 는 얼마인가?

개념 심화 문제

73 그림은 열기구가 떠오르는 모습을 나타낸 것이다. 열기구 밖의 공기 밀도가 열기구 안 공기 밀도의 1.5 배라고 할 때 열기구가 떠오르는 가속도의 크기는 얼마인가? (단, g = 10 m/s^2 이고, 열기구의 껍데기와 바구니의 질량은 무시한다.)

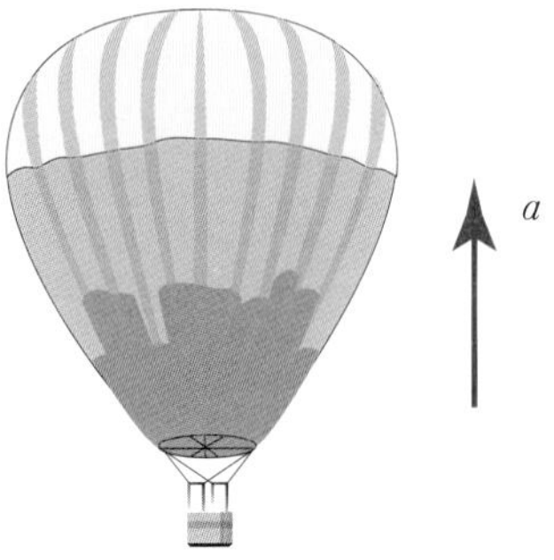

열기구

74 그림은 용수철 상수가 3 × 10^4 N/m 인 용수철이 단단하게 고정된 들보와 유압 장치의 출력 피스톤 사이에 연결되어 있는 모습을 나타낸 것이다. 입력 피스톤의 단면적은 A_1 이고, 출력 피스톤의 단면적 A_2 = 15A_1 이다. 입력 피스톤 위에 놓여있는 빈 통에 천천히 모래를 부어 용수철을 7 cm 만큼 수축시키려 할 때, 몇 kg 의 모래를 넣어야 하는지 구하시오. (단, g = 10 m/s^2 이고, 빈 통, 피스톤의 질량은 무시하고, 피스톤은 가속 운동을 하지 않으며, 유체는 비압축성 유체이다.)

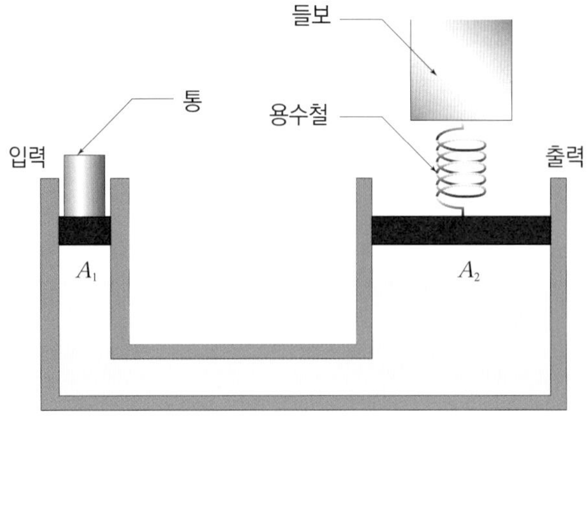

75 **한 쪽 관의 안지름이 2 cm 인 관의 반대쪽에 안지름이 1 cm 인 세 개의 관이 그림처럼 연결되어 있다. 작은 관에 흐르는 물의 흐름율을 각각 25 L/min, 20 L/min, 5 L/min이라고 할 때, 물음에 답하시오.**

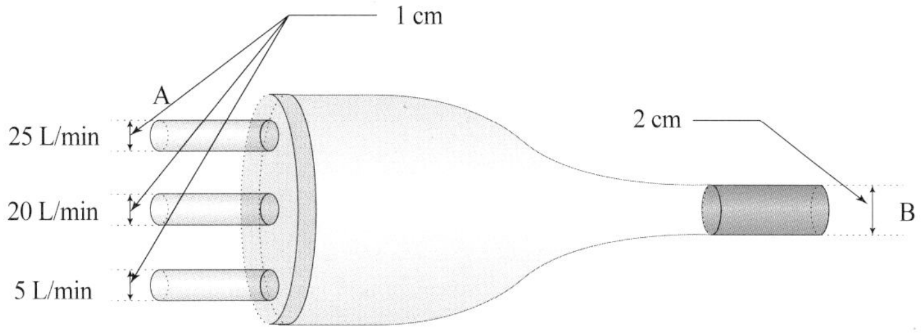

(1) B 관의 물 흐름율 R 을 구하시오.

(2) $\dfrac{\text{B 관의 물의 속력}}{\text{A 관의 물의 속력}}$ 을 구하시오.

76 **그림은 통에 담긴 액체를 U 자형 유리관으로 빨아내는 모습을 나타낸 것이다. 유리관을 액체로 한번 채우기만 하면 통 안에 있는 액체의 높이가 관의 입구 A 와 같아질 때까지 액체가 계속해서 흘러나간다. 액체의 밀도 ρ = 1.0 × 10^3 kg/m^3, h_1 = 25 cm, d = 15 cm, h_2 = 30 cm 이다. C 에서 액체가 나오는 속력 v_C 는 얼마인가? (단, 액체의 점성은 무시하고, 관 입구의 면적은 통의 면적에 비해 무시할 만큼 작고, g = 10 m/s^2 이다.)**

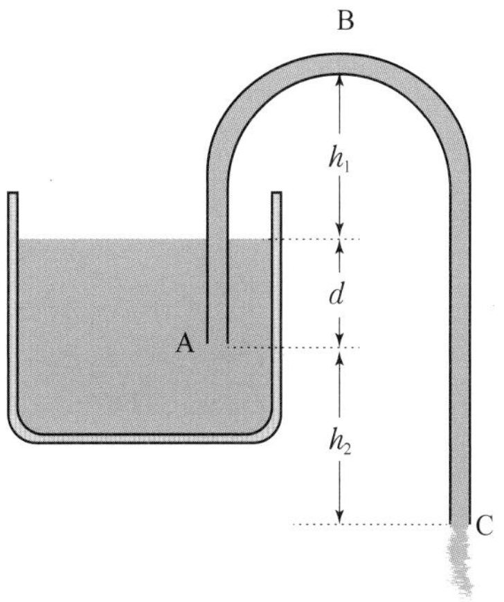

창의력을 키우는 문제

⬡ 지구 내부에서 물체가 받는 중력

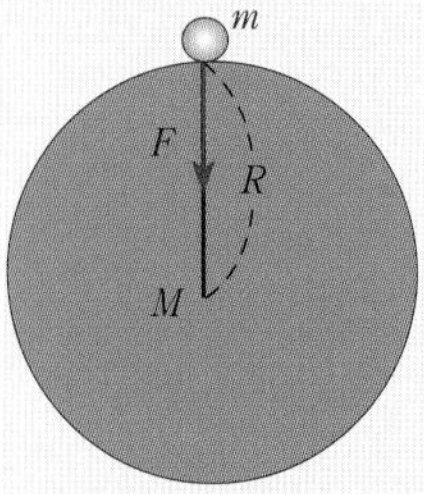

지표면에서 물체가 받는 중력은 mg 이고 지표면에 물체가 놓여 있을 때 질량 m 의 물체가 받는 만유인력 $F = \frac{Mm}{R^2}$ 이다.

지구 자전의 효과는 미미하므로 $G\frac{Mm}{R^2} = mg$ 라고 할 수 있으며 $g = \frac{GM}{R^2} = 9.8\text{m/s}^2$ 인 것이다.

추리 단답형

01 그림 (가)와 같이 지구를 관통하는 구멍을 뚫어 구멍 표면에서 물체를 자유 낙하시켜 운동을 분석하려고 한다. 그림 (나)는 A 점에서 작은 물체를 가만히 놓아 자유 낙하시킬 때의 속도와 시간의 관계 그래프이다.

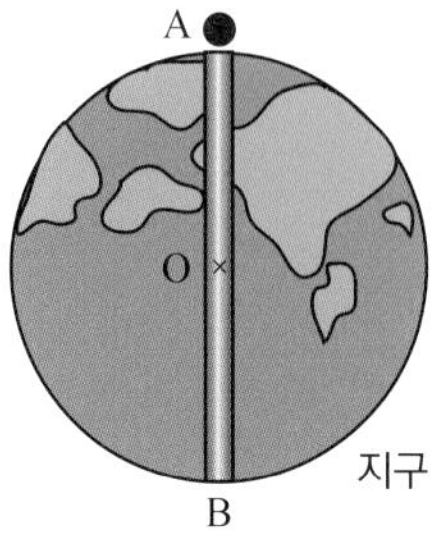

(가)

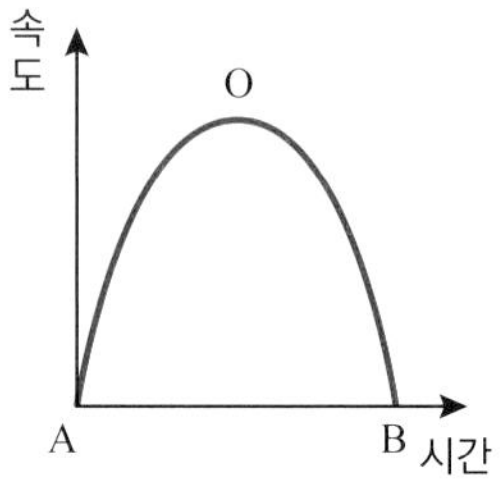

(나)

이에 대한 설명으로 옳은 것을 고르시오.

① B 점에서 가장 속도가 크다.
② 중력의 크기는 O 점에서 가장 크다.
③ 중력 가속도가 가장 큰 곳은 O 점이다.
④ O 점에서 가속도의 방향이 반대로 된다.
⑤ 이 물체는 지구를 관통하여 B 점을 지나 계속 아래로 운동한다.

⬡ 물체가 지구 내부에 있을 때의 중력 가속도

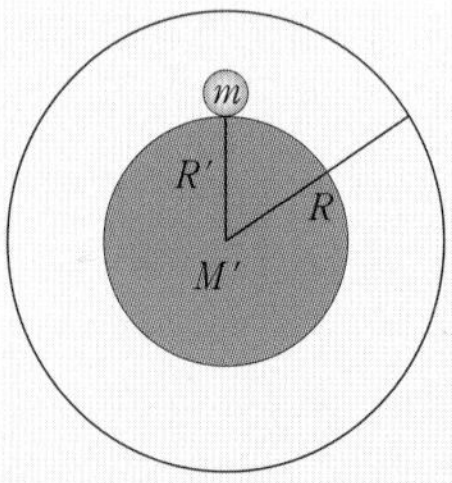

물체에 만유인력을 작용시키는 부분은 그림과 같이 물체가 있는 안쪽 부분이다. 물체가 있는 바깥 부분은 서로 잡아당기므로 만유인력이 상쇄된다. 지구 내부의 일부분이 물체를 잡아당기는 결과이므로 지표면에서의 만유인력보다 작아지고 결국 중력 가속도도 지표면에서보다 작아진다. 지구의 중심에 물체가 있다면 만유인력은 0 이므로 중력 또는 중력 가속도도 0 이 된다.

추리 단답형

02 지면과 수평하게 날고 있는 비행기가 민호의 머리 위를 통과할 때 민호는 비행기의 진행 방향과 반대쪽에서 비행기의 소리를 들었다. 그 위치를 측정하여 보니 민호의 머리 위의 연직선과 민호와 소리 나는 곳을 이은 직선이 30° 의 각을 이루었다. 이때 비행기의 속력은 얼마인가? (단, 음속은 340 m/s 로 한다.)

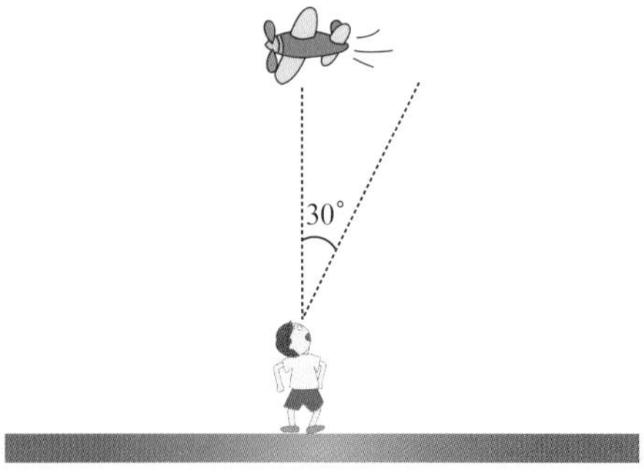

단계적 문제 해결형

03 그림과 같이 u 의 속력으로 흐르는 강물에서 배를 타고 d 만큼 떨어진 두 지점 A, B 를 왕복하려고 한다. 강물이 흐르지 않을 때 배의 속력이 v 이라면 배가 두 지점을 왕복하는데 걸리는 시간을 구하시오.

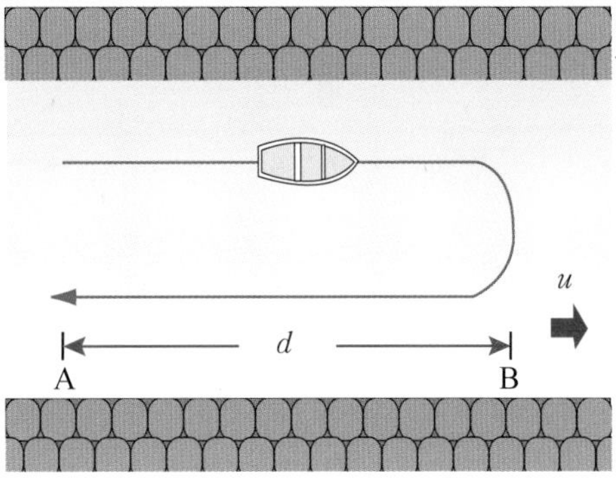

단계적 문제 해결형

04 잔잔한 물에서 배의 속력이 4 m/s 이다. 이 속도로 배를 운행하여 강을 건너려고 한다. 강물의 흐르는 속력은 3 m/s 이고, 강폭은 400 m 이다.

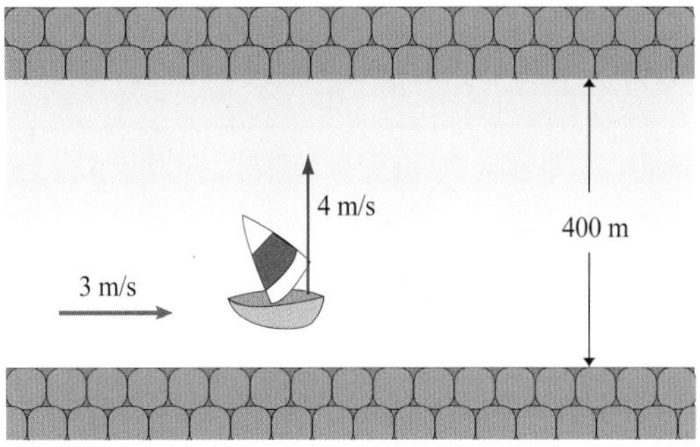

(1) 배가 최단 거리로 강을 건널 때 강둑에 서 있는 사람이 보면 배의 속도는 얼마이겠는가?

(2) 배가 최단 거리로 강을 건널 때 걸린 시간은?

(3) 배가 최단 시간으로 강을 건널 때 강둑에 서 있는 사람이 보면 배의 속도는 얼마이겠는가?

(4) 배가 최단 시간으로 강을 건넌다면 맞은 편 강둑까지 이동하는 거리는 얼마인가?

(5) 배가 최단 시간으로 강을 건널 때 걸린 시간은 얼마인가?

배가 강을 건널 때에는 강물의 유속이 있기 때문에 건너편 목적지에 도달하기 위해서는 배의 운행 속도를 잘 조절해야 한다.

뱃머리를 강의 흐름에 직각으로 할 때

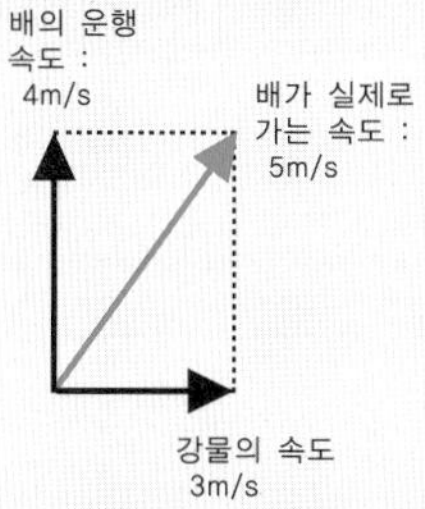

강물이 흐르는 수직 방향으로 가고자 할 때

뱃머리를 수직 방향보다 윗방향으로 두어야 한다.

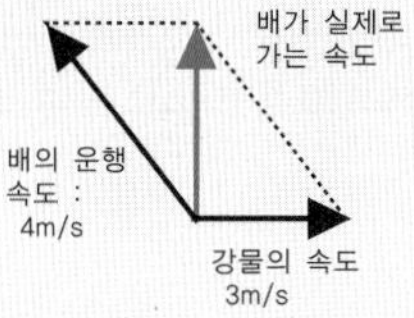

뱃머리를 비스듬히 아래쪽을 향하게 할 때

배의 속력은 커지나 강을 빨리 건널 수는 없다.

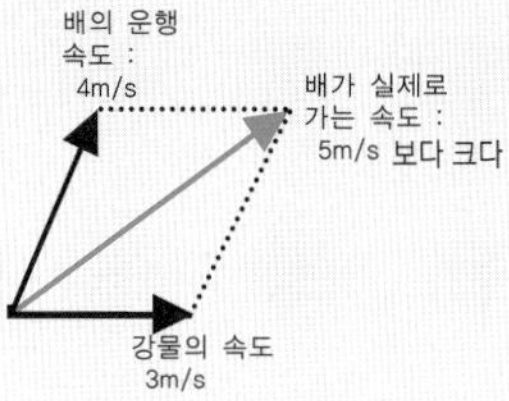

논리 서술형

○ **이동 거리와 변위의 개념을 구별하여 적용시킨다.**

$$\text{평균 속력} = \frac{\text{전체 이동 거리}}{\text{걸린 시간}}$$

$$\text{평균 속도} = \frac{\text{전체 변위}}{\text{걸린 시간}}$$

05

두 사람 A, B 가 서로 2 km 떨어진 상태에서 서로를 향하여 4 km/h 의 같은 속력으로 출발하였다. 이때, 잠자리가 A 의 머리에 앉아 있다가 두 사람이 출발함과 동시에 B 를 향해 12 km/h 의 속력으로 출발하여 직선으로 날아가다가 B 를 만나면 만나는 즉시 방향을 바꿔 다시 A 를 향하여 같은 속력으로 날아가다가 A 를 만나면 다시 B 쪽으로 방향을 바꾸는 일을 계속하였다. (단, 모든 운동은 직선 운동이다.)

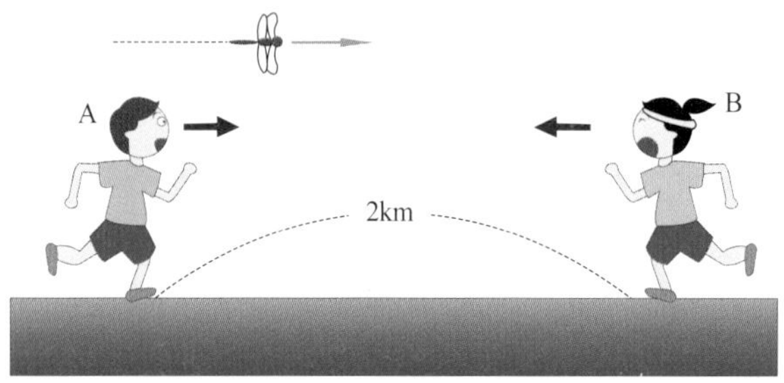

(1) 두 사람이 만날 때까지 잠자리의 평균 속력은 얼마인가?

(2) 두 사람이 만날 때까지 잠자리의 평균 속도는 얼마인가?

(3) 잠자리의 총 이동 거리는 몇 m 인가?

○ 상대 속도는 운동하는 관찰자가 보는 물체의 속도이다. 운동하는 관찰자는 스스로를 정지한 상태로 가정하고 상대방의 운동을 관찰한다. 상대방의 속도에서 스스로의 속도를 평행사변형법이나 삼각형법으로 빼주면 정지한 관찰자의 입장에서 물체의 속도를 구할 수 있는 것이다. 두 물체가 움직이고 있는 경우 한 물체가 정지한 상태라고 하면 상대방 물체는 상대 속도로 운동하여 가장 가까운 거리를 지날 것이다.

추리 단답형

06

민호와 민재가 그림과 같이 10 m 만큼 떨어져 있다가 민호는 3 m/s 로 동쪽으로 출발하고, 민재는 4 m/s 로 북쪽으로 동시에 출발하였다면 민호와 민재의 최단 거리는 몇 m 이겠는가?

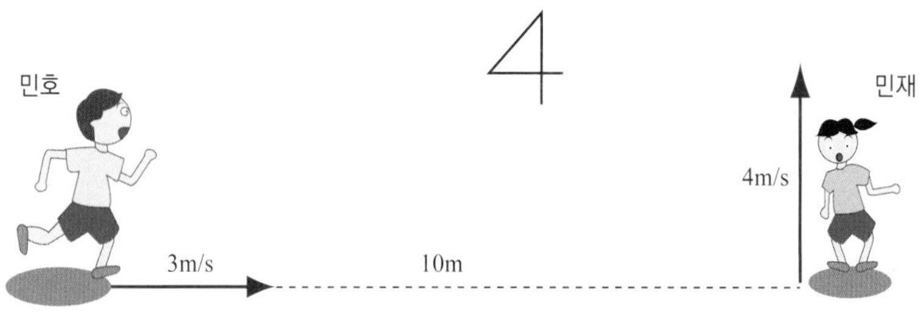

단계적 문제 해결형

07 어떤 사람이 배로 여행하던 중 표류하다 무인도에 닿았다. 불을 피워 신호하였더니 지나가던 레저용 경비행기가 가까스로 그를 발견하였고, 먹을 음식이 담긴 상자를 떨어뜨려 주려고 한다. 무인도를 향해서 일정한 속력으로 수평으로 날아가고 있는 경비행기에서 상자를 ×표 한 지점에 떨어지게 하려면 무인도 앞 수평으로 몇 m 지점에서 어떻게 놓아야 할까? 또 몇 초 만에 상자는 × 지점에 도달할까? 주어진 조건을 이용하여 각 물음에 답하시오. (단, 경비행기는 무인도 쪽으로 정면으로 날아와 × 표한 지점 바로 위를 지나간다. 공기의 영향은 무시한다.)

〈조건〉
- 경비행기의 속력 = 20 m/s
- 경비행기의 비행 높이 = 180 m
- 상자가 t 초 동안 낙하하는 거리(m) = $5t^2$
- 중력 가속도 = 10 m/s^2

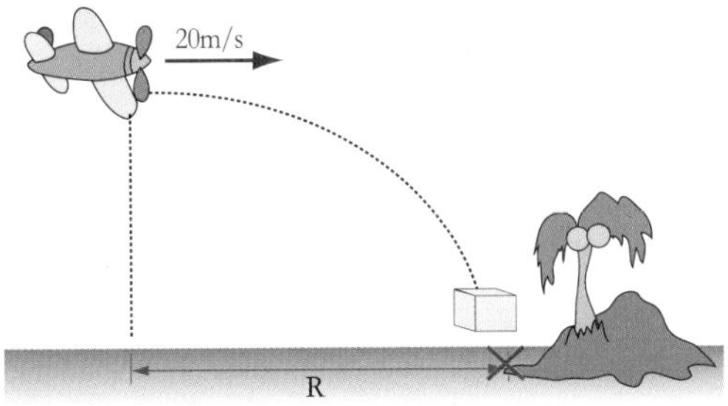

수평 거리	상자를 놓는 방법	도달 시간
① 80 m	앞을 향해 수평으로 던진다.	4 초
② 100 m	잡고 있던 상자를 그냥 놓는다.	6 초
③ 120 m	잡고 있던 상자를 그냥 놓는다.	6 초
④ 160 m	상자를 수직 아래로 던진다.	8 초
⑤ × 표 바로 위	뒤로 20 m/s 로 던진다.	4 초

자유 낙하 운동은 물체에 아무런 힘을 가하지 않고, 중력만을 작용하여 물체를 낙하시킬 때 나타나는 운동이다. 보통은 공기가 존재하지 않는 것으로 하여 공기 저항력을 0 으로 놓는다.

자유낙하하는 물체나 사람은 중력 (무게)과 같은 크기의 관성력을 받으므로 아무런 힘을 받지 않는 무중력 상태를 경험하게 된다.

포물선 운동은 수평 방향의 운동과 연직 방향의 운동을 따로따로 나누어서 생각하는 것이 이해가 빠르다.

힘을 받고 있는 물체는 힘의 방향으로 가속도 운동을 하며($F = ma$), 힘을 받지 않는 물체는 등속도 운동을 한다.

날아가는 비행기에서 물체를 낙하시키는 경우, 비행기와 물체는 같이 운동하고 있었으므로 물체를 가만히 놓는다고 할지라도 앞으로 던진 물체의 운동과 같아지게 된다. 그러나 물체는 연직 아래 방향으로 중력만을 받으며 운동한다.

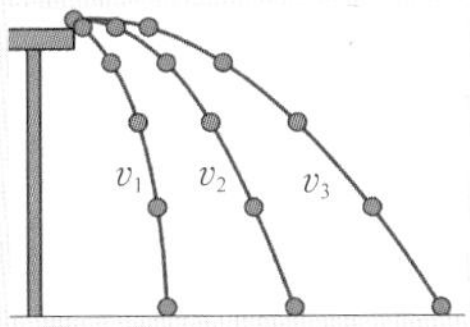

수평 방향으로 던진 속도 : $v_1 < v_2 < v_3$

창의력을 키우는 문제

비스듬히 던진 물체의 운동을 연장하면 그림과 같이 된다.

① 물체가 최고점에 올라갈 때의 운동과 최고점에서 다시 떨어지는 운동은 대칭이다.
② 물체의 운동을 분석하기 위해서는 처음 속도를 수평 방향과 연직 방향으로 나눈다.
③ 물체는 수평 방향으로는 힘을 받지 않는 운동(등속 운동 : 처음 속도의 수평 방향 성분 속도)을 하게 되고, 연직 방향으로는 위로 던진 물체의 운동(처음 속도의 연직 방향 성분 속도로 위로 던진 운동)을 하게 된다.

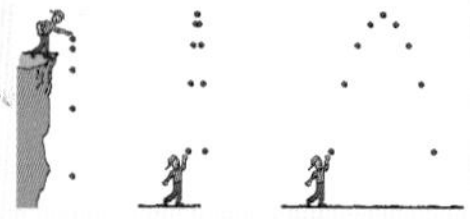

④ 최고점에서의 물체의 속도는 처음속도의 수평 방향 성분과 같다.
⑤ 최고점 이후의 운동은 최고점에서 수평으로 던진 물체의 운동과 같다.

단계적 문제 해결형

08 **그림과 같이 수평면에서 높이 30 m 의 빌딩 옥상의 점 O 에서 수평면과 30° 의 각도로 공을 던졌더니 4 초 후 지면의 점 B 에 낙하하였다. 물음에 답하시오. (g = 10 m/s^2)**

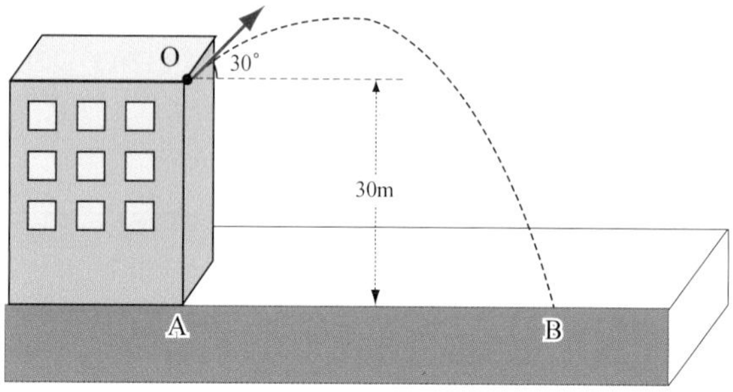

(1) 점 O 에서 공을 던질 때의 속도의 크기는 몇 m/s 인가?

(2) AB 사이의 수평 거리는 몇 m 인가?

(3) 공이 최고점에 도달하는데 걸리는 시간은 공을 던진 후 몇 초 후인가?

물체가 아무런 힘을 받지 않는 경우와 연직 아래 방향으로 중력을 받는 경우를 비교하면 문제를 푸는 또 하나의 방법이 된다.

(중력이 작용하지 않았을 때(A)와 연직 아래 방향으로 중력을 받을 때(B ; g = 10m/s^2)의 운동 비교) - 두 물체는 같은 속력으로 비스듬히 던져졌다.

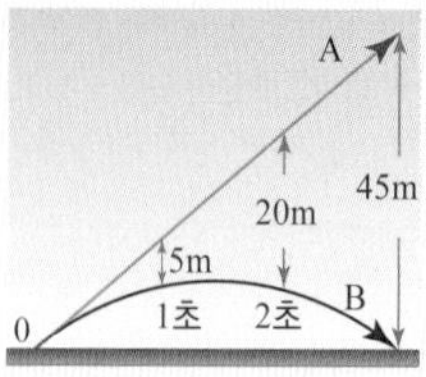

1초, 2초, 3초일 때의 높이의 차는 자유 낙하 거리(s)와 같다.

$$s = \frac{1}{2}gt^2 = 5t^2$$

추리 단답형

09 **그림과 같이 높이가 h 인 지점에서 화재가 발생하였다. 이때 소방관이 건물에서 수평 거리 5 m 떨어진 지점에서 수평면과 60° 인 방향으로 물을 쏘아서 화재를 진압하고 있다. 물의 처음 속력이 20 m/s 일 때, 물이 도달하는 건물 높이 h 를 구하시오. (g = 9.8 m/s^2)**

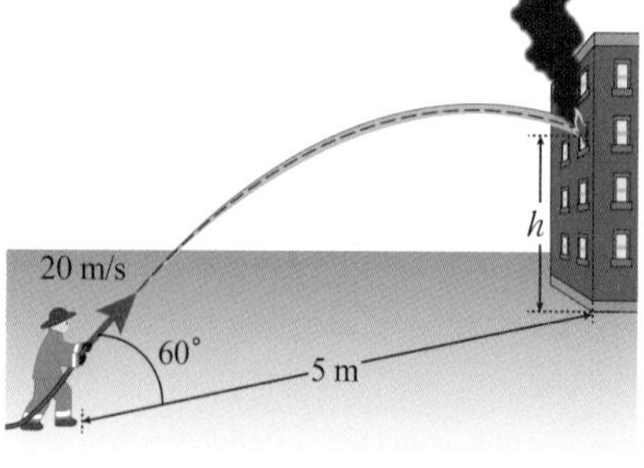

단계적 문제 해결형

10

야구 투수인 류현진 선수는 시속 150 km/h 의 공을 던질 수 있다. 이것은 약 42 m/s 의 강속구이다. 투수가 공을 던질 때에는 팔을 뻗어 몸 뒤쪽에서부터 야구공에 힘을 가하여 4 m 를 이동하는 동안 가속 운동을 시켜서 몸 앞쪽에서 야구공을 놓을 때 최대의 속력이 되게 한다. 물음에 답하시오.

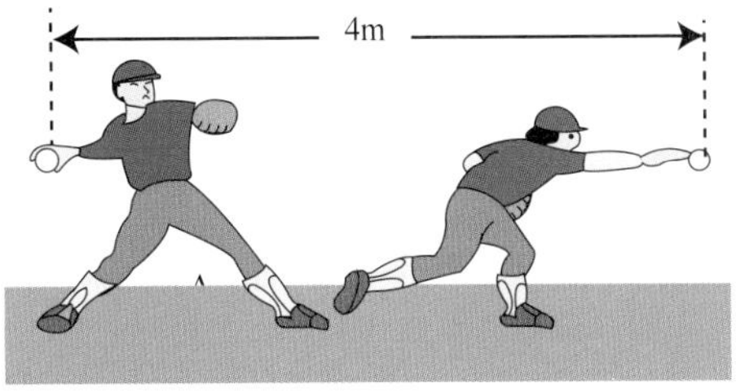

(1) 투구 동작 중 공의 평균 가속도를 구하시오.

(2) 야구공의 질량이 약 350 g 이라면 류현진 투수가 공에 가한 평균 힘은 얼마인가?

야구공(ball)

한국야구위원회의 공인구는 코르크(cork), 고무 또는 이와 비슷한 재료로 만든 작은 심(芯)에 먼저 실을 감고, 흰색 말가죽 또는 쇠가죽 두 쪽으로 싸서 단단하게 만든다. 중량은 141.7~148.8g 둘레는 22.9~23.5cm으로 정해져 있다.

가죽 두 쪽을 붙이기 위해서 실밥을 이용하여 꿰매기 때문에 야구 투수 들이 이 실밥의 돌출 부분을 이용하여 다양한 구질의 공을 던질 수 있다.

투수가 던진 공이 휘어지는(커브 볼)이 되는 이유는 공이 회전하면서 공의 위의 부분과 공의 아래의 부분의 압력차가 나타나기 때문이다.
보통 직구를 던지기 위해서는 던져진 공의 앞면이 위로 공의 뒷면이 아래로 도는 회전을 해야 한다. 공이 그 반대로 회전하면 아래로 떨어지는 커브 볼이 된다.

추리 단답형

11

마찰이 없는 수평면에서 2 kg 의 물체와 4 kg 의 물체를 접촉시켜서 수평 방향으로 밀되 한 번은 왼쪽에서 밀고, 다른 한 번은 같은 힘으로 오른쪽에서 밀 때에 대한 설명이다. 설명 중 옳은 것만을 있는 대로 고르시오.

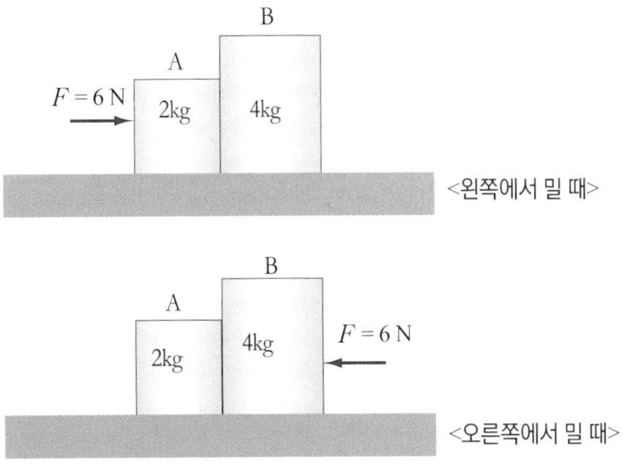

① 두 경우 물체의 가속도의 크기는 1 m/s² 이다.
② 왼쪽에서 밀 때 물체 A 가 B 를 미는 힘은 오른쪽에서 밀 때 물체 B 가 A 를 미는 힘보다 작다.
③ 오른쪽에서 밀 때 물체 B 는 A 를 4 N 의 힘으로 밀고 있다.

여러 가지 모양의 도르래

도르래는 여러 가지 형태로 우리 생활에 이용되고 있다. 보통 도르래는 무거운 물체를 들어올리기 위해서 고안된 것이다. 물체를 들어올리는 여러 개의 줄마다 같은 힘을 물체에 작용하도록 하여 큰 힘을 만들어 낸다.

아래와 같은 도르래는 양쪽에 비슷한 무게의 물체를 매달아 작은 힘으로 물체를 오르내리게 하였다.

도르래와 끈 사이의 마찰이 없다면 물체를 연결한 끈이 각 물체를 잡아당기는 장력은 일정하다.

단계적 문제 해결형

12 그림 (가)는 2 kg, 3 kg 의 두 물체를 용수철 저울이 연결된 가벼운 고정 도르래를 통해 연결하여 운동시키는 것이고, 그림 (나)는 같은 장치에 1 kg, 4 kg의 물체를 연결하여 운동을 시키고 있는 것이다. 도르래의 무게 및 마찰은 무시하고, g = 10 m/s^2 이다. 물음에 답하시오.

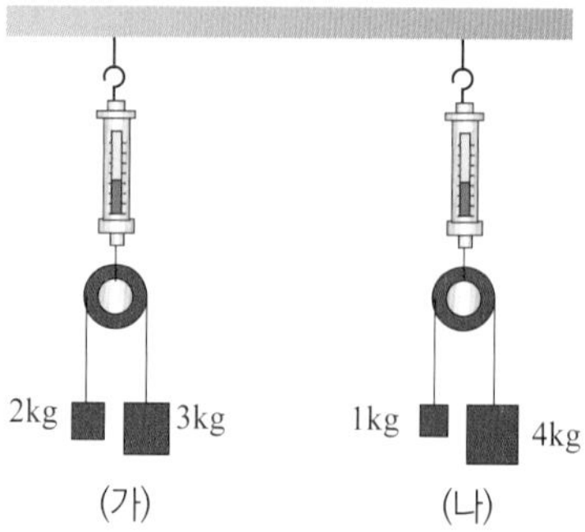

(1) (가), (나) 물체의 가속도의 크기를 각각 구하시오.

(2) (가), (나) 용수철 저울의 눈금은 각각 몇 N 인가?

단계적 문제 해결형

13 어떤 사람이 도르래를 이용하여 자신이 탄 바구니를 끌어올리고 있다. 사람과 바구니를 합한 질량은 100 kg 이고, 도르래의 무게는 무시할 수 있을 정도로 작으며, g = 10 m/s^2 이다. 물음에 답하시오.

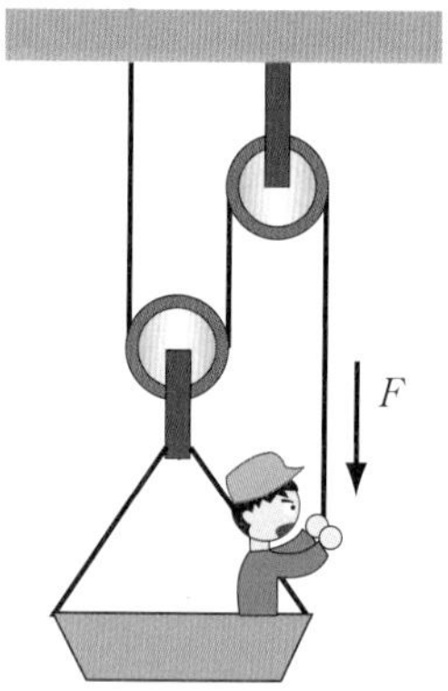

(1) 이 사람이 자신이 탄 바구니를 끌어올리기에 필요한 최소한의 힘은 얼마인가?

(2) 이 사람이 가속도 1 m/s^2 으로 상승하고 있을 때 연직 아래로 잡아당기는 힘 F 는 얼마인가?

단계적 문제 해결형

14 질량 5 kg 의 물체가 엘리베이터 천장에 고정되어 있다. 엘리베이터는 $\frac{4}{5}g$ 의 가속도로 하강하고 있다. $g = 10\ m/s^2$ 이다.

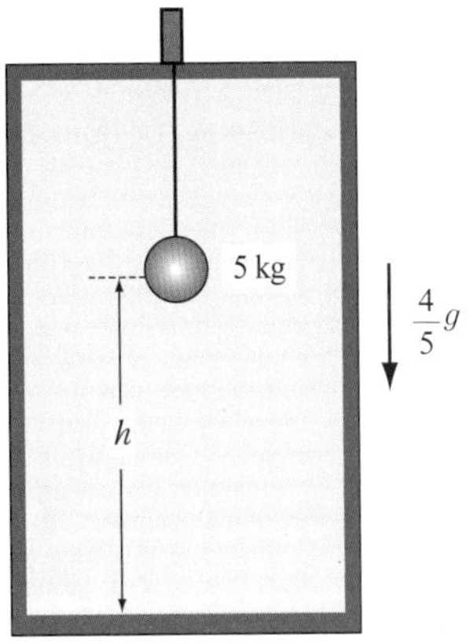

(1) 추를 매단 실의 장력은 얼마인가?

(2) 엘리베이터가 운동 중에 실이 끊어졌을 때 추가 엘리베이터 바닥에 낙하하는 시간과 엘리베이터가 정지했을 때 실을 끊어 추가 바닥에 낙하하는 시간을 비교하시오.

추리 단답형

15 반지름 R 인 원통을 돌려서 벽에 질량 m 인 사람이 붙어서 떨어지지 않도록 하려 한다. 원통 면과 사람 사이의 정지마찰계수를 μ 라고 하면 사람이 붙어서 떨어지지 않도록 하기 위한 회전수 f 를 구하시오. 중력 가속도를 g 로 한다.

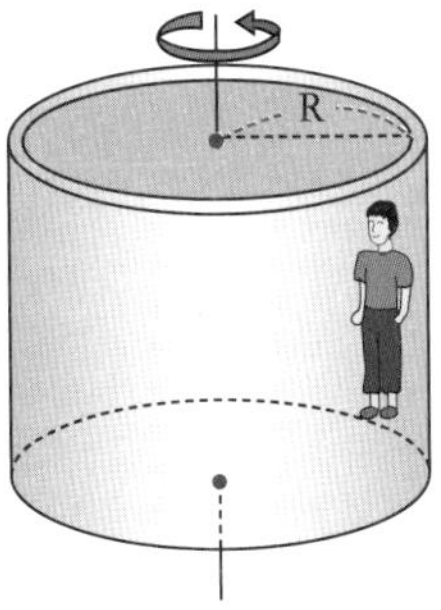

추리 단답형

16 곡률 반경 r 의 원운동을 하는 자동차의 도로는 바깥으로 자동차가 미끄러지지 않기 위해 그림처럼 도로의 바깥쪽을 안쪽보다 높게 만든다. 경사면의 마찰이 없다고 가정하고 질량 m 의 자동차가 바깥으로 미끄러지지 않기 위해 자동차가 낼 수 있는 최대 속력을 구하시오.

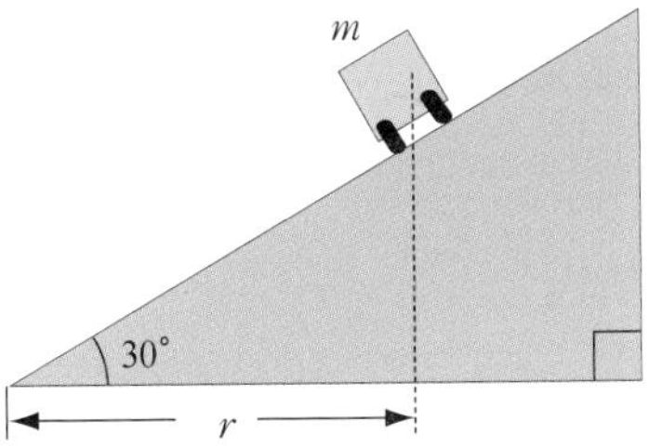

관성력과 무중력 상태

우주공간에서 아무런 힘을 받지 않는 상태(힘의 평형 상태 포함)를 무중력 상태라고 한다면 가속 운동하는 물체도 관성력에 의해 무중력 상태를 경험할 수 있다.

쏠리는 힘(관성력) : 관성력은 관성 때문에 나타나는 가상적인 힘이다. 가속도 운동하는 물체는 쏠리는 힘을 경험한다. 버스나 열차 또는 엘리베이터가 운동할 때 운동하는 물체 자체도 쏠리는 힘을 경험하지만 그것을 타고 있는 사람도 같은 운동을 하므로 관성력을 경험한다.
질량 m 의 물체가 만약 외부로부터 힘 F 를 받아 가속도 운동을 하고 있다면 그 물체가 경험하는 힘은 반대 방향으로 관성력 $F = -ma$ 이다.
만약 질량 m 의 물체가 자유 낙하하고 있다면 이 물체는 중력 mg 를 받고 있으므로 반대 방향으로 $-mg$ 의 관성력이 나타나며 결국 이 물체는 아무런 힘을 받지 않는 무중력 상태가 되는 것이다.
엘리베이터가 아래 방향으로 가속도 g 의 운동을 한다면(줄이 끊어진다면) 엘리베이터 내부는 무중력 상태가 된다.
물체가 등속 원운동을 하는 경우 물체의 가속도는 원의 중심 방향이므로 쏠리는 힘은 원의 중심에서 멀어지는 방향이 되고 이 힘을 원심력이라 한다.

▲ 우주 공간에서의 무중력

▲ 고속 운전하는 엘리베이터

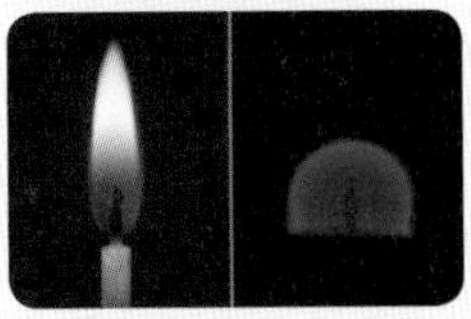
▲ 무중력 상태에서는 대류가 일어나지 않으므로 촛불이 타지 않고 오른쪽처럼 원모양이 되다가 이내 꺼진다.

창의력을 키우는 문제

● 단계적 문제 해결형

17 $3\ m/s^2$ 의 등가속도 운동을 하고 있는 전동차 안에서 $12\ m/s$ 의 속력으로 쇠구슬을 굴렸다. 굴리는 순간 전동차의 속도는 오른쪽으로 $20\ m/s$ 였다. 쇠구슬과 바닥의 마찰은 무시한다

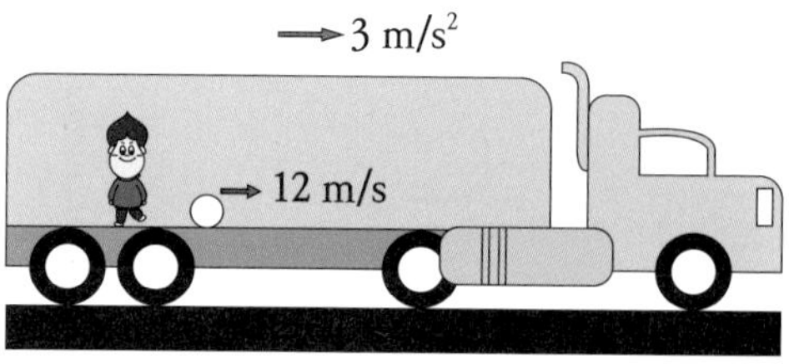

(1) 전동차 안에서 볼 때 쇠구슬은 몇 초 후에 정지하는가?

(2) 전동차 안에서 볼 때 쇠구슬이 사람에게 되돌아오기까지 몇 초가 걸리는가?

(3) 전동차 밖에서 봤을 때, 쇠구슬이 사람에게 되돌아오기까지 쇠구슬의 이동 거리와 전동차의 이동 거리를 각각 구하시오.

● 단계적 문제 해결형

18 그림과 같이 길이 l 인 실을 지지대에 고정하고 질량 m 인 추를 매달아 수평면 상에서 원운동을 시킨다. 이 때 실은 연직선과 각 θ 를 이룬다. 중력 가속도를 g 로 할 때 다음 물음에 답하시오.

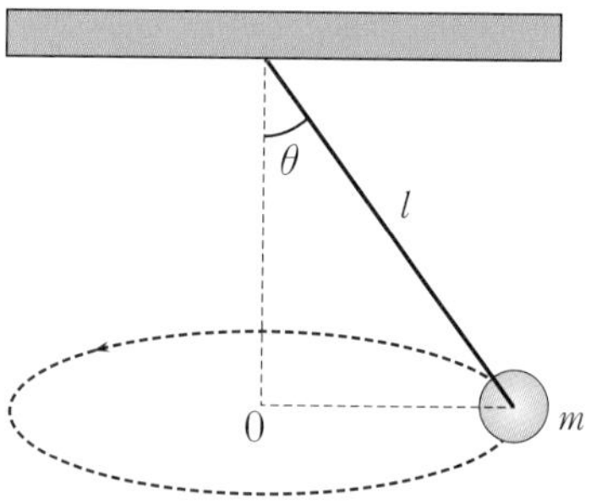

(1) 실의 장력의 크기는?

(2) 구심력의 크기를 m, g, θ 로 나타내시오.

(3) 주기를 구하시오.

가속도 운동하는 전동차 안에서의 물체의 운동)

① 전동차 안에 타고 있는 사람의 입장에서 본 물체의 운동 : 전동차를 타고 있는 사람이나 물체나 관성력을 받아 가속도 운동을 한다.
전동차의 가속도가 a 라면 관성 가속도는 $-a$가 된다.

② 전동차가 유리로 되어 있고 전동차 옆에서 관찰한 물체의 운동 : 물체는 굴리는 순간 관찰하는 사람에 대해서 32m/s 로 등속 운동하며 전동차와 사람은 처음 속도 20m/s 에 $3m/s^2$ 의 가속도 운동을 한다.
전동차의 속도가 32m/s가 되는 순간 전동차 안의 사람에게 물체는 정지한 것으로 보인다.

원뿔 진자

원뿔 운동을 하는 물체가 받는 힘은 연직 아래 방향의 중력, 끈 방향으로의 장력이 있다. 두 힘의 합력이 원운동의 구심력으로 작용하는데, 구심력은 항상 원의 중심 방향이다.

단계적 문제 해결형

19 그림과 같은 빗면 상의 점 A 에서 정지 상태로부터 출발한 질량 m 의 물체가 마찰이 없는 길이 h 의 빗면 AB 를 미끄러지면서 낙하하였다. 물체가 빗면과 분리되는 곳을 B 점이라고 할 때 다음 물음에 답하시오. (단, 공기의 저항은 무시하고, 중력 가속도는 g 로 한다.)

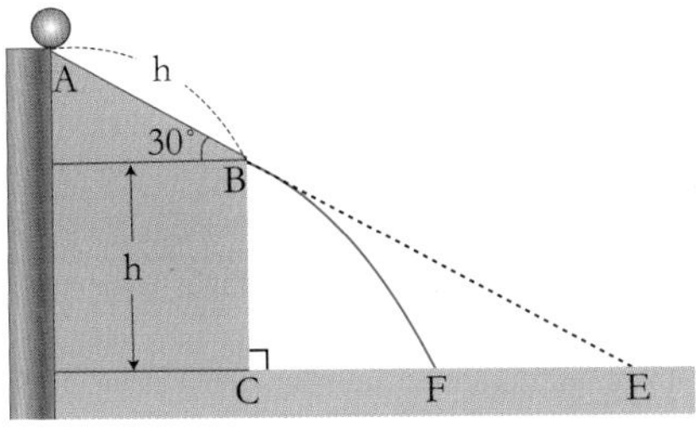

(1) 빗면의 기울기가 30° 라고 할 때 물체가 빗면과 분리되는 순간 물체의 속력은 얼마인가?

(2) 물체가 수평면에 실제로 낙하한 점 F 와 빗면을 연장한 선이 수평면과 만나는 점 E 의 사이의 거리 EF 는 얼마인가?

추리 단답형

20 그림과 같이 높이 2 m, 폭 6 m 의 장애물이 놓여 있는 곳에서 A 점으로부터 장애물의 모서리 B, C 를 스치도록 포탄을 발사하려고 한다. A 점에서 포탄의 발사 속력은 얼마인가?
단, 공기의 저항은 무시하고, g = 10 m/s^2 이다.

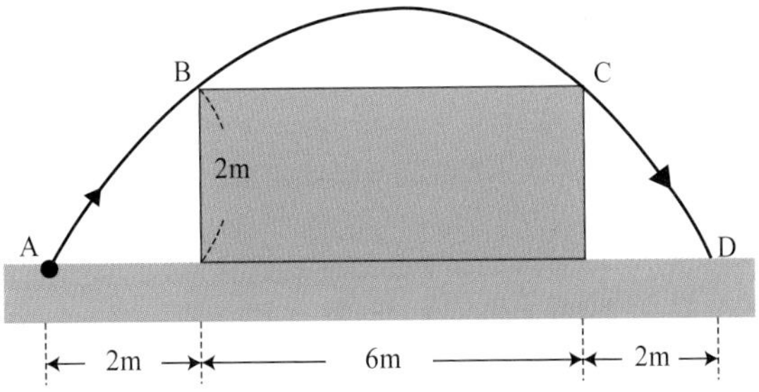

빗면과 분리되면서 물체가 포물선 운동을 하기 시작한다.

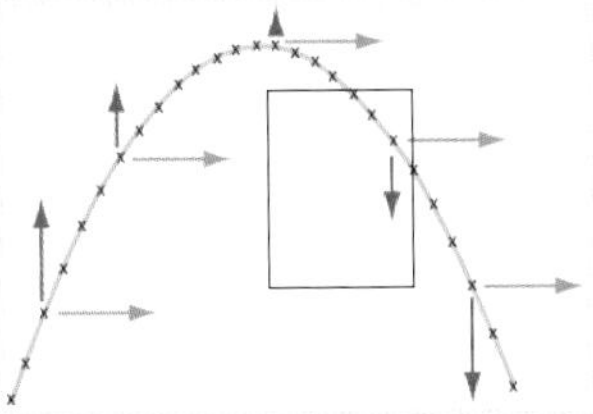

그 궤도는 비스듬히 던진 물체의 운동이 그리는 포물선의 일부(네모 안)인 운동이다.
역시 수평 방향의 속도 성분은 일정 하게 유지되고, 연직 방향의 운동은 가속도 g 의 운동을 한다.

처음 속도를 수평 방향과 연직 방향으로 나누어 각각 v_{0x} , v_{0y} 라고 하면, 수평 방향으로는 v_{0x} 의 등속 운동을 하게 되고, 연직 방향으로는 v_{0y} 의 연직 위로 던진 물체의 운동을 하게 된다.

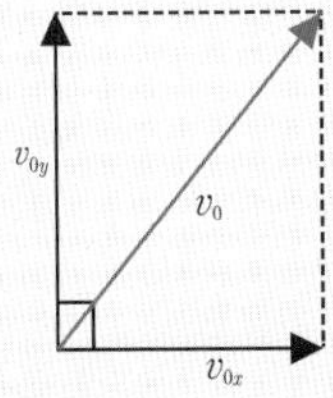

최고점까지 걸린 시간이 t_1 이라면 수평 거리는 5 m 이므로

$$v_{0x} \times t_1 = 5$$
$$v_{0y} - gt_1 = 0$$

또 B 점까지 걸린 시간이 t_2 라면 B점은 출발점에서 수평 거리 2m, 높이 2m 인 지점이므로

$$v_{0x}\, t_2 = 2$$
$$v_{0y}\, t_2 - \frac{1}{2}gt_2^{\,2} = 2$$

단계적 문제 해결형

21 질량이 각각 2 kg, 1 kg, 3 kg 인 세 개의 블록 A, B, C 가 마찰이 없는 평면 위에 그림과 같이 놓여 있다. 블록 A 와 C 는 끈으로 연결되어 있으며, 블록 C 에 화살표 방향으로 36 N 의 힘이 작용하고 있다.

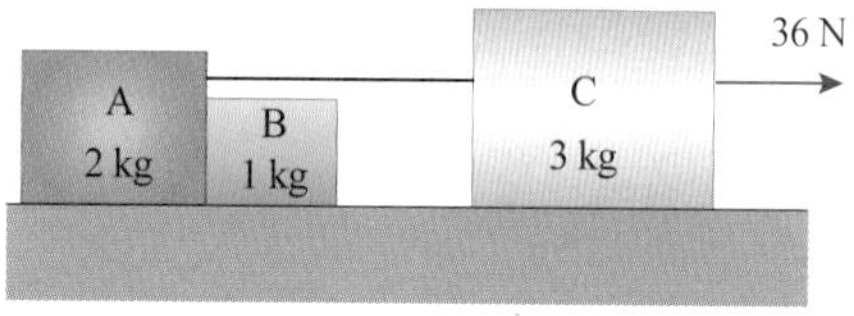

(1) 블록 전체의 가속도를 구하시오.

(2) 블록 A 와 C 를 연결한 끈의 장력을 구하시오.

(3) 블록 A 가 블록 B 에 작용하는 힘을 구하시오.

단계적 문제 해결형

22 질량이 4 kg 인 물체 A 가 벽에 고정된 끈에 연결된 채 질량이 11 kg 인 물체 B 위에 놓여 있다. 물체 B 와 지표면, 물체 A 와 물체 B 사이의 운동 마찰 계수는 각각 0.5 이고, 물체 B 에 화살표 방향으로 100 N 의 힘이 작용하고 있다. (g = 9.8 m/s^2)

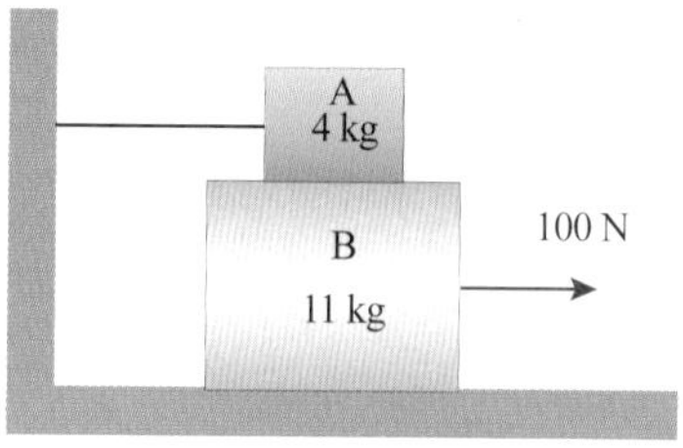

(1) 벽에 고정된 끈의 장력을 구하시오.

(2) 물체 B 의 가속도를 구하시오.

각 물체에 작용하는 마찰력

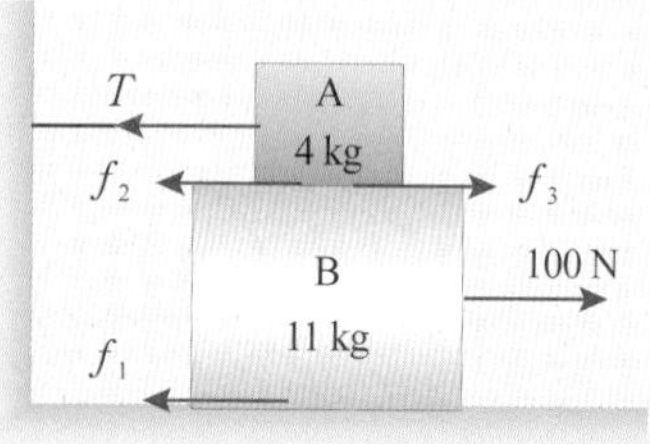

f_1, f_2 : 물체 B 에 작용하는 마찰력
f_3 : 물체 A 에 작용하는 마찰력
T : 물체 A 에 작용하는 장력
100 N : 물체 B 에 작용하는 힘(외력)
(물체A, B는 서로 마찰력을 주고 받는다.(작용반작용))

추리 단답형

23 경사각이 θ 인 빗면에서 경사각에 대해 φ 의 각을 이루며 v 의 속력으로 던져 올린 물체가 경사면에 도달하는 데 걸리는 시간을 구하시오. (단, 공기 저항은 무시하며, 중력 가속도는 g 이다.)

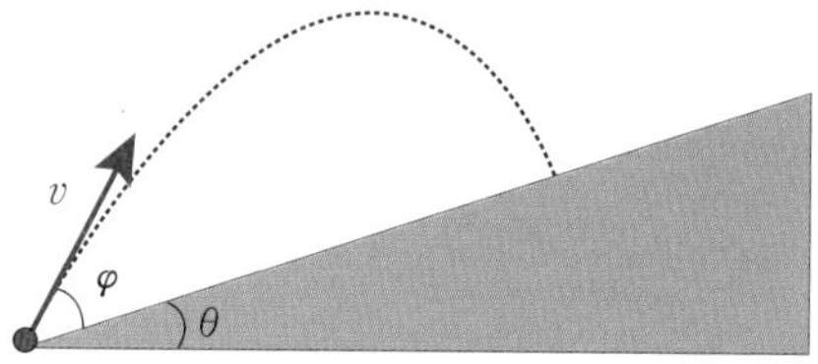

추리 단답형

24 어떤 물체를 수평면에 대해 30° 로 비스듬히 던졌다. 이 물체가 최고점 h_1 에 이르렀을 때 경사각이 30° 인 경사면에 그림과 같이 탄성 충돌한 후, 수평면으로부터 높이 $h_1 + h_2$ 인 지점에서 경사 면과 다시 그림과 같이 충돌하였다. $\frac{h_2}{h_1}$ 를 구하시오.

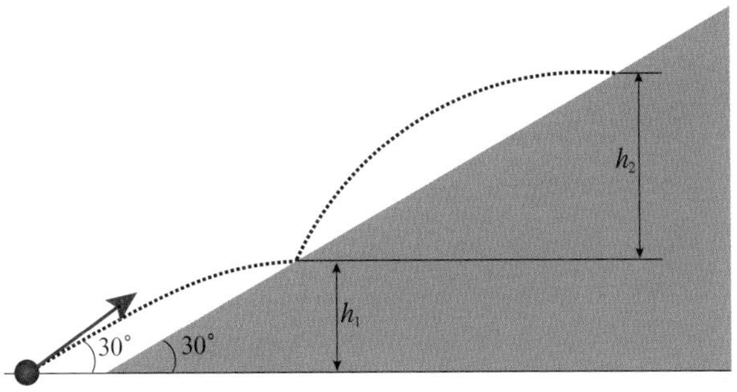

추리 단답형

25 그림은 어느 혜성이 타원 궤도를 그리며 태양 주변을 공전하는 모습과 지구의 공전 궤도를 간단히 나타낸 것이다. 이 혜성의 공전 주기는 27 년이며 근일점에서 태양과의 거리는 0.6 AU 이다. 이 혜성 궤도에 있어서 태양과 원일점 사이의 거리는 몇 AU 인가?

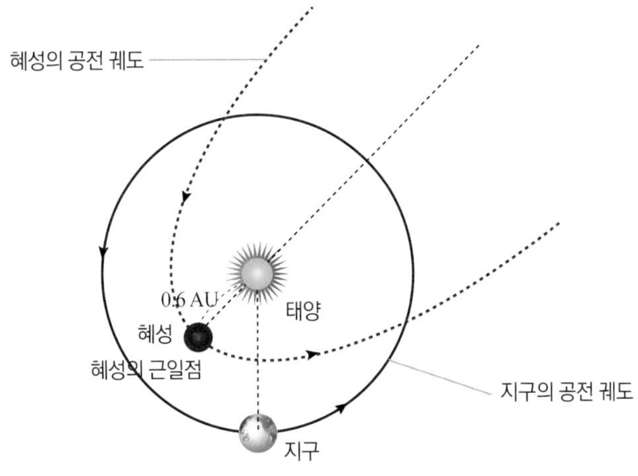

탄성 충돌

충돌 전 후의 에너지가 보존되는 충돌이다.
질량이 m_A, m_B 인 두 물체 A, B
충돌 전 물체 A, B의 속력 : v_A, v_B
충돌 후 물체 A, B의 속력 : v_A', v_B'

$$\frac{1}{2}m_Av_A^2 + \frac{1}{2}m_Bv_B^2 = \frac{1}{2}m_Av_A'^2 + \frac{1}{2}m_Bv_B'^2$$

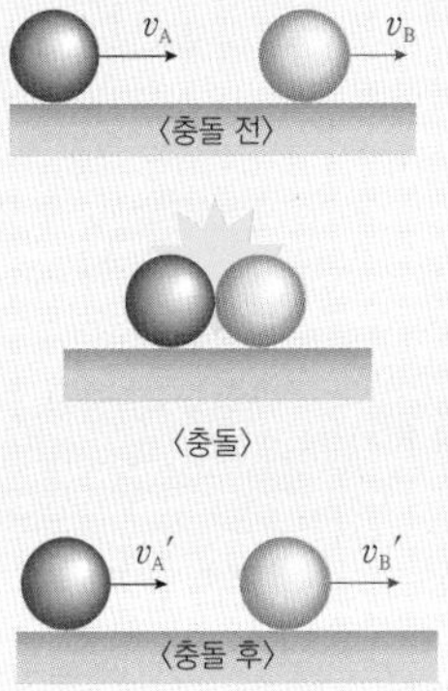

충돌 전후에 운동량은 늘 보존된다.

$$m_Av_A + m_Bv_B = m_Av_A' + m_Bv_B'$$

· 1 AU = 1.5×10^8 km
(태양과 지구 사이의 평균 거리)
· 근일점 거리 + 원일점 거리 = 장지름

창의력을 키우는 문제

우주선에 작용하는 힘

구심력 = 만유인력 = 중력

우주선 공전 궤도 반경 R, 우주선 질량 m, 우주선 속도 v, 지구 질량 M 일 때,

$$F = \frac{mv^2}{R} = G\frac{Mm}{R^2} = mg'$$

우주선의 속력

$$\frac{mv^2}{R} = \frac{GMm}{R^2},$$

$$\rightarrow v = \sqrt{\frac{GM}{R}}$$

R : 장반경

우주선의 운동 주기

우주선의 주기의 제곱은 궤도 반지름(장반경)의 세제곱에 비례한다.

$$T = \frac{2\pi R}{v} = 2\pi\sqrt{\frac{R^3}{GM}}$$

R : 장반경

용수철 진자의 주기

마찰이 없는 수평면 위에 용수철 상수가 k 인 용수철의 한쪽 끝을 고정하고, 나머지 한쪽 끝에 질량이 m 인 물체를 연결한 후 당겼다 놓으면 물체는 탄성력을 받아 평형점을 기준으로 진동을 한다.

이때 복원력 $F = -m\omega^2 x = -kx$

이므로, $m\omega^2 = k$, $\omega = \sqrt{\frac{k}{m}}$ 가 되어 주기 T 는 다음과 같다.

$$T = \frac{2\pi}{\omega} = 2\pi\sqrt{\frac{m}{k}}$$

추리 단답형

26 다음 그림은 반지름이 R, 질량이 M 인 지구의 중심으로부터 반지름이 $2R$ 인 원궤도를 따라 등속 원운동하는 질량 m 의 우주선을 나타낸 것이다. 어느 순간 우주선이 A 점에서 엔진 추진을 하여 타원 경로 P 를 따라 운동하다가 B 점에서 또 다시 엔진 추진을 하여 반지름이 $4R$ 인 원궤도 등속 원운동하였다. A 점에서 엔진을 추진하여 경로 P 를 따라 B 점에 도달하는 데 걸리는 시간을 구하시오. (단, A 점과 B 점은 각각 경로 P를 포함한 타원 궤도의 근일점과 원일점이다.)

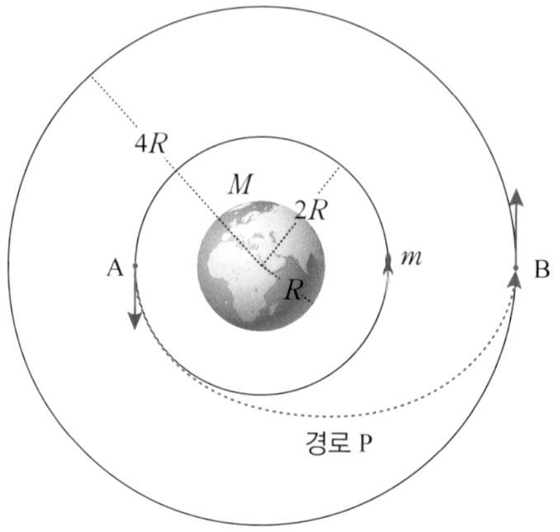

추리 단답형

27 그림 (가)는 지구 중심을 통과하는 얇고 긴 터널이 뚫려 있는 것을 나타낸 것이다. 지구가 반지름이 R, 밀도가 ρ 로 균일하고, 마찰이나 저항을 무시할 때, 지표면 상의 한 지점 A 에서 놓은 질량이 m 인 물체는 지구 중심에 대해 대칭인 위치에 있는 지점 A 와 B 사이를 왕복하는 단진동 운동을 한다. (지표면에서 중력 가속도는 g 이다.)

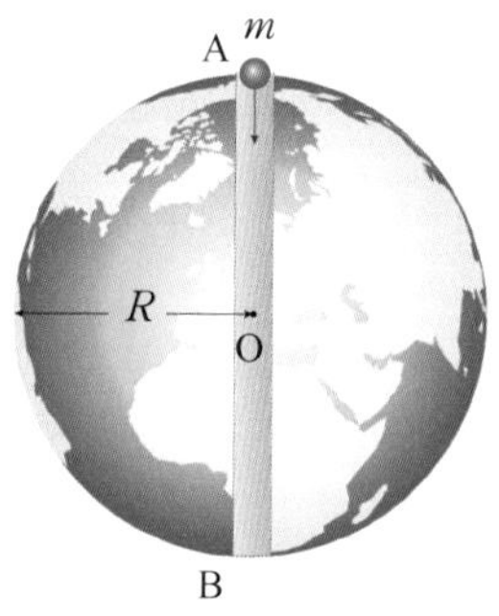

(1) 지표면으로부터 깊이가 h 인 곳에서 중력 가속도를 구하시오.

(2) 물체의 진동 주기를 구하시오.

추리 단답형

28 **다음은 NASA 에서 진행하고 있는 상대성 이론에 관한 연구와 관련된 기사이다. 기사를 읽고 물음에 답하시오.**

우주에서는 천천히 늙는다?! - 쌍둥이 우주인 대상 실험

▲ 일란성 쌍둥이 형제 스콧 켈리와 마크 켈리

지난해 3월 28일 소유스호를 타고 국제우주정거장(ISS)으로 떠난 우주비행사 스콧 켈리가 다음 달 1일 귀환하면서 우주여행이 인간의 몸에 어떤 변화를 일으키는지에 대한 연구가 본격 시작된다.
340일간 우주에 머물면서 미국인 우주 최장기 체류 기록을 세운 스콧은 쌍둥이 형제이자 은퇴한 우주비행사인 마크 켈리와 미 항공우주국(NASA)의 '쌍둥이 연구'에 참여하였다.

스콧은 무중력 상태에서 골밀도·시력·심장·혈액 등의 검사를 했고, 기분·스트레스·인지능력 등 정신의학 테스트도 받았으며, 같은 시간 지구에서 마크도 같은 검사를 받았다. 또한, 같은 독감 백신을 투여받아 면역 시스템이 우주와 지구에서 어떻게 작동하는지 비교하는 연구도 시행했다. NASA에 따르면 우주에서는 면역력이 약화된다.
이번 실험과 관련해선 노화 속도 역시 관심을 끌고 있다. NASA도 속도가 빨라지면 시간이 느리게 흐른다는 아인슈타인의 특수 상대성 이론을 거론하며 "우주를 여행하고 돌아온 스콧이 지구에 머물러 있던 마크보다 덜 늙게 될 것"이라고 밝힌 바 있다. 이른바 '쌍둥이 패러독스'다.

NASA는 "시간의 흐름을 연구하지는 않는다"고 밝혔지만, 유전자 검사를 통해 '텔로미어(telomere, 염색체 말단의 염기서열 부위)' 길이를 비교할 경우 우주 환경에서 노화의 속도를 확인할 수 있다.

[출처: OO일보 2016.02.XX]

(1) 만약 스콧 켈리가 지구를 떠나 26 광년 떨어져 있는 행성을 향하여 $0.8c$ 의 속력으로 움직였다면, 출발 후 그가 행성에 도착한 순간(㉠)과 스콧 켈리로부터 도착하였다는 연락을 수신한 순간(㉡)은 각각 지구의 시계로 얼마의 시간이 흘렀을까?(단, 연락을 주고받는 라디오파 신호는 빛의 속도 c 로 진행하며, 1 광년은 빛의 속도로 1 년 동안 진행한 거리이다.)

(2) 지구에 있는 마크가 보았을 때, 26 광년 떨어져 있는 행성에 도착하였을 때 스콧의 나이와 마크의 나이 차이는 얼마일까?

쌍둥이 패러독스

지구에 있는 쌍둥이가 여행을 하고 있는 쌍둥이를 보면 운동을 하고 있는데, 여행을 하고 있는 쌍둥이가 보면 지구에 있는 쌍둥이가 운동하고 있는 것으로 보인다. 그렇다면 둘이 만났을 때 누구의 시간이 지연되었겠는가?(누가 더 젊을 것인가?)

결론은 서로 같은 나이를 먹어서 만나게 된다이다.

논리 서술형

29 지구에는 우주로부터 우주선(cosmic ray)이 쏟아져 들어온다. 지구 자기장은 이중 해로운 우주선을 차단해 주지만, 일부 우주선은 지구 대기권(지표면으로부터 약 10 km)에 도달하여 공기 입자와 충돌하여 기본 입자인 뮤온을 발생시킨다. 이때 뮤온은 약 $0.999c$ 의 속도로 지표면으로 떨어지게 되며, 정지한 상태의 뮤온의 수명은 약 2.2×10^{-6} 초이다. 이와 같이 수명이 매우 짧은 뮤온은 지면에 도달하기 전에 수명이 다하기 때문에 지표면에서는 거의 발견되지 않아야 한다. 하지만 실제로는 많은 뮤온이 지표면에서 발견되고 있다.

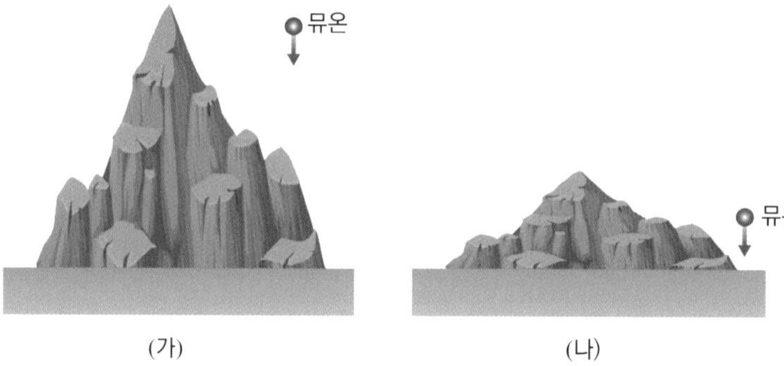

그림 (가)는 지표면의 정지 좌표계에서 뮤온을 관찰할 때, 그림 (나)는 뮤온과 함께 움직이는 좌표계에서 뮤온을 관찰할 때를 구분하여 나타낸 것이다.

(1) 특수 상대성 이론의 시간 팽창을 이용하여, 뮤온이 지표면에서 발견될 수 있는 이유를 서술해 보시오.

(2) 특수 상대성 이론의 길이 수축을 이용하여, 뮤온이 지표면에서 발견될 수 있는 이유를 서술해 보시오.

고유시간(Δt_0)과 관측 시간(Δt)

$$\Delta t = \gamma \Delta t_0$$

$$\gamma = \frac{1}{\sqrt{1-\left(\frac{v}{c}\right)^2}}$$

논리 서술형

30

그림은 작은 공을 수면으로부터 0.2 m 깊이의 지점에서 놓았을 때, 공이 떠오르다가 수면 위로 튀어 오르는 모습을 나타낸 것이다. 공의 밀도가 물의 밀도의 0.5 배일 때, 공은 수면으로부터 얼마나 높이 튀어 오르는가? (단, 물의 밀도 $\rho_{물} = 1.0 \times 10^3$ kg/m^3, g = 10 m/s^2 이고, 물의 저항과 물결파에 의한 영향은 무시한다.)

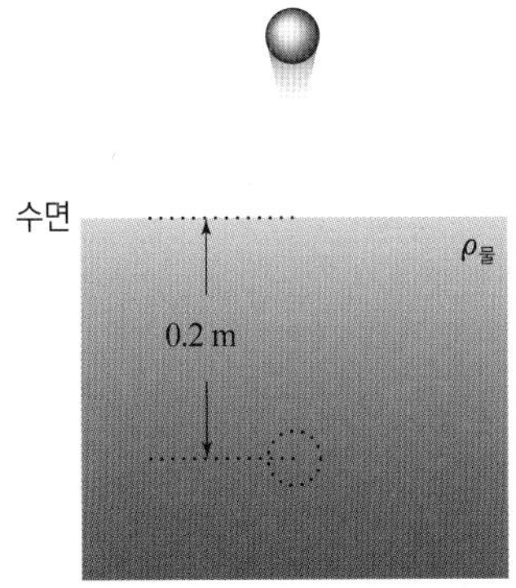

부력을 받는 물체의 운동

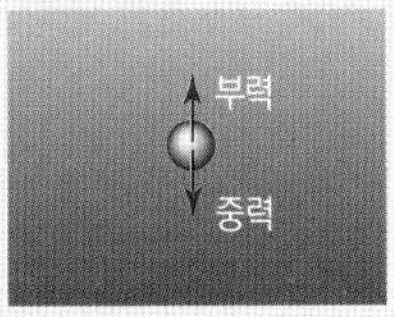

물속의 물체에는 스스로의 부피와 같은 물의 무게 만큼 부력이 작용하고, 스스로의 무게 만큼 중력이 작용한다.

만약 부력이 중력보다 크다면 그것에 해당하는 가속도 운동을 하며 뜨게 될 것이다. 만약 중력과 부력이 같다면 물체에 작용하는 힘의 평형 상태이고 등속 운동을 한다. 이 경우 물체는 중력을 느끼지 않는 무중량 상태이다.

단계적 문제 해결력

31

그림은 물탱크 바닥 부분에 아주 작은 구멍이 생겨 구멍에서 물이 나오는 모습을 나타낸 것이다. 물탱크 밑바닥으로부터 물의 높이는 5 m 이다. 물음에 답하시오. (단, 구멍의 크기는 물의 단면적보다 매우 작으므로 물탱크 수면이 낮아지는 속도는 거의 0 이다. 물의 밀도 ρ = 1.0 × 10^3 kg/m^3, g = 10 m/s^2 이다.)

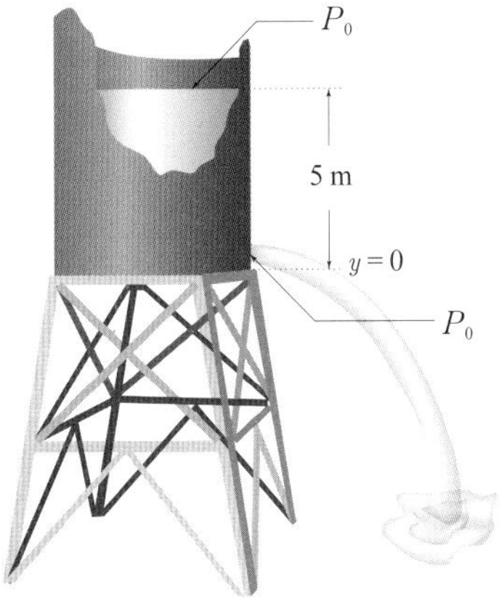

(1) 구멍에서 나오는 물의 속력을 구하시오.

(2) 구멍에서 나오는 물의 속력이 2 배가 되려면 물의 깊이가 얼마가 되도록 물탱크를 만들어야 할까?

베르누이 법칙

$P + \rho g h + \frac{1}{2}\rho v^2$ = 일정

대회 기출 문제

01 오른쪽 그림과 같이 기름을 채운 'ㄷ'자 모양의 관을 역학 수레 위에 올려 놓았다. 역학 수레가 운동하는 동안에 관의 기름면이 그림과 같이 되었음을 관찰하였다. 현 상태에서 역학 수레의 운동에 대한 설명으로 옳은 것만을 있는 대로 고르시오.

[대회 기출 유형]

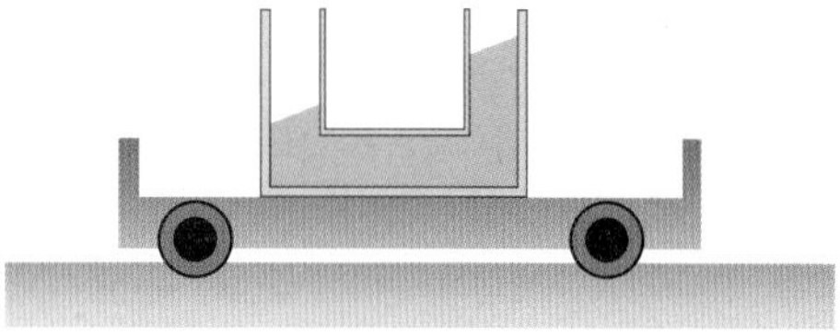

① 이 역학 수레는 일정한 속력으로 운동하고 있다.
② 이 역학 수레는 서서히 속도를 줄이면서 정지하고 있다.
③ 이 역학 수레는 정지 상태로부터 서서히 출발하고 있다.
④ 이 역학 수레는 경사진 면을 일정한 속도로 올라가고 있다.
⑤ 이 역학 수레는 원형 트랙을 일정한 속도로 원운동하고 있다.
⑥ 이 역학 수레는 경사진 면을 중력만으로 자연스럽게 굴러내려오고 있다.

02 A 와 B 두 물체가 같은 위치에서 같은 방향으로 출발하여 시간이 지남에 따라 속도의 변화가 그림과 같이 나타났다. 두 물체의 운동에 관한 설명으로 옳은 것만을 있는 대로 고르시오.

[대회 기출 유형]

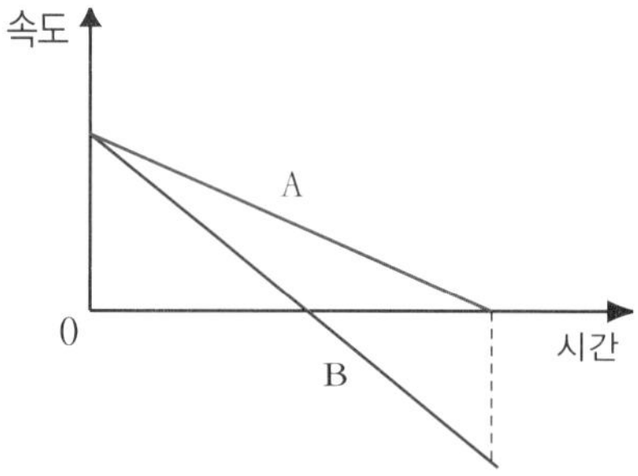

① 두 물체 사이의 거리는 계속 멀어진다.
② 두 물체는 모두 힘을 받는 운동을 하였다.
③ 두 물체는 출발 이후 다시 한 번 만나게 된다.
④ 두 물체는 항상 같은 방향으로 움직이고 있다.
⑤ 두 물체는 모두 출발점으로부터 거리가 계속 멀어진다.
⑥ 두 물체가 출발점으로부터 가장 멀리 떨어진 거리는 같다.

03 그림과 같이 회전판 위에 A, B 두 개의 양초를 고정시키고 불을 켠 후, 회전판을 서서히 회전시켜 가면서 촛불의 움직임을 관찰했다. 다음 중 옳은 것만을 있는 대로 고르시오.

[대회 기출 유형]

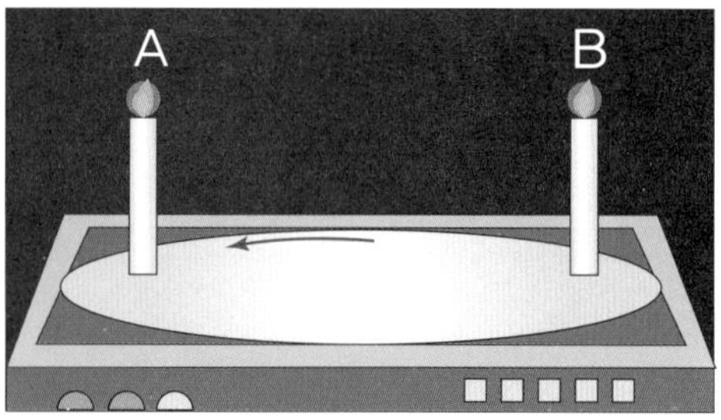

① 촛불 A, B 의 방향은 그대로이다.
② 촛불 A, B 는 회전판 안쪽으로 향한다.
③ 촛불 A, B 의 방향은 서로 반대가 된다.
④ 촛불 A, B 는 회전판 바깥쪽으로 향한다.
⑤ 이런 현상은 우주 정거장에 중력을 발생시키는 원리와 같다.

04

다음은 직선 상에서 운동하는 물체의 위치를 그래프로 나타낸 것이다. 가로축은 시간이며 세로축은 일직선 상에서 원점으로부터 멀어진 거리를 나타낸다. 이 그래프에 나타난 물체의 운동을 바르게 설명한 것만을 있는 대로 고르시오.

[대회 기출 유형]

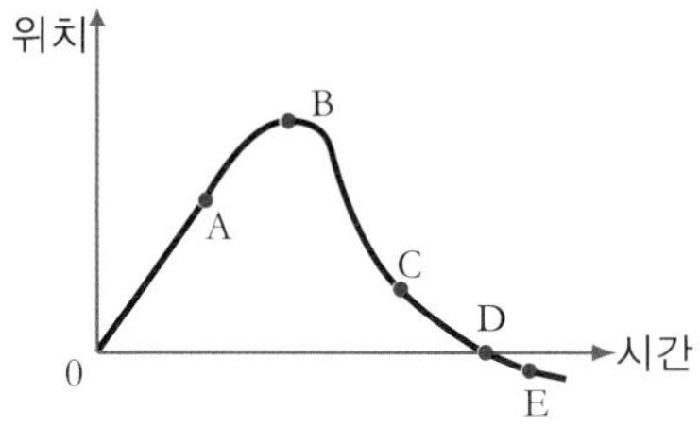

① B 에서 물체의 빠르기가 가장 작다.
② D 는 물체의 운동 방향이 바뀌는 곳이다.
③ A 와 C 에서 물체의 운동 방향은 서로 반대이다.
④ B 에서 C 로 가면서 물체의 빠르기가 감소하고 있다.
⑤ 출발점에서 A 까지 물체의 빠르기는 증가하고 있다.

05

잔잔한 호숫가 언덕 위에서 밧줄을 이용하여 물 위의 배를 끌고 있다. 줄을 1 m/s 의 일정한 속력으로 계속 당길 때, 배가 움직이는 속력에 대한 설명으로 옳은 것만을 있는 대로 고르시오.

[대회 기출 유형]

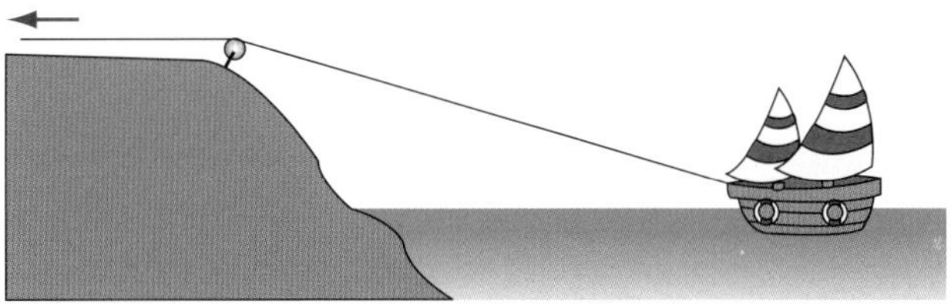

① 배가 움직이는 속력은 1 m/s 보다 작다.
② 배가 움직이는 속력은 1 m/s 보다 빠르다.
③ 배는 항상 1 m/s 의 속력으로 일정하게 움직인다.
④ 언덕에 점점 가까워질수록 속력이 더 느려진다.
⑤ 언덕에 점점 가까워질수록 속력이 더 빨라진다.

06

미끄러운 수평면 위에서 물체 A 에 일정한 힘 F 를 가했더니 가속도 a_1 이 3 m/s^2 이었고, 물체 B 에 같은 힘을 가했더니 가속도 a_2 가 6 m/s^2 이었다. 물체 A 와 B 를 묶어서 같은 힘 F 를 가했을 때 가속도 a 는 얼마인가?

[대회 기출 유형]

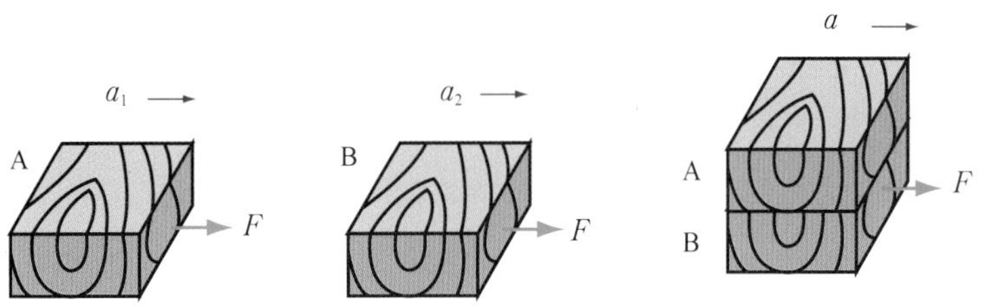

① 1 m/s^2　② 2 m/s^2　③ 3 m/s^2　④ 4 m/s^2　⑤ 5 m/s^2

07 책상면 위에 물체 A 를 올려놓고 도르래를 통해 물체 B 와 연결하였다. 마찰을 무시할 때, 이에 대한 설명으로 옳은 것만을 〈보기〉에서 있는 대로 고른 것은?

[대회 기출 유형]

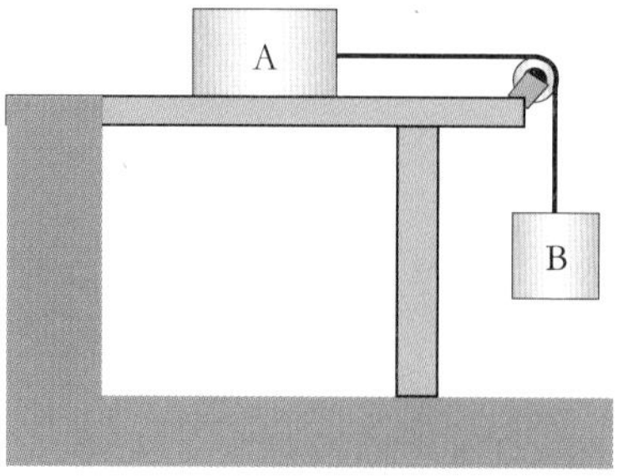

보기

(가) B 의 질량을 두 배로 하면 물체 A 의 가속도가 2 배로 된다.
(나) A 와 B 의 질량을 모두 2 배로 하여도 운동 가속도는 변함이 없다.
(다) A 와 B 의 질량을 모두 2 배로 하면 끈에 작용하는 힘도 2 배가 된다.

① (가) ② (나) ③ (다) ④ (가), (나) ⑤ (나), (다)

08 질량이 각각 m, $2m$ 인 두 물체 A, B 를 가벼운 실로 연결하여 마찰이 없는 수평면에서 일정한 힘 F 로 끌었다. 이에 대한 설명으로 옳은 것만을 〈보기〉에서 있는 대로 고른 것은?

[수능 기출 유형]

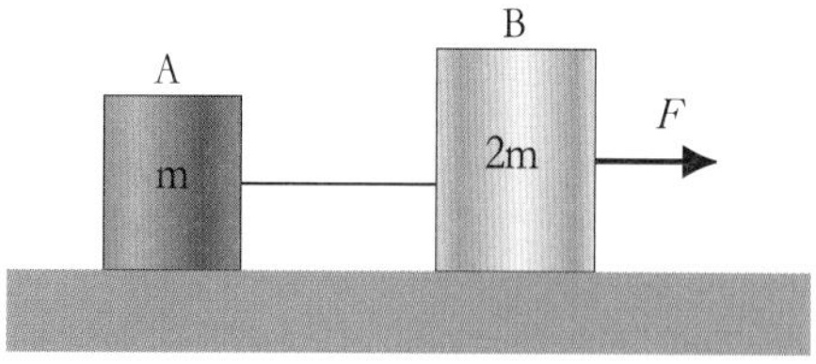

보기

(가) 두 물체의 가속도는 $\dfrac{F}{3m}$ 이다.
(나) 물체 B 의 가속도는 $\dfrac{2F}{3m}$ 이다.
(다) 수레 B 가 수레 A 를 끄는 힘은 $\dfrac{2F}{3}$ 이다.
(라) 수레 A 가 수레 B 를 끄는 힘은 $\dfrac{F}{3}$ 이다.
(마) 수레 B 에 작용하는 알짜힘은 $\dfrac{2F}{3}$ 이다.

① (가), (나), (마) ② (나), (다), (라) ③ (가), (다) ④ (나), (라), (마) ⑤ (가), (라), (마)

09 마찰이 없는 얼음판 위에서 질량이 60 kg 인 어른과 질량이 30 kg 인 어린이가 줄의 양 끝을 잡고 서로 잡아당기고 있다. 어린이가 가속도 4 m/s^2 으로 끌려오고 있다면 어른은 얼마의 가속도로 운동하겠는가?

[수능 기출 유형]

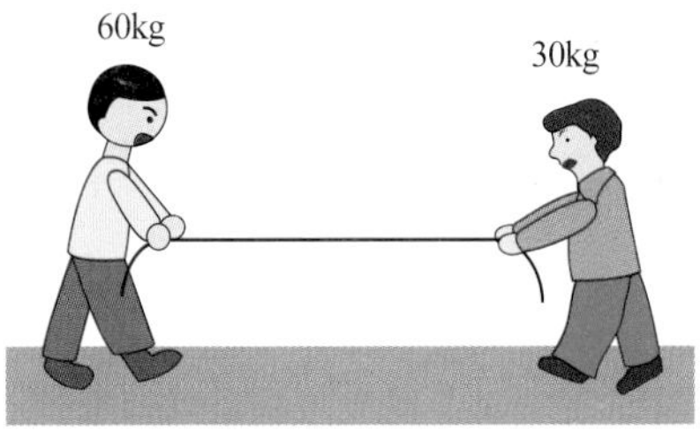

① 1 m/s^2　② 1.5 m/s^2　③ 2 m/s^2　④ 2.5 m/s^2　⑤ 3 m/s^2

10 질량이 각각 m, $2m$ 인 두 공 A, B 가 동일한 높이 h 를 자유낙하하는데 걸리는 시간에 대해 어떤 학생이 〈보기〉와 같은 단계를 거쳐 생각하였다. 다음 단계 중 옳은 것만을 〈보기〉에서 있는 대로 고르시오.

[수능 기출 유형]

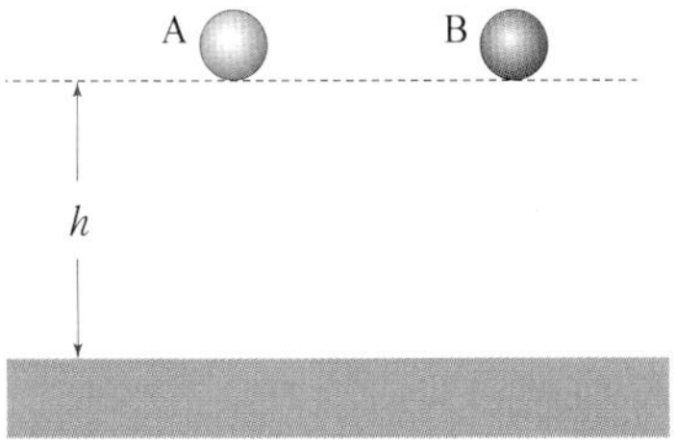

보기

1단계 : B 의 질량은 A 의 질량의 2 배이다.
2단계 : 따라서 B 에 작용하는 중력의 크기는 A 의 2 배이다.
3단계 : 따라서 B 의 가속도는 A 의 2 배이다
4단계 : 따라서 B 의 낙하 시간은 A 의 $\frac{1}{2}$ 배이다.

11 기울기와 높이가 같은 마찰이 없는 빗면을 따라 질량 1 kg 과 2 kg 인 공이 미끄러져 내려가고 있다. 두 공을 빗면에서 동시에 놓았을 때 두 공 A 와 B 의 운동에 대한 설명으로 옳은 것만을 〈보기〉에서 있는 대로 고른 것은?

[대회 기출 유형]

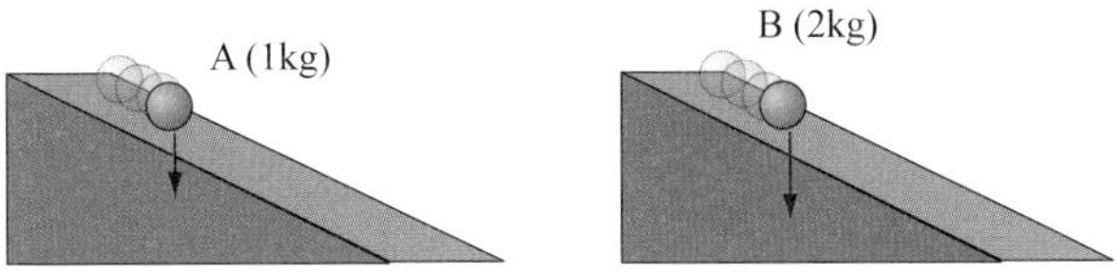

보기

(가) 언제나 공 B 의 속력이 A 의 속력보다 빠르다.
(나) 두 공 모두 시간에 따라 속력이 일정한 비율로 증가한다.
(다) 두 공에 작용하는 힘은 일정하게 감소한다.
(라) 두 공은 동시에 바닥에 도달한다.

① (가), (나)　② (나), (라)　③ (다), (라)　④ (가), (나), (다)　⑤ (나), (다), (라)

12 **모양과 크기 및 무게가 같은 두 개의 같은 종류의 금속구 A 와 B 가 있다. 금속구 A 는 무게가 있는 쇠사슬 끝에 그림과 같이 장치하였으나 금속구 B 는 그냥 손으로 잡고 있다. 금속구 A 와 B 를 놓아 낙하 운동을 비교했을 때의 현상에 대한 설명으로 옳은 것만을 있는 대로 고르시오.**

[대회 기출 유형]

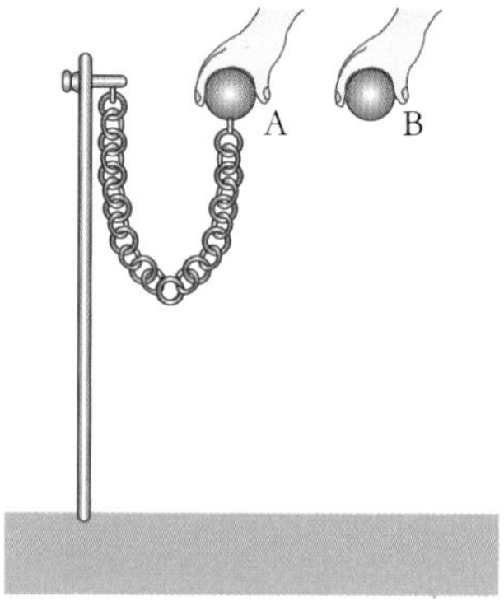

① 금속 구 A 가 먼저 바닥에 닿는다.
② 금속 구 A 와 B 가 동시에 바닥에 닿는다.
③ 금속 구 A 와 B 는 자유 낙하 운동을 한다.
④ 금속 구 A 와 B 의 속도가 변하는 정도는 서로 같다.
⑤ 금속 구 A 와 B 의 속도가 변하는 정도는 서로 다르다.

13 **그림과 같이 대기 중에서 가벼운 스펀지 공을 머리 위쪽 방향으로 던지면 올라갔다가 최고점(B)에서 방향을 바꾸어 다시 내려오는 것을 관찰할 수 있다. 이 실험에 대한 설명으로 옳은 것만을 있는 대로 고르시오.**

[대회 기출 유형]

① 같은 속력으로 던졌을 때, 달에서는 더 높은 곳까지 올라갈 것이다.
② B 점에서 운동 방향이 바뀌는 것은 스펀지 공에 작용하는 힘이 없기 때문이다.
③ 공기와의 마찰 때문에 C 점에서의 스펀지 공의 속력이 A 점에서의 스펀지 공의 속력보다 작다.
④ 가벼운 스펀지 공을 던지면 공기와의 마찰 때문에 올라갈 때 걸린 시간보다 내려올 때 걸리는 시간이 더 길다.

14 **그림과 같이 세 대의 모터 보트가 세 방향으로 강을 건너고 있다. 다음의 설명 중에서 옳은 것만을 있는 대로 고르시오. (단, 강폭은 일정하고, 세 대의 모터 보트는 물에 대해서 항상 일정한 속력으로 이동하며 물의 흐름은 어느 곳에서나 같다.)**

[대회 기출 유형]

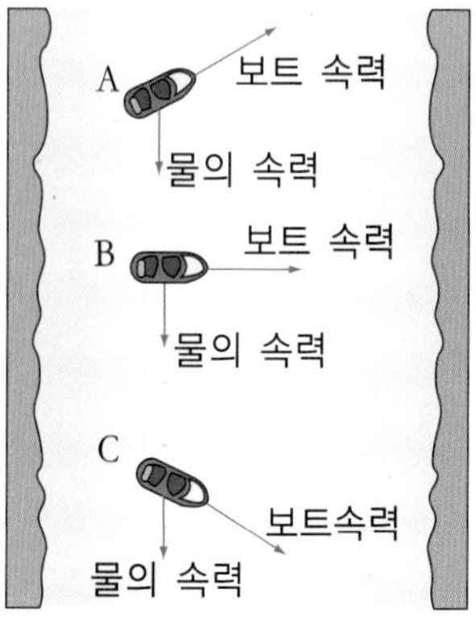

① 세 보트가 동시에 강의 건너편에 도착한다.
② 보트 B 가 가장 먼저 강의 건너편에 도착한다.
③ 세 보트가 강의 건너편에 도착할 때의 이동 거리는 같다.
④ 보트 A 가 가장 짧은 길을 지나 강의 건너편에 도착한다.
⑤ 보트 C 가 가장 짧은 길을 지나 강의 건너편에 도착한다.

15 **사진은 지구를 중심으로 원운동하고 있는 우주선에 있는 사람들을 보여주고 있다.**

[대회 기출 유형]

이에 대한 설명으로 옳은 것만을 있는 대로 고르시오.

① 우주선 안의 어떤 물체라도 가속시키는 데는 힘이 들 것이다.
② 우주선 속에 있는 사람에게는 중력 뿐만 아니라 구심력도 작용한다.
③ 우주선 속에서 사람이 저울 위에 올라서면 저울의 눈금이 0 을 가리킨다.
④ 지구의 중력은 우주선에는 작용하나 우주선 안의 사람에게는 작용하지 않는다.
⑤ 우주선에서 무거운 물체와 가벼운 물체를 동시에 놓으면 무거운 것이 바닥에 먼저 도달할 것이다.

16 **빠르기가 변하지 않는 원운동을 하는 물체에는 운동 방향과 수직으로 힘이 작용한다. 이때 물체에 작용하는 운동 방향과 수직인 힘을 구심력이라 한다. 놀이터에서 어떤 아이가 그림과 같이 놀이기구에 매달려 회전하고 있다. 이 아이에게 작용하는 힘을 표시하고 어떤 힘이 구심력으로 작용하는지 옆에서 본 그림을 간단히 그려 표시하시오.**

[과학고 기출 유형]

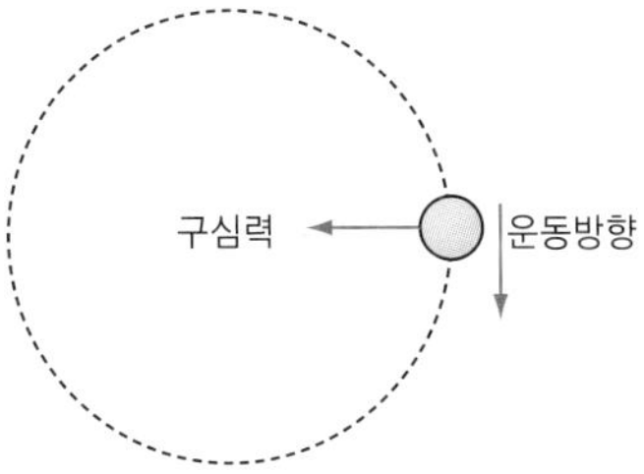

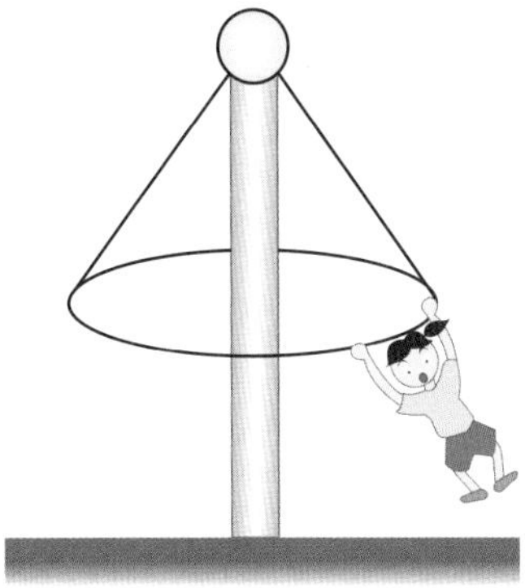

17 물이 담긴 물통을 끈에 매달아 단진동 운동을 시켰다.

[과학고 기출 유형]

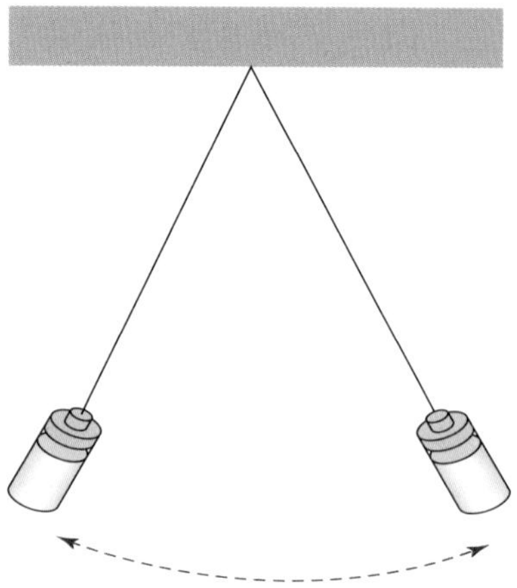

(1) 물통 속에 물을 넣고 단진동을 시키는 경우와 물보다 밀도가 작은 식용유를 같은 부피를 넣고 단진동을 시키는 경우는 주기가 어떻게 달라지는지를 설명하시오.

(2) 물통에 구멍이 뚫려 있어 단진동을 하는 동안 물이 조금씩 흘러나온다면 물통의 단진동 주기는 어떻게 변하겠는지 설명하시오.

18 그림과 같이 마찰계수 μ 인 책상 위에 질량 m_1 의 물체를 놓고 마찰이 없는 도르래를 통하여 질량 m_2 인 물체를 끈으로 연결한 후 늘어뜨려 놓았다. 끈의 질량은 무시한다면 질량 m_1 이 증가함에 따라 끈의 장력 T 는 어떻게 되는지 그래프를 고르시오.

[경시 대회 기출 유형]

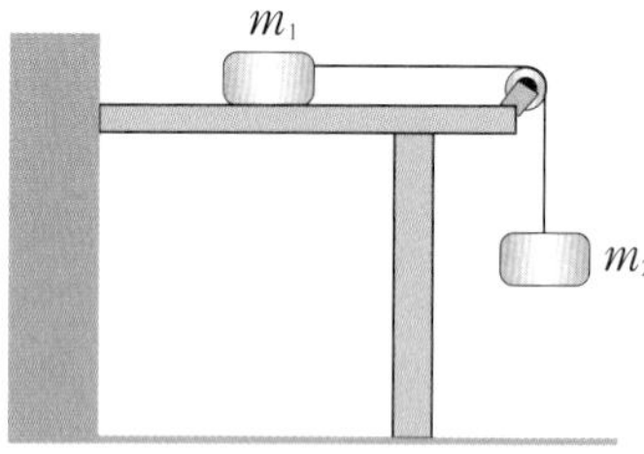

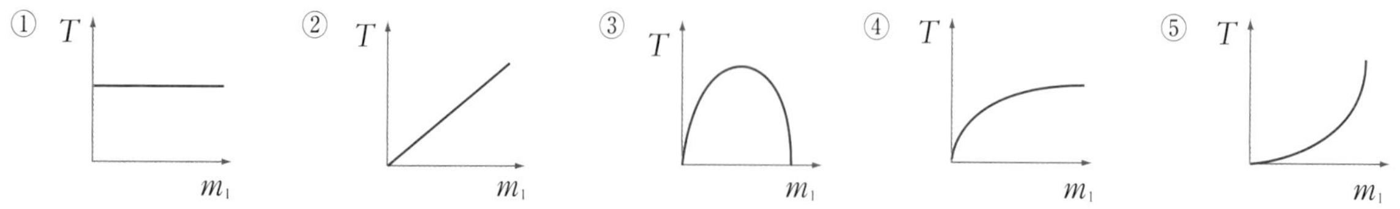

19 **그림과 같이 경사각이 45° 인 빗면 위 높이 h 인 지점에서 질량 m 인 물체 A 와 질량 $2m$ 인 물체 B 가 미끄러져 내려오고 있다. 중력 가속도를 g 라고 할 때 물음에 답하시오.**

[과학고 기출 유형]

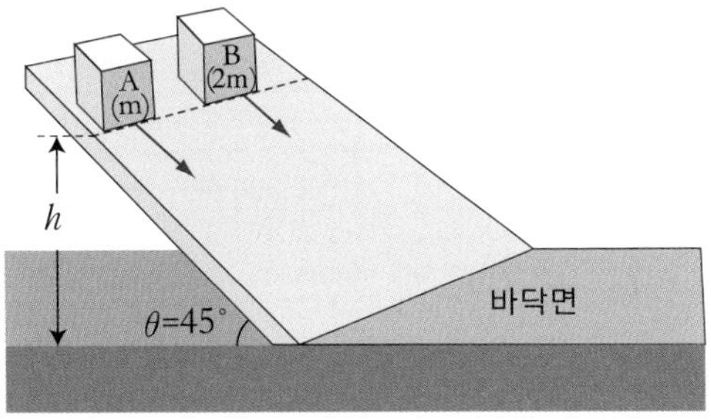

(1) 빗면의 마찰을 무시할 수 있다고 할 때 빗면 상에서 두 물체의 가속도의 비를 구하시오.

(2) 바닥면의 마찰계수를 0.3 이라고 할 때 두 물체가 멈출 때까지 바닥면에서 미끄러진 거리의 비를 구하시오.

(3) 수평면의 오른쪽에 바닥면의 길이가 h 되는 곳에 경사면이 45° 가 되도록 또 다른 마찰이 없는 빗면을 설치하였다. 이제 질량 m 의 물체가 마찰이 없는 왼쪽 빗면에서 미끄러져 내려와서 마찰계수 0.3 인 바닥면을 지난 후 마찰이 없는 오른쪽 빗면으로 미끄러져 올라갈 것이다. 오른쪽 빗면으로 올라가는 높이 h' 를 구하시오.

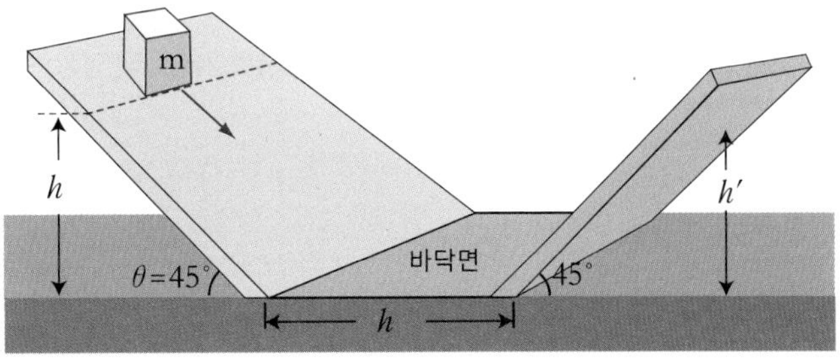

20 지면 위에서 물체를 자유 낙하시켰다. 물체는 지면에 충돌한 후 튀어 오르기를 반복한다. 이 운동의 속도-시간(v-t) 그래프로 옳은 것은? (속도는 연직 아래 방향이 + 방향이며, 공기의 저항은 무시한다.)

[경시 대회 기출 유형]

①
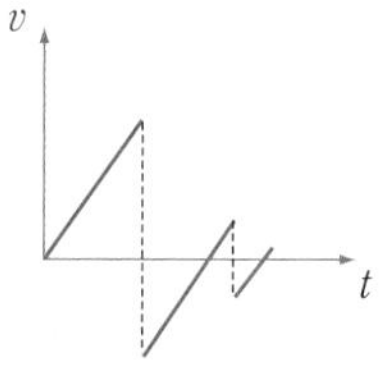
②
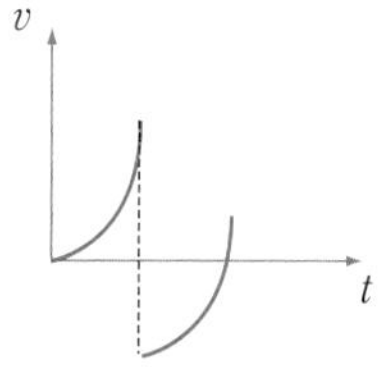
③
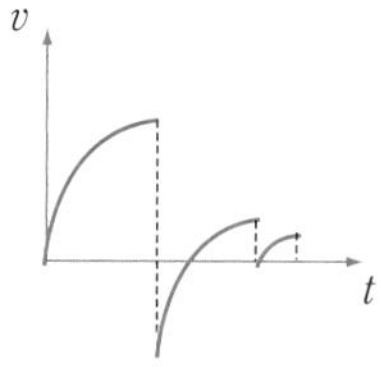
④
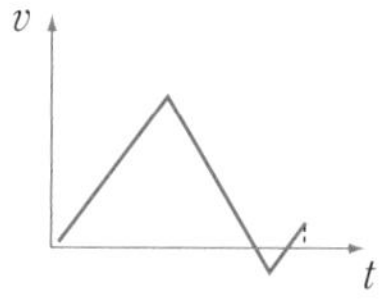
⑤
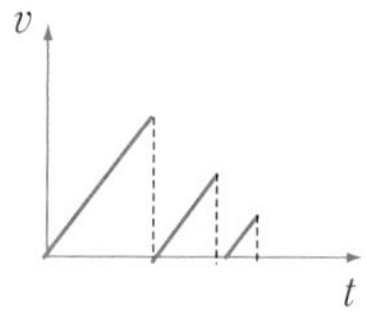

21 어떤 자동차의 가속할 때 가속도는 2 m/s^2 이고, 감속할 때 가속도는 -6 m/s^2 이다. 이 자동차가 처음 속도가 0 인 상태에서 출발하여 1.2 km 떨어진 지점을 가기 위한 최소 시간은 얼마인가? (단, 가속할 때와 감속할 때 가속도의 크기는 일정하게 유지된다.)

[경시 대회 기출 유형]

① 10 초 ② 15 초 ③ 20 초 ④ 30 초 ⑤ 40 초

22 지표면에서 1 m 되는 상공에서 공을 자유 낙하시켰더니 49 cm 튀어 올랐다. 1 m 내려가는데 T 초 걸린다면, 공이 튀어 올랐다가 다시 내려올 때까지 걸린 시간은 얼마이겠는가?

[경시 대회 기출 유형]

① 1 T ② 1.2 T ③ 1.4 T ④ 1.6 T ⑤ 1.8 T

23 자동차가 다음과 같이 기울어진 면에서 원운동을 하고 있을 때 자동차의 가속도의 방향은 어디인지 고르시오.

[경시 대회 기출 유형]

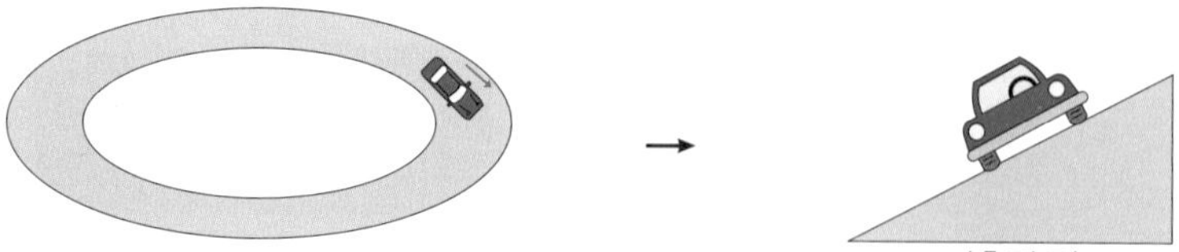
(측면도)

①

②

③

④

⑤

24 두 물체가 끈으로 연결되어서 마찰이 없는 수평면과 경사면에 걸쳐서 놓여있다. 정지 상태에서 출발하여 지면에 닿기 전까지 물체의 속도-시간(v-t) 그래프로 맞는 것은? (단, 빗면의 길이가 끝의 길이보다 길다.)

[경시 대회 기출 유형]

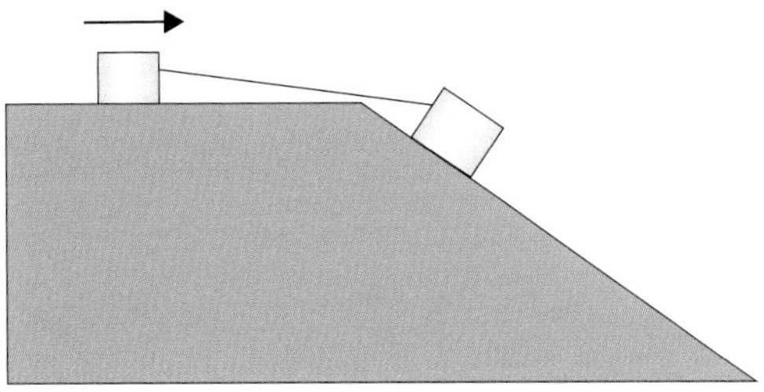

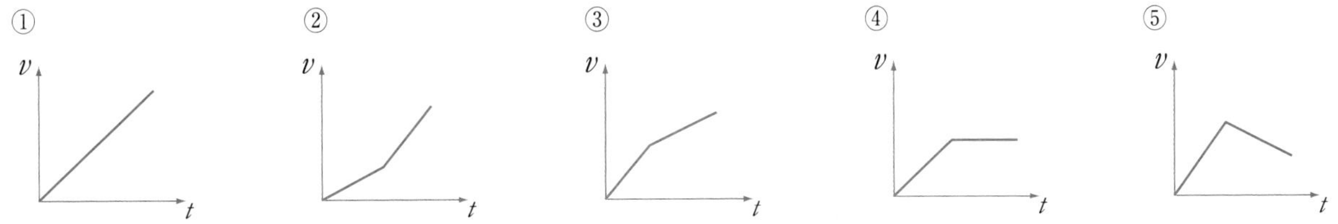

25 다음 그림과 같이 수평면과 이루는 각이 30° 인 빗면 위의 한 지점으로부터 3 m 높이에서 $2\sqrt{3}$ m/s 의 속력으로 공을 수평 방향으로 던졌다. 공이 빗면과 처음 충돌할 때까지 걸린 시간을 구하시오. (단, 공의 크기는 무시하고, g = 10 m/s^2 이다.)

[중학생 물리 대회 기출 유형]

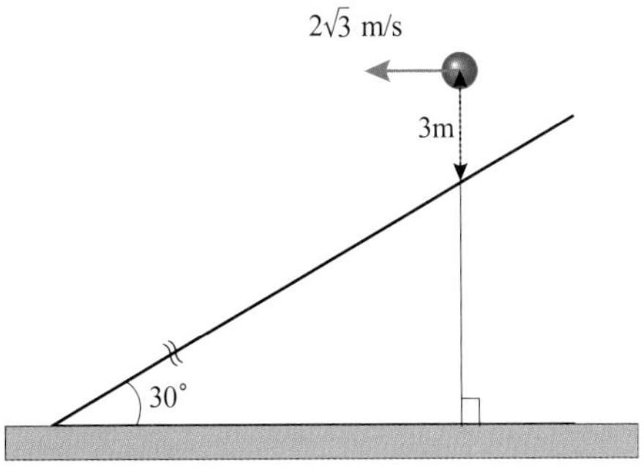

26 놀이공원의 대관람차가 운행 중 고장이 났다. 그림과 같이 A, B, C 에 타고 있던 사람들은 각각 그림과 같이 바닥까지 연결된 튼튼한 쇠줄을 이용하여 미끄러져 내려오기로 했다. A, B, C 위치에 있던 사람들이 정지 상태에서 지표면까지 미끄러져 내려올 때 각각 걸리는 시간을 비교하여 설명하시오. (단, 사람들의 크기와 모든 마찰, 지표면과 관람차 사이의 거리는 무시하고, 쇠줄은 매우 튼튼하여 구부러지지 않는다.)

[중학생 물리 대회 기출 유형]

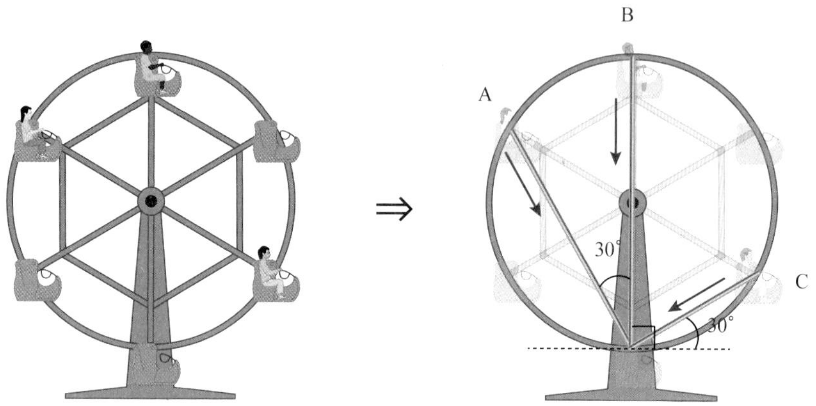

27 질량이 m 인 물체 4 개가 천장에 연결된 줄에 매달려 팽팽하게 평형을 이루고 있다. $\theta_1 + \theta_2 = 90^\circ$ 일 때, $\tan\theta_2$ 를 구하시오. (단, P와 Q 사이의 줄은 수평이고, 줄의 질량은 무시한다.)

[중학생 물리 대회 기출 유형]

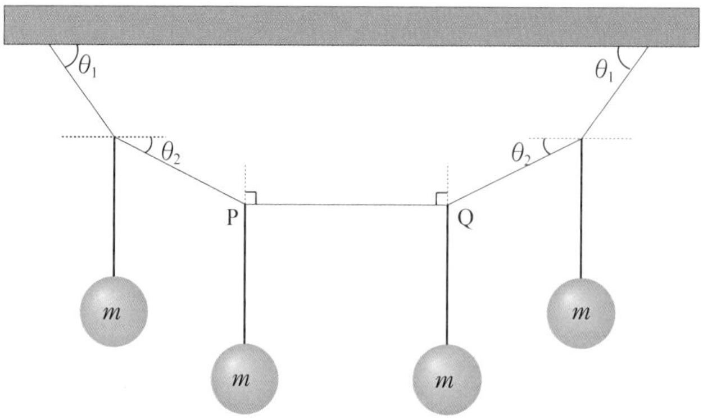

28 자동차 A 가 P → Q 방향으로 직선 + 원형 트랙을 따라 20 m/s 의 일정한 속력으로 움직이고 있다. 자동차 A 가 P 지점을 통과하는 순간 P 지점에 정지해 있던 자동차 B 가 운동을 시작하여 Q 지점까지 150 m 는 3 m/s^2 의 등가속도 운동을 하고, 이후부터는 일정한 속력으로 운동하였다. 물음에 답하시오. (단, Q-R 구간은 반지름이 300 m 인 원형 도로이며, g = 10 m/s^2 이고, 트랙의 폭과 자동차의 크기는 무시한다. 자동차와 바닥 사이의 마찰력이 구심력으로 작용하여 자동차가 미끄러지지 않고 원형 도로를 따라 이동한다.)

[중학생 물리 대회 기출 유형]

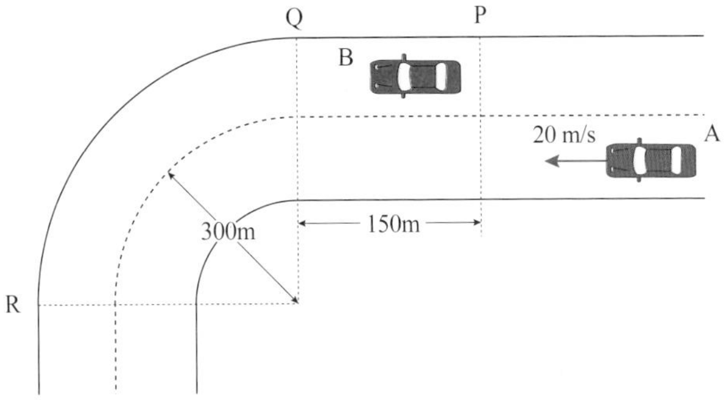

(1) 자동차 B 가 원형 도로에서 미끄러지지 않기 위한 자동차와 바닥 사이의 최소 마찰 계수를 구하시오.

(2) 자동차 B 가 A 를 따라잡는 데 걸리는 시간은 출발 후 몇 초 인가?

29 그림과 같이 항성 S 와 행성 A, B 로 구성된 항성계에서 항성과 행성들이 A, S, B 의 순서대로 일렬로 늘어서 있다. 행성 A, B 는 S 를 중심으로 각각 반지름이 r, $4r$ 인 원궤도 상에서 반시계 방향으로 공전하며, A 의 공전 주기는 1 년이다. 순서에 관계없이 항성과 행성들이 다시 일렬로 늘어서는 데 걸리는 최소 시간은 얼마인가? (단, A 와 B 사이의 만유인력과 항성과 행성들의 크기는 무시하며, 항성은 중심에 고정되어 있다.)

[중학생 물리 대회 기출 유형]

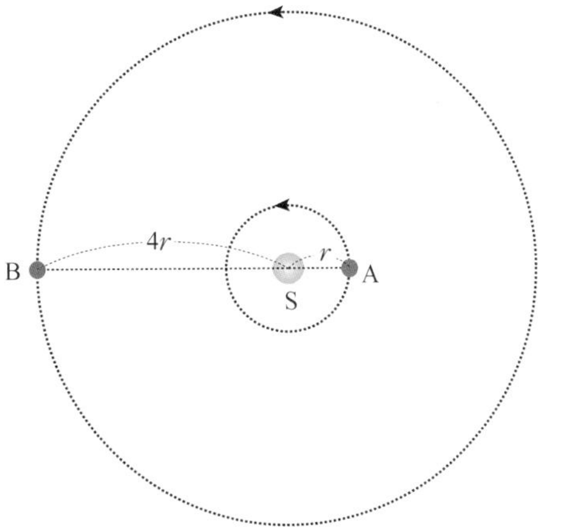

30 질량이 각각 M, $4M$ 이고, 거리 d 만큼 떨어져 있는 행성 A, B 사이의 평형점 위치에 질량이 m 인 물체가 놓여있다. 이 물체가 중력장을 벗어나기 위해 필요한 최소한의 속력을 구하시오. (단, 행성과 물체의 크기와 물체가 두 행성의 운동에 주는 영향은 모두 무시하며, 만유인력 상수는 G 이다.)

[중학생 물리 대회 기출 유형]

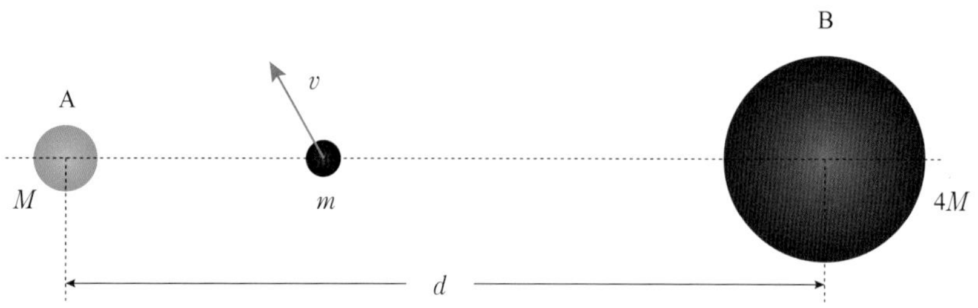

31 그림과 같이 정지 질량이 m 인 물체가 한쪽 끝이 천장에 고정된 용수철 상수가 k 인 용수철에 매달려 진동하고 있다. 우주선이 이 용수철 진자의 운동 방향과 수직인 방향으로 $0.5c$ 의 일정한 속도로 움직인다.

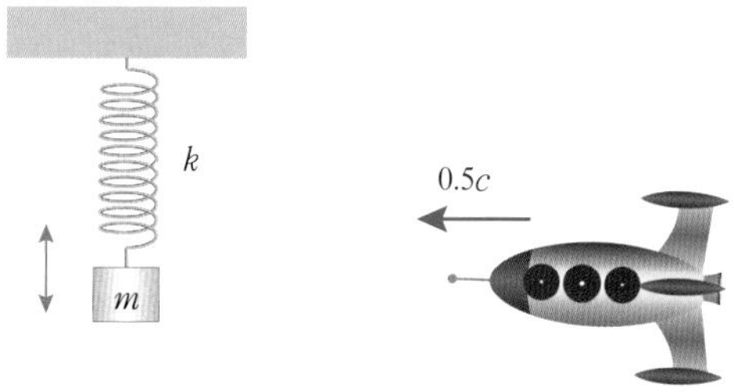

우주선에서 본 용수철 진자의 운동에 대한 설명으로 옳은 것만을 〈보기〉에서 있는 대로 고르시오. (단, 용수철 진자의 운동은 빛의 속도 c 에 비해 매우 느리다.)

[중학생 물리 대회 기출 유형]

보기

ㄱ. 훅(Hooke)의 법칙이 성립한다.
ㄴ. 정지 질량이 m 보다 크다.
ㄷ. 용수철 상수가 k 보다 작다.

32 그림은 무한이가 18 살 되던 해에 $0.8c$ 의 속력으로 움직이는 우주선을 타고 우주 여행을 한 후 지구로 돌아오는 모습을 나타낸 것이다. 무한이가 우주 여행을 하는 동안 무한이의 쌍둥이 동생인 상상이는 지구에 머물러 있었고, 무한이가 지구에 도착한 후 만난 상상이의 나이는 43 살이었다. 지구에 도착한 무한이의 나이는 몇 살인가? (단, c 는 빛의 속력이다.)

[중학생 물리 대회 기출 유형]

33 어떤 액체가 단면이 원형인 수도꼭지에서 흘러나오고 있다. (가) 위치에서 액체의 단면이 만드는 지름 A_0 = 8 mm 이고, (나) 위치에서의 지름 A = 4 mm 이다. (가) 와 (나) 의 높이 차 h = 12 cm 라면, 1 초 동안 수도에서 흘러나오는 액체의 양은 몇 cm^3 인가? (g = 10 m/s^2 이고, 원주율 π = 3 이다.)

[대회 기출 유형]

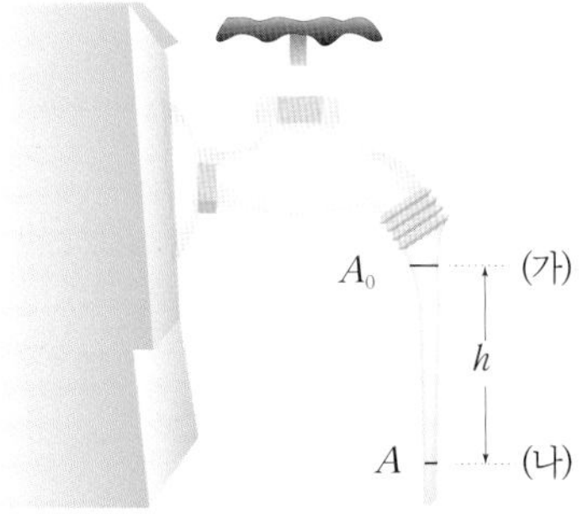

중력이 없는 세상

중력을 받으며 살고 있는 우리

우리는 중력을 받으며 살고 있다. 지구가 잡아당기는 만유인력인 중력 때문에 물이 아래로 흐르고, 비가 내리고 바람이 불며, 식물이 곧게 자라고, 우리들은 운동을 할 수가 있다. 그러나 이소연 박사가 경험했듯이 지구를 도는 우주선 속은 무중력 상태이다. 뿐만 아니라 우리 생활 속에서도 무중력을 경험할 수 있다.

무중력 상태

무중력 상태(weightless condition)는 지구가 잡아당기는 힘인 중력과 같은 크기의 다른 힘이 중력과 반대 방향으로 작용하여 중력을 느끼지 못하는 상태이다. 이 상태에서는 질량은 잴 수 있으나 무게를 잴 수 없고, 바닥과 발 사이의 마찰력이 없어 걸어 다닐 수 없는 등 일상생활과 다른 특이한 현상을 겪게 된다.

무중력은 중력(만유인력)이 없어진다는 뜻으로 오해되기 쉽기 때문에 적당하지 않아 무중량 상태라고도 한다. 무게(중량)는 인력을 받고 있는 물체가 끌리거나 밀리는 힘의 크기이며, 인력이 없어지면 질량은 있어도 무게는 없어진다. 또 인력이 있어도 물체가 끌리거나 밀리거나 하지 않으면 역시 무게는 없어진다.

Imagine Infinitely

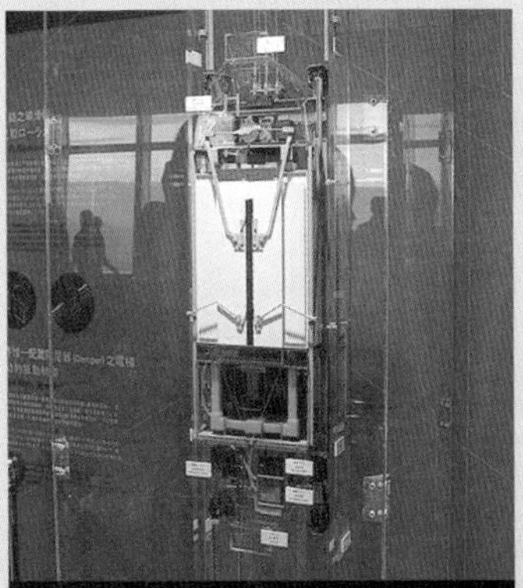

예를 들면 엘리베이터가 갑자기 내려갈 때 타고 있는 사람의 몸이 떠오르는 것 같은 느낌을 받는 것은 이 때문이다. 엘리베이터가 자유낙하한다고 가정하면, 엘리베이터라는 상자 속에서는 몸을 떠받치는 바닥도 상자와 함께 자유 낙하하기 때문에 몸이 바닥을 누르려 해도 누를 수 없고, 몸이 상자와 함께 떨어지고 있기 때문에 몸은 상자 안에서 떠 있는 셈이 된다.

인공위성이 지구 주위를 돌고 있을 때에는 지구의 중력만큼 바깥쪽으로 원심력을 받게 되어 인공위성은 무중력 상태가 되는 것이다. 그러나 우주 비행에서 로켓이 분사를 그치고 관성 비행을 하고 있는 동안에는 인력만을 받아서 움직이는, 즉 자유 낙하 운동을 계속하는 셈이 되어 그곳에서는 무중량 상태가 되지만 결코 원심력에 의해서 중력(인력)이 없어져 버린 것은 아니다. 마찬가지로 공기의 저항이 없다면 자유 낙하하는 스카이다이버도 무중력 상태를 경험할 수 있다. 또 물속의 스쿠버다이버도 중력과 같은 부력을 받고 있다면 무중력 상태를 경험할 수 있는 것이다.

무중력 상태에서는 컵 속에 든 물을 흔들면 물방울이 되어 흩어져 날아가 버릴 뿐만 아니라, 발과 마룻바닥 사이의 마찰 저항도 없기 때문에 미끄러지기 쉽고, 또한 액체 속에서는 거품이 떠오르는 일도 없기 때문에 거품을 없애려면 액체를 용기째 흔들지 않으면 안되며, 촛불이 동그랗게 타다가 금방 꺼지고, 물방울이 구형으로 떠다니는 등 지상과는 다른 현상이 나타난다.

또한 무중력 상태가 오랫동안 지속되면 심장의 수축수(收縮數)가 줄고, 혈압이 내려가서 순환 장애를 일으키거나, 뼈 속의 칼슘이 혈액 속에 용출(溶出)하거나, 호흡이 멎는 등의 악영향(우주병)이 일어나기 때문에 장래의 우주 정거장 등에서는 인공적으로 중력을 만들어내는 방법이 검토되고 있다.

정답 p.59

Q 인공적으로 중력을 만들어 내려면 어떻게 해야 하는지 생각해 보자.

Physics

III

03 운동량과 에너지

충돌 현상은 주변에서 흔히 일어나는 일이다.
물체가 충돌할 때 에너지 변화를 계산할 수 있을까?

III 운동량과 에너지 (1)

1. 운동량

(1) 운동량과 충격량 [1]

① **운동량** (P) [2] : 물체가 운동하고 있을 때 운동의 효과를 나타내는 양으로 질량이 클수록, 속도가 클수록 운동량은 크다. 운동량 = 질량 × 속도이며, 크기와 방향을 동시에 고려해야 하므로 화살표로 나타낼 수 있고, 방향이 다른 두 운동량은 평행사변형법이나 삼각형법으로 합성할 수 있다.

P (운동량) = mv [단위 : kg·m/s], m : 질량(kg), v : 속도(m/s)

- **방향** : 속도의 방향과 같다.
- **크기** : 속도에 질량을 곱한 값이다.
- **운동량의 변화량** : 물체가 받은 힘(F)과 힘을 받는 시간(t)의 곱으로, 충격량이라 한다.
- **물체가 정지 상태에서 속도 v 로 증가하였을 때**

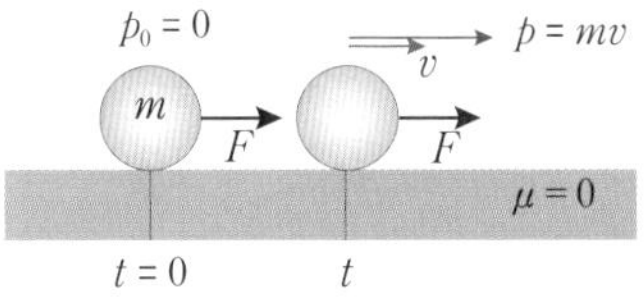

물체는 정지 상태에서 시간 t 동안 일정한 힘 F 를 받아 운동량이 mv 가 되었다.

$$a\ (\text{물체의 가속도}) = \frac{v-0}{t} = \frac{v}{t}\ (\text{등가속도 운동})$$

$$F\ (\text{물체가 받는 힘}) = ma = \frac{mv}{t}$$

$$\therefore\ F \cdot t = mv\ (\text{운동량의 변화량 ; 충격량})$$

- **물체의 속도가 $v_0 \to v$ 로 증가하였을 때**

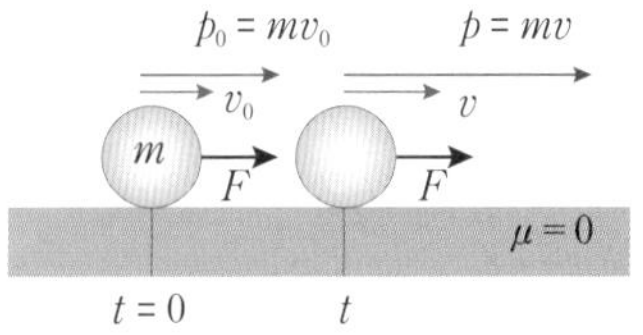

물체는 운동량 mv_0 상태에서 시간 t 동안 일정한 힘 F 를 받아 운동량이 mv 가 되었다.

$$a\ (\text{물체의 가속도}) = \frac{v - v_0}{t}\ (\text{등가속도 운동})$$

$$F\ (\text{물체가 받는 힘}) = ma = \frac{mv - mv_0}{t}$$

$$\therefore\ F \cdot t = mv - mv_0\ (\text{운동량의 변화량 ; 충격량})$$

② **충격량** (I): 물체가 충격을 받으면 운동량이 변한다. 충격량은 운동량의 변화량을 뜻한다. 충격량도 크기와 방향을 가지므로 화살표로 나타낼 수 있으며 방향이 다른 두 충격량은 평행사변형법 등으로 합성할 수 있다.

충격량(I) (= 운동량의 변화량) = $Ft = mv - mv_0$

F : 충격력(물체의 운동량이 변할 때 물체에 작용하는 힘)

- **충격량의 방향** : 충격력의 방향과 같다.

  충격량 = 충격력 × 시간, 단위 : [N·s], [kg·m/s] [3]

- F(물체에 작용하는 힘)-t(힘이 작용하는 시간) **그래프** : 그래프의 아래 넓이가 충격량이다.

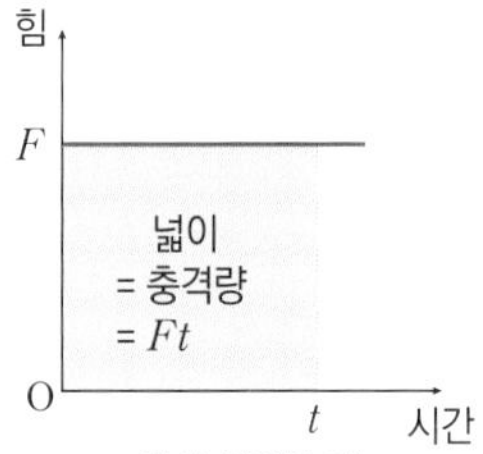

[힘이 일정할 때]

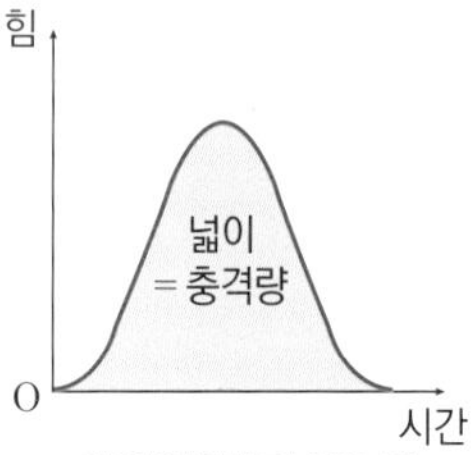

[힘이 일정하지 않을 때]

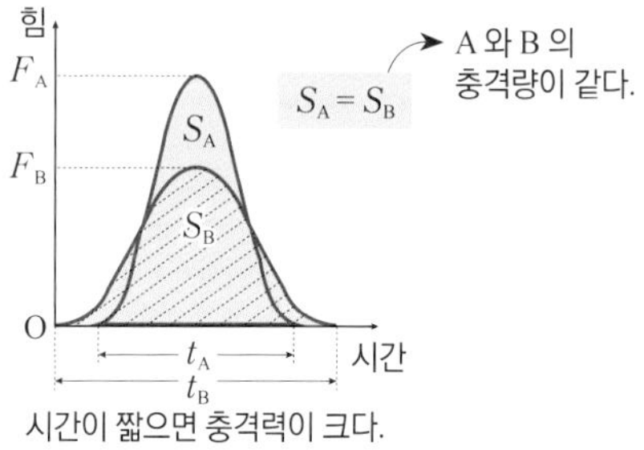

시간이 짧으면 충격력이 크다.

---

❶ 운동량과 충격량

짧은 시간 동안 힘을 주고받는 현상(충돌 등)은 운동량과 충격량의 개념으로 더 쉽게 문제 풀이가 가능하다.

❷ 운동량

운동의 양을 나타내는 물리량으로 방향과 크기를 동시에 가지는 벡터(vector)량이다. 야구 게임에서 포수가 투수의 공을 받을 때 야구공의 속도가 클수록 운동의 양을 더 느낀다. 같은 속도라고 할지라도 공의 질량이 더 크다면 포수는 공의 운동의 양을 더 크게 느낄 것이다.

▲ 공의 속도가 클수록 질량이 클수록 운동량을 크게 가진다.

❸ 충돌 시간을 증가시켜 충격력을 약화시키는 예

▲ 권투 글러브

▲ 에어백

▲ 공을 잡을 때 : 손을 뒤로 빼면서 잡는다.

▲ 번지점프 : 고무줄이 늘어나 충격을 줄인다

(2) 운동량의 보존

① **두 물체의 충돌 순간 (오른쪽 : +)**

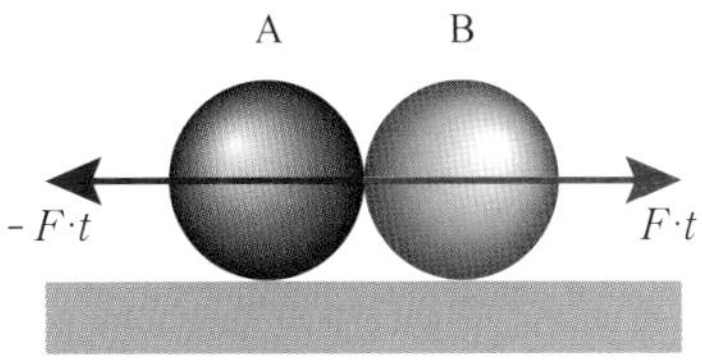

충돌 시간 : t (A, B 같다) → 짧다.
주고받는 힘 : F (B 가 받는 충격력), $-F$ (A 가 받는 충격력)
→ 작용과 반작용
A 가 받는 충격량 : $-F \cdot t$
B 가 받는 충격량 : $F \cdot t$

② **운동량 보존 법칙** : 충돌 전후의 운동량의 합은 같다.(운동량은 소멸되지 않는다.)

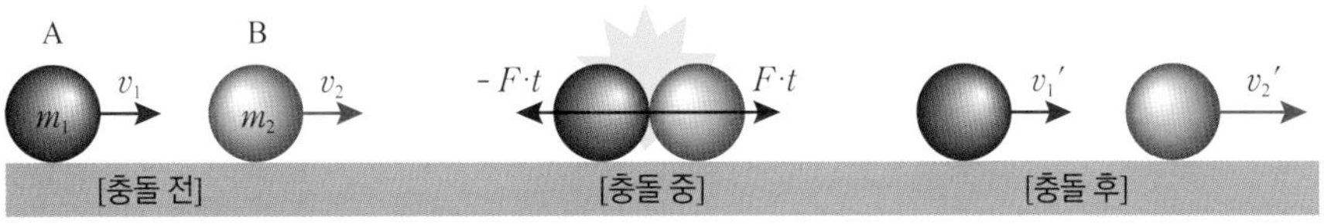

물체 A, B 는 충돌에 의해서 운동량이 변하였다.

물체 A 의 운동량의 변화량(충격량) : $m_1v_1' - m_1v_1 = -F \cdot t$ - ❶

물체 B 의 운동량의 변화량(충격량) : $m_2v_2' - m_2v_2 = F \cdot t$ - ❷

❶ + ❷ 를 하면 $m_1v_1' - m_1v_1 + m_2v_2' - m_2v_2 = 0$ → $m_1v_1 + m_2v_2 = m_1v_1' + m_2v_2'$ [4]

충돌 전의 총 운동량 = 충돌 후의 총 운동량

$$m_1v_1 + m_2v_2 = m_1v_1' + m_2v_2'$$

정답 p 60

Q1 질량 300 g 인 야구공이 투수에 의해 던져져 속력 40 m/s 로 날아가고 있다. 이 야구공의 운동량의 크기는 얼마인가?

Q2 정지해 있는 120 g 의 골프 공을 골프채로 쳐서 50 m/s 로 날아가게 하였다. 골프 공이 받은 충격량의 크기는 얼마인가?

Q3 마찰이 없는 수평면 상에서 오른쪽으로 속력 2 m/s 로 운동하고 있는 질량 0.3 kg 의 물체에 일정한 힘을 5 초 동안 작용하였더니 운동 방향은 변하지 않고 속력이 5 m/s 가 되었다. 이 물체가 받은 충격량의 크기와 충격력의 크기를 각각 구하시오.

Q4 질량 2 kg 의 물체 A 와 3 kg 물체 B 의 운동 상태가 충돌 전후에 그림과 같이 변하였다면 충돌 후 물체 B 의 속도의 크기는 얼마인가?

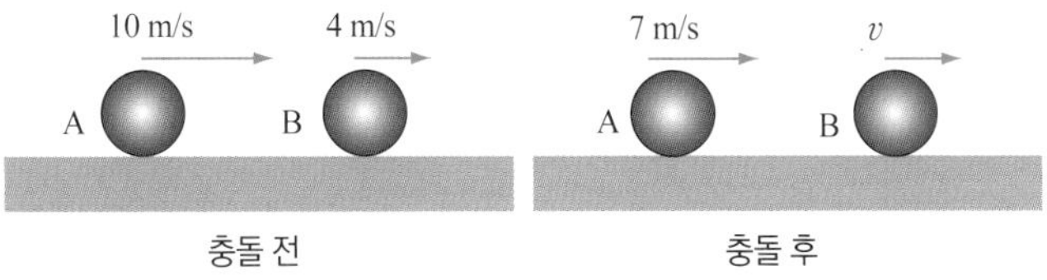

유리잔이 콘크리트 위에 떨어지는 경우와 쿠션 위로 떨어질 때

두 경우 모두 유리잔의 최종 속도는 0이 된다. 그러나 콘크리트 바닥에서는 힘을 받는 시간이 짧아 충격력이 커서 깨진다.)

운동량 보존 법칙 실험기

쇠구슬 1개를 충돌시키면 반대편에서 1개가, 2개를 충돌시키면 반대편에서 2개의 쇠구슬이 튀어 오른다. 충돌한 쇠구슬은 정지한다.

▲ 뉴튼 진자

충돌 전 운동량(쇠구슬 2개 운동)
= 충돌 후 운동량(쇠구슬 2개 운동)

❹ 운동량 보존 법칙의 중요성

운동의 제 3 법칙인 작용반작용 법칙의 다른 표현이다. 물체의 운동에 있어서 반드시 성립하는 법칙이다.

충돌의 특수한 예

(운동량은 보존된다.)

·충돌 후 한덩어리로 움직일 때

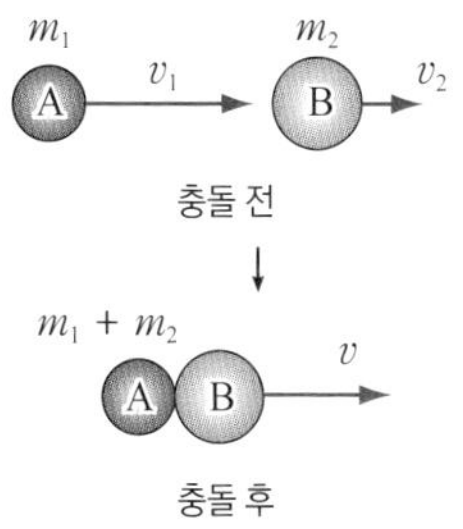

충돌 전 운동량의 합 = 충돌 후 운동량의 합

$$m_1v_1 + m_2v_2 = (m_1 + m_2)v$$

·분열

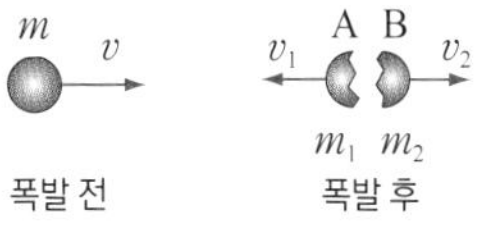

처음 운동량 = 분열 후 총 운동량

$$mv = m_1v_1 + m_2v_2$$

개념 확인 문제

운동량

01 마찰이 없는 수평면에서 2 m/s 의 속도로 운동하는 질량 4 kg 의 물체에 운동 방향으로 3 N 의 힘을 4 초간 작용하였다. 물음에 답하시오.

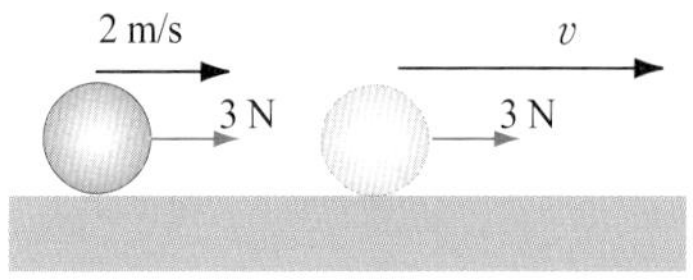

(1) 힘을 작용하는 동안 물체가 받은 충격량은 얼마인가?

① 6 N·s ② 8 N·s ③ 12 N·s
④ 16 N·s ⑤ 20 N·s

(2) 4 초 동안 힘을 받은 후 물체의 운동량은 얼마인가?

① 6 kg·m/s ② 8 kg·m/s ③ 12 kg·m/s
④ 16 kg·m/s ⑤ 20 kg·m/s

02 어떤 물체에 40 N 의 힘을 0.2 초 간 작용하였다. 이 물체에 가해진 충격량의 크기는 얼마인가?

① 8 N·s ② 16 N·s ③ 80 N·s
④ 200 N·s ⑤ 400 N·s

03 정지하고 있던 질량 0.5 kg 의 공이 자유 낙하하여 20 m 낙하했을 때의 운동량의 크기는 얼마인가? (g = 10m/s^2)

① 10 kg·m/s ② 20 kg·m/s ③ 40 kg·m/s
④ 60 kg·m/s ⑤ 80 kg·m/s

04 높이 0.8 m 의 식탁에서 떨어진 질량 0.5 kg 의 물체가 바닥에 닿는 순간부터 정지할 때까지 $\frac{1}{200}$ 초가 걸렸다면 이 물체에 작용한 힘은 몇 N 인가? (g = 10m/s^2)

① 50 N ② 100 N ③ 200 N
④ 400 N ⑤ 800 N

05 마찰이 없는 수평면에서 속도 5 m/s 로 운동하던 질량 60 kg 의 물체가 5 초 후에 속도가 같은 방향으로 15 m/s 가 되었다. 이 동안에 물체에 작용한 평균 힘은 얼마인가?

① 100 N ② 120 N ③ 300 N
④ 600 N ⑤ 900 N

06 질량 200 g 의 공이 30 m/s 로 운동하여 벽에 충돌한 후 20 m/s 로 튀어나왔다. 공이 벽으로부터 받은 충격량의 크기는 얼마인가?

① 6 N·s ② 8 N·s ③ 10 N·s
④ 12 N·s ⑤ 20 N·s

07 마찰이 없는 수평면에 정지해 있던 질량 4 kg 의 물체에 그림과 같이 시간에 따라 변하는 힘을 한 방향으로 4 초 동안 작용하였다. 4 초 후 이 물체의 속력은 얼마인가?

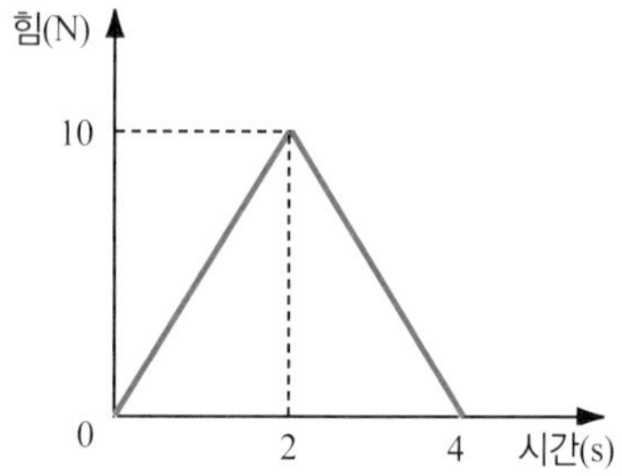

① 5 m/s ② 10 m/s ③ 20 m/s
④ 40 m/s ⑤ 80 m/s

08 그림은 질량이 같은 두 유리컵을 같은 높이에서 시멘트 바닥에 떨어뜨렸을 때와 두꺼운 이불 위에 떨어뜨렸을 때의 유리컵이 받는 힘과 시간과의 관계이다. 이 그래프에 대한 설명으로 옳지 않은 것은?

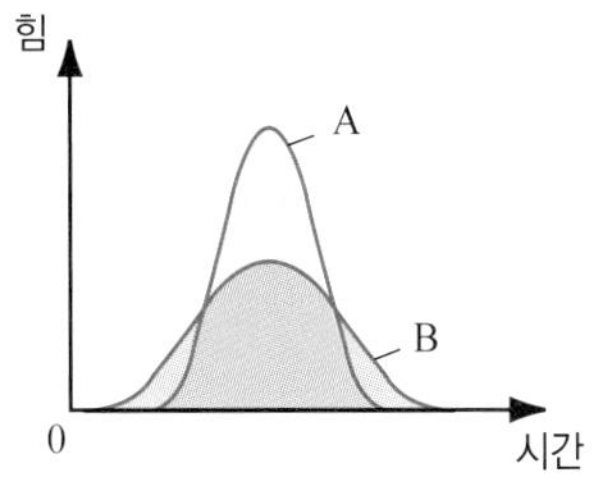

① A 보다 B 가 깨지기 쉽다.
② A 와 B 의 운동량의 변화량은 같다.
③ A와 B 의 그래프 아래 면적은 같다.
④ A 의 충격력이 B 의 충격력보다 크다.
⑤ A 보다 B 가 힘이 작용한 시간이 길다.

09 높은 곳에서 떨어지는 유리컵은 시멘트 바닥에 떨어지면 깨지지만 두꺼운 이불 위에 떨어지면 깨지지 않는다. 이 현상과 같은 원리로 설명이 가능하지 않은 것은?

① 비오는 날에는 차가 많이 미끄러진다.
② 야구공을 받을 때 손을 약간 뒤로 빼면서 받는다.
③ 권투 경기를 할 때 두꺼운 글러브를 끼면 충격을 덜 받는다.
④ 쿠션이 좋은 침대에 누우면 딱딱한 침대보다 안락한 느낌이 든다.
⑤ 축구 경기에서 골키퍼가 날라오는 공을 몸을 뒤로 빼면서 받는다.

10 질량이 m 인 물체를 속력 v_0 로 연직 위로 던져서 다시 제자리로 돌아올 때까지 물체가 받은 충격량의 크기는 얼마인가?

① $2mv_0$ ② mg ③ $\frac{2v_0}{v}$
④ $\frac{v_0^2}{v}$ ⑤ $\frac{v_0^2}{2v}$

11 마찰을 무시할 수 있는 수평면 위에 정지해 있던 질량 2 kg 의 물체에 그림과 같은 힘을 한 방향으로 작용하였다. 물음에 답하시오.

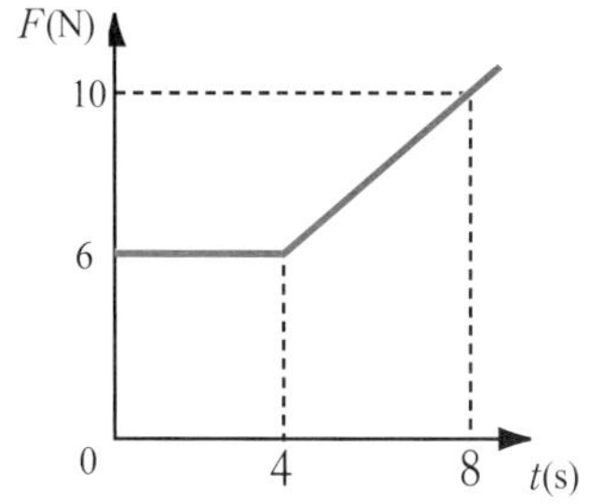

(1) 시각이 4 초일 때 이 물체의 운동량은 얼마인가?

① 6 kg·m/s ② 12 kg·m/s ③ 18 kg·m/s
④ 24 kg·m/s ⑤ 30 kg·m/s

(2) 이 물체가 4 ~ 8초 사이에 받은 충격량은 얼마인가?

① 8 kg·m/s ② 16 kg·m/s ③ 24 kg·m/s
④ 32 kg·m/s ⑤ 40 kg·m/s

(3) 운동을 시작하여 8 초 후의 이 물체의 속력은 얼마인가?

① 14 m/s ② 21 m/s ③ 28 m/s
④ 35 m/s ⑤ 42 m/s

12 그림과 같이 컨베이어 벨트가 0.1 m/s 로 등속 운동하고 있고, 그 위에 과자가 1 분당 600 개가 떨어진다. 컨베이어 벨트는 0.01 N 의 힘을 받아 움직이고 있다고 할 때 과자 1 개의 질량은 얼마인가?

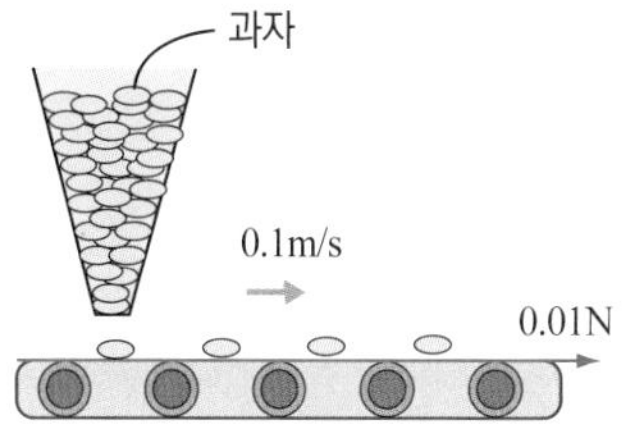

① 5 g ② 10 g ③ 20 g
④ 30 g ⑤ 40 g

13 마찰이 없는 수평면에 정지해 있던 질량 5 kg 의 물체에 5 N 의 힘을 4 초 간 동쪽으로 작용한 후 방향을 바꿔 3 N 의 힘을 5 초 간 남쪽으로 작용하였다. 물음에 답하시오.

(1) 물체가 받은 충격량의 크기와 방향을 구하시오.

(2) 9 초 후 물체의 속도를 구하시오.

14 마찰이 없는 얼음판 위에서 5 m/s 로 운동하던 질량 30 kg 의 어린이가 서 있는 질량 60 kg 의 어른과 충돌하였다. 충돌 후 어린이는 정지하였다면 어른의 속력은 얼마인가?

① 0.5 m/s ② 1 m/s ③ 1.5 m/s
④ 2 m/s ⑤ 2.5 m/s

15 마찰이 없는 수평면 상에서 질량 m 의 물체가 속력 v 로 운동하다가 정지해 있는 질량 $2m$ 의 물체와 충돌한 후 한 덩어리가 되어 운동하였다. 이때의 속력은 얼마인가?

① $\frac{1}{3}v$ ② $\frac{1}{2}v$ ③ v
④ $2v$ ⑤ $3v$

16 마찰이 없는 수평면 상에서 4 m/s 의 속도로 운동하던 질량 1 kg 의 물체 A 가 정지해 있는 질량 2 kg 의 물체 B 에 충돌하였다. 충돌 후 물체 A 는 달려온 방향과 반대 방향으로 속력 1 m/s 로 운동하였다. 충돌 후 물체 B 의 속력 v 는 얼마인가?

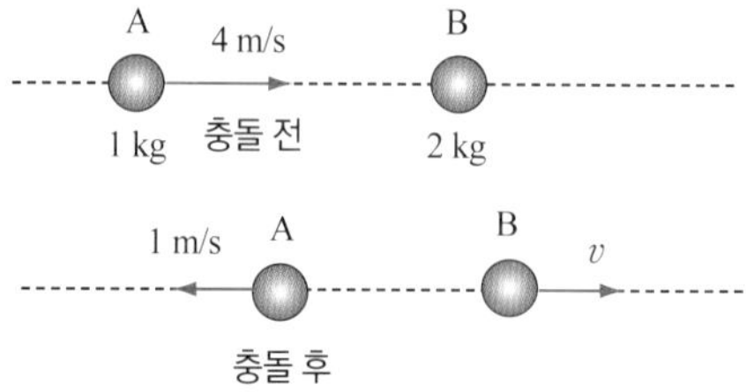

① 0.5 m/s ② 1 m/s ③ 1.5 m/s
④ 2 m/s ⑤ 2.5 m/s

17 정지해 있던 질량 5 kg 의 물체가 폭발하여 3 kg 인 물체 A 와 2 kg 인 물체 B 로 쪼개어 졌다. 물체 A 의 속력이 24 m/s 였다면 물체 B 의 속력은 얼마인가?

① 12 m/s ② 16 m/s ③ 24 m/s
④ 36 m/s ⑤ 48 m/s

18 그림과 같이 수평면 상에서 2 kg 의 물체 A 를 5 m/s 로 운동시켜 정지해 있는 3 kg 의 물체 B 와 충돌시킬 때 두 물체 사이에 그림처럼 가벼운 용수철이 있다고 하면 용수철이 가장 많이 압축되는 순간의 물체 B 의 속력은 얼마인가?

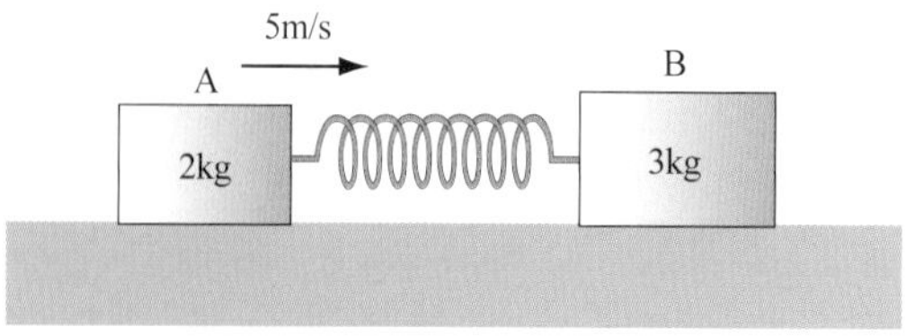

① 1 m/s ② 2 m/s ③ 3 m/s
④ 4 m/s ⑤ 5 m/s

개념 심화 문제

01 **마찰이 없는 수평면에서 4 m/s 로 동쪽으로 운동하는 질량 2 kg 인 물체 A 와 북쪽으로 2 m/s 로 운동하던 질량 3 kg인 물체 B 가 충돌하여 한 덩어리가 되어 운동하였다.**

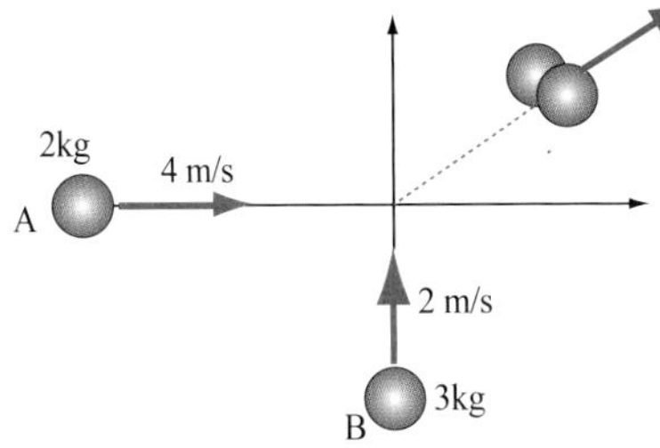

(1) 충돌 후 합쳐진 물체의 속도의 크기를 구하시오.

(2) 충돌 과정에서 잃은 운동 에너지는 얼마인가?

02 **수평한 지면에서 질량 2 kg 의 물체를 수평면과 30° 의 각도로 40 m/s 로 던졌다. 물체가 던져진 후로부터 땅에 다시 도달할 때까지 받은 충격량은 얼마인가? (g = 10 m/s^2)**

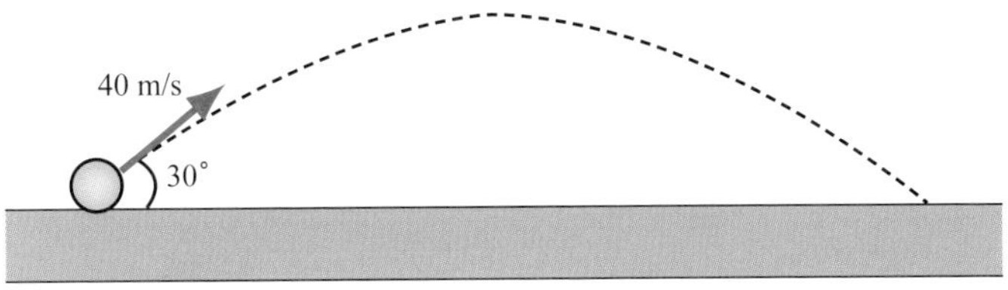

개념 돋보기

01

물체가 합쳐져도 운동량 보존 법칙은 성립하며, x 방향과 y 방향의 운동량이 각각 보존된다.
운동량은 방향을 갖는 벡터이다.

02

충격량 $F \cdot t = mv - mv_0$ 이다. 이런 경우 물체가 운동 중 받는 힘 × 힘을 받는 시간으로 하는 것이 편리하다.

개념 심화 문제

03 마찰이 없는 수평면 위에 질량 M 이고 수평 길이가 l 인 수레가 정지 상태로 놓여 있다. 수레 위에는 질량 m 인 사람이 수레의 한 쪽 끝 점 A 에서 다른 쪽 끝 점 B 까지 일정한 속력으로 달리기를 한다. 사람은 수레 위에서 미끄러짐 없이 달린다고 할 때 시간이 T 가 걸렸다. 사람이 달리기를 하는 동안 수레는 사람의 반대 방향으로 운동할 것이다.

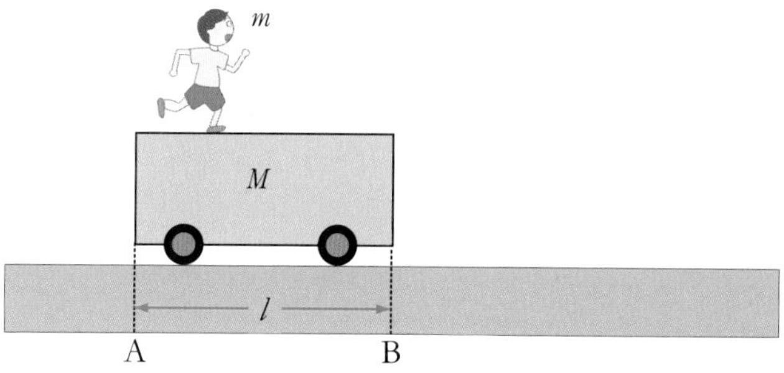

(1) 사람이 달리는 동안 수레에 대한 사람의 속도는 얼마인가?

(2) 사람이 달리는 동안 수레 옆 지면에서 볼 때 수레의 속도는 얼마인가?

(3) 사람이 달리는 동안 수레 옆 지면에서 본 사람의 속도는 얼마인가?

04 그림처럼 접시 모양의 터빈 날개에 물줄기가 부딪쳐 물줄기의 압력으로 터빈에 동력을 공급한다. 물은 터빈 날개에 v 의 속력으로 부딪친 후 같은 속력으로 되돌아 나온다. 단위 시간 당 날개에 부딪치는 물의 질량은 m 으로 일정하다. 물이 터빈 날개에 작용하는 힘은 얼마인가?

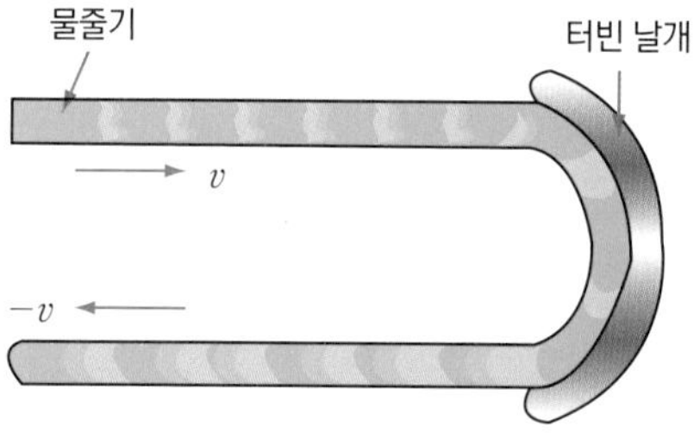

개념 돋보기

03

수레 + 사람의 운동량이 보존된다. 처음에 사람이 출발할 때 운동량의 합 = 0 이다. 그러므로 달리는 도중에도 수레의 운동량 + 사람의 운동량 = 0 이 되어야 한다. 오른쪽을 + 방향, 왼쪽을 − 방향으로 정하면 좋으며, 수레에 대한 사람의 속력은 수레와 같이 운동하는 사람이 본 사람의 속력이다.

04

$F \cdot t = mv - mv_0$ 를 활용한다.

III 운동량과 에너지 (2)

2. 일과 에너지

(1) 에너지

① **에너지** : 고대의 과학자들이 말한 에너지는 '우주 안에 변하지 않고 보존되는 총량'이라는 의미를 가지고 있는데, 현대의 의미로는 '일을 할 수 있는 능력'이다. 여기서 일이라 함은 힘을 주어 물체를 이동시키는 과학적 일을 말한다.
에너지는 한 가지 형태가 아니라 여러 가지 형태로 존재하며 서로 변환된다. 그 중 운동하는 물체가 가지는 운동 에너지, 물체의 위치에 따라 달라지는 퍼텐셜 에너지, 열에너지 등이 역학적으로 연관되어 있다.

▲ 물의 퍼텐셜 에너지

② **에너지의 존재** : 자동차가 급정거하면 마찰열이 발생하여 타이어에서 연기가 발생하는 것을 볼 수 있다. 이 현상을 보면 달리던 자동차가 가지고 있던 에너지가 열에너지로 변환된다는 것을 추측할 수 있다. 달리는 자동차가 가지는 에너지는 자동차의 질량(m)과 속도(v)에 관계한다.

▲ 달리는 자동차의 에너지

역학적 에너지를 가지는 경우

물체는 일을 할 수 있는 능력을 가진다.

높은 곳의 물체

달리는 보트

그네 운동하는 물체

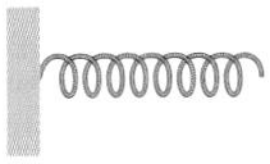

늘어나거나 줄어든 용수철

(2) 운동 에너지 (E_k) : 운동하는 물체가 가지는 에너지이다.

자동차 바퀴의 마찰열 등으로 보아 운동하는 물체가 가지는 에너지는 다음과 같은 관계가 있음을 알 수 있다. 속력 v, 질량 m 인 물체의 운동 에너지 E_k는 $E_k \propto mv^2$ 이고, 비례상수를 $\frac{1}{2}$ 로 하면,

$$E_k = \frac{1}{2}mv^2 \text{ (J)}$$

→ 물체의 운동 에너지는 물체의 운동 방향에 무관하다.

(3) 일

① **일(W)** [1] : 물체에 힘이 가해져서 속도가 증가하는 경우 물체의 에너지가 증가하게 된다. 외부에서 물체에 힘이 가해지면서 물체의 에너지를 증가시켜 주는 것이다. 물체에 힘을 가해서 일으키는 에너지의 변화 과정을 일이라고 한다.

W (힘에 의한 일) = $F \cdot s$ [단위 : J], F : 물체에 가한 힘(N), s : 이동 거리(m)

② **크기가 일정하고 운동 방향에 평행한 힘(F)이 해준 일**

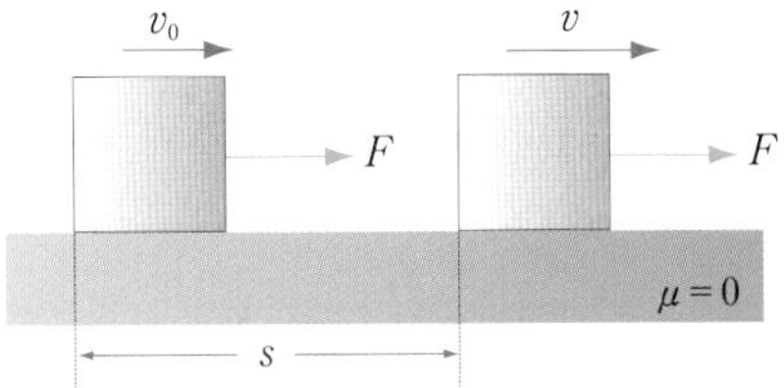

힘이 해준 일(W) = 물체의 운동 에너지의 변화량

$$= \frac{1}{2}mv^2 - \frac{1}{2}mv_0^2 = \frac{1}{2}m(v^2 - v_0^2)$$

$$= \frac{1}{2}m(2as) = mas = F \cdot s$$

→ **일-에너지 정리** : 외부에서 작용한 힘(알짜힘)이 물체에 한 일은 운동 에너지 변화량과 같다.

● **일의 단위** : 에너지의 단위와 같다.

1 J = 1 N × 1 m = 1 N·m (물체에 1 N 의 힘을 주며 1 m 이동할 때 해준 일)

1 kg중·m = 9.8 J (1 kg중 = 9.8 N)

❶ **물체에 해준 일이 0인 경우**

물체가 가지는 에너지 변화가 없다.

① 물체의 속력 변화가 0 (작용한 힘이 0) : 마찰이 없는 얼음판에서 썰매를 등속으로 끌 때

② 이동 거리가 0 : 철봉에 매달릴 때, 바위를 밀었으나 움직이지 않을 때

③ 힘과 이동 방향이 수직일 때 : 물체를 들고 등속으로 이동할 때, 물체를 원운동 시킬 때, 인공위성의 운동

→ 인공위성의 운동 : 운동 방향과 구심력의 방향이 수직이므로 인공위성에 해주는 일은 0이다. 인공위성의 운동 상태는 변하지 않는다.

▲ 인공위성

③ 운동 방향에 비스듬히 작용하는 힘에 의한 일

- **그림처럼 물체에 작용하는 힘이 운동 방향과 θ 의 각도를 이루는 경우**

F 를 운동 방향에 평행한 성분 $F\cos\theta$ 와 운동 방향에 수직인 성분 $F\sin\theta$ 로 나누어 생각한다. 운동 방향과 수직인 성분 $F\sin\theta$ ❷ 는 물체의 속도를 증가시키는 성분이 아니다.

$$W\ (\text{힘에 의한 일}) = F\cos\theta \cdot s = F\, s\cos\theta$$

④ **일의 양** ❸: 일은 방향을 고려하지 않는 스칼라량이지만 (+)값과 (-)값을 모두 가진다. 에너지를 증가시키면 일을 (+) 로 했다고 하고, 에너지를 감소시키면 일을 (-)로 했다고 한다.

⑤ **크기가 변하는 힘에 의한 일** : F - s 그래프의 아래쪽 넓이가 일이다.

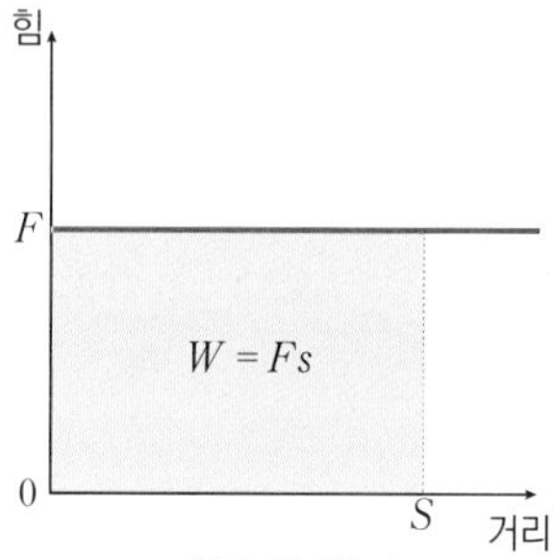

힘이 일정할 때

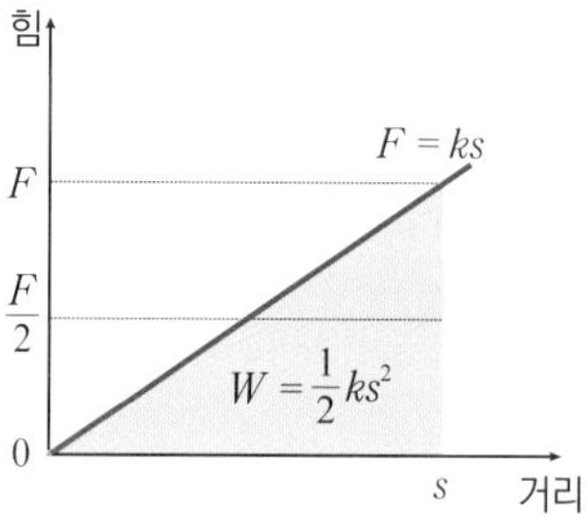

힘이 일정하게 증가하는 경우 (예 : 탄성력)

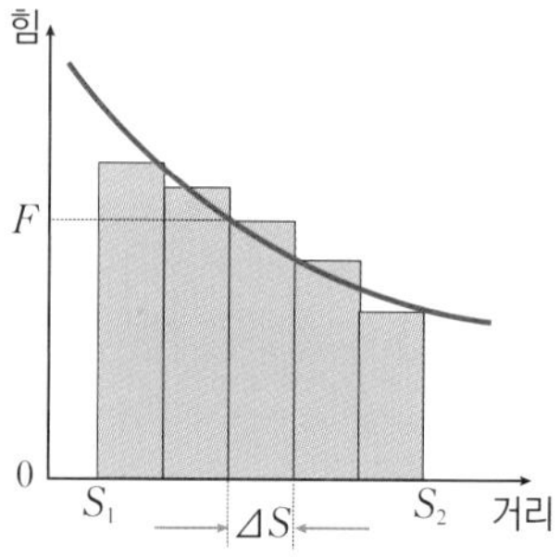

힘이 변하는 경우 : 작은 사각형 넓이를 모두 더한다.

(4) 일률 (Power) : 일의 시간당 비율(단위 시간 당 일)을 일률이라고 한다. 일의 능률이다.

① **일률** : 시간 t 동안 F 의 힘을 작용하여 그 방향으로 물체를 s 만큼 이동시켰다면 일률은 다음과 같다.

$$\text{일률} = \frac{\text{일의 양}}{\text{일을 한 시간}} \rightarrow P = \frac{W}{t} = \frac{F \cdot s}{t}\ (\text{W(와트)})$$

→ 일의 양 $W = Pt$ (1 J = 1 W · s)

- **물체가 등속 운동(속도 v)하고 있을 때 일률** : $P = \frac{F \cdot s}{t} = F\frac{s}{t} = F \cdot v$

② **일률의 단위** : W (와트), 마력 (HP) ❹

1 W : 1 초에 1 J 의 일을 할 때의 일률, 1 HP = 약 735 W

$$1\ \text{W} = \frac{1\ \text{J}}{1\ \text{s}} = 1\ \text{J/s}$$

③ **장치의 일률** : 일률은 기계나 장치의 동력 비교에 쓰이는 양으로 일률이 크면 정해진 시간에 더 많은 일을 했거나 정해진 일을 더 짧은 시간에 한 것이다. 시간이 짧을수록 많은 일을 할수록 와트 수(일률)가 크고 성능이 좋은 장치이다.

---

❷ 운동 방향에 수직 성분 힘의 역할

$F\sin\theta$ 는 운동 방향에 수직이므로 물체를 들어올리는 힘이다. 물체의 무게가 그만큼 가벼워지므로 면이 물체를 떠받치는 수직 항력(N)도 그만큼 작아진다. 크기만 고려했을 때

$N = mg - F\sin\theta$

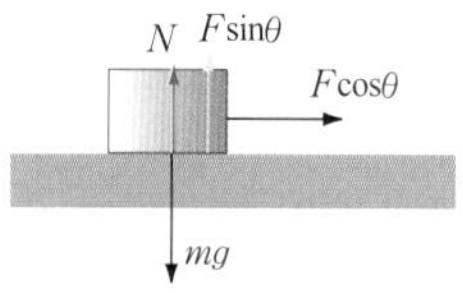

❸ (-)값의 일

일이 (-)의 값을 가진다는 것은 힘이 물체의 운동을 방해하는 방향으로 작용하고 있음을 의미한다.

동물을 위 그림처럼 끌고 가는 경우 사람은 동물에 (-)의 일을 해준다.

❹ 마력

1마력(HP : horse power) = 말 한 마리의 일률 = 735 W
→ 초당 735 J 의 일을 함.

일률과 전력

전력은 전기 기구의 일률이다.
단위 : W(와트)

정답 p 62

Q5 질량 2 kg 의 물체가 속력 3 m/s 로 운동하고 있다. 이 물체의 운동 에너지 E_k 는 몇 J 인가?

Q6 물체를 수평 방향으로 20 N 의 힘을 주면서 3 m 이동시켰을 때 물체에 한 일의 양은 얼마인가?

Q7 질량이 2 kg 인 물체를 높이 2 m 까지 서서히 들어올렸다. 힘이 한 일은 얼마인가? 또 중력이 한 일은 얼마인가? (g = 9.8 m/s²)

Q8 물체에 힘을 주어 일을 하였더니 물체의 운동 에너지가 처음엔 20 J 이었다가 나중엔 100 J 이 되었다. 물체에 한 일은 얼마인가?

Q9 그림과 같이 이동 방향과 60° 의 각을 이루는 방향으로 60 N 의 힘을 작용하며 2 m 끌고 갔다. 힘이 한 일은 몇 J 인가? (cos60° = 0.5 이다.)

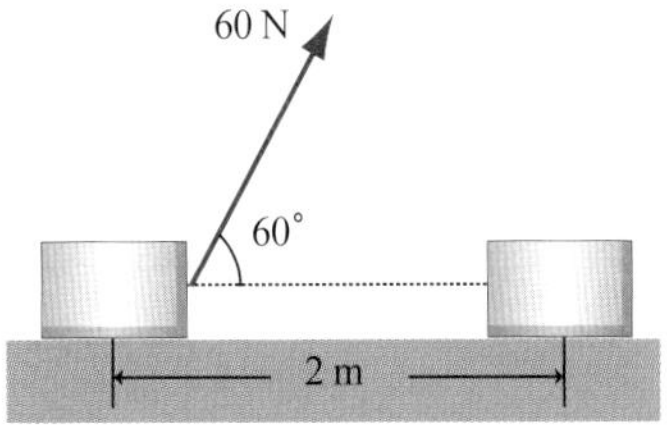

삼각비

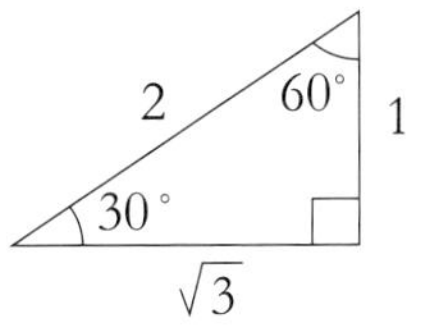

Q10 그림에서 그래프의 면적이 의미하는 것은 무엇인가?

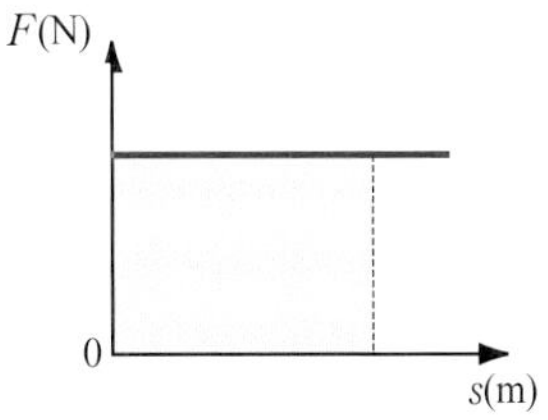

Q11 무게가 50 N 인 물체를 기중기로 4 m 높이까지 일정한 속도로 들어 올리는데 5 초가 걸렸다면 기중기의 일률은 얼마인가?

일과 에너지

19 다음 중 과학적인 일을 하는 경우는?

① 물건을 들고 등속으로 걸어갔다.
② 원운동하는 물체에 구심력이 작용한다.
③ 자유 낙하하는 물체에 중력이 작용한다.
④ 질량 5 kg 의 물체를 1 시간 동안 들고 서있었다.
⑤ 마찰이 없는 수평면 위에서 물체가 등속 운동하고 있다.

20 다음 중 에너지가 가장 큰 것은?

① 1 cal ② 1 kg중·m ③ 1 J ④ 1 wh

21 마찰이 없는 수평면에서 5 m/s 의 속력으로 운동하고 있는 질량 4 kg 의 물체가 있다. 이 물체가 7.5 m 진행하는 동안 물체에 20 N 의 힘을 운동 방향으로 작용하였다.

(1) 물체의 운동 에너지는 몇 J 증가하였는가?

① 100 J ② 120 J ③ 150 J
④ 250 J ⑤ 500 J

(2) 물체의 나중 속력은 얼마로 되었는가?

① 7.5 m/s ② 10 m/s ③ 20 m/s
④ 36 m/s ⑤ 75 m/s

22 질량 20 kg 의 물체를 바닥에서 선반으로 올려놓는데 392 J 의 일을 하였다. 질량 1 kg 의 물체에 작용하는 중력은 9.8 N 이라고 할 때 선반의 높이는 얼마인가?

① 1 m ② 2 m ③ 3 m
④ 4 m ⑤ 5 m

23 수평면에서 정지해 있는 물체에 수평 방향으로 10 N 의 힘을 작용하면서 2 m 이동시켰다. 물체가 이동하는 중 면으로부터 마찰력이 5 N 작용하였다. 물음에 답하시오.

(1) 10 N 의 수평 방향의 힘이 한 일은 얼마인가?

① 5 J ② 10 J ③ 15 J
④ 20 J ⑤ 25 J

(2) 마찰력이 물체에 해준 일은 얼마인가?

① 5 J ② −5 J ③ 10 J
④ -10 J ⑤ 20 J

(3) 합력이 물체에 한 일은 얼마인가?

① 5 J ② 10 J ③ 15 J
④ 20 J ⑤ 25 J

(4) 물체의 질량이 5 kg이었다면 2 m를 이동한 후 물체의 속력은 얼마가 되는가?

① 1 m/s ② 2 m/s ③ 3 m/s
④ 4 m/s ⑤ 5 m/s

24 마찰이 없는 수평면 위에 놓인 나무도막에 수평 방향과 60° 의 방향으로 힘 F 를 작용하여 10 m 이동시켰다. 이때 한 일이 50 J 이었다면 작용한 힘 F 는 얼마인가?

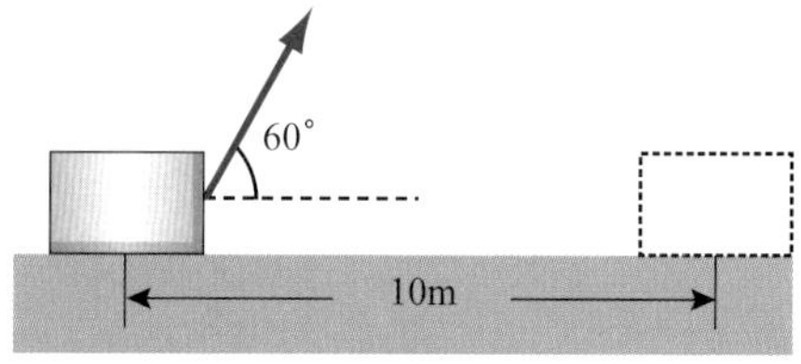

① 5 N ② 10 N ③ 15 N
④ 20 N ⑤ 25 N

25 질량이 0.5 kg 인 물체를 질량을 무시할 수 있는 길이 1 m 의 줄에 매달아 수평면 상에서 등속 원운동시킬 때 주기가 π 초라면 이 물체의 운동 에너지는 얼마인가?

① 1 J ② 2 J ③ 3 J
④ 4 J ⑤ 5 J

26 마찰이 없는 수평면 상에서 반지름 1 m 의 등속 원운동하고 있는 질량 2 kg 의 물체가 있다. 이 물체에 작용하는 구심력의 크기는 10 N 이다. 이 물체가 반 바퀴 도는 동안 구심력이 한 일은 몇 J 인가?

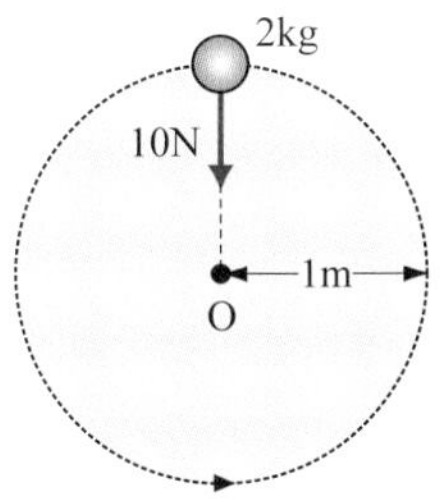

27 경사각이 θ 인 빗면을 이용하여 질량이 m 인 물체를 빗면 거리 s 만큼 천천히 밀어 올렸다. 빗면과 물체 사이에 마찰이 없다고 할 때 한 일은 얼마인가? 있는 대로 고르시오.

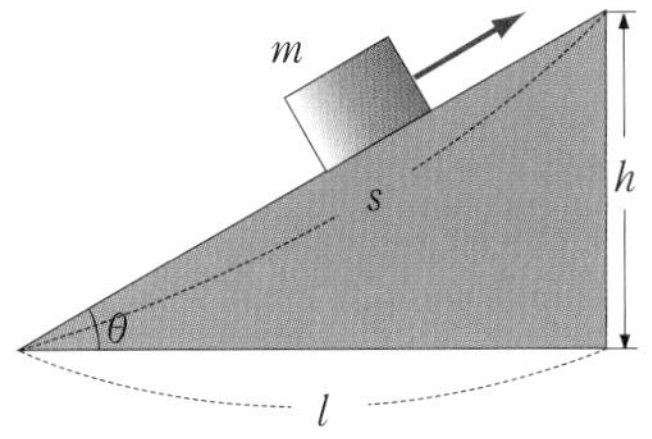

① mgs ② mgh ③ $mgs\sin\theta$
④ $mgs\cos\theta$ ⑤ $mgh\cos\theta$

28 그림은 용수철을 잡아당길 때 작용하는 힘 F 와 늘어난 길이 와의 관계이다. 용수철을 4 m 늘어나도록 잡아당길 때 한 일은 얼마인가?

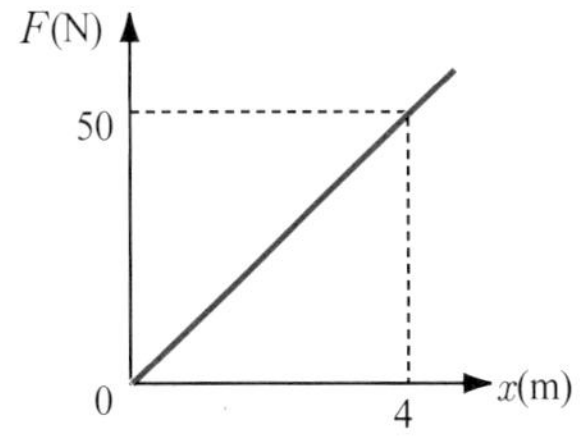

① 50 J ② 100 J ③ 150 J
④ 200 J ⑤ 250 J

29 수평면 위에 질량 3 kg 의 물체가 놓여 있다. 이 물체에 그림과 같이 크기가 변하는 힘을 수평 방향으로 가하였다. 3 m 를 이동하는 동안 이 물체에 한 일은 얼마인가?

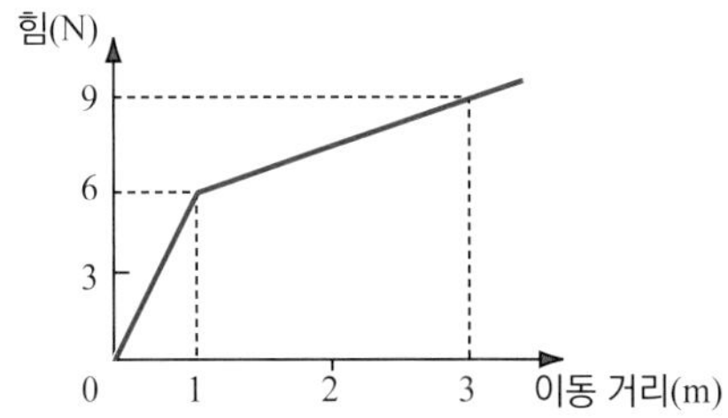

① 15 J ② 18 J ③ 21 J
④ 24 J ⑤ 27 J

30 그림은 마찰이 없는 수평면에 정지 상태로 놓여 있는 질량 2 kg 의 물체에 작용한 힘과 거리의 그래프이다. 이 물체가 5 m 이동하였을 때 속력은 몇 m/s 인가?

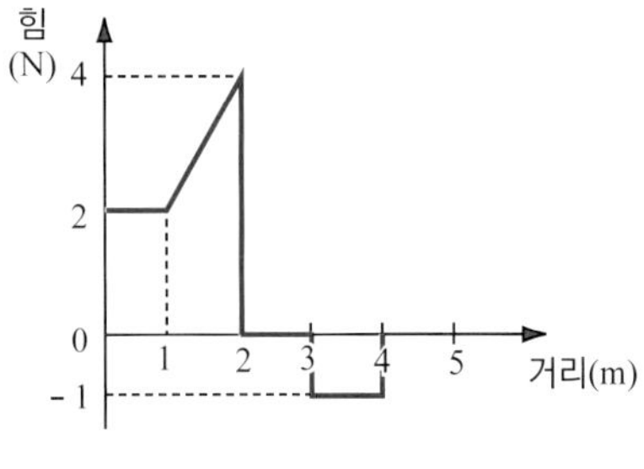

① 1 m/s ② 2 m/s ③ 3 m/s
④ 4 m/s ⑤ 5 m/s

31 **마찰이 없는 수평면 상에서 질량 30 kg 의 물체 A 와 질량 20 kg 의 물체 B 가 질량을 무시할 수 있는 끈으로 연결된 상태로 50 N 의 힘으로 끌려가고 있다. 물음에 답하시오.**

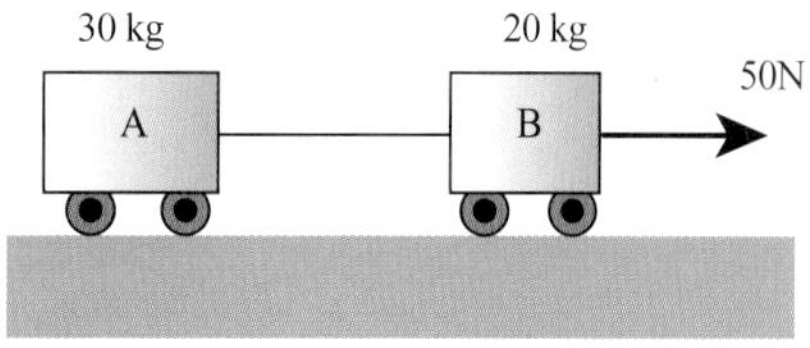

(1) 물체 A 가 받는 힘은 몇 N 인가?

① 10 N ② 20 N ③ 30 N
④ 40N ⑤ 50N

(2) 이 상태로 10 m 이동하였을 때 물체 A 에 해준 일은 얼마인가?

① 100 J ② 200 J ③ 300 J
④ 400 J ⑤ 500 J

(3) 물체가 면으로부터 받는 수직 항력은 몇 N 인가?

① 120 N ② 100 N ③ 200 N
④ 300 N ⑤ 500 N

(4) 수직 항력이 물체에 한 일은 얼마인가?

① 0 ② 350 J ③ 500 J
④ 850 J ⑤ 1000 J

32 **마찰을 무시할 수 있는 수평면에서 질량 20 kg 의 물체에 수평면과 30° 의 방향으로 200 N 의 힘을 작용시키면서 5 m 를 끌고 갔다. g = 10 m/s² 이다. ($\sqrt{3}$ = 1.7)**

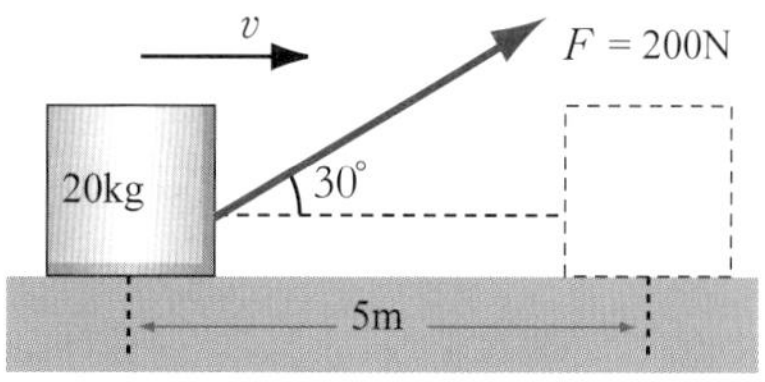

(1) 힘(외력)이 물체에 한 일은 얼마인가?

① 100 J ② 350 J ③ 500 J
④ 850 J ⑤ 1000 J

(2) 중력이 물체에 한 일은 얼마인가?

① 0 ② 350 J ③ 500 J
④ 850 J ⑤ 1000 J

33 **최대 출력 500 W 인 전동기로 20 kg 의 물체 10 개를 5 m 높이까지 들어올리려고 한다. g = 10 m/s² 이라고 할 때 물체를 모두 들어올리는데 걸리는 최소 시간은 얼마인가?**

① 2 초 ② 20 초 ③ 200 초
④ 2 시간 ⑤ 20 시간

34 **그림과 같이 모터를 돌려 두레박으로 5 m 깊이에 있는 물을 퍼내려하고 있다. 물이 담긴 두레박의 무게는 800 N 이고 2 m/s 의 일정한 속력으로 두레박을 끌어올릴 때 전동기의 일률은 몇 W 인가?**

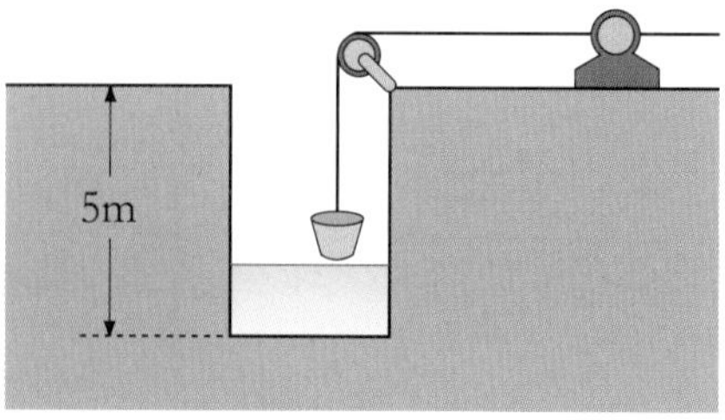

35 그림처럼 0.2 m/s 의 속력으로 수평면에서 일정하게 운행하고 있는 컨베이어 벨트에 석탄이 1 분당 3 톤이 떨어지고 있다. 물음에 답하시오.

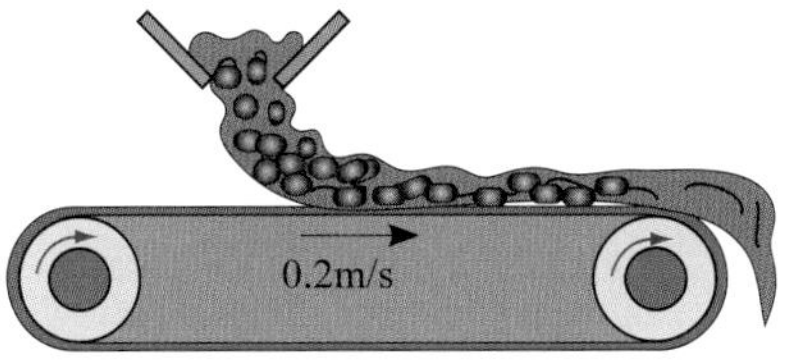

(1) 이 컨베이어 벨트가 석탄에 가하는 힘은 얼마인가?

(2) 이 컨베이어 벨트의 일률은 얼마인가?

36 200 W 의 전동기를 이용하여 무게 100 N 의 물체를 끌어올리고 있다. 도르래와 끈의 무게를 무시할 때 물체를 3 초 동안 일정한 속력으로 끌어올린다면 물체가 올라간 높이는 몇 m 인가?

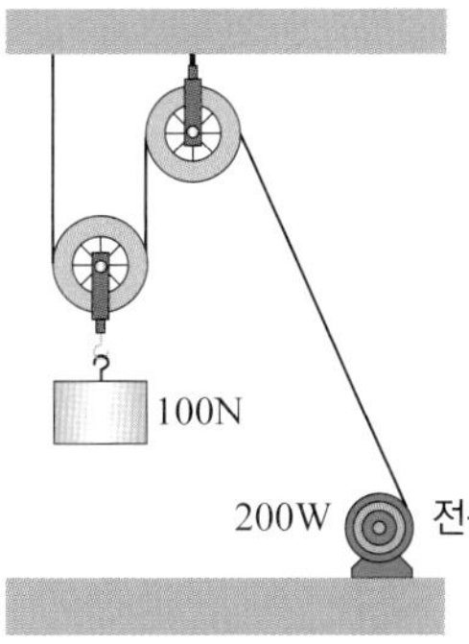

① 2 m ② 4 m ③ 6 m
④ 8 m ⑤ 10 m

37 그림은 어떤 전동기의 시간에 따른 일률을 나타낸 그래프이다. 이 전동기가 5 초 동안 한 일의 양은 얼마인가?

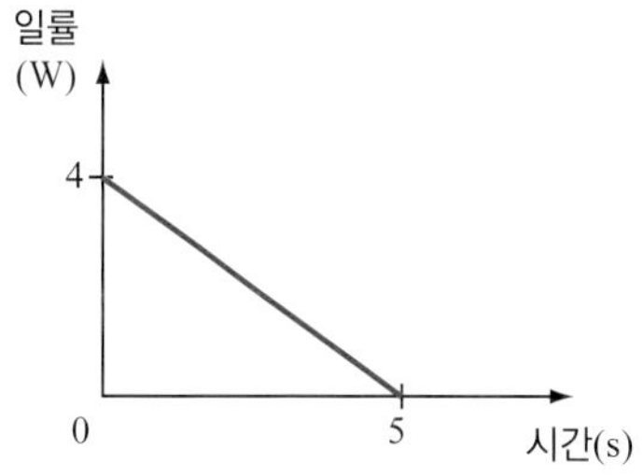

① 5 J ② 10 J ③ 15 J
④ 20 J ⑤ 25 J

38 질량 m 의 물체가 t 초 간 자유 낙하하였다. t 초 동안 중력이 물체에 한 평균 일률은 얼마인가?

39 물체를 얼음판 위에서 처음 속력 2 m/s 로 밀었다. 물체와 얼음판 사이의 운동 마찰 계수(μ)가 0.1 일 때 물체는 얼음판 위에서 얼마나 미끄러진 후 정지하겠는가? (g = 10m/s^2)

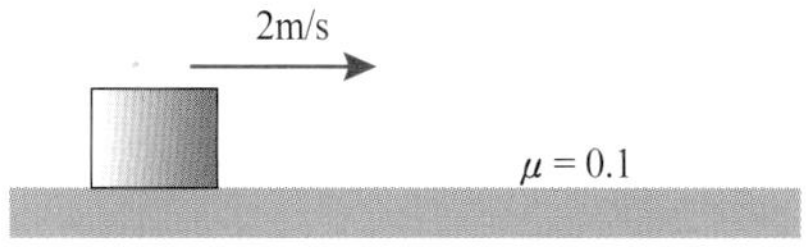

개념 심화 문제

05 두 물체의 운동량을 비교하기 위하여 두 실험용 수레 A, B 사이에 용수철을 압축시켰다가 놓았더니 두 실험용 수레는 서로 반대 방향으로 운동하여 동시에 수레 멈추개에 충돌하였다. 두 수레가 이동한 거리의 비 $a : b = 2 : 1$ 이고, 마찰을 무시할 때 다음 〈보기〉 중 옳은 것만을 있는 대로 고른 것은?

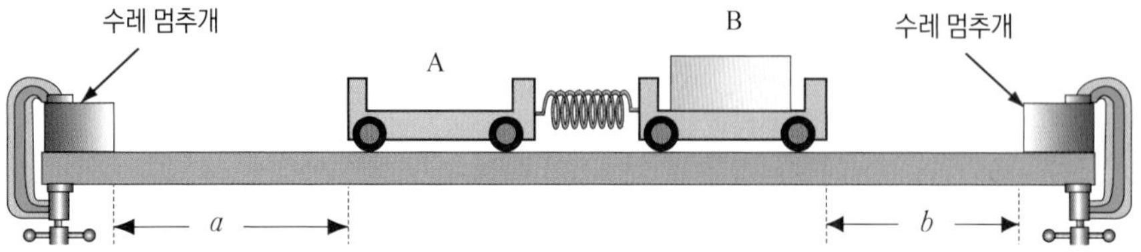

보기

ㄱ. 두 수레가 받은 충격량의 크기는 서로 같다.
ㄴ. 두 수레가 받은 힘의 크기는 서로 같다.
ㄷ. 두 수레가 출발한 후 두 수레의 운동량의 비는 2 : 1 이다.
ㄹ. 두 수레가 출발한 후 두 수레의 운동 에너지의 비는 2 : 1 이다.

① ㄱ ② ㄱ, ㄴ ③ ㄷ, ㄹ ④ ㄱ, ㄴ, ㄷ ⑤ ㄱ, ㄴ, ㄹ

06 그림은 마찰이 없는 수평면 위에 정지하고 있던 질량 10 kg 의 물체에 각각 크기가 다른 힘을 가하였을 때 속력과 시간과의 관계를 나타낸 것이다. A, B 의 경우 4 초 동안 물체에 해준 일은 각각 얼마인가?

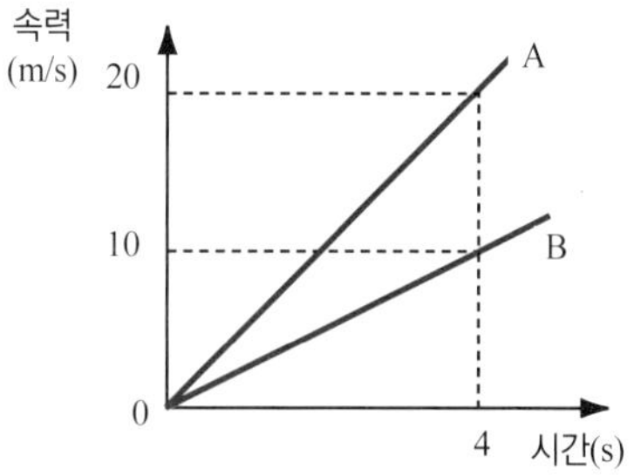

개념 돋보기

05

용수철에서 떨어지면서 두 수레는 작용반작용에 의해서 같은 힘을 반대 방향으로 받으며, 용수철에서 떨어지면 힘을 받지 않으므로 등속 운동을 한다.

06

$W = Fs = mas$

07 책상 면에 질량 M 의 나무 도막이 놓여 있다. 나무 도막을 향하여 질량 m 의 총알이 속력 v 로 발사되었고, 총알은 나무 도막을 관통했다. 총알이 관통한 후 나무 도막은 거리 s 만큼 나아가 정지하였다. 책상 면과 나무 도막 사이의 운동 마찰계수는 μ 이다.

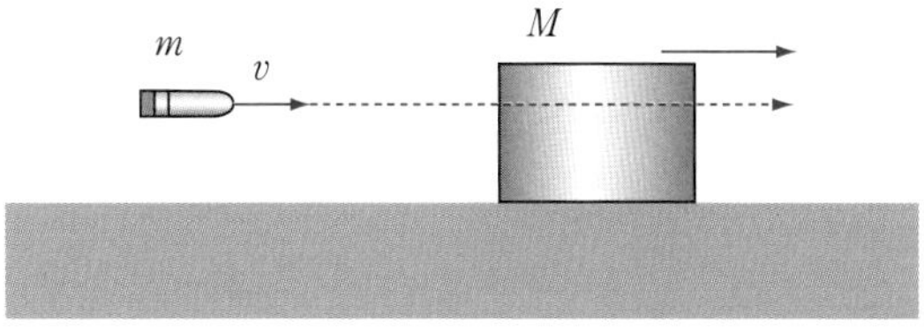

(1) 총알이 관통한 직후의 나무 도막의 운동 에너지를 구하시오.

(2) 나무 도막을 관통한 직후 총알의 속도를 구하시오.

08 그림과 같이 길이 0.4 m 인 줄에 5 kg 의 물체가 매달려 있다. 수평으로 1 kg 의 물체가 날아와서 물체 B 와 충돌한 후 두 물체가 한덩어리가 되어 줄이 연직선과 60° 가 되는 곳까지 올라갔다. 물체가 충돌하기 전과 충돌한 후의 운동 에너지의 변화량은 얼마인가? (g = 10 m/s^2)

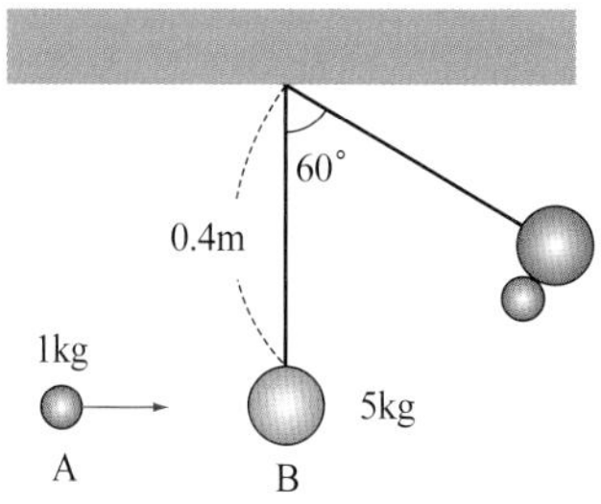

09 그림과 같이 양쪽 끝이 휘어져 올라가는 궤도에서 물체 A 를 미끄러뜨리려 한다. 물체 A 의 처음 높이 $h = \frac{L}{2}$ 이고 휘어져 올라간 부분에는 마찰이 없고, 평평한 부분에는 마찰이 있는데 (운동)마찰계수 μ = 0.2 이다. 물체는 평평한 곳이 시작되는 P 점에서 얼마나 떨어진 곳에서 정지하겠는가? (중력 가속도는 g 이다.)

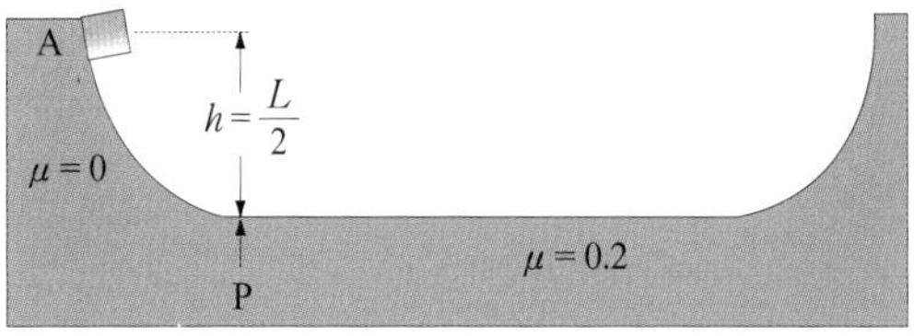

개념 돋보기

07 ~ 09

총알에 의해 나무 도막은 운동 에너지를 얻고 면과의 마찰에 의해서 운동 에너지가 소모된다.
마찰력 $f = \mu N = \mu mg$, 마찰력이 한 일 : $-f \cdot s$

10 그림은 수평면 상에서 운동하고 있는 질량 2 kg 의 물체에 10 N 의 힘을 2 초 간 작용하였을 때 물체의 속도-시간 그래프이다.

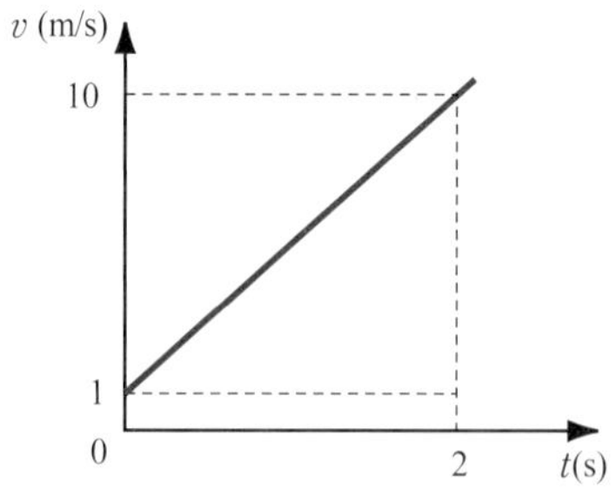

(1) 10 N 의 힘이 2 초 간 한 일은 몇 J 인가?

(2) 물체에 작용하는 마찰력의 크기는 몇 N 인가?

11 그림 (가)는 정지해 있던 질량 5 kg 인 물체를 매끄러운 수평면 위에서 끌어당기는 것을 나타낸 것이고, 그림 (나)는 물체가 이동하는 동안 물체를 끌어당기는 힘을 시간에 따라 나타낸 것이다.

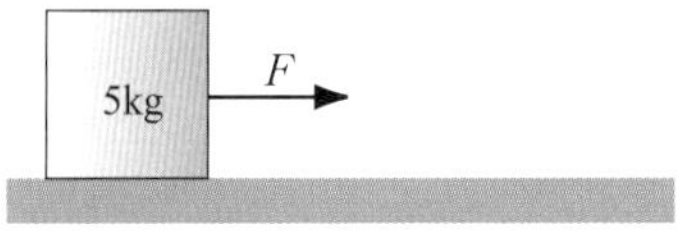

(가)

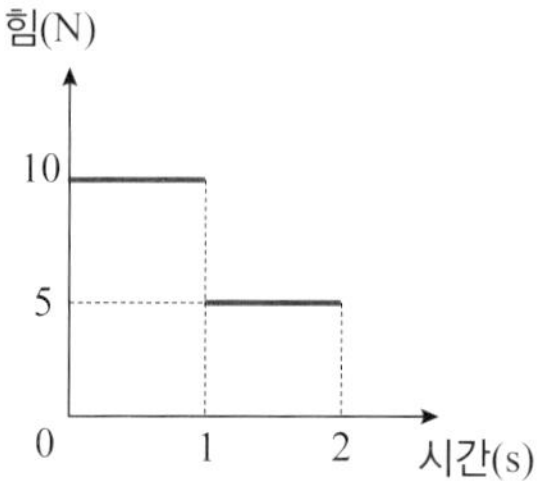

(나)

(1) 출발 후 1 초인 지점에서 물체의 운동 에너지는 몇 J 인가?

(2) 출발 후 2 초가 되는 순간 물체의 속력은 몇 m/s 인가?

(3) 출발 후 2 초까지 물체를 끌어당기는 힘이 한 일은 몇 J 인가?

3. 일의 원리

(1) 도구를 사용할 때 드는 힘과 일의 관계

① **지레를 사용할 때의 힘과 일** : 무게 w 의 물체를 들기 위해 받침대를 끼우고 힘 F 로 눌러서 물체가 h 만큼 들어 올려졌다.

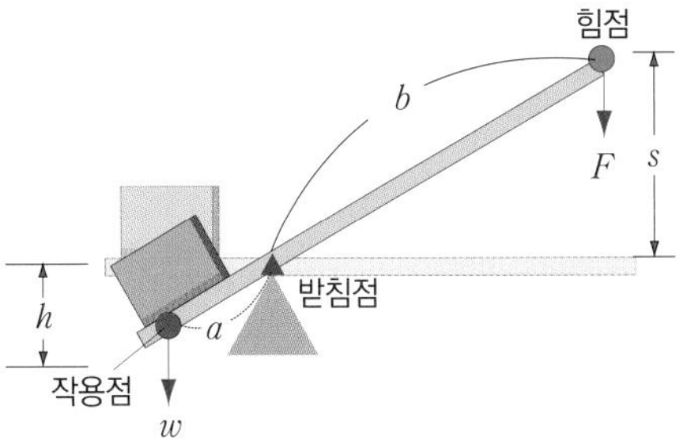

- 돌림힘의 원리 $F \times b = w \times a \rightarrow F = \frac{a}{b}w$ ❶
(힘점의 누르는 힘 F 는 작용점의 무게보다 작다.)
- 비례식 $a : b = h : s \rightarrow s = \frac{b}{a}h$ ❷
- 힘 F가 한 일 $= Fs = \frac{a}{b}w \times \frac{b}{a}h = wh$
$=$ (-) 중력 w 가 한 일

② **축바퀴를 사용할 때의 힘과 일** : 큰 축바퀴와 작은 축바퀴가 붙어있는 구조로 큰 축바퀴를 돌리는 힘이 상대적으로 작다.

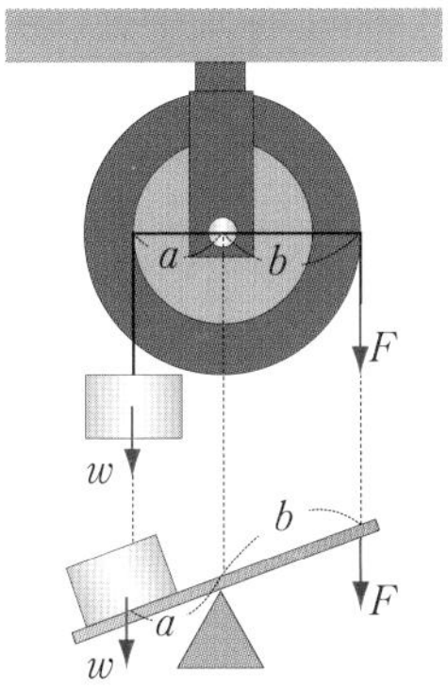

그림처럼 지레와 유사하다.
- 돌림힘의 원리 $F \times b = w \times a \rightarrow F = \frac{a}{b}w$
(힘점의 누르는 힘 F 는 작용점의 무게보다 작다.)
- 힘 F 가 한 일 $=$ (-) 중력 w 가 한 일

정답 p 66

Q12 지레를 이용하여 100 N 의 물체를 들어 올리려고 한다. 필요한 힘의 크기와 a 와 b 의 거리의 비를 구하시오.

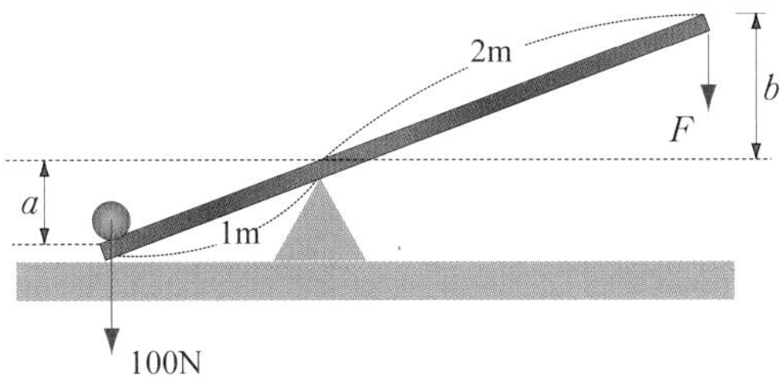

Q13 그림과 같은 축바퀴에서 잡아당기는 힘 F 와 물체의 무게 w 와의 관계를 쓰시오.

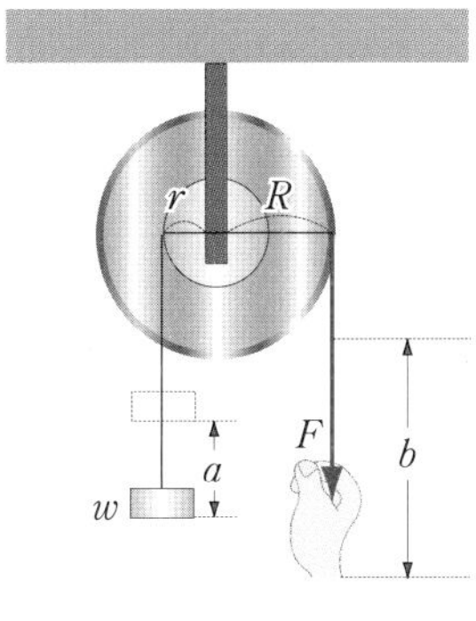

❶ 연직 방향 운동에서의 일

물체가 연직 방향으로 이동할 때 들어 올리는 힘 F 는 이동 방향과 힘의 방향이 일치하므로 물체에 (+)의 일을 해주고 운동 에너지를 증가시킨다. 중력은 중력 방향과 이동 방향이 서로 반대이므로 (-)의 일을 해주고 운동에너지를 감소시킨다. 결국 물체의 운동 에너지는 변화 없다(운동 상태가 같다.).

❷ $a : b = h : s$ 계산

내항끼리 외항끼리 곱하면

$as = bh \rightarrow s = \frac{b}{a}h$

축바퀴의 이용

자동차의 핸들, 수도꼭지, 드라이버, 문의 손잡이

▲ 자동차 핸들 : 축바퀴를 이용하여 핸들을 부드럽게 돌릴 수 있다.

▲ 수도꼭지 : 축바퀴를 이용하여 수도꼭지를 쉽게 잠글 수 있다.

③ 빗면의 기울기와 힘

기울기가 점점 작아지는 면으로 물체를 옮길 때 힘은 점점 작게 드나 일의 양은 같다.

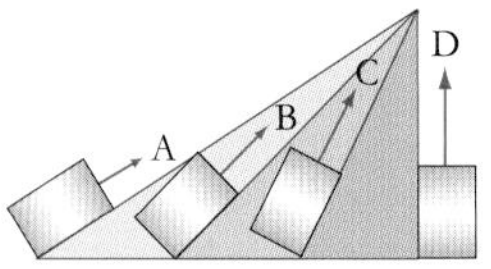

기울기 : A < B < C < D

빗면의 이용

나사못, 비탈길, 계단, 사다리, 쐐기 등

▲ 빗면을 이용한 나사못

고정 도르래의 이용

엘리베이터(오르내릴 때), 에스컬레이터, 기중기, 두레박, 국기 게양대, 소방용품 등

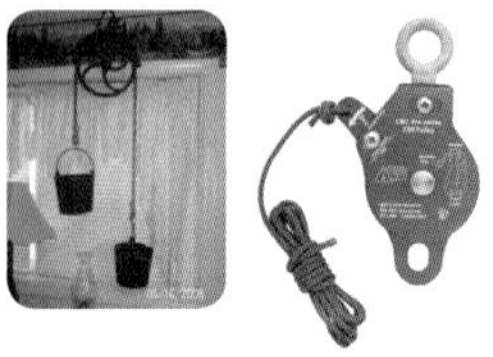

움직 도르래의 이용

기중기 등 (보통 고정 도르래와 함께 쓰인다.)

④ 당겨지는 끈의 길이

물체를 끈 2개가 지탱하고 있으므로 물체가 h 만큼 올라가기 위해서는 전체 끈의 길이는 $2h$ 만큼 짧아져야 한다. 한쪽은 고정되어 있으므로 다른 한쪽에서 $2h$ 만큼 잡아당겨야 한다.

③ 빗면을 사용할 때의 힘과 일 : 마찰이 없는 빗면으로 물체를 끌어올릴 때나 빗면 없이 연직 방향으로 끌어올릴 때 한 일의 양은 같다. 빗면 방향의 힘 F 는 최소한 $w\sin\theta$ 가 되어야 한다.[3]

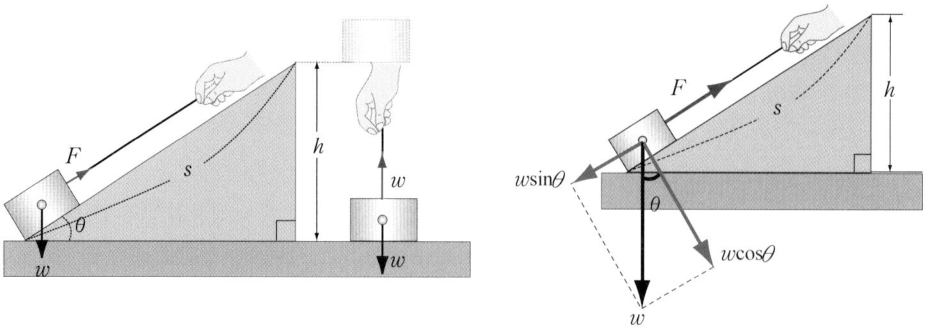

물체를 빗면으로 천천히 끌고 올라가기 위한 힘 $F = w\sin\theta = w\dfrac{h}{s}$

빗면 방향으로 해준 일 : $Fs = \dfrac{h}{s}w\,s = wh$ = 연직으로 올라갈 때 해준 일

④ 도르래를 사용할 때의 힘과 일

- **고정 도르래** : 힘과 일의 이득은 없으나 힘의 방향을 바꿀 수 있다.

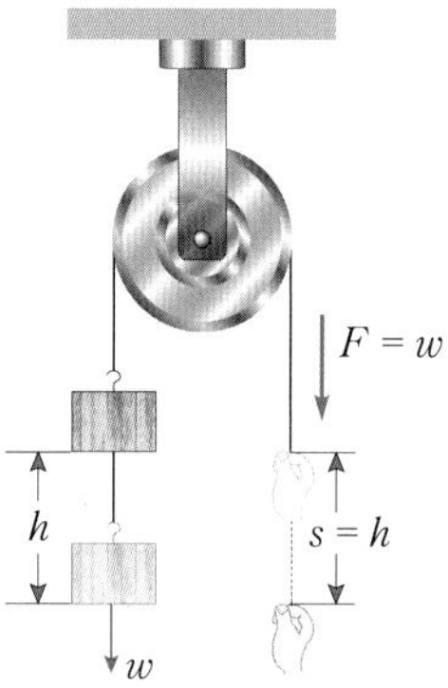

- 끈을 당기는 힘 F = 물체의 무게 w
- 물체를 h 만큼 올리기 위해 한 일
  $= Fs = wh =$ (-)중력이 한 일

※ 힘이 한 일과 중력이 한 일을 합하면 0 이다
→ 물체의 운동 에너지는 변하지 않는다.

- **움직 도르래** : (가벼운) 움직 도르래 1 개 당 힘은 $\dfrac{1}{2}$ 배로 줄어들지만 일의 양은 같다.

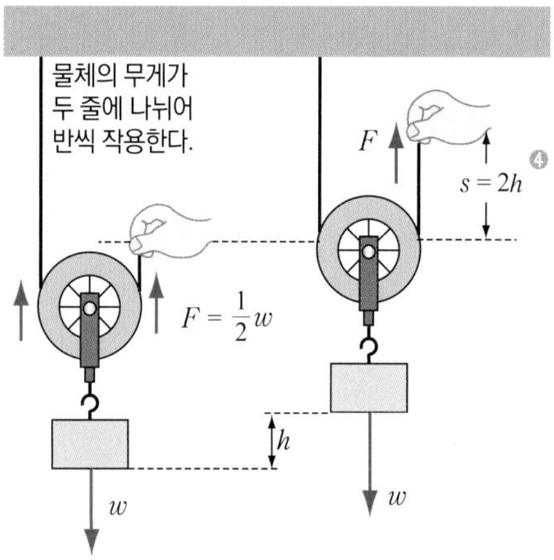

- 끈을 당기는 힘 F = 물체의 무게 $w \times \dfrac{1}{2}$
  (물체의 무게를 끈 두 개가 지탱하므로)
- 당겨지는 끈의 길이 : 물체를 h 만큼 올리기 위해서 $2h$ 만큼 당겨진다.
- 물체를 h 만큼 올리기 위해 한 일
  $= Fs = \dfrac{w}{2} \times 2h = wh =$ (-) 중력이 한 일
  (도르래 무게는 무시한다)

(2) 일의 원리 : 도구를 사용할 때와 사용하지 않을 때 한 일의 양은 같다. 다만 도구를 사용하면 힘 또는 이동 거리에 이득이 있으며, 힘의 방향을 바꾸어 일을 쉽게 할 수 있다.

정답 p.66

Q14 다음은 기울기가 서로 다른 빗면 A, B, C를 이용하여 3 m 높이까지 물체를 끌어올릴 때의 필요한 힘과 끌어올린 거리이다. 물체의 무게는 얼마인가?

빗면	힘(N)	끌어올린 거리(m)
A	12	8
B	16	6
C	24	4

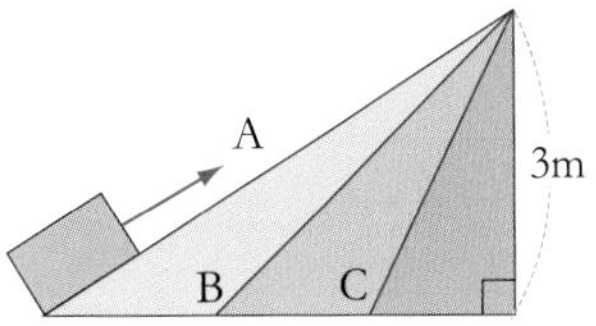

Q15 그림처럼 무게가 10 N, 30 N의 두 물체가 도르래에 연결되어 있을 때 물체 A 를 천천히 3 m 끌어내리는데 하는 일의 양은?

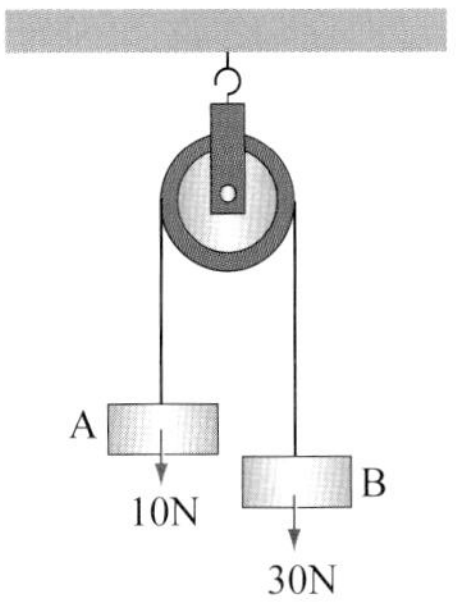

4. 돌림힘과 안정성

(1) 돌림힘

① **돌림힘** : 물체의 회전 운동을 변화시키는 물리량을 돌림힘 또는 토크(τ)라고 한다. 돌림힘은 물체가 회전 운동을 하게 만드는 원인이다.

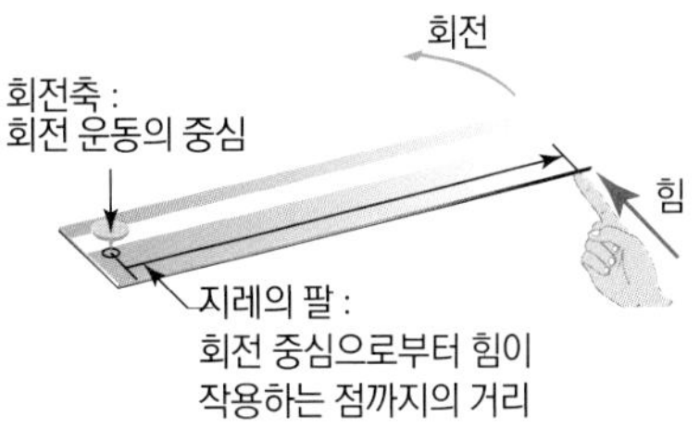

② **돌림힘의 크기** : 돌림힘(τ)의 크기는 물체를 회전시키는 힘(F)과 작용점과 회전 축 사이의 수직 거리인 팔의 길이(r)와의 곱으로 나타낸다.

$$\tau \text{ (돌림힘)} = Fr\sin\theta \text{ [1] [단위 : N·m]}$$

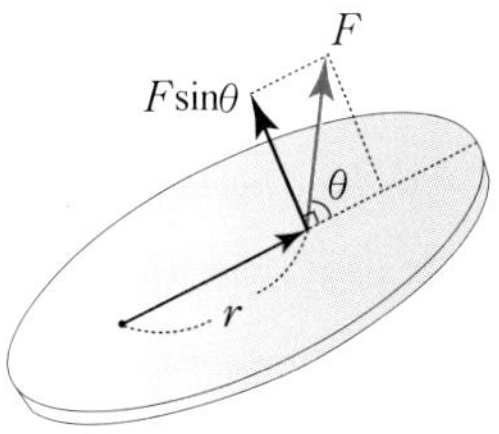

③ **돌림힘의 방향** : 돌림힘의 회전 방향은 시계 방향과 반시계 방향이 존재한다. 반시계 방향을 (+)로 나타낼 경우, 그 반대 방향인 시계 방향을 (-)로 나타내어 표시한다.

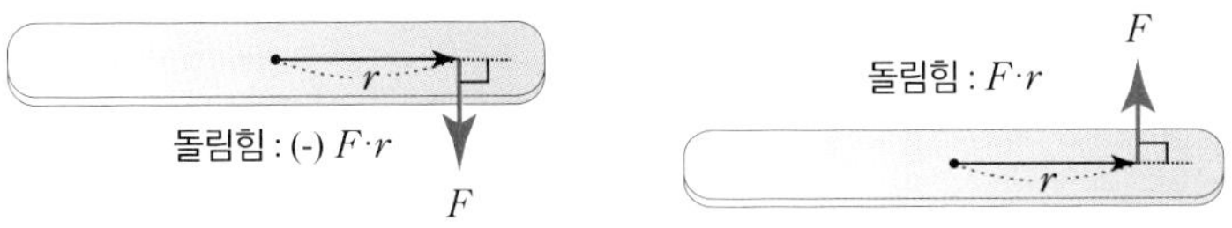

④ **짝힘** : 회전축을 중심으로 서로 반대쪽에 있는 지점에서 크기가 같고 방향이 반대인 두 평행한 힘을 짝힘이라 한다. 짝힘이 작용하면 지레의 팔이 더 길어진 효과가 나타나 더 큰 돌림힘이 작용하게 된다.

$$\tau = Fr_1 + Fr_2 = F(r_1 + r_2) = Fr$$

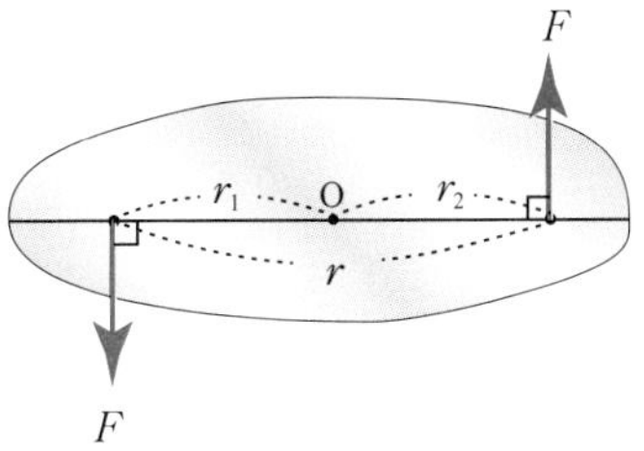

[1] r 과 F 의 각도에 따른 토크의 크기

- $\theta = 0°$ 일 때 : $\sin\theta = 0$ 이므로 돌림힘 $\tau = 0$ 이다.
- $\theta = 90°$ 일 때 : $\sin\theta = 1$ 이므로 돌림힘 $\tau = F \cdot r$ 으로 크기가 최대이다.

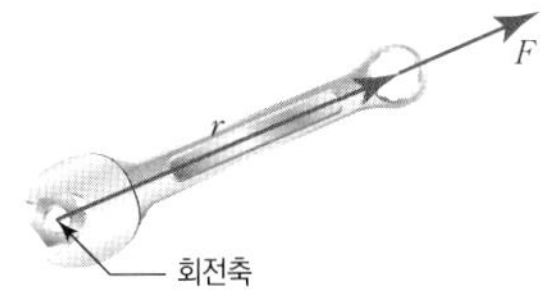

▲ $\theta = 0°$ 일 때 : 돌림힘이 0 이므로 물체는 회전하지 않는다.

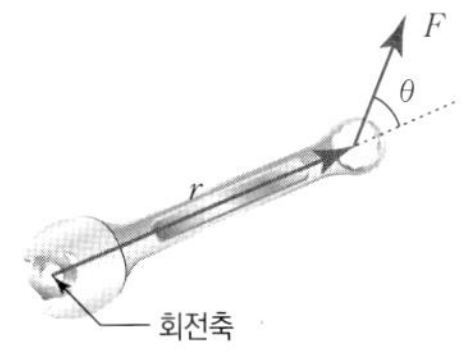

▲ $0° < \theta < 90°$ 일 때 : 돌림힘이 작용하여 물체가 회전한다.

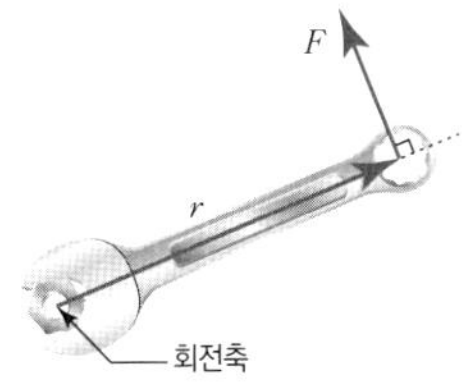

▲ $\theta = 90°$ 일 때 : 돌림힘이 최대이다.

시소에서 돌림힘의 평형

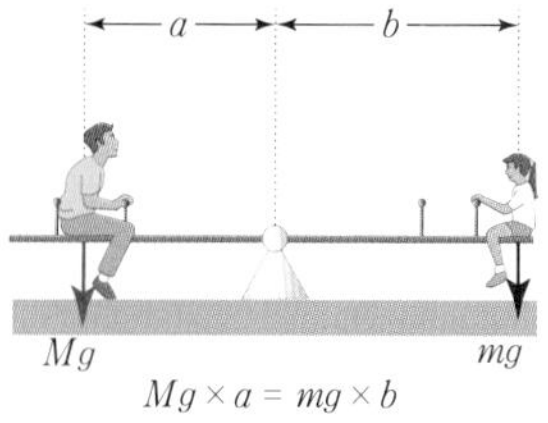

(2) 힘의 평형과 안정성

① **힘의 평형** : 물체에 작용하는 모든 힘의 합력이 0 인 상태(알짜힘이 0 인 상태)로 운동 상태의 변화가 없다.

$$F_1 + F_2 + F_3 + \cdots = \Sigma F = 0$$

▲ 알짜힘(합력) = 0, 돌림힘 = 0　　▲ 알짜힘(합력) = 0, 돌림힘 ≠ 0

② **돌림힘의 평형** : 물체에 작용하는 모든 돌림힘의 합이 0 인 상태로, 회전 운동 상태의 변화가 없다.

$$\tau_1 + \tau_2 + \tau_3 + \cdots = \Sigma\tau = 0$$

③ **역학적 평형** : 힘의 평형과 돌림힘의 평형이 동시에 이루어진 상태를 말한다.

④ **무게 중심** ❷ : 물체의 각 부분에 작용하는 중력을 합한 합력의 작용점이다.

- **무게 중심과 안정성** : 물체를 기울였을 때 무게 중심으로부터 지표면에 내린 수선이 물체의 밑면의 범위 안에 들어 있거나 무게 중심의 위치가 아랫면에 가까울수록 안정적이다.

▲ 안정한 상태　　▲ 불안정한 상태

⑤ **구조물의 안정성** : 구조물이 안정하려면 다음 조건을 충족해야 한다.

㉠ 구조물에 작용하는 모든 힘이 평형을 이루어야 한다.

㉡ 구조물에 작용하는 모든 돌림힘이 평형을 이루어야 한다.

㉢ 구조물이 평형 상태에서 벗어났을 때(기울였을 때) 구조물의 무게 중심의 작용선이 받침면을 벗어나지 않아야 하고, 무게 중심의 높이는 높아져야 한다. ❸

▲ 안정한 상태　　▲ 불안정한 상태

❷ 무게 중심

- 돌림힘이 평형되는 점이다.
- 대칭인 물체 : 무게 중심은 물체의 중심에 있다. 예 정육면체, 구 등
- 대칭이 아닌 물체 : 무게 중심은 한쪽에 치우쳐 있으며, 물체의 서로 다른 점을 실로 매달았을 때 실의 방향의 연장선이 만나는 점이 무게 중심이다.

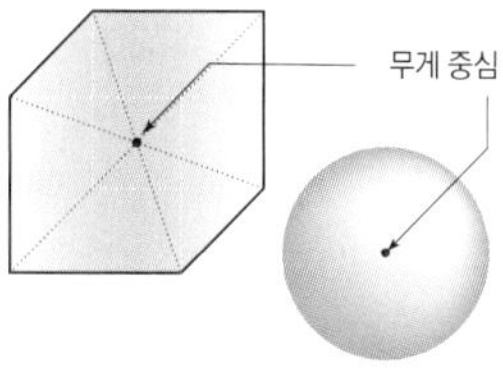

▲ 대칭인 물체

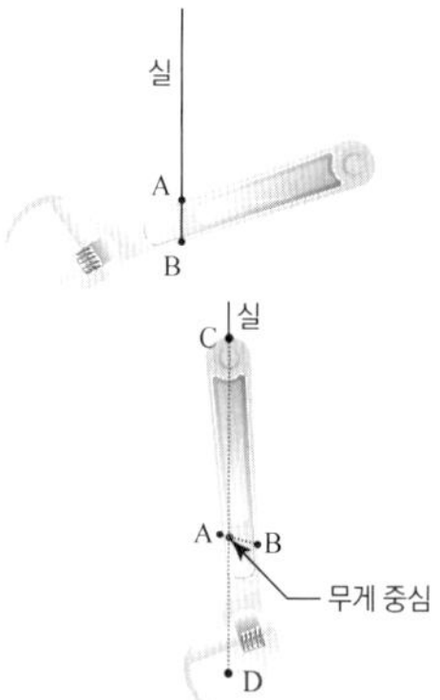

▲ 대칭이 아닌 물체 : 물체를 두 군데 이상에서 매달아 실의 연장선이 만나는 점이 무게 중심이다.

❸ 안정적인 구조물

힘의 평형이 깨지더라도 구조물의 무게 중심이 받침면 위를 벗어나지 않으면 복원력이 작용하여 원래의 상태로 돌아갈 수 있다.

정답 p 66

Q16 몸무게가 각각 80 kg$f$, 60 kg$f$, 30 kg$f$ 인 사람 A, B, C 가 그림처럼 시소놀이를 하고 있다. A 는 받침점으로부터 1.5 m 거리에 있고, B 는 A 의 반대편에 받침점으로부터 1.2 m 거리에 있다. 평형을 이루기 위하여 C 는 받침점으로부터 B 쪽으로 몇 m 거리에 앉아야 하는가?

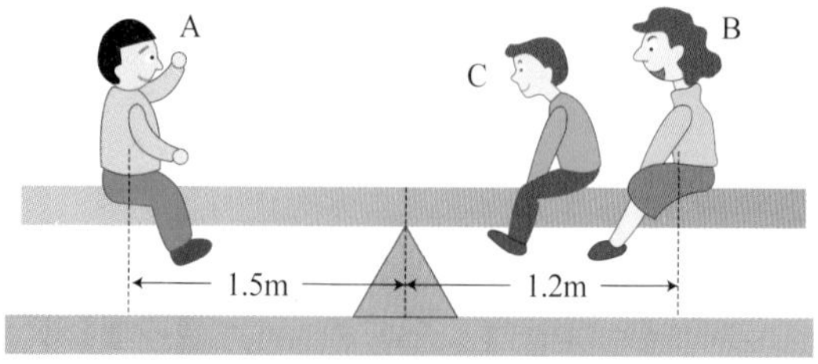

일의 원리

40 그림과 같은 지레의 A 부분의 작용점에 150 N 의 물체를 올려놓고 B 부분 힘점에 힘 F 를 가하여 30 cm 만큼 눌렀더니 지레가 수평으로 되었다.

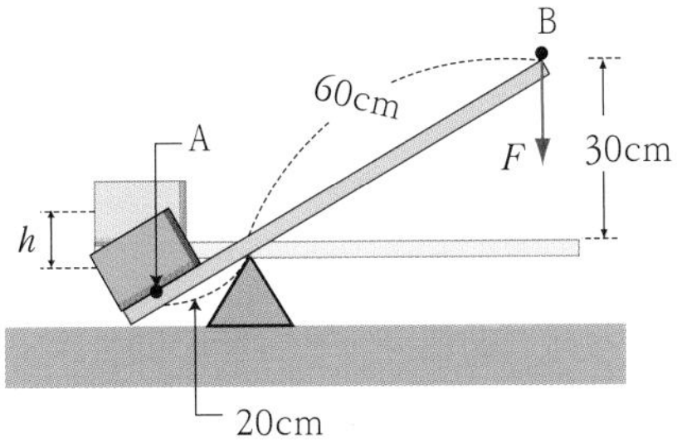

(1) 힘 F 의 크기는 얼마인가?

(2) 물체가 올라간 높이 h 는 몇 cm 인가?

(3) 지레가 물체에 한 일과 힘 F 가 한 일은 각각 얼마인가?

41 그림과 같이 병따개를 이용하여 병뚜껑을 열려고 한다. 이에 대한 설명으로 옳은 것은?

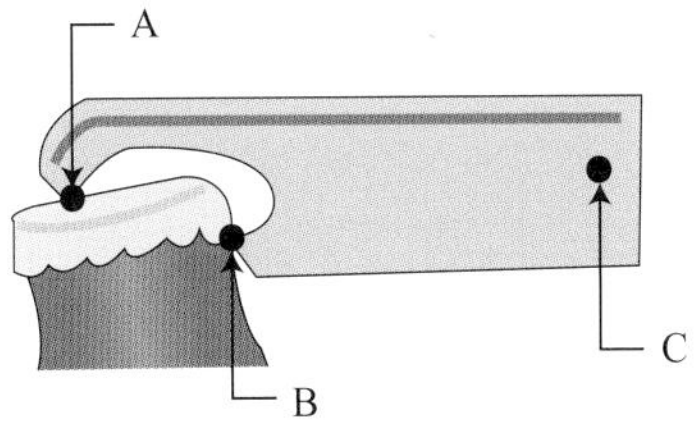

① A 는 작용점이고, B 는 받침점이다.
② A 와 C 에 작용하는 힘의 크기는 같다.
③ A 에서 하는 일은 C 에서 하는 일보다 크다.
④ B 에 작용하는 힘은 C 에서 가하는 힘의 크기보다 작다.
⑤ B 에 작용하는 힘은 C 에서 가하는 힘의 크기보다 크다.

42 무게가 300 N 인 물체 A 는 땅 위에 놓여 있고, 무게가 100 N 인 물체 B 는 도르래를 통하여 물체 A 와 연결되어 공중에 정지해 있다. 물체 B 에 연결된 실을 천천히 2 m 당겼을 때 한 일은 얼마인가? 도르래 자체의 무게와 마찰은 무시한다.

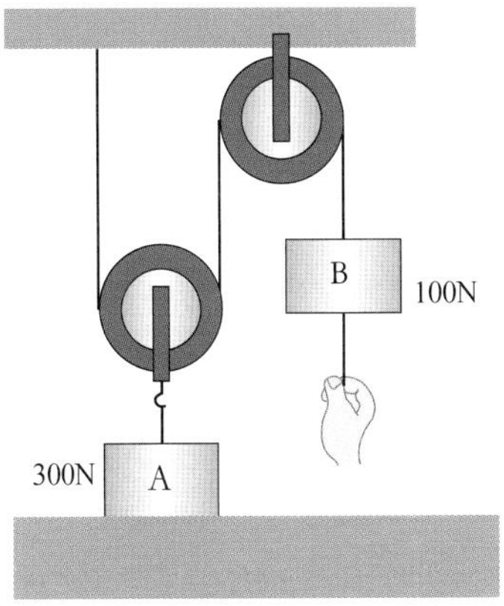

① 100 J ② 200 J ③ 300 J
④ 400 J ⑤ 500 J

43 그림과 같이 고정 도르래와 움직 도르래를 이용하여 무게 450 N 의 물체를 끌어올리려고 한다. 움직도르래의 무게가 30 N 일 때 최소한 얼마의 힘을 가하면 물체를 끌어올릴 수 있겠는가? 도르래의 마찰과 끈의 무게는 무시한다.

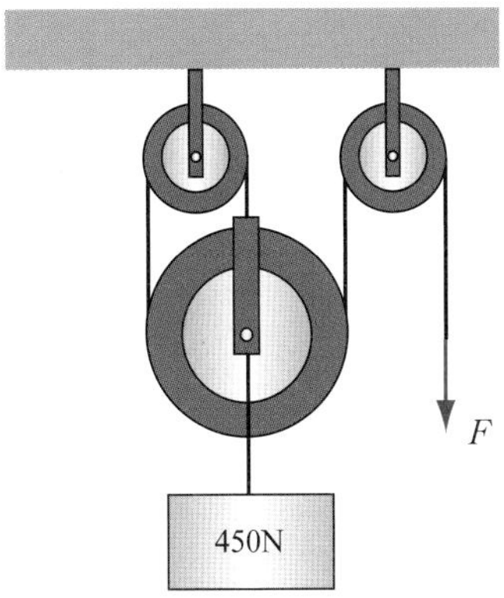

① 100 N ② 150 N ③ 160 N
④ 180 N ⑤ 200 N

44 그림과 같이 움직 도르래와 고정 도르래를 사용하여 질량 100 kg 의 물체를 끌어올리려고 한다. 각 도르래의 질량은 모두 2 kg 이라고 할 때 물체를 끌어올리기 위해 필요한 최소의 힘 F 는 얼마이겠는가? (g = 10 m/s^2)

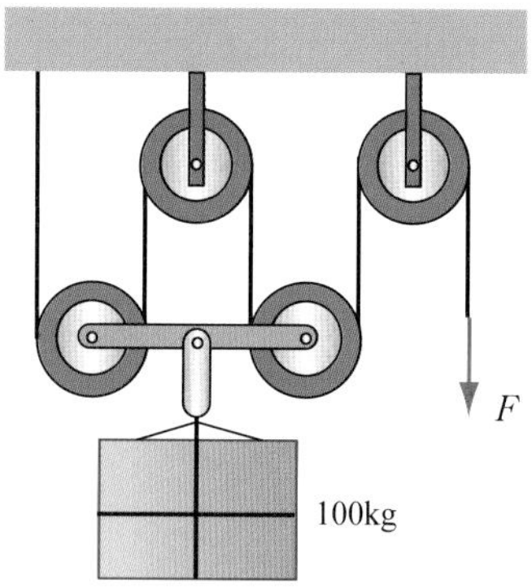

① 110 N ② 125 N ③ 160 N
④ 210 N ⑤ 260 N

45 그림처럼 고정 도르래 1 개와 움직 도르래 3 개를 사용하여 무게 100 N 의 물체를 일정한 속력으로 끌어올리고 있다. 도르래의 무게는 매우 가볍다고 하고, 물체의 퍼텐셜 에너지가 100 J 증가했을 때 잡아당겨진 실의 길이는 몇 m 인가?

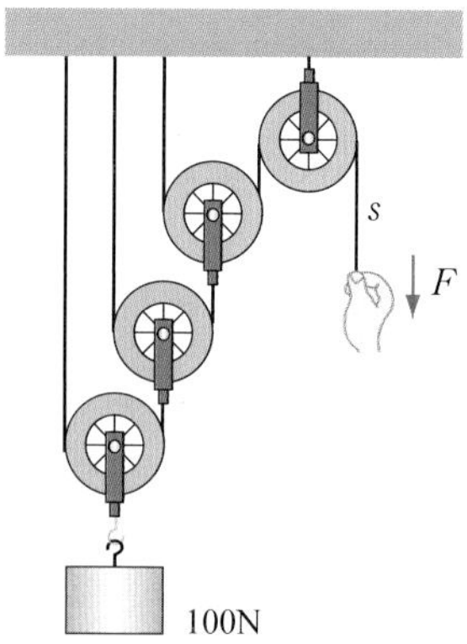

돌림힘과 안정성

46 길이가 20 cm 이고 한쪽 끝이 고정된 렌치의 반대쪽 에서 손잡이 방향과 수직으로 15 N 의 힘을 가할 때 나사에 생기는 돌림힘의 크기는 몇 N·m 인가?

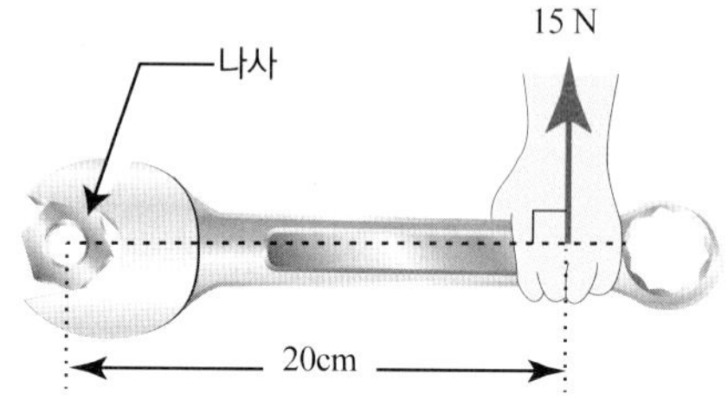

47 길이가 10 m 인 막대에 O 점을 회전축으로 각각 힘의 크기가 5 N 로 같은 크기의 힘 F_1, F_2, F_3 를 각각 그림과 같이 가해 주었다. 물음에 답하시오.

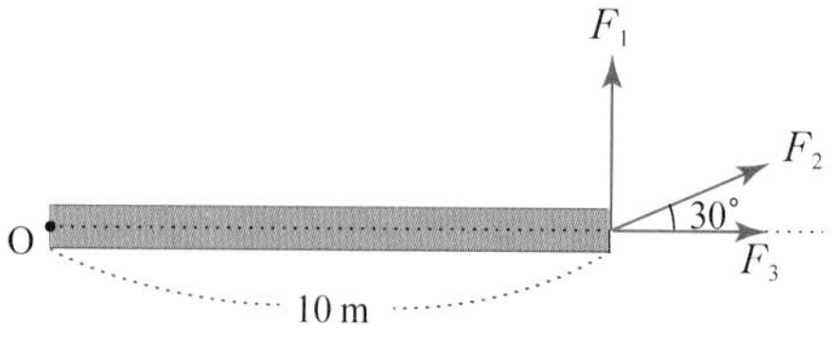

(1) F_1 에 의한 돌림힘의 크기를 구하시오.

(2) F_2 에 의한 돌림힘의 크기를 구하시오.

(3) F_3 에 의한 돌림힘의 크기를 구하시오.

48 다음 그림은 반지름의 비가 1 : 3 인 두 바퀴로 이루어진 축바퀴를 이용하여 무게 150 N 인 물체를 일정한 속력으로 들어올리는 것을 나타낸 것이다. 이때 힘 F 의 크기는 얼마인가?

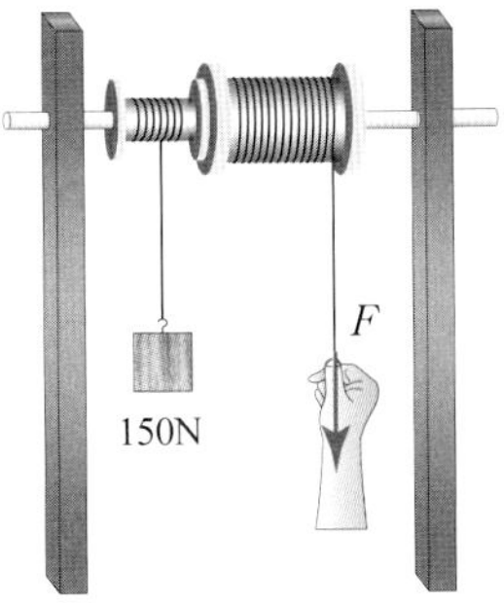

49 그림은 무게가 2 kg 인 물체를 지레 위에 올려놓고 지레의 한쪽 끝에는 고정 도르래와 움직 도르래가 연결된 줄을 일정한 힘 F 로 당겨 지레를 수평으로 유지하는 모습을 나타낸 것이다. 지레의 길이는 5 m 이고, 지레의 받침점으로부터 물체까지의 거리는 1 m 이다. 지레의 질량이 2 kg 일 때 지레를 수평으로 유지시키기 위해 필요한 힘 F 의 크기는 얼마인가? (단, g = 10 m/s^2 이고, 물체의 크기와 움직 도르래의 질량, 모든 마찰은 모두 무시한다.)

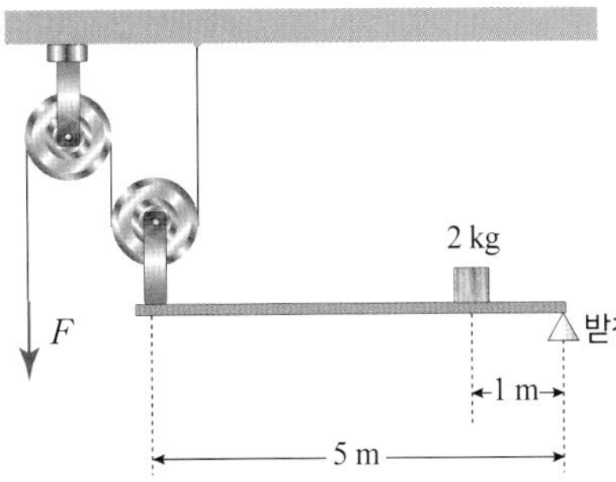

50 그림과 같이 무게가 300 N 인 균일한 밀도의 막대의 왼쪽 끝은 벽에 고정되어 있고, 다른 쪽 끝은 늘어나지 않는 끈에 연결되어 있다. 막대에는 무게가 100 N 인 물체가 연결되어 오른쪽 방향으로 서서히 이동하고 있다.

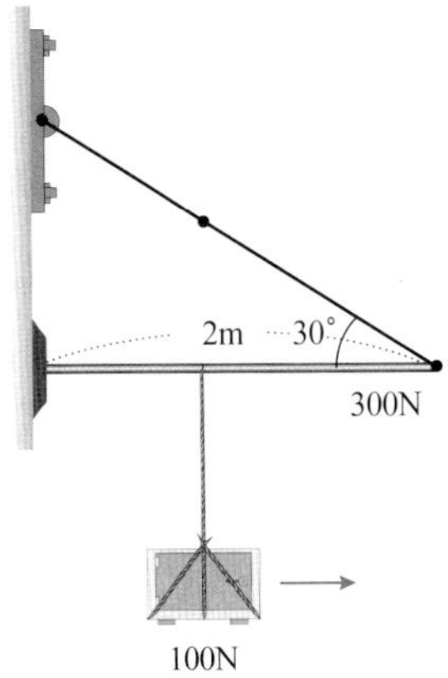

물체가 벽에서 0.5 m 떨어져 있을 때 끈의 장력을 T_1, 1 m 떨어져 있을 때 끈의 장력을 T_2 라고 할 때, $T_1 : T_2$ 를 구하시오. (단, 줄과 막대가 이루는 각도는 30° 이고, 모든 마찰은 무시한다.)

51 길이가 $4x$ 이고 질량이 2 kg 인 균일한 막대가 두 개의 저울 위에 놓여 있고, 막대의 왼쪽으로 부터 x 만큼 떨어진 곳에 질량이 4 kg 인 물체가 올려져 있다. (g = 10 m/s^2)

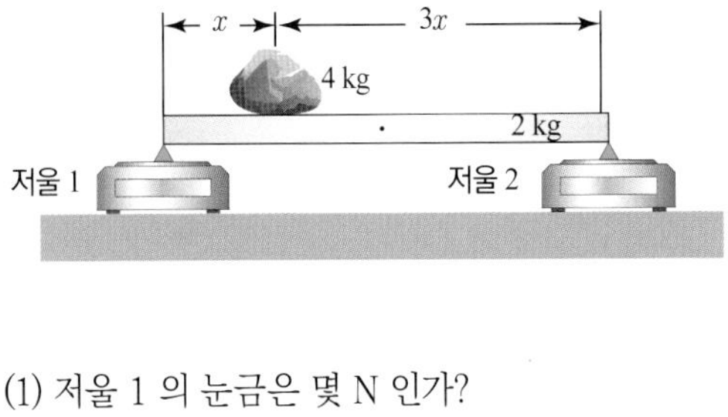

(1) 저울 1 의 눈금은 몇 N 인가?

(2) 저울 2 의 눈금은 몇 N 인가?

52 실에 매달려 수평 상태를 유지하고 있는 원기둥 모양의 두께가 균일한 막대에 물체 A 가 그림과 같이 매달려 있다. 막대와 물체 A 의 무게는 각각 19 N, 3 N 이고, 막대의 길이는 6 m 일 때, 오른쪽 실이 막대를 당기는 힘의 크기 F 는 얼마인가?

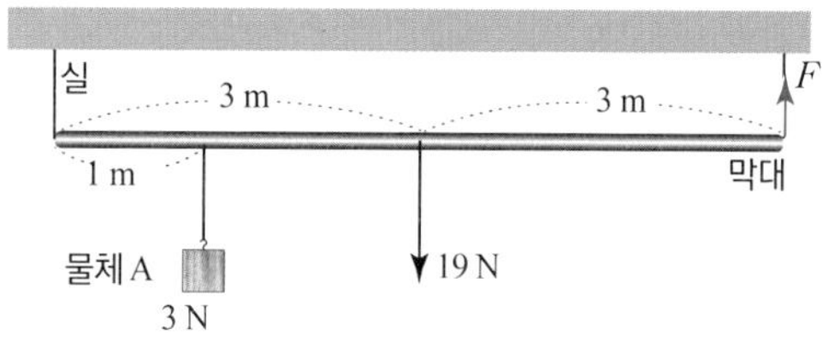

53 길이가 L 인 두께가 균일한 막대가 천정에 수직으로 가벼운 끈에 그림과 같이 매달려 있다.

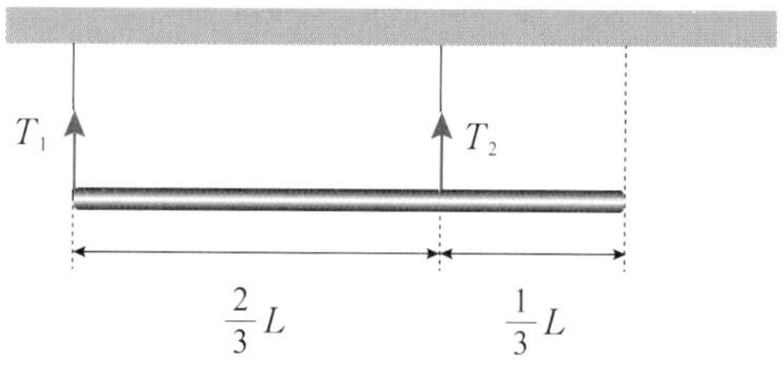

왼쪽 끈의 장력을 T_1, 오른쪽 끈의 장력을 T_2 라고 할 때, $T_1 : T_2$ 를 구하시오.

54 그림은 천장에 매달려 있는 모빌을 나타낸 것이다. 질량을 무시할 수 있는 모든 막대는 수평을 유지하고 있고, 매단 지점은 모두 오른쪽 길이와 왼쪽 길이의 비가 3 : 1 인 지점이다. 물체 ㉠ 의 질량이 48 kg 일 때, 물체 ㉡, ㉢, ㉣ 의 질량을 각각 구하시오.

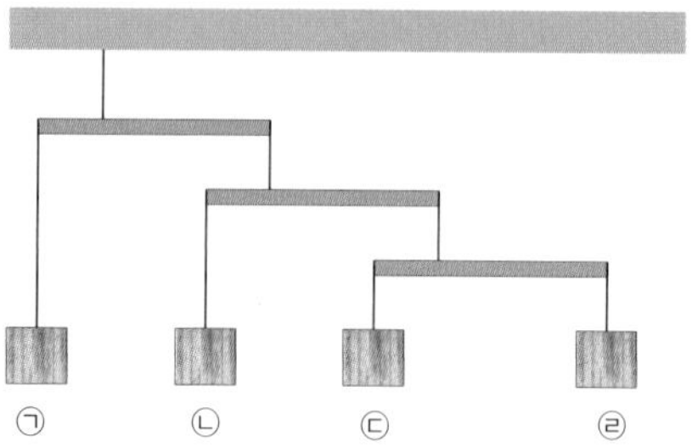

55 수평각 각 $\theta_1 = 30^\circ$ 의 경사면에 질량 7 kg 의 공이 줄에 매어져 있다. 줄과 경사면이 이루는 각 $\theta_2 = 60^\circ$ 일 때 줄에 걸리는 장력은 얼마인가? (단, 모든 마찰은 무시하며, $g = 10\ m/s^2$ 이다.)

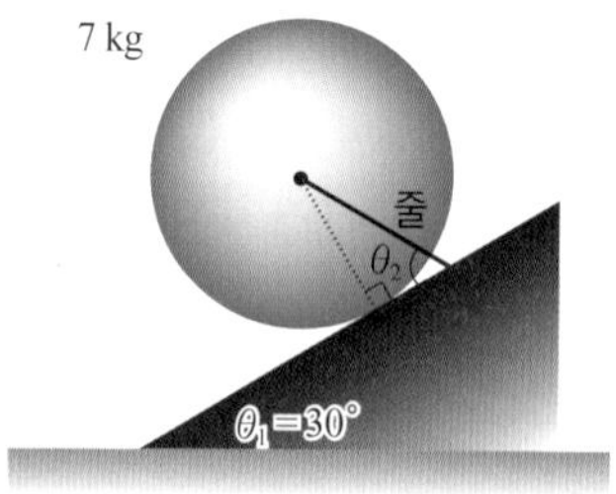

12 그림과 같이 빗면에 무게 100 N 의 물체를 놓고 도르래를 이용하여 끌어올리려고 한다. 물체와 빗면 사이의 마찰력이 20 N 이라 할 때 물체를 끌어올리기 위해 필요한 최소의 힘 F 는 얼마이겠는지 쓰시오. 단, 도르래 및 끈의 무게와 도르래의 마찰은 모두 무시한다.

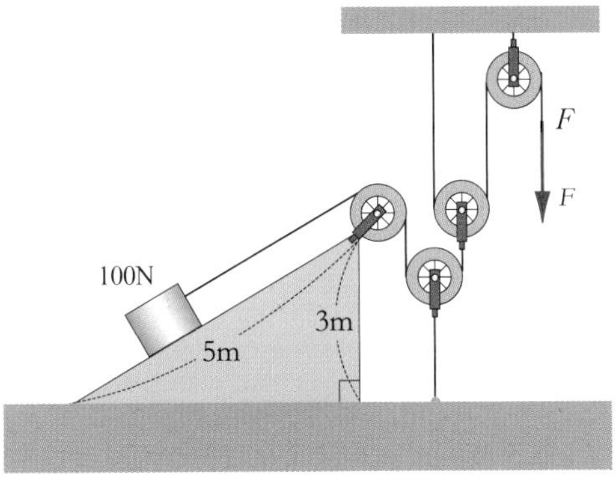

13 그림과 같이 길이가 1.2 m 인 야구 배트 모양의 나무 막대를 두 용수철 저울에 매달았더니 A, B 두 용수철 저울의 눈금이 각각 1 kgf, 3 kgf 를 나타내었다. 나무 막대를 분리하여 한 곳을 받쳐 수평이 되게 하려면 A 에서 몇 m 떨어진 곳을 받쳐야 하는가?

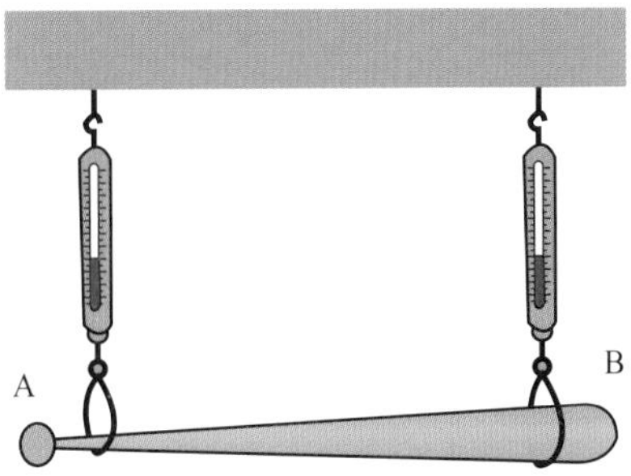

개념 돋보기

12

빗면 방향의 힘 = 100sinθ , sin$\theta = \frac{3}{5}$

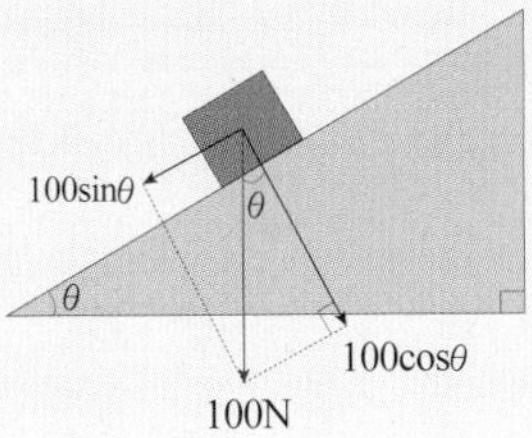

13

받침점 주위의 돌림힘이 평형이 되어야 한다.

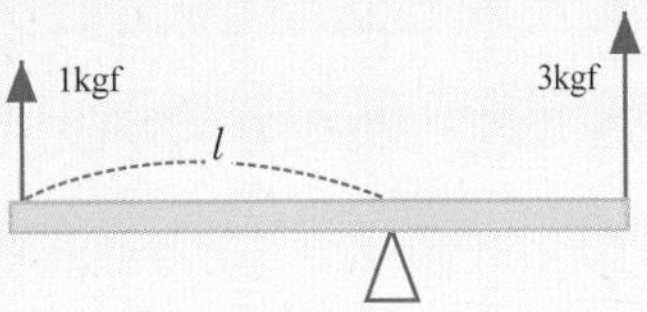

14 그림은 질량 m 인 추, 도르래, 줄로 구성된 기구로 골절상을 입은 환자의 다리를 고정시키고 있는 것을 나타낸 것이다.

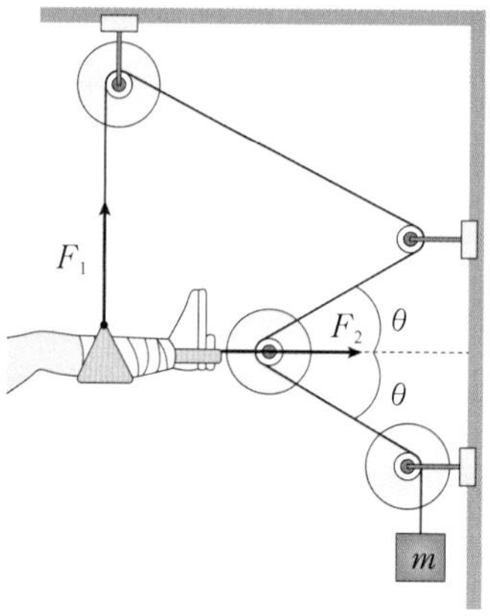

기구가 다리에 작용하는 힘 F_1 과 F_2 의 크기를 m, g, θ 로 각각 나타내시오.

15 그림은 질량이 400 kg 의 금고가 수평과 수직 방향의 길이가 각각 2 m, 2 m 로 같은 지지대에 밧줄로 매달려 있다. 지지대는 질량 80 kg 의 균일한 두께의 막대와 수평한 강철줄, 그리고 경첩으로 이루어져 있다. 다음 물음에 답하시오. (g = 10m/s^2 이고, 강철줄과 밧줄의 질량은 무시한다.)

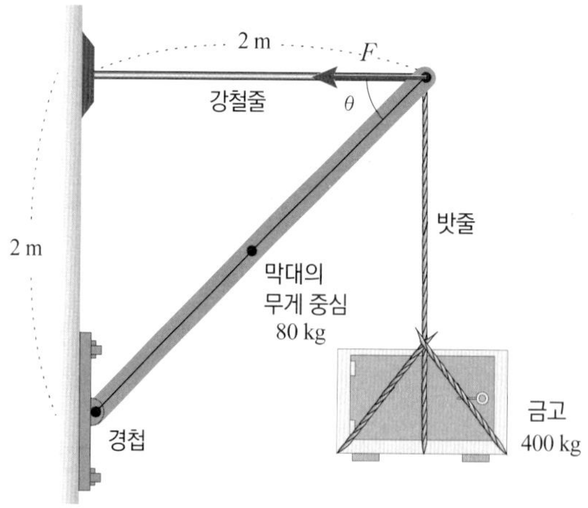

(1) 강철줄에 걸리는 장력 F 의 크기를 구하시오.

(2) 경첩이 막대에 가하는 알짜 힘의 크기를 구하시오.

16 그림은 공 ㉠, ㉡ 이 받치고 있는 나무판 A, B 가 수평을 유지하고 있는 모습을 나타낸 것이다. 나무판 A 위에는 질량을 알 수 없는 두 물체가 정지해 있다. A, B 의 길이는 각각 $6L$ 이고, 나무판 A, B, 공 ㉠, ㉡ 의 질량은 각각 m 으로 동일하다. 두 물체가 나무판 A 를 수직으로 누르는 힘의 크기를 각각 F_1, F_2 라고 할 때, $F_1 : F_2$ 는? (단, 나무판 A, B 의 밀도는 균일하며 두께와 폭은 무시한다.)

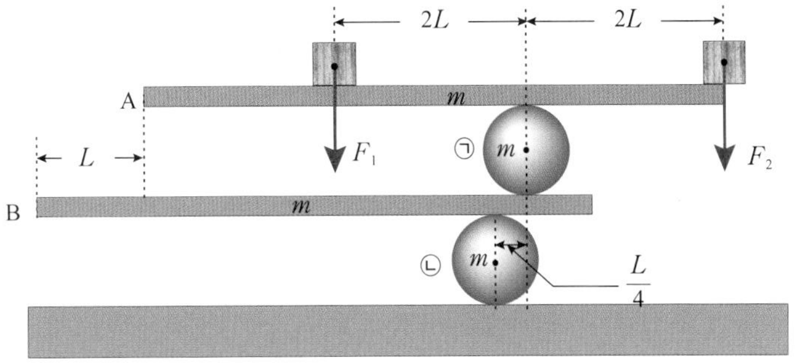

17 그림은 구조물에 힘 F_1, F_2, F_3 이 작용할 때 위에서 내려다 본 모습을 나타낸 것이다. 점 A 에 수직을 이루는 F_4 와 F_5 인 힘을 가해 구조물이 평형을 이루고자 한다. 힘 F_1, F_2, F_4 는 구조물의 긴 변에 수직이며, 힘 F_3, F_5 는 구조물의 긴 변과 평행이다. $a = 2$ m, $b = 3$ m, $c = 1$ m, $F_1 = 30$ N, $F_2 = 10$ N, $F_3 = 5$ N 이다.

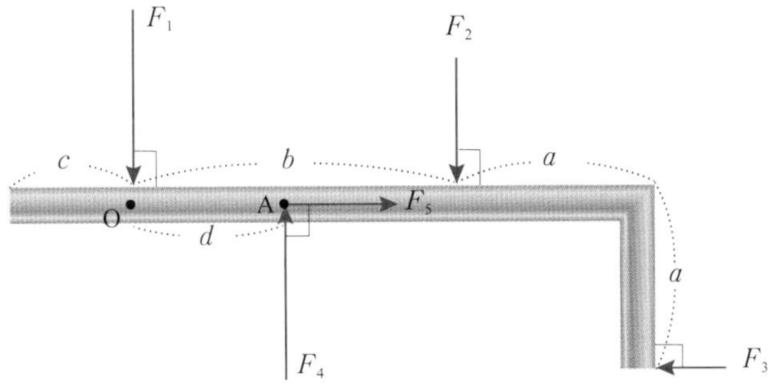

(1) 힘 F_4, F_5 의 크기를 구하시오.

(2) 점 O 와 점 A 사이의 거리 d 를 구하시오.

III 운동량과 에너지 (4)

5. 단진동

(1) 등속 원운동

① **각속도** : 원운동하는 물체가 단위 시간(1 초) 동안 회전한 중심각으로, ω (오메가)의 기호로 표시한다.

$$\omega = \frac{\theta}{t}\ (\mathrm{rad/s}),\quad \theta = \omega t\ (\mathrm{rad})$$

㉠ **주기 T** ❶ **와 각속도** : $\omega = \dfrac{2\pi}{T}$ (rad/s)

㉡ **원둘레를 운동한 거리 s (호의 길이)** : $s = vt = r\theta$, (θ : rad)

㉢ **접선 방향의 속도 v 와 각속도** : $v = \dfrac{2\pi r}{T} = \dfrac{r\theta}{t} = r\omega$

㉣ **진동수 f(Hz)와 각속도** : $T = \dfrac{2\pi r}{v} = \dfrac{2\pi}{\omega} = \dfrac{1}{f}$(초) → $\omega = 2\pi f$

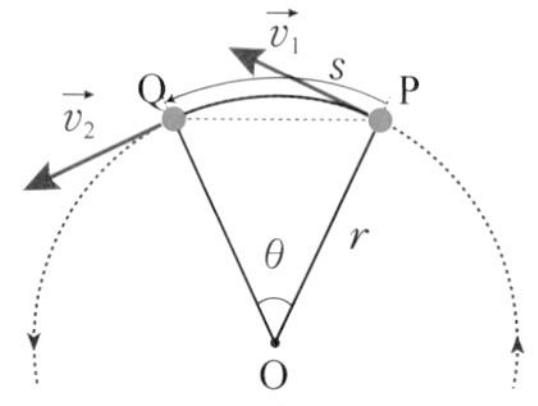

▲ 이동 거리($s = r\theta$)

② **구심 가속도** : 등속 원운동하는 물체의 가속도의 방향은 항상 원의 중심을 향하므로 구심 가속도라고 하며, 그 크기는 다음과 같다.

$$a = \frac{v^2}{r} = r\omega^2 = \frac{4\pi^2 r}{T^2} = v\omega\ (\mathrm{m/s^2})$$

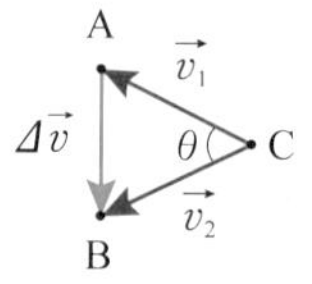

▲ 속도의 변화($\Delta\vec{v}$)

(2) 단진동 : 다음 그림과 같이 반지름이 A 인 원궤도를 각속도 ω 로 등속 원운동하는 물체에 평행하게 빛을 비추었을 때 스크린에 나타난 그림자의 운동과 같이 일직선 위에서의 주기적인 왕복 운동을 단진동이라고 한다.

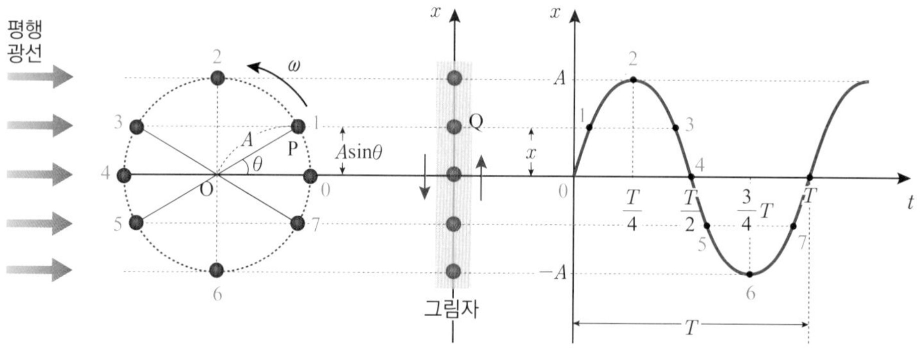

그림자(단진동)의 변위(x), 속도(v), 가속도(a) ❷ 를 시간의 함수로 나타내면 다음과 같다.

- 단진동의 변위(위치) : $x = A\sin\theta = A\sin\omega t$ (A : 진폭, ω : 각속도, ωt : 위상(=θ))
- 단진동의 속도 : $v = A\omega\cos\omega t$
- 단진동의 가속도 : $a = -A\omega^2\sin\omega t = -\omega^2 x$

① **단진동하는 물체에 작용하는 힘** : 단진동하는 물체의 질량이 m 일 때, 물체에 작용하는 힘 F 는

$$F = ma = -mA\omega^2\sin\omega t = -m\omega^2 x = -kx\ \ (k = m\omega^2 : 비례\ 상수)$$

이며, 이 힘을 복원력이라고 한다. 이때 (−)는 힘 F 가 변위 x 와 항상 반대 방향임을 의미한다.

② **단진동의 주기** : 단진동하는 물체의 주기는 등속 원운동하는 물체의 주기와 같다.

---

❶ **주기 T**

① 반지름이 r 인 원궤도를 따라 한 바퀴 회전하는 데 걸리는 시간
② 일정한 속력 v 로 원둘레($2\pi r$)를 회전하는 데 걸리는 시간
③ 각속도 ω 로 2π (rad)(=360°) 의 각을 회전하는 데 걸리는 시간
④ 초당 회전수 = 진동수 f(Hz)일 때

$T = \dfrac{1}{f}$ 이다.

단진동의 변위, 속도, 가속도

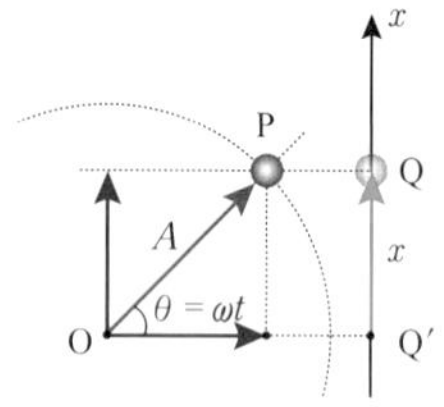

〈 x (변위) = $A\sin\omega t$ 〉

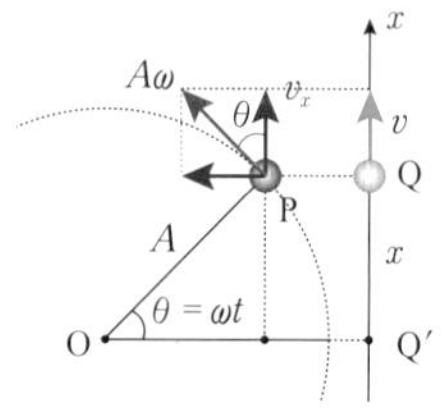

〈 v (속도) = $A\omega\cos\omega t$ 〉

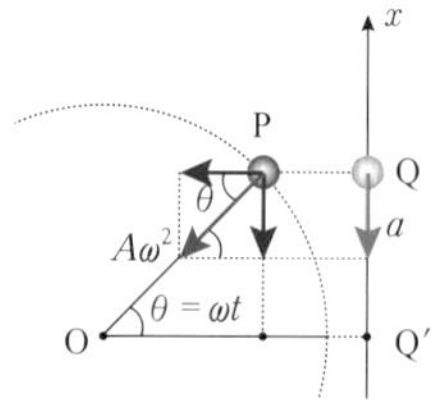

〈 a (가속도) = $-A\omega^2\sin\omega t$ 〉

❷ **변위, 속도, 가속도의 수학적 관계**

변위를 미분하면 속도, 속도를 미분하면 가속도가 된다.

$x = A\sin\omega t$

$v = \dfrac{dx}{dt} = A\omega\cos\omega t$

$a = \dfrac{dv}{dt} = -A\omega^2\sin\omega t$

등속 원운동과 단진동

	등속 원운동	단진동
x	A	$A\sin\omega t$
v	$A\omega$	$A\omega\cos\omega t$
a	$A\omega^2$	$-A\omega^2\sin\omega t$ $= -\omega^2 x$
T	$\dfrac{2\pi}{\omega}$	$\dfrac{2\pi}{\omega}$

(3) 진자의 주기 : 단진동하는 물체를 진자라고 한다.

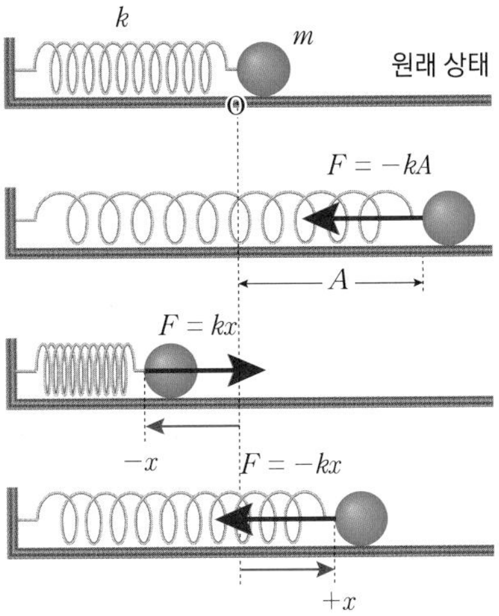

▲ 용수철 진자에서 물체의 위치에 따른 탄성력

① **용수철 진자** : 용수철의 탄성력이 복원력으로 작용하여 물체를 단진동시킨다.

마찰이 없는 수평면 위에 용수철 상수가 k 인 용수철의 왼쪽 끝을 고정하고, 나머지 한쪽 끝에 연결한 질량이 m 인 물체를 평형 상태에서 변위 A 만큼 당겼다 놓으면, 물체는 탄성력을 받아 평형점 O 를 기준으로 진폭이 A 인 단진동을 한다.

복원력 $F = -m\omega^2 x = -kx$ 이므로 $m\omega^2 = k \rightarrow \omega = \sqrt{\dfrac{k}{m}}$ 가 되어 주기 T 는 다음과 같다.

$$T = \frac{2\pi}{\omega} = 2\pi\sqrt{\frac{m}{k}}$$

② **단진자** : 가볍고 늘어나지 않는 줄에 매달린 추가 작은 진폭으로 왕복 운동하는 것을 말한다. 길이가 l 인 실이 연직 방향과 각 θ 만큼 기울어져 있을 때 질량이 m 인 물체에 작용하는 힘은 실의 장력 $T_{장력}$ 과 중력 mg 이다. 이때 중력의 접선 방향 성분 $mg\sin\theta$ 가 물체의 속력을 변화시키므로 이 힘이 복원력이 되어 추는 단진동을 한다. 평형점 O로부터 변위를 x 라 하고, θ 가 충분히 작으면 $\sin\theta \fallingdotseq \theta = \dfrac{x}{l}$ 로 볼 수 있으므로 복원력 F 는

$$F = -mg\sin\theta = -mg\frac{x}{l}\ (= -m\omega^2 x)$$

이다. 따라서 $\omega = \sqrt{\dfrac{g}{l}}$ 이므로, 단진자의 주기 T 는 다음과 같다.

$$T = \frac{2\pi}{\omega} = 2\pi\sqrt{\frac{l}{g}}$$

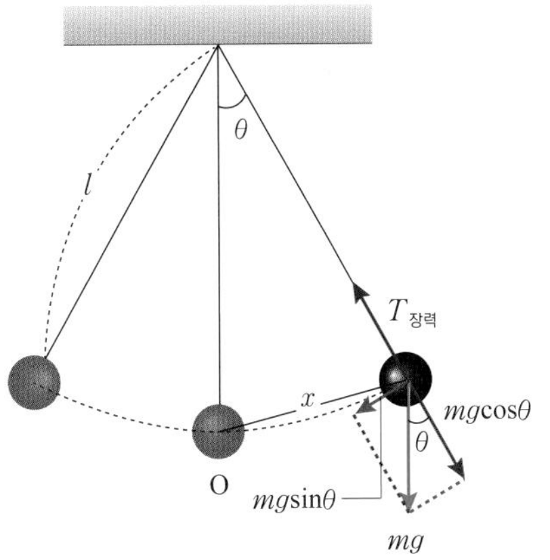

③ **원뿔 진자** : 가벼운 실에 매달린 추가 수평면 내에서 원운동하는 진자를 말한다. 질량이 m 인 물체가 길이가 l 인 실에 매달려 연직 방향과 각 θ 만큼 기울어진 채 수평면 내에서 원운동을 할 때 추에 걸린 중력의 수평 방향 성분 $mg\tan\theta$ 가 구심력이 되어 원운동을 하게 된다. 구심력 $F = mr\omega^2 = m\omega^2 l\sin\theta$ $(r = l\sin\theta)$이므로,

$$F = mg\tan\theta = m\omega^2(l\sin\theta)$$

이고, 따라서 $\omega = \sqrt{\dfrac{g}{l\cos\theta}}$ 이고, 이때 실의 장력 $T_{장력}\cos\theta = mg$, $l\cos\theta = h$ 이다.

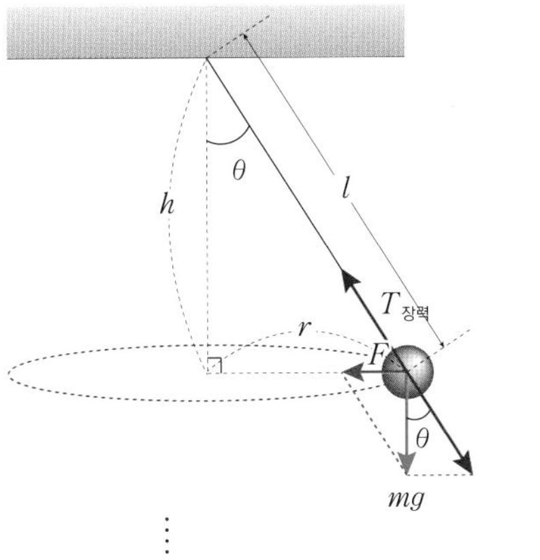

원뿔 진자의 주기 T 는 다음과 같이 나타난다.

$$T = \frac{2\pi}{\omega} = 2\pi\sqrt{\frac{l\cos\theta}{g}} = 2\pi\sqrt{\frac{h}{g}}$$

정답 p 69

Q17 용수철에 매달린 질량이 0.1 kg 인 추를 평형 상태에서 조금 잡아당겼다가 가만히 놓았더니 수평면 위에서 단진동을 하였다. 이때 단진동 운동의 주기는? (단, 모든 마찰은 무시하며, 용수철 상수는 0.4 N/m 이다.)

Q18 천장에 한쪽 끝이 고정된 길이가 90 cm 인 실에 물체를 매달아 가만히 놓았더니 단진동하였다. 이 물체의 주기를 구하시오. (단, 실의 질량은 무시하고, g = 10 m/s^2 이며, π = 3 으로 한다.)

단진동

56 오른쪽 그림과 같이 반지름이 A 인 원궤도를 일정한 각속도 ω 로 원운동하는 물체 P 에 평행 광선을 비추면 스크린에 나타난 그림자 Q 는 직선 상을 왕복 운동하게 된다. 물음에 답하시오.

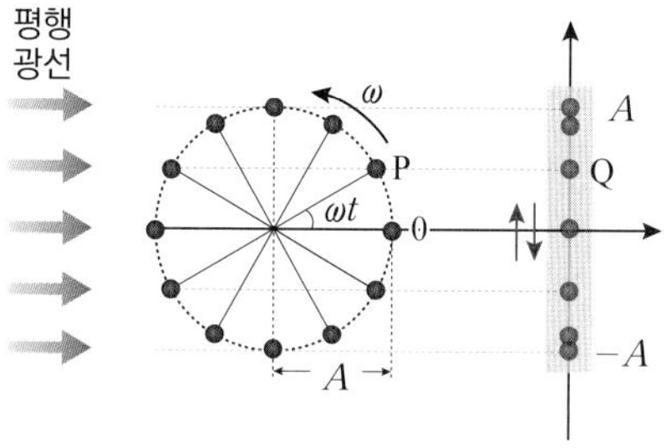

(1) 그림자 Q 의 주기를 구하시오.

(2) t 초 후 그림자 Q의 변위를 구하시오.

(3) t 초 후 그림자 Q의 가속도를 구하시오.

57 다음 그림은 마찰이 없는 수평면에서 운동하는 용수철 진자의 변위를 시간에 따라 나타낸 것이다.

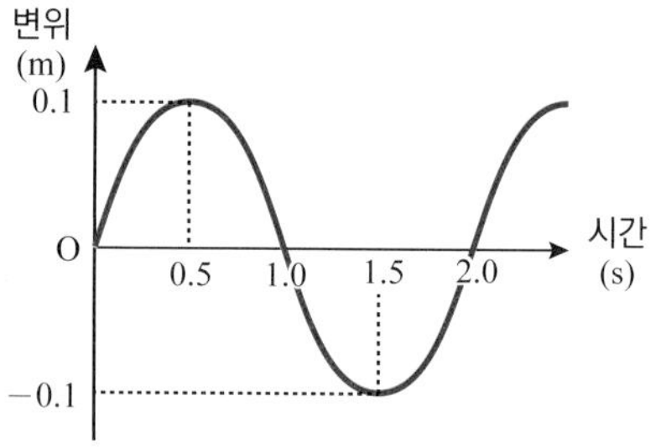

(1) 0.5 초일 때와 1.0 초일 때 속력을 각각 구하시오.

(2) 0.5 초일 때와 1.0 초일 때 가속도의 크기를 각각 구하시오.

58 가벼운 용수철에 매달린 질량 m 인 물체의 진동수는 f 이다. 이때 물체의 질량을 $4m$ 으로 바꾸면 물체의 진동수는 얼마인가?

59 용수철 상수가 k 인 용수철에 질량이 m 인 물체를 매달았더니 주기 T 로 단진동 운동하였다. 이 용수철을 절반으로 자른 반쪽 용수철에 질량 m 인 물체를 매단 후 진동시켰을 때 용수철 진자의 주기는 얼마인가?

60 지구에서 측정한 단진자의 주기는 T 였다. 이 단진자를 달에 가지고 간 후 주기를 측정한다면 주기는 얼마일까? (단, 지구의 중력 가속도는 달의 중력 가속도의 6 배이다.)

61 그림 (가)는 천장에 고정되어 있는 길이가 l 인 가벼운 줄에 질량이 m 인 추가 매달려 진동하는 모습을 나타낸 것이다. 이때 주어진 조건이 표 (나) 와 같을 때, 각 경우의 단진자의 주기 T_A, T_B, T_C 의 크기를 등호, 또는 부등호를 이용하여 비교하시오. (단, θ 는 최대 진폭일 때 연직 방향과 이루는 각이다.)

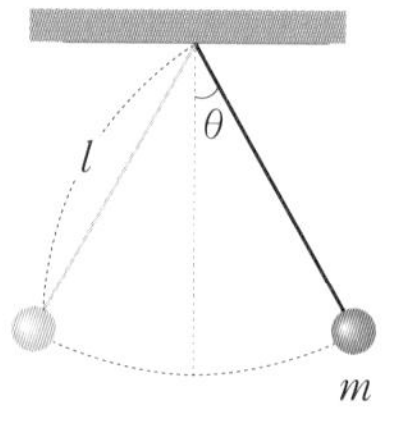

(가)

	A	B	C
m(kg)	1	2	2
l (m)	3	2	1
θ (°)	0.05	0.2	0.1

(나)

62 다음 그림은 질량이 m 인 물체가 길이가 l 인 가벼운 줄에 매달려 단진동하는 것을 나타낸 것이다. 각 θ 가 매우 작을 때, 최대 진폭에서 추에 작용하는 복원력의 크기를 구하시오. (단, θ 는 최대 진폭일 때 연직 방향과 이루는 각이다.)

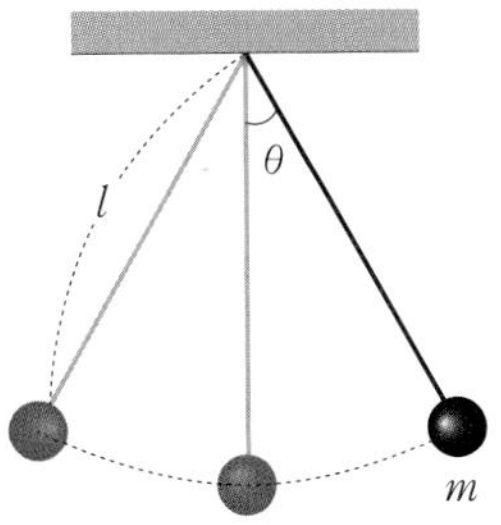

63 진자의 길이가 36 cm 인 단진자 A 와 길이가 9 cm 인 단진자 B 가 있다. 단진자 A 가 5 회 진동할 때, 단진자 B 는 몇 회 진동하겠는가?

64 다음 그림과 같이 마찰이 없는 수평면 위에 용수철의 한 쪽을 고정한 후, 나머지 한쪽 끝에 질량이 3 kg 인 물체를 연결하여 평형 상태에서 50 cm 를 잡아당긴 후 놓았다. 물체가 O점으로부터 20 cm 떨어진 지점을 통과하는 순간 가속도의 크기를 구하시오. (단, 용수철 상수는 210 N/m 이다.)

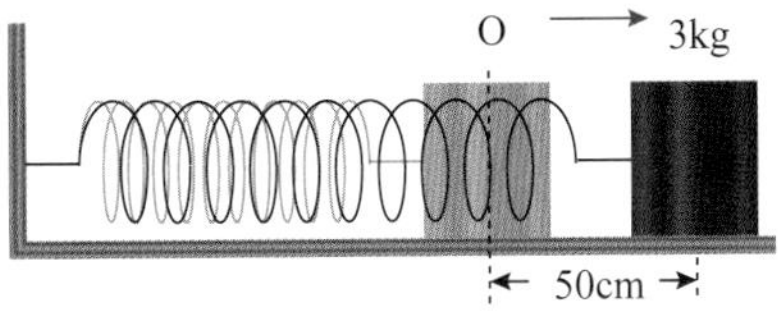

65 질량을 무시할 수 있는 용수철이 천장에 수직으로 달려 있다. 이 용수철에 1 kg 인 물체를 매달았더니 용수철이 40 cm 늘어난 후 멈췄다. 물음에 답하시오. (g = 10 m/s^2)

(1) 평형 위치에서 물체를 28 cm 잡아당겼다가 놓으려고 할 때, 필요한 힘의 크기는?

(2) 물체의 진동 주기는 얼마인가?

66 2 분 동안 80 회 진동하고 있는 단진자가 있다. 물음에 답하시오. (g = 10 m/s^2, π = 3 으로 한다.)

(1) 단진자의 주기를 구하시오.

(2) 단진자의 길이는 몇 cm 인가?

67 용수철 상수가 150 N/m 인 용수철의 한쪽 끝을 천장에 매달고 다른 한쪽 끝에 질량이 6 kg 인 물체를 단 후 용수철이 늘어나지 않은 상태에서 손을 놓았다. 이때 물체가 최하점에 도달하는 데 걸리는 시간은? (단, 용수철의 질량과 발생 에너지 및 공기 저항은 무시하고, π = 3 으로 한다.)

68 질량이 2 kg 인 물체가 주기 3 초, 진폭이 30 cm 로 단진동 운동을 하고 있다. 물음에 답하시오. (π = 3 으로 한다.)

(1) 물체의 최대 속력을 구하시오.

(2) 물체의 가속도의 최댓값을 구하시오.

69 그림 (가)는 마찰이 없는 수평면에서 탄성 계수가 24 N/m 인 용수철에 매달린 물체가 O점을 중심으로 단진동하고 있는 것을 나타낸 것이고, 그림 (나)는 물체의 운동을 시간에 따른 변위로 나타낸 것이다. 이 물체의 질량은?

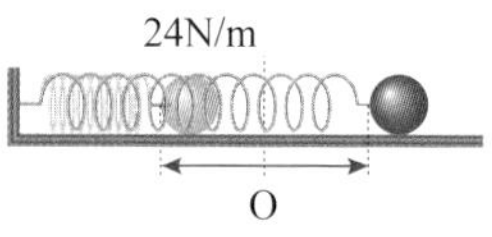

(가)

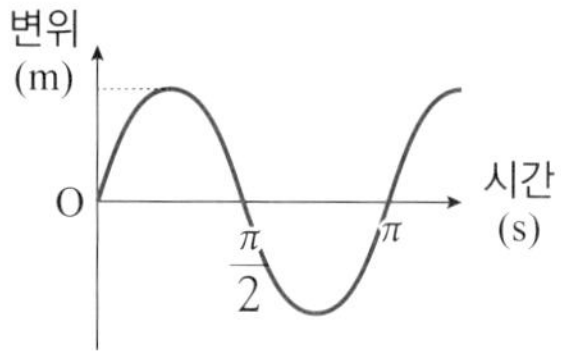

(나)

70 자동차는 용수철 상수가 22,400 N/m 로 같은 용수철 네 개가 자동차 차체를 지지하도록 설계되어 있다. 질량이 각각 60 kg, 40 kg 인 무한이와 상상이가 같이 자동차를 타고 가던 중 직선 도로의 중앙의 움푹 팬 곳을 지나가면서 자동차가 연직으로 진동하였다. 이때 자동차의 진동수는? (단, 자동차의 질량은 1,300 kg 이다.)

71 다음 그림과 같이 질량이 m 인 무한이가 반지름이 r 인 궤도를 따라 회전 그네의 줄에 매달려 일정한 속도로 회전하고 있다. 줄이 연직 방향과 이루는 각도가 θ 일 때, 무한이의 운동 주기는? (단, 중력 가속도는 g 이다.)

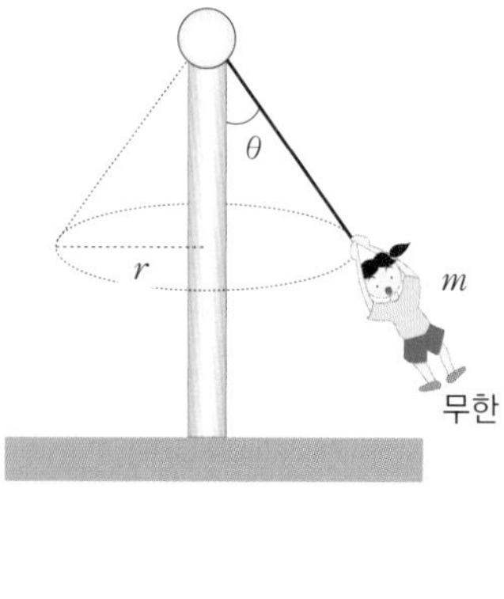

72 다음 그림은 용수철 상수가 k 인 용수철의 아래 끝에 질량 m 인 추를 매달고 일정한 각속도 ω 로 수평면 상에서 원운동하고 있는 것을 나타낸 것이다. 이때 용수철의 늘어난 길이 x 는 얼마인가? (단, 용수철은 일정한 각도만큼 연직 방향에서 기울어져 있으며 질량은 무시할만큼 작고, 운동하고 있는 동안 용수철의 길이는 l 이다.)

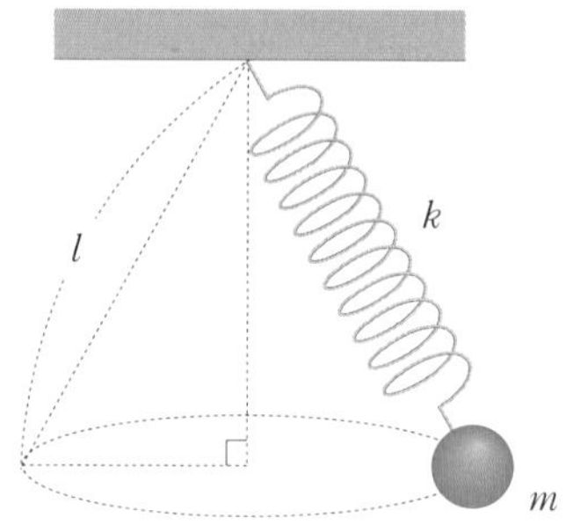

73 연직 아랫 방향으로 일정하게 속도가 증가하는 운동을 하고 있는 엘리베이터가 있다. 이때 가속도 크기는 a 이다. 이 엘리베이터 천장에 매달린 길이가 1.5 m 인 단진자의 주기가 3 초 였다면, 가속도 a 는 얼마인가? (단, 실의 질량은 무시하고, g = 10 m/s², π = 3 으로 한다.)

74 다음 그림은 마찰이 없는 수평면에서 운동하는 용수철 진자의 속도를 시간에 따라 나타낸 것이다. 이때 최대 변위는 1 m 이다.

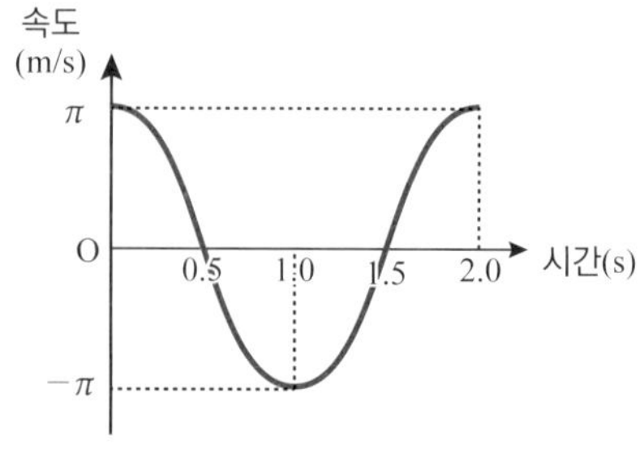

1.0 초 일 때 진자의 가속도의 크기를 구하시오.

18 그림 (가)와 (나)는 길이가 $3L$ 인 용수철을 잘라서 만든 용수철 A 와 B 의 한 쪽 끝에 질량이 m 으로 같은 물체 P, Q 를 연결한 모습을 나타낸 것이다. 물체 P, Q 에 동시에 같은 힘을 가하며 용수철을 서서히 압축시키다가 동시에 힘을 제거하였더니 물체가 단진동을 하였다. 물체 P 의 진폭은 A, 주기는 T 일 때, 물체 Q 의 진폭과 주기를 구하시오.

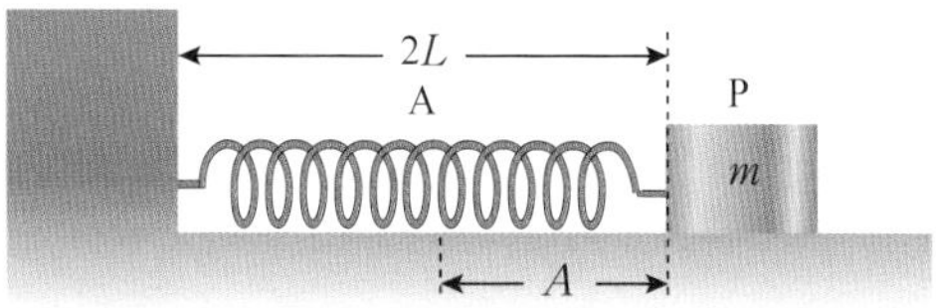

(가)

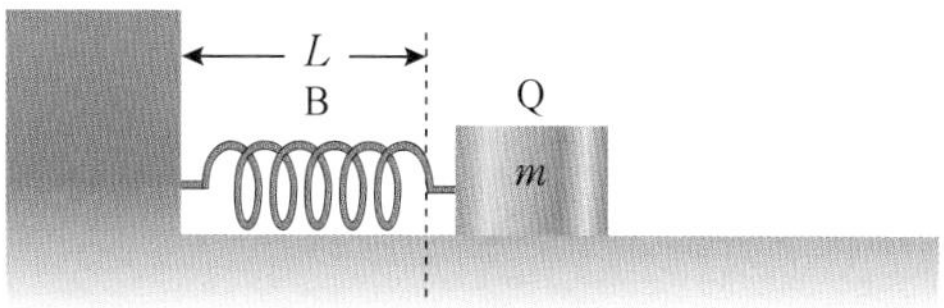

(나)

19 그림과 같이 질량이 m 인 물체의 양쪽에 용수철 상수가 각각 k_1, k_2 인 용수철이 연결되어 있고, 용수철의 다른 한쪽 끝은 벽에 각각 고정되어 있다. 용수철이 늘어나지 않은 상태에서 물체를 수평으로 진동시켰을 때 주기를 구하시오.

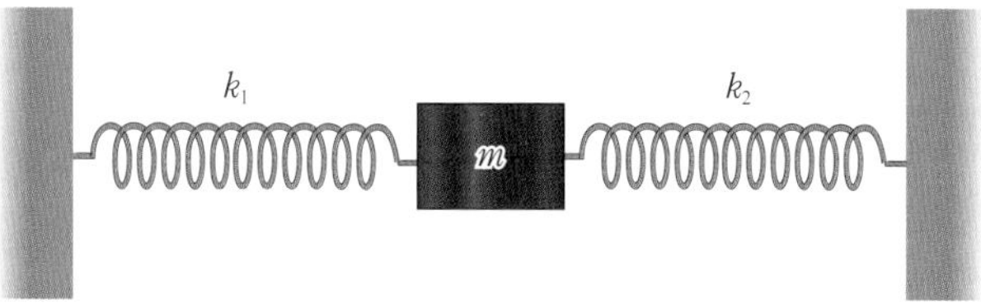

20 다음 그림과 같이 균일한 전기장 속에 (−)전하를 띤 대전 입자가 정지해 있다. 이 입자는 길이가 L 인 가벼운 줄에 매달려 (+)극 방향으로 일정한 힘을 받고 있다. 이 입자를 약간 잡아당겼다가 가만히 놓았더니 단진동 운동하였다. 이때 단진자의 주기를 구하시오. (단, 중력 가속도는 g 이다.)

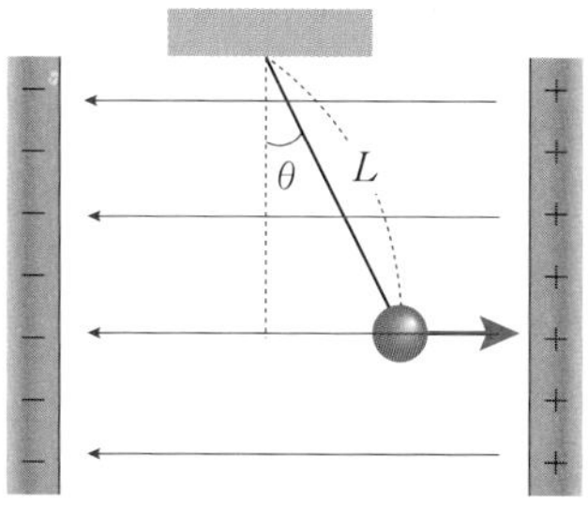

21 다음 그림과 같이 가볍고 늘어나지 않는 길이가 $3L$ 인 실에 매달린 추가 작은 진폭으로 왕복 운동하고 있다. 이 단진자의 주기는 얼마인가? (단, 공기의 저항과 마찰은 모두 무시하고, 중력 가속도는 g 이다.)

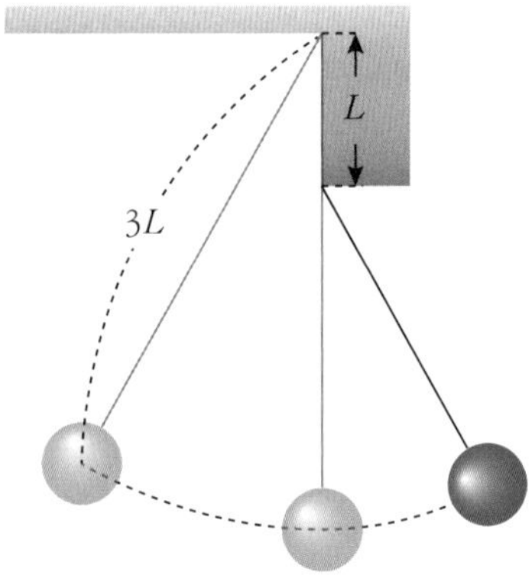

22 다음 그림과 같이 위아래로 고정된 길이가 L 인 실의 중간 지점에 질량이 m 인 물체가 매달려 있다. 이때 물체를 수평 방향으로 살짝 잡아당긴 후 가만히 놓았더니 물체는 수평 방향으로 왕복 운동을 하였다. 물체의 진동 주기를 구하시오. (단, 최대 진폭인 지점에서 윗 줄의 장력은 T 이고, 물체의 크기는 무시한다.)

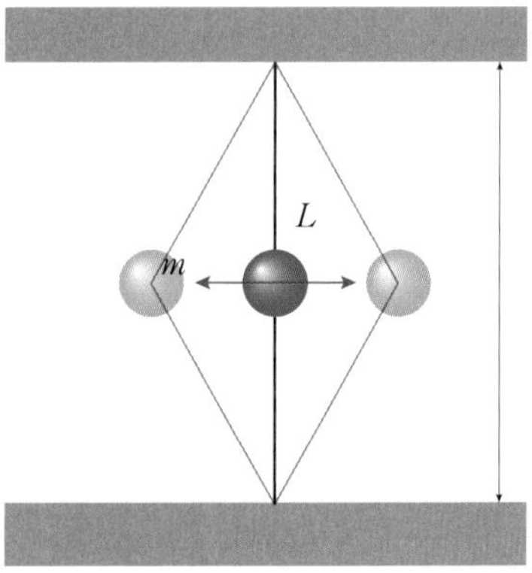

6. 퍼텐셜 에너지

(1) 퍼텐셜 에너지 (E_p)

① **퍼텐셜 에너지 (E_p)** : 높은 댐의 물이 떨어지면서 전기를 생산하듯이 높이 있는 물체는 낮게 있는 물체보다 에너지가 크다. 이처럼 물체의 위치에 따라 달리 나타나는 에너지가 퍼텐셜 에너지이다.❶

② **중력에 의한 퍼텐셜 에너지 (중력 퍼텐셜 에너지)** : 물체가 기준점(보통 지표면)에서의 높이에 따라 다르게 가지는 에너지이다.

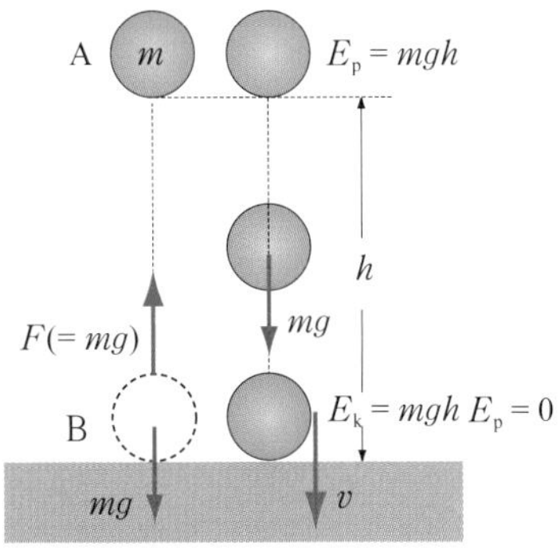

물체의 이동 경로 : B → A → B

㉠ **지표면에 놓인 질량 m 의 물체를 서서히 B → A로 들어올릴 때 물체에 해 준 일** : $Fs = mgh$ (위로 들어 올리기 위해 작용하는 힘은 mg), A 지점까지 천천히 이동❷ 했으므로 속도는 변하지 않는다. A 지점에서의 운동 에너지(E_k) = 0 이다.

㉡ **일의 퍼텐셜 에너지 전환** : 힘을 작용하여 물체에 한 일은 다른 형태의 에너지인 물체의 퍼텐셜 에너지가 된다.

> 높이 h 의 A 지점에서 물체가 가지는 퍼텐셜 에너지(E_p) : mgh (J)

㉢ **물체가 A → B로 자유 낙하할 때 중력이 물체에 하는 일** : mgh

㉣ **B 지점에서의 물체의 운동 에너지(E_k)** : mgh (= $\frac{1}{2}mv^2$) → 내려오는 동안 중력이 한 일

㉤ **B 지점에서의 물체의 퍼텐셜 에너지(E_p)** : 0 (높이가 0)

정답 p 72

Q19 지면에 놓여 있는 질량 2 kg 의 물체를 10 m 높이까지 천천히 들어올렸다. (g = 9.8 m/s^2)

(1) 물체에 해 준 일은 얼마인가?

(2) 지면을 기준으로 할 때 높이 10 m 위치에서 이 물체가 갖는 퍼텐셜 에너지는 얼마인가?

(3) 물체를 지면까지 떨어뜨릴 때 중력이 이 물체에 하는 일은 얼마인가?

(4) 지면에 말뚝이 있다면 이 물체가 말뚝에 할 수 있는 일은 얼마인가?

❶ 퍼텐셜 에너지의 이용

에너지를 가진 물체는 일을 할 수 있다.

높은 곳에 있는 물체는 에너지를 가진다.

❷ 물체를 천천히 이동시킨다는 것

운동 에너지의 변화가 없게 일을 해주기 위해서이다. (시간이 많이 걸린다.)

퍼텐셜 에너지의 기준점

퍼텐셜 에너지가 0 이 되는 지점이다. 중력 퍼텐셜 에너지의 기준점은 보통 지표면이다.

말뚝에 하는 일

물체가 떨어지면서 지면에서 mgh 만큼 운동 에너지를 가지므로 말뚝에 mgh 만큼 일을 할 수 있다. (말뚝이 박힌다.)

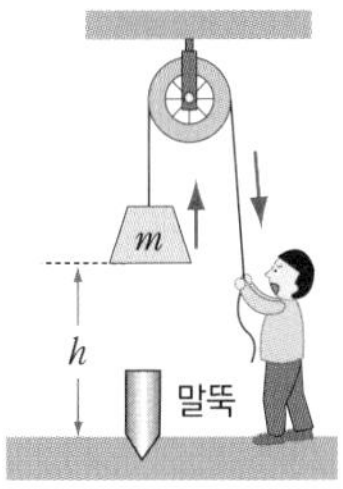

정답 p 72

Q20 질량 0.1 kg 의 물체를 손바닥에 올려놓고 손으로 물체를 들어 올리면서 연직 위로 던졌더니 물체는 손과 같이 0.2 m 연직 위로 운동하고 손을 떠나서 0.8 m 더 올라갔다. 손바닥이 물체에 한 일은? (g = 9.8 m/s²)

(2) 탄성력에 의한 퍼텐셜 에너지 (탄성 퍼텐셜 에너지)

① **탄성력과 외력** : 탄성력은 탄성체를 변형시켰을 때 원래의 위치로 돌아가려는 힘(복원력)으로 탄성체(용수철, 고무줄)가 외부에 작용하는 힘이다.

F(탄성력) = $-kx$ [(−) : 늘어나는 방향과 탄성력은 반대 방향]

외력을 증가시킬 때 탄성력의 크기도 같이 증가하고 방향은 반대이다.

② **용수철에 힘 (외력)을 가해 늘리는 과정에서의 한 일** ❸ :

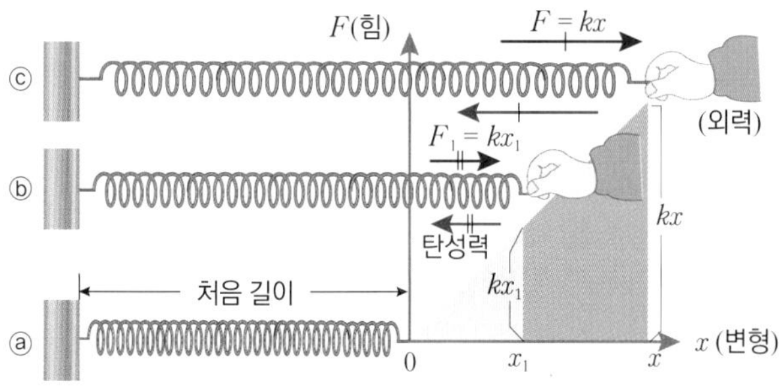

- **ⓐ → ⓑ 로 늘릴 때**

  용수철에 노란색 넓이만큼 일을 하였다. 넓이 = $\frac{1}{2} \times x_1 \times kx_1 = \frac{1}{2} kx_1^2$

  ⓑ 위치에서 용수철이 갖는 탄성 퍼텐셜 에너지 $E_p' = \frac{1}{2} kx_1^2$

- **ⓑ → ⓒ 로 늘릴 때**

  용수철에 붉은색 넓이만큼 일을 하였다. 넓이 = $\frac{1}{2} kx^2 - \frac{1}{2} kx_1^2$

  ⓒ 위치에서 용수철이 갖는 탄성 퍼텐셜 에너지(E_p)

  = ⓑ 에서의 탄성 퍼텐셜 에너지 + (ⓑ → ⓒ 로 늘릴 때 한 일)

  $= (\frac{1}{2} kx_1^2) + (\frac{1}{2} kx^2 - \frac{1}{2} kx_1^2) = \frac{1}{2} kx^2$

탄성 계수 k❹ 인 용수철이 x 만큼 늘어나거나 줄어들었을 때 갖는 탄성 퍼텐셜 에너지

$$E_p = \frac{1}{2} kx^2 \text{ (J)}$$

정답 p 72

Q21 탄성계수 50 N/m 의 용수철이 있다. 이 용수철이 0.1 m 늘어났을 때 이 용수철이 갖는 탄성 퍼텐셜 에너지는 몇 J 인가?

❸ **(F-x)그래프 밑부분의 면적이 용수철에 해준 일의 양이다.**

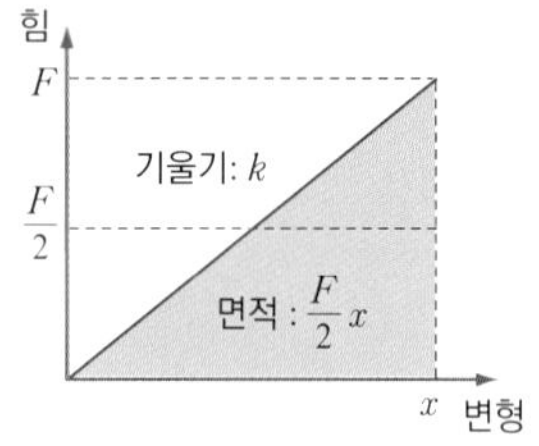

면적을 평균 힘 × 변형으로 구할 수도 있다. (힘이 일정하게 증가할 때)

면적 = $\frac{F}{2} \times x = \frac{kx}{2} \times x = \frac{1}{2} kx^2$

❹ **탄성 계수 k**

비례 상수로 용수철에 따라 다른 값을 갖는다. 같은 길이가 늘어났을 때 탄성력이 큰 용수철이 큰 값을 갖는다.
(단위 : N/m)

탄성 퍼텐셜 에너지의 이용

활을 잡아당기면 활에 일을 하여 탄성 퍼텐셜 에너지를 갖게 되고, 놓으면 화살에 일을 하여 화살의 에너지가 증가하여 날아가게 된다.

용수철을 줄어들게 할 때의 일

용수철을 줄어들게 할 때, 같은 길이 만큼 늘어나게 할 때와 같은 양의 일을 한다.

Q22 처음 길이에서 0.2 m 늘이는데 6 N 의 힘이 필요한 용수철이 있다. 이 용수철을 수평 방향으로 0.6 m 늘어나게 했을 때 이 용수철에 한 일은 얼마인가?

Q23 다음 그림은 용수철을 잡아당겼을 때 늘어난 길이와 작용한 힘과의 관계를 나타낸 것이다. 물음에 답하시오.

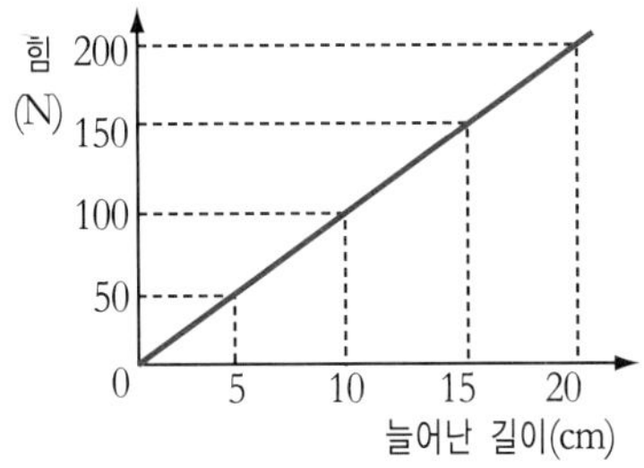

(1) 이 용수철에 무게 100 N 의 물체를 매달았을 때 용수철의 탄성 퍼텐셜 에너지는 몇 J 인가?

(2) 이 용수철을 20 cm 늘어나게 했을 때 탄성 퍼텐셜 에너지는 얼마인가?

7. 역학적 에너지 보존 법칙

(1) 역학적 에너지의 보존 [1]

① **역학적 에너지 (E)** : 물체가 가지는 운동 에너지(E_k)와 퍼텐셜 에너지(E_p)의 합이다.

$$E\ (\text{역학적 에너지}) = E_k + E_p$$

② **한 물체가 가지는 운동 에너지와 퍼텐셜 에너지의 관계** : 마찰에 의해 소모되는 에너지가 없을 때, 퍼텐셜 에너지가 감소하면 운동 에너지가 증가하고, 퍼텐셜 에너지가 증가하면 운동 에너지가 감소하여 에너지의 전환이 이루어지면서 물체의 역학적 에너지는 운동 과정에서 일정하게 유지된다.

③ **물체가 하는 일과 물체의 에너지** : 물체의 운동 과정에서 외부에서 물체에 일을 한다면 해준 일의 양만큼 물체의 역학적 에너지가 변화한다.

④ **마찰이 없는 면에서 운동하는 물체의 예**

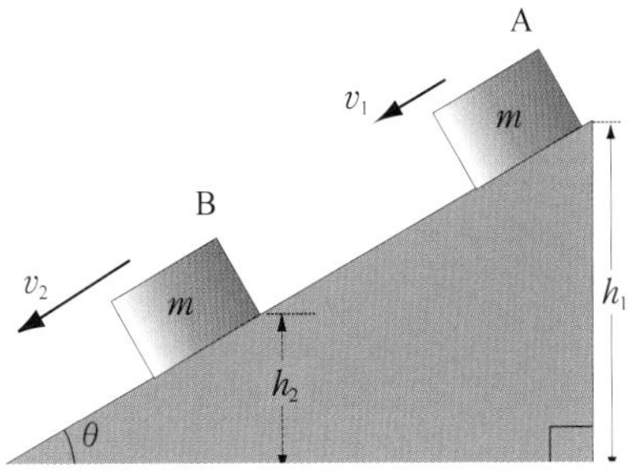

A 점에서의 (운동 에너지 + 퍼텐셜 에너지) = B 점에서의 (운동 에너지 + 퍼텐셜 에너지)

$$\frac{1}{2}mv_1^2 + mgh_1 = \frac{1}{2}mv_2^2 + mgh_2$$

① 역학적 에너지의 보존

역학적 에너지는 이유없이 증가하거나 소멸하지 않는다는 것이다. 마찰력이나 공기 저항력이 물체에 (-)의 일을 한다면 물체의 역학적 에너지는 감소할 것이다(열에너지로 전환).
(공기 저항력은 물체에 (-)의 일을 하므로 역학적 에너지가 감소한다.)

(2) 중력장 내의 운동과 역학적 에너지 보존

② 자유 낙하 운동의 지면 도달 속도 v

$2gh = v^2 - 0^2$

$\sqrt{2gh} = v$ (지면 도달 속도)

① **자유 낙하 운동** [2] : 처음 속도가 0 이다.

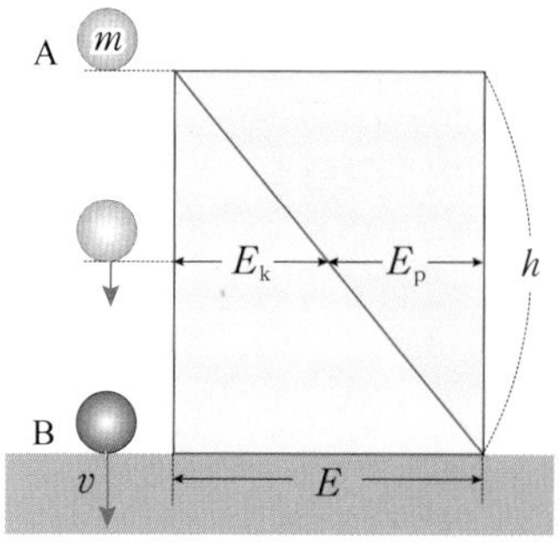

$E_k = \frac{1}{2}mv^2$, $v = gt$ 이므로, $E_k = \frac{1}{2}m(gt)^2$ 이다.

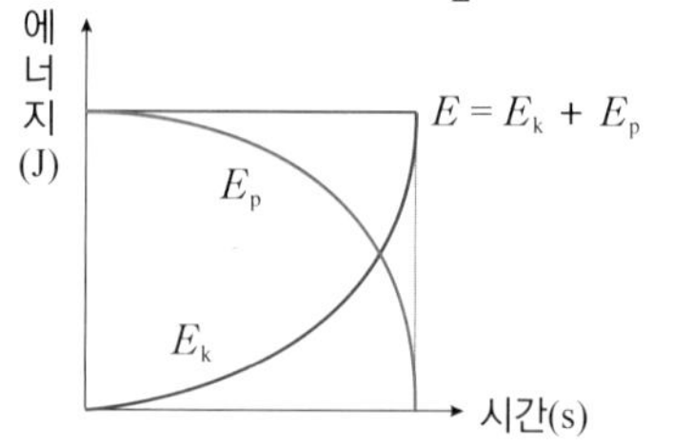

A 점의 역학적 에너지 (E) = B 점의 역학적 에너지 (E)

$$0 + mgh = \frac{1}{2}mv^2 + 0, \quad 2gh = v^2$$

② **연직 상방 운동** : 처음 속력 v_0 로 연직 위로 던졌다.

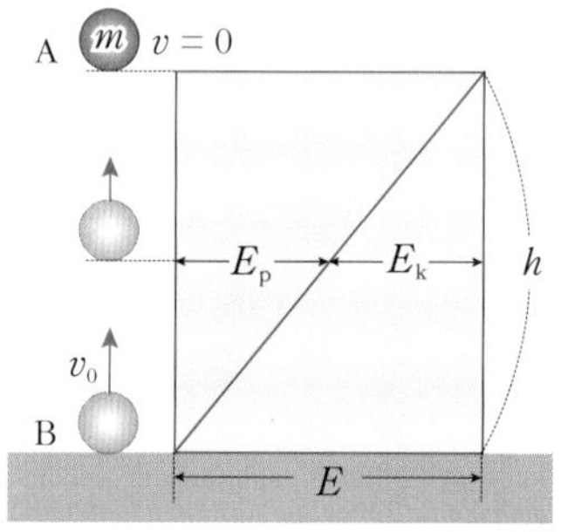

A 점의 역학적 에너지 = B 점의 역학적 에너지

$$0 + mgh = \frac{1}{2}mv_0^2 + 0$$

$$2gh = v_0^2, \quad h = \frac{v_0^2}{2g} \text{ (최고점의 높이)}$$

③ 수평으로 던진 물체의 운동

높이에 따른 운동 에너지와 퍼텐셜 에너지의 그래프는 다음과 같다. (E : 역학적 에너지)

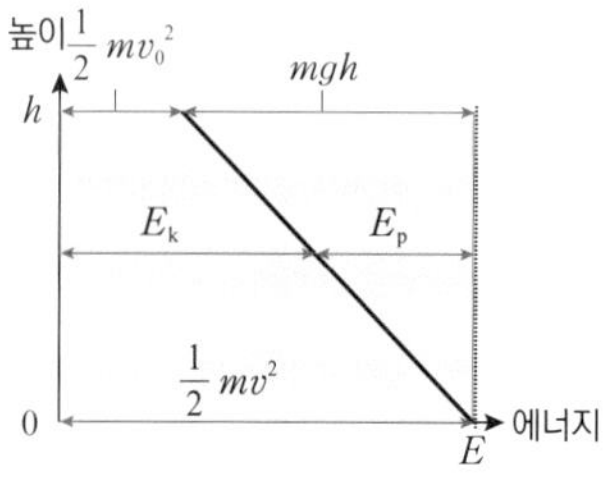

③ **수평으로 던진 물체의 운동** [3] : 높이 h 인 곳에서 수평 방향으로 v_0 의 속력으로 물체를 던졌다.

- 던진 곳에서의 운동 에너지 $E_k = \frac{1}{2}mv_0^2$ 이다.

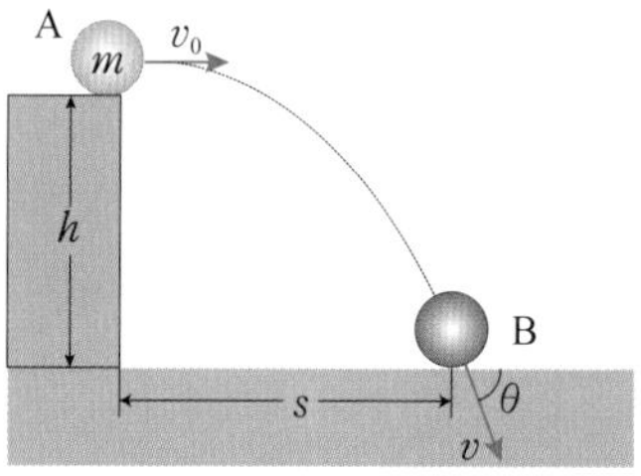

A 점의 역학적 에너지 = B 점의 역학적 에너지

$$\frac{1}{2}mv_0^2 + mgh = \frac{1}{2}mv^2$$

$$v_0^2 + 2gh = v^2, \quad v = \sqrt{v_0^2 + 2gh} \text{ (지면 도달 속력)}$$

정답 p 72

Q24 수평면과 30° 를 이루는 빗면에서 물체가 미끄러져 내려오고 있다. A 점에서는 정지 상태였고, 빗면거리 s 를 미끄러져 내려온 지점 B 에서는 속력이 7 m/s 였다. 직각 삼각형의 변의 길이 사이의 관계를 이용하여 거리 s 를 구하시오. 단, 빗면과 물체 사이의 마찰은 없다고 가정한다. (g = 9.8m/s²)

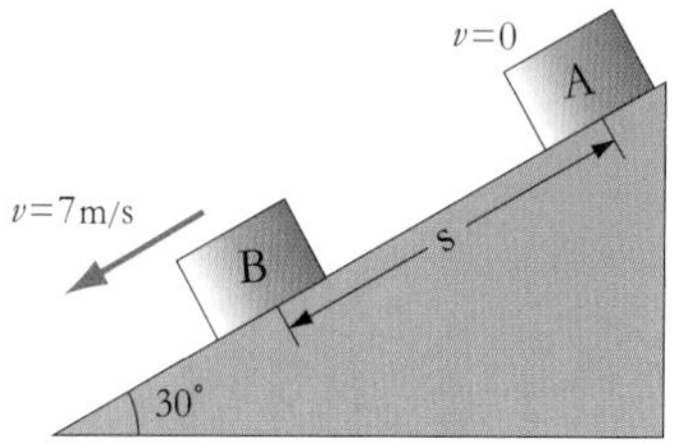

Q25 높이 5 m 에서 자유낙하시킨 물체의 운동 에너지와 퍼텐셜 에너지가 같게 될 때의 높이는 얼마인가?

Q26 높이 10 m 의 절벽에서 수평 방향으로 5 m/s 로 던진 물체가 지면에 닿는 순간의 속력은 얼마인가?(g = 10 m/s^2)

④ **비스듬히 던진 물체의 운동에서 최고점의 높이 (H) 구하기** : 질량 m 인 물체를 처음 속도 v_0 로 지면과 θ 의 각을 이루도록 던져 올렸다.

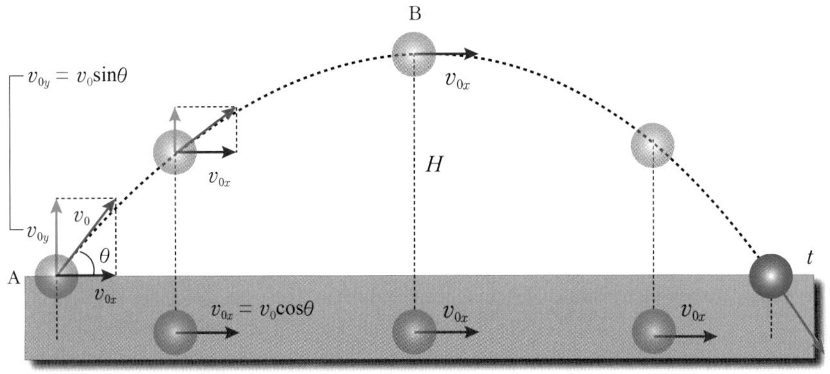

A 점의 역학적 에너지 = B 점의 역학적 에너지

(A점) 운동 에너지 : $\frac{1}{2}mv_0^2$, 퍼텐셜 에너지 : 0

(B점) 운동 에너지 : $\frac{1}{2}mv_{0x}^2$, 퍼텐셜 에너지 : mgH

$$\therefore \frac{1}{2}mv_0^2 = \frac{1}{2}mv_{0x}^2 + mgH,$$

$$2gH = v_0^2 - v_{0x}^2 \ (v_0^2 = v_{0x}^2 + v_{0y}^2 \rightarrow v_0^2 - v_{0x}^2 = v_{0y}^2)$$

$$\therefore 2gH = v_{0y}^2 \ , H = \frac{v_{0y}^2}{2g} \text{ (최고점의 높이)}, v_{0y} = v_0\sin\theta$$

- 수평 방향 운동은 $v_{0x} = v_0\cos\theta$ 의 등속 운동이다.
- 연직 방향 운동은 $v_{0y} = v_0\sin\theta$ 로 연직 위로 던진 물체의 운동이다.
- 수평 방향의 속도는 변하지 않으므로 최고점에서의 속도는 수평 방향으로 $v_{0x} = v_0\cos\theta$ 이다.

정답 p72

Q27 수평면에서 비스듬히 속력 10 m/s 로 공을 던졌다. 이 공의 속력이 4 m/s 가 되는 곳은 지면에서 높이가 얼마나 되는 곳인가? (g = 10 m/s^2)

(3) 단진자에서의 역학적 에너지 보존

① **단진자에서의 최고점과 최하점의 연직 거리** : 삼각비를 이용한다.

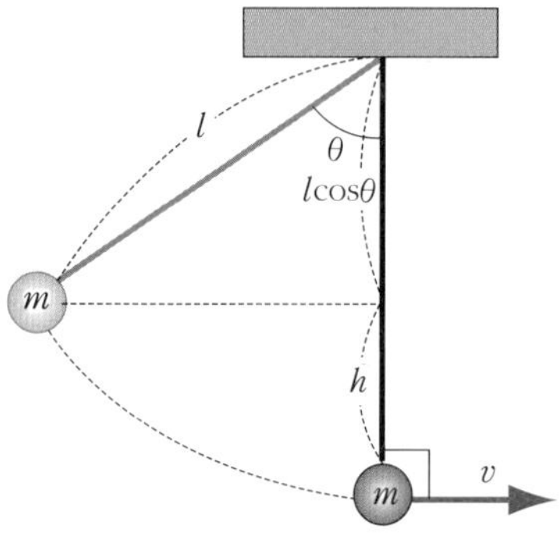

$$h = l - l\cos\theta = l(1 - \cos\theta)$$

② **최하점에서의 속력** : A 점에서 물체를 가만히 놓았을 때(A 점의 속력 = 0) [4]

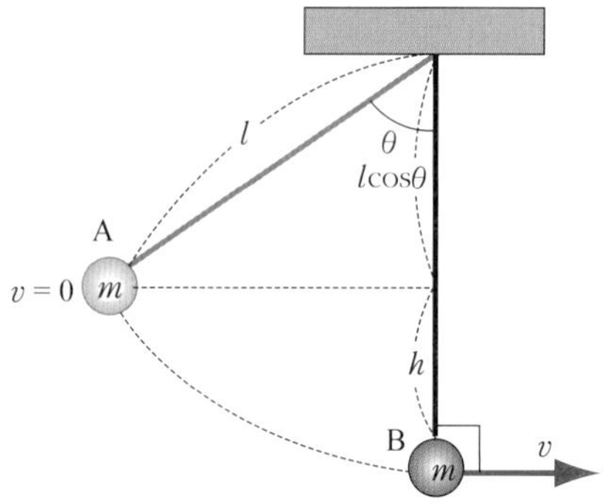

A 점의 역학적 에너지 = B 점의 역학적 에너지

$$0 + mgh = \frac{1}{2}mv^2 + 0, \quad 2gh = v^2$$

$$(h = l(1 - \cos\theta))$$

④ 단진자의 최하점에서 추에 작용하는 힘의 관계

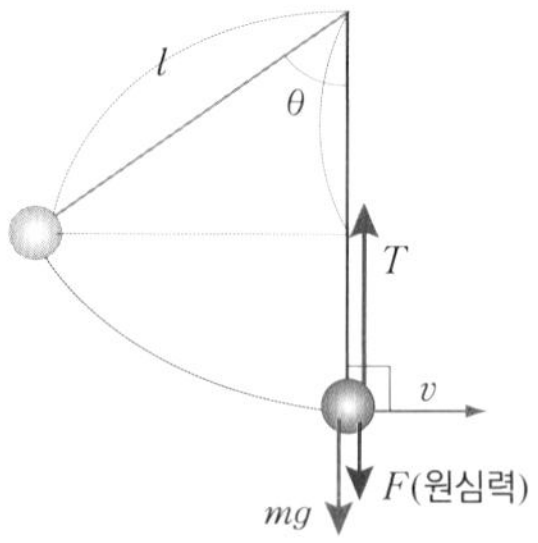

(추의 입장에서 볼 때)
최하점에서 추에 작용하는 힘은 실의 장력(T), 중력(mg), 원심력이 있다.

→ 실의 장력 (크기) = 중력 (크기)+ 원심력(크기)

(외부에서 관찰할 때)
추가 최하점에 있는 순간 원운동하고 있는 순간으로 이해한다. 실의 장력이 구심력의 역할을 한다.
→ 실의 장력 (크기) − 구심력(크기) = 중력 (크기)

구심력과 원심력의 크기는 $\frac{mv^2}{r}$ 로 같다.

정답 p 72

Q28 질량이 0.5 kg 인 추가 달린 길이 2 m 인 단진자를 그림처럼 연직선과 60° 의 각도를 이루게 하여 추를 정지 상태에서 잡고 있다가 놓았다. 물음에 답하시오. (g = 10 m/s²)

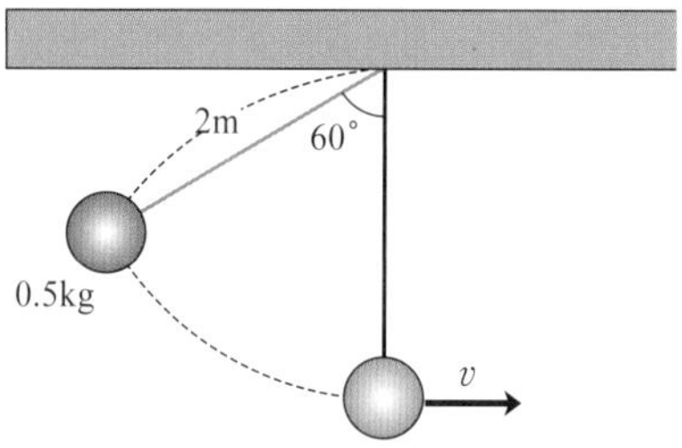

(1) 추가 운동할 때 최고점과 최하점 사이의 연직 높이는 몇 m 인가?

(2) 최하점의 높이를 기준으로 최고점에서 갖는 추의 퍼텐셜 에너지는?

(3) 추가 최하점을 지나는 순간의 속력은 얼마인가?

(4) 탄성력이 작용할 때의 역학적 에너지의 보존

① **수평면 상에서 운동할 때의 역학적 에너지 보존** : 용수철에 물체를 매달아 운동을 시키면 운동 과정 중에서 용수철의 탄성 에너지와 물체의 운동 에너지의 합이 일정하게 유지된다. ❺

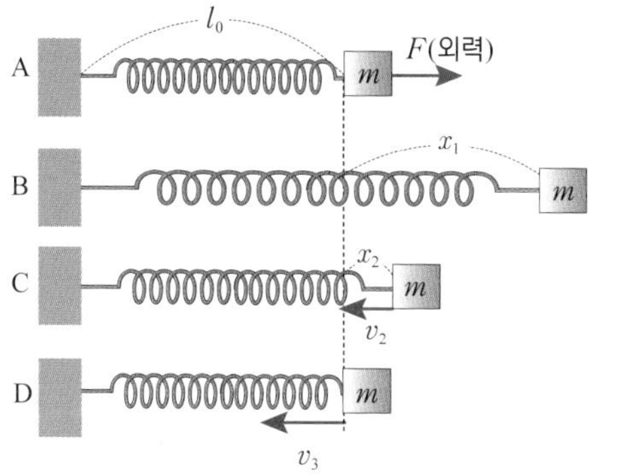

A : 자연 길이 l_0 이고 탄성계수 k 인 용수철에 힘을 가하여 용수철에 일을 하기 시작한다.
B : 용수철이 x_1 만큼 늘어난 상태에서 정지해 있다가 물체를 놓아 운동시킨다.
C : 용수철이 줄어들어 늘어난 길이가 x_2 로 되었고, 물체의 속력이 v_2 가 되었다.
D : 용수철의 늘어난 길이는 0 이 되었지만 물체의 속력은 v_3 로 최대이다.

- B **상태** : 용수철의 퍼텐셜 에너지 = $\frac{1}{2}kx_1^2$, 물체의 운동 에너지 = 0
- C **상태** : 용수철의 퍼텐셜 에너지 = $\frac{1}{2}kx_2^2$, 물체의 운동 에너지 = $\frac{1}{2}mv_2^2$
- D **상태** : 용수철의 퍼텐셜 에너지 = 0 , 물체의 운동 에너지 = $\frac{1}{2}mv_3^2$

$$\text{역학적 에너지 보존} : \frac{1}{2}kx_1^2 = \frac{1}{2}kx_2^2 + \frac{1}{2}mv_2^2 = \frac{1}{2}mv_3^2$$

② **연직면 상에서 운동할 때의 역학적 에너지 보존** : 용수철 상수 k 인 용수철에 질량 m 의 물체를 매달고 운동을 시킬 때는 용수철의 탄성 퍼텐셜 에너지, 물체의 운동 에너지와 중력에 의한 퍼텐셜 에너지를 고려해야 한다.

- **용수철의 평형 위치** : 물체의 무게 때문에 용수철이 늘어나서 정지하게 되는데 이 점을 평형 위치라 한다.

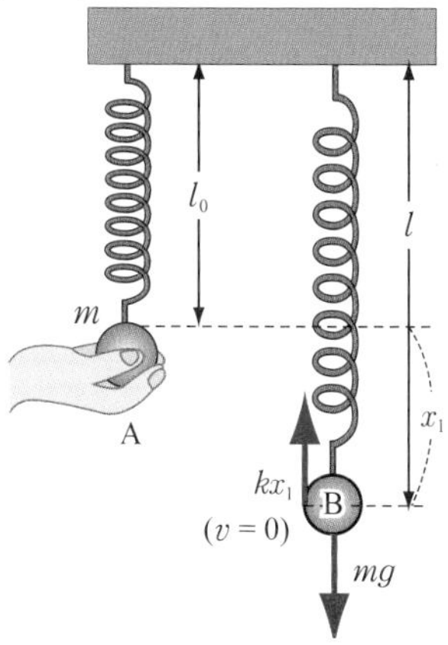

A : 물체를 손으로 받치면서 천천히 내린다. 물체에 주는 힘의 방향은 위쪽이고, 물체의 운동 방향은 아래쪽이므로 손은 물체에 (−)의 일을 한다.

B : 용수철이 x_1 만큼 늘어나서 정지하였다.

$$mg = kx_1,\ x_1 = \frac{mg}{k} \text{ (평형 위치)}$$

- **평형 위치까지 한 일** : 손이 한 일 + 중력이 한 일 ❻

$$= -\frac{1}{2}mgx_1 + mgx_1 = \frac{1}{2}mgx_1$$

$$= \frac{1}{2}kx_1^2 \text{ (B 상태(정지 상태)의 용수철의 탄성 퍼텐셜 에너지)}$$

변위에 따른 에너지

(① 의 B, C, D 상태가 그래프에 표시 되었다.)

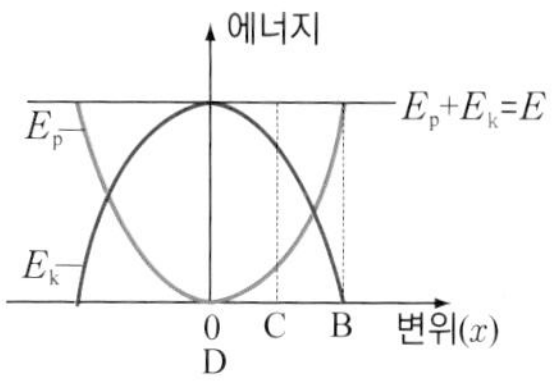

❺ 용수철에 물체를 매달아 수평면 상에서 운동시킬 때 에너지 전환

용수철의 탄성 에너지와 물체의 운동 에너지 사이에 에너지가 전환된다.
역학적 에너지 = 용수철의 탄성 에너지 + 물체의 운동 에너지 = 일정

❻ 평형 위치까지 물체에 한 일

물체에 (+)일을 하면 물체의 에너지는 증가하고, (−)의 일을 하면 물체의 에너지는 감소한다.

① 평형 위치까지 손이 한 일

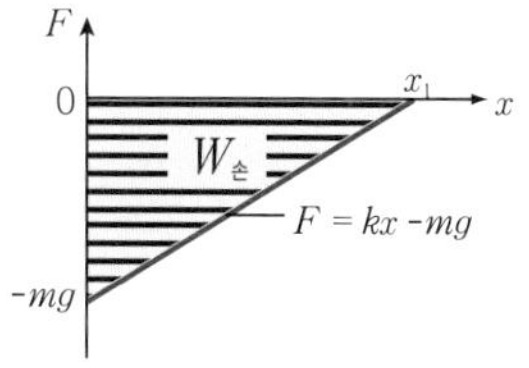

$$W_{손} = -\frac{1}{2}kx_1^2 = -\frac{1}{2}mgx_1$$
$$(mg = kx_1)$$

손이 추에 작용하는 힘 : 추의 운동 방향과 반대 방향이며, 용수철이 늘어나 탄성력이 커짐에 따라 크기가 줄어든다.

② 평형 위치까지 중력이 한 일

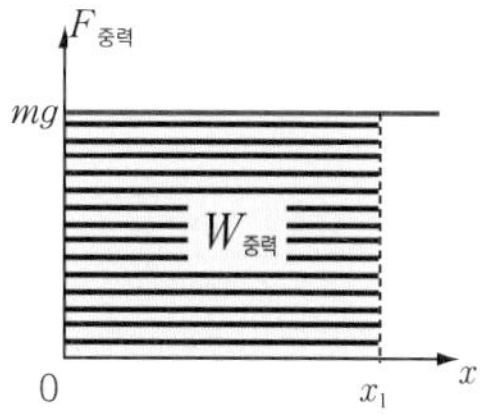

$$W = mgx_1$$

- **용수철을 평형 위치에서 아래로 A 만큼 잡아당겼다 놓을 때의 운동**

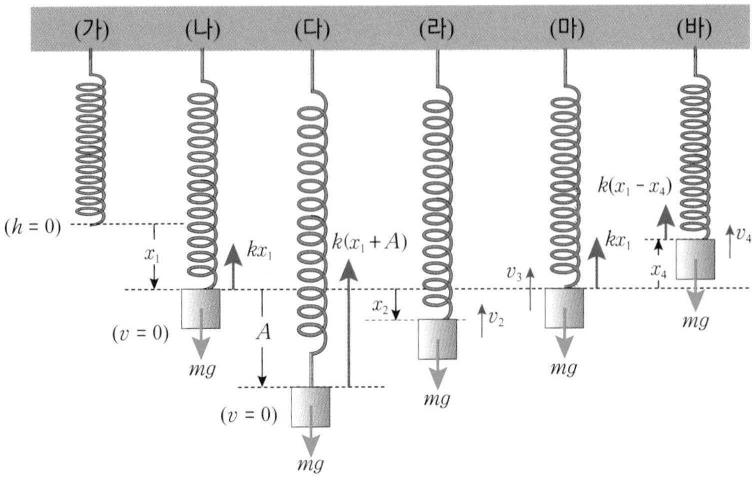

역학적 에너지는 용수철의 탄성 에너지 + 물체의 퍼텐셜 에너지 + 물체의 운동 에너지이며 (다), (라), (마), (바) 지점에서 모두 같다.
식을 쓰면 물체의 중력에 의한 퍼텐셜 에너지는 모두 상쇄되어 다음과 같은 식이 된다.

(다)	(라)	(마)	(바)

$$\frac{1}{2}kA^2 = \frac{1}{2}kx_2^{\ 2} + \frac{1}{2}mv_2^{\ 2} = \frac{1}{2}mv_3^{\ 2} = \frac{1}{2}kx_4^{\ 2} + \frac{1}{2}mv_4^{\ 2}$$

: 용수철의 평형 위치를 중심으로 중력의 영향을 받지 않는 것처럼 용수철의 탄성 에너지 + 물체의 운동 에너지가 일정하게 유지된다.

정답 p 72

Q29 그림과 같이 용수철 상수 50 N/m 인 가벼운 용수철에 질량 1 kg 의 물체를 매달고 마찰이 없는 수평면 상에서 0.2 m 잡아 당겼다가 놓았다. 이 물체의 최대 속력은 얼마인가?

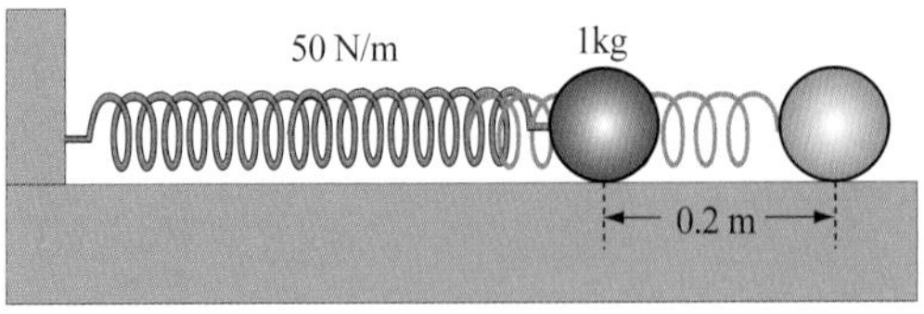

Q30 그림과 같이 용수철 상수 100 N/m 인 가벼운 용수철을 매달고 아래에 질량 1 kg 의 추를 매달았더니 A 점에서 멈추었다. 이 상태에서 추를 아래로 0.1 m 잡아당겼다가 놓았을 때 추가 다시 A 점을 지나게 되었다. A 점에서 위로 0.1 m 올라간 곳에서의 추의 운동 에너지는 몇 J 인가?

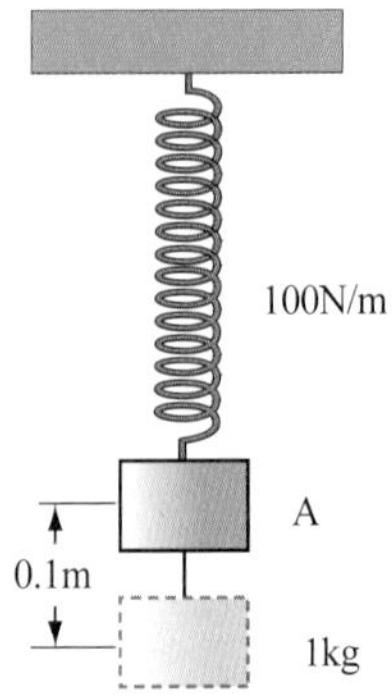

퍼텐셜 에너지

75 **질량 3 kg 의 물체를 지면으로부터 높이가 5 m 인 곳에서 15m 인 곳으로 천천히 이동시킬 때 물체의 퍼텐셜 에너지 증가량은 몇 J 인가? (g = 9.8 m/s²)**

① 98 J ② 147 J ③ 196 J
④ 294 J ⑤ 490 J

76 **질량 10 kg 의 물체를 천천히 들어 올리는데 490 J 의 일을 해주었다. 물체를 들어 올린 높이는 몇 m 인가? (g = 9.8 m/s²)**

① 5 m ② 6 m ③ 7 m
④ 8 m ⑤ 10 m

77 **질량 10 kg 의 물체를 경사각 30° 의 빗면을 따라 5 m 밀어 올렸다. 물체의 퍼텐셜 에너지 증가량은 얼마인가? (g = 9.8 m/s²)**

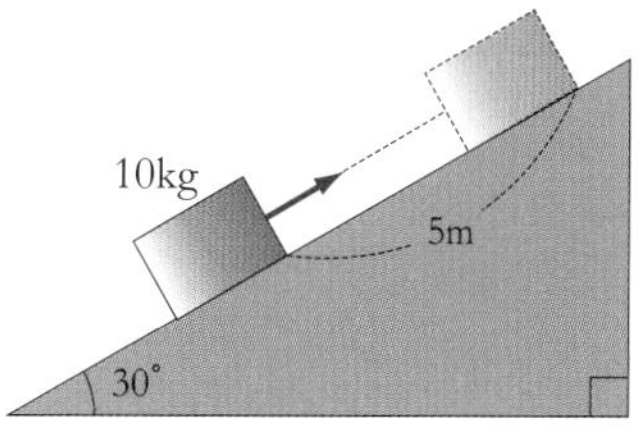

78 **지면으로부터 10 m 높이에 있는 1 kg 의 공을 자유 낙하시켰더니 지면과 충돌한 후 8 m 높이까지 튀어 올랐다. 공이 잃은 에너지는 얼마인가? (g = 9.8 m/s²)**

① 9.8 J ② 19.6 J ③ 39.2 J
④ 78.4 J ⑤ 98 J

79 **수력 발전은 물의 퍼텐셜 에너지를 이용한 발전이다. 만약 매초 5 m³ 의 물이 2 m 를 낙하하여 발전기를 돌렸을 때 얻어지는 전력은 몇 W 인가? 전체 에너지 중 10 % 가 전기 에너지로 전환되며, g = 9.8 m/s², 물의 밀도는 1 g/cm³ 이다.**

80 **질량 0.5 kg 의 물체를 매달았을 때 0.1 m 늘어나는 용수철이 있다.(g = 9.8 m/s²)**

(1) 이 용수철이 0.1 m 늘어나 있는 상태에서 0.2 m 까지 늘릴 경우 몇 J 의 일이 필요한가?

① 0.1 J ② 0.25 J ③ 0.5 J
④ 0.75 J ⑤ 1 J

(2) 용수철이 0.3 m 늘어났을 때 갖는 탄성 퍼텐셜 에너지는 용수철이 0.1 m 늘어났을 때의 몇 배인가?

① 3 배 ② 6 배 ③ 9 배
④ 12 배 ⑤ 15 배

81 **다음 그래프는 어떤 용수철을 잡아당겼을 때 가한 힘과 용수철의 늘어난 길이와의 관계이다. 이 용수철에 무게 100 N 의 물체를 매달아 정지시켰을 때 용수철의 탄성 퍼텐셜 에너지는 얼마인가?**

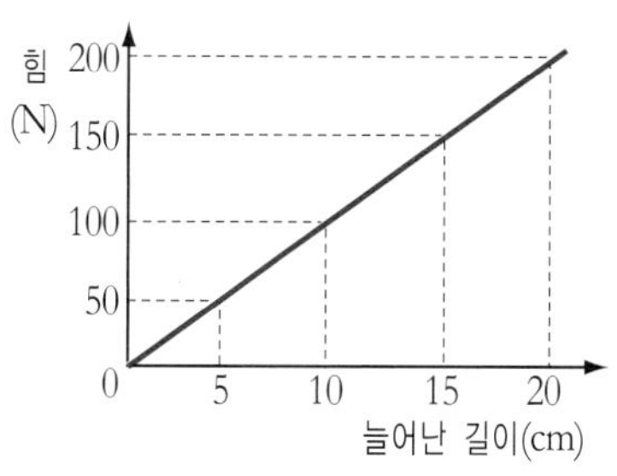

① 5 J ② 10 J ③ 15 J
④ 20 J ⑤ 25 J

82 그림은 용수철에 작용하는 힘과 늘어난 길이와의 관계를 나타낸 그래프이다. 이 용수철이 10 cm 늘어났을 때 가지게 되는 탄성 퍼텐셜 에너지는 얼마인가?

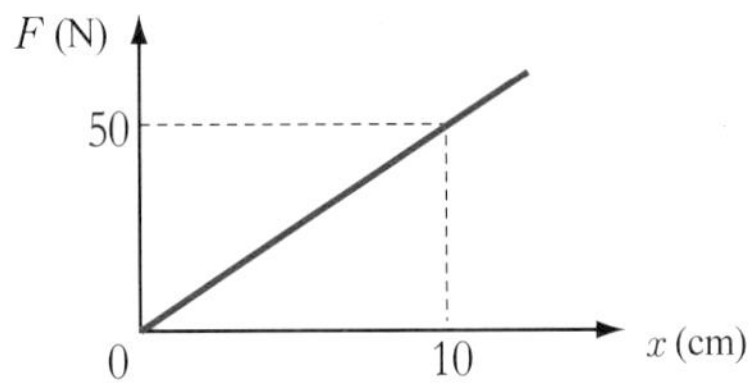

① 2.5 J　② 5 J　③ 10 J
④ 12.5 J　⑤ 15 J

83 그림은 연직 상방으로 올라가며 정지할 때까지 엘리베이터의 속도와 시간의 그래프이다. 출발 위치를 기준점으로 할 때 퍼텐셜 에너지와 시간의 관계 그래프로 맞는 것을 고르시오.

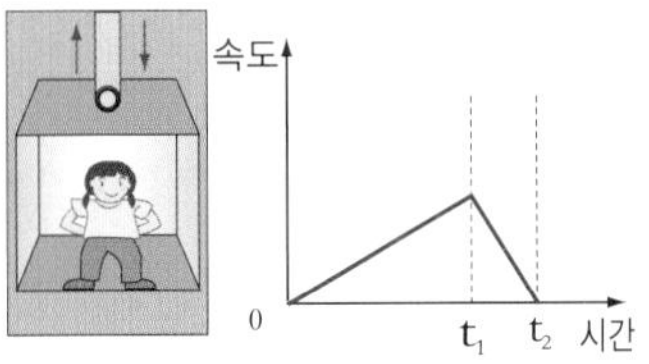

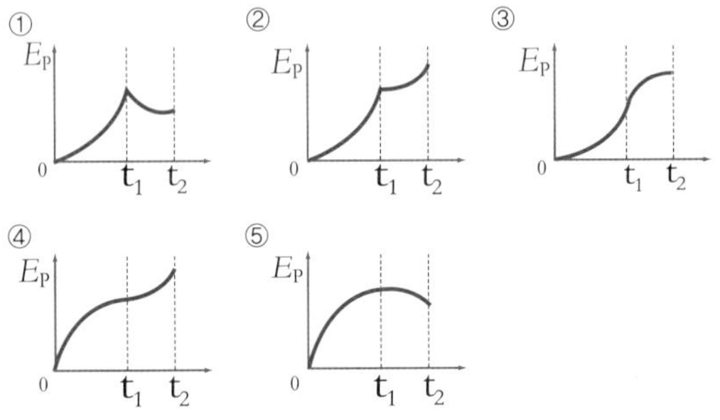

역학적 에너지 보존 법칙

84 질량 m 인 물체를 얼음판 위에서 처음 속력 v_0 로 밀었다. 물체와 얼음판 사이의 운동 마찰계수는 μ 이고 마찰력(f)과 수직 항력(N) 사이에는 $f = \mu N$ 의 관계가 있다. 물체는 얼음판 위에서 얼마나 미끄러진 후 정지하겠는가? 중력 가속도는 g 이다.

85 마찰이 없는 롤러코스터의 A 점에서 정지 상태에서 출발한 질량 1 kg 의 물체는 C 점에 도달하였을 때 얼마의 속력을 가지는가? (g = 9.8m/s^2)

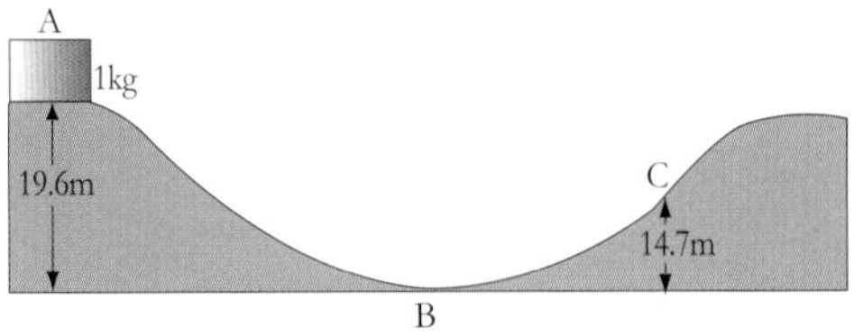

① 4.9 m/s　② 9.8 m/s　③ 14.7 m/s
④ 19.6 m/s　⑤ 24.5 m/s

86 마찰이 없는 반지름 10 cm 의 반구 모양의 용기의 꼭대기에서 얼음 덩어리를 미끄러뜨렸다. 이 얼음 덩어리가 용기의 밑바닥을 지날 때의 속력은 몇 m/s 인가? (g = 9.8 m/s^2)

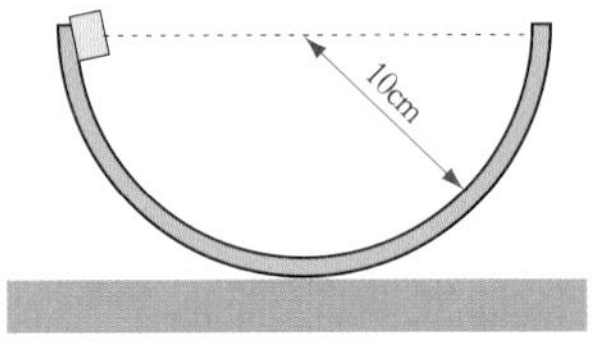

① 1 m/s　② 1.4 m/s　③ 1.96 m/s
④ 2.8 m/s　⑤ 3.92 m/s

87 질량 m 의 어떤 물체를 지면과 비스듬하게 속력 20 m/s 로 던져 올렸더니 그림과 같이 최고점 B 점까지 올라갔다가 내려오는 포물선 운동을 하였다. B 점의 지면에서의 높이가 5 m 라면 최고점 높이의 $\frac{1}{2}$ 이 되는 C 점에서의 물체의 (속력)^{2}은 얼마인가? 단위는 생략하고, g = 10 m/s^2 이다.

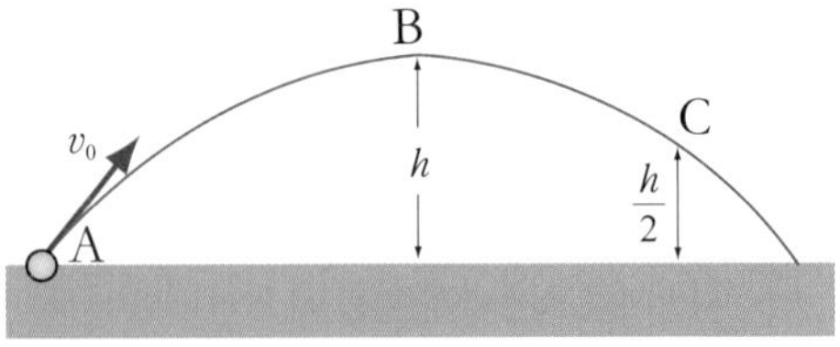

① 150　② 200　③ 250
④ 300　⑤ 350

88 **탄성계수가 50 N/m 인 용수철이 천장에 매달려 있다. 이 용수철에 500 g 의 추를 매달고 평형 위치에서 정지시켰다. 용수철은 매우 가벼우며 g = 10 m/s² 이다.**

(1) 평형 위치는 용수철에 아무 것도 매달지 않았을 때와 비교하여 몇 m 늘어난 상태인가?

① 0.1 m ② 0.2 m ③ 0.3 m
④ 0.4 m ⑤ 0.5 m

(2) 용수철의 평형 위치에서 추를 아래로 0.1 m 잡아당겼다가 놓았다. 추가 평형 위치를 지날 때 가지는 속력은 얼마인가?

① 0.5 m/s ② 1 m/s ③ 2 m/s
④ 3 m/s ⑤ 4 m/s

89 **그림은 추의 단진자 운동을 나타낸 것이다. 이 추의 운동에 대한 설명으로 옳은 것만을 <보기>에서 있는 대로 고르시오. (단, 줄은 매우 가볍고, 공기의 저항은 무시한다.)**

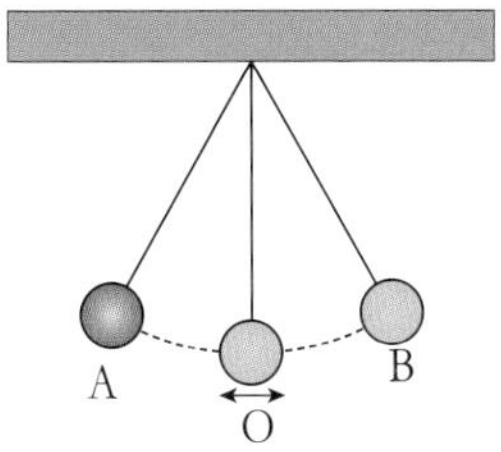

보기

ㄱ. O 점에서의 속력이 최대이다.
ㄴ. 추가 받는 힘은 O 점에서 최대이다.
ㄷ. A 와 B 에서 물체의 가속도는 최소가 된다.
ㄹ. A 와 B 사이의 각이 커질수록 O 점에서의 운동 에너지는 증가한다.

90 **그림과 같이 길이 80 cm 인 실 끝에 공을 매달고 수평으로 잡아당겨서 P 점에서 운동을 시키면 원호를 따라 운동하다가 연직선 상의 막대에 걸려 반지름 20 cm 의 원궤도를 그리며 돌아서 Q 점에 도달하게 된다. 공이 점 Q 에 도달했을 때의 속력은 얼마인가? (g = 9.8m/s²)**

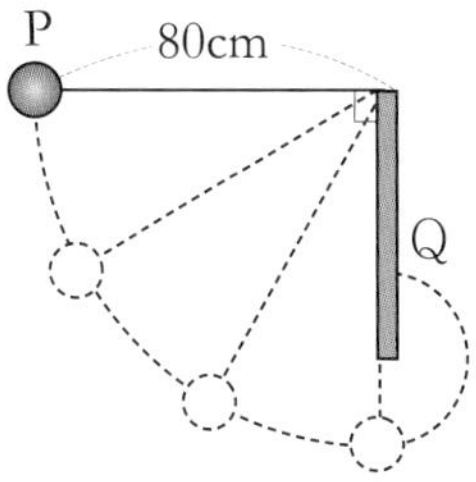

① 1.0 m/s ② 1.4 m/s ③ 2.0 m/s
④ 2.8 m/s ⑤ 4.0 m/s

91 **그림과 같이 질량 m 의 추가 용수철 상수 k 인 용수철에 매달려 진폭 a 의 단진동 운동을 하고 있다. 물체의 운동 에너지가 용수철의 탄성 퍼텐셜 에너지의 3 배가 되는 곳은 O 에서 B 쪽으로 얼마나 떨어진 곳인가?**

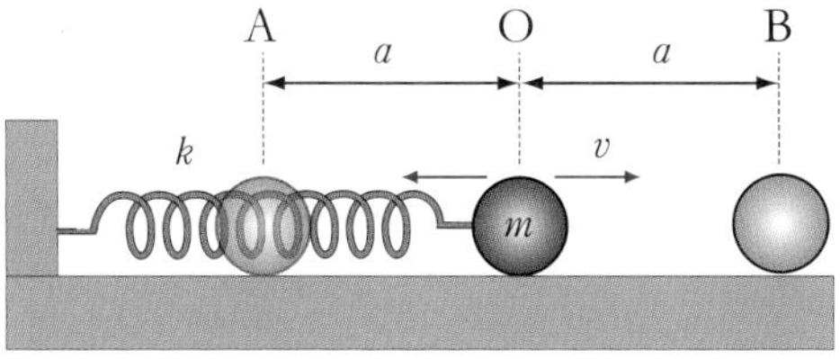

① $\frac{1}{6}a$ ② $\frac{1}{4}a$ ③ $\frac{1}{3}a$
④ $\frac{1}{2}a$ ⑤ a

92 **용수철에 물체를 매달고 평형 상태가 되었을 때 연직 아래로 잡아당겨 용수철이 평형 상태로부터 0.2 m 늘어났을 때 용수철의 탄성 퍼텐셜 에너지를 E 라고 하면, 이 물체를 놓아 용수철의 평형 상태로부터 늘어난 길이가 0.1 m 가 되었을 때 물체가 가지는 운동 에너지는 얼마인가?**

① 0.25 E ② 0.5 E ③ 0.75 E
④ E ⑤ 2E

93 질량 0.5 kg 인 물체를 용수철 상수 50 N/m 인 가벼운 용수철에 매달아 단진동 운동 시킬 때 진동 중심에서의 탄성 퍼텐셜 에너지는 얼마인가? (g = 10 m/s²)

① 0.1 J ② 0.25 J ③ 0.5 J
④ 0.75 J ⑤ 1 J

94 마찰이 없는 면 위에서 용수철 상수 k = 98 N/m 의 용수철에 질량 2 kg 의 물체를 접촉시키면서 용수철을 평형 위치(용수철이 늘어나지 않은 상태)에서 1 m 압축시켰다가 놓았다. (g = 9.8 m/s²)

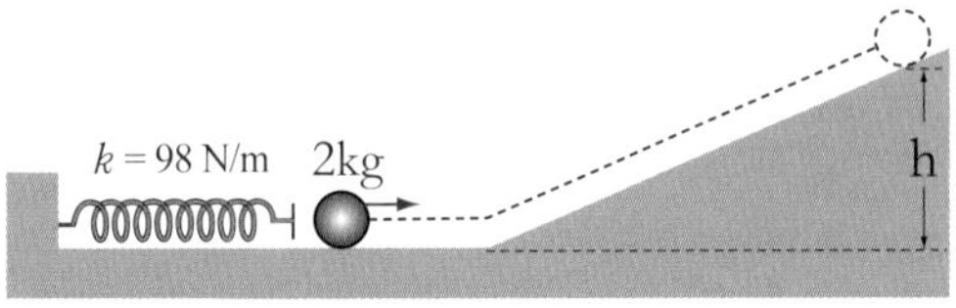

(1) 이 물체의 최대 속력은 몇 m/s 인가?

① 2 m/s ② 4 m/s ③ 6 m/s
④ 7 m/s ⑤ 8 m/s

(2) 이 물체가 빗면을 따라 올라가는 최대 높이 h 는 몇 m인가?

① 2.5 m ② 5 m ③ 7.5 m
④ 8 m ⑤ 10 m

95 그림과 같이 절벽 위에서 물체를 던질 때 같은 속력으로 던진다면 어느 방향으로 던져야 지면에 도달할 때의 속력이 가장 큰가? (공기의 저항은 무시한다.)

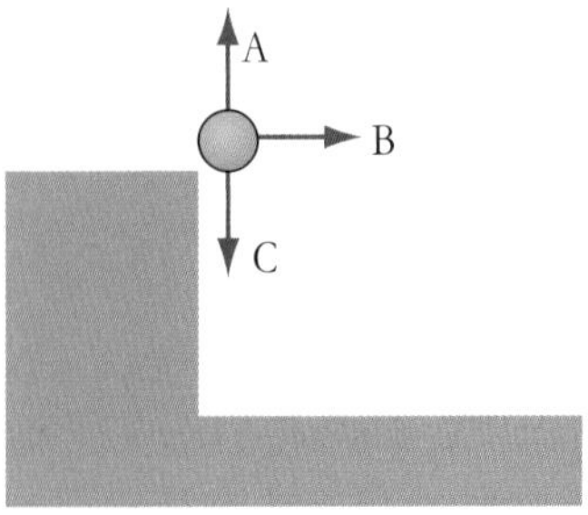

① A ② B ③ C ④ 모두 같다.

96 질량이 0.5 kg 인 공을 수평면에 대하여 60° 되는 방향으로 10 m/s 로 던졌다. 공이 최고점에 도달했을 때 운동에너지는 얼마인가? g = 9.8 m/s² 로 하고 공기의 저항은 무시한다.

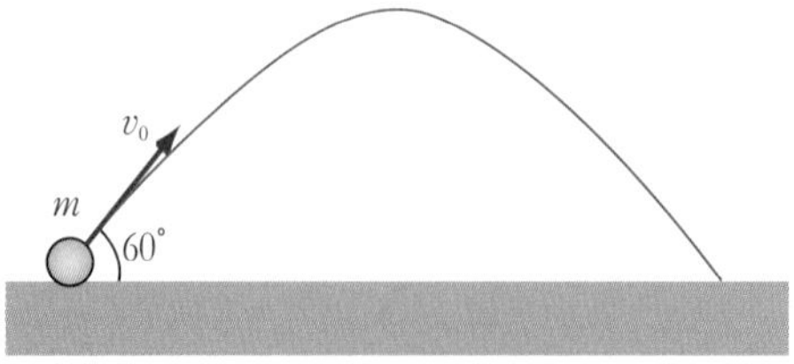

① 2.5 J ② 5 J ③ 6.25 J
④ 12.5 J ⑤ 25 J

97 그림의 곡선 면은 마찰이 없는 면으로 O 점을 중심으로 한 반지름 5 m 인 원호이고 A 점과 O 점은 같은 높이에 있는 점이다. ∠BOC = 60°이다.

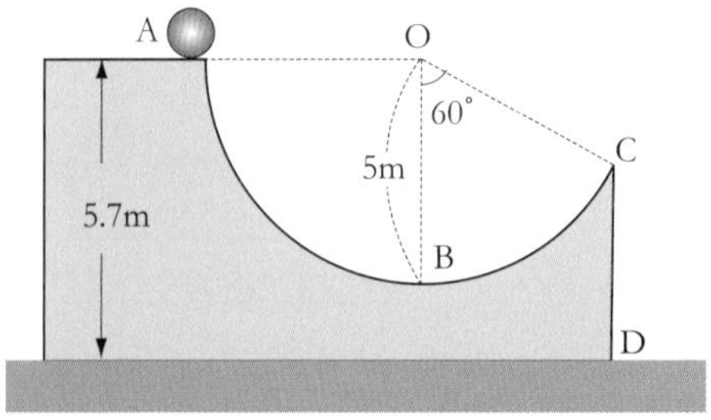

A 점에 있는 물체가 속력이 0 인 상태에서 곡면 ABC 를 따라 미끄러져 내려와서 점 C 에서 튀어올랐다. 이 물체가 C 점을 떠날 때의 속력은 얼마인가? (g = 9.8 m/s²)

① 2 m/s ② 4 m/s ③ 6 m/s
④ 7 m/s ⑤ 8 m/s

98 **질량 4 kg 인 물체가 기구에 매달려 2 m/s 로 등속으로 상승하다가 높이 5 m 인 지점에서 끈이 끊어져서 땅에 떨어졌다. 이 물체는 끈이 끊어지는 순간 연직 상방 운동을 하게 된다. 이 물체가 땅에 떨어지는 순간 가지게 되는 운동 에너지는? (g = 9.8 m/s^2)**

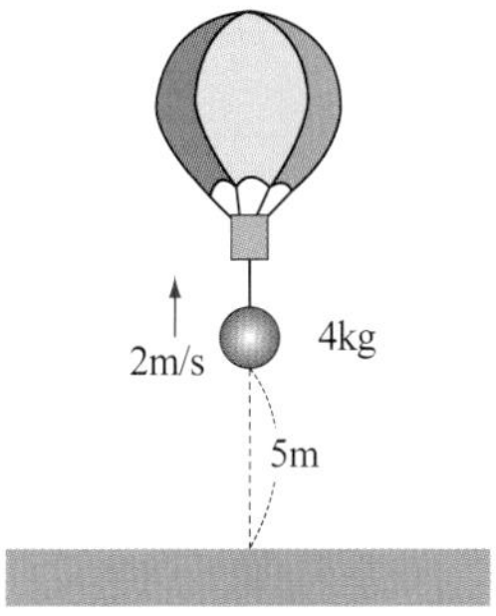

① 8 J ② 98 J ③ 196 J
④ 204 J ⑤ 302 J

99 **그림처럼 질량이 같은 두 물체 A, B 를 하나는 빗면에서 미끄러뜨리고, 다른 하나는 같은 높이에서 자유 낙하시켰다. 두 물체의 지면에 떨어지는 시간과 속력을 비교한 것으로 옳은 것을 고르시오.**

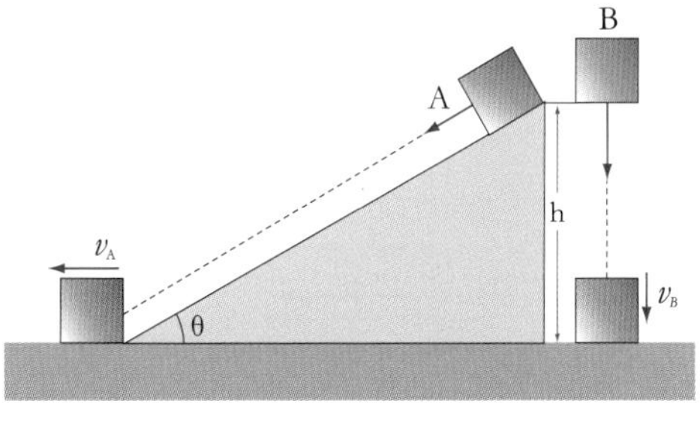

① A, B 모두 지면에 동시에 도달하고, 도달 속력도 각각 같다.
② A가 지면에 먼저 도달하고 도달 속력은 각각 같다.
③ B가 지면에 먼저 도달하고 도달 속력은 각각 같다.
④ A의 지면 도달 속력이 더 크고, A, B가 동시에 지면에 도달한다.
⑤ B의 지면 도달 속력이 더 크고, A, B가 동시에 지면에 도달한다.

100 **그림처럼 마찰이 없는 빗면에서 물체가 미끄러지고 있다. 높이 h_1 에서 굴러내려온 물체가 B 점을 지날 때 속력이 5 m/s 였고, 지면(C)에 도달했을 때 속력은 10 m/s 였다. $\frac{h_2}{h_1}$ 는 얼마인가?**

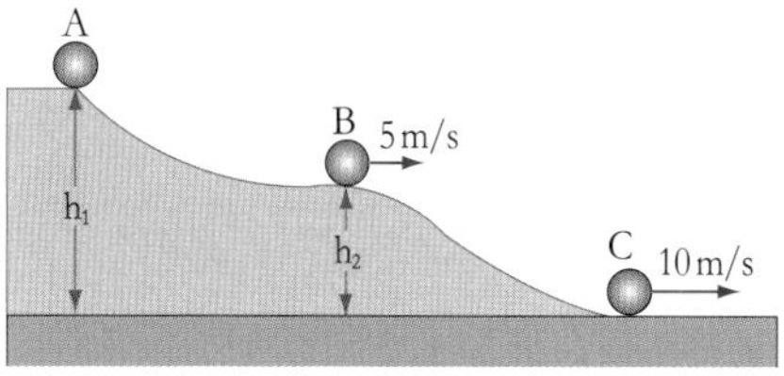

① $\frac{1}{2}$ ② $\frac{2}{3}$ ③ $\frac{3}{4}$
④ 1 ⑤ $\frac{4}{3}$

101 **마찰이 없는 언덕길에서 썰매가 눈 위로 미끄러져 내려온다. A 점을 통과할 때의 속력은 4 m/s 였다. 높이가 5.8 m 인 다른 언덕 꼭대기 B 점에서의 속력은 얼마인가? (g = 10 m/s^2)**

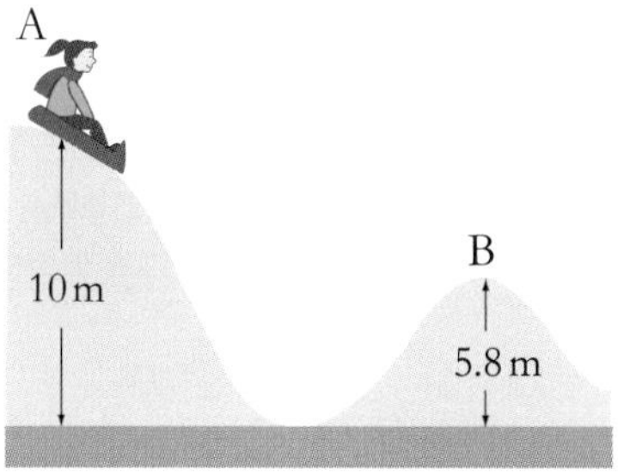

① 2 m/s ② 4 m/s ③ 6 m/s
④ 8 m/s ⑤ 10 m/s

102 **그림과 같이 마찰이 없는 반원형으로 튀어나온 경로와 반원형으로 움푹 패인 경로를 따라 두 물체가 일정한 속도 v 로 동시에 A 점과 B 점을 출발하였다. A 물체가 P 점에 도달하는 시간과 B 물체가 Q 점에 도달하는 시간을 비교하면 어느 것이 빠른가?**

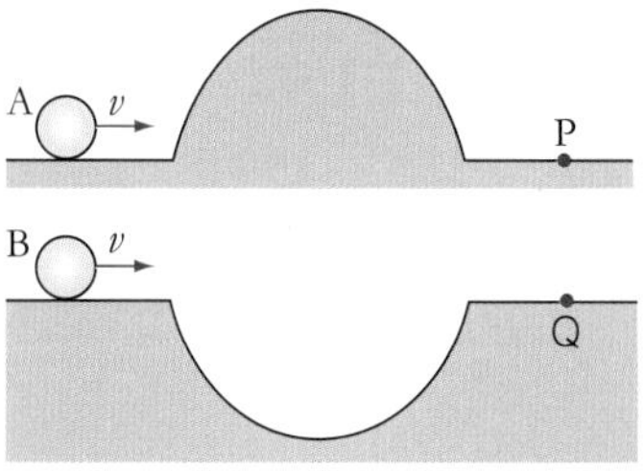

103 질량이 0.5 kg 인 추를 연직 면과 60° 되는 위치에서 붙잡고 있다가 놓았다. 실의 길이는 2 m 이다. (g = 10 m/s^2)

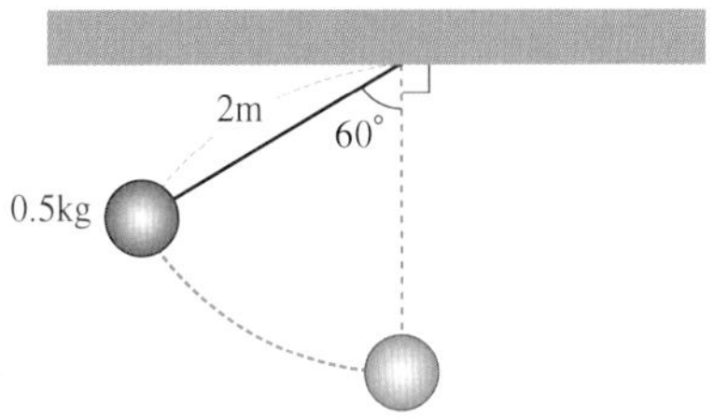

(1) 추의 최고점과 최하점의 높이의 차는 얼마인가?

(2) 최하점을 기준으로 최고점이 갖는 퍼텐셜 에너지는 얼마인가?

(3) 추가 최하점을 지나는 순간 속력은 얼마인가?

(4) 추가 최하점을 지나는 순간의 운동 에너지는 얼마인가?

104 질량 2 kg 의 물체가 마찰이 없는 면에서 10 m/s 로 진행하여 용수철 상수 5000 N/m 인 가벼운 용수철에 부딪쳤다. 용수철이 최대로 압축된 길이는?

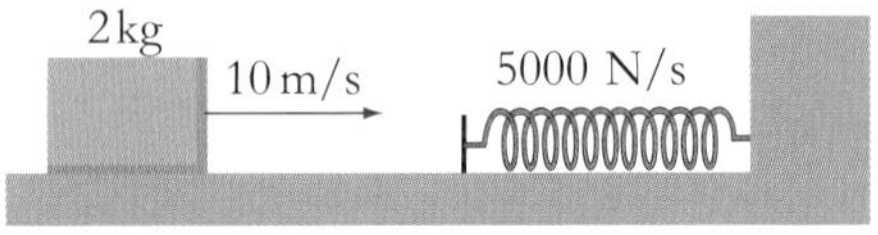

① 0.1 m ② 0.2 m ③ 0.3 m
④ 0.4 m ⑤ 0.5 m

105 마찰이 없는 수평면 위에 고정된 용수철 상수 k 인 용수철에 질량 m 의 추가 매달려 평형 상태에 있다. 용수철을 A 만큼 잡아당겼다가 놓을 때 추가 평형 위치로부터 $\frac{1}{2}$A 인 지점을 지날 때 추의 운동 에너지는 얼마인가?

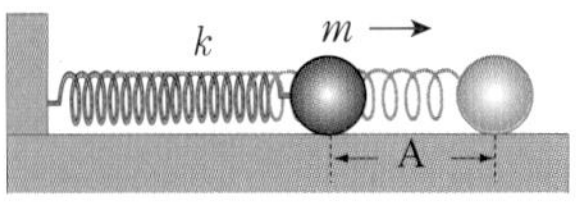

106 용수철 상수 k = 100 N/m 인 용수철에 질량 1 kg 의 추를 연직으로 매달아 가만히 두었더니 용수철이 P 점까지 늘어나 평형 상태가 되었다. 평형점 P 에서 추를 아래로 0.2 m 잡아당겼다가 놓을 때 점 P 에서 위로 0.1 m 올라간 지점에서의 추의 운동 에너지는 얼마인가?

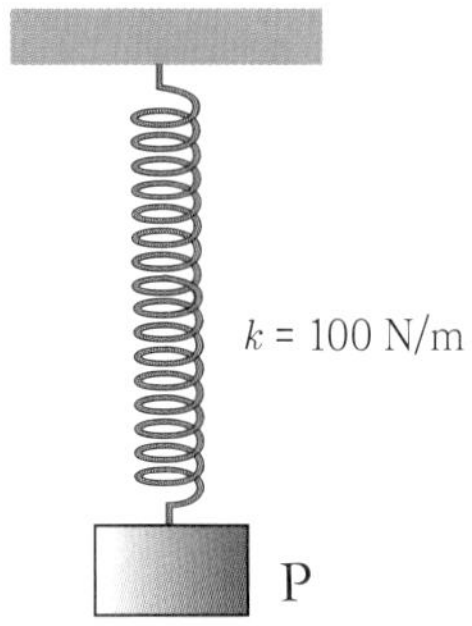

① 0.5 J ② 1 J ③ 1.5 J
④ 2 J ⑤ 2.5 J

107 질량 2 kg 의 물체가 높이 20 m 되는 A 점에서 정지 상태로부터 출발하여 빗면 위를 운동하다가 지면 위의 점 B 에 도달하였다. B 점에서의 속력이 10 m/s 였다면 빗면에서 마찰에 의한 역학적 에너지 손실은 몇 J 인가? (g = 9.8 m/s^2)

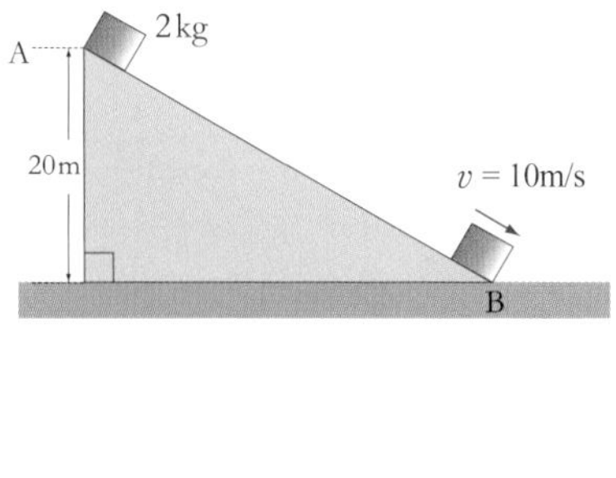

23 **정지해 있는 질량 2 kg 의 물체를 실에 매달아 일정한 크기의 힘으로 위로 끌어올리고 있다. 처음 정지한 위치에서 5 m 위로 올라왔을 때 속력이 2 m/s 였다. g = 9.8 m/s^2 이다.**

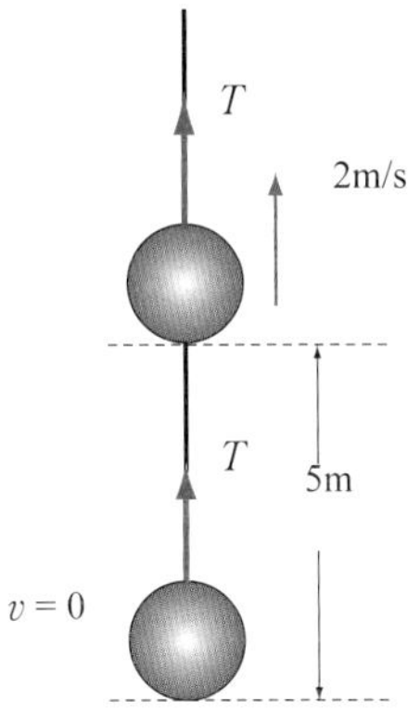

(1) 5 m 올라왔을 때 운동에너지는 얼마인가?

(2) 5 m 올라가는 동안 실의 장력이 물체에 한 일은 얼마인가?

(3) 5 m 올라가는 동안 중력이 물체에 한 일은 얼마인가?

(4) 실의 장력이 물체에 해준 일과 중력이 물체에 해준 일은 물체의 운동 에너지와 어떤 관계가 있는지 쓰시오.

24 **마찰이 없는 수평면 위에 탄성계수 100 N/m 인 용수철에 질량 1 kg 의 추가 매달려 있다. 이때 질량 0.5 kg 인 물체가 4 m/s 의 속력으로 접근하여 추와 충돌하였다. 충돌한 후 추와 물체의 상대 속도의 크기가 충돌 전에 비하여 $\frac{1}{2}$ 이 되었다.**

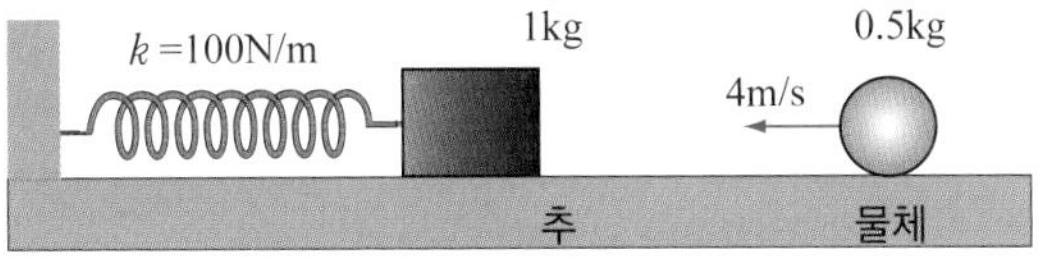

(1) 충돌 후 용수철은 얼마나 압축되는지 쓰시오.

(2) 충돌할 때 잃어버린 운동 에너지의 양은 얼마인가?

개념 돋보기

23

물체의 속도가 증가하고 있으므로 이 물체은 위 방향으로 알짜힘을 받는다. 운동 방정식 $T - mg = ma$ 이다.

24

왼쪽을 + 로 하여 충돌 전 상대 속도 = 충돌 당하는 물체의 속도 - 충돌하는 물체의 속도 = 0 − 4 = −4

충돌 후 상대 속도 = v_2(용수철에 매달린 추의 속도) - v_1(접근하는 물체의 속도) = $-4 \times \frac{1}{2} = -2$

운동량 보존 법칙을 적용하여 용수철에 매달린 물체의 속도를 구할 수 있다.

개념 심화 문제

25 길이가 l 로 동일하고 추의 질량이 m_1, m_2 인 두 진자가 그림과 같은 상태로 정지해 있다. 진자 B는 연직선 상에 있고, 진자 A 는 진자 B 로부터 연직으로 높이 d 의 위치에 있다. 이제 진자 A 를 놓아 진자 B 에 충돌시키면 충돌 후 두 진자는 한 덩어리가 되어 움직인다. 두 진자는 충돌 후 현재 진자 B 의 위치로부터 연직으로 얼마나 높이 올라가겠는가?

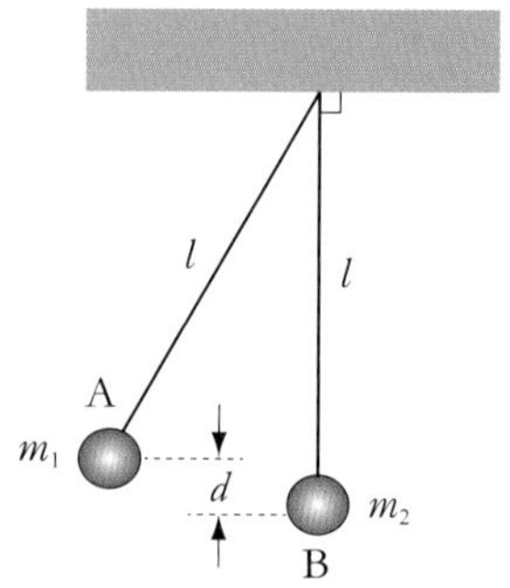

26 질량 M 인 물체 A 를 마찰이 없는 수평면 상에 놓고 끈을 매어 도르래를 통한 다음 질량 m 의 물체 B 에 연결하였다. 물체 A 와 B 가 정지 상태로부터 운동을 시작하여 A 가 h 만큼 이동하였다. 중력 가속도는 g 로 하고, 도르래의 마찰, 면의 마찰, 실의 무게 등은 무시한다.

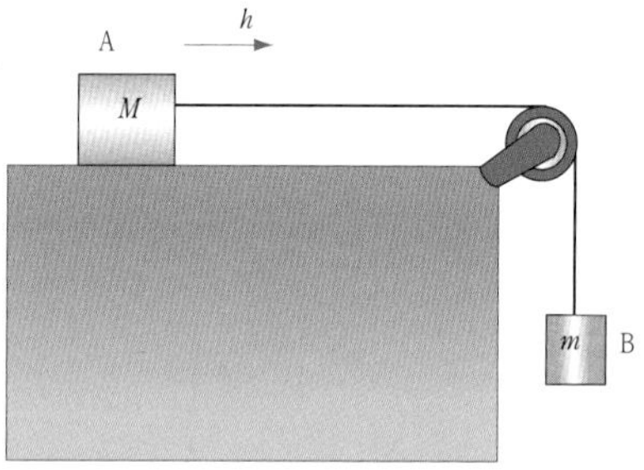

(1) A, B 의 퍼텐셜 에너지의 합은 처음에 비하여 얼마만큼 변하였는가?

(2) A, B 의 운동 에너지의 합은 처음에 비하여 얼마만큼 변하였는가?

(3) (1) 과 (2) 의 결과로부터 h 만큼 이동한 순간 물체 A 의 속력을 구하시오.

개념 돋보기

25

B 지점에서 운동량 보존법칙을 사용하여 충돌 후의 속도를 구한다.

26

A 와 B 의 속력이 같다.

27

마찰을 무시할 수 있는 도르래와 무게를 무시할 수 있는 실을 이용하여 그림과 같이 질량 m_1 = 3 kg 의 물체와 질량 m_2 = 5 kg 의 물체를 매달았다. 처음에 질량 3 kg 의 물체를 지면에 닿아 있도록 잡고있다가 놓으면서 운동을 시킨다. 운동을 시작할 때 m_2 의 지면으로부터의 높이가 4 m 이다. (g = 10 m/s^2, $2\sqrt{5}$ = 4.5)

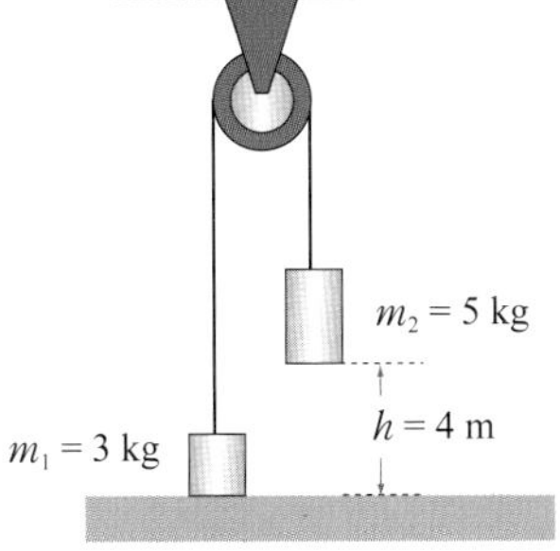

(1) m_2 가 땅에 닿는 순간의 속력을 구하시오.

(2) m_1 은 위로 올라간다. m_1 의 지면으로부터의 최고 높이를 구하시오.

28

용수철 상수 k 인 용수철에 질량 m 의 추를 매단 후 손을 추에 대고 서서히 내리니까 용수철이 x 만큼 늘어나서 정지하였다. 추를 다시 용수철이 늘어나지 않는 위치로 올리고 손을 갑자기 치우면 용수철이 최대로 늘어나는 길이는 얼마이겠는가?

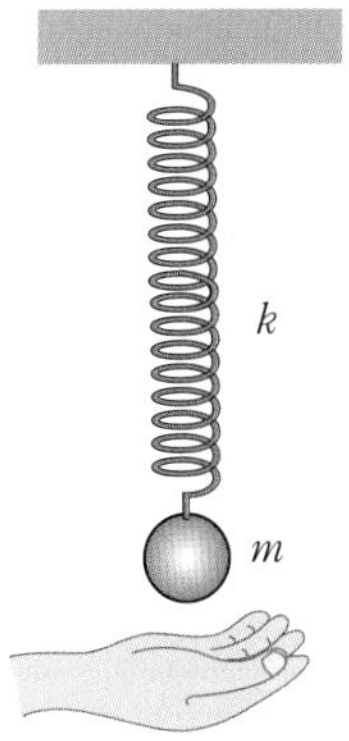

개념 돋보기

27

운동을 시작하면 퍼텐셜 에너지의 변화가 생긴다. 3 kg 의 물체는 4 m 를 올라갈 것이고, 그 곳에서 속력이 있다면 연직 상방 운동을 할 것이다.

28

손을 서서히 내릴 때 평형점(용수철이 x_1 만큼 늘어남)에서 정지하므로 $mg = kx_1$, $k = \dfrac{mg}{x_1}$

손을 갑자기 치울 때 전체 늘어나는 길이를 $x_1 + x_2$ 라고 하면 $mg(x_1 + x_2) = \dfrac{1}{2}k(x_1 + x_2)^2$ 이다.

29 질량 m 의 물체를 수평면과 30° 의 각도로 비스듬히 던져올릴 때 최고점에서 물체의 운동 에너지는 그 지점의 퍼텐셜 에너지의 몇 배인가?

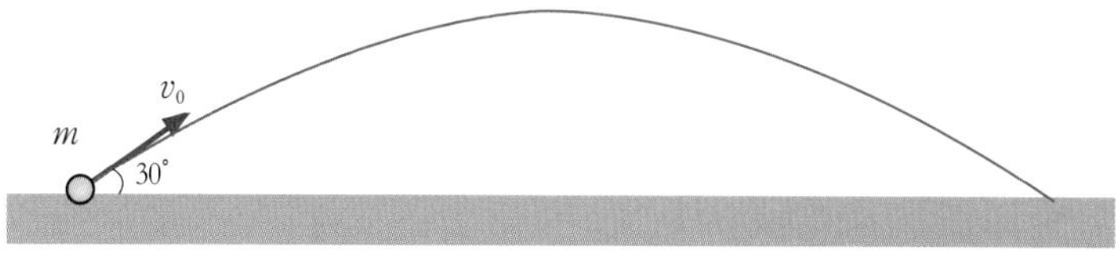

30 그림처럼 높이 s 의 책상 면이 있고, 그 위에 높이 h 의 마찰이 없는 곡선 경사면이 있다. 어떤 물체가 경사면 위 A 점에서 정지한 상태로부터 미끄러져 내려와 책상면 위 B 점에 도달하였고, B 점에서 수평 방향으로 던져져서 C 점에 도달하였다. 이 물체의 수평 도달 거리 x 를 구하시오.

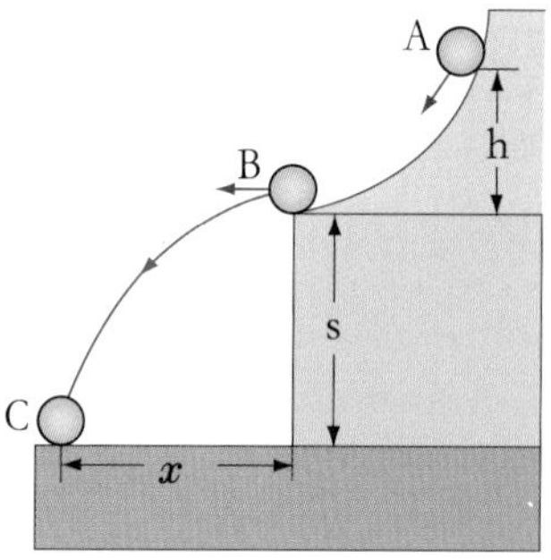

개념 돋보기

29

처음의 운동 에너지 = 최고점의 (운동 에너지 + 퍼텐셜 에너지)

30

수평 방향으로 던진 물체의 운동 : 수평 방향 속력은 변하지 않는다.

31 질량이 M 인 물체가 마찰이 없는 수평면 상에서 용수철 상수 k 인 가벼운 용수철에 매달려 진폭 A 의 단진동 운동을 하고 있다.

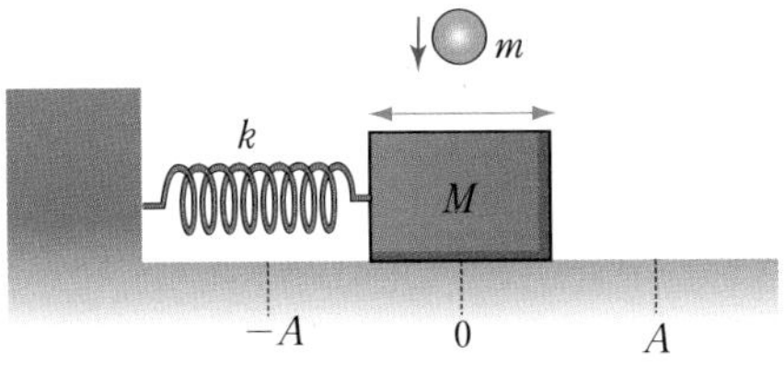

(1) 물체의 위치가 평형 위치로부터 x 만큼 떨어져 있을 때 가속도의 크기를 구하시오.

(2) 평형 위치를 지나는 순간 위로부터 질량 m 의 진흙 물체가 떨어져 같이 운동했다. 새로운 진폭 A' 을 구하시오.

(3) 역학적 에너지가 절반으로 줄어들기 위한 진흙의 질량을 구하시오.

32 P 점에서 질량 m 의 물체가 마찰이 없는 곡면을 타고 미끄러져 내려와서 지면의 작은 원을 따라 운동한다. 중력 가속도는 g 이다.

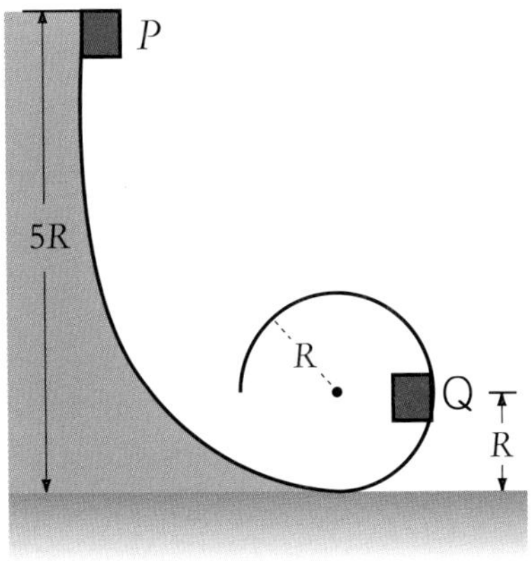

(1) P 점의 높이가 $5R$ 이고 Q 점의 높이가 R 일 때 질량 m 의 물체가 P 점에서 정지한 상태에서 출발한다면 Q 점에 도달했을 때 물체가 받는 힘의 크기를 구하시오.

(2) 물체가 지면의 작은 원에 도달했을 때 궤도에서 이탈하지 않으려면 물체가 운동을 시작하는 곳의 높이는 최소한 얼마가 되어야 할까?

개념 돋보기

31

O점에서 운동량 보존 법칙을 적용하여 (진흙 + 질량 M)의 물체의 속력을 구한다. 그 때의 운동 에너지가 전체 역학적 에너지이다.

32

(1)원운동을 하는 물체는 반드시 구심력을 받는다.
(2) 궤도에서 이탈하지 않기 위해서는 원운동의 최고점에서 물체의 중력이 원운동을 하기 위한 구심력보다 작아야 한다. 중력이 더 크면 궤도를 따라 운동하지 않고 올라가다 낙하 운동을 한다.

개념 심화 문제

33 **빗면 위에 2 kg 의 물체가 정지하여 있다. A ~ B 까지의 빗면은 마찰이 있고, A 점의 높이는 6 m, AB 간 거리는 10 m 이다. 수평면은 마찰이 없다. 수평면 위에는 D 점에 용수철 상수 k = 50 N/m 인 가벼운 용수철이 늘어나지 않는 상태로 위치해 있다. 물체를 운동시켰더니 D 점에서 용수철과 부딪쳐 용수철을 D 에서 E 까지 10 cm 만큼 압축시켰다. 용수철과 물체가 충돌할 때 손실되는 에너지는 없다고 가정하고, g = 10 m/s^2, π = 3 이다.**

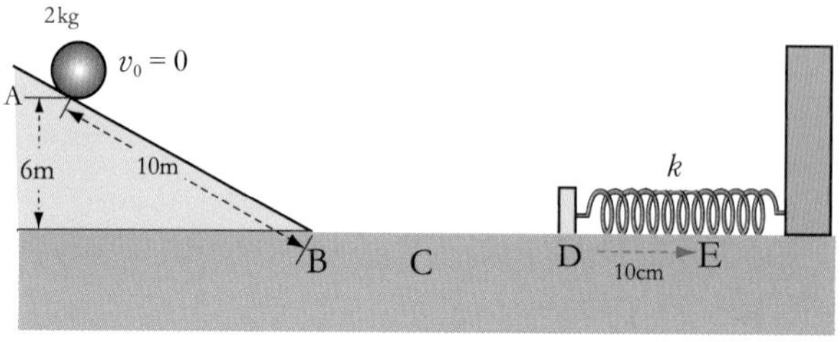

(1) 물체의 C 점에서의 속도는 얼마인가?

(2) 빗면 A ~ B 에서 물체가 받는 마찰력은 몇 N 인가?

(3) 용수철이 D → E 로 압축할 때 걸린 시간은 얼마인가?

34 **빗면 각이 30° 인 마찰이 없는 빗면에서 질량 1 kg 인 물체가 미끄러져 내려오다가 그림처럼 장치되어 있는 가벼운 용수철에 부딪쳐서 용수철이 최대 0.4 m 압축되었다. 용수철 상수를 100 N/m 라고 할 때 물체가 미끄러져 내려온 거리는 몇 m 인가? (g = 10 m/s^2)**

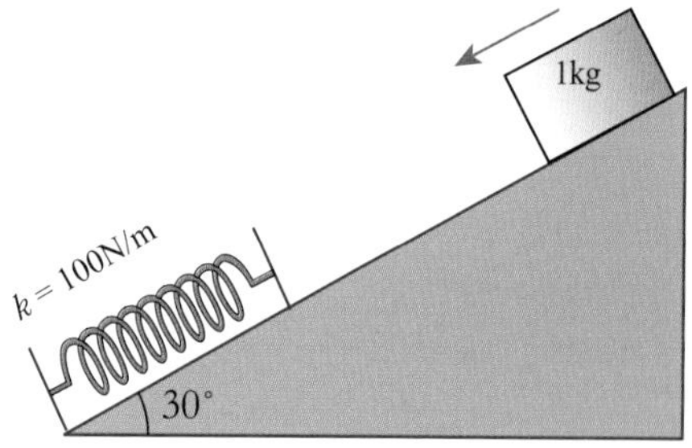

개념 돋보기

33

에너지는 손실되지 않으므로 물체의 운동 에너지 = 탄성 퍼텐셜 에너지가 된다. D → E 과정은 용수철의 단진동에서 한 진동 과정의 $\frac{1}{4}$ 과정이다.

34

용수철이 압축된 거리도 물체가 미끄러진 거리에 포함된다.

단계적 문제 해결형

01 **질량이 50 kg 인 민호가 마찰이 없는 수평한 얼음판 위에 서 있다. 민호는 질량 2 kg 의 얼음덩이 2 개를 가지고 있다. 마찰이 없으므로 걸어서 얼음판을 벗어날 수는 없고, 이 얼음덩이를 던져 그 반작용으로 얼음판을 벗어나려고 한다. 민호는 이 얼음덩이를 자신에 대하여 속력 10 m/s 로 던질 수 있다. 물음에 답하시오.**

(1) 얼음덩이 2 개를 한꺼번에 던질 때 민호의 속력을 구하시오.

(2) 얼음덩이 1 개씩 같은 방향으로 차례로 던질 때 민호의 속력을 구하시오.

(3) 위의 두 결과가 차이가 난다면 차이가 나는 이유를 설명해 보시오.

우주공간에서 우주선이 앞으로 나갈 때에도 연료를 반대 방향으로 분사시킨다.
이 경우 항상 운동량 보존 법칙이 성립한다. 운동량 보존 법칙은 작용반작용 법칙처럼 언제나 성립하는 법칙이다.

$$m_1v_1 + m_2v_2 = m_1v'_1 + m_2v'_2$$

충돌 전 운동량의 합 = 충돌 후 운동량의 합
분리되기 전 운동량의 합 = 분리된 후 운동량의 합

추진 중인 우주선

우주선의 문제는 운동량 보존 법칙을 적용시키는 것이 좀 복잡하다. 연료의 감소에 의해서 우주선의 질량이 점점 줄어들기 때문이다. 그래서 각 순간에서 운동량의 보존 법칙을 따로 따로 적용해야 한다.
로켓을 발사시킬 때도 마찬가지로 운동량 보존 법칙이 성립한다. 로켓은 아주 빠른 속도가 유지되어야 지구에서 탈출할 수 있다. 로켓 자체의 무게를 가볍게 해야지만 같은 추진력으로 더 빠른 속력을 얻을 수 있기 때문에 발사 후 어느 정도 높이에서 로켓을 분리하는 것이다.

논리 서술형

02 마찰이 없는 눈 위에서 질량이 M 인 두 개의 동일한 썰매가 서로 반대 방향으로 가깝게 놓여 있다. 질량 m 의 고양이가 한 쪽 썰매에서 다른 쪽 썰매로 건너뛰고 바로 방향을 바꾸어 다시 처음 썰매로 건너뛴다. 고양이가 썰매를 뛰어오를 때 고양이의 속력은 썰매에 대해서 v 로 일정하다. 이렇게 고양이가 썰매 A → 썰매 B → 썰매 A 로 돌아왔을 때 각 썰매의 속력을 구하시오.

추리 단답형

03 타잔이 덩굴을 이용해 건너편 바위로 옮겨가려 하고 있다. 타잔의 몸무게는 600 N 이고, 최저점보다 3.2 m 높은 건너편 바위 위에서 덩굴을 타기 시작했다. 덩굴은 견딜 수 있는 최대 장력이 800 N 이고 그보다 장력이 커지면 끊어진다. 타잔이 덩굴을 타고 오는 동안 덩굴이 끊어지지 않으려면 덩굴의 길이(l)가 몇 m 가 되어야 하는가?

운동량 보존법칙을 다음의 과정에서 각각 적용시킨다.

① 고양이가 처음 왼쪽 썰매에서 뛸 때
② 고양이가 처음 오른쪽 썰매에 도착했을 때
③ 다시 오른쪽 썰매에서 왼쪽 썰매를 향하여 뛸 때
④ 왼쪽 썰매에 도착했을 때

단진동 운동은 속력과 방향이 변하는 운동의 대표적인 예이다.

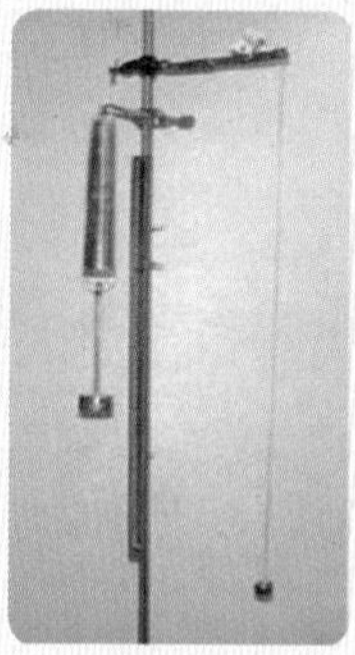

▲ 단진자 장치

단진동 운동-최고(최저)점에서 작용하는 힘

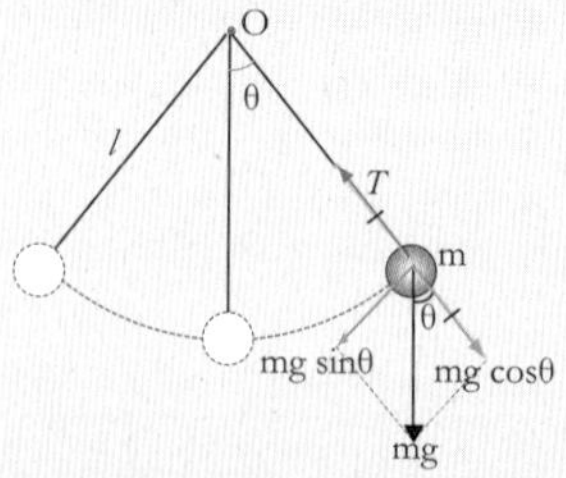

최고점에서 물체의 속력은 0 이므로 구심력은 작용하지 않고 물체는 $mg\sin\theta$ 의 힘을 받아 가속된다. 최저점에서는 물체의 속력은 0 이 아니므로 연직 아래 방향으로 중력과 원심력을 동시에 받게 되고 이 두 힘을 끈의 장력이 지탱하게 된다.

단계적 문제 해결형

04

총알의 속력을 구하기 위한 간단한 장치이다. 만약 50 g 의 총알이 길이 2 m 의 끈에 매달려 있는 450 g 의 나무 도막에 박히고 총알이 박힌 나무 도막이 반대 방향으로 올라가서 정지한 높이에서 연결된 끈이 연직선과 이루는 각이 60° 이다. 물음에 답하시오. (g = 10 m/s^2)

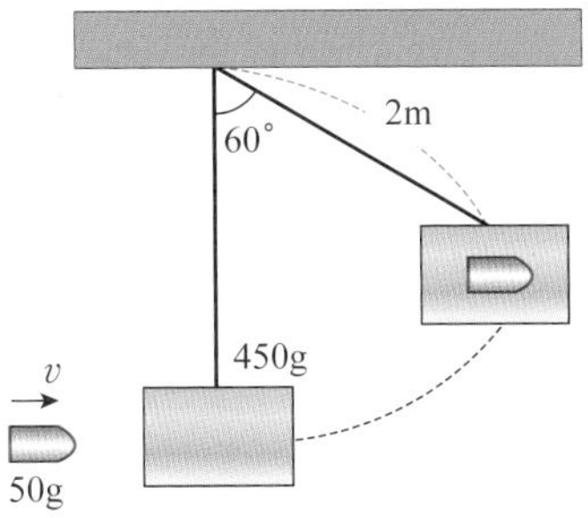

(1) 총알의 속력을 v 라고 하면, 총알이 박힌 직후 나무 도막의 속력은 얼마인가?

(2) 총알의 속력을 v 라고 하면, 총알이 박히는 과정에서 손실된 에너지는 얼마인가?

(3) 총알이 박힌 나무도막이 정지할 때까지 올라간 높이는 얼마인가?

(4) 총알의 속력은 얼마인가?

추리 단답형

05

수평면에서 속력 v 로 운동하고 있던 질량 m 의 물체 A 가 질량 $2m$ 인 물체 B 에 접근하여 충돌한다. 충돌 후 물체 A 는 정지하였고 물체 B 는 운동한다. 물음에 답하시오.

(1) 충돌 과정에서 열로 소모된 에너지는 얼마인가?

(2) 만약 물체 B 와 면의 마찰계수가 μ 라면 물체 B 는 얼마만큼 이동하여 정지하는가?

다양한 충돌

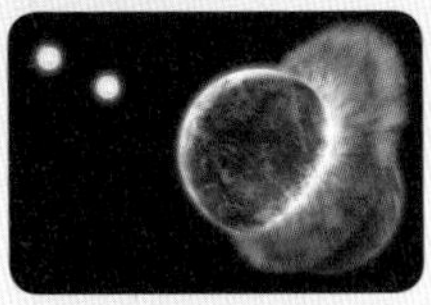
▲ 행성의 충돌

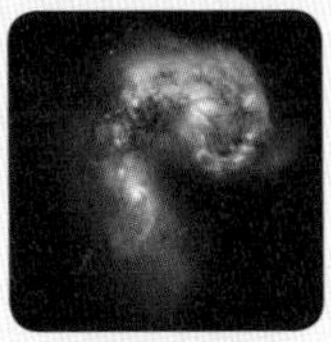
▲ 천체의 충돌

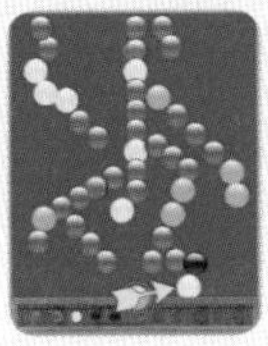
▲ 당구공의 충돌

▲ 쇠구슬의 충돌

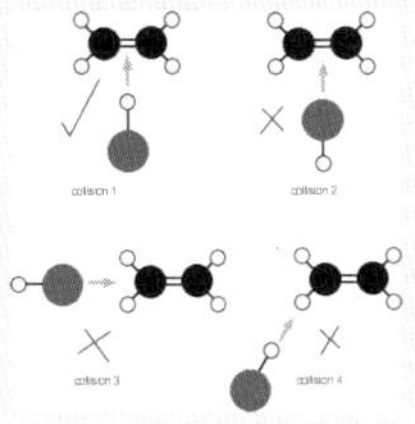
▲ 원자, 분자 간 충돌

충돌 과정에서 운동량은 언제나 보존되어 총량이 변하지 않으나 역학적 에너지는 탄성 충돌일 경우만 보존된다. 역학적 에너지가 보존되지 않는 이유는 충돌 과정에서 열이나 소리의 형태로 에너지가 빠져나가기 때문이다. 그러나 물질 내부에서 일어나는 원자 간, 분자 간 충돌은 에너지가 빠져나가지 않는 탄성 충돌이다. 이런 경우 운동량과 역학적 에너지가 동시에 보존된다.

창의력을 키우는 문제

단계적 문제 해결형

06 **수평면 위에 질량 5 kg 의 물체를 놓아두었다가 실로 묶어 연직 위 방향으로 잡아당겼더니 물체가 위로 끌려감에 따라 일정하게 속력이 증가하여 높이 2 m 되는 지점에서 물체의 속력이 4 m/s 였다. 물음에 답하시오. (g = 9.8 m/s^2)**

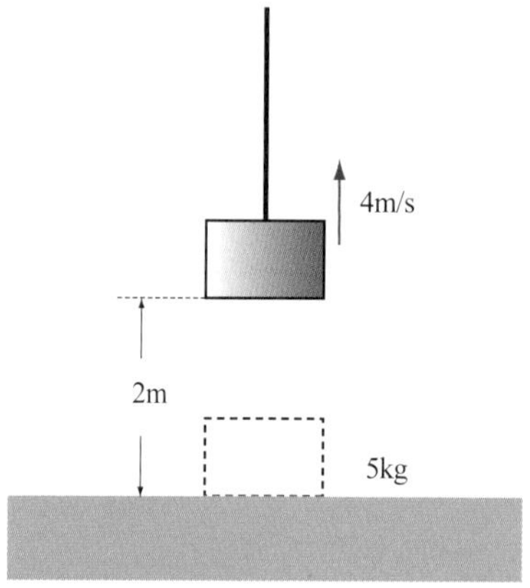

(1) 물체가 출발하여 높이 2 m 되는 지점까지 물체에 작용한 평균 외력(끈의 장력)은 몇 N 인가?

(2) 다음 중 이 현상에 대한 설명으로 옳은 것만을 있는 대로 고르시오.

① 물체가 얻은 역학적 에너지는 98 J 이다.
② 외력(장력)은 연직 위 방향으로 69 N 이다.
③ 물체가 올라가는 과정에서 중력이 한 일은 없다.
④ 물체를 끌어올리기 위해서 장력이 한 일은 138 J 이다.
⑤ 이 물체가 가지는 역학적 에너지는 변하지 않고 일정하다.
⑥ 물체가 위로 올라가는 과정에서 외부에서 236 J 의 일을 하였고 중력은 물체에 -98 J 의 일을 하였다.

일은 물체의 에너지를 증가시키거나 감소시키는 과정이다. 마찰 등으로 에너지가 빠져나가지 않는다면 해준 일만큼 물체의 에너지는 증가한다. 다음은 일을 하는 예이다.

- 물체를 들어올린다.
- 마찰력이 발을 밀며 이동한다.(걸어가는 경우)
- 물체에 힘을 주어 끌어 올린다.
- 도르래를 이용하여 물체를 끌어올린다.

일은 작용한 힘 × (힘의 방향으로 이동한 거리)로 구한다.
만약 물체에 해 준 일과 물체의 에너지 증가량이 같지 않다면 일을 하는 과정에서 열에너지 등으로 에너지가 소모된 것이다.

단계적 문제 해결형

07 그림과 같이 마찰계수 0.2 인 책상면에 길이 2 m, 질량 2 kg 의 밧줄의 절반이 책상 위에 있도록 걸쳐져 있다. 이 밧줄을 책상 위에서 수평 방향의 힘을 가하여 천천히 책상 면 위로 끌어올렸다. 밧줄은 밀도와 굵기가 균일하다고 하고 g = 10 m/s^2 이라고 할 때, 다음 물음에 답하시오.

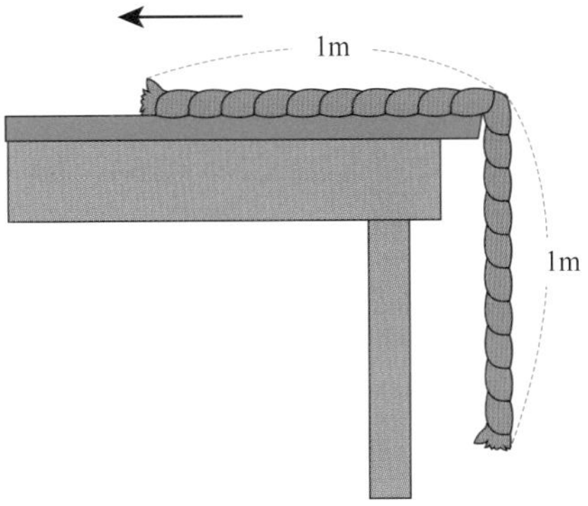

(1) 밧줄이 책상 위로 모두 끌려올 때까지 마찰력에 대해서 한 일을 구하시오.

(2) 밧줄이 책상 위로 모두 끌려올 때까지 중력에 대해서 한 일을 구하시오.

(3) 밧줄을 책상 위로 모두 끌어올리는 데 필요한 일은 몇 J 인가?

실생활 관련 문제

08 다음은 역학적 에너지가 보존되지 않는 경우이다. 놀이터에서 질량 30 kg 의 어린이가 미끄럼틀을 타고 내려오고 있다. 미끄럼틀의 맨 윗 부분에서 정지 상태로 출발하여 미끄럼틀의 바닥에 도달하는 순간의 속력이 7 m/s 였고, 미끄럼틀의 높이는 5 m 이다. 마찰에 의해서 손실된 에너지가 전부 열로 바뀌었다고 가정할 때 발생한 에너지는 몇 cal 인가? (g = 9.8 m/s^2)

이어진 물체의 일 계산하기 - 그래프를 이용하는 것이 편리하다.

① 밧줄을 잡아당길 때 천천히 잡아 당긴다는 것은 밧줄의 운동 에너지를 변화시키지 않는다는 뜻이다. 이것은 등속으로 밧줄을 잡아당긴다는 말과 같다.

② $f = \mu N$ 이고 수직 항력은 물체의 무게와 크기가 같다.
밧줄을 잡아당길 때 밧줄은 마찰력과 중력을 동시에 받고 있으므로 물체를 끌어올리기 위해서는 마찰력에 대해서 한 일과 중력에 대해서 한 일을 따로 따로 생각한다.

마찰력에 대해서 한 일

마찰력은 1m 왼쪽으로 진행하는 동안 계속 증가한다. 책상 면에 놓인 밧줄의 질량이 계속 증가하기 때문이다. 일정한 속력으로 잡아당긴다고 하면 책상위의 밧줄의 무게가 일정하게 증가하므로 마찰력도 일정하게 증가한다.

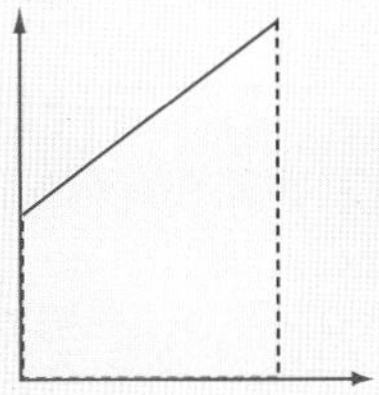

마찰력의 방향과 작용한 힘의 방향은 반대이다

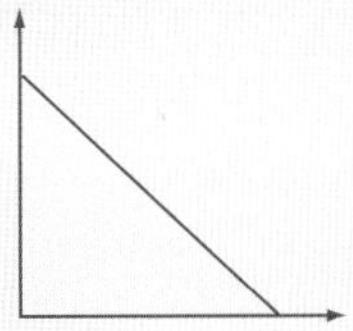

물체가 책상 위로 모두 올라오면 중력에 대한 힘은 0 이 된다.

창의력을 키우는 문제

단계적 문제 해결형

09 **매끄러운 수평면 위에 나무 도막을 놓고 총을 쏘아 총알이 박히는 상황을 생각하였다. 나무 도막은 재질이 균일하며 질량은 M 이고 길이는 L 이다. 나무 도막 속에서 총알이 받는 마찰력은 일종의 운동 마찰력이므로 총알의 속도에 관계없이 일정하다. 총알의 질량은 m 이며 처음 속도는 v 이다.**

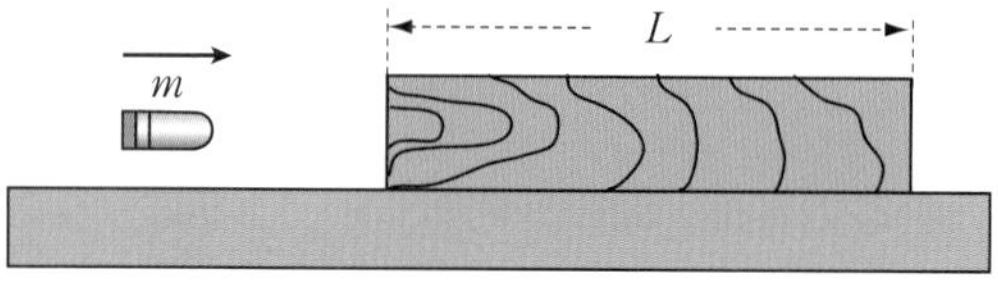

(1) 나무 도막을 수평면에 고정하고 나무 도막을 향하여 총을 쏘면 총알은 $\frac{1}{2}L$ 의 깊이 만큼 박힌다. 총알에 미치는 마찰력의 크기 F 를 구하시오.

(2) (1)의 조건에서 나무 도막을 수평면에 고정시키고 총을 쏘았을 때 나무 도막을 관통하는 총알의 최소 속력 v_1 을 구하시오.

(3) 나무 도막을 수평 면에 고정시키고 총알의 속력을 $2v_1$ 으로 하면 총알은 나무 도막을 관통한다. 나무 도막을 관통하는데 필요한 시간 T 와 관통 후의 총알의 속력 v_2 를 구하시오.

(4) 나무 도막을 고정시키지 않고 마찰이 없는 수평 면에 놓은 상태에서 총알의 속력을 v_1 (고정시켰을 때 관통하는 속력) 으로 하여 총을 쏘면 총알은 나무 도막에 박히고 총알이 박힌 나무 도막은 속력 v_3 로 운동한다.

① v_3 를 구하시오.

② 총알이 박힌 깊이는 얼마인가?

총알(탄자, 탄약)은 초음속으로 속도가 빠르므로 공기의 저항을 많이 받고 다른 물체에 박힐 때 나오는 열 또한 엄청나다.

▲ 사과를 뚫는 순간

▲ 세워놓은 색연필을 뚫고 지나갈 때

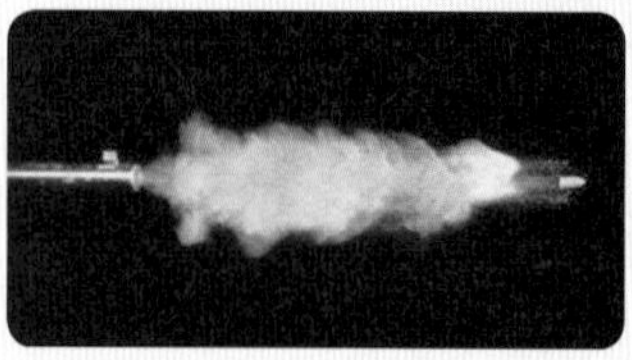

▲ 물속에서의 운동

현대 탄약은 5개의 구성 요소를 가지고 있다.

1. 탄자, 발사체 역할을 한다.
2. 탄피, 모든 구성 요소를 감싸고 있다.
3. 장약, 추진체 역할을 하는 화약이나 코르다이트.
4. 테두리(rim), 탄약의 바닥에 있다.
5. 뇌관, 장약을 점화시킨다.

총알이 나무도막에 박히는 경우엔 운동량이 보존되나 운동 에너지는 보존되지 않는다.(탄성 충돌이 아니다.)

단계적 문제 해결형

10 **그림은 길이 6 m, 질량이 15 kg 인 균일한 직육면체 막대를 남자 1 은 막대의 왼쪽 끝에서, 남자 2 는 막대의 중심에서 떠받치고 있다가, 두 사람이 동시에 출발하여 각각 0.5 m/s, 1 m/s 의 속력으로 막대의 오른쪽으로 운동하고 있는 것을 나타낸 것이다. 남자 1 과 남자 2 가 움직이는 동안 막대는 수평을 유지하며 정지해 있다. 남자 2 가 막대의 오른쪽 끝에 도달하였다. (g = 10 m/s^2)**

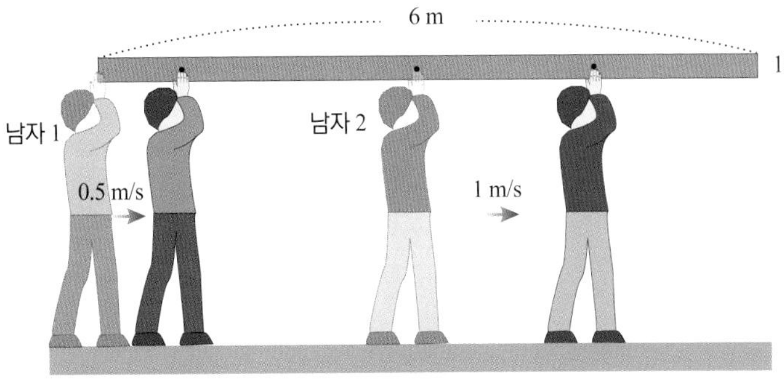

(1) 출발 후 2 초인 순간, 남자 1 이 막대를 떠받치는 힘의 크기를 구하시오.

(2) 남자 2 가 오른쪽 끝에 도달했을 때, 남자 1 이 막대를 떠받치는 힘의 크기를 구하시오.

돌림힘의 평형

돌림힘 크기 = $Fl\sin\theta$
이때 θ 는 힘의 방향과 팔의 방향 사이의 각이다. 시계 방향과 반시계 방향의 돌림힘의 총합이 서로 같을 때 돌림힘의 평형이 일어나 물체는 회전하지 않는다.
받침점은 문제 상황에 따라 편리하게 잡는다.

추리 단답형

11 **그림은 볼링 선수가 질량 7 kg 인 볼링공을 손으로 들고 있는 모습을 나타낸 것이다. 위팔과 아래 팔은 수직, 아래 팔은 질량이 2 kg 이고, 수평이다. 이두박근이 아래 팔에 작용하는 힘을 구하시오. (g = 10 m/s^2)**

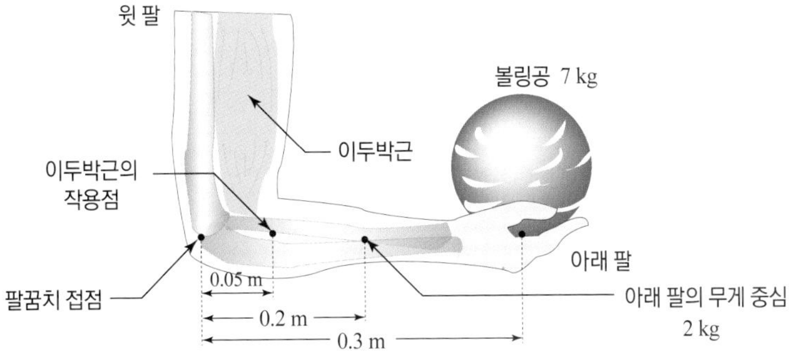

창의력을 키우는 문제

추리 단답형

12 그림과 같이 한 종류의 목재를 이용해 2층 목조 주택 모형을 만들려고 한다. 6 개의 기둥의 길이와 질량은 각각 L, m 이고, 바닥재의 길이와 질량은 각각 $2L$, $2m$ 이며, 지붕은 좌우 대칭이다.

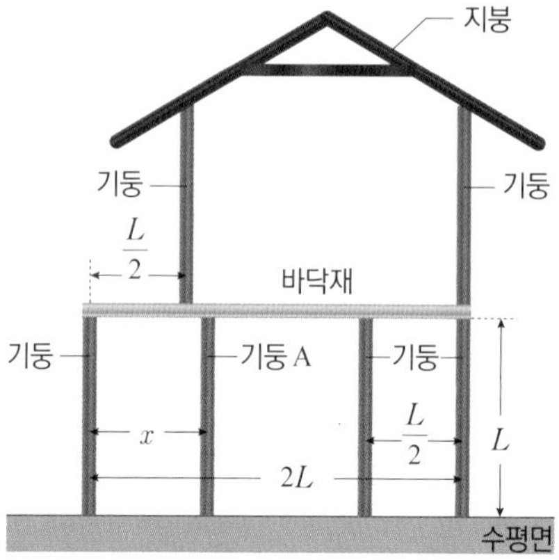

기둥 A 만을 움직여 6 개의 기둥이 떠받치는 힘을 모두 같게 할 때, 거리 x 를 구하시오. (단, 목재는 직선이며, 밀도는 균일하고, 두께와 폭은 무시한다. 기둥과 수평면, 기둥과 바닥재는 각각 서로 수직이다.)

단계적 문제 해결형

⬡ 돌림힘(τ)

τ (돌림힘) $= Fr\sin\theta$
(θ는 F와 r 사이의 각)

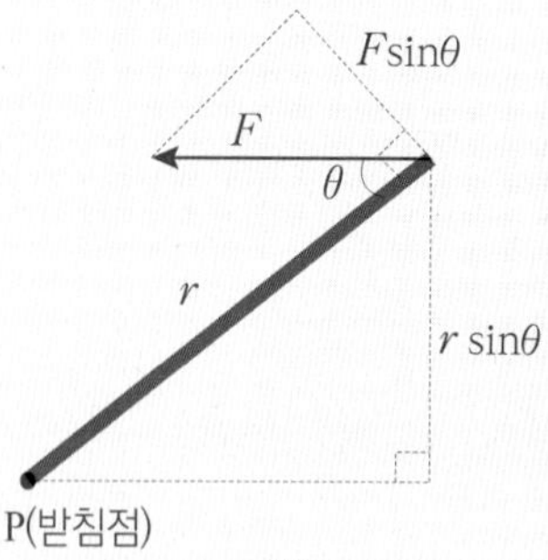

$\tau = F(r\sin\theta)$
$= r(F\sin\theta)$

13 지표면과 45° 각도를 이룬채 기울어져 있는 막대의 끝 S 지점에는 지표면과 30° 각도를 이루고 있는 끈과 질량이 230 kg 인 물체가 매달린 채 정지해 있다. (g = 10 m/s^2 이고, 막대의 질량은 45 kg 이다.)

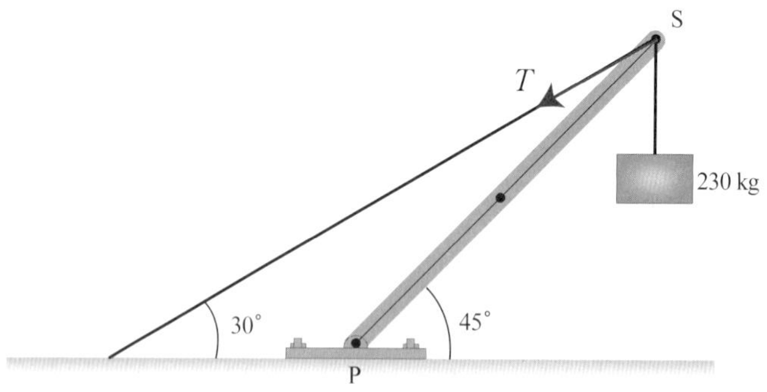

(1) 끈의 장력 T 를 구하시오.

(2) 경첩 P 에 의하여 막대에 작용하는 힘 F 를 구하시오.

추리 단답형

14 추와 블록이 나무못과 도르래를 지나는 질량이 없는 끈으로 연결되어 있다. 나무못으로부터 $R = 1.5$ m 거리에 질량 $m_1 = 2$ kg 인 추가 끈의 한쪽 끝에 매달려 있다. 끈의 다른 한쪽 끝은 책상 위에 정지 상태로 놓여 있는 질량 $m_2 = 4$ kg 의 블록에 연결되어 있다. 책상 위의 4 kg 의 블록을 들어올리기 위해서 2 kg 의 추를 떨어뜨리는 각 θ 를 구하시오. (단, 나무못과 도르래의 마찰은 무시하고, $g = 10$ m/s^2 이다.)

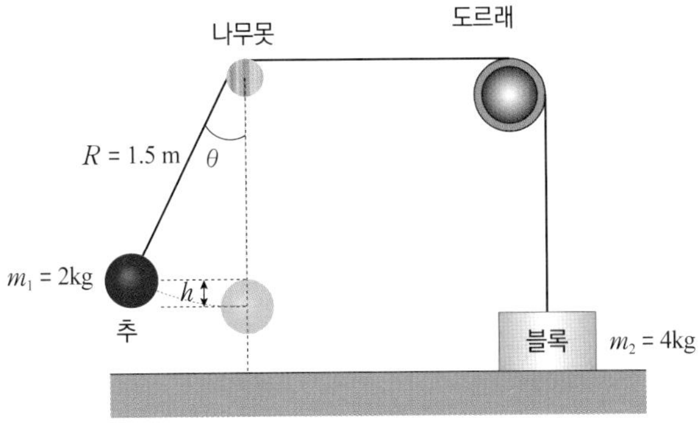

단진동 운동하는 물체에 작용하는 힘

최고점에서는 정지한 순간이므로 장력과 중력이 작용하나 최하점에서는 운동 속력이 있으므로 구심력이 발생한다. 이때 단진동하는 물체에 작용하는 힘의 종류로는 장력, 구심력, 중력이 있고, 알짜힘은 끈 방향의 구심력이다.

추리 단답형

15 질량이 M, 수평면과의 각도가 θ 인 빗면이 수평면 위에 놓여 있고, 그 빗면 위에 질량이 m 인 물체 A 가 놓여 있다. 수평면으로부터 h 높이에 있는 점 P 에 정지해 있던 물체 A 가 운동을 시작하면 빗면도 물체로부터 충격량을 받아 운동하기 시작한다. 물체 A가 수평면에 닿아서 수평으로 운동하는 순간 물체와 빗면의 속도를 각각 구하시오. (단, 모든 마찰은 무시하고, 중력 가속도는 g 이다.)

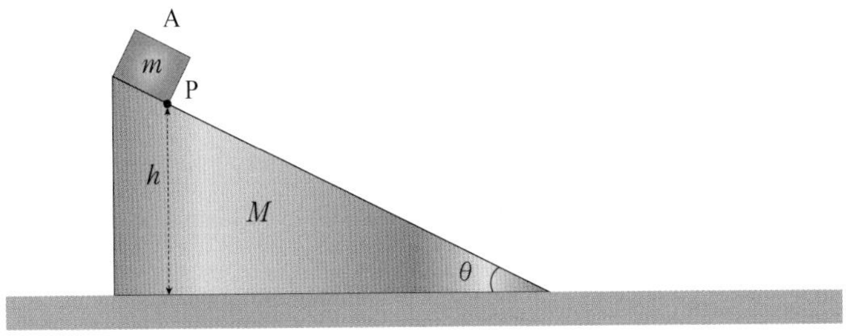

물체의 분리

운동량이 보존되며, 마찰에 의한 에너지의 손실이 없으면, 역학적 에너지도 보존된다.

단계적 문제 해결형

롤러코스터(roller coster)

롤러코스터(roller coster) 는 연직 원운동의 원리가 적용된 놀이 기구이다. 특히 연직면 상에서의 원운동에서는 중력의 영향, 레일의 마찰 등을 고려하여 안전을 도모해야 한다.

궤도 이탈

원 모양으로 이루어진 궤도

역학적 에너지 보존 법칙으로 연직 원운동하는 물체의 속도는 최고점에서 최소가 된다. 그렇지만 최고점에서 물체가 받는 원심력이 중력보다 작으면 물체는 중력의 영향을 받아서 낙하 운동을 하게 된다. 원심력은 원운동하는 물체가 중심 방향과 반대로 느끼는 쏠리는 힘으로 관성력에 속한다. 원심력의 크기는 구심력과 같고 방향은 반대이다.

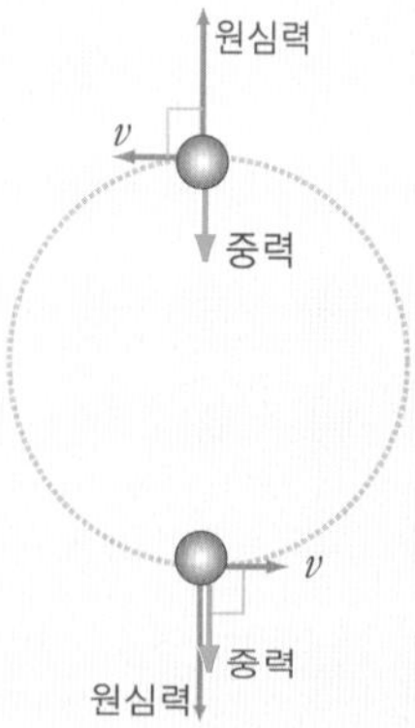

16 **그림과 같이 $3\ m/s^2$ 의 등가속도 운동을 하고 있는 전동차 안에서 $12\ m/s$ 의 속력으로 쇠구슬을 굴렸다. 굴리는 순간 전동차의 속도는 오른쪽으로 $20\ m/s$ 였다. 물음에 답하시오. 단, 쇠구슬과 바닥의 마찰은 무시한다.**

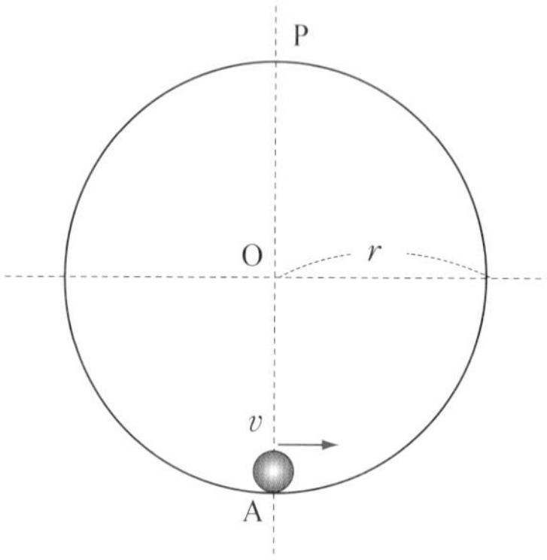

(1) 물체가 원 모양의 레일의 둘레를 따라 최고점인 P 까지 도달하기 위한 A 점에서의 최소 속력 v_1 을 구하시오.

(2) 물체가 A 점에서 최소 속력 v_1 으로 출발했을 때 최고점 P 에서 물체의 운동은 어떠하겠는가?

(3) 물체가 레일 둘레를 따라 돌기 위한 최고점 P 에서 물체에 작용하는 힘의 조건은 무엇인가?

(4) 물체가 레일 둘레를 따라 계속 돌기 위한 최하점 A 에서의 속력 v_2 를 구하시오.

단계적 문제 해결형

17 질량을 무시할 수 있는 용수철에 질량 m 의 물체를 매달아 용수철이 늘어나지 않도록 잡고 있다가 손을 재빨리 치웠더니 물체는 그림의 B 점을 중심으로 상하로 왕복 운동(단진동 운동)하였다. 이때 물체가 B 점으로부터 최대로 내려간 거리와 최고로 올라간 거리는 같았다. 용수철 상수를 k 라고 하고 중력 가속도를 g 로 할 때 다음 물음에 답하시오.

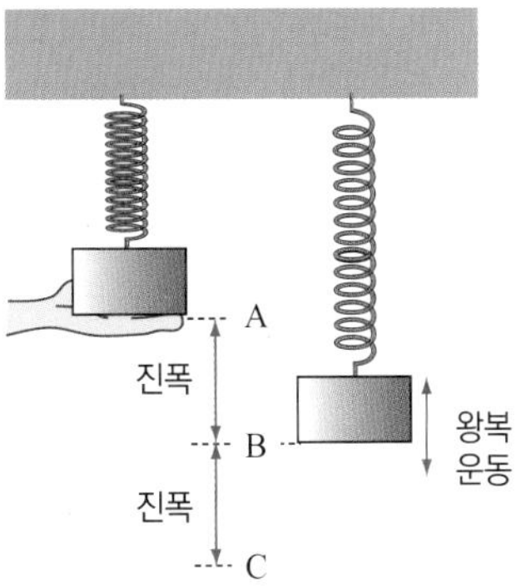

(1) 상하 운동의 진폭 H 를 구하시오.

(2) 상하 운동의 중심점 B 점에서의 물체의 속력을 구하시오.

(3) 손을 치웠을 때 물체가 점 A 에서 점 C 까지 내려오는데 걸린 시간을 구하시오.

단계적 문제 해결형

18 그림과 같이 질량이 m 으로 서로 같은 물체 A, B 가 있다. 마찰이 없는 수평면에서 물체 A 는 정지해 있는 물체 B 를 향해 속도 v 로 다가오고 있고, 물체 B 에는 A 의 방향으로 용수철 상수 k 인 용수철이 고정되어 있다. 용수철이 압축되거나 늘어나는 과정에서 용수철에서 발생하는 열이나 소모되는 에너지는 없다. 물음에 답하시오.

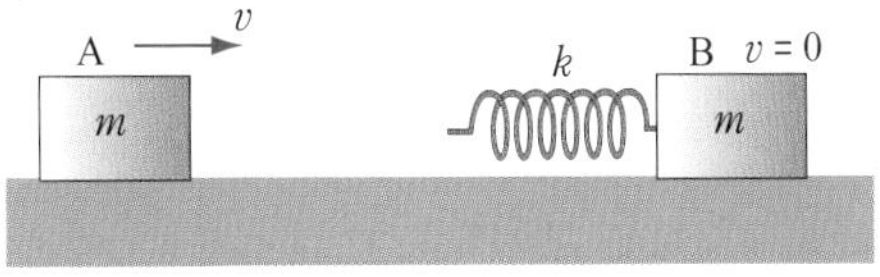

(1) 용수철이 가장 많이 압축되었을 때 압축된 길이는 얼마인가?

(2) 충돌 후 두 물체가 다시 떨어지게 되는데 떨어진 후의 물체 A, B 의 속도는 각각 얼마인가?

용수철을 연직으로 하여 물체를 매달면

① 중력에 의한 물체의 중력 퍼텐셜 에너지
② 물체의 운동 에너지
③ 탄성력에 의한 용수철의 탄성 퍼텐셜 에너지가 있으며, ①②③의 합이 역학적 에너지이다.

연직으로 매단 상태에서 물체를 정지 상태로 늘어뜨리면 용수철의 탄성력과 물체의 중력이 평형을 이루는 평형점 ($kx = mg$)에서 정지하게 된다.

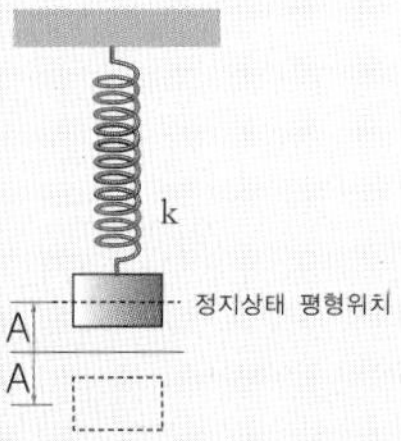

용수철이 늘어나지 않은 상태에서 손을 갑자기 치우면 용수철은 상하로 왕복 운동하게 되고, 진동 중심은 평형 위치이며, 진동 주기 $T = 2\pi\sqrt{\frac{m}{k}}$ (초) 이다.

물체가 용수철을 매개로 수평으로 충돌하는 경우에는 운동량과 운동 에너지가 동시에 보존되는 경우의 예이다. 그런 경우 충돌 순간부터 떨어지는 순간까지 용수철의 모양을 생각하면 용수철이 힘을 받기 시작하여 가장 많이 오므라들었다가 충돌 전의 상태로 되돌아 가는데 걸리는 시간은 진동 주기의 $\frac{1}{2}$ 이라고 할 수 있다.

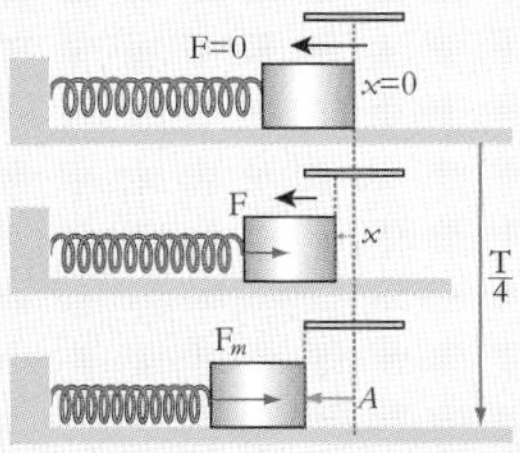

용수철이 최대로 압축될 때까지 걸리는 시간은 진동 주기의 $\frac{1}{4}$ 이다.

대회 기출 문제

01 **달리던 버스가 신호를 보지 못하고 앞에서 정지해 있는 승용차의 뒷부분에 충돌하였다. 충돌 과정에 관한 설명 중 옳은 것만을 있는 대로 고르시오.**

[대회 기출 유형]

① 승용차가 버스보다 더 큰 충격을 받는다.
② 버스 운전자와 승용차 운전자 모두 앞으로 쏠린다.
③ 버스와 승용차가 받는 충격량의 방향은 서로 반대이다.
④ 안전벨트를 착용하지 않으면 승용차 운전자가 버스 운전자보다 더 위험하다.
⑤ 버스와 승용차가 서로 튕기는 경우보다 함께 밀려가는 경우에 운전자가 받는 충격이 적다.

02 **다음은 옛날 조상들이 쓰던 대저울과 회전축이 중심에 있지 않은 도르래의 모습을 나타낸 것이다. 이 도구들에 대한 설명 중 옳지 않은 것은?**

[대회 기출 유형]

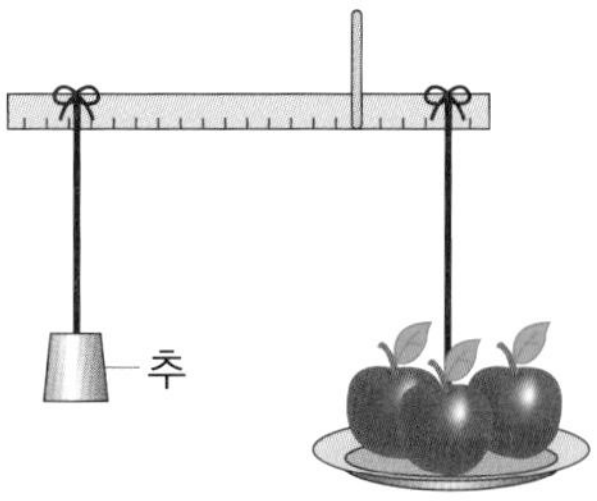

(가) 대저울

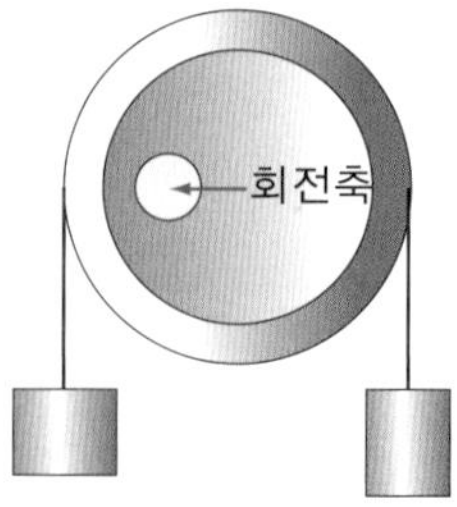

(나)회전축이 중심에 있지않은 도르래

① (가), (나) 모두 지레의 원리가 적용된 것이다.
② (나)에서 똑같은 물체를 매달면 오른쪽 물체가 아래로 내려온다.
③ (나)에서 양쪽에 매단 물체가 평형을 이루기 위해서는 회전축이 먼 쪽에 매단 물체의 무게가 작아야 한다.
④ (가)에서 손잡이가 달린 곳이 받침점으로 받침점으로부터의 거리와 그곳에 매달린 물체의 무게는 반비례한다.
⑤ (가)에서 더 무거운 물체를 매달고 추와 평형을 이루려면 현재 매달린 물체의 위치보다 오른쪽에 매달아야 한다.

03 그림은 야구 선수가 친 볼이 파울이 되는 경우(A)와 홈런이 되는 경우(B)를 나타낸 것이다. 두 경우 볼은 모두 같은 높이까지 올라갔다가 내려왔다. 공기의 마찰은 무시하고 다음의 설명 중 옳은 것만을 있는 대로 고르시오.

[대회 기출 유형]

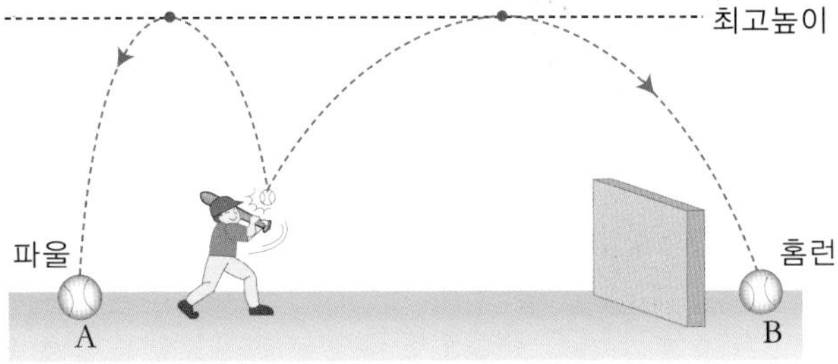

① 야구공은 B의 경우가 먼저 떨어진다.
② 최고 높이에서 두 공의 속력은 0 으로 같다.
③ 땅에 떨어지는 순간의 야구공의 속력은 두 경우 같다.
④ 배트를 떠나면 두 공에 작용하는 힘은 중력 밖에 없다.
⑤ 공기의 마찰이 없으므로 두 경우 각각 역학적 에너지 보존 법칙이 성립한다.

04 그림은 런닝머신에서 운동을 하고 있는 사람의 모습이다. 이 런닝머신의 벨트 속도가 2 m/s 라고 할 때 운동장에서 2 m/s 의 속도로 달리기를 하고 있는 사람과 에너지 소모량은 어떻게 다를지에 대한 다음 설명 중 옳은 것만을 있는 대로 고르시오.

[대회 기출 유형]

① 고무벨트의 마찰력 때문에 이 사람의 에너지 소모가 더 크다.
② 이 사람은 공기의 저항을 받지 않으므로 에너지 소모가 더 적다.
③ 이 사람은 실제 운동장에서 달리는 사람과 같은 에너지를 소모하고 있다.
④ 런닝머신이나 운동장에서나 몸무게가 무거운 사람이 에너지 소모가 더 크다.
⑤ 이 사람은 운동장에서 제자리 뛰기를 하고 있는 사람과 같은 에너지를 소모하고 있다.

05 그림은 놀이 공원 등에 설치되어 있는 롤러코스터(Roller coster)와 레일이다. 롤러코스터는 회전할 때 아래로 떨어지지 않게 설계되며 원궤도를 그리며 운동한다. 롤러코스터와 레일 간에 마찰이 없다고 가정할 때 다음 설명 중 옳은 것만을 있는 대로 고르시오.

[대회 기출 유형]

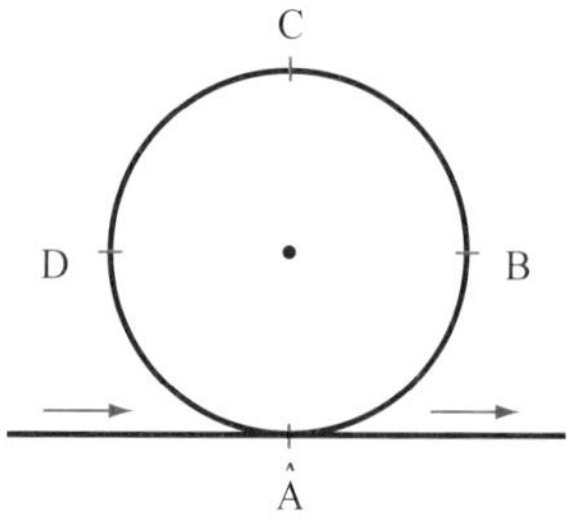

① A 점에서 운동 에너지는 C 점보다 크다.
② 롤러코스터의 역학적 에너지가 가장 큰 곳은 C 점이다.
③ 롤러코스터가 C 점에 있을 때 구심력의 크기가 가장 크다.
④ A 점에서 C 점으로 올라가는 과정에서 롤러코스터가 받는 알짜힘의 방향은 같다.
⑤ 롤러코스터가 A 점으로 진입하였을 때의 속력이나 한 바퀴 돌아 나갈 때의 속력은 같다.

06 그림은 어떤 사람이 번지점프를 하는 모습이다. 사람의 몸은 점프대와 연결된 길고 튼튼한 고무줄에 매어 있는데 이 고무줄이 아래로 늘어진 상태에서 뛰어내린다. 번지점프에 대한 설명으로 옳은 것만을 있는 대로 고르시오.

[대회 기출 유형]

① 이 사람의 역학적에너지는 일정하다.
② 사람과 고무줄의 운동량을 합한 총운동량은 일정하다.
③ 고무줄의 탄성 에너지는 이 사람이 최저점에 도달했을 때 최대가 된다.
④ 몸에 매어있는 고무줄이 이 사람을 끌어내리는 효과가 있기 때문에 일정한 속도로 자유 낙하한다.
⑤ 이 사람은 몸에 고무줄을 묶어서 무게가 무거워지므로 가속도가 자유 낙하할 때보다는 더 작을 것이다.
⑥ 이 사람에 매어 있는 고무줄이 늘어나지 않고 완전히 펴지는 순간이 이 사람의 속도가 최대로 되는 때이다.

07 **길이 25 m 인 늘어나지 않는 끈에 0.5 kg 의 공을 매달아 그림처럼 단진동 운동을 시킨다. 추를 높이 10 m 인 A 점에서 끈이 팽팽해진 상태로 잡고있다가 놓았더니 최저점인 B 점을 거쳐 높이 5 m 인 C 점에서 계속 운동하였다. 추는 높이 10 m 가 되는 지점까지 운동할 것이다. g = 10m/s^2 이며, 공기의 저항과 끈의 무게는 무시할 수 있을 정도로 작다. 다음 물음에 답하시오.**

[과학고 기출 유형]

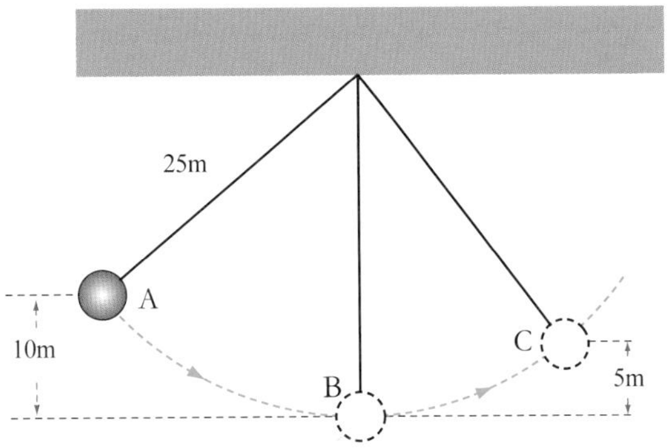

(1) B 점에서 추의 가속도를 구하시오.

(2) C 점에서 끈의 장력을 구하시오.

08 **그림처럼 높이 h 인 A 점에서 물체가 미끄러져 내려오고 있다. A ~ B 사이에는 마찰이 없고, B ~ C 사이에는 마찰이 있다. 물체는 A 에서 출발하여 수평면 상의 점 B 를 거쳐 점 C 에서 정지하였다. BC 사이의 거리를 l 이라고 할 때 다음 물음에 답하시오.**

[과학고 기출 유형]

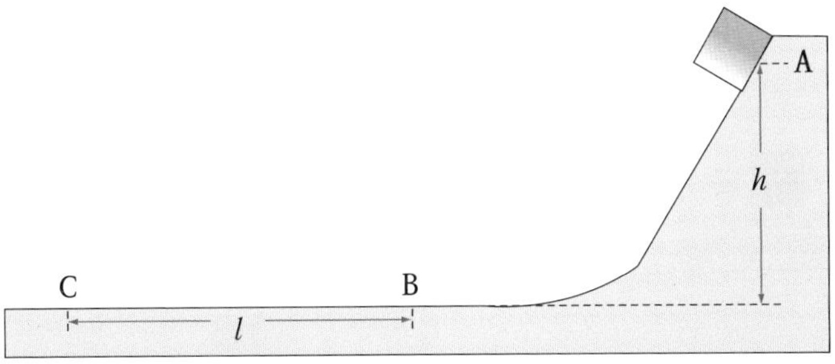

(1) 점 B 에서 물체의 속력은 얼마인가?

(2) BC 사이의 운동마찰계수는 얼마인가?

09 **그림은 질량 m 의 물체가 용수철 상수 k 인 용수철에 연직 방향으로 매달려 평형을 이루고 있는 모습이다. 이때 물체를 평형점에서 A 만큼 아래로 잡아당겼다가 놓았더니 그림 (나) 와 같은 단진동 운동을 하였다. 다음 물음에 답하시오.**

[과학고 기출 유형]

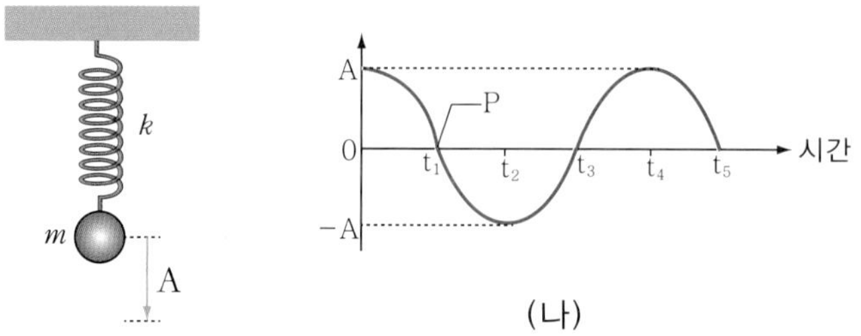

(가) (나)

(1) 물체가 그림 (나)의 P 점을 지날 때 운동에너지는 얼마인가?

(2) 이 단진동이 달의 표면에서 진폭 A 로 일어난다고 하면 진동 주기는 얼마가 되는가?

10 **경사각이 45° 인 경사면에서 질량 m 인 물체 A 와 질량 $2m$ 인 물체 B 가 미끄러져 내려오고 있다. 두 물체의 출발 위치는 바닥으로부터 높이 h 이고, 경사면은 마찰이 없으며 바닥면은 마찰계수(μ)가 0.2 인 마찰면이다. 중력 가속도는 g 이다.**

[과학고 기출 유형]

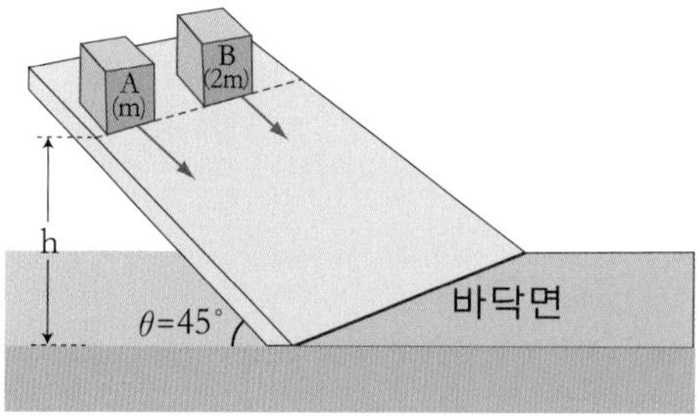

(1) 경사면을 내려올 때 물체 A 와 B 의 가속도의 크기를 비교하시오.

(2) 바닥에서 운동하는 동안 A 와 B 에 의해 발생한 열량의 비를 구하시오.

(3) 두 물체가 멈출 때까지 바닥 면에서의 운동 거리의 비를 구하시오.

11 **연직 위 방향으로 운동하는 엘리베이터 안에 그림 (나)와 같은 단진자가 설치되어서 운동하고 있고, 엘리베이터의 운동은 그림 (가)처럼 나타났다. 그림 (가)의 3 초인 순간에 그림(나)의 단진자는 A 상태에 있었다. g = 10 m/s^2 이다.**

[과학고 기출 유형]

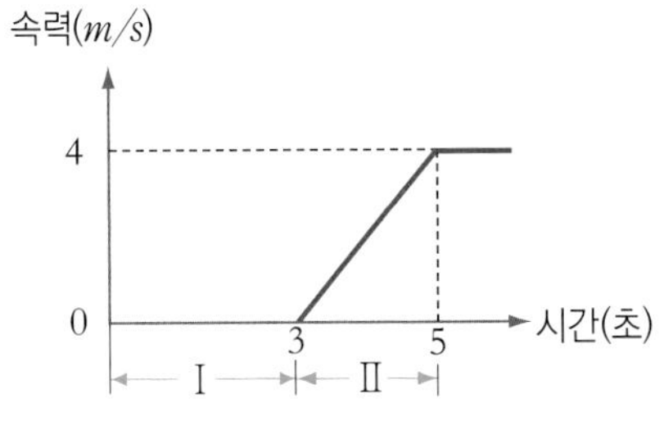

(가)

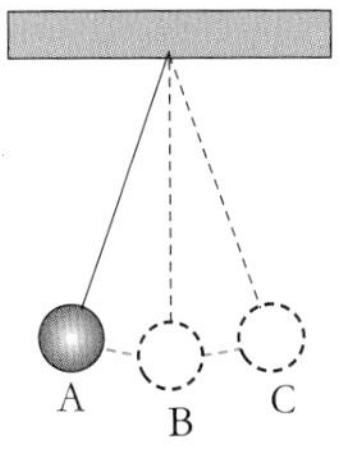

(나)

(1) 승강기 바닥을 기준으로 했을 때 구간 II 에서 진자의 역학적 에너지는 구간 I 의 역학적 에너지보다 증가하는가? 아니면 감소하는가?

(2) 구간 I 에서의 진자의 주기를 T_1, 구간 II 에서의 진자의 주기를 T_2 라고 할 때 $\frac{T_2}{T_1}$ 를 구하시오.

12 **높이 5 m 의 매끄러운 곡면 위에서 질량 1 kg 의 물체가 곡면 구간 A ~ E 를 내려오다가 일정한 마찰력이 작용하는 수평 구간 E ~ F 를 지나면서 속도가 줄어 F 점에서 정지하였다. g = 10 m/s^2 이다.**

[과학고 기출 유형]

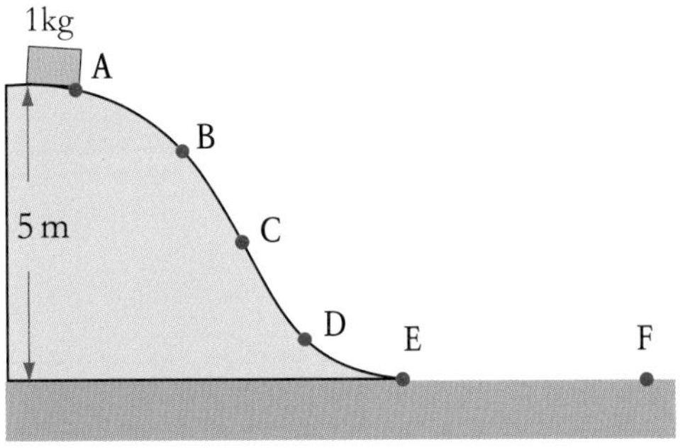

(1) C ~ E 구간에서 가속도와 속도는 어떻게 변하는지 증가, 감소, 불변의 용어를 사용하여 서술하시오.

(2) E ~ F 구간에서 마찰력이 작용하여 일정하게 감속되어 5 초만에 정지했다면 마찰력에 의한 평균 일률과 가속도를 각각 구하시오.

(3) E ~ F 구간의 거리를 구하시오.

대회 기출 문제

13 그림과 같은 구조의 가벼운 고정 도르래로 물체를 끌어올릴 때 가해야 하는 힘 F 의 크기는 얼마인가?

[경시 대회 기출 유형]

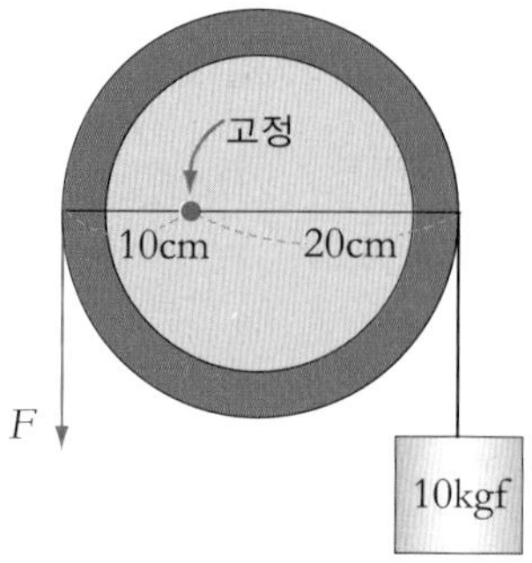

① 5 kgf ② 10 kgf ③ 15 kgf ④ 20 kgf ⑤ 25 kgf

14 처음에 A 지점에 있던 추를 밀어서 올렸더니 D 지점까지 올라갔다. 공기의 저항을 무시할 때 다음 물음에 답하시오.

[경시 대회 기출 유형]

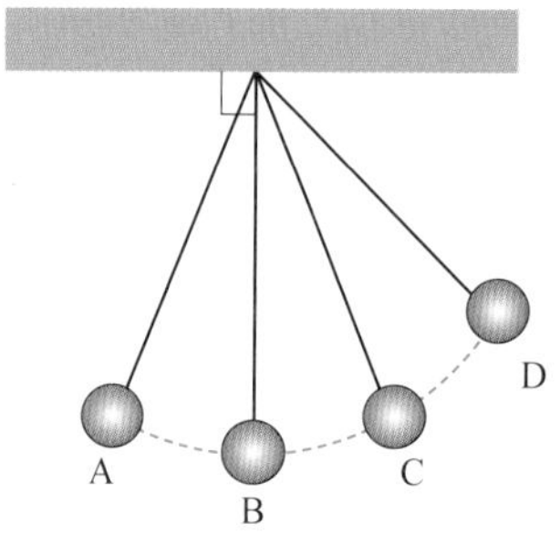

(1) A, B, C, D 에서의 속도의 크기를 옳게 비교한 것은? (A 와 C 는 같은 높이이다.)

① D > C > B > A ② D > C = B > A ③ A > B > C > D ④ B > A = C > D ⑤ B > A > C > D

(2) C 에서의 가속도의 방향을 옳게 나타낸 것은?

①
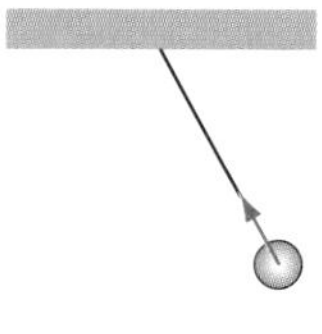
②
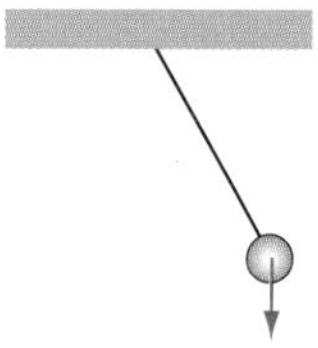
③
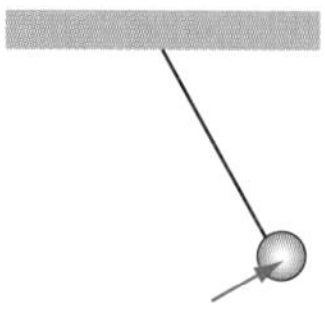
④
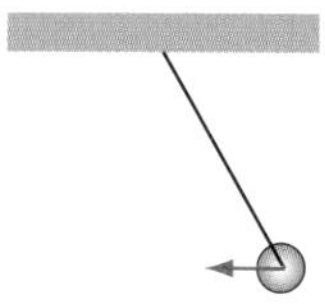
⑤
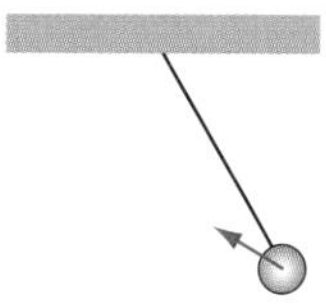

15 높이 H 지점에서 수평 방향으로 v_0 의 속력으로 던져진 물체가 포물선 운동을 하여 땅에서 튕겨서 다시 포물선 운동을 하였다. 물체가 P 점에서 튕겨 올라 높이 h 의 최고점까지 올라갔다고 할 때 P 점에서 튕겨진 직후의 속력은 얼마인가? 중력 가속도는 g 이다.

[경시 대회 기출 유형]

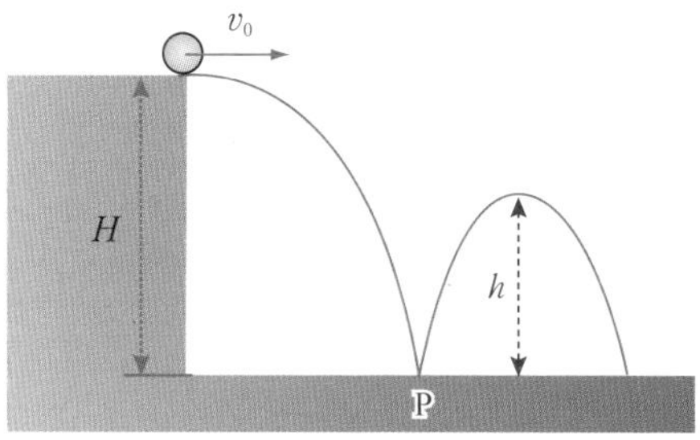

① $\sqrt{v_0^2 + gh}$　② $\sqrt{v_0^2 + 2gh}$　③ $\sqrt{2v_0^2 + gh}$　④ $\sqrt{2(v_0^2 + gh)}$　⑤ $\sqrt{v_0^2 + 3gh}$

16 높이 h 인 마찰이 없는 빗면 위에서 물체를 운동시킨다. 마찰이 없는 수평면을 지나 경사각 $30°$ 이고 면의 운동 마찰 계수가 $\frac{1}{\sqrt{3}}$ 인 빗면이 있을 때 물체가 올라가는 빗면 거리 s 는 얼마인가?

[경시 대회 기출 유형]

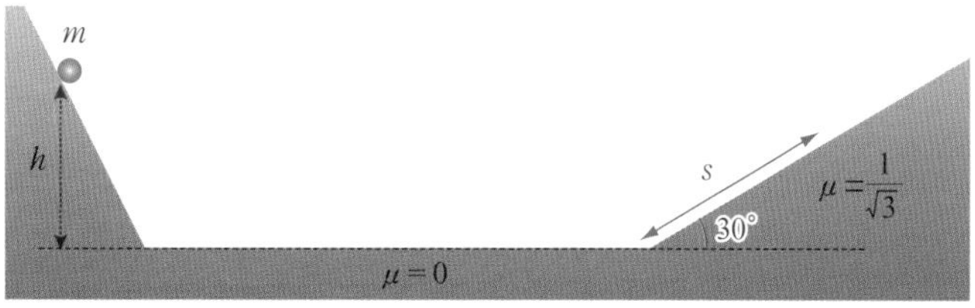

① $\frac{2}{3}h$　② $\frac{1}{2}h$　③ h　④ $\frac{3}{2}h$　⑤ $2h$

17 그림은 용수철을 압축시켰다가 놓으면서 물체가 앞으로 튀어나가게 하는 장치이다. 용수철과 물체는 절벽 끝 부분에서 분리되며 물체는 절벽 위에서 수평으로 던진 운동을 하게 된다. 절벽의 높이를 h 로 하고 지구와 달에서 동일한 조건으로 실험을 하였다. 달의 중력 가속도는 지구의 $\frac{1}{6}$ 이며, 지구에서의 공기의 저항은 무시한다. 지구와 달에서의 실험을 비교한 것에 대한 설명으로 옳은 것은?

[경시 대회 기출 유형]

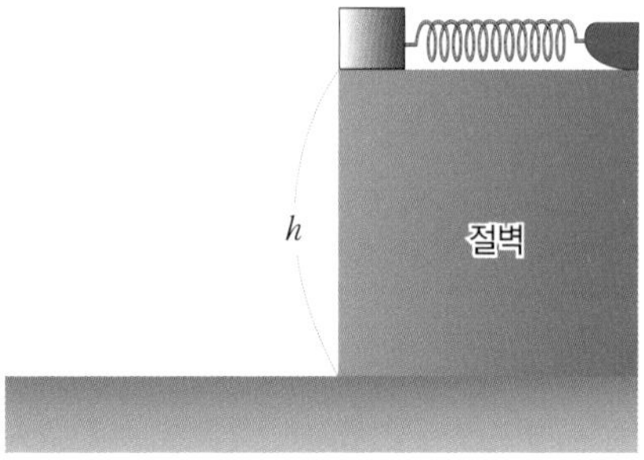

① 땅에 떨어지는 시간은 달과 지구에서 동일하다.
② 물체의 수평 도달 거리는 달보다 지구에서 더 크다.
③ 물체가 땅에 떨어지기 직전 물체의 운동 에너지는 지구와 달에서 동일하다.
④ 물체가 땅에 떨어지기 직전 물체의 역학적 에너지는 지구와 달에서 동일하다.
⑤ 물체가 용수철에서 분리된 직후 달에서와 지구에서의 물체의 운동 에너지는 같다.

18 그림은 마찰이 없는 수평면 상에서 물체 A 가 정지해 있는 물체 B 를 향해서 속력 v 로 직선 운동하고 있는 그림이다. 충돌 직후 A 는 정지하며 B는 속력 v 로 운동한다.

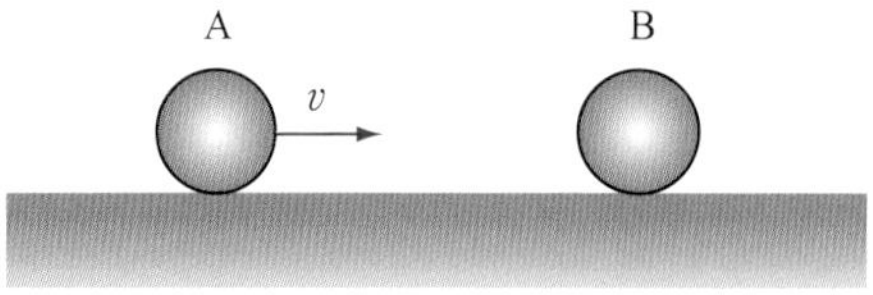

이 현상에 대한 설명으로 옳은 것만을 〈보기〉에서 있는 대로 고른 것은? (단, 물체의 크기는 같고, 공기의 저항은 무시한다.)

[수능 기출 유형]

보기

ㄱ. A 의 질량은 B 의 질량과 같다.
ㄴ. 충돌하는 동안 A 가 받은 충격량의 크기는 B 가 받은 충격량의 크기와 같다.
ㄷ. 충돌 전 A 의 운동 에너지는 충돌 후 B 의 운동 에너지보다 크다.

① ㄱ　② ㄷ　③ ㄱ, ㄴ　④ ㄱ, ㄷ　⑤ ㄱ, ㄴ, ㄷ

19 그림은 질량 m 인 물체가 속력 v 로 직선 운동하다가 깊이 h 인 곡면을 따라 운동한 후 C 점을 지나는 것을 나타낸 것이다. A 점과 C 점은 동일 수평면 상에 있다.

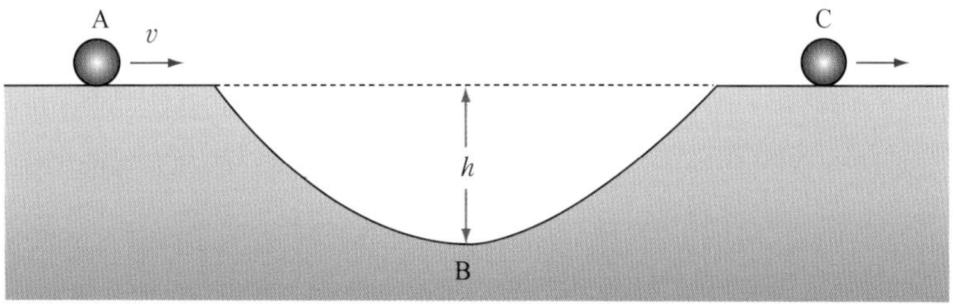

이에 대한 설명으로 옳은 것만을 〈보기〉에서 있는 대로 고른 것은? 단, 물체의 크기는 높이 h 에 비해서 무시할 수 있을 만큼 작다고 하고, 마찰은 무시하며 중력 가속도는 g 로 한다.

[수능 기출 유형]

보기

ㄱ. B 점과 C 점에서의 물체의 운동 에너지는 같다.
ㄴ. A 점에서 B 점까지 운동하는 동안 중력이 물체에 한 일의 양은 mgh 이다.
ㄷ. C 점에서 물체의 속력은 v 이다.

① ㄱ ② ㄷ ③ ㄱ, ㄴ ④ ㄴ, ㄷ ⑤ ㄱ, ㄴ, ㄷ

20 그림은 높이 h 의 A 점에 놓여 있던 물체가 곡면을 미끄러져 내려와 용수철을 L 만큼 최대로 압축시킨 모습을 나타낸 그림이다.

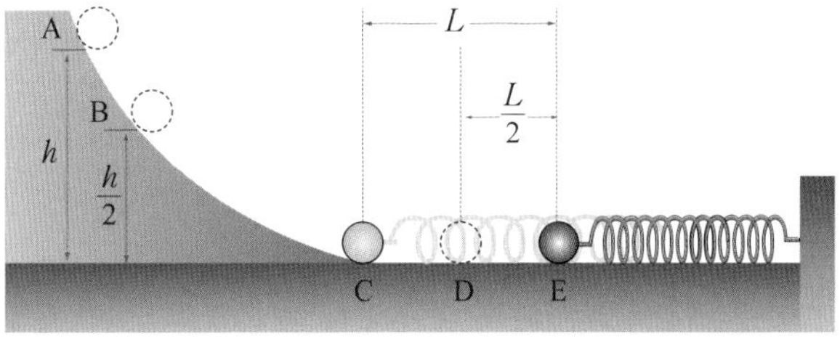

이에 대한 설명으로 옳은 것만을 〈보기〉에서 있는 대로 고른 것은? (단, 모든 마찰과 공기 저항을 무시하고, 충돌 시 에너지 손실은 없다.)

[수능 기출 유형]

보기

ㄱ. B 점에서 물체의 속력은 C 점의 $\frac{1}{2}$ 배이다.
ㄴ. D 점에서 물체의 운동 에너지와 탄성력에 의한 퍼텐셜 에너지는 같다.
ㄷ. A 점에서의 물체의 역학적 에너지와 E 점에서 물체와 용수철의 역학적 에너지는 같다.

① ㄱ ② ㄷ ③ ㄱ, ㄴ ④ ㄴ, ㄷ ⑤ ㄱ, ㄴ, ㄷ

21 그림과 같이 길이가 $4L$, 질량이 $8m$ 인 막대가 수평을 이루며 정지해 있다. 막대의 왼쪽 끝에서 L 만큼 떨어진 지점은 천장에, 막대의 오른쪽 끝은 축바퀴의 작은 바퀴에 실로 연결되어 있다. 막대의 왼쪽 끝에서 $\frac{2}{3}L$ 만큼 떨어진 지점에 질량이 M 인 물체가, 축바퀴의 큰 바퀴에 질량이 m 인 물체가 매달려 있다. 축바퀴의 큰 바퀴와 작은 바퀴의 반지름은 각각 $2r$, r 이다.

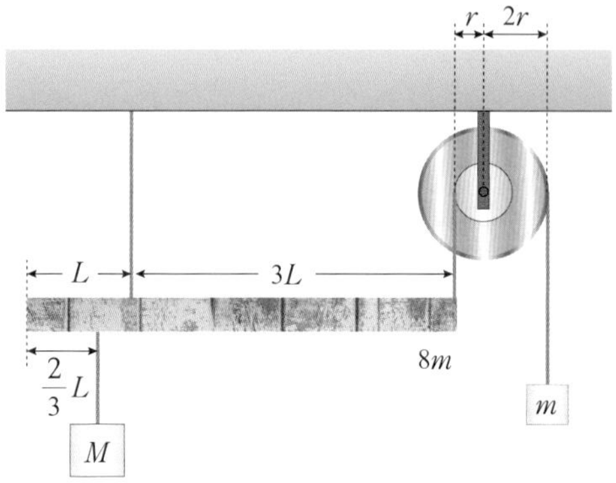

M 을 구하시오. (단, 막대의 밀도는 균일하고, 막대의 두께와 폭, 실의 질량, 축바퀴의 두께 및 마찰은 무시한다.)

[수능 기출 유형]

22 받침대 위에 놓인 나무판 ㉠ 의 양쪽 끝에 질량이 m 인 공 A, B 를 각각 올려 놓고, 질량이 $4m$ 인 나무판 ㉡ 의 한쪽 끝에 실을 연결한 후 반대쪽 끝을 공 B 의 무게 중심 위에 올려놓았다. 나무판 ㉠ 과 ㉡ 은 지면과 수평을 이루고 있고, 공 A, B 는 정지해 있다. 받침대로부터 공 A 와 B 까지의 거리는 각각 $2x$, x 이다. 나무판 ㉠ 의 질량은 얼마인가? (단, 나무판 ㉠, ㉡ 의 밀도는 균일하고, 두께와 폭, 실의 질량, 물체의 크기는 무시한다.)

[수능 기출 유형]

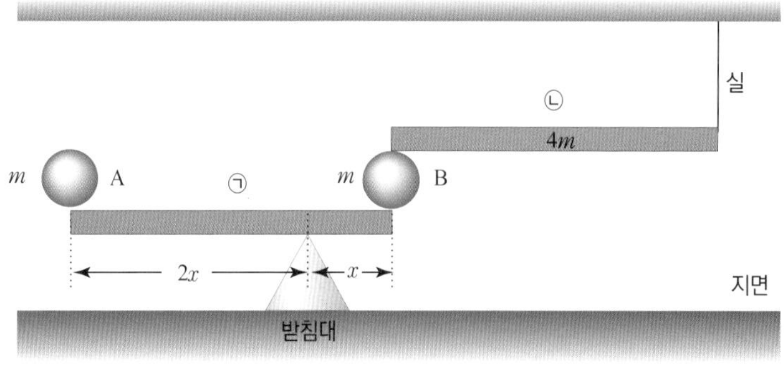

23 **질량 2 kg, 길이 3 m 인 균일한 막대 위에 질량 8 kg 인 물체 A 와 질량 3 kg 인 물체 B 를 올린 후, 막대를 책상에 올려놓았더니 막대가 수평을 유지했다. 막대는 책상에 1 m 걸쳐 있고, 막대의 왼쪽 끝과 물체 A 사이의 거리는 0.5 m 이다. 물체 B 만 천천히 오른쪽으로 움직일 때, 막대가 수평을 유지할 수 있는 물체 A 와 물체 B 사이 거리의 최댓값은 얼마인가? (단, 물체 A, B 의 크기와 막대의 두께는 무시한다.)**

[수능 기출 유형]

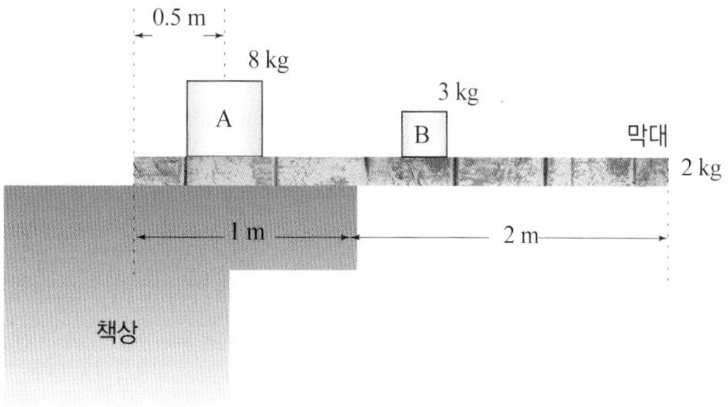

24 **그림과 같이 질량이 2 kg 인 물체를 원래 길이가 40 cm 이고, 용수철 상수가 2000 N/m 인 지면에 고정된 용수철 위에 올려놓고 연직 아래 방향으로 눌렀다가 놓았더니 물체가 연직 위로 이동하였다. 바닥으로부터 높이 0.2 m 인 지점을 지날 때 물체의 속력은 2 m/s 이다. 물음에 답하시오. (g = 10 m/s^2 이고, 용수철, 받침대의 질량과 공기 저항은 무시한다.)**

[중학생 물리 대회 기출 유형]

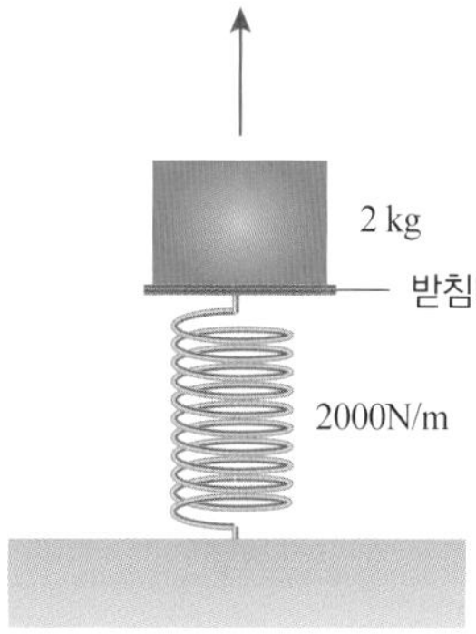

(1) 물체가 올라간 최고 높이는 바닥으로부터 몇 m 인가?

(2) 바닥으로부터 높이 0.6m 인 지점을 지나는 순간 물체의 속력은 몇 m/s 인가?

(3) 처음 물체를 누르고 손을 떼기 직전 물체의 위치는 바닥으로부터 몇 m 인 지점인가?

25 **그림과 같이 책상 모서리에 잘 휘어지는 줄이 걸쳐져 있다. 이 줄은 밀도가 ρ 로 균일하고, 길이는 L 이다. 물음에 답하시오. (단, 중력 가속도는 g 이며, 책상 모서리에서 줄이 굽어지기 때문에 생기는 영향과 모서리의 마찰은 모두 무시한다.)**

[경시 대회 기출 유형]

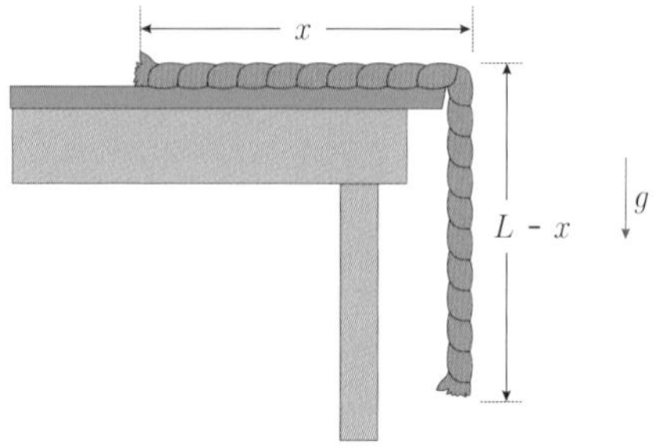

(1) 책상면과 줄 사이에 마찰이 없다고 가정할 때, 스스로 미끄러지는 줄의 가속도 a 를 책상 위에 놓인 줄의 길이 x 의 함수로 나타내시오.

(2) 책상면과 줄 사이에 마찰이 없다고 가정할 때, $x = L$ 에서 미끄러지기 시작한 줄이 책상을 떠나는 (즉, $x = 0$) 순간에 줄의 속력을 구하시오.

(3) 책상면과 줄 사이의 정지 마찰 계수를 μ 라고 하자. x 를 줄여 나갈 때, 줄이 미끄러지기 시작하게 되는 길이 x_m 을 구하시오.

(4) 문제 (3)에서 미끄러지기 시작한 줄이 책상을 떠나는 순간에 줄의 속력을 구하시오. (책상 면과 줄 사이의 운동 마찰 계수도 μ 이다.)

(5) 이 동안에 마찰에 의해 소모되는 에너지를 구하시오.

26 그림 (가)와 같이 질량 m 인 두 물체가 용수철 상수 k, 길이가 l 인 용수철에 연결되어 수평면에 놓여 있다. 그림 (나)는 (가)의 두 용수철의 길이가 $l + s_1$, $l + s_2$ 가 되도록 두 물체를 오른쪽으로 당겨 정지한 모습을 나타낸 것이다. (나)에서 두 물체를 가만히 놓았더니 두 물체는 같은 위상으로 단진동 운동을 하였다. $\frac{s_1}{s_2} = \frac{1 + \sqrt{5}}{2}$ 일 때, 단진동의 진동수는? (단, 모든 마찰, 용수철 질량, 물체의 크기는 무시한다.)

[중학생 물리 대회 기출 유형]

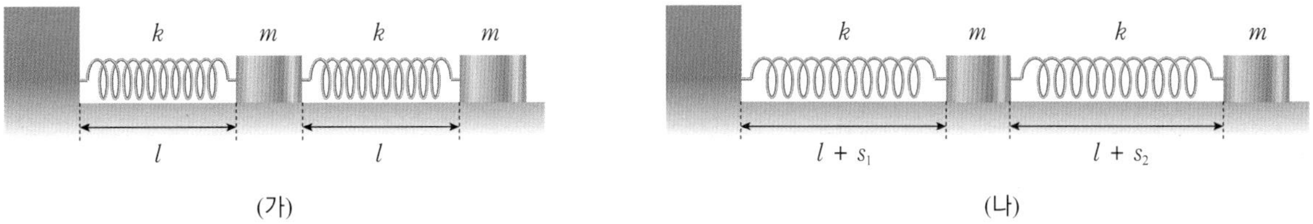

탈출 속도

물체를 높이 던지는 경우를 생각하자.
물체를 점점 높이 던지면 물체는 결국 어떻게 될까?
다시 지구로 돌아올까?

이 문제를 오른쪽 그림에서 해결해 보자. 높은 산에서 물체를 앞으로 던진다고 생각해 보자. 지구로부터 멀어지는 경우는 물체를 높이 던지는 것과 같다.
물체를 점점 빠른 속도로 던짐에 따라 물체는 지면에 떨어지다가 결국은 지구를 도는 운동을 하게 된다. 인공위성을 이 속도로 발사시키면 될 것이다.
더 큰 속도로 던지면 물체는 타원운동을 하여 지구로 돌아오다가 발사속도가 더 커지면 이제 물체가 지구로 돌아오지 않게 된다. 이때의 속도를 탈출속도(Escape Velocity)라고 한다.

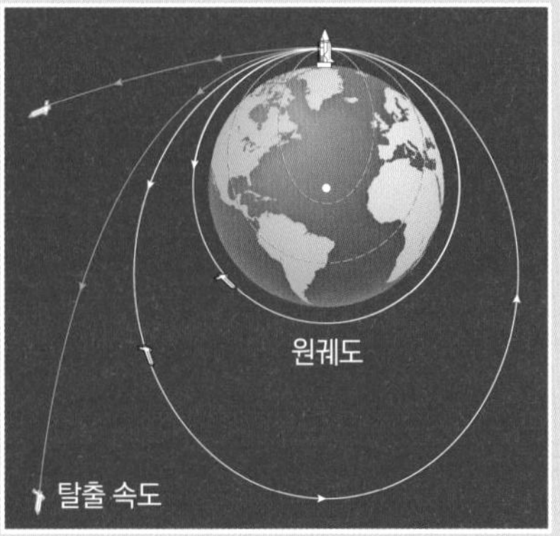

지구 주위에서 원운동을 하게 되는 발사 속도는 약 7.8 km/s 로 알려져 있고, 탈출 속도는 약 11.2km/s 로 알려져 있다.

이 속도를 어떻게 구할 수 있을까? 제일 쉬운 방법은 역학적 에너지 보존법칙을 이용하는 것이다.

물체가 지표 면에 가까울 때에는 일정한 크기의 중력을 받는다고 할 수 있다. 물체를 끌어올릴 때 같은 힘을 작용하므로 퍼텐셜 에너지는 끌어올린 높이에 비례하게 된다.

그러면 지표면에서 100 km 떨어진 곳(높이 100 km 인 곳)에서도 물체는 같은 중력을 받을까?

질량이 60 kg 인 사람이 지표면에서 받는 중력(무게)은 60 × 9.8 = 588 N 인데 지표면에서 100 km 인 곳에서 정지해 있는 경우는 570 N 으로 줄고 500 km 인 지점에서는 506 N, 1000 km 인 지점에서는 440 N 정도로 준다. 지구로부터 지구 반경(6400 km)떨어진 곳에서 정지하고 있는 물체는 지표면에서의 무게의 25 % 정도가 된다. 이정도 높이에서는 물체를 끌어올릴 때 힘의 크기가 달라지므로 퍼텐셜 에너지가 더 이상 높이에 비례하지 않게 된다.

Imagine Infinitely

지구 중심에서 거리 r 만큼 떨어진 곳에 있는 질량 m 인 물체의 퍼텐셜 에너지는

$E_p = -\dfrac{GMm}{r}$: 만유인력에 의한 퍼텐셜 에너지 (G : 만유인력 상수, M : 지구의 질량)

인데 r 이 매우 커지면(지구에서 매우 멀어지면) 퍼텐셜 에너지는 0 이 되는 것이 특징이다.
r 이 매우 큰 곳에서 속도가 0 이 되는 물체가 있다면 지구를 탈출한 것이라고 볼 수 있다.

E(역학적 에너지) = 운동 에너지 + 퍼텐셜 에너지 = $\dfrac{1}{2}mv^2 - \dfrac{GMm}{r}$ 가 보존되므로

지표면에서의 E (R : 지구 반경)

$= \dfrac{1}{2}mv_0^2 - \dfrac{GMm}{R}$ (지구 중심으로부터의 거리 R (지표면)에서 물체가 v_0 의 속도로 출발하는 경우)

$= 0$ (r 이 매우 큰 곳에서 속도가 0 이 되는 물체)

이 되므로 v_0(탈출 속도) = $\sqrt{\dfrac{2GM}{R}}$ 이고, G, M, R 에 알려진 값을 대입하면 탈출 속도가 나온다.

정답 p 87

Q 우주선이 지구에서 달까지 갈 때 궤도의 모양은 대략 무슨 모양일까?

Physics

IV

04 열에너지

물체는 왜 뜨거울까?
뜨거운 물체를 만지면 왜 데는 걸까?

IV 열에너지 (1)

❶ **기체 분자의 열운동과 내부 에너지**

기체 분자는 빠른 속도로 움직이며 충돌하고 있다. 진동 운동(떠는 운동), 회전 운동, 병진 운동(위치를 옮기는 운동)이 복합적으로 일어나고 있다. 이러한 운동을 열운동이라 하며 기체 분자들이 갖는 에너지의 총합이 기체의 내부 에너지 또는 열에너지이다.

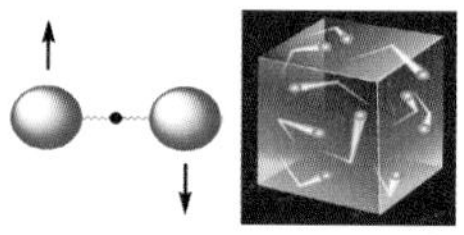

▲ 기체 입자의 분자 운동 모형

❷ **퍼텐셜 에너지**

입자의 위치에 따라 달라지는 에너지. 서로 잡아당길 때는 멀리 떨어져 있을수록, 서로 미는 경우는 가까이 있을수록 퍼텐셜 에너지가 크다.

❸ **이상 기체**(ideal gas)

물리 법칙을 적용시키기 위한 이상적인 기체로 입자 사이의 인력이나 척력이 없다고 가정한다.

❹ **열전도 현상**

물을 넣은 고무풍선을 촛불로 가열하면 풍선은 타지 않고 물만 가열된다.

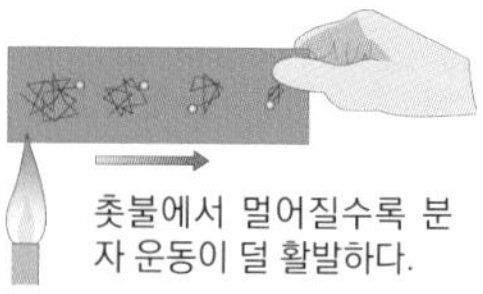

촛불에서 멀어질수록 덜 따뜻하다.

❺ **열전도율**(k)

- 전도율이 큰 물체(열의 도체(금속)) : 은 > 구리 > 금 > 알루미늄 > 납
- 열전도율이 작은 물체(열의 부도체) : 공기 > 나무 > 물 > 유리 > 콘크리트)수은

열전도 현상이 관련된 제품

- 나무나 고무로 된 주전자의 손잡이
- 코르크로 된 보온병의 뚜껑

1. 열평형

(1) 열에너지

① **열에너지** : 물체를 구성하고 있는 입자들이 가지는 에너지의 총합을 말하며, 물체의 내부 에너지❶이다.

② **물체를 구성하는 입자의 열에너지** : 운동 상태에 따라 운동 에너지를 갖고, 입자끼리의 상호 작용(인력, 척력)에 따라 퍼텐셜 에너지❷를 갖는다. 두 에너지를 통틀어 열에너지라고 한다.

③ **이상 기체❸의 열에너지** : 이상 기체는 분자들 간의 상호 작용(인력, 척력) 이 전혀 없는 이상적인 기체이므로 퍼텐셜 에너지를 무시할 수 있다. 이런 경우 기체의 내부 에너지는 입자의 운동 에너지의 합과 같다.

(2) 분자 운동과 온도

① **온도** : 물체의 뜨겁고 차가운 정도를 숫자로 표현한 것

- **섭씨 온도**(℃) : 순수한 물의 어는점을 0 ℃, 끓는점을 100 ℃ 로 하여 물체의 온도를 이 기준에 맞춘 것이다.
- **화씨 온도**(°F) : 순수한 물의 어는점을 32 °F, 끓는점을 212 °F 로 하여 물체의 온도를 이 기준에 맞춘 것이다.
- **절대 온도**(K: **캘빈**) : 0 K 는 −273 ℃ 에 해당한다. 273 K 는 0 ℃ 이다. (절대 온도 = 섭씨 온도 + 273)
- **섭씨 온도 C(℃)와 화씨 온도 F(°F)의 상호 변환**

$$F = \frac{9}{5}C + 32 \rightarrow C = \frac{5}{9}(F - 32)$$

② **분자 운동과 온도** : 온도가 높은 물질을 구성하는 분자 운동(열운동)은 활발하고, 온도가 낮은 물질은 분자 운동이 느리다.

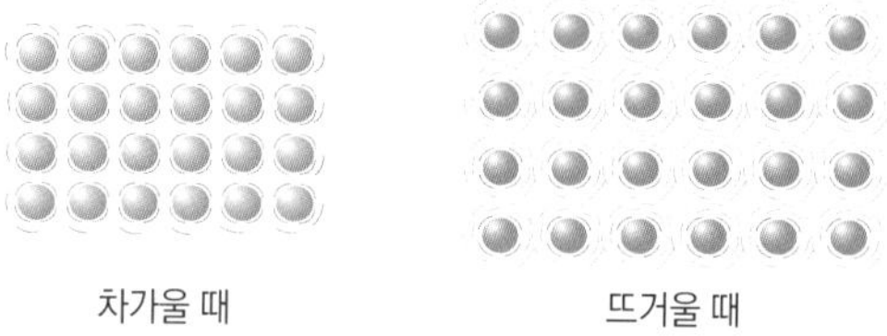

▲ 고체 입자의 분자 운동(열운동) 모형

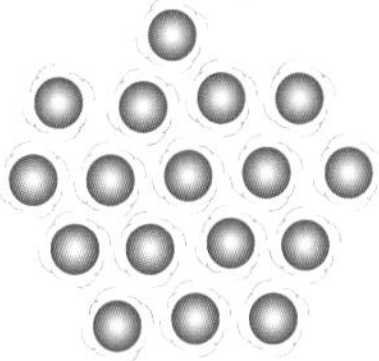

▲ 액체 입자의 분자 운동(열운동) 모형

③ **절대 온도 0 K 의 의미** : 물질의 온도를 계속 낮추면 분자 운동이 느려지다가 결국은 멈추게 되는데 이때의 온도가 절대 온도 0 K 이다. 섭씨 온도로는 −273 ℃ 이다.

(3) 열의 이동과 온도 변화

① **열의 이동** : 열은 온도가 높은 곳에서 낮은 곳으로 이동하며, 전도, 대류, 복사의 세 가지 형태로 이동한다. 열이 이동하면서 고온부의 온도는 내려가고 저온부의 온도는 올라간다.

② **전도❹** : 열에너지가 물질 자체의 형태 변화가 없는 상태에서 고온부에서 저온부로 연속적으로 전달되는 현상으로 주로 고체 내부에서 일어난다.

[A : 면적(m²), T_1, T_2 : 양쪽의 온도(℃) ($T_1 > T_2$), t : 시간(s), l : 전도되는 거리(m)]

$$Q\ (\text{전도되는 열량 ; J}) = k^{❺} A \frac{T_1 - T_2}{l} t$$

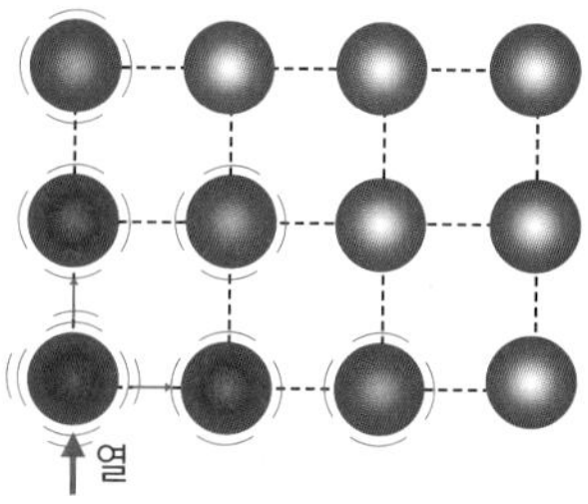

▲ 고체의 열 전도 모형

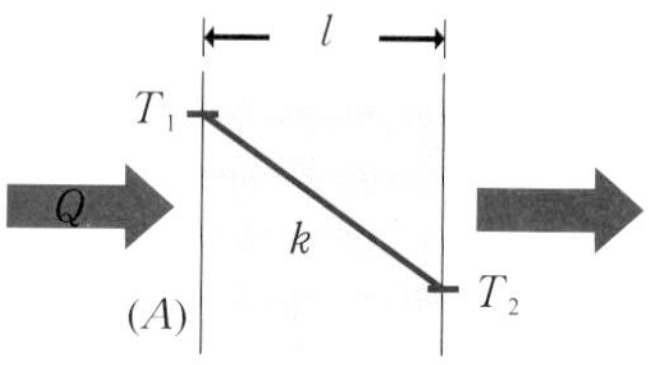

③ **대류** [6] : 유체의 아랫부분이 가열되면 부피가 증가하고 가벼워져 부력에 의해 위로 이동하고, 이동하는 도중 열을 빼앗겨 냉각되고 부피가 감소하여 아래로 이동하는 방식의 상하 운동으로 열을 전달하는 것으로서 대류에 의해 유체 전체가 골고루 가열된다.

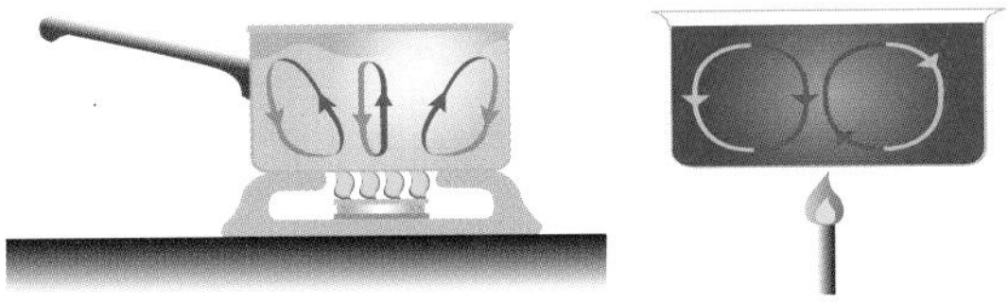

▲ 대류에 의한 유체의 가열

④ **복사** [7] : 열이 매질을 통하지 않고 전자기파의 형태로 고온의 물체에서 저온의 물체로 직접 전달되는 현상이다.

- **복사의 특징**
  - ㉠ 모든 물체는 표면 온도에 따른 전자기파를 방출한다.
  - ㉡ 물체의 표면 온도가 높을수록 짧은 파장의 전자기파가 많이 방출된다.
  - ㉢ 물체가 방출하는 복사 에너지의 양은 표면 온도(T)의 4제곱에 비례한다.
  - ㉣ 복사 에너지의 양는 물체의 표면적(S)과 주위와의 온도 차(Δt)에 비례한다.
  - ㉤ 검은 색 물체는 복사 광선을 잘 흡수하며 흰색 물체는 복사 광선을 잘 반사한다.

- **복사 현상, 복사가 적용된 현상**
  - ㉠ 태양 복사와 지구 복사 : 지구는 태양의 복사 에너지를 흡수하고 파장이 긴 전자기파를 우주 공간으로 복사한다. 복사 광선은 전자기파의 형태이므로 진공 상태인 우주 공간을 통과할 수 있다.
  - ㉡ 보온병의 구조 : 은도금한 유리 표면은 복사 열을 반사시키고, 유리 사이의 진공은 전도나 대류에 의한 열의 이동을 차단한다.
  - ㉢ 베두인 족의 검은 옷 : 사막에서 검은 옷은 복사열을 잘 흡수하므로 옷 속은 주위보다 7 ~ 8 ℃ 가량 기온이 높다. 옷 속의 공기는 부피가 증가하고 가벼워져 헐렁한 옷 윗 부분으로 방출되고 아래로부터 공기가 유입되어 대류에 의해 옷 속에서 바람이 부는 효과를 가져와서 땀이 빨리 마르고 기화열을 빼앗기므로 시원하게 느낀다.

▲ 태양 복사와 지구 복사

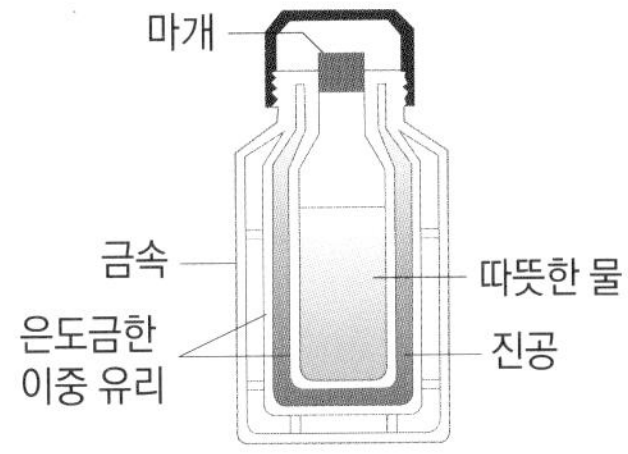

▲ 보온병의 구조

▲ 사하라 사막의 베두인 족

(4) 물체의 온도와 열, 분자 운동의 관계

① 모든 물체는 분자나 원자로 구성되어 있고 이들은 끊임없이 운동하며 온도가 높을수록 더 활발하게 운동한다.

② 물체를 가열하면 분자의 운동 에너지가 증가하고 분자 운동이 활발하게 되어 온도가 높아진다. 물질의 상태가 변할 때에는, 가하는 열은 온도를 높이지 않고 분자의 배열 상태가 변하도록 하여 분자들의 퍼텐셜 에너지를 증가시킨다.

③ 분자 운동 [8] 이 활발한 (온도가 높은) 물체가 온도가 낮은 물체와 접촉하면 분자나 원자 간의 충돌에 의한 전도, 서로 섞이는 대류, 전자기파의 복사 등의 세 가지 방식으로 열이 이동하여 온도가 높은 물체의 온도는 내려가고 온도가 낮은 물체의 온도는 올라간다.

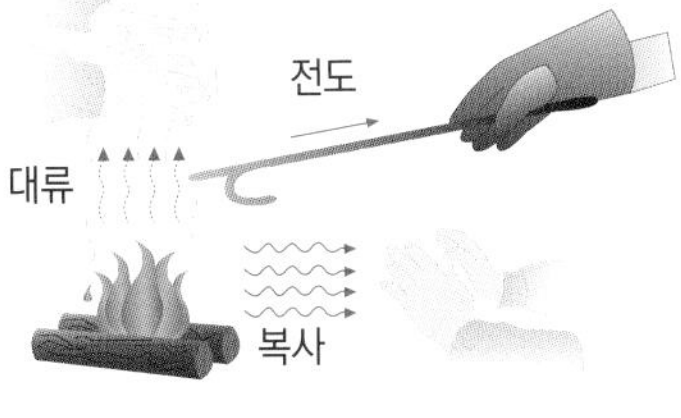

[6] **열의 대류**

▲ 대류권

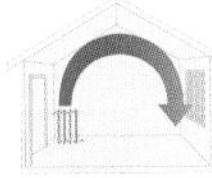

▲ 난로

▲ 맨틀

밀도

$$밀도(\rho) = \frac{질량(m)}{부피(V)}$$

부피가 증가하면 밀도가 감소하여 가벼워진다. 밀도가 작은 물체를 가벼운 물체라고 한다.

열의 이동(물체의 가열)

전도, 대류, 복사가 혼합되어 발생하는 경우가 대부분이다.

[7] **(열)복사**

▲ 코끼리의 적외선 사진

모든 물체의 표면에서는 열 복사가 일어나며 모든 파장의 전자기파가 방출된다. 단, 물체의 표면 온도가 높을수록 짧은 파장의 전자기파가 더 많이 복사된다.

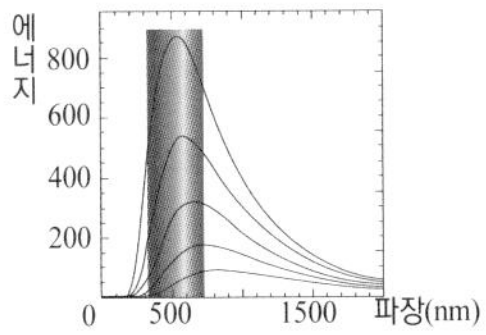

미니사전

유체 [流體, fluid] 액체와 기체를 합쳐 부르는 용어이다. 변형이 쉽고 흐르는 성질을 갖고 있으므로 형태가 정해지지 않는다는 특징이 있다. 지구의 지각과 핵 사이의 부분인 맨틀도 유체 상태이다.

⑧ 분자 운동의 증거

- 브라운 운동 : 유체에 떠 있는 고체 입자의 불규칙한 운동. 유체 분자와의 충돌에 의한 것이다.

- 확산 : 물속에서 잉크가 골고루 퍼지는 현상도 분자 간의 충돌에 의한 것 이다.

⑨ 열평형 과정에서 열의 이동

전도와 대류, 복사의 혼합된 형태로 일어나게 된다.

⑩ 물과 식용유의 열평형 실험

물과 식용유가 든 시험관을 물에 담근다.

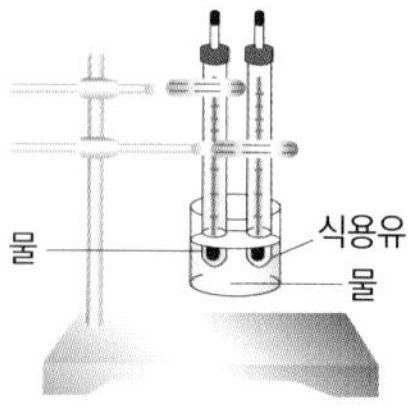

⑪ 열용량(물당량)

대상되는 물질을 1 ℃ 높이는데 필요한 열량. 질량 × 비열로 계산한다.

지구의 열평형

열평형을 이루기 위해 대기와 해수의 순환이 이루어지고 있다.

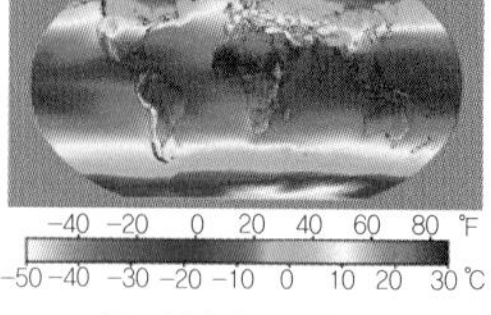

▲ 지구의 연평균 기온 분포도

미니사전

전자기파 전자파(electron wave)라고도 하며, 주로 파장의 길이가 약 1mm 이상인 전자기파를 전파라고 부른다. X선, 자외선, 빛(가시광선), 적외선도 전자기파의 일종이다.

복사 [輻射, radiation] 물체가 방출하는 전자기파 및 입자선 또는 이들을 방출하는 현상.

정답 p 88

Q1 섭씨 온도 25 ℃ 는 화씨 온도로 몇 °F 인가? 또 절대 온도로 몇 K 인가?

Q2 절대 온도 0 K 는 화씨 온도로 몇 °F 인가?

Q3 열에 대한 다음 설명 중 옳은 것만을 있는 대로 고르시오.

① 열은 고온부에서 저온부로 이동한다.
② 물체가 뜨거울수록 열을 많이 포함한다.
③ 0 ℃ 에서는 물체가 갖는 열에너지는 0 이다.
④ 열은 복사, 대류, 전도 등의 세 가지 형태가 혼합되어 전달된다.
⑤ 물체가 뜨거울수록 물체를 구성하는 원자나 분자의 운동이 활발하다.
⑥ 고온의 물체가 저온의 물체와 접촉할 때 분자, 원자 간의 충돌에 의해서만 열을 전달한다.

(5) 열평형

① **열평형** : 온도가 높은 물체와 낮은 물체를 접촉시켜 놓았을 때, 온도가 높은 물체에서 낮은 물체로 열이 이동하여 얼마 후 두 물체의 온도가 같아지게 된다. 이 과정이 열평형 과정이며 온도가 같아진 두 물체를 열평형 상태에 있다 라고 한다.

② **열평형 과정** ⑨ : 온도가 높은 물체와 온도가 낮은 물체를 접촉시켜 놓으면 접촉 부위에서 분자끼리 서로 충돌하여 에너지를 주고받게 되고, 얼마 후에 두 물체의 분자 운동이 같아지고 온도도 따라서 같아진다. 이 과정 중에 복사 에너지도 주고받게 된다.

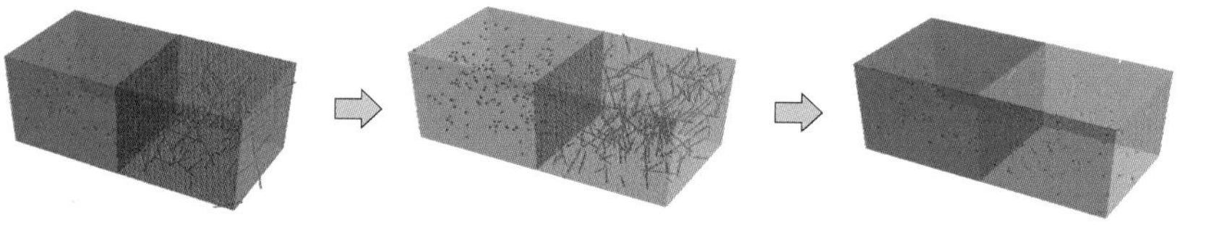

(a) 두 물체 접촉 (b) 에너지를 주고받음 (c) 온도가 같아짐

③ **물과 식용유의 열평형 과정(그래프)** : 온도가 서로 다른 물과 식용유가 든 시험관을 일정한 온도의 물에 담그면 ⑩ 물과 식용유의 온도가 같아져서 열평형 상태가 된다. 이 때 각 물질의 질량 × 비열(열용량 ⑪)이 클수록 온도 변화가 작다.

④ **열량 보존의 법칙** : 온도가 서로 다른 물체를 접촉시켜 열평형 상태가 되는 과정에서 외부로 방출되는 열량이 없다면 두 물체의 총 에너지는 변하지 않는다. 따라서 고온의 물체가 잃은 열량과 저온의 물체가 얻은 열량은 같다.

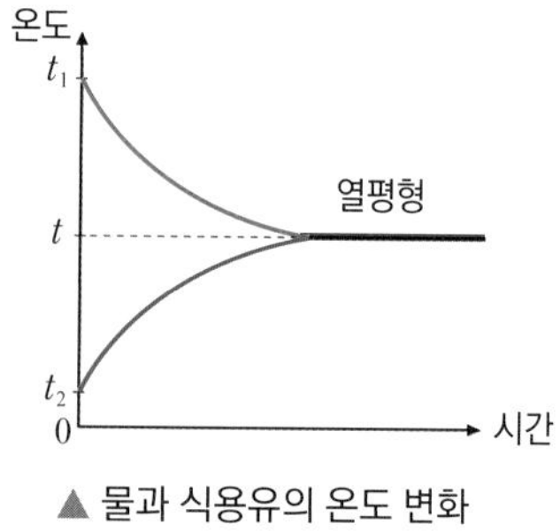

▲ 물과 식용유의 온도 변화

정답 p 88

Q4 그림은 같은 물질로 이루어진 두 물체의 분자 운동 상태를 나타내는 그림이다. 이에 대한 설명 중 옳은 것만을 있는 대로 고르시오.

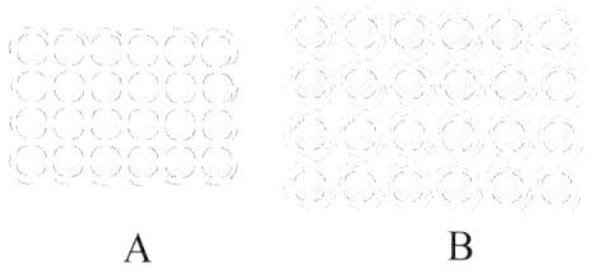

① A 는 B 보다 온도가 높은 상태이다.
② 두 물체를 접촉시키면 열은 물체 B 에서 A 로 이동한다.
③ 두 물체를 접촉시키면 물체 A 의 온도는 올라가고, 물체 B 의 온도는 내려간다.
④ 두 물체를 접촉시키면 물체 A 는 열을 흡수하고, 물체 B 는 열을 방출한다.
⑤ 두 물체를 접촉시켰을 때 물체 A 의 질량이 B 보다 크다면 물체 A 가 흡수한 열량이 물체 B 가 방출한 열량보다 크다.
⑥ 물체 A 의 질량이 B 보다 크다면 물체 B 는 물체 A 보다 더 빨리 열평형 상태에 도달한다.

개념 확인 문제

열평형

01 **다음에 설명한 열의 성질 중 옳은 것만을 있는 대로 고르시오.**

① 열도 에너지의 일종이다.
② 물체가 갖는 열에너지의 양을 숫자로 나타낸 것이 온도이다.
③ 뜨거운 물체는 차가운 물체보다 분자 운동하는 입자의 개수가 많다.
④ 물체의 내부 에너지가 0 이 아니면 물체는 열을 갖고 있다고 할 수 있다.
⑤ 물체를 구성하는 분자의 열운동이 더 활발해질수록 물체의 온도가 높아진다.
⑥ 이상 기체의 경우 물체를 이루는 분자의 퍼텐셜 에너지 + 운동 에너지의 합이 물체가 갖는 열 에너지이다.

02 **온도에 대한 설명 중 옳지 않은 것은?**

① 0 K 는 이상 기체의 분자 운동이 멈추는 온도이다.
② 온도는 물체의 뜨겁고 차가운 정도를 숫자로 표시한 것이다.
③ 섭씨 온도(℃), 화씨 온도(℉), 절대 온도(K) 등으로 나타낸다.
④ 물이 어는 온도(어는점)와 끓는 온도(끓는점)를 기준으로 눈금을 매긴다.
⑤ 겨울에 같은 장소에 있는 창문 유리와 나무창틀을 동시에 만져보면 창문 유리가 더 차가운 것은 창문 유리의 온도가 더 낮기 때문이다.

03 **섭씨 온도로 20 ℃ 는 화씨 온도로 몇 ℉ 인가?**

① 58 ℉ ② 62 ℉ ③ 66 ℉
④ 68 ℉ ⑤ 72 ℉

04 **화씨 온도로 122 ℉ 는 절대 온도로 몇 K 인가?**

① 50 K ② 273 K ③ 323 K
④ 353 K ⑤ 373 K

05 **다음은 두 물체 사이의 열의 이동 방향을 화살표로 나타낸 것이다. 온도가 가장 높은 물체로부터 가장 낮은 물체로 바르게 나열한 것은?**

• 물체 B → 물체 E	• 물체 D → 물체 E
• 물체 C → 물체 B	• 물체 E → 물체 A
• 물체 C → 물체 D	• 물체 D → 물체 B

① C D B E A ② C E D B A ③ C B D E A
④ B C D E A ⑤ B E C D A

06 **뜨거운 물체와 차가운 물체를 서로 접촉시켜 놓았을 때 일어나는 현상이 아닌 것은?**

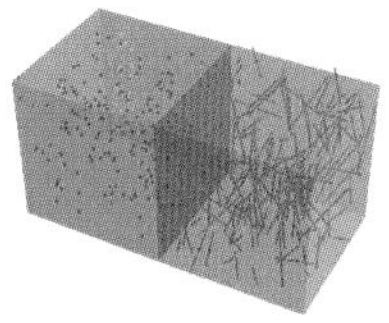

① 뜨거운 물체의 분자 운동은 점점 느려진다.
② 뜨거운 물체에서 차가운 물체로 열이 이동한다.
③ 두 물체의 온도가 같아지면 열은 더 이상 이동하지 않는다.
④ 뜨거운 물체의 온도는 내려가고 차가운 물체의 온도는 올라간다.
⑤ 시간이 많이 흐르면 뜨거운 물체보다 차가운 물체의 운동이 더 활발해진다.

07 **다음은 전도에 대해서 설명한 것이다. 옳지 않은 것은?**

① 두 물체 사이의 온도 차가 클수록 이동하는 열의 양이 많아진다.
② 유리가 한 겹인 창문보다 유리가 두 겹인 이중창이 보온 효과가 높다.
③ 전도에 의한 열의 이동은 주로 고체 내부의 입자들을 통해서 일어난다.
④ 겨울철에 얇은 옷을 여러 벌 입기보다 두꺼운 솜옷을 한 벌 입는 것이 더 따뜻하다.
⑤ 전도는 고체 입자의 진동이 주변 입자의 진동으로 전달되는 과정으로 설명할 수 있다.

08 **그림과 같이 자전거의 핸들은 손잡이 부분이 플라스틱으로 되어 있다. 추운 겨울날 자전거 핸들의 금속 부분보다 손잡이 부분이 덜 차갑게 느껴지는 이유는 무엇인가?**

① 원래 금속이 플라스틱보다 온도가 낮기 때문이다.
② 금속으로부터 복사열이 더 적게 나오기 때문이다.
③ 플라스틱 손잡이가 더 많은 열을 포함하고 있기 때문이다.
④ 금속 부분이 플라스틱 부분 보다 열전도가 더 잘 되기 때문이다.
⑤ 금속은 빛을 반사하고 플라스틱 부분은 빛을 흡수하기 때문이다.

09 **겨울철이 되어 유리창의 유리를 두께 3 mm 짜리 유리에서 두께 5 mm 짜리 같은 재질의 유리로 바꾸었다. 유리를 바꾼 후 열전도로 빠져나가는 열량은 바꾸기 전의 몇 배로 되는가?**

① $\frac{3}{5}$ 배 ② $\frac{5}{3}$ 배 ③ $\frac{9}{25}$ 배
④ $\frac{25}{9}$ 배 ⑤ 1 배

10 **방안의 온도는 25 ℃ 이고, 밖의 온도는 10 ℃ 이다. 유리 부분의 두께가 0.5 cm 이고, 가로와 세로의 길이가 각각 1 m 인 유리 창문의 유리 부분을 통해 1 분 동안 빠져나가는 열에너지는 몇 J 인가? (유리의 열전도율 k = 1.0 J/m.s.℃ 이다.)**

11 **다음 중 대류 현상과 관계가 없는 설명을 고르시오.**

① 에어컨의 바람은 위를 향하여 튼다.
② 겨울철 강물은 강 표면에서부터 언다.
③ 스팀 장치를 하면 실내가 골고루 따뜻해진다.
④ 주전자의 아래 부분을 가열하면 전체가 끓는다.
⑤ 검정색 옷을 입고 난로 가에 앉으면 더 따뜻하게 느껴진다.

12 **열의 대류 현상과 거리가 먼 설명은?**

① 난로는 방바닥에 둔다.
② 난로의 굴뚝을 높게 세운다.
③ 냉장고의 냉동실은 위쪽에 있다.
④ 집을 지을 때 단열재를 사용한다.
⑤ 환기를 시킬 때는 창문을 모두 연다.

13 **진공 중에서나 중력이 없는 무중력 상태에서 열이 대상 물체에 직접 전달되는 열의 이동 방식을 무엇이라 하는가?**

14 **검은 색 물체와 흰색 물체의 복사열의 흡수와 방출에 대하여 옳게 설명한 것은?**

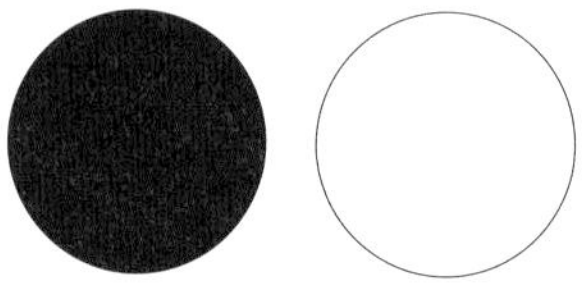

① 검은 색 물체가 흰색 물체보다 열을 더 흡수하고 덜 방출한다.
② 검은 색 물체가 흰색 물체보다 열을 덜 흡수하고 더 방출한다.
③ 검은 색 물체가 흰색 물체보다 열을 덜 흡수하고 덜 방출한다.
④ 검은 색 물체가 흰색 물체보다 열을 더 흡수하고 더 방출한다.
⑤ 검은 색 물체와 흰색 물체는 모두 같은 정도로 열을 흡수하고 방출한다.

15 그림은 물이 식지 않도록 하는 보온병의 구조를 나타낸 것이다. 물이 식지 않으려면 열의 이동이 없어야 하는데 열의 이동은 전도, 대류, 복사의 형태로 일어난다. 전도와 대류를 막는 장치를 A, 복사를 막는 장치를 B 라고 했을 때 보온병의 다음 부분은 A 와 B 중 무엇인가?

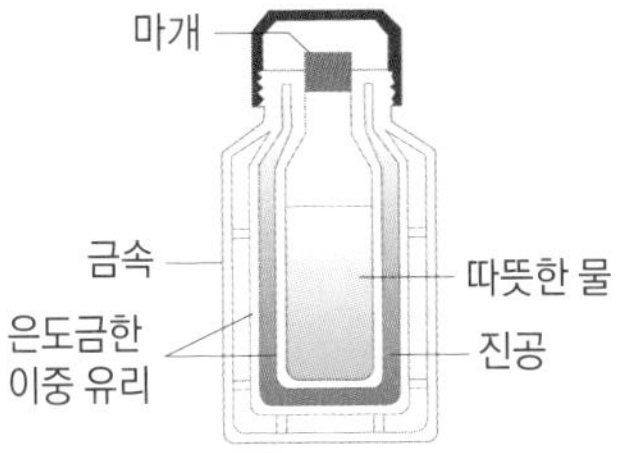

(1) 은도금한 유리병 --- (　　)

(2) 이중 유리병 사이의 진공 --- (　　)

16 한 집에 설치되어 있는 같은 재질의 유리로 되어 있는 유리창 A 와 유리창 B 를 비교해 보니 유리창 A 의 유리는 유리창 B 의 유리의 넓이보다 3 배가 더 크고, 두께는 2 배가 더 두꺼웠다. 유리창 A 를 통해서 전도되는 열량과 유리창 B 를 통해서 전도되는 열량의 비는 얼마인가?

① 3 : 2　② 2 : 3　③ 9 : 4
④ 4 : 9　⑤ 1 : 1

17 그림은 시험관 속의 차가운 물의 위쪽을 토치로 가열하고 있는 모습이다. 충분한 시간 동안 가열했다고 했을 때 시험관의 물에 대한 설명 중 옳은 것을 고르시오.

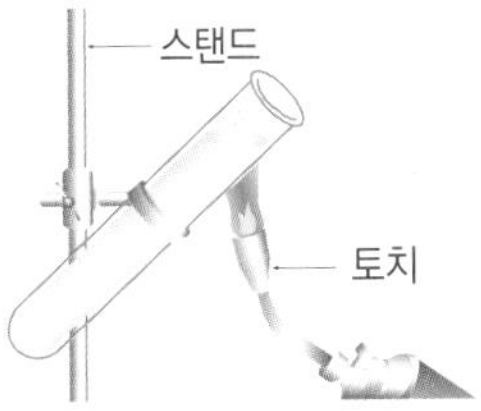

① 물이 전체적으로 끓는다.
② 물에 아무런 변화가 일어나지 않는다.
③ 가열하는 곳의 위 부분의 물만 끓는다.
④ 물이 위 아래로 섞이기만 하고 끓지 않는다.

18 다음 그림의 (가)는 타고 있는 양초에 아래 위가 뚫린 유리관을 씌우면 양초가 더 잘 타는 것을 보여준다. 그림 (나)는 중동 지방의 사막에 살고 있는 베두인 족의 검은 옷으로 흰 옷을 입은 다른 종족보다 더 시원하게 생활하는 모습을 나타내 주고 있다.

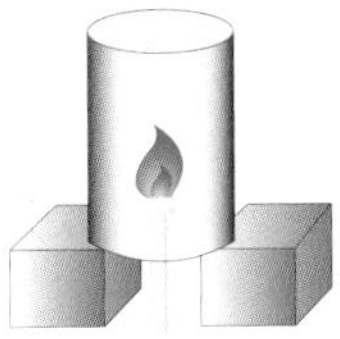
(가)

(나)

그림 (가), (나) 에 공통적으로 적용된 원리를 이용한 것을 있는 대로 고르시오.

①

②
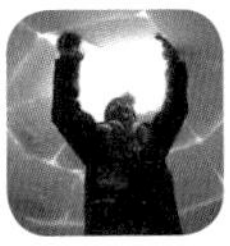
③

④

⑤

⑥

⑦

⑧
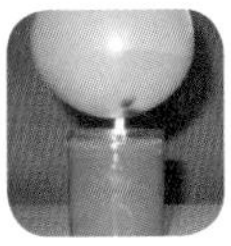
⑨

① 냉동실은 냉장고의 윗부분에 위치하는 것이 좋다.
② 이누이트족은 얼음집 안을 따뜻하게 하기 위해서 집 안에다 물을 뿌린다.
③ 굴뚝을 높게 하면 벽난로에 피운 불이 잘 탄다.
④ 보온을 위하여 이중창을 한다.
⑤ 뚝배기를 사용하여 국을 끓이면 잘 식지 않는다.
⑥ 흰 눈은 더럽혀진 눈보다 잘 녹지 않는다.
⑦ 사우나 실의 온도는 매우 높은데도 데지 않는다.
⑧ 풍선에 물을 넣고 아래 부분을 불로 가열해도 풍선에 불이 붙지 않는다.
⑨ 여름철에 해안 지방에서 낮에는 해풍이 분다.

19 **태양의 표면 온도는 약 6000 ℃ 이고, 지구의 평균 표면 온도는 약 14 ℃ 이다. 모든 물체는 복사 에너지를 방출한다고 할 때 태양으로부터 나오는 복사 에너지(태양 복사)와 지구로부터 나오는 복사 에너지(지구 복사)에 관한 설명으로 옳지 않은 것은?**

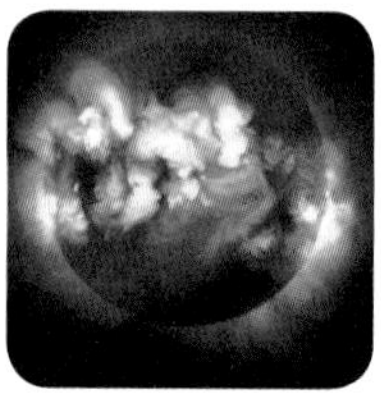

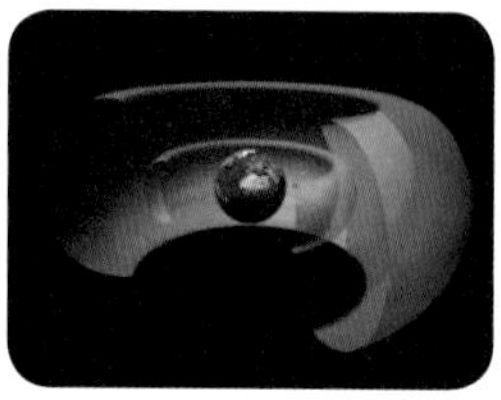

① 태양 복사 에너지가 지구 복사 에너지보다 크다.
② 태양은 외부에서 오는 복사 에너지를 흡수하지 않는다.
③ 방출되는 복사 에너지의 양은 물체의 표면적에 비례한다.
④ 방출되는 복사 에너지는 표면과 주변 공간과의 온도 차에 비례한다.
⑤ 지구 복사의 가장 강한 전자기파의 파장이 태양 복사의 가장 강한 전자기파의 파장보다 길다.

20 **그림처럼 같은 부피의 상온의 물과 식용유가 든 시험관을 80 ℃ 의 물이 든 수조에 동시에 담갔다. 두 시험관과 수조 사이에서만 열의 이동이 있고, 외부로 열은 유출되지 않는다고 가정한다. 물음에 답하시오.**

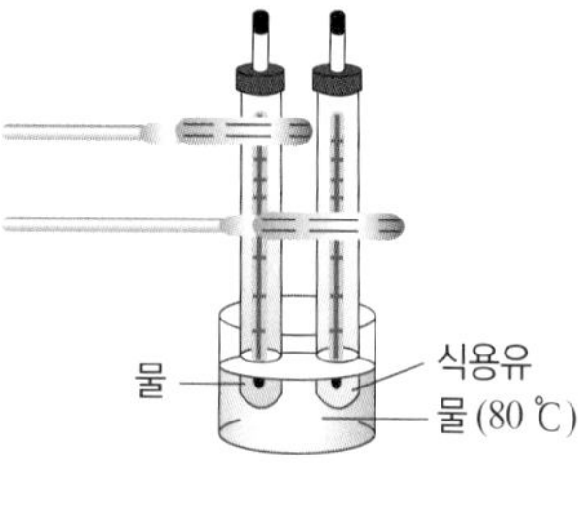

(1) 일정 시간 동안 수조 속의 물은 100 cal 의 열을 잃었고, 물이 든 시험관은 60 cal 의 열을 얻었다면 식용유가 든 시험관으로 이동한 열량은 얼마인가?

(2) 두 시험관을 물속에 동시에 담근 후 충분한 시간이 지났을 때 두 시험관 속의 식용유 및 물의 온도와 수조 속의 물의 온도는 어떻게 되는가? 또, 이렇게 된 상태를 무엇이라 하는가?

21 **그림처럼 90 ℃ 의 물이 든 비커에 같은 질량의 10 ℃ 의 식용유가 든 시험관을 담갔다. 외부로 유출되는 열은 무시할 수 있다고 할 때 물과 식용유의 시간에 따른 온도 변화를 잘 나타낸 그래프는 어느 것인가? 물의 비열은 1 cal/g·℃, 식용유의 비열은 0.5cal/g·℃ 로 한다.**

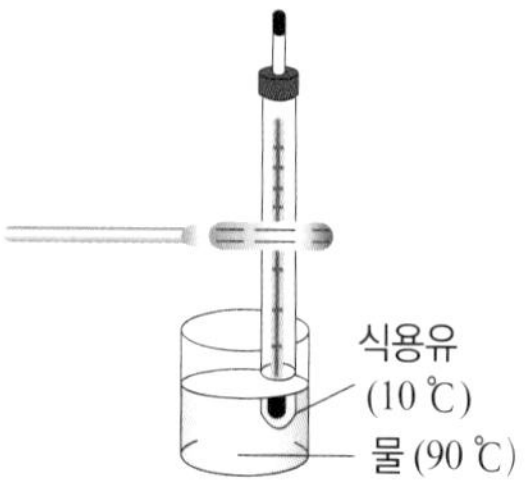

①
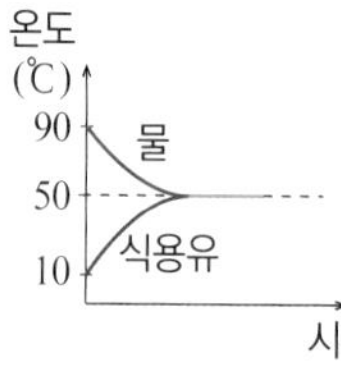

②
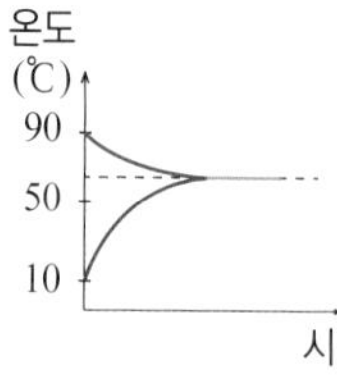

③
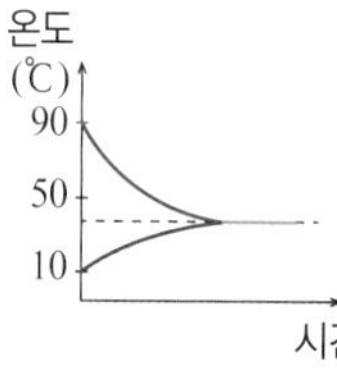

④
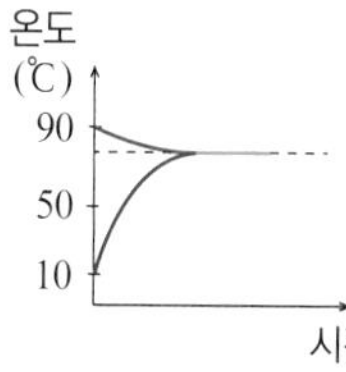

⑤
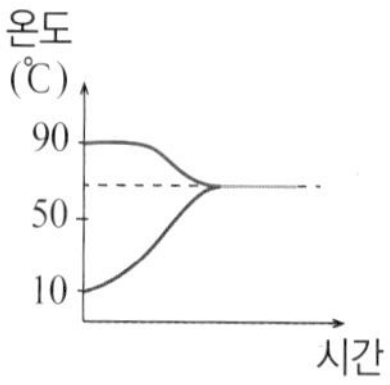

22 **방문과 창문을 모두 닫고 방을 밀폐시킨 후 방 안에서 냉장고의 문을 열어 놓았다. 옳은 설명을 고르시오.**

① 냉장고 안의 차가운 공기로 인해 방 안이 시원해진다.
② 냉장고 뒷면으로 배출되는 열에 의해 방 안의 온도는 올라간다.
③ 냉장고 안의 공간은 좁으므로 방의 온도에 큰 영향을 미치지 않는다.
④ 냉장고를 작동시키기 위한 에너지는 계속 공급되므로 방 안의 온도는 올라간다.
⑤ 냉장고는 냉장고 안의 열을 밖으로 배출하는 것이었으므로 방 안의 열은 변동이 없다.

개념 심화 문제

01 **물체 내부의 열운동에 관련된 설명으로 옳지 않은 것은?**

① 고체를 구성하는 입자들은 제자리에서 주로 진동 운동을 한다.
② 온도가 높은 물체를 구성하는 입자의 열운동은 주로 운동 에너지에 의해서 일어난다.
③ 액체를 구성하는 입자들은 서로 충돌하면서 속도가 변하는 운동을 하며 위치를 이동한다.
④ 고체 내부의 분자들은 서로 강하게 잡아당기므로 서로 일정한 거리를 유지하며 진동하고 있다.
⑤ 물체를 구성하는 입자는 병진 운동, 회전 운동, 진동 운동 등 운동 상태에 따른 운동 에너지를 갖는다.

02 **다음 〈보기〉는 우리 주변의 여러 가지 열현상에 대한 설명이다. 옳은 것만을 있는 대로 고르시오.**

보기

A. 냉커피를 만들 때 큰 얼음을 하나 넣는 것보다 잘게 부숴서 넣으면 커피가 더 빨리 시원해진다. (설명) 얼음을 잘게 부수면 얼음의 열용량이 증가하기 때문이다.
B. 같은 양의 물과 식용유를 가열하면 식용유가 더 빨리 뜨거워진다. (설명) 식용유의 비열이 물보다 크기 때문이다.
C. 겨울철에 강 표면은 얼어있어도 강 속은 물이 얼지 않아 물고기가 산다. (설명) 얼음의 밀도가 물보다 작기 때문이다.
D. 눈이 올 때 포근한 기온이 된다. (설명) 일부의 눈이 녹으며 기화열을 내놓기 때문이다.
E. 겨울에 솜 옷을 입으면 따뜻하다. (설명) 솜 사이의 공기는 열을 잘 전도하지 않기 때문이다.

03 **어떤 수은 온도계로 물의 어는점과 끓는점을 측정하였다. 그런데 물의 어는점이 -0.7 ℃ 로 측정이 되고, 끓는점이 101.3 ℃ 로 측정되었다. 그렇다면 이 온도계로 30 ℃ 는 실제로 몇 ℃ 인가?**

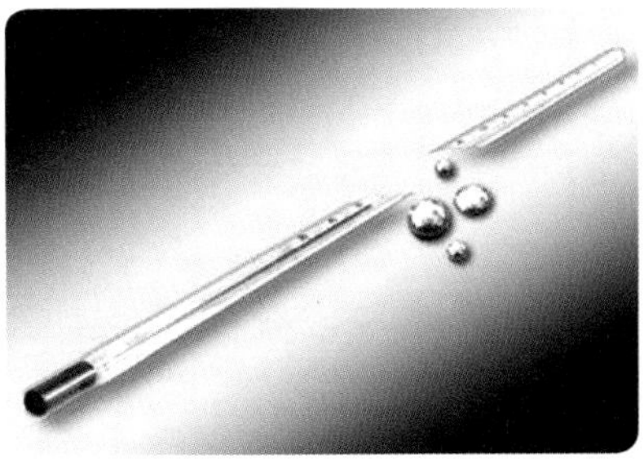

개념 돋보기

온도계의 눈금

보통 온도계는 물이 어는점과 끓는점을 기준으로 하여 그 사이를 일정한 간격으로 100 등분(섭씨 온도계)하거나 180 등분(화씨 온도계)한다. 눈금 간격이 일정하므로 서로 눈금이 다른 두 온도계사이의 온도(T , t)는 $T = at + b$(a, b 는 상수)의 관계식이 성립한다.

04 그림과 같이 금속 막대 A 와 B 를 접촉시키고 표면을 단열재로 둘러싼 후 A 의 왼쪽 온도는 -10 ℃ 로, B의 오른쪽 온도는 50 ℃ 로 유지시켰다. 두 금속 막대의 길이가 같고 금속 A 의 열전도율이 금속 B 의 열전도율의 2 배라고 할 때 접촉면의 온도는 몇 ℃ 인가?

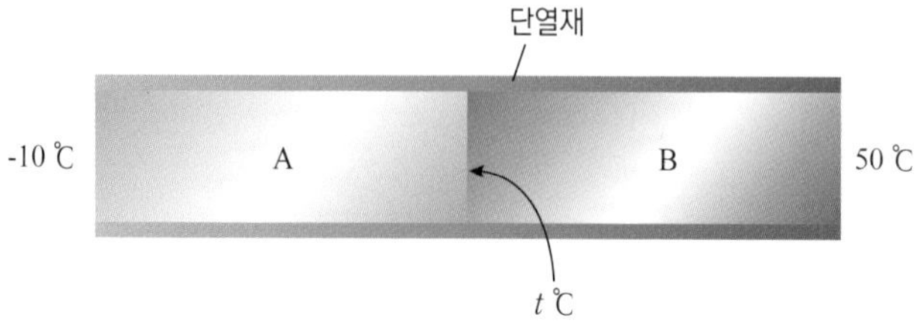

05 겨울철이 되어 집안의 온도를 따뜻하게 하기 위해서 유리창의 두께를 두 배로 하고, 유리창의 크기를 줄이되, 가로의 길이와 세로의 길이를 각각 $\frac{1}{2}$ 배로 하였다. 바꾼 후 유리창을 통하여 밖으로 빠져나가는 열량은 바꾸기 전의 몇 배인가?

① $\frac{1}{2}$ 배　② $\frac{1}{4}$ 배　③ $\frac{1}{6}$ 배　④ $\frac{1}{8}$ 배　⑤ $\frac{1}{12}$ 배

06 그림처럼 길이와 단면적이 같은 세 물질을 접촉시키고 바깥으로 열이 나가지 못하도록 단열재로 둘러쌌다. 열은 온도가 80 ℃ 인 왼쪽에서 0 ℃ 인 오른쪽으로 전도된다. 열의 이동이 전도에 의해서만 일어난다고 하고, 구리의 열전도율이 알루미늄의 2배, 납의 3 배라고 했을 때 경계면의 온도 t_1, t_2 는 각각 몇 ℃ 인가?

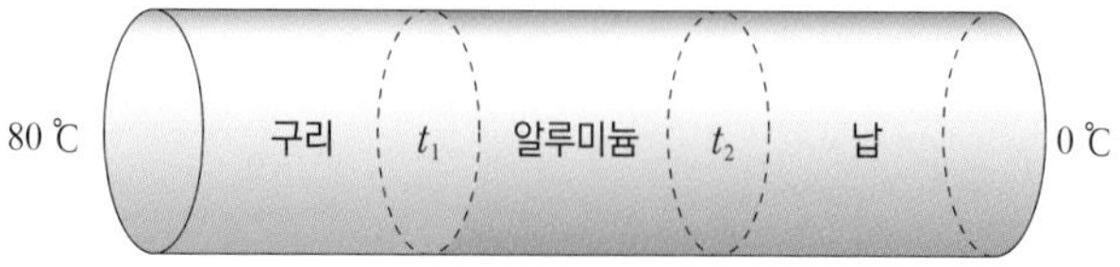

Ⅳ 열에너지 (2)

2. 고체와 액체의 비열과 열용량

(1) 고체, 액체에 가하는 열량(Q) ❶

① 물체의 질량이 클수록, 물체의 온도 변화가 클수록 가열하기 위해서 더 많은 열량이 필요하다.
② 같은 질량이고 같은 온도 변화가 일어날지라도 물질의 종류에 따라 가하는 열량은 차이가 있다. 물의 경우 가장 많은 열량이 필요하다.

- 1 cal = 물 1 g 의 온도를 1 ℃ (1 K) 올리는 데 필요한 열량으로 4.2 J 과 같다.
- 1 kcal = 물 1 kg 의 온도를 1 ℃ (1 K) 올리는 데 필요한 열량으로 4190 J 과 같다.

Q : 가하는 열량(cal, kcal), c : 비열, 물질마다 다른 값
m : 질량(g, kg), Δt : 온도 변화(가열 후 온도 − 가열 전 온도)

$$Q = c \cdot m \cdot \Delta t$$

(2) 비열(c) ❷

① **비열** : 어떤 물질 1 kg 의 온도를 1 ℃(1 K) 올리는 데 필요한 열량. 비열 c 인 물질의 질량이 m 일 때 이 물질의 온도를 Δt 만큼 올리기 위한 열량 $Q = c \cdot m \cdot \Delta t$ 이므로 비열은 다음과 같다.

$$c\,(\text{비열}) = \frac{Q}{m \cdot \Delta t}\ (\text{kcal/kg·k})$$

② **물질의 가열 그래프 상에서의 비열 계산**

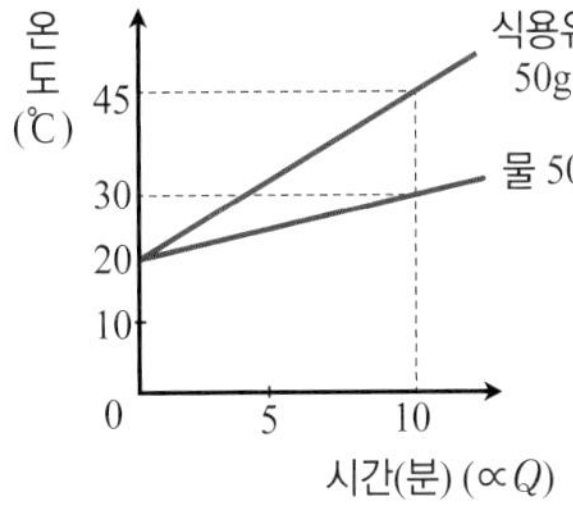

- 일정한 열원으로 가열하고 있으므로 시간에 비례하여 가한 열은 증가한다. 그래프의 가로축(시간축)은 열량(Q)과 비례한다.
- 식용유와 물은 질량이 같고 10 분 동안 가열하였을 때, 물의 온도 변화(Δt)는 10 ℃, 식용유의 온도 변화(Δt)는 25 ℃ 이므로

$$c_{\text{물}} : c_{\text{식}} = \frac{Q}{10m} : \frac{Q}{25m} = 5 : 2 \text{ 이다.}$$

③ **비열의 측정** : 혼합법(열량계 ❸ 이용)

- **알루미늄 시료의 비열 c_1 측정**
  - ㉠ 알루미늄 시료의 질량 (m_1) 을 측정한다.
  - ㉡ 알루미늄 시료를 물이 든 비이커에 넣고, 실로 고정한 후 물을 알콜 램프로 가열한 후 물의 온도를 측정한다 (t_1). 이 때 물과 알루미늄 시료는 열평형 상태이다. (그림 1)
  - ㉢ 질량(m_2)을 측정한 물(비열 c_2)을 열량계에 넣고 온도를 잰다 (t_2).
  - ㉣ 가열한 알루미늄 시료를 열량계의 물속에 옮겨넣고 뚜껑을 닫은 후 열량계의 온도가 변화하지 않을 때의 온도(T : 열평형 온도)를 측정한다. (그림 2)

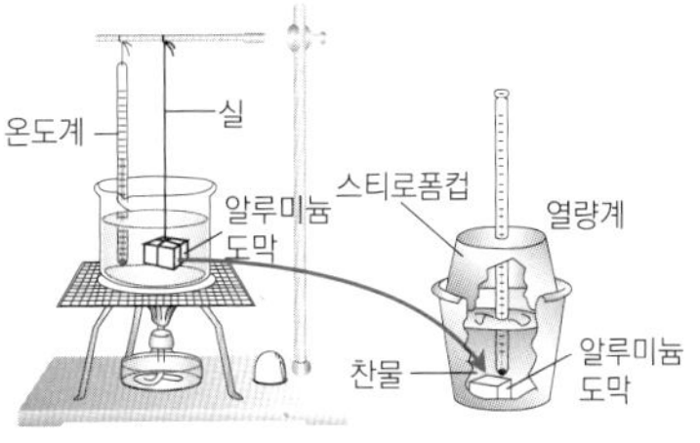

(그림 1) (그림 2)

$$\text{알루미늄 시료가 잃은 열량} = \text{물이 얻은 열량}$$
$$m_1c_1(t_1 - T) = m_2c_2(T - t_2), \quad c_2(\text{물의 비열}) = 1\ \text{cal/g·℃}$$

(3) 열용량 (C) : 비열이 작더라도 질량이 크면 온도를 높이는데 많은 열이 필요하다.

① **열용량** : 물질의 온도를 1 ℃ 높이는데 필요한 열량. 질량 m, 비열 c 일 때 열용량은 다음과 같다.

$$C\,(\text{열용량}) = c \cdot m \quad (\text{cal/K, kcal/℃, kcal/K})$$

---

❶ 가하는 열량(Q)

알콜 램프나 토치 램프에서 나오는 열량은 일정하므로 고체나 액체가 받는 열량은 시간에 비례하여 증가한다.

❷ 기체의 비열

고체와 액체는 열을 가하는 경우 부피 변화가 매우 작아서 비열도 거의 일정한 값을 유지한다. 그러나 기체의 경우는 열을 가하면 부피가 팽창하거나 부피를 일정하게 하면 압력이 증가하므로 비열도 일정한 값을 갖지 않는다.

비열 차로 인한 현상

- 해륙풍 : 낮에는 비열이 작은 육지가 빨리 가열되어 표면의 공기가 팽창, 상승한다.

- 사막 기후 : 모래는 비열이 작아 빨리 식고, 빨리 가열되므로 낮과 밤의 기온 차(일교차)가 수십 도가 된다.

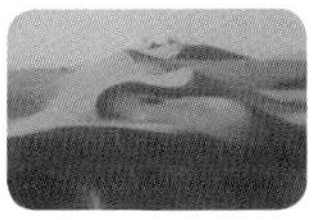
▲ 사막의 모래

비열의 단위

1 kcal = 1000cal, 1 kg = 1000 g 이고, 온도가 1 ℃ 증가한다는 것은 1 K 증가한다는 것과 같으므로
1 kcal/kg·K = 1 cal/g·K
= 1 cal/g·℃
이다. cal, kcal 대신 J 을 쓸 수 있다.

❸ 열량계(calorimeter)

▲ 실험용 열량계

▲ 비열의 정밀 측정

미니사전

비열 [比熱, specific heat] 물체가 열량에 의해 가열되거나 식는 정도를 나타낸 값. 값이 클수록 온도가 증가하기 위한 열량이 크다. 물의 비열이 가장 크고, 금속은 작다.

⚙ **여러 물질의 비열**
(1 kcal = 4186 J)

물질	비열 (kcal/kg·℃)	비열 (J/kg·℃)
알루미늄	0.21	877
구리	0.09	380
철	0.10	437
물(15℃)	1.00	4186
수소	3.39	14191
바닷물	0.94	3931
얼음	0.49	2050
유리	0.19	795

⚙ **질량이 다른 물체를 데우거나 식히는 경우**

열용량이 큰 물체일수록 온도를 변화시키기 위해서 열을 많이 가해 주어야 하므로 시간이 많이 걸린다.

❹ 일과 에너지

물체가 일을 하면 물체가 갖는 에너지가 감소하고, 외부에서 일을 받으면((-)일을 함) 물체가 갖는 에너지가 증가한다. 일은 에너지를 변화시키는 과정이다. 일에 의한 에너지가 마찰면에서 열로 전환된다.

도로가 자동차에 일을 하여 마찰열이 발생 한다.

빙면에서 미끄러지기 (역학적 에너지→열) 물은 마찰열을 줄인다.

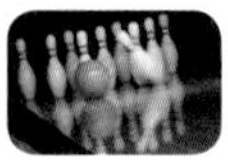
마찰열의 발생을 막기 위해 표면에 기름을 칠한다.

미니사전

시료(sample) 시험, 검사, 화학 분석 등에 쓰여지는 물질 또는 생물

열의 일당량 열과 일은 모두 에너지이고 서로 비례한다는 것을 나타낸 식

단열 열이 빠져나가거나 들어오지 못함

상온 평상 시 온도. 보통 15℃를 뜻한다

② **물체가 여러 개의 서로 다른 물질로 구성되어 있을 때** : C (전체 열용량) = $C_1 + C_2 + C_3 + \cdots$ 이다.

③ **물당량** (g, kg) : 물질의 열용량이 C_1 이라면, 이것은 물 C_1 kg의 열용량과 같다. 따라서 열용량이 C_1 인 물체를 C_1 kg 의 물로 취급해도 동일한 결과를 얻는다. 이것을 이 물체의 물당량이라고 한다.(어떤 물체의 물당량은 열용량과 같고, 단위만 달리 쓴다.)

(4) 일(Work)과 열(Heat)의 전환

: 일을 해서 에너지를 발생시킬 수 있는 것처럼 열을 발생시킬 수 있다. 반대로 열은 일을 할 수 있다. ❹

① **일에 의한 열의 발생** : 대부분 마찰에 의해서 열이 발생한다.

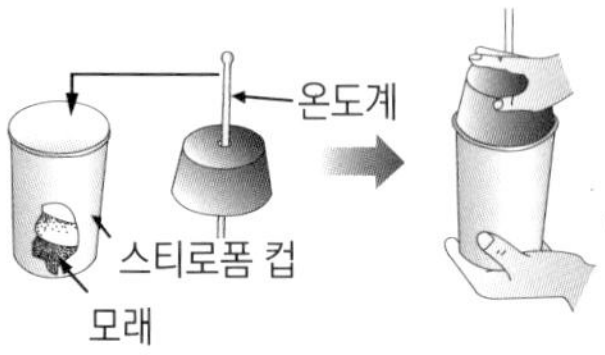

컵을 흔들면 컵 속의 온도가 올라간다

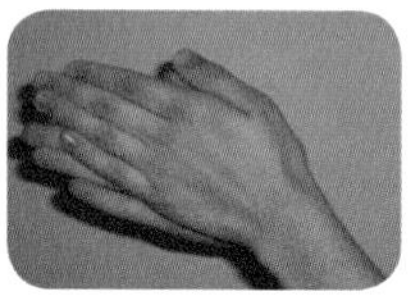
손을 비비면 열이 발생하여 따뜻해진다.

② **줄의 실험** : 그림처럼 2 개의 추가 낙하하면서 물속의 회전 날개를 돌리고, 회전 날개가 물을 휘저으면서 물의 온도는 올라간다. 즉, 추의 에너지 감소가 물속의 열로 전환되는 것이다. 다른 곳으로 소비되는 열은 없다고 가정하면 열량 보존의 법칙에 의해 중력이 한 일 = 물이 얻은 열의 관계가 있다.

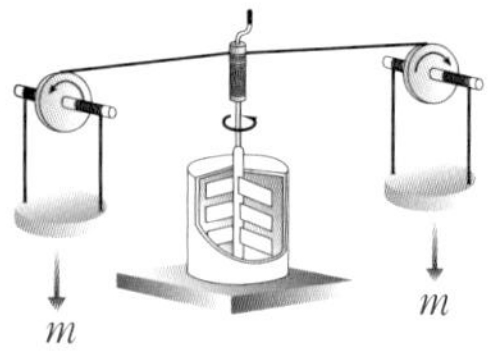

▲ 줄의 실험 장치

추는 물의 저항 때문에 등속으로 낙하한다(운동 에너지 불변). 추의 퍼텐셜 에너지만 변하므로 추(질량 m) 2 개가 h 만큼 낙하했을 때 물(질량 M, 비열 c)의 온도가 Δt 만큼 증가했다.

중력이 한 일(J) : $2mgh$, 물이 얻은 열량(cal) : $c \cdot M \cdot \Delta t$

두 값은 같은 값이므로 1 cal = 4.2 J 의 관계가 있음을 밝혀낼 수 있었다.

1 cal = 4.2 J, 열의 일당량 = 4.2 J/cal

③ **열이 일을 하는 경우** : 열기관 (자동차 엔진, 증기 기관 등) = 열에너지를 역학적 에너지(운동 에너지, 퍼텐셜 에너지)로 바꿔 주는 기관

정답 p 91

Q5 외부와 단열 처리된 용기 속에서 온도가 서로 다른 물체 A, B, C 를 접촉시켰더니 물체 A 와 B 는 각각 100 cal 와 150 cal 의 열량을 잃었다면 물체 C 는 열량을 얼마나 잃거나 얻겠는가?

Q6 질량이 m_1 , m_2 인 두 물체가 있다. 두 물체에 같은 열량 Q 를 가했더니 온도 변화 Δt 가 같았다. 두 물체의 비열의 비 $c_1 : c_2$ 는 어떻게 되겠는가?

Q7 온도가 15 ℃ 인 물체의 온도를 30 ℃ 로 높이는데 3000 J 의 열량이 필요했다. 물음에 답하시오.

(1) 이 물체의 열용량은 얼마인가?

(2) 이 물체를 다시 40 ℃ 로 높이려면 필요한 열량은 몇 J 인가? 또 몇 cal 인가?

Q8 10 ml, 100 ml, 1000 ml(= 1 L) 의 메스실린더에 80 ℃ 의 물이 각각 가득 들어 있다. 같은 장소의 상온에 두었을 때 이중 가장 빨리 식는 것은 어느 것인가?

고체와 액체의 비열과 열용량

23 물질의 비열 차로 인한 현상이 아닌 것을 고르시오.

① 맑은 날에 사막에서는 일교차가 몹시 크다.
② 자동차 냉각 액체로는 물을 주로 사용한다.
③ 바닷가에서 낮에는 해풍이 밤에는 육풍이 분다.
④ 같은 양의 물과 기름을 끓일 때 기름이 먼저 끓는다.
⑤ 사우나실 내부는 온도가 100 ℃ 가 넘지만 데지 않는다.

24 80 ℃ 의 납 2 kg 을 물속에 넣고 한참 후에 꺼내어 온도를 재어 보니 20 ℃ 가 되었다. 실험 도중 납이 잃은 열량은 몇 J 인가? 단, 납의 비열은 128 J/kg·K 이다.

① 2560 J ② 10240 J ③ 15360 J
④ 20360 J ⑤ 30720 J

25 80 ℃ 의 납 100 kg 을 10 ℃ 의 물에 넣고 한참 후에 꺼내어 온도를 재어 보니 납의 온도가 30 ℃ 였다. 납을 물에 넣을 때부터 꺼내는 순간까지 납이 잃은 열량은 몇 kcal 인가? 단, 납의 비열은 0.03 kcal/kg·℃ 이다.

① 30 kcal ② 750 kcal ③ 100 kcal
④ 150 kcal ⑤ 240 kcal

26 20 ℃ 의 어떤 물체의 질량은 3 kg 이었다. 이 물체를 가열하였더니 50 ℃ 가 되었다. 가열 과정에서 물체가 얻은 열량이 34200 J 이었다. 물음에 답하시오.

(1) 이 물체의 비열은 얼마인가?

① 380 J/kg·℃ ② 437 J/kg·℃ ③ 550 J/kg·℃
④ 795 J/kg·℃ ⑤ 877 J/kg·℃

(2) 이 물체의 열용량은 얼마인가?

① 380 J/℃ ② 550 J/℃ ③ 795 J/℃
④ 1140 J/℃ ⑤ 11400 J/℃

27 10 ℃ 의 어떤 물체의 온도를 20 ℃ 로 높이기 위해서는 이 물체에 2000 cal 의 열량을 공급해야 한다. 물음에 답하시오.물음에 답하시오.

(1) 이 물체의 열용량은 얼마인가?

① 100 cal/℃ ② 200 cal/℃ ③ 300 cal/℃
④ 1000 cal/℃ ⑤ 2000 cal/℃

(2) 20 ℃ 의 이 물체를 다시 25℃ 로 올리기 위해서는 얼마의 열량이 더 필요한가?

① 100 cal ② 200 cal ③ 300 cal
④ 1000 cal ⑤ 2000 cal

28 질량이 80 g 인 구리 그릇의 온도가 20 ℃ 만큼 올라가는데 148 cal 의 열량이 구리 그릇에 공급되었다. 다음 물음에 답하시오.

(1) 이 구리 그릇의 열용량은 몇 J/K 인가?

(2) 구리의 비열은 몇 kcal/kg·K 인가?

29 질량이 m_1, m_2 인 두 물체가 있다. 이 두 물체에 똑같은 열량을 가했더니 온도가 상승했는데 온도 변화가 같았다. 이 두 물체의 비열의 비는 얼마인가?

① 1 : 1 ② $m_1 : m_2$ ③ $m_2 : m_1$
④ $m_1^2 : m_2^2$ ⑤ $m_2^2 : m_1^2$

30 그림은 질량 비 m_A : m_B 가 2 : 1 인 두 물체 A 와 B 의 가열 곡선이다. 두 물체는 같은 가열 장치로 가열되었으며 단위 시간 당 공급된 열량이 같다. 두 물체의 비열의 비 c_A : c_B 는 어떻게 되는가?

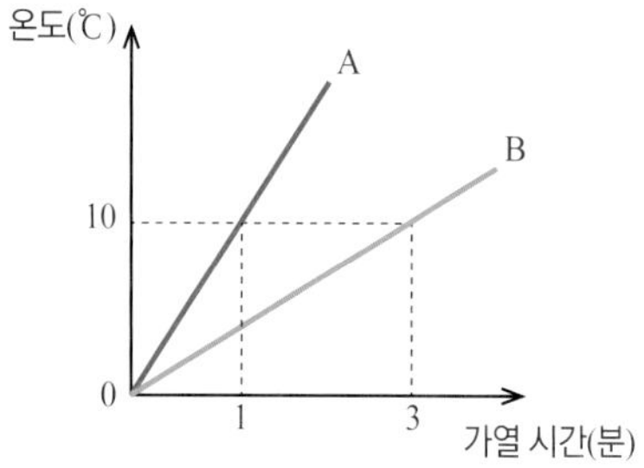

① 1 : 1 ② 1 : 2 ③ 2 : 3
④ 3 : 2 ⑤ 1 : 6

31 80 ℃ 의 더운 물과 10 ℃ 의 찬물을 수조에 동시에 붓고 온도를 쟀더니 시간에 따른 온도의 그래프가 다음 그림과 같았다. 물을 섞는 과정이나 온도를 재는 과정에서 물 밖으로 빠져나가서 없어지는 열량은 없다고 가정하고, 물의 비열은 1 cal/g·℃ 이다. 물음에 답하시오.

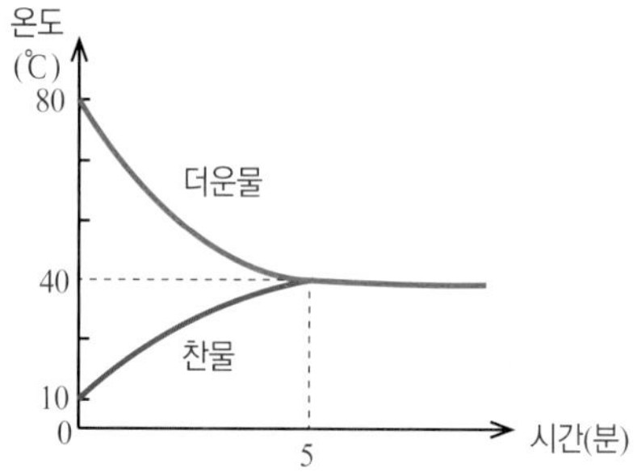

(1) 열평형 온도는 몇 ℃ 인가?

(2) 더운 물 전체의 질량이 300 g 이라면 물을 붓고 난 후 5 분이 지날 때까지 더운 물이 잃은 열량은 몇 cal 인가?

(3) 더운 물의 질량이 300 g 이라면 찬 물의 질량은 몇 g 인가?

(4) 더운 물의 그래프는 가파르게 내려가는데 찬물의 그래프는 더운 물의 그래프에 비해서 완만하게 증가하는 것은 찬물은 더운 물에 비해서 무엇이 다르기 때문인가?

32 외부로 빠져 나가는 열이 없다고 할 때 20 ℃, 500 g 의 물과 90 ℃, 1000 g 의 물을 섞은 후 충분한 시간이 흘렀을 때 열평형 온도는 몇 ℃ 인가?

① 33.3 ℃ ② 50.0 ℃ ③ 66.7 ℃
④ 70 ℃ ⑤ 73 ℃

33 비열이 1 cal/g·℃ 인 물 1 kg 을 구리 그릇에 넣었더니 물과 구리 그릇의 온도가 20 ℃ 로 같게 되었다. 이제 물이 든 구리 그릇을 가열하니까 (물 + 구리 그릇)이 20 kcal 의 열량을 흡수하여 (물 + 구리 그릇)이 30 ℃ 의 열평형 상태가 되었다. 구리 그릇의 물당량은 몇 g 인가?

① 500 g ② 1000 g ③ 1200 g
④ 1500 g ⑤ 2000 g

34 500 g 의 구리로 된 용기에 물 1 kg 이 들어 있을 때 전체 온도가 0 ℃ 이었다. 이 물속에 100 ℃ 로 가열한 2 kg 의 구리 덩어리를 넣었더니 전체 온도가 15 ℃ 로 되었다. 외부로 나가는 열이 없다고 했을 때 구리의 비열을 구하시오.

35 같은 재질로 되어 있는 두 물체 A 와 B 를 접촉시키고 외부로 열이 빠져 나가지 못하도록 차단하였다. 두 물체의 온도를 측정하였을 때 시간에 따른 온도의 변화가 그림과 같았다. 다음 설명 중 옳지 않은 것을 고르시오.

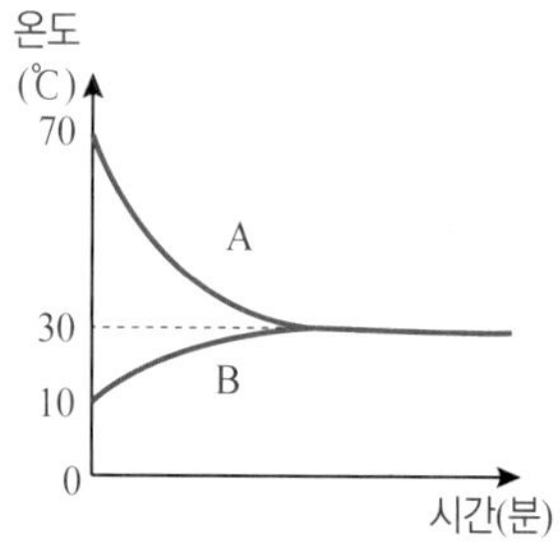

① 두 물체의 비열은 같다.
② 열은 물체 A 에서 물체 B 로 이동한다.
③ 물체 B 의 질량은 물체 A 의 질량의 2 배 이다.
④ 물체 A 의 열용량은 물체 B 의 열용량의 2 배이다.
⑤ 물체 A 가 잃은 열량과 물체 B 가 얻은 열량은 같다.

36 **질량이 1 kg 이고, 구리로 만들어진 구리 열량계에 270 g 의 물을 넣고 열평형이 된 후 온도를 재보니 20 ℃ 였다. 열량계의 물속에 끓는 물에서 가열한 300 g 의 납덩어리를 넣은 후 한참 후에 온도를 재보니 22 ℃ 였다. 외부로 나가는 열은 무시할 수 있다고 가정하고, 구리의 비열은 0.09 cal/g·℃ 일 때 납의 비열은 얼마인가?**

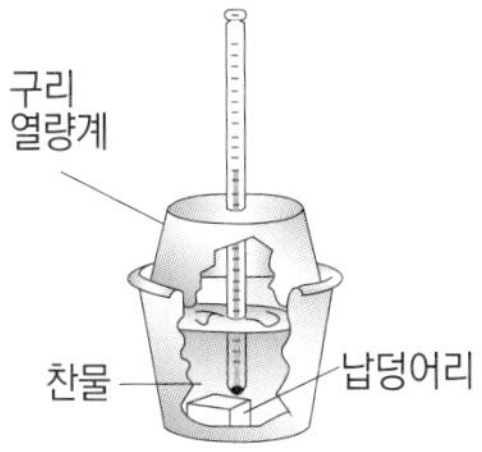

① 0.01 cal/g·℃　② 0.02 cal/g·℃
③ 0.03 cal/g·℃　④ 0.1 cal/g·℃
⑤ 0.3 al/g·℃

37 **다음은 줄의 실험 장치이다. 두 추를 등속으로 낙하시켜 열량계 속의 회전 날개로 물을 휘저으면 물의 온도가 올라가게 된다.**

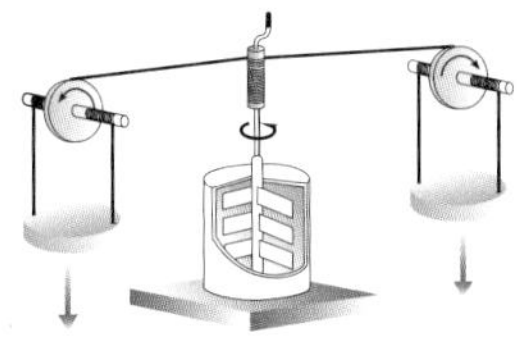

추의 질량은 각각 21 kg 이며 열량계 속의 물의 질량은 2 kg 이고, 추가 4 m 낙하한 직후 물의 온도가 0.2 ℃ 상승하였다. 밖으로 나가는 에너지는 없다고 가정하고, g = 9.8m/s² 이다. 물음에 답하시오.

(1) 추의 퍼텐셜 에너지 감소량은 몇 J 인가?

① 411.6 J　② 823.2 J　③ 1646.4 J
④ 3292.8 J　⑤ 6585.6 J

(2) 열량계 속의 물이 얻은 열량은 몇 cal 인가?

① 100 cal　② 200 cal　③ 300 cal
④ 400 cal　⑤ 500 cal

(3) 열량계 속의 물이 얻은 열량은 추의 감소한 퍼텐셜 에너지와 같다. 1 cal 는 몇 J 인가?

① 4.01 J　② 4.05 J　③ 4.12 J
④ 4.21 J　⑤ 4.31 J

38 **다음 그림은 줄의 실험 장치이다. 그림과 같이 장치한 후 21 kg 의 추 2 개를 등속으로 3 m 낙하시켰다. 탱크 속에는 종류를 알 수 없는 1 kg 의 액체가 들어 있고, 두 추가 낙하하는 동안 회전 날개에 의해 액체의 온도가 상승한다.**

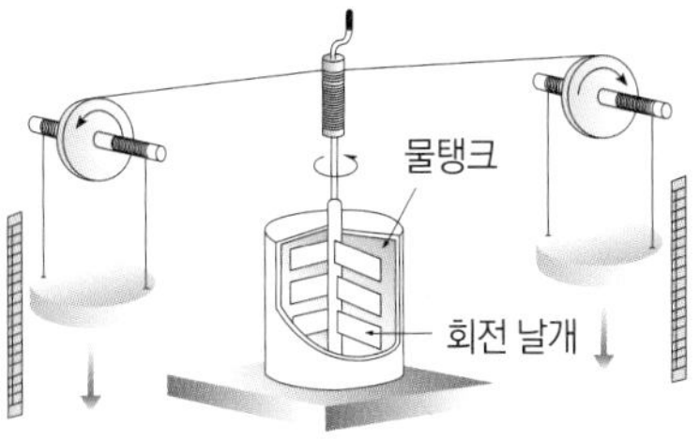

g = 10 m/s² 이고, 1 cal 는 4.2 J (열의 일당량 4.2 J/cal) 임을 알고 있다. 다음 물음에 답하시오.

(1) 추의 퍼텐셜 에너지 변화량은 얼마인가?

(2) 추가 잃은 퍼텐셜 에너지가 전부 액체에 전달되어서 액체의 온도가 2 ℃ 상승하였다면 액체의 비열은 몇 cal /g·℃ 인가?

(3) 액체의 비열이 (2)의 결과와 같다고 할 때, 추가 낙하하기 전 액체의 온도는 20 ℃ 였고, 추의 퍼텐셜 에너지가 액체로 전달되는 과정에서 30 % 의 에너지 손실이 있었다면 액체의 온도는 몇 ℃ 로 되겠는가?

39 **그림과 같이 철, 납, 구리의 비열과 질량을 측정하였다. 세 물체를 같은 조건에서 동시에 같은 시간만큼 가열하여 얼마 후 온도를 측정하였다. 이때 온도가 높은 것에서 낮은 것의 순으로 옳게 나열한 것은?**

물질	비열(cal/g·℃)	질량(g)
철	0.11	50
납	0.03	100
구리	0.09	200

① 철 > 구리 > 납　② 구리 > 철 >납
③ 철 > 납 > 구리　④ 납 > 구리 > 철
⑤ 납 > 철 > 구리

40 속력 80 km/h 로 달리던 자동차가 브레이크를 작동시켰을 때 시간에 대한 속력의 변화가 그림과 같이 나타났다. 이 자동차가 정지할 때까지 마찰에 의해 발생한 열량 E 의 변화를 시간에 따라 바르게 나타낸 것은?

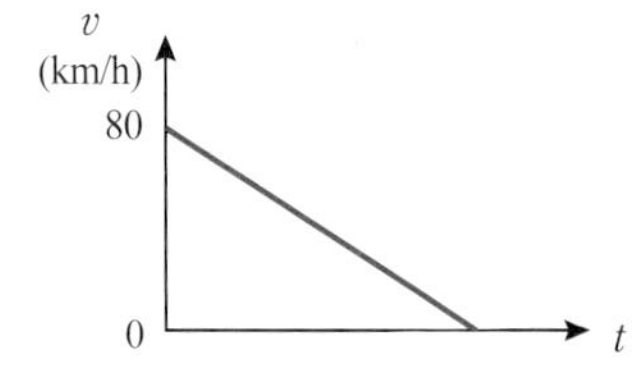

①
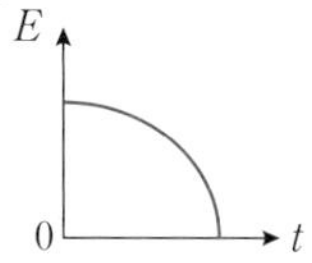

②
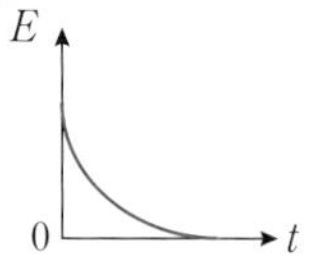

③
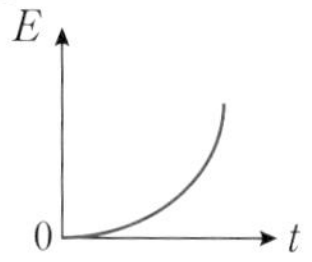

④
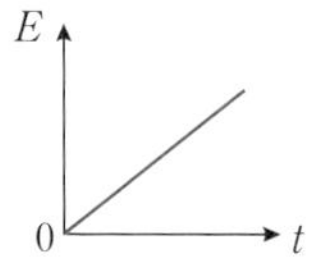

⑤
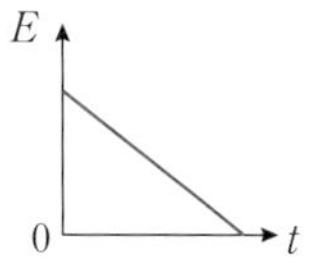

41 질량 840 kg 인 자동차가 10 m/s 의 속력으로 달리다가 장애물을 보고 급브레이크를 걸어서 정지하였다. 자동차가 갖고 있던 운동 에너지가 모두 마찰에 의한 열로 발생하였다면 발생한 열량은 몇 kcal 인가?

① 1 kcal ② 10 kcal ③ 100 kcal
④ 420 kcal ⑤ 42000 kcal

42 높이 100 m 인 폭포 위에서 매초 1000 kg 의 물이 낙하하고 있다. 만약 떨어지는 물의 퍼텐셜 에너지가 모두 물을 덥히는 열로 변한다면 물의 온도는 몇 ℃ 상승하겠는가? (g = 9.8m/s^2)

① 0.23 ℃ ② 0.33 ℃ ③ 2.3 ℃
④ 3.3 ℃ ⑤ 4.3 ℃

43 그림과 같이 유리 통 속에 진흙을 넣고 1 m 높이에서 질량 20 g 의 쇠구슬을 떨어뜨리기를 50 번 반복하였더니 진흙의 온도가 상승하였다. 이 실험에서 쇠구슬의 에너지 중 60 % 가 진흙의 온도를 높이는데 사용된다면 진흙이 얻은 에너지는 몇 cal 인가? (g = 9.8m/s^2)

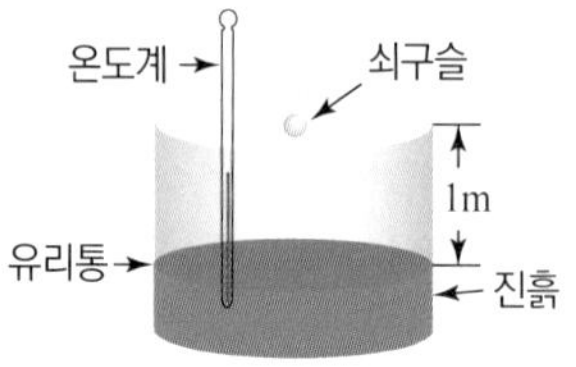

① 1.1 cal ② 1.4 cal ③ 1.7 cal
④ 2.0 cal ⑤ 2.3 cal

44 하루에 4000 kcal 의 열량을 섭취하는 씨름 선수가 섭취한 열량을 하루 동안 일정하게 소모하여 전구의 에너지로 모두 보낸다면 60 W 전구 몇 개를 켤 수 있겠는가?

① 1 개 ② 2 개 ③ 3 개
④ 4 개 ⑤ 5 개

45 질량 20 g 의 총알이 200 m/s 의 속력으로 날아와 나무 표적에 박혔다. 이 과정 중에서 총알이 갖고 있던 에너지의 50 % 가 총알에 흡수되어서 총알의 온도가 60 ℃ 만큼 상승하였다면 총알의 비열은 얼마인가?

① 0.01 kcal/kg·℃ ② 0.02kcal/kg·℃
③ 0.03 kcal/kg·℃ ④ 0.04 kcal/kg·℃
⑤ 0.05 kcal/kg·℃

07

'단열'이라는 것은 열적으로 차단되어 있다는 뜻이다. 단열된 용기 내에 들어 있는 -10 ℃ 의 얼음 200 g 에 15 ℃ 의 물 600 g 을 부은 후 열평형 상태가 될 때까지 기다렸다. 얼음의 비열은 0.5 kcal/kg·℃ 이고, 얼음의 융해열은 80 kcal/kg 으로 한다. 물음에 답하시오.

(1) 열평형 온도는 몇 ℃ 인가?

(2) 열평형 상태에 도달했을 때 아직 녹지 않은 얼음이 있는가? 있다면 몇 g 인가?

08

물체의 비열을 측정하기 위해 실험 설계를 하고 다음과 같은 과정을 거쳐서 실험 결과를 얻었다. 실험 도중 열량계 밖으로 열은 나가지 않고, 열량계 자체의 온도는 일정하다.

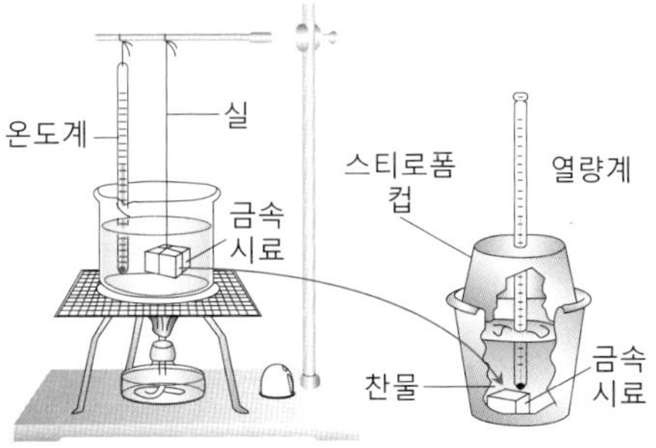

<실험 과정>

1. 열량계에 넣을 금속 시료의 질량을 측정하였더니 200 g 이었다.
2. 이 시료를 실에 묶어 비커의 물속에 매달았다.
3. 찬물 100 mL 를 열량계(스티로폼 컵) 속에 넣고 물의 온도를 측정하였더니 10 ℃ 였다.
4. 시료가 들어 있는 비커의 물을 알코올 램프로 가열하여 물이 끓기 시작한 후 시료를 비커에서 꺼내어 열량계의 물속에 바로 넣었다.
5. 열량계의 물의 온도를 관찰하였더니 물의 온도가 점차 올라가다가 20 ℃ 에서 더 이상 올라가지 않고 일정한 온도를 유지하였다.

물질의 비열이 다음 표와 같이 주어졌을 때 위의 금속 시료는 다음 중 어떤 물질이라고 할 수 있는가?

물질	① 물	② 알루미늄	③ 구리	④ 철	⑤ 납	⑥ 은
비열(kcal/kg·℃)	1.00	0.21	0.09	0.10	0.03	0.06

09 그림은 단열된 그릇에 질량이 각각 m, $2m$, m 인 세 물체 A, B, C 를 넣고 디지털 온도계로 온도를 재어서 시간에 따른 세 물체의 온도를 그린 그래프이다. 열평형 과정에서 물체 A 와 물체 B 가 잃은 열량은 서로 같다.

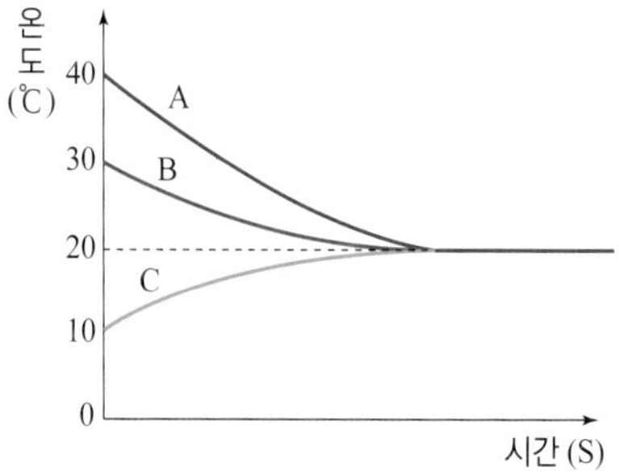

다음 설명 중 옳은 것만을 있는 대로 고르시오.

① 물체 A 의 비열은 물체 B 의 비열과 같다.
② 물체 A 의 비열은 물체 B 의 비열보다 작다.
③ 물체 A, B, C 중 비열이 가장 큰 것은 물체 C 이다.
④ 물체 A, B 가 잃은 열량의 합은 물체 C 가 얻은 열량과 같다.
⑤ 물체 B 와 C 의 열용량은 같다.

10 다음 표는 물, 에탄올, 알루미늄, 수은, 구리 등 5 개 물질의 물리적 성질을 나타낸 것이다. 물음에 답하시오.

물질	1 몰 당 질량(g)	밀도(g/cm³)	녹는점(℃)	끓는점(℃)	비열(cal/g·℃)
물	18	1.0	0	100	1.00
에탄올	46	0.8	-114	78	0.60
알루미늄	27	2.7	660	2519	0.21
수은	201	13.6	-39	357	0.03
구리	64	8.9	1085	2562	0.09

(1) 위 표에 대한 해석을 다음 〈보기〉와 같이 하였다. 옳은 것만을 있는 대로 고르시오.

보기

ㄱ. 상온(20 ℃)에서 고체 상태인 것은 3 종류이다.
ㄴ. 같은 질량의 부피가 가장 작은 것은 에탄올이다.
ㄷ. 각 물질을 같은 질량만큼 가져다가 똑같은 열량을 가했을 때 가장 온도가 높게 올라가는 것은 수은이다.

(2) 1 몰의 열용량이 가장 큰 것은 무엇인가?

11

그래프는 (가), (나) 두 물질 각 100 g 을 100 ℃ 까지 가열시켰다가 상온에 놓았을 때 온도와 시간의 그래프이다.

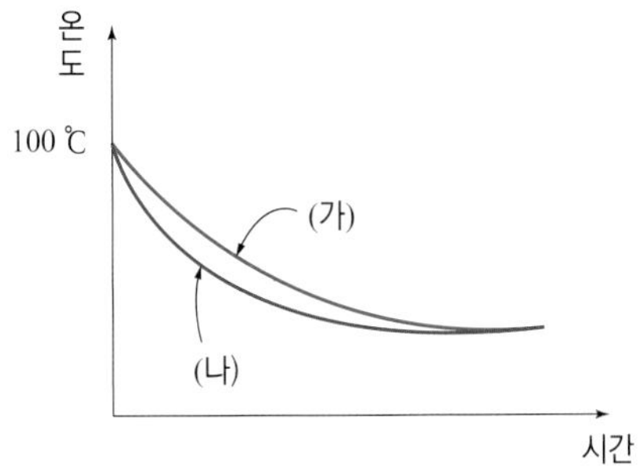

물질	분자량(g)	녹는점(℃)	끓는점(℃)	비열(cal/g·℃)
A	18	0	100	1
B	46	- 114	78	0.6

위 그래프와 표에 관련된 다음 설명 중 옳은 것만을 있는 대로 고르시오.

① 두 물질 A 와 B 는 모두 상온에서 액체 상태로 존재한다.
② 두 물질 1 몰의 열용량을 비교하면 A 물질이 B 물질보다 크다.
③ 두 물질의 나중 온도는 결국 같아진다.
④ 그래프의 (가)는 A 물질이고, 그래프의 (나)는 B 물질이다.

12

질량 4.2 kg 의 물체를 속력 40 m/s 로 연직 상방으로 쏘아 올렸더니 물체와 공기와의 마찰로 상승 과정에서 50 cal 의 열이 발생하였다. 물체가 상방으로 올라가는 최고 높이는 몇 m 이겠는가? (g = 10 m/s^2)

13

마찰이 없는 수평면 위에 용수철 상수가 1600 N/m 인 용수철에 연결된 질량이 992 g 인 나무 도막이 정지해 있었다. 이때 나무 도막의 왼쪽에서 일정한 속력으로 날아온 질량 8 g 의 총알이 나무 도막에 박히면서 용수철이 최대 10 cm 만큼 짧아졌다. 나무 도막과 총알이 충돌한 후 손실된 역학적 에너지가 모두 열로 바뀌었다면 나무 도막의 온도는 몇 ℃ 가 증가하겠는가? (단, 나무 도막의 비열은 0.4 kcal/kg·℃, 총알의 비열은 0.03 kcal/kg·℃ 이고, 나무 도막과 총알의 온도 변화는 같다.)

❶ **승화성 물질**

- 드라이 아이스(고체 탄산) : 고체에서 직접 이산화 탄소 기체로 상태 변화한다. 냉각제로 쓰인다.
- 나프탈렌 : 방충제, 드라이크리닝 용제로 쓰인다. 결합력이 매우 약하여 고체에서 직접 기화한다.
- 아이오딘 : 요오드 팅크의 원료

❷ **변환열 때문에 나타나는 현상**

- 이누이트족이 이글루(얼음집) 안에서 물을 뿌리면 내부가 따뜻해 진다. → 물이 얼면서 응고열을 방출함

- 눈이 오는 날은 날씨가 포근하다. → 수증기가 공기 중에서 눈으로 승화하여 승화열을 방출함

- 사막에서 가죽 물통을 사용한다. → 축축히 스며 나오는 물이 기화하며 열을 빼앗으므로 통 속의 물이 시원하게 유지된다.

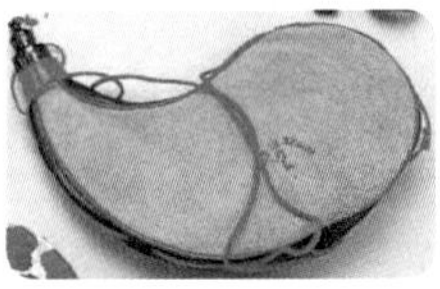

❸ **바이메탈**(bimetal)

열팽창계수가 매우 다른 두 종류의 얇은 금속판을 포개어 붙여 한 장으로 만든 막대 형태의 부품. 온도가 높아지면 휘므로 눈금을 달아 온도계를 만들거나 온도에 따라서 전기를 차단하는 장치를 만들 수 있다.

미니사전

물질 (matter, 物質) 물체를 이루는 재료, 본바탕

물체 (body, 物體) 구체적인 형태를 지니는 대상
'우리 주위의 물체는 물질로 이루어져있다.'

임계(臨界) 어떠한 물리 현상이 갈라져서 다르게 나타나는 경계

3. 물질의 열팽창

고체 상태의 물질에 열을 가하면 온도가 올라가고 분자 운동이 활발해져서 분자 사이의 평균 간격이 넓어지기 때문에 전체 부피는 팽창하며, 한계 온도(융해점) 이상에서는 액체 상태로 변화한다. 그 이후에도 계속 열을 가하면 액체 분자의 열운동으로 인해 온도가 올라가고 부피가 팽창하며 한계 온도(기화점) 이상에서 기체 상태로 변화하며, 분자 운동이 격렬한 기체 상태에서 열을 받으면 부피가 급격히 팽창한다. 대부분의 물질이 고체 → 액체 → 기체 순으로 부피가 커지지만 물의 경우 고체(얼음) → 액체(물) 의 과정에서 부피가 작아진다.

(1) 물질의 상태 변화

① **물질의 상태 변화** : 물질이 받는 압력이 일정한 경우 상온에서 물질은 분자의 열운동이 높아짐에 따라 고체 → 액체→ 기체 상태로 변한다. 나프탈렌이나 드라이아이스❶ 는 분자 사이의 결합력이 약하여 액체 상태를 거치지 않고 고체 → 기체, 기체 → 고체로 직접 변화한다.

② **압력과 상태 변화** : 일정한 온도에서 기체에 압력을 크게 가해도 액화가 된다. 그러나 특정 온도 이상이 되면 압력을 아무리 크게 가해도 기체는 액화되지 않는다. 이때의 온도가 임계 온도이다.

③ **변환열**(L : **숨은열**)❷ : 물질의 상태가 변할 때 물질의 온도가 변하지 않으면서 흡수하거나 방출하는 열량. 융해열, 응고열, 기화열, 액화열, 승화열. (융해열 = 응고열, 기화열 = 액화열) 등이 있다.

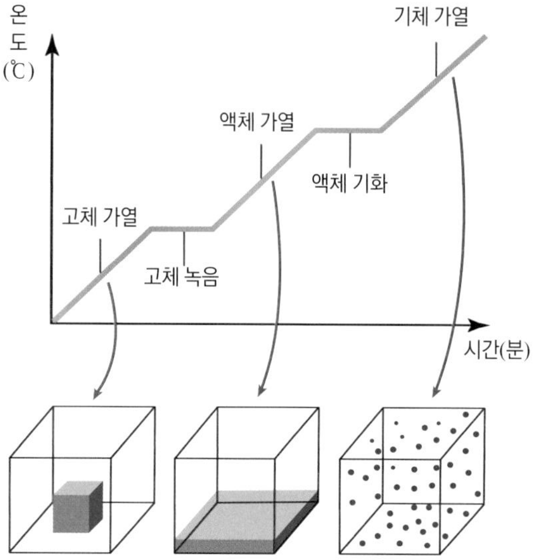

고체	액체	기체
고정된 모양과 부피	고정된 부피, 그릇의 모양	기체의 부피와 모양은 그릇의 부피, 그릇의 모양이다.

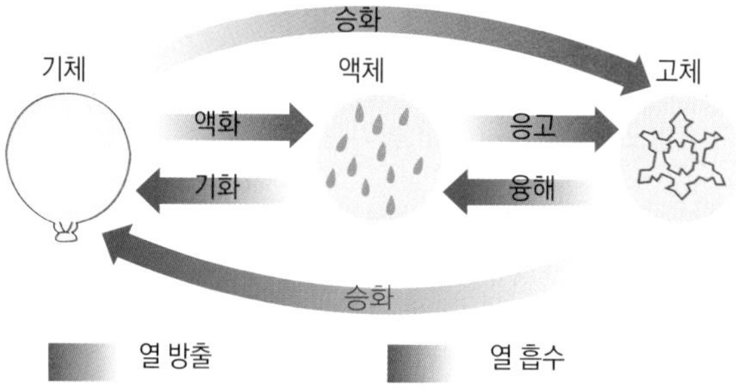

변환열은 물질의 단위 질량(1 g 이나 1 kg)당 흡수하거나 방출하는 열량(cal, kcal, J)으로 나타내며 물질마다 다른 값을 갖는다. 질량이 m 인 물체의 상태가 완전히 변하기 위해서 방출되거나 흡수되는 열량을 Q 라 할 때 다음의 관계가 성립한다.

$$Q(\text{상태 변화시 흡수/방출되는 열량}) = mL, \quad L : \text{변환열}$$

(2) 물질의 열팽창 : 물질은 대부분 온도가 증가함에 따라 팽창한다. 고체의 길이가 늘어나므로 이음새가 없다면 강철로 된 철로가 온도가 높은 여름철에 늘어나서 휘어지게 될 것이다. 철로 된 다리의 이음새에 간격을 두어 휘거나 오작동하는 일을 막는다. 온도의 상승에 따라서 휘는 정도는 물질마다 다르다. 늘어나는 정도가 다른 두 물질을 접합하여 바이메탈 ❸을 만들어 실생활에 이용하기도 한다.

① 고체의 열팽창

- **선팽창** : 처음 길이 l_0 인 고체의 온도가 Δt 만큼 상승하여 길이가 l 로 늘어났다면 늘어난 길이는 $l - l_0$ 가 된다. 이때 늘어난 길이(Δl)는 온도 변화량 Δt 와 처음 길이 l_0 의 곱에 비례한다.

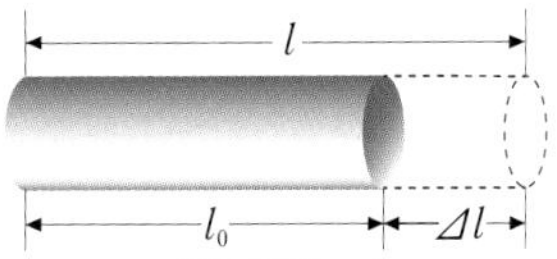

온도 변화 : Δt

$\Delta l = l - l_0 \propto l_0 \cdot \Delta t$

$\Delta l = l - l_0 = \alpha\, l_0 \cdot \Delta t$, α : 비례상수(선팽창 계수❹) , $l = l_0 + \alpha\, \Delta t \cdot l_0 = l_0(1 + \alpha \Delta t)$

$$l = l_0(1 + \alpha \Delta t), \quad \alpha : \text{선팽창 계수(물질마다 다름)}$$

- **구멍 뚫린 자의 팽창** : 강철로 만든 자가 온도가 증가하여 팽창한다면 그 위의 눈금, 숫자, 자의 두께, 모서리 길이, 대각선 길이, 원과 원형 구멍의 지름 등은 모두 동일한 비율로 늘어난다.

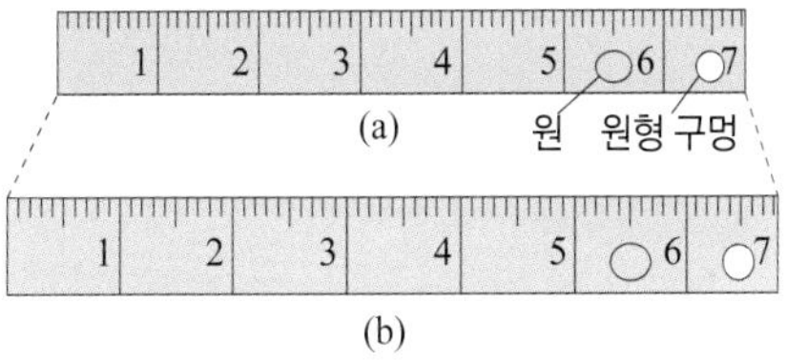

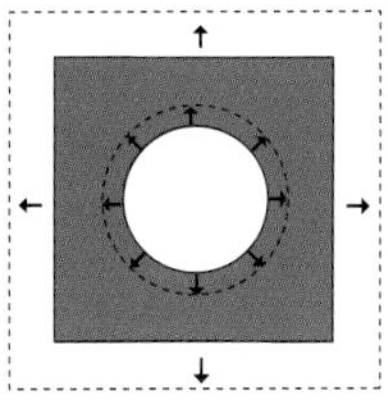

구멍을 뚫을 때 원판이 분리되는데 자와 원판의 온도가 똑같이 올라간다면 원판은 온도가 올라간 이후에도 구멍에 딱 맞게 된다.

- **바이메탈의 휘어짐** : 선팽창계수가 다르면 같은 온도 변화(Δt)에서 늘어나는 길이가 다르다. 선팽창 계수가 다른 두 금속을 붙이면 온도가 증가하면서 휘어지게 된다.
  용도 : 온도계, 전기밥솥 등의 자동 온도 조절기, 전원 차단 장치

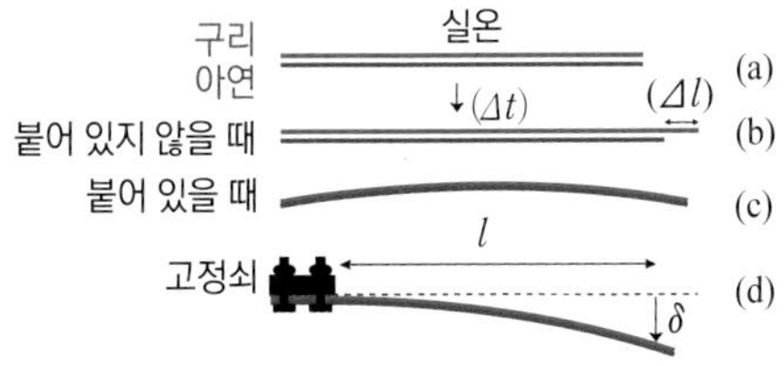

▲ 바이메탈의 원리

- **관련된 현상**
  - 금속이 유리보다 많이 팽창하므로 따뜻한 물에 담그면 금속 병마개를 쉽게 열 수 있다.
  - 치아와 같은 열팽창 특성을 갖는 물질로 이를 치료한다.
  - 금속 그릇이 겹쳐서 안 빠질 때 따뜻한 물에 담그면 큰 그릇이 더 많이 팽창하므로 분리할 수 있다.

- **부피 팽창**❺ : 처음 부피가 V_0 인 직육면체 모양의 고체의 온도가 Δt 만큼 상승하면
  ΔV(부피 변화) $= V - V_0 = \beta V_0 \cdot \Delta t$, β(부피 팽창 계수) $= 3\alpha$
  $\therefore$ V(온도 상승 후 부피) $= V_0(1 + \beta \Delta t)$

$$V(\text{온도 상승 후 부피}) = V_0(1 + \beta \Delta t)$$

→ 물체의 모양이 직육면체가 아니더라도 부피의 변화는 같은 식으로 나타난다.

② 액체의 열팽창

액체의 열팽창 : 처음 부피 V_0 인 액체의 온도를 Δt 만큼 높일 때 나중 부피가 V 라면

$$V = V_0(1 + \beta \Delta t)$$

그렇지만 액체는 그릇에 담겨져 있으므로 온도가 증가하면 그릇과 액체의 부피가 동시에 증가한다.(액체의 부피 팽창률은 고체의 수 백배이다)

$$\text{액체의 겉보기 팽창} = \text{액체의 팽창} - \text{그릇의 팽창}$$

❹ 여러 가지 물질의 선팽창 계수

물질	$\alpha(\times 10^{-6}/℃)$
얼음(0 ℃)	51
납	29
알루미늄	23
황동	19
구리	17
콘크리트	12
강철	11
일반 유리	9
내열 유리	3.2
다이아몬드	1.2

값이 클수록 많이 팽창한다.

여러 가지 물질의 선팽창 그래프

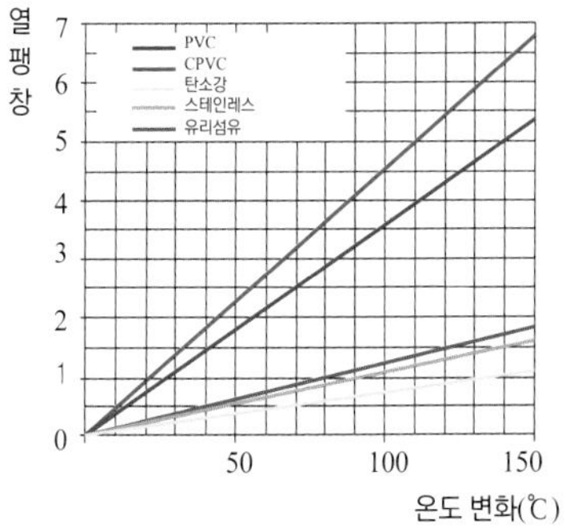

❺ 고체의 부피 팽창

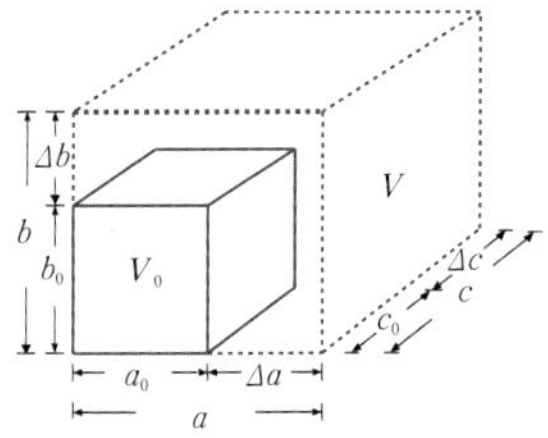

고체의 처음 부피

$V_0 = a_0\, b_0\, c_0$

온도가 Δt 만큼 상승했을 때의 부피

$V = a\,b\,c = a_0\, b_0 c_0(1 + \alpha \Delta t)^3$

$= V_0[1 + 3\alpha\Delta t + 3(\alpha\Delta t)^2 + (\alpha\Delta t)^3]$

(α^2 과 α^3 은 매우 작으므로 0으로 놓는다.)

$\fallingdotseq V_0(1 + 3\alpha\Delta t)$

$= V_0(1 + \beta\Delta t)$

β(부피 팽창 계수) $= 3\alpha$

고체의 면적 팽창

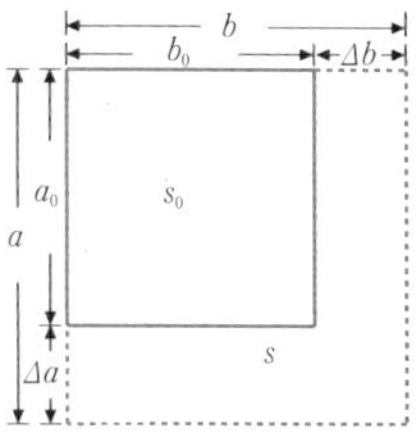

처음 면적 : $s_0 = a_0 b_0$
온도가 Δt 만큼 상승했을 때의 면적
$s = ab$
$= a_0(1+\alpha\Delta t) \times b_0(1+\alpha\Delta t)$
$= a_0 b_0 (1+\alpha\Delta t)^2$
$= s_0(1+2\alpha\Delta t+\alpha^2\Delta t^2)$
(α^2 은 α에 비해 매우 작으므로 0으로 놓는다.)
$\fallingdotseq s_0(1+2\alpha\Delta t)$
$= s_0(1+\beta'\Delta t)$
β'(면적 팽창 계수) = 2α

- **물의 열팽창** : 물은 고체, 액체, 기체 상태를 통틀어 액체 상태인 4 ℃ 에서 부피가 가장 작고, 밀도가 가장 크다.

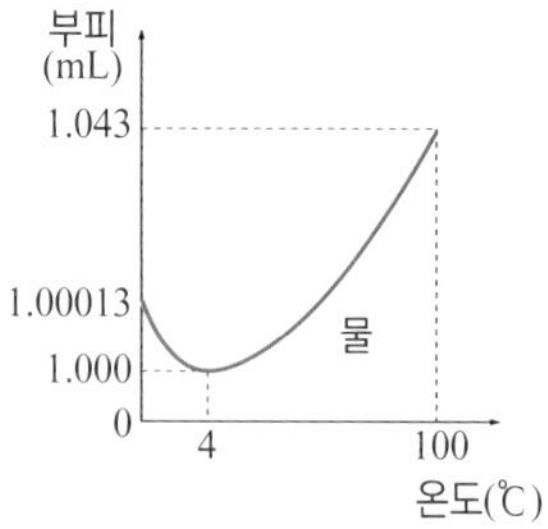

- **물의 열팽창에 의한 현상**
  - 수도관이 얼어서 파열된다.
  - 물병이 얼면서 깨진다.
  - 바위틈의 물이 얼어서 바위가 깨진다.(풍화 현상)
  - 연못이나 강 표면의 물이 4 ℃ 가 되면 무거워져 하강하고 표면의 물이 먼저 얼기 시작한다.

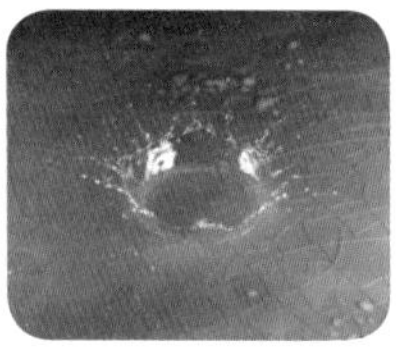
▲ 빨리 어는 강 표면

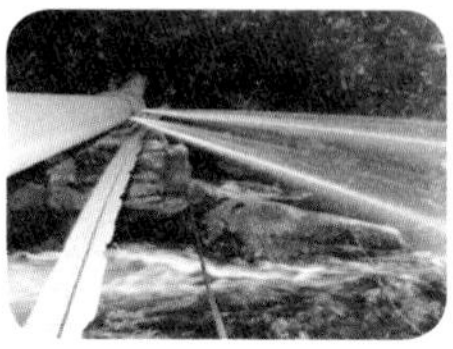
▲ 얼어 터진 수도관

▲ 얼어 깨진 병

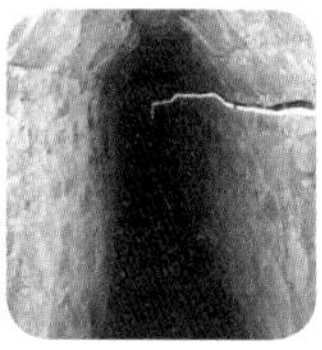
▲ 갈라진 바위

③ **기체의 열팽창** : 기체에 일정한 압력이 가해지고 있을 때, 0 ℃ 의 부피를 V_0 이라 하면 1 ℃ 증가할 때마다 $\frac{1}{273}V_0$ 만큼 부피가 팽창한다. (샤를의 법칙)

$$V = V_0\left(1+\frac{1}{273}t\right) \quad (V : t\,℃ \text{ 의 부피},\ V_0 : 0\,℃ \text{ 의 부피},\ \beta = \frac{1}{273})$$

정답 p 95

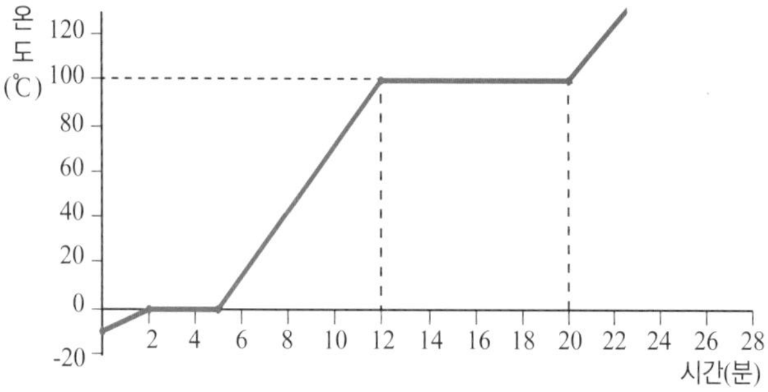

Q9 그래프는 온도 -10 ℃ 의 일정량의 얼음을 가열하여 100 ℃ 의 수증기를 만들 때의 가열 곡선이다. 물의 비열을 1 cal/g·℃ 이라 하고, 물에 1 분 당 Q 의 열량을 가했다.

(가) 얼음의 융해열은 $5Q - 2Q$ 이다.
(나) 얼음의 비열을 계산할 수 있다.
(다) 물에 가한 열량으로부터 물의 질량을 계산할 수 있다.
(라) 물의 기화열을 계산할 수 있다.

Q10 그림과 같이 가운데에 원형 구멍이 뚫린 금속 원판이 있다. 금속 원판을 가열하면 원판의 반지름과 구멍의 반지름은 어떻게 되겠는가?

① 원판의 반지름과 구멍이 모두 커진다.
② 원판의 반지름은 변함이 없고, 구멍의 반지름만 커진다.
③ 원판의 반지름은 커지고, 구멍의 반지름은 작아진다.

미니사전

풍화(風化) 암석이 물리적이거나 화학적인 작용으로 인해 부서져 토양(땅)이 되는 변화 과정

샤를의 법칙 압력이 일정하게 유지되는 경우 기체의 부피와 절대 온도는 비례한다는 법칙. 절대 온도 0K 에서는 기체의 부피가 0이 된다.

Q11 그림처럼 변의 길이가 각각 L, $2L$, $3L$ 인 직사각형의 동일한 재질의 금속판이 있다. 이 금속판들을 동일한 온도만큼 가열하였다. 물음에 답하시오.

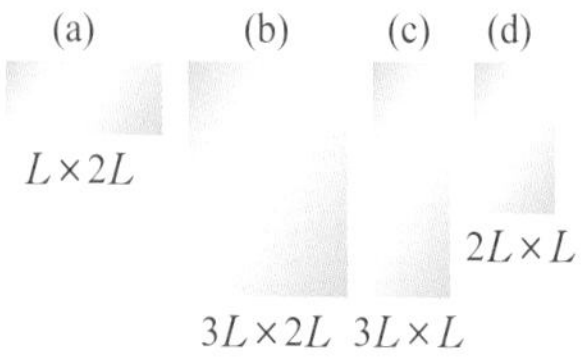

(1) 세로 방향의 길이 증가가 큰 순서대로 쓰시오.
(2) 면적의 증가가 가장 큰 순서대로 쓰시오.

물질의 상태 변화와 열팽창

46 **물질은 고체, 액체, 기체의 3 가지 상태로 존재한다. 한 물질의 3 가지 상태를 비교할 때 분자 사이의 결합력이 큰 것부터 차례로 나열한 것은?**

① 고체 > 액체 > 기체 ② 액체 > 고체 > 기체
③ 고체 > 기체 > 액체 ④ 기체 >액체 > 고체
⑤ 기체 > 고체 > 액체

47 **얼음이 융해되고 있을 때에는 녹지 않은 얼음과 녹은 물이 공존한다. 얼음이 융해되고 있을 때 녹지 않은 얼음에 나타나는 현상으로 옳은 것을 고르시오.**

① 비열이 작아진다.
② 온도가 낮아진다.
③ 부피가 팽창한다.
④ 융해열을 흡수한다.
⑤ 분자 운동이 활발해진다.

48 **물질의 상태 변화에 대한 설명 중 옳지 않은 것을 고르시오.**

① 고체 상태에서 액체 상태로 변하는 현상을 융해라고 한다.
② 액체 상태에서 기체 상태로 변하는 현상을 기화라고 한다.
③ 기체 상태에서 액체 상태로 변하는 현상을 액화라고 한다.
④ 액체 상태에서 고체 상태로 변하는 현상을 응고라고 한다.
⑤ 물질에 열을 가하면 항상 고체 → 액체 → 기체로 상태 변화한다.

49 **다음 중 승화성 물질로만 짝지어진 것을 고르시오.**

① 나프탈렌, 알코올, 드라이아이스
② 벤젠, 붕산, 나프탈렌
③ 아이오딘, 알코올, 드라이아이스
④ 아이오딘, 드라이아이스, 나프탈렌
⑤ 나프탈렌, 알코올, 드라이아이스

50 **다음 중 변환열에 관련된 현상이 아닌 것을 고르시오.**

① 눈이 오는 날은 포근하다.
② 더운 사막에서 가죽 물통을 사용한다.
③ 주전자의 물이 끓을 때 흰 김이 나온다.
④ 이누이트족이 이글루 안에서 물을 뿌린다.
⑤ 마트에서 채소를 싱싱하게 유지하기 위해 드라이아이스를 사용한다.

51 **-10 ℃ 의 얼음 20 g 을 100 ℃ 의 수증기로 상태 변화시키는데 필요한 열량은 얼마인가? 다음 자료를 사용하시오.**

물의 상태	비열(cal/g·℃)	변환열(cal/g)
얼음	0.5	융해열 : 80
물	1	기화열 : 538

① 1700 cal ② 10760 cal ③ 12000 cal
④ 12660 cal ⑤ 14460 cal

52 **다음 그래프는 어떤 물질 20 g 의 가열 곡선이다. 이 물질은 1 분당 10 J 의 에너지를 공급받는다. 이에 대한 설명으로 옳은 것만을 〈보기〉에서 있는 대로 고르시오.**

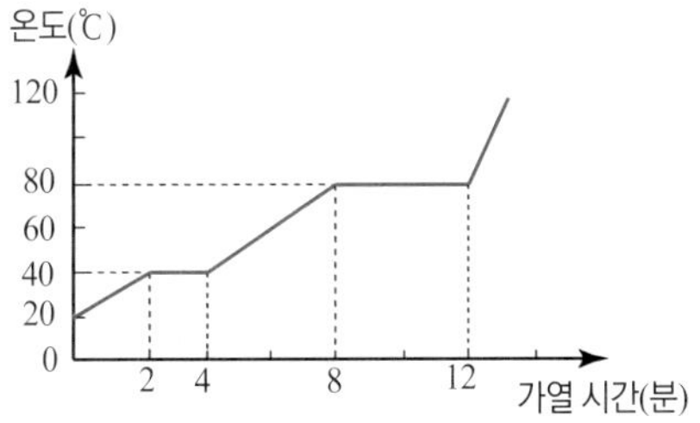

보기

A. 이 물질의 어는점은 40 ℃ 이다.
B. 가열 후 2 ~ 4 분 사이에서 액체 상태이다.
C. 끓는점은 80 ℃ 이다.
D. 이 물질의 융해열은 1 J/g 이다.
E. 가열 후 12 분 이후에는 기체 상태이다.

53 녹는점이 1500 ℃ 인 어떤 합금 물체가 있다. 이 물체가 고체이었을 때 비열이 0.02 cal/g·℃ 이고 융해열은 50 cal/g 이라면 15 ℃ 의 실온에서 고체 합금 100 g 을 1500 ℃ 의 액체 합금으로 변화시키기 위해서 필요한 열량은 얼마인가?

① 2970 cal ② 3500 cal ③ 5000 cal
④ 5970 cal ⑤ 7970 cal

54 그림은 고체 상태인 물체의 가열 곡선이다. 가열할 때에는 초당 Q 의 열량이 일정하게 공급된다. 그래프의 설명으로 옳지 않은 것은?

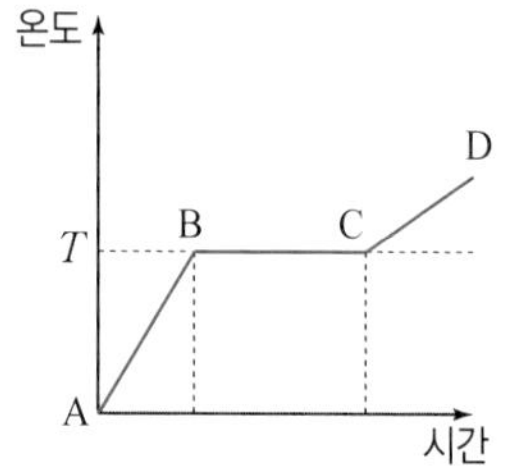

① 이 물체의 융해점은 T 이다.
② BC 구간에서 이 물체는 고체 상태이다.
③ CD 구간에서 이 물체는 액체 상태이다.
④ 비열은 고체일 때보다 액체일 때 더 크다.
⑤ 이 고체 물체의 비열은 질량과 AB 구간의 기울기로 구할 수 있다.

55 그림은 얼음에 일정한 열을 가하면서 시간과 온도의 그래프를 그린 그래프이다. 얼음의 융해열을 80 cal/g 이라 할 때 가열한지 12 분이 지났을 때 물의 온도 t 는 몇 ℃ 인가?

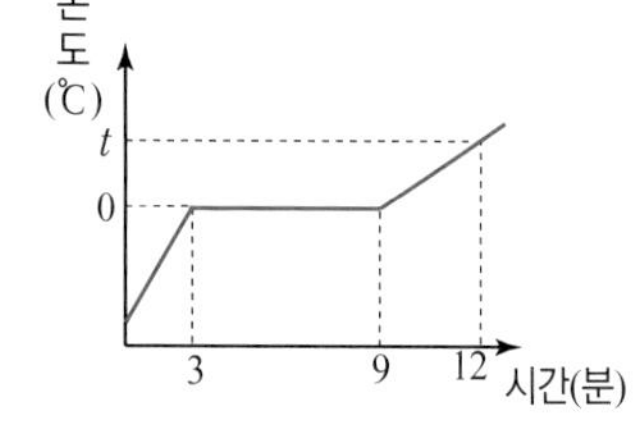

① 35 ℃ ② 40 ℃ ③ 45 ℃
④ 50 ℃ ⑤ 55 ℃

56 그래프는 -10 ℃ 의 얼음 100 g 을 일정한 세기의 열로 가열할 때 가열한 열에 대한 온도의 변화를 나타낸 것이다. 물음에 답하시오.

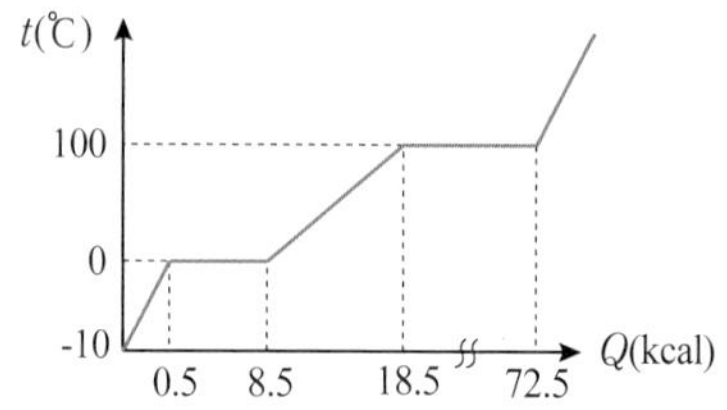

(1) 얼음의 비열은 얼마인가?

(2) 물의 기화열은 얼마인가?

57 밖으로 나가는 열이 없다고 할 때 80 ℃ 의 물 20 g 에 -10 ℃ 의 얼음 10 g 을 넣으면 열평형 온도는 몇 ℃ 인가? 얼음의 비열은 0.5 kcal/kg·℃, 융해열은 80 kcal/kg, 물의 비열은 1 kcal/kg·℃ 으로 하시오.

① 5 ℃ ② 10 ℃ ③ 15℃
④ 25 ℃ ⑤ 30 ℃

58 바이메탈은 2개의 열팽창 계수가 다른 금속을 붙인 구조로 되어 있다. 철, 구리, 알루미늄의 세 가지 금속으로 바이메탈을 만들었다. 열팽창계수는 철 < 구리 < 알루미늄 순으로 커진다. 3 개의 금속 중 두 개의 금속을 붙여 그림의 A, B, C 세 개의 바이메탈을 만들어서 열을 가했을 때 열을 가한 전후에 그림처럼 모양이 바뀌었다면 A, B, C 금속은 각각 무엇인가?

	A	B	C
①	알루미늄	구리	철
②	구리	철	알루미늄
③	철	알루미늄	구리
④	알루미늄	철	구리
⑤	철	구리	알루미늄

59 **수조에 물을 넣고 금속 구를 용수철 저울에 매달아 그림과 같이 장치한 후 저울의 눈금을 읽는다. 수조의 물을 뜨겁게 데우는 과정에서 일어나는 현상으로 옳은 것은?**

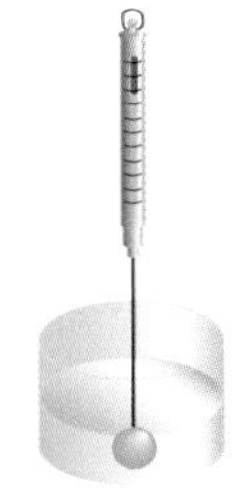

① 저울의 눈금이 더 무거운 눈금을 가리킨다.
② 저울의 눈금이 더 가벼운 눈금을 가리킨다.
③ 저울의 눈금이 그대로이다.

60 **물질의 열팽창에 관련된 현상이 <u>아닌</u> 것은?**

① 바이메탈을 이용하여 전원 차단 장치를 만든다.
② 여름철에 철로가 휘지 않게 하기 위해 이음새 간격을 둔다.
③ 금속 그릇이 꼭 끼어서 빠지지 않을 때에는 따뜻한 물에 담가서 뺀다.
④ 전선을 전봇대에 고정시킬 때에는 최대한 팽팽하게 당겨서 고정시킨다.
⑤ 전구의 필라멘트가 잘 끊어지지 않게 하기 위해 전구 내부를 아르곤 기체로 채운다.

61 **유리병 입구를 바깥으로 막은 금속 뚜껑이 잘 빠지지 않는 경우 따뜻한 물속에 담그면 잘 빠진다. 그 이유는?**

① 물 때문이 유리병의 표면이 미끄러워지기 때문이다.
② 따뜻한 물이 물과 금속 뚜껑 사이로 스며들어가서 팽창하기 때문이다.
③ 유리병과 금속 뚜껑 둘 다 팽창하나 금속 뚜껑이 더 많이 팽창하기 때문이다.
④ 유리병과 금속 뚜껑이 달라붙어 있으므로 물이 스며 들어가 떼어 놓기 때문이다.
⑤ 따뜻해지면 유리는 팽창하지 않으나 금속 뚜껑는 팽창하여 지름이 커지기 때문이다.

62 **10 ℃ 에서 정확한 길이를 나타내는 구리로 만든 자가 있다. 이 자로 30 ℃ 에서 어떤 물체의 길이를 쟀더니 정확히 50.0 cm 였다. 이 물체의 열팽창은 무시할 수 있다고 하고, 구리의 선팽창계수를 1.7×10^{-5}/℃ 라고 할 때 이 물체의 정확한 길이는 얼마인가?**

① 49.002 cm ② 49.983 cm ③ 50.00 cm
④ 50.017 cm ⑤ 50.170 cm

63 **알루미늄 판에 구멍이 뚫어져 있다. 온도가 15 ℃ 일 때 구멍의 넓이가 100 cm^2 라면 이 판의 온도를 65 ℃ 로 올리면 구멍의 넓이는 얼마로 되겠는가? 알루미늄의 선팽창 계수는 2.3×10^{-5}/℃ 이다.**

① 99.23 cm^2 ② 99.77 cm^2 ③ 100.0 cm^2
④ 100.23 cm^2 ⑤ 100.77 cm^2

64 **0 ℃ 에서 구리 원통의 지름이 10 cm 이고 높이가 20 cm 이었다. 이 원통의 온도를 100 ℃ 로 높였다. 다음 물음에 답하시오. 구리의 선팽창계수는 1.7×10^{-5}/℃ 이다.**

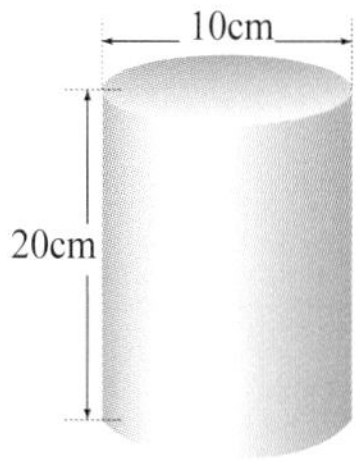

(1) 원통의 높이는 얼마로 되는가?

(2) 원통의 지름은 얼마로 되는가?

(3) 부피팽창계수는 선팽창계수의 3 배이다. (1), (2)의 결과로 원통의 부피를 구하고 부피팽창계수를 이용하여 100 ℃ 일 때 원통의 부피를 구하여 비교하시오.

개념 심화 문제

14 열량계에 들어 있는 10 ℃, 1 L 의 물과 100 ℃ 의 수증기를 섞어서 30 ℃ 의 물을 만들고자 한다. 필요한 수증기는 몇 g 이겠는가? 단, 물의 비열은 1 kcal/kg·℃, 기화열은 540 kcal/kg 으로 하고, 용기 속에서는 열이 바깥으로 나오지 못하며 용기의 열용량은 무시한다.

15 그림은 20 g 의 얼음에 소비 전력이 20 W 인 전기 버너를 사용하여 계속 열을 가할 때 시간에 따른 온도 변화를 나타낸 것이다. 전기 버너의 열은 모두 얼음을 가열하는데 소비된다고 할 때 다음 〈보기〉의 설명 중 옳은 것만을 있는 대로 고르시오. 1 cal = 4.2 J 이다.

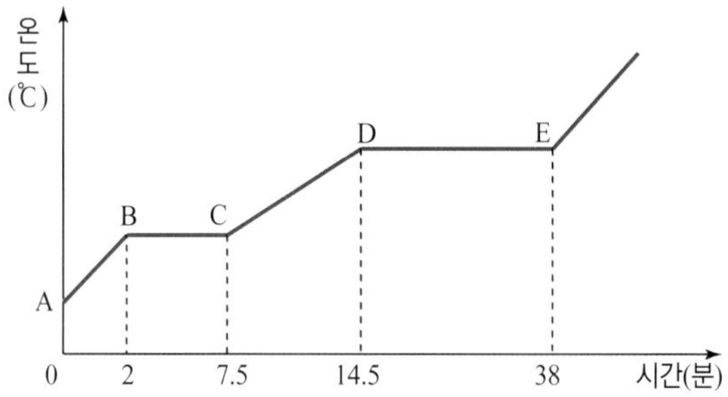

보기

ㄱ. DE 구간은 물과 수증기가 같이 존재하는 구간이다.
ㄴ. 물의 비열은 CD 구간의 기울기이다.
ㄷ. 얼음의 융해열은 330 kJ/kg 이다.
ㄹ. 물의 비열은 1 kcal/kg·℃ 이다.

개념 돋보기

변환열

물질의 상태가 변할 때 필요한 열이 변환열이다.

물체를 가열할 때 물체의 온도가 상승하면서 상태 변화가 일어난다면 온도 상승을 위해서 필요한 열이 있고, 고체 → 액체, 액체 → 기체, 고체 → 기체로 상태 변화하기 위해서 필요한 변환열이 있다.

16 **질량이 서로 같은 물체 a, b, c 3 개를 일정한 비율로 에너지를 빼낼 수 있는 특수한 냉각기에서 같은 조건으로 차례로 냉각시키면서 온도와 시간의 관계 그래프를 그렸다. 냉각 과정 동안 세 물체는 모두 액체 상태에서 고체 상태로 변화하였다. 다음 물음에 답하시오.**

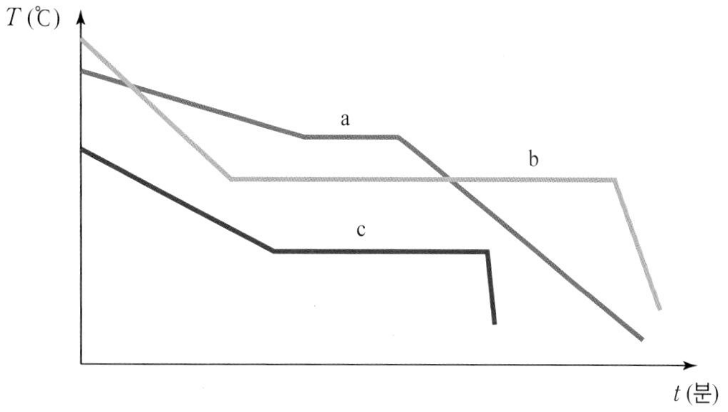

(1) 어는점이 높은 물체가 앞에 오도록 세 물체를 나열하시오.

(2) 고체 상태일 때 비열이 큰 물체가 앞에 오도록 세 물체를 나열하시오.

(3) 액체 상태일 때 비열이 큰 물체가 앞에 오도록 세 물체를 나열하시오.

(4) 물체 a 는 액체일 때의 비열이 큰가? 고체일 때의 비열이 큰가?

(5) 융해열이 큰 물체가 앞에 오도록 세 물체를 나열하시오.

개념 돋보기

$Q = c \cdot m \cdot \Delta t$ = 열용량 × 온도 변화에서 온도 변화 Δt 가 같다면 열용량이 클수록 열량 Q 를 많이 잃거나 얻는다. 이것은 열용량이 클수록 온도 변화를 일으키기 위한 열량이 많이 필요하다는 뜻이므로 열용량이 클수록 그에 반비례하여 온도 변화는 작아진다.

C (열용량) = $c \cdot m$ 이므로 열용량이 같다고 할 때 질량이 2 배라면 비열은 $\frac{1}{2}$ 배가 되어야 한다.

같은 질량인 경우 가열 그래프 상에서 그래프의 기울기가 클수록 비열이 작다.

개념 심화 문제

정답 및 해설 97

17 강철로 만든 철로를 놓으려면 여름철 기온이 상승했을 때를 대비하여 철로 구간 사이의 거리를 떼어 놓아야 한다. 철로 1 개의 길이를 20 m 라고 하고, 기온이 0 ℃ 일 때 철로를 놓는다고 하고, 여름철 기온이 40 ℃ 까지 올라갈 때를 대비한다고 할 때 철로 구간 사이의 간격은 얼마로 해야 하겠는가? 강철의 선팽창 계수는 11×10^{-6}/℃ 이다.

18 100 cm^3 만큼 담을 수 있는 구리 컵에 글리세린을 가득 채운 후 온도를 쟀더니 구리 컵과 글리세린의 온도가 각각 20 ℃ 였다. 구리 컵과 글리세린의 온도를 30 ℃ 로 올리면 글리세린이 넘치겠는가? 넘친다면 그 양은 얼마일까? 구리의 선팽창 계수는 11×10^{-6}/℃ 이고 글리세린의 부피 팽창 계수는 5.1×10^{-4}/℃ 이다.

19 그림처럼 벽에 열팽창이 거의 없는 나무 물체를 고정시키려고 한다. 온도가 올라가서 강철과 알루미늄이 열팽창을 하더라도 나무 물체는 벽에 고정된 상태가 유지된다. 강철의 길이가 1 m 라면 알루미늄의 길이는 얼마가 되어야 하는가? 알루미늄의 선팽창 계수는 강철의 2.5 배라고 가정하시오.

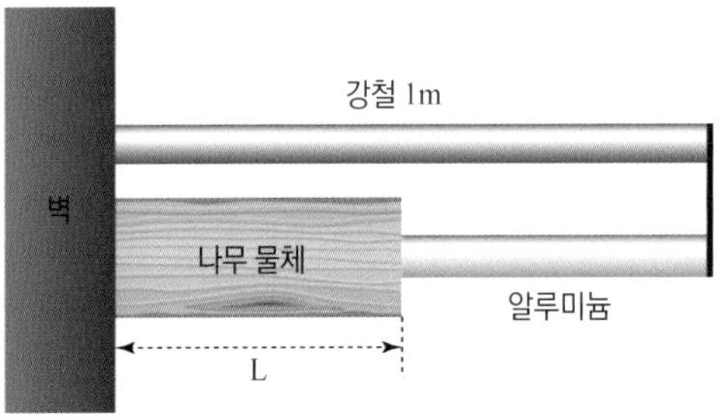

개념 돋보기

열팽창 계수

고체에 있어 열팽창을 할 때 선팽창계수가 α 이면, 면적팽창계수는 2α, 부피 팽창계수는 3α 가 된다.

고체로 둘러싸인 공간도 고체와 같은 열팽창을 한다.

액체는 선팽창계수의 의미가 없으므로 부피팽창계수를 주로 사용한다.

액체는 고체보다 부피팽창계수가 10 ~ 100배 정도 크며 기체의 부피팽창계수는 $\frac{1}{273}$ 이다.

IV 열에너지 (4)

4. 기체 분자의 압력과 부피, 온도와의 관계

(1) 압력과 기압 : 기체 분자는 공간에 골고루 퍼져 벽에 충돌하여 압력을 가한다.

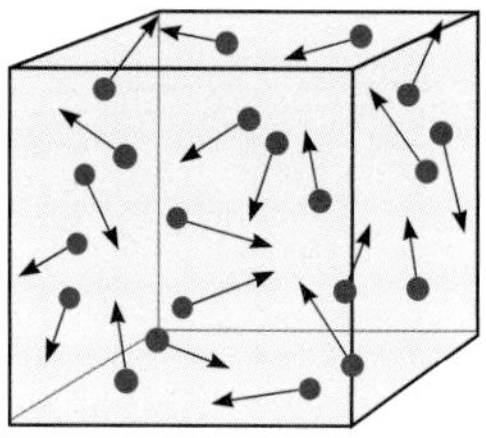

▲ 기체 분자는 공간에 골고루 퍼져 벽에 충돌하여 압력을 가한다.

① **(면의)압력** : 면에 수직으로 작용하는 힘을 면적으로 나누어 구한다. 면의 단위 면적 당 받는 힘의 크기이다. 기체 분자는 빠르게 운동하다가 벽에 부딪쳐 충격량을 주는 과정에서 벽에 압력을 가하게 된다.

$$P\text{ (면의 압력)} = \frac{F\text{ (면에 작용하는 힘)}}{S\text{ (면의 넓이)}}$$

- **압력의 단위** :
  1 N/m^2 = 1 Pa(파스칼)
  1 hPa(헥토파스칼) = 100 Pa = 1 mb(밀리바)
  1 torr(토리첼리) = 1 mmHg, 10 mmHg = 1 cmHg
  1 atm(기압) = 760 torr = 1013 hPa

② **대기의 압력(대기압)** : 지표면 위의 공기의 무게때문에 지표면에 생기는 압력이다.

- **대기압의 측정(토리첼리[1] 의 실험)**

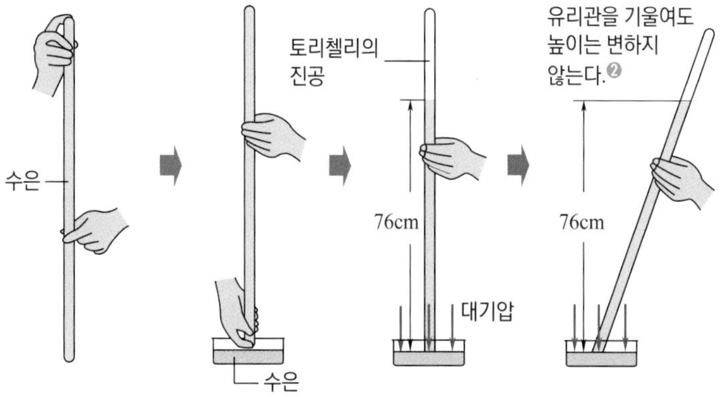

한 쪽이 막힌 수은 기둥을 수은이 들어 있는 그릇에 거꾸로 세웠더니 1 기압(0 ℃)일 때 수은 기둥은 76 cm 의 높이를 유지하였다. 수은 기둥 76 cm 의 압력과 1 기압은 같다.

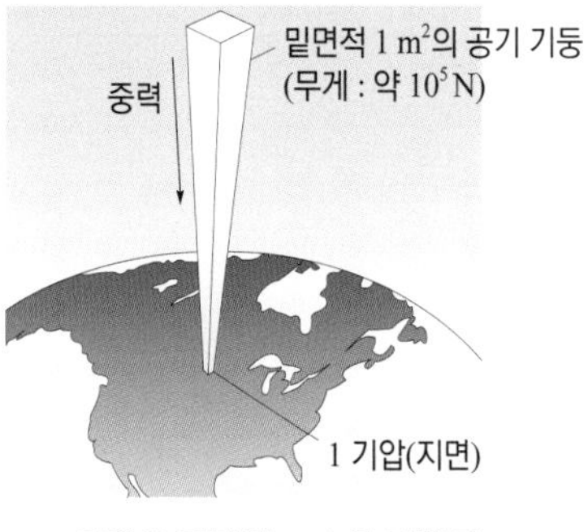

▲ 1 기압은 밑면적 1m^2 의 전체 대기 높이의 공기 기둥의 무게와 같다.

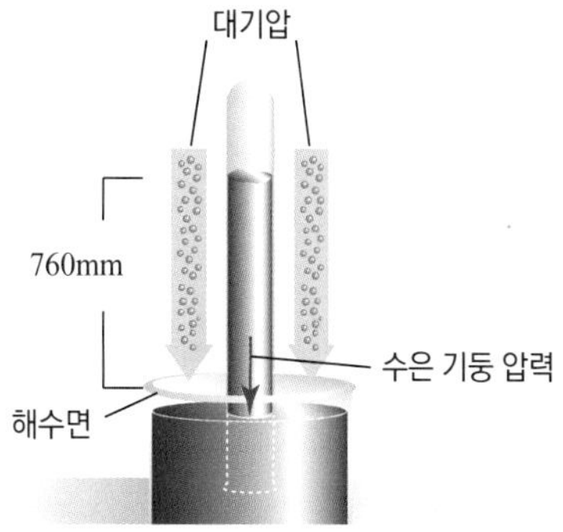

▲ 해수면에서 1 기압의 대기압과 760 mm 의 수은 기둥의 압력은 같다.

1 기압 = 76 cmHg = 760 mmHg = 760 torr , (기온: 0 ℃)

⚙ **여러 가지 압력**

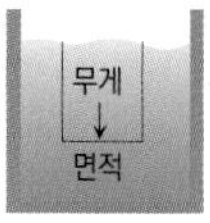

▲ 수압

▲ 압력 밥솥

▲ 혈압

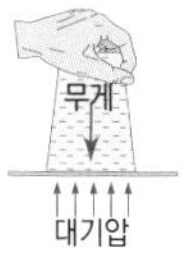

▲ 대기압 > 물의 압력

❶ **토리첼리**[Evangelista Torricelli, 1608~1647]

이탈리아의 수학자, 물리학자

❷ **수은 기둥을 기울여도 수직 높이가 76 cm 를 유지하는 이유**

밑면에 수직 방향으로 누르는 압력은 기울이지 않았을 때와 같기 때문이다.

⚙ **1 기압 계산**

1 기압
= 수은기둥 76 cm 의 압력
= 수은기둥 76 cm의 무게 ÷ 밑면적
= 수은기둥의 부피 × 밀도 × g ÷ 밑면적
= 0.76 × S × 13.6 × 10^3 × 9.8 ÷ S
(수은의 밀도 = 13.6×10^3kg/m^3)
= 1.013 × 10^5 N/m^2
= 1013 hPa
= 1013 mb

⚙ **간단한 기압 측정**

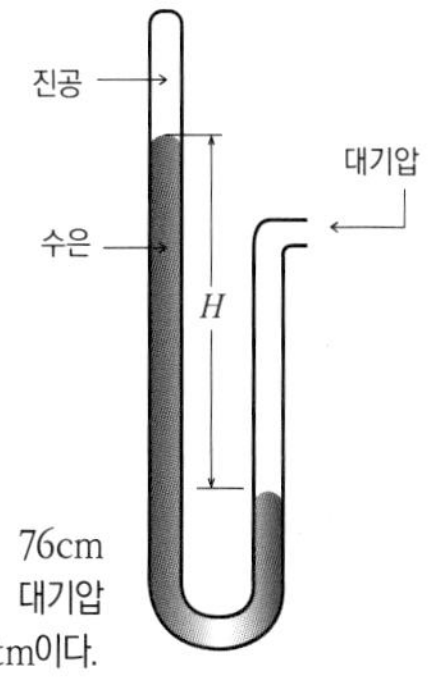

H = 76cm 일 때 대기압은 1atm이다.

❸ 보일의 법칙 그래프

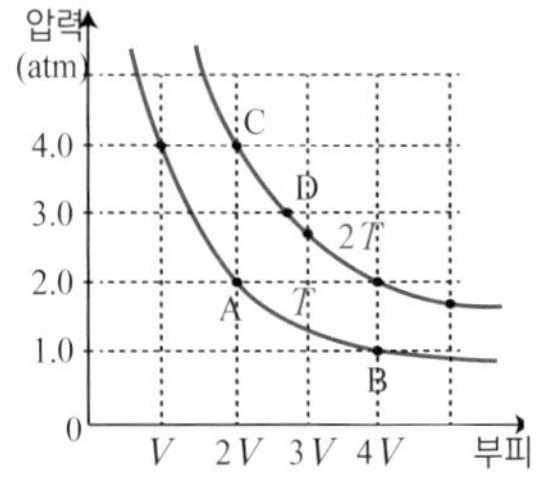

온도가 증가하면 그래프는 위로 이동한다. 압력 × 부피의 값이 2배이면 온도도 2배가 된다. 그래프에서 A 와 B 상태는 온도가 같고, C 와 D 상태도 온도가 같다.

❹ 압력에 따른 샤를의 법칙 그래프

압력이 커지면 부피가 줄어든다.

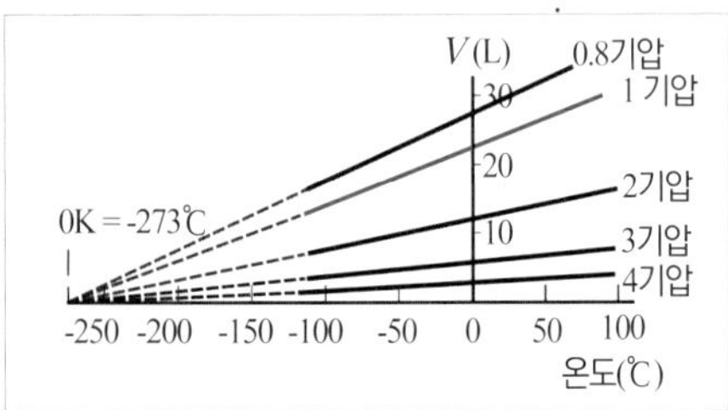

❺ 이상 기체(ideal gas)

보일-샤를의 법칙은 실제 기체에 적용하면 오차가 있다. 이 법칙을 정확히 따르는 가상적인 기체를 이상 기체라고 한다.

- 기체 분자 자체의 부피가 0 이다.
- 분자 사이의 인력이나 척력이 없으므로 퍼텐셜 에너지가 0 이다.
- 탄성 충돌을 하므로 에너지가 보존된다.
- 냉각, 압축 시 액화나 응고가 일어나지 않는다.
- 0K 에서 기체 상태이며 부피가 0 이 된다.

스프레이를 뿌릴 때 병이 차가워지는 이유

통에서 기체가 분사되면서 통의 압력이 떨어지지만 부피는 변하지 않으므로 보일-샤를의 법칙에 따라 통의 온도가 내려가서 차가워진다.

(2) 보일의 법칙

(2) 보일의 법칙 : 기체의 온도(T)가 일정할 때 일정 질량(m)의 기체의 부피(V)와 압력(P)은 서로 반비례한다. 즉, 모든 상태에서 압력 × 부피의 값이 일정하게 유지된다❸.

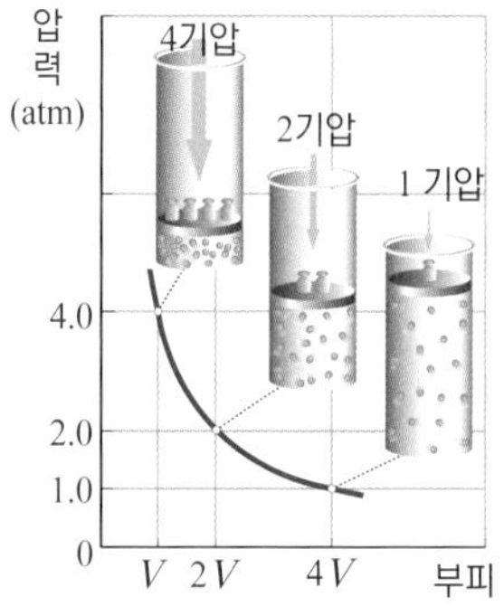

$$PV = P'V' = k \text{ (일정), (기체 온도 불변)}$$

$$PV = P\frac{m(\text{질량})}{\rho(\text{밀도})} = k, \qquad P = \rho\frac{k}{m}$$

온도가 일정할 때 일정 질량의 기체의 압력과 밀도는 비례한다.

(3) 샤를의 법칙

(3) 샤를의 법칙 : 기체의 압력이 일정할 때 온도가 1 ℃ 상승할 때마다 기체의 부피는 0 ℃ 부피의 $\frac{1}{273}$ 씩 증가한다❹.

$$V = V_0(1 + \frac{1}{273}t) = V_0(\frac{273+t}{273}) = V_0\frac{T}{T_0}$$

$$273 + t\,(℃) = T(\text{K}),\ \ 273 = T_0 \ \ (0\ ℃\text{의 절대 온도})$$

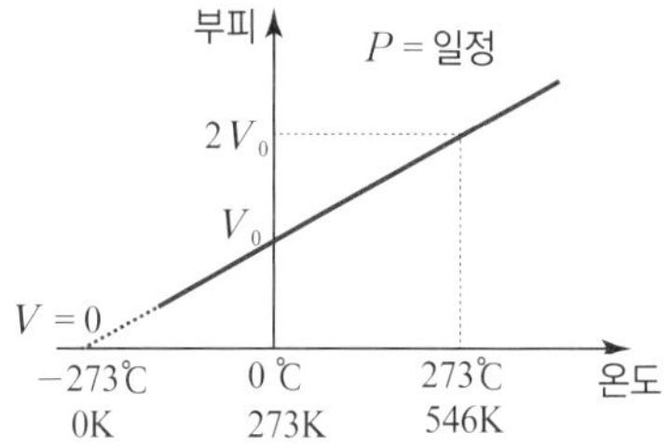

$$\frac{V}{T} = \frac{V_0}{T_0} = \text{일정} \quad (V_0 : 0\ ℃ \text{ 의 부피},\ T_0 : 273\ \text{K}) \text{ (기체 압력 } P \text{ 불변)}$$

기체의(기체에 가해지는) 압력(P)이 일정할 때 기체의 부피(V)는 절대 온도(T)에 비례한다.

정답 p 98

Q12 압력이 변하지 않을 때 일정 질량의 기체의 부피가 100 ℃ 에서 10 m^3 였다면 200 ℃ 에서의 부피는 얼마인가?

(4) 보일 - 샤를의 법칙

(4) 보일 - 샤를의 법칙 : 보일의 법칙과 샤를의 법칙을 합한 것이다. 온도와 압력이 변할 때의 일정 질량의 이상 기체❺ 의 부피(V)와 압력(P), 절대 온도(T)의 관계식이다.

그래프에서 기체가 질량의 변동 없이 A 상태(압력 P_0, 부피 V_0, 절대 온도 T_0)에서 B 상태(압력 P, 부피 V, 절대 온도 T)로 변한다고 하자.

A → C → B 과정을 통하여 변하는 과정이 일어난다고 하면 온도가 일정한 A → C 과정과 압력이 일정한 C → B 과정으로 나누어 생각할 수 있다.

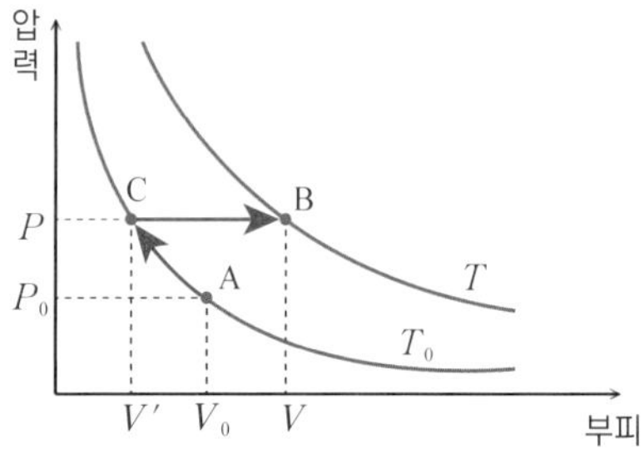

- (A → C **과정**) $P_0V_0 = PV'$ (보일의 법칙-온도 일정) $V' = \frac{P_0V_0}{P}$
- (C → B **과정**) $\frac{V'}{T_0} = \frac{V}{T}$ (샤를의 법칙-압력 일정) $\frac{1}{T_0}(\frac{P_0V_0}{P}) = \frac{V}{T} \rightarrow \frac{P_0V_0}{T_0} = \frac{PV}{T}$

$$\text{보일-샤를의 법칙 :} \quad \frac{P_0V_0}{T_0} = \frac{PV}{T} = \text{일정(상수)}$$

정답 p 98

Q13 일정량의 기체가 처음에 부피 2 m^3, 압력 3 기압, 온도 300 K 인 상태에 있다가 부피가 4 m^3, 압력이 2 기압인 상태로 되면 기체의 온도는 몇 K 로 되는가?

(5) 이상 기체의 상태 방정식 : 기체의 종류에 관계없이 질량이 변하지 않으면 $\frac{PV}{T}$ 는 항상 일정한 값을 유지한다.

① **아보가드로의 법칙** : 이상 기체의 조건에 맞는 기체라면 무슨 기체건 같은 온도, 같은 압력에서는 같은 부피를 차지하고, 같은 수의 분자를 포함한다.

	아르곤	산소	질소
부피 :	22.4 L	22.4 L	22.4 L
질량 :	40g	32g	28g
몰수 :	1 mol	1 mol	1 mol
압력 :	1 atm	1 atm	1 atm
온도 :	273 K	273 K	273 K

• **분자량과 원자량** : 탄소 원자(C_6^{12})의 질량을 12(단위 : u)⑥ 로 하고, 이것에 비례하여 다른 원자의 질량을 계산한 값은 원자량, 분자의 질량을 계산한 값은 분자량이라고 한다.

수소(H)의 원자량 : 1 　 산소(O)의 원자량 : 16 　 질소(N)의 원자량 : 14
수소 기체(H_2)의 분자량 : 2 　 산소 기체(O_2)의 분자량 : 32
질소 기체(N_2)의 분자량 : 28 　 이산화 탄소(CO_2)의 분자량 : 44 등

• **아보가드로 수 (N_0)** : 원자량 12 의 탄소 원자 6.02×10^{23} 개의 질량은 실제로 12 g 이 되고, 그 만큼의 양을 1 mol(몰)⑦ 이라 한다. 이때 1 몰이 되는 원자의 개수인 6.02×10^{23} 을 아보가드로 수라고 한다. 수소 분자 N_0 개 (1 몰)의 질량은 실제로 2 g 이 된다.

$$N_0 \text{ (아보가드로 수)} = 6.02 \times 10^{23} \text{ / 몰}$$

• **기체 1mol의 부피** : 표준 상태(0 ℃, 1 기압)의 기체 1 mol 의 부피는 기체의 종류에 관계없이 $22.4 \text{ L} = 22.4 \times 10^{-3} \text{ m}^3$ 이다.

$$V_0 \text{ (1몰) (0 ℃, 1 기압)} = 22.4 \text{ L} = 22.4 \times 10^{-3} \text{ m}^3$$

② **기체 상수(R)** : 표준 상태에서의 기체 1 몰의 $\frac{P_0V_0}{T_0}$ 의 값이다.

$$R = \frac{P_0V_0}{T_0} = \frac{1.013 \times 10^5 \times 22.4 \times 10^{-3}}{273} = 8.31 (\text{J/mol·K})$$

기체의 양이 n 몰인 경우는 부피가 n 배이므로 $\frac{P_0V_0}{T_0} = nR$ 이 된다.

③ **이상 기체의 상태 방정식** : n 몰의 이상 기체의 부피(V)와 압력(P), 절대 온도(T) 사이에는 다음과 같은 식이 성립한다⑧.

$$\frac{P_0V_0}{T_0} = \frac{PV}{T} = nR \rightarrow PV = nRT, \quad n\text{(몰수)} = \frac{N}{N_0}, \ N : \text{전체 분자 개수}$$

이상 기체의 상태 방정식 : $PV = nRT$
P : [N/m²], V : [m³], T : [K], n : [mol], R : 8.31 [J/mol·K]

정답 p 98

Q14 1 초에 분자 1 억 개를 셀 수 있는 측정 도구가 있다면 기체 1 mol 의 기체 분자 수를 세는 데 걸리는 시간은 약 몇 년인가?

아보가드로
[A.Avogadro ; 1776 ~ 1856]

이탈리아의 물리학자, 화학자

⑥ **원자 질량 단위** [atomic mass unit]

u 또는 amu 를 사용하며
$1\text{u} = 1.66057 \times 10^{-27}$ kg 이다.

⑦ **1몰 (mol)**

• 표준 상태에서 부피 $22.4 \text{ L} = 22.4 \times 10^{-3} \text{ m}^3$ 의 기체
• 6.02×10^{23} (N_0)개의 분자나 원자
• 분자량이 M 인 기체 분자가 N 개이고, 질량이 m(g)이라면
이 기체 분자의 mol 수(n)
$= \frac{N}{N_0} = \frac{m}{M}$

$22.4 \text{ L} = 22.4 \times 10^{-3} \text{ m}^3$ 의 부피

⑧ **상태 방정식의 적용**

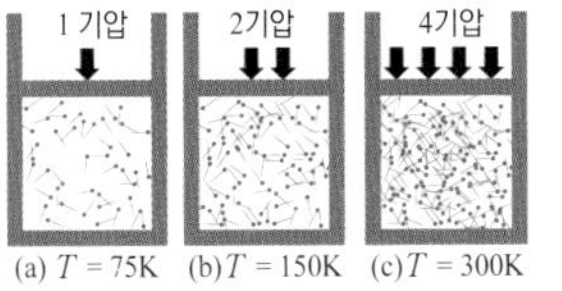

(모두 n 몰, 부피 V 일 때)
(a) $1 \times V = nR \times 75$
(b) $2 \times V = nR \times 150$
(c) $4 \times V = nR \times 300$
(실제로는 1 기압을 1.013×10^5 (N/m²)로 해야 단위가 맞는다.)

이상 기체의 상태 방정식을 적용할 수 있는 기체

산소(O_2), 수소(H_2), 질소(N_2), 헬륨(He), 아르곤(Ar)등의 기체도 이상 기체에 가까운 특성을 가지므로 이상 기체의 상태 방정식을 그대로 적용한다.

기체의 밀도와 압력, 온도와의 관계 $PV = nRT$

$$\rho\text{(밀도)} = \frac{m\text{(질량)}}{V\text{(부피)}} \rightarrow V = \frac{m}{\rho}$$

$$P\frac{m}{\rho} = nRT, \quad \rho = \frac{m}{nR}\frac{P}{T} \propto \frac{P}{T}$$

즉, 일정 질량의 기체의 밀도는 압력에 비례하고, 온도(K)에 반비례한다.

Q15 내부 부피가 0.02 m³ 인 그릇 속에 들어 있는 산소의 압력은 0.8 기압이고, 온도는 27 ℃ 였다. 물음에 답하시오. (기체 상수 R = 8.31 J/mol·K)

(1) 그릇 속에 들어 있는 산소는 몇 몰인가?
(2) 그릇 속에 들어 있는 산소 분자의 개수는 몇 개인가?

Q16 한 변의 길이가 10 cm 인 정육면체 모양의 그릇에 온도가 27 ℃ 이고, 압력이 10^5 Pa 인 기체가 들어 있다. 물음에 답하시오.

(1) 그릇 안의 기체의 양은 몇 몰인가?
(2) 그릇의 한 면이 받는 힘은 몇 N 인가?

Q17 마개가 열린 부피가 일정한 그릇이 있다. 17 ℃ 에서 이 그릇 속에 2 g 의 공기가 들어 있었다. 만약 기온이 27 ℃ 로 올라가면 그릇 안에 남아 있는 공기의 양은 얼마이겠는가?

(6) 기체에 있어서 돌턴의 부분압의 법칙 : 온도 T 의 어느 밀폐된 그릇에 수소를 채웠을 때의 압력이 P_1 이고, 같은 온도의 같은 그릇에 산소를 채웠을 때의 압력이 P_2 라면 같은 온도의 같은 그릇에 위와 같은 양의 산소와 수소를 동시에 넣으면 전체 압력 $P = P_1 + P_2$ 가 된다. 이 때 성분 기체의 압력 P_1, P_2 를 **부분압**이라 한다. 산소와 수소의 분자 자체의 크기는 대단히 작으므로 상호 충돌에 의한 압력 감소는 발생하지 않는다(이상 기체는 분자 자체의 크기가 0 임). 그릇 안에서 산소 분자와 수소 분자는 **독립적으로 운동**하고 그릇에 작용하는 압력도 독립적이다. 섞이는 기체의 종류가 많아도 똑같은 원리가 적용된다.

돌턴 [John dalton ; 1766~1844]

영국의 물리학자, 화학자
원자론의 창시자

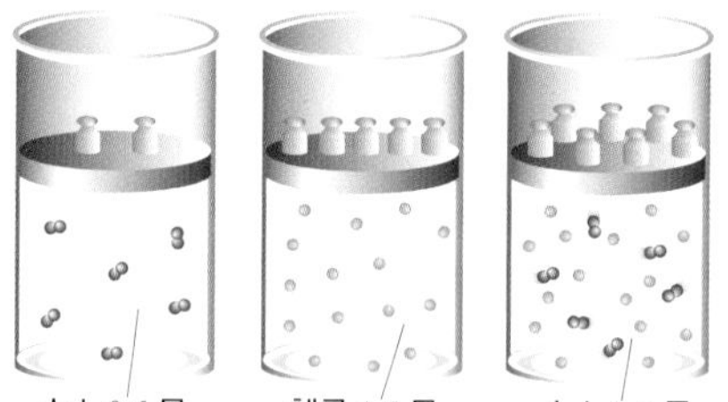

정답 p 98

Q18 안쪽의 부피가 2 m³ 인 그릇에 1 mol 의 수소와 2 mol 의 헬륨, 3 mol 의 산소가 섞여서 들어 있다. 그릇 내부의 온도는 300 K 이다. 물음에 답하시오. (기체 상수 R = 8.31 J/mol·K)

(1) 수소, 헬륨, 산소의 부분압 P_1, P_2, P_3 는 각각 얼마인가?
(2) 그릇이 받는 압력은 얼마인가?

5. 기체 분자의 운동에 관한 식

한 변의 길이가 L 이고 온도가 T 인 정육면체 모양의 통 안에서 질량 m 의 기체 분자가 평균 속력 v 로 운동하는 경우이다. 기체 분자들은 이상 기체이므로 상호 충돌은 일어나지 않으며 벽과 충돌하여 압력을 가한다. 충돌할 때 운동량과 역학적 에너지는 보존된다.

(1) 기체 분자의 속도(v)와 압력

① **기체 분자의 속도(v)**[1] : v 는 v_x, v_y, v_z 성분을 갖는다. $v^2 = v_x^2 + v_y^2 + v_z^2$ 이며, 무질서하게 움직이므로 평균적으로 $v_x^2 = v_y^2 = v_z^2$ 이다. 만약 x 방향의 운동만을 고려한다면 평균적으로

$$v^2 = v_x^2 + v_y^2 + v_z^2 = 3v_x^2 \rightarrow v_x^2 = \frac{1}{3}v^2$$

❶ **분자 속도(v)의 성분**
3차원 상에서 $v^2 = v_x^2 + v_y^2 + v_z^2$ 이다.

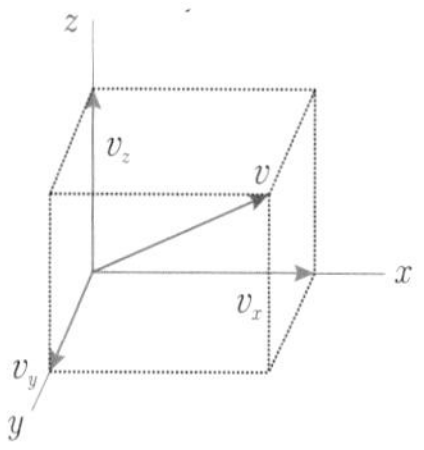

② **기체 분자가 벽에 작용하는 힘과 압력** : 기체 분자가 x 방향으로 평균 속력 v_x 로 움직이고 있다고 하면 기체 분자 1 개가 받는 충격량은

$$F \cdot t = -mv_x - mv_x = -2mv_x,\quad t = \frac{2L}{v_x}$$

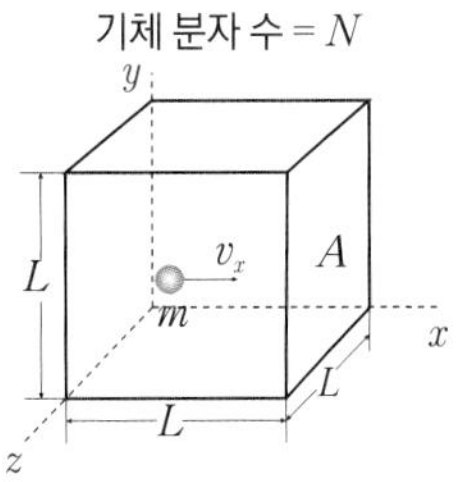

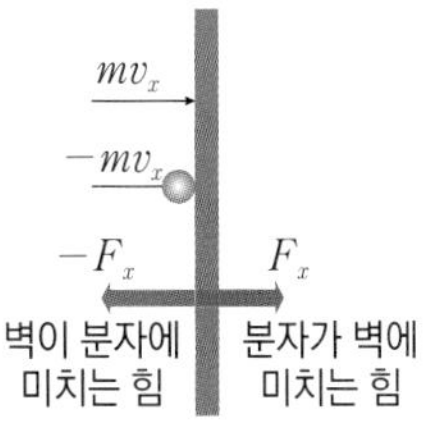

이때 시간 t 는 x 방향의 왕복 운동 시간이다. 그 시간 동안 다른 분자들도 벽에 의해 계속 같은 충격량을 받는다. 기체 분자 1 개가 받는 평균 힘은

$$F_{기체분자1개} = -\frac{2mv_x}{t} = -2mv_x \times \frac{v_x}{2L} = -\frac{mv_x^2}{L} = -\frac{mv^2}{3L} \quad (v_x^2 = \frac{1}{3}v^2)$$

포함된 기체 분자의 개수가 N 개 이면 기체 분자 전체가 받는 힘은 이 힘의 N 배 이고, 벽이 받는 힘은 기체 분자 전체가 받는 힘의 반작용으로 방향만 반대이다.

힘을 받는 면적이 L^2 이고 통의 부피는 L^3 이므로

$$\text{벽에 작용하는 압력}(P) = \frac{\text{벽이 받는 힘}(F)}{\text{면적}(L^2)} = N \times \frac{mv^2}{3L} \times \frac{1}{L^2} = \frac{Nmv^2}{3L^3} = \frac{1}{3V}Nmv^2$$

$$PV = \frac{1}{3}Nmv^2$$

(2) 기체 분자의 평균 속력, 평균 운동 에너지와 온도

① **기체 분자의 평균 운동 에너지와 온도** :

$PV = nRT = \frac{1}{3}Nmv^2$ 이고, N(전체 개수) = n(몰수) × N_0(아보가드로 수)이므로

$\frac{1}{2}mv^2$(분자 1 개의 평균 운동 에너지) $= \frac{3nR}{2N}T = \frac{3}{2}\frac{R}{N_0}T = \frac{3}{2}kT$, k : 볼츠만 상수 (= $\frac{R}{N_0}$)

즉, 기체 분자의 평균 운동 에너지는 절대 온도 T 에 비례한다.

$$\frac{1}{2}mv^2(\text{기체 분자 1개의 평균 운동 에너지}) = \frac{3}{2}kT$$

② **기체 분자의 평균 속력과 온도** : $\frac{1}{2}mv^2 = \frac{3}{2}kT \rightarrow v_{평균} = \sqrt{\frac{3kT}{m}}$

기체 분자의 평균 속력은 기체 분자 1 개의 질량이 클수록 작아지고, 온도에 따라 커진다.

(온도가 같을 때) 운동 에너지가 같으므로 두 기체(분자량 M_1, M_2)는

$$\frac{1}{2}m_1v_1^2 = \frac{1}{2}m_2v_2^2 = \frac{3}{2}kT \rightarrow \frac{v_1^2}{v_2^2} = \frac{m_2}{m_1} \rightarrow \frac{v_1}{v_2} = \sqrt{\frac{m_2}{m_1}}$$

$$\frac{v_1}{v_2} = \sqrt{\frac{m_2}{m_1}} = \sqrt{\frac{M_2}{M_1}}$$

기체의 분자량이 클수록 평균 속력이 작다. → 그레이엄(Graham)의 법칙 ❷

정답 p 98

Q19 1 m² 의 나무판에 100 g 의 구슬을 30 m/s 의 속력으로 수직으로 충돌시켜 1 기압의 압력을 주려면 매초 몇 개의 구슬을 충돌시켜야 하는가? 구슬의 에너지와 운동량은 보존되며, 1 기압은 1.013×10^5 N/m² 이다.

Q20 온도 20 ℃ 의 공기 분자가 갖는 평균 운동 에너지가 2 배가 되기 위해서 공기의 온도는 몇 ℃ 가 되어야 하는가?

분자 운동 속도 v 의 평균과 v^2 의 평균

이곳에서의 v 는 평균 속도를 의미한다. 그러나 속도는 방향과 크기를 동시에 생각해야 하는 양(+ 방향과 − 방향이 있음)이다. 기체 분자는 워낙 무질서하게 운동하므로 기체 분자의 속도의 평균은 0 이다. 그러나 v^2 은 항상 양(+)의 값이고 (v^2)평균은 각 기체 분자의 전체 빠르기를 비교할 수 있는 값이다.

기체의 전체 질량

통 안에 질량 m 의 기체 분자가 N 개 들어 있으므로 통 안 기체의 전체 질량 = Nm 이다.

전체 개수 N 과 몰수의 관계

기체가 n몰인 경우 1몰의 개수가 아보가드로 수 N_0 이므로 $N = nN_0$ 이다.

볼츠만 상수 k

기체의 운동 에너지($E_k = \frac{1}{2}mv^2$) 와 절대 온도 T 사이의 비례 상수의 의미를 가진다.

$k = \frac{R}{N_0}$ 이며, 그 값은 1.63×10^{-23} J/K 로 매우 작은 값이다.

❷ 그레이엄의 법칙

기체의 (확산) 속도는 분자량의 제곱근에 반비례한다는 법칙이다.

▲ 작은 구멍을 통한 기체의 확산

그레이엄 [thomas graham; 1805 ~ 1869]

영국의 화학자

개념 확인 문제

기체 분자의 압력과 부피, 온도와의 관계

65 1 m 길이의 유리관에 수은을 가득 채운 후 입구를 막고 수은이 담겨진 수조에 거꾸로 세웠더니 유리관의 수은이 수조의 수은 표면에서 76 cm 되는 높이까지 내려와 멈추었다. 수은의 밀도가 13.6 g/cm^3 일 때 보기의 설명 중 옳은 것만을 있는 대로 고른 것은?

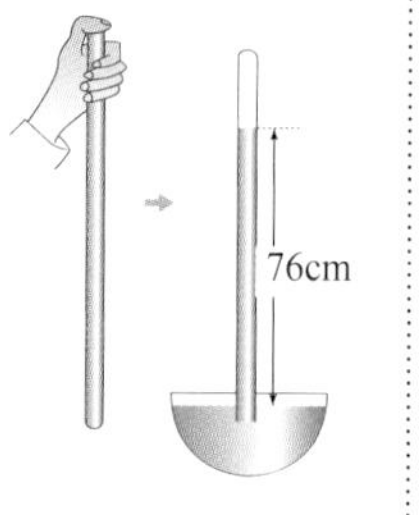

보기

ㄱ. 유리 관을 기울이면 수은 기둥의 높이가 낮아진다.
ㄴ. 유리 관의 단면적이 클수록 수은 기둥의 높이가 낮아진다.
ㄷ. 높이 76 cm 의 수은 기둥이 밑면에 작용하는 압력과 대기압이 같다.
ㄹ. 수은대신 물을 사용하면 물기둥의 높이가 1033.6 cm 가 된다.

① ㄱ　② ㄱ, ㄴ　③ ㄱ, ㄴ, ㄷ
④ ㄴ, ㄷ　⑤ ㄷ, ㄹ

66 무게가 50 N 인 직육면체 모양의 물체가 있다. 이 물체를 수평면에 놓았을 때 지면과의 접촉 면적이 0.5 m^2 이었다. 접촉면에 작용하는 압력은 얼마인가?

① 100 N/m^2　② 200 N/m^2　③ 300 N/m^2
④ 400 N/m^2　⑤ 1000 N/m^2

67 기체에 관한 법칙은 실제로 존재하지 않는 이상 기체를 가정하여 법칙을 적용한다. 다음 중 이상 기체의 성질로 옳지 않은 것은?

① 분자끼리 탄성 충돌을 한다.
② 0 K 에서 고체 상태로 상태 변화한다.
③ 분자 사이의 인력이나 척력이 0 이다.
④ 기체 분자 자체의 부피가 0 인 기체이다.
⑤ 보일-샤를의 법칙이 이상적으로 적용된다.

68 기압의 단위가 아닌 것은 무엇인가?

① hpa　② torr　③ N/m^2
④ atm　⑤ kg/m^3

69 기체에 관한 법칙을 설명한 것으로 옳지 않은 것은?

① 보일의 법칙은 온도가 변하지 않을 때 성립한다.
② 아보가드로의 법칙은 표준 상태에서만 성립한다.
③ 샤를의 법칙은 기체의 온도와 부피와의 관계이다.
④ 보일-샤를의 법칙은 이상 기체 상태 방정식과 의미가 같다.
⑤ 같은 용기에 2 가지 이상의 기체가 섞여 있을 때 전체의 압력을 구하기 위해서는 부분압의 법칙을 적용한다.

70 표준 상태(0 ℃, 1 기압)에서 부피가 4 L 인 이상 기체를 같은 압력을 유지하며 온도를 100 ℃ 로 높였을 때 부피는 몇 L 가 되겠는가?

① 5.15 L　② 5.25 L　③ 5. 35 L
④ 5.47 L　⑤ 5.67 L

71 압력이 1 기압인 어떤 기체의 부피가 10 L 이다. 온도를 일정하게 유지하면서 압력을 2 기압으로 높이면 기체의 부피는 얼마가 되겠는가?

① 1 L　② 2 L　③ 4 L
④ 5 L　⑤ 6 L

72 표준 상태(0 ℃, 1 기압)에서 부피가 5 L 인 기체가 있다. 기체의 온도가 273 ℃ 로 상승하고, 압력이 2 기압으로 증가한다면 기체의 부피는 몇 L 가 되겠는가?

① 2.5 L　② 5 L　③ 7.5 L
④ 10 L　⑤ 20 L

73 이상 기체의 압력이 1 기압으로 일정하게 유지될 때 섭씨 온도와 부피와의 관계가 다음과 같았다.

온도(℃)	10	20	30	40
부피(cm^3)	283	293	303	313

이 표를 바르게 해석한 것은?

① 온도가 증가하면 부피도 증가한다.
② 이 표는 보일의 법칙이 적용된 것이다.
③ 이상 기체의 운동 에너지는 절대 온도에 비례한다.
④ 압력이 일정하면 기체의 절대 온도와 부피는 비례한다.
⑤ 일정한 부피에서는 일정한 개수의 기체 분자가 존재한다.

74 기체의 압력이 1 기압이고 온도가 20 ℃일 때 기체의 부피를 처음 부피의 $\frac{1}{10}$ 이 되도록 압축시켰더니 기체의 압력이 20 기압이 되었다. 기체의 온도는 몇 ℃ 가 되겠는가?

① 40 ℃　② 80 ℃　③ 100 ℃
④ 113 ℃　⑤ 313 ℃

75 기체의 압력이 1 기압이고 온도가 27 ℃ 일 때 부피가 100 cm^3 였다. 압력을 1 기압으로 유지한 상태에서 기체의 온도를 327 ℃ 로 올리면 기체의 부피는 얼마가 되겠는가?

① 25 cm^3　② 50 cm^3　③ 200 cm^3
④ 606 cm^3　⑤ 1211 cm^3

76 그림은 이상 기체의 압력을 달리하며 절대 온도와 부피를 측정하여 그래프로 나타낸 것이다. A, B, C 중 이상 기체의 압력이 가장 큰 경우는 어느 것인가?

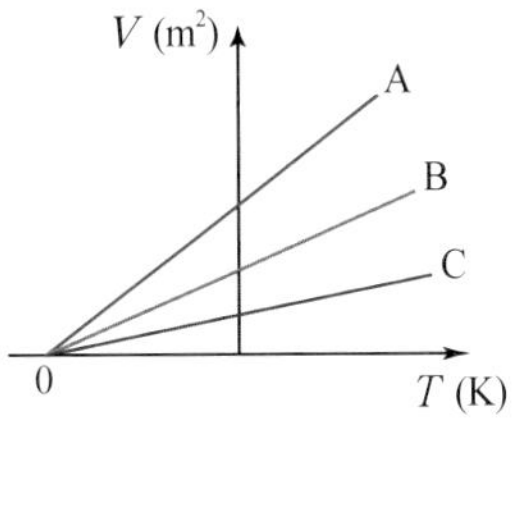

77 일정량의 이상 기체의 압력과 부피를 그림처럼 A → B → C 로 변화시켰다. A 점에의 온도가 -73 ℃ 였다면 C 점에서의 온도는 몇 ℃ 인가?

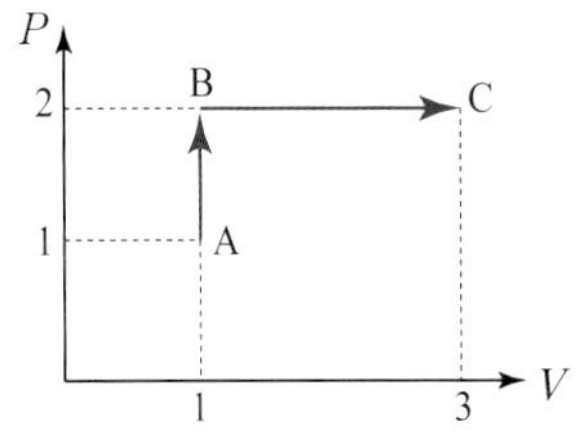

① 27 ℃　② 227 ℃　③ 300 ℃
④ 600 ℃　⑤ 927 ℃

78 일정량의 이상 기체가 그림의 A → B → C 방향으로 상태가 변했다. A 점에서 기체의 온도가 27 ℃ 일 때 B 점과 C 점에서의 기체의 온도는 각각 몇 ℃ 인가?

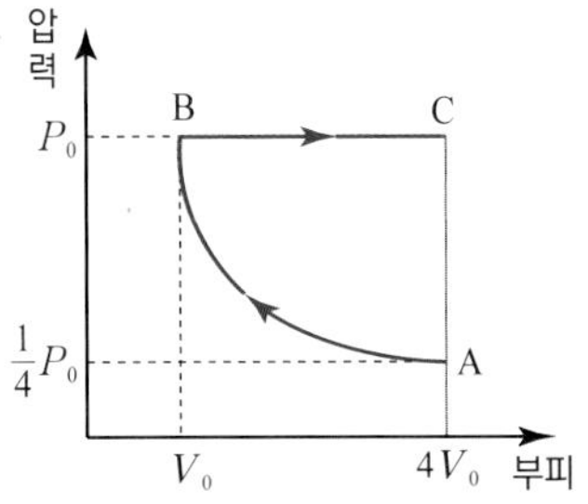

79 3 몰의 이상 기체의 온도가 27 ℃ 이고 압력이 3 기압일 때 부피는 몇 m^3 인가? 1 기압은 100,000N/m^2 이고 기체 상수는 8.31 J/mol·K 이다.

① 0.025 m^3　② 0.075 m^3　③ 1.5 m^3
④ 1.025 m^3　⑤ 2 m^3

80 일정량의 이상 기체가 그림처럼 A → B → C → D 과정으로 압력과 부피가 변하였다. A → B 과정에서의 모든 점은 PV = 일정 이란 보일의 법칙이 성립하는 구간이다. A 점의 온도가 100 K 였을 때 B, C, D 점의 온도(K)를 각각 구하시오.

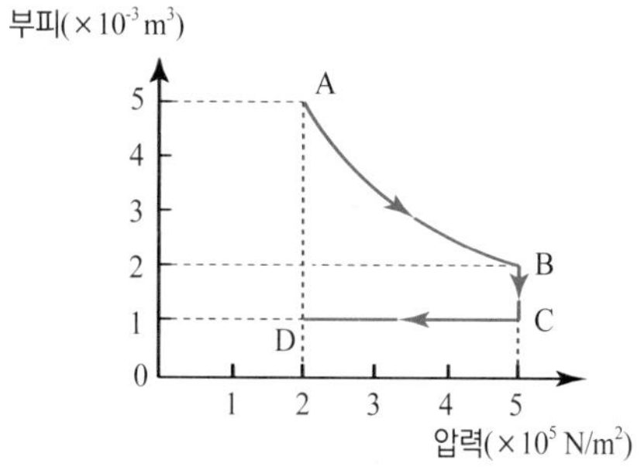

81 그림과 같이 부피가 같은 두 개의 용기가 연결되어 있다. 처음에 연결관의 콕이 잠겨진 상태이고 A 용기에는 0.5 기압 400 K 의 수소가 들어 있고, B 용기에는 1 기압 200 K 의 헬륨이 들어 있다. 이제 콕을 열어 평형 상태를 만들었을 때 온도가 240 K 로 되었다. 혼합 기체의 압력은 얼마인가? 연결 관의 부피는 무시하며 각 용기의 열용량과 부피 팽창은 무시한다.

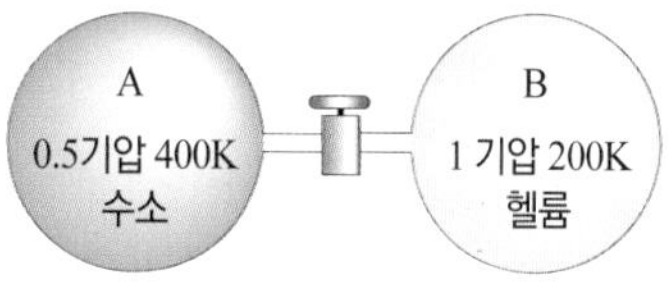

① 0.15 기압 ② 0.6 기압 ③ 0.75 기압
④ 1 기압 ⑤ 1.5 기압

82 그림처럼 온도에 따른 부피 팽창을 무시할 수 있는 용기에 이상 기체가 들어 있고, 이상 기체는 유리관을 통하여 외부와 자유로이 출입할 수 있다. -73 ℃ 에서 용기 안에 들어 있는 이상 기체의 질량이 0.2 g 으로 측정되었다. 만약 온도가 127 ℃ 로 상승한다면 용기 안에는 몇 g 의 이상 기체가 남아 있겠는가? 단 용기가 놓여 있는 곳의 대기압은 1 기압으로 유지된다.

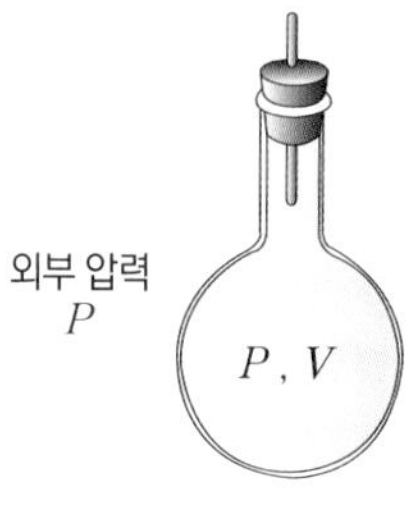

① 0.19 g ② 0.15 g ③ 0.10 g
④ 0.05 g ⑤ 0.02 g

83 이상 기체의 상태 방정식에 관한 다음 설명 중 <u>틀린</u> 것을 고르시오.

① 기체의 온도가 일정하면 압력과 부피는 반비례한다.
② 압력이 일정하면 부피와 절대 온도는 비례한다.
③ 부피가 일정하면 압력과 절대 온도는 비례한다.
④ 압력, 부피, 절대 온도를 알면 이상 기체의 몰 수를 알 수 있다.
⑤ 기체 상수 R 은 0 ℃, 1 기압에서 부피 1 L 인 이상 기체 1 몰의 $\frac{\text{압력} \times \text{부피}}{\text{절대 온도}}$ 를 구한 값이다.

84 온도가 0 ℃ 이고, 압력이 1 기압인 1 mol 의 이상 기체의 부피는 몇 m^3 인가? 1 기압은 1.013×10^5 N/m^2 이다.

① 11.2×10^{-3} m^3 ② 22.4×10^{-3} m^3
③ 33.6×10^{-3} m^3 ④ 44.8×10^{-3} m^3
⑤ 67.2×10^{-3} m^3

85 그림과 같이 밀폐된 용기에 들어 있는 이상 기체의 부피를 줄어들게 하여 절반이 되게 했을 때 이 기체의 절대 온도도 절반으로 되었다. 이때 기체의 압력은 몇 배로 되겠는가?

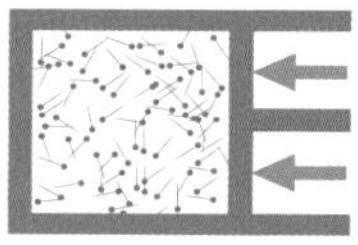

① $\frac{1}{4}$ 배 ② $\frac{1}{2}$ 배 ③ 1 배
④ 2 배 ⑤ 4 배

86 고무 풍선 속의 공기의 압력이 1 기압이고, 고무 풍선의 부피가 3.2 L, 온도가 27 ℃ 일 때 이 풍선 속에는 몇 개의 공기 분자가 들어 있는가? (단, N_0 (아보가드로수) = 6.02×10^{23} /몰 이고, 1 기압 = 1.013×10^5 N/m^2 이다.)

87 그림과 같이 연결된 용기가 클램프 C 로 막혀 있다. 클램프 C 를 기준으로 B 쪽의 부피는 A 쪽의 부피의 3 배이다. A 쪽에는 산소를 넣어 1 기압을 유지하도록 하였고, B 쪽에는 질소를 넣어 2 기압이 되도록 하였다. 산소와 질소의 온도는 같다.

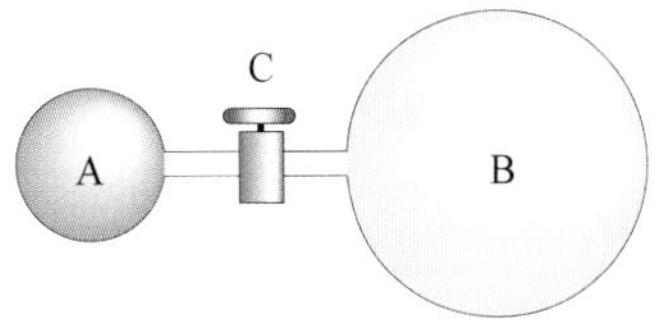

온도가 변하지 않게 유지한 상태에서 클램프를 풀어 두 기체가 섞이도록 하였다면 혼합 기체의 압력은 얼마가 되는가?

① $\frac{1}{4}$ 기압　② $\frac{1}{2}$ 기압　③ $\frac{3}{4}$ 기압
④ $\frac{5}{4}$ 기압　⑤ $\frac{7}{4}$ 기압

88 그림과 같이 길이 30 cm 이고 단면적이 10 cm^2 인 원통형 용기에 1 기압의 공기를 넣고 한쪽에서 20 N 의 힘으로 피스톤을 밀었다. 현재 대기압은 1 기압일 때 용기 내부의 공기의 부피는 얼마로 되는가? 미는 과정에서 공기의 온도 변화는 없었고, 대기압은 1 기압 (100,000 N/m^2) 이다.

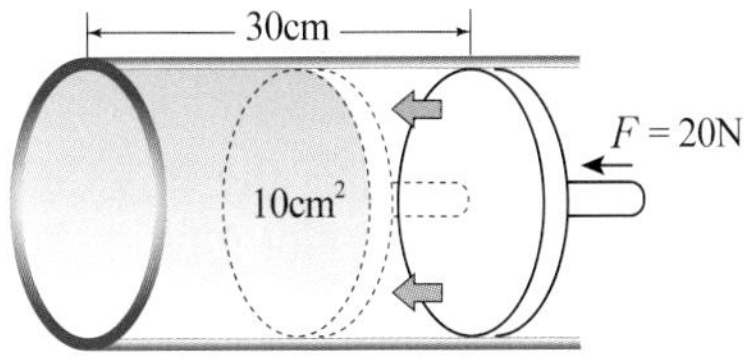

① 100 cm^3　② 150 cm^3　③ 200 cm^3
④ 250 cm^3　⑤ 300 cm^3

기체 분자의 운동에 관한 식

89 그림과 같이 질량 m 의 기체 분자가 길이 L 인 정육면체의 오른쪽-왼쪽 면을 충돌하면서 왕복 운동하고 있다. 기체 분자의 속력을 v 라고 하고 수평 방향으로만 운동하며, 벽과의 충돌은 탄성 충돌이다. 다음 물음에 답하시오.

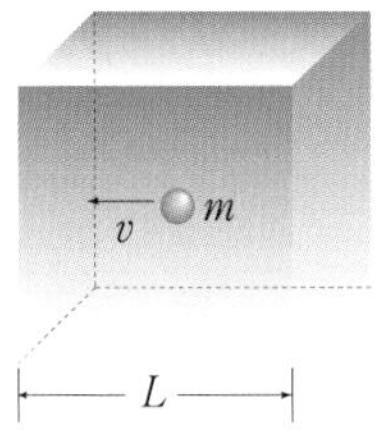

(1) 기체 분자 1 개가 왼쪽 면에 한 번 충돌하고 그 다음 충돌할 때까지의 시간은 얼마인가?

(2) 기체 분자 1 개가 1 초 동안 면에 충돌하는 횟수는 얼마인가?

(3) 기체 분자 1 개가 면에 충돌할 때 운동량의 변화량(충격량)의 크기는 얼마인가?

(4) 기체 분자 1 개가 면에 충돌할 때 벽면이 받는 평균 힘은 얼마인가?

90 같은 부피, 같은 분자 수의 A, B 두 기체가 있다. A 기체의 압력이 B 기체의 압력보다 클 때 다음 중 A 기체가 B 기체보다 큰 것은?

① 분자량　② 평균 속도
③ 평균 운동량　④ 평균 운동 에너지

91 용기 속에 들어있는 일정량의 이상 기체의 절대 온도가 2 배가 되면 평균 운동 에너지는 몇 배가 되는가?

① 0.5 배　② 1 배　③ 2 배
④ 4 배　⑤ 8 배

92 용기 속에서 이상 기체가 분자 운동을 하고 있다. 기체 분자는 모두 수평 방향으로 운동한다고 할 때 기체의 절대 온도가 2 배가 되면 기체 분자가 매 초 용기 벽에 충돌하는 횟수는 몇 배가 되는가?

① 0.5 배 ② 1 배 ③ $\sqrt{2}$ 배
④ 2 배 ⑤ 4 배

93 분자 1 개의 질량이 m 이고, 온도가 T (K)인 기체 분자 1 개의 평균 운동량은 얼마인가? 볼츠만 상수는 k 이다.

94 그림과 같은 밀폐된 용기 속에 같은 부피의 서로 다른 기체 A, B 가 칸막이로 분리되어 들어 있다. 이제 칸막이를 치웠더니 기체 A 와 B 가 섞여서 평형 상태가 되었다. A 기체와 B 기체의 어떤 물리량이 같아지는가?

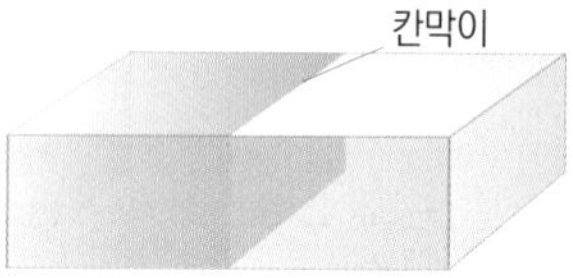

① 분자 1개의 평균 속력
② 분자 1개의 운동량
③ 분자 1개의 용기 벽에 미치는 압력
④ 분자 1개가 용기 벽에 미치는 충격량
⑤ 분자 1개의 평균 운동 에너지

95 표준 상태에서 산소 분자의 평균 속력은 461 m/s 이다. 100 ℃ 에서는 평균 속력이 얼마이겠는가?

① 231 m/s ② 461 m/s ③ 539 m/s
④ 692 m/s ⑤ 923 m/s

96 27 ℃ 산소 기체 분자의 평균 속력은 얼마인가? 기체 상수는 8.31 J/mol·K 이고, 산소 기체의 분자량은 32 g 이다.

① 231 m/s ② 242 m/s ③ 363 m/s
④ 483 m/s ⑤ 691 m/s

97 같은 온도에서 수소 분자의 평균 속력은 산소 분자의 평균 속력의 몇 배인가? 산소의 분자량은 32 g 이고, 수소의 분자량은 2 g 이다.

98 온도가 27 ℃ 인 방 안에 있는 산소와 수소의 평균 속력을 구하시오. 기체 상수는 8.31 J/mol·K 이고, 산소 기체의 분자량은 32 g, 수소 기체의 분자량은 2 g 이다.

99 단열 밀폐 용기 안에 이산화 황(SO_2) 기체와 메테인(CH_4) 기체가 혼합되어 있다. 두 기체 사이에 화학 반응이 일어나지 않는다면, SO_2 기체와 CH_4 기체 분자의 평균 속력을 각각 v_A, v_B 라고 할 때, $v_A : v_B$ 는? (단 S 의 원자량은 32, O 의 원자량은 16, C 의 원자량은 12, H 의 원자량은 1 이다.)

20 그림은 토리첼리의 실험을 나타낸 것이다. 한쪽 끝이 막힌 유리 관에 수은을 가득 채우고 유리관 속으로 공기가 들어가지 않도록 하여 수은이 들어 있는 수조에 거꾸로 수직으로 세웠더니 그림과 같이 유리관 속의 수은이 수조의 수은 면으로부터 높이가 76 cm 되는 곳까지 내려와 멈추었다. 수은의 밀도는 13.6 g/cm^3 일 때 〈보기〉 중 옳은 것만을 있는 대로 고르시오.

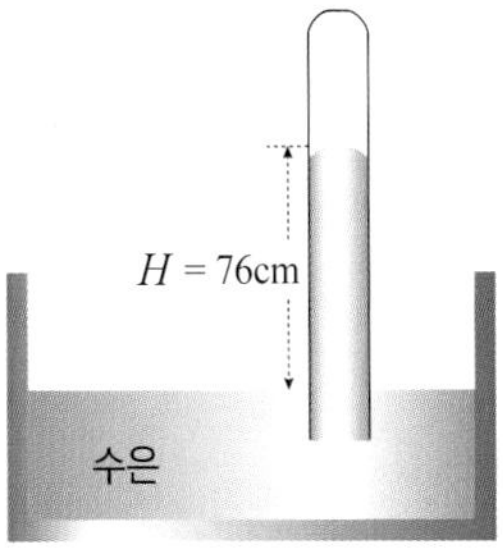

보기

㉠ 수은 기둥 76 cm 가 누르는 압력은 이곳의 대기압과 같다.
㉡ 수은 기둥 76 cm 가 누르는 압력은 물기둥 1033.6 cm 가 누르는 압력과 같다.
㉢ 유리관의 단면적이 클수록 수은 기둥의 높이는 76 cm 보다 낮아진다.
㉣ 유리관 내부의 수은 기둥의 윗 공간은 진공이다.
㉤ 유리관을 수직으로 하지 않고 비스듬히 기울이면 수은기둥의 높이는 낮아진다.

21 일정량의 이상 기체가 부피 100 L, 압력 4×10^5 Pa , 온도 300 K 상태에 있다. 이 상태에서 외부 요인에 의해서 부피가 50 L, 압력이 5×10^5 Pa 로 변한다면 이 이상 기체의 온도는 몇 ℃ 가 되겠는가?

22 그림처럼 원통 안에 마찰 없이 움직일 수 있는 칸막이가 있고, 양쪽에는 각각 같은 부피의 20 ℃, 2 기압 의 공기가 들어 있다. 이제 오른쪽 공기 만을 가열하여 온도를 100 ℃ 로 높였다. 공기는 이상 기체처럼 취급할 수 있다고 하고 다음 물음에 답하시오.

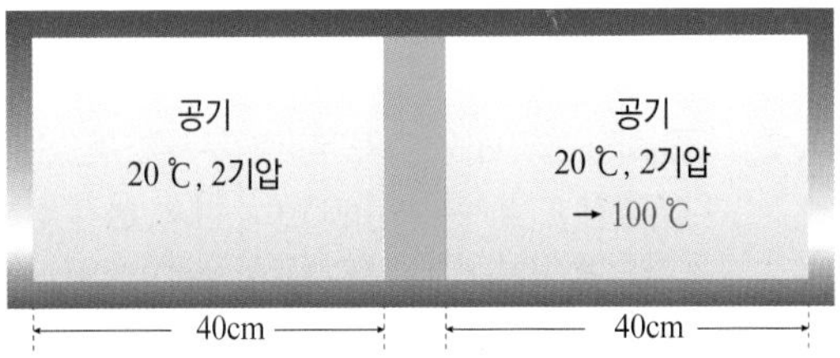

(1) 칸막이는 어떻게 이동하는가?

(2) 칸막이 양쪽의 압력을 각각 구하시오.

개념 돋보기

● 마찰이 없는 원통 안에서 칸막이의 이동

원통 안에서 칸막이는 양쪽에서 미는 압력이 같아져서 평형을 이룰 때까지 이동한다.

개념 심화 문제

23 그림과 같이 부피가 같은 통 속에 산소와 공기가 각각 들어 있고, 콕 S 에 의해 막혀 있다. 산소의 온도는 27 ℃ 이고 압력은 1 기압, 공기의 온도는 0 ℃ 이고 압력은 3 기압이다. 이제 콕 S 를 열어서 두 기체를 서로 통하게 하였더니 두 기체가 서로 혼합되었고, 온도는 15 ℃ 가 되었다. 연결관의 부피는 무시하며, 통의 부피 팽창은 아주 작다고 하고 다음 물음에 답하시오.

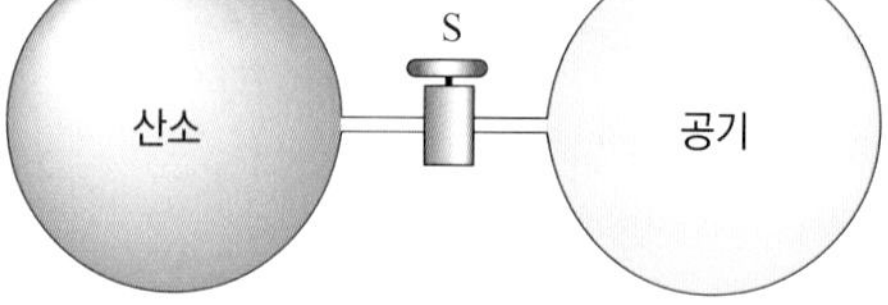

(1) 콕 S 를 열었을 때 산소만의 압력은 몇 기압인가?

(2) 콕 S 를 열었을 때 공기만의 압력은 몇 기압인가?

(3) 콕 S 를 열었을 때 용기에 미치는 압력은 몇 기압인가?

24 그림처럼 부피가 같은 두 개의 용기 A, B 를 부피를 무시할 수 있는 가는 관으로 연결하여 통하게 하고 27 ℃, 1 기압의 공기를 넣어서 채웠다. 이제 용기 A 는 77 ℃ 로 가열하고, 용기 B 는 127 ℃ 로 가열하여 온도를 유지시킬 때 용기에 작용하는 압력(공기의 압력)은 몇 기압인가?

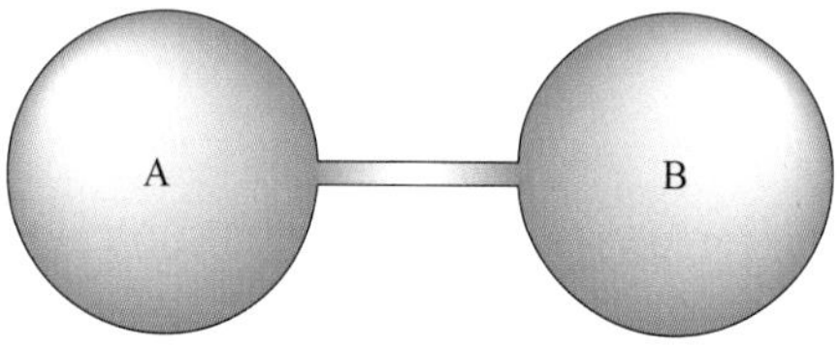

25 그림처럼 용기 A 와 B 가 부피를 무시할 수 있는 가는 관으로 연결되어 있다. 용기 A 의 부피는 0.03 m^3 이고, 용기 B 의 부피는 0.09 m^3 이다. 두 용기에 이상 기체를 꽉 채워서 압력이 10^5 N/m^2 로, 온도가 300 K 가 되었다면 용기 A 와 B 에 들어 있는 기체는 각각 몇 몰(mol)인가? 기체 상수 R 은 8.31 J/ mol·K 이다.

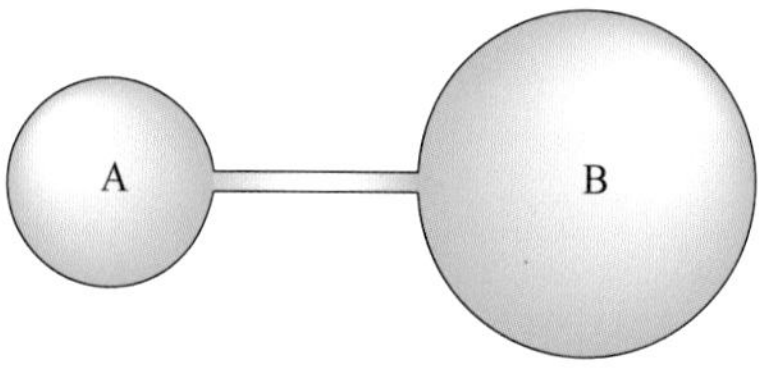

개념 돋보기

이상 기체의 상태 방정식

기체의 부피, 압력과 온도가 결정되면 기체의 몰 수가 결정된다.

$$PV = nRt$$

[P : 압력(N/m^3), V : 부피(m^3), n : 몰(mol), R 기체 상수 (8.31 J/mol·K), t = : 온도(K)]

26 그림처럼 밀폐된 원통 중앙에 칸막이가 있고 칸막이 양쪽에 부피가 V 이고, 온도가 같은 공기가 1 기압인 상태로 들어 있다. 온도를 일정하게 유지하며 칸막이를 옮겨 한쪽의 부피가 $\frac{V}{2}$ 가 되도록 하면 양쪽 공기의 압력 차는 몇 기압이 되겠는가?

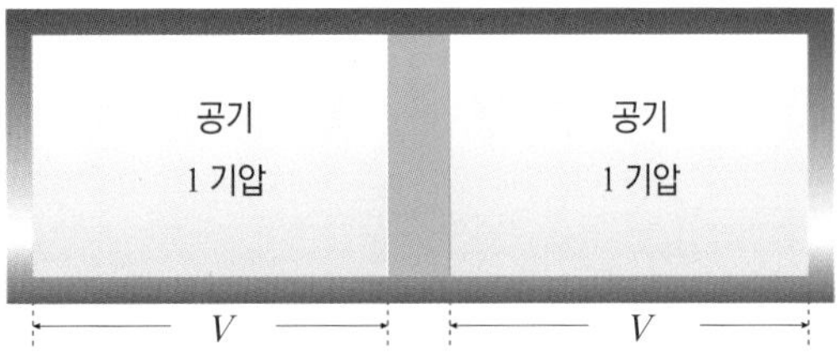

27 그림과 같이 열은 통과시키지 못하고 마찰 없이 자유로이 움직일 수 있는 칸막이에 의해 실린더가 A, B 두 군데로 나뉘어져 있다. 칸막이의 양쪽에는 같은 몰 수, 같은 압력(P), 같은 온도(T), 같은 부피(V)의 기체가 들어 있다. 만약 A 부분의 온도를 $2T$ 로 올린다면 A 쪽과 B 쪽의 압력이 같게 될 때까지 칸막이가 움직이게 된다. 다시 평형을 이루었을 때의 압력은 처음 압력과 달라지게 된다. 다시 평형을 이루었을 때의 압력(P')을 처음 압력 P 로 나타내시오.

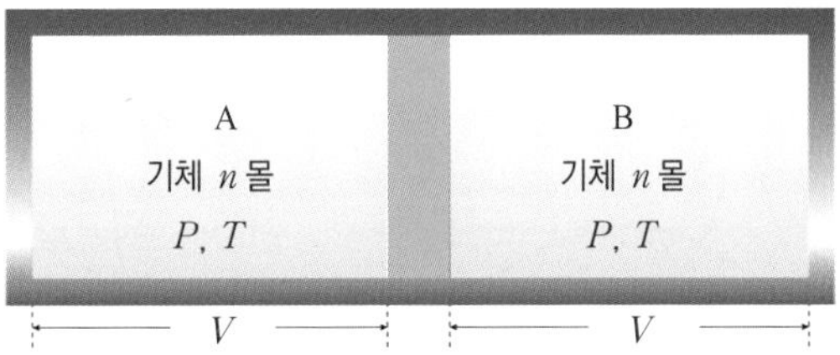

28 스코틀랜드의 식물학자 로버트 브라운(Robert Brown)은 1827년 물 위에 떠 있는 꽃가루를 현미경으로 관찰하여 꽃가루 입자의 운동을 발견하였다. 이후에 물질의 작은 입자가 무질서하고 활발하게 운동하는 것을 브라운 운동이라고 부르게 되었다. 이 운동은 열에 의한 입자의 운동과 물 분자 운동과의 상호 작용 때문에 발생하며, 입자들은 질량이 클수록 느리게 운동한다. 브라운 운동을 기체 분자에 적용시킬 때 밀폐된 통 속에 들어 있는 산소 분자와 수소 분자의 운동 속력의 비 $v_{산소} : v_{수소}$ 를 옳게 기술한 것은? (산소 분자와 수소 분자의 분자량은 각각 32 g 과 2 g 이다.)

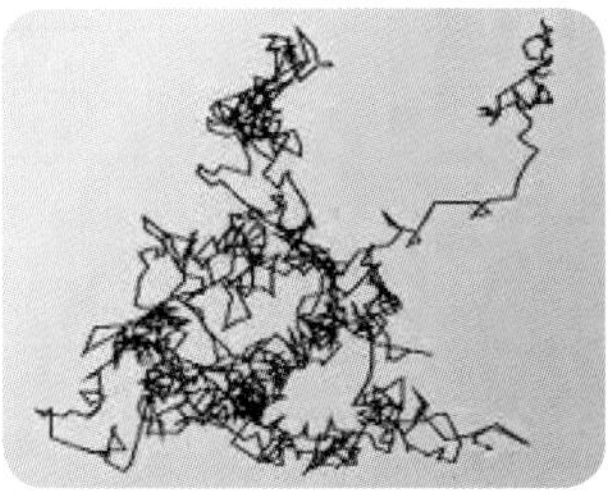

① 1 : 4　② 1 : 8　③ 1 : 16　④ 1 : 32

29 그림처럼 부피 100 L 인 통 속에 헬륨 기체가 채워져 있고, 기체의 온도는 300 K 이며, 압력은 100 기압이었다. 헬륨(He)은 분자량이 4 g 이며 1 개의 분자는 1 개의 원자로 되어 있다. 아보가드로 수(N_0) = 6.02 × 10^{23}/몰 이며, 표준 상태(0 ℃, 1 기압)에서 1 mol 의 부피는 22.4 L 이고, 1 기압은 1.01 × 10^5 N/m^2 이다. 물음에 답하시오.

(1) 통 속에 들어 있는 헬륨 분자는 몇 개인가?

(2) 통 속의 헬륨 기체 분자의 평균 속력은 몇 m/s 인가?

30 그림 A 는 몰수가 같고, 온도가 300 K 로 같은 각각 다른 기체 a, b, c 의 평균 속력에 따른 분자 수를 나타낸 것이고, 그림 B 는 한 기체의 온도가 T_1 과 T_2 일 때 평균 속력에 따른 분자 수를 나타낸 그래프이다. 두 그래프를 설명한 것 중 옳은 것만을 있는 대로 고르시오.

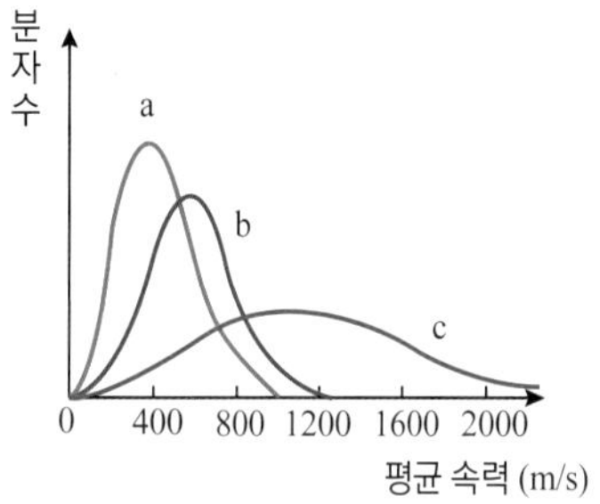

(그림 A)

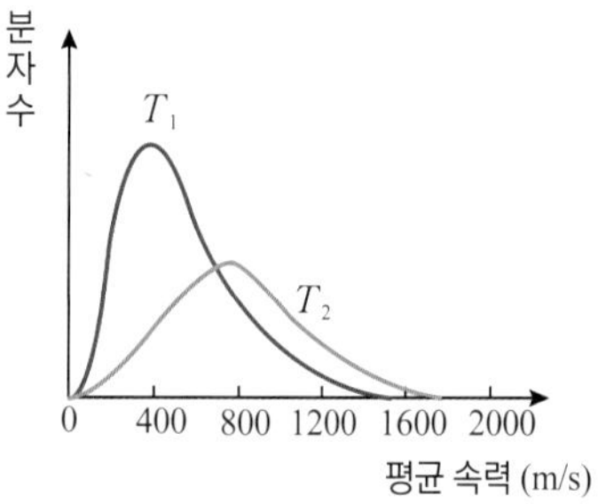

(그림 B)

① 그림 A 에서 기체 a 의 분자량이 가장 크다.
② 그림 A 에서 기체 c 의 분자량이 가장 크다.
③ 그림 A 에서 기체 a 의 평균 운동 에너지가 가장 크다.
④ 그림 A 에서 세 기체의 평균 운동 에너지는 같다.
⑤ 그림 B 에서 기체의 평균 운동 에너지는 온도 T_1 일 때가 T_2 일 때보다 더 크다.
⑥ 그림 B 에서 온도 T_1 이 T_2 보다 더 높다.

개념 돋보기

기체 분자 운동론

$PV = \frac{1}{3}Nmv^2$

E_k(기체 분자 1 개의 평균 운동 에너지) $= \frac{1}{2}mv^2 = \frac{3}{2}kT$

v : 평균 속력, N : 기체 분자의 개수, m : 기체 분자 1 개의 질량, k : 볼츠만 상수

6. 열역학 법칙과 열기관

(1) 열역학 제 1 법칙

① **기체가 한 일** : 오른쪽 그림과 같이 기체가 단면적이 A인 피스톤에 일정한 압력 P를 작용하면서 $\varDelta L$만큼 이동시켜 부피가 $\varDelta V$만큼 증가했을 때, 기체가 피스톤에 한 일 W는 다음과 같다.

W (기체가 한 일) $= F\cdot\varDelta L = PA\cdot\varDelta L = P\varDelta V$

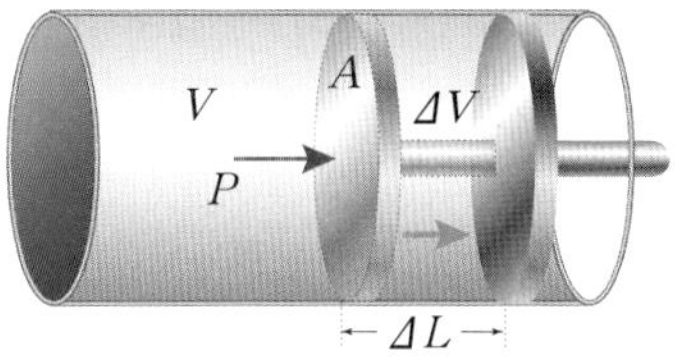

▲ 기체가 팽창할 때 하는 일

② **기체의 부피 변화와 외부에 한 일의 관계** : 기체가 외부에 대해 일을 하거나 받을 때에는 반드시 부피 변화($\varDelta V$)가 발생한다.

- **부피 변화가 없을 때**($\varDelta V = 0$) : 기체가 외부에 한 일이 0 이다($W = 0$).
- **기체가 팽창할 때**($\varDelta V > 0$) : 외부에 일을 한다($W > 0$).
- **기체가 압축될 때**($\varDelta V < 0$) : 외부로부터 일을 받는다($W < 0$).

③ **기체의 내부 에너지**(단원자 분자) : 이상 기체인 경우 내부적으로 가질 수 있는 에너지는 운동 에너지밖에 없다. E_k (1개, 평균 운동 에너지) $= \dfrac{3nR}{2N}T = \dfrac{3}{2}\dfrac{R}{N_0}T = \dfrac{3}{2}kT$ 이고, n (mol) 의 기체는 nN_0 (N_0 : 아보가드로 수)의 기체 분자로 이루어지므로 내부 에너지는 다음과 같다.

$$U \text{ (내부 에너지)}^{❶} = nN_0E_k = \frac{3}{2}nRT = \frac{3}{2}PV$$

④ **열역학 제 1 법칙** : 기체에 열을 가하면 기체의 온도가 높아지면서 부피가 팽창한다. 기체의 온도가 상승하면 내부 에너지가 증가하고, 부피가 팽창하면 기체는 외부에 대하여 일을 하게 된다. 기체의 내부 에너지 증가량을 $\varDelta U$, 기체가 외부에 한 일을 W라고 할 때, 외부에서 가해 준 열량 Q는 다음과 같다.

$$Q = \varDelta U + W$$

→ **열역학 제 1 법칙**, 열역학계의 에너지 보존 법칙이다.

⑤ **몰비열** : 기체 1 mol 의 온도를 1 K 올리는 데 필요한 열량이다.

- **등적 몰비열(c_v)**❷ : 기체의 부피를 일정하게 유지할 때($\varDelta V = 0$)의 몰비열이다.

> 기체의 부피가 일정($\varDelta V = 0$)한 과정에서는 기체가 외부에 한 일이 0($W = 0$)이므로, 가해준 열(Q)은 계의 내부 에너지를 증가시키는 데만 사용된다. 기체가 n 몰일 때
>
> $$Q = \varDelta U = nc_v\varDelta T \;\Rightarrow\; c_v = \frac{Q}{n\varDelta T} = \frac{\varDelta U}{n\varDelta T} \text{ (J/mol·K) } (n \text{ mol})$$

- **등압 몰비열(c_p)**❸ : 기체의 압력을 일정하게 유지할 때($\varDelta P = 0$)의 몰비열이다.

> $$Q = \varDelta U + P\varDelta V = \varDelta U + nR\varDelta T = nc_p\varDelta T \text{ (기체의 몰수 : } n\text{)}$$
>
> $$\therefore c_p = \frac{Q}{n\varDelta T} = \frac{\varDelta U + nR\varDelta T}{n\varDelta T} = \frac{\varDelta U}{n\varDelta T} + R = c_v + R \text{ (J/mol·K)}$$

⑥ **기체의 비열비** : 등압 비열 c_p와 등적 비열 c_v의 비 γ(감마)를 **기체의 비열비**라고 한다.

$$\gamma = \frac{c_p}{c_v} = 1 + \frac{R}{c_v}, \quad \text{단원자 분자 이상 기체일 때 } \gamma = \frac{5}{3}$$

기체가 한 일

기체가 외부에 한 일 또는 받은 일은 압력-부피 그래프의 아랫 부분의 넓이와 같다.

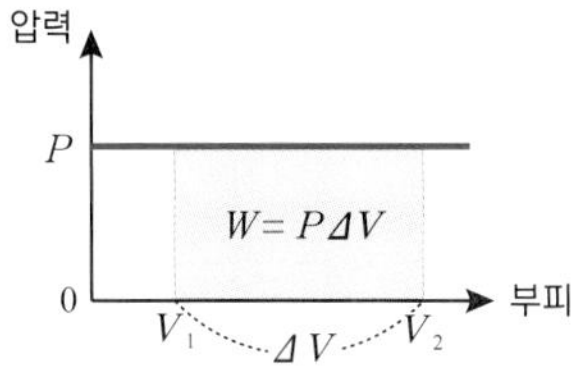

▲ 압력이 일정할 때

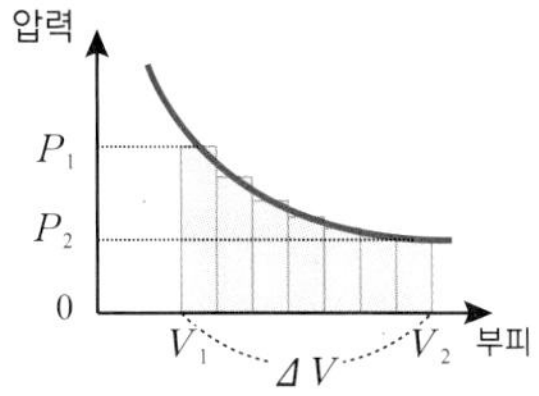

▲ 압력이 변할 때

❶ **내부 에너지 변화량 $\varDelta U$**

일반적으로(nR : 상수) - 단원자 분자

$U = \frac{3}{2}nRT \;\rightarrow\; \varDelta U = \frac{3}{2}nR\cdot\varDelta T$

($\varDelta T$: 온도 변화량)

$PV = nRT$ 이므로

$U = \frac{3}{2}nRT \rightarrow \varDelta U = \frac{3}{2}\varDelta(PV)$

· 등적 변화(V 일정 → $\varDelta V = 0$)

$\varDelta U = \frac{3}{2}V\cdot\varDelta P$

· 등압 변화 (P 일정 → $\varDelta P = 0$)

$\varDelta U = \frac{3}{2}P\cdot\varDelta V$

· 등온 변화 (T 일정 → $\varDelta T = 0$)

$\varDelta U = 0$

❷ **단원자 분자 이상 기체의 c_v**

$\varDelta U = \frac{3}{2}nR\varDelta T$ (n = 1mol)

$\rightarrow c_v = \frac{\varDelta U}{\varDelta T} = \frac{3}{2}R$ (J/mol·K)

• **이원자 분자 이상 기체의 c_v**

$\varDelta U = \frac{5}{2}nR\varDelta T$

$\rightarrow c_v = \frac{\varDelta U}{\varDelta T} = \frac{5}{2}R$ (J/mol·K)

❸ **단원자 분자 이상 기체의 c_p**

$c_p = c_v + R$

$= \frac{5}{2}R$ (J/mol·K)

• **이원자 분자 이상 기체의 c_p**

$c_p = c_v + R = \frac{7}{2}R$ (J/mol·K)

⚙ 이상 기체의 열역학 과정과 특징

과정	등온	등압
특징	T = 일정	P = 일정
결과	$\Delta U = 0$	$W = P\Delta V$
열역학 제 1 법칙	$Q = W$	$Q = \Delta U + P\Delta V$
열량	$W > 0$ → Q 흡수 $W < 0$ → Q 방출	$V > 0$ → Q 흡수 $V < 0$ → Q 방출

과정	등적	단열
특징	V = 일정	$Q = 0$
결과	$W = 0$	
열역학 제 1 법칙	$Q = \Delta U$	$\Delta U = -W$
열량	$\Delta T > 0$ → Q 흡수 $\Delta T < 0$ → Q 방출	$\Delta V > 0$ → $\Delta U < 0$ $\Delta V < 0$ → $\Delta U > 0$

· 등적 변화(V 일정 → $\Delta V = 0$)

$\Delta U = \frac{3}{2}V\cdot\Delta P$

· 등압 변화 (P 일정 → $\Delta P = 0$)

$\Delta U = \frac{3}{2}P\cdot\Delta V$

· 등온 변화 (T 일정 → $\Delta T = 0$)

$\Delta U = 0$

· 단열 변화 (P, V 모두 변함)

$\Delta U = \frac{3}{2}\Delta(PV)$

$= \frac{3}{2}(\Delta P\cdot V + P\cdot\Delta V)$

⚙ 단열 과정에서의 자유 팽창

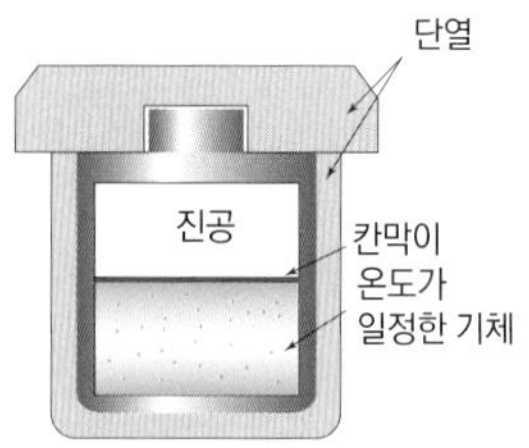

그림과 같이 한쪽은 기체로 가득 차 있고 다른 한쪽은 진공 상태인 공간으로 되어 있는 단열 실린더가 있다.

외부와 주고 받는 열량이 없을 때, 중간의 칸막이를 제거하면 기체는 빠르게 팽창하여 용기 전체를 채우게 된다. 이를 자유 팽창 과정이라고 한다.

$Q = 0$ 이고, $W = 0$ (기체가 힘을 가하면서 이동시킬 대상이 없으므로) 이므로, $\Delta U = 0$ 이다. 따라서 온도는 변하지 않고 일정하다.

(2) 열역학 과정 : 기체의 상태는 기체의 압력, 부피, 온도 변화에 따라 그 상태가 변하며, 각 변화 과정은 이상 기체 상태 방정식과 열역학 제 1 법칙으로 해석할 수 있다.

① **등온 과정** : 기체의 온도가 일정하게 유지($\Delta T = 0$)되면서 열의 출입으로 기체의 부피가 변하는 과정이다.

> $\Delta T = 0$ 이므로, $\Delta U = 0$(내부 에너지 일정)이다.
>
> $\therefore Q = \Delta U + W = W \rightarrow Q = W$

- **등온 팽창**($\Delta V > 0$) : 열을 흡수하면, 흡수한 에너지만큼 외부에 일을 한다.
- **등온 압축**($\Delta V < 0$) : 외부로부터 일을 받으면 그 양만큼 외부로 열을 방출한다.

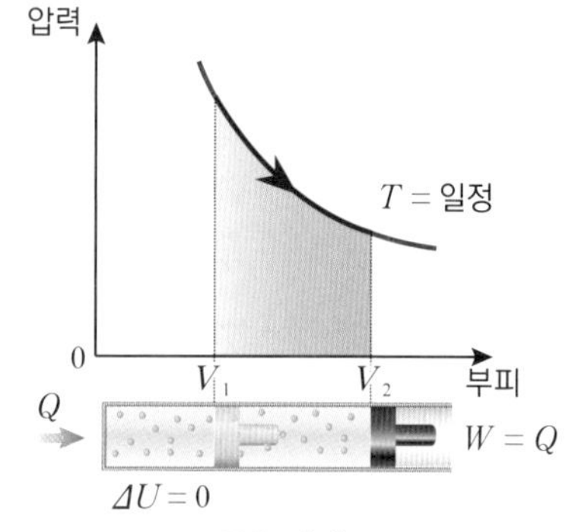

▲ 등온 과정

② **등압 과정** : 기체의 압력을 일정하게 유지(ΔP = 일정) 하면서 열을 가해 기체의 압력과 온도가 변하는 과정이다.

> 온도가 변하면, 일을 하거나 받게 된다. 이때 $W = P\Delta V$로 나타낼 수 있다.
>
> $\therefore Q = \Delta U + W = \Delta U + P\Delta V = \Delta U + nR\Delta T$

- **등압 팽창**($\Delta V > 0$) : $\Delta U > 0$, $W > 0$, $Q > 0$ 이므로 기체가 받은 열량은 외부에 한 일과 내부 에너지 증가량의 합과 같다.
- **등압 압축**($\Delta V < 0$) : $\Delta U < 0$, $W < 0$, $Q < 0$ 이므로 기체가 잃은 열량은 외부에서 받은 일과 내부 에너지 감소량의 합과 같다.

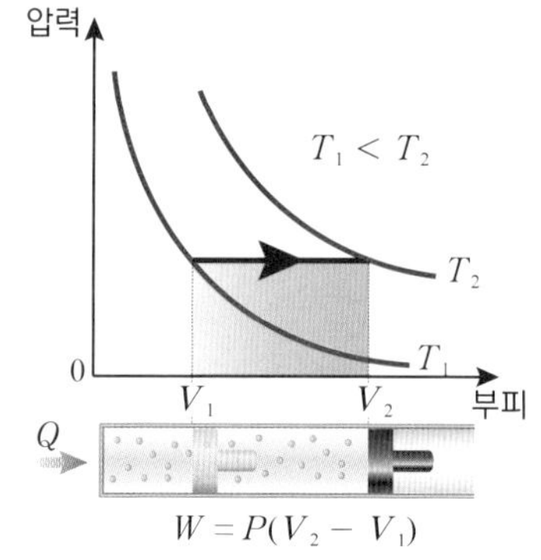

▲ 등압 과정(정압 과정)

③ **등적(정적) 과정** : 기체의 부피를 일정하게 유지하면서 열의 출입으로 기체의 상태가 변하는 과정이다.

> 부피 V 가 일정하므로, $PV = nRT \rightarrow P \propto T$ 이다.
>
> $\Delta V = 0$ 이므로, $W = 0$
>
> $\therefore Q = \Delta U + W = \Delta U$

- **등적 변화(압력 증가)** : $\Delta T > 0$, $\Delta U > 0 \rightarrow Q > 0$ 이다. 따라서 받은 열량만큼 기체의 내부 에너지가 증가하여 기체의 온도가 올라간다.
- **등적 변화(압력 감소)** : $\Delta T < 0$, $\Delta U < 0 \rightarrow Q < 0$ 이다. 따라서 잃은 열량만큼 기체의 내부 에너지가 감소하여 기체의 온도가 내려간다.

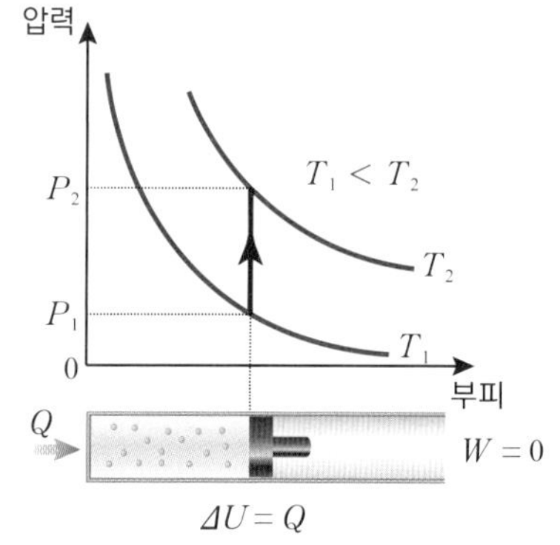

▲ 등적 과정(정적 과정)

④ **단열 과정** : 외부와의 열 출입을 차단한 후 기체의 상태 변화를 주는 과정이다. 기체를 갑자기 압축시키거나 팽창시키면 열이 들어오거나 빠져나갈 시간적 여유가 없어 근사적으로 단열 과정이 된다.

> $Q = 0$ 이므로, $0 = \Delta U + W$, $\therefore \Delta U = -W$

- **단열 팽창**($\Delta V > 0$) : $\Delta U = -W < 0$ 이므로, 기체가 한 일만큼 내부 에너지가 감소하여 온도가 내려간다.

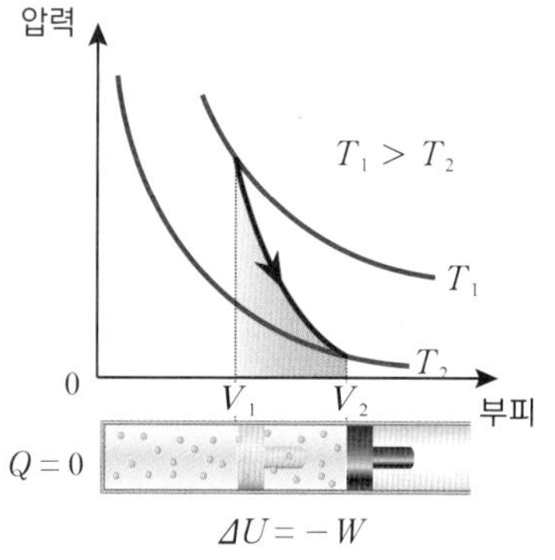

▲ 단열 과정

- **단열 압축**($\varDelta V < 0$) : $\varDelta U = -W > 0$ 이므로, 기체가 외부에서 받은 일만큼 내부 에너지가 증가하고 온도가 높아진다.

정답 p 104

Q21 다음 열역학 과정 중 일정량의 기체가 같은 양의 열을 받았을 때 내부 에너지가 가장 크게 증가하는 과정은?

① 등온 팽창 과정 ② 등압 팽창 과정 ③ 등적 과정
④ 단열 팽창 과정 ⑤ 단열 압축 과정

Q22 다음 그림은 일정량의 이상 기체가 A → B → C → D → A 로 변하는 열역학 과정을 나타낸 것이다.

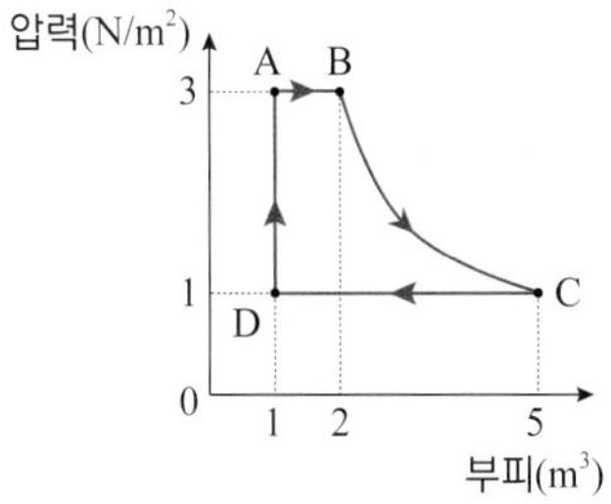

(1) A → B 과정에서 이상 기체가 외부에 한 일의 양은 얼마인가?

(2) 기체가 외부에 일을 하는 과정은?

(3) 기체가 흡수한 열이 모두 내부 에너지의 증가에 쓰인 과정은?

(3) 열역학 제 2 법칙 : 자연 현상에서 일어나는 변화의 비가역적[3] 인 방향성을 제시하는 법칙이다. 다음은 열역학 제 2 법칙을 설명하는 다양한 표현들이다.

· 열은 스스로 저온의 물체에서 고온의 물체로 이동할 수 없다.
· 자연 현상은 대부분 비가역적이며, 엔트로피[4] 가 증가하는 방향으로 진행된다.
· 효율이 100 % 인 열기관은 만들 수 없다. 열기관이 일을 하는 과정에서 열은 주변에 존재하는 더 낮은 온도의 계로 저절로 흘러가 버리고 이를 막을 방도가 없기 때문이다.
· 마찰이 있는 면 위에서 운동하는 물체는 역학적 에너지가 마찰에 의한 열에너지로 전환되고 물체는 정지하게 된다(열역학 제 1 법칙 성립). 하지만 반대로 열에너지가 물체의 역학적 에너지로 전환되어 물체 스스로 운동하는 일은 일어나지 않는다.

(4) 열기관과 열효율

① **열기관** : 열역학 과정을 이용하여 열에너지를 역학적 에너지(일)로 전환하는 장치를 말한다.

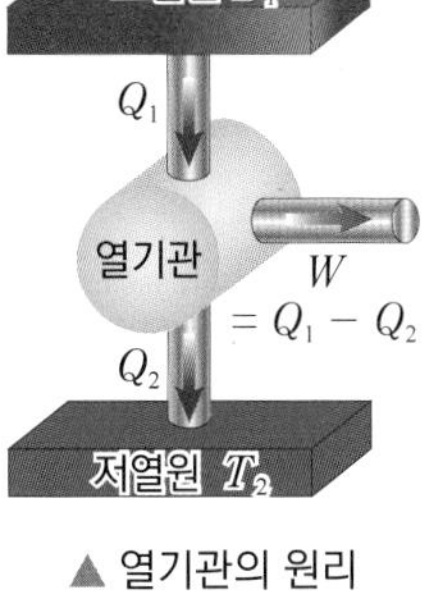

▲ 열기관의 원리

- **원리** : 순환 과정 동안 온도 T_1 인 고열원에서 Q_1 의 열에너지를 흡수하여 외부에 W 의 일을 하고, 온도 T_2 인 저열원으로 Q_2 의 에너지를 방출한다. 열기관이 한 번 순환하는 동안 열기관의 내부 에너지는 변하지 않으므로($\varDelta U = 0$) 열역학 제 1 법칙에서 $Q = Q_1 - Q_2 = W$ 가 된다.
- **열효율** : 한 순환 과정동안 흡수한 열 Q_1 에 대하여 외부에 한 일 W 의 비를 **열효율**(e)이라고 하며, 다음과 같이 나타낸다.

$$e = \frac{\text{얻은 에너지}}{\text{공급한 에너지}} = \frac{W}{Q_1} = \frac{Q_1 - Q_2}{Q_1} = 1 - \frac{Q_2}{Q_1}$$

③ 가역 과정과 비가역 과정

- 가역 과정 : 외부에 어떤 변화도 남기지 않고 스스로 원래의 상태로 되돌아갈 수 있는 과정이다. 마찰이나 저항이 없는 이상적인 역학적 변화가 가역 과정이다.

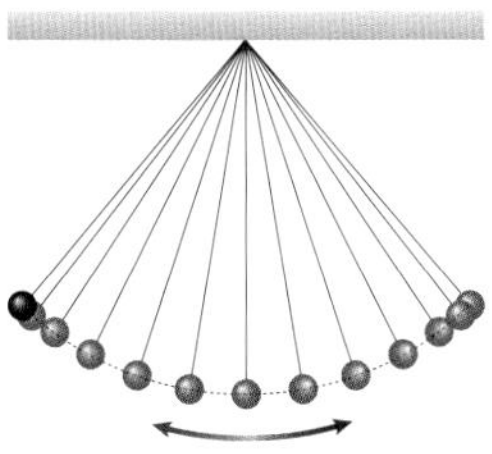
▲ 진폭이 작은 단진자의 가역 현상

- 비가역 과정 : 스스로 원래 상태로 되돌아갈 수 없고, 시간에 대해서 한쪽 방향으로만 진행하는 과정이다. 자연에서 일어나는 대부분의 현상은 비가역 과정이다.

▲ 물에 떨어뜨린 잉크가 확산되는 비가역 현상

④ 엔트로피

엔트로피는 계의 무질서도를 의미한다. 우주 내에 있는 모든 계에서 자연적인 변화 과정이 더욱 무질서해 질수록 계의 엔트로피가 증가한다고 정의하였다.
절대 온도가 T 인 열역학적 계가 열량 Q 를 흡수하였을 때, 그 계의 엔트로피 변화 $\varDelta S = \frac{Q}{T}$ 이고,
열량 Q 를 방출하였을 때는 $\varDelta S = -\frac{Q}{T}$ 이다.

② **카르노의 이상적인 열기관** : 프랑스의 카르노가 고안한 열효율이 가장 높은 이상적인 열기관으로 4 단계의 순환 과정을 거친다.

열역학 과정	과정
A → B (등온 팽창)	이상 기체가 온도 T_1 인 고열원에서 열 Q_1 을 흡수하여 부피 $V_1 \to V_2$ 으로 등온 팽창하면서 일을 한다.
B → C (단열 팽창)	이상 기체가 저열원의 온도 T_2 가 될 때까지 부피 $V_2 \to V_3$ 으로 단열 팽창하면서 외부에 일을 한다.
C → D (등온 압축)	온도 T_2 인 이상 기체가 부피 $V_3 \to V_4$ 으로 등온 압축하면서 Q_2 인 열을 저열원으로 방출한다.
D → A (단열 압축)	이상 기체가 부피 $V_4 \to V_1$ 으로 단열 압축하면서 온도가 T_1 으로 상승하고, 열기관은 원래의 상태로 되돌아 온다.

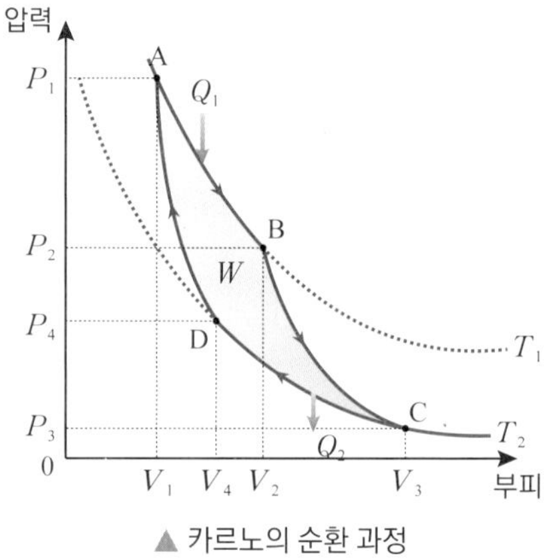

▲ 카르노의 순환 과정

③ **카르노 열효율(e_c)** : 고열원의 온도 T_1, 저열원의 온도 T_2 일 때, 이상 기체를 사용한 가역 과정에서 $\frac{Q_H}{T_H} = \frac{Q_C}{T_C}$ 이 성립하므로, $e = \frac{W}{Q_1} = 1 - \frac{Q_2}{Q_1}$ 를 이용하면 카르노 열효율 e_c 는 다음과 같다.

$$e_c = 1 - \frac{T_2}{T_1} = \frac{T_1 - T_2}{T_1} \text{ (열기관의 최대 효율)}$$

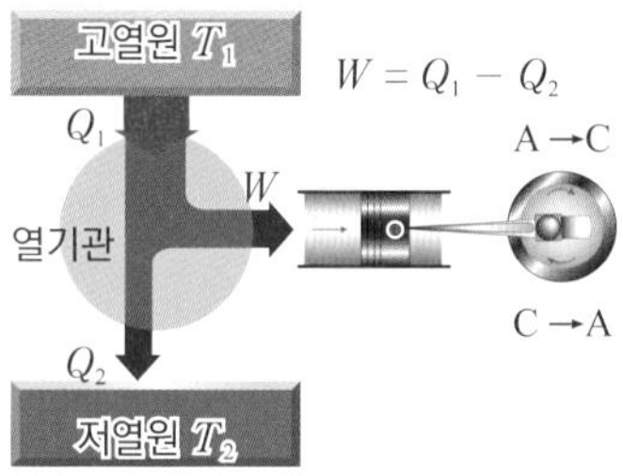

▲ 이상적인 열기관의 열효율

④ **실제 열기관의 열효율** : 실제 열기관의 열효율은 마찰 등(비가역적 변화)에 의한 손실로 인하여 카르노 열기관의 열효율 값보다 작다.

$$e = \frac{W}{Q_1} = 1 - \frac{Q_2}{Q_1} \leq 1 - \frac{T_2}{T_1}$$

(5) 영구 기관

① **제 1 종 영구 기관** : 외부 에너지의 공급없이 계속 일을 할 수 있는 기관이다. 열역학 제 1 법칙($Q = \Delta U + W$) 에 의해 $\Delta Q = 0$, $W = \infty$ 일 때, $\Delta U = -\infty$ 가 되어야 하지만 이는 불가능하다. 이것은 열역학 제 1 법칙에 위배된다.

② **제 2 종 영구 기관** : 열효율이 1 인 기관이다. 열효율 $e = 1 - \frac{Q_{저}}{Q_{고}}$ 이므로, $e = 1$ 이 되려면, $Q_{저} = 0$ 이 되어야 한다. 즉, 저열원으로 방출하는 열량이 없으므로, 고열원에서 흡수하는 열을 모두 일로 전환해야 한다. 이것은 열역학 제 2 법칙에 위배된다.

열기관의 최대 효율

카르노 기관은 임의의 두 고정 온도 사이에서 작동하는 열기관에게 허용된 최대 열효율을 갖는다.

제 2 종 영구 기관의 예

뱃머리에 따뜻한 해수를 끌어들여 그 열을 이용하여 보트의 모터나 스크류를 돌리고, 보트의 뒤에서 얼음 덩어리를 방출하면서 항해하는 배는 제 2 종 영구 기관을 사용한 예가 된다.

정답 p104

Q23 오른쪽 그림은 배에 사용되는 디젤 기관이다. 이 디젤 기관이 1회 순환하는 과정 동안 3,000 J 의 열을 흡수하여 780 J 의 일을 하였다면, 이 디젤 기관의 열효율은 몇 % 인가?

Q24 열효율이 24 % 인 카르노 열기관이 있다. 이 열기관은 온도 차이가 84 ℃ 인 고열원과 저열원 사이에서 작동할 때, 저열원의 온도는 몇 ℃ 인가?

열역학 법칙과 열기관

100 0 ℃, 1 기압, 부피가 1 L 인 이상 기체가 단열 용기에 들어있다. 기체의 압력을 일정하게 유지하면서 열을 가하였더니 기체의 온도가 273 ℃ 가 되었다. 기체 상수는 8.3 J/mol·K 이고, 1 기압은 1.0×10^5 N/m^2 이다. 물음에 답하시오.

(1) 기체가 외부에 한 일의 양은 얼마인가?

(2) 기체의 내부 에너지 증가량은 얼마인가?

(3) 기체가 흡수한 열량은 얼마인가?

101 오른쪽 그림은 일정량의 이상 기체의 상태가 A → B → C → D → A 순으로 변하는 것을 나타낸 그래프이다. 1 회 순환하는 동안 이상 기체가 외부에 한 일은 몇 J 인가?

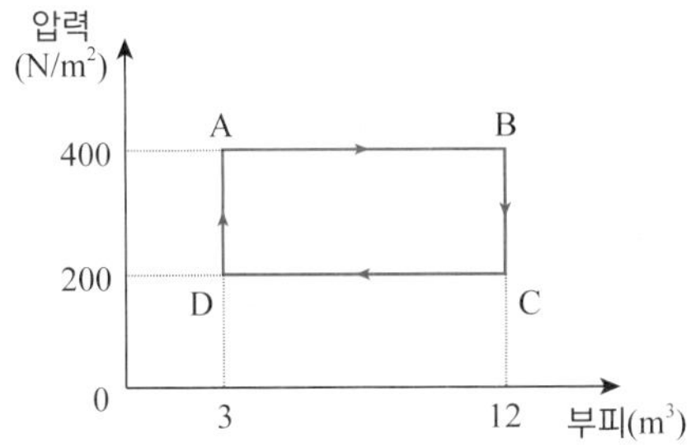

102 단원자 분자 이상 기체 1 mol 의 온도가 1 K 증가하였다면, 이때 기체가 흡수한 열량 Q, 증가한 내부 에너지 ΔU, 기체가 한 일 W 의 비 $Q : \Delta U : W$ 는? (단, 기체의 압력은 일정하다.)

103 다음 열역학 과정 중 이상 기체가 외부로부터 받은 열을 모두 일을 하는데 쓰는 변화 과정은?

① 등온 팽창 과정 ② 등압 팽창 과정
③ 등적 과정 ④ 단열 팽창 과정
⑤ 단열 압축 과정

104 밀폐된 단열 용기에 내부 에너지가 500 J 인 이상 기체가 들어 있다. 이 기체가 100 J 의 일을 하며 단열 팽창하였다면, 기체의 내부 에너지는 얼마가 되겠는가?

① 100 J ② 400 J ③ 500 J
④ 600 J ⑤ 800 J

105 다음 그림은 단원자 분자 이상 기체의 부피와 온도의 관계를 나타낸 것이다. 이때 A 상태에서 A → B 과정(㉠), A → C 과정(㉡)으로 각각 변하였다. 물음에 답하시오. (단, A 상태일 때 압력은 P_0, 부피는 V_0 이다.)

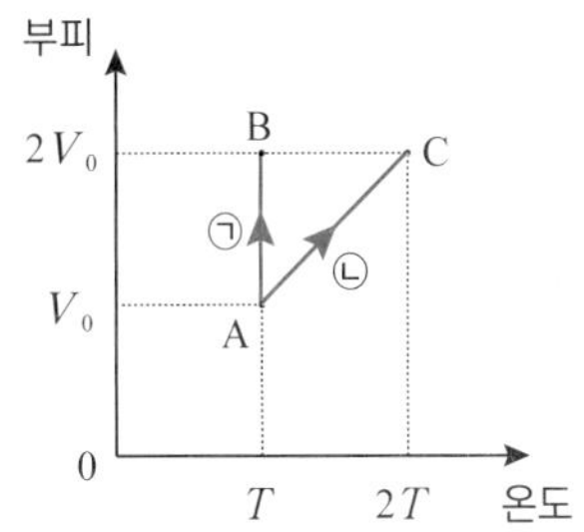

(1) ㉡ 에 해당하는 열역학 과정의 종류를 쓰시오.

(2) ㉠ 과 ㉡에서 기체가 외부에 한 일을 등호 또는 부등호를 이용하여 비교하시오.

(3) ㉡ 과정에서 기체가 받은 열량을 구하시오.

106 단열 실린더 속에 들어있는 이상 기체가 다음 그래프와 같이 A → B → C → A 의 순환 과정을 거쳤다. 기체가 열을 흡수한 과정을 있는 대로 고른 것은? (단, B → C 과정은 등온 과정이다.)

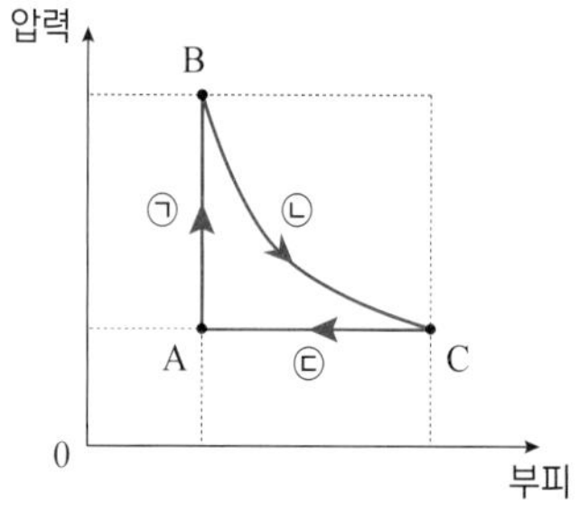

① ㉠ ② ㉡ ③ ㉠, ㉡
④ ㉠, ㉢ ⑤ ㉡, ㉢

107 다음 그림은 수증기가 응결하여 구름이 생성되는 과정을 나타낸 것이다. 이와 관련된 설명의 빈칸에 들어갈 말을 바르게 짝지은 것은?

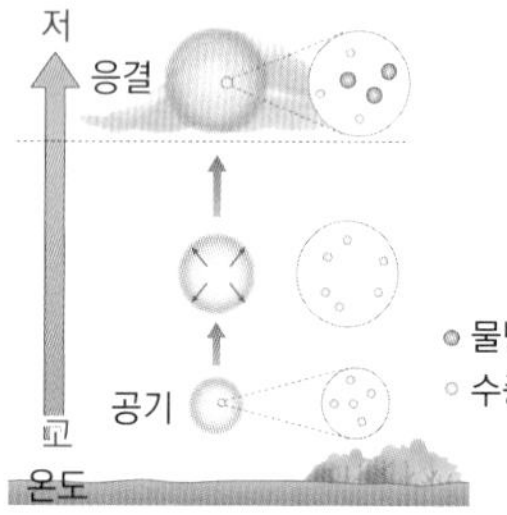

수증기를 포함하고 있는 공기가 상승하면 기압이 (㉠) 지므로, 공기가 (㉡) 하게 되고, 온도가 내려가므로 수증기가 응결하면서 구름이 생긴다. 이와 같이 (㉡) 과정은 (㉢) 과정이다.

	㉠	㉡	㉢
①	높아	단열 수축	냉각
②	낮아	단열 팽창	냉각
③	높아	단열 팽창	온도가 상승하는
④	낮아	단열 수축	온도가 상승하는
⑤	높아	단열 팽창	응결

108 다음 중 열역학 제 2 법칙으로 설명할 수 있는 현상으로 옳은 것만을 〈보기〉에서 있는 대로 고른 것은?

보기
ㄱ. 뜨거운 물체와 차가운 물체를 접촉시킨 후 시간이 지나면 두 물체의 온도는 같아진다.
ㄴ. 일은 모두 열로 바뀌지만 열은 모두 일로 바뀌지 않는다.
ㄷ. 에너지를 공급받지 않으면서 계속 일할 수 있는 영구 기관은 만들 수 없다.

① ㄱ ② ㄴ ③ ㄱ, ㄴ
④ ㄴ, ㄷ ⑤ ㄱ, ㄴ, ㄷ

109 다음 그림은 온도가 T_1 인 열원에서 2000 J 의 열을 흡수하여 W 의 일을 하고, 온도가 T_1 인 열원으로 1500 J 의 열을 방출하는 열기관을 모식적으로 나타낸 것이다. 물음에 답하시오.

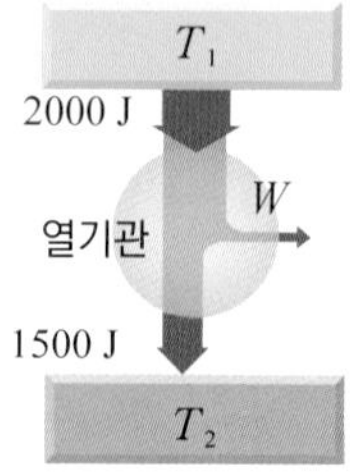

(1) 열기관의 열효율은 몇 % 인가?

(2) 한 순환 과정동안 이 열기관이 한 일 W 은 몇 J 인가?

110 그림은 어떤 열기관을 나타낸 것이다. 이 열기관에 들어가는 수증기의 온도는 227 °C, 나오는 수증기의 온도는 127 °C이다. 이때 열기관에 공급한 열이 4000 J일 때 물음에 답하시오. 물음에 답하시오.

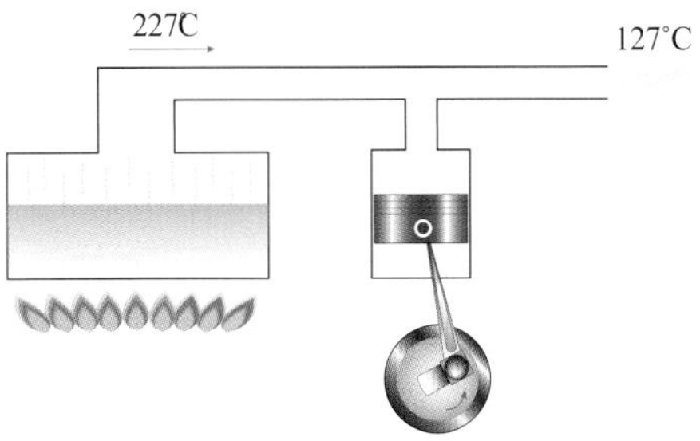

(1) 열기관의 최대 효율은 얼마인가?

① 10 % ② 15 % ③ 20 %
④ 25 % ⑤ 30 %

(2) 열기관이 최대로 할 수 있는 일은 얼마인가?

① 200 J ② 400 J ③ 600 J
④ 800 J ⑤ 1000 J

111 580 ℃, 27 ℃ 사이에서 작동하는 카르노 열기관이 있다. 이 기관은 한 순환 과정 당 1,040 J 의 일을 한다.

(1) 한 순환 과정 동안 고열원에서 흡수되는 열량은 얼마인가?

(2) 한 순환 과정 동안 저열원으로 방출되는 열량은 얼마인가?

(3) 한 순환 과정 동안 전체 엔트로피 변화량은 얼마인가?

112 그림과 같이 카르노 엔진 하나가 다른 카르노 엔진에 연결되어 작동하고 있다. 고열원은 T_1 = 1000 K 이고, 저열원은 T_2 = 900 K 이다. 윗 엔진에서 방출한 열을 아랫 엔진이 흡수할 때, 엔진의 전체 효율은 몇 % 인가? (단, 전체 열효율은 윗 엔진이 흡수한 열량에 대한 전체 일의 비율이다.)

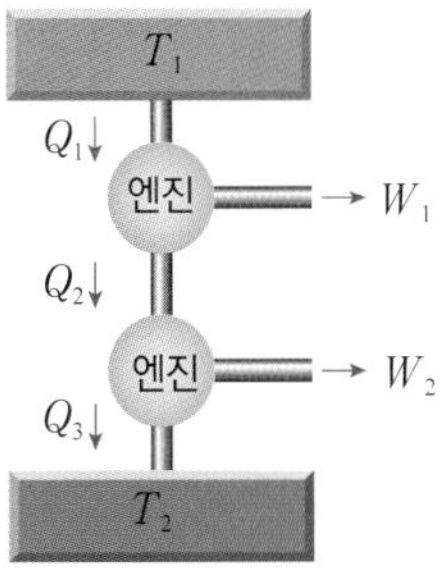

113 그림 (가)는 컴퓨터의 냉각팬을 작동시키는 열기관의 모습이고, 그림 (나)는 열기관에서 일정량의 이상 기체 상태가 A → B → C → D → A 를 따라 변할 때 압력-부피의 관계를 나타낸 것이다. A → B, C → D 과정은 온도가 각각 T_1, T_2 인 등온 과정, B → C, D → A 과정은 등적 과정이다. 물음에 답하시오.

(가)

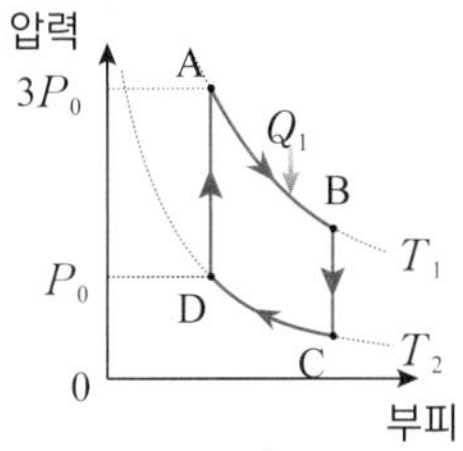

(나)

(1) T_1 : T_2 를 구하시오.

(2) 기체가 한 일의 양과 흡수한 열량이 같은 과정을 고르시오.

(3) 증가한 내부 에너지의 양이 B → C 과정에서 방출한 열량과 같은 과정을 고르시오.

31 단원자 분자 이상 기체가 그림과 같이 피스톤 모양의 용기에 들어 있다. 피스톤과 용기는 단열재로 제작되었고 용기 속에는 500 W 의 전원이 장치되어 있다. 또 피스톤은 용기와 마찰이 없이 움직일 수 있다. 그래프는 이 기체의 상태를 A → B → C → D 의 순으로 변화하는 모습을 보여주는 그래프이다. 상태 A 에서의 온도는 300 K 이고 피스톤의 압력은 대기압과 평형을 이루고 있다.

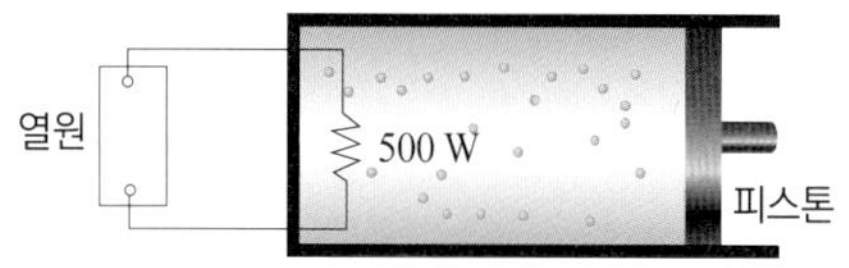

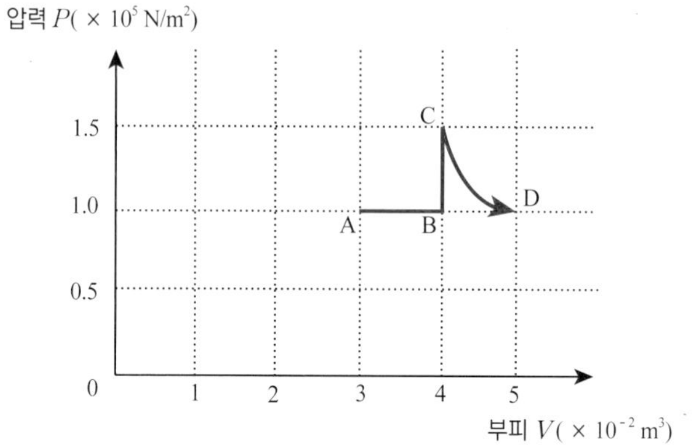

상태 A 에서 피스톤을 자유롭게 움직이게 한 상태에서 전원을 켜서 기체를 5 초 간 가열하여 부피 4×10^{-2} m^3 인 상태 B 가 되었고, 다시 상태 B 에서 피스톤을 고정시킨 후 6 초 간 가열하여 상태 C 가 되었다. 다시 피스톤을 자유로이 움직이게 하여 열은 가하지 않고 기체의 압력이 대기압과 평형이 될 때까지 두었다. 이때 대기압과 같아지는 순간의 부피가 5×10^{-2} m^3 인 상태 D 이다. 다음 물음에 답하시오. (단. 대기압은 $P_{대기압} = 1.0 \times 10^5$ N/m^2 이고, 전원에 의한 가열은 용기 내의 기체에 균일하게 전달되며 용기, 피스톤 ,열원에 의한 열 손실은 무시한다.)

(1) 상태 B, C, D 의 기체의 온도는 각각 얼마인가?

(2) 상태가 A → B, B → C 순으로 변할 때, 각 과정에서 기체의 내부 에너지 증가량을 각각 구하시오.

(3) 상태 C 에서 D 로 변화하는 동안 기체가 한 일은 얼마인가?

32 다음 그림은 이상 기체가 A 에서 C 로 상태 변화하는 두 가지 열역학 과정을 나타낸 것이다. 경로 ㉠은 A → C 상태로 변할 때 외부에서 $7P_AV_0$ 의 에너지가 공급되는 과정이고, 경로 ㉡은 A → B → C 상태로 변할 때 외부에서 $7.2P_AV_0$ 의 에너지가 공급되는 과정이다. 이때 $\frac{P_B}{P_A}$ 를 구하시오.

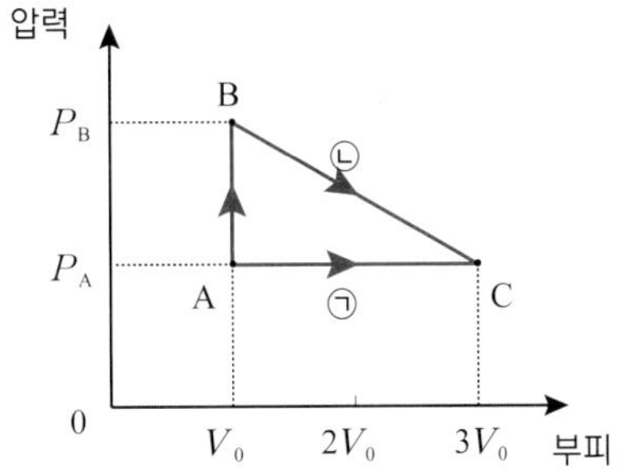

33 그림은 이상 기체의 상태가 A 에서 B 로 바뀌는 세 가지 열역학 과정을 나타낸 것이다. 과정 1 에서 기체에 전달된 열에너지가 10 PV 이다. 물음에 답하시오.

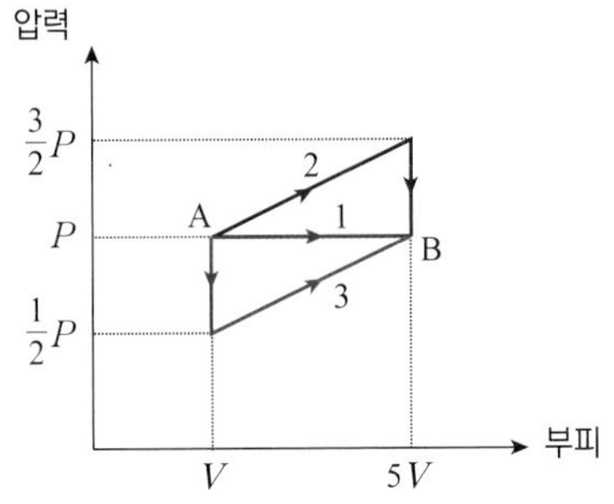

(1) 과정 1 에서 내부 에너지의 변화량 $U_B - U_A$ 을 구하시오.

(2) 과정 2 와 과정 3 에서 기체에 전달된 열에너지를 각각 구하시오.

개념 심화 문제

34 **다음 그림은 T_1 = 127 ℃, T_2 = -127 ℃ 사이에서 작동하는 카르노 열기관과 이 기관과 연결된 온도 T_3 = 50 ℃, T_4 = -50 ℃ 사이에서 작동하는 카르노 냉동기를 나타낸 것이다.**

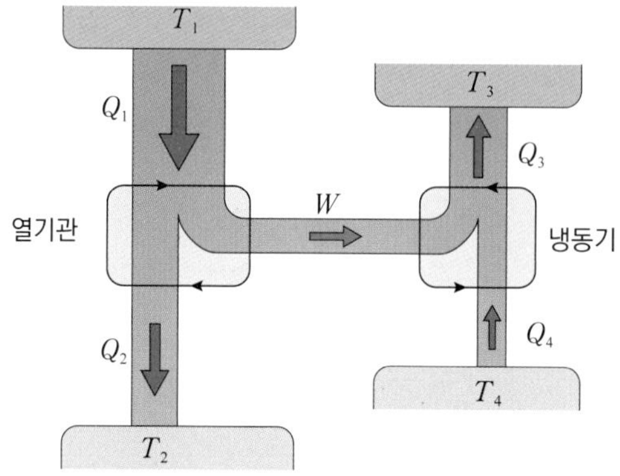

열을 저온의 열원에서 흡수하여 고온의 열원으로 옮기는 냉동기와 같은 기계나 장치를 열펌프라고 한다. 카르노 냉동기란 이상적인 열펌프를 말한다. 물음에 답하시오.

(1) 오른쪽 그림과 같이 열펌프란 열기관과 반대로 외부로부터 일(W_{in})을 받아 저열원의 열(Q_C)을 고열원으로 열(Q_H)로 보낸다. 열펌프에서 한 번의 순환 과정 동안 열펌프의 내부 에너지는 변하지 않을 때 열펌프의 작동 계수 $K = \dfrac{Q_C}{W_{in}}$ 를 Q_H와 Q_C로 나타내시오.

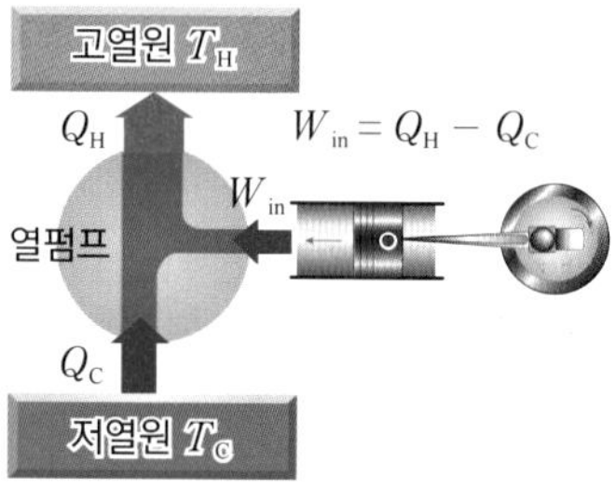

(2) 고열원에서 열기관으로 흡수되는 열량(Q_1)과 냉동기의 고열원에 유입되는 열량(Q_3)의 비($\dfrac{Q_3}{Q_1}$)를 구하시오.

개념 돋보기

작동 계수

열펌프의 열효율을 작동 계수라고 한다.

- 냉장고 : 낮은 온도 T_C 인 음식 보관실(저열원)에서 열을 빼앗아 높은 온도 T_H 인 집 내부(고열원)으로 열 Q_H 를 방출한다. 냉장고의 작동 계수는 약 5 정도이다.
- 에어컨 : 전기 에너지로부터 받은 일 W_{in} 을 이용하여 집 내부(온도가 낮은 쪽)의 열 Q_C 를 빼앗아 집 바깥(온도가 높은 쪽)으로 열 Q_H 를 이동시킨다. 에어컨의 작동 계수는 약 2 ~ 3 정도이다.

실생활 관련 문제

01 **전기 오븐은 내부의 전열기를 이용하여 고기를 익히는 가전 제품이다. 다음은 전기 오븐의 설명서에 제시된 표이다. 물음에 답하시오.**

쇠고기의 양(kg)	내부 온도(℃)	익히는 시간(분)
1.5	180	60
3.0	160	80

(1) 설명서에서 같은 온도에서 익히는 시간을 제시하지 않고 쇠고기의 양에 따라 서로 다른 온도에서 익히는 시간을 짧거나 길게 제시한 이유는 무엇인가?

① 양이 많을수록 열을 덜 흡수하기 때문에
② 양이 많을수록 쇠고기의 열용량이 커지기 때문에
③ 고기 전체가 비슷한 비율로 가열되게 하기 위해서
④ 양이 많을수록 쇠고기의 열전도율이 작아지기 때문에
⑤ 쇠고기의 양이 많으면 오븐 내의 공간이 줄어 공기의 대류가 잘 일어나지 않기 때문에

(2) 표에서 3.0 kg 의 쇠고기를 익히는 데 시간이 더 오래 걸리는 주된 이유는?

① 시간당 열 흡수량이 더 크다.
② 열전도율이 더 작다.
③ 비열이 더 작다.
④ 열용량이 더 크다.

논리 서술형

02 **지구는 태양 복사 에너지를 받는다. 만약 지구 표면에서 태양 광선과 수직한 면에 1 분 동안 도달하는 태양 복사 에너지를 계산한다면 얼마나 될까? 이 값을 태양 상수라고 하며 약 2 cal/cm^2·분 의 값을 갖는다. 다음과 같은 장치가 있을 때 대기의 영향을 무시하고 태양 상수 값을 그대로 적용하여 다음 문제를 풀어 보자.**

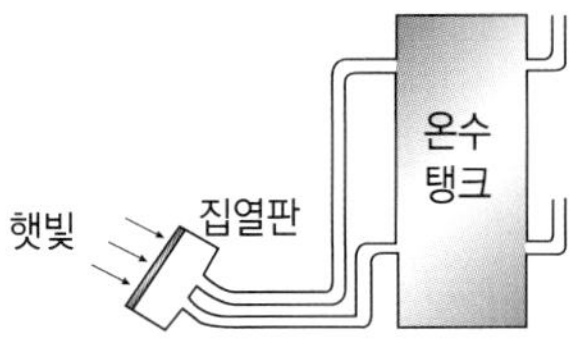

그림과 같이 면적이 1 m^2 인 집열판을 햇빛과 수직하게 설치한 후 태양의 열에너지를 받아 물을 데웠다. 집열판으로 물을 데울 때의 열효율은 30 % 이다. 물의 온도가 50 ℃ 높아진다고 할 때, 매 시간 당 몇 kg 의 물을 데울 수 있겠는가?

전기 오븐

전기에 의해 내부의 전열기에서 열이 발생하고, 이 열로 음식을 조리하는 제품이다.

전자 레인지

전자기파를 발생시켜 내부의 음식을 조리하는 제품이다. 전자기파의 주파수는 음식 내부의 물의 분자 운동 주파수와 비슷하여 공진에 의해 물의 분자 운동을 활발하게 하여 운동에너지를 높이므로 온도가 상승한다.

태양 상수의 측정

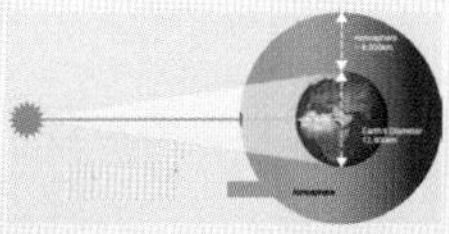

태양상수는 지구 궤도 위의 지구 대기층 밖에서 1 cm^2 의 면적에 1분 동안 수직으로 입사되는 에너지의 양이다. 태양은 어느 한 방향으로만 에너지를 보내는 것이 아니라 태양을 둘러싼 구형의 공간 전체 방향으로 에너지를 보내므로 처음에 태양이 낸 에너지의 양이 1 이라면 태양에서 거리 r 만큼 떨어진 곳에서 단위 면적 당 받은 태양에너지의 양은 태양이 처음 내보낸 에너지 1 을 반지름이 r 인 구의 면적인 $4\pi r^2$ 으로 나누어야 한다. 태양과 지구의 거리를 평균 거리로 하고 태양 광도(태양이 내는 에너지) L 가 3.86×10^{26} W 일 때, 지구의 태양상수 = $L \times 1/4\pi r^2$
= 약 1.946cal/cm^2·min 이다.
태양상수는 대기권 밖에서 인공위성을 통해 측정한다. 그 이유는 실제 태양상수와 지표면에서 측정되는 태양상수의 값에 큰 차이가 나기 때문이다. 그 이유는
① 지구의 반사율(알베도)
② 대기의 흡수 및 산란
③ 지구는 평면이 아닌 구로 되어 있기 때문이다.

열효율

열 에너지로 작동할 수 있는 장치를 열기관이라 할 때 열기관에 투입된 에너지와 열기관이 실제로 한 일의 비를 말한다.
어떤 장치이든 열효율이 100 % 가 될 수는 없다.
태양전지의 열효율은 현재 7 ~ 14 % 정도이다.

창의력을 키우는 문제

충돌과 에너지 보존

두 물체가 충돌하는 경우 운동량 보존 법칙은 성립하나 역학적 에너지(운동 에너지 + 퍼텐셜 에너지)는 거의 보존되지 않는다. 충돌 과정에서 열이 발생하기 때문이고, 열에너지는 역학적 에너지가 아니기 때문이다.
그러나 전체적인 에너지는 보존되어 에너지의 총량은 변하지 않는다. 열도 에너지의 일종이기 때문이다.

▲ 기차의 정면 충돌

▲ 천체끼리의 충돌

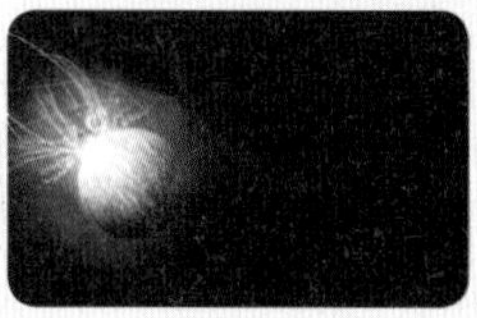

▲ 딥 임펙트

주택의 열 방출

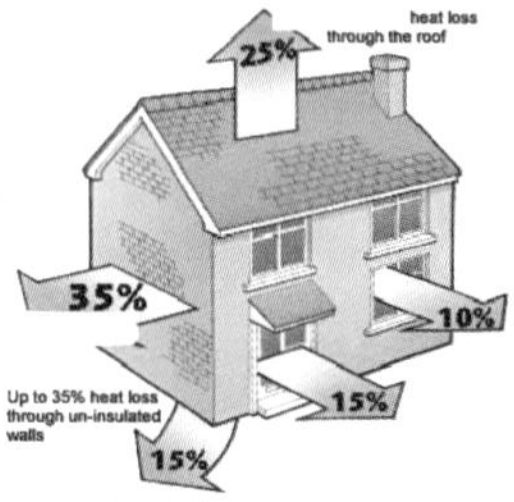

열은 전도와 대류, 복사의 세가지 형태로 이동한다. 단독주택에서는 벽, 바닥, 지붕, 창문 등으로 열이 방출된다.
창문을 열어놓으면 공기의 대류에 의해서 대류에 의한 열의 방출이 나타난다.
따라서 집 안을 따뜻하게 하기 위해서는 벽 사이에 스타이로폼과 알루미늄 발포 포일을 겹쳐 넣고(전도와 복사 차단), 창문의 유리는 2중으로 하고(전도 최소화), 유리창을 열지 않거나, 창 틈을 최소로 하여(대류 차단) 밖으로의 열의 이동을 최소화한다.

단계적 문제 해결형

03 **질량 100 g, 200 g 의 구형 모양의 납덩어리 2 개가 각각 200 m/s, 100 m/s 의 속력으로 반대 방향에서 날아와 정면 충돌한 후 한덩어리가 되어서 날아갔다. 물음에 답하시오.**

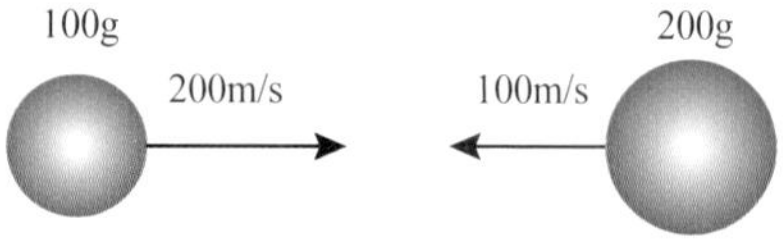

(1) 충돌 후 한 덩어리가 되었을 때의 속력은 얼마인가?

(2) 충돌로 인해 손실된 에너지가 모두 열로 변했다면 이 과정에서 발생하는 열량은 얼마인가?

(3) 발생한 열량이 공기 중으로 나가지 않고, 모두 납덩어리의 온도를 상승시키는데 사용된다면 납의 온도는 얼마나 상승하겠는가? 납의 비열은 0.03 cal/g·℃ 이다.

실생활 관련 문제

04 **어떤 집의 벽에는 벽 전체 면적의 10 % 에 유리창이 설치되었다. 벽의 두께는 30 cm 이고, 유리창의 두께는 5 mm 이다. 유리창을 열어놓지 않는 한 대류와 복사에 의한 열의 방출은 무시할 수 있다. 벽과 유리의 열전도율은 같다고 가정하고 다음 물음에 답하시오.**

(1) 겨울철에 유리창을 통해 밖으로 빠져나가는 열량은 벽 전체를 통해 빠져나가는 열량의 몇 % 인가?

(2) 유리창의 유리의 두께를 2 배로 하면 열손실은 현재의 몇 % 로 줄겠는가?

추리 단답형

05 **겨울철이 되면 단열이 덜 된 집은 집안의 열이 밖으로 많이 빠져나가서 집안 온도가 낮다. 단열의 방법으로는 이중창을 하거나 이중 벽 사이에 스타이로폼을 넣는 방법 등을 사용한다.**

바깥 기온이 0 ℃ 로 유지되었다고 하고, 단위 시간 당 발열량이 H_0 인 보일러를 틀어 놓고 오랫동안 집을 비워 놓은 두 집 A, B 가 있다. 그림은 두 집 A, B 에서 단위 시간 당 빠져나가는 열량 H 를 집안과 바깥의 온도 차이(Δt) 에 따라 그린 그래프이다. 물음에 답하시오.

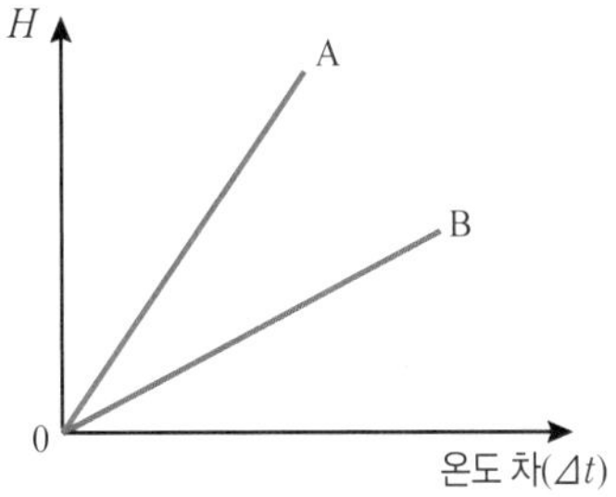

(1) 시간에 따른 두 집의 내부 온도 변화를 나타낸 그래프로 가장 적당한 것은?

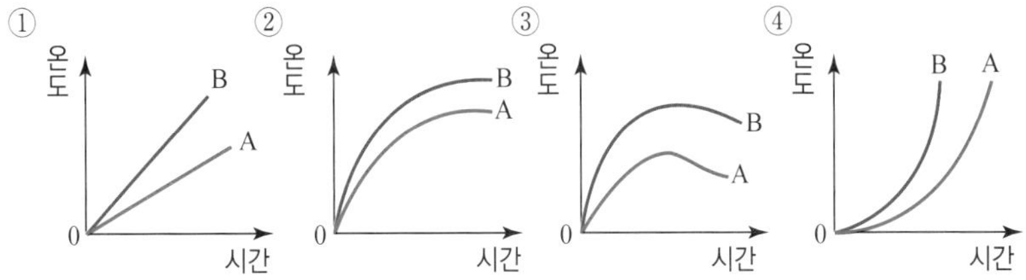

(2) 집을 비워 놓은 동안 단위 시간 당 집 밖으로 빠져나가는 열량을 시간에 따라서 옳게 나타낸 그래프로 가장 적당한 것은?

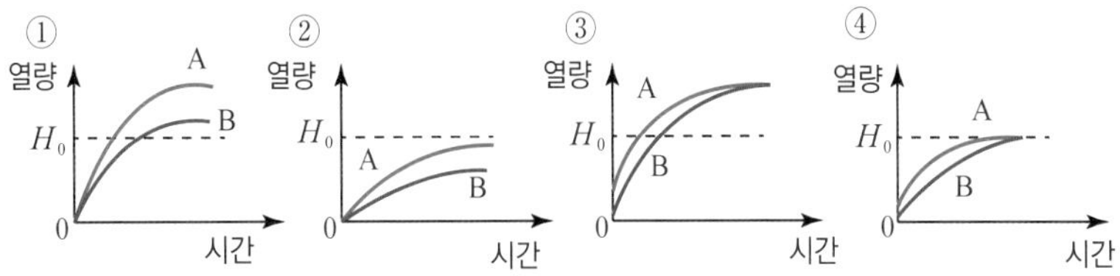

단열재 (斷熱材, heat insulating material)

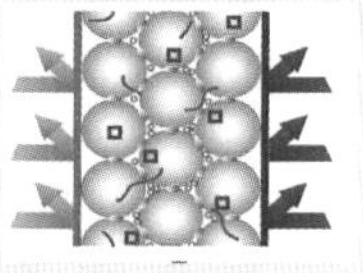

면, 펠트, 탄화코르크·거품 고무 등이 있으며, 약 150 ℃ 이하에서 사용하는 데 적합하다. 석면·유리솜·석영 솜 ·규조토는 고온에서의 사용에 견딜 수 있다.

-200 ℃ 에서 사용하는 초보냉재(超保冷材)도 단열재의 일종인데 알루미늄박과 유리 솜을 번갈아 포개고, 플라스틱으로 포장해서 속의 공기를 빼서 사용한다.

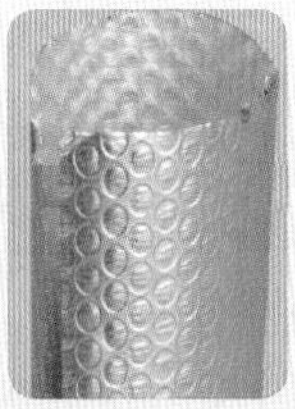

1,000 ℃ 이상에서 사용되는 단열재는 내화물을 다공질 모양으로 결합시켜 만든 내화 벽돌이 사용된다.
단열재는 용광로의 외벽, 기름의 저장 탱크, 수도관의 외벽, 냉장고의 외부 등 많은 곳에 사용되고 있다.

논리 추론형

06

겨울철 날씨가 추워지면 강의 얼음의 두께는 두꺼워지지만 강 바닥 쪽은 얼지 않고, 물고기가 살아서 활동한다.

(가)

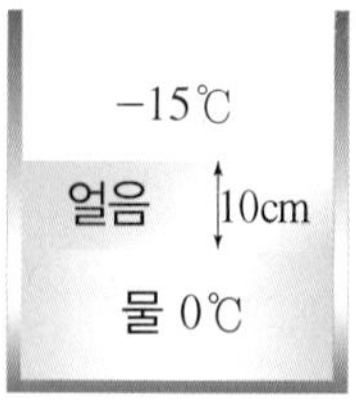

(나)

강물이 흐르지 않고, 추운 날씨가 계속된다면 강 표면의 얼음은 계속 두꺼워질 것이다. 추운 날씨가 계속되는 경우 강 표면의 얼음이 두꺼워지는 속도를 알아보기 위해서 그림 (나)와 같이 생각하였다. 그림 (나)는 열이 빠져나가지 못하는 그릇에 물을 담고 -15 ℃ 의 대기 중에 놓아서 두께가 10 cm 인 얼음이 표면에만 얼어 있는 상태이다. 얼음의 열전도율을 0.004 cal/cm·s·℃, 밀도 0.9 g/cm^3, 비열 0.5 cal/g℃, 융해열 80 cal/g 으로 하고 다음 물음에 답하시오.

(1) 기온이 −15 ℃ 가 계속 유지되면 얼음이 점차 두꺼워지는데 그림 (나) 에서 얼음은 한 시간 당 얼마씩 두꺼워지는가?

(2) 강물이 얼 때 강 표면부터 어는 이유는 무엇인가?

얼어붙은 강물의 바닥에는 물고기가 산다.

물은 4 ℃ 일 때가 가장 무겁다. 또, 0 ~ 4 ℃ 의 물의 밀도를 비교하면 0 ℃ 일 때가 가장 가볍다. 이것은 수소결합이라고 하는 물의 특이한 구조 때문이다.

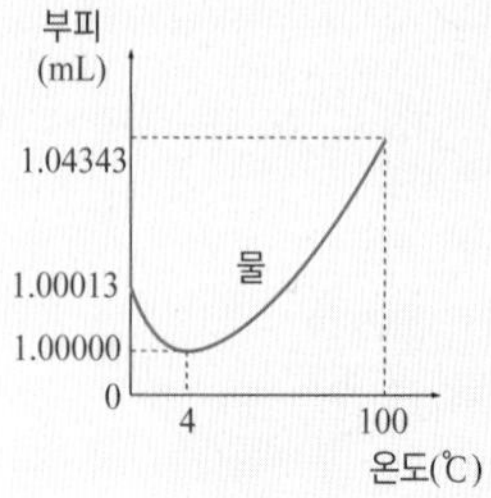

▲ 온도에 따른 물의 부피 변화

겨울철이 되어 온도가 추워질수록 융해열을 많이 발산하여 얼음이 두꺼워지고 얼음 위에서 스케이팅을 하더라도 얼음이 깨지지 않는다.

깊은 강이나 호수라면 얼음이 두꺼워진 상태에서도 강바닥에는 4 ℃ 의 물이 얼지 않고 있어서 물고기가 살 수 있다.

실생활 관련 문제

07

여름철에는 물이나 음료수에 얼음을 넣어 시원하게 하여 마신다. 물에 비해 적당한 양의 얼음을 넣어야 불편하지 않게 음료수나 물을 마실 수 있다.

물 200 g 이 든 열량계가 있는데 이 열량계는 밖으로 열이 나가지 못하게 만든 단열 용기라고 하자. 물의 처음 온도는 25 ℃ 이다. 얼음의 융해열은 80 cal/g 이고, 비열은 0.5 cal/g·℃ 이다. 물음에 답하시오.

(1) 이제 −15 ℃ 의 냉장고에서 나온 50 g 의 얼음 조각 두 개를 이 열량계에 넣은 후 뚜껑을 닫고, 열량계 속의 물의 온도를 측정했을 때 열평형 온도는 몇 ℃ 인가?

(2) 50g 의 얼음 조각 1 개 만을 넣었을 때 열평형 온도는 몇 ℃ 인가?

단계적 문제 해결형

08

토리첼리는 그림 (가)처럼 한쪽 끝이 막힌 수은이 든 관을 수은이 든 수조에 거꾸로 세워서 기압을 측정하였는데 수은이 올라간 높이 H 가 760 mm 이었을 때의 기압이 1 기압(1 atm) 이었다. 그 이후로 토리첼리의 이름을 따서 1 기압은 760 torr 라고 하였다.

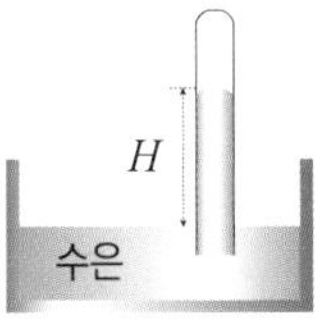

(가)

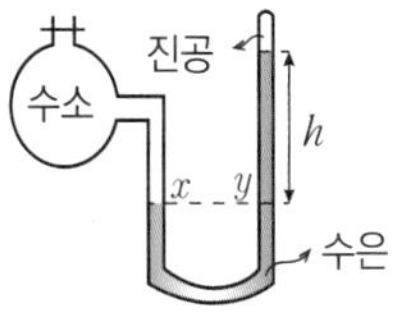

(나)

그림 (나)는 수소가 든 단열된 통과 위가 막힌 수은이 든 관을 연결하였더니 수은이 든 관의 높이 차가 h (cm)가 된 모습을 나타낸 것이다. 다음 물음에 답하시오.

(1) 그림 (나)에서 h = 19 cm 일 때 통속에 든 수소의 압력은 몇 기압인가? 또 몇 N/m^2 인가?

(2) 그림 (나)에서 수소가 표준 상태(0 ℃, 1 기압)라면 이때의 h 는 몇 cm 인가?

(3) 그림 (나)에서 처음에 표준 상태인 수소의 온도를 −50 ℃ 로 냉각시켰을 때 수소의 부피가 처음 부피의 0.9 배가 되었다면 h 는 몇 cm 인가?

열량계

물열량계, 봄열량계가 주로 쓰인다.

물열량계 (water calorimeter)

물이 들어 있는 용기 속에 열량을 측정하려고 하는 물체를 넣고 수온의 변화를 정밀하게 측정함으로써 물체가 잃은 열량을 알아내는 과정에서 물체의 비열 ·융해열 등의 작은 열량이나 혼합열 ·반응열 ·연소열 등 다량의 열량까지 측정할 수 있도록 만들어져 있다. 그 구조는 엷은 구리나 은 같은 열의 도체로 용기를 만들고, 외부로부터는 열을 차단한다. 여기에 골고루 온도 상승을 하도록 교반막대를 꽂아 정밀한 온도계(베크만온도계 ·열전기쌍 ·저항온도계 등)를 넣어 열량을 측정한다.

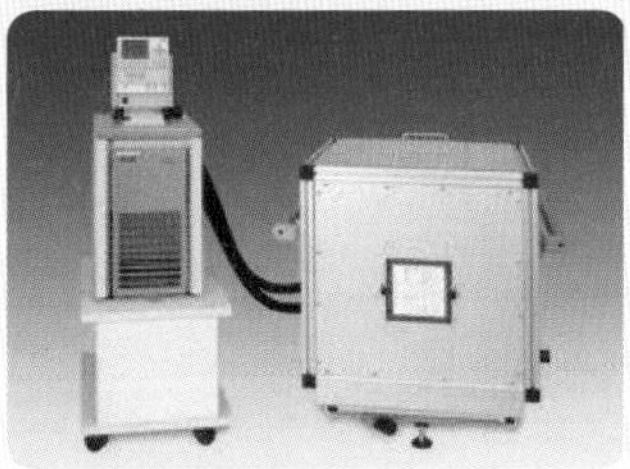

봄열량계 (봄베열량계 bomb calorimeter)

물질을 밀폐된 용기 속에서 급속히 연소시켜 발생하는 열량을 측정하는 장치로 화학반응열, 고체 및 액체연료의 발열량, 식품의 연소열 등의 측정에 주로 사용된다.

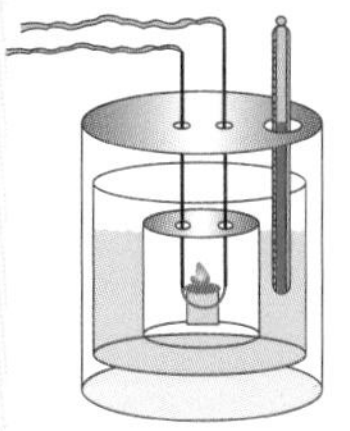

1 기압에 관하여

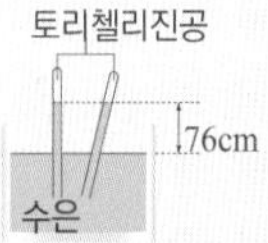

토리첼리(Torricelli)는 대기압이 1기압일 때 한쪽 끝이 막힌 수은이 들어 있는 유리관을 수은이 들어있는 그릇에 거꾸로 세우는 실험을 하였는데 수은면으로부터 수은기둥의 높이가 항상 76 cm 를 유지하는 것을 알아내었다.
수직의 수은 기둥 76 cm 가 밑면을 누르는 압력
= 수은 기둥 76 cm 의 무게 ÷밑면적
= 0.76 × 9.8 × S × 13.6 × 10^3 ÷S
= 1.013 × 10^5 N/m^2
= 1013hPa
(수은의 밀도: 13.6g/cm^3 = 13.6 × 1000 kg/m^3)
수은 기둥이 밑면을 누르는 압력
= 수은 기둥의 무게 ÷ 밑면적
= 밀도 × 부피 × g ÷ 밑면적
= 밀도 × 밑면적 × 높이 × g ÷밑면적
= 밀도 × 높이 × g
= ρgh (밑면적과 무관함)

수은 기둥의 위가 막혀있지 않은 경우

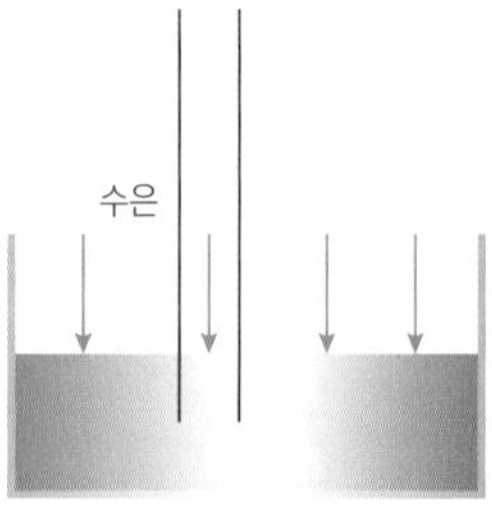

대기압은 관의 안쪽이나 바깥쪽이나 균일하게 작용하여 유리관의 수은은 그릇의 수은 면보다 높이 상승하지 않는다.

추리 단답형

09 그림처럼 x, y, z 세 종류의 이상 기체가 들어 있는 플라스크를 물 또는 수은이 들어 있는 유리관과 연결하였다. (가), (나)의 유리관의 윗 부분은 막혀 있지 않으며, (다)의 유리관은 윗 부분이 막혀 있고, 막힌 곳에서 수은까지의 공간은 진공 상태이다. 현재 대기압은 1 기압이고, 수은의 밀도는 13.6 g/cm^3 이다.

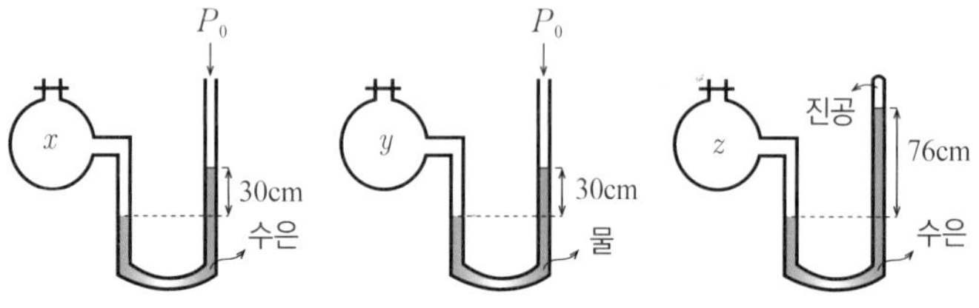

(가) (나) (다)

x, y, z 기체의 압력을 기압(atm)의 단위로 구하시오.

단계적 문제 해결형

10 공기도 무게가 있으므로 공기에 의한 압력인 대기압이 발생한다. 그렇다면 물이 작용하는 압력인 수압은 어떨까? 크기만을 보면 1 기압(atm)은 높이 76 cm 의 수은 기둥이 밑면을 누르는 압력과 같다. 수은의 밀도는 13.6 g/cm^3 이므로 밀도가 1 g/cm^3 인 물기둥이 밑면에 1 기압의 압력을 가하기 위해서는 물기둥의 높이는 1033.6 cm 가 되어야 한다. 1 기압은 약 10 m 높이의 물기둥이 밑면을 누르는 압력과 같은 것이다.

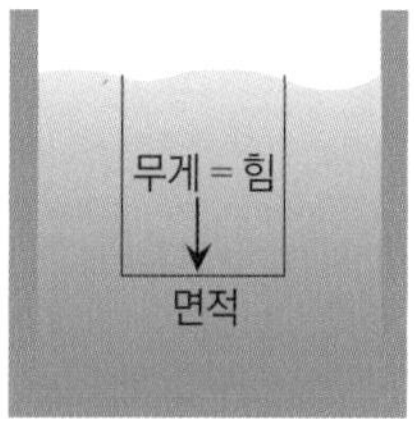

깊이가 50 m 이고 수면의 온도가 27 ℃ 이며, 바닥의 온도가 7 ℃ 인 호수가 있다. 이 호수의 바닥에서 공기 방울이 발생했다. 1 기압은 10 m 높이의 물기둥이 밑면을 누르는 압력과 같고, 호수 표면에서의 대기압은 1 기압일 때 다음 물음에 답하시오.

(1) 이 호수 바닥에서의 수압은 몇 기압인가?

(2) 호수 바닥에서 부피 V_0 의 공기 방울이 발생하여 수면으로 떠오른다고 할 때 수면에서의 공기 방울의 부피는 얼마가 되겠는가?

(3) 호수 바닥에서 지름 3 cm 의 공기 방울이 발생하여 수면으로 떠오른다고 할 때 수면에서의 공기 방울의 지름은 얼마가 되겠는가? 1.86^3 = 6.43 이다.

단계적 문제 해결형

11 **그림처럼 같은 종류의 기체가 부피가 서로 다른 용기 A 와 B 에 들어 있고, 부피를 무시할 수 있는 연결관은 콕 S 에 의해 차단되어 있다. 용기와 연결관은 단열되어 있어서 밖으로의 열의 출입이 없으며 자체의 열용량은 무시할 수 있다. 그릇 A 의 부피는 1 L 이며 내부 기체의 압력과 온도는 각각 5 기압, 300 K 이고, 그릇 B 의 부피는 5 L 이며 내부 기체의 압력과 온도는 각각 1 기압, 400 K 이다. R 은 기체 상수이며 1 기압은 $10^5\ N/m^2$ 로 한다. 물음에 답하시오.**

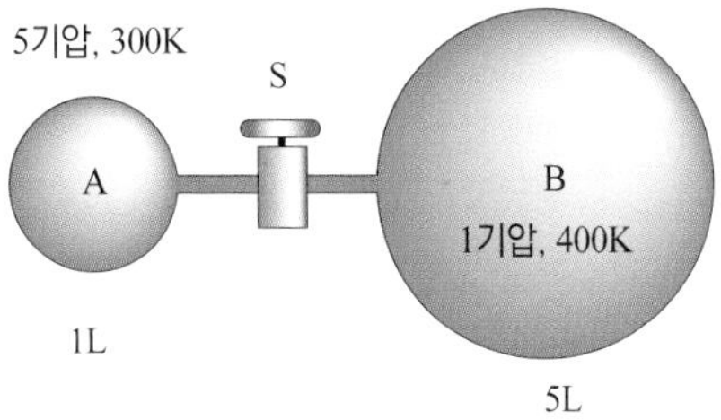

(1) 그릇 A, B 에 들어 있는 기체는 각각 몇 몰인가? 기체 상수 R 을 포함시키시오.

(2) 콕 S 를 열지만 얇은 투명 막으로 차단하여 기체는 이동하지 못하게 하고 열만 주고 받게 하면 두 기체의 온도가 서로 같아진다. 평형되는 온도는 몇 K 인가? (A, B 기체의 비열은 같다고 가정한다.)

(3) 이제 두 그릇이 통하여 기체가 이동하게 되면 기체의 압력이 새롭게 결정된다. 평형되는 온도가 그대로 유지된다면 기체의 압력은 몇 기압으로 되는가?

기체의 비열

고체, 액체의 비열은 '물질 1 g (1 kg) 을 1 ℃ 높이는데 필요한 열량' 이다. 그렇지만 기체의 경우는 1g 의 양보다는 1몰의 양이 더 많이 쓰이므로 1g(kg)당 비열보다는 1몰당 비열인 몰비열을 사용하는 것이 편리할 때가 많다.
그런데 기체는 압력과 온도에 따라 부피가 크게 달라지므로 1몰당 비열도 일정하지 않다. 그래서 측정할 때 부피가 일정할 때의 1몰당 비열(정적 몰비열) 압력이 일정할 때의 1몰 당 비열(정압 몰비열)을 구분하여 사용한다.

정압 변화 : 기체의 압력이 일정하게 유지된다.

추의 무게는 실린더의 압력을 일정하게 한다.

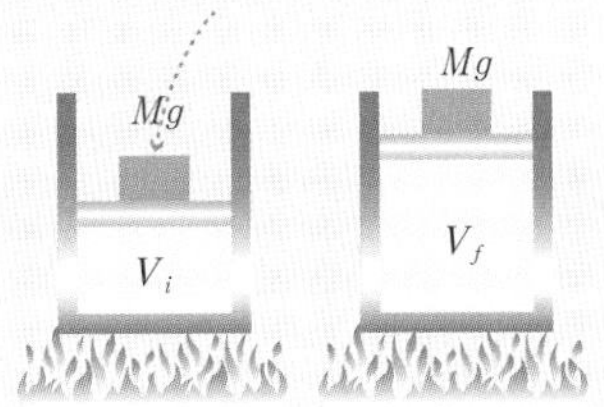

실린더와 피스톤

실린더는 엔진 등의 주요 부속물로 내부에서 피스톤이 왕복운동할 수 있게 설계되어있다. 그 외에 공기 주입기, 주사기 등에도 실린더와 피스톤의 원리가 적용된다.

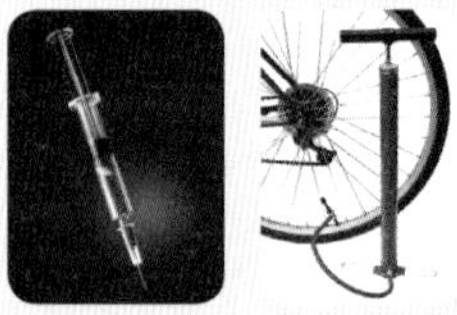

보통 실린더는 피스톤에 의해서만 실린더 내부의 부피가 변하고, 피스톤에 의해서 압력을 변화시키므로 부피-압력의 문제에 적합하다.

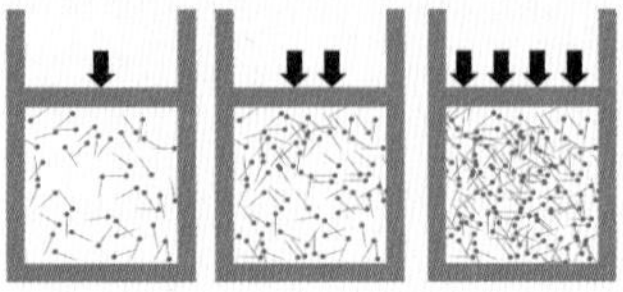

스포츠형 열기구

스포츠형 열기구는 1783년 프랑스의 몽골피에 형제가 처음으로 개발했고 P. 로지에가 실제 비행에 성공했다.

로지에는 11월 12일 파리 근교에서 이륙하여 약 25분 동안 비행했는데, 종이로 만든 커다란 풍선에 밀짚과 나뭇가지를 불에 태워 기구 안의 공기의 온도를 높였다.

공기의 밀도

표준 상태(0 ℃, 1 기압)의 건조 공기의 밀도는 1.293 g/L 이다. 공기의 대략적인 무게를 재는 데에는, 플라스크에 고무호스를 핀치콕으로 고정시키고, 진공펌프로 공기를 뺀 다음 감소한 무게를 잰 후 물속에서 콕을 열어 들어가는 물의 부피를 재면 감소한 공기의 양을 알 수가 있다.

$\frac{\text{질량}}{\text{부피}}$ 를 계산하여 공기의 밀도를 알아낸다.

단계적 문제 해결형

12 **그림과 같이 실린더 내부를 왕복 운동하는 두 개의 피스톤이 늘어나지 않는 피스톤 로드로 연결된 경우를 생각하자. 실린더 A, B 는 수평면에 고정되어 있고, 두 실린더 안에는 기체가 들어 있는데 A, B 기체의 처음 온도, 압력, 부피는 각각 T_0, P_0, V_0 로 같았다. 이 상태에서 A 기체의 온도만 T 로 높였다. 물음에 답하시오.**

(1) A 기체의 온도가 올라가면 A 기체의 부피는 늘어나고 연결된 B 기체의 부피는 줄어든다. 변화하는 동안 B 기체의 온도을 일정하게 유지한다면 평형을 이루었을 때의 압력은 얼마인가?

(2) 변화하는 동안 B 기체의 온도을 일정하게 유지한다면 평형을 이루었을 때 B 기체의 부피는 얼마가 되는가?

단계적 문제 해결형

13 **오른쪽 열기구는 공기가 들어 있지 않았을 때 버너를 포함한 자체 질량이 2 kg 이다. 열기구에 공기를 가득 넣었을 때 들어갈 수 있는 공기의 부피는 50 m^3 이다. 내부에 공기를 가득 넣고 열기구의 버너를 가동시켜 내부 공기만을 가열한다고 하자. 열기구의 아래 부분은 열려 있어서 공기가 자유로이 출입할 수 있다. 현재 공기의 밀도는 1.3 kg/m^3 이고, 기압은 1 기압(atm)이며 기온은 20 ℃ 이다. 물음에 답하시오.**

(1) 열기구 내부의 온도를 T (K)로 했을 때 열기구 내부의 공기의 밀도는 어떻게 되는가?

(2) 열기구가 상승하기 위한 조건을 적으시오.

(3) 열기구 내부의 온도가 몇 ℃ 가 될 때 열기구가 상승하게 되는가?

단계적 문제 해결형

14 **그림과 같은 단면적 S 의 원통 속에 질량 m 인 기체 분자 N 개가 있다. 기체 분자들은 수평 방향으로 속도 v 로 운동하고 있고, 원통의 양쪽 면인 A, B 면에 수직으로 부딪치는 탄성 충돌을 한다. 물음에 답하시오.**

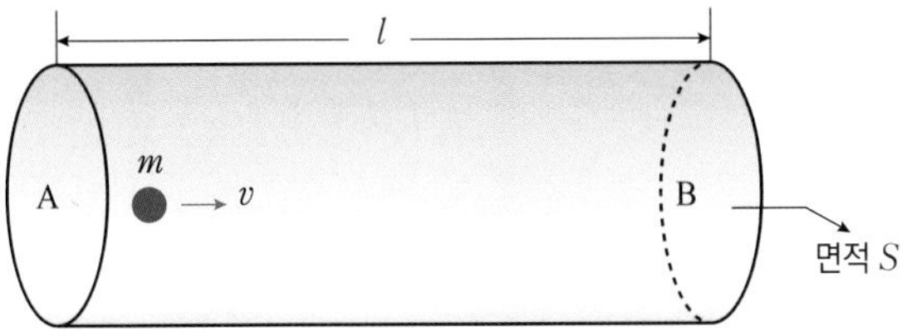

(1) 기체 분자 1 개가 1 초 동안 벽 A 에 몇 번 충돌하는가?

(2) 기체 분자 N 개가 충돌에 의해 벽 A 에 가하는 총 충격량은 얼마인가?

(3) 기체 분자가 벽 A 에 가하는 압력은 얼마인가?

(4) 아보가드로수를 N_0, 기체 상수를 R, 통 내부의 온도를 T 라고 할 때 기체 분자의 평균 속력은 얼마인가?

기체 분자의 충돌 모형

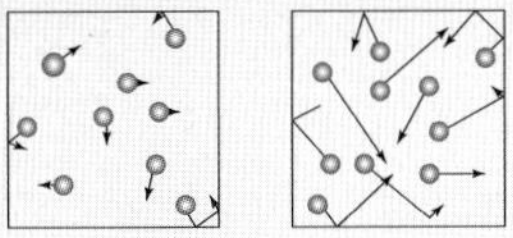

온도가 낮을 때 온도가 높을 때

탄성 충돌

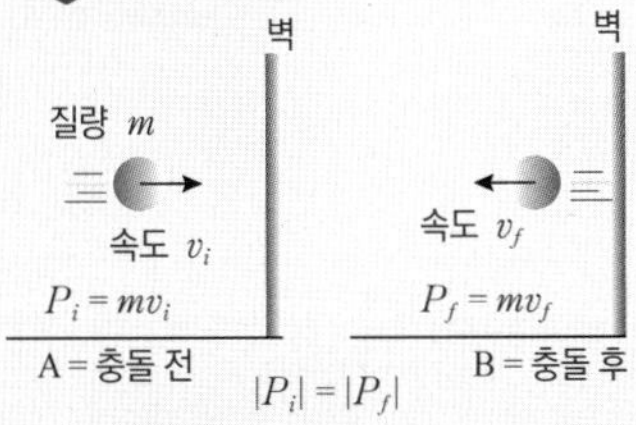

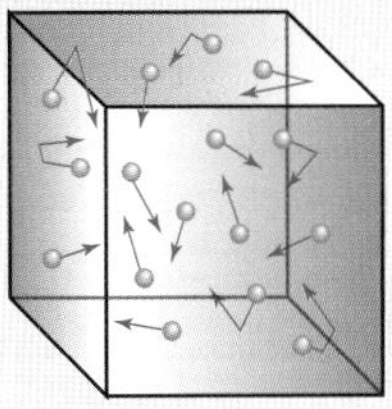

기체 분자와 벽과의 충돌은 탄성 충돌이므로 충돌 전 후의 분자의 운동량의 크기와 운동 에너지가 변하지 않는다.

상아 재질의 당구공끼리의 충돌은 탄성 충돌과 가깝다.

창의력을 키우는 문제

정답 및 해설 110

● 단계적 문제 해결형

15 그림과 같이 단면적 S, 길이가 $3L$ 인 밀폐된 실린더 속에 마찰 없이 움직일 수 있는 두 개의 피스톤이 연결되어 있다. 용수철이 있는 방은 진공 상태이며, 피스톤의 두께는 무시한다. 각각의 방에 단원자 분자 이상 기체 1 mol 이 들어 있고, A, B 기체의 온도는 T_0 로 같으며, 용수철의 길이는 L 이다. 다음 물음에 답하시오. (단, 용수철이 늘어나지 않았을 때의 길이는 $2L$, 탄성 계수는 k, 기체 상수는 R 이다.)

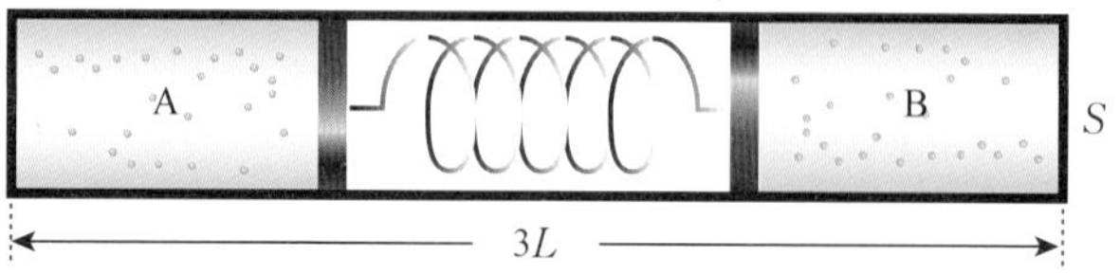

(1) A, B 기체의 온도가 T_0 일 때 기체 A 의 내부 에너지는 얼마인가?

(2) 기체 A, B 의 온도를 T_0 에서 $T_0 - t$ 로 내리면 용수철의 길이는 $\frac{3}{2}L$이 된다. 이때 t 는 T_0 의 몇 배 인가?

● 논리 추론형

16 옥수수를 기름이나 버터에 튀겨내면 팝콘이 된다. 팝콘이 튀겨지는 원리는 옥수수 알갱이 속에 있는 수분과 관련이 있다. 옥수수 알갱이의 껍데기는 단단하여 가열하는 동안 수분이 수증기 상태로 갇혀 밖으로 빠져 나오지 못하게 하지만 점점 내부 압력이 증가하게 되어 온도가 약 180 ℃ 가 되면 내부 수증기 압력이 약 9 기압까지 올라가게 되고, 압력과 온도를 버티지 못하고 터지게 된다. 이때 내부에서 끓었던 단백질과 전분이 거품으로 올라온 후 그 거품이 순식간에 굳으면서 팝콘이 되는 것이다.

 ⇒ 

만약 옥수수 알갱이 한 개의 껍데기 안에 들어 있는 물의 질량이 3 mg 이라면 기화되고 팽창하는 동안 물의 엔트로피 변화는 얼마인가? (단, 수증기의 팽창 과정은 매우 빨리 일어나 주위와 열 에너지 교환을 하지 않는다고 가정하며, 물의 기화열은 2,260 kJ/kg 이다.)

대회 기출 문제

정답 및 해설 111

01 온도가 높고 건조한 사막 지역에서는 물이 배어나오는 가죽주머니에 물을 넣어 사용한다.

[대회 기출 유형]

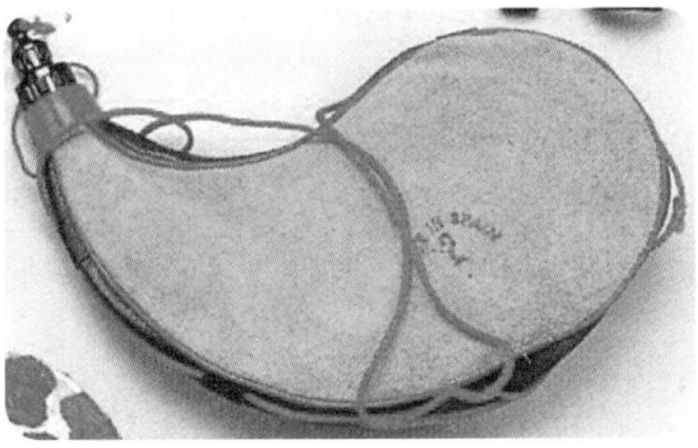

다음 중 이와 비슷한 원리로 설명할 수 있는 것은?

① 추운 날에는 입으로 불면 입김이 보인다.
② 물의 온도를 유지하기 위해서 보온병을 사용한다.
③ 북극 지방의 이누이트족들은 이글루에서 생활한다.
④ 흙으로 만든 매우 작은 구멍이 있는 옹기의 물은 시원하다.
⑤ 끓고 있는 주전자 뚜껑을 열어보면 뚜껑 안쪽에 물방울이 맺혀있다.

02 물은 여러 가지 특성을 가지고 있는데, 그 중 하나는 물이 얼면 밀도가 물보다 작아져서 얼음이 물 위에 뜨는 것이다. 그런데 사진에는 얼음이 물 위에 떠 있는 것도 있고, 얼음이 물 속에 가라앉아 있는 것도 있다.

어떻게 하면 그림에서처럼 얼음을 물에 가라앉힐 수 있을까? 가능한 방법을 제시하고 설명해 보시오.

[대회 기출 유형]

대회 기출 문제

03 풍선은 높이 올라갈수록 부풀어 오르고, 잠수부가 내뿜은 공기 방울은 수면에 가까워질수록 그 부피가 커진다. 이와 같이 기체의 부피는 압력에 따라 달라진다. 아래 그림은 기체의 압력과 부피의 관계를 알아보기 위한 실험이다.

[대회 기출 유형]

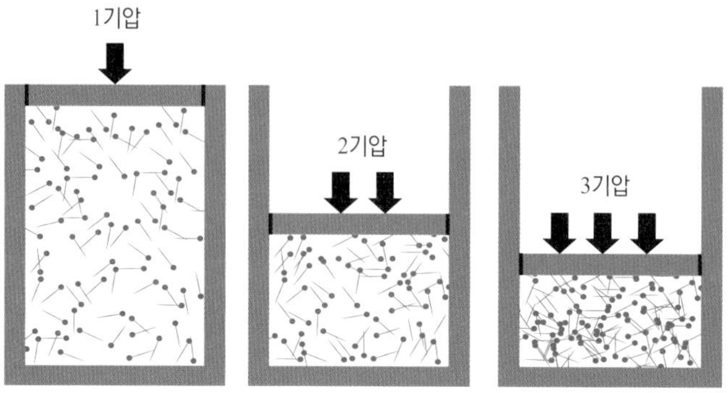

위 실험에 대한 설명 중 옳은 것만을 있는 대로 고르시오.

① 기체의 압력이 높아지면 기체 분자의 수는 줄어든다.
② 기체의 압력이 높아지면 기체 분자의 부피가 작아진다.
③ 기체의 압력이 낮아지면 기체 분자 사이의 거리가 멀어진다.
④ 기체의 압력이 높아지면 실린더 벽면에 작용하는 힘이 커진다.
⑤ 기체의 압력이 낮아지면 분자가 실린더 벽면에 충돌하는 횟수가 적어진다.

04 실험실에서 흔히 사용되는 온도계는 알코올이나 수은을 이용한 온도계이다. 온도계에 물을 사용하지 않는 이유를 설명하시오.

[대회 기출 유형]

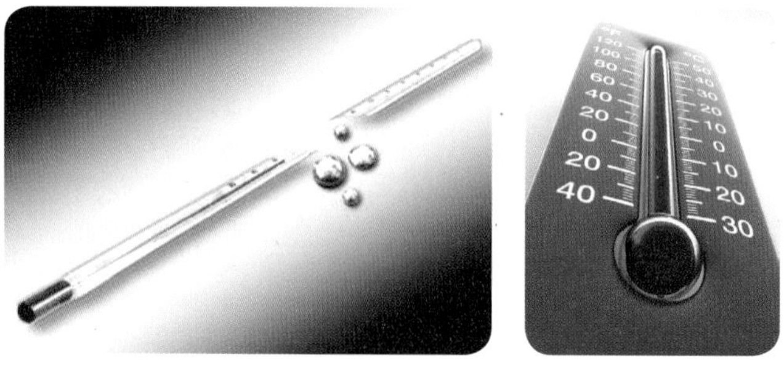

05 **그림과 같이 부피가 2 L, 3 L 이고 온도가 같은 A, B 두 개의 용기가 있다. A 용기에는 1 기압의 헬륨(He)과 3 기압의 아르곤(Ar)을 넣고, B 용기에는 2 기압의 헬륨(He)과 4 기압의 네온(Ne)을 넣고 차단 장치를 한 상태에서 두 용기를 연결하고 차단 장치를 열어서 기체들이 섞이게 하였다. 이 과정에서 온도는 변하지 않는다고 한다면 차단 장치를 열었을 때 용기가 받는 압력은 얼마인가? (연결관의 부피는 무시한다.)**

[과학고 기출 유형]

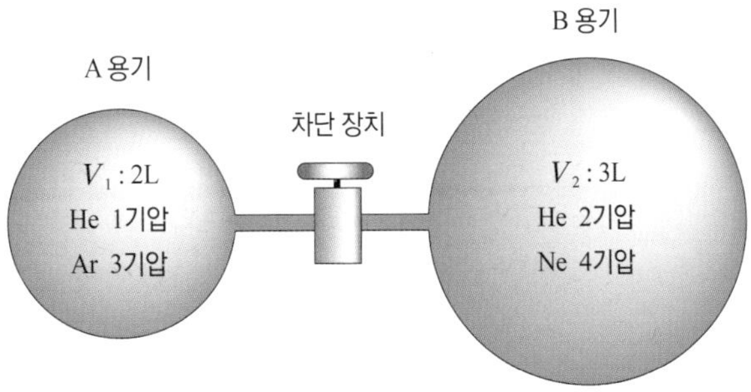

06 **어떤 행성의 대기압을 측정하기 위해서 그 행성의 지표 면에서 다음과 같은 실험을 하였다. 끝이 막혀 있는 유리관에 밀도가 5 g/cm³ 인 액체를 가득 담은 다음 입구를 손으로 막고 같은 액체가 들어 있는 수조에 거꾸로 세운 다음 손을 떼었다. 유리관 속의 액체는 아래로 내려와 수조의 액체 면 위 100 cm 높이에서 멈추었다. 이 행성에서 질량 1 kg 인 물체의 무게는 10 N 이라고 하고 다음 물음에 답하시오.**

[과학고 기출 유형]

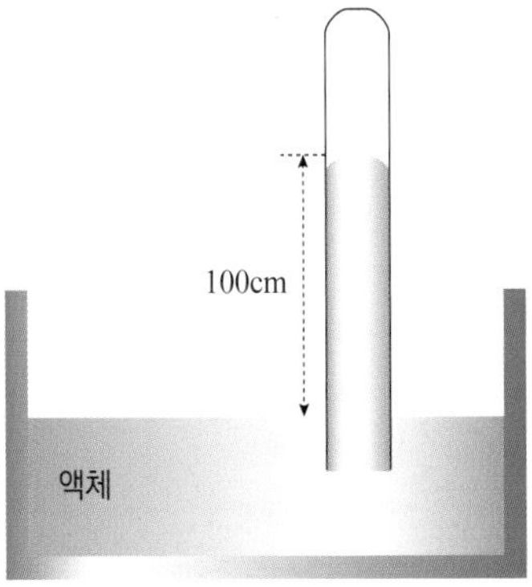

(1) 이 행성의 대기압 P 를 구하시오

(2) 이 행성의 기온이 27 ℃ 이고 3 행성기압일 때 부피 2 L 인 행성의 대기를 압력 10^5 N/m², 온도를 177 ℃ 로 변화시키면 부피는 몇 L 가 되겠는가?

07 **절대 온도 T 의 이상 기체 분자 1 개의 평균 운동에너지(E_K)는 $\frac{3}{2}kT$ (k 는 볼츠만 상수)이다. 그렇다면 같은 온도의 헬륨(He) 기체 분자의 평균 속력은 네온(Ne) 기체 분자의 평균 속력의 몇 배인가? 단, 헬륨의 분자량은 4 g 이고, 네온의 분자량은 20 g 이다.**

[경시 대회 기출 유형]

① $\frac{1}{\sqrt{5}}$ 배　② $\frac{1}{5}$ 배　③ 1 배　④ $\sqrt{5}$ 배　⑤ 5 배

08 네온 원자 1 개의 질량과 아르곤 원자 1 개의 질량의 비는 1 : 2 이다. 부피가 같은 두 개의 상자에 네온 기체와 아르곤 기체가 각각 1 g 씩 들어 있을 때 아르곤 기체의 온도를 1 ℃ 올리는데 드는 열량은 네온 기체의 온도를 1 ℃ 올릴 때 드는 열량의 몇 배인가?

[경시 대회 기출 유형]

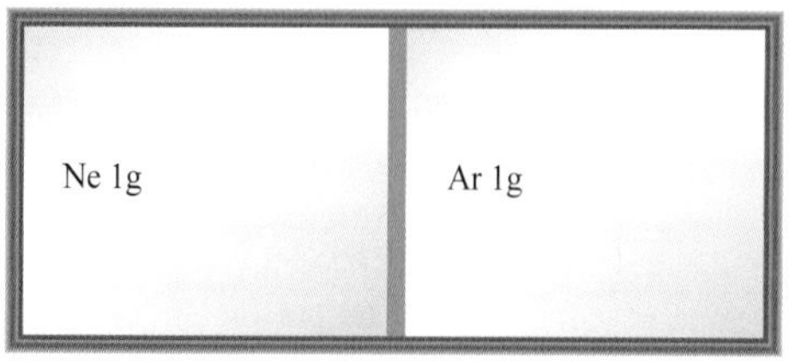

① $\frac{1}{2}$ 배 ② 1 배 ③ 2 배 ④ 4 배 ⑤ 6 배

09 그림과 같이 실린더 내부에 마찰 없이 운동할 수 있는 피스톤이 장치되어 있다. 실린더 내, 외부의 온도는 모두 T_0 이다. 처음에 실린더 내부의 압력은 10^5 N/m^2, 부피는 V_0 로 평형을 이루고 있는 상태에서 부피를 1.5 V_0 가 되도록 잡아당겼다가 놓는 순간 피스톤의 가속도는 얼마이겠는가? 단, 피스톤의 질량은 1 kg, 단면적 A 는 30 cm^2 이다.

[경시 대회 기출 유형]

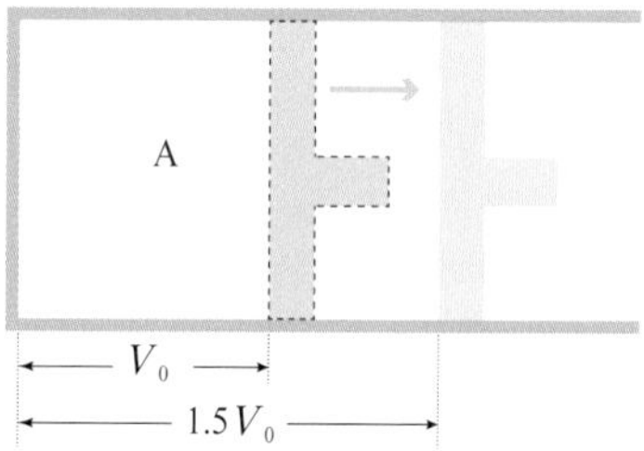

① 10 m/s^2 ② 20 m/s^2 ③ 30 m/s^2 ④ 50 m/s^2 ⑤ 100 m/s^2

10 지표면에서의 대기압은 P_0, 온도는 T(K)이었다. 지표면에서 높이 h 인 곳에서는 대기압이 $\frac{1}{8}P_0$, 온도는 $\frac{1}{2}T$(K) 로 측정되었다. 지표면에 비해 높이 h 인 곳에서는 공기의 밀도는 몇 배가 되는가?

[경시 대회 기출 유형]

① $\frac{1}{4}$ 배 ② $\frac{1}{2}$ 배 ③ 1 배 ④ 2 배 ⑤ 4 배

11 그림처럼 A → B → C → D 과정으로 이상 기체의 압력(P)과 부피(V)가 변하고 있다. 이 과정 중 이상 기체가 열을 흡수하는 구간은?

[경시 대회 기출 유형]

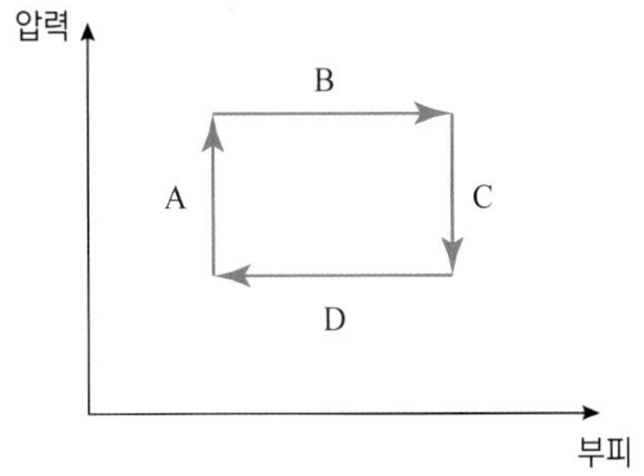

① A ② A, B ③ B, C ④ C, D ⑤ A, B, C

12 그림은 단열된 실린더 A 와 단열되지 않은 실린더 B 에 같은 몰 수의 이상 기체가 들어 있는 것을 나타낸 것이다. A, B 에 들어 있는 이상 기체의 부피, 압력은 서로 같고, A, B 의 내부와 외부의 온도는 T_0 으로 같다. A, B 의 피스톤의 단면적과 질량은 같다.

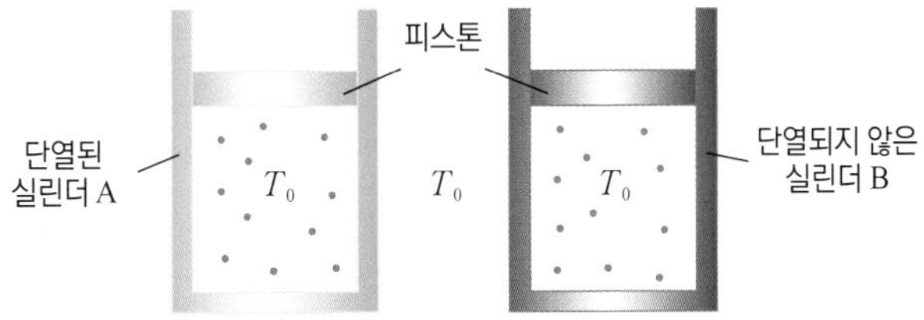

질량이 같은 추를 각각 A, B 의 피스톤 위에 가만히 올려 놓은 후 피스톤이 모두 정지하였을 때, A, B 의 기체의 물리량이 같은 것을 <보기>에서 있는 대로 고른 것은? (단, 실린더와 피스톤 사이의 마찰은 무시한다.)

[수능 기출 유형]

보기		
ㄱ. 압력	ㄴ. 부피	ㄷ. 내부 에너지

① ㄱ ② ㄴ ③ ㄱ, ㄷ ④ ㄴ, ㄷ ⑤ ㄱ, ㄴ, ㄷ

13 그림과 같이 지면에 놓여 있는 동일한 실린더 A, B 의 피스톤이 각각 질량 m_A, m_B 인 물체와 연결되어 정지해 있다. A, B 에는 같은 몰 수의 이상 기체가 들어 있고, A, B 의 피스톤의 질량은 같다. 실린더 안과 밖의 온도는 모두 T_0 로 같고, A 에서 이상 기체의 부피는 B 에서보다 크다. 이에 대한 설명으로 옳은 것만을 〈보기〉에서 있는 대로 고른 것은? (단, 실의 질량과 모든 마찰은 무시하고, 대기압은 일정하다.)

[수능 기출 유형]

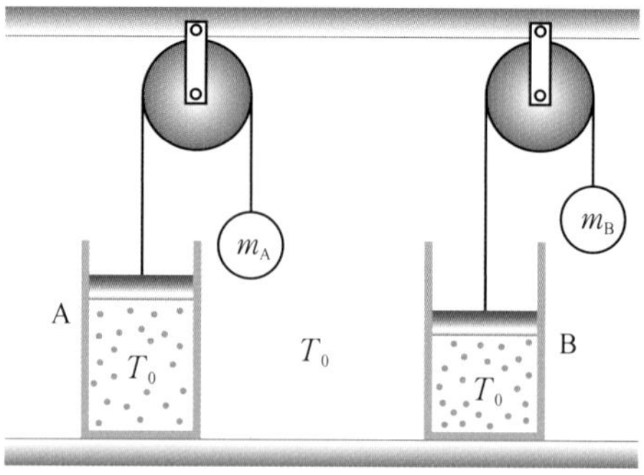

보기

ㄱ. A 에서 기체의 압력은 B 에서보다 작다.
ㄴ. m_A 가 m_B 보다 크다.
ㄷ. A 에서 기체 분자 1개의 평균 운동 에너지는 B 에서보다 크다.

① ㄴ ② ㄱ, ㄴ ③ ㄱ, ㄷ ④ ㄴ, ㄷ ⑤ ㄱ, ㄴ, ㄷ

14 다음은 영희가 수행한 탐구 활동이다. 활동 Ⅰ 에서 A, B 로부터 외부로 나간 열은 없고, 활동 Ⅱ 에서 A 와 B 사이에서만 열이 이동한다고 가정할 때, 각 활동에 대한 설명으로 옳은 것만을 〈보기〉에서 있는 대로 고른 것은?

[수능 기출 유형]

활동 Ⅰ : 그림 (가) 에서 질량과 처음 온도가 같은 액체 A, B 에 같은 시간 동안 같은 열량을 주었더니, 나중 온도는 A 가 B 보다 높아졌다.
활동 Ⅱ : 그림 (나)와 같이 고온의 액체 A 가 든 비커를 저온의 액체 B 가 든 비커 속에 담갔더니, 얼마 후 두 액체의 온도가 같아졌다.

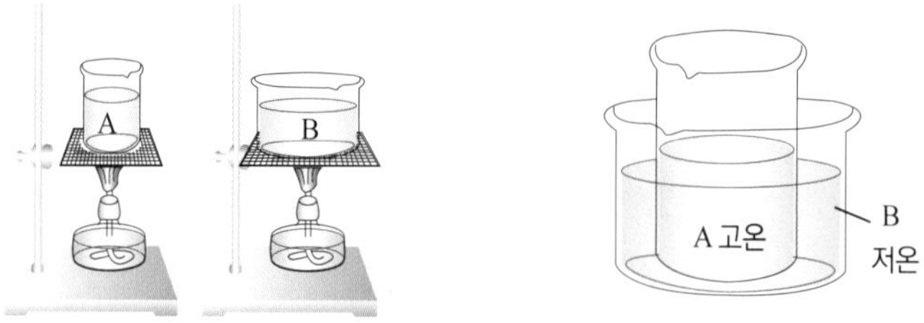

보기

ㄱ. 활동 Ⅰ 에서 A 의 비열은 B 의 비열보다 작다.
ㄴ. 활동 Ⅰ 에서 A 의 열용량은 B 의 열용량과 같다.
ㄷ. 활동 Ⅱ 에서 A 와 B 의 온도가 같아지는 현상은 비가역 과정이다.

① ㄱ ② ㄴ ③ ㄱ, ㄴ ④ ㄱ, ㄷ ⑤ ㄴ, ㄷ

15 그림과 같이 실린더를 수평인 실험대 위에 고정하고, 피스톤을 수평면에 놓인 질량 m 인 물체 A 와 도르래를 통해 끈으로 연결하였다. 실린더 안의 단원자 분자 이상 기체의 압력과 부피는 각각 $\frac{1}{2}P_0$, V_0 이고, 수평면이 A 를 연직 위 방향으로 미는 힘의 크기 F_A 는 $\frac{1}{2}mg$ 이다. 이상 기체에 열량 Q 를 서서히 가했더니 부피는 V_0 으로 유지되고 F_A 는 $\frac{3}{4}mg$ 가 되었다. 열량 Q 는 얼마인가? (단, 실린더와 피스톤은 모두 단열되어 있고, 실린더와 피스톤 사이의 마찰, 도르래의 마찰, 끈의 질량은 무시한다. 이상 기체의 몰수는 일정하고 대기압은 P_0, 중력 가속도는 g 이다.)

[수능 기출 유형]

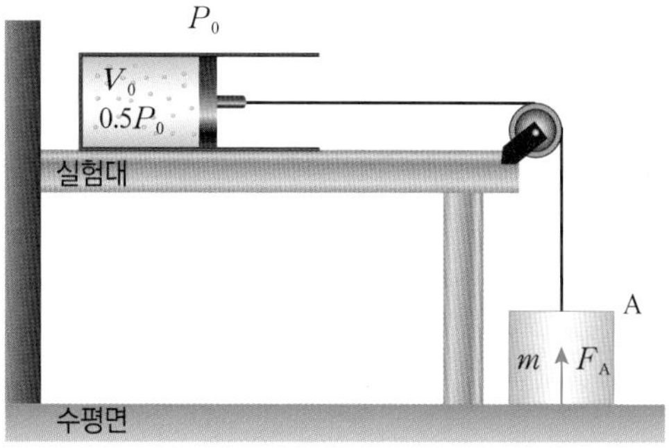

16 그림과 같이 용수철 상수가 2000 N/m^2 인 용수철에 연결된 피스톤으로 막힌 원기둥 모양의 실린더 속에 27 ℃, 1 기압의 이상 기체 10 L 가 들어있다. 피스톤의 단면적은 0.01 m^2 이고, 용수철은 늘어나지 않은 상태에 있다. 기체의 온도를 327 ℃ 로 올렸더니 피스톤이 h 만큼 올라갔다. 이때 기체의 압력은 몇 기압인가? (단, 현재 대기압은 1 기압이고, 실린더와 피스톤의 온도 팽창, 피스톤의 질량, 피스톤과 실린더의 마찰은 모두 무시한다.)

[중학생 물리 대회 기출 유형]

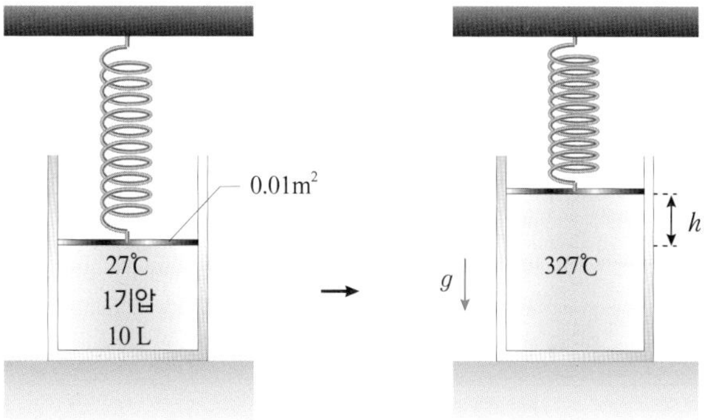

17 그림 (가)는 단열된 실린더의 중앙에 열전도율이 좋은 피스톤을 핀으로 고정시켜 부피를 각각 V 로 2 등분한 후, 피스톤 양쪽에 절대 온도가 각각 T_A, T_B 인 단원자 분자 이상 기체 A, B 를 압력이 P, $2P$ 가 되도록 넣었다. 그림 (나)는 (가)에서 고정핀을 제거한 후 기체 A, B 의 절대 온도가 T 로 같아졌을 때, A 의 부피는 $\frac{1}{2}V$, B 의 부피는 $\frac{3}{2}V$ 가 된 것을 나타낸 것이다. 물음에 답하시오.

[중학생 물리 대회 기출 유형]

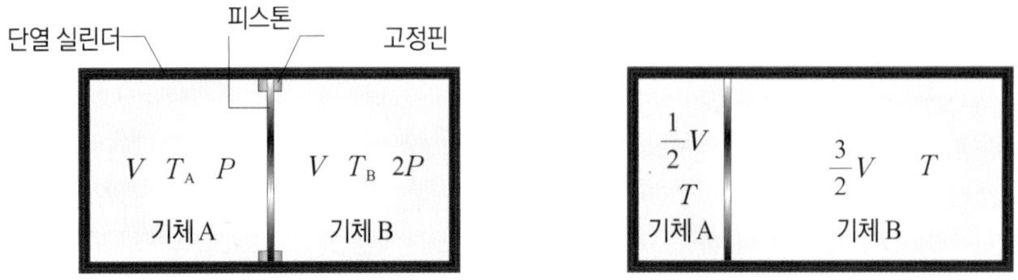

(가) (나)

(1) $\frac{T_A}{T_B}$ 를 구하시오

(2) 기체 A 와 B 의 몰수를 각각 n_A, n_B 라고 할 때, $\frac{n_A}{n_B}$ 를 구하시오

18 그림은 일정량의 단원자 분자 이상 기체의 상태가 A → B → C → A 의 순서에 따라 변할 때 기체의 압력과 부피를 나타낸 것이다. 물음에 답하시오.

[중학생 물리 대회 기출 유형]

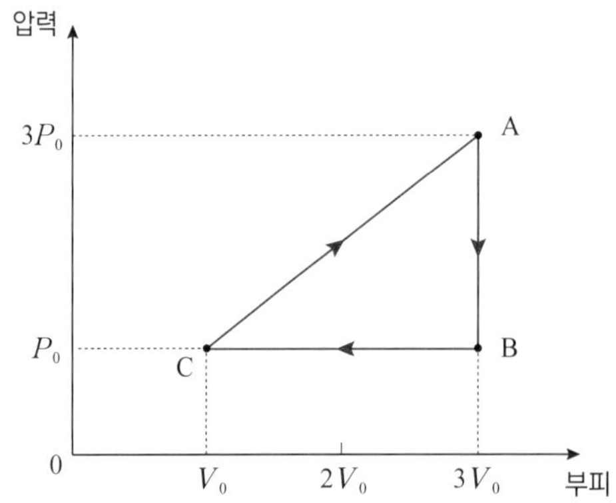

(1) 내부 에너지 변화량은 A → B 과정이 B → C 과정의 몇 배인가?

(2) 기체가 방출한 열량은 A → B 과정이 B → C 과정의 몇 배인가?

(3) 이 순환 과정으로 작동하는 열기관의 열효율은 몇 % 인가?

19 그림은 얇은 단열판에 의해 부피가 V 로 같은 두 부분으로 나뉘어 있는 단열 용기에 두 종류의 이상 기체가 각각 들어 있는 것을 나타낸 것이다. A 에는 절대 온도 $2T_0$ 인 단원자 분자 이상 기체 n_A 몰이 들어 있고, B 에는 절대 온도 T_0 인 이원자 분자 이상 기체 n_B 몰이 들어 있다. 단열판이 제거된 후 혼합된 기체가 절대 온도 $\frac{7}{6}T_0$ 인 평형 상태에 도달하였다면 혼합된 기체의 등적(정적) 몰비열을 구하시오. (단, 두 이상 기체는 화학적으로 서로 반응하지 않고, 기체 상수는 R 이며, 단열판을 제거하는 과정에서 열의 출입은 무시한다.)

[중학생 물리 대회 기출 유형]

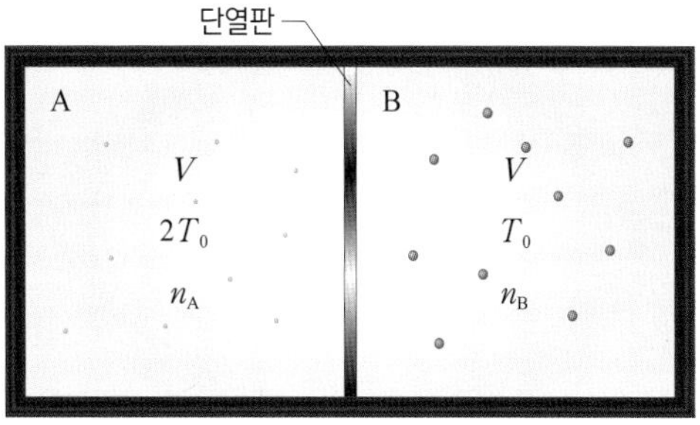

20 그림은 분자량이 각각 M_A, M_B, M_C 인 단원자 분자 이상 기체 A, B, C 의 단위 속력 당 분자수 $N(v)$ 를 속력 v 의 함수로 나타낸 것이다. A, B, C 의 절대 온도는 각각 T_A, T_B, T_C 이고, 몰수는 각각 n_A, n_B, n_C 이다. $M_A < M_B < M_C$ 일 때, 이에 대한 설명으로 옳은 것만을 있는 대로 고르시오.

[중학생 물리 대회 기출 유형]

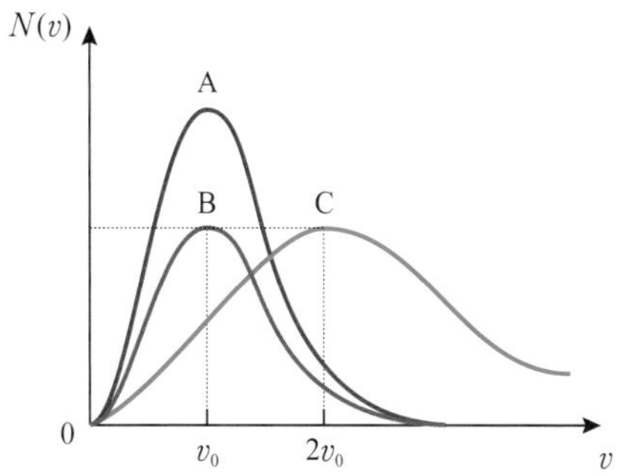

① $n_A > n_B$ 이다.
② $n_B = n_C$ 이다.
③ $T_A \geq T_B$ 이다.
④ $T_B = \frac{1}{4}T_C$ 이다.
⑤ B 에서 $v < v_0$ 인 분자의 비율은 C 에서 $v < 2v_0$ 인 분자의 비율과 같다.

휘발유가 없어도 자동차가 달린다?

▲ 바퀴가 돌면 오른쪽의 손잡이가 밖으로 제껴져 계속 돌 수 있게 한다.

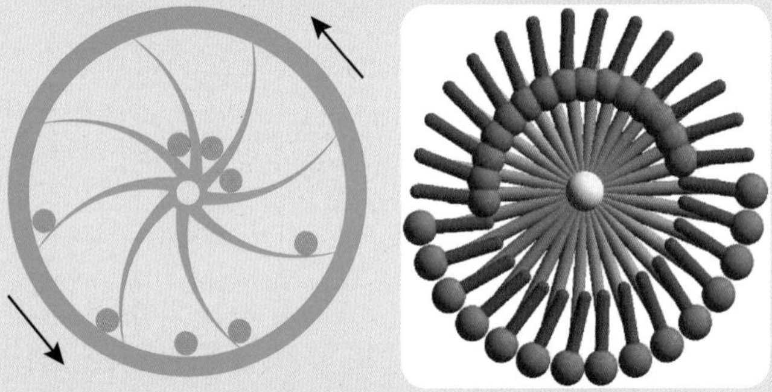

▲ 바퀴가 돌면 구슬이 밖으로 굴러나가거나 미끄러져서 바퀴가 계속 돌 수 있게 한다.

값비싼 휘발유 없이도, 커다란 풍차를 돌리지 않고도 에너지를 영원히 얻을 수 있다면 인류에게 경제적으로 에너지와 환경 문제를 동시에 해결해주는 행운의 선물이 될 것이다.

그러한 무한 에너지를 만들어내는 **영구기관**(perpetual mobile)은 오랜 인류의 꿈이지만, 현재는 자연법칙 상 불가능하다고 알려져 있다. 그럼에도 불구하고 실현되기만 하면 인류의 삶을 근본적으로 개선할 수 있고 큰돈도 벌 수 있다는 희망으로 많은 사람들이 도전하고 있다.

영구기관 혹은 무한동력기관은 에너지를 공급받지 않고도 무한정 작동하여 일을 할 수 있는 장치를 뜻한다. 쉽게 말해 자동차 엔진이 영구기관이라면, 폐차할 때까지 기름 값 걱정없이 차를 굴릴 수 있는 것이다.

①

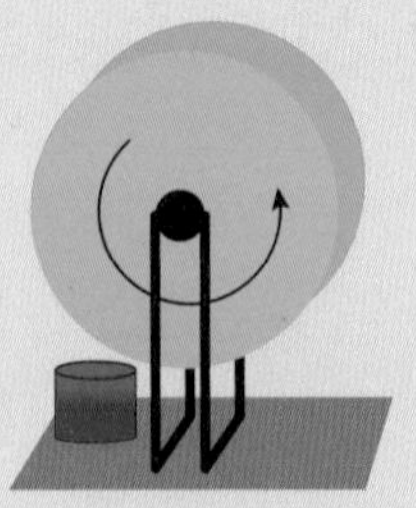

▲ 자석이 금속 바퀴의 왼쪽 부분을 잡아당기므로 계속 바퀴가 도는 영구기관

②

▲ 영구기관을 이용한 자동차는 연료 없이 갈 수 있다.

③

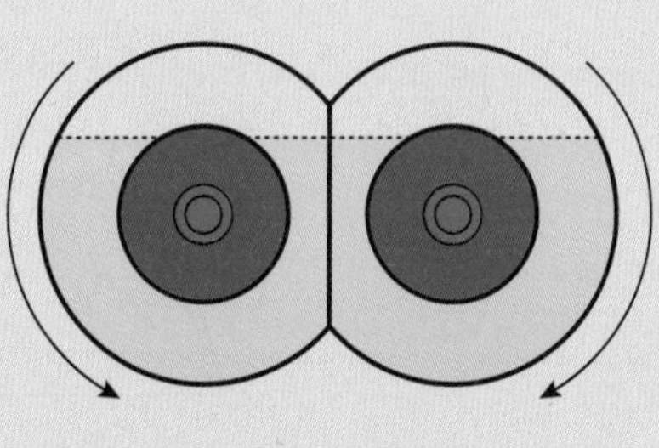

▲ 가운데와 양쪽 바깥쪽의 물의 양의 차이로 계속 회전하는 바퀴

④

▲ 회전하는 휠에 의한 영구 시계

Imagine Infinitely

⑤

▲ 자석의 인력과 척력을 받아 계속 도는 축바퀴

⑥

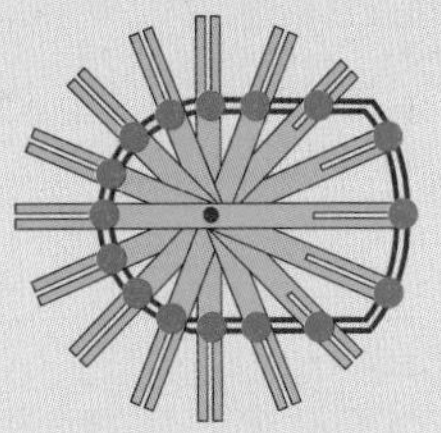

▲ 축바퀴는 오른쪽 구슬이 받는 중력으로 시계방향으로 회전함

⑦

▲ 한쪽 구슬이 충돌하면 반대쪽 구슬이 튕겨 나는 현상이 반복됨

⑧

▲ 물이 호스로 빠져나오고 다시 컵으로 돌아가는 현상이 반복됨

▲ 실제 영구 기관

▲ 영구 기관의 원리 모형

열역학 제 1법칙은 $\Delta U = Q - W$ 라는 공식으로 요약된다. 이 법칙은 에너지의 합이 일정하게 유지된다는 에너지 보존법칙과 같다. ΔU 는 물체의 내부에너지 변화량, Q는 물체가 받은 열량, W는 물체가 한 일이다. 외부에서 열량을 공급받지 않으면 $Q = 0$ 인 경우가 되며, 물체나 기관이 일을 하면 $W > 0$ 인 경우이며, 내부에너지가 증가하면 온도가 올라가고 $\Delta U > 0$인 경우가 된다.

제 1종 영구기관은 외부로부터 전혀 에너지 공급이 없는 환경에서 일을 하는 (작동하는) 기관이다. $Q = 0$ 의 환경에서 $W > 0$ 이 되는 경우인데, $\Delta U < 0$ 가 되므로 물체의 내부에너지는 계속 감소하고 온도는 계속 내려갈 수 밖에 없으므로 이론적으로 불가능하다.

제 2종 영구기관은 열효율이 100%인 기관을 말하는 것으로 1종 기관과 다른 점은 에너지를 변환한다는 점이다. 즉, 열에너지를 운동에너지로 변환할 때 손실되는 열이 없이 전부 운동에너지로 바꿀 수 있도록 한다는 가정 하에 만일 그러한 기관을 만들 수 있다면 그것을 제 2종 영구기관이라 한다. 결국 열이 운동으로, 운동이 다시 열로 100% 환원되는 것이므로 영구히 기관은 작동한다고 할 수 있다.

▲ 확산된 잉크와 연기가 다시 모이는 일은 없다.

열역학 제 2법칙은 자연 현상의 진행 방향에 관한 법칙이다. 자연 현상은 엔트로피(entropy)가 커지는 방향으로 진행된다는 것이다. 물에 떨어진 잉크가 확산되는 것을 보면 잉크가 떨어진 초기에서 물에 골고루 퍼진 상태로 진행이 된다. 잉크가 물에 골고루 퍼진 상태가 엔트로피가 큰 상태이다. 연기의 확산도 마찬가지이며, 냄새가 퍼지는 경우도 같다. 엔트로피가 큰 상태는 '더 자연스러운 상태' 라고 할 수 있다. 제 2종 영구기관은 열(엔트로피가 큰 상태)을 일(엔트로피가 작은 상태)로 100% 바꿀 수 있는 기관이므로 열역학 제 2법칙에 위배된다고 할 수 있다.

옛날에는 어떤 물체가 영구운동할 수 있다면 즉, 멈추지 않고 영원히 움직인다면, 그것을 이용해서 영구기관도 만들 수 있을 것이라 생각했다. 그러나 뉴턴이 운동의 기본 법칙을 정립한 이후, 영구운동과 영구기관은 별개라는 것이 알려졌다. 예를 들어 마찰이나 저항을 완벽하게 없앤다면 영원히 회전하는 바퀴를 만들 수 있을 것이다. 그러나 실제 상황에서는 기관을 작동시키면 마찰이나 저항으로 인해 이윽고 작동을 멈추게 된다.

정답 p 114

Q 영구기관을 만들 수 있겠는가? 각자 자기의 의견을 적어 보자.

부록

I SI 단위계

SI 기본 단위

물리량	명칭	단위	정의
길이	미터(meter)	m	1 m = 빛이 진공 중에서 1/299.792.458 초 동안 진행한 경로의 길이
질량	킬로그램 (kilogram)	kg	1 kg = 국제 킬로그램 원기의 질량 국제 킬로그램 원기 : 프랑스의 무게와 측정에 관한 국제 사무국의 Serveres 지하실에 보관되어 있는 백금과 이리듐의 합금으로 특수 제작한 원기둥
시간	초 (second)	s	1 s = 세슘-133 원자의 바닥 상태에 있는 두 개의 초미세 준위 사이의 전이에 해당하는 복사선이 가지는 주기의 9,192,631,770 배에 해당하는 시간
전류	암페어 (ampere)	A	1 A = 진공 중에서 1 m 떨어져 있고, 단면적을 무시할 수 있는 무한히 긴 평행 도체 사이에 미터당 2×10^{-7} N 의 힘이 작용하도록 하는 정상 전류
열역학적 온도	켈빈(Kelvin)	K	1 K = 물의 삼중점의 열역학적 온도의 1/273.16 인 온도(열역학적 온도 단위)
물질의 양	몰 (mole)	mol	1 mol = 질량수 12 인 탄소 0.012 kg 에 있는 탄소 원자의 수와 같은 실체들을 포함하고 있는 계에 있는 물질의 양
광도	칸델라 (candeka)	cd	1 cd = 임의의 방향으로 진동수 540×10^{12} Hz 인 단색 복사선을 방출하고 그 방향으로 스테라디안당 1/683 W 의 복사 세기를 가지는 광원의 발광 강도

SI 유도 단위

물리량	명칭	기호		SI 단위계에 바탕을 둔 단위
속력(속도)	초당 미터	m/s		m/s
각속도	초당 라디안	rad/s		s^{-1}
힘	뉴턴(newton)	N	$1\ N = 1\ kg \cdot m/s^2$	$kg \cdot m/s^2$
일, 에너지, 열량	줄(joule)	J	$1\ J = 1\ N \cdot m$	$kg \cdot m^2/s^2$
일률, 전력	와트(watt)	W	$1\ W = 1\ J/s$	$kg \cdot m^2/s^3$
진동수	헤르츠(hertz)	Hz	$1\ Hz = 1s^{-1}$	s^{-1}
압력	파스칼(pascal)	Pa	$1\ pa = 1N/m^2$	$kg/m \cdot s^2$
전기 저항	옴(ohm)	Ω	$1\ \Omega = 1\ V/A$	$kg \cdot m^2/A^2 \cdot s^3$
전위차, 기전력	볼트(volt)	V	$1\ V = 1\ W/A = 1\ J/C$	$kg \cdot m^2/A \cdot s^3$
전하량	쿨롬(coulomb)	C	$1\ C = 1\ A \cdot s$	$A \cdot s$
전기 용량	패럿(farad)	F	$1\ F = 1\ A \cdot s/V$	$A^2 \cdot s^4/kg \cdot m^2$
전기력선속, 자기력선속	웨버(weber)	Wb	$1\ Wb = 1\ V \cdot s$	$kg \cdot m^2/A \cdot s^2$
자기장, 자속 밀도	테슬라(tesla)	T	$1\ T = 1\ Wb/m^2$	$kg/A \cdot s^2$
유도 계수(인덕턴스)	헨리(henry)	H	$1\ H = 1\ V \cdot s/A$	$kg \cdot m^2/A^2 \cdot s^2$
엔트로피	줄/켈빈	J/K		

SI 추가 단위

물리량	단위명	기호	정의
각도	라디안(radian)	rad	1 rad = 원둘레에서 반지름의 길이와 같은 호를 자르는 두 반지름 사이의 평면각
입체각	스테라디안(steradian)	sr	1 sr = 구의 반지름의 제곱과 넓이가 같은 구면 위의 넓이에 대하여 구의 중심으로부터 잘리는 입체각

SI 접두사

10의 지수	접두사	기호(약자)	10의 지수	접두사	기호(약자)
10^{-24}	욕토(yocto)	y	10^{1}	데카(deka)	da
10^{-21}	젭토(zepto)	z	10^{2}	헥토(hecto)	h
10^{-18}	아토(atto)	a	10^{3}	킬로(kilo)	k
10^{-15}	펨토(femto)	f	10^{6}	메가(mega)	M
10^{-12}	피코(pico)	p	10^{9}	기가(giga)	G
10^{-9}	나노(nano)	n	10^{12}	테라(tera)	T
10^{-6}	마이크로(micro)	μ	10^{15}	페타(peta)	P
10^{-3}	밀리(milli)	m	10^{18}	엑사(exa)	E
10^{-2}	센티(centi)	c	10^{21}	제타(zetta)	Z
10^{-1}	데시(deci)	d	10^{24}	요타(yotta)	Y

그리스 알파벳

이름	대문자	소문자	영문 이름	대문자	소문자
알파(Alpha)	A	α	뉴(Nu)	N	ν
베타(Beta)	B	β	크사이(Xi)	Ξ	ξ
감마(Gamma)	Γ	γ	오미크론(Omicron)	O	o
델타(Delta)	Δ	δ	파이(Pi)	Π	π
엡실론(Epsilon)	E	ε	로(Rho)	P	ρ
제타(Zeta)	Z	ζ	시그마(Sigma)	Σ	σ
에타(Eta)	H	η	타우(Tau)	T	τ
시타(Theta)	Θ	θ	웁실론(Upsilon)	Υ	υ
이오타(Iota)	I	ι	파이(Phi)	Φ	ϕ
카파(Kappa)	K	κ	카이(Chi)	X	χ
람다(Lambda)	Λ	λ	프사이(Psi)	Ψ	φ
뮤(Mu)	M	μ	오메가(Omega)	Ω	ω

Ⅱ 주요 물리 상수와 자주 사용되는 물리 자료

주요 물리 상수

물리량	기호	상수값
원자 질량 단위(atomic mass unit)	u	$1.660\ 538\ 782 \times 10^{-27}$ kg
전자의 정지 질량(electron rest mass)	m_e	$9.109\ 382\ 15 \times 10^{-31}$ kg
중성자의 정지 질량(neutron rest mass)	m_n	$1.674\ 927\ 211 \times 10^{-27}$ kg
양성자의 정지 질량(proton rest mass)	m_p	$1.672\ 621\ 637 \times 10^{-27}$ kg
전자의 비전하(electron specific charge)	e/m_e	$1.758\ 819\ 62 \times 10^{11}$ C/kg
기본 전하량(elementary electric charge)	e	$1.602\ 176\ 487 \times 10^{-19}$ C
보어 반지름(Bohr radius)	a_0, r_B	$5.291\ 772\ 085\ 9 \times 10^{-11}$ m
플랑크 상수(Planck constant)	h	$6.626\ 075\ 5 \times 10^{-34}$ J·s
볼츠만 상수(Boltzmann constant)	k	$1.380\ 650\ 4 \times 10^{-23}$ J/K
슈테판-볼츠만 상수(Stefan Boltzmann constant)	σ	$5.670\ 51 \times 10^{-8}$ W/m²·K⁴
리드베리 상수(Rydberg constant)	R_∞	$1.097\ 373\ 153\ 4 \times 10^{7}$ m^{-1}
패러데이 상수(Faraday constant)	F	$9.648\ 530\ 9 \times 10^{4}$ C/mol
아보가드로수(Avogadro constant)	N_A	$6.022\ 141\ 79 \times 10^{23}$ mol^{-1}
기체 상수(molar gas costant)	R	8.314 472 J/mol·K
만유인력 상수(universal gravitational constant)	G	$6.674\ 28 \times 10^{-11}$ $N \cdot m^2/kg^2$
중력 가속도(gravitational acceleration)	g	9.806 65 m/s
열의 일당량(mechanical equivalent of heat)	J	4.1855×10^{3} J/kcal
진공에서 빛의 속력(speed of light in vacuum)	c	$2.997\ 924\ 58 \times 10^{8}$ m/s
진공 유전율(permittivity of vacuum)	ε_0	$8.854\ 187\ 817 \times 10^{-12}$ $C^2/N \cdot m^2$
진공 투자율(permeability of vacuum)	μ_0	$1.256\ 637\ 06 \times 10^{-6}$ H/m

태양계 자료

물체	질량(kg)	평균 반지름(m)	태양으로부터의 평균 거리(m)
태양	1.989×10^{30}	6.96×10^{8}	-
수성	3.30×10^{23}	2.44×10^{6}	5.79×10^{10}
금성	4.87×10^{24}	6.05×10^{6}	1.08×10^{11}

물체	질량(kg)	평균 반지름(m)	태양으로부터의 평균 거리(m)
지구	5.97×10^{24}	6.37×10^{6}	1.496×10^{11}
화성	6.42×10^{23}	3.39×10^{6}	2.28×10^{11}
목성	1.90×10^{27}	6.99×10^{7}	7.78×10^{11}
토성	5.68×10^{26}	5.82×10^{7}	1.43×10^{11}
천왕성	8.68×10^{25}	2.54×10^{7}	2.87×10^{11}
해왕성	1.02×10^{26}	2.46×10^{7}	4.50×10^{11}
달	7.35×10^{22}	1.74×10^{6}	-

자주 사용되는 물리 자료

지구 - 달 평균 거리	3.84×10^{8} m
지구 - 태양 평균 거리	1.496×10^{11} m
공기 밀도(20℃, 1 atm)	1.20 kg/m^3
공기 밀도(0℃, 1 atm)	1.29 kg/m^3
물의 밀도(20℃, 1 atm)	1×10^{3} kg/m^3

Ⅲ 자주 사용되는 수학 공식들

간단한 수학 공식

❶ 인수분해

$ax + ay + az = a(x + y + z)$　　$a^2 + 2ab + b^2 = (a + b)^2$　　$a^2 - b^2 = (a + b)(a - b)$

❷ 이차 방정식의 근

이차 방정식의 일반적인 형태　　$ax^2 + bx + c = 0 \rightarrow x = \dfrac{-b \pm \sqrt{b^2 - 4ac}}{2a}$

❸ 무리수 간단 계산

$\sqrt{2} \fallingdotseq 1.4$　　$\sqrt{3} \fallingdotseq 1.7$　　$(\sqrt{2})^2 = \sqrt{2} \times \sqrt{2} = 2$　　$(\sqrt{3})^2 = \sqrt{3} \times \sqrt{3} = 3$

$\sqrt{2} \times \sqrt{3} = \sqrt{6}$　　$\sqrt{6} = \sqrt{2 \times 3} = \sqrt{2} \times \sqrt{3}$　　$\sqrt{8} = \sqrt{2 \times 2 \times 2} = 2\sqrt{2}$

$\dfrac{1}{\sqrt{2}} = \dfrac{1 \times \sqrt{2}}{\sqrt{2} \times \sqrt{2}} = \dfrac{\sqrt{2}}{2}$　　$\dfrac{1}{\sqrt{3}} = \dfrac{1 \times \sqrt{3}}{\sqrt{3} \times \sqrt{3}} = \dfrac{\sqrt{3}}{3}$

삼각 함수 / 지수 함수와 대수 함수

❶ 직각 삼각형의 세 변의 길이 사이의 관계

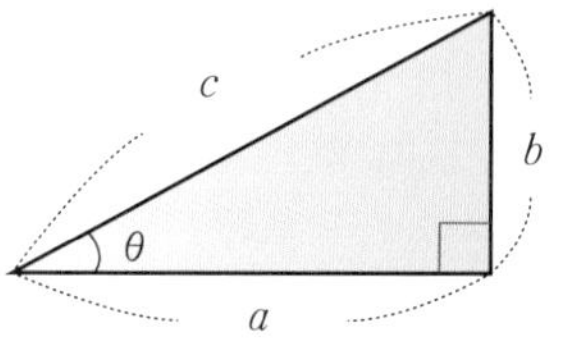

$a^2 + b^2 = c^2$

$\sin\theta = \dfrac{b}{c} \rightarrow b = c\sin\theta$

$\cos\theta = \dfrac{a}{c} \rightarrow a = c\cos\theta$

$\tan\theta = \dfrac{b}{a} \rightarrow b = a\tan\theta$

θ	$30° = \dfrac{\pi}{6}$	$45° = \dfrac{\pi}{4}$	$60° = \dfrac{\pi}{3}$
$\sin\theta$	$\dfrac{1}{2}$	$\dfrac{\sqrt{2}}{2}$	$\dfrac{\sqrt{3}}{2}$
$\cos\theta$	$\dfrac{\sqrt{3}}{2}$	$\dfrac{\sqrt{2}}{2}$	$\dfrac{1}{2}$
$\tan\theta$	$\dfrac{\sqrt{3}}{3}$	1	$\sqrt{3}$

※ $360° = 2\pi$ (rad) 이므로 $30° = \dfrac{\pi}{6}$, $45° = \dfrac{\pi}{4}$, $60° = \dfrac{\pi}{3}$, $90° = \dfrac{\pi}{2}$, $180° = \pi$ (rad) 이 된다.

❷ 삼각비 증명

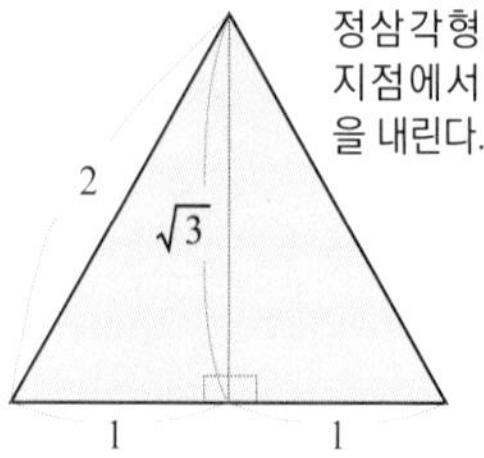

정삼각형의 꼭지점에서 수선을 내린다.

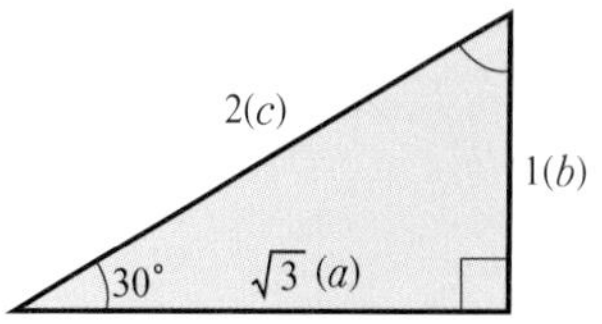

$\sin 30° = \dfrac{b}{c} = \dfrac{1}{2}$, $\cos 30° = \dfrac{a}{c} = \dfrac{\sqrt{3}}{2}$,

$\tan 30° = \dfrac{b}{a} = \dfrac{1}{\sqrt{3}} = \dfrac{\sqrt{3}}{3}$

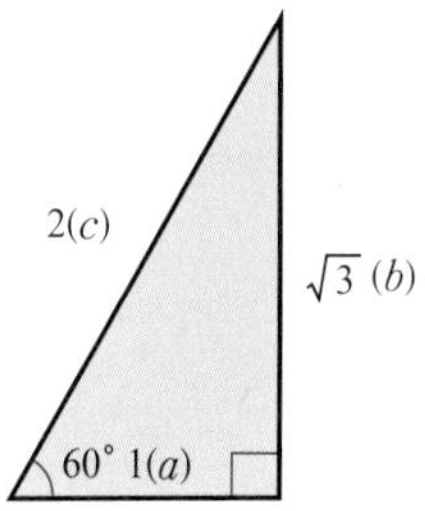

$\sin 60° = \dfrac{b}{c} = \dfrac{\sqrt{3}}{2}$,

$\cos 60° = \dfrac{a}{c} = \dfrac{1}{2}$,

$\tan 60° = \dfrac{b}{a} = \sqrt{3}$

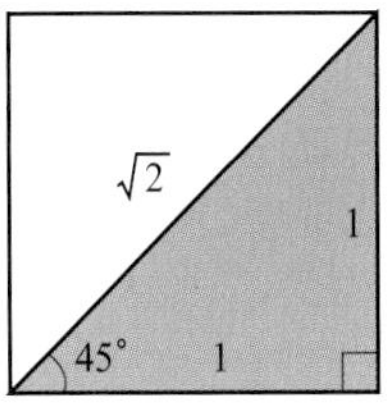

한 변의 길이가 1인 정사각형의 대각선의 길이는 $\sqrt{2}$ 이다.

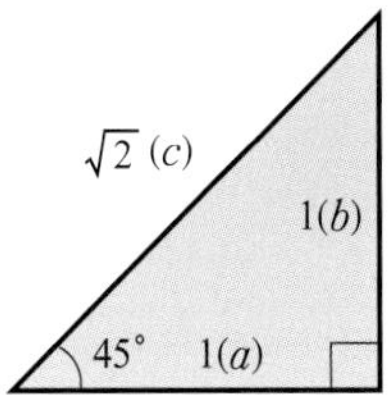

$\sin 45^\circ = \frac{b}{c} = \frac{1}{\sqrt{2}} = \frac{\sqrt{2}}{2}$

$\cos 45^\circ = \frac{a}{c} = \frac{1}{\sqrt{2}} = \frac{\sqrt{2}}{2}$

$\tan 45^\circ = \frac{b}{a} = 1$

③ 삼각 함수의 여러 관계식

$\sin^2\theta + \cos^2\theta = 1$ 　 $\csc^2\theta - \cot^2\theta = 1$ 　 $\sec^2\theta - \tan^2\theta = 1$

$\tan\theta = \frac{\sin\theta}{\cos\theta}$ 　 $\csc\theta$ (코시컨트) $= \frac{1}{\sin\theta}$ 　 $\sec\theta$ (시컨트) $= \frac{1}{\cos\theta}$ 　 $\cot\theta$ (코탄젠트) $= \frac{1}{\tan\theta}$

$\sin\theta = \cos(90^\circ - \theta)$ 　 $\cos\theta = \sin(90^\circ - \theta)$ 　 $\cot\theta = \tan(90^\circ - \theta)$

$\sin(-\theta) = -\sin\theta$ 　 $\cos(-\theta) = \cos\theta$ 　 $\tan(-\theta) = -\tan\theta$

$\sin\left(\frac{\pi}{2} - \theta\right) = \cos\theta$ 　 $\sin\left(\frac{\pi}{2} + \theta\right) = \cos\theta$ 　 $\sin\left(\theta \pm \frac{\pi}{2}\right) = \mp\cos\theta$

$\cos\left(\frac{\pi}{2} - \theta\right) = \sin\theta$ 　 $\cos\left(\frac{\pi}{2} + \theta\right) = -\sin\theta$ 　 $\sin\left(\theta \pm \frac{\pi}{2}\right) = \mp\sin\theta$

$\sin(\pi - \theta) = \sin\theta$ 　 $\sin(\pi + \theta) = -\sin\theta$ 　 $\sin(\theta \pm \pi) = -\sin\theta$

$\cos(\pi - \theta) = -\cos\theta$ 　 $\cos(\pi + \theta) = -\cos\theta$ 　 $\cos(\theta \pm \pi) = -\cos\theta$

$\sin(\alpha \pm \beta) = \sin\alpha\cos\beta \pm \cos\alpha\sin\beta$ 　 $\cos(\alpha \pm \beta) = \cos\alpha\cos\beta \mp \sin\alpha\sin\beta$

$\tan(\alpha \pm \beta) = \frac{\tan\alpha \pm \tan\beta}{1 \mp \tan\alpha\tan\beta}$

$\sin 2\theta = 2\sin\theta\cos\theta$ 　 $\cos 2\theta = \cos^2\theta - \sin^2\theta = 2\cos^2\theta - 1 = 1 - 2\sin^2\theta$ 　 $\tan 2\theta = \frac{2\tan\theta}{1 - \tan^2\theta}$

$\sin^2\frac{\theta}{2} = \frac{1}{2}(1 - \cos\theta)$ 　 $\cos^2\theta = \frac{1}{2}(1 + \cos\theta)$ 　 $\tan^2\theta = \frac{1 - \cos\theta}{1 + \cos\theta}$

$\sin\alpha\cos\beta = \frac{1}{2}[\sin(\alpha + \beta) + \sin(\alpha - \beta)]$ 　 $\cos\alpha\cos\beta = \frac{1}{2}[\cos(\alpha + \beta) + \cos(\alpha - \beta)]$

$\sin\alpha\sin\beta = -\frac{1}{2}[\cos(\alpha + \beta) - \cos(\alpha - \beta)]$

$\sin\alpha + \sin\beta = 2\sin\frac{\alpha + \beta}{2}\cos\frac{\alpha - \beta}{2}$ 　 $\sin\alpha - \sin\beta = 2\cos\frac{\alpha + \beta}{2}\sin\frac{\alpha - \beta}{2}$

$\cos\alpha + \cos\beta = 2\cos\frac{\alpha + \beta}{2}\cos\frac{\alpha - \beta}{2}$ 　 $\cos\alpha - \cos\beta = -2\sin\frac{\alpha + \beta}{2}\sin\frac{\alpha - \beta}{2}$

④ 지수 함수와 대수 함수의 기본 공식

$e = 2.718281\cdots$ 　 $e^0 = 1$ 　 $e^\infty = \infty$ 　 $e^{\ln x} = x$

$e^{-\ln x} = \frac{1}{x}$ 　 $e^x e^y = e^{x+y}$ 　 $(e^x)^y = e^{xy} = (e^y)^x$ 　 $y = e^x$ 이면 $x = \ln y$

$\log 1 = 0$ 　 $\log 10 = 1$ 　 $\log 10^x = x$

$\log x^n = n\log x$ 　 $\log(x^m \times y^n) = m\log x + n\log y$

$\ln e = 1$ 　 $\ln 1 = 0$ 　 $\ln e^x = x$

$\ln(xy) = \ln x + \ln y$ 　 $\ln\left(\frac{x}{y}\right) = \ln x - \ln y$

부록

미분과 적분

❶ 미분

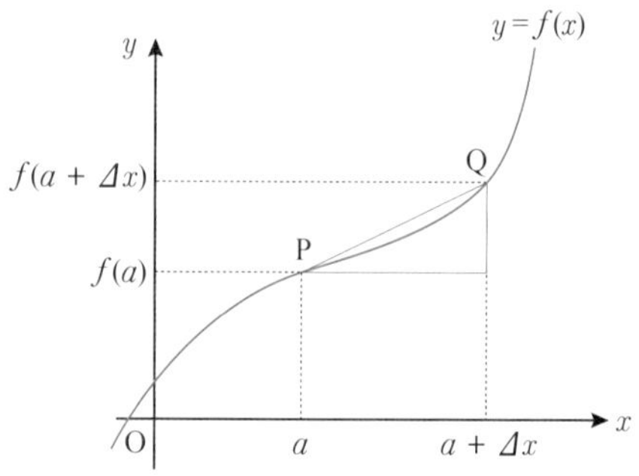

y 의 x 에 대한 도함수는 Δx 가 0 으로 접근할 때 x–y 곡선 위의 두 점 사이에 그린 직선의 기울기의 극한값으로 정의한다.

함수 $y = f(x)$ 의 평균 변화율의 극한값

$$\lim_{\Delta x \to 0} \frac{\Delta y}{\Delta x} = \lim_{\Delta x \to 0} \frac{f(a + \Delta x) - f(a)}{\Delta x} = \lim_{\Delta x \to a} \frac{f(x) - f(a)}{x - a}$$

가 존재하면 함수 $y = f(x)$ 는 $x = a$ 에서 미분 가능하다고 한다.

이 극한값을 함수 $f(x)$ 의 $x = a$ 에서의 순간 변화율 또는 미분 계수라고 하고, 기호로 $f'(a)$, $\frac{dy}{dx}$ 로 나타낸다.

함수 $y = ax^n$ (a, n 은 상수) 를 미분하면, $\frac{dy}{dx} = nax^{n-1}$

❷ 여러 함수의 미분 (a, n 은 상수)

$\frac{d}{dx}(a) = 0$ $\frac{d}{dx}(ax^n) = nax^{n-1}$

$\frac{d}{dx}(\sin ax) = a\cos ax$ $\frac{d}{dx}(\cos ax) = -a\sin ax$ $\frac{d}{dx}(\tan ax) = a\sec^2 ax$

$\frac{d}{dx}(\cot ax) = -a\csc^2 ax$ $\frac{d}{dx}(\sec x) = \tan x \sec x$ $\frac{d}{dx}(\csc x) = -\cot x \csc x$

$\frac{d}{dx}(e^{ax}) = ae^{ax}$ $\frac{d}{dx}(\ln ax) = \frac{1}{x}$ $\frac{d}{dx}(a^x) = a^x \ln a$

❸ 적분

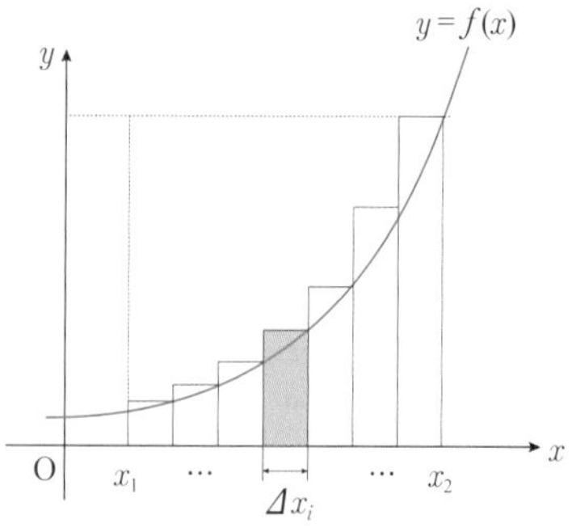

연속 함수 $f(x)$ 에 대하여 적분은 곡선 $f(x)$ 와 오른쪽 그림과 같이 x 축의 두 점 x_1, x_2 로 둘러싸인 넓이로 나타낼 수 있다.

파란색 부분의 넓이는 대략 $f(x_i)\Delta x_i$ 이며, x_1 과 x_2 사이의 이런 모든 넓이를 더하고, 이 합을 $\Delta x_i \to 0$ 의 극한을 취하면 $f(x)$ 와 x_1 과 x_2 사이의 x 축에 둘러싸인 실제 넓이를 얻게 된다.

$$\text{넓이} = \lim_{\Delta x_i \to 0} \sum_i f(x_i)\Delta x_i = \int_{x_1}^{x_2} f(x)dx$$

❹ 적분 공식

$\int x^n\,dx = \frac{x^{n+1}}{n+1} + C$ ($n \neq 1$ 인 경우) $\int x^{-1}\,dx = \ln x + C$

$\int \sin ax\,dx = -\frac{1}{a}\cos ax + C$ $\int \cos ax\,dx = \frac{1}{a}\sin ax + C$ $\int \tan ax\,dx = -\frac{1}{a}\ln(\cos ax) + C$

$\int e^{ax}dx = \frac{1}{a}e^{ax} + C$ $\int \ln ax\,dx = (x\ln ax) - x + C$ $\int a^x\,dx = \frac{a^x}{\ln a} + C$

무엇부터 할까?
친구들 안뇽!

세상은 재미난 일로
가득 차 있지요!

세페이드 동산에 잘 오셨어요!
잠 좀 깨우지 않기!

창·의·력·과·학

아이 앤 아이

I&I

윤찬섭 저

물리학(상)

정답 및 해설

개정2판

무한상상

창·의·력·과·학

I&I 아이앤아이

물리학(상)

개정2판

정답과 해설

무한상상

Ⅰ. 힘과 힘의 표시 (1)

개념 보기

Q1 ④, ⑥　　Q2 ①, ②, ④　　Q3 5 kgf, 49 N

Q1 ④, ⑥

해설 | ④ 얼음의 모양이 변하고 있으나 열에 의한 변화이므로 물리적인 힘을 받는 경우는 아니다.

⑥ 우주선이 일정한 속력으로 가고 있는 동안은 운동 상태가 변하지 않는다. 모양과 운동 상태가 변하지 않으면 힘을 받지 않는 상태이다.

① 유리잔이 땅에 닿는 순간 힘을 받아 모양이 변하고(깨지고) 속력도 급격히 감소하는 경우이다.

② 풍선이 힘을 받아 풍선의 모양이 변하는 경우이다.

③ 힘을 받으면 물체의 모양이나 운동 상태가 변하는데 회전 운동하는 것도 운동 상태가 변하는 경우이다.

⑤ 배구공을 스파이크하는 순간 배구공이 힘을 받아 모양이 변하고, 속력이 빨라진다.

Q2 ①, ②, ④

해설 | ②, ③ 전기력이나 자기력은 닿아있거나 닿아있지 않는 경우 모두 작용한다.

⑤ 전기를 띠거나 자기를 띤 두 물체 사이에 작용하는 잡아당기는 힘과 미는 힘은 모두 거리가 멀수록 크기가 작아진다.

① 두 물체의 마찰에 의해서 마찰전기가 발생하면 전기력이 작용할 수 있다. 자석과 쇠붙이가 마찰하면 쇠붙이가 자화되어 자석이 되므로 자기력이 작용할 수 있다.

④ 전기력이 전하와 전하 사이에서 작용하는 힘이라면, 자기력은 자석의 각 극 사이에서 작용하는 힘이다. 같은 전하나 같은 극 사이에서는 잡아당기는 힘(인력)이 작용하고 서로 다른 전하 혹은 다른 극 사이에서는 미는 힘(척력)이 작용한다.

Q3 5kgf, 49N

해설 | 지구 표면에 있는 물체는 지구로부터 잡아당기는 힘(만유인력)을 받는다. 지구 표면에서 질량 5 kg 의 물체가 받는 만유인력은 5 kgf 이고, 이 힘은 49 N 에 해당한다. 1 kgf (킬로그램 힘, 킬로그램 중) = 9.8N(뉴턴)

개념 확인 문제

정답　　15 ~ 16쪽

힘

01 ① ㄱ ② ㄷ ③ ㄷ ④ ㄱ ⑤ ㄴ ⑥ ㄴ ⑦ ㄴ　　02 ⑤

03 ④　　04 ③, ④

접촉하지 않아도 작용하는 힘

05 ㄱ, ㄷ　　06 ㄴ, ㄷ　　07 해설 참조　　08 ①, ③, ④

09 50kg, 82N　　10 A지점 : ↓ B지점 : ↓ C지점 : ↓　　11 ③, ⑤

01 ① ㄱ ② ㄷ ③ ㄷ ④ ㄱ ⑤ ㄴ ⑥ ㄴ ⑦ ㄴ

해설 | ② 유리잔은 떨어지는 과정에서 중력을 받아 속력이 증가하며(운동 상태가 변함), 유리잔이 땅에 떨어지는 순간 땅으로부터 충격력을 받아 속력이 급격히 감소하고(운동 상태가 변함) 깨지게 된다(모양의 변화).

③ 축구공을 발로 차는 순간 축구공에 힘이 작용하여 축구공의 모양이 변하며, 속도가 변하므로 운동 상태가 변한다.

⑦ 중력을 받으며 떨어지는 사과는 속력이 증가하게 된다(운동 상태의 변화).

02 ⑤

해설 | ⑤ 우주공간에서 우주선이 일정한 속력을 유지한다는 것은 운동상태가 변하지 않는다는 것이다. 이 경우 우주선에 힘이 작용하지 않는 것이다 (우주선에 작용하는 알짜힘 = 0).

① 풍선 속에 들어있는 공기가 풍선에 힘을 작용하여 풍선의 모양이 변한다.

② 배트가 야구공에 힘을 작용하여 야구공의 모양과 운동상태가 동시에 변한다.

③④ 고무줄이나 빈 깡통에 힘이 작용하여 모양이 변하는 경우이다.

03 ④

해설 | 물체가 정지한 상태를 유지하거나 일정한 속력으로 운동하고 있으면 힘의 평형 상태이므로 알짜힘이 0인 상태이다. 이 물체는 힘을 받지 않는 것과 같으므로 운동 상태가 변하지 않는다.

④ 책상 위에서 수레가 운동하다가 정지하게 되었다는 것은 속력이 감소하여 운동 상태가 변하는 경우이다. 보통 마찰이 있는 면 위에서 물체가 운동하면 운동 방향과 반대 방향으로 운동마찰력을 받아서 속력이 점점 줄어들게 된다.

04 ③, ④

해설 | ③ 모양 변화가 일어났다고 해서 모두 힘을 받는 것은 아니다. 상태 변화는 힘을 받는 경우가 아니다.

④ 탁구공의 운동 상태의 변화가 일어나지 않았으므로 힘의 평형 상태이다. 힘의 평형 상태는 알짜힘이 0인 경우이다.

① 축구공이 운동 마찰력을 받아 속력이 점점 느려지므로 운동상태의 변화가 일어났다.

② 테니스공이 라켓에 맞는 순간 테니스 공이 찌그러지면서 이후 속력의 변화가 급격히 일어나게 된다.(모양의 변화와 운동 상태의 변화가 동시에 일어나는 경우)

05 ㄱ, ㄷ

해설 | ㄱ. 자기력은 자석끼리 또는 자석과 쇠붙이 사이에 작용하는 힘이다. 이 힘은 서로 떨어져서 작용하기도 하고, 접촉해 있어도 작용한다.

ㄴ. 자석에는 N극과 S극이 있어서 같은 극끼리는 미는 힘(척력), 다른 극끼리는 잡아당기는 힘(인력)이 작용한다.

ㄷ. 코일에 전류가 통하면 자석의 성질이 나타나게 된다. 이것이 전자석이다. 전자석은 쇠붙이에 자기력을 작용하여 잡아당긴다.

ㄹ. 쇠붙이가 자석 가까이에 있으면 자석에 의해 쇠붙이의 원자배열이 일정하게 되어 자석의 성질을 갖게 된다(자화(磁化): 자석의 성질을 갖게 됨). 쇠붙이는 항상 자석과 인력이 작용한다.
ㅁ. 자성(자석의 성질)은 자석을 이루는 아주 작은 자성을 가진 원자들이 한쪽 방향으로 배열되어서 나타나는 것이므로, 자석을 아무리 잘게 쪼개도 N극과 S극을 분리할 수 없다.

06 ㄴ, ㄷ
해설 | ㄱ. 전기의 종류에는 (+)전기와 (-)전기가 있다. 물체가 전기를 띠게 하기 위해서는 두 물체를 마찰시키면 된다. 두 물체를 마찰시키면 한쪽 물체는 (+)전기를 띠게 되고 다른 한 쪽 물체는 (-)전기를 띠게 된다.
ㄴ, ㄷ. (+) 전기를 띤 물체와 (-) 전기를 땐 물체 사이에는 인력이 작용하며, 물체 사이의 거리가 가까울수록 전기력이 세진다.
ㄹ. 헝겊에 문지를 책받침은 전기를 띠게 되며, 전기력으로 종이 조각을 잡아당겨 달라붙게 한다.

07 해설 참조
해설 | 지표면에서 물체가 받는 중력은 연직 아래 방향이다. 연직 아래 방향은 항상 지구의 중심을 향한다. 지표면의 물체는 중력을 받아지구 중심 방향으로 떨어진다.

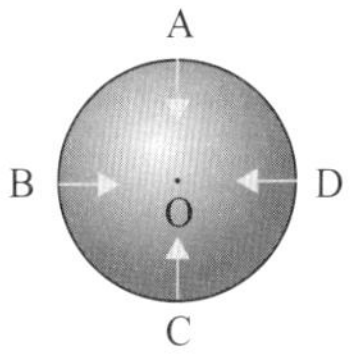

08 ①, ③, ④
해설 | ① 중력은 만유인력과 같은 의미이다.
③ 보통 지구상의 물체의 중력은 무게라고도 하는데, 무게는 물체의 질량×중력가속도(mg)이다. 그러므로 지표면에서의 중력은 질량에 비례하여 커진다. 지구에서 무거운 물체는 무게가 큰 물체인데 무게는 중력이므로 무거운 물체일수록 중력이 크다.
④ 지구에서 중력은 지구가 물체를 잡아당기는 힘이다.
② 중력(만유인력)은 전기력이나 자기력과는 달리 척력(밀어내는 힘)은 없고 인력(잡아당기는 힘)만 있다.
⑤ 만유인력$F = G\frac{Mm}{r^2}$ 으로 나타내며 두 물체 사이의 거리(r)의 제곱에 반비례한다. 지구에서 지표면에서 높이 올라가면 지구 중심으로부터 거리가 멀어지므로 중력은 작아진다.

09 50 kg, 82 N
해설 | 물체의 질량은 기준이 되는 추와 평형을 이루게 하여 측정하는 양으로 장소에 관계없이 일정하다.

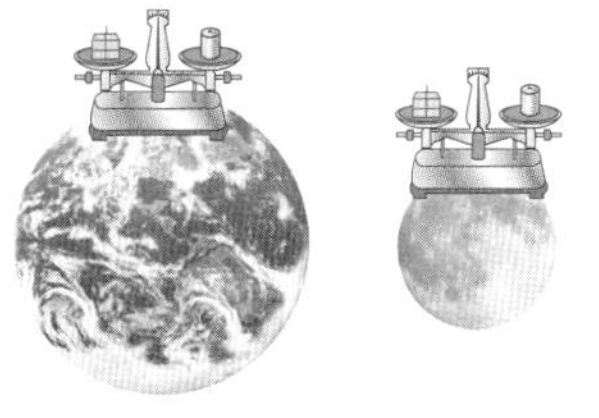

← 지구에서 질량 50kg의 추와 평형을 이루면 달에서도 같은 질량의 추와 평형을 이룬다.

반면에 무게는 (질량 × 중력 가속도)로 구하며, 중력 가속도의 값에 따라 달라지는 힘이다.
지구의 중력 가속도는 $g = 9.8\ m/s^2$ 이고 달의 중력 가속도는 지구에서의 $\frac{1}{6}$ 이다.
따라서 질량 50 kg 인 사람의 무게는 지구에서 50 × 9.8 = 490 N 이고, 달에서는 $490 \times \frac{1}{6} \fallingdotseq 82$ N 이다.

10 A지점 : ↓ B지점 : ↓ C지점 : ↓
해설 | 지표면에서 물체의 무게(중력) mg 로 일정하다. (높이 올라갈수록 무게가 약간 줄어들긴 하나 지구 반지름이 워낙 크기 때문에 거의 같은 값을 갖는다.) 따라서 손을 떠난 공이 어디에 있든지 공에 작용하는 힘은 지구 중심을 향하는 일정한 크기의 무게(중력)이다.

11 ③, ⑤
해설 | ①, ② 쇠구슬과 깃털의 질량은 다르다. 공기가 있거나 없는 경우 모두 중력은 질량에 비례하므로 쇠구슬과 깃털이 지구로부터 받는 중력은 다르다.

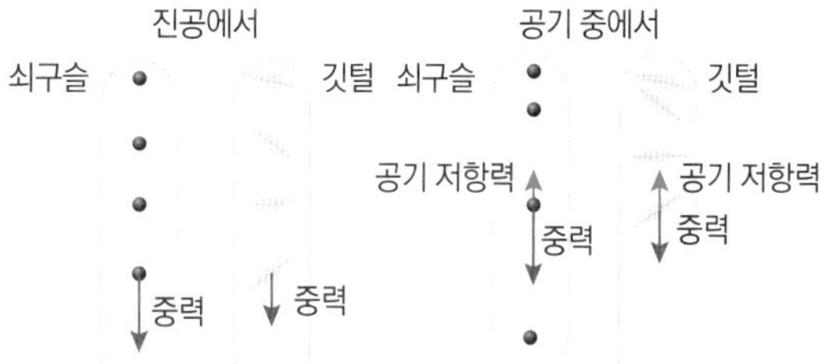

③ 진공에서는 공기가 없는 상태이므로 쇠구슬과 깃털에 작용하는 공기 저항력은 없다. 쇠구슬의 질량이 크므로 쇠구슬이 받는 중력이 깃털보다 크긴 해도 (중력)가속도는 일정하다.($g = 9.8\ m/s^2$)
④ 공기 중에서는 깃털이 쇠구슬보다 상대적으로 더 큰 공기 저항력을 받으므로 깃털에 작용하는 알짜힘이 더 작으므로 쇠구슬보다 가속도가 작게 나타난다.
⑤ 공기 중에서 물체가 공기 저항력을 받는 이유는 공기와 물체와의 마찰 때문이다. 따라서 공기가 없는 진공에서는 공기 저항력을 받지 않는다.

개념 심화 문제

정답		17쪽
01 ㄱ, ㄷ, ㄹ, ㅁ	02 80,000 배	03 11 : 16 : 27

01 ㄱ, ㄷ, ㄹ, ㅁ
해설 | 민재가 벽을 미는 힘은 힘 A 이고 동시에 그 반작용으로 벽은 민재를 힘 B로 밀게 된다. 서로 다른 물체에 작용하는 작용·반작용의 두 힘은 크기가 같고 방향이 반대이다.
ㄱ. 두 힘은 크기가 같고 방향이 반대이므로 힘 A가 증가하면 힘 B도 증가하게 된다.
ㄴ. 힘 A와 힘 B는 서로 다른 물체에 작용하는 작용·반작용 관계이다.
ㄷ. 민재가 벽과 떨어지면 벽에 작용하는 힘 A가 0이 된다.

ㄹ. 민재가 벽과 떨어지면 면의 마찰력도 작용하지 않기 때문에 아무런 힘이 작용하지 않고 아무런 힘이 작용하지 않으면 운동 상태(속도)가 변하지 않는다.
ㅁ. 힘 A와 힘 B는 작용과 반작용의 관계에 있다.

02 80,000 배
해설 |

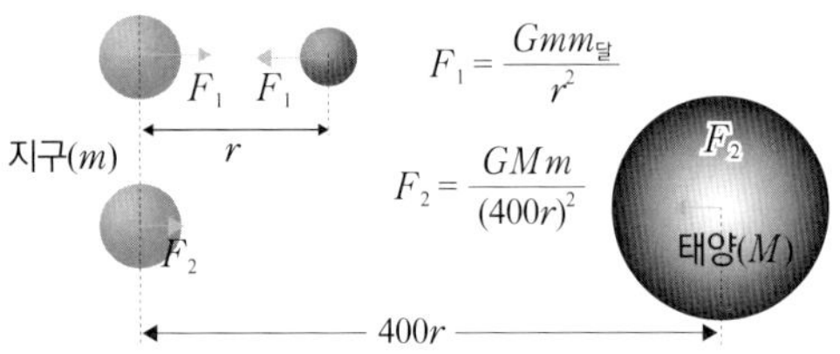

$F_1 = 2F_2$ 이므로, $\frac{Gmm_{달}}{r^2} = 2 \times \frac{GMm}{(400r)^2}$

$\frac{m_{달}}{r^2} = \frac{M}{80000r^2}$, $M = 80{,}000m_{달}$

03 11 : 16 : 27
해설 |

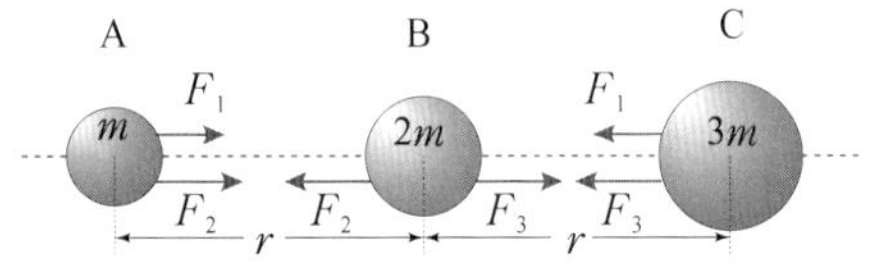

F_1 : 물체 A, C 가 서로 잡아 당기는 힘 $F_1 = \frac{Gm \cdot 3m}{(2r)^2} = \frac{Gm^2}{r^2} \times \frac{3}{4}$

F_2 : 물체 A, B 가 서로 잡아 당기는 힘 $F_2 = \frac{Gm \cdot 2m}{r^2} = \frac{Gm^2}{r^2} \times 2$

F_3 : 물체 B, C 가 서로 잡아 당기는 힘 $F_3 = \frac{G2m \cdot 3m}{r^2} = \frac{Gm^2}{r^2} \times 6$

$F_A = F_1 + F_2 = \frac{Gm^2}{r^2} \times \frac{11}{4}$ (오른쪽)

$F_B = F_3 - F_2 = \frac{Gm^2}{r^2} \times 4$ (오른쪽)

$F_C = F_1 + F_3 = \frac{Gm^2}{r^2} \times \frac{27}{4}$ (왼쪽)

그러므로 $F_A : F_B : F_C = \frac{11}{4} : 4 : \frac{27}{4} = 11 : 16 : 27$ (크기의 비)

Ⅰ. 힘과 힘의 표시 (2)

개념 보기

Q4 세 용수철 모두 5 cm 늘어난다. Q5 (1) X (2) O
Q6 3 : 2 Q7 해설 참조 Q8 4 N
Q9 A. 40 N/m^2 B. 100 N/m^2, 모두 20 N

Q4 세 용수철 모두 5 cm 씩 늘어난다.
해설 | 받침대에 작용하는 힘의 평형 : 각 용수철들은 10 N 의 탄성력을 받침대에 작용하고 있다.
받침대가 30 N 의 힘을 받고 있으므로 각 용수철에는 10 N 의 힘이 작용한다. 각 용수철이 받는 외력이 10 N 이고, 용수철이 외부에 작용하는 탄성력도 10 N 이므로 각 용수철은 5 cm 늘어난 상태가 된다.

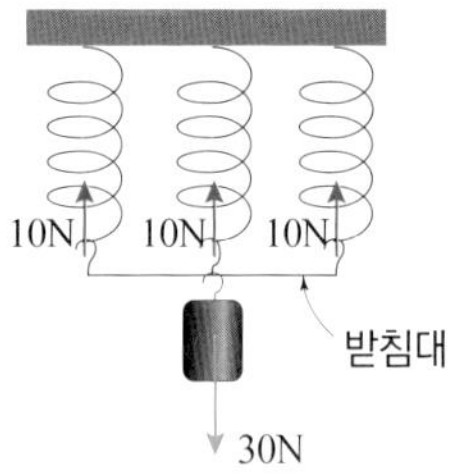

Q5 (1) X (2) O
해설 | (1) 면 위의 물체에 한쪽 방향으로 힘을 작용하더라도 반대 방향으로 같은 크기의 마찰력이 물체에 작용한다면 물체가 받는 알짜 힘(합력)이 0이 되어 물체는 움직이지 않는다(운동 상태가 변하지 않는다).

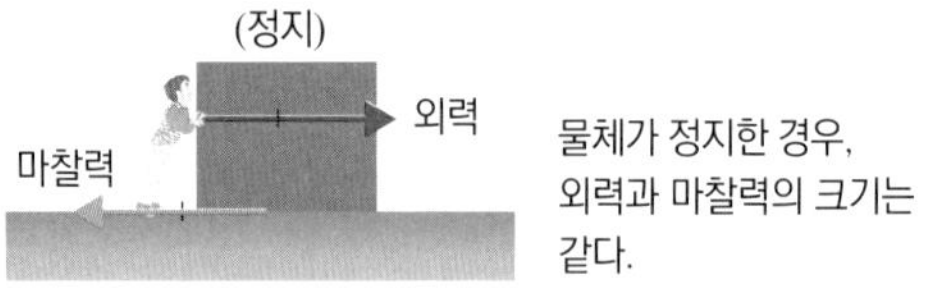

(2) 마찰력이란 물체의 운동을 방해하는 힘이기 때문에 물체가 운동하고 있는 경우, 마찰력은 운동 방향과 항상 반대 방향으로 작용한다. 이때의 마찰력을 운동 마찰력이라고 한다.

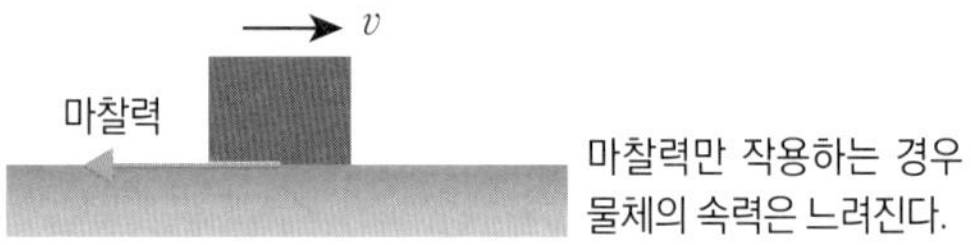

Q6 3 : 2
해설 | 물체가 물 또는 액체 또는 공기 중에 있을 때 물체가 밀어낸 물(액체, 공기)의 무게 만큼 뜨는 힘을 받는데 이 힘을 부력이라 한다. 문제에서 물이 가득 한 비커에 물체 A, B를 담갔을 때 물이 각각 30cm^3, 20cm^3 넘쳤으므로 부력의 비가 3 : 2라는 것을 알 수 있다. 또, 물체 A, B의 부피가 각각 30cm^3, 20cm^3 라는 것을 알 수 있다. 만약 물체 A, B의 질량을 알고 있다면 밀도도 계산할 수 있다.
(밀도 : 같은 부피의 물체의 질량을 비교하는 물리량으로 $\frac{질량}{부피}$ 으로 계산한다. 일반적으로 무거운 물체라 함은 밀도가 큰 물체를 뜻한다.)

Q7 해설 참조
해설 | 사람이 끈을 통해 물체를 잡아당기는 순간, 사람과 물체 A 사이에 다음의 4가지 힘이 발생한다.

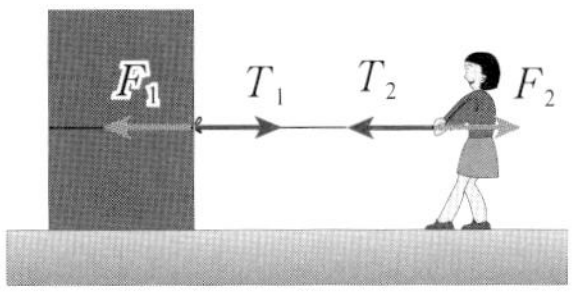

T_2 : 끈이 사람을 잡아당기는 힘(장력)
F_2 : 사람이 끈을 잡아당기는 힘
F_1 : 물체가 끈을 잡아당기는 힘
T_1 : 끈이 물체를 잡아당기는 힘(장력)
작용 반작용 관계의 힘 :
F_2와 T_2, F_1와 T_1

Q8 4 N

해설 | 공기와의 마찰력인 공기 저항력의 크기는 물체의 속력에 비례하고($F \propto v$), 물체의 운동 방향과 반대로 작용한다. 속력이 2 배가 되었으므로 공기 저항력도 2 배가 된다.

Q9 (A) 40 N/m^2 (B) 100 N/m^2, 모두 20 N

해설 | 압력 (A) : $\frac{20}{0.5}$ = 40 N/m^2, (B) : $\frac{20}{0.2}$ = 100 N/m^2
접촉면이 받는 힘은 물체의 무게 = 20 N 이므로 두 경우 모두 20 N 이다.

개념 확인 문제

정답	22 ~ 24쪽

접촉하여 작용하는 힘

12 탄성력의 방향 : 해설참조, 탄성력의 크기 : 10 N
13 마찰력의 방향 : 해설참조, 마찰력의 크기 : 10 N
14 2 배 15 16 cm
16 (가) 6 cm, 6 cm (나) 3 cm, 3 cm 17 (1) 21 cm (2) 12 N
18 ⑤ 19 ② 20 d - c - a = b 21 400 N
22 100 N 23 ㄴ, ㄹ 24 해설 참조
25 중력 방향 : C, 탄성력 방향 : A, 마찰력 방향 : A 26 30 N
27 50 N 28 15 N, 5 N 29 22.7 N

12 탄성력의 방향 : 그림 참조, 탄성력의 크기 : 10 N

해설 | 용수철에 힘이 작용하여 늘어났으므로 용수철은 원래의 상태로 돌아가려는 탄성력을 외부에 작용하게 된다. 탄성력이 작용하는 모양은 그림에 나타나 있다. 용수철은 왼쪽 벽에도 탄성력을 작용한다(벽이 힘을 받는다)는 것을 기억하자. 각 경우 손이 용수철에 힘을 작용하면 용수철은 그 반작용으로 손에 힘을 작용하게 된다. 마찬가지로 용수철이 벽에 탄성력을 작용하면 벽도 용수철에 반대 방향으로 힘을 작용하여 끌어당기게 된다.

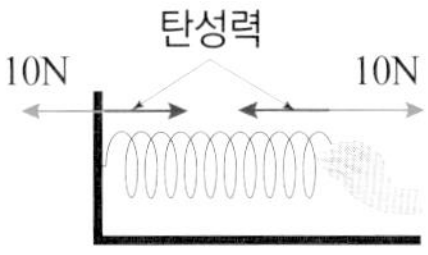

13 탄성력의 방향 : 그림 참조, 탄성력의 크기 : 10 N

해설 | 용수철을 압축시키면 용수철이 원래의 모습으로 돌아가려 하므로 탄성력은 늘어났을 때와 반대 방향으로 작용하게 된다.
즉, 용수철을 손과 벽이 압축시키면 용수철은 손과 벽을 미는 방향으로 탄성력을 작용하게 된다.

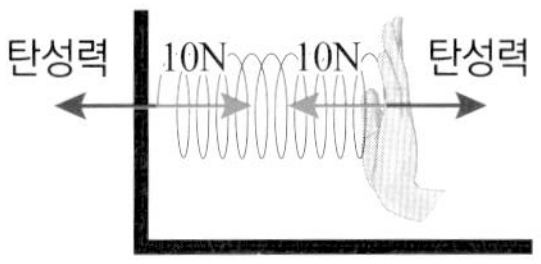

14 2 배

해설 | 용수철의 탄성력은 늘어난 길이에 비례한다. 탄성력은 용수철이 늘어나기 전의 상태로 돌아가기 위한 힘(복원력)이다.
$F = kx$ [F : 탄성력의 크기(N), k : 비례상수(용수철상수), x : 늘어난(줄어든) 길이(m)]
용수철 B 의 늘어난 길이는 용수철 A의 늘어난 길이의 2 배 이므로 B 용수철의 탄성력이 A용수철 탄성력의 2 배이다.

15 16 cm

해설 | 용수철은 물체의 무게만큼 힘을 받아 늘어난 상태가 되지만 늘어난 상태에서는 물체가 용수철에 가한 힘만큼 물체에 반대 방향의 탄성력이 작용하게 된다 (작용과 반작용). 물체의 무게가 무거울수록 평형을 이루기 위한 탄성력이 커지고, 탄성력에 비례해서 용수철의 늘어난 길이가 증가한다(훅의 법칙).
문제에서 처음에 4cm 늘어났으나 무게가 1.5배인 물체를 매달면 늘어난 길이도 1.5배가 되어 6cm 늘어나고, 원래 길이를 합치면 16cm가 된다.

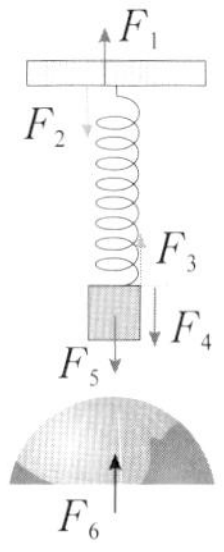

F_1 : 지지대가 용수철을 잡아당기는 힘(외력)
F_2 : 용수철이 지지대를 잡아당기는 힘(탄성력)
F_3 : 용수철이 물체를 잡아당기는 힘(탄성력)
F_4 : 물체가 용수철을 잡아당기는 힘
F_5 : 지구가 물체를 잡아당기는 중력
F_6 : 물체가 지구를 잡아당기는 중력
작용반작용 : F_1과 F_2, F_3와 F_4, F_5와 F_6
힘의 평형 : 물체에 대해서 $F_3 + F_5 = 0$
용수철에 대해서 $F_1 + F_4 = 0$

16 (가) 6 cm, 6 cm (나) 3 cm, 3 cm

해설 | (가) (용수철 자체의 무게는 무시함)

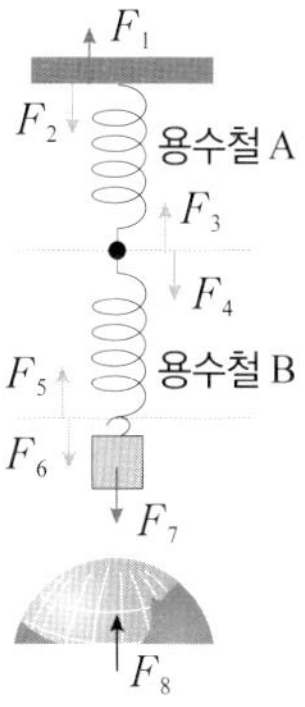

F_1 : 지지대가 용수철A를 잡아당기는 힘
F_2 : 용수철 A가 지지대를 잡아당기는 힘(탄성력)
→ 작용 반작용
F_3 : 용수철 A가 용수철 B를 잡아당기는 힘(탄성력)
F_4 : 용수철 B 가 용수철 A를 잡아당기는 힘(탄성력)
→ 작용 반작용
F_5 : 용수철 B가 물체를 잡아당기는 힘(탄성력)
F_6 : 물체가 용수철 B를 잡아당기는 힘
→ 작용 반작용
F_7 : 지구가 물체를 잡아당기는 중력(10N)
F_8 : 물체가 지구를 잡아당기는 힘(중력)(10N)
→ 작용 반작용
힘의 평형 : $F_5 + F_7 = 0$ (물체에 대해)
$F_1 + F_4 = 0$ (용수철 A에 대해)
$F_3 + F_6 = 0$ (용수철 B에 대해)

용수철 A, B 와 물체는 정지하고 있고, 그림의 모든 힘들은 같은 크기이다. 힘들의 관계를 보면 용수철 A와 용수철 B 가 받는 힘은 같다. 따라서 두 용수철의 늘어난 길이는 각각 6 cm 이다.
(나) (용수철 자체의 무게와 받침대의 무게는 무시함)

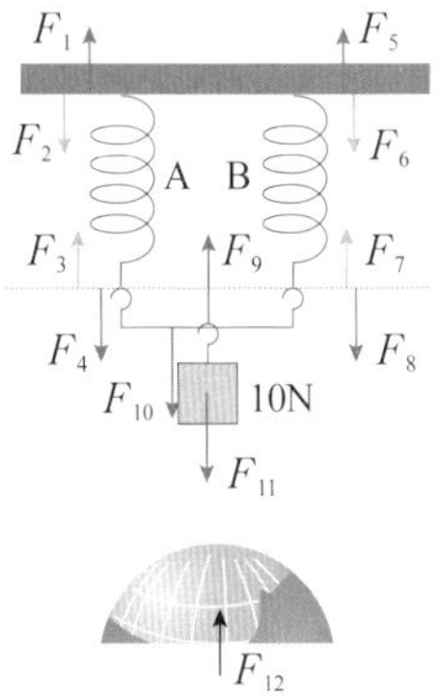

F_1 : 지지대가 용수철 A를 잡아당기는 힘
F_2 : 용수철 A가 지지대를 잡아당기는 힘 (탄성력) → 작용 반작용
F_3 : 용수철 A가 받침대를 잡아당기는 힘 (탄성력)
F_4 : 받침대가 용수철 A를 잡아당기는 힘 → 작용 반작용
F_5 : 지지대가 용수철 B를 잡아당기는 힘
F_6 : 용수철 B가 지지대를 잡아당기는 힘 (탄성력) → 작용 반작용
F_7 : 용수철 B가 받침대를 잡아당기는 힘 (탄성력)
F_8 : 받침대가 용수철 B를 잡아당기는 힘 → 작용 반작용
F_{11} : 지구가 추를 잡아당기는 중력(10N)
F_{12} : 추가 지구를 잡아당기는 중력(10N) → 작용 반작용
F_9 : 받침대가 추를 위로 잡아당기는 힘
F_{10} : 추가 받침대를 아래로 잡아당기는 힘 → 작용 반작용

받침대는 위로 F_3와 F_7의 두 힘(탄성력)을 받고 아래로 추에 의하여 F_{10} = 10 N 의 힘을 받는다 (힘의 평형). F_3와 F_7은 크기가 같으므로 $F_3 = F_7$ = 5 N 이다. 그러므로 용수철 A와 B 는 5 N 의 힘을 받아 각각 3 cm 씩 늘어난다.

17 (1) 21 cm (2) 12 N

해설 | (1) 추의 개수를 7 개로 하면 추의 무게도 7배가되므로 탄성력도 7배가 되어 전체적으로 3 cm × 7 = 21 cm 늘어난다.
(2) 추 1 개를 매달면 3 cm 늘어나므로 용수철을 18 cm 늘어나게 하려면 6 개의 추가 필요하다. 추 1 개의 무게가 2 N 이므로 12 N 의 힘으로 잡아당기면 된다.

18 ⑤

해설 |

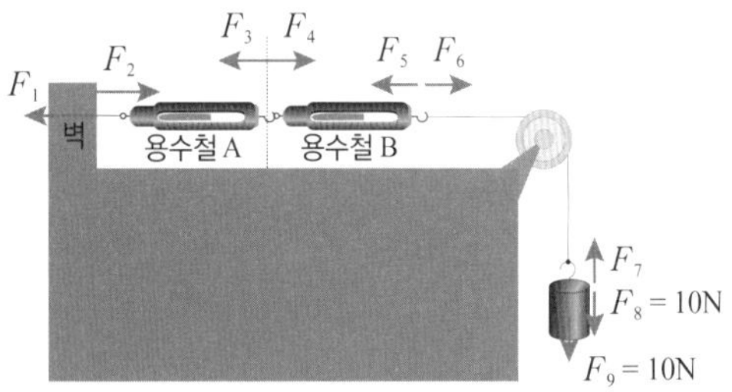

F_1 : 벽이 용수철 A를 잡아당기는 힘
F_2 : 용수철 A가 벽을 잡아당기는 힘(탄성력) → F_1, F_2는작용·반작용
F_3 : 용수철 A가 용수철 B를 잡아당기는 힘(용수철 A의 탄성력)
F_4 : 용수철 B가 용수철 A를 잡아당기는 힘(용수철 B의 탄성력)
→ F_3, F_4는작용·반작용
F_5 : 용수철 B가 끈을 잡아당기는 힘(용수철 B의 탄성력)
F_6 : 끈이 용수철 B를 잡아당기는 힘(장력) → F_5, F_6는작용·반작용
F_7 : 끈이 물체를 잡아당기는 힘(장력)
F_8 : 추가 끈을 잡아당기는 힘(10N) → F_7, F_8는작용·반작용
F_9 : 추가 받는 중력(10N) (용수철 저울을 용수철로 표현)

힘의 관계에서 설명되듯이 용수철 저울 A 와 B 는 10 N 의 같은 힘으로 양쪽에서 잡아당겨지고 있다. 따라서 탄성력도 크기가 같아서 용수철 저울 2 개는 같은 눈금을 나타낸다.

19 ②

해설 | (가) (나)

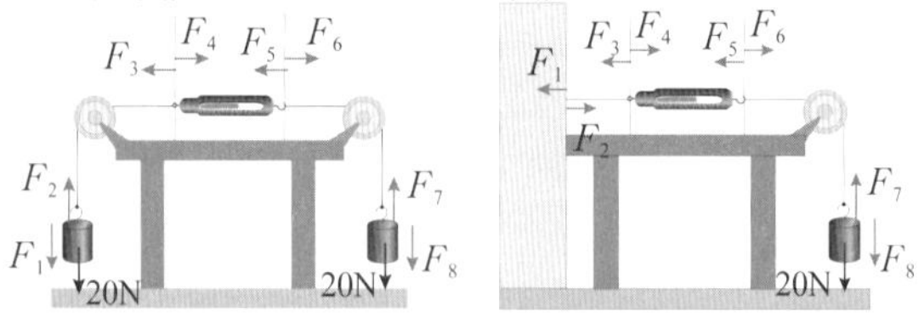

F_1 : (나)벽이 왼쪽 끈을 당기는 힘 = (가)추가 왼쪽 끈을 당기는 힘(20N)
F_2 : (나)왼쪽 끈이 벽을 잡아당기는 힘(장력) = (가)왼쪽 추를 잡아당기는 힘(20N) → 작용반작용
F_3 : 왼쪽 끈이 용수철저울을 잡아당기는 힘(장력)
F_4 : 용수철저울이 왼쪽 끈을 잡아당기는 힘(용수철저울의 탄성력)
→ 작용반작용
F_5 : 용수철저울이 오른쪽 끈을 잡아당기는 힘 (용수철저울의 탄성력)
F_6 : 오른쪽 끈이 용수철저울을 잡아당기는 힘(장력)
→ 작용반작용
F_7 : 오른쪽 끈이 물체를 잡아당기는 힘(장력)(20N)
F_8 : 물체가 오른쪽 끈을 잡아당기는 힘(20N)
→ 작용반작용

(가)의 왼쪽 추가 없이 (나)처럼 벽에 직접 끈을 매달았을 때, 두 경우 모두 용수철 저울의 탄성력(F_4, F_5) 은 20N으로 같게 나타난다. 두 경우 모두 탄성력이 2배가 되었으므로 늘어난 길이도 2배인 4 cm가 된다.

20 d - c - a = b

해설 | 마찰력은 무게에 비례하고, f(최대 정지 마찰력의 크기) = μ× 무게 이다. μ('뮤'로 읽는다)는 정지마찰계수로 면이 거칠수록 큰 값을 가진다. 물체가 움직일 때는 최대 정지 마찰력보다 큰 힘을 가했을 때이다.
같은 면에서는 물체를 그냥 두거나, 넘어뜨리거나 마찰력은 같게 나타난다. 물체의 무게가 변하지 않기 때문이다.
따라서 a 와 b 는 움직이기 위한 힘이 같으며, a 와 b 에 비해서 c 는 무게가 두 배이므로 움직이기 위한 힘이 2 배이다.
d 는 무게도 2 배이고 면도 거칠기 때문에 네 경우 중 움직이기 위한 힘이 가장 많이 필요하다.

21 400 N

해설 | 부력 + 저울이 위로 미는 힘(저울의 눈금) = 중력(무게)과 같다. 민재에 작용하는 힘이 평형을 이루기 위해서는 부력(뜨는 힘)이 400 N 이 되어야 한다. 이 힘은 민재가 물속에 잠기면서 밀어낸 물의 무게와 같다.

22 100 N

해설 | 물체가 액체나 기체 속에 들어갔을 때 받는 부력의 크기는 물체가 밀어낸 액체나 기체의 무게와 같다.(아르키메데스의 원리) 민재는 부력을 400 N 을 받으므로 저울의 눈금은 100N 을 가리킨다.

23 ㄴ, ㄹ

해설 | 물체가 움직이지 않았으므로 운동 상태가 변하지 않았다. 그러므로 물체에 작용하는 힘들은 평형 상태에 있다. 현재 물체에 오른

쪽으로 5 N 의 힘이 작용하고 있으므로 평형을 이루기 위해서는 왼쪽으로 5 N 의 마찰력이 물체에 작용해야 한다.

24 해설 참조

해설 |

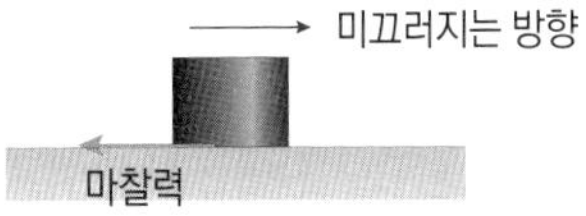

물체가 운동하는 경우, (운동)마찰력은 물체의 운동 방향과 반대 방향으로 작용하여 물체의 운동을 방해한다.

25 중력 방향 : C, 탄성력 방향 : A, 마찰력 방향 : A

해설 | 빗면에서도 나무도막에 작용하는 중력 방향은 연직 아래 방향이므로 C이다. 물체를 D 방향으로 당겨서 운동시켰으므로 마찰력은 반대 방향인 A이고 탄성력의 방향은 용수철이 원래 상태로 돌아가고자 하는 방향이므로 마찰력의 방향과 같은 A가 된다.

26 30 N

해설 | 물체에 힘을 가하였을 때 움직이지 않을 경우 가한 힘은 마찰력과 평형을 이룬다.

27 50 N

해설 | 면이 물체를 떠받치는 힘 N(수직 항력) 과 면이 받는 힘 F(물체가 면을 누르는 힘)는 작용·반작용이다.

이때 F = 압력 × 면적 = 500 × 0.1 = 50 N 이다.

28 15 N, 5 N

해설 |

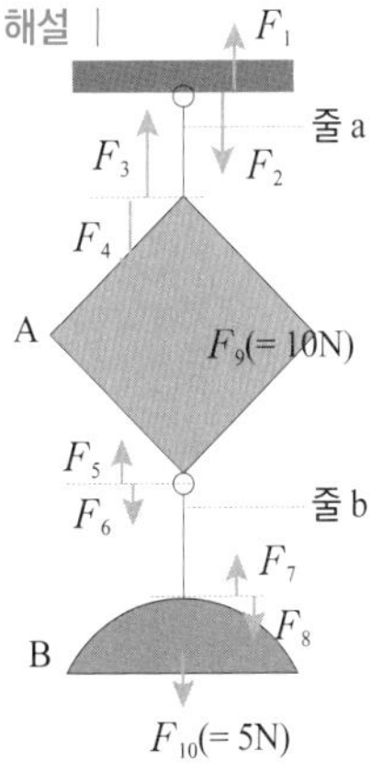

- F_1 : 지지대가 줄 a를 잡아당기는 힘, F_2 : 줄 a가 지지대를 잡아당기는 장력 1 → 작용·반작용
- F_3 : 줄 a가 물체 A를 잡아당기는 장력 1, F_4 : 물체 A가 줄 a를 잡아당기는 힘 → 작용·반작용
- F_5 : 물체 A가 줄 b를 잡아당기는 힘, F_6 : 줄 b가 물체 A를 잡아당기는 장력 2 → 작용·반작용
- F_7 : 줄 b가 물체 B를 잡아당기는 장력 2, F_8 : 물체 B가 줄 b를 잡아당기는 힘 → 작용·반작용
- F_9 : 지구가 물체 A를 잡아당기는 중력A(= 10N)
- F_{10} :지구가 물체 B를 잡아당기는 중력B(= 5N)

줄 a에 작용하는 장력 1 = F_2 또는 F_3 이다.(두 힘은 크기가 같다.)
줄 b에 작용하는 장력 2 = F_6 또는 F_7 이다.(두 힘은 크기가 같다.)
물체 B에 작용하는 힘의 평형 : $F_7 + F_{10} = 0$, F_{10} = 5 N 이므로 F_7 (장력 2) = −5 N, (크기 5 N)
물체 A 에 작용하는 힘의 평형 : $F_3 = F_6 + F_9$, F_9 = 10N, F_6 = 5 N 이므로 F_3 (장력 1) = 15 N

29 22.7 N

해설 | 반시계 방향 돌림힘 = (7 × 10) + (2 × 2) = 74
시계 방향 돌림힘 = (3 × F) + (1.5 × 4) = 6 + 3F

$$6 + 3F = 74 \quad \therefore F \fallingdotseq 22.7 \text{ N}$$

개념 심화 문제

정답 25 ~ 28쪽

04 10 cm
05 용수철 A , B : 2 cm 용수철 C : 4 cm
06 19 cm
07 2 m
08 용수철 A 늘어난 길이 : 3 cm, 용수철 B 늘어난 길이 : 6 cm
09 2.5 cm
10 4 cm
11 (1) 해설 (2) 8,000 kgf (3) 2,000 kgf
12 끈 A : 49 N, 끈 B : 107.8 N

04 10 cm

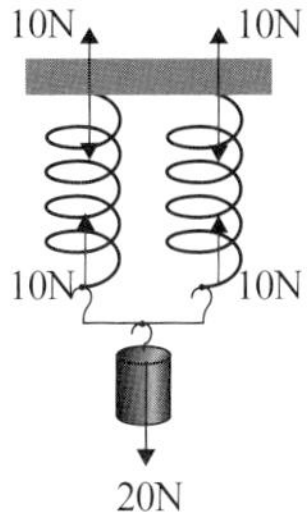

해설 | 그림에서 추에 작용하는 중력은 20 N이지만 용수철 1개는 물체 무게의 절반인 10 N의 힘을 받고 있다. 현재 용수철은 각각 10 N의 힘을 받아서 탄성력이 10 N 이 발생하게 되어 5cm가 늘어난 상태이다.
만약 이 용수철을 분리하여 20N의 힘을 가한다면 $F = kx$ 에 의해 탄성력(F)이 2 배가 되므로 늘어난 길이(x)도 2 배인 10 cm 가 된다.

05 용수철 A , B : 2 cm 용수철 C : 4 cm

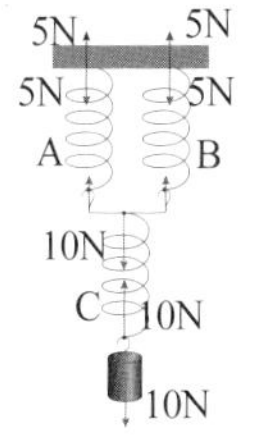

해설 | 그림처럼 용수철 A 와 B는 5 N 의 탄성력을 받침대에 작용하고 있다. 그러므로 2 cm 가 늘어난다. 용수철 C 는 그림처럼 10 N 의 탄성력을 외부에 작용하고 있으므로 4 cm 가 늘어난다.

06 19 cm

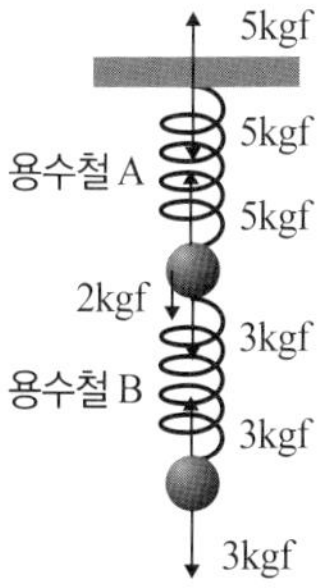

해설 | 그림처럼 용수철 A의 탄성력은 5 kgf 으로 나타나므로 10 cm 늘어나며 용수철 B의 탄성력은 3 kgf 으로 나타나므로 9 cm 늘어난다. 합하면 총 19 cm 가 늘어나게 된다.

07 2m

해설 | 그래프에서 용수철 A 는 2 N 의 힘을 작용했을 때 0.4 m 가 늘어나고, 용수철 B 는 0.5 N 의 힘을 작용했을 때 0.4 m 가 늘어나므로 2 N 의 힘을 작용하면 늘어나는 길이가 1.6 m 가 된다. (직렬 연결하면 용수철 A 와 B 는 2 N 의 같은 힘을 받게 된다.)
따라서 전체 늘어난 길이는 0.4 m + 1.6 m = 2 m이다.
(다른 방법) : 훅의 법칙($F = kx$) 사용
그래프에서 용수철 A(k_1)는 2N의 힘을 받아 0.4m 늘어났으므로

$$2 = k_1 \times 0.4, \quad k_1 = 5\text{N/m}$$

용수철 B(k_2)는 0.5N의 힘을 받아 0.4m 늘어났으므로

$$0.5 = k_2 \times 0.4, \quad k_2 = \frac{5}{4}\text{ N/m}$$

연결된 두 용수철을 하나의 용수철이라 하고, 용수철 상수를 k 라고 했을 때 $\frac{1}{k} = \frac{1}{k_1} + \frac{1}{k_2}$ 이므로, $\frac{1}{k} = \frac{1}{5} + \frac{4}{5} = 1$, k = 1 N/m 이다.

연결된 두 용수철을 하나의 용수철이라고 할 때 늘어난 길이를 x 라고 하면 $F = kx$ 이므로 $2 = 1 \times x$, $x = 2$ m 이다.

08 용수철 A : 3 cm, 용수철 B : 6 cm

해설 | 그림 (가), (나)에서 용수철 A, B는 각각 질량 200 g(무게 $0.2g$)의 물체를 매달아 3 cm (0.03 m), 6 cm (0.06 m)늘어난다. (g : 중력 가속도) 용수철을 반으로 자르면 같은 질량을 매달았을 때 늘어나는 길이는 절반이 된다.

그림 (다)에서 용수철 A, B의 탄성력은 각각 $0.4g$ 로 2배이므로 용수철 A의 늘어난 길이는 3cm, 용수철 B의 늘어난 길이는 6cm이다. (용수철은 반으로 잘랐지만, 두 배의 질량을 매달았으므로 늘어난 길이가 각각 같게 나타난다.)

(다른 방법)

$F = kx$, (용수철 A) $0.2g = 0.03k_A \rightarrow k_A = \dfrac{0.2g}{0.3}$

(용수철 B) $0.2g = 0.06k_B \rightarrow k_B = \dfrac{g}{0.3}$

용수철을 반으로 자르면 탄성 계수가 2배가 된다.

∴ 그림 (다)에서

용수철 A, B의 탄성계수는 각각 $\dfrac{4g}{0.3}$, $\dfrac{2g}{0.3}$

두 용수철은 직렬로 연결되어 있고, 0.4 kg 의 물체를 달았으므로 두 용수철의 탄성력은 $0.4g$ 로 같다. $F = kx$ 이므로

(용수철 A) $0.4g = \dfrac{4g}{0.3} \times x_A$, (용수철 B) $0.4g = \dfrac{2g}{0.3} \times x_B$

∴ $x_A = 0.03$ m = 3 cm, $x_B = 0.06$ m = 6 cm

09 2.5 cm

해설 | 고무줄을 반으로 자르면 같은 힘에 대해서 늘어나는 길이가 절반이 된다(탄성 계수가 2 배로 되는 것과 같음). 또 두 겹으로 하면 용수철의 병렬 연결일 때와 같이 탄성계수가 2배가 되어 같은 힘에 대해서 늘어난 길이는 절반이 된다. 전체적으로 고무줄을 반으로 접고 두 겹으로 하면 같은 힘에 대해서 늘어난 길이는 $\dfrac{1}{4}$ 이 된다.

∴ 늘어난 길이 10cm × $\dfrac{1}{4}$ = 2.5 cm

10 4 cm

해설 | 지구에서 질량 20 kg 의 추의 무게는 20 kgf 이지만 중력이 작은 달에서는 무게가 20 kgf × $\dfrac{1}{6}$ 이다.

지구에서 20 kg 의 추를 매달면 용수철은 24 cm 가 늘어난다.

달에서는 용수철의 탄성력이 20 kgf × $\dfrac{1}{6}$ 이므로 24 cm× $\dfrac{1}{6}$ = 4 cm 늘어난다.

11 (1) 해설 참조 (2) 8,000 kgf (3) 2,000 kgf

해설 | (1) 물체가 받는 힘은 그림과 같이 장력, 무게, 부력 세 힘이다.

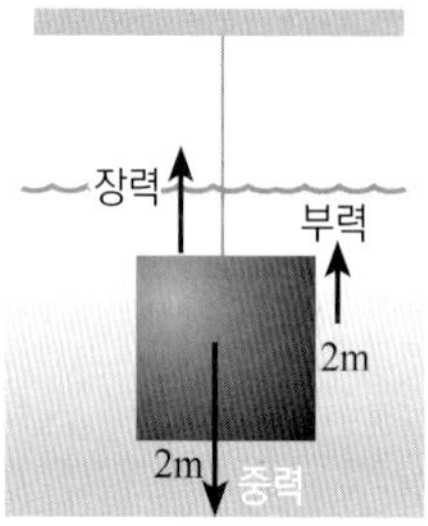

(2) 물체가 밀어낸 물의 무게만큼 부력을 받는다. 물체의 부피는 8 m^3 이고 이 부피의 물을 밀어낸다. 이 부피의 물의 무게는 8,000 kgf 이므로 물체가 받는 부력은 8,000 kgf 이다.

(3) 끈의 장력이 저울 눈금으로 나타난다. 끈의 장력 + 부력 = 물체의 무게 이다. 물체의 무게는 10,000 kgf 이고, 부력은 8,000 kgf 이므로 끈의 장력은 2,000 kgf 이다. 저울의 눈금은 2,000 kgf 를 나타낸다.

12 끈 A : 49 N, 끈 B : 107.8 N

해설 |

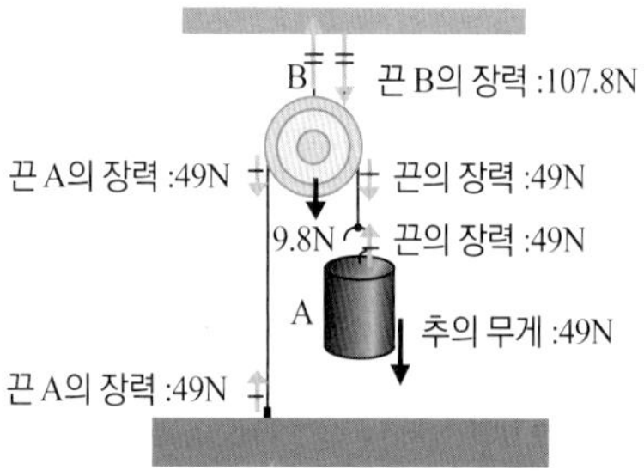

끈으로 물체를 끌 경우, 끈의 장력으로 물체를 끈다.

추의 무게 : 5 × 9.8 = 49 N

추의 무게는 오른쪽 끈을 잡아당기는 힘이 되고 그 반작용으로 추가 매달린 오른쪽 끈은 49 N의 힘으로 5 kg 의 추를 위로 끌어 올린다. (오른쪽 끈의 장력)

또 이 상태를 유지하기 위해 왼쪽 끈 A 도 49 N 의 장력으로 지면을 잡아당긴다. (끈 A 의 장력 49 N)

도르래의 무게(9.8 N) + 양쪽 끈의 장력 (49 × 2 = 98 N)이 아래로 작용하므로 끈 B는 위로 107.8 N의 장력을 작용한다.

(끈 B의 장력 107.8 N)

Ⅰ. 힘과 힘의 표시 (3)

개념 보기

Q10 해설 참조
Q11 ① F_2 ② F_2 ③ F_1 ④ F_1 ⑤ 할 수 있다.
Q12 해설 참조 Q13 3N
Q14 그림 : 해설참조, 크기 : ① 4N ② 10N
Q15 그림 : 해설참조, 크기 : ① 3N ② 1N
Q16 크기 : 5N, 방향 : 왼쪽, 종류 : 마찰력

Q10 해설 참조

해설 |

오른쪽으로 5N의 힘 왼쪽으로 10N의 힘

화살표의 길이가 힘의 크기에 비례하므로 화살표의 길이를 2배로 그리고 방향을 반대로 하면 된다. 방향이 같다면 화살표의 위치가 변동되어도 답으로 한다.

Q11 ① F_2 ② F_2 ③ F_1 ④ F_1 ⑤ 할 수 있다.

해설 |

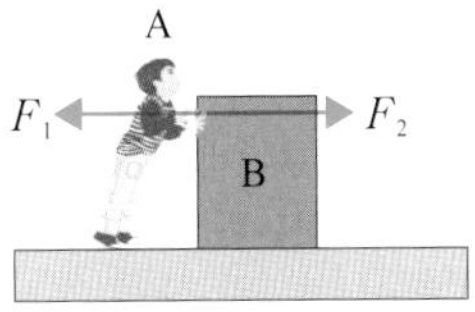

F_2는 물체 B에 작용하는 외력(사람이 미는 힘)이며, F_1은 F_2의 반작용으로 사람 A에 작용하는 힘(물체가 미는 힘)이다.

① A가 B에 작용하는 힘은 F_2이다. ② B가 받는 힘은 F_2이다.
③ A 가 받는 힘은 F_1이다. ④ B 가 A 를 미는 힘은 F_1이다.
⑤ F_1과 F_2는 작용·반작용 관계의 힘이다.

Q12 해설 참조

해설 | 두 힘의 합력을 표시하면 아래 그림과 같다.

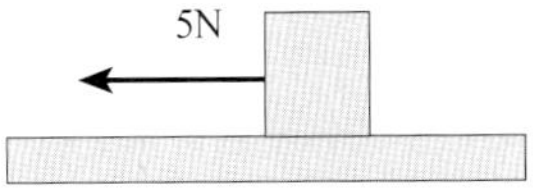

Q13 3 N

해설 | 오른쪽 그림처럼 평행사변형법으로 두 힘을 합치면 대각선 화살표가 합력이다. 모눈종이 1 cm의 길이는 1 N 을 나타내므로 대각선 합력의 크기는 3 N 이다.

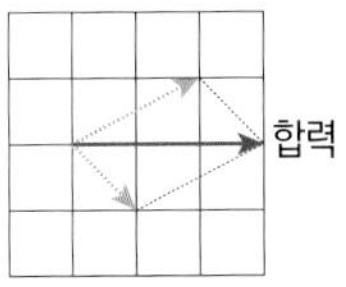

Q14 그림 : 해설참조, 크기 : ① 4 N ② 10 N

해설 |

①

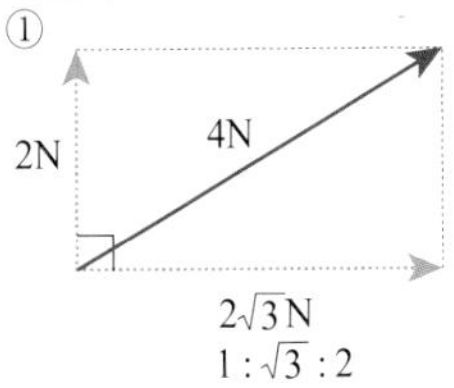

②

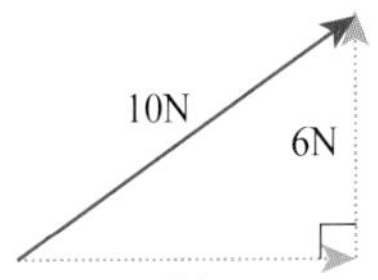

Q15 그림 : 해설참조, 크기 : ① 3 N ② 1 N

해설 | ① 직각 삼각형의 세변의 길이의 비가 3 : 4 : 5 를 이룬다.

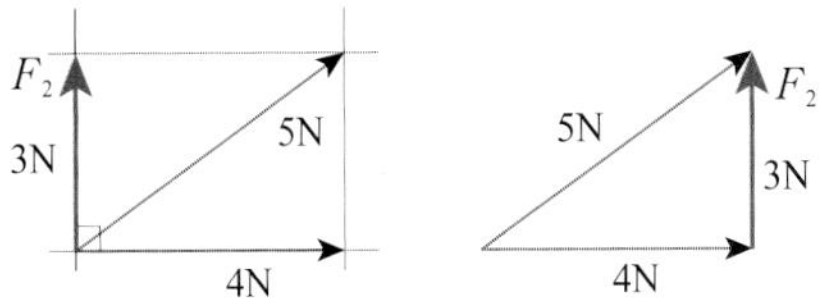

② 직각 삼각형의 세변의 길이의 비가 1 : 1 : $\sqrt{2}$ 를 이룬다.

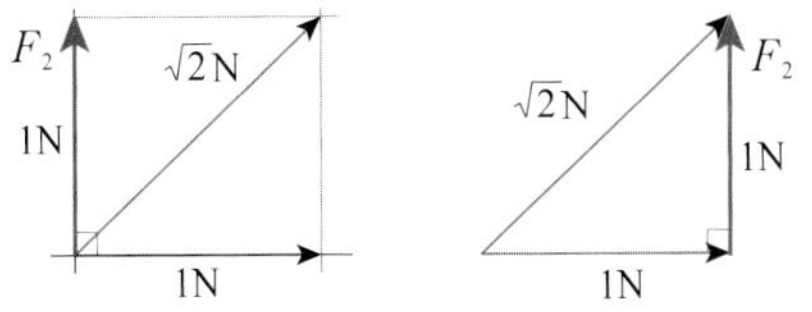

Q16 크기 : 5 N, 방향 : 왼쪽, 종류 : 마찰력

해설 | 잡아당기는 힘과 평형을 이루기 위해서는 5 N 의 힘이 왼쪽으로 물체에 작용해야 한다. 물체와 면 사이에는 마찰력이 작용한다.

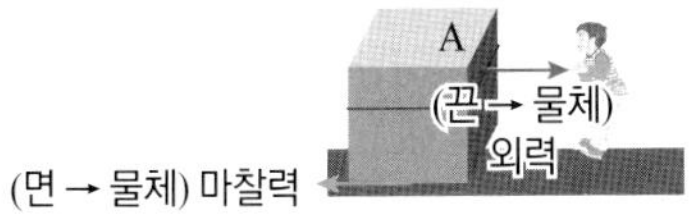

개념 확인 문제

정답 33 ~ 36쪽

힘의 표시

30 해설 참조	31 방향 : 남쪽, 크기 : 6 N			32 0
33 오른쪽으로 2 N		34 40 N		35 ④, ⑤
36 3 N	37 (1) 4 N (2) 4 N			38 ⑤
39 (1) F_2와 F_3 (2) F_1과 F_3	40 ㄱ, ㄹ			41 ③
42 $\sqrt{3}$ N	43 ②, ③, ④, ⑥		44 ②	
45 수평방향 : 5 N, 연직방향 : $5\sqrt{3}$ N			46 ②	47 ②, ④
48 5 N	49 ②	50 ④	51 ②	52 ④
53 11 N	54 해설 참조			

30 해설 참조

해설 | 화살표의 방향을 반대로 하고, 화살표의 길이가 힘의 크기와 비례하므로 길이를 4.5 cm 로 그려야 한다.

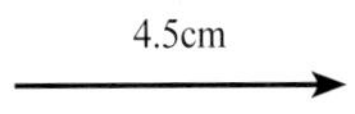

31 방향 : 남쪽, 크기 : 6 N

해설 | 방위표에서 힘 F_2는 남쪽 방향이며, 크기는 화살표의 길이에 비례하므로 눈금 1 개 당 2 N 이므로 F_2의 크기는 6 N 이다.

32 0

해설 | 두 사람이 같은 크기의 힘을 수레에 작용하고 있고, 방향이 반대이므로 합력은 0 이다.

33 오른쪽으로 2 N

해설 |

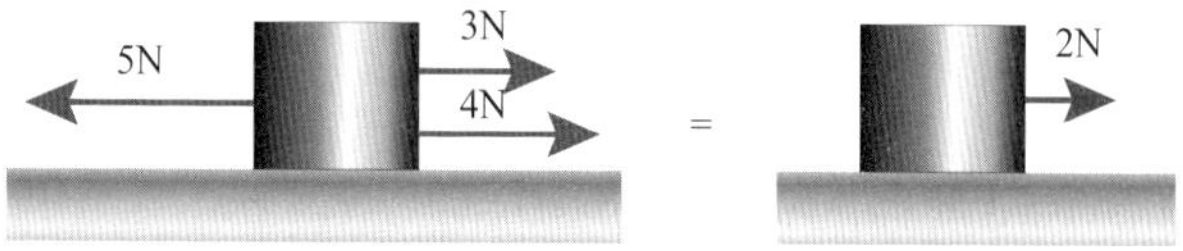

34 40 N

해설 | 두 힘이 같은 방향으로 작용하고 있으므로 합력은 40N이다.

35 ④, ⑤

해설 | ④는 삼각형법, ⑤는 평행사변형법에 의한 힘의 합성이다.

36 3 N

해설 | 합력은 다음 그림과 같고 합력의 길이가 모눈 종이의 3 칸이으므로 크기는 3 N이 된다.

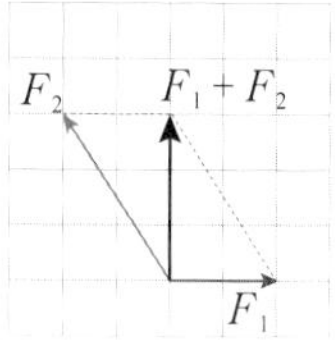

37 (1) 4 N (2) 4 N

해설 | (1) 그림처럼 평행사변형을 그려서 대각선의 길이를 구하면 모눈종이 눈금 1 개가 1 N 이므로 합력의 크기는 4 N 이 된다.

(2) $F_1 - F_2 = F_1 + (-F_2)$이므로 아래 두 번째 그림처럼 F_1을 평행이동하고 F_2의 방향을 반대로 하여 더해주면 크기가 4 N 이 된다.

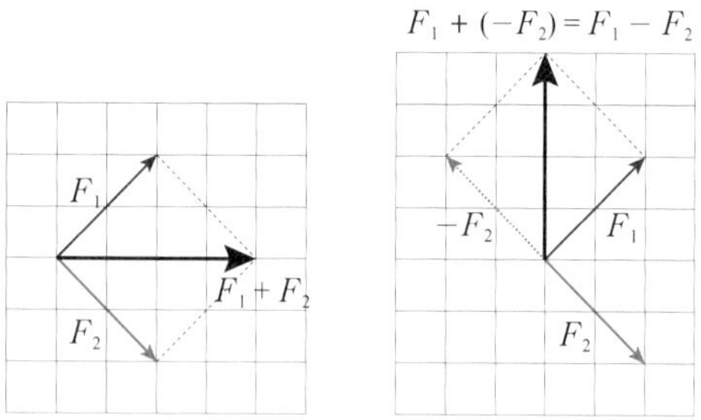

38 ⑤

해설 | 5 N 과 3 N 을 합성할 때 합력은 두 힘의 각도에 따라서 2 N (방향이 반대일 때) 8 N (방향이 같을 때) 사이의 힘의 크기가 나올 수 있다.

39 (1) F_2 와 F_3 (2) F_1 과 F_3

해설 | 면 위에 놓인 물체에 작용하는 힘과 물체가 외부에 작용하는 힘은 다음과 같다.

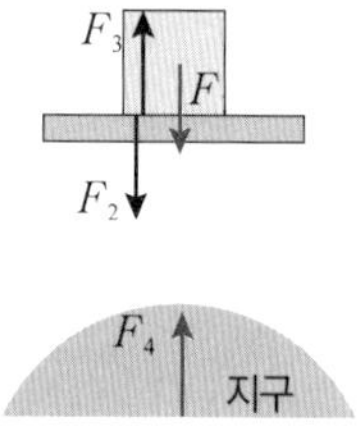

F_1 : 지구가 물체를 잡아당기는 중력
F_4 : 물체가 지구를 잡아당기는 힘
F_2 : 물체가 면을 누르는 힘
F_3 : 면이 물체를 떠받치는 수직항력
작용반작용 : F_1과 F_4 , F_2 와 F_3
힘의 평형(물체에 대해서) : $F_1 + F_3 = 0$

문제에서는 F_3는 나와있지 않다. (1) 작용·반작용은 F_2 와 F_3 가 되고, (2) 물체에 대해서 평형 상태인 두 힘은 F_1 과 F_3 이다.

40 ㄱ, ㄹ

해설 | ㄱ. 책상 면이 물체를 떠받치는 수직항력과 지구가 물체를 잡아당기는 두 힘은 물체에 작용하는 힘으로 합력이 0 이다.

ㄴ. 물체를 잡아당겼으나 움직이지 않았다면 수평 방향으로는 외력과 마찰력이 서로 평형이고, 연직 방향으로는 수직 항력 N과 중력이 서로 평형이다.

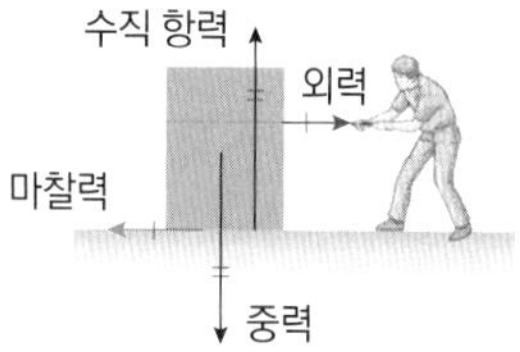

ㄷ. 중력과 끌어올리는 힘은 평형 상태가 아니다.(물체에 작용하여 합력이 0이 되지 않는다.)

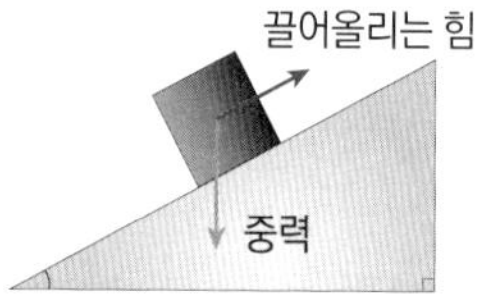

ㄹ. 추에 각각 작용하는 중력과 탄성력은 평형 상태이다.

41 ③

해설 | F_1 과 F_2의 합력이 $F_3{}'$ 이므로 $F_3{}'$ 와 평형을 이루는 F_3 가 나머지 한 힘이다.

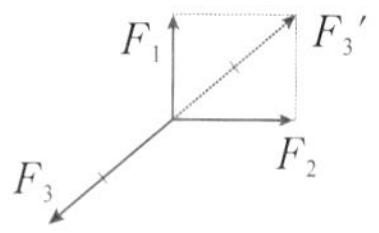

42 $\sqrt{3}$ N

해설 |

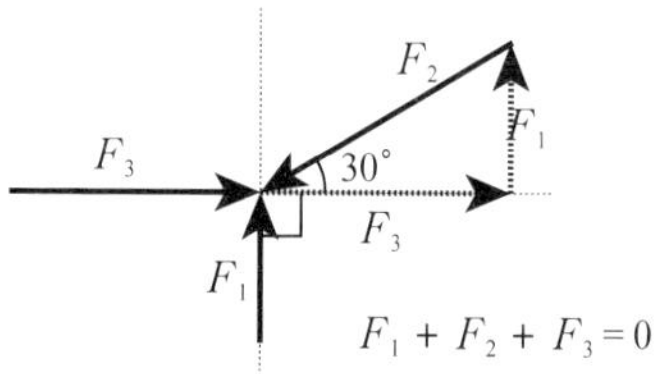

F_1 과 F_3를 평행이동하면 그림과 같이 직각 삼각형을 만들면 $F_1 + F_3 = -F_2$ 이다. 꼭지각이 30°이므로 크기의 비는 $F_1 : F_2 : F_3 = 1 : 2 : \sqrt{3}$ 이다.

43 ②, ③, ④, ⑥

해설 | ② 힘들은 전부 점 O 에서 출발한다. 힘 A 와 D 를 두 변으로 하는 평행사변형을 그리면 대각선이 힘 B 가 된다.

③ G 와 C 는크기가 같고 방향이 반대인 두 힘이므로 합력이 0 이다.

④ 힘 B 와 D 를 합하면 힘 C 가 되고, 힘 C 는 힘 G 와 합하면 0 이다. 따라서 세 힘 B, D, G 를 합하면 0 이 된다.

⑥ 힘 H 와 힘 E 를 합치면 힘 F 가 된다. 힘 F 의 길이는 네 눈금이고 이것이 40 N 이라고 했으므로 한 눈금은 10 N 에 해당한다.

① B-H 의 힘은 힘 C 가 된다. B-H = B + (-H) = B + D = 힘 C 이다.

⑤ B 와 H 의 합력은 A 이고, B 와 D 의 합력은 C 이다. A 와 C 는 평형을 이루는 두 힘이 아니다.

44 ②

해설 | $F_1 = F_4 + F_5$ 이므로 $15\text{ N} = F_4 + 5\text{ N}$, $F_4 = 10$ N이다.

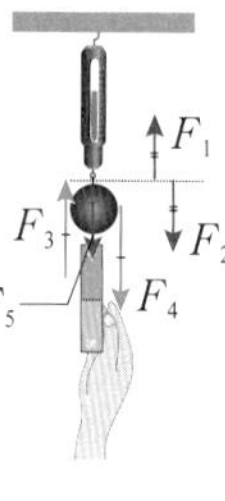

F_1 : 용수철 저울이 물체를 잡아당기는 힘 = 15 N
F_2 : 추가 용수철저울을 잡아당기는 힘 = 15 N
F_3 : 추가 자석을 잡아당기는 힘
F_4 : 자석이 추를 잡아당기는 힘
F_5 : 추에 작용하는 중력 = 5 N
작용반작용 : F_1과 F_2, F_3과 F_4
추에 작용하는 힘의 평형 : $F_1 = F_4 + F_5$

45 수평 방향 : 5 N, 연직 방향 : $5\sqrt{3}$ N

해설 | 10 N 의 힘의 화살표를 대각선으로 하고 (힘의 크기가 길이에 비례하므로 화살표의 길이가 10 N 에 해당한다.) 평행사변형을 그려서 수평 방향의 힘과 연직 방향의 두 힘으로 나누면 수평 방향은 5 N, 연직 방향은 $5\sqrt{3}$ N 이 된다.

46 ②

해설 | 책상 위의 물체는 정지해 있으므로 힘의 평형 상태이다.
책상 위의 물체에는 오른쪽으로 20 N 의 힘(장력)이 작용하고 있고, 반대 방향으로 마찰력 20 N 이 작용하고 있으므로 힘의 평형이 이루어지고 있다.

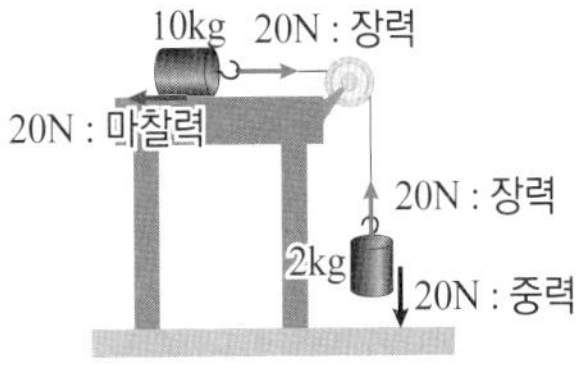

47 ②, ④

해설 | 힘 A : 손이 쇠구슬을 누르는 힘
힘 B : 힘 A 의 반작용. 쇠구슬이 손에 작용하는 힘
힘 C : 쇠구슬이 책상을 누르는 힘
힘 D : 힘 C의 반작용. 책상이 쇠구슬을 떠받치는 수직항력
힘 E : 쇠구슬에 작용하는 중력
쇠구슬에 작용하는 힘 : 힘 A, D, E(힘 A + 힘 E = 힘 D(힘의 평형))

48 5 N

해설 | 같은 크기의 두 힘의 사잇각이 120°인 경우 합력의 크기는 한 힘의 크기와 같다. 두 힘의 합력과 물체의 무게는 평형을 이루고 있으므로 물체의 무게는 5 N 이다.

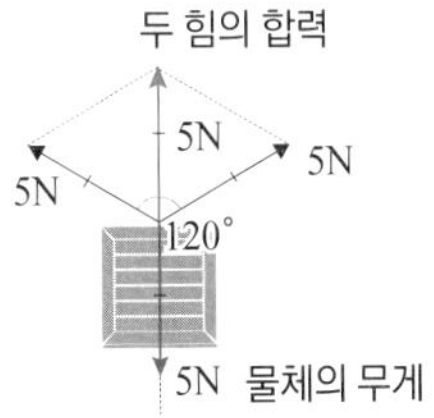

49 ②

해설 | 물이 호스로부터 힘을 받아 앞으로 뿜어져 나가면서 반작용으로 호스를 뒤로 밀기 때문에 호스를 똑바로 잡기 위해서는 소방관은 호스에 앞으로 미는 힘을 작용해야 한다.

50 ④

해설 | 선우와 은재가 작용하는 힘 모두 물체에 작용하는 힘으로 평형 상태에 있다. 두 힘은 작용반작용 관계가 아니다.

51 ②

해설 | 용수철저울의 왼쪽을 지탱하기 위하여 추를 매달아 놓는 것이나 벽에 고정시키는 것이나 용수철저울을 잡아당기는 힘은 같다. 왼쪽 그림에서는 용수철저울이 매달린 추와 힘을 주고받고 있으며 오른쪽 그림에서는 벽과 힘을 주고받고 있다.

52 ④

해설 | 사람이 발로 땅을 뒤로 밀면, 동시에 땅도 사람의 발을 앞으로 민다. 이 두 힘은 작용과 반작용이다. 만약 땅과 사람의 발 사이에 마찰이 있어서 미끄러지지 않는다면 땅으로부터 힘을 받아 사람은 앞으로 나갈 수 있는 것이다. 사람은 땅으로 부터 힘을 받으므로 사람이 받는 힘의 합력은 0 이 아니다.

53 11 N

해설 | (도르래 A + 추)의 무게는 22 N 이며, 끈 2 개로 잡아당기는 것과 같으므로 장력 는 11N 이다. 장력 T와 F는 크기가 같다.

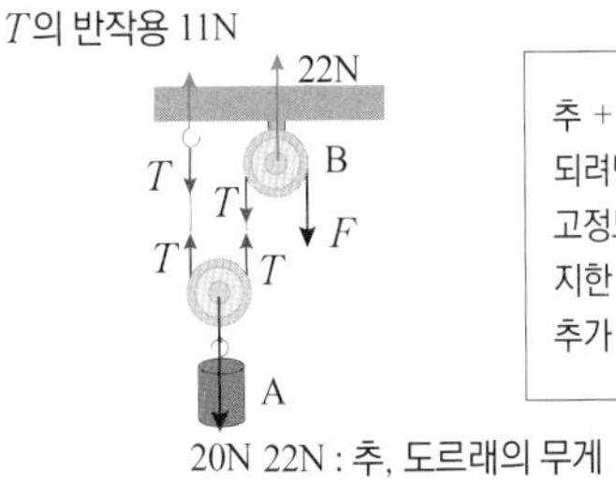

추 + 도르래 A에 작용하는 힘이 평형이 되려면 T(장력) = 11 N 이 되어야 한다. 고정도르래 B를 통해서 $F = T$ 일 때 정지한 상태이며 F 가 11 N 보다 큰 경우 추가 위로 올라갈 수 있다.

54 해설 참조

해설 |

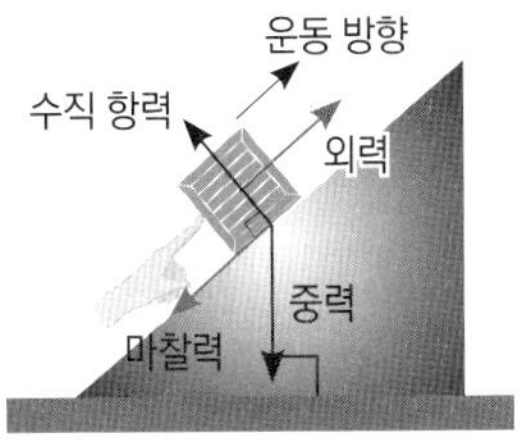

물체를 빗면 위로 밀어올리고 있으므로 외력은 빗면 위 방향이다. 물체의 운동을 방해하는 힘이 마찰력이므로 마찰력의 방향은 빗면 아래 방향이다.
수직항력은 면이 물체를 수직으로 떠받치는 힘이므로 면에 수직 방향으로 물체에 작용하는 힘이다.
중력은 지구가 나무도막을 잡아당기는 힘이므로 연직 아래 방향이다.

개념 심화 문제

정답 37 ~ 42쪽

13 a : F_1 b : F_2 c : F_3 d : F_4
(1) F_1과 F_4 (고무줄에 대해) (2) F_1과 F_2, F_3와 F_4

14 (1) F_1 : 탁자가 사과를 떠받치는 수직항력 (2) F_2 (3) F_4

16 50 N

16 98 N

17 $\frac{20}{9}$ N

18 ③

19 그림 : 해설 참조 크기 : 5N

20 해설참조

21 400 g중

22 해설 참조

23 11.5 N

24 끈 AB : 100 $\sqrt{2}$ N , 끈 BC : 100 N

25 (1) Q의 질량 : 약 1.2 kg ($\frac{2\sqrt{3}}{3}$ N) (2) $T_1 = T_2 = 9.8$ N

26 $\frac{1}{2}mg$

27 (1) $\frac{980\sqrt{3}}{3}$ N (2) $\frac{1960\sqrt{3}}{3}$ N

28 $T_1 = 14.7$ N $T_2 = 14.7\sqrt{3}$ N

29 줄 A, B, C의 장력 모두 300 N

30 $F = 2$ N, $T = 16$ N

31 $\frac{\sqrt{3}}{3}m$

13 a : F_1 b : F_2 c : F_3 d : F_4

(1) F_1과 F_4 (고무줄에 대해) (2) F_1과 F_2, F_3와 F_4

해설 | (1) a. 손 A가 고무줄을 잡아당기는 힘 - (F_1)

b. 고무줄이 손 A를 잡아당기는 힘 - (F_2)

c. 고무줄이 손 B를 잡아당기는 힘 - (F_3)

d. 손 B가 고무줄을 잡아당기는 힘 - (F_4)

14 (1) F_1 : 탁자가 사과를 떠받치는 수직항력 (2) F_2 (3) F_4

해설 | (1) F_1 : 탁자가 사과를 떠받치는 수직 항력

(2) 사과가 받는 힘은 F_1과 F_2이다. 사과는 운동 상태가 변하지 않고 있으므로 두 힘은 평형 상태에 있다.

(3) 힘 F_2는 지구가 사과를 잡아당기는 중력이다. 지구가 사과를 잡아당기면 사과도 지구를 F_4의 힘으로 잡아당긴다. (작용·반작용)

15 50 N

해설 |

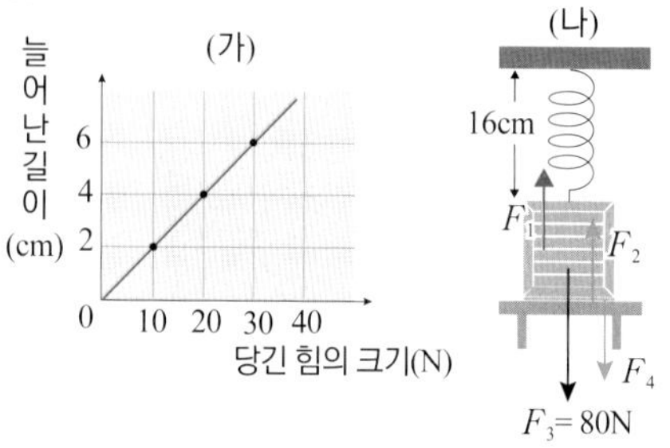

그림(나)에서 용수철은 6 cm 늘어났다. 이때 당긴 힘의 크기(= 탄성력 크기)은 그래프(가)에서 30 N 임을 알 수 있다. 그림 (나)에서 책상 위의 물체에 대해 $F_1 + F_2 = F_3$ (크기)이다.(힘의 평형)

F_1은 용수철이 물체를 끌어당기는 힘(탄성력)으로 30 N 이고, F_2는 책상 면이 물체를 떠받치는 수직 항력, F_3는 물체의 무게로 80 N 이다. (F_4는 F_2 의 반작용으로 책상 면이 물체로부터 받는 힘이다.)

그러므로 수직 항력 F_2는 50 N 이다.

16 98 N

해설 |

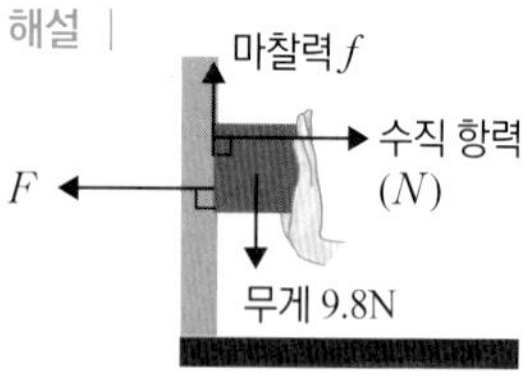

물체를 F 의 힘으로 누르면 물체는 벽에 같은 힘 F 를 작용하게 된다. 그 반작용으로 벽은 물체에 수직 항력(면에 수직인 힘) N 을 작용하게 된다. 두 힘 N, F 는 크기가 같다. 연직 아래 방향으로 중력 9.8 N 이 물체에 작용한다. 이 힘과 평형되는 마찰력이 면으로부터 물체에 작용하는 경우 물체는 미끄러지지 않는다.

$f = \mu \cdot N$, $9.8 = 0.1 \times N$, N (수직 항력) = 98 N (= F 의 크기)

물체를 누르는 힘 F 는 98 N 보다 커야 한다.

17 $\frac{20}{9}$ N

해설 | (연직 방향) N(수직 항력) + $\frac{F}{2}$ = 20(N)

물체에 오른쪽으로 작용하는 힘인 $0.85F$ 가 마찰력 f 보다 클 때 물체는 끌려간다. ∴ $0.85F = f$ (마찰력 = μN) (수평 방향)

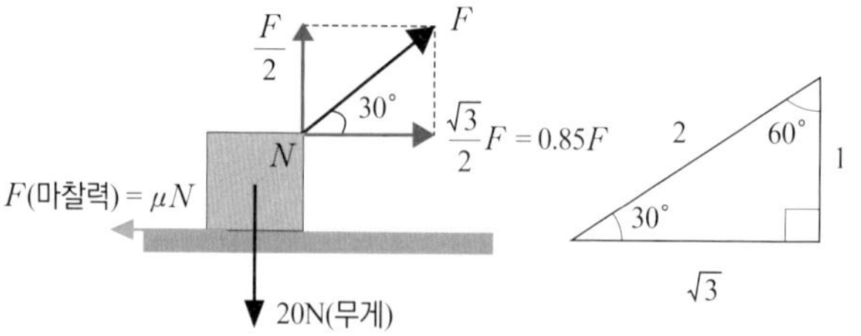

$f = \mu N = 0.1 \times N$ 이고, $N = 20 - \frac{F}{2}$ 이므로,

$0.85F = 0.1(20 - \frac{F}{2})$, $8.5F = (20 - \frac{F}{2}) = 20 - 0.5F$

$9F = 20$, $F = \frac{20}{9}$(N) (물체를 움직일 수 있는 최소의 힘)

18 ③

해설 | ① T_1은 B가 A를 끄는 힘, T_2는 A가 B를 끄는 힘이고, 작용반작용 관계의 힘이라고 할 수 있으므로 크기는 서로 같다. F_1과 F_2의 두 힘은 각각 두 사람의 운동을 방해하는 마찰력이고, 지면이 사람에게 작용하는 힘이다. 정지 상태이므로 사람 A에 대해서 T_1과 F_1, 사람 B에 대해서 T_2와 F_2는 평형 상태이다. 따라서 F_1과 F_2의 두 힘은 크기가 서로 같고 방향이 반대이다.

② 사람 A와 B 모두 힘을 받고도 운동상태가 변하지 않고 있으므로 알짜힘은 0이다.

③ T_1과 F_1, T_2와 F_2는 작용 반작용의 관계가 아니라 평형상태의 두 힘들이다.

④ 사람 A와 B는 스스로의 무게 만큼 지면을 누르고, 그 반작용으로 누른 힘의 크기와 같은 수직항력을 받는다. 무게가 다르므로 지면이 A와 B에 작용하는 수직항력은 서로 다르다.

⑤ T_1, T_2는 끈의 장력이고, A와 B가 서로 잡아당기는 힘이라고 할 수 있으므로 작용반작용 관계이다.

19 그림 : 해설 참조 크기 : 5 N

해설 | 두 힘의 합력을 먼저 그리고, 이에 평형되는 힘을 그리면 F가 된다.

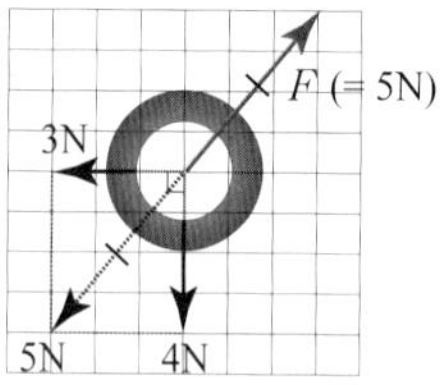

20 해설 참조

해설 | (1) 물체가 빗면 위 방향으로 움직이기 시작할 때는 최대정지마찰력이 작용할 때이다. 그림 (가) 에서 T 는 물체를 빗면 방향으로 끄는 장력, F_1은 면이 물체에 빗면의 수직 방향으로 작용하는 수직항력, F_2는 지구가 물체를 잡아당기는 중력이다. f 는 최대정지마찰력이다.

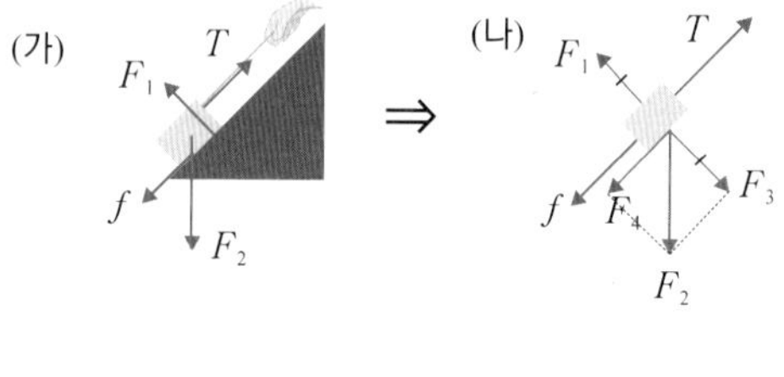

(2) 그림 (나)에서 먼저 중력 F_2를 빗면에 수직인 힘 F_3, 빗면 방향인 힘 F_4로 분해한다. 물체는 아직 정지 상태이므로

(빗면 방향 힘의 평형) $T + f + F_4 = 0$

(빗면에 수직되는 방향 힘의 평형) $F_1 + F_3 = 0$

21 400 g중

해설 | 힘의 평형 : $F_1 + F_3 = 0$(자석 A에 대해), $F_2 + F_4 + N = 0$(자석 B + 장치에 대해 ; 자석 B 와 장치는 붙어 있으므로 한 물체로 생각한다.) F_1과 F_2는 작용반작용으로 크기가 서로 같다.

저울이 물체를 떠받치는 수직 항력의 반작용으로 저울이 힘을 받으며 수직항력의 크기가 저울의 눈금이다. $F_2 + F_4 + N = 0$ 이므로 수직항력(N)은 그 크기가 ($F_2 + F_4$)와 같고, F_2의 크기는 F_1, F_3 과 크기가 같다. 저울의 눈금(=수직항력 N 의 크기) 는 (자석 A + 자석 B + 장치)의 총 무게(400g중)를 나타낸다.

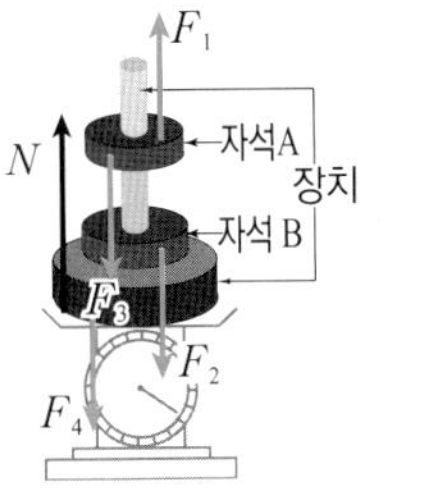

자석 B와 장치는 한 물체로 생각하자.
F_1 : 자석 B가 자석 A를 미는 힘
F_2 : F_1 의 반작용, 자석 A가 자석 B를 미는 힘
F_3 : 자석 A의 무게
F_4 : 자석 B + 장치의 무게
N : 저울면이 장치를 떠받치는 수직 항력

22 해설 참조

해설 |

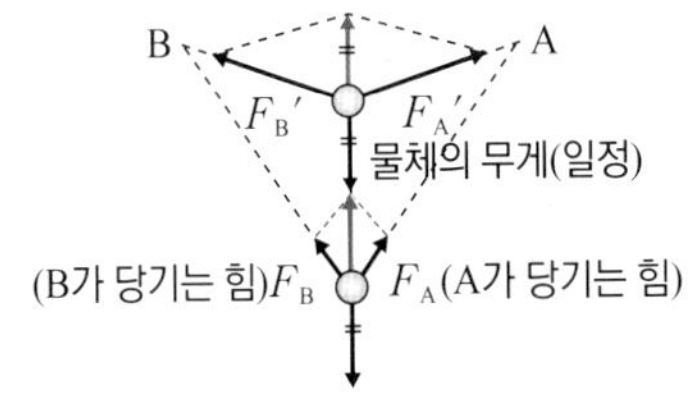

그림에서 F_A와 F_B 의 두 힘으로 물체를 당긴다면 두 힘의 합력이 최소한 물체의 무게와 같아야 물체를 끌어올릴 수 있다. 물체가 위로 올라옴에 따라 두 힘의 각이 커지고, 물체의 무게는 동일하므로 두 힘의 합력이 물체의 무게와 같아지기 위해서는 잡아당기는 힘이 점점 증가해야 한다. 즉 물체가 위로 올라옴에 따라 두 사람은 더 큰 힘으로 잡아당겨야 한다.

23 11.5 N

해설 | 천정에 매달린 끈에 의한 장력 T의 크기는 그림처럼 물체의 무게 19.6 N 과 수평으로 당기는 힘 F 의 합력의 크기와 같다. 세 힘이 끈의 접점 O 에서 평형을 이루고 있다. 힘의 크기는 화살표의 길이에 비례하므로 어두운 부분과 삼각형 그림을 비교하여

$T : F : 19.6 = 2 : 1 : \sqrt{3} = 2 : 1 : 1.7$ 이다 ($\sqrt{3} = 1.7$) .

$F : 19.6 = 1 : 1.7$ 이므로 $F = \frac{19.6}{1.7} \fallingdotseq 11.5$ N

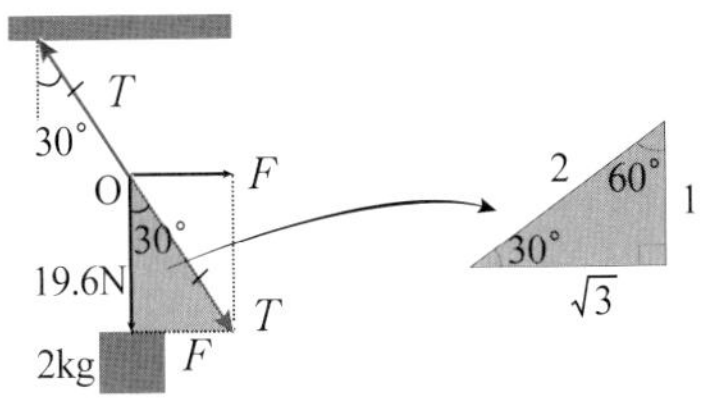

24 끈 AB : $100\sqrt{2}$ N , 끈 BC : 100 N

해설 | (크기) $T_2 + T_3 = T_1$, $T_2 = 100$ N - B점 기준

오른쪽 삼각형과 비교하면 $T_2 = T_3 = 100$ N, $T_1 = 100\sqrt{2}$ N

T_1은 끈 AB에 걸리는 장력(B 지점을 A 방향으로 잡아당기는 힘)이며, T_3는 끈 BC에 걸리는 장력(B 지점을 C 방향으로 잡아당기는 힘)이다.

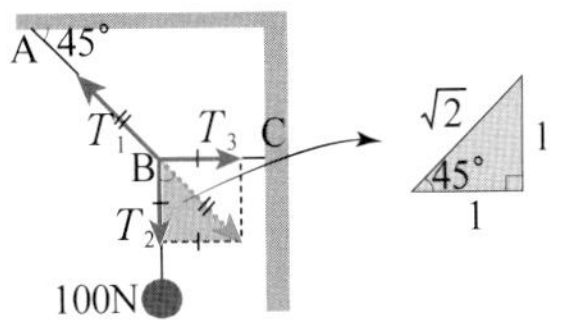

25 (1) Q의 질량 : 약 1.2 kg ($\frac{2\sqrt{3}}{3}$ N) (2) $T_1 = T_2 = 9.8$ N

해설 |

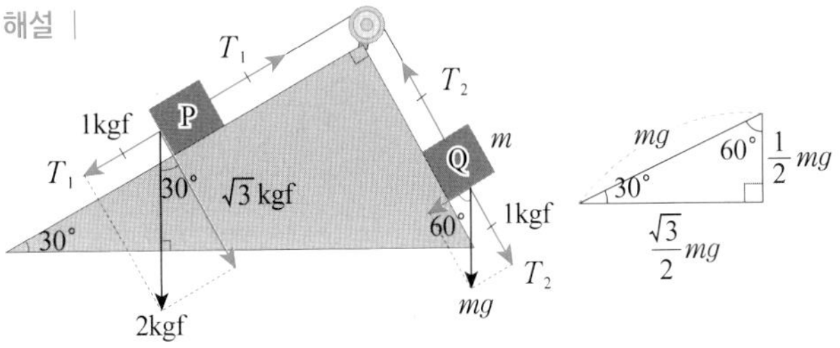

(1) 그림에서 두 물체가 정지해 있으므로 $T_1 = T_2$(크기)이다.

그림에서 T_1 의 크기 = 1kg$f$ = T_2의 크기

Q의 질량을 m (무게 mg)이라 하면

$mg \times \frac{\sqrt{3}}{2} = T_2 = 1\ \text{kg}f = g,\ m = \frac{2}{\sqrt{3}}$ kg ≒ 1.2 kg ($\sqrt{3} = 1.7$)

(2) $T_1 = T_2 = 1\ \text{kg}f = 9.8$ N

26 $\frac{1}{2}mg$

해설 |

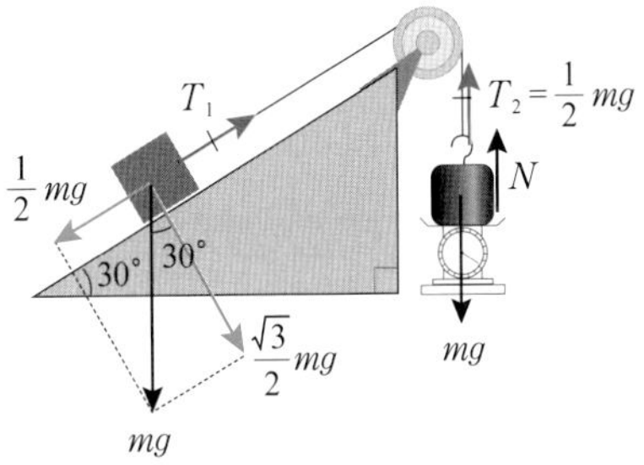

평형 상태이므로 장력 $T_1 = T_2$(크기)이다.

빗면에 있는 무게 mg의 물체에는 빗면 아래 방향으로 $\frac{1}{2}mg$ 의 힘이 작용하므로 $T_1 = T_2 = \frac{1}{2}mg$

저울로부터 물체가 받는 힘(수직항력) $N = mg - T_2 = \frac{1}{2}mg$

= 저울이 나타내는 무게

27 (1) $\frac{980\sqrt{3}}{3}$ N (2) $\frac{1960\sqrt{3}}{3}$ N

해설 |

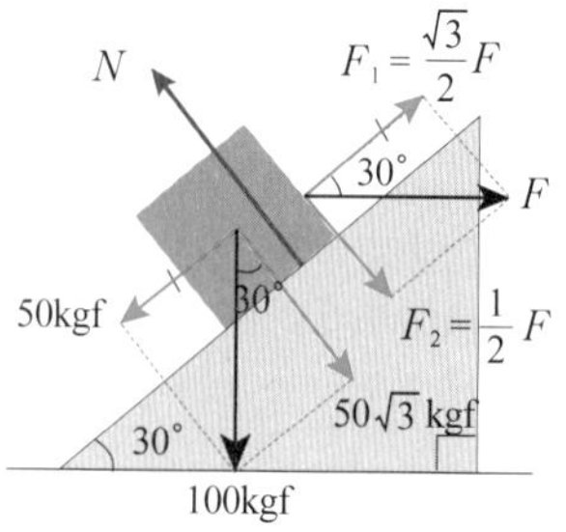

(1) 일정한 속도로 운동하는 물체에 작용하는 알짜힘은 0이다. 따라서 물체에 작용하는 힘들은 평형 상태에 있다.

힘 F 를 빗면 방향의 힘 F_1 과 빗면에 수직인 방향의 힘 F_2 로 나누면

$F_1=\frac{\sqrt{3}}{2}F,\ F_2=\frac{1}{2}F$

물체의 무게로 인해 빗면 아래 방향으로 50 kg$f$ 의 힘이 발생한다.

$F_1=\frac{\sqrt{3}}{2}F=50\,\text{kg}f,\ \therefore F=\frac{100}{\sqrt{3}}=\frac{100\sqrt{3}}{3}\,\text{kg}f=\frac{980\sqrt{3}}{3}\,\text{N}$

(2) 경사면은 면에 수직한 방향으로 물체의 무게로 인해 $50\sqrt{3}$ kg$f$ 의 힘을 받고 있고, 힘 F 에 의해 $F_2=\frac{1}{2}F=\frac{50\sqrt{3}}{3}$ kg$f$ 의 힘을 받고 있다. 두 힘의 합력 만큼 면은 물체를 면에 수직한 방향으로 떠받친다. 그 힘이 수직항력의 크기이다.

$\therefore$ (수직 항력 N) $=50\sqrt{3}+\frac{50\sqrt{3}}{3}=\frac{200\sqrt{3}}{3}\,\text{kg}f=\frac{1960\sqrt{3}}{3}\,\text{N}$

28 $T_1=14.7$ N $T_2=14.7\sqrt{3}$ N

해설 |

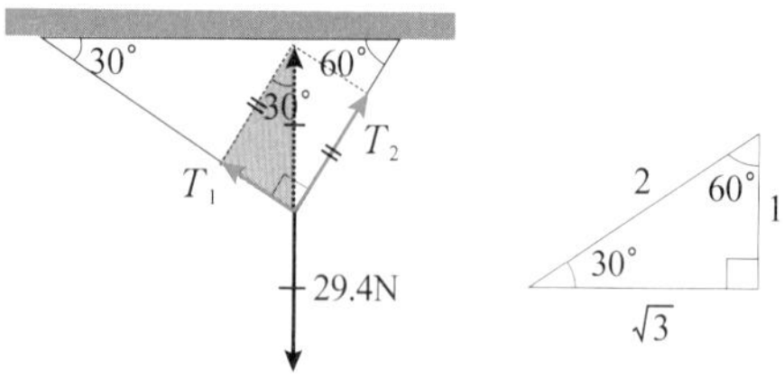

T_1 과 T_2 의 합력이 29.4 N 이 되어서 추의 무게와 평형을 이룬다. 빗금 친 부분을 오른쪽 삼각형과 비교를 하면

$T_1 : T_2 : 29.4 = 1 : \sqrt{3} : 2$ 이므로

$T_1=29.4\times\frac{1}{2}=14.7$ N, $T_2=29.4\times\frac{\sqrt{3}}{2}=14.7\sqrt{3}$ N 이다.

29 줄 A, B, C의 장력 모두 300 N

해설 |

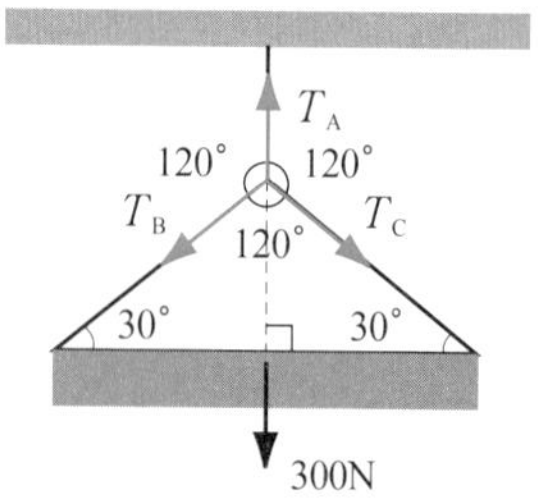

그림처럼 줄 A, B, C 의 장력을 각각 T_A, T_B, T_C 라 하면 세 힘은 한 점에 대하여 평형 상태이다.

T_A 은 300N의 힘(물체의 무게)을 지탱하는 힘이므로 크기가 300 N 이며 T_B, T_C 의 합력이 T_A 가 된다. T_A, T_B, T_C 는 서로 120°를 이루어 평형을 이루고 있으므로 모두 크기가 같은 힘이다.

$(T_B+T_C=-T_A)$

30 $F=2$ N , $T=16$ N

해설 | 도르래 A, B, C 각각에 작용하는 힘들은 평형 상태이다. 도르래 C 의 오른쪽 끈을 힘 F 로 아래로 잡아당기면 물체는 위쪽으로 $7F$ 의 힘을 받으며 중력과 평형을 이룬다.

$$7F=14,\ \ F=2\text{ N}$$

$T=8F$ 이므로 16N이다.

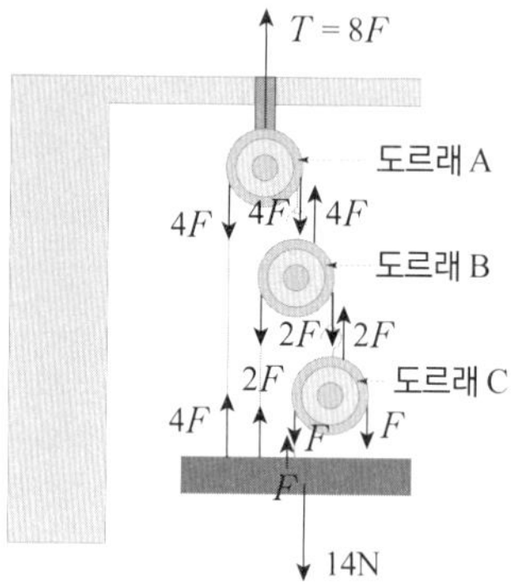

31 B의 질량 : $\frac{\sqrt{3}}{3}m$

해설 |

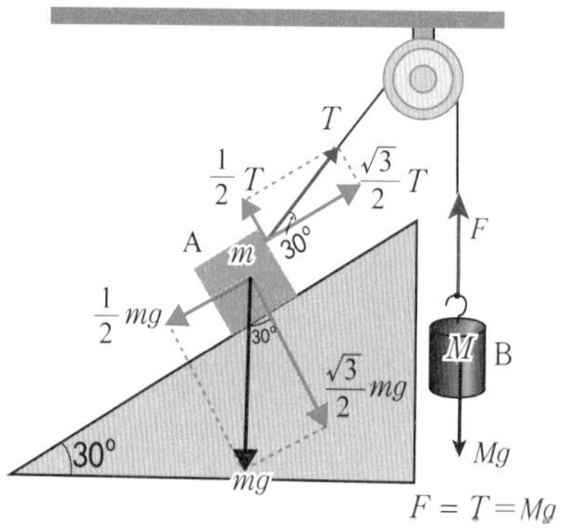

B의 질량을 M이라고 하면 각 크기에 있어 $F=T=Mg$ 이다.

그림처럼 A의 무게(mg)와 장력 T를 빗면 방향과 면에 수직 방향으로 분해했을 때

빗면 방향의 두 힘이 평형되므로 $\frac{1}{2}mg=\frac{\sqrt{3}}{2}T$ (크기)이다.

따라서 $T=\frac{1}{\sqrt{3}}mg=\frac{\sqrt{3}}{3}mg=Mg$

그러므로 B의 질량 M은 $\frac{\sqrt{3}}{3}m$ 이다.

창의력을 키우는 문제 43 ~ 54쪽

01. 논리 서술형

(가)의 물체는 속력이 일정하고 원궤도 상을 운동하는 등속원 운동을 하고 있다. 원운동하는 물체는 운동 방향과 수직 방향으로 힘 F 를 받는데 이 힘을 구심력이라고 한다. 물체의 운동 방향에 수직으로 힘이 작용하면 운동 속력은 변하지 않고 운동 방향만 변한다.

(나) 우주 공간에는 물체의 운동을 방해하는 공기 저항, 마찰 등이 존재하지 않으므로 속력 v 로 운동하는 물체는 알짜힘(합력)이 0인 상태에서 등속 직선 운동을 하게 된다.

(다)의 물체는 마찰에 의해 속력이 줄어들어야 하지만 일정 속력으로 운동하고 있으므로 운동마찰력의 크기와 같은 힘을 운동 방향으로 지속적으로 작용하고 있는 경우이다.

02. 단계적 문제 해결력

(1) 15 cm (2) 19.6 N

(3) 추가 받는 부력의 크기 = 추가 밀어낸 유체의 무게이다. 부력이 2 kg$f$ 이었으므로 추가 밀어낸 물의 무게는 2 kg$f$ 이므로 질량은 2kg 이며, 이때 밀어낸 물의 부피는 추의 부피와 같다.

물체의 밀도(ρ) = $\dfrac{\text{질량}}{\text{부피}} = \dfrac{m}{V}$ (m: [kg], V : [m^3])이므로,

V(밀어낸 물의 부피) = $\dfrac{m}{\rho} = \dfrac{2\text{ kg}}{1{,}000\text{kg/m}^3} = 0.002\text{ m}^3$

= 추의 부피

해설 | (1) 저울의 눈금이 2 kg$f$ 증가했다는 것은 그 반작용으로 부력이 작용하여 추를 2 kg$f$ 만큼 들어올렸다는 것이다. 그러므로 나머지 3 kg$f$ 의 힘이 용수철의 탄성력이 된다.

2 kg$f$: 10 = 3 kg$f$: x, x(용수철의 늘어난 길이) = 15 cm

(2) 부력의 크기는 물체가 밀어낸 유체의 무게와 크기가 같다. 추에 부력이 2 kgf = 2 × 9.8 N = 19.6 N이 작용하였다.

03. 단계적 문제 해결력

(1) B의 b 부분 : S극, C의 c 부분 : N극 (2) 해설 참조

(3) A : 4 N, B : 2 N

해설 | 자석이 문제에서처럼 공중에 떠 있기 위해서는 A 와 B, B 와 C 는 같은 극을 마주보고 있어야 척력이 작용하여 떠 있을 수 있다.

(1) A 의 윗면이 N 극이므로 A 의 아래는 S 극, B 의 윗면은 A 와 척력이 작용해야하므로 S 극, B 의 아래는 N 극, C 의 윗면은 B 와 척력이 작용해야하므로 N 극이다.

(2) F_1 : B가 A를 미는 힘

F_2 : C가 A를 당기는 힘

F_3 : C가 B를 미는 힘

F_4 : A가 B를 미는 힘

F_5 : A가 C를 당기는 힘

F_6 : B가 C를 미는 힘

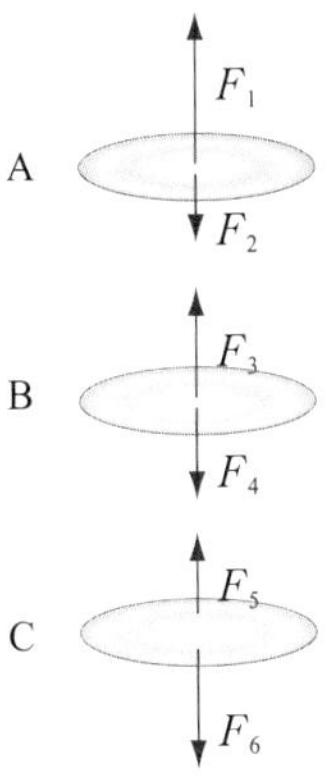

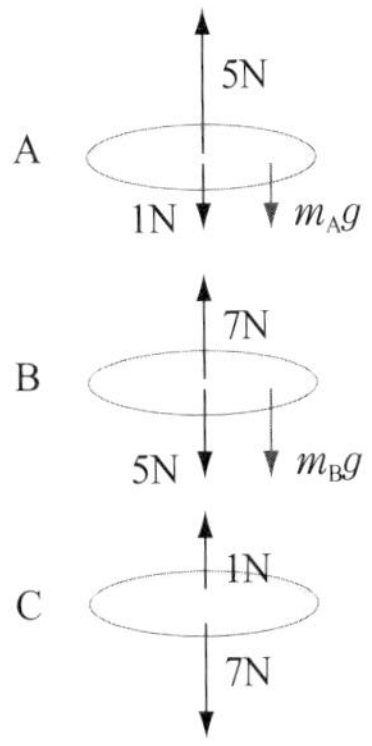

(3) (2)에서 구한 힘들은 각각 $F_1 = F_4$, $F_2 = F_5$, $F_3 = F_6$ 으로 작용반작용의 관계에 있다.

문제에서 $F_1 = F_4 = 5$N, $F_2 = F_5 = 1$ N, $F_3 = F_6 = 7$ N이다.

왼쪽 그림은 중력을 포함한 힘들을 그린 것이다.

A, B 모두 정지 상태이므로 합력은 0 이 되어야 한다.

A : 5 = 1 + m_Ag , m_Ag(A의 무게) = 4(N)

B : 7 = 5 + m_Bg , m_Bg(B의 무게) = 2(N) 이다.

04. 논리 서술형

(1) 마차의 운동 여부는 마차에 작용하는 힘 만을 따져야 한다. 문제에는 마차에 작용하는 힘(F_1)과 말에 작용하는 힘(F_2)을 모두 마차에 작용하는 힘으로 하여 마차의 운동을 설명하고 있으므로 모순이다. 마차에 작용하는 힘은 말이 끄는 힘(F_1)과 반대 방향으로 지면에 의한 마찰력 두 종류인데 두 힘 중 말이 끄는 힘(F_1)이 더 크면 마차는 앞으로 나아간다. F_1 과 F_2 는 작용·반작용의 두 힘으로 평형 상태가 될 수 없다.

(2) 마차에는 말이 잡아당기는 힘(F_1)과 마찰력(f)이 작용하며, $F_1 > f$ 일 때 마차는 앞으로 나아간다.

05. 논리 서술형

15 cm

해설 | 원기둥이 x (m) 만큼 잠겨있을 때 작용하는 힘은 중력, 부력, 탄성력이다. 정지해 있으므로 현재 힘의 평형 상태이다.

각 힘의 크기 사이에는

중력 F_1 = 부력 F_2 + 탄성력 F_3 이 성립한다.

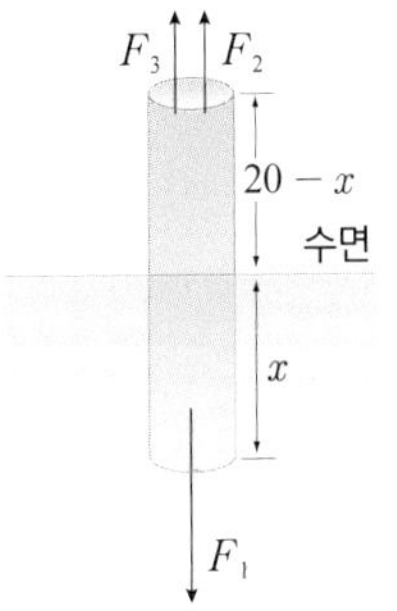

부력 F_2 = 밀어낸 물의 무게 = $0.001\text{m}^2 \times x \times 1\text{g/cm}^3 \times 9.8$
$= 0.001\text{m}^2 \times x \times 1{,}000\text{kg/m}^3 \times 9.8$
$= 9.8x$
훅의 법칙 $F = kx \rightarrow 0.98\text{ N} = k \times 0.1\text{m} \rightarrow k = 9.8\text{N/m}$
원기둥에 작용하는 탄성력(늘어난 길이 x) $F_3 = kx = 9.8x$
원기둥의 무게 $F_1 = 0.3 \times 9.8 = 2.94(\text{N})$
그러므로 $9.8x + 9.8x = 2.94$, $x = 0.15\text{ m} = 15\text{ cm}$ 이다.

06. 단계적 문제 해결력

(1)

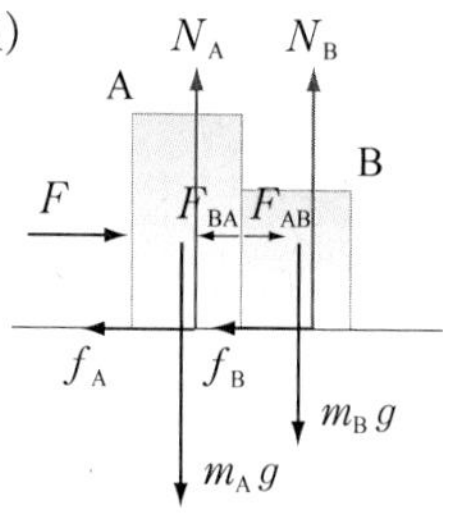

f_A, f_B : 마찰력
N_A, N_B : 수직 항력
$m_A g, m_B g$: 중력
F_{AB}, F_{BA} : 서로 미는 힘

(2) $F + f_A + f_B = 0$ 이므로 움직이지 않는다.
(3) 마찰력 f 는 수직 항력 N 과 마찰계수의 곱으로 나타낸다. 수직항력은 무게에 비례하므로 무게가 클수록 마찰력이 크다. A, B의 밀도가 같다면 부피가 더 큰 A 가 더 큰 마찰력을 받는다.
(4) $F = f_A + F_{BA}$, $N_A = m_A g$ (f_A는 마찰력, F_{BA}는 B가 A를 미는 힘)
(5) F_{AB}와 F_{BA} (A가 B를 미는 힘, B가 A를 미는 힘(크기 같음))

07. 단계적 문제 해결력

(1)

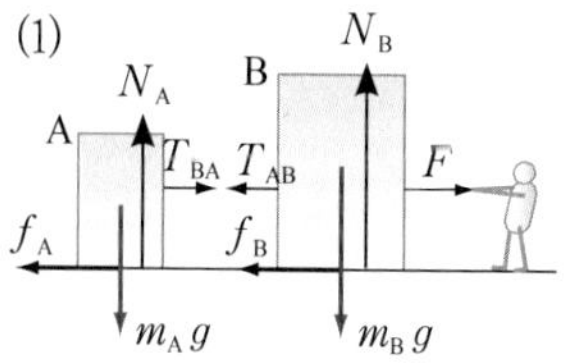

F : 사람이 끄는 힘
f_A, f_B : 마찰력
N_A, N_B : 수직 항력
$m_A g, m_B g$: 중력
T_{AB}, T_{BA} : 장력 또는 서로 당기고 끄는 힘

(2) 일정한 속도로 운동할 때에는 외력과 마찰력의 합력이 0 이 되어 힘의 평형이 일어난다. (정지한 경우와 같다.)
(3) [(1)의 그림을 참고] $F = T_{AB} + f_B$, $N_B = m_B g$
(4) $T_{AB} = T_{BA}$(크기 같음), A, B 가 서로 당기는 힘(장력)

08. 단계적 문제 해결력

(1)

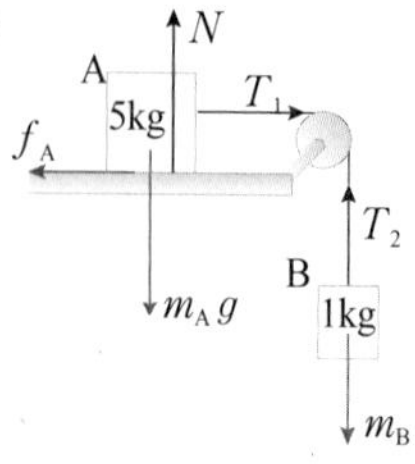

$f_A = \mu \cdot m_A g$
f_A : A가 받는 마찰력
N : A가 받는 수직 항력
$m_B g$: B가 받는 중력
T_1, T_2 : 장력($T_1 = T_2$ (크기))

(2) $T_1 = f_A$, $T_2 = m_B g$, $N = m_A g$ 로 힘의 평형 상태에 있다.
(3) 작용·반작용 관계에 있는 힘은 장력 T_1과 T_2이다. T_1은 B가 A를 당기는 힘, T_2는 A 가 B 를 당기는 힘이다.

09. 추리 단답형

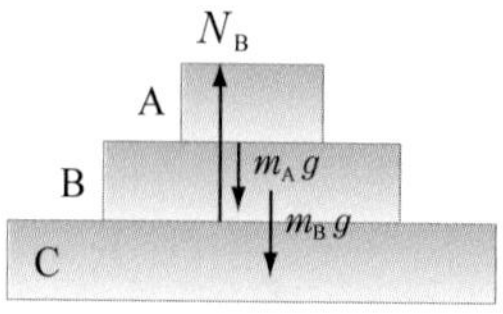

정지해 있으므로 B에 작용하는 힘의 합력이 0이다. 물체 B 에 작용하는 힘은 물체 C 가 B 에 작용하는 수직 항력 N_B, 물체 A 가 B 를 누르는 힘 $m_A g$, B 가 받는 중력 $m_B g$ 가 평형을 이루고 있다.
$N_B = m_A g + m_B g$, $m_A g = 3$ N, $m_B g = 7$ N 이므로 $N_B = 10$ N이다.

10. 논리 서술형

끈이 장력으로 버스 천장을 잡아당기고 있다. 오른쪽에 연결된 실이 끊어지면 추는 왼쪽으로 운동하게 되며 이때 왼쪽 끈의 장력이 버스를 오른쪽으로 당긴다. 작용·반작용의 원리가 적용되어 실을 끊는 순간 버스는 오른쪽으로 운동을 시작하게 된다.

11. 단계적 문제 해결력

(1) 18.5N　　(2) $\frac{48}{49}$ cm　　(3) 달

해설 | (1) 무게는 질량에 중력 가속도를 곱한 값이다. 화성에서는 중력 가속도가 3.7m/s^2 이므로 무게는 $5 \times 3.7 = 18.5(\text{N})$이다.
(2) 고무줄이 늘어난 길이는 무게에 비례하고, 질량이 같으므로 중력 가속도에 비례한다. 달의 중력가속도가 지구의 $\frac{1.6}{9.8}$ 배 이므로 $6 \times \frac{1.6}{9.8} = \frac{48}{49}$ (cm)늘어난다.
(3) 중력 가속도가 가장 작은 천체에서 가장 늦게 떨어진다.
s (떨어지는 거리) $= \frac{1}{2}gt^2 \rightarrow t$ (떨어지는 시간) $= \sqrt{\frac{2s}{g}}$

12. 추리 단답형

(1) 사람이 판자에 작용하는 힘 : $mg - T$
판자가 지면에 작용하는 힘 : $Mg + mg - 2T$
(2) $T = \frac{Mg + mg}{2}$

해설 | (1) 아래 그림에서와 같이 사람과 판자 사이에 작용하는 힘은 사람이 판자를 누르는 힘, 판자가 사람을 떠받치는 수직 항력이 있고 두 힘은 작용·반작용의 관계에 있다. 사람은 줄을 T 만큼 당기므로 줄도 사람을 같은 크기의 힘 T 로 당기게 된다. 따라서 사람이 판자에 작용하는 힘은 $mg-T$이고, 판자가 사람을 떠받치는 수직 항력(N_1)도 $mg-T$ 이다.

판자에 연결된 줄이 위 방향으로 T 의 힘을 작용하므로 지면이 판자에 작용하는 수직항력을 N_2 라고 할 때, 판자에 작용하는 힘의 평형 : $N_2 = Mg + (mg - T) - T$ 관계가 성립하며, 판자가 지면에 작용하는 힘(N_2와 크기가 같다.)은 $Mg + mg - 2T$ 이다.

(2) 판자가 지면에서 떨어지는 순간, 지면이 판자에 작용하는 수직 항력 N_2 는 0 이다.

$Mg + mg - 2T = 0$

$\therefore T = \dfrac{Mg + mg}{2}$

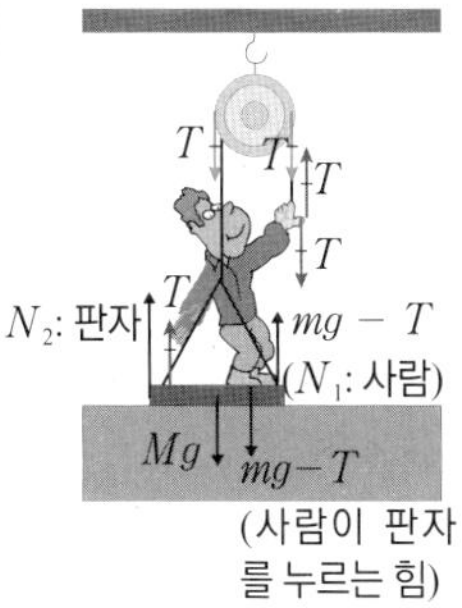

13. 단계적 문제 해결력

16 cm

해설 |

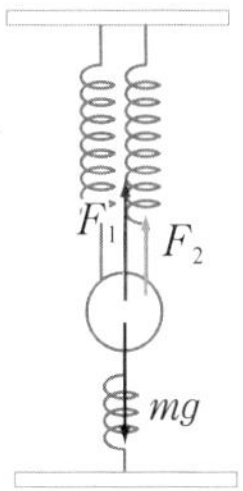

x_1 : 물체 위 용수철이 변한 길이

x_2 : 물체 아래 용수철이 변한 길이

F_1 : 두 용수철이 물체를 위로 당기는 힘 ($F_1 = 2F_2$)

F_2 : 아래 용수철이 물체를 위로 미는 힘

mg : 물체가 받는 중력

물체의 위쪽의 두 용수철은 늘어나고, 아래쪽의 용수철은 같은 길이만큼 압축되어 물체에 작용하는 세 용수철의 탄성력은 모두 위쪽 방향이고 크기도 각각 같다. 용수철 1개의 용수철 상수가 k 일 때

$F = kx$ 에서 $k = \dfrac{g}{0.06} = \dfrac{50g}{3}$ (N/m), ($F = mg = 1g$, $x = 6$ cm)

물체가 아래 방향으로 x_2만큼 내려왔을 때 탄성력과 중력은 평형을 이룬다.

세 용수철의 탄성력 : $3kx_2 = mg = 2g$

$x_2 = \dfrac{2g}{3k} = \dfrac{1}{25} = 0.04$ m = 4 cm

물체의 지면으로 부터 높이는 20 − 4 = 16 cm (물체 자체의 높이는 0 으로 한다.)

14. 추리 단답형

(나)

해설 | 지구반지름을 R, 지구의 질량을 M 이라 하면 지표면에서의 중력가속도 $g = \dfrac{GM}{R^2}$ 이다. 그런데 M 은 그대로이며 R 를 반으로 줄인다면 지표면에서의 중력가속도 $g' = \dfrac{GM}{\left(\frac{R}{2}\right)^2} = 4g$ 가 된다.

(가) 지표면에서 무게를 측정하면 무게가 4 배가 된다.

(나) 중력가속도는 4 배가 된다.

(다) 만유인력 $F = G\dfrac{Mm}{r^2}$ 이므로, 지구의 질량 M 과 지구 중심에서 인공위성까지의 거리 r 이 변하지 않으므로 인공위성에 작용하는 만유인력(중력)은 변하지 않는다.

(라) 중력가속도 $4g$ 가 되므로 덜 올라간다.

15. 추리 단답형

④

해설 | 지구는 완전한 구형이 아니므로 (극반지름이 적도 반지름보다 짧음) 위도가 커질수록 중력 가속도가 커진다. $g = \dfrac{GM}{R^2}$

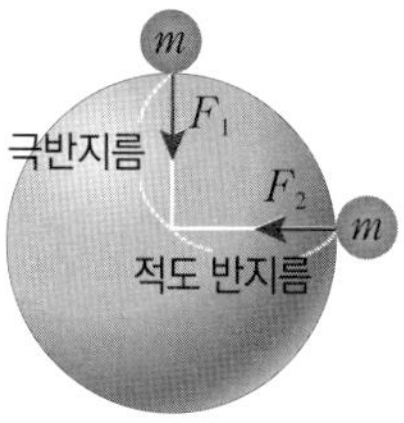

은재의 질량 a, 서울의 중력가속도 A

민재의 질량 b, 북극의 중력가속도 B

선우의 질량 c, 적도의 중력가속도 C

무게(mg) = aA = bB = cC = 600N

B > A > C 이므로 $c > a > b$ 이다.

그러므로 같은 위도에서 은재, 민재, 선우의 몸무게를 비교하면 선우 > 은재 > 민재이다.

16. 논리 서술형

물체에 커다란 구멍이 있는 경우에 외부 물체에 대한 만유인력을 구하려면 일단 구멍이 없다고 가정하여 만유인력을 계산하고 구멍에 의한 만유인력을 빼면 된다.

구멍이 없을 때, A와 B 사이의 만유인력 $F_1 = G\dfrac{m_A m_B}{b^2}$,

C와 B 사이의 만유인력$F_2 = G\dfrac{m_B m_C}{a^2}$ 이다.

그림 (가) 에서 만유인력은 $G\dfrac{m_A m_B}{b^2} - G\dfrac{m_B m_C}{a^2}$ 이고,

그림 (나) 에서 만유인력은 $G\dfrac{m_A m_B}{b^2} - G\dfrac{m_B m_C}{a^2}$ 이다.

따라서 만유인력의 크기가 같음을 알 수 있다.

17. 추리 단답형

$\dfrac{\mu mg}{k}$

해설 | O점에서 오른쪽으로 x 만큼 떨어진 곳에서의 탄성력 = kx,

최대정지마찰력 = μmg 이고, 물체가 끌려갈 때 탄성력 = 최대정지마찰력이므로 $kx = \mu mg$ → $x = \dfrac{\mu mg}{k}$ 이다.

18. 단계적 문제 해결력

(1) A, B (2) 20 N

해설 | 물체가 빗면 방향으로 받는 힘은 중력의 빗면 방향 성분 $mg\sin\theta$ 와 마찰력 f 이다.

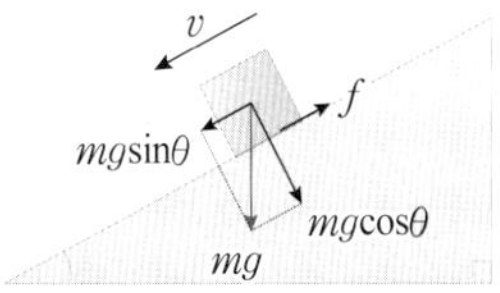

(1) $mg\sin30^\circ = 50 \times \dfrac{1}{2} = 25$(N)이다. 일정한 속도로 내려오므로 이 힘은 반대 방향의 마찰력과 평형을 이루므로 마찰력 크기는 25 N 이다. 빗면 윗방향으로 미는 경우, $mg\sin\theta$ 는 변하지 않고, 마찰력의 방향은 빗면 아래 방향이 되며 크기는 25N으로 같다(같은 면이고 수직항력도 같다). 따라서 50 N으로 밀어야 등속도로 밀어 올릴 수 있다. A, B 모두 옳은 설명이다.

(2) 등속 운동은 힘의 평형 상태이므로 120 N(밀어올리는 힘) = f(마찰력) + F (빗면 방향으로 물체가 받는 중력)

$F = 100\times\sin30^\circ = 50$ N 이므로 $f = 70$ N 이다.

물체를 밀어내릴 때에는 마찰력(70 N)은 빗면 윗방향을 향하므로 F=50 N 외에 최소 20 N 의 힘을 빗면 아래 방향으로 작용시키면 된다.

19. 단계적 문제 해결력

(1) $F = T \geq \dfrac{50\sqrt{2}}{\cos\theta}$ (2) $N = 50\sqrt{2} - T\sin\theta$ (3) 45°

해설 | (1) 힘 F에 의해 같은 크기의 장력 T가 발생한다.

T의 빗면에 평행한 성분 : $T\cos\theta$

중력의 빗면 성분 : $mg\sin45^\circ$

물체가 미끄러져 올라가기 위한 조건 : $T\cos\theta \geq mg\sin45^\circ$

$\therefore T \geq 100\times\dfrac{1}{\sqrt{2}}\times\dfrac{1}{\cos\theta} = \dfrac{50\sqrt{2}}{\cos\theta}$, $F = T \geq \dfrac{50\sqrt{2}}{\cos\theta}$

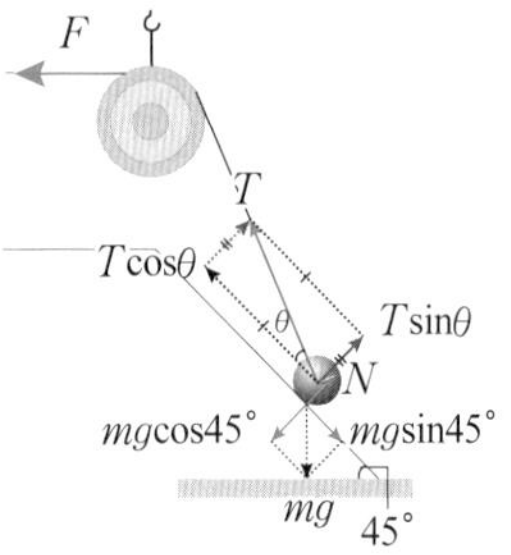

(2) N (빗면과 수직 방향의 수직항력) = $100\cos45^\circ - T\sin\theta$

$= 50\sqrt{2} - T\sin\theta$

(3) 물체가 끌려오면서 θ 는 점점 커진다. 분리되는 순간 수직항력 $N = 0$ 이 되어야 한다.

$N = 50\sqrt{2} - T\sin\theta = 0$, $T = \dfrac{50\sqrt{2}}{\cos\theta}$, $\left(\dfrac{\sin\theta}{\cos\theta} = \tan\theta\right)$

$\tan\theta = 1$ 이므로, $\theta = 45^\circ$ 이다.

20. 단계적 문제 해결력

(1) 200 N (2) $100\sqrt{3}$ N

해설 | (1) 정지 상태이므로 추에는 중력과 장력이 작용한다. 장력의 수직 성분이 중력과 평형 이 되도록 한다.

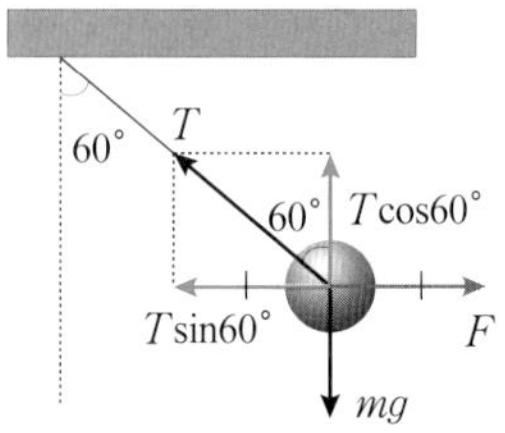

$T\cos60^\circ = 10 \times 10 = 100$,

$\therefore T = 200$ N

(2) 추가 멈춘 상태이므로 장력의 수평 성분과 힘 F 는 평형이다.

$F = T\sin60^\circ = 200 \times \dfrac{\sqrt{3}}{2} = 100\sqrt{3}$ N 이다.

21. 추리 단답형

2 kg ≤ 물체 A 의 질량 ≤ 4 kg

해설 |

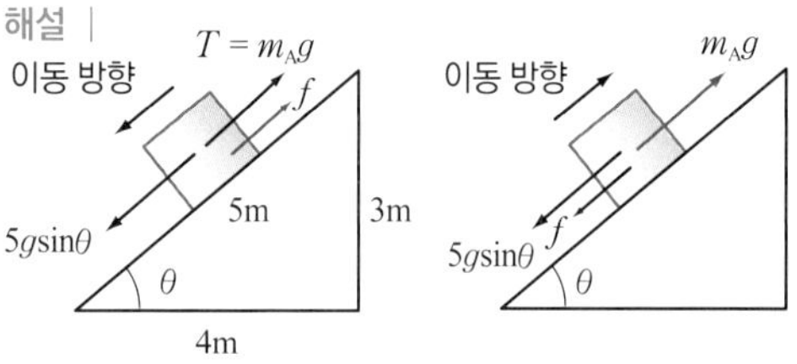

(가) (나)

$\sin\theta = \dfrac{3}{5}$

$\cos\theta = \dfrac{4}{5}$

(m_Ag : 물체 A의 무게 때문에 발생하는 장력, f : 마찰력(운동 방향의 반대 방향) $5g\sin\theta$: 5kg 물체의 중력의 빗면 방향 성분)

(가) 물체가 빗면 아래로 움직이려 할 때 : $5g\sin\theta = f + m_Ag$,

(나) 물체가 빗면 위로 움직이려 할 때 : $5g\sin\theta + f = m_Ag$

m_A로 정리하면 $5g\sin\theta - f \leq m_Ag \leq 5g\sin\theta + f$,

$f = 9.8$ N, $\sin\theta = \dfrac{3}{5}$ 을 대입하면, $2\text{kg} \leq m_A \leq 4\text{kg}$이다.

22. 추리 단답형

$F > \dfrac{\mu Mg}{\cos\theta - \mu\sin\theta}$

해설 |

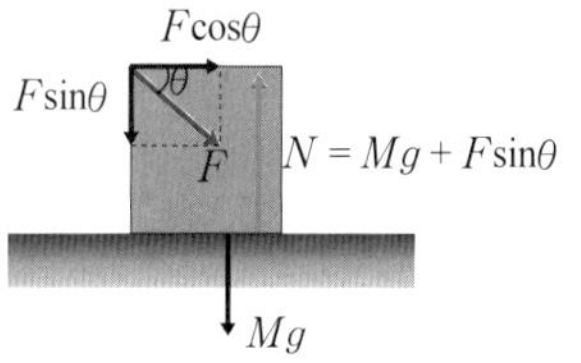

힘 F를 연직 아래 방향과 수평 방향의 두 힘으로 분해하면, 각각 $F\sin\theta$ 와 $F\cos\theta$ 이다.

지면에는 물체의 무게(Mg) + $F\sin\theta$ 의 힘이 작용하고 있고, 같은 힘으로 지면이 물체를 떠받치게 된다(작용·반작용).
따라서 수직항력 N = 물체의 무게(Mg) + $F\sin\theta$ 이다.
마찰력 $f = \mu N = \mu(Mg + F\sin\theta)$ 이고, 수평 방향으로 작용하는 힘은 $F\cos\theta$ 이다.
수평 방향으로 작용하는 힘이 마찰력보다 큰 경우 물체는 이동한다.
$F\cos\theta > \mu(Mg + F\sin\theta) = \mu Mg + \mu F\sin\theta$

$\rightarrow F(\cos\theta - \mu\sin\theta) > \mu Mg, \quad \therefore F > \dfrac{\mu Mg}{\cos\theta - \mu\sin\theta}$

23. 단계적 문제 해결력

(1) 60°　　　(2) 4 kg

해설 | (1) C점을 기준으로 세 힘이 평형 상태이다.

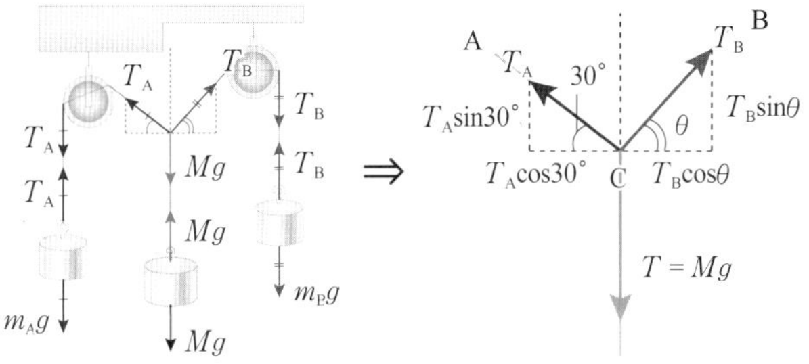

$m_A = 2\text{kg},\ m_B = 2\sqrt{3}\ \text{kg} \rightarrow T_A = m_Ag = 2g,\ T_B = m_Bg = 2\sqrt{3}\,g$

$T_A\cos30° = T_B\cos\theta \rightarrow 2g\cos30° = 2\sqrt{3}\,g\cos\theta$

$\cos\theta = \dfrac{1}{2} \quad \therefore \theta = 60°$

(2) $T_A\sin30° + T_B\sin60° = Mg$
$\rightarrow 2g\sin30° + 2\sqrt{3}\,g\sin60° = Mg,\ M = 4\ \text{kg}$

24. 단계적 문제 해결력

(1)

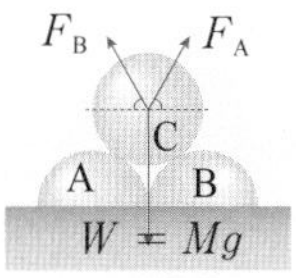

F_A : A 가 C 에 작용하는 힘
F_B : B 가 C 에 작용하는 힘
W : C 가 받는 중력(= Mg)

$F_A = F_B = \dfrac{Mg}{\sqrt{3}},\quad W = Mg.$

(2) $\mu = \dfrac{1}{2\sqrt{3}} = \dfrac{\sqrt{3}}{6}$　　(3) $F = \dfrac{1}{\sqrt{3}}Mg = \dfrac{\sqrt{3}}{3}Mg$

해설 | (1) 중심을 잇는 삼각형은 정삼각형이다.

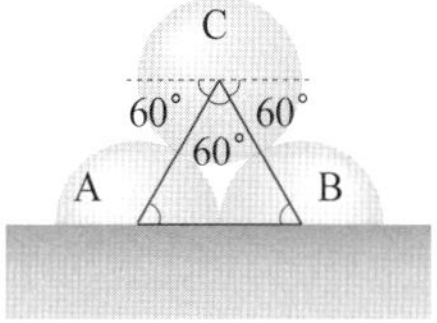

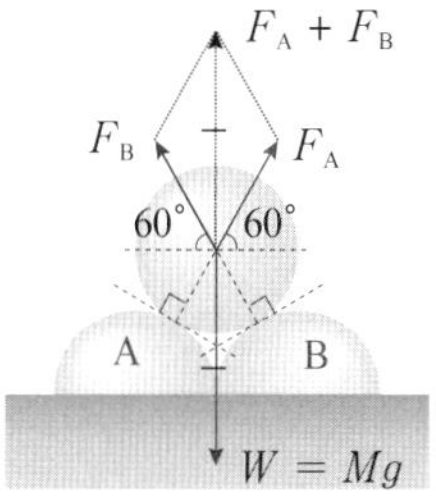

$F_A = F_B$ (크기)

$F_A\sin60° + F_B\sin60° = 2F_A \cdot \dfrac{\sqrt{3}}{2} = W = Mg \rightarrow F_A = F_B = \dfrac{Mg}{\sqrt{3}}$

(2) 반원 기둥 A 가 지면으로부터 받는 수직 항력을 N_A 라고 하면,
N_A = A 의 무게 + C 로 부터 받는 힘의 연직 성분

$= \dfrac{Mg}{2} + F_A\sin60°$

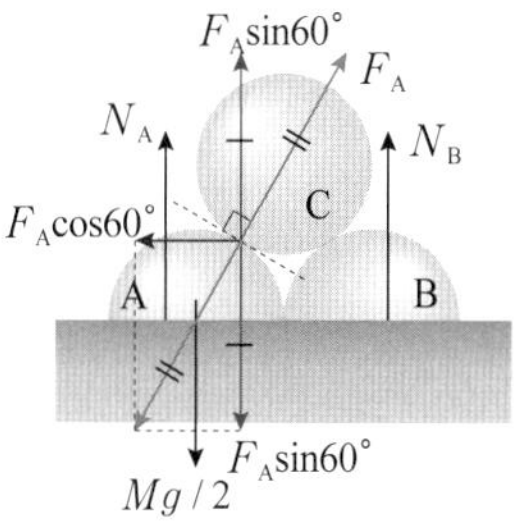

A 가 면에서 미끄러지지 않으려면 f_A(최대정지마찰력) = μN_A 가 C 로 부터 받는 수평 방향의 힘 $F_A\cos60°$ 보다 커야 한다.

$\therefore \mu N_A = \mu\left(\dfrac{Mg}{2} + F_A\sin60°\right) = F_A\cos60° = \dfrac{Mg}{2\sqrt{3}} \quad \therefore \mu = \dfrac{\sqrt{3}}{6}$

(3) B 를 제거하고 C의 오른쪽에 F 를 가할 때 A가 C에 작용하는 힘을 F'_A 라고 하면, $F'_A\cos60° = F$, $F'_A\sin60° = Mg$ 이므로,

$F'_A = \dfrac{2}{\sqrt{3}}Mg \quad \therefore F = \left(\dfrac{2}{\sqrt{3}}Mg\right)\cdot\dfrac{1}{2} = \dfrac{1}{\sqrt{3}}Mg = \dfrac{\sqrt{3}}{3}Mg$

대회 기출 문제

정답　　55 ~ 67쪽

01 ①, ③	02 ④	03 ①, ②, ③	04 ①, ②, ④
05 ①, ②, ④, ⑤	06 ④, ⑥	07 ②, ③, ④	08 ①, ④
09 ①	10 ⑤	11 ①, ②	12 ②, ④
13 (1) 23 cm (2) 1.5 cm, 20 N		14 4 cm 에서 8 cm 로 변한다.	
15 (1) 6 N (2) 51 N			
16 (1) $mg - \dfrac{F}{2}$ (2) $F \geq \dfrac{2\mu mg}{\sqrt{3} + \mu}$			
17 (1) 접시 B : 40 개, 접시 C : 30 개 (2) 5 g/cm^3			
18 (1) F (2) 물체 A, B가 받는 알짜힘은 각각 0 이다.			
19 (1) 1.5 배 (2) 각각 2 cm		20 (1) 54 N (2) $27\sqrt{3}$N	
21 (1) 5 kg중, 0.25 (2) 4 kgf		22 ①	23 ④
24 ⑤	25 0.78 N	26 (1) 7.5 N (2) 1.67 cm	
27 ⑤			

01 ①, ③

해설 | ① 각도가 클수록 썰매를 끄는 힘의 연직 성분이 증가하여 수직항력(바닥이 썰매를 떠받치는 힘)이 감소하고 마찰력은 작아진다.
② 마찰력은 마찰계수와 수직항력의 곱($F = \mu N$)이다. 수직항력은 썰매의 무게에서 물체를 연직 위로 들어 올리는 힘을 뺀 값이 된다. 끄는 힘의 연직 성분이 물체를 들어 올리므로 끄는 각도가 변하면 수직항력이 변하고 마찰력은 일정하지 않다.
③ 마찰이 있는 면에서 힘이 가장 작게 들기 위한 수평면과의 각도가 정해진다. 그 각도는 마찰력이 클수록 커진다.
④ 수평으로 끄는 경우 물체의 무게와 수직항력의 크기는 같아지며 각 A를 이루도록 끄는 경우보다 마찰력이 커진다.
⑤ 물건이 무거울수록 마찰력은 증가하고, 수평과 가깝게 끌면 수직항력이 무게와 거의 같으므로 힘이 많이 든다.
⑥ 물체가 출발할 때의 최대정지마찰력도 수직 항력이 작아지면 작아진다. 수평으로 끌면 수직 항력은 작아지지 않는다.

02 ④

해설 | F_1, F_2는 A, B 사이의 상호작용하는 힘, F_3, F_4 는 각각 B와 A의 중력, F_5 는 나무 막대의 중력, N 은 저울이 떠 받치는 수직항력이라 할 때 저울의 눈금은 수직항력의 크기와 같다. A 에 작용하는 힘 크기 $F_2 = F_4$이고, F_1, F_2은 작용반작용의 관계이므로 크기가 서로 같다. 막대의 무게 F_5, B가 받는 중력 F_3,

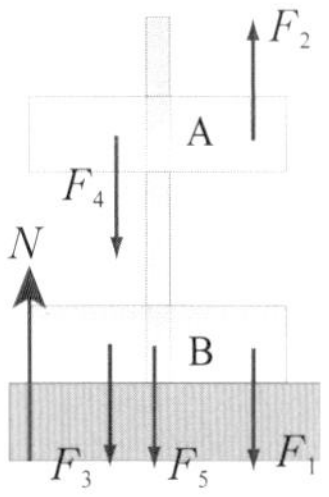

A 가 B 를 미는 힘 F_1(= F_4(크기)) 합이 N 의 크기 = 저울의 눈금으로 나타난다.

저울의 눈금 : 50 + 300 + 300 = 650(g)이다.

03 ①, ②, ③

해설 | ① 우주 정거장에는 산소가 있으나 중력이 없어 공기의 대류 현상이 일어나지 않으므로 촛불은 금방 꺼진다.

② 저울은 물체의 중력의 크기를 재는 도구이므로 중력이 없는 우주 정거장에는 무용지물이다.

③ 작용·반작용의 법칙을 생각해보면 나사의 돌리는 방향의 반대로 힘을 받아 사람도 돌아간다.

④ 작용·반작용 법칙으로 농구공과 사람은 서로 반대 방향으로 힘을 받아 뒤로 밀려나는 것이다. 단, 질량이 다르므로 같은 속력으로 밀려나진 않는다.

⑤ 물체를 치는 위치와 관계없이 힘을 가했으므로 물체는 운동을 한다. 다만 물체의 무게 중심을 치지 않았으므로 운동하며 회전하게 된다.

04 ①, ②, ④

해설 | ① 나무 도막과 작은 비커의 무게의 합과 같은 무게의 물이 밀려나므로 수위가 높아진다.

② 소금물로 하면 부력이 증가하여 비커가 덜 잠긴다. 바닷물에서 몸이 뜨는 원리와 같다.

③ (나), (다)의 수위는 같다. 왜냐하면 (작은 비커 + 나무 도막)의 무게는 변동이 없으므로 떠받치는 부력이 같기 때문이다.

④ 물인 경우와 소금물인 경우 모두 큰 비커의 물높이는 변하지 않는다.

⑤ 물체가 물위에 떠 있는 경우 물체의 무게와 부력의 크기는 같다. 나무 도막과 비커의 무게는 다르기 때문에 부력의 크기도 다르다.

05 ①, ②, ④, ⑤

해설 | ① 작용반작용이므로 같은 크기의 힘을 받는다.

②, ③ 마찰력이 증가할수록 끌려가지 않고 당길 수 있으므로 이길 수 있다. 몸무게가 클수록 수직항력이 증가하기 때문에 마찰력을 증대시킬 수 있다.

④ 키가 큰 사람은 상대방을 위로 잡아 당기므로 상대방의 수직 항력을 감소시켜 상대방의 마찰력을 줄일 수가 있다. 키 작은 사람은 키 큰 사람을 아래로 잡아당기므로 키 큰 사람이 지면으로부터 받는 수직 항력이 증가하여 키 큰 사람의 마찰력은 증가한다.

⑤ 두 사람의 무게가 수직항력으로 나타나 마찰력이 증가하므로 업고 하는 쪽이 이길 확률이 높아진다.

06 ④, ⑥

해설 | ①, ②, ④ 막대가 물에 들어간 만큼 물이 밀려나고, 밀려난 물의 무게만큼 부력이 증가하기 때문에, 물속에 잠긴 막대의 부피와 같은 물의 무게만큼 저울의 눈금이 올라간다.

③ 어떻게 넣든 같은 부피가 잠기면 밀어낸 물의 부피가 같기 때문에 저울의 눈금은 같다.

⑤ 원래 위치로 돌아오지는 않는다.

⑥ 부피가 같고, 손으로 잡고 있기 때문에 스티로폼이 물속에 잠길 것이고, 같은 양의 물을 밀어내므로 부력을 같게 받아 저울의 눈금도 같은 높이로 올라간다.

07 ②, ③, ④

해설 | ① 물체가 떠있으면 물체의 무게와 부력의 크기는 같다. 두 물체의 전체 부피 1500 cm^3 을 넣었을 때 큰 도막의 80 % 인 800 cm^3 가 잠겼으므로 큰 나무 도막(부피: 1000 cm^3)만을 넣으면 무게가 처음의 $\frac{2}{3}$ 가 되므로 부력을 처음의 $\frac{2}{3}$ 만큼 받게 된다.

$800 \times \frac{2}{3}$ cm^3 = 533 cm^3 만큼 물을 밀어내고 밀어낸 물의 무게가 부력이 되는 것이므로 큰 나무 도막의 약 533 cm^3 가 물에 잠겨 물을 밀어내게 된다.

② 물체의 무게 = 부력은 변화가 없기 때문에 수위는 변하지 않는다.

③ 두 물체 전체 부피인 1500 cm^3을 넣었을 때 큰 도막의 80 %인 800 cm^3 이 잠겼으므로 큰 나무 도막을 위로 올렸을 때에도 800 cm^3 가 잠겨야 한다. 왜냐하면 무게는 변화가 없으므로 같은 부력을 받기 때문이다. 그러므로 작은 도막은 다 잠기고 큰 도막 중 300 cm^3 가 더 잠긴다.

④ 두 물체 모두 세로로 물에 넣는 것이므로 각 나무 도막의 물에 잠긴 깊이는 $10 \times \frac{2}{3}$ 로 같다.

08 ①, ④

해설 | ①, ② F_1, F_2 와 F_3 , F_4 는 작용반작용의 관계이므로 크기가 같고, 사과에 대해 힘의 평형을 이루고 있는 힘은 사과의 무게(F_1)와 책상이 사과를 떠받치는 힘(F_4)이다.

$F_1 = F_2 = F_3 = F_4$ (크기)이다.

③ 평형을 이루기 위해서는 힘들이 한 물체에 작용해야 한다. 그러므로 F_1 과 평형을 이루는 힘은 F_4 이다.

④ F_3 와 F_4 는 서로 다른 물체에 작용하고 있고, 크기가 같고 방향이 반대이므로 작용 반작용 관계이다.

09 ①

(가), (나) 모두 수레와 자석 사이에는 인력이 작용한다. 자석이 수레에 단단히 고정되어 있는 경우에는 F_1 과 F_2 가 작용반작용의 힘으로 작용하지만 (수레+자석)은 결국 한 물체이므로 합력은 0 이 되어 수레는 운동하지 못한다.

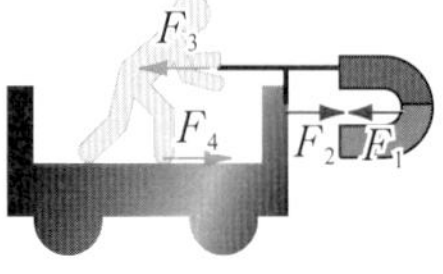

(가)

그림(가)에서 자석을 사람이 단단히 붙잡고 있는 경우에는 위의 그림 처럼 F_1, F_2 외에 F_3 (자석이 사람을 미는 힘), F_4(지면이 사람에게 작용하는 마찰력)의 두 힘이 더 나타나지만 (사람 + 수레 + 자석)은 한 물체로 취급할 수 있으므로 모든 힘의 합력 = 0 이 되어 아무런 운동이 일어나지 않는다.

10 ⑤

해설 | 지구의 반지름은 약 6400 km이다. mg(중력) = $G\dfrac{Mm}{R^2}$ 이므로 우주선이 발사대(지표면)에 있을 경우 $mg_1 = \dfrac{GMm}{6400^2}$이다.

200 km 상공에 있을 경우 $mg_2 = \dfrac{GMm}{6600^2}$이다.

그러므로 200 km 상공에 우주선이 있을 경우 우주선에 작용하는 중력은 지표면의 중력과 비슷하며 중력의 차이가 나긴 하지만 그 범위가 10 % 이내이다.

11 ①, ②

해설 | 가운데 사람을 장력을 측정하는 기구라고 생각하면 된다.
(A)와 (B)에는 장력 T 가 측정되고, (C)에는 장력 $2T$ 가 측정된다.
① 말이 오른쪽에 있더라도 작용반작용에 의해 왼쪽, 오른쪽의 장력이 같은 크기로 나타나므로 양팔이 받는 힘의 세기는 같다.
② 작용반작용에 의해 (A)(B)모두 양팔에 동일한 크기의 장력 T를 받게 되므로 힘의 세기는 같다.
③ (B)는 T, (C)는 $2T$다.
④ 사람에게 작용하는 힘의 평형으로 생각하면 두 경우 사람이 받는 힘은 0이다.

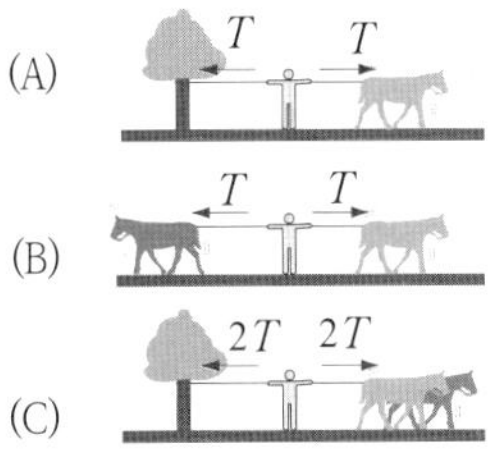

12 ②, ④

해설 | (B)에서 쇠공이 물에 잠기면 힘 F_1 과 F_2 가 작용과 반작용으로 동시에 발생한다.
F_1 : 부력(물이 쇠공를 떠받치는 힘)
F_2 : 부력의 반작용(쇠공이 물을 아래로 미는 힘)
두 힘은 크기가 같고 방향은 반대이다.

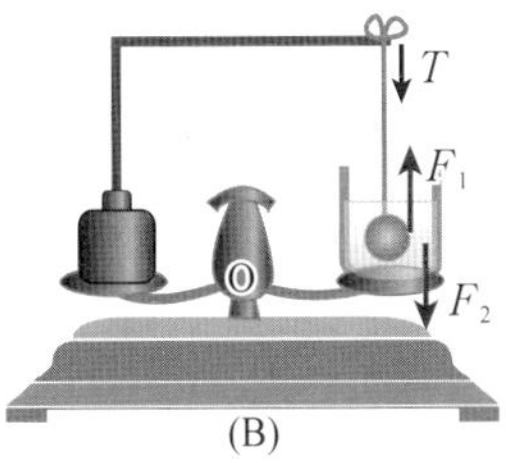

(B)

(왼쪽) 추가 부력을 받아 그만큼 중력이 줄어들고, 장력 T 가 부력만큼 줄어들기 때문에 추가 연결된 왼쪽의 무게가 부력만큼 줄어든다.
(오른쪽) 비커의 물의 무게가 부력만큼 증가한다. 따라서 저울의 오른쪽 팔이 아래쪽으로 기울어진다.
④ 왼쪽 저울에 부력의 2 배가 되는 힘을 아래로 작용하면 다시 수평이 된다.

13 (1) 23 cm (2) 1.5 cm, 20 N

해설 | (1) (나) 고무줄의 장력은 20 N 의 추의 무게와 같다. 이 힘은 고무줄의 탄성력의 크기이다. (가)에서 작용한 힘이 20 N 일 때 3 cm 가 늘어나므로 전체 길이는 23 cm 이다.
(2) 물체 A 는 중력 10 N 을 받고 이것이 장력 T의 크기이다.(T 의 방향은 윗 방향)

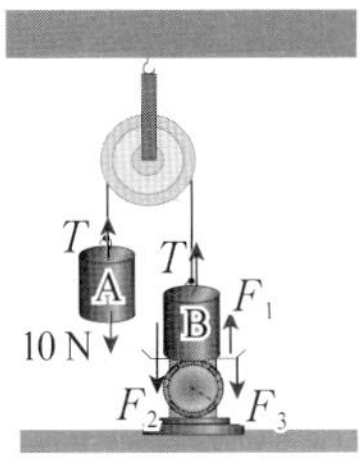

물체 B에 작용하는 중력을 F_2 (30 N), 저울이 물체 B를 떠받치는 수직 항력을 F_1, 물체 B에 작용하는 장력을 T(10 N), 물체 B가 저울을 누르는 힘(저울의 눈금)을 F_3 이라고 하면,
(물체 B에 대해(크기)) $F_1 + T = F_2 \rightarrow F_1 = 20$ N
따라서 F_1 의 반작용인 F_3 의 크기도 20 N 이다.(저울의 눈금)
장력(=탄성력)은 10 N 이므로 고무줄이 늘어난 길이는 1.5 cm이다.

14 4 cm 에서 8 cm 로 변한다.

해설 | 먼저 $F = kx$ 식으로 용수철의 탄성계수를 구해 보자.
20 kg(무게 20 kg$f$)의 물체를 매달면 10 cm(0.1 m)늘어나므로
20 kg$f$ = k × 0.1 , k = 200 kg$f$/m이다.
처음에 물체를 올렸을 때 20 kg(무게 20 kg$f$)의 물체의 무게가 12 kg$f$ 으로 나타나고, 저울도 추를 같은 힘으로 떠받치므로 용수철에는 8 kg 의 물체가 매달려 있는 것과 같다.

kx_1 = 8 kg$f$, $x_1 = \dfrac{8}{200}$ = 0.04 m = 4 cm

용수철을 연직 위로 잡아당겨서 저울의 눈금이 4 kg 을 가리킬 때에는 용수철에는 16 kg 의 물체가 매달려 있는 것과 같다.

kx_2 = 16 kg$f$, $x_2 = \dfrac{16}{200}$ = 0.08 m = 8 cm

15 (1) 6 N (2) 51 N

해설 | (1) 끈의 한 쪽 끝에 3 N 의 장력이 걸리고, 움직도르래에는 끈이 2개 연결되어 각 줄의 장력은 3 N으로 같으므로 움직 도르래에 윗방향으로 작용하는 힘은 6 N 이다. 이 힘은 움직 도르래의 무게와 평형을 이룬다.
(2) 움직 도르레는 위로 20 N 의 장력 2 개가 작용하므로 40 N 의 힘을 받고 있고, 아래로는 막대가 잡아당기는 힘(40 − 6 = 34(N))과 움직도르레 자체의 무게(6N)를 받고 있다. 따라서 움직도르래가 막대를 잡아당기는 힘도 34(N)이다. 이때, 막대는 받침점이 한 쪽 끝에 있는 지레의 모양이다.

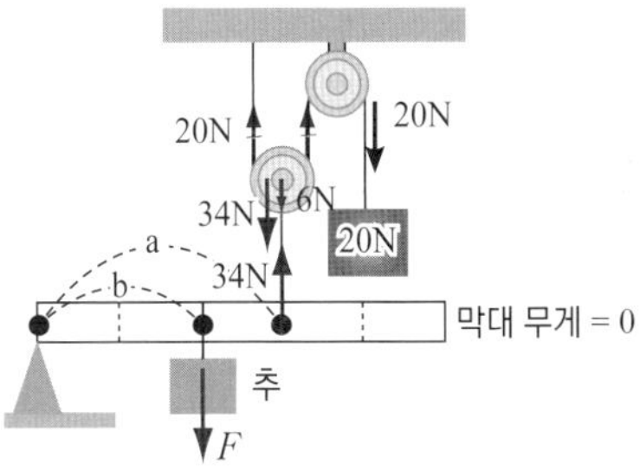

막대에 대해 돌림힘의 원리에 의해 34 × 3 = F (추의 무게) × 2 이다.

$\therefore F = \dfrac{34 \times 3}{2} = 51$ N

16 (1) $mg - \dfrac{F}{2}$ (2) $F \geq \dfrac{2\mu mg}{\sqrt{3} + \mu}$

해설 |

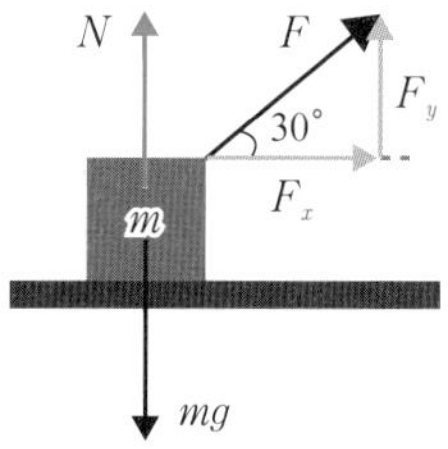

(1) F 에 의한 연직 성분의 힘 $F_y = F\sin30°$

수직항력 N(크기) $= mg - F\sin30° = mg - \dfrac{F}{2}$

(2) 물체가 움직이기 위해서는 F 의 수평 성분의 힘의 크기(F_x)가 최대정지마찰력보다 크다.

최대정지마찰력 $f = \mu N = \mu(mg - \dfrac{F}{2})$, $F_x = F\cos30° = \dfrac{\sqrt{3}}{2}F$

$$\frac{\sqrt{3}}{2}F \geq \mu(mg - \frac{F}{2}), \qquad \therefore F \geq \frac{2\mu mg}{\sqrt{3} + \mu}$$

17 (1) 접시 B : 40 개, 접시 C : 30 개 (2) 5 g/cm^3

해설 | (1) 돌림힘에 의하여 A 의 무게 × 2 = B 의 무게 × 1, 접시 B 에는 40 개의 구슬이 담겨 있다.

A 와 B 를 합쳐서 60 개의 구슬이므로 접시 C 와 돌림힘의 평형을 이루기 위해서는 접시 C 에는 30 개의 구슬이 담겨있다.

(2) 접시 B 는 들어있는 구슬 40 개의 부피에 해당하는 물의 무게만큼 부력을 받으며 부력만큼 가벼워진다. A 에서 구슬 4 개를 빼면 평형이므로 물에 들어가 있는 B는 구슬 32개의 무게로 측정된다.

따라서 B에 위로 작용하는 부력의 크기는 구슬 8 개의 무게와 같다.

현재 물속에서 B에 작용하는 부력은 구슬 40 개의 부피와 같은 물의 무게이므로

물구슬 40 개의 무게 = 구슬 8 개의 무게

구슬 1 개의 무게는 같은 모양의 물구슬 5 개의 무게이므로 물의 밀도를 1 g/cm^3 라하면 구슬의 밀도는 5 g/cm^3 이다.

18 (1) F (2) 물체 A, B 에 작용하는 알짜힘은 각각 0 이다.

해설 |

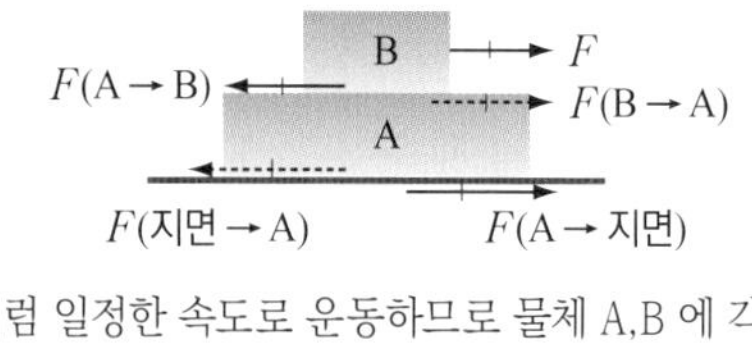

한 덩어리처럼 일정한 속도로 운동하므로 물체 A,B 에 각각 작용하는 알짜힘 = 0 이다.

물체 B는 오른쪽으로 F 의 힘을 받으므로 왼쪽으로 같은 크기의 F의 힘을 받아 알짜힘이 0 이다. 왼쪽으로 작용할 수 있는 힘은 A와의 접촉면에서 발생하는 마찰력이다.

물체 A 도 힘의 평형 상태이고, 오른쪽 방향으로 물체 B 로부터 받는 마찰력(크기 F)과 왼쪽 방향으로 지면으로 부터 받는 마찰력(크기 F)이 평형을 이룬다.

19 (1) 1.5 배 (2) 각각 2 cm

해설 | 먼저 용수철 상수를 구하자.

$k_A = \dfrac{300g}{6} = 50g$, $k_B = \dfrac{300g}{2} = 150g$ (g는 중력가속도)

(1) A 를 14 cm 가 되도록 하려면 4 cm 를 늘려야 한다.

$$F_A = 4 \times 50g = 200g,$$

B 를 14 cm 가 되도록 하려면 2 cm 를 늘려야 한다.

$F_B = 2 \times 150g = 300g$ 이다. 그러므로 F_B는 F_A의 1.5 배이다.

(2) A 의 용수철은 100 g 의 무게가 걸리고, B 의 용수철에는 100 g + 200 g = 300 g 의 무게가 걸린다. 그림 (가) 에서 A 가 100 g일 때 2 cm가 늘어났고, B 가 300 g일 때 2 cm 가 늘어났음을 알 수 있다.

20 (1) 54 N (2) $27\sqrt{3}$ N

해설 |

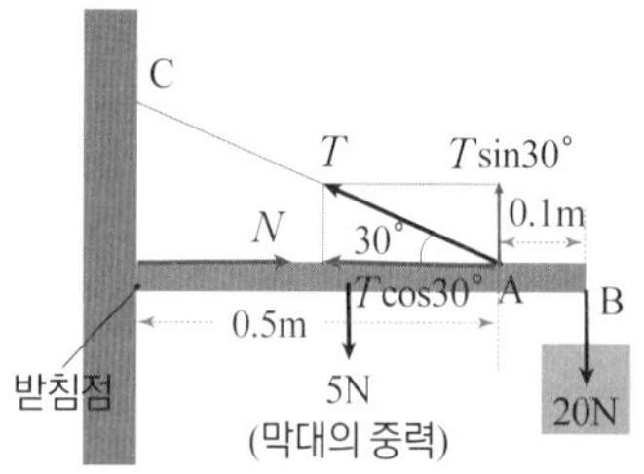

돌림힘의 원리에 의해 $0.3 \times 5 + 0.6 \times 20 = \dfrac{T}{2} \times 0.5$ 가 성립한다.

$$\therefore T = 54 \text{ N}$$

(2) 벽이 막대를 미는 힘(수직 항력)은 막대가 벽을 미는 힘과 같다(작용반작용). 막대에는 장력의 수평 성분의 힘이 작용하고 그 힘이 막대가 벽을 미는 힘이다.

그러므로 수직항력 $N = T\cos30° = \dfrac{54\sqrt{3}}{2} = 27\sqrt{3}$N이다.

21 (1) 5 kg중, 0.25 (2) 4 kgf

해설 | (1) 물체의 무게와 수직항력 외에 물체에 작용하는 연직 방향의 힘은 존재하지 않는다. 이때 수직항력은 물체의 무게 20 kg$f$ 이다. 최대정지마찰력 $f = \mu N = \mu \cdot 20$ kg$f$이다.

그래프에서 최대정지마찰력은 정지 마찰력 중 가장 큰 5 kg중 이다.

$5 = \mu \cdot 20$, $\mu = 0.25$ 이다.

(2) 물체에 4 kg$f$ 의 힘이 작용하더라도 최대정지마찰력 5 kg$f$ 을 넘기지 못하므로 물체는 움직일 수 없다. 그러므로 마찰력도 4 kg$f$ 이다.

22 ①

해설 | ㄱ. 철수가 벽에, 벽이 철수에게 힘이 작용하므로 작용 반작용의 관계이다.

ㄴ. 지구가 책을 당기는 힘의 반작용은 책이 지구를 당기는 힘이다. 또한 책상이 책을 떠받치는 힘의 반작용은 책이 책상을 누르는 힘이다.

ㄷ. 야구방망이가 공을 미는 힘의 반작용은 공이 야구 방망이를 미는 힘이다.

23 ④

해설 | ㄱ. 철봉이 영희를 당기는 힘은 영희가 철봉을 당기는 힘 W

와 같다. 철수는 무게 W 인 역기를 들어올렸으므로 철수가 역기를 받치는 힘은 W 이다.

ㄴ. 철봉도 영희를 W 힘으로 위로 잡아당기므로 지면이 영희에게 작용하는 수직항력은 영희의 몸무게에서 W 만큼을 뺀 값이 된다.

철수는 역기로부터 W의 힘을 아랫 방향으로 받으므로 철수의 몸무게에 W를 더한 크기의 힘으로 지면을 누르므로, 같은 크기로 지면이 철수에게 수직항력을 작용한다.

ㄷ. 지면이 철수를 떠받치는 힘은 몸무게 + W 인데, 역기가 철수를 누르는 힘은 W이다. 힘의 크기도 다르고 작용반작용의 관계가 아니다.

24 ⑤

해설 | ㄱ. 상자에 넣었을 때 용수철 A, B 의 탄성력은 서로 같다. 상자 안에서 용수철 A 는 2 cm 줄어들었고, 같은 힘을 받아 용수철 B 는 4cm 줄어들었다.(줄어들거나 늘어난 것은 모두 변형이다.)

그러므로 $F = k_A \times 0.02 = k_B \times 0.04$ 이다. 그러므로 용수철 상수 $k_A = 2k_B$ 이다.

ㄴ. 물체는 정지해 있으므로 합력(알짜힘)은 0 이다.

ㄷ. 용수철 A 는 길이가 줄어들었으므로 바깥 방향으로 탄성력이 작용할 것이다. 용수철의 오른쪽에 있는 물체는 오른쪽으로 힘을 받는다.

25 0.78 N

해설 | 밀도(ρ) = $\dfrac{질량(m)}{부피(V)}$ → 질량(m) = 밀도(ρ) × 부피(V)

구리 막대의 질량 = 8.94 × (10 × 2) = 178.8(g)

구리 막대에 작용하는 중력 = 178.8 × 9.8 × 0.001 ≒ 1.75(N)

구리 막대의 부피 = 20 cm^3 = 20×10^{-6} m^3 = 2×10^{-5} m^3

부력의 크기 = 밀어낸 물의 무게 = 구리 막대의 부피 × 물의 밀도 ×g

= 2×10^{-5} m^3 × 1000 kg/m^3 × 9.8 m/s^2 = 0.196 (N)

따라서 구리 막대를 들어올리기 위해 필요한 힘

= 중력 − 부력 = 1.75 − 0.196 ≒ 1.55(N) 이다.

이때 움직도르래 A로 인해 구리 막대를 들어올리기 위해 필요한 힘 F은 크기가 반으로 줄어든다.

∴ 들어올리기 위해 필요한 최소한의 힘의 크기 = $\dfrac{1.55}{2}$ ≒ 0.78 N

26 (1) 7.5 N (2) 1.67 cm

해설 | (1) 용수철의 탄성력 F, 용수철과 연직 방향이 이루는 각 θ, 추의 질량 m

용수철의 탄성력을 연직 위 방향과 수평 방향의 두 힘으로 분해하면, 각각 $F\cos\theta$ 와 $F\sin\theta$ 이다.

이때 다음과 같이 평형 상태이다.

$T = F\sin\theta$

$mg = F\cos\theta$

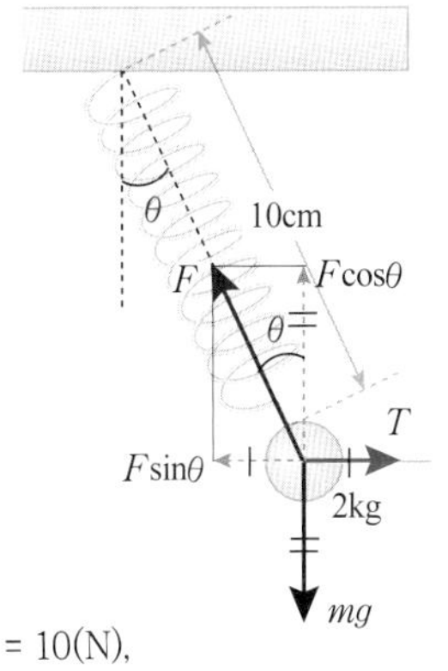

추에 작용하는 중력 = 1 kg × 10 m/s^2 = 10(N),

$\sin\theta = \dfrac{6}{10} = \dfrac{3}{5}$, $\cos\theta = \dfrac{4}{5}$ 이다.

$$10 = F\cos\theta = F\frac{4}{5},\ F = 12.5(N)$$

$$\therefore T = F\sin\theta = 12.5 \times \frac{3}{5} = 7.5(N)$$

(2) 용수철이 늘어난 길이를 x 라고 하면,

$F = kx$ → $12.5 = 150 \times x$, $x = \dfrac{1}{12}$ m ≒ 8.33 cm

∴ 용수철의 원래 길이 = 10 − 8.33 = 1.67 cm

27 ⑤

해설 | ㄱ. A와 B가 서로에게 작용하는 자기력은 크기가 같고 방향이 반대이며 작용점이 상대방에게 있으므로 작용과 반작용의 관계이다.

ㄴ. A가 컵을 누르는 힘의 크기 = A에 작용하는 중력의 크기 + B가 A에 작용하는 자기력의 크기이다.

B가 A에 작용하는 자기력과 A가 B에 작용하는 자기력은 작용 반작용 관계이며, 그 힘이 B에 작용하는 중력의 크기보다 크므로 A와 B가 정지한 채 붙어 있다.

따라서 A가 컵을 누르는 힘의 크기 > B에 작용하는 중력의 크기 가 된다.

ㄷ. B를 제거하면 A에 작용하는 자기력이 없어지므로 누르는 힘의 크기가 감소한다.

imagine infinitely 68 ~ 69쪽

Q. ① 400m 이하의 짧은 다리의 경우 사장교가 현수교보다 경제적이다. 주탑 간의 거리가 긴 다리에서는 현수교가 더 경제적이다.

② 사장교와 현수교 모두 바람에 약하여 흔들리기 쉬운 단점이 있다.

③ 현수교는 사장교에 비해 수심이 깊거나 하부 구조를 설치하기 곤란한 지형에 더 유리하다. 예를 들어 바다와 같은 곳에는 현수교를 건설하기 더 유리하다.

④ 사장교의 케이블은 교체가 쉽지만, 현수교의 주케이블은 교체가 어렵다.

⑤ 사장교와 현수교 모두 외관이 아름답다.

Ⅱ. 힘과 여러 가지 운동 (1)

개념 보기

Q1 (1) 18 m (2) 남쪽으로 6 m
(3) 남동쪽 $6\sqrt{2}$ m (4) 남쪽 6 m
(5) 평균 속력 : 2.4 m/s , 평균 속도: $\frac{6\sqrt{2}}{5}$ m/s, 남동쪽
(6) 평균 속력: $\frac{18}{7}$ m/s , 평균 속도: $\frac{6}{7}$ m/s, 남쪽
Q2 서쪽으로 300 km/h

Q1 (1) 18 m (2) 남쪽으로 6 m
(3) 남동쪽 $6\sqrt{2}$ m (4) 남쪽 6 m
(5) 평균 속력 : 2.4 m/s , 평균 속도 : $\frac{6\sqrt{2}}{5}$ m/s, 남동쪽
(6) 평균 속력 : $\frac{18}{7}$ m/s , 평균 속도 : $\frac{6}{7}$ m/s, 남쪽

해설 | (1) 이동 거리는 6 + 6 + 6 = 18(m)
(3) O점과 B점을 직선으로 그었을 때의 거리는 $\sqrt{6^2+6^2} = 6\sqrt{2}$ (m)이고, 방향은 남동쪽이다.
(4) O점과 C점을 직선으로 그었을 때의 길이는 6(m), 방향은 남쪽
(5) 평균 속력 = $\frac{\text{이동 거리}}{\text{걸린 시간}} = \frac{6+6}{2+3} = 2.4$(m/s)
평균 속도 = $\frac{\text{변위}}{\text{걸린 시간}} = \frac{6\sqrt{2}}{5}$ (m/s), 방향은 남동쪽
(6) 평균 속력 = $\frac{6+6+6}{2+3+2} = \frac{18}{7}$ (m/s), 평균 속도 = $\frac{6}{7}$ (m/s),
방향은 남쪽

Q2 서쪽으로 300km/h
해설 | 상대 속도의 개념을 묻는 문제이다. 상대 속도는 (상대방의 속도 - 관찰사의 속노)이다. 농쪽을 +라고 한다면 승용차의 속도는 +100 km/h, 화물차의 속도는 −200 km/h 라고 할 수 있다.
상대 속도(화물차의 속도 − 승용차의 속도) = −200 − (100) = −300 km/h 이다. (서쪽으로 300 km/h)

개념 확인 문제

정답	p75 ~ 79

운동의 표현

01 ⑤	02 ⑤	03 ④	04 ②	05 (1) ② (2) ①
06 ③	07 ⑤	08 ③	09 ⑤	10 ③
11 ①, ⑤		12 (1) ② (2) ②		13 ⑤
14 (1) ④ (2) 21.25m			15 (1) ④ (2) ③	16 ②
17 (1) ① (2) ②		18 ④	19 ⑤	20 ②	21 ②
22 (1) ① (2) ①		23 (1) -0.5m/s^2 (2) 125m (3) 75m		
24 ④				

01 ⑤
해설 | 기준점에서 물체까지의 거리와 방향을 말해야 한다.
① 나무는 사람의 동쪽 방향으로 80 m 거리에 있다.
② 나무는 자동차의 서쪽 방향으로 20 m 되는 지점에 있다.
③ 나무로부터 서쪽으로 80 m 떨어진 지점에 사람이 있다.
④ 사람은 자동차로부터 서쪽으로 100 m 되는 지점에 있다.
⑤ 자동차는 나무로부터 동쪽으로 20 m 되는 지점에 있다.

02 ⑤
해설 | 이동 거리는 지나온 거리를 모두 합한 3 + 4 = 7 m 이고 변위는 출발점과 도착점을 직선으로 연결하여 5m이다.

03 ④
해설 | A~D의 평균 속력을 구하는 것이기 때문에 전체 걸린 시간과 전체 이동 거리를 구하면 된다.
이동 거리는 2 + 5 + 4 + 3 = 14(cm)이고, 전체 걸린 시간은 6타점($\frac{1}{10}$ 초)씩 4구간이므로 $6 \times 4 \times \frac{1}{60} = 0.4$(s)이다.
그러므로 평균 속력은 $\frac{14\text{cm}}{0.4(\text{s})} = \frac{1.4\text{m}}{4(\text{s})} = 0.35$(m/s)이다.

04 ②
해설 | 평균속력 = $\frac{\text{전체 이동 거리}}{\text{전체 걸린 시간}} = \frac{150+150+150}{3+2+4} = 50$km/h

05 (1) ② (2) ①
해설 | (1) 20 m/s 로 달리는 자동차는 10분이 걸렸다.
10분 = 600초 이므로 이동 거리는 20 × 600 = 12000(m)이다.
(2) 12000 m를 40분이 걸렸으므로 $\frac{12000}{40 \times 60} = 5$(m/s)

06 ③
해설 | 서울에서 춘천까지의 거리를 $2L$ 이라고 할 때 중간점까지의 거리는 L
이다. 전체 걸린 시간은 $\frac{L}{40} + \frac{L}{80} = \frac{3L}{80}$ 이므로
평균속력 = $\frac{\text{이동 거리}}{\text{걸린 시간}} = \frac{2L}{3L/80} = \frac{160}{3} = 53.3$ km/h 이다.

07 ⑤
해설 | 이동 거리-시간 그래프이므로 기울기가 속력을 뜻한다. A , B 는 기울기가 일정하게 유지되므로 등속 운동을 하고있으며 A 의 기울기가 더 급하므로 A 가 B 보다 빠르다. C 는 기울기가 점점 감소하고 있으므로 시간에 따라 속력이 점점 감소하고 있다.

08 ③
해설 | 평균 속력을 구하기 위해 전체 걸린 시간을 구해야한다. 1000 m를 2 m/s 로 갔으므로 500초, 1200 m 를 6 m/s 로 갔으므로 200초, 마지막 300 m 는 1 m/s 로 갔으므로 300초가 걸린다. 총 1000초가 걸리고 거리는 250 0m 이다.
평균 속력 = $\frac{2500}{1000} = 2.5$(m/s)

09 ⑤

해설 | 파란 화살표가 출발점과 도착점을 직선으로 연결한 변위가 된다.

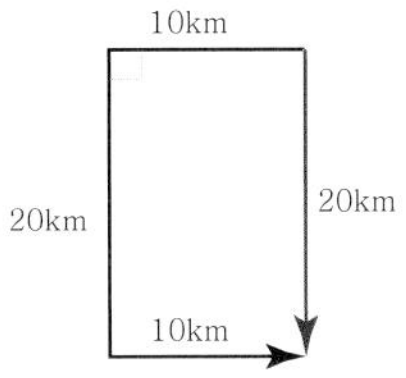

평균속력 = $\frac{\text{이동 거리}}{\text{걸린 시간}} = \frac{10 + 20 + 10}{\frac{20}{60}(\text{시간})}$ = 120(km/h)

평균 속도 = $\frac{\text{변위}}{\text{시간}} = \frac{20}{\frac{20}{60}(\text{시간})}$ = 60(km/h)-크기

10 ③

해설 | ① v_1, v_2 의 값이 정해지지 않았으므로 정지해 있다고 판단할 수 없다.

② v_2의 값이 더 크다면 오른쪽으로 이동한다.

③ v_1이 더 크므로 왼쪽으로 이동한다.

④ $(v_1 - v_2)$의 속력으로 운동한다.

⑤ 벨트와 자동차의 운동 방향이 반대이므로 $(v_1 - v_2)$의 속력으로 운동한다.

11 ①, ⑤

해설 | 주어진 조건에 의해 자동차 A, B 모두 출발 시간은 0(분), 도착 시간은 120분이다.

① 같은 시간(120분) 동안, 같은 거리를 이동하였으므로 A와 B의 평균 속력은 같다.

② B는 운동 중에 정지한 적(위치가 일정한 구간)이 없다.

③ 위치의 변화량이 A, B 모두 100 km 이다.

④ 0 ~ 10분 구간을 보면 A 만 위치 변화가 있으므로 먼저 출발하였다. B 는 110분에 100km에 먼저 도달하였다.

⑤ 자동차 B는 10~110 분 사이에 100 km 운동하였으므로 평균 속력은 100km/100분 = 1km/분 이다.

12 (1) ② (2) ②

해설 | (1) 속도가 같아졌을 때는 20초일 때이다. 0 ~ 20초까지의 구간에서 이동 거리의 차를 구하면 된다. 이동 거리는 그래프 아래 면적과 같다.

A : $\frac{1}{2} \times 20 \times 10$ = 100(m), B : 20×10 = 200(m)

이동 거리 차는 100 m 이다.

(2) 직선 운동을 하므로 주어진 그래프의 아래 면적이 변위가 된다. 30초 이후에는 등속 운동을 했으므로 A 의 0 ~ 50초 동안의 변위

$\frac{1}{2} \times 15 \times 30 + 20 \times 15$ = 525(m)

평균 속도(0~50초) $v = \frac{525}{50}$ = 10.5(m/s) (운동 방향)

13 ⑤

해설 | 속도-시간 그래프이다. 0~8초 동안의 변위는 그래프의 그 시간에 해당하는 아래 면적(56m)이다.

평균 속도 $v = \frac{56}{8}$ = 7 (m/s)-(크기)

14 (1) ④ (2) 21.25 m

해설 | 해당하는 시간 구간에서 그래프와 x 축 사이의 면적은 변위의 크기이다. 시간 축의 위쪽 면적은 (+)로 계산하며, 아래쪽은 (-)로 계산한다.

4 ~5 초 구간에서 1초 동안 속도는 2.5 m/s가 감소하였다.

(1) 0~5초 간 변위(면적) : $\frac{1}{2} \cdot 4 \cdot 10 + \frac{1}{2} \cdot 1 \cdot (-2.5)$ = 18.75(m)

평균 속도 : $\frac{18.75}{5}$ = 3.75(m/s)

(2) 이동 거리는 앞으로 간 거리(1 ~ 4초)와 뒤로 간 거리(4 ~ 5초)를 모두 합한다. $\frac{1}{2} \cdot 4 \cdot 10 + \frac{1}{2} \cdot 1 \cdot 2.5$ = 21.25(m)

15 (1) ④ (2) ③

해설 | (1) 평균 속력 = $\frac{\text{이동 거리}}{\text{걸린 시간}} = \frac{200}{25}$ = 8(m/s)

(2) 평균 속도 = $\frac{\text{변위}}{\text{걸린 시간}} = \frac{150}{25}$ = 6(m/s)-크기

16 ②

해설 | 속도-시간 그래프의 시간축과 그래프 사이의 넓이는 그 시간 동안 이동 거리이므로 그 넓이의 차는 이동 거리 차인 10 m 이다.

17 (1) ① (2) ②

해설 | 상대 속도는 상대방의 운동을 관찰자 기준으로 생각하므로 관찰자의 속도를 0 으로 생각하는 것이다. 그러므로 상대방의 속도에서 관찰자의 속도를 빼면 관찰자가 바라본 상대방의 속도가 된다. 동쪽을 (+) 방향으로 하여

(1) v_{BA} (B가 본 A의 속도) = $v_A - v_B$ = 120 - (-100) = 220, (동쪽으로 220 km/h)

(2) $v_A - v_{\text{버스}}$ (버스에 탄 사람이 본 A의 속도)= 120 - 100 = 20, (동쪽으로 20 km/h)

18 ④

해설 | 오른쪽을 (+)방향으로 하고 A, B, C의 속도를 각각 v_A, v_B, v_C 라고 할 때,

B가 본 A의 속도 : $v_A - v_B = -4$ --㉠

A에 대한 C 의 상대 속도 (A가 본 C의 속도) : $v_C - v_A = 14$--㉡

B와 C의 속도 크기는 같고 방향이 반대이므로 $v_C = -v_B > 0$

㉡ 식은 $v_A + v_B = -14$ --㉢

㉠,㉢ 에서 $v_A = -9$ (속력 9 m/s), $v_B = -5$ (속력 5 m/s) 이다. v_C = 5 m/s 이다.

19 ⑤

해설 | ①, ② 동쪽으로 운동하는 물체에 어느 방향으로든 가속도를 가질 수 있다.
③ 물체를 연직 위로 던졌을 때 꼭대기 점의 상태가 가속도는 가지나 속도가 0 인 경우이다. 단진동 운동하는 물체가 진폭이 최대인 점에 있을 때에도 가속도가 있으나 속도는 0인 상태이다. 물체가 힘을 받으면 그에 비례하여 가속도가 나타난다.
④ 등가속도 운동은 속도가 일정하게 변하면서 가속도가 일정한 운동이다.
⑤ 일정한 속도로 운동하는 경우, 속도 - 시간 그래프에서 기울기가 0이다. 그러므로 가속도는 0으로 유지된다.

20 ②

해설 | 36 km/h = 10 m/s, 90 km/h = 25 m/s

$$a(\text{평균}) = \frac{\text{속도 변화량}}{\text{걸린 시간}} = \frac{25 - 10}{5} = 3\ \text{m/s}^2$$

21 ②

해설 | 평균 가속도 $a = \frac{\text{전체 속도 변화량}}{\text{전체 걸린 시간}} = \frac{30 - 50}{5} = -2(\text{m/s}^2)$

동쪽을 (+)로 했으므로 평균 가속도는 서쪽 2 m/s^2 이다.

22 (1) ① (2) ①

해설 |

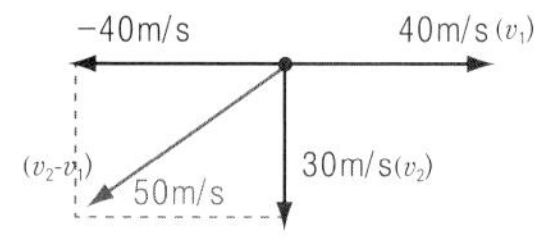

속도 변화량($v_2 - v_1$)은 그림과 같이 남서쪽 50m/s 이다.
(2) 속도 변화량을 걸린 시간으로 나누면 (평균)가속도이다.

$a(\text{평균}) = \frac{50}{10} = 5(\text{m/s}^2)$, 방향은 속도 변화량과 같은 남서쪽.

23 (1) -0.5 m/s^2 (2) 125 m (3) 75 m

해설 | (1) 그래프의 기울기가 가속도를 의미하므로 기울기를 구하면 $\frac{-10}{20} = -0.5(\text{m/s}^2)$ 다.
(2) 움직인 거리는 그래프와 시간축과의 넓이를 모두 (+)로 하여 더한 값이다.

$\frac{1}{2} \cdot 10 \cdot 20 + \frac{1}{2} \cdot 5 \cdot 10 = 125(\text{m})$

(3) 가속도와 처음 속도를 알고 있으므로

$s = v_0 t + \frac{1}{2}at^2 = 10 \times 30 + \frac{1}{2} \cdot (-0.5) \cdot 30^2 = 75(\text{m})$

또는,

0~20초의 넓이 : $(+)\frac{1}{2} \times 20 \times 10 = 100$ m

20~30초의 넓이 : $\frac{1}{2} \times 10 \times (-5) = -25$ m

두 넓이를 합하면 변위이다.→ 75 m

24 ④

해설 | 정지 상태에서 출발하였고, 구간 별로 등가속도 직선운동이므로 속도 - 시간 그래프로 나타내면 다음과 같다.

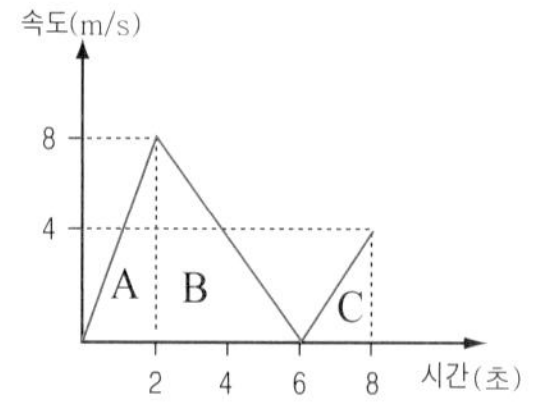

(가) 속도가 (+)에서 (-)로 바뀌면 운동방향이 바뀐 것이다. 2초일 때 속도가 감소하기 시작한 것이고, 6초일 때는 정지했다가 다시 출발하는 시점이고, 운동 방향을 바뀌지 않았다.
(나) B 구간에서는 가속도가 (-)이므로 속도는 감소한다.
(다) 6초일 때 속도가 0 이다.
(라) 속도 - 시간 그래프에서 넓이를 구해보면 B 구간에서 가장 크므로 가장 많이 이동하였다.

개념 심화 문제

정답 p80 ~ 85

01 해설 참조　02 해설 참조　03 120 km/h
04 (1) 3 m/s (2) 0.5 m/s (3) 1 m/s (4) 1.25 m/s
05 시침 : $\frac{\pi}{40}$ m/h, 분침 : $\frac{2\pi}{5}$ m/h
06 평균속력 : $\frac{\pi}{15}$ m/s, 평균 속도의 크기: 0.2 m/s
07 B방향, 20초　08 1m/s　09 북서쪽 $10\sqrt{2}$
10 (1) 동쪽 9 m/s (2) 남서쪽 $5\sqrt{2}$ m/s (3) 서쪽 9 m/s
11 10 m/s　12 5 m/s^2　13 1 m/s^2
14 (1) 0 (2) 20 m/s^2 (3) $\frac{20}{3}$ m/s^2　15 $3\sqrt{3}$ m/s^2
16 남서쪽 5 m/s

01 해설 참조

해설 | (1) 원점에서 동쪽으로 4 m 떨어진 곳이다.
(2) 남쪽으로 3 m 떨어진 곳이다.
(3) 원점에서 남서방향으로 $2\sqrt{2}$ m 떨어진 곳이다.
원점에서 남쪽으로 2 m 간 후 서쪽으로 2 m 가는 곳이다.
(4) 변위 : 동쪽으로 6 m, 평균 속도 : 동쪽으로 3 m/s

02 해설 참조

해설 | (1) 이동 거리 : 600 m, 변위 : $400\sqrt{2}$ m (북동쪽)
(2) 이동 거리 : 1800 m, 변위 : $400\sqrt{2}$ m (남동쪽)
평균 속력 : 450 m/s, 평균 속도 : $100\sqrt{2}$ m/s (남동쪽)
(3) 이동 거리 : 2400 m, 변위 : 0
평균 속력 : 400 m/s, 평균 속도 : 0

(1) 원둘레의 길이는 $2 \times \pi \times 400 = 2400$ m 이고 A-B는 $\frac{1}{4}$ 바퀴이므로 600 m 이다.(이동 거리)
변위의 크기는 위치의 변동량이므로 처음 지점과 나중 지점을 직선으로 연결한 화살표이다.

변위는 아래 그림의 화살표와 같이 나타낼 수 있고, 반지름과 화살표로 이루어진 삼각형에서 변의 길이의 비는 1 : 1 : $\sqrt{2}$ 이므로

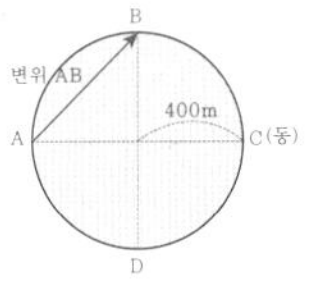

화살표의 길이는 $400\sqrt{2}$ m이다. 이 거리는 처음 위치(A)에서 B 쪽으로(북동쪽으로)일어난 변위의 크기이다.

(2)

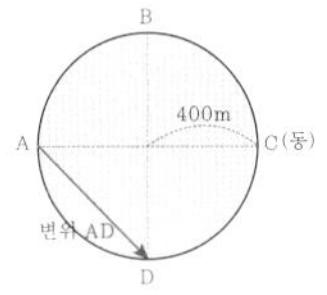

이동 거리 : 원둘레의 $\frac{3}{4}$ 이므로 $2400 \times \frac{3}{4} = 1800$ m

변위: 위치의 변동량이므로 A →B 와 크기는 같고 ($400\sqrt{2}$ m) 방향은 남동 방향이다.

평균 속력 = $\frac{\text{이동 거리}}{\text{걸린 시간}} = \frac{1800}{4} = 450$m/s

평균 속도 = $\frac{\text{변위}}{\text{걸린 시간}} = \frac{400\sqrt{2}}{4} = 100\sqrt{2}$ m/s(남동쪽)

(3) 한 바퀴 돌면 이동 거리는 원둘레와 같고(2400 m), 그 시간 동안 위치의 변동은 없으므로 변위는 0 이다.

평균 속력 = $\frac{2400}{4} = 400$ m/s, 평균 속도 = $\frac{\text{변위}}{\text{걸린 시간}} = \frac{0}{6} = 0$

03 120 km/h

해설 | 60km/h로 갈 때와 같은 시간 t 만큼 걸려야 하므로,

총 거리가 l 이라고 할 때 가운데 지점까지의 거리는 $\frac{l}{2}$ 이므로

$t = \frac{\frac{l}{2}}{40} + \frac{\frac{l}{2}}{v}$, $v = 120$ (km/h)

04 (1) 3 m/s (2) 0.5 m/s (3) 1 m/s (4) 1.25 m/s

해설 | 그래프가 거리-시간 그래프이므로 기울기가 (평균)속력이다.

(1) $v = \frac{6}{2} = 3$ m/s   (2) $v = \frac{8-6}{6-2} = \frac{1}{2}$ m/s

(3) $v = \frac{10-8}{8-6} = 1$ m/s (4) $v = \frac{10-0}{8-0} = \frac{5}{4}$ m/s

05 시침 : $\frac{\pi}{40}$ m/h 분침 : $\frac{2\pi}{5}$ m/h

해설 | 침의 끝은 원을 그리며 돈다. 시침은 12시간에 1바퀴를 돌고, 분침은 1시간에 1바퀴를 돈다.

시침의 경우, 원주는 $2\pi \times 0.15$ m, 그러므로 속력은

$\frac{2\pi \times 0.15(\text{m})}{12(\text{h})} = \frac{\pi}{40}(\text{m/h}) = \frac{\pi}{40 \times 3600}$ m/s

분침의 경우, 원주는 $2\pi \times 0.2$m, 그러므로 속력은

$\frac{2\pi \times 0.2(\text{m})}{1(\text{h})} = \frac{2\pi}{5}$ (m/h) = $\frac{2\pi}{5 \times 3600}$ m/s 이다.

06 평균 속력: $\frac{\pi}{15}$ m/s, 평균 속도의 크기 : 0.2 m/s

해설 | 이동 거리는 원주의 $\frac{1}{6}$ 인 $2\pi \times 0.6 \times \frac{1}{6} = 0.2\pi$(m) 이고

3초 동안 이동하였으므로 평균속력은 $\frac{\pi}{15}$ m/s 이다.

변위는 직선 화살표이므로 그림과 같이 60°를 이루는 경우 정삼각형이므로 변위는 반지름의 길이와 같은 60 cm 이다. 시간은 3초이므로, 평균 속도 크기 = 변위 크기/시간 = 20 cm/s = 0.2 m/s 이다.

07 B방향, 20초

해설 | 가장 빨리 건너가려면 속도의 수직 성분(강둑에 수직한 속도 성분)이 가장 큰 방향이어야 한다. 속도의 수직 성분을 가장 크게 하려면 B 방향으로 향해야 한다.(C로 향하는 경우는 속력은 커지지만 속도의 수직 성분은 B 보다 작다.) 걸리는 시간은 $\frac{200}{10} = 20$(s)이다.

08 1m/s

해설 | A가 바라본 자동차 B의 속도는 $v_B - v_A$이다.

직선상에서 같은 방향의 운동이며, 기울기로 v_A, v_B를 구하면,

$v_A = \frac{16-12}{4} = 1$, $v_B = \frac{8-0}{4} = 2$, ∴ $v_B - v_A = 1$(m/s)

09 북서쪽 $10\sqrt{2}$ m/s

해설 | 배에서 보았을 때 바람의 속도는 $v_{바람} - v_{배}$ 로 구한다.

배에서 보았을 때 바람의 방향은 북서쪽으로 $10\sqrt{2}$ m/s 속도로 이동한다(남동풍). 배에서 보았을 때 바람이 불어가는 방향과 연기가 뻗어나가는 방향은 일치한다.

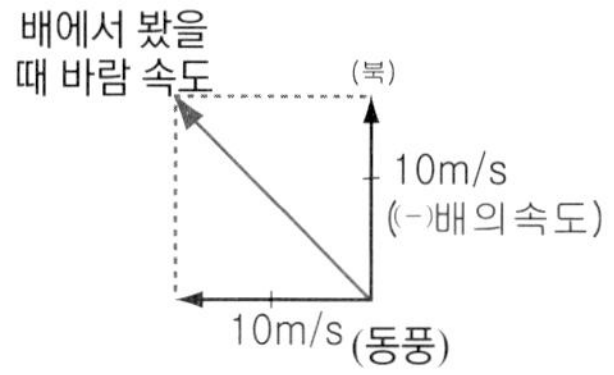

10 (1) 동쪽 9 m/s (2) 남서쪽 $5\sqrt{2}$ m/s (3)서쪽 9 m/s

해설 | (1) A에 대한 C의 상대 속도 $v_{AC} = v_C - v_A$

(2) B에 대한 A의 상대 속도 $v_{BA} = v_A - v_B$

(3) C에 대한 A의 상대 속도 $v_{CA} = v_A - v_C$

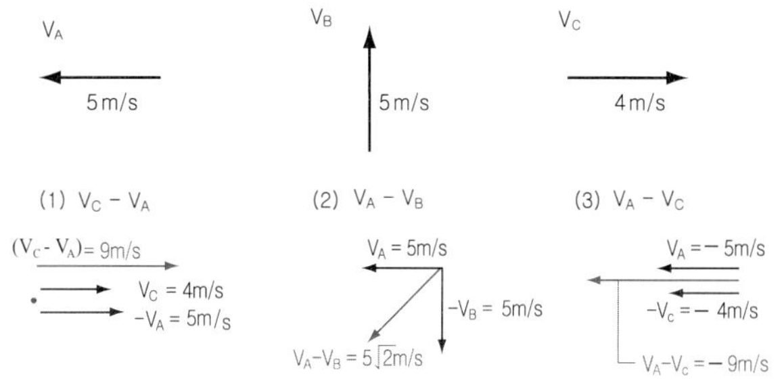

11 10 m/s

해설 | 기차 안에서 본 빗방울의 속도는 그림처럼 그릴 수 있다.

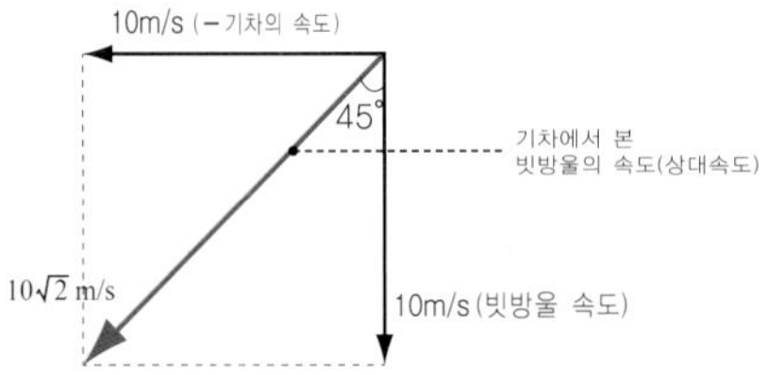

기차가 수평 방향으로 10 m/s 로 달리는 경우 연직으로 10 m/s 로 내리는 빗방울이 45° 로 기울어져 내릴 수 있다. 그러므로 기차 밖에 서있는 사람이 빗방울을 보았을 때, 낙하 속도는 10 m/s 이다.

12 $5 m/s^2$

해설 | 평균 가속도는 속도의 변화량(나중 속도-처음 속도)을 걸린 시간으로 나눈 값이다.

$$a = \frac{\text{나중 속도 - 처음 속도}}{\text{걸린 시간}} = \frac{v_B - v_A}{4}$$

그림처럼 속도 변화량($v_B - v_A$)은 크기가 20 m/s이다.

평균 가속도의 크기 = 속도 변화량/시간 = 20/4 = 5 m/s^2

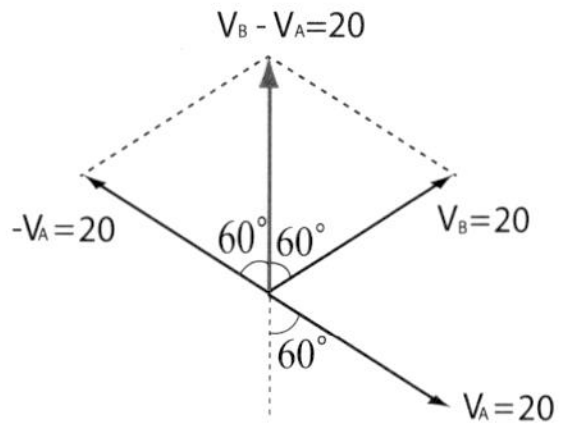

13 1 m/s^2

해설 | 속도 변화량($v_1 - v_0$)은 그림에서 다음과 같이 나타난다.

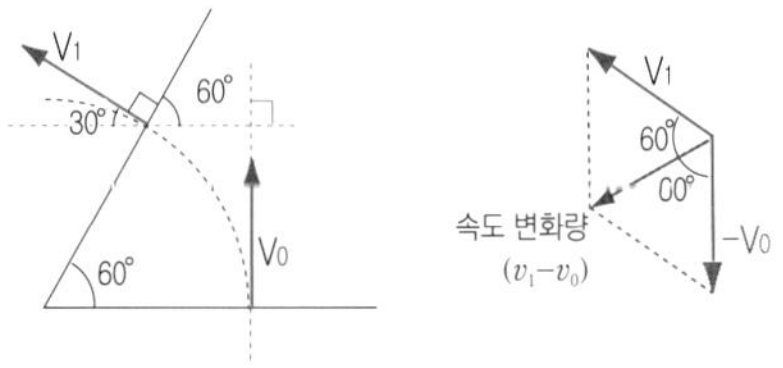

속도 변화량의 크기는 정삼각형의 한 변과 같으므로 물체의 속력과 같다.

물체의 이동한 거리는 원주의 $\frac{1}{6}$ 인 $2\pi \times 4 \times \frac{1}{6}$ = 4(m)이고, 2초가 걸리므로 물체의 속력 v 는 2 m/s 로 일정하다. 2초 동안 A ~ B까지 속도 변화량의 크기는 v 와 같은 2 m/s 이므로

평균 가속도의 크기 = $\frac{2}{2}$ = 1 m/s^2

14 (1) 0 (2) 20 m/s^2 (3) $\frac{20}{3}$ m/s^2

해설 | (1) 처음 속도는 0 이고 4초일 때의 속도도 0 이다. 0~4초 사이의 속도 변화량(4초일 때 속도 - 처음 속도)이 0이므로 가속도는 0이다.

(2) 3초일 때의 가속도는 3초일 때의 점을 지나는 직선의 기울기 또는 곡선의 접선의 기울기이다. 가속도는 $\frac{0 - 40}{4 - 2}$ = -20(m/s^2)이다.

크기는 20 m/s^2 이다.

(3) 평균 가속도 = $\frac{\text{속도 변화량}}{\text{시간}} = \frac{-40 - 0}{6} = -\frac{20}{3}$ (m/s^2),

크기 : $\frac{20}{3}$ (m/s^2)

15 $3\sqrt{3}$ m/s^2

해설 |

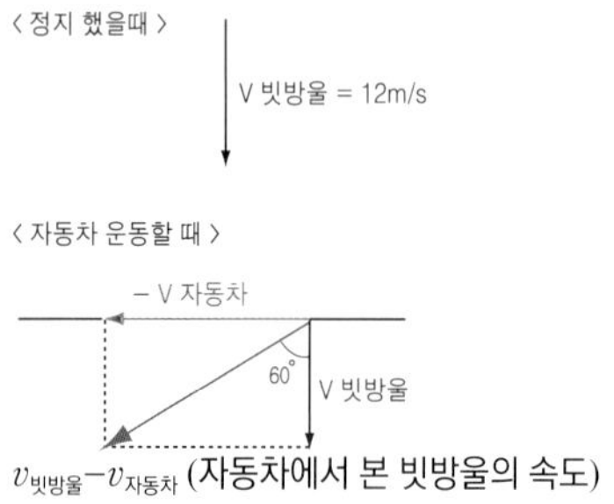

자동차가 움직일 때 비스듬히 흘러내리는 빗방울의 방향은 상대 속도($v_{빗방울} - v_{자동차}$)의 방향이다. 빗방울의 속도가 연직 방향으로 12 m/s 라고 하였으므로 자동차의 속도를 v라고 하면, 삼각비에 의해

$1 : \sqrt{3} = 12 : v$, $v = 12\sqrt{3}$ m/s이다.

4초 후에 자동차의 속도가 0 이 되어 빗물이 연직 방향으로 흘러내리므로 4초 동안의 평균 가속도 $a = \frac{0 - 12\sqrt{3}}{4} = -3\sqrt{3}$ m/s^2 이다.

16 남서쪽 5 m/s

해설 | A가 바라본 B의 속도는 B의 속도에서 A의 속도를 뺀 것이다. 그러므로 A에 대한 B의 상대 속도는 남서쪽 5m/s이다.

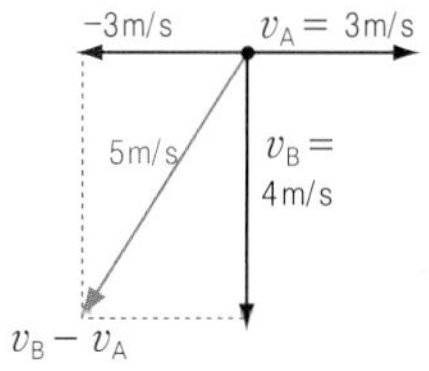

Ⅱ. 힘과 여러 가지 운동 (2)

개념 보기

Q3 A 기울기 : 2.5 m/s (A의 속력) B 기울기 : 2 m/s (B의 속력)
Q4 6 m/s
Q5 (1) ① 가속도 : 3 m/s², 변위 = 이동 거리 = 36 m
② 가속도 : -2 m/s², 변위 = 이동 거리 = 12 m
③ 가속도 : -2 m/s², 변위 : 24 m, 이동 거리: 26 m
(2) 25 m Q6 ① 45 m ② 30 m/s
Q7 5 m Q8 ① 35 m/s ② 60 m ③ 10 m
Q9 ① 2 초 ② 20 m ③ 4 초 Q10 20 m/s
Q11 2 m/s²

Q3 A 기울기 : 2.5 m/s (A의 속력), B 기울기 : 2 m/s (B의 속력)

해설 | 기울기 A : $\frac{(16-6)\text{m}}{4\text{s}}$ = 2.5 m/s = A의 속력

기울기 B : $\frac{6\text{m}}{3\text{s}}$ = 2 m/s = B의 속력

직선 운동이고, 방향이 변하지 않으므로 속력과 속도의 크기는 같다.

Q4 6m/s

해설 |

평균 속도 (크기) = $\frac{\text{전체 변위}}{\text{걸린 시간}} = \frac{\text{8초까지의 그래프 아래 넓이}}{\text{걸린 시간}}$

$= \frac{48}{8} = 6\text{ m/s}$

Q5 (1) ① 가속도 : 3 m/s², 변위 = 이동 거리 = 36 m
② 가속도 : -2 m/s², 변위 = 이동 거리 = 12 m
③ 가속도 : -2 m/s² 변위 : 24 m, 이동 거리: 26 m (2) 25 m

해설 | (1) ① 가속도 = $\frac{12}{4} = 3(\text{m/s}^2)$,

운동 방향이 바뀌지 않고 직선 운동을 하였으므로

이동 거리 = 변위 = $3 \cdot 4 + \frac{1}{2} \cdot 3 \cdot 4^2 = 12 + 24 = 36(\text{m})$

② 가속도 = $\frac{-4}{2} = -2(\text{m/s}^2)$,

운동 방향이 바뀌지 않고 직선 운동을 하였으므로

이동 거리 = 변위 = $8 \cdot 2 + \frac{1}{2} \cdot (-2) \cdot 2^2 = 16 - 4 = 12(\text{m})$

③ 가속도 = $\frac{-2-10}{6} = -2(\text{m/s}^2)$,

변위 = $10 \cdot 6 + \frac{1}{2} \cdot (-2) \cdot 6^2 = 60 - 36 = 24(\text{m})$

이동 거리는 속도가 (+)일 때의 이동 거리와 속도가 (-)일 때의 이동 거리를 각각 구하여 합해야 한다.

속도가 0일 때까지 걸린 시간 $10 + (-2)t = 0$, $t = 5$(초)

정지할 때까지의 거리

$S_1 = 10 \times 5 + \frac{1}{2}(-2) \cdot 5^2 = 50 - 25 = 25\text{ m}$

정지 이후 5~6초의 거리 (시간 1초), $S_2 = \frac{1}{2}(-2) \cdot 1^2 = -1(\text{m})$

이동 거리 $S = S_1 + S_2 = 25 + 1 = 26\text{ m}$

(2) 속도가 0이 되는 곳의 위치는 출발점에서 25 m 떨어져 있다.

Q6 ① 45 m ② 30 m/s

해설 | ① $s = \frac{1}{2}gt^2 = \frac{1}{2} \cdot 10 \cdot 3^2 = 45\text{ m}$

② 3초 후 속도의 크기 $v = gt = 10 \cdot 3 = 30\text{ m/s}$

Q7 5 m

해설 | 10 m/s가 될 때까지 걸린 시간을 구하면

$10 = gt = 10t$, $t = 1$초 , 낙하 거리 $s = \frac{1}{2}gt^2 = \frac{1}{2} \cdot 10 \cdot 1^2 = 5(\text{m})$

Q8 ① 35 m/s ② 60 m ③ 10 m

해설 | ① 나중 속도 $v = 5 + gt = 5 + 10 \cdot 3 = 35(\text{m/s})$

② $s = v_0 t + \frac{1}{2}gt^2 = 5 \cdot 3 + \frac{1}{2} \cdot 10 \cdot 3^2 = 60\text{m}$

③ 속력이 15m/s가 될 때까지의 시간을 구하면 $v = v_0 + gt$ 에서 $15 = 5 + 10t$, $t = 1$(초)

낙하 거리 $s = v_0 t + \frac{1}{2}gt^2 = 5 \cdot 1 + \frac{1}{2} \cdot 10 \cdot 1^2 = 5 + 5 = 10(\text{m})$

Q9 ① 2초 ② 20m ③ 4초

해설 | ① 최고점에서의 속력은 0 이다.

그러므로 최고점에 도달하는 시간을 구하면 $v = v_0 - gt$ 에서

$0 = 20 + (-10)t$, $t = 2$(초)

② $s = v_0 t + \frac{1}{2}gt^2 = 20 \cdot 2 + \frac{1}{2}(-10) \cdot 2^2 = 40 + (-20) = 20(\text{m})$

③ 던진 곳으로 다시 돌아온 물체의 속도는 방향이 반대이고 속력은 같다. 던진 곳으로 다시 돌아올 때의 속도는 - 20 m/s 가 된다.

$v = v_0 - gt$ 에서 $-20 = 20 + (-10)t$, $t = 4$ 초

Q10 20 m/s

해설 | 최고점(속도 = 0)까지 걸린 시간 : 2초

$v = v_0 - gt$ 에서 $0 = v_0 - 10 \cdot 2$, $v_0 = 20\text{ m/s}$

Q11 2m/s²

해설 | 5타점 찍히는 데 걸리는 시간 : 0.1초

각 구간의 평균 속도(크기)

A : 20 cm/s, B : 40 cm/s, C : 60 cm/s, D : 80 cm/s

이 운동은 5타점(0.1초)마다 속력이 20cm/s 씩 증가하는 운동이다.

평균 가속도 = $\frac{20}{0.1} = 200\text{ cm/s}^2 = 2\text{ m/s}^2$

개념 확인 문제

정답	p91 ~ 93		
방향이 변하지 않는 물체의 운동			
25 ⑤	26 ①	27 ②	28 ①, ②, ⑤
29 (1) ② (2) 가로축 : 시간, 세로축 : 속도			
30 (1) ② (2) ① (3) ②			
31 (1) ④ (2) ④ (3) ⑤ (4) ② (5) ③			
32 (1) ④ (2) ③ (3) A: 48 m, B: 50 m			33 ③
34 ④	35 ④	36 9.9 m/s^2	37 ②
38 (1) ④ (2) ③		39 ③	40 0.2 초

25 ⑤

해설 | ㄱ. 등가속도 운동을 하려면 가속도가 지속적으로 유지되어야한다. $F = ma$ 에서 알 수 있듯이 가속도가 있으려면 힘도 지속적으로 작용해야 한다.

ㄴ. 등가속도 직선운동이므로 방향이 변하지 않기 때문에 평균가속도는 변하지 않는다.

ㄷ. 물체의 운동 방향과 힘의 방향은 반드시 일치하지 않는다.

ㄹ. 방향이 변하는 것도 속도가 변하는 운동이기 때문에 곡선 운동은 가속도 운동이다.

26 ①

해설 | 직선으로 속도가 일정하게 증가하거나 감소하는 운동이 등가속도 운동이다. 곡선 궤도는 속도와 가속도의 방향이 계속 변하므로 해당하지 않는다. 직선을 따라 속도가 일정하게 빨라졌다가 느려지는 경우, 가속도가 (+)이었다가 (-) 가 된다.

27 ②

해설 | 점이 찍힌 순서는 P → Q → R 이다. P ~ Q구간, Q ~ R구간 의 속도를 구하고 속도 변화량으로 가속도를 구하면 된다.

P ~ Q구간의 평균 속도 $v_1 = \dfrac{0.15}{0.1} = 1.5(m/s)$,

Q ~ R구간의 평균 속도 $v_1 = \dfrac{0.25}{0.1} = 2.5(m/s)$

∴ 가속도 $a = \dfrac{2.5 - 1.5}{0.1} = 10(m/s^2)$

28 ①, ②, ⑤

해설 | 진동수가 50 Hz 이므로 5 타점 당 0.1 초가 걸린다.

① 구간별 속도는 0.3 m/s, 0.4 m/s, 0.5 m/s, 0.6 m/s 이다.

∴ 가속도 $a = \dfrac{0.4 - 0.3}{0.1} = 1(m/s^2)$

② 가속도가 1 m/s^2 으로 등가속도 운동이므로 속도가 시간에 비례하여 증가한다.

③ 타점 간의 거리가 점점 벌어지고 있으므로 이동 거리는 시간에 비례하지 않는다.

④ 이웃 타점과의 시간 간격은 $\dfrac{1}{50}$ 초이다.

⑤ 운동 방향이 왼쪽이므로 왼쪽부터 타점이 찍힌 것이다.

29 (1) ② (2) 가로축 : 시간, 세로축 : 속도

해설 | 50 Hz 이므로 5 타점이 찍히는 시간 간격은 0.1초이다. A ~ E 의 구간 별 속력을 구하면, 0.2 m/s, 0.4 m/s, 0.6 m/s, 0.8 m/s, 1 m/s 이다. 가속도를 구하면 A ~ B : 2 m/s^2, B ~ C : 2 m/s^2, C ~ D : 2 m/s^2, D ~ E : 2 m/s^2 로 등가속도 운동을 한다.

(1) 종이테이프를 일정한 간격으로 잘라 붙이면 시간에 따른 속도를 표시할 수 있게 된다. 따라서 주어진 그림은 속도 - 시간 그래프이고, 기울기는 가속도를 의미하므로 그 값은 2 m/s^2 이다.

(2) 가로축 : 시간, 세로축 : 속도

30 (1) ② (2) ① (3) ②

해설 | (1) $a = 2$, $t = 10$ 이므로 $v = at = 20$ (m/s)

(2) $a = 2$, $t = 10$ 이므로

$s = \dfrac{1}{2}at^2 = \dfrac{1}{2} \cdot 2 \cdot 10^2 = 100$ (m)

(3) $2as = v^2 - v_0{}^2$ 이므로 $2 \cdot 2 \cdot 1 = v^2 - 0$, $v = 2$ (m/s)

31 (1) ④ (2) ④ (3) ⑤ (4) ② (5) ③

해설 | 동쪽을 +로 하였으므로 처음 속도는 10 m/s , 나중 속도는 -30 m/s 이다.

(1) $a = \dfrac{\text{속도 변화량}}{\text{시간}} = \dfrac{-30 - 10}{10} = -4(m/s^2)$, 서쪽으로 4 m/s^2 이다.

(2) $v = v_0 + at = 10 + (-4)t = 0$, $t = 2.5(s)$

(3) $t = 2(s)$ 이므로

$s = v_0t + \dfrac{1}{2}at^2 = 10 \cdot 2.5 + \dfrac{1}{2}(-4) \cdot 2.5^2 = 25 - 12.5 = 12.5(m)$

(4) $s = v_0t + \dfrac{1}{2}at^2 = 10 \cdot 10 + \dfrac{1}{2}(-4) \cdot 10^2$

$= 100 - 200 = -100$, 서쪽으로 100 m

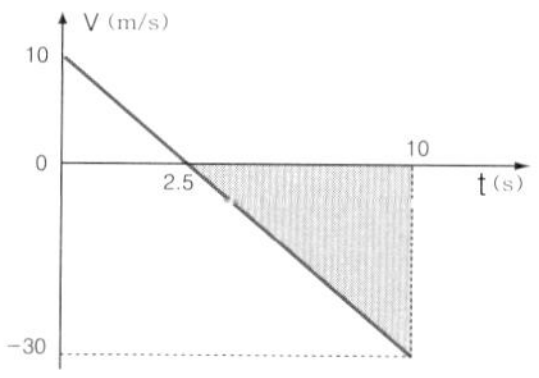

(5) 속도가 0 이 될 때(2.5 초)까지의 거리, 속도가 0 이후 10 초까지의 거리를 따로 계산하여 각각의 절대값을 구하여 합한다.

$s = 10 \cdot 2.5 + \dfrac{1}{2}(-4) \cdot 2.5^2 + \dfrac{1}{2} \cdot 4 \cdot 7.5^2 = 125(m)$

계산하는 것이 번거롭게 느껴진다면 그래프에서 구한다.

그래프에서 어두운 부분의 넓이를 (+)로 하여 합한다.

$s = \dfrac{1}{2} \cdot 10 \cdot 2.5 + \dfrac{1}{2} \cdot 30 \cdot 7.5 = 125(m)$

32 (1) ④ (2) ③ (3) A: 48 m, B: 50 m

해설 | (1) A와 B의 가속도, $a_A = \dfrac{-24}{4} = -6\ m/s^2$, $a_B = \dfrac{-20}{5} = -4\ m/s^2$ 이므로, 가속도 크기의 차는 2 m/s^2 이다.

(2) 속도 v 로 같아진다고 할 때,

$v = 24 + a_A t = 20 + a_B t$, $24 - 6t = 20 - 4t$, $t = 2$(s)이다.

(3) 이동한 거리는 그래프 아래 넓이와 같다.

A : $\frac{1}{2} \cdot 24 \cdot 4 = 48$(m), B : $\frac{1}{2} \cdot 20 \cdot 5 = 50$(m)

33 ③

해설 | 그래프를 그려 생각하면 편리하다.

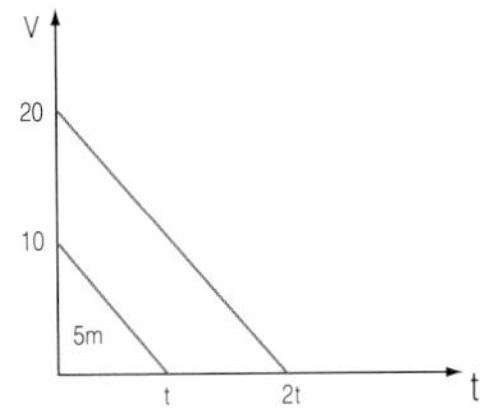

기울기(가속도)가 같으므로 10 m/s 자동차가 멈출 때까지 걸린 시간을 t라고 하면, 20 m/s 자동차가 멈출 때까지는 $2t$ 가 걸린다.

넓이의 비가 1 : 4 이므로 1 : 4 = 5 : 20 으로 20 m 이다.

34 ④

해설 | $s = \frac{1}{2}gt^2 = \frac{1}{2} \cdot 9.8 \cdot 2^2 = 19.6$(m)

35 ④

해설 | $v = gt = 9.8 \times 2 = 19.6$(m/s)

36 9.9 m/s^2

해설 | 40 방울이 낙하하는데 18 초가 걸렸고, 한 방울이 떨어지고 난 후 다른 방울이 낙하를 시작하므로 한 방울이 떨어지는 시간은 0.45 초이다. $t = 0.45$ 초, $s = 1$ m 이므로

$s = \frac{1}{2}at^2$, $1 = \frac{a}{2}(0.45)^2$, $a = \frac{2}{(0.45)^2}$ = 약 9.9 m/s^2 이다.

37 ②

해설 | $s = v_0 t + \frac{1}{2}gt^2$ → $15 = v_0 + \frac{1}{2} \cdot 10 \cdot 1^2$, $v_0 = 10$ m/s

38 (1) ④ (2) ③

해설 | (1) 가속도가 -10 m/s^2 이고 2 초 만에 $v = 0$ 이 되었으므로,

$0 = v_0 - gt$, $v_0 = gt = 10 \times 2 = 20$(m/s)

(2) $s = v_0 + \frac{1}{2}(-g)t^2 = 20 \times 2 + \frac{1}{2} \times (-10) \times 2^2 = 20$(m)

39 ③

해설 | 공기의 저항이 무시되므로 지면에 다시 떨어지는 순간에는 처음 속도와 반대 방향으로 -10 m/s 가 된다.

$v = v_0 - gt = 10 - 10t = -10$, $t = 2$(s)이다.

40 0.2초

해설 | 시간 t 를 구하는 문제이다. 이동 거리 s, 중력가속도 g 를 알고 있으므로 시간 t 는 다음과 같다.

$s = \frac{1}{2}gt^2$, $0.2 = \frac{1}{2} \cdot 10t^2$, $t = 0.2$(s)

개념 심화 문제

정답 p94 ~ 102

17 12 초　18 해설 참조　19 (1) 50 m (반대방향) (2) 80 m

20 ②　21 (가) (다) (마) (바)

22 (1) 65 m/s (2) $\frac{55}{8}$ m/s^2　23 ③　24 ④　25 ③

26 (가) (다) (라)　27 $\frac{160}{3}$ m

28 (1) -3 m/s^2 (2) 9 m/s　29 $\frac{10}{9}$ m/s^2

30 (1) -1 m/s^2 (2) 50 m　31 (1) 9.8 m/s^2 (2) 39.2 m

32 (1) 78.4 m (2) 2 초　33 40 m　34 A

35 (1) 3 초 (2) 75 m　36 6배

37 (1) 1080 m (2) 약 50.7 초　38 5초　39 (나) (라) (마)

17 12 초

해설 | 다시 만나려면 t 초까지 같은 거리를 가야 한다. 거리는 그래프 아래 넓이와 같고, t 는 8초 보다 크며, t 초 동안 이동 거리는 각각

A : $\frac{1}{2} \cdot 15 \cdot 8 + 15(t - 8)$, B : $10t$

두 값은 같아야 하므로 $\frac{1}{2} \cdot 15 \cdot 8 + 15(t - 8) = 10t$, $t = 12$(s).

18 해설 참조

해설 | 기울기가 속력이며, 0 ~ 2초, 2 ~ 6, 6 ~ 8초 구간에서 각각 등속도 운동을 한다. 구간별 속도(기울기)를 구하면,

0 ~ 2초 : $\frac{6}{2} = 3$(m/s) , 2 ~ 6초 : $\frac{8-6}{6-2} = 0.5$(m/s)

6 ~ 8초 : $\frac{10-8}{8-6} = 1$(m/s)

(그래프는 다음과 같다.)

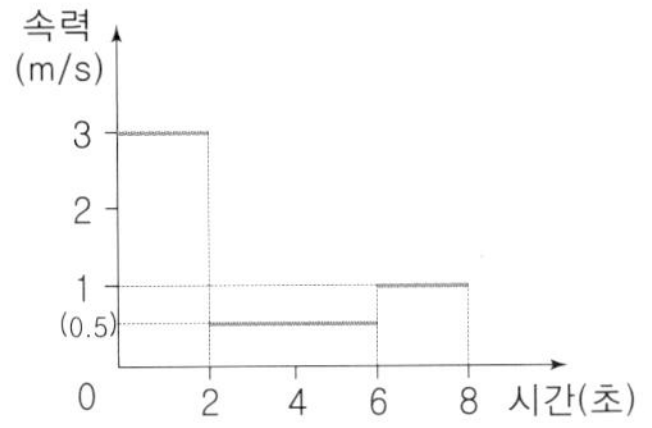

19 (1) 50 m (반대 방향) (2) 80 m

해설 | (1) 가속도는 기울기이다. $a = \frac{-20}{4} = -5$(m/s^2)

처음 속력 20 m/s, 10 초일 때의 속력 $v = 20 - 5 \times 10 = -30$(m/s)

변위의 크기는 식과 그래프 아래 넓이 두 가지로 구할 수 있다.

(식) $s = v_0 t + \frac{1}{2}at^2 = 20 \cdot 10 + \frac{1}{2} \cdot (-5) \cdot 10^2 = -50$(m)

(그래프 아래 넓이)

(0~4 초 (+)면적) + (4~10초 (-)면적) :

$\frac{1}{2} \cdot 4 \cdot 20 + \frac{1}{2} \cdot 6 \cdot (-30) = -50$(m)

(2) 0~8초 동안 이동한 거리를 구할 때, 그래프 넓이의 (-)부분도 이동한 거리로 해야 한다. 물체가 반대 방향으로 운동할 때도 이동한

거리는 늘어나기 때문이다. 8초 때의 속도는 -20 m/s 이다.

(0 ~ 4초) $\frac{1}{2} \cdot 4 \cdot 20 = 40(\text{m})$, (4 ~ 8초) $\frac{1}{2} \cdot 4 \cdot 20 = 40(\text{m})$,

0~8초 간 이동 거리는 40 + 40 = 80 m 가 된다.

20 ②

해설 | 그래프가 위치-시간 그래프이므로 기울기가 속도이다.
A, B, C 모두 기울기가 같고, 직선상에서 운동하며, 모두 2 초 동안 30 m 를 이동하였으므로 세 물체의 속도는 모두 $\frac{30}{2} = 15(\text{m/s})$이다.
그래프에서 A 는 0 초, B 는 1 초, C 는 2 초부터 운동을 시작하였음을 알 수 있다. 도착 지점은 모두 같으며 출발 지점도 모두 같다.

21 (가), (다), (마), (바)

해설 | (가),(나) 브레이크의 성능은 가속도 크기(∝힘)와 비례한다. 기울기가 가장 큰 A 의 브레이크 성능이 가장 좋다.
(다),(라) 미끄러진 거리는 그래프 아래 넓이이다. A 가 가장 길다.
(라) C 의 면적은 가장 작으므로 미끄러진 거리가 가장 짧다.
(마) 가속도 크기는 마찰력 크기에 비례하므로 가속도가 가장 큰 A 의 마찰력이 가장 크다.
(바) A와 B의 그래프 아래 넓이의 비가 2 : 1 이다.

22 (1) 65 m/s (2) $\frac{55}{8}$ m/s^2

해설 | 기름방울을 종이 테이프의 타점으로 생각한다.
(1) O 점에서 S 점까지 180 m에 9타점이 찍혔으므로 18 초가 걸렸다. 그러므로 이 구간에서의 속력은 10 m/s 이다. 이후 S ~ T 까지 4타점을 찍는 8 초 동안 등가속도 운동을 하며 300 m 를 갔다. v 를 시각 T 에서의 자동차 속도라고 할 때, 그래프로 그려보면,

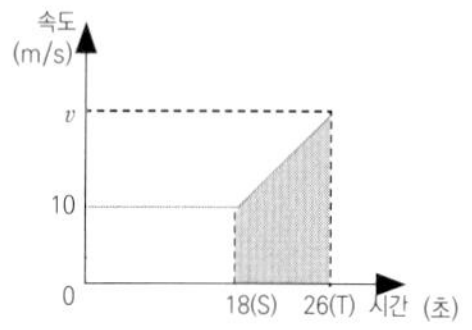

빗금 친 부분이 300 m가 되어야 한다.

$\frac{(10 + v) \times 8}{2} = 300$, $v = 65(\text{m/s})$이다.

(2) S ~ T 까지 속도는 55 m/s 가 증가하였고, 8 초가 걸렸으므로 (평균)가속도의 크기는 $\frac{55}{8}$ m/s^2 이다.

23 ③

해설 | ① 속력은 속도의 크기이다. 점 P, Q 점에서 접선의 기울기(순간 가속도)는 각각 (+)값, (-)값이다. 점 P의 속도는 (+)값이었고, 가속도도 (+)이므로 속도가 증가하고 있다. 점 Q의 속도는 (-)값이었고, 가속도도 (-)이므로 속도의 (-)값이 증가하고 있는 점이다.(예를 들어 -3→-4 으로 변한다.) 속력(빠르기)는 속도의 크기이므로 P, Q 점 모두 속력이 증가하고 있는 점이다.
② 예를 들어 P점은 속도가 +3에서 +4로 증가하고 있는 점이지만, Q점은 속도가 -3→-4 으로 변하여 감소하고 있는 점이다.
③ P 점에서의 접선의 기울기가 (+) 이므로 가속도는 0 보다 크다. Q 점에서의 접선의 기울기가 (-) 이므로 가속도는 0 보다 작다.
④ 속도가 P점은 (+), Q 는 (-) 이므로 서로 반대 방향으로 운동하고 있다.
⑤ 그림은 출발점을 출발하여 운동하다 어느 순간 속도가 0 이 되고 방향을 바꿔 되돌아오는 것이다. 그래프와 시간 사이의 넓이가 거리에 해당하고, Q점은 되돌아오기 시작하고 얼마 지나지 않은 곳에 위치하므로 P점보다 출발점에서 먼 위치에 있다.

24 ④

해설 | 등가속도 운동일 때 (s–t)그래프는 곡선으로 나타난다. (s–t)그래프에서 속도가 증가할 때는 아래로 볼록(접선의 기울기가 증가)이며, 속도가 감소할 때는 위로 볼록(접선의 기울기가 감소)하다. 그리고 속도가 +에서 -로 바뀌는 순간에는 속도가 0 이므로 (s–t)그래프에서 기울기가 0 이다. (v–t)그래프에서 면적은 변위이므로, 물체는 앞으로 운동하여 다시 되돌아오는 운동을 한다.

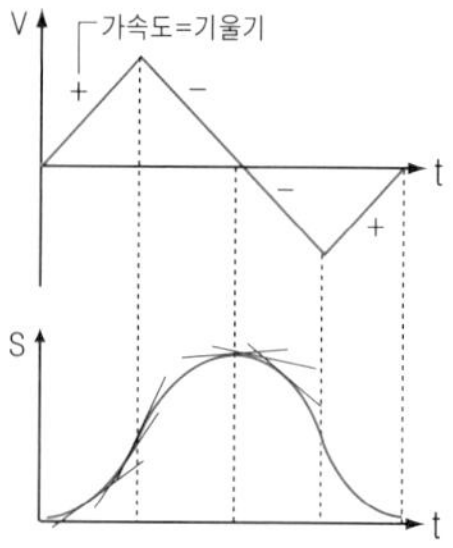

25 ③

해설 | ($v-t$) 그래프로 변형시키면 문제 해결이 쉽다.
($v-t$) 그래프에서
(0~4초 구간) 가속도가 (+)이고, 감소하므로 속도는 위로 볼록(접선의 기울기 감소)인 모양으로 계속 증가한다.
(4~6초 구간) 가속도가 (-)이고, 감소하므로 접선의 기울기가 감소하고, 속도도 감소한다.
(6~8초 구간) 가속도가 (-)이고 증가하지만, 속도는 감소하며, 아래로 볼록(접선의 기울기 증가)이다.
(8~10초 구간) 가속도가 (+)이고 증가하므로 속도도 증가하며, 아래로 볼록(접선의 기울기 증가)이다.

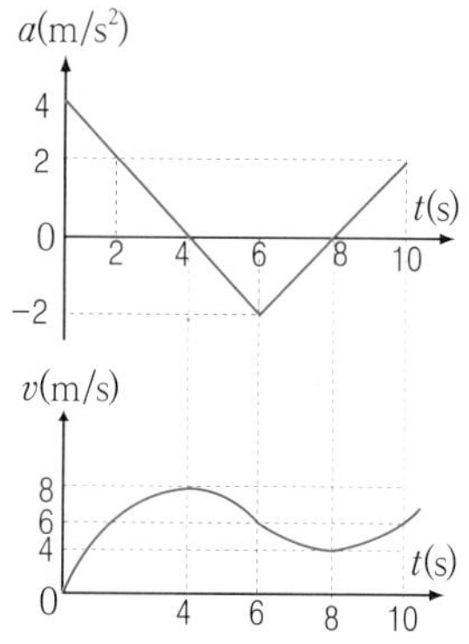

① 4초 때는 속력이 8 m/s, 10초 때는 속력이 6 m/s 이다.
② 8초 때 속력이 4 m/s 로 가장 작다.
③ 4초부터 물체의 속력은 감소하기 시작하므로 옳다.
④ 전 구간 속도는 (+)이므로 운동 방향이 바뀌지 않는다.
⑤ 처음 4초 동안 물체의 속력은 증가한다.

26 (가), (다), (라)

해설 | (가) A 의 변위는 감소하고, B 의 변위는 증가하므로 운동 방향은 서로 반대이다.
(나) $S_A = 100 - 20t$, $S_B = 5t$
AB사이의 거리(변위의 차) : $S_A - S_B = 100 - 25t$ 로 사간에 비례하지 않는다.

(다) 만나는 시간은 위치가 같아지는 때이다. A 는 처음에 100 m 떨어져 있다가 1 초에 20 m 씩 감소하고, B 는 처음 원점에서 1 초에 5 m 씩 떨어지므로

$s_A = 100 - 20t$, $s_B = 5t$, $100 - 20t = 5t$, $t = 4$(s). 4초일 때 만난다.

(라) 20 초 후의 위치

$s_A = 100 - 20 \times 20 = -300$, $s_B = 5 \times 20 = 100$ 이므로 A, B 사이의 거리는 400 m 이다.

(마) 기울기가 속도이므로, $v_A = -20$ m/s, $v_B = 5$ m/s 이다.

B에 대한 A의 상대 속도 : $v_A - v_B = -20 - 5 = -25$(m/s). (크기 : 25m/s)

27 $\frac{160}{3}$ m

해설 |

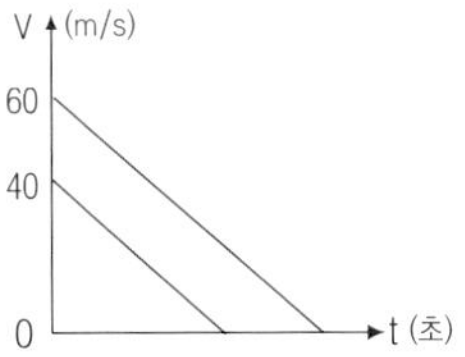

처음 속도가 60 m/s 이고 등가속도 운동을 하여 정지할 때까지 그래프를 그리고, 또, 처음 속도가 40 m/s 이고 기울기가 같게(가속도가 같게)하여 정지할 때까지 그래프를 그린다.

그려진 삼각형의 넓이는 이동 거리를 의미하며, 두 삼각형은 닮은꼴이며 닮음비는 60 : 40 = 3 : 2 이다. 닮음비가 3 : 2 일 때, 넓이의 비는 $3^2 : 2^2$ 이다. 큰 삼각형의 넓이(이동 거리)가 120 m 이므로,

$9 : 4 = 120 : s'$, s' (처음 속도 40 m/s 일 때 이동 거리) = $\frac{160}{3}$ m

〈식을 이용한 풀이〉 두 경우 가속도(∝제동력)는 같다.

(처음) $2as = v^2 - v_0^2 \rightarrow 2a \cdot 120 = 0^2 - 60^2$, $a = -15$ m/s^2

$2as = v^2 - v_0^2 \rightarrow 2 \cdot (-15) \cdot s' = 0^2 - 40^2$, $s' = \frac{160}{3}$ m

28 (1) -3 m/s^2 (2) 9 m/s

해설 | (1) 충돌할 때까지 걸린 시간(2초)와 처음 속도의 크기 (54 km/h = 15 m/s), 충돌할 때까지의 변위(24 m)를 알고 있으므로

$s = v_0 t + \frac{1}{2}at^2 \rightarrow 24 = 15 \cdot 2 + \frac{1}{2} \cdot a \cdot 2^2$, $a = -3$ m/s^2

(2) 처음 속도가 15 m/s , 가속도 -3 m/s^2 , 시간 2 초 이므로

$v = v_0 + at = 15 + (-3) \times 2 = 9$ m/s

29 $\frac{10}{9}$ m/s^2

해설 | 다음과 같이 거리(s)-시간(t), 속도(v)-시간(t) 그래프를 그려 보면 경찰차는 120 km/h 속도의 두 배가 되는 순간 과속 차량을 따라잡을 수 있다. (v-t 그래프의 면적이 이동 거리이다)

경찰차가 출발하여 1 분(60 초) 만에 속도가 240 km/h = $\frac{200}{3}$ m/s 가 되어야 하므로 경찰차의 가속도 $a = \frac{200}{3 \times 60} = \frac{10}{9}$ m/s^2 이다.

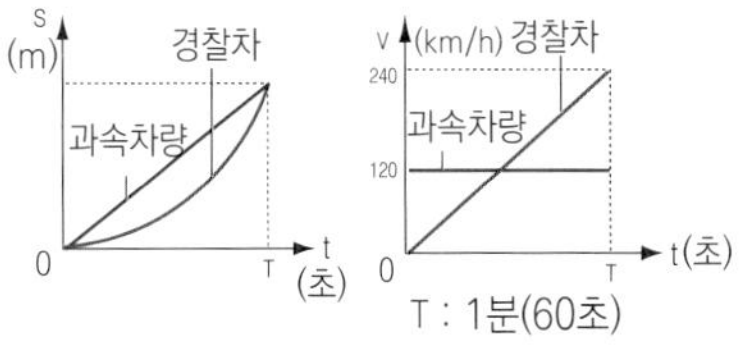

〈식을 이용한 풀이〉 120 km/h = $\frac{100}{3}$ m/s, 1분(60초) 동안 과속 차량과 경찰차의 변위가 같다. 과속 차량과 경찰차의 변위는 다음과 같다.

과속 차량 : $\frac{100}{3} \times 60 = 2000$, 경찰차 : $\frac{1}{2}at^2 = \frac{1}{2}a \times 60^2 = 1800a$

$\therefore 1800a = 2000$, $a = \frac{10}{9}$ m/s^2

30 (1) -1 m/s^2 (2) 50 m

해설 | 등가속도 운동을 하므로, 20초 후 P점을 다시 통과할 때는 속력이 반대 방향으로 10 m/s 가 되고(속도 : -10 m/s), 변위는 0이다. 아래와 같이 ($s-t$), ($v-t$) 그래프를 각각 그릴 수 있다.

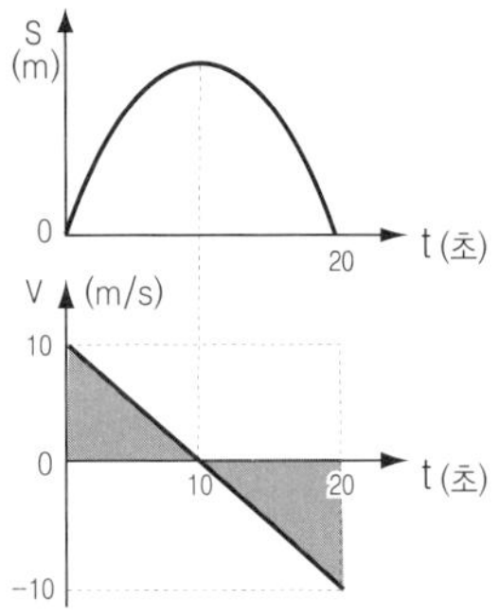

(1) (평균)가속도 = $\frac{-10 - 10}{20} = -1$(m/s^2)(($v-t$) 그래프의 기울기)

(2) 가장 멀리 떨어졌을 때는 변위가 가장 큰 10 초일 때이다. ($v-t$) 그래프에서 0 ~ 10 초까지의 넓이를 구하면 50 m 이다.

〈식을 이용한 풀이〉 처음 속도 10 m/s, 20초 후의 변위 = 0,

(1) $0 = v_0 t + \frac{1}{2}at^2 = 10 \cdot 20 + \frac{1}{2}a \cdot 20^2 \rightarrow a = -1$ (m/s^2)

(2) 등가속도 운동이고, 가장 멀리 떨어진 곳(s_m)에서의 속도 = 0 이다.

$2as = v^2 - v_0^2 \rightarrow 2 \cdot (-1) \cdot s_m = 0^2 - 10^2$, $s_m = 50$ m

31 (1) 9.8 m/s^2 (2) 39.2 m

해설 | (1) a(평균) = $\frac{29.4 - 0}{3} = 9.8$ m/s^2

(2) s'(중간층의 높이) = $\frac{1}{2}at^2 = \frac{1}{2} \cdot 9.8 \cdot 1^2 = 4.9$(m)

s'(옥상의 높이) = $\frac{1}{2} \cdot 9.8 \cdot 3^2 = 44.1$(m)(옥상의 높이)

중간층에서 옥상까지의 높이 = 44.1 - 4.9 = 39.2 m

32 (1) 78.4 m (2) 2 초

해설 | (1) A 점은 물체가 자유낙하하여 3 초 후의 점, B 점은 5 초 후의 점이다.($v = gt$, $9.8 \times 3 = 29.4$, $9.8 \times 5 = 49$)

A 점과 B 점 사이의 거리는 물체가 5 초 자유 낙하한 거리에서 3 초 자유 낙하한 거리를 빼면 된다.

$$s_{5초} - s_{3초} = \frac{g}{2}(5^2 - 3^2) = 78.4 \text{ m}$$

(2) 5 초 - 3 초 = 2 초

33 40 m

해설 | (v -t) 그래프는 그림과 같다. 기울기는 모두 10 m/s^2 이다.

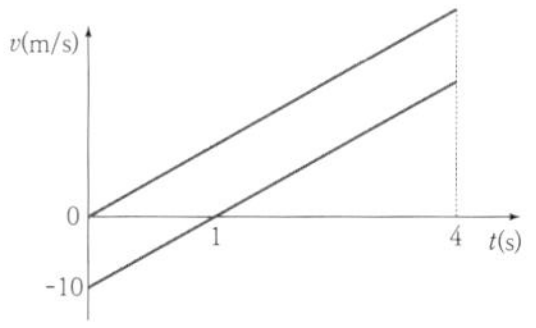

4 초까지의 변위를 비교하면 된다.

4 초 동안 자유낙하시킨 물체의 낙하 거리 (아래 방향 :+)

$$s_1 = \frac{1}{2} \times 10 \times 4^2 = 80(\text{m})$$

연직 위 방향으로 던진 물체의 4 초 후 변위(낙하 거리)는 아래 방향을 +로 하여 (가속도는 +10 m/s^2, 처음 속도는 -10 m/s 이다.)

$$s_2 = -10 \times 4 + \frac{1}{2} \times 10 \times 4^2 = 40(\text{m})$$

두 물체 사이의 거리 $s_1 - s_2 = 40$ m

34 A

해설 | A. 50 m/s 로 일정하게 낙하하려면 합력이 0 이 되어야 한다. 무게가 1000 N 이므로 반대 방향의 마찰력(공기저항력)의 크기도 1000 N 이다.

B. 2 초 동안 50 m/s 에서 5 m/s 로 감속하였다.

$\therefore$ 평균 가속도 = $\frac{5 - 50}{2} = \frac{-45}{2} = -22.5$ m/s^2

F (평균 알짜힘 크기) = ma = 100 × 22.5 = 2250(N)

C. 등속 운동을 할 때는 힘의 평형 상태이다. 무게가 1000 N 으로 변하지 않으므로 공기저항력의 크기도 1000 N 이다.(서로 반대 방향)

35 (1) 3 초 (2) 75 m

해설 | (1) A가 낙하한 거리(자유낙하 거리) + B가 상승한 거리(위로 던진 물체의 변위) = 120 m

$\therefore s_A + s_B = \frac{1}{2}gt^2 + 40\text{t} + \frac{1}{2}(-g)t^2 = 40t = 120,\ t = 3(\text{s})$

(2) A와 B가 만나는 높이는 3초 동안 B가 상승한 높이이다.

$$s_B = 40 \cdot 3 + \frac{1}{2}(-10) \cdot 3^2 = 75(\text{m})$$

36 6배

해설 | 지구 표면과 달 표면에서의 중력 가속도를 각각 g, g'라 하면, 문제의 조건은 $mg' = \frac{1}{6}mg$ 이고, $g' = \frac{1}{6}g$ 이다.

올라가는 최고 높이 H, 중력 가속도 g, 처음 속력 v_0 라고 할 때, 최고점에서의 속도는 0 이므로,

$2as = v^2 - {v_0}^2 \rightarrow 2gH = 0^2 - {v_0}^2,\ H = \frac{{v_0}^2}{2g}$

는 v_0 는 같으므로, H 는 중력 가속도에 반비례한다.

그러므로 중력 가속도가 지구 표면의 $\frac{1}{6}$ 인 달 표면에서 올라가는 최고 높이는 지구 표면에서의 6배가 된다.

37 (1) 1080m (2) 약 50.7(s)

해설 | (1) 가속도 2 m/s^2 로 30 초 동안 상승하였으므로 연료가 떨어진 순간의 속도는 $v = at$ = 60(m/s)다. 이후 중력 가속도 -10 m/s^2의 운동을 하므로 속도가 0 이 될 때까지는 6 초가 걸린다.

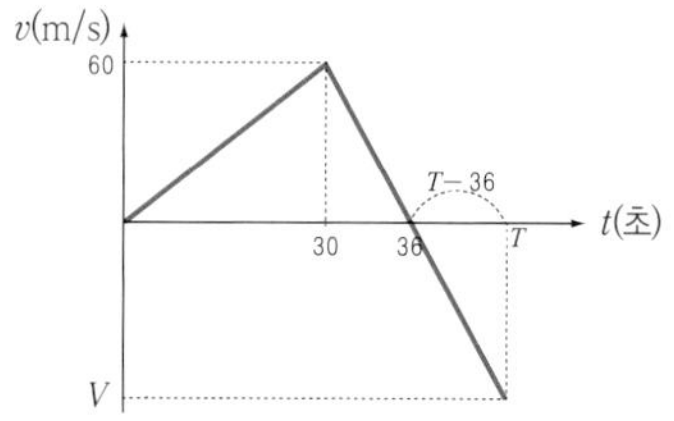

v-t 그래프를 위와 같이 그릴 수 있다. 최고 높이는 속도가 0이 되는 순간까지의 그래프 아래 넓이이며, $\frac{1}{2} \cdot 60 \cdot 36$ = 1080(m) 이다.

(2) 지면으로 돌아오는데 걸리는 시간 T를 구해야 한다. 물체는 0~36초 동안은 위로 올라가며, 36초 이후는 속도가 (-)로 되어 떨어진다.

36초 지점 이후 그래프는 가속도(기울기)가 -10 m/s^2 인 등가속도 운동의 그래프이다. 0 ~ 36초(상승)의 아래 넓이와 36 ~ T(하강)의 시간축과 이루는 넓이가 같으면 지면에 도달한다.(V : 지면에 닿을 때의 속도)

$1080(0\sim36초) = \frac{1}{2}V(T - 36),\quad \frac{V}{(T - 36)} = 10(기울기)$

$1080 = \frac{1}{2} \cdot 10(T - 36)^2$

$T = 6\sqrt{6} + 36$ = 약 50.7(s) ($\sqrt{6} \fallingdotseq 2.45$)이다.

38 5초

해설 | 열기구에서 떨어뜨렸으므로 물체의 처음 속도는 연직 상승하는 방향으로 9 m/s 를 유지한다. 연직 아래 방향을 + 방향으로 하면 처음 속도는 -9 m/s, 지면까지의 변위는 80 m 이다.

$\therefore 80 = -9t + \frac{1}{2} \cdot 10 \cdot t^2,\quad t = 5초$

39 (나), (라), (마)

해설 | (가) 모든 물체가 중력가속도 크기로 등가속도 운동을 하기 때문에 물체가 위로 상승하지는 않는다.

(나) 캡슐 안은 무중력 상태이고, 물방울 표면에서는 표면장력만 나타나 구의 모양이 유지된다.

(다) 원래 촛불이 탈 때에는 촛불 주변이 따뜻해져 대류 현상에 의해 주변의 공기가 상승하여 촛불도 위로 향하는 모습이 되고, 산소를 공급받을 수 있다. 그런데 캡슐 안은 무중력 상태이므로 대류 현상이 나타나지 않아서 촛불은 동그란 모습이 되고, 주변에서 산소를 공급받지 못하므로 그 자리에서 동그란 모습으로 타다가 이내 꺼진다.

(라)(마) 자유낙하하는 실험 캡슐 내부는 무중력 상태를 이루므로 무게는 0이 되고, 단진자는 움직이지 않는다.

Ⅱ. 힘과 여러 가지 운동 (3)

개념 보기

Q12 ① 1 ~ 3 위치 사이 : $5\sqrt{2}$ m/s² 의 크기로 남서쪽
② 3 ~ 5위치 사이 : $5\sqrt{2}$ m/s² 의 크기로 북서쪽
Q13 10 m　　Q14 600 m

Q12 ① 1 ~ 3 위치 사이 : $5\sqrt{2}$ m/s² 의 크기로 남서쪽
② 3 ~ 5위치 사이 : $5\sqrt{2}$ m/s² 의 크기로 북서쪽

해설 | ① 1 ~ 3위치 사이 (걸린 시간 2초) ② 3 ~ 5 위치 사이(걸린 시간 2초)의 평균 가속도는 크기는 서로 같고 방향만 달라진다.

평균 가속도(a)크기 = $\dfrac{v_2 - v_1}{t} = \dfrac{10\sqrt{2}}{2} = 5\sqrt{2}$ m/s²

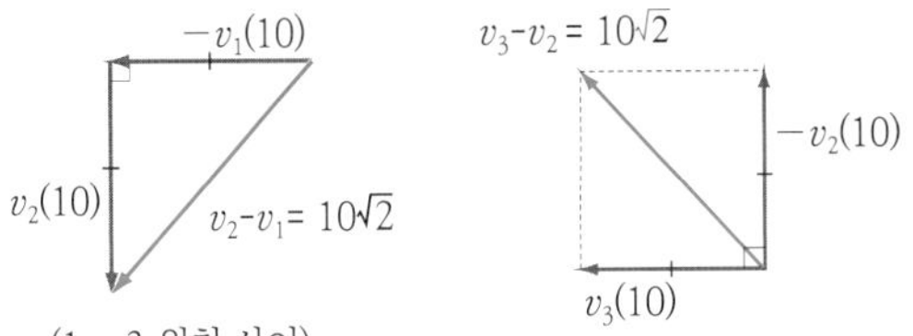

(1 ~ 3 위치 사이)　(3 ~ 5 위치 사이)

① 1 ~ 3위치 사이 : $5\sqrt{2}$ m/s² 의 크기로 남서쪽
② 3 ~ 5위치사이 : $5\sqrt{2}$ m/s² 의 크기로 북서쪽

Q13 10 m
해설 | 속도의 수평 방향의 성분은 변하지 않고 계속 유지되기 때문에 수평 방향으로는 5m/s의 등속운동한다.

$\therefore R = v \cdot t = 5 \times 2 = 10$ m

Q14 600 m
해설 | 수평 방향으로는 처음 속도의 x 성분(수평 방향 성분)으로 등속운동한다.

$\therefore R = v_{0x} \cdot t = 60 \times 10 = 600$ m

개념 확인 문제

정답	p106 ~ 109

방향이 변하는 물체의 운동
41 C　42 ④
43 (1) ④ (2) ① (3) ② (4) ⑤ (5) ④ (6) ④
44 ⑤　45 (라)　46 ③　47 ④
48. (1) ③ (2) ③ (3) ③　49 ②, ⑤
50 속도의 방향 : B, 가속도의 방향 : C　51 (1) ③ (2) ①
52 ⑤　53 ①　54 ①　55 ①, ②, ④　56 ①

41 C
해설 | 원운동하는 물체의 진행 방향은 항상 원의 접선 방향이다. 시계 방향으로 돌고 있다면 C, 시계 반대 방향으로 돌고 있다면 A이다.

42 ④
해설 | 등속 원운동의 특징은 힘이 계속 작용하나 속력에는 변화가 없고 운동 방향에만 변화가 있다. 물체의 운동 방향을 바꾸기 위해서는 물체에 수직으로 힘이 작용해야 한다.

43 (1) ④ (2) ① (3) ② (4) ⑤ (5) ④ (6) ④
해설 | (1) 원주는 $2\pi r$ = 6 m 이고 1 회전에 0.5 초가 걸린다.(주기)

$\therefore v = \dfrac{6}{0.5}$ m/s = 12 m/s

(2) 10 회전에 5 초 걸리므로 주기는 0.5 초이다.

(3) $f = \dfrac{1}{T} = 2$ Hz

(4)

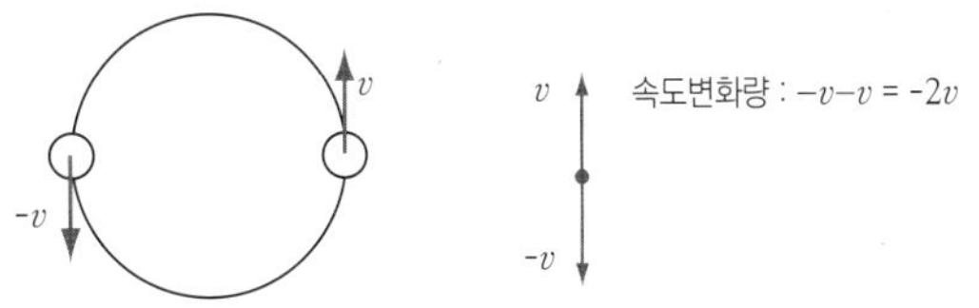

0.25 초 동안 반 바퀴를 돈다. 0 초일 때와 0.25 초일 때의 속력은 서로 같고, 방향은 반대이다. 그러므로 속도 변화량(크기)은 $2v$ = 24 m/s 이다.

$\therefore$ 평균 가속도(크기) = $\dfrac{\text{속도 변화량}}{\text{걸린 시간}} = \dfrac{24}{0.25}$ = 96 m/s²

(5) a(크기) = $\dfrac{v^2}{r} = \dfrac{12^2}{1}$ = 144 m/s² 이다.

(6) F(크기)= ma = 144 × 0.5 = 72(N)이다.

44 ⑤
해설 | $v = \dfrac{2\pi r}{T}$, $T = \dfrac{2\pi r}{v}$ 이다.

1 분(60 초)에 30 회전을 하므로, 1 회전 시간(T:주기)은 2 초이다. 반지름 r = 0.2(m) 이므로

$v = \dfrac{2\pi r}{T} = \dfrac{2 \cdot 3 \cdot (0.2)}{2}$ = 0.6(m/s)

45 (라)
해설 | 회전 목마에서는 A 와 B 의 회전 주기 T 는 서로 같지만 반지름과 원주가 다르므로 속력이 서로 다르다.
(가) 두 어린이의 속력은 다르다.
(나), (다), (라) A 가 더 바깥쪽이므로 B보다 속력이 더 빠르나, 회전수는 서로 같다.

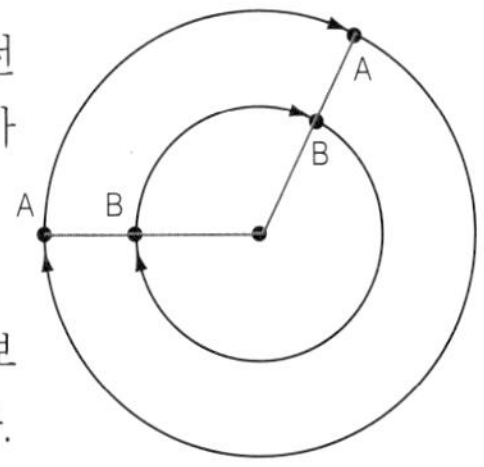

46 ③
해설 | v = 30 m/s , r = 300 m

구심 가속도 크기 $a = \dfrac{v^2}{r} = \dfrac{30^2}{300}$ = 3(m/s²)

47 ④
해설 | 네 개 바퀴의 회전 주기는 모두 같다.

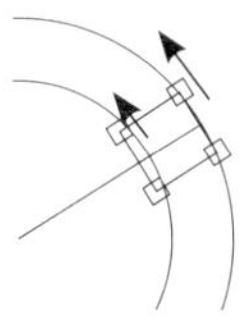

회전 주기를 T 라 할 때 $T = \frac{2\pi r}{v}$, $v = \frac{2\pi r}{T}$

바퀴가 받는 힘은 원운동에 의한 구심력이다.

$F = \frac{mv^2}{r} = \frac{m}{r}\left(\frac{2\pi r}{T}\right)^2 = 4\pi^2 m \frac{r}{T^2}$ (반지름에 비례)

좌측 두 바퀴의 반지름은 각각 같고, 우측 두 바퀴의 반지름도 각각 같으나, 우측 두 바퀴의 반지름이 더 크므로 작용하는 구심력도 더 크다.

48 (1) ③ (2) ③ (3) ③

해설 | (1) T (주기 : s) = $2\pi\sqrt{\frac{l}{g}}$ 이므로 $T = 2 \times 3\sqrt{\frac{10}{10}} = 6(s)$

(2), (3)주기는 단진자의 질량이나 진폭과는 무관하므로(진자의 등시성) 주기는 변동없이 6 초이다.

49 ②, ⑤

해설 | 주어진 그래프를 보면, 추의 질량의 변화는 주기에 영향을 주지 않고, 진자의 길이가 길어질수록 주기가 길어짐을 알 수 있다.

① 질량과 주기는 무관하다.

② 진자의 길이를 줄이면(짧게 하면) 주기가 줄어든다는 것을 그래프를 보면 알 수 있다.

③ 가장 낮은 곳에서는 위치에너지가 모두 운동에너지로 전환된 시점이므로 가장 빠르다. 그러나 그래프로 알 수 있는 것은 아니다.

④ 중력 가속도는 극지방에서 더 크다. T (주기 : s) = $2\pi\sqrt{\frac{l}{g}}$에서 g값이 커지기 때문에 극지방에서 T 는 짧아진다.

⑤ 질량이 커져도 진자의 길이는 일정하므로 주기는 변하지 않는다.

50 속도의 방향 : B, 가속도의 방향: C

해설 | 속도의 방향은 이동 경로의 접선 방향이므로 B 이다. 물체는 중력 만을 받고 있고, 중력 방향으로 가속도가 발생하므로, 가속도의 방향은 C 이다.

51 (1) ③ (2) ①

해설 | (1) 연직 방향으로는 자유 낙하 운동이다.

s(낙하 거리) = $\frac{1}{2}at^2$ 이므로 $19.6 = \frac{1}{2} \times 9.8t^2$, $t = 2$(s)이다.

(2) 수평 방향의 힘이 작용하지 않기 때문에 수평 방향은 처음 속도와 같은 등속 운동이다. 2초 동안 운동한다.

s(수평 방향 이동 거리) = $5 \times 2 = 10$(m)

52 ⑤

해설 | 던져진 물체는 운동을 하는 동안 중력만 받는다. 중력은 연직 아래 방향이고, 가속도와 방향이 같다.

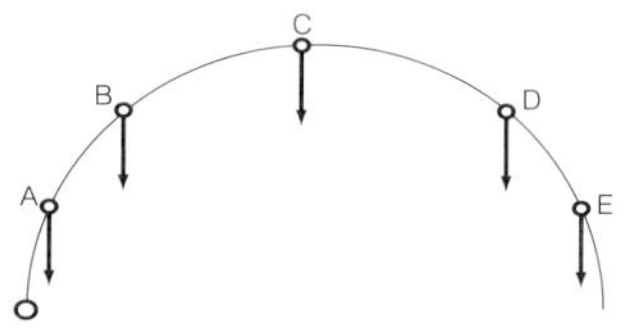

53 ①

해설 | (가) A가 위로 올라갔다가 원래의 위치에 도달한 후 B와 같은 연직 아래로 던진 운동을 한다. C는 연직 방향으로는 자유낙하운동이므로, 동시에 출발했을 때 B→C→A 순으로 지면에 도달한다.

(나) 처음 위치에서 같은 높이, 같은 속력이므로 각각의 역학적 에너지는 모두 같다. 지면에 떨어지는 동안 위치 에너지가 운동 에너지로 전환되며, A, B, C 모두 지면에 도달할 때의 운동 에너지는 서로 같으므로 속력도 같다.

(다) 각 경우의 가속도는 중력 가속도로 A, B, C 모두 같다.

(라) 운동 도중에는 중력만을 받으므로 A, B, C 모두 힘의 크기가 같다.

54 ①

해설 | A, B 의 수직 성분의 속력은 모두 gt 로 같다. 따라서 같은 시간에 같은 높이에 있게 된다. 그런데 떨어지는 시간 동안 B는 A를 향해 수평 방향의 속력 v_0 로 접근하므로, 결국 A와 B는 서로 만나게 된다.

55 ①, ②, ④

해설 | 중력장에서 물체는 연직 아래 방향의 중력만을 받으므로 물체의 연직 방향 속도만 변하게 된다. 공중에 떠있는 시간, 최고점의 높이 등은 물체의 연직 방향 속도로 구할 수 있다.

① 운동 중에는 연직 아래 방향의 중력만을 받기 때문에 같은 가속도(방향, 크기)를 가지는 등가속도 운동을 한다.

⑤ A 와 B 의 최고점의 높이가 같다. 이는 처음 속도의 연직 성분의 크기가 같다는 뜻이다.

④ 그러므로 A 와 B 가 공중에 머물러 있는 시간은 같다.

③ A, B 의 차이점이라면 수평으로 이동한 거리이다. 같은 시간 동안 운동하였기 때문에 거리의 비가 수평 성분 속력의 비와 같다. 수평 도달 거리 A : 거리 B = $R : 2R = v : 2v$

② 처음 속력은 수직과 수평 성분의 속도를 평행사변형법으로 더한 것이므로 처음 속력 $v_B > v_A$ 이다.

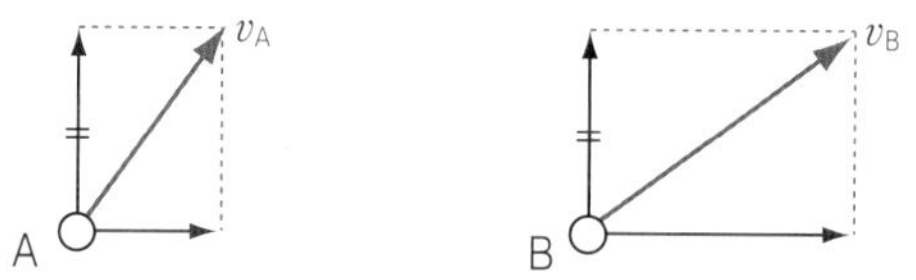

56 ①

해설 | A, B는 연직 방향으로는 모두 자유낙하운동하므로, 같은 시간 동안 같은 거리를 낙하하므로 결국 충돌하게 된다. 속도의 수평 방향 성분은 운동 중에 변하지 않는다. 수평 방향으로 50 m 떨어져 있으므로 낙하하는 거리와 관계없이 A 와 B 는 1 초 후에 충돌한다.

공 A, B는 1 초 동안 자유낙하를 하므로 1 초 동안 낙하한 거리를 구하면 된다.

s(낙하 거리) = $\frac{1}{2}gt^2$ = 4.9 m

개념 심화 문제

정답	p110 ~ 113

40 $\frac{R}{2}$ 41 2 : 9 42 $\frac{2}{9}$ m

43 (1) T_1 = 42.25 N, T_2 = 29.75 N (2) 43.2 N

44 $\frac{-L + \sqrt{L^2 + \frac{4mv^2}{k}}}{2}$

45 장력 : $mg + \frac{mv^2}{l}$, 가속도 : $\frac{v^2}{l}$ (연직 위 방향)

46 2 mg 47 (1) 405 m (2) 1080 m (3) 150 m/s

48 (1) 1 초, 10 m/s(수평방향) (2) 5 m (3) 20 m (4) 10 $\sqrt{2}$ m/s

49 $\frac{gl^2}{2{v_0}^2\cos^2\theta}$

40 $\frac{R}{2}$

해설 | 고무 마개(m)가 구심력만큼 추(M)를 들어 올리고 있다.

구심력 $F = \frac{mv^2}{R}$ 이고, 추의 무게는 Mg 이고, 구심력과 추의 무게가 같으므로 $\frac{mv^2}{R} = Mg$, $R = \frac{mv^2}{Mg}$ 이다.

v가 같고 M이 두 배가 되므로 반지름은 $\frac{R}{2}$ 이 된다.

41 2 : 9

해설 | A의 구심력 $F_A = \frac{mv^2}{R}$ 이라고 하면,

B의 구심력은 $F_B = \frac{m(3v)^2}{2R} = \frac{9mv^2}{2R}$ 이다.

그러므로 구심력의 비는 2 : 9 이다.

42 $\frac{2}{9}$ m

해설 | 마찰력 ≥ 구심력이 되어야 물체가 미끄러지지 않는다.

마찰력 크기 $F = \mu N = \mu mg = 0.2 \times 2g = 0.4g$, 구심력 크기: $\frac{mv^2}{R}$

$T = \frac{1}{f} = \frac{2\pi R}{v}$, v 를 구하여 구심력에 대입하면,

구심력 $= \frac{m}{R} \times \frac{(2\pi R)^2}{T^2} = \frac{4\pi^2 mR}{T^2}$

마찰력 ≥ 구심력 이므로, $0.4g \geq \frac{4\pi^2 mR}{T^2} \rightarrow \frac{0.4gT^2}{4\pi^2 m} \geq R$

$\frac{2}{9} \geq R$, 최대로 중심에서 $\frac{2}{9}$m 떨어진 곳에 물체를 놓을 수 있다.

43 (1) T_1 = 42.25 N, T_2 = 29.75 N (2) 43.2 N

해설 |

세변의 길이가 5, 4, 3 의 비로 이뤄진 직각 삼각형을 생각한다.

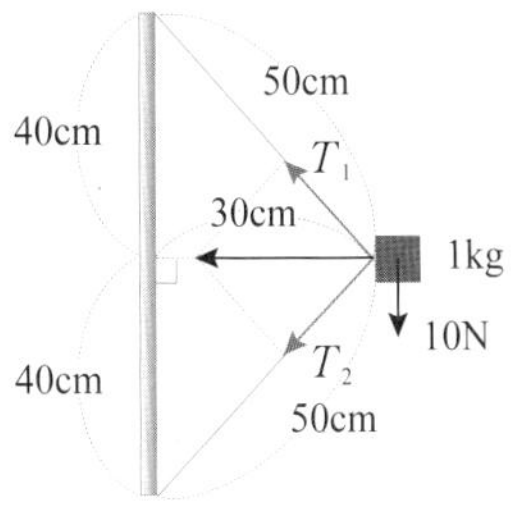

(1) T_1, T_2 의 수평 성분의 힘의 합이 구심력 F 이다. 연직 방향으로는 T_1 의 수직 성분의 힘 = T_2 의 수직 성분의 힘 + 물체가 받는 중력이 성립한다.

$F = \frac{mv^2}{R} = \frac{m}{R}(2\pi Rf)^2 = 4\pi^2 mRf^2$ 이다. ($v = 2\pi Rf$)

→ 수평 성분 : $\frac{3}{5}T_1 + \frac{3}{5}T_2 = 4\pi^2 mRf^2 = 4\pi^2 \cdot 1 \cdot (0.3) \cdot 2^2 = 43.2$

$\therefore T_1 + T_2 = 72$

→ 연직 성분 : $\frac{4}{5}T_1 = \frac{4}{5}T_2 + mg$ $\therefore T_1 - T_2 = \frac{25}{2}$

두 식을 연립하면, T_1 = 42.25 N, T_2 = 29.75 N

(2) 물체에 작용하는 구심력 외에 다른 힘들은 모두 상쇄된다.

알짜힘 = 구심력 $F = 4\pi^2 mRf^2 = 4 \cdot 3^2 \cdot 1 \cdot (0.3) \cdot 2^2$ = 43.2 N

44 $\frac{-L + \sqrt{L^2 + \frac{4mv^2}{k}}}{2}$

해설 | 용수철의 탄성력 = 구심력, $\therefore kx = \frac{mv^2}{r}$

원운동 반경 r 은 원래 용수철의 길이 L 에 늘어난 길이 x 를 더한 것이므로 $r = L + x$ 이다. 대입하여 x 로 정리하면

x 에 대한 이차식 $x^2 + Lx - \frac{mv^2}{k} = 0$

근의 공식을 이용하면 $x = \frac{-L \pm \sqrt{L^2 + \frac{4mv^2}{k}}}{2}$ 이고,

x 는 양수이므로 $x = \frac{-L + \sqrt{L^2 + \frac{4mv^2}{k}}}{2}$ 이다.

45 장력 : $mg + \frac{mv^2}{l}$, 가속도 : $\frac{v^2}{l}$ (연직 위 방향)

해설 | 진자의 운동 : 연직 원운동의 일부라고 생각할 수 있다.

· 최하점에서는 물체의 속력≠0 이므로 연직 방향으로 구심력이 나타나며, 연직 방향으로 중력, 구심력, 끈의 장력이 작용한다.
최하점에서 물체에 작용하는 알짜힘은 구심력이므로 구심가속도 ($= \frac{v^2}{l}$)가 나타난다.

· 최하점에서의 끈의 장력의 크기는 (중력 + 구심력)의 크기 = $mg + \frac{mv^2}{l}$ 이다.

46 2mg

해설 | 위쪽 방향을 +라고 하자. 물체에는 아랫방향으로 중력, 원의 중심으로 향하는 구심력, 실의 장력(T)이 작용한다. 방향까지 고려하여 중력과 장력의 합이 구심력이 되어야 한다. 최고점에서의 장력의 크기를 T_1, 최저점에서의 장력의 크기를 T_2 라고 하면,

최고점의 구심력 : $-mg - T_1 = -\frac{mv^2}{r}$, $T_1 = \frac{mv^2}{r} - mg$

최하점의 구심력 : $-mg + T_2 = \frac{mv^2}{r}$, $T_2 = \frac{mv^2}{r} + mg$

최고점과 최하점의 장력의 차(크기) : $(T_2 - T_1) = 2mg$

47 (1) 405 m (2) 1080 m (3) 150 m/s

해설 | (1) 9 초 동안 자유 낙하한 거리이므로

$h = \frac{1}{2}gt^2 = \frac{1}{2} \cdot 10 \cdot 9^2 = 405$ m

(2) 수평 속도 성분은 변하지 않으므로 폭탄의 수평 속력은 120 m/s 이다. 9초 동안 운동하였으므로 $R = 120 \times 9 = 1080$ m

(3) 폭탄의 수평 성분의 속도는 120 m/s , 자유 낙하이므로 수직 성분의 속도는 $v = gt = 10 \times 9 = 90$ m/s

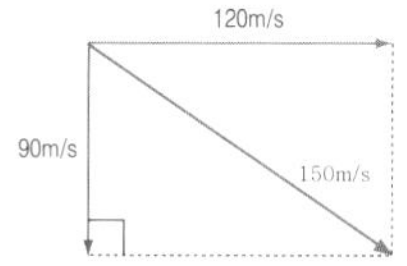

두 속도의 합이 바닥과 충돌할 때의 실제 속도 150 m/s 이다.

48 (1) 1초, 10 m/s(수평 방향) (2) 5 m (3) 20 m (4) $10\sqrt{2}$ m/s

해설 |

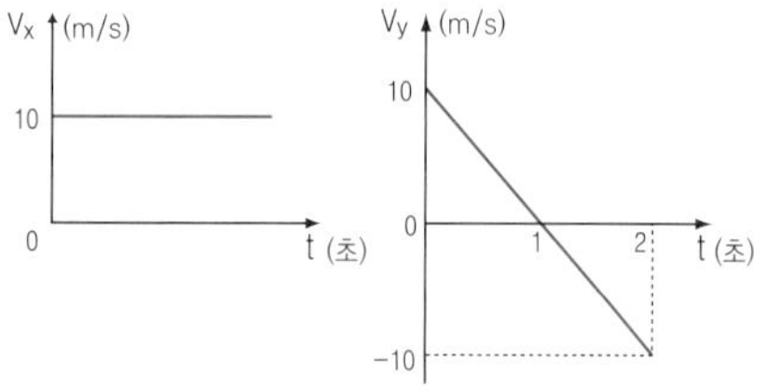

수평 성분 속도 v_x , 연직 성분 속도 v_y 의 v-t 그래프이다.

(1) v_y 가 0 이 될 때까지의 시간인 1초가 최고점 도달 시간이다. v_x 는 10 m/s 를 유지하므로 최고점의 속도는 수평 방향 10 m/s 이다.

(2) 최고점의 높이는 v_y 그래프에서 0~1 초 사이의 넓이 5 m 이다.

(3) 수평 방향은 등속 운동이고, 운동 시간은 2초이므로 $10 \times 2 = 20$ m 이다.

(4) 운동의 대칭성에 의해 처음 속도 v_0 와 같은 $10\sqrt{2}$ m/s 이다.

49 $\frac{gl^2}{2v_0^2\cos^2\theta}$

해설 | 처음 속도의 수평 방향 속도는 $v_0\cos\theta$, 연직 방향 속도는 $v_0\sin\theta$ 이다. 물체가 운동할 때 수평 방향은 $v_0\cos\theta$ 의 등속 운동, 연직 방향은 $v_0\sin\theta$ 로 위로 던진 운동이 된다. 벽에 충돌할 때까지의 시간을 t 로 할 때 수평 거리 $l = v_0\cos\theta \times t$ 이다.

∴ 벽에 충돌할 때까지의 시간 $t = \frac{l}{v_0\cos\theta}$ 이다.

A 점에서 물체가 운동함과 동시에 B 점에서 물체를 자유낙하시키면 C 점에서 만나므로 B 에서 C 까지의 거리는 B 점에서 자유 낙하시킨 물체가 $t = \frac{l}{v_0\cos\theta}$ 동안 떨어진 거리라고 할 수 있다.

$$s_{BC} = \frac{1}{2}g\left(\frac{l}{v_0\cos\theta}\right)^2 = \frac{gl^2}{2v_0^2\cos^2\theta}$$

Ⅱ. 힘과 여러 가지 운동 (4)

개념 보기

Q15 8 N　Q16 5 N (오른쪽)　Q17 $\frac{75}{4}$ N

Q18 300 N (오른쪽)　Q19 650 N

Q15 8 N

해설 | 물체의 가속도 $a = \frac{20 - 0}{5} = 4$ m/s^2

물체가 받은 힘 $F = ma = 2$ kg $\times$ 4 m/s^2 = 8 N

Q16 5 N (오른쪽)

해설 |

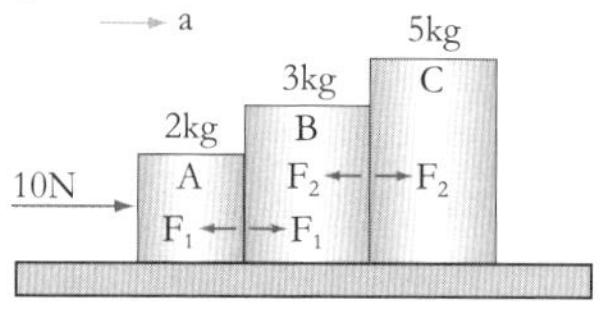

전체 10 kg 의 물체를 10 N 의 힘으로 밀고 있으므로

$10 = 10a$ $(F = ma)$, $a = 1$ m/s^2

A : $10 - F_1 = 2a = 2$, $F_1 = 8$ N

B : $F_1 - F_2 = 3a = 3$, $F_2 = 5$ N　C : $F_2 = 5a = 5$ N

B가 C를 미는힘 F_2 는 5 N 이다.

A, B, C 가 받는 알짜힘은 각각 2 N, 3 N, 5 N 이고 합하면 전체가 받는 힘인 10 N 이 된다.

Q17 $\frac{75}{4}$ N

해설 |

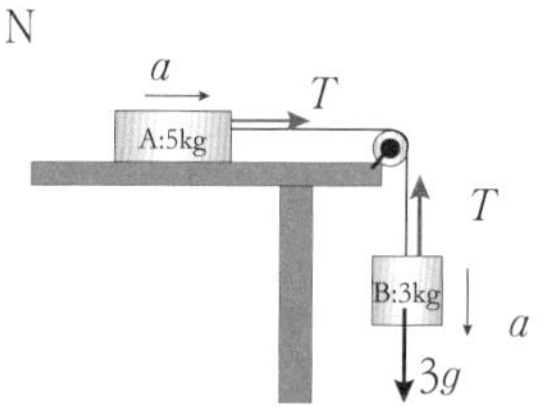

A : $T = 5a$　B : $3g - T = 3a$

$8a = 3g$, $a = \frac{3}{8}g$, $T = 5a = \frac{15}{8}g = \frac{150}{8}$ N $= \frac{75}{4}$ N

Q18 300 N (오른쪽)

해설 | $2as = v^2 - v_0^2$ 에서

$$a = \frac{v^2 - v_0^2}{2s} = \frac{0^2 - 20^2}{2 \times 40} = -5 \text{ m/s}^2 \text{ (왼쪽)}$$

승용차의 가속도는 왼쪽으로 5 m/s^2 이다.

따라서, 운전자의 관성력 $F = -60 \times (-5) = 300$ N (오른쪽)

Q19 650 N

해설 | 중력과 반대 방향으로 (+) 가속도 운동을 하면 사람의 관성력은 중력 방향으로 작용한다. 사람에게는 3 m/s^2 가 더 증가한 13 m/s^{2}의 중력 가속도가 작용한다고 할 수 있다. 따라서 엘리베이터 속에서의 몸무게는 $mg' = 50 \times 13 = 650$ N 으로 나타난다.

개념 확인 문제

정답				p118 ~121
힘에 의한 물체의 운동				
57 (나) - (가) - (라) - (다)		58 ②	59 ②	60 ③
60 (1) 0~A (2) B~C (3) A~B, C~D			62 ③	63 ②
64 ①	65 ④	66 ③	67 ②	68 ④
69 ②	70 ①, ④, ⑤, ⑥		71 ②	72 ④
73 ③	74 ②	75 ④	76 ①, ②	77 ③
78 0.21m	79 ③	80 45°		

57 (나) - (가) - (라) - (다)

해설 | $F = ma$ 이다.

(가) $10 = 4a$, $a = 2.5\ m/s^2$ (나) $6 = 2a$, $a = 3\ m/s^2$

(다) $3 = 3a$, $a = 1\ m/s^2$ (라) $2 = 1a$, $a = 2\ m/s^2$

큰 순서대로 나열하면 (나) - (가) - (라) - (다)

58 ②

해설 | $F = 10 \cdot 2$ (N). $2F = 20 \times a$, $a = 2\ m/s^2$

59 ②

해설 | $F = ma$ 에서 $6 = 3a$, $a = 2\ m/s^2$. 힘이 5 초 동안 작용하였으므로, $v = v_0 + at = 0 + 2 \cdot 5 = 10$ m/s 이다.

60 ③

해설 | $F = ma = 8 = 2a$, $a = 4 m/s^2$, $t = 5s$ 로 주어지므로,

$s = \frac{1}{2}at^2 = 50(m)$

61 (1) 0 ~ A (2) B ~ C (3) A ~ B, C ~ D

해설 | 다이버에게 작용하는 힘은 공기 저항력((-) 방향)과 중력((+) 방향) 두 개이다. 그래프에서 속도가 증가하면 가속도가 (+)라는 뜻이고 이는 중력의 크기가 공기 저항력보다 크다는 뜻이다. 속도가 일정할 때에는 가속도가 0 이고 중력의 크기와 공기 저항력이 같을 때이다. 공기 저항력 크기가 중력 크기보다 더 클 땐 속도가 감소한다.

62 ③

해설 | $2as = v^2 - v_0^2$, $2 \cdot a \cdot 5 = 20^2 - 10^2 = 300$, $a = 30\ m/s^2$

$F = ma = 30 \cdot 1 = 30$ N

63 ②

해설 | 합력은 5 N 이며, 질량이 5 kg 이므로 가속도의 크기는 1 m/s^2 이다.

64 ①

해설 | 물체에 작용하는 힘은 아래 방향의 중력과 위 방향의 장력이다.

합력 $F = 200 - mg = 200 - 10 \cdot 10 = 100$(N)(위 방향)

m =10 kg 이므로, $100 = 10a$, $a = 10\ m/s^2$

65 ④

해설 | 1. (수레) 그래프의 기울기 $\frac{6}{2} = 3\ m/s^2$ 은 가속도이다.

$F = ma$, $3 = m \times 3$, m(수레의 질량) = 1 kg

2. (수레 + 추)의 그래프의 기울기는 $\frac{3}{2} = 1.5\ m/s^2$ (가속도)

F 가 똑같이 3N일 때, $3 = m' \times 1.5$, m'(수레 + 추의 질량) = 2 kg

그러므로 추 1 개의 질량은 1 kg 이다.

수레에 같은 추 3 개를 올려놓으면 (수레 + 추)의 질량은 4 kg 이 되고, 이때 힘은 10 N이므로, $10 = 4 \cdot a$, $a = 2.5\ m/s^2$

66 ③

해설 | 물체의 질량을 m 이라고 하자. 처음 20 N 으로 끌었을 때 마찰력이 반대 방향으로 5 N 작용하고 있으므로 가속도 $a = \frac{15}{m}$ 이다.

가속도를 2 배로 하면 $2a = \frac{30}{m}$ 이다. 이때 작용하는 알짜힘 $F = m \cdot \frac{30}{m} = 30$ N 이다. 그런데 운동 마찰력은 반대 방향으로 5N 으로 유지되므로 알짜힘이 30 N 이기 위해 실제로 잡아당기는 힘의 크기는 35 N 이다. 처음에 20 N 으로 당겼으므로 15 N 의 힘이 더 필요하다.

67 ②

해설 | $F_{3kg} = 20 - T = 3a$, $F_{2kg} = T = 2a$, 두 물체의 가속도 a

$\therefore 20 = (2 + 3)a$, $a = 4\ m/s^2$, $T = 2a = 8$ N

68 ④

해설 | 두 물체 A, B 는 B 가 받는 중력(40N) 을 받아 가속도 운동한다. 두 물체의 가속도를 a 로 하고, 두 물체를 5 kg 의 하나의 물체라고 할 때, $40 = (1 + 4)a$, $a = 8\ m/s^2$

69 ②

해설 | 두 물체의 가속도는 같으며 a 라고 하자. 두 물체는 같은 크기의 힘을 서로 주고받는다. 각 물체의 운동방정식은 다음과 같다.

$$F_{3kg} = 8 - F = 3a, \quad F_{1kg} = F = a$$

$\therefore a = 2\ (m/s^2)$, $F = 2$(N)

70 ①, ④, ⑤, ⑥

해설 | ① 이불의 먼지는 정지하려 하고, 이불이 움직이면서 먼지를 떨어뜨리므로 관성의 법칙이다.

②, ③ 작용과 반작용이다.

④ 사람은 계속 운동하려 하지만 발은 멈췄으므로 넘어진다.

⑤ 커브를 도는 운동은 가속도 운동으로 커브의 바깥쪽으로 관성력인 원심력을 받는다. 운동을 유지하려하므로 관성력이 발생한다.

⑥ 몸은 계속 정지 상태를 유지하려 하므로 위로 가속도 운동을 하는 승강기에서는 아래 방향으로 쏠리는 힘이 작용한다.

71 ②

해설 | 정지 상태를 유지하려는 경우(정지 관성), 운동 상태를 유지하려는 경우(운동 관성) 두 가지로 구분 가능하다. ②는 움직이는 물

체를 정지하였을 때 계속 운동하려는 성질을 이용한 경우이다.

72 ④

해설 | 실을 갑자기 당기면 추가 정지한 상태를 유지하려 하므로 위쪽 실에 힘이 전달되지 않고 아래쪽 실이 끊어진다. 실을 천천히 당기면 추의 무게가 더해져 위쪽 실이 끊어진다.

73 ③

해설 | 물체가 오른쪽으로 기울어진 것을 보아 물체의 관성력은 오른쪽으로 작용하고 있다. 관성력과 자동차에 작용하는 힘(또는 가속도)의 방향은 반대 방향이므로 자동차에 작용하는 힘과 가속도는 왼쪽 방향이다. 지문에서의 자동차의 가속도 방향은 다음과 같다.

① 가속도 = 0 ② 가속도 방향 : 왼쪽으로 (-) ⇒오른쪽 방향

③ 가속도 방향 : 왼쪽 ④ 가속도 방향 : 오른쪽 ⑤ 가속도 = 0

74 ②

해설 | 오른쪽으로 가속도 운동을 하면, 관성력은 왼쪽으로 작용한다. 자동차 안의 공기는 왼쪽으로 쏠리게 되고, 풍선은 공기보다 가벼우므로 공기에 밀려서 오른쪽으로 쏠리게 된다.

75 ④

해설 | 관성의 크기는 물체가 가질 수 있는 관성력의 크기라고 할 수 있다. 질량이 큰 물체일수록 가질 수 있는 관성력이 크므로 운동 상태를 변화시키기 어렵다.

76 ①, ②

① A, C 의 가속도 방향이 반대이므로 A, C 에서 관성력의 방향도 반대가 되므로 코르크 마개의 기울어지는 방향은 반대이다.

② 버스의 가속도와 반대로 관성력이 작용하고 코르크 마개보다 물이 더 큰 관성력을 받으므로 코르크 마개의 기울어지는 방향은 버스 가속도와 같은 방향이다.

③ B에서는 가속도가 0 이므로 관성력이 발생하지 않는다.

77 ③

해설 |

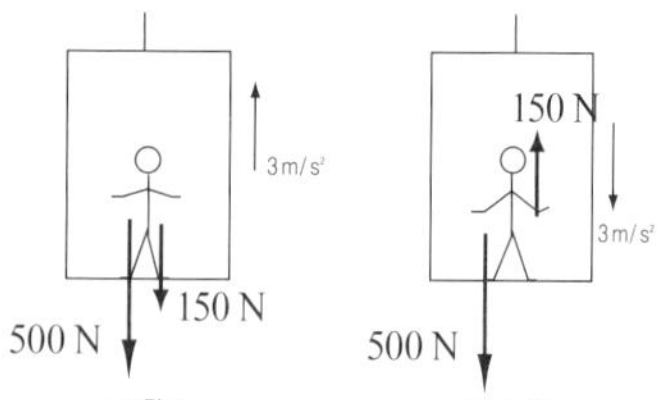

<그림 1> <그림 2>

50 kgf 은 질량 50 kg인 사람이 받는 중력의 크기로 500N 이다.

그림1 은 관성력의 방향이 아래 방향이고, 관성력의 크기는 50×3=150 N 이다. 이때 몸무게는 (500+150) = 650(N)

그림2는 관성력의 방향이 위방향이고, 몸무게는 (500-150) = 350N

∴ 두 값의 차는 650 - 350 = 300(N) 이다.

78 0.21 m

해설 | 엘리베이터가 위쪽으로 가속 운동을 하므로 물체가 받는 관성력은 아래 방향으로 나타난다.

물체는 관성력과 중력을 받으므로 용수철의 탄성력은 $2 \cdot 10 + 2 \cdot 0.5 = 21$(N)이고, 탄성력이 100 N 일 때 용수철은 1m 늘어나므로, 탄성력이 21 N 일 때는 0.21(m) 늘어난다.

79 ③

해설 | 추가 자동차 앞쪽으로 기울어져 있으므로 자동차는 달리다가 감속하는 운동이거나 뒤쪽으로 가속하는 운동이다.

차 내부에서 추에는 앞쪽 방향의 관성력과 연직 아래 방향의 중력이 작용하고 있으므로 추는 실이 끊어지면 합력(알짜힘)의 방향으로 등가속도 운동을 한다. 그림 ③처럼 기울어진 쪽으로 직선 운동하며 떨어진다.

80 45°

해설 | 수평 방향의 관성 가속도와 연직 아래 방향의 중력 가속도의 크기가 같으므로 정확히 45° 로 기울게 된다.

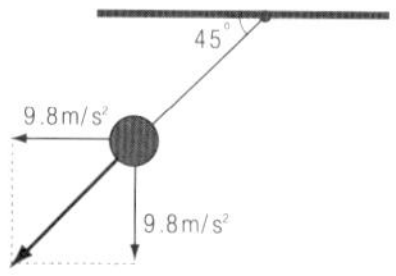

개념 심화 문제

정답 p.122~127

50 (1) ① (2) ③ 51 4 N 52 100 m

53 마찰력: 10 N 마찰계수: 0.5

54 (1) $\frac{10}{3}$ m/s² (2) 해설참조

(3) $T_1 = \frac{40}{3}$ N, $T_2 = 20$ N (4) $T_1 = 13$ N, $T_2 = 21$ N

55 (1) 16 N (2) 6m/s² 56 (1) 0.02 m (2) 0.04 m 57 $\frac{5}{3}$ m

58 A : $\frac{10}{3}$ m/s²(위방향) B : $\frac{20}{3}$ m/s²(아래방향)

59 $a = \frac{10}{\sqrt{3}}$ m/s² 60 OA : 480 N AB : 400 N BC : 340 N

61 위방향으로 2 m/s² 또는 아래 방향으로 -2 m/s²

62 (1) $a = 1$ m/s² (오른쪽) (2) $T = 60$ N

63 $\frac{98}{3}$ N 64 $\frac{(M+m)}{\mu}g$

50 (1) ① (2) ③

해설 | (1) 삼각비에 의해 수평 방향의 힘은 4cos60° = 2N

$$F = ma,\ 2 = 2a,\ a = 1\text{m/s}^2$$

(2) 수직 항력은 바닥이 물체를 떠받치는 힘이다. 외력이 없다면 수직항력의 크기는 중력의 크기와 같으나, 잡아당기는 힘의 수직 성분 ($4\sin 60° = 2\sqrt{3}$ N) 만큼 물체를 들어 올리고 있으므로 수직 항력의 크기는 그만큼 줄어든다. $20 - 2\sqrt{3} = 20 - 3.4 = 16.6$ N 이다.

51 4N

해설 | 물체에 작용하는 힘은 $F - f = ma$, $10 - f = 2 \cdot 3$,
마찰력 $f = 4$(N)

52 100 m

해설 | 72 km/h = 20 m/s, 마찰력 크기 $f = \mu N = 0.2 \cdot 1000 \cdot 10 = 2000$ N(운동 반대 방향), 물체에 작용하는 힘은 마찰력 밖에 없다.

오른쪽을 (+)로 할 때 가속도 $a = \frac{f}{m} = \frac{-2000}{1000} = -2(\text{m/s}^2)$

브레이크를 밟고 미끄러지는 거리 s 는 $2as = v^2 - v_0{}^2$ 에서

$$s = \frac{v^2 - v_0{}^2}{2a} = \frac{0^2 - 20^2}{2 \times (-2)} = 100 \text{ m}$$

최소 100 m 전방에서 브레이크를 밟아야 한다.

53 마찰력 : 10 N 마찰계수 : 0.5

해설 | B에 작용하는 중력 F는 아래 방향으로 20 N 이다. A는 운동 반대 방향으로 마찰력 f 를 받고 있으며, (A + B) 전체는 $F - f$, 의 힘을 받아 가속도 크기 2.5 m/s^{2}의 등가속도 운동을 한다.

$\therefore F - f = 2.5(2 + 2)$, $F = 20$ N 이므로 $f = 10$ N 이다.

마찰력 f 는 A 에만 작용하고, A 에 작용하는 수직항력 크기 $N = mg = 20$ N 이므로

$$f = \mu N = 20\mu, \quad 10 = 20\mu, \quad \mu = 0.5 \text{ 이다.}$$

54 (1) $\frac{10}{3}$ m/s^2 (2) 해설참조 (3) $T_1 = \frac{40}{3}$ N, $T_2 = 20$N

(4) $T_1' = 13$ N, $T_2' = 21$ N

해설 | (1) C 가 A 보다 무겁기 때문에 왼쪽으로 내려갈 것이다. C 에는 30 N 이 작용하고, A 에는 10 N 이 작용하므로 전체 (A + B + C)에 작용하는 힘은 힘은 20 N 이다. 마찰을 무시하므로 운동 방향으로 B에 작용하는 힘은 0 이다.

(A + B + C)는 6 kg 이므로 가속도는 $a = \frac{20}{6} = \frac{10}{3}$ m/s^2 이다.

(2) 끈이 서로 연결되어 있으며 둘 사이에는 작용과 반작용 관계의 힘(크기는 같고 방향이반대인 두 힘)이 작용하기 때문이다.

(3)

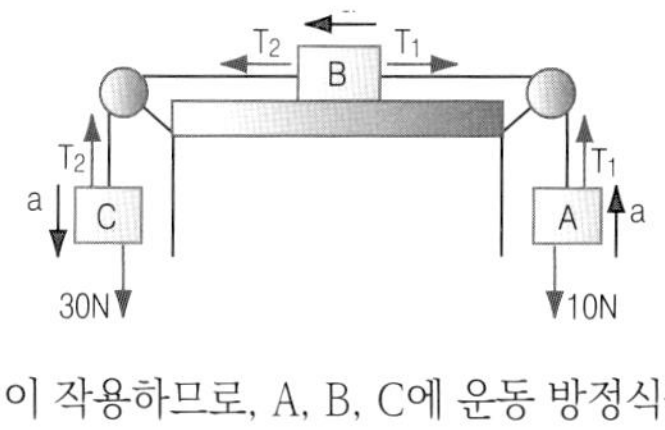

위 그림처럼 힘이 작용하므로, A, B, C에 운동 방정식을 적용하면

$F_A = T_1 - 10 = \frac{10}{3}$ $F_B = T_2 - T_1 = \frac{10}{3} \cdot 2 = \frac{20}{3}$

$F_C = 30 - T_2 = \frac{10}{3} \cdot 3 = 10$ 이므로 $T_1 = \frac{40}{3}$ N, $T_2 = 20$ N

(4) B에만 작용하는 마찰력 크기 $f = \mu N = 0.1 \cdot 20 = 2$ N 이다. 이때 전체(A + B + C)에 걸리는 힘이 $20 - 2 = 18$(N)이 되므로 전체 가속도 $a' = \frac{18}{6} = 3$ m/s^2 로 변하게 된다.

$F_A' = T_1' - 10 = 3 \times 1$ $F_B' = T_2' - T_1' - f = 3 \times 2$

$F_C' = 30 - T_2' = 3 \times 3$, $T_1' = 13$ N, $T_2' = 21$ N 이다.

55 (1) 16 N (2) 6 m/s^2

해설 | B 가 아래로 내려가는 방향으로 운동한다.

A, B 각각에 운동 방정식을 적용하면

$F_A = T - 10 = a$, $F_B = 40 - T = 4a \rightarrow a = 6$ (m/s^2), $T = 16$(N)

56 (1) 0.02 m (2) 0.04 m

해설 | 용수철에 걸리는 장력이 탄성력이므로 훅의 법칙으로 늘어난 길이를 구한다. 1 kg 인 물체는 A, 2 kg 인 물체를 B 라고 하자.

(1) A, B 는 연결되어있으므로 가속도가 같다. 전체 3 kg의 질량이 6 N 의 힘을 받는 것과 같으므로 가속도는 2 m/s^2 이다.

A, B 에 각각 운동 방정식을 적용하면,

$F_A = T = 2 \times 1 = 2$ $F_B = 6 - T = 2 \times 2 = 4 \rightarrow T = 2$ N

용수철의 탄성력도 2 N 이므로 늘어난 길이가 x 일 때

$2 = kx = 100x$, $x = 0.02$ m 이다.

(2) 전체에 작용하는 힘은 6 N 이므로 (A+B)의 가속도는 변동없이 2 m/s^2 이다.

A, B에 각각 운동방정식을 적용하자. 왼쪽을 (+)로 하여

$F_A = 6 - T' = 2 \cdot 1 = 2$ $F_B = T' = 2 \cdot 2 = 4, \rightarrow T' = 4$ N

$4 = 100x$, $x = 0.04$ m 이다.

57 $\frac{5}{3}$ m

해설 | A의 중력은 20 N, B의 중력은 40 N이며 각각 아래 방향으로 작용하고 있다.

이때 (A+B) 가 받는 힘의 합력은 20N이므로 가속도는 $\frac{20}{6} = \frac{10}{3}$ m/s^{2}이다.(B는 아래 방향, A는 위방향)

$\therefore$ 1초 동안 낙하한 거리 $s = \frac{1}{2}at^2 = \frac{1}{2} \times \frac{10}{3} \times 1^2 = \frac{5}{3}$ m

58 A : $\frac{10}{3}$ m/s^2 (위방향) B : $\frac{20}{3}$ m/s^2(아래 방향)

해설 |

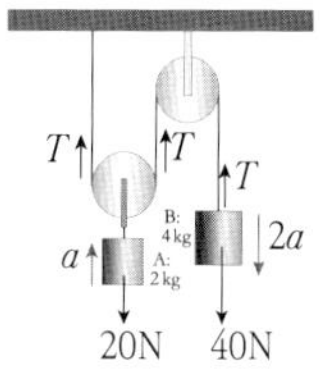

움직도르래에 매달린 A 의 이동 거리는 B 의 이동 거리의 절반이다. 그러므로 A 의 가속도를 a(위방향)라고 했을 때, B 의 가속도는 $2a$(아래 방향)가 된다. 끈이 하나로 연결되어 있으므로 끈의 장력은 모든 부분에서 같다. 장력을 T 라 하면 줄 1 개에 연결된 B는 윗 방향으로 장력 T 를 받고, 줄 2 개에 연결된 A는 윗 방향으로 장력 $2T$를 받는다.

$$F_B = 40 - T = 4 \times 2a, \ F_A = 2T - 20 = 2 \times a$$

두 식을 연립하면 $T = \frac{40}{3}$ N, $a = \frac{10}{3}$ m/s^2 이다.

59 $a = \frac{10}{\sqrt{3}}$ m/s^2

해설 | 물체의 무게를 mg(m은 질량, g는 중력가속도)라고 하면 그림과 같이 왼쪽 화살표로 표시한 부분이 물체의 관성력 F 가 된다.

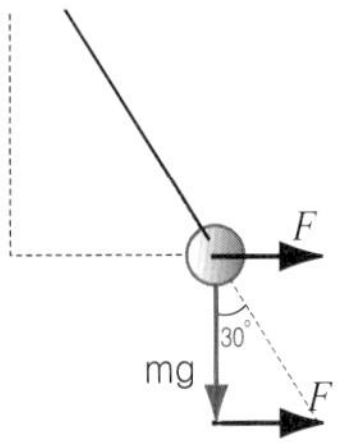

삼각비에 의해 $\sqrt{3}$: 1 = mg : F, $F = \frac{mg}{\sqrt{3}}$

관성력 $F = ma = \frac{mg}{\sqrt{3}}$

가속도 $a = \frac{g}{\sqrt{3}} = \frac{10}{\sqrt{3}}$ (m/s²)

60 OA : 480 N AB : 400 N BC : 340 N

해설 | (OA 구간) 가속도 $\frac{6}{3} = 2$ m/s², 관성력 = 40 × 2 = 80N

엘리베이터가 위로 가속 운동을 하므로 관성력이 아래로 작용하여 저울의 눈금이 커진다. 엘리베이터가 정지해 있을 때 저울에는 몸무게 400 N 이 표시되지만 관성력이 추가되어 480 N 으로 나타난다.

(AB 구간) 등속 운동이므로 관성력이 나타나지 않는다. 저울의 눈금은 400 N 으로 표시된다.

(BC 구간) 감속하고 있으므로 관성력이 위로 작용하여 저울의 눈금이 작아진다.

가속도는 $\frac{6}{4} = \frac{3}{2}$ m/s² 이므로 관성력의 크기는 $\frac{3}{2} \times 40 = 60$(N) 이다. 그러므로 저울의 눈금에는 340 N 으로 나타난다.

61 2 m/s² (위방향) 또는 -2 m/s² (아래 방향)

해설 | 고무줄을 두 겹으로 접어서 같은 길이만큼 늘리는 경우 접지 않았을 때의 4배의 힘이 필요하다. 고무줄 2개가 병렬로 연결되고, 길이가 절반으로 줄어들기 때문이다. 접은 고무줄이 3 cm 늘어나므로 한 겹의 고무줄이라면 같은 힘에 의해 12 cm 늘어날 것이며, 이때 작용한 힘(=탄성력 크기)은 그림(가)에서 24 N 이다. 승강기의 물체는 중력 20 N 을 받고 있으므로 받는 힘(또는 탄성력 크기)이 24 N이 되기 위해서는 아래로 4 N의 관성력을 받아야 하는데 이 경우 승강기는 위방향으로 (+)의 가속 운동을 하거나 아래 방향으로 (-)의 가속 운동을 하는 경우이다. 위 방향을 (+)로 하고, 승강기의 가속도를 a 라고 하면

$$4 = ma \text{ 에서 } a = 2\text{m/s}^2$$

승강기는 위 방향으로 2 m/s² 의 가속도 운동을 하거나 아래 방향으로 -2 m/s² 의 가속도 운동을 한다.

62 (1) $a = 1$ m/s²(오른쪽) (2) $T = 60$ N

해설 | (1) A, B 전체를 한덩어리로 보고, 질량 (20 + 60)kg 에 작용하는 마찰력의 크기 $f = \mu(m_A + m_B)g = 0.2 \cdot (20+60) \cdot 10 = 160$(N)

(A + B)에 작용하는 힘의 합력 = $(m_A + m_B)a$ 이므로

240N - 160N = 80a, $a = 1$ m/s²(오른쪽)

(2) 물체 A에 작용하는 힘을 F_A라고 하면 오른쪽으로는 장력이 작용하고 왼쪽으로는 마찰력 $f_A = \mu m_A g = 0.2 \cdot 20 \cdot 10 = 40$ N 이 작용하고 있다. $a = 1$ m/s² 이므로,

$$\therefore T - 40 = m_A a = 20a = 20, \quad T = 60 \text{ N}$$

63 $\frac{98}{3}$ N

해설 |

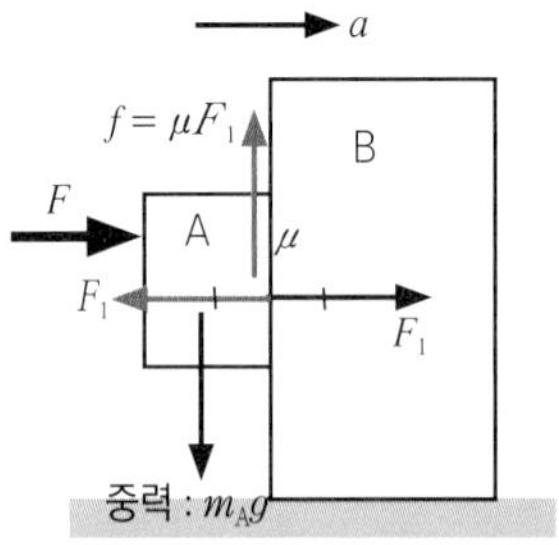

물체 A 를 힘 F 로 밀 때 A 와 B 의 경계면에서 서로 미는 힘(작용반작용)이 발생한다.

그 힘을 F_1이라 하면 경계면에 수직인 힘이므로 수직 항력으로 작용하게 되므로 A와 B 사이의 마찰력 $f = \mu F_1$이 나타나 미끄러지는 것을 방해하는 방향인 연직 위 방향으로 A에 작용하게 된다.

A에 작용하는 중력이 마찰력보다 큰 경우 물체는 연직 방향으로 미끄러지게 된다. A에 있어 중력이 마찰력과 같다고 하면

$m_A g = f \rightarrow 9.8 = \mu F_1 = 0.4F_1 \rightarrow F_1 = \frac{9.8}{0.4} = 24.5$ N

F_1 의 크기는 최소 24.5 N 이 되어야 한다. 이때

물체 A의 운동 방정식 : $F - F_1 = a \times 1$, $F - 24.5 = a$ --- ㉠

물체 B의 운동 방정식 : $F_1 = 3a$ --- ㉡

㉡ 에서 $24.5 = 3a$, $a = \frac{24.5}{3} = \frac{49}{6}$ m/s²

㉠ 에서 $F = 24.5 + a = \frac{49}{2} + \frac{49}{6} = \frac{98}{3}$ N

F의 최소 크기는 $\frac{98}{3}$ N 이다.

64 $\frac{(M+m)}{\mu}g$

해설 | $(M + m)$를 한덩어리로 생각할 때 힘 F를 받아 가속도 a의 운동을 한다. $F = (M+m)a \rightarrow a = \frac{F}{M+m}$

A 가 B 를 미는 힘, B 가 A 를 미는 힘을 F_1이라 할 때 두 힘은 작용 반작용의 관계로 면의 수직항력이 된다.

A 와 B 사이의 최대 정지 마찰력의 크기가 B 의 무게보다 큰 경우 미끄러져 내려오지 않는다.

$$mg \le \mu F_1, \quad F_1 \ge \frac{mg}{\mu}$$

$F_1 = \frac{mg}{\mu}$일 때 최소값이므로 F 도 최소값이 된다.

물체 A 의 운동 방정식 : $F - F_1 = Ma$, $F - \frac{mg}{\mu} = Ma$

$a = \frac{F}{M+m}$ 이므로 $F - \frac{mg}{\mu} = \frac{MF}{M+m}$

$F(\text{최소}) = \frac{(M+m)}{\mu}g$ 이다.

Ⅱ. 힘과 여러 가지 운동 (5)

개념 보기

Q20 1 : 9　Q21 4.3 km/s　Q22 ①
Q23 $c = 3 \times 10^8$ m/s　Q24 ㉠
Q25 우주선의 길이는 짧게 측정된다.　Q26 시계 A

Q20 1 : 9

해설 | 물체가 받는 힘이 0이 되는 지점에서는 달에 의한 만유인력과 지구에 의한 만유인력이 같다. 지구의 질량을 $M_{지}(M_{지} = 81m_{달})$, 달의 질량을 $m_{달}$, 물체의 질량을 m 이라고 하면,

$$G\frac{M_{지}m}{r_2^2} = G\frac{m_{달}m}{r_1^2} \rightarrow \frac{r_1^2}{r_2^2} = \frac{m_{달}}{M_{지}} = \frac{1}{81}$$

$$\therefore r_1 : r_2 = 1 : 9$$

Q21 4.3 km/s

해설 | 지구 중심에서의 거리가 r, 지구 반지름과 질량을 각각 R, M, 지표면에서 중력 가속도가 g일 때, 인공위성의 속력은 다음과 같다.

$$v = \sqrt{\frac{GM}{r}} = \sqrt{\frac{gR^2}{r}} = \sqrt{\frac{9.8 \times (6400 \times 10^3)^2}{(6400 + 15,000) \times 10^3}}$$

$$v \fallingdotseq 4.3 \times 10^3 (\text{m/s}) = 4.3(\text{km/s})$$

Q22 ①

해설 | 반지름이 R, 밀도가 ρ 인 구형 행성의 질량은

$M = \rho V = \rho\left(\frac{4}{3}\pi R^3\right)$ 이므로, 이 행성의 탈출 속도는 다음과 같다.

$$v_e = \sqrt{\frac{2GM}{R}} = \sqrt{\frac{2G}{R}\left(\frac{4}{3}\rho\pi R^3\right)} = \sqrt{\frac{8\rho\pi GR^2}{3}} = \sqrt{2gR}$$

물체의 질량 m 은 탈출 속도에 영향을 미치지 않는다.

Q23 $c = 3 \times 10^8$ m/s

해설 | 빛의 속도는 관찰자나 광원의 속도와 관계 없이 일정하다.

Q24 ㉠

해설 | 우주선 외부의 정지한 관측자, 즉 지구에서 측정하는 시간이 우주선 내부의 관측자가 측정하는 시간보다 더 길게 측정된다.

Q25 우주선의 길이는 짧게 측정된다.

해설 | 특수 상대성 이론에서의 길이 수축은 어떤 물체에 대하여 상대 운동을 하는 기준틀에 있는 관측자가 측정한 물체의 길이는 고유 길이(정지 좌표계에서 측정한 길이)보다 짧다는 것이다. 따라서 같은 속력으로 멀어지거나 가까워지는 경우 모두 우주선의 길이는 짧게 측정된다.

Q26 시계 A

해설 | 일반 상대성 이론에 의하면 중력이 크게 작용하는 곳일수록 시간이 천천히 흐른다. 시계 A 에 작용하는 중력이 시계 B 에 작용하는 중력보다 크므로 시계 A 의 시간이 더 천천히 흐른다.

개념 확인 문제

정답 p 135 ~ 138

케플러 법칙과 만유인력

81 90일　82 (1) 토성 > 지구 (2) 토성 = 지구　83 ②
84 1.5F　85 25 : 16　86 (1) a (2) 8 배
87 7.9 km/s　88 1 : 8　89 162
90 5 km/s　91 $1 : 2\sqrt{3}$

특수 상대성 이론과 일반 상대성 이론

92 ②　93 ③
94 (1) 936 km (2) 6.5×10^{-3} s (3) 3.9×10^{-3} s
95 가로 : 40 m, 세로 : 30 m　96 ④　97 $\frac{5}{3}$ 배
98 (1) ㉡ (2) ㉠　99 ②, ⑤　100 ㄱ, ㄷ, ㄹ, ㅁ, ㅅ
101 ⑤　102 ④

81 90일

해설 | 케플러 제 2 법칙(면적 속도 일정 법칙)에 의해 행성의 공전 주기가 360 일이므로 90 일이 지나면 면적의 $\frac{1}{4}$ 을 지난다.

82 (1) 토성 > 지구 (2) 토성 = 지구

해설 | (1) 행성의 공전 주기의 제곱은 장반경(원궤도일 때는 반경)의 세제곱에 비례하므로 토성의 공전 주기가 더 길다.

(2) 지구의 공전궤도 반지름을 r, 지구의 질량을 m 이라 할 때

태양으로부터 지구가 받는 만유인력 = $G\frac{mM}{r^2}$,

태양으로부터 토성이 받는 만유인력 = $G\frac{(100m)M}{(10r)^2}$ 이므로 크기는 서로 같다.

83 ②

해설 | 타원궤도의 장반경을 a, 두 초점으로부터 행성까지의 거리를 각각 r_1, r_2 라 할 때, 타원 궤도 공식은 $r_1 + r_2 = 2a$ 이다.

r_1 이 5 km 이고 r_2가 3 km 이므로,

긴 반지름(a)는 $\frac{5\text{km} + 3\text{km}}{2} = 4$ km 이다.

84 1.5F

해설 | 만유인력 $F = G\frac{mM}{r^2}$ 이다.

지구의 중심으로부터의 거리가 2 배이고, 질량이 $6m$ 인 위성이 받는 만유인력의 크기 F'는 다음과 같다.

$$F' = G\frac{(6m)M}{(2r)^2} = 1.5F$$

85 25 : 16

해설 | 케플러 제 3 법칙 $T^2 = ka^3$ (일정) 이다.

$125^2 : 64^2 = r_A^3 : r_B^3 \rightarrow (5^3)^2 : (4^3)^2 = (5^2)^3 : (4^2)^3$ 이므로,

$$\therefore r_A^3 : r_B^3 = (5^2)^3 : (4^2)^3 \rightarrow r_A : r_B = 25 : 16$$

86 (1) a (2) 8 배

해설 | (1) 행성의 속력은 근일점인 a 에서 가장 빠르다.
(2) A의 긴 반지름이 B의 궤도 반지름의 4배이므로 $\left(\frac{a^3}{T^2}\right)_A = \left(\frac{a^3}{T^2}\right)_B$ = (일정) 에 의해

$$\left(\frac{T_A}{T_B}\right)^2 = \left(\frac{a_A}{a_B}\right)^3 = \left(\frac{4r}{r}\right)^3 = 64 \rightarrow \frac{T_A}{T_B} = 8$$

87 7.9 km/s

해설 | 인공위성(질량 m)이 지구(질량 M, 반경 R)표면을 스치듯이 공전할 수 있는 인공위성의 속도를 제 1 우주 속도(v_1)라고한다. 이때 인공위성의 궤도 반경은 지구 반지름(R)과 거의 같다.

$$\frac{mv_1^2}{R} = \frac{GMm}{R^2} = mg \rightarrow v_1 = \sqrt{gR}$$

$$v_1 = \sqrt{gR} = \sqrt{9.8 \times 6.4 \times 10^6} \fallingdotseq 7.9 \times 10^3 \text{ m/s} = 7.9 \text{ km/s}$$

88 1 : 8

해설 | 인공위성의 주기의 제곱은 궤도 반지름의 세제곱에 비례한다($T^2 \propto kR^3$).

$$T_A^2 = k(r^3),\ T_B^2 = k(4r)^3$$
$$\rightarrow T_A^2 : T_B^2 = 1 : 64,\quad \therefore T_A : T_B = 1 : 8$$

89 162

해설 | 지구(질량 M) 주위를 반경 r 인 원궤도로 회전하는 인공위성(질량 m)에 있어 만유인력이 구심력의 역할을 한다.

$$\frac{mv^2}{r} = \frac{GMm}{r^2} \rightarrow v = \sqrt{\frac{GM}{r}}, \text{ 주기 } T = \frac{2\pi r}{v} = 2\pi\sqrt{\frac{r^3}{GM}}$$

따라서 인공위성 모형의 주기는 $2 \cdot 3 \cdot \sqrt{9^3}$ = 162 이다.

90 5 km/s

해설 | 질량이 M, 반지름이 R 인 행성의 탈출 속도 $v_e = \sqrt{\frac{2GM}{R}}$ 이것은 물체의 질량과는 무관하므로 질량이 100kg 인 물체의 탈출 속도도 5 km/s 이다.

91 1 : $2\sqrt{3}$

해설 | 행성 A 의 탈출 속도 v_A,행성 B 의 탈출 속도 v_B라 할 때

$$v_A = \sqrt{\frac{2Gm}{4R}},\ v_B = \sqrt{\frac{2G \cdot 3m}{R}} \quad \therefore v_A : v_B = \frac{1}{2} : \sqrt{3} = 1 : 2\sqrt{3}$$

92 ②

해설 | 특수 상대성 이론의 기본 가설 중 '모든 물리 법칙은 모든 관성계에서 동일하게 적용된다.'는 뉴턴 운동 법칙 뿐만 아니라 열현상에도 해당된다. 빛의 속도로 등속 운동하는 관성계 안에서도 물은 100 ℃ 에서 끓는다.

93 ③

해설 | 갈릴레이의 상대성 이론에 의하면 빛은 정지해 보일 것이다. 하지만 빛의 속도는 관찰자나 광원의 속도와 관계없이 늘 일정하다(특수 상대성 이론 - 광속 불변 법칙). 빛의 속력으로 운동하면서 관찰해도 빛은 빛의 속도로 운동하는 것으로 보인다.

94 (1) 936 km (2) 6.5×10^{-3} s (3) 3.9×10^{-3} s

해설 | (1) 정지해 있는 지구에서 본 우주선이 이동한 거리(고유 길이) L_0 = 1560 km 이므로, 길이 수축에 의해 우주선 조종사가 측정한 우주선이 이동한 거리는 다음과 같다.

$$L = \frac{L_0}{\gamma} = L_0\sqrt{1-\left(\frac{v}{c}\right)^2} = 1560 \times \sqrt{1-\left(\frac{0.8c}{c}\right)^2} = 936 \text{ km}$$

(2) 지구에서 정지해 있는 관측자(무한이)가 우주선을 보았을 때 우주선이 이동한 거리 $L_0 = v\Delta t$ 이고,
$v = 0.8c = 0.8 \times (3 \times 10^8) = 2.4 \times 10^8$ m/s 이므로
우주선이 L_0 = 1560 km 를 이동하는 데 걸리는 시간은 다음과 같다.

$$\Delta t = \frac{L_0}{v} = \frac{1560 \times 10^3}{2.4 \times 10^8} = 6.5 \times 10^{-3} \text{ s}$$

(3) $0.8c$ 의 속도로 운동하고 있는 우주선에서 보았을 때 우주선이 이동한 거리 $L = v\Delta t_0$ 이므로 L = 936 km 를 이동하는 데 걸리는 시간은 다음과 같다.

$$\Delta t_0 = \frac{L}{v} = \frac{936 \times 10^3}{2.4 \times 10^8} = 3.9 \times 10^{-3} \text{ s}$$

95 가로 : 40 m, 세로 : 30 m

해설 | 정지한 관측자가 빠르게 등속 운동하는 물체를 보면 그 길이가 수축되어 보인다(길이 수축). 이때 길이 수축은 진행 방향에 대해서만 나타난다. 따라서 우주선의 세로 길이는 30 m 로 변동없다.
우주선에서 측정한 우주선의 가로 길이가 고유 길이 L_0 이므로, 지면에 정지해 있는 관측자가 측정한 우주선의 가로 길이 L 은 다음과 같다.

$$L = \frac{L_0}{\gamma} = L_0\sqrt{1-\left(\frac{v}{c}\right)^2} = 50 \times \sqrt{1-\left(\frac{0.6c}{c}\right)^2} = 40 \text{ m}$$

96 ④

해설 | ㄱ. 정지한 관측자가 본 지구와 행성 사이의 거리가 고유 길이(L_0)이다. 달에 있는 상상이가 볼 때 지구에서 행성까지의 거리는 5천만 km 이다.
ㄴ. $0.6c$ 의 속도로 운동하고 있는 우주선 속에서 지구를 보면 관측자 자신은 정지해 있고, 상대적으로 지구가 $0.6c$ 의 속도로 멀어지는 것으로 보인다.
ㄷ. 우주선과 함께 운동하는 무한이가 측정한 시간 t_2 가 고유 시간이 되고, 상상이가 봤을 때 무한이의 시간(t_1)은 고유 시간 t_2보다 늦게 간다($t_2 < t_1$). - 시간 팽창

97 $\frac{5}{3}$ 배

해설 | 정지한 물체의 질량이 m_0 일 때, 물체의 정지 에너지 $E_0 = m_0c^2$ 이고, 이 물체가 운동할 때의 질량에 의한 에너지 $E = \gamma m_0c^2$ 이다. 즉, 물체가 운동할 때의 질량에 의한 에너지는 정지 에너지의 γ 배이다.

$$\gamma = \frac{1}{\sqrt{1-\left(\frac{v}{c}\right)^2}} = \frac{1}{\sqrt{1-\left(\frac{0.8c}{c}\right)^2}} = \frac{5}{3}$$

98 (1) ㉡ (2) ㉠

해설 | 만유인력, 다른 물체의 질량과 물체 사이의 거리로 측정되는 것을 중력 질량, 작용한 힘과 가속도로 측정되는 것을 관성 질량이라고 한다.

99 ②, ⑤

해설 | 지구에 정지해 있는 엘리베이터 안에서는 중력만 작용하므로 몸무게는 mg 로 측정된다.

① 일정한 속도로 운동할 경우에는 관성력이 작용하지 않으므로 정지 상태일 때와 같이 몸무게는 mg 로 측정된다.

② 위로 올라가는 엘리베이터의 속도가 빨라질 때 가속도의 방향은 위쪽이고, 아래쪽으로는 관성력이 작용한다.

즉 몸무게가 m 인 사람이 몸무게를 측정하면 저울의 눈금 N 은 몸무게 mg 와 사람의 관성력 ma 가 합쳐져 $mg + ma$ 가 된다.

③ 위로 올라가는 엘리베이터의 속도가 느려지는 경우 가속도의 방향은 중력 방향과 같다. 이때 위쪽으로 관성력이 작용하므로 몸무게는 $mg - ma$ 가 된다.

④ 아래로 내려가는 엘리베이터의 속도가 점점 빨라지는 경우 가속도의 방향은 중력 방향과 같다. 이때 위쪽으로 관성력이 작용하므로 몸무게는 $mg - ma$ 가 된다.

⑤ 아래로 내려가는 엘리베이터의 속도가 느려질 때 가속도의 방향은 위쪽이고, 아래쪽으로는 관성력이 작용하므로 저울의 눈금 N 은 몸무게 mg 와 사람의 관성력 ma 가 합쳐져 $mg + ma$ 가 된다.

100 ㄱ, ㄷ, ㄹ, ㅁ, ㅅ

해설 | ㄴ. 길이 수축은 특수 상대성 원리로 설명이가능하다.

ㅂ. 광속 불변 원리는 특수 상대성 원리의 기본 가정 중 하나이다.

101 ⑤

해설 | ㄱ. 우주선이 무중력 상태에서 정지 또는 등속 운동을 할 때 내부에서 빛은 직진한다.

ㄴ, ㄷ. 무중력 상태에서 우주선이 위로 속력이 증가하는 운동을 할 때 또는 중력이 작용하는 경우에도 빛의 경로가 휘어진다.

즉 가속 좌표계에서 빛이 휘어지는 효과는 중력이 작용하는 곳에서의 효과와 같다.

102 ④

해설 | 중력에 의한 시간 팽창에 의해 지구의 지표면에 둔 시계가 위성에 둔 시계보다 느리게 간다. 즉 중력이 크게 작용하는 곳일수록 시간이 천천히 흐르는 것이다(일반 상대성 이론).

또한 특수 상대성 이론에 의해서 위성의 속도로 인해 위성에서 시간은 지구 표면에서보다 늦게 간다. 따라서 두 경우의 시간 차이를 보정하여 오차를 수정한 값을 지상으로 보내야 한다.

개념 심화 문제

정답 p 139 ~ 141

65 11 km/s, 10 m	66 (1) $2r$ (2) $2\sqrt{2}$ (3) $a_A = a_B$	
67 $T = 2\pi\sqrt{\dfrac{(R+h)^3}{GM}}$	68 3 km	69 약 18 초
70 2.5 배	71 ㄱ, ㄴ, ㄹ	
72 (1) 구간 A (2) 구간 A (3) $L_A < L_B$		

65 11 km/s, 10 m

해설 | 지구의 질량이 M일 때 지표면을 스치면서 원운동하는 속도 $v = \sqrt{\dfrac{GM}{R}} = 7.9$ km/s 이다. 지구의 질량이 $2M$ 이 되면

$v' = \sqrt{\dfrac{2GM}{R}} = 1.414 \times 7.9$ km/s ≒ 11 km/s가 된다.

이때 지표면의 중력 가속도 $g' = \dfrac{2GM}{R^2} = 20$ m/s^2 이 되므로

초당 낙하 거리 $s = \dfrac{1}{2} \times g' \times t^2 = \dfrac{1}{2} \times 20 \times 1 = 10$ m 이다.

66 (1) $2r$ (2) $2\sqrt{2}$ (3) $a_A = a_B$

해설 | (1) 위성 B 궤도의 원일점 거리 r_1 에서 만유인력은

$\dfrac{3GMm}{r_1^2} = \dfrac{GM(3m)}{9r^2}$ 이므로 원일점 거리 $r_1 = 3r$

따라서 위성 B 궤도의 긴 반지름은 $\dfrac{r + 3r}{2} = 2r$ 이다.

(2) $T_B^2 : T_A^2 = (2r)^3 : r^3$ $\therefore T_B = 2\sqrt{2}\,T_A$

(3) 두 위성 A, B는 C점에 있을 때 행성과의 거리가 각각 r 로 같다. 두 위성에 각각 작용하는 힘 F_A, F_B은 행성의 만유인력이다.

$F_A = \dfrac{GMm}{r^2} = ma_A$ $\quad F_B = \dfrac{GM(3m)}{r^2} = 3ma_A$

두 위성의 가속도의 크기 a_A, a_B는 각각 $\dfrac{GM}{r^2}$ 으로 같다.

67 $T = 2\pi\sqrt{\dfrac{(R+h)^3}{GM}}$

해설 | 인공위성의 궤도 반경 $r = R+h$

인공위성의 속력 $v = \sqrt{\dfrac{GM}{r}} = \sqrt{\dfrac{GM}{R+h}}$

인공위성의 주기 $T = \dfrac{2\pi r}{v} = \dfrac{2\pi(R+h)}{v} = 2\pi\sqrt{\dfrac{(R+h)^3}{GM}}$

68 3 km

해설 | 수축된 태양 표면에서 중력장을 벗어나기 위한 탈출 속도 v_e 는 빛의 속도 c 보다 크거나 같아야 한다($v_e \geq c$).

만유인력 상수가 G, 태양의 질량을 M, 반지름을 R이라고 할 때, 태양의 중력장을 벗어나는데 필요한 탈출 속도 $v_e = c$ 일 때

$$v_e = \sqrt{\dfrac{2GM}{R}} \rightarrow R = \dfrac{2GM}{v_e^2} = \dfrac{2GM}{c^2}$$

$$\therefore R = \dfrac{2GM}{c^2} = \dfrac{2(7 \times 10^{-11})(2 \times 10^{30})}{(3 \times 10^8)^2} = \dfrac{28 \times 10^{19}}{9 \times 10^{16}}$$

$$≒ 3 \times 10^3(\text{m}) = 3\ (\text{km})$$

즉, 태양의 반지름이 약 3km 로 수축되면 블랙홀의 역할을 할 수 있다.

69 20 초

해설 | 진자의 관성 기준계에서 측정한 진자의 주기 8 초가 고유 시간(Δt_0)이 된다. 따라서 진자에 대해서 일정한 속도 $0.9c$ 로 움직이는 관측자에게는 진자가 $0.9c$ 로 움직이므로 이 관측자가 측정한 시간(Δt)은 8 초 보다 더 커진다(시간 팽창).

$$\Delta t = \gamma \Delta t_0 = \frac{\Delta t_0}{\sqrt{1-\left(\frac{v}{c}\right)^2}} = \frac{8}{\sqrt{1-\left(\frac{0.9c}{c}\right)^2}} \fallingdotseq 18 \text{ 초}$$

70 2.5 배

해설 | 관성 좌표계에서 정지해 있는 물체의 질량이 m_0 일 때 물체는 $E_0 = m_0c^2$ 의 정지 에너지를 갖고, 물체 A 가 폭발하여 쪼개지기 전후의 에너지는 동일하다. 폭발하기 전 물체 A 의 정지 질량을 M 이라고 하자. 폭발 후에는 질량이 각각 증가한다.

$$\gamma = \frac{1}{\sqrt{1-\left(\frac{v}{c}\right)^2}} = \frac{1}{\sqrt{1-\left(\frac{0.6c}{c}\right)^2}} = \frac{1}{0.8}$$

$$Mc^2 = mc^2\gamma + mc^2\gamma = \frac{2mc^2}{0.8} = 2.5\,mc^2, \quad \therefore M = 2.5\,m$$

71 ㄱ, ㄴ, ㄹ

해설 | ㄱ. 무한이는 뮤온과 같은 상대 속도로 운동하고 있으므로 무한이가 측정한 뮤온의 수명이 고유 시간이 된다. 따라서 상상이가 측정한 뮤온의 수명은 고유 시간보다 길다.

ㄴ. 빛은 광속 불변의 원리에 따라 관측자의 운동과 상관없이 c 로 일정하다.

ㄷ. 정지한 상상이가 움직이는 무한이를 보고 있으므로 무한이의 시간이 상상이의 시간보다 느리게 가는 것으로 관측한다.

ㄹ. 특수 상대성 이론의 길이 수축에 따라 상대적으로 움직이고 있는 물체를 정지한 관측자가 보았을 때 길이는 고유 길이보다 짧아진다. 따라서 상상이가 관측한 우주선의 길이는 고유 길이 L 보다 짧다.

72 (1) 구간 A (2) 구간 A (3) $L_A < L_B$

해설 | (1) 무한이 입장에서, 무한이가 측정한 상상이의 시간은 Δt, 상상이의 시간이 고유 시간(Δt_0)이 된다. $\Delta t = \gamma \Delta t_0$ 이므로 무한이가 측정한 시간은 로런츠 인자에 따라 달라진다. 구간 A 와 C 에서의 로런츠 인자를 각각 γ_A, γ_C 라고 하면,

$$\gamma_A = \frac{1}{\sqrt{1-\left(\frac{v}{c}\right)^2}} = \frac{1}{\sqrt{1-\left(\frac{0.8c}{c}\right)^2}} = \frac{1}{0.6}$$

$$\gamma_C = \frac{1}{\sqrt{1-\left(\frac{v}{c}\right)^2}} = \frac{1}{\sqrt{1-\left(\frac{0.6c}{c}\right)^2}} = \frac{1}{0.8}$$

$\gamma_A > \gamma_C$ 이므로 구간 A 에서 측정한 시간이 구간 C 에서 측정한 시간보다 느리게 간다(더 크다).

(2) 상상이가 측정할 때는 상대적으로 무한이가 운동하므로 무한이의 시간은 구간 A 에서 측정할 때가 구간 B 에서 측정할 때보다 느리게 간다.

(3) 특수 상대성 이론의 길이 수축에 의해 속도가 더 빠른 우주선의 길이 수축 정도가 더 크다. 따라서 $L_A < L_B$ 이다.

Ⅱ. 힘과 여러 가지 운동 (6)

개념 보기

Q27 3 : 1　　Q28 ①

Q27 3 : 1

해설 | $P_1 = P_2 \rightarrow \frac{F_1}{A_1} = \frac{F_2}{A_2}$ 이다. 따라서 단면적 비가 3 : 1 이면 피스톤에 작용하는 힘의 비도 3 : 1이다.

Q28 ①

해설 | 두 풍선 사이로 바람을 불어넣는 경우 두 풍선 사이의 공기의 속력이 상대적으로 빨라지므로 압력이 낮아진다. 바깥에서의 압력이 더 크므로 안쪽으로 미는 힘이 발생하여 서로 가까이 끌린다.

개념 확인 문제

정답 p145 ~147

유체

103 4 N　　104 ⑤　　105 (1) 10 N (2) ⑤　　106 2×10^{-6} g

107 100 N　　108 (1) $P_0 + \frac{\rho_A Vg}{S_1}$ (2) 1 : 5

109 ㉠ A ㉡ v_2　　110 1 m/s　　111 120 N/m^2

112 (1) B (2) $3P_0$　　113 1.8 m　　114 ②

115 (1) 1 : 3 (2) $\rho_2 gh$

103 4 N

해설 | 볼링공의 밀도 5 g/cm^3 = 5000 kg/m^3 이고, 물의 밀도는 1000 kg/m^3 이다. 100 cm^3 = 10^{-4} m^3 이다.

볼링공의 무게는 $mg = \rho_{볼링공}gV = (5\times10^3)\cdot10\cdot(10^{-4}) = 5$ N

볼링공에 작용하는 부력 = 부피 V 의 물의 무게 = $\rho_{물}gV = (10^3)\cdot10\cdot(10^{-4}) = 1$ N

부력은 중력과 반대 방향으로 작용하므로, 볼링공이 바닥을 누르는 힘의 크기 = 볼링공의 무게 - 부력 = 5 - 1 = 4 N

104 ⑤

해설 | ㄱ. 액체의 표면에 작용하는 압력은 대기압으로 모두 같다.

ㄴ. 관의 굵기와 모양이 달라도 관 속의 같은 깊이에서의 압력은 모두 같다.

ㄷ. 압력 $P = P_0 + \rho gh$ 이다. 관 속에 담긴 액체 내에서는 깊은 곳일수록 압력이 커지고, 같은 깊이에서 압력이 같다.

105 (1) 10 N (2) ⑤

해설 | (1) 돌에 작용하는 부력의 크기는 (돌 무게) - (물속에서의 돌 무게)이다. 따라서 50 - 40 = 10 N 이다.

(2) 돌의 질량은 $F = mg \rightarrow 50\text{ N} = m \times 10\text{ m/s}^2$, $m = 5$kg 이다.

$F_{부력} = \rho_{물}gV$ (돌과 같은 부피의 물의 무게)이므로

→ $10\ N = (1.0 \times 10^3) \times 10 \times V$, $V = 10^{-3}\ m^3$

V 는 돌의 부피와 같다.

∴ 돌의 밀도 = $\frac{질량}{부피} = \frac{5}{10^{-3}} = 5 \times 10^3\ kg/m^3$

106 2×10^{-6} g

해설 | 공기 방울의 부피를 V, 탄산수의 밀도를 $\rho_{탄산수}$, 공기 방울의 밀도를 $\rho_{방울}$, 공기 방울의 가속도를 a 라고 하면, 공기 방울에 작용하는 힘은 무게와 반대 방향의 부력이다. 위방향을 (+)로 한다.

∴ 알짜힘 = 부력 - 공기 방울의 무게 = $m_{방울}a$

→ $\rho_{탄산수}Vg - \rho_{방울}gV = m_{방울}a$

→ $(1.0 \times 10^3)V \cdot 10 - \rho_{방울}V \cdot 10 = \rho_{방울}V \cdot 10$

→ $1.0 \times 10^4 = \rho_{방울} \times 20$ → $\rho_{방울} = 500\ kg/m^3$

$m_{방울} = \rho_{방울}V = \rho_{방울} \cdot \frac{4}{3}\pi r^3 = 500 \cdot \frac{4}{3} \cdot 3 \cdot (0.1\times 0^{-3})^3$

$= 2\times10^{-9}\ kg = 2\times10^{-6}\ g$

107 100 N

해설 | 파스칼 원리를 적용하면 양쪽 피스톤(단면적 A_1, A_2)에 작용하는 유체의 압력이 같다.

∴ $\frac{F_1}{A_1} = \frac{F_2}{A_2}$ → $F_1 \times 6 = 300 \times 2$ ∴ $F_1 = 100$ (N)

108 (1) $P_0 + \frac{\rho_A Vg}{S_1}$ (2) 1 : 5

해설 | (1) 피스톤 1 이 액체에 작용하는 압력 = 물체 A의 무게에 의한 압력 + 대기압

물체 A의 무게는 $\rho_A Vg$ 이고, 단면적은 S_1 이므로 물체 A의 무게에 의한 압력은 $\frac{\rho_A Vg}{S_1}$ 이다.

∴ 피스톤 1 이 액체에 작용하는 압력 = $P_0 + \frac{\rho_A Vg}{S_1}$

(2) 물체 B의 무게 : $\rho_B Vg$,

물체 B의 무게에 의해 피스톤 2에 가해지는 압력= $P_0 + \frac{\rho_B Vg}{S_2}$

액체가 피스톤 1과 피스톤 2에 작용하는 압력이 같다.

$P_0 + \frac{\rho_A Vg}{S_1} = P_0 + \frac{\rho_B Vg}{S_2}$ → $\frac{\rho_A}{S_1} = \frac{\rho_B}{S_2}$

∴ $\rho_A : \rho_B = S_1 : S_2 = 1 : 5$

109 ㉠ A ㉡ v_2

해설 | 연속방정식 ($A_1v_1 = A_2v_2$) 에 나타난 것처럼 관의 단면적이 클수록 유체의 유속이 작다. 수평면 상의 흐름에서는 유체의 유속이 작을수록 압력이 크므로 단면적이 가장 큰 곳의 높이가 가장 높다.

∴ (높이) $h_1 > h_3 > h_2$(A > C > B) , (속력) $v_2 > v_3 > v_1$

110 1 m/s

해설 | 연속 방정식($A_1v_1 = A_2v_2$)은 유체의 흐름에서 항상 성립한다.

∴ $4\ cm^2 \times 3\ m/s = 12\ cm^2 \times v_2$, $v_2 = 1\ m/s$

111 120 N/m²

해설 | 베르누이 법칙($P_1 + \frac{1}{2}\rho v_1^2 + \rho g h_1$ = 일정)에서 높이 h가 같으므로 $P_1 + \frac{1}{2}\rho v_1^2 = P_2 + \frac{1}{2}\rho v_2^2$이 성립한다.

∴ $P_1 - P_2 = \frac{1}{2}\rho(v_2^2 - v_1^2) = \frac{1}{2}\cdot(1.0\times10^3)\cdot(0.5^2 - 0.1^2) = 120\ N/m^2$

112 (1) B (2) $3P_0$

해설 | (1) 연속 방정식 ($A_1v_1 = A_2v_2$)에 의해 단면적이 각각 같으므로, A, B, C 지점에서 유속은 모두 같다. B 지점의 높이를 0 으로 하고 베르누이 법칙을 적용하면,

$P_A + \frac{1}{2}\rho v_A^2 + \rho gh = P_B + \frac{1}{2}\rho v_B^2 = P_C + \frac{1}{2}\rho v_C^2 + \rho g(3h)$

$v_A = v_B = v_C$ 이므로

$P_A + \rho gh = P_B = P_C + \rho g(3h)$ → $P_B > P_A > P_C$

(2) $P_A + \rho gh = P_B = P_C + \rho g(3h)$

∴ $P_B - P_A = \rho gh (= P_0)$, $P_B - P_C = 3\rho gh = 3P_0$

113 1.8 m

해설 | 물표면의 높이를 h_1, 배출구 중심의 높이를 h_2, 물통의 단면을 A_1, 배출구의 단면을 A_2라 하자. 연속 방정식 $A_1v_1 = A_2v_2$ 이고, A_2의 단면은 무시할 만큼 작으므로 $v_1 = 0$이 된다.

베르누이 법칙을 적용하면 물표면의 기압과 배출구 앞의 기압은 같다고 할 수 있으므로[$P_1 = P_2$ (대기압)]

$$\rho gh_1 + \frac{1}{2}\rho v_1^2 = \rho gh_2 + \frac{1}{2}\rho v_2^2,\ v_1 = 0$$

$v_2^2 = 2g(h_1 - h_2) = 2\cdot10\cdot1.8$ → $v_2 = 6\ m/s$ (물이 뿜어지는 속력)

물이 배출구($h = 0$)에서 속도 v_2로 위로 뿜어 올라갈 때 최고점(높이 h, 속력 0)과의 베르누이 법칙을 적용하면,(기압은 서로 같다.)

$\rho gh_1 + \frac{1}{2}\rho v_1^2$ (배출구) $= \rho gh_2 + \frac{1}{2}\rho v_2^2$ (최고점) -베르누이 법칙

→ $0 + \frac{1}{2}\rho v_2^2 = \rho gh + 0$ ∴ $h = \frac{v_2^2}{2g} = 1.8\ m$

114 ②

해설 | ㄱ. 점 A에서는 공의 회전 방향은 오른쪽이고 공기의 흐름은 왼쪽이다. 따라서 마찰에 의해 공기의 속력이 느려진다.

ㄴ. 공기 흐름의 속력이 빠를수록 압력이 작고, 느릴수록 압력이 크다. 따라서 속력이 빠른 점 B에 작용하는 압력이 더 작다.

ㄷ. 공기의 압력이 B가 A보다 작으므로 공은 ㉡ 방향으로 힘을 받아 휘어져 운동한다.

115 (1) 1 : 3 (2) $\rho_2 gh$

해설 | (1) 연속 방정식 ($A_1v_1 = A_2v_2$)에 의해 $A_1 : A_2 = 3 : 1$이므로 $v_1 : v_2 = 1 : 3$이다.

(2) 기체의 압력 차이만큼 U 자 관 속 액체의 높이 차가 생기고, ρ_1은 ρ_2에 비해 무시할 만큼 작으므로 $P_1 - P_2 = \rho_2 gh$ 이다.

개념 심화 문제

정답 p 148 ~ 149

73 $5\ m/s^2$ 74 $14\ kg$
75 (1) 50 L/min (2) 0.5 76 3 m/s

73 $5\ m/s^2$

해설 | 열기구의 부피와 같은 바깥 공기의 무게 = 부력이고, 부력이 열기구의 무게보다 클 때 열기구는 위로 올라가는 가속 운동을 한다. 열기구의 질량을 m, 부피를 V, 열기구의 가속도를 a 라 할 때,

$F_{부력} = \rho_{밖}Vg$, 열기구의 무게 = $\rho_{안}Vg$ 이다.

$F_{부력} - mg = ma \rightarrow \rho_{밖}Vg - \rho_{안}Vg = \rho_{안}Va$

$\rightarrow 1.5\rho_{안}Vg - \rho_{안}Vg = \rho_{안}Va$

$\therefore a = 0.5 \times g = 0.5 \times 10\ m/s^2 = 5\ m/s^2$

74 14 kg

해설 | 용수철을 7 cm 압축시키려면 $[(3 \times 10^4) \times 0.07]$ N 만큼의 힘이 필요하다. 통이 누르는 힘을 F_1, 용수철을 수축시키는 힘을 F_2, 모래의 질량을 m이라 하자. 파스칼 법칙에 의해 질량은 다음과 같이 구할 수 있다.

$$\frac{F_1}{A_1} = \frac{F_2}{A_2} = \frac{F_1}{15A_1} \rightarrow \frac{mg}{A_1} = \frac{kx}{15A_1}$$

$$\therefore m = \frac{(3 \times 10^4) \times (0.07)}{15 \times 10} = 14\ kg$$

75 (1) 50 L/min (2) 0.5

해설 | (1) 관은 하나로 이어져 있으므로 2 cm 관에 흐르는 부피 흐름율은 세 개의 작은 관에 흐르는 부피 흐름율을 각각 더한 것과 같다. 따라서 25 L/min + 20 L/min + 5 L/min = 50 L/min이다.

(2) 25 L/min의 흐름율을 가진 A 관의 면적을 A_1, 속력을 v_1, 지름 2 cm 인 B 관의 면적을 A_2, 속력을 v_2라 하자. 면적은 $\frac{\pi(지름)^2}{4}$ 이고, 부피 흐름율 $R = Av$ 이므로

$$\frac{A_2v_2}{A_1v_1} = \frac{R_2}{R_1} \rightarrow \frac{v_2}{v_1} = \frac{A_1R_2}{A_2R_1} = \frac{(1\ cm)^2 \times 50\ L/min}{(2\ cm)^2 \times 25\ L/min} = 0.5$$

76 3 m/s

해설 | 수면과 C 점에서 베르누이 법칙을 적용한다.

베르누이 정리 ($P_1 + \frac{1}{2}\rho v_1^2 + \rho gh_1$ = 일정)에서 수면에서의 기압과 C 점에서의 기압은 같고, 수면에서의 속력은 0 이며 수면과 C 점의 높이 차는 $d + h_2$ 이므로, C 점의 높이를 0 이라 할 때

$$P_{수} + \frac{1}{2}\rho v_{수}^2 + \rho gh_{수} = P_C + \frac{1}{2}\rho v_C^2 + \rho gh_C$$

$$\rightarrow \rho gh_{수} = \frac{1}{2}\rho v_C^2$$

$$\therefore v_C^2 = 2g(d + h_2) = 2 \times 10\ m/s^2 \times (0.15\ m + 0.3\ m) = 9\ (m/s)^2,\ v_C = 3\ m/s$$

창의력을 키우는 문제

p150 ~ 165

01. 추리 단답형

④

해설 | ① 그래프에 나타나듯이 O 점에서 속도가 가장 크다.
② 속도의 기울기를 보고 중력 가속도를 구할 수 있다. O점에서 기울기가 0 이므로 중력 가속도가 0 이므로 중력의 크기도 0 이다.
③ (중력)가속도가 가장 큰 곳은 속도-시간 그래프에서 접선 기울기가 가장 큰 A점과 B점이다.
④ O점을 기준으로 기울기가 +에서 -로 바뀐다. A → O 운동할 때에는 A → O 방향으로 중력을 받고, O → B 운동할 때에는 B → O 방향으로 힘을 받아서 가속도의 방향이 반대로 바뀐다.
⑤ 그래프에서 B점일 때 속도가 0인 것으로 보아 물체는 B점에서 다시 A점으로 향할 것이다.

02. 추리 단답형

170 m/s

해설 | 비행기의 속력을 v 라고 하면, 소리가 사람에게 340 m/s 로 전해질 시간 t 동안 비행기는 vt 만큼 진행한다. 그림과 같이 그릴 수 있다.

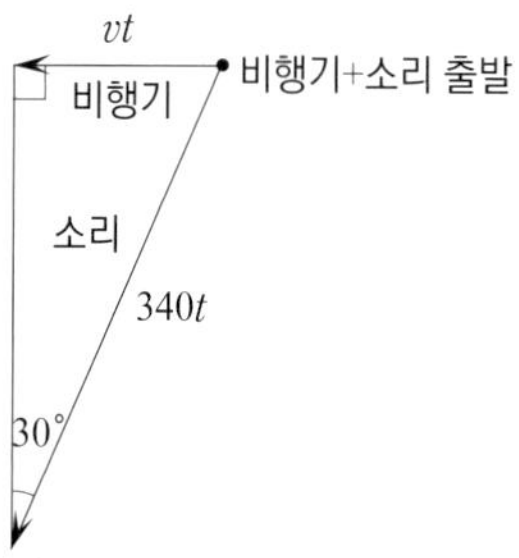

삼각비에 의해 $vt : 340t = 1 : 2$ $\therefore v = 170\ m/s$

03. 단계적 문제 해결형

$$\frac{d}{v+u} + \frac{d}{v-u} = \frac{2v}{v^2 - u^2}d$$

해설 | 배는 운동하면서 한번은 강물에 거슬러서, 한번은 강물과 같은 방향 으로 운동을 하게 된다. 같은 방향으로 진행할 때 지면(정지한 곳)에서 바라본 배의 속력은 $v + u$, 반대 방향으로 진행할 때 지면에서 바라본 배의 속력은 $v - u$ 이다. 그 시간 동안 각각 같은 거리 d를 진행한다.

그러므로 걸린 시간은 $\frac{d}{v+u} + \frac{d}{v-u} = \frac{2v}{v^2 - u^2}d$ 이다.

04. 단계적 문제 해결형

(1) $\sqrt{7}$ m/s (2) $\frac{400}{\sqrt{7}}$ 초 (3) 5 m/s
(4) 500 m (5) 100 초

해설 |

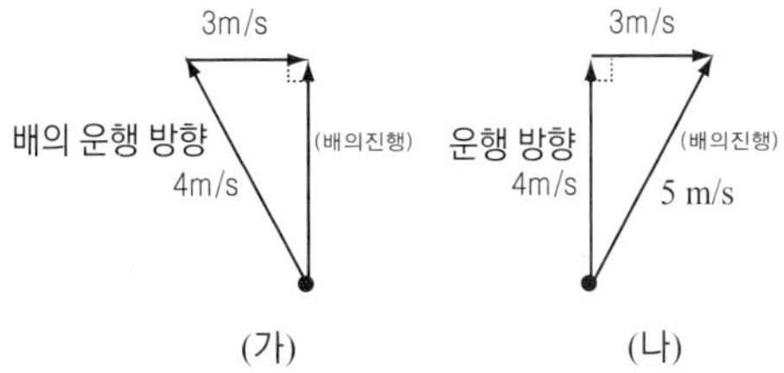

(1) 강둑에 수직한 방향으로 가는 경우 최단 거리이다. 즉, 물의 속도와 배의 속도의 합이 강둑에 수직한 방향이다. [그림 (가)]
그러므로 지면에 있는 사람이 보면 배의 속도의 크기는 $\sqrt{4^2 - 3^2}$ = $\sqrt{7}$ m/s 이다.
(2) 배가 최단 거리로 강을 건널 때 걸리는 시간 : $\frac{400}{\sqrt{7}}$ s
(3) 배가 최단 시간으로 건너려면 뱃머리의 방향을 강둑에 수직한 방향으로 향하게 하고 가는 것이다. [그림 (나)]
지면에 있는 사람이 보면 배의 속도의 크기는 $\sqrt{4^2 + 3^2}$ = 5 m/s
(4), (5) 배가 최단 시간으로 강을 건널 때 걸린 시간부터 구해야 쉽다. 배의 강둑에 수직 방향 속도는 4 m/s 이다. 강폭 400 m 이므로, 배가 진행하는 방향과 관계없이 $\frac{400}{4}$ = 100 s 후에 맞은 편 강둑에 도착한다. 이제 100초 동안 비스듬한 방향으로 얼마나 진행했는지 알 수 있다. 5 m/s 로 운동했으므로 100 × 5 = 500 m 를 이동한다.

05. 논리 서술형

(1) 12 km/h (2) 4 km/h (3) 3 km

해설 | (1) 잠자리는 12 km/h의 속력으로 계속 운동한다. 때문에 잠자리의 평균속력은 따로 계산할 것 없이 바로 12 km/h 이다.
(2) 두 사람이 만나는 곳은 결국 가운데 지점이다. 그리고 잠자리는 A 점에서 1km 떨어진 가운데 지점까지 오게 된다.
두 사람이 만나기까지 걸린 시간이 잠자리의 운동 시간과 같다. 두 사람이 만날 때까지 시간은 $\frac{2}{4+4} = \frac{1}{4}$ h 이고, 이 시간 동안 변위가 1km 이기 때문에 평균 속도의 크기는 $\frac{1}{\frac{1}{4}}$ = 4 km/h 이다.
(3) 잠자리는 12 km/h 의 속력으로 $\frac{1}{4}$ h 동안 운동을 계속하므로 잠자리가 총 이동한 거리는 12 × $\frac{1}{4}$ = 3 km 이다.

06. 추리 단답형

8 m

해설 | 상대 속도의 개념으로 푸는 것이 편리하다.

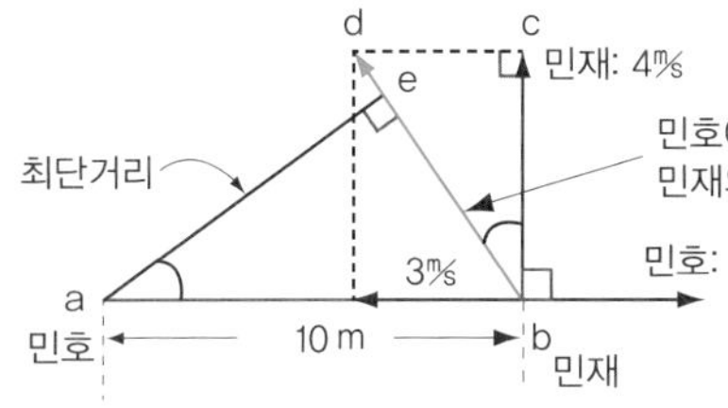

민호가 민재를 상대 속도로 관찰하는 경우에 민호는 정지해 있고, 민재는 b에서 d 방향으로 5 m/s 로 가게 된다.
삼각형 abe 와 삼각형 bdc는 서로 닮은꼴이므로
10m : 최단 거리 = bd : bc = 5 : 4 , 최단 거리 = 8 m 이다.
[또 다른 풀이]
최단 거리를 l, 그때까지 두 사람이 운동한 시간을 t 라고 하면,

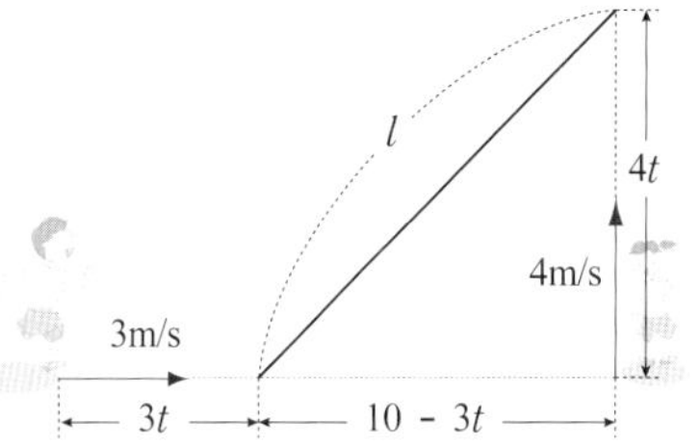

$l^2 = (10 - 3t)^2 + (4t)^2 = 25(t - \frac{6}{5})^2 + 64$

$t = \frac{6}{5}$ 일 때 l^2 의 최소값은 64 이므로 l 의 최소값은 8 m 이다.

07. 단계적 문제 해결형

③

해설 | 잡고 있던 상자를 그냥 놓으면 낙하하는 상자의 처음 속도는 비행기의 속력과 같은 수평 방향으로 20 m/s 의 속력을 가지게 된다.
상자가 t 초 동안 낙하하는 거리(m) = $5t^2$ 라고 주어졌다.
180m를 낙하하므로 180 = $5t^2$, 낙하 시간 t = 6초
떨어지는 시간 동안 수평 방향으로는 등속 운동하므로
수평 거리는 20 × 6 = 120 m

08. 단계적 문제 해결형

(1) 25 m/s (2) 86.5 m (3) 1.25 초

해설 | (1) 처음 속도를 v_0 라고 하면, 수직 성분은 $v_0 \sin 30° = \frac{v_0}{2}$ 이다.
연직 위로 $\frac{v_0}{2}$ 로 던진 물체의 변위(4초 후 B점의 O점으로부터의 연직 방향 변위)

$$s = \frac{v_0}{2}t + \frac{1}{2}(-g)t^2 = -30 \text{ m}$$

(윗 방향이 (+) ; 출발 지점에 비해 B점은 연직 방향으로 (-)변위이다.)

$t = 4$ 초 이므로 $v_0 = 25$ m/s 이다.

(2) 수평 속도는 $25\cos30° = \frac{25\sqrt{3}}{2}$ m/s 이다.

4초 동안 운동하였으므로 A~B 수평 거리는 $\frac{25\sqrt{3}}{2} \times 4 ≒ 86.5$ m

(3) 최고점에서 수직 성분의 속도가 0이기 때문에 $v = v_0 - gt$ 식에서

$0 = \frac{v_0}{2} - gt_1$ 이다. (연직 운동, 처음 속도 $\frac{v_0}{2}$, 최고점 도달 시간 t_1)

t_1 에 대해 정리하면 $t_1 = \frac{v_0}{2g} = \frac{25}{2 \times 10} = \frac{5}{4}$ s = 1.25 초

09. 추리 단답형

7.3 m

해설 | 물을 쏘아올린 후 건물 높이 h 인 지점에 도달할 때까지 걸린 시간을 t 라고 하면, 수평 거리 = 수평 방향 속도 × 시간 이므로

$$d = v_{x0}t = (v_0\cos\theta)t \rightarrow t = \frac{d}{v_0\cos\theta} = \frac{5}{20 \times \cos60°} = 0.5\text{초}$$

건물의 높이 h 는 $v_0\sin\theta$ 의 속도로 연직 위로 던진 물체의 0.5초 동안의 변위의 크기와 같다.

$$h = v_0\sin\theta \cdot t - \frac{1}{2}gt^2 = (20 \cdot \frac{\sqrt{3}}{2} \cdot 0.5) - (\frac{1}{2} \cdot 9.8 \cdot 0.5^2) ≒ 7.3 \text{ m}$$

10. 단계적 문제 해결형

(1) 220.5 m/s^2 (2) 77.175 N

해설 | (1) 등가속도라고 가정하면, 4m를 이동하며 처음 속도 0에서 나중 속도 42 m/s로 가속했으므로, $2as = v^2 - v_0^2$ 으로부터

$$42^2 - 0^2 = 2 \cdot a \cdot 4, \quad a = 220.5 \text{ m/s}^2$$

(2) $F = ma = 0.35 \times 220.5 = 77.175$ N

11. 추리 단답형

①

해설 | ① $F = ma$, (A + B)의 질량이 6㎏이고 작용하는 힘은 6N이므로 가속도는 1 m/s^2 이다.

②, ③ A가 B를 미는 힘 또는 B가 A를 미는 힘을 f 라고 하면 (두 힘은 작용반작용으로 크기가 같고 방향이 반대이다.)

왼쪽에서 밀 때는 A 에 작용하는 힘 $F_A = 6 - f = 2 \times 1$, $f = 4$ N을 주고 받으며, 오른쪽에서 밀 때는 B에 작용하는 힘 $F_B = 6 - f = 4 \times 1$, $f = 2$ N 을 주고받는다.

12. 단계적 문제 해결형

(1) (가) 2 m/s^2 (나) 6 m/s^2 (2) (가) 48 N (나) 44 N

해설 |

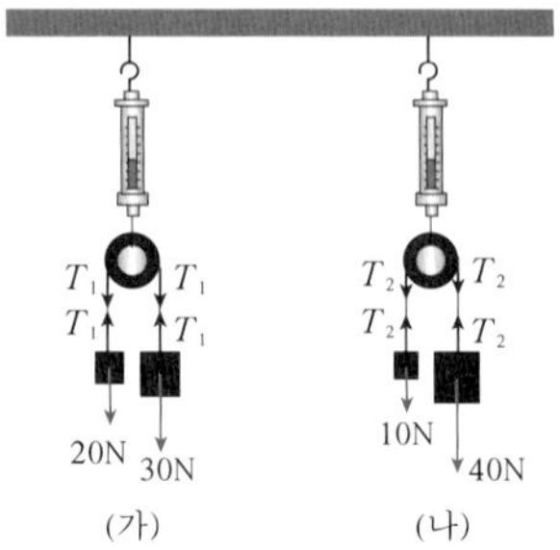

그림처럼 장력 T_1, T_2 가 작용한다면

그림(가)의 용수철 저울은 $2T_1$ 의 눈금을 가리킬 것이고

그림(나)의 용수철 저울은 $2T_2$ 의 눈금을 가리킬 것이다.

(1) 운동방정식을 세우면 (가) 가속도 a_1 (나) 가속도 a_2

(가) $30 - T_1 = 3a_1$, $T_1 - 20 = 2a_1$ → $a_1 = 2$ m/s^2 $T_1 = 24$ N

(나) $40 - T_2 = 3a_2$, $T_2 - 10 = 2a_2$ → $a_2 = 6$ m/s^2 $T_2 = 22$ N

(2) (가) 용수철저울 : 2 T_1 = 48 N, (나) 용수철저울 : 2 T_2 = 44 N

13. 단계적 문제 해결형

(1) $\frac{1000}{3}$ N (2) $\frac{1100}{3}$ N

해설 |

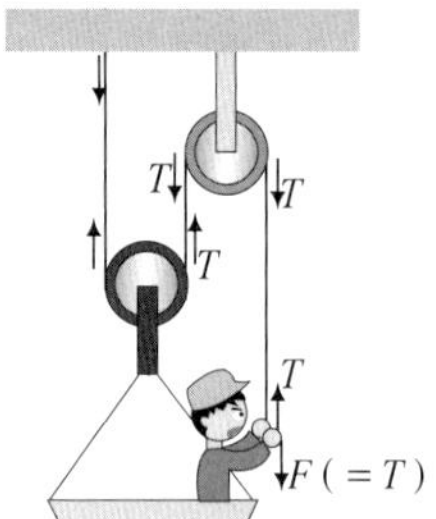

(1) 사람이 $T(=F)$ 의 힘으로 끈을 잡아당기면 반작용으로 끈으로부터 T의 힘을 받고 바구니에는 윗 방향으로 줄 1개당 T 의 힘이 작용하므로 (사람 + 바구니)는 위로 총 $3T$ 의 힘이 작용하고 있고, 이힘은 아래로의 (사람+바구니)의 무게와 평형을 이룬다.

$3T = 100 \times 10 = 1000$ N, $T = \frac{1000}{3}$ N (= F의 크기)

(2) 가속도가 위로 1 m/s^2 일 때 바구니에 작용하는 힘의 합력(알짜힘) $F = ma = 100 \times 1 = 100$ N 이고, 방향은 윗방향이다.

바구니에 작용하는 알짜힘 : $3T$ - 중력 = 100 N

이때, 중력 = 1000 N, T (크기) = 잡아당기는 힘의 크기 이다.

∴ T(장력의 크기) = 잡아당기는 힘의 크기 = $\frac{1100}{3}$ N

14. 단계적 문제 해결형

(1) 10N　　　　　(2) 해설 참조

해설 | (1) 추의 관성력은 위쪽으로 $ma = 5 \times \frac{4}{5}g = 4g = 40$ N 이다.

원래 중력 $5g$ 를 받았지만 반대 방향으로 $4g$ 만큼 관성력을 가지므로 엘리베이터 안에서 추의 무게는 g 가 된다. 추의 무게 = 실의 장력이고 그 크기는 g = 10 N 이 된다.

(2) ㉠ 엘리베이터가 정지하고 있을 때 실을 끊는 경우(t_1) : 자유 낙하 운동

$h = \frac{1}{2}gt_1^2$ 이므로 $t_1 = \sqrt{\frac{2h}{g}}$ 이다.

㉡ 엘리베이터가 운동 중에 실을 끊었을 때(t_2) : 장력 $T = 0$

엘리베이터 내에서 물체가 느끼는 힘에 대한 운동 방정식은

중력 - 관성력 = $mg - m \cdot \frac{4}{5}g = ma$ → $g = 5a$, $a = \frac{g}{5}$

즉, 중력가속도가 자유낙하 운동할 때의 $\frac{1}{5}$ 이 되므로 $t_2 = \sqrt{5}\ t_1$ 이 된다.

15. 추리 단답형

$\frac{1}{2\pi}\sqrt{\frac{g}{\mu R}}$

해설 | 사람에게 작용하는 구심력은 $\frac{mv^2}{R}$, $T = \frac{2\pi R}{v} = \frac{1}{f}$ 이므로,

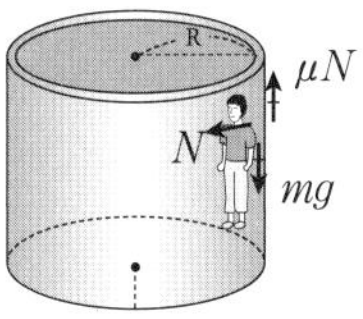

구심력 $\frac{mv^2}{R} = \frac{m}{R}(2\pi Rf)^2 = 4\pi^2 mRf^2$

벽이 사람을 벽에 수직으로 미는 수직 항력 N 이 사람 원운동의 구심력의 역할을 하므로 N 의 크기와 구심력의 크기는 같다. 사람이 아래로 미끄러지지 않는 조건 : 사람의 무게 ≤ 마찰력(μN)

→ $\mu 4\pi^2 mRf^2 \geq mg$, f (회전수)가 최소일 때

$$f = \sqrt{\frac{g}{4\pi^2 \mu R}} = \frac{1}{2\pi}\sqrt{\frac{g}{\mu R}}$$

16. 추리 단답형

$\sqrt{\frac{gr}{\sqrt{3}}}$

해설 |

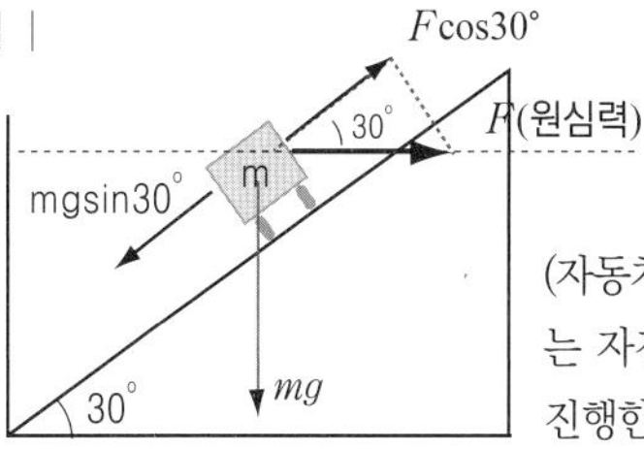

(자동차는 벨로드롬에서 운동하는 자전거처럼 빗면에 평행하게 진행한다.)

자동차가 바깥으로 미끄러지지 않기 위해

자동차에 작용하는 원심력의 빗면 방향 성분 $\frac{mv^2}{r}\cos 30°$ 이 중력의 빗면 방향 성분인 $mg\sin 30°$보다 작아야 한다.

$$\frac{\sqrt{3}}{2r}\frac{mv^2}{} \leq \frac{mg}{2},\quad \therefore v \leq \sqrt{\frac{gr}{\sqrt{3}}}$$

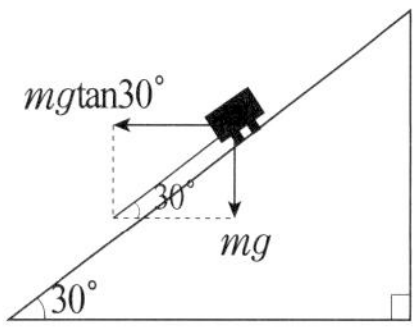

(또는, 그림처럼 $mg\tan 30°$가 구심력 $\frac{mv^2}{r}$ 의 역할을 하므로,

$\frac{mv^2}{r} \leq mg\tan 30°$ 인 조건에서 물체는 바깥으로 미끄러지지 않는다.)

17. 단계적 문제 해결형

(1) 4초　　　　　(2) 8초

(3) 쇠구슬의 이동 거리 = 전동차의 이동 거리 = 256 m

해설 | 전동차 안에서 볼 때 관성에 의해 전동차 내에서 왼쪽 방향으로 3 m/s² 크기의 가속도 운동을 한다.

(1) $v = v_0 - at$, $0 = 12 - 3t_1$, $t_1 = 4$(s), 4초 후에 정지한다.

(2) 변위가 0 일 때의 시간(0초, t_2)이 되돌아 오는 시간이다.

$s = v_0 t + \frac{1}{2}at^2$, $0 = 12t_2 + \frac{1}{2}(-3)t_2^2$, $t_2 = 0$, 8초(되돌아 오는 시간)

(3) 전동차 밖에서 봤을 때, 쇠구슬은 8초 동안 32m/s(=20+12) 의 등속도 운동을 하고, 전동차는 처음 속도 20m/s, 가속도 3 m/s² 로 8초 동안 운동한다.

쇠구슬의 이동 거리 = 32·8= 256m (전동차 밖에서 봤을 때)

전동차의 이동 거리 = $20 \cdot 8 + \frac{1}{2} \cdot 3 \cdot 8^2$ = 256m 로 같은 거리를 간다.

18. 단계적 문제 해결형

(1) $\frac{mg}{\cos\theta}$　　　(2) $mg\tan\theta$　　　(3) $2\pi\sqrt{\frac{l\cos\theta}{g}}$

해설 | (1) O점을 중심으로 하는 원운동의 구심력(F)은 추에 작용하는 장력($T_{장}$)과 중력(mg)의 합이다.

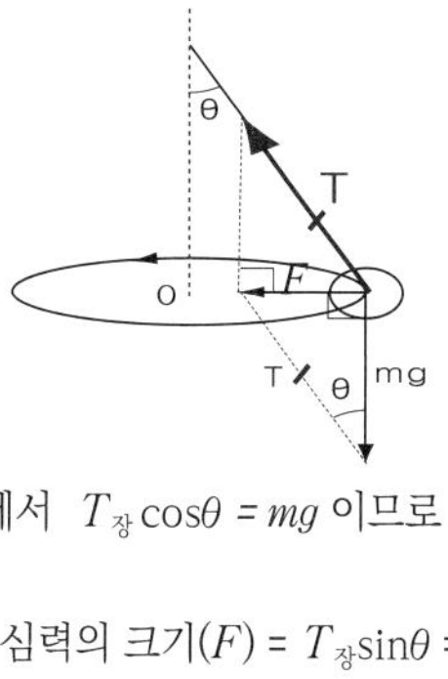

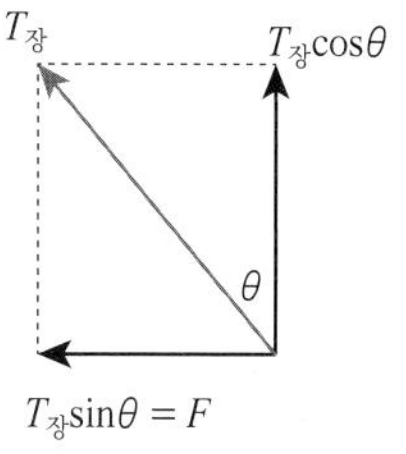

그림에서 $T_{장}\cos\theta = mg$ 이므로 장력 $T_{장} = \frac{mg}{\cos\theta}$

(2) 구심력의 크기(F) = $T_{장}\sin\theta = mg\tan\theta$ $(\tan\theta = \frac{\sin\theta}{\cos\theta})$

(3) 구심력(F)는 원(반경 r)의 중심 방향이다. 주기를 T 로 할 때

$F = mg\tan\theta = \frac{mv^2}{r} = \frac{4\pi^2 mr}{T^2}$ $(v = \frac{2\pi r}{T}) \rightarrow mg\tan\theta = \frac{4\pi^2 mr}{T^2}$,

$r = l\sin\theta$ 이므로, $T = 2\pi\sqrt{\frac{r}{g\tan\theta}} = 2\pi\sqrt{\frac{l\sin\theta}{g\tan\theta}} = 2\pi\sqrt{\frac{l\cos\theta}{g}}$

19. 단계적 문제 해결형

(1) $\sqrt{gh}$ (2) $\frac{\sqrt{3}}{2}h$

해설 | (1) 빗면에서의 가속도는 $g\sin\theta = g\sin30^\circ = \frac{g}{2}$ 이므로,

B점에서의 속력을 v 라고 하면 (v_0 : A점에서의 출발 속도 = 0)

$v^2 - v_0^2 = 2as = 2 \times \frac{g}{2} \times h = gh, \quad v = \sqrt{gh}$ (빗면 방향)

(또는, A점과 B점의 높이 차는 $h\sin30^\circ = \frac{h}{2}$ 이다.

퍼텐셜 에너지의 감소량만큼 B점에서 운동 에너지가 증가했으므로

$mg\frac{h}{2} = \frac{1}{2}mv^2, \ v = \sqrt{gh}$ 이다.)

(2)

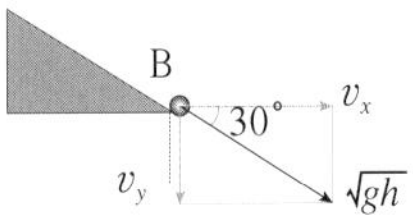

$\angle BEC = 30^\circ$ 이므로, 거리 C~E = $\frac{h}{\tan30^\circ} = \sqrt{3}h$, $(\tan30^\circ = \frac{1}{\sqrt{3}})$

B점에서 수평 속도 $v_x = \sqrt{gh} \times \cos30^\circ = \frac{\sqrt{3gh}}{2}$

B점에서 수직 속도 $v_y = \sqrt{gh} \times \sin30^\circ = \frac{\sqrt{gh}}{2}$

∴ 낙하 시간(t_1) : $h = v_y \cdot t_1 + \frac{1}{2}gt_1^2 = \frac{\sqrt{gh}}{2}t_1 + \frac{g}{2}t_1^2$

t_1 에 대해 정리하면, $t_1^2 + \sqrt{\frac{h}{g}}t_1 - \frac{2h}{g} = 0$

인수 분해하여 $(t_1 - \sqrt{\frac{h}{g}})(t_1 + 2\sqrt{\frac{h}{g}}) = 0 \rightarrow t_1 = \sqrt{\frac{h}{g}}$

∴ 거리 C~F : $v_x \times \sqrt{\frac{h}{g}} = \frac{\sqrt{3}}{2}h$ (등속 운동 : 수평 도달 거리)

거리 E~F = 거리 C~E - 거리 C~ F = $\sqrt{3}h - \frac{\sqrt{3}}{2}h = \frac{\sqrt{3}}{2}h$

20. 추리 단답형

10.1 m/s

해설 | 처음 속도를 v 라고 하고 처음 속도의 x 성분(수평 방향 성분)을 v_x, y 성분(연직 방향 성분)을 v_y 라고 하면 $v^2 = v_x^2 + v_y^2$ 이다.

수평 방향으로 5m 가 최고점까지의 수평 거리이므로 최고점까지의 시간을 t_1 이라 하면 $g = 10$ 이므로, $v_y - gt_1 = 0$, $v_x t_1 = 5$

t_1 을 제거하면 $v_x v_y = 50$ -- ㉠

t초 동안의 x 방향 변위는 $x = v_x \cdot t$, y방향 변위는 $y = v_y t - \frac{1}{2} \cdot 10t^2$

수평 거리 2 m, 수직 거리 2 m 인 B점이 t초인 순간이라고 하면,

$2 = v_x \cdot t, \quad 2 = v_y t - \frac{1}{2} \cdot 10t^2$

$t = \frac{2}{v_x}$ 를 대입하여, $2 = v_y\frac{2}{v_x} - \frac{1}{2} \cdot 10(\frac{2}{v_x})^2$ -- ㉡

㉠을 ㉡에 대입하여 간단히 하면

$1 = \frac{v_y^2}{50} - \frac{v_y^2}{250} = \frac{4v_y^2}{250} \rightarrow v_y = \frac{5\sqrt{10}}{2}$ m/s -- ㉢

㉢을 ㉠에 대입하여 $v_x = 2\sqrt{10}$ m/s

$\therefore v^2 = v_x^2 + v_y^2 = \frac{410}{4}, \quad v = \frac{\sqrt{410}}{2} ≒ 10.1$ m/s

21. 단계적 문제 해결형

(1) 6m/s^2 (2) 18 N (3) 6 N

해설 |

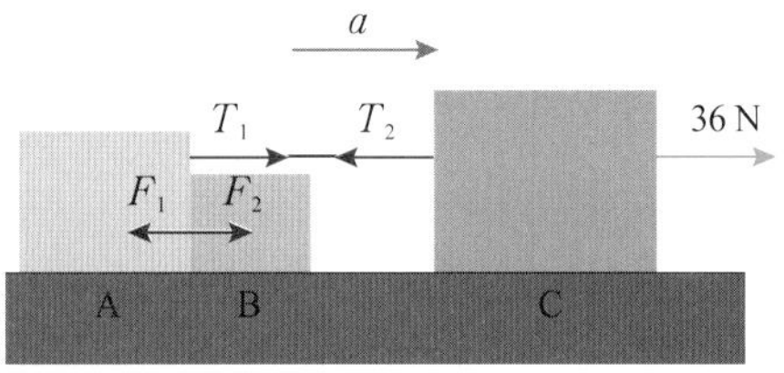

(1) $F = ma \rightarrow 36 = (2 + 1 + 3)a \qquad a = 6$ m/s^2

(2) $36 - T_2 = m_C a = 3 \times 6 = 18, \ T_2 = 18$ N$(= T_1)$

(3) $F_2 = m_B a \rightarrow F_2 = 1 \times 6 = 6N(= F_1)$

또는 $T_1 - F_1 = m_A a \rightarrow F_1 = 18 - m_A a = 18 - (2 \times 6) = 6$ N

22. 단계적 문제 해결형

(1) 19.6 N (2) 0.63 m/s^2

해설 | 물체 A와 B에 작용하는 힘들을 나타내면 다음과 같다.

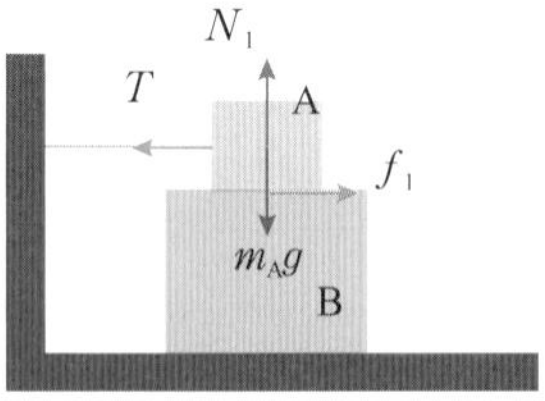

물체 A에 작용하는 힘

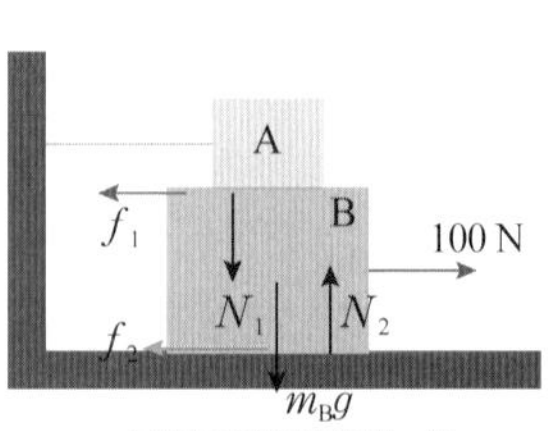

물체 B에 작용하는 힘

(1) 물체 A에 작용하는 수직 항력 $N_1 = m_A g = 4 \times 9.8 = 39.2$ N

T (크기) $= f_1$ (f_1 은 B가 A에 작용하는 마찰력 크기이다.) $= \mu N_1$

$\rightarrow T = \mu N_1 = 0.5 \times 39.2 = 19.6$ N

(2) 물체 B의 운동 방정식 : $100 - f_1 - f_2 = m_B a$(수평 방향 (오른쪽+))

연직 방향 힘의 평형(크기) : $N_1 + m_B g = N_2 \rightarrow N_2 = (m_A + m_B)g = 15g$

$\therefore f_2 = \mu N_2 = (0.5) \cdot 15 \cdot 9.8 = 73.5$ N (f_2 는 바닥면이 물체 B에 작용하는 마찰력의 크기이다.)

$100 - f_1 - f_2 = m_B a \rightarrow 100 - 19.6 - 73.5 = 11a, \ a ≒ 0.63$ m/s^2

23. 추리 단답형

$\frac{2v\sin\varphi}{g\cos\theta}$

해설 | 빗면 방향을 x축 방향, x 축과 수직인 방향을 y축 방향으로 한 xy 좌표계에서 물체의 운동을 서술할 때, 중력 가속도는 y축 방향과 각 θ 를 이루므로 x 방향으로 $-g\sin\theta$, y 방향으로 $-g\cos\theta$ 가 된다고 할 수 있다.

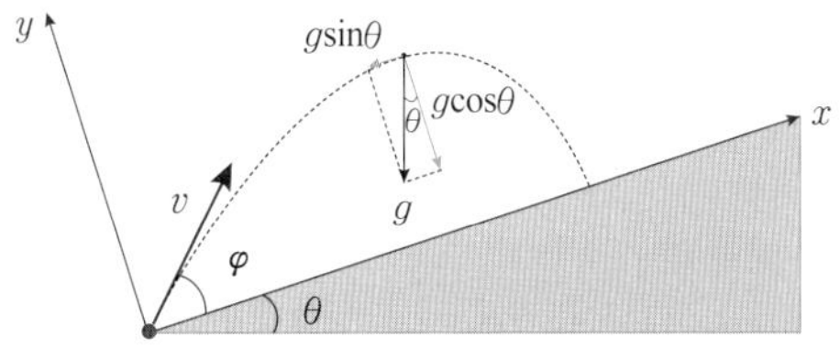

시간 t 일 때, 속도 v 의 x 성분 v_x 와 y 성분 v_y 은 다음과 같다.

$$v_x = v\cos\varphi - g\sin\theta t,\ v_y = v\sin\varphi - g\cos\theta t$$

최고점($v_y = 0$) 도달 시간을 t_1 이라 하면,

$v_y = v\sin\varphi - g\cos\theta t_1 = 0,\ t_1 = \frac{v\sin\varphi}{g\cos\theta}$

∴ 물체가 경사면($y = 0$)에 도달하는 시간 $t_2 = 2t_1 = \frac{2v\sin\varphi}{g\cos\theta}$

〈다른 방법〉

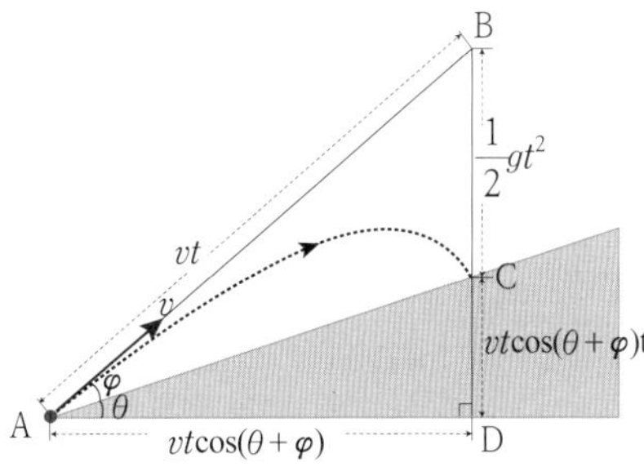

A점에서 B점을 향해 속력 v로 발사된 물체와, 동시에 B점에서 자유낙하한 물체는 C점에서 충돌한다. A점에서 출발한 물체는시간 t 에 경사면 C 에 떨어진다. 이때 다음과 같은 길이의 관계가 성립한다.

$$vt\cos(\theta+\varphi)\tan\theta + \frac{1}{2}gt^2 = vt\sin(\theta+\varphi)$$

$$\rightarrow \frac{1}{2}gt = v\sin(\theta+\varphi) - v\cos(\theta+\varphi)\tan\theta$$

$$\therefore t = \frac{2v}{g}(\sin(\theta+\varphi) - \cos(\theta+\varphi)\tan\theta),\ \tan\theta = \frac{\sin\theta}{\cos\theta}$$

$$= \frac{2v}{g\cos\theta}(\sin(\theta+\varphi)\cos\theta - \cos(\theta+\varphi)\sin\theta) = \frac{2v}{g\cos\theta}(\sin(\theta+\varphi-\theta)$$

$$= \frac{2v\sin\varphi}{g\cos\theta}$$

24. 추리 단답형

2

해설 | 처음 속도를 v_0, 첫번째로 빗면과 충돌하기 직전의 속도를 v_1 이라고 하자.

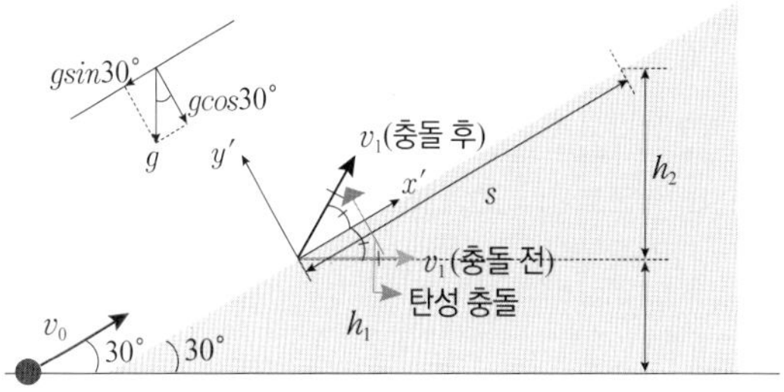

〈 충돌 전 〉

v_0 의 수평 방향 성분의 크기(v_{0x}) : $v_0\cos30° = \frac{\sqrt{3}v_0}{2}$

v_0 의 수직 방향 성분의 크기(v_{0y}) : $v_0\sin30° = \frac{v_0}{2}$

최고점의 높이를 h_1 이라고 하면

$$-2gh_1 = v_y^2 - v_{0y}^2 \rightarrow -2gh_1 = 0 - (v_0\sin30°)^2$$

$$\therefore h_1 = \frac{(v_0\sin30°)^2}{2g} = \frac{v_0^2}{8g}$$

최고점에서의 속력은 v_0 의 수평 방향 성분의 크기와 같으므로($v_{0y} = 0$)

충돌 직전 물체의 속력 $v_1 = v_0\cos30° = \frac{\sqrt{3}v_0}{2}$ (수평 방향)이다.

〈충돌 후〉

탄성 충돌이므로 경사면과 30°되는 방향의 같은 크기의 속도를 가진다.

경사면에 평행한 속도 성분(v_{1x}') = $v_1\cos30° = \frac{\sqrt{3}v_0}{2}\cdot\frac{\sqrt{3}}{2} = \frac{3}{4}v_0$

경사면에 수직한 속도 성분(v_{1y}') = $v_1\sin30° = \frac{\sqrt{3}v_0}{2}\cdot\frac{1}{2} = \frac{\sqrt{3}v_0}{4}$

경사면에 평행한 중력 가속도 성분(g_x') = $-g\sin30° = -\frac{g}{2}$

경사면에 수직한 중력 가속도 성분(g_y') = $-g\cos30° = -\frac{\sqrt{3}}{2}g$

$x'y'$ 좌표계에서 경사면과 첫번째로 충돌 후 두번째 충돌할 때까지 걸린 시간 t 는 다음과 같다.

$$y' = v_{1y}'t + \frac{1}{2}g_y't^2 = 0 \rightarrow 0 = (v_{1y}' + \frac{1}{2}g_y't)t$$

$$\therefore t = -\frac{2v_{1y}'}{g_y'} = \frac{v_0}{g}$$

$x'y'$ 좌표계에서 이 시간 t 동안 경사면 이동 거리 s 은 다음과 같다.(가속도 g_x' 의 등가속도 운동)

$$s = v_{1x}'t + \frac{1}{2}g_x't^2 = \frac{3}{4}v_0\cdot\frac{v_0}{g} + \frac{1}{2}(-\frac{g}{2})(\frac{v_0}{g})^2 = \frac{v_0^2}{2g}$$

$$h_2 = s\cdot\sin30° = \frac{v_0^2}{2g}\cdot\frac{1}{2} = \frac{v_0^2}{4g}$$

$h_1 = \frac{v_0^2}{8g}$ 이므로 $\frac{h_2}{h_1} = 2$

25. 추리 단답형

17.4 AU

해설 | 혜성의 궤도 장반경을 a(AU)라고 하고 공전주기를 P(년)라고 하면 케플러 제3법칙에 의해서 $a^3 = P^2(k = 1)$이다. 공전 주기(P)는 27년 이므로 $a^3 = (27)^2 = (3^3)^2 = (3^2)^3 \quad \therefore a = 9$ AU
혜성의 근일점 거리를 a_1, 원일점 거리를 a_2라 하면,
혜성의 궤도 장반경 $a = \frac{a_1 + a_2}{2} \rightarrow 9 = \frac{a_1 + a_2}{2}$
$a_1 = 0.6$ AU 이므로 $a_2 = 17.4$ AU 가 된다.

26. 추리 단답형

$3\pi R\sqrt{\frac{3R}{GM}}$

해설 | 주기 T는 1회전 시 걸리는 시간이고, 인공위성의 A점에서 B점까지의 운동은 타원 궤도의 절반이므로 이때의 시간은 $\frac{T}{2}$ 이다.
인공위성(질량 m)의 타원궤도에 있어
원일점 거리 + 근일점 거리 = $6R$ = 2×장반경(a) → $a = 3R$
만유인력에 의한 궤도 운동을 하는 경우 만유인력이 구심력의 역할을 한다. 이때 타원인 경우 궤도 반경은 장반경 a 이다.
$\frac{mv^2}{a} = \frac{GMm}{a^2} \rightarrow v = \sqrt{\frac{GM}{a}}$, 주기 $T = \frac{2\pi a}{v}$, $a = 3R$
$\therefore$ A에서 B까지 시간 $\frac{T}{2} = \frac{2\pi a}{2v} = \pi a\sqrt{\frac{a}{GM}} = 3\pi R\sqrt{\frac{3R}{GM}}$

27. 추리 단답형

(1) $g(1 - \frac{h}{R})$ (2) $\sqrt{\frac{3\pi}{\rho G}}$

해설 | (1) 반경 R인 지구 중심으로 부터 거리 R' 인 곳에서 질량 m

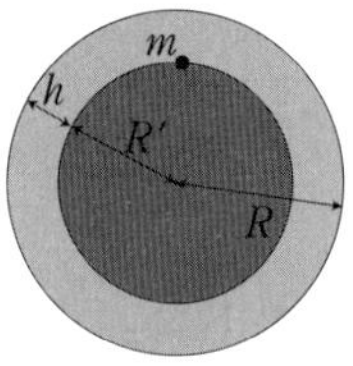

인 물체에 작용하는 중력은 안쪽의 반경 R' 인 구가 작용하는 만유인력이다. 반경 R'의 구 바깥 부분이 질량 m 에 작용하는 만유인력은 서로 상쇄된다. 따라서 지구 중심에서의 중력은 0 이 된다.
지구 질량을 M이라고 하면, 반지름이 $R - h$ 인 구의 질량 M' 은 지구의 밀도가 균일하므로 다음과 같다.

$$\rho_{지구} = \frac{3M}{4\pi R^3} = \frac{3M'}{4\pi(R-h)^3} \rightarrow M' = \frac{M(R-h)^3}{R^3}$$

깊이가 h 인 곳에서 질량 m 인 물체가 받는 중력은 다음과 같다.

$$F = G\frac{M'm}{(R-h)^2} = G\frac{\frac{M(R-h)^3}{R^3}m}{(R-h)^2} = G\frac{Mm(R-h)}{R^3} = mg'$$

$$\therefore g' = G\frac{M(R-h)}{R^3} \text{(깊이 } h \text{ 인 곳에서의 중력 가속도)}$$

g(지표면) $= G\frac{M}{R^2}$ 이므로, $g' = g(1 - \frac{h}{R})$

(2) 지구 중심으로부터 x 만큼 떨어져 있는 곳의 질량 m 의 물체에 작

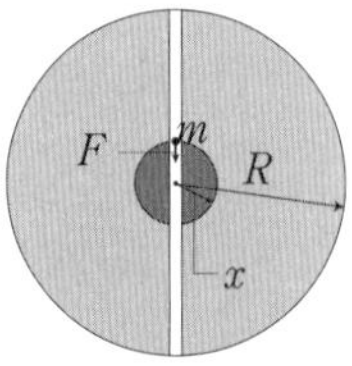

용하는 중심 방향의 중력이 복원력(F)으로 작용한다. 이때 중력은 반지름 x 의 구가 작용하는 만유인력이다. 중심 방향을 (+)로 하여
$F = \frac{GM'm}{x^2}$, $M' = \frac{4\pi}{3}x^3\rho$

$\therefore F = \frac{4\pi\rho Gm}{3}x = kx$ (탄성력) $\rightarrow k = \frac{4\pi\rho Gm}{3}$

$$T = 2\pi\sqrt{\frac{m}{k}} = 2\pi\sqrt{\frac{3}{4\pi\rho G}} = \sqrt{\frac{3\pi}{\rho G}}$$

28. 추리 단답형

(1) ㉠ 32.5년 ㉡ 58.5년 (2) 13년

해설 | (1) 지구에서 정지해 있는 관측자가 우주선을 보았을 때 우주선이 이동한 거리(L_0) = $v\Delta t$ 이고, 26광년은 고유 길이 L_0 라고 볼수 있다. $v = 0.8c$ 이므로, 걸리는 시간은 다음과 같다.

$$\Delta t = \frac{L_0}{v} = \frac{26\text{ 광년}}{0.8c} = 32.5\text{년}$$

이때 행성에서 보낸 라디오파 신호는 빛의 속도로 진행하여 26년 후에 지구에 도달하기 때문에 지구의 시계로 측정한 도착 연락의 수신 신호는 32.5 년 + 26 년 = 58.5 년 이 흐른 후 받게 된다.
(2) 스콧이 측정한 시간이 고유 시간(Δt_0)이고, 마크의 시간을 Δt 라고 할 때, $\Delta t_0 = \frac{\Delta t}{\gamma}$ 가 성립한다.

$$\therefore \Delta t_0 = \frac{\Delta t}{\gamma} = \Delta t\sqrt{1 - \left(\frac{v}{c}\right)^2} = 32.5\text{년} \times \sqrt{1 - \left(\frac{0.8c}{c}\right)^2} = 19.5\text{년}$$

따라서 우주선에 탑승한 사람이 19.5 살 늘었을 때, 지구에 있는 사람은 32.5 살 늘었으므로 쌍둥이의 나이 차이는 13 년 이 된다.

29. 논리 서술형

(1) ㉠ 32.5년 ㉡ 58.5년 (2) 13년

해설 | 지표면에서 약 10 km = 10,000 m 위에서 생긴 뮤온은 약 0.999c ≒ 3.0×10^8m/s 의 속도로 떨어지게 되면, 지면에 도달하기까지는 약 3.3×10^{-5} 초가 걸리게 된다. 이는 뮤온의 수명인 2.2×10^{-6} 초보다 긴 시간이므로 지면에 도달하기 전에 수명이 다해야 한다.
(1) 그림 (가)와 같이 지표면의 정지 좌표계에서 볼 때, 뮤온은 매우 빠른 속도로 떨어지고 있기 때문에 뮤온의 수명은 정지해 있을 때보다 길어지게 된다(시간 팽창). 즉, 이때 고유 시간(Δt_0)은 뮤온의 수명이 되므로 지표면의 정지 좌표계에서 볼 때 뮤온이 지표면까지 내려오는데 걸리는 시간(Δt)은 다음과 같다.

$$\Delta t = \gamma \Delta t_0 = \frac{\Delta t_0}{\sqrt{1-\left(\frac{v}{c}\right)^2}},\ \gamma = \frac{1}{\sqrt{1-\left(\frac{v}{c}\right)^2}} = \frac{1}{\sqrt{1-\left(\frac{0.999c}{c}\right)^2}}$$

$\fallingdotseq 22.37$

$\therefore\ \Delta t = \gamma \Delta t_0 = 22.37 \times 2.2 \times 10^{-6} \fallingdotseq 4.9 \times 10^{-5}$ 로 수명이 길어지게 되고, 이때 뮤온이 이동한 거리는 $v\Delta t = (3.0 \times 10^8) \times (4.9 \times 10^{-5}) \fallingdotseq 15$ km가 되므로 뮤온 입자는 지표면에 도달할 수 있게 된다.

(2) 그림 (나)와 같이 뮤온과 함께 움직이는 좌표계에서 볼 때는 길이 수축에 의해 뮤온이 움직이는 거리가 짧아지게 된다. 이때 고유 길이(L_0)는 지표면에서 정지한 관측자가 측정한 거리인 10 km = 10,000 m 이므로, 뮤온과 함께 움직이는 좌표계에서의 이동 거리(L)는 다음과 같다.

$$L = L_0\sqrt{1-\left(\frac{v}{c}\right)^2} = \frac{L_0}{\gamma} = \frac{10{,}000}{22.37} \fallingdotseq 447\text{m}$$

따라서 447 m 를 3.0×10^8 m/s 의 속도로 떨어지게 되면

걸리는 시간 $= \frac{L}{v} = \frac{447}{2.2 \times 10^{-6}} \fallingdotseq 1.5 \times 10^{-6}$초

가 되므로, 수명이 다하기 전에 지표면에 도달할 수 있게 된다.

30. 논리 서술형

0.2 m

해설 | 공이 물에서 받는 부력이 중력보다 클 경우 위쪽으로 가속도가 생긴다. 공의 부피를 V, 질량을 m, 최고점의 높이를 h, 속도를 v, 물 속에서의 가속도를 a, 공의 밀도를 $\rho_{공}$이라 하자.

$F_{부력} - F_{중력} = ma \rightarrow \rho_{물}Vg - \rho_{공}Vg = \rho_{공}Va$

$\rightarrow (1.0 \times 10^3) - 500 \times 10 = 500 \times a$, $a = 10$ m/s^2 (물 속)

v 를 수면에 닿는 순간의 속도라고 하면,

$v^2 = 2as = (2 \times 10) \times 0.2 = 4,\ h = \frac{v^2}{2g} = \frac{4}{20} = 0.2$ m

31. 단계적 문제 해결형

(1) 10 m/s (2) 20 m

해설 | (1) 구멍에서 나오는 물의 속력을 v 라하자.
물탱크의 단면적이 구멍의 단면적 보다 훨씬 크므로 연속 방정식에 의해 수면 하강 속력 0으로 놓고, 구멍의 높이를 0이라고 하면,

$$P_0 + \frac{1}{2}\rho\cdot(0)^2 + \rho g\cdot 5 = P_0 + \frac{1}{2}\rho v^2 + \rho g\cdot 0$$

$v^2 = 10g = 100,\ v = 10$ m/s

(2) 물의 속력이 2배가 되는 물의 깊이를 h' 이라고 하면,

$$P_0 + \frac{1}{2}\rho\cdot 0^2 + \rho gh' = P_0 + \frac{1}{2}\rho\cdot 20^2 + 0$$

$\rightarrow\ gh' = \frac{1}{2}\cdot 20^2,\ h' = 20$ m

대회 기출 문제

정답 p166 ~ 179쪽

01 ②, ③, ④	02 ①, ②	03 ②, ③, ⑤	04 ①, ③
05 ①, ④	06 ②	07 ⑤	08 ⑤
09 ③	10 1단계, 2단계		11 ②
12 ②, ③, ④	13 ①, ③, ④	14 ②, ④	15 ①, ②, ③
16 해설 참조	17 해설 참조	18 ④	
19 (1) 1 : 1 (2) 1 : 1 (3) 0.7h		20 ①	21 ⑤
22 ③	23 ①	24 ②	25 1 초
26 A, B, C 모두 같다.		27 $\frac{1}{\sqrt{2}}$	
28 (1) 0.3 (2) 15초		29 $\frac{4}{7}$ 년	30 $3\sqrt{\frac{2GM}{d}}$
31 ㄱ, ㄷ	32 33살	33 19.2 cm^3	

01 ②, ③, ④

해설 | 오른쪽 기름면이 더 높게 기울어져 있다. 평면 위에서라면 이는 관성력이 오른쪽으로 작용하고 있는 것이며, 전체 수레의 가속도는 왼쪽으로 +인 운동(왼쪽으로 점점 빨라지거나, 오른쪽으로 점점 느려지는 운동)을 한다.

⑤ 원형 트랙을 돌고 있는 경우는 바깥쪽으로 원심력을 받아 바깥 바퀴 쪽의 기름면이 높아져야 하는데 그림에는 나타나지 않았다.

④, ⑥ 물체가 경사면에 정지하거나 일정한 속도로 운동하는 경우 중

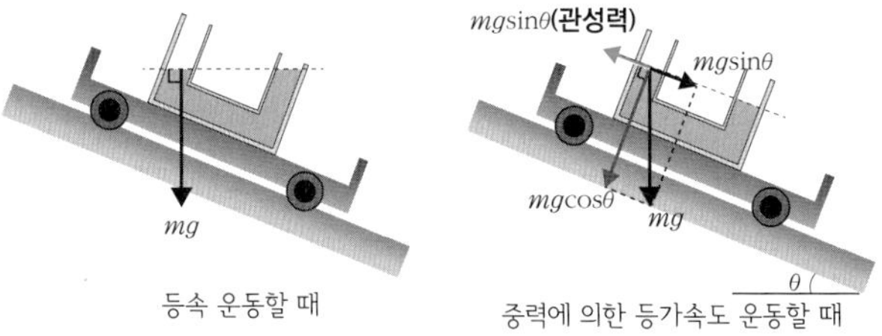

등속 운동할 때 중력에 의한 등가속도 운동할 때

력만을 받아 기름면이 지면에 평행이므로 수레에서는 기름면이 기울어진다. 그러나 빗면에서 중력을 받아 가속도 운동할 때는 빗면 방향으로는 관성력 때문에 힘을 받지 않고, 빗면에 수직인 방향으로 힘($mg\cos\theta$) 만을 받게 되어 기름면이 빗면에 평행하게 유지된다.

02 ①, ②

해설 | 변위(이동거리)-시간 그래프는 다음과 같다.

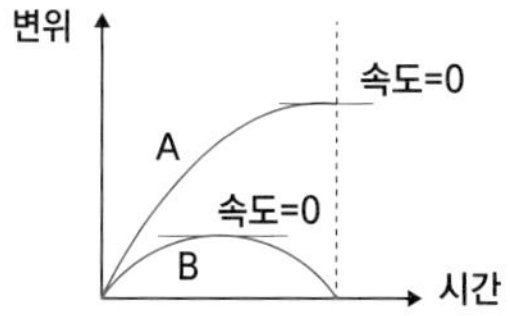

① 두 물체 사이의 변위의 크기(이동 거리 차)는 계속 커진다.

② 속도-시간 그래프의 기울기(가속도) ≠ 0 이므로 A, B 모두 외력이 작용하여 운동하는 것이다.

③ 변위가 같은 경우 만나는 것인데 두 물체의 변위는 같아지지 않는다.

④,⑤ A는 같은 방향으로 운동하나, B는 되돌아오는 운동을 한다.

⑥ 그림에서와 같이 출발점에서 가장 멀리 떨어진 거리(속도 = 0 이 되는 거리)는 A, B가 서로 다르고, 시간도 다르다.

03. ②, ③, ⑤

해설 | ①, ②, ④ 관성력(원심력)에 의해 공기보다 가벼운 촛불은 회전판 안쪽으로 향한다. 공기보다 무거운 물체는 바깥쪽을 향하지만 공기보다 가벼운 물체는 안쪽을 향하게 된다.

③ 회전판 안쪽을 향하기 때문에 반대편에 있는 A, B의 방향은 반대가 된다.

⑤ 우주 정거장 내부는 무중력(무중량) 상태이므로 생활하기 불편한데, 우주 정거장을 회전시켜 원심력으로 중력을 발생시킨다.

04 ①, ③

해설 | ① 위치 - 시간 그래프의 기울기는 빠르기(속도)를 의미하는데 B점에서 기울기는 0이므로 빠르기가 가장 작다.

② 물체의 운동 방향은 B점에서 바뀌었다. D점은 단지 출발점의 반대쪽으로 가기 시작하는 지점이다.

③ A는 출발점에서 멀어지고 있고, C는 출발점으로 다가가고 있으므로 운동 방향은 반대이다.

④ B와 C 사이에서 처음에는 빠르기가 증가하다가(접선의 기울기가 증가) 감소하고 있다.

⑤ 출발점~A는 그래프가 직선이므로 물체의 빠르기는 일정하고 시간에 비례하여 위치가 증가한다.

05 ①, ④

해설 | 밧줄을 당기는 속도를 v (= 1m/s) 이라고 할 때 보트가 실제 언덕과 가까워지는 속도는 $v\cos\theta$ 이다. (θ 는 수면과 밧줄이 이루는 각, $0° < \theta < 90°$)

그러므로 배가 움직이는 속력은 1 m/s 보다 작고, 언덕에 가까워질수록 θ 값이 커지므로 언덕에 가까워질수록 배의 속력이 느려진다.

06 ②

해설 | $F = ma$ 로부터 $F = m_A \cdot 3$, $m_A = \dfrac{F}{3}$, $F = m_B \cdot 6$, $m_B = \dfrac{F}{6}$

$\therefore F = (m_A + m_B)a = (\dfrac{F}{3} + \dfrac{F}{6})a = \dfrac{F}{2}a$, $a = 2\ \text{m/s}^2$

07 ⑤

해설 | (가) 두 물체의 가속도 $a = \dfrac{M_B g}{M_A + M_B}$

B의 질량을 두 배로 하면 $a' = \dfrac{2M_B g}{M_A + 2M_B}$ $(\neq 2a)$

(나) 두 물체의 질량을 모두 2배로 할 때 $a = \dfrac{M_B g}{M_A + M_B} = \dfrac{2M_B g}{2M_A + 2M_B}$

이므로 변함이 없이 유지된다.

(다) B가 A를 당기는 힘이 장력(T)이 된다. $T = M_A a$

A와 B의 질량이 각각 두 배가 되었을 때 가속도는 a로 유지되었으므로 A가 B로부터 받는 $T = 2M_A a = 2T$ 즉, 장력이 2배가 된다.

08 ⑤

해설 | (가) 전체 질량은 $3m$, 작용하는 힘은 F 이므로 두 물체의 가속도는 $\dfrac{F}{3m}$ 이다.

(나) A와 B의 가속도는 같고 그 크기는 $\dfrac{F}{3m}$ 이다.

(다), (라) 수레 B가 A를 끄는 힘, 수레 A가 B를 끄는 힘은 작용, 반작용으로 장력(T)을 의미하며 크기가 같다. A는 외력이 장력이다.

F (A 가 받는 힘) = T = ma = $m\dfrac{F}{3m} = \dfrac{F}{3}$ 이다.

(마) B에 작용하는 알짜힘은 $2m \times a = \dfrac{2F}{3}$, 또는 $F - \dfrac{F}{3} = \dfrac{2F}{3}$

09 ③

해설 | 작용·반작용 관계이므로 어린이가 받는 힘 = 어른이 받는 힘 어린이가 30 kg 이고 가속도가 4 m/s^2 이므로 F = 120(N)이다.

어른에게도 120 N이 작용하므로 가속도는 $\dfrac{120}{60} = 2\ \text{m/s}^2$ 이다.

10 1단계, 2단계

해설 | 3단계 부분이 틀렸다. $mg = ma$ 와 $2mg = 2ma$ 를 비교하면 가속도 a 는 같다. 따라서 낙하 시간은 A, B 가 같으므로 4단계도 틀렸다.

11 ②

해설 | (가), (나) A, B 모두 가속도가 $g\sin\theta$ (θ :빗면각)으로 일정하므로 속력이 같은 비율로 증가하며, 두 물체의 속력은 항상 같다.

(다) 두 공에 각각 작용하는 힘은 중력으로 변하지 않는다.

(라) 가속도가 서로 같은 등가속도 운동을 하고, 같은 높이에서 놓았으므로 동시에 바닥에 도달한다.

12 ②, ③, ④

해설 | ①, ②, ③ 질량에 관계없이 중력 가속도 g 의 자유낙하운동을 한다.

④, ⑤ A와 B는 각각 속도의 변하는 정도인 가속도가 같다.

13 ①, ③, ④

해설 | 대기 중에서 공기의 저항이 있는 경우 물체를 위로 던졌을 때 속력-시간 그래프는 다음과 같다. (최고점 도달 시간 t_1)

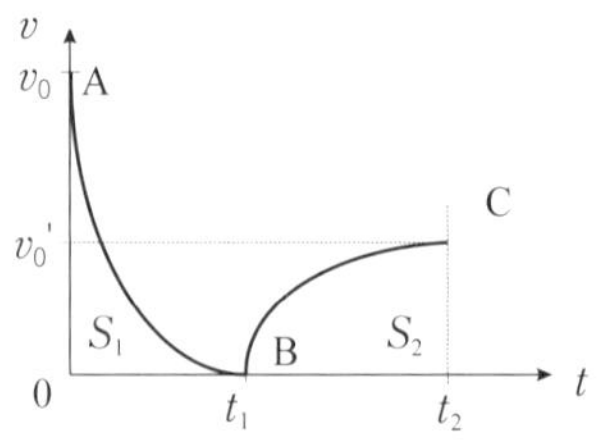

① 달에서 중력 가속도는 지구보다 작고, 공기의 저항이 없으므로 더 높은 곳까지 올라간다.

② 스펀지 공에는 중력이 항상 작용한다. B점에서도 중력이 작용한다.

③ 공기의 저항이 없다면 최고점에 올라가는 시간과 내려오는 시간은 같고 가속도도 같기 때문에 A와 C 에서의 속력은 같다.

공기가 있는 경우, 공기와의 마찰로 인하여 운동 방향과 반대 방향의 공기 저항력을 받으므로 가속도가 감소하여 C점에서의 속력이 A점에서의 속력보다 작아지게 된다.(또는, 에너지 보존 법칙에 의해 공기 저항이 없는 경우 A, C 점의 운동 에너지는 같고 속력이 같다. 공기 저항이 있다면 에너지의 손실로 C 에서의 속력이 더 작다.)
④ 올라갈 때는 처음 속력이 크므로 저항을 많이 받아 처음 속도가 빨리 감소하고, 내려올 때는 처음 속력이 작아 저항을 작게 받고, 처음 속도 증가율이 크다. 올라간 거리가 충분히 긴 높이가 아닐 경우(문제) 올라갈 때의 속도 감소율이 내려올 때의 속도 증가율보다 크다(그래프). 속력-시간 그래프에서 그래프가 그리는 아래 넓이는 이동 거리이다. 올라가거나 내려온 높이가 같아서 $S_1 = S_2$ 이므로, 비록 지면에 재도달할 때의 속력이 출발 속력보다 작다고 할지라도 $t_1 \sim t_2$ (B~C;내려온 시간)이 $0 \sim t_1$(A~B;올라간 시간) 보다 더 길다.
(참고 : 깊은 물에 바닥 방향으로 돌멩이를 던져서 멈출 때까지의 시간과 물표면에 돌멩이를 놓아 멈춘 깊이까지 도달하는 시간을 비교하는 것과 같다. 미분 방정식을 풀어도 되나 과정이 고되다.)

14 ②, ④
해설 | ① 수평 성분의 속력이 A, B, C가 다르기 때문에 강의 건너편에 도착하는 시간은 다르다. B가 가장 빠르다.
② 수평 성분의 속력이 가장 크므로 B가 가장 먼저 강의 건너편에 도착한다.
③ A, B, C 모두 건너가는 경로가 다르므로 거리가 다르다.
④, ⑤ 물의 속력과 보트 속력의 합을 했을 때 A의 운동 방향이 건너편을 향해 직선으로 움직이므로 가장 짧은 길을 지난다.

15 ①, ②, ③
해설 | ① $F = ma$ 로 가속시킬 때에는 언제나 힘이 든다.
② 지구를 중심으로 원운동하고 있으므로 구심력이 작용하고 있다.
③ 무중력 상태이므로 저울의 눈금은 0이다.
④ 우주선, 사람에게 모두 작용한다, 단지 무중력으로 느껴지는 것은 원운동을 하여 구심력의 관성력인 원심력이 반대로 작용하기 때문이다.
⑤ 물체는 힘을 받지 않아 가속도가 0이므로 물체를 놓았을 때에는 바닥에 떨어지지 않고 정지해 있거나 등속 운동한다.

16 해설 참조
해설 |

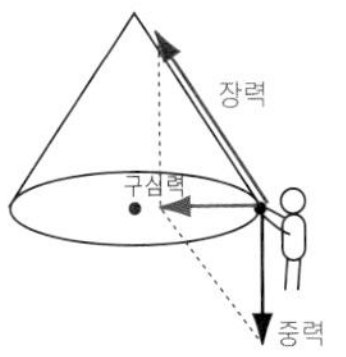

장력과 중력의 합이 구심력으로 작용한다.

17 해설 참조
해설 | (1) 단진자의 단진동의 주기는 $T = 2\pi\sqrt{\dfrac{l}{g}}$ 로 주어지며 추의 질량과는 관계없이 일정하다. 물과 식용유는 같은 부피이고 단지 질량 차만 존재하므로 주기는 변하지 않는다.
(2) 물이 조금씩 흘러나온다면 단진자의 추의 질량이 점점 가벼워지고 있는 것이다. 그 외에 물이 계속 흘러나온다면 물의 질량 중심이 물통의 바닥 쪽으로 가까워지기 때문에 결국 단진자의 길이가 길어지는 것과 같게 된다. 즉, 주기는 늘어난다.

18. ④
해설 | m_1, m_2 전체에 작용하는 힘 $F = m_2g$ 이고, 물체 m_1 에 작용하는 마찰력(f)은 $\mu m_1 g$ 이다. ($m_1 + m_2$)의 운동 방정식;

$F - f = m_2g - \mu m_1 g = (m_1 + m_2)a,\ a = \dfrac{m_2g - \mu m_1 g}{m_1 + m_2}$

이때 m_1 의 운동 방정식; $m_1 a = T - f = T - \mu m_1 g$

$\therefore T$ (장력) $= m_1 a + \mu m_1 g$

$= \dfrac{m_1(m_2g - \mu m_1 g)}{m_1 + m_2} + \mu m_1 g = \dfrac{m_1 \cdot m_2}{m_1 + m_2}(1 + \mu)g$

m_1이 크게 증가하면 $T \to (1 + \mu)m_2g$ (일정)으로 가까워지며, $m_1 = 0$ 일 때 $T = 0$ 이다. 따라서 유사한 것은 ④ 이다.

19 (1) 1:1 (2) 1:1 (3) $0.7h$
해설 | (1) 마찰이 없으므로 두 물체에 작용하는 중력의 크기의 비는 1 : 2 이다. 하지만 질량비가 1 : 2 이므로 $F = ma$ 에 의해 가속도는 같게 되므로 가속도의 비는 1:1 이다.
(2) 수평면에 도달할 때 A, B의 속력은 각각 같다. 마찰이 있는 수평면에서의 마찰력에 의한 가속도는 질량에 관계없이 각각 같다.
(바닥면에서) A : $F = ma = -\mu mg$, $a = -\mu g$
(바닥면에서) B : $F = 2ma = -\mu 2mg$, $a = -\mu g$
그러므로 미끄러진 거리도 서로 같다.

(3) 왼쪽 빗면의 길이를 s 라고 하면 $\sin 45° = \dfrac{h}{s} = \dfrac{1}{\sqrt{2}}$, $s = \sqrt{2}h$

빗면에서의 가속도의 크기(a)(마찰 없음) $= g\sin 45° = \dfrac{\sqrt{2}}{2}g$

바닥에 도달했을 때의 속력을 v_1 이라고 하면

$v_1^2 = 2as = 2\dfrac{\sqrt{2}g}{2}\sqrt{2}h = 2gh,\ v_1 = \sqrt{2gh}$ 가 된다.

수평면을 미끄러져 오른쪽 빗면에 도달하는 속력을 v_2 라고 할 때 수평면에 마찰에 의한 가속도가 $-\mu g$ 이($\mu = 0.3$)이므로

$v_2^2 - v_1^2 = 2as = 2(-\mu g)h \quad \therefore v_2^2 = v_1^2 - \mu 2gh = 2gh - 2\mu gh$

$\therefore v_2 = \sqrt{2gh - 0.6gh} = \sqrt{1.4gh}$

이제 오른쪽 빗면 아래에서 오른쪽 빗면을 타고 올라갈 때

가속도는 $-g\sin 45° = -\dfrac{\sqrt{2}}{2}g$이므로 정지할 때까지 올라간 빗면 거리를 s'이라 하면

$0^2 - v_2^2 = 2(-\dfrac{\sqrt{2}}{2}g)s' \quad 1.4gh = \sqrt{2}gs' \quad s' = \dfrac{1.4}{\sqrt{2}}h = 0.7\sqrt{2}h$

오른쪽 빗면으로 올라간 높이를 h'이라 하면

$s' = \sqrt{2}h'$이므로 $h' = \dfrac{s'}{\sqrt{2}} = 0.7h$ 이다.

(다른 방법) 에너지 보존 법칙에 의해 처음 가지고 있는 역학적 에너지는 mgh 이다. 바닥면에서 손실된 에너지는 $W = f \cdot s = 0.3mgh$, $mgh - 0.3mgh = 0.7mgh = mgh'$ (오른쪽면으로 올라가서 멈췄을 때 위치 에너지) $\therefore h' = 0.7h$

20 ①

해설 | 연직 아래 방향이 + 방향 이라고 했으므로 처음 낙하 시 등가속도 운동을 한다. 이경우 속도-시간 그래프는 직선으로 나타나므로 ②, ③은 답에서 제외된다.
처음 지면에 충돌 시 속도가 연직 위 방향이므로 - 값을 갖는다.
따라서 답은 ①이다.

21 ⑤

해설 |

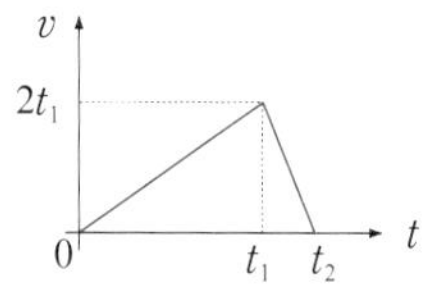

t_1 까지 등가속도 운동(기울기가 2 m/s^2)을 하다가 이후 감속하여 t_2 에 정지하도록 해야 한다.

그래프의 면적 : $\frac{1}{2}\cdot 2t_1\cdot t_2 = 1200 = t_1 t_2$(총 이동 거리)

감속 시 가속도($t_1 \sim t_2$) : $-6 = \frac{0 - 2t_1}{t_2 - t_1}$, $4t_1 = 3t_2$

∴ $t_1 = 30$(초), $t_2 = 40$(초) , 최소 시간은 40초가 된다.

22 ③

해설 | 높이 $h = \frac{1}{2}gt^2$, $t = \sqrt{\frac{2h}{g}}$ 이다.

$h = 1\text{m}$: $T = \sqrt{\frac{2 \times 1}{g}}$, $h' = 49\text{cm}$: $\sqrt{\frac{2 \times 0.49}{g}} = 0.7T$

올라갔다 내려온 왕복시간이므로 $0.7T \times 2 = 1.4T$.

23 ①

해설 | 가속도의 방향은 자동차가 받는 힘(알짜힘)의 방향과 같다. 원운동을 하는 자동차에는 구심력이 작용한다. 구심력(중력+수직항력)은 원의 중심을 향하므로 ①이 답이다.

24 ②

해설 | 물체의 질량을 m 이라고 했을 때
다음 두 경우의 운동 방정식을 통해 가속도를 비교한다.
(1) 물체 한 개만 빗면에 있을 때 : $mg\sin\theta = 2ma_1$
(2) 물체가 미끄러져 물체 두 개가 모두 빗면에 있을 때 : $2mg\sin\theta = 2ma_2$ ∴ $2a_1 = a_2$ (등가속도 운동)
이때 $v-t$ 그래프의 기울기가 가속도이므로 그래프의 중간부터 기울기가 갑자기 증가한 모양인 ②가 가장 적당하다.

25 1 초

해설 | 공의 처음 위치에서 빗면과 처음 충돌한 지점까지의 수직 거리를 y, 이동한 수평 거리를 d, 던진 속도(처음 속도) $v_0 = 2\sqrt{3}$ m/s, 공이 빗면과 처음 충돌할 때까지 걸린 시간을 t 라고 하자. 이 물체는 이 시간 동안 수평 방향으로는 등속 운동, 연직 방향으로는 등가속도 운동(자유낙하 운동)을 한다.

∴ (수평 방향) $d = v_0 t = 2\sqrt{3}\,t$

(연직 방향) $3 + h = \frac{1}{2}gt^2$ → $3 + d\cdot\tan 30^\circ = 3 + 2\sqrt{3}\,t\cdot\tan 30^\circ$

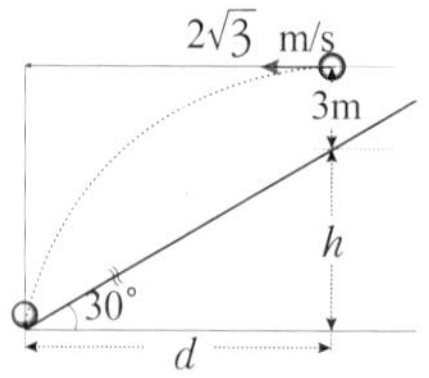

$= 3 + 2t = \frac{1}{2}gt^2$ → $gt^2 - 4t - 6 = 0$

(근의 공식)

$t = \frac{2 + \sqrt{4 + 6g}}{g} = \frac{2 + \sqrt{64}}{10} = 1$ 초

26 A, B, C 모두 같다.

해설 |

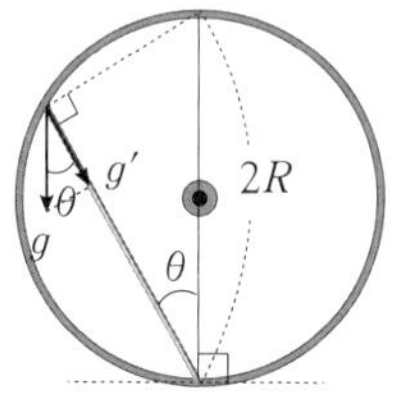

관람차의 반지름을 R, 쇠줄과 수직선 사이의 각도를 θ, 정지 상태에서 출발하여 지면에 도달하기 까지 걸린 시간을 t 라고 하면, 쇠줄의 길이 $l = 2R\cos\theta$ 이고, 쇠줄과 나란하게 작용하는 중력 가속도 $g' = g\cos\theta$ 이다.

∴ $\frac{1}{2}g't^2 = 2R\cos\theta$ → $t^2 = \frac{4R\cos\theta}{g'} = \frac{4R\cos\theta}{g\cos\theta} = \frac{4R}{g}$

이다. 즉, 걸린 시간은 쇠줄과 수직선 사이의 각도와 무관하므로 A, B, C 세 곳에서 내려올 때 걸리는 시간은 같다.

27 $\frac{1}{\sqrt{2}}$

해설 | A, P 지점에서 작용하는 힘은 다음과 같다.($\theta_1 + \theta_2 = 90^\circ$)

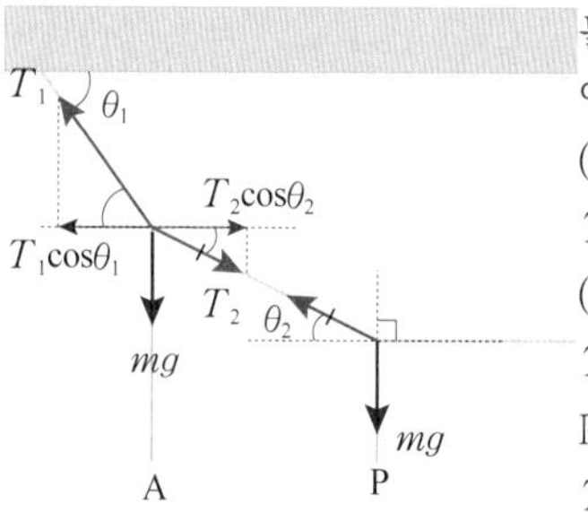

물체에 작용하는 힘은 평형을 이루고 있으므로, A지점에서
(수평 방향)
$T_1\cos\theta_1 = T_2\cos\theta_2$ -㉠
(연직 방향)
$T_1\sin\theta_1 = T_2\sin\theta_2 + mg$ ⋯ ㉡
P 지점에서 (연직 방향)
$T_2\sin\theta_2 = mg$ ⋯ ㉢

㉢을 ㉠과 ㉡에 각각 대입하면 다음과 같다.

㉠ : $T_1\cos\theta_1 = \frac{mg}{\sin\theta_2}\cdot\cos\theta_2$, ㉡ : $T_1\sin\theta_1 = 2mg$

$\theta_1 + \theta_2 = 90^\circ$ 이므로, $\theta_1 = 90 - \theta_2$

$T_1\cos\theta_1 = T_1\cos(90 - \theta_2) = T_1\sin\theta_2$,

$T_1\sin\theta_1 = T_1\sin(90 - \theta_2) = T_1\cos\theta_2$ 이다.

따라서 ㉠에서 $T_1\sin\theta_2 = \frac{mg}{\sin\theta_2}\cdot\cos\theta_2$ ⋯ ①

㉡에서 $T_1\cos\theta_2 = 2mg$ ⋯ ②

①, ②에서 T_1 으로 정리하면 다음과 같다.

→ $\frac{mg}{\sin^2\theta_2} = \frac{2mg}{\cos^2\theta_2}$ → $\frac{1}{2} = \frac{\sin^2\theta_2}{\cos^2\theta_2} = \tan^2\theta_2$

$0 < \theta_2 < 90^\circ$ 이므로, $\tan\theta_2 = \frac{1}{\sqrt{2}}$ 이다.

28 (1) 0.3 (2) 15초

해설 | (1) 자동차와 원형 트랙 바닥 사이의 마찰력이 구심력으로 작용하여 자동차가 미끄러지지 않고 운동한다. 자동차 B 의 질량을 m, 속력을 v, 원형 트랙의 반지름을 R, 마찰계수를 μ 라고 하면,

$$\frac{mv^2}{R} = \mu mg \rightarrow \mu = \frac{v^2}{Rg}$$

자동차 B 가 Q 지점에 도달하는 속력을 v 라고 하고, P점에서 속력은 0 이고, P-Q 지점에서는 등가속도 운동을 하였으므로

$$v^2 - 0^2 = 2as \rightarrow v^2 = 2\cdot3\cdot150 = 900,\ v = 30\ \therefore \mu = \frac{900}{300\cdot10} = 0.3$$

(2) 자동차 B 가 자동차 A 를 따라잡는 시간을 t 라 할 때,

자동차 B : 처음 속도 = 0, 3m/s^2 의 등가속도 운동으로 150m 구간을 이동하는 시간 t'은 $\frac{1}{2}\cdot3(t')^2 = 150 \rightarrow t' = 10$초이며, $(t - 10)$ 초 동안은 30 m/s 로 등속 운동을 한다.

t 초 동안 자동차 A 가 이동한 거리 = $20t$

자동차 B 가 이동한 거리 = $150 + 30(t - 10)$

$\therefore 20t = 150 + 30(t - 10),\ t = 15$ 초 (따라잡는 시간)

29 $\frac{4}{7}$ 년

해설 | 행성 A, B 가 다시 일렬로 늘어서는데 걸리는 최소 시간을 t 라고 하고, 그때까지 행성 A, B 가 움직인 각도(중심각)를 각각 θ_A, θ_B 라고 하면, 다시 일렬로 늘어서기 위해 $\theta_A - \theta_B = \pi$ ($\theta_A = \omega_A t$, $\theta_B = \omega_B t$, ω : 각속도, 중심각이 만들어지는 속도이다. (= $\frac{2\pi}{T}$)), $2\pi = 360°$

케플러 제 3 법칙에 의해 행성 A, B 의 공전 주기 T 와 반경 r 사이의 관계식은 다음과 같다.

$$T_A^2 : T_B^2 = r^3 : (4r)^3 = 1 : 64 \rightarrow T_B = 8T_A$$

T_A = 1년 이므로, T_B = 8년이다. 따라서

$$\omega_A = \frac{2\pi}{T_A} = \frac{2\pi}{1\text{년}},\ \omega_B = \frac{2\pi}{T_B} = \frac{2\pi}{8\text{년}}$$

$\omega_A t - \omega_B t = t(\omega_A - \omega_B) = \pi$ 의 조건이므로 $t = \frac{\pi}{\omega_A - \omega_B} = \frac{4}{7}$ 년

30 $3\sqrt{\frac{2GM}{d}}$

해설 | 질량이 m 인 물체가 평형점에 위치에 있으므로 행성 A, B로부터 받는 만유인력의 크기가 같다. 행성 A 로부터의 거리를 r 이라 하면, 행성 A, B로부터 각각 받는 만유인력의 크기는 다음과 같다.

행성 A : $F_A = G\frac{Mm}{r^2}$, 행성 B : $F_B = G\frac{(4M)m}{(d-r)^2}$

$$F_A = F_B \rightarrow 4r^2 = d^2 - 2dr + r^2,\ r = \frac{d}{3}$$

질량 M인 물체로부터 r 만큼 떨어진 질량 m 물체의 퍼텐셜 에너지 $E_p = -G\frac{Mm}{r}$ 이다.

$\therefore$ 행성 A, B에 의한 질량 m 인 물체의 퍼텐셜 에너지는

$$E_p = E_{pA} + E_{pB} = -\frac{GMm}{\frac{d}{3}} - \frac{4GMm}{\frac{2d}{3}} = -\frac{9GMm}{d}$$

질량이 m 인 물체가 두 행성의 중력장에서 벗어나려면 역학적 에너지 = 0 이 되어야 한다. 이때의 속도를 v_e (탈출 속도)라고 하면

$$E = E_k + E_p = \frac{1}{2}mv_e^2 - \frac{9GMm}{d} = 0 \rightarrow v_e = \sqrt{\frac{18GM}{d}} = 3\sqrt{\frac{2GM}{d}}$$

31 ㄱ, ㄷ

해설 | ㄱ. 모든 관성 좌표계에서 모든 물리 법칙은 동일하게 성립한다(상대성 원리). 따라서 일정한 속도로 운동하는 우주선에서 본 용수철 진자의 운동에도 훅의 법칙이 성립한다.

ㄴ. 정지 질량은 좌표계에 상관없이 항상 일정하다.

ㄷ. 우주선에서 본 진자의 주기 $T' = \gamma T$(정지한 진자의 주기) 이고, 이때 $T' = 2\pi\sqrt{\frac{m}{k'}}$, $T = 2\pi\sqrt{\frac{m}{k}} \rightarrow k' = \frac{k}{\gamma^2}$ 이므로, 용수철 상수가 k 보다 작다.

32 33 살

해설 | 지구에 정지해 있던 상상이에게는 43-18 = 25년이 흘렀다. 우주 여행한 무한이의 시간을 고유 시간($\varDelta t_0$)으로 할 때 지구의 상상이의 시간이 팽창하여 25년이 되었다. 다음과 같은 식이 성립한다.

$$\varDelta t_0 = \frac{\varDelta t}{\gamma} = \varDelta t\sqrt{1-\left(\frac{v}{c}\right)^2} = (43 - 18)\cdot\sqrt{1-\left(\frac{0.8c}{c}\right)^2} = 15\text{ 년}$$

따라서 우주선에 탑승한 무한이의 나이는 15살이 늘어나므로 지구에 도착했을 때 무한이의 나이는 18 + 15 = 33 살이다.

33 $19.2\ \text{cm}^3$

해설 | 수도꼭지에서 나오는 물은 아래로 떨어지면서 속력이 증가한다. 이때 부피 흐름율은 항상 같아야 하므로 아래로 갈수록 물줄기가 가늘어진다. 부피흐름율(초당 흐르는 액체의 부피) $R_V = A_0v_0 = Av$ 이다.

(가) 위치의 압력과 (나) 위치의 압력은 같고[$P_{(가)} = P_{(나)} = P_0$ (대기압)], 액체의 속력을 각각 v_0 , v , 단면적은 각각 A_0 , A 이므로 베르누이 법칙을 적용하면 다음 식이 성립한다.(액체의 밀도 : ρ)

$$\rho gh_{(가)} + \frac{1}{2}\rho v_0^2 = \rho gh_{(나)} + \frac{1}{2}\rho v^2$$

$h_{(나)} = 0$ 으로 하면,

$$\rho gh + \frac{1}{2}\rho v_0^2 = \frac{1}{2}\rho v^2 \rightarrow v^2 = v_0^2 + 2gh$$

연속 방정식 $A_0v_0 = Av$ 이고, v_0 을 구하기 위해

$A_0^2v_0^2 = A^2v^2 \rightarrow A_0^2v_0^2 = A^2\cdot(v_0^2 + 2gh)$

$\rightarrow v_0^2 \times (A_0^2 - A^2) = 2ghA^2$

$\rightarrow v_0^2 \times [(4A)^2 - A^2] = 2ghA^2$ ($g = 1000\ \text{cm/s}^2$, $h = 12\ \text{cm}$)

$\rightarrow 15v_0^2 = 2 \times 1000 \times 12$

$\rightarrow v_0^2 = 1600\ (\text{cm/s})^2$, $v_0 = 40\ \text{cm/s}$

따라서 부피 흐름율 $R_V = A_0v_0 = 3\cdot(0.4)^2\cdot40 = 19.2\ \text{cm}^3/\text{s}$

imagine infinitely

180 ~ 181쪽

Q. 지구 주위를 돌고 있는 우주정거장 안에서 인공적으로 중력과 같은 효과를 낼 수 있는 방법은 다음과 같다.

① 탄성력이 강한 줄을 우주선의 몸체에 부착한 후 사람의 몸에 반대편 줄을 연결하면 중력으로 아래로 잡아당겨지는 듯한 효과가 있다.

② 우주선을 빠르게 회전시키면 원심력에 의해 바깥쪽으로 잡아당기는 힘이 생겨 중력과 같은 역할을 한다. 등

Ⅲ. 운동량과 에너지 (1)

개념 보기

Q1 12 kg·m/s Q2 6 N·s(= 6 kg·m/s)
Q3 충격량의 크기 : 0.9 N·s 충격력의 크기 : 0.18 N
Q4 6 m/s

Q1 12 kg·m/s
해설 | 운동량 = 질량×속도 = 0.3kg × 40m/s =12 kg·m/s

Q2 6 N·s(= 6 kg·m/s)
해설 | 충격량 = 운동량의 변화량 = 나중 운동량 - 처음 운동량
= 50 × 0.12 - 0 = 6 N·s

Q3 충격량의 크기 : 0.9 N·s 충격력의 크기 : 0.18 N
해설 | 충격량 = $F \cdot t$ = 나중 운동량 -처음 운동량
= 5 × 0.3 - 2 × 0.3 = 0.9 N·s ,
충격력 $F = \frac{0.9}{5} = 0.18\text{N}$

Q4 6 m/s
해설 | 충돌 전 운동량의 합 = 10·2 + 4·3 = 32
충돌 후 운동량의 합 = 2·7 + $3v$ = 14 + $3v$
운동량 보존 법칙에 의해 충돌전후 운동량의 합은 같다.
$32 = 14 + 3v,\quad v = 6$ m/s

개념 확인 문제

정답 p186 ~ 188

운동량
01 (1) ③ (2) ⑤ 02 ① 03 ① 04 ④ 05 ②
06 ③ 07 ① 08 ① 09 ① 10 ①
11 (1) ④ (2) ④ (3) ③ 12 ②
13 (1) 25 N·s, 남동쪽 (2) 5 m/s , 남동쪽
14 ⑤ 15 ① 16 ⑤ 17 ④ 18 ②

01 (1) ③ (2) ⑤
해설 | (1) 충격량은 힘의 크기와 그 힘이 지속된 시간의 곱으로 나타낸다. 충격량 = 3 × 4 = 12 N·s
(2) 충격량 = 운동량의 변화량 = 12 kg·m/s
나중 운동량 - 처음 운동량 = 12, 처음 운동량은 2 × 4 = 8 이므로 나중 운동량은 20 kg·m/s

02 ①
해설 | 충격량 = Ft = 40 × 0.2 = 8 N·s

03 ①
해설 | 20 m 낙하하였을 때의 속도를 v 라고 하면 처음 속도 = 0 이므로, $v^2 - v_0^2 = 2as$ → $v^2 - 0^2 = 2g \cdot 20 = 400$ → v = 20m/s
운동량 = 속도×질량 = 20 × 0.5 = 10 (kg·m/s)(연직 아래 방향)

04 ④
해설 | 물체의 퍼텐셜 에너지는 바닥에 닿기 직전까지 운동 에너지로 변했으며 바닥으로부터 충격을 받아 정지하였다. 즉, 바닥으로부터 받은 충격량이 물체의 운동량을 0 으로 만든다.
처음 속도 = 0, 바닥에 닿을 때의 물체의 속도를 v 라고 하면,
$v^2 - v_0^2 = 2as$ → $v^2 - 0^2 = 2g \cdot (0.8) = 16$ → v = 4 m/s
그러므로 바닥에 닿기 직전 운동량은 0.5×4 = 2 (kg·m/s)
바닥에 닿은 후 물체가 바닥으로부터 힘(충격력)을 받아 정지하므로
운동량의 변화량 = 충격량 = $F \cdot t$ = 2 (kg·m/s)
$t = \frac{1}{200}$ 초이므로 F = 400(N)

05 ②
해설 | 운동량의 변화량 = 충격량
60kg의 물체의 처음 속도 5 m/s 나중 속도 15 m/s (같은 방향)
운동량의 변화량 = 60 × (15 - 5) = $F \cdot t$
t = 5 초이므로 F = 120(N)

06 ③
해설 | 운동량의 변화량 = 충격량인데, 이 문제에서는 공의 운동 방향이 바뀐다. 공의 처음 운동 방향을 (+)라고 하면 충돌 후 공은 (-)방향으로 운동하고 있다.
운동량의 변화량 : 0.2×30 - 0.2×(-20) = 10 kg·m/s
충격량도 10 N·s 이다.

07 ①
해설 | 그래프 아래쪽의 넓이가 물체에 가해진 충격량이다.
삼각형의 넓이는 $\frac{1}{2}$ × 4 × 10 = 20 N·s = 충격량
운동량의 변화 20 kg·m/s 이며 물체가 정지해 있었으므로
$mv - mv_0 = 20 \rightarrow 4v = 20,\ v = 5$ m/s

08 ①
해설 | 그래프를 분석해보면 A는 충돌 시간이 짧고 힘이 가해지는 최대값이 크며, B는 충돌 시간이 길고 힘이 가해지는 최대값이 작다.
① A에서 힘이 가해지는 최대값이 B보다 크므로 A에서 유리컵이 깨지기 쉽다.
② 충격량이 같으므로 운동령의 변화량도 같다.
③ 질량이 같은 유리컵이 같은 높이에서 떨어져 바닥에서 정지했으므로 바닥으로부터 받은 충격량은 같다. 힘-시간 그래프의 면적은 충격량을 뜻하므로 그래프의 면적은 같다.
④ 그래프에서 y 축을 보면 힘이 충격력을 의미하므로 최대값이 큰 A가 B보다 충격력이 더 크다.
⑤ x 축 시간을 보면 B에서 힘이 작용한 시간이 길다.

09 ①

해설 | 부딪히는 사물과의 접촉시간을 길게 하여 최대 충격력을 낮추려는 경우를 고르면 된다.
① 비 때문에 바퀴와 바닥과의 마찰이 적어진다는 것이므로 문제와 관련 없는 원리이다.

10 ①
해설 | 역학적 에너지의 보존 법칙으로 처음 물체가 위쪽 방향으로 속도 v_0로 던져져 제자리로 돌아왔을 때의 속도는 $-v_0$이다.
충격량 = 운동량의 변화량 = $m\{(-v_0) - (v_0)\} = 2mv_0$

11 (1) ④ (2) ④ (3) ③
해설 | (1) F-t 그래프의 아래쪽 면적은 충격량 = 운동량의 변화량 = 24 (0~4초),처음 운동량은 0 이고 4초 일 때의 속도를 v 라고 하면 $mv - mv_0 = 24 \rightarrow mv = 24$ kg·m/s
(2) 그래프에서 4 ~ 8초 사이 그래프 아래 쪽의 면적을 구한다.

$$\frac{1}{2}(6 + 10)\cdot 4 = 32 \text{ N·s}$$

(3) 0~8 초에서 물체가 받은 충격량 = 24 + 32 = 56 N·s = 운동량 변화량(물체의 질량 m 은 2kg)
$\therefore mv - mv_0 = 56,\ v_0 = 0 \rightarrow mv = 56,\ v = 28$ m/s

12 ②
해설 | 과자와 컨베이어 벨트가 함께 움직이므로 과자의 속력는 0에서 0.1 m/s 로 변한다. 1분당 600개 이므로 1초당 10개가 떨어지고, 과자 한 개의 질량을 m 이라고 했을 때 10개의 질량은 $10m$ 이다. 그러므로 정지해 있던 질량이 $10m$ 의 물체가 1초 후에 속력이 0.1 m/s 가 되었다. 이때 컨베이어 벨트가 외부로부터 1초 동안 받는 충격량($F\cdot t$) = 1×0.01 = 0.01 N·s 인데 이만큼 과자에 운동량을 준다.
1초 동안 과자의 운동량의 변화량 = $10m \times 0.1 = m$
= 컨베이어 벨트가 받는 충격량 = 0.01 N·s
$\therefore m = 0.01$(kg) = 10 g 이다.

13 (1) 25 N·s , 남동쪽 (2) 5m/s , 남동쪽
해설 | (1) 충격량은 힘×시간 이므로 화살표로 나타낼 수 있으며 평행사변형법이나 삼각형법으로 합성이 가능하다.
물체가 동쪽으로 받은 충격량 : 5 × 4 = 20 N·s
남쪽으로 받은 충격량 : 3 × 5 = 15 N·s
다음과 같이 합성한다.

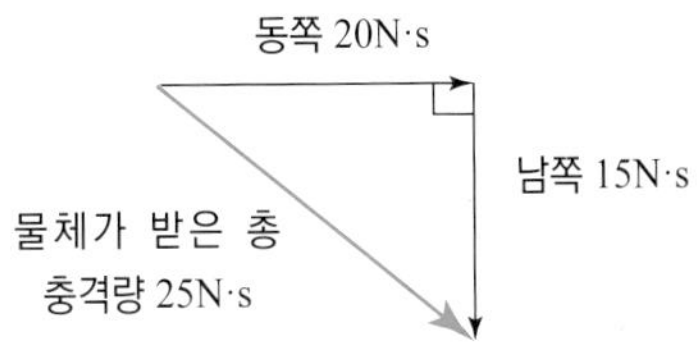

(2) 9초 동안 물체가 받은 총 충격량이 25 N·s 이고, 이것이 운동량의 변화량이므로(처음 운동량 = 0) $mv - 0 = 25$, $v = 5$ m/s (남동쪽)

14 ⑤
해설 | 운동량 보존 법칙으로 충돌 전의 운동량의 총합과 충돌 후의 운동량의 총합은 같다.
(충돌 전) 어린이 운동량 : 30 × 5, 어른의 운동량 : 0
(충돌 후) 어린이 운동량 : 0 , 어른의 운동량 : 60 × v
$\therefore 30 \times 5 = 60v,\ v = 2.5$(m/s)
어린이의 운동량이 정지해 있던 어른에게 전해졌다. 운동량 보존으로 운동량의 손실이 없으므로 어린이의 운동량 = 어른의 운동량이 된다.

15 ①
해설 | 처음 운동량 총합은 나중 운동량의 총합과 같다.
$mv + 0 = (m + 2m)\,v_f$ (v_f는 한 덩어리가 된 물체의 속력)

$$\therefore v_f = \frac{1}{3}v$$

16 ⑤
해설 | 충돌 전의 운동량 = 충돌 후의 운동량
$1 \times 4 + 0 = 1 \times (-1) + 2 \times v_B \rightarrow v_B = 2.5$ m/s

17 ④
해설 | 물체의 처음 운동량은 0 이다. 분열에 의해 물체가 두 조각으로 나뉘었을 때 두 조각의 운동량의 합은 처음과 같은 0 이다.
따라서 두 조각의 운동 방향은 서로 반대 방향이다.
처음 운동량 = 폭발 후 A 운동량 + 폭발 후 B운동량
$0 = 3 \times 24 + 2 \times v_B$
$\therefore v_B = -36$m/s (속력 36 m/s)

18 ②
해설 | 용수철이 가장 많이 압축되는 순간은 두 물체의 속도가 같은 순간이다. 속도가 서로 다르다면 용수철이 압축되고 있거나 늘어나고 있는 순간이다. 두 물체의 속도가 v 로 같다면 두 물체의 운동량은 $(2+3)v$ 이고 이것은 처음의 운동량과 같아야 한다. 처음에 B의 운동량은 0이고, A의 운동량은 10 이므로 $10 = 5v,\ v = 2$ m/s

개념 심화 문제

정답		189~190
01 (1) 2 m/s (2) 12 J	02 80 N·s	
03 (1) $\frac{l}{T}$ (2) $\frac{-ml}{(m+M)T}$ (3) $\frac{l}{T}\frac{M}{m+M}$		04 $2mv$

01 (1) 2 m/s (2) 12 J
해설 | (1) 물체가 충돌 후 5 kg 의 물체 한 덩어리가 된다. 이때의 속도를 V 라고 하고, x, y 방향 성분을 각각 V_x, V_y 으로 한다.
운동량을 x, y 방향 성분으로 나눠서 생각한다. 각 성분은 충돌 전후 운동량이 보존된다.
x축 성분 : $2\times4 = 5V_x$, $V_x = 1.6$
y축 성분 : $3\times2 = 5V_y$, $V_y = 1.2$
$V = \sqrt{V_x^2 + V_y^2} = \sqrt{1.6^2 + 1.2^2} = 2$ m/s

(2) 충돌 전 운동 에너지 $\frac{1}{2}2\cdot4^2 + \frac{1}{2}3\cdot2^2 = 22$ J

충돌 후 운동 에너지 $\frac{1}{2}5\cdot2^2 = 10$ J

∴ 충돌 과정에서 잃은 운동 에너지 : 22 - 10 = 12 J

02 80 N·s

해설 | 물체가 받는 힘은 중력(mg = 20N)이고, 물체가 던져지고 물체가 땅에 다시 도달할 때까지의 시간은 처음 던질 때의 속도의 y 축 속도 성분으로 알아낸다.

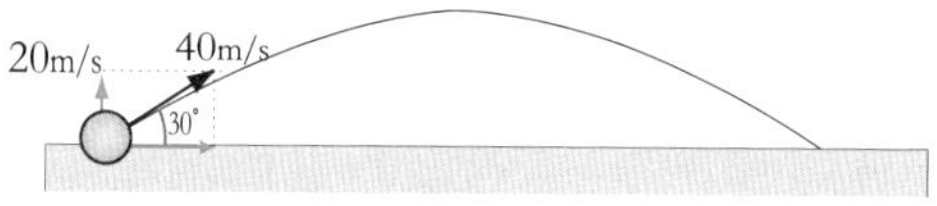

속도의 y축 성분은 40sin30° = 20 m/s 이다.
(연직 방향) $v = v_0 + gt$ 이다. 위쪽을 (+)방향으로 하면, 물체가 최고점(속도 = 0)까지 올라가는 시간(t_1)
$v = v_0 + gt \rightarrow 0 = 20 + 10t_1$, $t_1 = 2$ 초
최고점에서 바닥에 도달할 때도 2초가 걸리므로 물체의 총 운동 시간은 4초이다. (바닥에 다시 도달할 때 속도 : -20 m/s)
물체는 이 시간 동안 계속 연직 아래 방향의 중력을 받으므로
물체가 받은 충격량 $F\cdot t = 20 \times 4 = 80$ (N·s)(연직 아래 방향)

03 (1) $\frac{l}{T}$ (2) $\frac{-ml}{(m+M)T}$ (3) $\frac{l}{T}\frac{M}{m+M}$

해설 | (1) 수레에 대한 사람의 속도는 수레와 같이 운동하는 사람이 본 사람의 속도이다. 사람의 운동 방향을 (+)로 할 때,
사람은 거리 l 을 T 초 동안 갔으므로 속력은 $\frac{l}{T}$ 이다.

(2) 운동량 보존 법칙에 의해 (수레+사람)의 운동량이 보존된다. 처음에 사람이 출발할 때 운동량의 합 = 0이다. 그러므로 달리는 도중에도 (수레의 운동량) + (사람의 운동량) = 0 이 된다. 오른쪽을 +방향, 왼쪽을 -방향으로 하고, 지면에 대한 수레의 속도를 $V_{수레}$ 라고 하면,

지면에 대한 사람의 속도 : $v_{사람} = \frac{l}{T} + V_{수레}$ --㉠

지면에서 봤을 때 처음 운동량(=0) = 나중 운동량의 합

$mv_{사람} + MV_{수레} = 0$ 이고, ㉠을 대입하여

$m(\frac{l}{T} + V_{수레}) + MV_{수레} = 0$, $V_{수레} = \frac{-ml}{(m+M)T}$

(3) 지면에서 봤을 때

$$v_{사람} = \frac{l}{T} + V_{수레} = \frac{l}{T} + \frac{-ml}{(m+M)T} = \frac{l}{T}\frac{M}{m+M}$$

04 $2mv$

해설 | 물줄기의 운동량의 변화량이 터빈 날개가 받는 충격량이 된다. 단위 시간 당 질량 m 만큼의 물이 터빈에 충격을 준다.
오른쪽을 (+) 방향으로 할 때
물줄기의 운동량의 변화량 : $\Delta mv = mv - (-mv) = F\cdot t$
t = 1초 이므로 터빈 날개에 작용하는 힘 $F = 2mv$

Ⅲ. 운동량과 에너지 (2)

개념 보기

Q5 $E_k = 9$ J　　Q6 60 J
Q7 힘이 한 일 : 39.2 J, 중력이 한 일 : -39.2 J
Q8 80 J　Q9 60 J　Q10 (힘이 한) 일　Q11 40 W

Q5 $E_k = 9$ J

해설 | $E_k = \frac{1}{2}mv^2 = \frac{1}{2} \times 2 \times 3^2 = 9$ J

Q6 60 J

해설 | $W = Fs = 20 \times 3 = 60$ J

Q7 힘이 한 일 : 39.2 J, 중력이 한 일 : -39.2 J

해설 | 물체를 들어올리기 위해서는 중력만큼 힘을 가해 주어야 한다.

$$W = mgh = 2 \times 9.8 \times 2 = 39.2 \text{ J}$$

중력이 한 일(중력의 방향은 아래 방향인데 물체는 위로 이동하고 있으므로) $W = -mgh = -2 \times 9.8 \times 2 = -39.2$ J
물체에 작용하는 중력의 방향은 물체의 운동 방향과 반대이므로 중력이 물체에 한 일의 양은 (-) 값을 갖는다. 외부에서 한 일과 중력이 한 일을 합하면 0 이 된다. 이것은 물체의 운동 에너지가 변하지 않는다는 의미이다.

Q8 80 J

해설 | 운동에너지의 차이가 해준 일이다. 퍼텐셜 에너지의 변동이 없다면 해준 일 만큼 운동에너지가 증가한다.
물체에 한 일은 100 - 20 = 80 J 이다.

Q9 60 J

해설 | 운동 방향으로 물체에 가한 힘은 60 cos 60° = 30 N
$W = 30 \times 2 = 60$ J

Q10 (힘이 한) 일

해설 | F-s 그래프에서 그래프 아래 넓이는 힘이 한 일이다.

Q11 40 W

해설 | 기중기가 한 일 = 50 × 4 = 200 J 이다.

5초가 걸렸으므로 일률 $P = \frac{200}{5} = 40$ W

또는, 물체의 속도 $v = \frac{4}{5}$ m/s

$P = Fv = 50\cdot\frac{4}{5} = 40$ W

개념 확인 문제

정답				194~197
일과 에너지				
19 ③	20 ④	21 (1) ③ (2) ②	22 ②	
23. (1) ④ (2) ④ (3) ② (4) ②			24 ②	25 ①
26 0	27 ②, ③	28 ②	29 ②	30 ②
31 (1) ③ (2) ③	32 (1) ④ (2) ① (3) ② (4) ①			
33 ②	34 1600 W	35 (1) 10 N (2) 2 W		
36 ③	37 ②	38 $\frac{1}{2}mg^2t$	39 2 m	

19 ③

해설 | 과학적으로 일을 한다는 의미는 힘을 가하여 힘의 방향으로 물체가 이동하였을 때를 일을 하였다고 한다.

①, ② 힘과 이동 방향이 수직을 이루므로 한 일의 양이 0이다.

③ 힘의 방향으로 물체가 이동하였으므로 일을 한 것이다.

④ 이동 거리가 0 이므로 한 일의 양이 0이다.

⑤ 작용한 힘이 0 이므로 한 일의 양이 0이다.

20 ④

해설 | ① 1 cal(열량의 단위) = 4.186 J

② 1 kg중·m = 9.8 N×1m = 9.8 J

④ 1 Wh 는 1W의 일률로 1시간(h)동안 한 일의 양이다.

$W = Pt$ = 1W×3600s = 3600 J

21 (1) ③ (2) ②

해설 | (1) 해준 일의 양이 운동 에너지 증가량과 같다.

해준 일의 양 $F \cdot s$ = 20 × 7.5 = 150 J → 운동 에너지 증가량

(2) 원래 가지고 있던 에너지 + 받은 일의 양 = 나중 운동 에너지

$$\frac{1}{2} \times 4 \times 5^2 + 150 = \frac{1}{2} \times 4 \times v^2,\ v = 10\text{ m/s}$$

22 ②

해설 | 일을 해준 만큼 물체는 퍼텐셜 에너지가 증가한다.

$W = mgh = 20 \times 9.8\,h = 392$ J $\therefore h = 2$ m

23 (1) ④ (2) ④ (3) ② (4) ②

해설 | 외력은 10 N 이지만 마찰력이 존재하므로 운동 방향의 알짜힘은 5N 이다. 마찰력의 방향은 운동 방향과 반대이다.

(1) 10 × 2 = 20 J (2) -5 × 2 = -10 J

(3) 20 + (-10) = 10 J

(4) 해 준 일이 10 J 이므로 증가한 운동 에너지의 양도 10 J 이다.

$$\frac{1}{2}mv^2 = 10\text{ J},\ v = 2\text{ m/s}$$

24 ②

해설 | W(힘에 의한 일) = $F\cos\theta \cdot s = Fs\cos\theta$ 이다. 힘이 비스듬히 작용한다면 운동 방향 성분 $F\cos\theta$ 만큼 작용하게 된다.

→ $F \cdot \cos 60^\circ \times 10 = 50$ J, F= 10 N

25 ①

해설 | 수평면에서의 등속 원운동이므로 물체의 선속도 v 의 크기는 일정하다. 반지름 r 이 1 m 이므로 원주는 $2\pi r = 2\pi$ 이다. 한 번 회전하는 시간(주기)이 π 초이므로

$$v = \frac{2\pi}{\pi} = 2\text{ m/s},\ \text{운동 에너지} = \frac{1}{2} \times 0.5 \times 2^2 = 1\text{ J}$$

26 0

해설 | 원운동은 구심력의 방향과 운동 방향이 항상 수직인 운동이므로 물체에 구심력이 한 일은 항상 0 이다.

W(힘에 의한 일) = $F\cos\theta \cdot s = Fs\cos 90^\circ = 0$

27 ②, ③

해설 | 문제에 주어진 물체는 힘의 방향으로 움직이므로 해준 일 = $F \cdot s$ 로 계산하면 된다. 하지만 문제에서는 F 가 주어지지 않았다. 그러므로 물체의 퍼텐셜 에너지 증가량으로 한 일을 계산한다.

증가한 역학적 에너지 = 해준 일의 양이고 운동 에너지는 일정하다.

∴ 증가한 퍼텐셜 에너지 = $mgh = mgs\sin\theta$ = 한 일

28 ②

해설 | 거리에 따라 힘의 크기가 변하는 경우 해당하는 거리까지 그래프 아래 넓이가 한 일의 양이다. $\frac{1}{2} \times 4 \times 50 = 100$ J

29 ②

해설 | 힘의 방향이 운동방향과 수평으로($\theta = 0^\circ$)로 작용하였으므로 힘 - 이동 거리의 그래프에서 아래쪽 넓이가 물체에 한 일이 된다. 면적을 구하면 18 J 이다.

30 ②

해설 | y 축에서 (-)값을 갖는 면적은 처음 (+)의 일을 받은 물체의 운동을 방해하는 쪽으로 일을 해준 것이기 때문에 물체에 해준 일을 계산할 때 빼주어야 한다. 면적을 구하면 5 + (-1) = 4 J 이다. 해준 일만큼 물체의 운동 에너지가 증가하므로

$$\frac{1}{2} \times 2v^2 = 4,\quad v = 2\text{ m/s}$$

31 (1) ③ (2) ③

해설 | (1) 물체 A는 끈이 잡아당기는 장력만을 받는다. (A + B)의 질량은 50 kg이고, 힘을 50 N 받고 있으므로 $F = ma$ 에서 전체 가속도는 1 m/s^2 이다. 물체 A가 받는 장력 $T = ma = 30 \times 1 = 30$N 이다.

(2) 물체 A에 해준 일 $W_A = F_A \cdot s = T \cdot s = 30 \times 10 = 300$(J)

32 (1) ④ (2) ① (3) ② (4) ①

해설 | (1) W(힘에 의한 일) = $F\cos\theta \cdot s = F\,s\cos\theta$

$= 200 \times 5 \times \cos 30^\circ = 850$ J

(2) 중력의 방향은 물체의 이동 방향과 수직이므로 중력이 물체에 한 일은 0 J 이다.

(3) mg(크기) = $F\sin 30^\circ + N$ 이므로 N(수직항력 크기) = 100 N

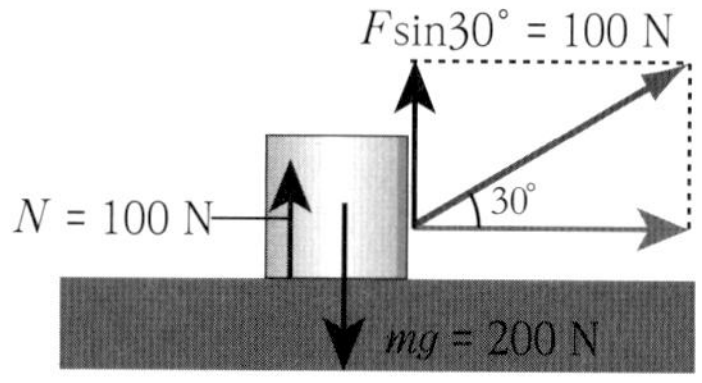

(4) 물체의 이동 방향과 수직이므로 수직 항력이 물체에 한 일은 0 J 이다.

33 ②

해설 | 20 × 10 = 200 kg 을 5 m 들어올리므로 해주어야 하는 일의 양은 mgh = 200 × 10 × 5 = 10000 J 이다. 500 W 의 의미는 1초당 500 J 의 일을 할 수 있다는 뜻이므로, 10000 ÷ 500 = 20 초이다.

34 1600 W

해설 | 단위 시간 당 할 수 있는 일의 양인 일률 $P = \frac{F \cdot s}{t} = F \cdot v$ = 800×2 = 1600 W

35 (1) 10N (2) 2W

해설 | 1분 당 3톤이 떨어지므로 1초 당 50 kg 의 석탄이 떨어지는 것이고, 석탄은 수평 방향으로 속도가 0 에서 0.2 m/s 로 증가한다.
(1) 충격량 공식 $Ft = mv - mv_0$, F × 1 = 50 × 0.2 = 10, 석탄이 받는 힘(충격력) F = 10 N
(2) $W = F \cdot v$ = 10 × 0.2 = 2 W (컨베이어 벨트의 일률)

36 ③

해설 | 100 N 의 물체는 움직 도르래에 매달려 있으므로 양쪽 줄에는 50 N 씩 물체의 무게를 부담하고 있다. 물체를 일정한 속도로 끌어올리기 위해서 전동기는 50 N 의 힘을 가하여 줄을 잡아당기면 된다. $W = F \cdot v$ 에서 200 = 50v, v = 4 m/s (일정)으로 줄이 끌려오게 되고, 3초 동안 12 m 의 줄이 끌려온다. 줄이 12 m 끌려오면 물체는 6 m 상승하게 된다.
또 다른 방법으로는 P = 200 W 이므로 3초 동안 600 J 의 일을 했다. 그렇다면 물체의 퍼텐셜 에너지도 600 J 만큼 증가했을 것이다.
600 = mgh = 100 × h, h = 6 m 이다.

37 ②

해설 | 한 일의 양 ÷ 시간 = 일률 → 한 일의 양 = 일률×시간
즉, 일률 - 시간 그래프의 아래 넓이는 그 시간 동안 한 일의 양이다. 0~5초의 넓이를 구하면 10이므로 한 일의 양은 10 J 이다.

38 $\frac{1}{2}mg^2t$

해설 | 증가한 운동 에너지 = 해준 일의 양 이므로 증가한 운동 에너지를 걸린 시간 t 로 나누면 평균 일률의 크기가 나온다. t 초 후의 속력 = gt 이므로

증가한 운동 에너지 $E_k = \frac{1}{2}mv^2 = \frac{1}{2}m(gt^2)$ 이고

일률 $P = \frac{\frac{1}{2}m(gt^2)}{t} = \frac{1}{2}mg^2t$ 이다.

39 2 m

해설 | 처음 운동 에너지가 마찰력으로부터 일을 받아 모두 소모되면 물체는 운동을 멈춘다.
물체의 질량이 m 이라면 마찰력 $f = \mu mg = 0.1 \times m \times 10 = m$ 이므로 이동 거리를 s 라고 하고

$$\frac{1}{2}m \cdot 2^2 = fs = m \cdot s,\ \ s = 2\ (\text{m})$$

개념 심화 문제

정답		p198~200
05 ⑤	06 A : 2000 J B : 500 J	
07 (1) μMgs (2) $v - \frac{M}{m}\sqrt{2\mu gs}$		
08 60 J	09 2.5 L	10 (1) 110 J (2) 1N
11 (1) 10 J (2) 3 m/s (3) 22.5 J		

05 ⑤

해설 | ㄱ, ㄴ 두 수레가 주고받는 힘은 작용 반작용의 관계이므로 서로 같은 크기의 힘을 주고 받으며, 떨어지기까지 힘이 작용한 시간도 같으므로 두 수레가 받은 충격량($F \cdot t$)의 크기는 서로 같다.
ㄷ. A와 B는 서로 같은 크기의 충격량을 받았으므로 정지 상태에서 가지게 되는 각각의 운동량은 반대 방향의 같은 크기이다.
ㄹ. 등속 운동하므로 같은 시간 t 동안 $a : b$ = 2 : 1 의 거리를 가므로 속력의 비 $v_A : v_B$ = 2 : 1 이다.
$m_Av_A + m_Bv_B = 0$ 이므로 $m_A : m_B$ = 1 : 2 이다. 따라서 운동 에너지의 비 $\frac{1}{2}m_Av_A^2 : \frac{1}{2}m_Bv_B^2$ = 2 : 1 이다.

06 A : 2000 J B : 500 J

해설 | $W = Fs = mas$ 가속도 a 는 속도 - 시간 그래프에서 기울기이다. $a_A = 5\ \text{m/s}^2$, $a_B = 2.5\ \text{m/s}^2$
이동 거리는 속도 - 시간 그래프에서 그 시간까지 아래쪽 넓이이다.

A 의 경우 일 W_A = 10×5×40 = 2000 J
B 의 경우 일 W_B = 10×2.5×20 = 500 J

07 (1) μMgs (2) $v - \frac{M}{m}\sqrt{2\mu gs}$

해설 | (1) 총알이 관통한 직후 나무 도막의 운동 에너지는 총알이 관통한 직후 나무도막이 운동을 시작하여 정지할 때까지 마찰력이 나무도막에 한 일의 양과 같다. 이 경우 나무도막의 운동 에너지는 마찰에 의해 모두 소모되어 정지하게 된다. 나무도막이 받는 수직항력(N)의 크기는 중력 Mg와 크기가 같으므로,
마찰력 $f_{마찰력} = \mu Mg$
나무도막의 운동 중에 마찰력이 나무도막에 한 일을 W라고 하면,
$W = f_{마찰력}\,s = \mu Mg \times s = \mu Mgs$ = 총알이 관통한 직후 운동 에너지

(2) 총알이 관통한 직후 나무도막의 운동 에너지가 (1)에서 구했던 μMgs 이므로 총알이 관통한 직후 나무도막의 속도 V 는 다음과 같다.

$$\frac{1}{2}MV^2 = \mu Mgs, \quad V = \sqrt{2\mu gs}$$

관통 전과 직후 총알의 속도를 각각 v, v' 라 하면

관통 전 총 운동량 : mv

관통 직후 총 운동량 : $MV + mv' = M\sqrt{2\mu gs} + mv'$

운동량 보존 ; $mv = M\sqrt{2\mu gs} + mv'$

$$\therefore v' = v - \frac{M}{m}\sqrt{2\mu gs}$$

08 60 J

해설 | 6 kg 의 합쳐진 덩어리가 $0.4\cos 60° = 0.2$ m 높이까지 올라갔으므로 이때 퍼텐셜 에너지는 $6 \times 10 \times 0.2 = 12$ J 이다.

충돌 직후의 운동 에너지가 퍼텐셜 에너지로 변환된 것이므로 충돌 직후의 운동 에너지도 12 J 이다.

한 덩어리가 되었을 때의 속도 ($m = 6$ kg)

$$12 = \frac{1}{2} \times 6 \times v_{A+B}^{\ 2}, \therefore v_{A+B} = 2 \text{ m/s}$$

이제 운동량 보존법칙을 이용하여 총알 A의 속도(v_A)를 구하자.

충돌 전 운동량 (총알 A만 운동) : $1 \times v_A$

충돌 후 운동량 (물체의 질량은 6 kg) : 6×2

$\therefore 1 \times v_A = 6 \times 2$, $v_A = 12$ m/s

이제 충돌 전후 운동 에너지를 비교할 수 있다.

충돌 전 A의 운동 에너지 : $\frac{1}{2} \times 1 \times 12^2 = 72$ J

충돌 후 (A+B)의 운동 에너지 : $\frac{1}{2} \times 6 \times 2^2 = 12$ J

∴ 충돌 전 후의 운동 에너지의 변화량은 60 J 이다.

09 2.5 L

해설 | (A의 퍼텐셜 에너지 = 바닥면에 닿았을 때의 운동 에너지) = (물체가 멈출 때까지) 마찰력(f)이 물체에 한 일의 양, $f = \mu mg$ 이다.

$$mg \times \frac{L}{2} = f \cdot s, \ \frac{mgL}{2} - \mu mg \cdot s = 0$$

$$s = \frac{L}{2\mu} = \frac{L}{2 \times 0.2} = 2.5L$$

10 (1) 110 J (2) 1 N

해설 | 마찰의 유무가 밝혀지지 않았으므로 $F = ma$ 식을 사용하여 가속도 = 5 m/s^2 라고 할 수는 없다.

그래프에서 가속도 $a = \frac{10 - 1}{2} = 4.5$ m/s^2 이다.

(1) 2초 간 이동거리(그래프 아래 부분의 면적)가 11m이므로

$W = F \cdot s = 10 \times 11 = 110$ (J)

(2) 마찰력이 없었다면 가속도는 5 m/s^2 였을 것이다.

현재 가속도는 4.5 m/s^2 이므로 운동 방정식은

$F - f = ma$, $f = F - ma$,

∴ 마찰력 $f = 10 - 2 \times 4.5 = 1$ N

11 (1) 10 J (2) 3 m/s (3) 22.5 J

해설 | (1) 힘-시간 그래프의 넓이 = 충격량 = 운동량의 변화량

$Ft = mv - mv_0 \rightarrow 10 \cdot 1 = 5v$, $v = 2$ m/s (1초인 지점)

$$\text{1초인 지점에서 운동 에너지} = \frac{1}{2} \times 5 \times 2^2 = 10 \text{ J}$$

(2) 2초가 되는 순간 물체의 속력을 v', 1초인 지점의 속력을 v (= 2 m/s) 라고 하면, 1~2초에 5N 의 힘이 1초 간 작용하였다.

$F \cdot t = mv' - mv \rightarrow 5 \cdot 1 = 5v' - 5 \times 2$, $v' = 3$ m/s

(3) 2초가 되는 순간 물체의 운동 에너지의 양과 0~2초에 물체에 해준 일의 양은 일치한다.

$$W(0\sim2\text{초}) = \frac{1}{2}mv^2 = \frac{1}{2} \cdot 5 \cdot 3^2 = \frac{45}{2} = 22.5 \text{ J}$$

〈또 다른 풀이〉

· (0 ~ 1초) 정지해 있던 질량이 5 kg 인 물체($v_0 = 0$)에 10 N 의 힘이 일정하게 작용하였다. 이때 마찰은 없다.

$\therefore F = ma \rightarrow a = \frac{F}{m} = \frac{10}{5} = 2$ m/s^2

1초 일 때 물체의 속도는 $v = v_0 + at = 0 + 2 \times 1 = 2$ m/s

0 ~ 1초 동안 이동한 거리는 다음과 같다.

$$s = v_0 t + \frac{1}{2}at^2 = 0 + \frac{1}{2} \times 2 \times 1^2 = 1 \text{ m}$$

·(1 ~ 2초) : 2 m/s 로 운동하는 물체에 5N 의 일정한 힘이 1초 동안 작용하였다.

$F = ma$ 식에 의해 가속도 $a = \frac{5}{5} = 1$ m/s^2

∴ 2초에서의 속도 $v = v_0 + at = 2 + 1 \times 1 = 3$ m/s

1 ~ 2초 동안 이동 거리는 다음과 같다.

$$s = v_0 t + \frac{1}{2}at^2 = 2 \times 1 + \frac{1}{2} \times 1 \times 1^2 = \frac{5}{2} \text{m}$$

힘 - 이동 거리 그래프는 다음과 같다.

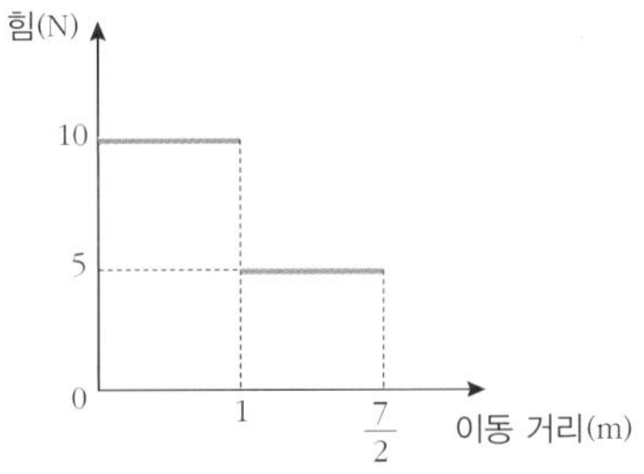

(1) 정지해 있던 물체에 작용한 물체의 운동 에너지는 물체가 받은 일의 양과 같다. 0 ~ 1초 동안 물체가 받은 일은 (10 N 의 힘을 받으며 1 m 를 이동하였으므로) $E_k = W = F \cdot s = 10 \times 1 = 10$ J

(2) 출발 후 2초가 되는 순간 물체의 속도는 3 m/s 이다.

(3) 출발 후 2초 까지 물체를 끌어당기는 힘이 한 일은 힘 - 이동 거리 그래프의 그 시간에 해당하는 넓이와 같다.

$$W(0\sim2\text{초}) = 1 \times 10 + 5 \times \frac{5}{2} = \frac{45}{2} = 22.5 \text{ J}$$

Ⅲ. 운동량과 에너지 (3)

개념 보기

Q12 50 N, 1 : 2
Q13 $FR = wr$, $Fb = wa$
Q14 32 N Q15 60 J Q16 1. 6 m

Q12 50N, 1 : 2
해설 | $F \times 2 = w \times 2$ 이 성립하므로 필요한 힘(F)은 무게(w)의 절반인 50 N 이고, 삼각형의 닮은꼴에 의해 $a : b = 1 : 2$ 이다.

Q13 $FR = wr$, $Fb = wa$
해설 | $FR = wr$ 은 돌림힘의 평형이며 $Fb = wa$ 은 일의 원리이다.

Q14 32 N
해설 | 물체를 3m 높이까지 끌어올리는데 모두 96 J의 일을 한다.
(연직 방향) 무게 × 3 m = 96 J , 무게 = $\frac{96}{3}$ = 32 N

Q15 60 J
해설 | 두 물체 A, B를 천천히 등속 운동시킬 때 가속도는 0 이므로 물체 A에 작용하는 힘의 평형을 이루기 위해 필요한 힘은 아래 방향으로 20 N 이다. 3m 를 끌어내릴 때의 일 $W = 20 \times 3 = 60$ J 이다. 물체를 천천히 끌어내리는 이유는 운동 에너지의 변화를 주지 않기 위해서이다. 운동에너지가 증가하는 경우 그 만큼 더 일을 해주어야 한다.

Q16 1.6 m
해설 | 돌림 힘의 평형이다. 받침점에서 C까지의 거리를 x 로 하면, 80×1.5 (A ; 반시계 방향) = 60×1.2(B ; 시계 방향) + $30x$(C ; 시계 방향), $x = 1.6$ (m)

개념 확인 문제

정답	p205~208

일의 원리
40 (1) 50 N (2) 10 cm (3) 15 J 41 ⑤ 42 ① 43 ③
44 ⑤ 45 8 m
돌림힘과 안정성
46 3 N·m 47 (1) 50 N·m (2) 25 N·m (3) 0
48 50 N 49 7 N 50 7 : 8
51 (1) 40 N (2) 20 N 52 10 N 53 1 : 3
54 ㉡ : 12 kg, ㉢ : 3 kg, ㉣ : 1 kg 55 70 N

40 (1) 50N (2) 10cm (3) 15J
해설 | (1) 물체의 무게를 w라고 할 때 $F = \frac{a}{b} w$, $F = 50$(N)
(2) $a : b = h : s$, $20 : 60 = h : 30$, $h = 10$ cm
(3) 두 힘이 한 일은 서로 같은 양이며, 50 × 0.3 = 15(J) 이다.

41 ⑤
해설 | A는 힘의 전환이 일어나는 받침점이고, B는 병뚜껑에 힘이 작용하는 작용점, C는 직접 힘을 가하는 힘점이다.
① A는 받침점이고 B는 작용점이다.
② A점은 받침점으로, 힘이 작용한다 하더라도 C점에 작용하는 힘보다 크다.
③ A 받침점은 이동하지 않으므로 하는 일이 없다.
④, ⑤ 받침점으로부터의 거리가 멀수록 힘의 크기는 작아진다.
받침점으로부터의 거리는 B가 더 가깝기 때문에 B에 작용하는 힘의 크기가 C에 작용하는 힘보다 더 크다.

42 ①
해설 | 300N의 물체가 움직 도르래에 매달려 있으므로 양쪽 끈으로 150N 씩 나눠진다. B의 무게인 100N 이 아래로 잡아당기므로 손이 잡아당기는 힘이 50N인 경우 물체 A는 들어올려진다. 천천히 움직이므로 힘의 크기 변화는 없고, 물체 B에 연결된 실을 2 m 당기면 물체 A는 1m 위로 이동한다. 움직 도르래의 특징은 힘을 반으로 줄이지만 당겨야하는 줄의 길이는 2배로 늘어난다는 것이다.
∴ 한 일 = 50 × 2 = 100 J 이다.

43 ③
해설 | 복잡해 보이더라도 움직도르래에 연결된 줄의 개수만 보면 된다. 아래 방향의 힘을 줄 3개가 위로 당기고 있다. 힘 F는 한 줄에 연결되어 한 줄의 힘 만큼 작용하게 된다.
줄의 개수(n)의 $\frac{1}{n}$ 만큼 힘이 덜 들고 n배 만큼 줄을 더 당겨야한다.
(450 + 30)N 의 무게를 들어올리기 위해서 힘 F는 480 ÷ 3 = 160(N)의 힘으로 잡아당겨야 한다.

44 ⑤
해설 | 움직도르래를 위로 잡아당기는 줄의 개수는 4개이고, 힘 F는 한줄에 작용하는 힘이다.
줄의 개수(n)의 $\frac{1}{n}$ 만큼 힘이 덜 들고 n배 만큼 줄을 더 당겨야한다.
전체 무게 : (100 + 4(움직도르래 2개 질량)) × 10 = 1040(N),
끌어올리는 최소의 힘 : 1040 ÷ 4 = 260(N)

45 8 m
해설 |

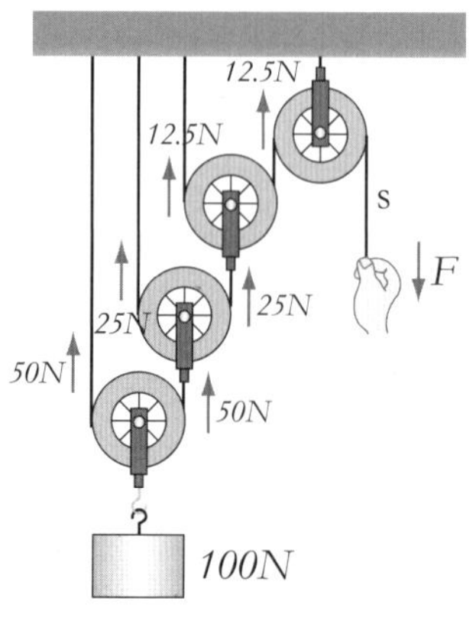

무게 100 N인 물체의 퍼텐셜 에너지가 100 J 증가했으므로 $\Delta E_p = wh = 100$, h(물체가 올라간 높이) = 1 m 이다.
그림과 같이 각 줄의 장력이 나타난다. 힘 F는 마지막 한 줄의 장력과 크기가 같은 12.5 N 이고, 무게의 $\frac{1}{8}$ 크기이다. 이때 잡아당긴 줄의 길이(s)는 물체가 올라간 높이의 8배인 8 m 이다. 물체의 퍼텐셜 에너지 증가량(ΔE_p)은 힘이 한 일과 같다.

46 3 N·m
해설 | 지레의 팔과 힘이 수직($\theta = 90°$)을 이루고 있으므로
$\tau = Fr\sin\theta = Fr = 0.2\text{ m} \times 15\text{ N} = 3\text{ N·m}$ 이다.

47 (1) 50 N·m (2) 25 N·m (3) 0
해설 | 돌림힘의 크기는 $\tau = Fr\sin\theta$, $\sin 30° = \frac{1}{2}$
(1) F_1 에 의한 돌림힘의 크기 : $5 \times 10 = 50$ N·m
(2) F_2 에 의한 돌림힘의 크기 : $5 \times 10 \times \frac{1}{2} = 25$ N·m
(3) F_3 에 의한 돌림힘의 크기 : $Fr\sin 0° = 0$

48 50 N
해설 | 축바퀴의 큰 바퀴와 작은 바퀴의 반지름을 각각 a, b 라고 하면, 등속운동하므로 돌림힘의 평형에 의해 $Fa = mgb$, $a : b = 3 : 1$ 이므로, $F \cdot 3 = 150 \cdot 1$, $F = 50$ N

49 7 N
해설 |

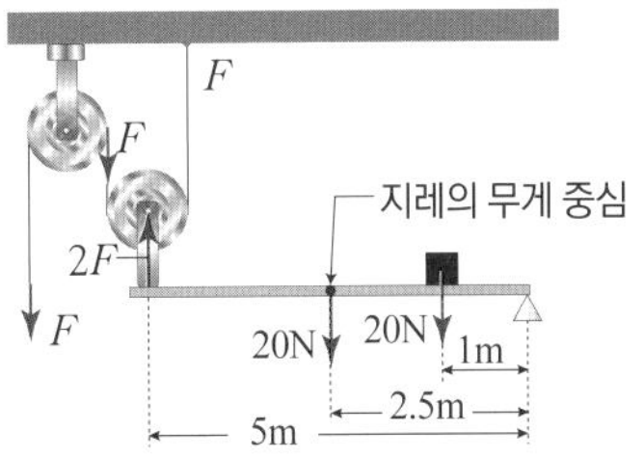

회전축을 받침점으로 하여 시계 반대 방향으로 회전시키려는 돌림힘은 지레(20N), 물체(20N)에 의해 나타난다. 지레의 무게 중심은 받침점으로부터 2.5m 떨어져 있다.

시계 방향 : $(20 \times 2.5) + (20 \times 1) = 70$ N·m

반시계 방향의 돌림힘은 움직 도르래가 위로 당기는 힘($2F$)으로 부터 나타나며, 그림과 같이 $2F \times 5$ 이다. 두 방향의 돌림힘은 서로 평형이다. ∴ $2F \times 5 = 70$, $F = 7$ N

50 7 : 8
해설 |

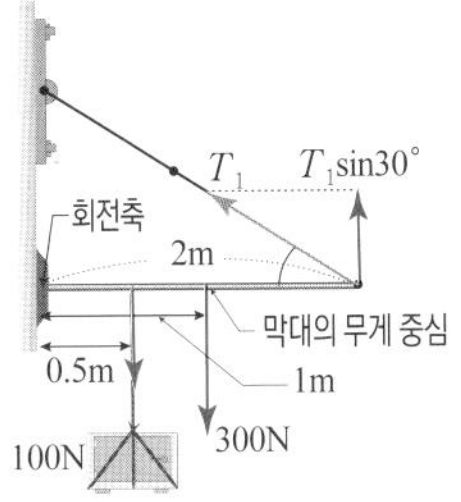

돌림힘의 합이 반대 방향으로 같을 때 평형을 이룬다. 물체가 벽에서 0.5 m 떨어져 있을 때 돌림힘의 평형은
$(100 \times 0.5) + (300 \times 1)$
$= T_1\sin 30° \times 2$, $T_1 = 350$(N)
물체가 벽에서 1 m 떨어져 있을 때 돌림힘의 평형은
$(100 \times 1) + (300 \times 1) = T_2\sin 30° \times 2$, $T_2 = 400$(N)

$$\therefore \frac{T_1}{T_2} = \frac{350}{400} = \frac{7}{8}$$

51 (1) 40 N (2) 20 N
해설 |

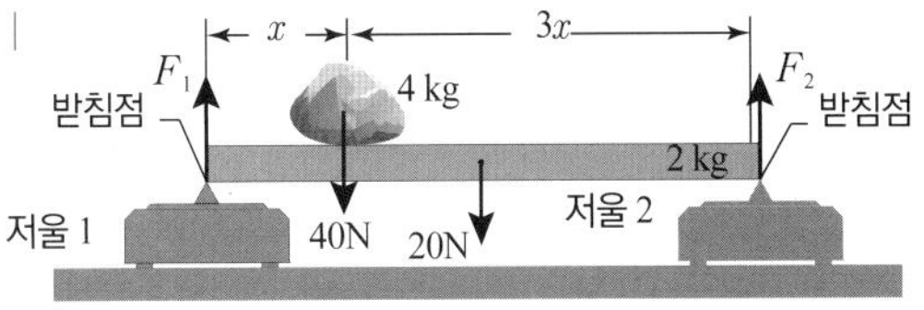

$F_1 + F_2 = 60$ N 이고, 저울 1의 받침점을 회전축으로 할 때
물체에 의한 돌림힘 + 막대에 의한 돌림힘 = $4x \times F_2$
→ $(x \times 40) + (2x \times 20) = 4x \times F_2$
∴ 저울 2의 눈금 $F_2 = 20$ N, 저울 1의 눈금 $F_1 = 60 - 20 = 40$ N

52 10 N
해설 | 왼쪽실과 막대가 연결되어 있는 곳을 회전축으로 정하면, 시계 방향으로 작용하는 돌림힘(물체 A, 막대 무게 중심) = 반시계 방향으로 작용하는 돌림힘(힘 F)
∴ $(3 \times 1) + (19 \times 3) = F \times 6$, $F = 10$ N

53 1 : 3
해설 |

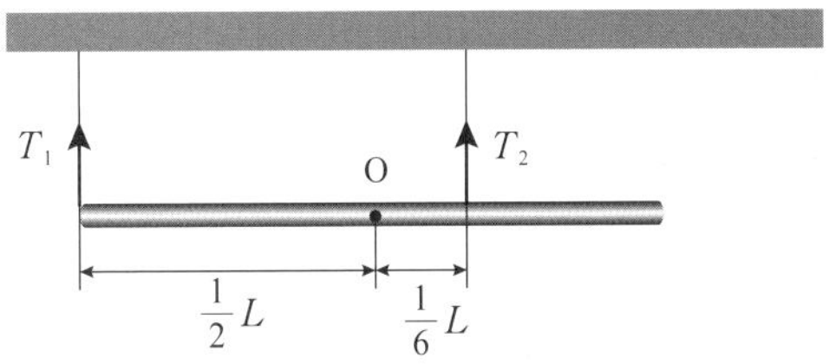

막대의 무게 중심 O를 받침점으로 했을 때(막대의 돌림힘은 나타나지 않는다) 막대에 대한 T_1, T_2 의 돌림힘은 다음과 같이 평형이다.

$$T_1 \times \frac{1}{2}L = T_2 \times \frac{1}{6}L, \quad \therefore \frac{T_1}{T_2} = \frac{1}{3}$$

54 ㉡ :12 kg, ㉢ : 3 kg, ㉣ : 1 kg
해설 | ㉠의 질량이 48 kg이고 막대의 길이가 1 : 3이므로 오른쪽 물체 ㉡, ㉢, ㉣을 합친 무게는 16 kg 이 된다.
㉣의 질량을 m 이라 하면,
㉢의 질량은 $3m$, ㉡의 질량은 $(m + 3m) \times 3 = 12m$
㉡ + ㉢ + ㉣ = $m + 3m + 12m = 16m = 16$
$m = 1$ 이므로, ㉡ = 12 kg, ㉢ = 3 kg, ㉣ = 1 kg

55 70 N
해설 | 구의 중심에 작용하는 힘이 각 방향으로 평형이다.

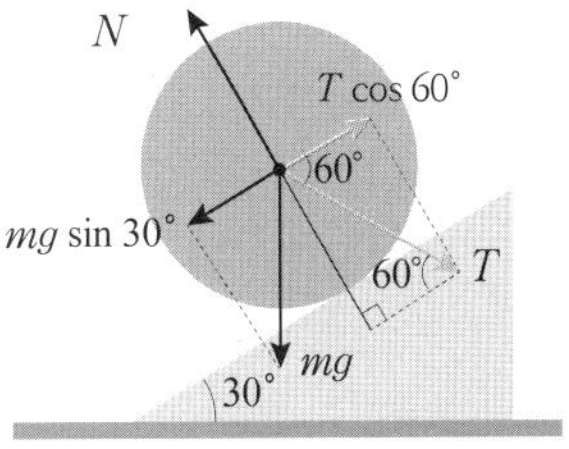

(중력과 장력의 빗면 방향 성분의 힘의 크기만을 고려할 때)
$T\cos 60° = mg\sin 30°$ → $T = mg = 7 \times 10 = 70$ N

개념 심화 문제

정답	p209 ~ 211

12 40 N　　13 0.9 m　　14 $F_1 = mg$, $F_2 = 2mg\cos\theta$
15 (1) 4400 N (2) 6511.5 N　　16 9 : 11
17 (1) $F_4 = 40$ N, $F_5 = 5$ N (2) 1 m

12 40 N

해설 |

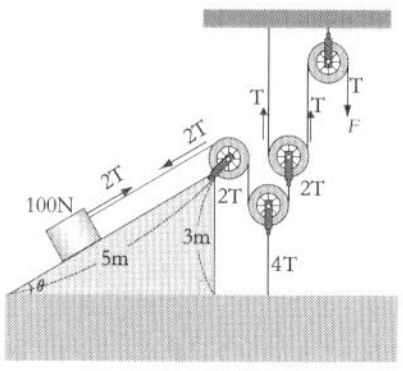

힘 F로 잡아당길 때 같은 크기의 장력 T이 발생한다면 각 줄에서의 장력은 그림과 걸리게 된다.

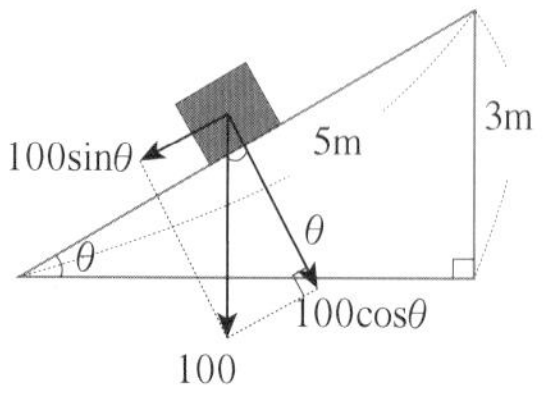

빗면의 100N의 물체에는 빗면 아래 방향으로 $100\sin\theta = 100 \times \frac{3}{5} = 60(\text{N})$ 의 힘이 작용한다. 물체를 빗면 위로 끌어올릴 때 물체에 작용하는 마찰력 20N은 빗면 아래 방향으로 작용하므로 물체가 빗면 윗방향으로 끌려 올라가기 위해서는 빗면 위 방향으로 최소한 80 N의 힘을 작용해야 한다.

이 힘이 $2T$로 나타나 있고, F는 T와 크기가 같으므로,

$2T = 2F = 80$, $F = 40(\text{N})$ - 물체를 끌어올리는 최소한의 힘

13 0.9 m

해설 | 그림처럼 A로부터 l 만큼 떨어진 곳에 받침점을두면 평형을 이룬다.

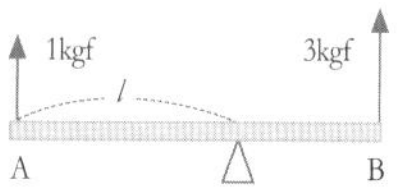

받침점에서 A까지 거리가 l 이면 받침점에서 B까지는 $1.2 - l$ 이다.

돌림힘의 평형 : $3 \times (1.2 - l) = 1 \times l$ → $l = 0.9$ m

14 $F_1 = mg$, $F_2 = 2mg\cos\theta$

해설 | 도르래 A, B, C 에 걸린 끈의 장력을 T 라 하면, 끈의 장력이 같은 크기로 각 도르래에 전달된다. 이때 장력의 크기는 mg 이다. 도르래 B에 수평으로 작용하는 힘 F_2는 사잇각이 2θ 인 장력 T 와 T의 합력이다.

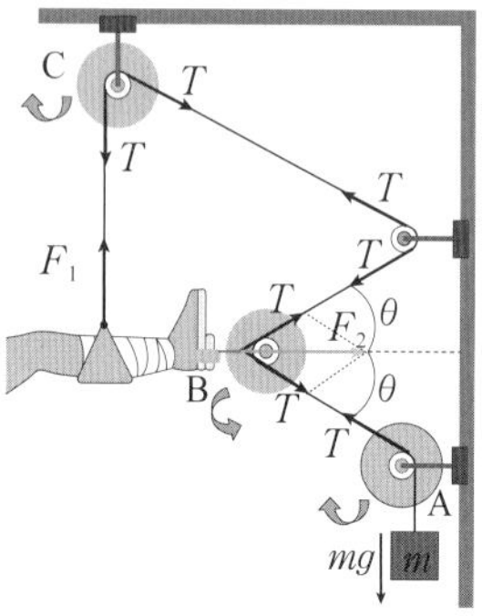

(크기만을 고려할 때)

A : $T = mg$, B : $F_2 = 2T\cos\theta = 2mg\cos\theta$

C : $F_1 = T = mg$

15 (1) 4400 N (2) 6511.5 N

해설 | (1) 경첩을 회전축으로 하고, 강철줄의 장력을 F 라고 하면,

반시계 방향 돌림힘 크기 = 시계 방향 돌림힘 크기

$F \times 2$(팔의 길이) = 금고의 무게 × 2 + 막대의 무게 × 1

$2F = (4000 \times 2) + (800 \times 1)$, $F = 4400$ N

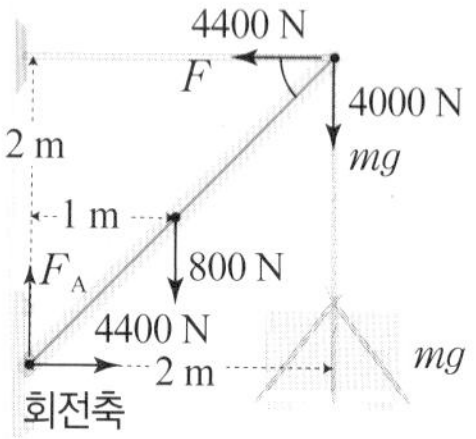

(2) 그림과 같이 힘이 작용하며, 연직 방향으로 힘이 평형되므로,

F_A의 크기 = 800 + 4000 = 4800 N

경첩이 막대에 가하는 알짜 힘의 크기(피타고라스 정리)

$= \sqrt{(4400^2 + 4800^2)} \fallingdotseq 6511.5$ N

16 9 : 11

해설 |

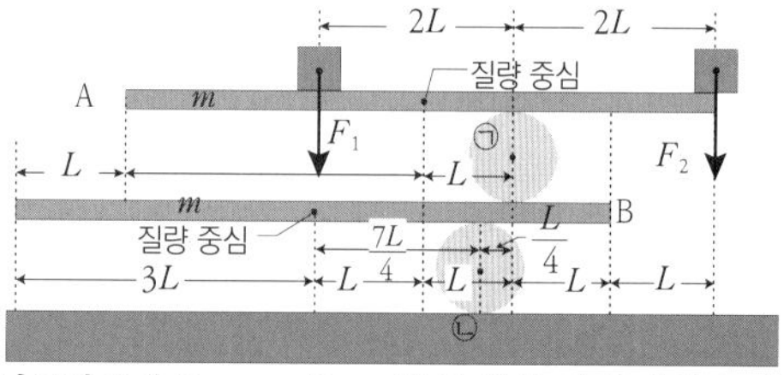

공 ㉠은 나무판 B에 $2mg + F_1 + F_2$의 힘을 연직 아래로 작용한다.

공 ㉠과 나무판 A가 접촉한 지점을 회전축으로 하여 나무판 A에 돌림힘의 평형을 적용하면 $2L \times F_1 + L \times mg = 2L \times F_2$

공 ㉡과 나무판 B가 접촉한 지점을 회전축으로 하여 나무판 B 에 돌림힘의 평형을 적용하면

$$\frac{7L}{4} \times mg = \frac{L}{4} \times (2mg + F_1 + F_2)$$

두 식에서 $F_1 = \frac{9}{4}mg$, $F_2 = \frac{11}{4}mg$　∴ $F_1 : F_2 = 9 : 11$

17 (1) $F_4 = 40$ N, $F_5 = 5$ N (2) 1 m

해설 | 가로 세로 방향으로 각각 힘의 평형이 일어나고 있다.

(가로 성분) F_3과 F_5의 방향은 반대이다. $F_3 = F_5 = 5$ N(크기)

(세로 성분) $F_1 + F_2 = 30 + 10 = 40\text{ N} = F_4$(크기)

(2) 점 O를 회전축으로 정했을 때 시계 방향의 돌림힘의 합과 반시계 방향의 돌림힘의 합의 크기가 서로 같다.

$F_4 \times d = F_2 \times b + F_3 \times a$

→ $40 \times d = (10 \times 3) + (5 \times 2) = 40$, ∴ $d = 1$ m

III. 운동량과 에너지 (4)

개념 보기

Q17 π 초　　Q18 1.8 초

Q17 π 초

해설 | $T = 2\pi\sqrt{\frac{m}{k}} = 2\pi\sqrt{\frac{0.1}{0.4}} = \pi$(초)

Q18 1.8 초

해설 | 단진자의 주기는 진자의 길이와 중력 가속도와만 관계가 있다.

$$T = 2\pi\sqrt{\frac{l}{g}} = 2 \times 3 \times \sqrt{\frac{0.9}{10}} = 1.8(\text{초})$$

개념 확인 문제

정답		p 214~216
단진동		
56 (1) $\frac{2\pi}{\omega}$ (2) $A\sin\omega t$ (3) $A\omega^2\sin\omega t$		
57 (1) 0, $\frac{\pi}{10}$ m/s (2) $\frac{\pi^2}{10}$ m/s^2, 0		
58 $\frac{1}{2}f$	59 $\frac{T}{\sqrt{2}}$	60 $\sqrt{6}\,T$
61 $T_A > T_B > T_C$	62 $mg\sin\theta$	63 10회
64 14 m/s^2	65 (1) 7 N (2) 0.4π 초	
66 (1) 1.5 초 (2) 62.5 cm		67 0.6 초
68 (1) 0.6 m/s (2) 1.2 m/s^2		69 6 kg
70 $\frac{4}{\pi}$ Hz	71 $2\pi\sqrt{\frac{r}{g\tan\theta}}$	72 $\frac{ml\omega^2}{k}$
73 4 m/s^2	74 0	

56 (1) $\frac{2\pi}{\omega}$ (2) $A\sin\omega t$ (3) $A\omega^2\sin\omega t$

해설 | (1) ㄱ. 그림자 Q는 진폭이 A인 단진동하는 물체와 같다. 이때 단진동하는 물체의 주기는 등속 원운동하는 물체의 주기와 같다.

따라서 단진동의 주기 $T = \frac{2\pi}{\omega}$ 이다.

(2) t초 후 그림자 Q의 변위는 $A\sin\omega t$ 이다.

(3) 물체 P의 가속도의 크기 $a_p = \frac{v^2}{A} = A\omega^2$ 이므로, 그림자 Q의 가속도의 크기는 $A\omega^2\sin\omega t$ 이다.

57 (1) 0, $\frac{\pi}{10}$ m/s (2) $\frac{\pi^2}{10}$ m/s^2, 0

해설 | 단진동의 최대 변위를 A, 각속도를 ω $(= \frac{2\pi}{T})$ 라고 할 때 단진동의 변위 $x = A\sin\omega t$, 속력 $v = A\omega\cos\omega t$, 가속도 $a = -A\omega^2\sin\omega t$ 이다. 그림에서 주기 T = 2(초) 이므로 $\omega = \pi$ (rad/s)이다.

(1)그림에서 A = 0.1(m)이다. 이때 $v = A\omega\cos\omega t = 0.1\pi\cos\pi t$ 이다.

$\therefore$ (t = 0.5초일 때) $v = 0.1\pi\cos\frac{\pi}{2} = 0$ $(\cos\frac{\pi}{2} = \cos 90° = 0)$

(t = 1초일 때) $v = 0.1\pi\cos\pi = 0.1\pi\cos 180° = -0.1\pi$(크기: $0.1\pi = \frac{\pi}{10}$)

$(\cos\pi = \cos 180° = -1)$

(2) 가속도 $a = -A\omega^2\sin\omega t = -\omega^2 x$ 이다.

(t = 0.5초일 때) x = 0.1(m)이므로, $a = -\pi^2 \cdot 0.1 = -\frac{\pi^2}{10}$(크기 : $\frac{\pi^2}{10}$)

(t = 1초일 때) x =0 이므로, a = 0

58 $\frac{1}{2}f$

해설 | 단진동의 진동수 $f = \frac{1}{T} = \frac{\omega}{2\pi} = \frac{1}{2\pi}\sqrt{\frac{k}{m}}$ 이다.

따라서 질량이 4배가 되면 진동수는 $\frac{1}{2}$ 배가 된다.

59 $\frac{T}{\sqrt{2}}$

해설 | 용수철 상수가 k 인 용수철을 반으로 자른 용수철에 같은 물체를 매달면, 같은 탄성력에 대해서 늘어난 길이가 절반이 되므로 용수철 상수가 $2k$ 로 커진다. 이때 용수철 진자의 단진동 주기는 다음과 같이 변한다.

$$T' = 2\pi\sqrt{\frac{m}{k'}} = 2\pi\sqrt{\frac{m}{2k}} = \frac{T}{\sqrt{2}}$$

60 $\sqrt{6}\,T$

해설 | 단진자의 주기는 진자의 길이와 중력 가속도에 관계있다.

지구의 중력 가속도를 g 라 할 때 달의 중력 가속도 $g_{달} = \frac{g}{6}$ 이다.

$$T_{지구} = 2\pi\sqrt{\frac{l}{g}}\text{이므로, } T_{달} = 2\pi\sqrt{\frac{l}{g_{달}}} = 2\pi\sqrt{\frac{6l}{g}} = \sqrt{6}\,T$$

61 $T_A > T_B > T_C$

해설 | 단진자의 주기 $T = 2\pi\sqrt{\frac{l}{g}}$ 는 진자의 길이와 중력 가속도에만 관계가 있다. 따라서 진자의 길이가 길수록 주기도 길어지므로 진자의 주기는 $T_A > T_B > T_C$ 순이다.

62 $mg\sin\theta$

해설 | 최대 진폭일 때 물체에 작용하는 힘은 실의 장력 T와 중력 mg 이다. 이때 중력의 접선 방향 성분 $mg\sin\theta$ 가 물체의 속력을 변화시키므로 이 힘이 복원력이 되어 추는 단진동한다.

63 10회

해설 | 단진자의 주기 T 와 진동수 f 의 관계는

$$T = 2\pi\sqrt{\frac{l}{g}} = \frac{1}{f}$$

이다. 단진자 A의 진동수 $f_A = \frac{1}{2\pi}\sqrt{\frac{g}{l_A}} = \frac{1}{2\pi}\sqrt{\frac{g}{36}} = \frac{1}{12\pi}\sqrt{g}$

단진자 B의 진동수 $f_B = \frac{1}{2\pi}\sqrt{\frac{g}{l_B}} = \frac{1}{2\pi}\sqrt{\frac{g}{9}} = \frac{1}{6\pi}\sqrt{g}$

이므로, $f_B = 2f_A$ 이다. 따라서 단진자 A 가 5회 진동할 때 단진자 B 는 10회 진동한다.

64 14 m/s²

해설 | 질량이 $m = 3$ kg 인 용수철 진자의 변위가 x 일 때, 가속도 크기는 다음과 같이 변위 x에 비례한다.

$$a = \omega^2 x = \frac{k}{m}x = \frac{210}{3} \times 0.2 = 14(\text{m/s}^2)$$

65 (1) 7 N (2) 0.4π 초

해설 | (1) 용수철 진자에서 평형을 이루는 지점에서 추에 작용하는 힘은 연직 아래 방향의 중력과 연직 위 방향의 탄성력이 평형을 이룬다.

$$mg = kx \rightarrow k = \frac{mg}{x} = \frac{1 \times 10}{0.4} = 25(\text{N/m})$$

이때 평형 위치가 진동 중심이 되며, 평형 위치에서 물체를 28cm 더 잡아당기기 위해 필요한 힘의 크기는 다음과 같다.

$$F = kx' = 25 \times 0.28 = 7(\text{N})$$

(2) 진동 주기는 추의 질량과 용수철 상수에만 관계한다.

$$T = 2\pi\sqrt{\frac{m}{k}} = 2\pi\sqrt{\frac{1}{25}} = 0.4\pi(\text{초})$$

66 (1) 1.5 초 (2) 62.5 cm

해설 | (1) $T = \frac{\text{걸린 시간}}{\text{진동 회수}} = \frac{2 \times 60}{80} = 1.5$ 초

(2) $T = 2\pi\sqrt{\frac{l}{g}} \rightarrow l = \frac{gT^2}{4\pi^2} = \frac{10 \times 1.5^2}{4 \times 3^2} = 0.625\text{ m} = 62.5\text{ cm}$

67 0.6 초

해설 | 용수철 진자의 주기는 용수철 상수와 질량에 따라서만 달라진다. 공기의 저항과 발생 에너지가 무시되므로 물체가 위아래로 단진동할 때 최고 높이는 처음 물체를 놓는 곳이다. 물체가 상하로 단진동할 때 최고점에서 최하점에 도달하는 시간은 $\frac{\text{주기}}{2}$ 이다.

주기 $T = 2\pi\sqrt{\frac{m}{k'}} = 2 \times 3 \times \sqrt{\frac{6}{150}} = 1.2(\text{초})$

∴ 최고점에서 최하점까지의 시간 = $\frac{T}{2}$ = 0.6 (초)

68 (1) 0.6 m/s (2) 1.2 m/s²

해설 | (1) 단진동 물체의 변위 $x = A\sin\omega t$ 이고, 속력 $v = A\omega\cos\omega t$ 이다. 따라서 물체의 최대 속력($\omega t = 0, \pi$) $v_m = A\omega$ 가 된다.

$$v_m = A\omega = A\frac{2\pi}{T} = 0.3 \times \frac{2 \times 3}{3} = 0.6\text{ m/s}$$

(2) $a = -A\omega^2\sin\omega t$ 이므로 가속도의 최댓값($\omega t = \frac{\pi}{2}$) $a_m = \omega^2 A$ 이다.

$$a_m = \omega^2 A = \left(\frac{2 \times 3}{3}\right)^2 \times 0.3 = 1.2\text{ m/s}$$

69 6 kg

해설 | 그래프를 통해 물체의 단진동 주기가 π 임을 알 수 있다.

단진동 주기 $T = 2\pi\sqrt{\frac{m}{k}}$ 이므로, 질량 m은 다음과 같다.

$$T = \pi = 2\pi\sqrt{\frac{m}{24}} \rightarrow m = 6(\text{kg})$$

70 $\frac{4}{\pi}$ Hz

해설 | 자동차를 네 개의 용수철이 지지하고 있으므로, 이는 용수철 4개가 병렬 연결되어 있는 것과 같다. 따라서 네 용수철의 용수철 상수 $k' = 4 \times 22{,}400 = 89{,}600$(N/m)가 된다. 자동차의 전체 질량은 1300+100 = 1400 kg 이다.

자동차 흔들림의 주기 $T = 2\pi\sqrt{\frac{m}{k}}$ 이므로, 진동수 f는 다음과 같다.

$$f = \frac{1}{T} = \frac{1}{2\pi}\sqrt{\frac{k'}{m}} = \frac{1}{2\pi}\sqrt{\frac{89{,}600}{1{,}300 + 100}} = \frac{8}{2\pi} = \frac{4}{\pi}(\text{Hz})$$

71 $2\pi\sqrt{\frac{r}{g\tan\theta}}$

해설 | 무한이가 회전하는 회전 면에서 원뿔의 꼭지점까지의 수직 거리를 h 라고 하면, $h = \frac{r}{\tan\theta}$ 가 된다. 따라서 무한이의 회전 운동 주기는 다음과 같다.

$$T = 2\pi\sqrt{\frac{h}{g}} = 2\pi\sqrt{\frac{r}{g\tan\theta}}$$

72 $\frac{ml\omega^2}{k}$

해설 | 추가 수평면 상에서 원운동하고 있는 원의 반지름을 r 이라고 하면, 추에 작용하는 장력 T 의 수평 방향 성분 T_x 가 구심력이 되어 원운동을 하게 된다

$T_x = T\sin\theta = mr\omega^2$ ⋯ ㉠

$T_y = T\cos\theta = mg$

$r = l\sin\theta$, $T = kx$ 이므로, 이를 ㉠에 대입하면 다음과 같다.

$$kx\sin\theta = m(l\sin\theta)\omega^2 \rightarrow x = \frac{ml\omega^2}{k}$$

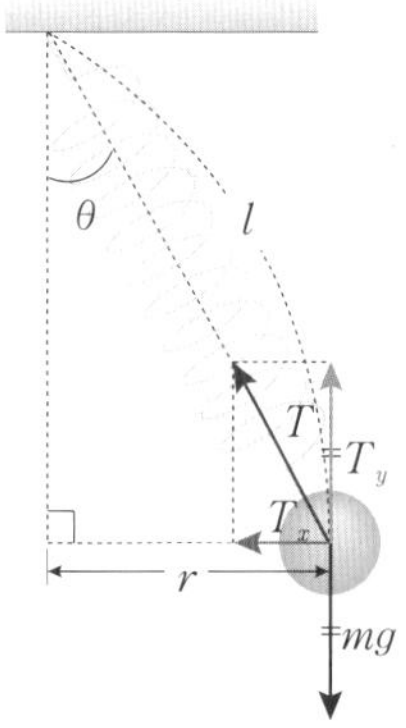

73 4 m/s²

해설 | 연직 아랫 방향으로 가속도 운동하는 물체에는 엘리베이터 내부에서 볼 때 연직 아래 방향으로는 중력 mg 를 받고, 연직 윗 방향으로 관성력 ma 를 받는다. 이때 물체에 작용하는 힘 F과 중력 가속도는

$$F = mg' = m(g - a) \rightarrow g' = g - a \text{ (엘리베이터 내부)}$$

∴ 단진자의 주기 $T = 2\pi\sqrt{\frac{l}{g'}} = 2\pi\sqrt{\frac{l}{g - a}} = 2 \cdot 3 \cdot \sqrt{\frac{1.5}{10 - a}} = 3(\text{초})$

$\rightarrow \frac{1.5}{10 - a} = 0.25$, ∴ $a = 4(\text{m/s}^2)$

74 0

해설 | 단진동 물체의 변위 $x = A\sin\omega t$ 일 때 속도 $v = A\omega\cos\omega t$, 가속도 $a = -A\omega^2\sin\omega t$ 로 나타낼 수 있다.

문제의 그림은 $v = A\omega\cos\omega t$ 그래프이다.

주기 T = 2초 이므로 $\omega = \frac{2\pi}{T} = \pi$(rad/s)이다. (A= 0.2 m)

∴ $a(t=1.0) = -A\omega^2\sin\omega t = 0.2\pi^2\sin(\pi \cdot 1) = 0$

(진자의 속도의 크기가 최대일 때 가속도는 0 이다.)

개념 심화 문제

정답	p217~218
18 진폭 : $\frac{A}{2}$ 주기 : $\frac{T}{\sqrt{2}}$	19 $2\pi\sqrt{\frac{m}{k_1+k_2}}$
20 $2\pi\sqrt{\frac{L\cos\theta}{g}}$	21 $\pi(\sqrt{\frac{3L}{g}}+\sqrt{\frac{2L}{g}})$
22 $2\pi\sqrt{\frac{Lm}{4T-2mg}}$	

18 진폭 : $\frac{A}{2}$ 주기 : $\frac{T}{\sqrt{2}}$

해설 | 길이가 $2L$ 인 용수철 A의 용수철 상수를 k 라고 하면, 길이 L 인 용수철 B 의 용수철 상수는 $2k$ 이다.

용수철 A 의 주기 $T_A = 2\pi\sqrt{\frac{m}{k}}$ 일 때,

용수철 B 의 주기 $T_B = 2\pi\sqrt{\frac{m}{k_B}} = 2\pi\sqrt{\frac{m}{2k}} = \frac{T}{\sqrt{2}}$

힘 F 를 가했을 때, 용수철 A의 탄성력 $F = kA$

같은 크기의 힘을 가했을 때 용수철 B의 탄성력 $F = k_BA_B = 2kA_B$

$\therefore kA = 2kA_B \quad A_B = \frac{1}{2}A$

19 $2\pi\sqrt{\frac{m}{k_1+k_2}}$

해설 | 두 용수철은 물체에 같은 방향으로 힘을 작용한다. 수평으로 x만큼 이동시켰을 때 물체가 받는 힘(복원력)을 F 라고 하면,

$$F = F_1 + F_2 = -k_1x - k_2x = -(k_1+k_2)x = -m\omega^2x$$

$$\omega^2 = \frac{k_1+k_2}{m} \rightarrow \omega = \sqrt{\frac{k_1+k_2}{m}}$$

$\therefore$ 단진동의 주기 $T = \frac{2\pi}{\omega} = 2\pi\sqrt{\frac{m}{k_1+k_2}}$

20 $2\pi\sqrt{\frac{L\cos\theta}{g}}$

해설 | 전기장 내에서 추가 기울어져서 정지하였으므로 중력 가속도의 방향이 바뀐다고 볼 수 있다. 대전 입자의 질량을 m, 전하량을 q 라고 할 때, 대전 입자에 작용하는 힘은 다음과 같다.

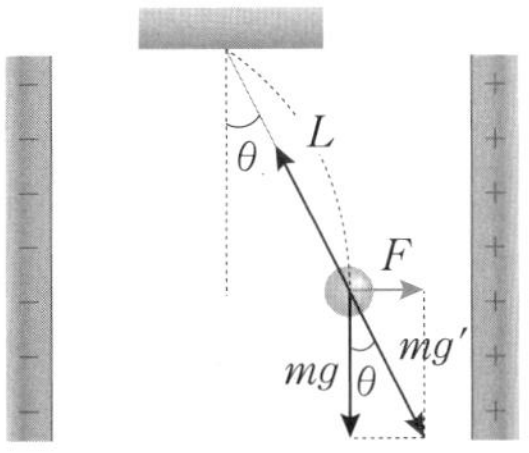

$$mg'\cos\theta = mg \rightarrow g'\cos\theta = g, \quad \therefore g' = \frac{g}{\cos\theta}$$

$$\therefore T = 2\pi\sqrt{\frac{L}{g'}} = 2\pi\sqrt{\frac{L\cos\theta}{g}}$$

〈또 다른 풀이〉

대전 입자에 작용하는 중력과 전기력의 합력과 실에 걸리는 장력의 크기는 서로 같다.

$$(mg')^2 = F^2 + (mg)^2 \rightarrow g' = \sqrt{\frac{(mg)^2+F^2}{m^2}}, \quad F = mg\tan\theta$$

$$\therefore T = 2\pi\sqrt{\frac{L}{g'}} = 2\pi\sqrt{\frac{mL}{\sqrt{(mg)^2+F^2}}} = 2\pi\sqrt{\frac{mL}{\sqrt{(mg)^2(1+\tan^2\theta)}}}$$

$$= 2\pi\sqrt{\frac{mL}{mg\sqrt{(1+\tan^2\theta)}}} \rightarrow (1+\tan^2\theta = \frac{1}{\cos^2\theta})$$

$$\therefore T = 2\pi\sqrt{\frac{L\cos\theta}{g}}$$

21 $\pi(\sqrt{\frac{3L}{g}}+\sqrt{\frac{2L}{g}})$

해설 |

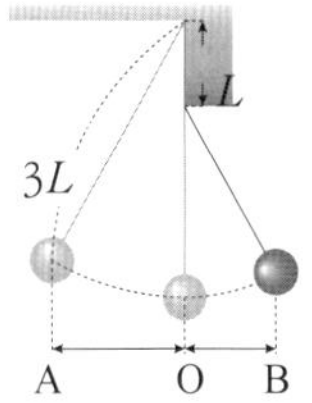

추의 O ~ A 운동 시간은 길이 $3L$ 인 단진자 주기(T_A)의 $\frac{1}{2}$, O ~ B 운동 시간은 길이 $2L$인 단진자 주기(T_B)의 $\frac{1}{2}$ 이다.

$$T_A = 2\pi\sqrt{\frac{l_A}{g}} = 2\pi\sqrt{\frac{3L}{g}}, \quad T_B = 2\pi\sqrt{\frac{l_B}{g}} = 2\pi\sqrt{\frac{2L}{g}}$$

$$\therefore T_{total} = \frac{T_A}{2} + \frac{T_B}{2} = \pi(\sqrt{\frac{3L}{g}}+\sqrt{\frac{2L}{g}})$$

22 $2\pi\sqrt{\frac{Lm}{4T-2mg}}$

해설 | 물체의 최대 진폭에서 실과 연직선 사이의 각도를 θ 라고 할 때, 물체에 작용하는 힘은 다음과 같이 나타난다. 이때 실을 매우 작은 거리 x 만큼 잡아당겼으므로 실의 길이 L의 변화량은 매우 작다. 힘의 크기만을 고려할 때

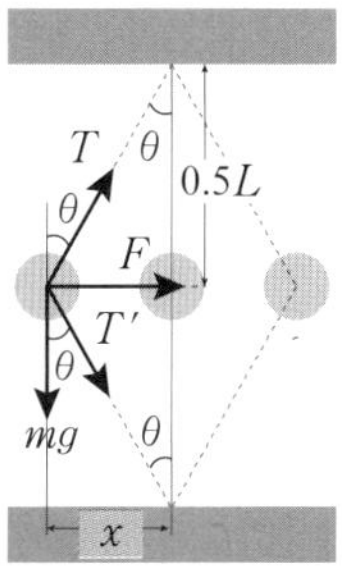

$T\cos\theta = mg + T'\cos\theta$ … ①

복원력 $F = T\sin\theta + T'\sin\theta$ … ②

①에서 $T' = T - \frac{mg}{\cos\theta}$ … ③

③ → ② : $F = T\sin\theta + T\sin\theta - mg\tan\theta \rightarrow (\tan\theta = \frac{\sin\theta}{\cos\theta})$

$$= 2T\sin\theta - mg\tan\theta$$

$$= 2T\frac{x}{\sqrt{(\frac{L}{2})^2+x^2}} - mg\frac{x}{\frac{L}{2}}$$

$$= 2T\frac{2x}{L} - mg\frac{2x}{L} \quad (x^2 \rightarrow 0)$$

$$= (\frac{4T}{L} - \frac{2mg}{L})x$$

※ 참고

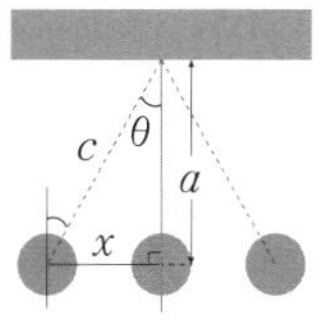

$\sin\theta = \frac{x}{c}$, $\tan\theta = \frac{x}{a}$

$$\therefore F = m\omega^2x = (\frac{4T}{L} - \frac{2mg}{L})x \rightarrow \omega = \sqrt{\frac{4T-2mg}{Lm}},$$

$$\therefore T = \frac{2\pi}{\omega} = 2\pi\sqrt{\frac{Lm}{4T-2mg}}$$

III. 운동량과 에너지 (5)

개념 보기

Q19 (1) 196 J (2) 196 J (3) 196 J (4) 196 J
Q20 0.98 J Q21 0.25 J Q22 5.4 J
Q23 (1) 5 J (2) 20 J Q24 5 m
Q25 2.5 m Q26 15 m/s Q27 4.2 m
Q28 (1) 1 m (2) 5 J (3) $2\sqrt{5}$ m/s
Q29 $\sqrt{2}$ m/s Q30 0

Q19 (1) 196 J (2) 196 J (3) 196 J (4) 196 J
해설 | (1) $W = mgh = 196$ J
(2) 운동에너지가 증가하지 않았으므로 해준 일 만큼 퍼텐셜 에너지를 갖는다. 196 J
(3) 물체가 떨어질 때는 중력이 운동 방향으로 작용하므로
$W = mgh = 196$ J
(4) 물체는 지면에 떨어지기 직전 196 J 의 운동 에너지를 갖는다. 퍼텐셜 에너지가 운동 에너지로 변환된 것(가지고 있는 에너지)만큼 일을 할 수 있다. 196 J

Q20 0.98 J
해설 | 물체는 최종적으로 1 m 올라갔으며 물체의 증가한 퍼텐셜 에너지는 $mgh = 0.1 \times 9.8 \times 1 = 0.98$ J 이다. 물체의 퍼텐셜 에너지 증가는 손이 해준 일 때문에 일어났다고 볼 수 있다.

Q21 0.25 J
해설 | $E_p = \frac{1}{2}kx^2 = \frac{1}{2} \times 50 \times 0.1^2 = 0.25$ J

Q22 5.4 J
해설 | $F = kx$ 로부터 $6 = k \times 0.2$, $k = 30$ N/m. 용수철을 자연 상태에서 늘리면서 해준 일 만큼 용수철은 퍼텐셜 에너지를 갖는다.

$$E_p = \frac{1}{2}kx^2 = \frac{1}{2} \times 30 \times 0.6^2 = 5.4 \text{ J}$$

Q23 (1) 5 J (2) 20 J
해설 | (1) 그래프의 기울기가 용수철 상수 k 이다. cm 를 m 로 바꿔야 한다. 100N의 물체를 매달면 용수철은 0.1m 늘어나므로 $F = kx$ 로부터 $100 = k \times 0.1$, $k = 1000$N/m

$$E_p = \frac{1}{2}kx^2 = \frac{1}{2} \times 1000 \times 0.1^2 = 5 \text{ J}$$

(2) $E_p = \frac{1}{2}kx^2 = \frac{1}{2} \times 1000 \times 0.2^2 = 20$ J
(20 cm까지 그래프 아래쪽의 넓이와 같다.)

Q24 5 m
해설 | A점의 역학적 에너지와 B점의 역학적 에너지는 서로 같다. B점(높이 = 0)을 기준으로 하여 $mgh + 0 = 0 + \frac{1}{2}m \times 7^2$,
(A점의 수직 높이) $h = 2.5$m, 수직 높이와 빗면의 거리의 비는 1 : 2 이므로 빗면 거리 $s = 5$m

Q25 2.5 m
해설 | 높이 5 m 인 곳에서는 운동 에너지 = 0 이며, 물체의 운동 에너지 + 퍼텐셜 에너지는 항상 일정하게 유지되므로 퍼텐셜 에너지 감소량 = 운동 에너지이다. 퍼텐셜 에너지의 감소량(운동 에너지) = 퍼텐셜 에너지인 높이는 2.5 m 이다.

Q26 15 m/s
해설 | 절벽 위에서의 퍼텐셜 에너지 + 운동 에너지 = $mgh + \frac{1}{2}mv_0^2$

지면에서의 퍼텐셜 에너지 + 운동 에너지 = $0 + \frac{1}{2}mv^2$

역학적에너지 보존에 의해 $mgh + \frac{1}{2}mv_0^2 = \frac{1}{2}mv^2$

$2gh + v_0^2 = v^2$, $200 + 25 = v^2$, $v = 15$ m/s

Q27 4.2 m
해설 | 던진 각도와 관계없이 역학적 에너지가 보존된다.
지면에서의 속도를 v_0(=10m/s), 높이 h 인 곳에서의 속도를 v (=4m/s)라고 할 때,

$$mgh + \frac{1}{2}mv^2 = \frac{1}{2}mv_0^2, \quad h = \frac{v_0^2 - v^2}{2g} = 4.2(\text{m})$$

Q28 (1) 1 m (2) 5 J (3) $2\sqrt{5}$ m/s
해설 | (1) $h = l - l\cos\theta = 2(1 - \cos 60^\circ) = 2 \times \frac{1}{2} = 1(\text{m})$
(2) $mgh = 0.5 \times 10 \times 1 = 5$ (J)
(3) $\frac{1}{2}mv^2$(최하점) = mgh(최고점)

$v = \sqrt{2gh} = \sqrt{20} = 2\sqrt{5}$ (m/s)

Q29 $\sqrt{2}$ m/s
해설 | 처음 용수철이 늘어나지 않았을 때가 평형점이 된다. 늘어났을 때의 퍼텐셜 에너지가 평형점의 운동 에너지로 모두 바뀌므로

$$\frac{1}{2}kx^2 = \frac{1}{2}mv^2 \rightarrow \frac{1}{2}\cdot 50\cdot(0.2)^2 = \frac{1}{2}\cdot 1\cdot v^2, \ v = \sqrt{2} \text{ (m/s)}$$

Q30 0
해설 | 물체는 A점을 중심으로 진폭 0.1m의 상하 단진동 운동을 한다. 따라서 A 점에서 0.1 m 올라간 지점에서 퍼텐셜 에너지는 최대이나 추의 속도 = 0 이 되어 운동 에너지가 0이다.

개념 확인 문제

정답				p227 ~ 232
퍼텐셜 에너지				
75 ④	76 ①	77 245 J	78 ②	
79 9,800 W = 9.8 kW		80 (1) ④ (2) ③		81 ①
82 ①	83 ③			
역학적 에너지 보존 법칙				
84 $s = \frac{v^2}{2\mu g}$		85 ②	86 ②	87 ⑤
88 (1) ① (2) ②		89 ㄱ, ㄹ	90 ④	91 ④
92 ③	93 ②	94 (1) ④ (2) ①		95 ④
96 ③	97 ④	98 ④	99 ③	100 ③
101 ⑤	102 B			
103 (1) 1 m (2) 5 J (3) $2\sqrt{5}$ m/s (4) 5 J				104 ②
105 $\frac{3}{8}kA^2$		106 ③	107 292 J	

75 ④

해설 | 높이가 10m 증가하므로
퍼텐셜 에너지 증가량 : $mgh = 3 \times 9.8 \times 10 = 294$ (J)

76 ①

해설 | 퍼텐셜 에너지 증가량 $mgh = 490$ (J)
$m = 10$ kg, $g = 9.8$ m/s^2 이므로, $h = 5$ (m)

77 245 J

해설 | 수직 높이 : $5 \times \sin 30° = 2.5$ m
퍼텐셜 에너지 증가량 $mgh = 10 \times 9.8 \times 2.5 = 245$ (J)

78 ②

해설 | 처음 퍼텐셜 에너지와 충돌 후의 퍼텐셜 에너지의 차가 손실된 에너지이다. 처음 높이를 h_1, 충돌 후 튀어오른 높이를 h_2 라고 하자.
손실 에너지 : $mgh_1 - mgh_2 = mg(h_1 - h_2) = 1 \times 9.8 \times 2 = 19.6$ (J)

79 9,800W = 9.8 kW

해설 | 물의 밀도는 1g/cm^3 이므로 물 5 m^3 = 5×10^6 cm^3 의 질량은 5000 kg이다. 물이 낙하하면서 감소한 퍼텐셜 에너지 $5000 \times 9.8 \times 2 = 98,000$ J 이 1초 당 발생하는 전체 에너지가 되며, 이중 10%인 9800 J 이 매초 발생하는 전기 에너지가 된다.
∴ 이때의 전력은 9800 W = 9.8 kW 이다.

80 (1) ④ (2) ③

해설 | (1) 늘어나기 전후의 탄성 퍼텐셜 에너지의 차가 필요한 일의 양이다. 용수철 상수 k 를 구하기 위해, 물체를 매달아 정지했을 때 무게와 탄성력의 크기는 같으므로,
$kx = mg$, $0.1k = 0.5 \times 10$, $k = 50$ (N/m)
용수철이 0.1m 늘어났을때 탄성 퍼텐셜 에너지 :
$\frac{1}{2} \times 50 \times 0.1^2 = 0.25$ (J)
용수철이 0.2m 늘어났을때 탄성 퍼텐셜 에너지 :
$\frac{1}{2} \times 50 \times 0.2^2 = 1$ (J)
차는 0.75 J 이며 0.75 J 의 일을 해주면 용수철이 0.1 m 에서 0.2 m 로 늘어난다.
(2) $E_p = \frac{1}{2}kx^2$ 이므로 늘어난 길이(x)가 3배가 되면 탄성 퍼텐셜 에너지는 $3^2 = 9$배가 된다.

81 ①

해설 | 그래프의 기울기= 탄성 계수 $k = \frac{150}{0.15} = 1000$ (N/m)
또는 $F = kx$ 에서 $x = 0.1$m 일 때 F 는 100 N 이므로 $k = 1000$ N/m
그래프에서 용수철에 무게 100 N 의 물체를 매달면 0.1 m 늘어난다.
∴ $E_p = \frac{1}{2}kx^2 = \frac{1}{2} \times 1000 \times 0.1^2 = 5$ (J)

82 ①

해설 | (그래프) $x = 0.1$m 일 때 F 는 50 N 이므로, $F = kx$ 에서
$k = 500$ N/m
∴ $E_p = \frac{1}{2}kx^2 = \frac{1}{2} \times 500 \times 0.1^2 = 2.5$ (J)

83 ③

해설 | 엘리베이터는 항상 올라가고 있으므로 퍼텐셜 에너지 값이 항상 증가하여야 한다. 그러므로 ①, ⑤는 답이아니다.
($0 \sim t_1$) 위 방향으로 가속도가 (+)이다. 가속도를 $a(>0)$라고 하면,
$E_p = mgh$, $h = \frac{1}{2}at^2 \rightarrow E_p = \frac{1}{2}mgat^2$(시간의 2차함수 아래로 볼록)
($t_1 \sim t_2$) 처음 속도(v_0)가 위 방향으로 (+), 가속도는 위 방향으로 (-).
이때 가속도를 $a'(>0)$라고 하면
$E_p' = mgh'$, $h' = v_0t - \frac{1}{2}a't^2 \rightarrow E_p = mg(v_0t - \frac{1}{2}a't^2)$
at^2(시간의 2차함수 위로 볼록)
∴ 이에 해당하는 그래프는 ③ 이다.

84 $s = \frac{v^2}{2\mu g}$

해설 | 처음 가지고 있던 운동 에너지가 마찰에 의해 감소하여 0 이 될 때까지의 이동 거리를 구하는 문제이다.
운동 에너지 양 = 마찰력이 한 일의 양 → $\frac{1}{2}mv^2 = f \cdot s$
$s = \frac{mv^2}{2f}$ 이고, $f = \mu N = \mu mg$ 를 대입하면 $s = \frac{v^2}{2\mu g}$

85 ②

해설 | A점에서의 역학적 에너지 = C점에서의 역학적 에너지
$$1 \cdot (9.8) \cdot (19.6) + 0 = 1 \cdot (9.8) \cdot (14.7) + \frac{1}{2} \cdot 1 \cdot v^2, \quad v = 9.8 \text{ m/s}$$

86 ②

해설 | 반구 모양이므로 꼭대기에 있는 밑마닥에 대해 물체의 높이

는 구의 반지름인 0.1m 이다. 퍼텐셜 에너지가 밑바닥에서 모두 운동 에너지로 변환된다.

$$m \times 9.8 \times 0.1 = \frac{1}{2} \times m \times v^2,\quad v = 1.4\ \text{m/s}$$

87 ⑤

해설 | 각 지점의 역학적 에너지는 같다.

(A와 C 지점에서) $\frac{1}{2}mv_0^{\,2} = mg\frac{h}{2} + E_k(\text{C점})$

$\therefore E_k(\text{C점}) : \frac{1}{2}mv_C^{\,2} = \frac{1}{2}mv_0^{\,2} - mg\frac{h}{2} \rightarrow v_C^{\,2} = v_0^{\,2} - gh$

문제에서 v_0 = 20 m/s, h = 5 m, g = 10 m/s^2 이므로, $v_C^{\,2} = 350$

88 (1) ① (2) ②

해설 | (1) $kx_1 = mg,\ x_1 = \frac{mg}{k} = \frac{0.5 \times 10}{50} = 0.1\ \text{m}$

(2) 평형 위치를 중심으로 하여 단진동 운동한다. 평형 위치에 대해서 최하점에서의 탄성 퍼텐셜 에너지가 평형 위치에서의 물체의 운동 에너지가 되므로, 평형 위치에서의 속력을 v 라고 하면

$$\frac{1}{2}mv^2 = \frac{1}{2}kx^2,\quad v = x\sqrt{\frac{k}{m}} = 0.1\sqrt{\frac{50}{0.5}} = 1\ \text{m/s}$$

89 ㄱ, ㄹ

해설 | A, B지점에서는 퍼텐셜 에너지가 최대, 운동 에너지가 0이고, O지점에서는 퍼텐셜 에너지가 최소, 운동 에너지가 최대이다.

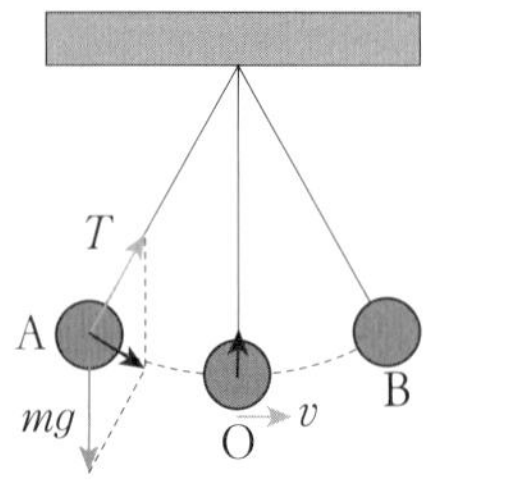

ㄱ. O점에서는 운동 에너지가 최대이므로 속력이 최대이다.

ㄴ, ㄷ. A, B에서는 속력=0 이므로 구심력이 나타나지 않고, 추가 받는 힘의 크기가 장력(T)과 중력(mg)의 합으로 경로에 접선 방향으로 나타나나 O점에서는 추의 속력이 있으므로 추가 받는 힘은 위 방향(원의 중심 방향)으로 구심력이 나타난다. 이때 A지점에서 추가 받는 힘의 크기가 O 지점에서의 구심력보다 크므로 A 또는 B 지점에서 추가 받는 힘의 크기가 최대이고, 가속도의 크기도 최대가 된다. O 지점에서는 힘의 크기와 가속도의 크기가 모두 최소이다.

ㄹ. A, B 사이의 각이 커질수록 최고 높이가 높아져 운동 에너지로 변환될 수 있는 퍼텐셜 에너지의 양이 커진다. 때문에 O점에서의 운동 에너지가 증가한다.

90 ④

해설 | P점에서는 운동 에너지가 0 이므로 P점의 퍼텐셜 에너지 량이 물체가 가지는 역학적 에너지의 총량이다. Q점은 최저점에서 0.4 m 높이이다.

P점에서의 역학적 에너지 = Q점에서의 역학적 에너지

$mg \times 0.8 = mg \times 0.4 + E_k$ (E_k : Q점에서의 운동 에너지)

$\therefore E_k(\text{Q점}) = 0.4mg = \frac{1}{2}mv_Q^{\,2},\ v_Q = 2.8\ \text{m/s}$

91 ④

해설 | A, B 점 : 탄성 퍼텐셜 에너지는 $\frac{1}{2}ka^2$ 이고, 운동 에너지 = 0 이므로 전체 역학적 에너지 = $\frac{1}{2}ka^2$ 로 보존된다.

물체의 운동 에너지가 용수철의 탄성 퍼텐셜 에너지의 3배가 되는 지점을 O점으로부터 x 만큼 떨어진 곳으로 한다면

그 지점의 $E_p = \frac{1}{2}kx^2,\ E_k = 3 \times \frac{1}{2}kx^2$

$\therefore$ 역학적 에너지 $= E_k + E_p = 4 \times \frac{1}{2}kx^2 = \frac{1}{2}ka^2 \rightarrow x = \frac{a}{2}$

92 ③

해설 | 물체가 용수철에 매달려 운동할 때에는 평형 위치를 중심으로 중력의 영향을 받지 않은 것처럼 운동한다. 그러므로 평형 상태로부터 늘어나거나 줄어든 길이에 의한 탄성 퍼텐셜 에너지만 고려하면 된다.

용수철이 x 만큼 늘어났을 때 탄성 퍼텐셜 에너지는 $\frac{1}{2}kx^2$ 이다.

x 가 0.2 m 에서 0.1 m 로 줄어들어 늘어난 길이가 $\frac{1}{2}$ 이 되었다면,

탄성 퍼텐셜 에너지 양는 $\frac{1}{4}$ 이 된다.

0.2 m 늘어났을 때 탄성 퍼텐셜 에너지를 E 라하면, 0.1 m 늘어났을 때 탄성 퍼텐셜 에너지는 $\frac{E}{4} = 0.25E$ 이다. 이때 물체가 가지는 운동 에너지는 탄성 퍼텐셜 에너지의 감소분 $E - \frac{E}{4} = 0.75E$ 가 된다.

93 ②

해설 | 매달린 물체가 단진동 운동을 할 때 진동의 중심은 중력(무게)과 물체를 잡아당기는 용수철의 탄성력이 평형을 이루는 평형 위치이다.

물체를 매달았을 때 물체가 정지하는 위치인 평형 위치까지 용수철이 늘어난 길이를 x_1 이라고 하면, 평형 위치에서

$kx_1 = mg \rightarrow x_1 = \frac{mg}{k} = \frac{5}{50} = 0.1\ (\text{m})$

$\therefore$ 진동 중심(평형 위치)의 $E_p = \frac{1}{2}kx_1^{\,2} = \frac{1}{2} \times 50 \times 0.1^2 = 0.25\ \text{J}$

94 (1) ④ (2) ①

해설 | 용수철이 압축되는 순간 용수철은 탄성 퍼텐셜 에너지를 가지게 되고, 물체가 용수철에서 떨어지는 순간 용수철의 탄성 퍼텐셜 에너지가 모두 물체의 운동 에너지로 전환된다. 이후 빗면을 타고 올라가면서 최고점에서는 물체의 운동 에너지가 모두 퍼텐셜 에너지로 전환된다.

(1) 최대 속력일 때는 운동 에너지가 최대일 때이다. 용수철의 탄성 퍼텐셜 에너지가 모두 물체의 운동 에너지로 전환될 때이다.

$$\frac{1}{2}kA^2 = \frac{1}{2}mv^2 \rightarrow \frac{1}{2} \times 98 \times 1^2 = \frac{1}{2} \times 2v^2,\quad v = 7\ \text{m/s}$$

(2) 용수철의 탄성 퍼텐셜 에너지 = 물체의 퍼텐셜 에너지

$$\frac{1}{2}kA^2 = mgh \rightarrow \frac{1}{2} \times 98 \times 1^2 = 2 \times 9.8\,h,\quad h = 2.5(\text{m})$$

95 ④

해설 | A, B, C 어디로 던지든 같은 속력으로 던지기 때문에 처음 운동 에너지는 모두 같다. 또한 같은 위치이기 때문에 처음 퍼텐셜 에너지도 모두 같다. 그러므로 처음 역학적 에너지가 모두 같으므로 운동 후의 역학적 에너지도 모두 같다. 공이 지면에 도달할 때는 역학적 에너지가 모두 운동 에너지로 나타나므로 A, B, C 모두 같은 운동 에너지를 가지며 같은 속력이다.

96 ③

해설 |

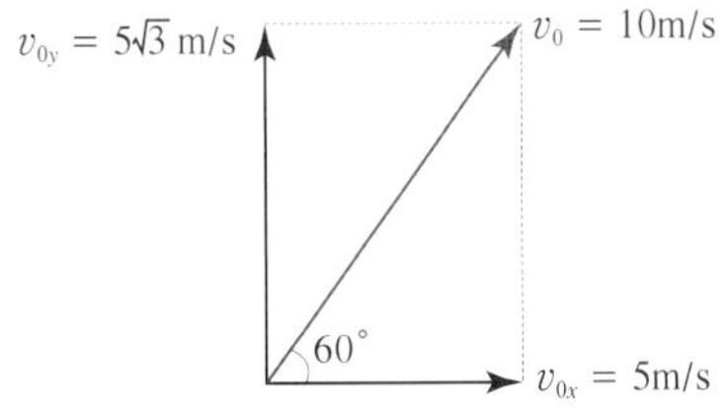

처음 속도를 그림처럼 분해할 때 최고점에서 물체는 연직 방향 속도가 0 이므로 수평 방향 성분의 속도만을 가진다. 따라서 최고점에서 물체의 속도의 크기는 5 m/s 이다.

∴ 최고점에서의 운동 에너지 $E_k = \frac{1}{2}mv^2 = \frac{1}{2} \times 0.5 \times 5^2 = 6.25$ J

97 ④

해설 | O~C 거리가 5m 이므로, A점과 C점의 높이 차는 5cos60° = 2.5 m 이다.

A점의 물체의 퍼텐셜 에너지는 C점으로 오면서 감소하고 감소한 만큼의 퍼텐셜 에너지가 운동 에너지로 전환된다.

∴ C점의 운동 에너지 $\frac{1}{2}mv^2 = mg \times 2.5$, $v = 7$ (m/s²)

98 ④

해설 | 끈이 끊어지는 순간 물체는 위로 2m/s의 속도를 유지하므로 운동 에너지와 퍼텐셜 에너지를 모두 가지고 있다. 이 물체가 땅에 떨어지는 순간 역학적 에너지는 모두 운동 에너지로 변환된다. 땅에 떨어지는 순간의 운동 에너지

$E_k = mgh + \frac{1}{2}mv^2 = 4 \times 9.8 \times 5 + \frac{1}{2} \times 4 \times 2^2 = 204$ (J)

99 ③

해설 | A, B는 높이 변화가 같아 중력이 물체에 해준 일의 양은 mgh 로 서로 같다. 그러나 힘을 받는 동안 이동 거리가 다르기 때문에 작용하는 힘의 크기도 다르다. 운동 방향으로 작용하는 힘의 크기가 크면 그만큼 가속도도 크게 나타나므로 같은 거리를 이용하는 시간이 짧아진다.

작용하는 힘의 크기는 A < B, 이동 거리는 A > B이다. 때문에 지면에는 B가 먼저 도달한다. 지면에 도달한 순간 퍼텐셜 에너지가 모두 운동 에너지로 변환되었으므로 도달 속력은 같다.

100 ③

해설 | 각 위치에서의 물체의 퍼텐셜 에너지와 운동 에너지를 파악해 보자.

A : $mgh_1 + 0$　B : $mgh_2 + \frac{1}{2}m \times 5^2$　C : $0 + \frac{1}{2}m \times 10^2$

역학적 에너지는 보존되므로

$mgh_1 + 0 = mgh_2 + \frac{1}{2}m \times 5^2 = 0 + \frac{1}{2}m \times 10^2$

$mgh_1 = \frac{1}{2}m \times 10^2$　-- (1)

$mgh_2 + \frac{1}{2}m \times 5^2 = \frac{1}{2}m \times 10^2$　-- (2)

각각 정리하면 $h_1 = \frac{50}{g}$, $h_2 = \frac{75}{2g}$ 이므로, $\frac{h_2}{h_1} = \frac{3}{4}$ 이다.

101 ⑤

해설 | A에서의 역학적 에너지와 B에서의 역학적 에너지가 같다.

$mg \times 10 + \frac{1}{2}m \times 4^2 = mg \times 5.8 + \frac{1}{2}mv_B{}^2$

$g = 10$ m/s² 으로 계산하여 v_B 로 정리하면 v_B =10 m/s

102 B

해설 | A, B의 속도-시간 그래프의 개형은 다음과 같다.

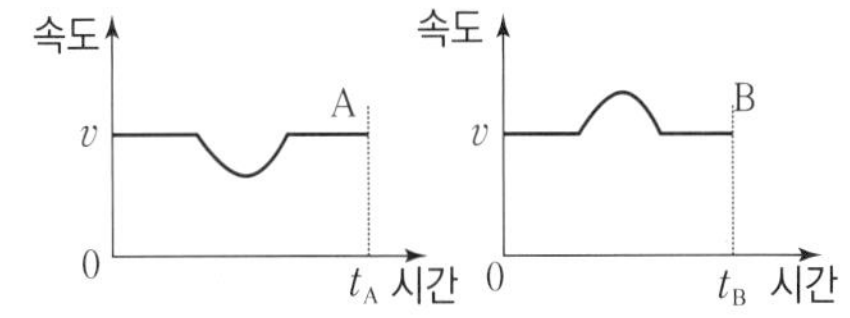

(속도-시간) 그래프에서 아래 넓이는 이동 거리를 의미하는데 A, B의 이동 거리는 같으므로 B 의 시간이 더 짧다. 즉, B가 더 빨리 도착지에 도달한다.

103 (1) 1 m (2) 5 J (3) $2\sqrt{5}$ m/s (4) 5 J

해설 | (1)

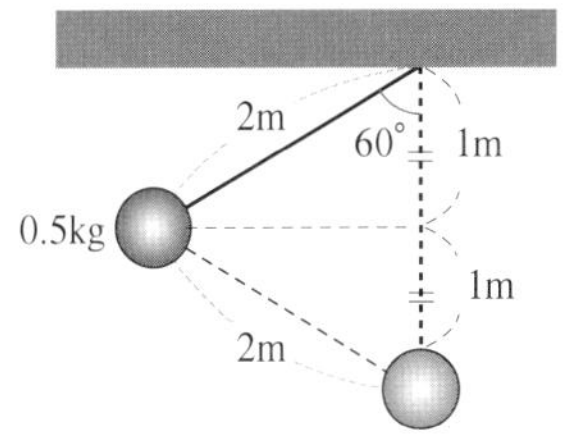

그림에서처럼 최고점과 최하점의 높이 차는 1 m 이다.

(2) $mg \times$ (높이 차) = $0.5 \times g \times 1 = 5$ J

(3), (4) 감소한 퍼텐셜 에너지(5 J)만큼 운동 에너지로 전환된다.

운동 에너지가 5 J 이므로

$5 = \frac{1}{2}mv^2$, $v = 2\sqrt{5}$ m/s

104 ②

해설 | 물체의 운동 에너지가 용수철의 탄성 퍼텐셜 에너지로 모두 전환되었을 때 용수철이 최대로 압축된다.

E_k(물체) $= \frac{1}{2}mv^2 = \frac{1}{2} \times 2 \times 10^2 = 100$ J

E_p (용수철)$= \frac{1}{2}kx^2 = \frac{1}{2} \cdot 5000\,x^2 = 100$, $x = 0.2$ (m)

105 $\frac{3}{8}kA^2$

해설 | 용수철의 탄성 퍼텐셜 에너지와 추의 운동 에너지(E_k)의 합이 역학적 에너지이며, 일정하게 유지된다.

A 만큼 늘렸을 때의 역학적 에너지 : $\frac{1}{2}kA^2$ (운동 에너지 = 0) ---㉠

$\frac{1}{2}$A 늘어난 지점에서의 역학적 에너지 : $\frac{1}{2}k\left(\frac{A}{2}\right)^2 + E_k$ ---㉡

㉠ = ㉡, $\frac{1}{2}kA^2 = \frac{1}{2}k\left(\frac{A}{2}\right)^2 + E_k \rightarrow E_k = \frac{3}{8}kA^2$

106 ③

해설 | 평형점 P를 중심으로 중력을 받지 않는 것처럼 단진동한다.

0.2 m 가 늘어났을 때 탄성 에너지는 $\frac{1}{2}\cdot100\cdot(0.2)^2 = 2$ J

0.1 m 가 늘어났을 때의 탄성 에너지는 $\frac{1}{2}\cdot100\cdot(0.1)^2 = 0.5$ J

탄성 에너지의 차 1.5 J 이 추의 운동 에너지로 전환된다.

107 292 J

해설 | 마찰이 없는 경우 A점에서의 퍼텐셜 에너지와 B점에서의 운동 에너지는 같다.

따라서 마찰이 있는 경우 A점에서의 퍼텐셜 에너지와 B점에서의 운동 에너지의 차를 구하면 마찰에 의한 역학적 에너지의 감소량을 구할 수 있다.

마찰에 의한 손실 에너지 = (A점의 퍼텐셜 에너지) - (B점의 운동 에너지)

$= 2 \times 9.8 \times 20 - \frac{1}{2} \times 2 \times 10^2 = 292$ J

개념 심화 문제

정답 p233~238

23 (1) 4 J (2) 102 J (3) -98 J (4) 장력이 해준 일과 중력이 한 일의 차는 운동 에너지의 증가량이다.

24 (1) $\frac{1}{15}$ m (2) 2 J 25 $\frac{m_1^2 d}{(m_1+m_2)^2}$

26 (1) Mgh 만큼 감소 (2) Mgh 만큼 증가 (3) $\sqrt{\frac{2mgh}{(m+M)}}$

27 (1) 4.5 m/s (2) 5 m 28 $2x$ 29 3배

30 $2\sqrt{hs}$ 31 (1) $\frac{kx}{M}$ (2) $A\sqrt{\frac{M}{m+M}}$ (3) $m = M$

32 (1) $\sqrt{65}mg$ (2) 2.5 R

33 (1) 0.5 m/s (2) 11.975 N (3) 0.3초 34 1.6 m

23 (1) 4 J (2) 102 J (3) -98 J (4) 장력이 해준 일과 중력이 한 일의 차는 운동에너지의 증가량이다.

해설 | (1) 2 m/s 로 운동하므로 $E_k = \frac{1}{2} \times 2 \times 2^2 = 4$ J

(2) 실의 장력이 물체에 한 일은 물체의 에너지증가량과 같다.

물체의 운동에너지와 퍼텐셜 에너지 증가량의 합은

$\frac{1}{2}\times2\times2^2 + 2\times9.8\times5 = 102$ J

(3) 일은 $F s\cos\theta$ 이다. 중력과 운동 방향이 이루는 θ 는 180°이다.

∴ 중력이 물체에 해준 일 = $mgs\cos180° = -2\cdot9.8\cdot(-1) = -98$ (J)

(4) 운동 방정식 : $T - mg = ma$

양변에 h 를 곱하면 $Th - mgh = mah$

Th : 장력이 한 일의 양, mgh : 중력이 한 일의 양 , $mah(=Fh)$: 알짜힘(F)이 한 일로 물체의 운동에너지의 증가량이 된다.

24 (1) $\frac{1}{15}$ m (2) 2 J

해설 | 왼쪽을 (+) 방향으로 하고, 문제의 조건에서

충돌 전 상대 속도 = 추의 속도 - 물체의 속도 = 0 - 4 = -4 (m/s)

충돌 후 물체의 속도와 추의 속도를 각각 v_1 , v_2 라고 하면 충돌 후 상대 속도가 $\frac{1}{2}$ 이 되므로

충돌 후 상대 속도 = $v_2 - v_1 = -4\times\frac{1}{2} = -2$ (m/s) -------㉠

이때 충돌 전 운동량 : 0.5 × 4 = 2(kg·m/s)

충돌 후 운동량 : $v_2 + 0.5v_1$

운동량이 보존되므로 $v_2 + 0.5v_1 = 2$ ---------㉡

㉠, ㉡ 에서 $v_1 = \frac{8}{3}$ m/s(물체-왼쪽), $v_2 = \frac{2}{3}$ m/s (추-왼쪽)

(1) 충돌 후 용수철에 매달린 추는 운동 에너지를 가지게 되고, 물체는 추와 분리된다. 이때 용수철은 매달린 추(속도 v_2)의 운동 에너지가 탄성 퍼텐셜 에너지로 모두 전환될 때 최대로 압축된다.

매달린 추의 운동 에너지 : $\frac{1}{2}\cdot1\cdot\left(\frac{2}{3}\right)^2 = \frac{2}{9}$ (J)

탄성 퍼텐셜 에너지 = $\frac{1}{2}kx^2 = \frac{1}{2}\cdot100x^2 = \frac{2}{9}$, $x = \frac{1}{15}$ (m)

(2) 충돌 전 물체의 운동 에너지 : $\frac{1}{2}\cdot0.5\cdot4^2 = 4$ J

충돌 후의 (추+물체)의 운동 에너지 : $\frac{1}{2}\cdot0.5\cdot\left(\frac{8}{3}\right)^2 + \frac{1}{2}\cdot1\cdot\left(\frac{2}{3}\right)^2 = 2$ J

잃어버린 운동 에너지는 4 - 2 = 2 (J)이 된다.

25 $\frac{m_1^2 d}{(m_1+m_2)^2}$

해설 | 완전 비탄성 충돌이기 때문에 운동 에너지는 보존되지 않으나 운동량 보존 법칙이 성립한다. 다음 순서대로 생각한다.

A의 퍼텐셜 에너지 구하기 → 충돌 직전 운동 에너지로 전환 → A의 속력 구하기 → 운동량 보존 법칙으로 충돌 후 속력 구하기 → 운동 에너지 구하기 → 퍼텐셜 에너지로 전환 → 높이 구하기.

A의 퍼텐셜 에너지 = d 만큼 내려온 후 충돌 직전 운동 에너지

$m_1gd = \frac{1}{2}m_1v_A^{\,2}$, $v_A = \sqrt{2gd}$

충돌 전후의 운동량의 합은 같다. 충돌 후 한 덩어리의 속력 : V

$m_1\sqrt{2gd} = (m_1 + m_2)V$, $V = \frac{m_1\sqrt{2gd}}{m_1 + m_2}$

한 덩어리가 된 물체가 충돌 후 올라가는 연직 높이를 h 라고 하면, 한 덩어리가 된 물체의 운동 에너지 = 퍼텐셜 에너지

$$\frac{1}{2}\cdot(m_1+m_2)\cdot V^2 = \frac{1}{2}\cdot(m_1+m_2)\cdot\left(\frac{m_1\sqrt{2gd}}{m_1+m_2}\right)^2 = (m_1+m_2)gh$$

$$\therefore h = \frac{m_1^{\,2}d}{(m_1+m_2)^2}$$

26 (1) mgh 만큼 감소 (2) mgh 만큼 증가 (3) $\sqrt{\frac{2mgh}{m+M}}$

해설 | (1) A는 퍼텐셜 에너지의 변화가 없고, B는 h 만큼 높이가 낮아졌으므로 퍼텐셜 에너지는 mgh 만큼 감소했다.

(2) 역학적 에너지가 보존되어야 하는데 (1)에서 퍼텐셜 에너지가 mgh 만큼 감소했으므로 운동 에너지가 mgh 만큼 증가했다고 할 수 있다.

(3) A, B는 끈으로 묶여 있어 두 물체의 속력은 같다. 그러므로 A의 속력이 곧 B의 속력이 된다. 두 물체의 운동 에너지가 mgh 이므로

$$mgh = \frac{1}{2}(m+M)V^2,\ V = \sqrt{\frac{2mgh}{m+M}}$$

27 (1) 4.5 m/s (2) 5m

해설 | (1) (m_1+m_2)의 퍼텐셜 에너지의 감소량이 (m_1+m_2) 의 운동에너지 증가량이 된다. (끈으로 묶여 있으므로 m_1, m_2 의 속력은 서로 같다.) (m_1+m_2)의 나중 속력을 V 라고 하면,

$m_1gh - m_2gh = 3\cdot10\cdot4 - 5\cdot10\cdot4 = -80$ (J)(퍼텐셜 에너지 감소량)

$$\therefore E_k(m_1+m_2) = \frac{1}{2}\times(3+5)\times V^2 = 80,\ V = 2\sqrt{5}\ \text{m/s} = 4.5\ \text{m/s}$$

(2) m_1(3kg)은 m_2 와 연결되어 4 m 를 올라간다. 그 이후에도 m_1 은 멈추지 않고 최고점까지 운동을 한다. 높이 4 m 에서의 운동 에너지가 모두 퍼텐셜 에너지로 전환되어 속도가 0 이 될 때까지이다.

m_2가 땅에 닿고, m_1이 4 m 높이까지 올라갔을 때 m_1 의 속력

$V = 2\sqrt{5}$ m/s, 운동 에너지는 $\frac{1}{2}\times 3\times(2\sqrt{5})^2 = 30$ (J)

이것이 모두 퍼텐셜 에너지로 전환된다면 $mgh = 30$, $h = 1$m

높이 4 m 인 곳에서 1 m 를 더 올라가는 것이므로 지면으로부터의 높이는 4 + 1 = 5 m 이다.

28 $2x$

해설 | 용수철의 평형 위치를 중심으로 중력의 영향을 받지 않는 것처럼 (용수철의 탄성 에너지 + 물체의 운동 에너지)가 일정하게 유지된다. 그러므로 갑자기 손을 치우면 평형점까지 x 만큼 늘어나면서 생긴 운동 에너지가 모두 탄성 퍼텐셜 에너지로 다시 전환될 때까지 x 만큼 더 늘어나기 때문에 용수철이 최대로 늘어나는 길이는 $2x$ 이다. 추는 평형 위치를 중심으로 단진동한다.

29 3배

해설 | 출발시 운동 에너지 = 최고점의 (운동 에너지 + 퍼텐셜 에너지)

$$\frac{1}{2}mv_0^{\,2}\ (\text{처음}) = E_p + E_k\ (\text{최고점})$$

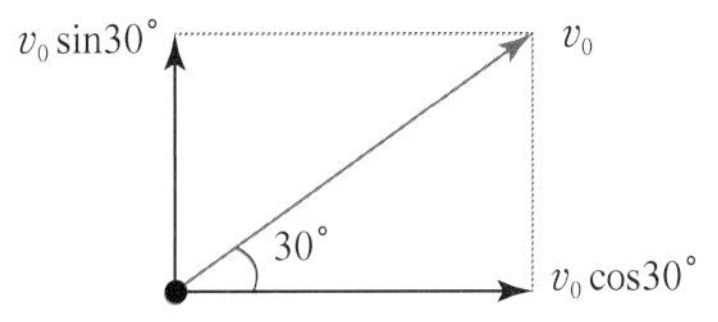

위와 같이 v_0를 x, y 성분으로 나눈다. 최고점에서는 x 성분의 속도 ($v_0\cos30°$)만 있고 y 성분의 속도 = 0 이므로, 최고점에서의 운동 에너지와 퍼텐셜 에너지를 각각 E_k, E_p 라고 할 때

$$E_k = \frac{1}{2}m(v_0\cos30°)^2 = \frac{1}{2}mv_0^{\,2}\times\frac{3}{4} = \frac{3mv_0^{\,2}}{8}$$

출발점 운동 에너지 $\frac{1}{2}mv_0^{\,2} = E_p + E_k = E_p + \frac{3mv_0^{\,2}}{8}$, $E_p = \frac{mv_0^{\,2}}{8}$

$\therefore E_k = 3E_p$

30 $2\sqrt{hs}$

해설 | A→ B 운동 시 퍼텐셜 에너지 감소량이 운동 에너지로 전환되어 B 점의 수평 속도를 구한다.

$$mgh = \frac{1}{2}mv^2,\quad v = \sqrt{2gh}\text{(B점) (수평 방향)}$$

B점에서 지면에 닿을 때까지 걸리는 시간 t는 거리 s를 자유 낙하하는 시간과 같고, 물체는 이 시간 동안 수평 방향으로 등속 운동한다.

$$s = \frac{1}{2}gt^2 \rightarrow t = \sqrt{\frac{2s}{g}}$$

$$x = vt = \sqrt{2gh}\times\sqrt{\frac{2s}{g}} = 2\sqrt{hs}$$

31 (1) $\frac{kx}{M}$ (2) $A\sqrt{\frac{M}{m+M}}$ (3) $m = M$

해설 | (1) $F = kx = Ma \rightarrow a = \frac{kx}{M}$

(2) 평형 위치에서의 물체 M 의 속력을 v 라고 할 때,

$$\frac{1}{2}kA^2 = \frac{1}{2}Mv^2 \rightarrow v = A\sqrt{\frac{k}{M}}$$

진흙 물체와의 충돌 후에 물체의 질량은 $M+m$ 이 된다. 이때의 속력을 v' 라고 하고, 수평 방향의 운동량만 고려할 때

$$Mv = (M+m)v' \rightarrow v' = \frac{Mv}{M+m}$$

이제 합쳐진 물체의 평형점에서의 운동 에너지를 구하여 이것이 모두 탄성 퍼텐셜 에너지로 전환되었을 때 진폭이 A'가 된다고 하면

$$E_K = \frac{1}{2}(M+m)\left(\frac{Mv}{M+m}\right)^2 = \frac{1}{2}kA'^2,$$

$$A' = \frac{Mv}{\sqrt{k(m+M)}} = A\sqrt{\frac{M}{m+M}}\ \text{이다.}\ \left(v = A\sqrt{\frac{k}{M}}\right)$$

(3) 질량 m의 진흙이 떨어졌을 때 역학적 에너지가 절반으로 줄어든다면 최대 진폭에서 탄성 퍼텐셜 에너지가 원래의 절반이 된다.

$$\frac{1}{2}kA'^2 = \frac{1}{2}\times\frac{1}{2}kA^2,\quad A' = A\sqrt{\frac{M}{m+M}}\ \text{이므로}\ m = M\ \text{이다.}$$

32 (1) $\sqrt{65}\,mg$ (2) 2.5 R

해설 | (1) 원운동을 하므로 Q점에서 물체는 구심력과 중력을 받는다. 역학적 에너지은 보존되므로 Q점에서의 속력을 v 라고 하면,

$$mg5R = mgR + E_k,\quad E_k(\text{Q}) = 4mgR\ \left(= \frac{1}{2}mv^2\right)$$

Q점에서 구심력은 $\frac{mv^2}{R}$ 이고, 윗식에서 $v^2 = 8gR$ 이므로

구심력은 $8mg$ (중심 방향; 수평 방향)이다. 또, 구심력에 수직인 아래 방향으로 중력 mg 를 받으므로 합력은 $\sqrt{65}\,mg$ 이다.

(2) 궤도 이탈을 하지 않기 위해서 작은 원의 최고점에서 구심력이 중력보다 크거나 같아야 한다. 작은 원의 최고점에서의 속력을 v_0 라고 할 때

$$\frac{mv_0^2}{R} \geq mg\ ,\ \ v_0^2 \geq gR \text{ (작은 원의 최고점)}$$

또한, 운동을 시작하는 지점의 높이 h(최소 높이)에서의 퍼텐셜 에너지 = 작은 원의 최고점에서의 퍼텐셜 에너지 + 운동 에너지이다.

$$mgh = mg\times 2R + \frac{1}{2}mv_0^2,\quad v_0^2 = 2gh - 4gR$$

$\therefore\ 2gh - 4gR \geq gR\ ,\ h \geq \frac{5}{2}R$, h는 최소 $2.5R$ 이 되어야 한다.

33 (1) 0.5 m/s (2) 11.975 N (3) 0.3초

해설 | 처음에 A에서의 물체의 역학적 에너지는 퍼텐셜 에너지만으로 $2\times 10\times 6 = 120$(J)이다. E에서의 용수철의 탄성 퍼텐셜 에너지는 물체가 B~D 수평면에서 가지고 있던 운동 에너지와 같다.

$$E_p(\text{용수철}) = \frac{1}{2}kx^2 = \frac{1}{2}\times 50\times 0.1^2 = 0.25\ (\text{J})$$

마찰이 없다면 A점의 퍼텐셜 에너지가 모두 B점의 운동에너지로 되어 120 J 이 되어야 하나 0.25 J 밖에 가지고 있지 않으므로, 마찰이 있는 빗면에서 119.75 J 의 에너지를 소모하였다.

수평면에서의 운동 에너지 = $0.25 = \frac{1}{2}\times 2\times v^2$, $v = 0.5$ m/s

(2) 소모한 119.75 J 이 빗면에서 마찰력(f)이 한 일의 양이다. 빗면에서 10 m 운동하는 동안 한 일이므로

$W = f\cdot s = 10f = 119.75 \rightarrow f = 11.975$ N

(3) D → E는 주기의 $\frac{1}{4}$ 이다.

$$T = 2\pi\sqrt{\frac{m}{k}} = 2\pi\sqrt{\frac{2}{50}} = \frac{2\pi}{5}$$

$\therefore$ D → E 로 압축할 때 걸린 시간 $t = \frac{T}{4} = \frac{\pi}{10} = 0.3$ 초($\pi = 3$)

34 1.6 m

해설 | 물체가 미끄러지기 시작하여 용수철에 닿아서 정지할 때까지 미끄러진 총 거리를 s 라고 할 때 물체의 퍼텐셜 에너지 감소량은

$$mg\,s\sin 30^\circ = mg\frac{s}{2}$$

이 값이 모두 탄성 퍼텐셜 에너지로 전환되었으므로

$$mg\frac{s}{2} = \frac{1}{2}kx^2 = \frac{1}{2}\times 100\times 0.4^2 = 8$$

$m = 1$ kg, $g = 10$ m/s^2 이므로 $s = 1.6$ m 이다.

창의력을 키우는 문제

p239 ~ 249

01. 단계적 문제 해결형

(1) 0.741 m/s (2) 0.755 m/s (3) 해설 참조

해설 | (1) 공의 운동 방향을 (+)로 하여, 민호와 얼음 덩이의 속도를각각 V, v 라고 할 때, 민호에 대하여 얼음덩이의 상대 속도는 10m/s 이고, 운동량은 보존된다.

$v - V = 10,\ 0 = 4v + 50V \rightarrow V = -\frac{20}{27} ≒ -0.741$m/s

$v = \frac{250}{27}$ m/s, 얼음(4kg)의 운동량 $4v ≒ 37.04$ kg·m/s

(2) 얼음덩이 하나(2kg)를 던졌을 때 얼음의 운동 방향 (+), 얼음과 민호의 속도를 각각 v_1, V_1 으로 하여, 상대 속도와 운동량 보존으로부터

$v_1 - V_1 = 10,\ 0 = 2v_1 + 52V_1,\ \rightarrow V_1 = -\frac{10}{27}$ m/s

$v_1 = \frac{260}{27}$ m/s 첫번째 얼음(2kg)의 운동량 : $2v_1 ≒ 19.26$ kg·m/s

두 번째 얼음덩이를 던지기 전 (민호+얼음덩이 1개)는 속도 V_1으로 운동하고 있다. 같은 방향으로 던지므로 얼음의 운동 방향을 (+)로 하고, 두 번째 얼음의 속도 v_2, 민호의 최종 속도 V_2 로 하여,

$v_2 - V_2 = 10,\ 52V_1 = 2v_2 + 50V_2,\ V_1 = -\frac{10}{27}$

$\rightarrow V_2 ≒ -0.755$ m/s, $v_2 = \frac{3245}{351}$ m/s,

두 번째 얼음(2kg)의 운동량 : $2v_2 ≒ 18.50$ kg·m/s

(3) 얼음 4kg을 한꺼번에 던질 때 얼음이 얻는 전체 운동량은 37.04 N·s 이고, 얼음을 2kg씩 두 번 던질 때 얼음이 얻는 전체 운동량은 19.26 + 18.50 = 37.76 N·s 가 되므로 운동량 보존에 의해 얼음을 두 번에 걸쳐 던질 때 민호는 반대 방향으로 더 큰 운동량을 얻는다.

02. 논리 서술형

썰매 A → 썰매 B : $V_{A1} = -\frac{mv}{M+m}$, $V_{B1} = \frac{mM}{(M+m)^2}v$

썰매 B → 썰매 A : $V_{A2} = -\frac{mM(2M+m)}{(M+m)^3}v$,

$V_{B2} = \frac{2mM + m^2}{(M+m)^2}v$

해설 | 왼쪽 썰매를 A, 오른쪽 썰매를 B 라고 하고, 오른쪽을 (+) 방향으로 하자. 썰매 A 는 왼쪽으로 멀어지며, 썰매 B는 처음에 정지해 있다. 고양이는 처음에 썰매 A 에 타고 있고, 속력은 0 이다.

썰매 A에서 출발

처음 썰매 A 에서 오른쪽으로 뛰는 경우 썰매 A 에 대한 고양이의 속력은 v 이고 지면에 대한 고양이의 속력은 v', 썰매 A의 속력을 V_{A1} 라고 하면, $v = v' - V_{A1}$ 이며, 운동량 보존에 의해(처음 운동량 = 0)

$MV_{A1} + mv' = MV_{A1} + m(v + V_{A1}) = 0$

$$V_{A1} = -\frac{mv}{M+m},\ v' = v + V_{A1} = \frac{Mv}{M+m}$$

썰매 B 도착

고양이가 썰매 B 에 도착하기 전 고양이의 운동량은 mv' 이고, 썰매 B 에 도착한 후, (썰매 B + 고양이)가 V_{B1}의 속도로 가게 된다면 운동량 보존을 적용하여,

$$mv'(\text{고양이}) = \frac{mMv}{M+m} = (M+m)V_{B1}\ ,\quad V_{B1} = \frac{mM}{(M+m)^2}v$$

썰매 B에서 출발

이제 두번째로 오른쪽 썰매 B 에서 왼쪽의 썰매 A 를 향하여 뛸 때 고양이의 지면에 대한 속도를 v''라고 하고, 썰매 B 의 속도를 V_{B2} 라고 할 때, 고양이의 썰매에 대한 속도는 $-v$ 이다(속력 v). 고양이가 뛰기 전에 전체 운동량은 mv' 이다.

$-v = v'' - V_{B2}$,

(운동량 보존) $mv'' + MV_{B2} = mv' = \dfrac{mMv}{M+m}$

풀면 $V_{B2} = \dfrac{2mM+m^2}{(M+m)^2}v$ (썰매 B의 최종 속도), $v'' = \dfrac{-M^2v}{(M+m)^2}$

다시 고양이가 v''의 속도로 왼쪽 썰매 A에 도달한다. 도착 전 썰매 A는

$V_{A1} = -\dfrac{mv}{M+m}$ 의 속도로 운동하고 있다.

썰매 A에 다시 도착

(운동량 보존)

$MV_{A1} + mv'' = (M+m)V_{A2}$

(V_{A2} : 왼쪽 썰매(썰매 A)의 최종 속도)

$(V_{A1} = -\dfrac{mv}{M+m}$ (썰매 A의 속도), $v'' = \dfrac{-M^2v}{(M+m)^2}$ (고양이의 속도)

$$-M\frac{mv}{M+m} + m\frac{-M^2v}{(M+m)^2} = (M+m)V_{A2}$$

$$(M+m)V_{A2} = -v\left(\frac{mM}{M+m} + \frac{mM^2}{(M+m)^2}\right)$$

$$= -v\frac{2mM^2 + m^2M}{(M+m)^2} = -v\frac{mM(2M+m)}{(M+m)^2}$$

$$\therefore\ V_{A2} = -v\frac{mM(2M+m)}{(M+m)^3}$$: 썰매 A의 최종 속도

03. 추리 단답형

19.2 m

해설 | 타잔이 덩굴에 매달려 오는 동안에 줄에는 타잔의 무게 + 구심력이 걸린다. 줄에 걸리는 장력이 (타잔의 무게 + 구심력)의 크기를 못버틴다면 줄은 끊어진다.

$\therefore mg + \dfrac{mv^2}{l} < 800$ (N) 인 경우 덩굴은 끊어지지 않는다.

여기서 $mgh = \dfrac{1}{2}mv^2 \rightarrow mv^2 = 2mgh = 2\times600\times3.2 = 3840$

$$\therefore 600 + \frac{3840}{l} = 800,\ l = 19.2(\text{m})$$

줄의 길이가 19.2 m 보다 짧으면 덩굴에는 800 N 이상의 힘이 걸려 덩굴이 끊어질 것이고, 19.2 m 보다 길면 800 N 이하의 힘이 걸려 덩굴이 끊어지지 않을 것이다.

04. 단계적 문제 해결형

(1) $0.1\,v$ (2) $\dfrac{9}{400}v^2$ (3) 1 m

(4) $20\sqrt{5}$ m/s

해설 | (1) 총알이 박히기 전과 후에 운동량이 보존된다. 총알의 속력 v, 나무 도막의 속력 v' 일 때, $0.05v = (0.05+0.45)v'$, $v' = 0.1v$

(2) 손실된 에너지는 운동에너지가 손실된 것으로 운동에너지의 변화량을 구하면 된다.

총알의 운동 에너지 = $\dfrac{1}{2}\cdot0.05v^2 = \dfrac{5}{200}v^2 = \dfrac{1}{40}v^2$,

(총알+나무도막)의 운동 에너지 = $\dfrac{1}{2}\cdot0.5\cdot(0.1v)^2 = \dfrac{1}{400}v^2$,

손실 에너지 = 운동 에너지 차 = $\dfrac{1}{40}v^2 - \dfrac{1}{400}v^2 = \dfrac{9}{400}v^2$

(3) $l\cos60^\circ = 2\cdot\dfrac{1}{2} = 1$ m

(4) (총알 + 나무 도막)의 역학적 에너지가 보존된다.

$\dfrac{1}{400}v^2 = 0.5g\times1$ ($g = 10m/s^2$), $v = 20\sqrt{5}$ m/s

05. 추리 단답형

(1) $\dfrac{1}{4}mv^2$ (2) $\dfrac{v^2}{4\mu g}$

해설 | 먼저 운동량 보존 법칙을 이용하여 B의 속력을 구한다.

$$mv + 0 = 0 + 2mv_B\ ,\ v_B = \frac{v}{2}$$

(1) 운동 에너지의 감소량이 열로 소모된 에너지이다.

$$\frac{1}{2}mv^2 - \frac{1}{2}\cdot2m\left(\frac{v}{2}\right)^2 = \frac{1}{4}mv^2$$

(2) B의 운동 에너지 $\dfrac{mv^2}{4}$ 를 마찰력 f 가 물체에 일을 하여 모두 소모하면 B는 정지한다. 이동 거리를 s 라고 하면,

$f\cdot s = \mu mg\cdot s = \dfrac{mv^2}{4}$, $s = \dfrac{v^2}{4\mu g}$

06. 단계적 문제 해결형

(1) 69 N (2) ②, ④

해설 | (1) $v^2 - v_0^2 = 2as \rightarrow 4^2 - 0^2 = 2a\times2$, $a = 4\text{m/s}^2$

$\therefore T - mg = ma \rightarrow T - 5\times9.8 = 5\times4$, $T = 69$ (N)

(2) ① 물체가 얻은 위치 에너지 = $mgh = 5\times9.8\times2 = 98$ (J)

물체가 얻은 운동 에너지 = $\dfrac{1}{2}mv^2 = \dfrac{1}{2}\times5\times4^2 = 40$ (J)

∴ 물체가 얻은 역학적 에너지 = 98 + 40 = 138 (J)

② 장력(T)은 연직 위 방향으로 69 N 이다.

③ 중력은 이동 방향과 반대 방향으로 작용한다.

∴ W(중력) = $-mgh$ = -98 (J)

④ 장력의 방향은 이동 방향과 같으므로 W(장력) = 69 × 2 = 138 (J)

⑤ 물체에는 외력이 작용하여 일을 해주므로 역학적 에너지가 증가한다.

⑥ 여기서 외부에서 하는 일이라는 것은 물체를 위로 끌어올리는 장력이 한 일이다. 운동 중에 장력(외력)은 138 (J) 의 일을 하며, 중력은 -98 (J)의 일을 하여 물체의 운동 에너지가 40 (J) 증가한다.

07. 단계적 문제 해결형

(1) 3 J (2) 5 J (3) 8 J

해설 | (1)

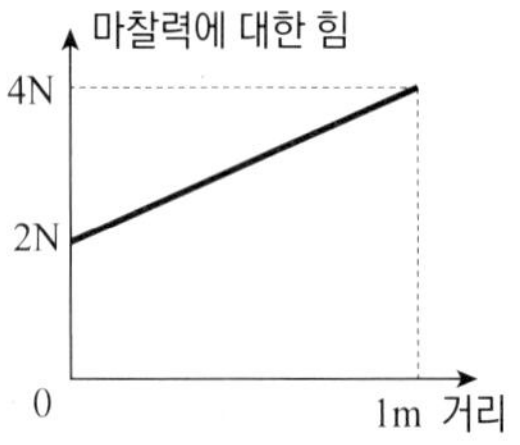

처음에 책상 면으로부터 밧줄의 절반이 마찰력 2 (N)(μmg = 0.2× 10 N)을 받다가 나중에는 책상 면 위의 밧줄의 길이가 늘어나므로 마찰력이 증가하여 밧줄이 책상면에 모두 올라오는 순간 마찰력은 4 N 이 된다. 물체를 끌어 올리는 과정에서 마찰력에 대해서 한 일의 양은 그래프 아래 부분의 넓이인 3 J 이다.

(2)

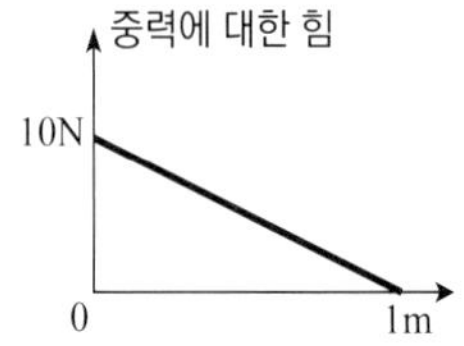

책상면 위에 있지 않은 밧줄의 절반 부분은 중력을 받는데 중력 만큼 힘을 가해 주어야 천천히 끌어올릴 수 있다. 그런데 책상 위로 밧줄이 올라오면서 중력을 받는 부분은 점점 짧아지므로 중력에 대하여 작용해야 하는 힘도 점점 작아진다. 물체를 끌어올리기 위하여 처음엔 절반의 무게인 10 N 이 필요하였으나 나중엔 0 이 된다. 중력에 대한 일의 양은 그래프 아래 부분의 넓이인 5 (J) 이다.

(3) 밧줄을 끌어올리기 위해서 필요한 일은

(마찰력에 대해서 한 일 + 중력에 대해서 한 일) = 8 J 이다.

08. 실생활 관련 문제

175 cal

해설 | 미끄럼틀을 내려오기 전 어린이의 퍼텐셜 에너지는 30 × 9.8 × 5 = 1470 J 이고, 미끄럼틀을 내려온 후 어린이의 운동 에너지는 $\frac{1}{2}\cdot 30\cdot 7^2$ = 735 J 이다.

∴ 손실된 에너지 : 1470 - 735 = 735 J = 175 cal (4.2 J = 1 cal)

09. 단계적 문제 해결형

(1) $\frac{mv^2}{L}$ (2) $\sqrt{2}\,v$

(3) $T = \frac{L}{v}(2\sqrt{2} - \sqrt{6})$, $v_2 = \sqrt{6}\,v$

(4) ① $v_3 = \frac{\sqrt{2}\,mv}{M+m}$ ② $s = \frac{M}{M+m}L$,

해설 | (1) $\frac{1}{2}L$ 만큼 박혔으므로 마찰력이 작용한 거리도 $\frac{1}{2}L$ 이다. 총알의 운동에너지가 마찰력이 한 일로 모두 전환되었다.

∴ $F\cdot\frac{L}{2} = \frac{1}{2}mv^2$, F (마찰력 크기) = $\frac{mv^2}{L}$

(2) 마찰력은 총알의 속도에 관계없이 같으므로 위의 마찰력은 일정하게 유지된다. 총알은 나무 도막 속에서 L 을 이동하면서

F (마찰력) = $\frac{mv^2}{L}$ 를 일정하게 받는다.

속도 v_1 의 총알이 나무 도막을 관통하기 위해서는 마찰력이 한 일보다 총알의 운동 에너지가 더 커야 한다.

∴ $F\cdot L \le \frac{1}{2}mv_1^2 \rightarrow \frac{mv^2}{L}\cdot L \le \frac{1}{2}mv_1^2$, $\sqrt{2}\,v \le v_1$

(3) 총알이 나무도막(길이 L)을 관통하면서 손실되는 에너지는 마찰력이 한 일이다. 손실 에너지 = $F\cdot L = mv^2$

총알의 속력이 $2v_1$ 일 때 총알의 운동 에너지

$$\frac{1}{2}m(2v_1)^2 = 2mv_1^2 = 2m(\sqrt{2}\,v)^2 = 4mv^2$$

여기에서 마찰에 의해 손실되는 에너지 mv^2 을 빼주면 총알은 운동에너지가 $3mv^2$ 인 형태로 나무도막을 빠져나온다. 그때의 속력 v_2 를 구하자.

$$\therefore \frac{1}{2}mv_2^2 = 3mv^2,\quad v_2 = \sqrt{6}\,v$$

나무도막 안에서 총알이 받는 힘은 마찰력 F 이다.

$$F = \frac{mv^2}{L} = -ma,\qquad a = -\frac{v^2}{L} \quad \cdots\cdots ⓐ$$

아래 그래프에서 기울기로 가속도를 구하면

$$a = \frac{v_2 - 2v_1}{T} = \frac{\sqrt{6}\,v - 2\sqrt{2}\,v}{T} \quad \cdots\cdots ⓑ$$

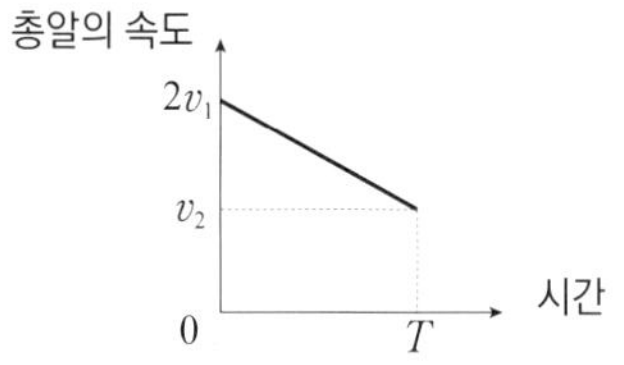

ⓐ, ⓑ를 연립하여 T 를 구하면 $T = \frac{L}{v}(2\sqrt{2} - \sqrt{6})$

(4) ① 운동량 보존법칙을 적용하여

$$mv_1 = (M+m)v_3 = \sqrt{2}\,mv,\qquad v_3 = \frac{\sqrt{2}\,mv}{M+m}$$

② 박히기 전의 운동 에너지와 박힌 후의 운동 에너지 차가 마찰력이

작용하면서 s 만큼 박힐 때 소모되는 에너지이다.

$$F\cdot s = \frac{1}{2}mv_1^2 - \frac{1}{2}(M+m)\left(\frac{\sqrt{2}\,mv}{M+m}\right)^2,\quad v_1 = \sqrt{2}\,v$$

$$= mv^2\left(1 - \frac{m}{M+m}\right) = mv^2\left(\frac{M}{M+m}\right),\quad F = \frac{mv^2}{L} \text{ 이므로,}$$

$$\frac{mv^2}{L}\cdot s = mv^2\left(\frac{M}{M+m}\right) \therefore s\,(\text{탄환이 박힌 깊이}) = \frac{M}{M+m}L$$

10. 단계적 문제 해결형

(1) 75 N (2) 100 N

해설 | (1) 막대는 힘의 평형을 이루고 있으므로 남자 1과 남자 2가 막대를 떠받치는 힘의 합은 막대의 무게인 150 N 과 같다. 출발 후 2 초인 순간 남자 1은 1 m 를 움직여서 막대의 중심에서 왼쪽으로 2 m 떨어져 있고, 남자 2는 2 m 를 움직여서 중심으로부터 오른쪽으로 2 m 떨어져 있다. 따라서 두 남자가 회전축을 중심으로 같은 거리만큼 떨어져 있으므로 두 남자가 막대를 떠받치는 힘은 75 N 으로 같다.

(2)

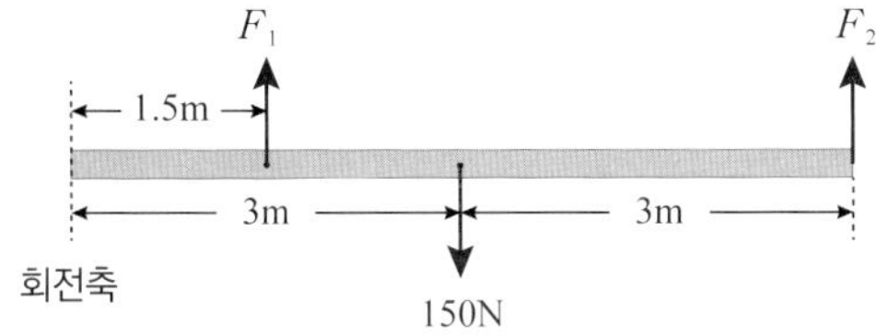

남자 2가 오른쪽 끝에 도달했을 때 3초가 지났으므로 남자 1은 1.5 m 이동하였다. 남자 1에 의한 힘 F_1, 남자 2에 의한 힘 F_2 일 때,

$F_1 + F_2 = 150,\ 1.5F_1 + 6F_2 = 150 \times 3$

$\therefore F_1 = 100\text{ N},\ F_2 = 50\text{ N}$

11. 추리 단답형

500 N

해설 |

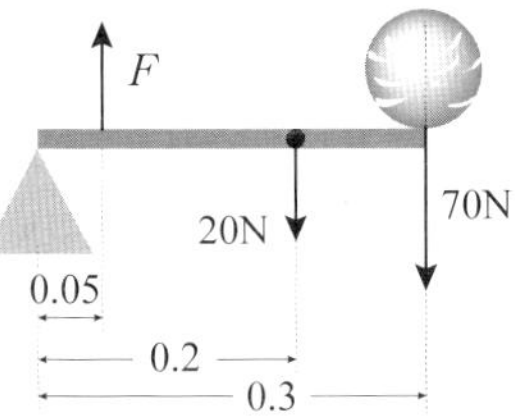

팔꿈치 접점을 회전축으로 돌림힘의 평형을 만족해야 한다. 이두박근이 아래 팔에 작용하는 힘을 F 라 했을 때,

$F \times 0.05 = (2\cdot 10 \times 0.2) + (7\cdot 10 \times 0.3) = 25\text{ N},\ F = 500\text{ N}$

12. 추리 단답형

$\frac{5}{4}L$

해설 | 지붕의 질량을 M, 중력 가속도를 g, 각 기둥이 각각 바닥재와 지붕을 떠받치는 힘을 F 라고 하면, 2층의 지붕에 작용하는 힘(크기)

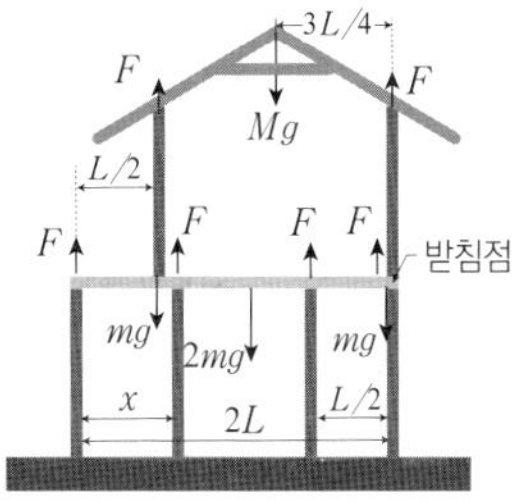

$2F = Mg$

바닥재에 작용하는 힘(크기)

$4F = 4mg + Mg$

두 식에서 $M = 4m,\ F = 2mg$

한편 주택 전체가 돌림힘의 평형을 이루고 있으므로 1층의 가장 오른쪽 기둥이 바닥재를 떠받치고 있는 지점을 축으로 하여 바닥재에 대한 돌림힘의 평형은 다음과 같다.

$2LF + (2L - x)F + \frac{L}{2}F$ ---(시계 방향)

$= L \times 2mg(\text{바닥재}) + \frac{3}{2}L \times mg + \frac{3}{4}L \times Mg(\text{지붕})$--(반시계 방향)

$M = 4m,\ F = 2mg$ 이므로, $x = \frac{5}{4}L$

13. 단계적 문제 해결형

(1) 6900 N (2) 8606 N

해설 |

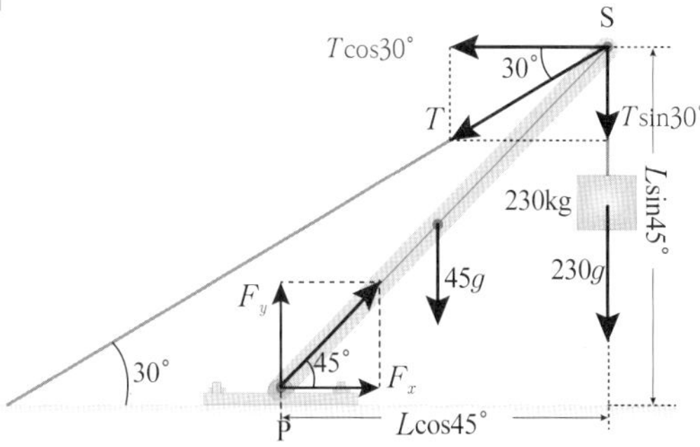

(1) 경첩 P 가 막대에 작용하는 힘 F 를 수평 방향 F_x과 연직 방향 F_y 으로 나타내면, 막대에 작용하는 힘(크기)의 평형은 다음과 같다.

$F_x = T\cos30^\circ \qquad F_y = T\sin30^\circ + 230g + 45g$

막대의 길이를 L 이라고 하고, P 점을 축으로 하여 돌림힘의 평형을 적용하면 다음과 같다.

$$L\cos45^\circ(T\sin30^\circ + 230g) + \frac{1}{2}L\cdot\cos45^\circ\cdot 45g = L\sin45^\circ\cdot T\cos30^\circ$$

$$\rightarrow \frac{\sqrt{2}}{2} \times 2300 + \frac{1}{2}\cdot\frac{\sqrt{2}}{2} \times 450 = \frac{\sqrt{2}}{2}\left(\frac{\sqrt{3}}{2} - \frac{1}{2}\right)\cdot T$$

$$T \fallingdotseq 6900\text{ N}\ (\sqrt{2} \fallingdotseq 1.41,\ \sqrt{3} \fallingdotseq 1.73)$$

(2) $F = \sqrt{F_x^2 + F_y^2}$ 이고, 막대에 작용하는 힘의 평형으로부터

$$F_x = T\cos30^\circ = 6900 \times \frac{\sqrt{3}}{2} \fallingdotseq 5969$$

$$F_y = T\sin30^\circ + 230g + 45g = 6900\times\frac{1}{2} + 2300 + 450 \fallingdotseq 6200$$

$$\therefore F = \sqrt{F_x^2 + F_y^2} \fallingdotseq 8606\text{ N}$$

14. 추리 단답형

60°

해설 | 최하점에서 추의 속력 v 는 최대이고, 실의 장력 T 도 최대가 된다. 이때 실의 장력의 크기는 추의 무게 + 구심력의 크기이고, 실의 장력의 크기가 블록의 무게보다 클 때 블록을 들어올릴 수 있다.

$$T = \frac{m_1 v^2}{R} + m_1 g,\ v^2 = 2gR(1 - \cos\theta)\text{(역학적 에너지 보존)}$$

$T = m_2 g$ 일 때, m_2 가 들어올려지므로

$$m_2 g = \frac{m_1 \cdot 2gR(1 - \cos\theta)}{R} + m_1 g$$

$$\rightarrow 40 = 2 \times 2 \cdot 10 \cdot (1 - \cos\theta) + 20 \quad \therefore \cos\theta = \frac{1}{2},\ \theta = 60°$$

15. 추리 단답형

물체의 속도$(v) = \sqrt{\dfrac{2Mgh}{(M + m)}}$ 빗면의 속도 $(V) = -\sqrt{\dfrac{2m^2 gh}{M(M + m)}}$

해설 | 질량 m 인 물체가 수평면에서 운동할 때 속도를 v, 질량 M인 빗면의 속도를 V 라고 하면, 처음 상태와 나중 상태의 운동량은 보존된다. 마찰을 무시할 수 있으므로 역학적 에너지도 보존된다. 오른쪽을 (+) 방향으로 하여,

$$MV + mv = 0 \ \cdots ①$$

$$\frac{1}{2}MV^2 + \frac{1}{2}mv^2 = mgh \ \cdots ②$$

① 에서 $V = -\dfrac{m}{M}v \ \cdots ③$

③ 을 ②에 대입하면

$$\frac{1}{2}M\left(-\frac{m}{M}v\right)^2 + \frac{1}{2}mv^2 = mgh$$

$$\rightarrow v^2\left(1+\frac{m}{M}\right) = 2gh \quad \therefore v = \sqrt{\frac{2Mgh}{(M + m)}}$$

③ 에서 $V = \left(-\dfrac{m}{M}v\right) = -\sqrt{\dfrac{2m^2 gh}{M(M + m)}}$

16. 단계적 문제 해결형

(1) $2\sqrt{gr}$
(2) 물체는 추락한다.
(3) 구심력의 크기가 중력보다 커야 한다.
(4) $v_2 \geq \sqrt{5gr}$

해설 | (1) A점에서의 운동에너지가 P점(높이 $2r$)에서의 퍼텐셜 에너지 이상의 값을 가져야 P점까지 도달할 수 있다.

$\dfrac{1}{2}mv^2 \geq mg(2r)$. 그러므로 최소 속력 $v_1 = 2\sqrt{gr}$ 이다.

(2) P점까지 가면 운동에너지는 퍼텐셜 에너지로 전환되어 P점에서는 앞으로 진행할 운동에너지가 없어 추락한다.

(3) 최고점에서 물체가 받는 원심력이 중력보다 작으면 물체는 중력의 영향을 받아서 낙하 운동을 하게 된다. 원심력은 원운동하는 물체가 중심 방향과 반대로 느끼는 쏠리는 힘으로 관성력에 속한다. 원심력의 크기는 구심력과 같고 방향은 반대이다.

따라서 물체가 원둘레를 계속 따라 돌기 위해서는 원심력(= -구심력)의 크기가 중력보다 커야 한다.

(4) 물체가 받는 중력의 크기 mg, 계속 돌기 위한 최하점에서의 속력 v_2 , 그 속도로 출발했을 때 최고점에서의 속력을 v_2' 라 하면,
역학적 에너지 보존에 의해 최하점에서의 운동 에너지 = 최고점에서의 퍼텐셜 에너지 + 최고점에서의 운동 에너지 가 성립하며,
구심력은 운동 에너지를 통해 구할 수 있다. 이때 구심력은 mg 보다 커야 한다.

$$\frac{1}{2}mv_2^2 = mg(2r) + \frac{1}{2}mv_2'^2$$

최고점(P점)에서의 구심력을 구하면

$$F_{구} = \frac{mv_2'^2}{r} = \frac{mv_2^2 - 4mgr}{r} \geq mg, \quad v_2 \geq \sqrt{5gr}$$

17. 단계적 문제 해결형

(1) $\dfrac{mg}{k}$ (2) $g\sqrt{\dfrac{m}{k}}$ (3) $\pi\sqrt{\dfrac{m}{k}}$

해설 | (1) 진동의 중심은 물체가 받는 중력과 탄성력의 크기가 같은 평형 위치이다($mg = kx$) 평형 위치까지 늘어난 길이가 x 이므로 진폭은 x 가 된다. $x = H = \dfrac{mg}{k}$

(2) 물체는 평형 위치를 중심으로 중력을 받지 않는 것처럼 상하로 진동한다. A, C의 탄성 퍼텐셜 에너지가 B점에서의 운동 에너지로 모두 전환된다.

$$\frac{1}{2}k\left(\frac{mg}{k}\right)^2 = \frac{m^2 g^2}{2k} = \frac{1}{2}mv_B^2, \quad v_B = g\sqrt{\frac{m}{k}}$$

(3) A부터 C까지 시간은 주기의 $\dfrac{1}{2}$ 이다.

$$T(\text{주기}) = 2\pi\sqrt{\frac{m}{k}}\ (\text{초}) \text{ 이므로 } t(\text{A~C}) = \frac{T}{2} = \pi\sqrt{\frac{m}{k}}$$

18. 단계적 문제 해결형

(1) $v\sqrt{\dfrac{m}{2k}}$ (2) $v_A = 0,\ \ v_B = v$

해설 | 충돌 전 상태부터 압축되었다가 다시 충돌 전 상태로 되돌아갈 때까지 걸리는 시간은 진동 주기의 $\dfrac{1}{2}$ 이다.

(1) 용수철이 가장 많이 압축되는 순간은 두 물체의 속도가 같을 때이다. 이때 두 물체의 속도를 V 라고 하면 운동량 보존 법칙에 의해

$$mv + 0 = 2mV \rightarrow V = \frac{1}{2}v$$

· 처음 운동에너지: $\frac{1}{2}mv^2$

· 용수철이 가장 많이 압축되었을 때의 운동 에너지(두 물체의 속도가 V 로 같다) : $\frac{1}{2}(2m)\left(\frac{1}{2}v\right)^2 = \frac{1}{4}mv^2$

· 처음부터 가장 많이 압축되었을 때까지 운동에너지 감소량

$\frac{1}{2}mv^2 - \frac{1}{4}mv^2 = \frac{1}{4}mv^2$ 이 용수철의 탄성 퍼텐셜 에너지로 전환된다.

∴ 최대로 압축된 길이를 A라고 하면,

$\frac{1}{4}mv^2 = \frac{1}{2}kA^2$, $A = v\sqrt{\frac{m}{2k}}$

(2) 두 물체가 같은 질량이고 에너지가 소모되지 않는 탄성 충돌을 하므로 충돌 후에는 A, B의 속력이 서로 바뀐다. 때문에 A는 정지, B는 속도 v 로 움직인다.

충돌 후 물체 A의 속도를 v_A, 물체 B의 속도를 v_B 라 하면

$$mv + 0 = mv_A + mv_B \rightarrow v = v_A + v_B$$

$$\frac{1}{2}mv^2 = \frac{1}{2}mv_A{}^2 + \frac{1}{2}mv_B{}^2 \rightarrow v^2 = v_A{}^2 + v_B{}^2$$

두 식을 풀면 $v_A = 0$, $v_B = v$ 이다.

대회 기출 문제

정답 p250~263

01 ③, ④, ⑤　02 ⑤　03 ④, ⑤　04 ②, ④, ⑤

05 ①, ⑤　06 ②, ③

07 (1) 8 m/s^2(연직 위 방향) (2) 6 N

08 (1) $\sqrt{2gh}$ (2) $\frac{h}{l}$　09 (1) $\frac{1}{2}kA^2$ (2) t_4

10 (1) $a = \frac{\sqrt{2}}{2}g$ 로 같다. (2) 1 : 2 (3) 1 : 1

11 (1) 증가한다. (2) $\sqrt{\frac{5}{6}}$

12 (1) 가속도 : 감소, 속도 : 증가 (2) 10W, -2 m/s^2 (3) 25m

13 ④　14 (1) ④ (2) ④　15 ②

16 ③　17 ⑤　18 ③　19 ④

20 ②　21 $6m$　22 $2m$　23 1.5 m

24 (1) 2.4 m (2) 6 m/s (3) 0.19 m

25 (1) $(1 - \frac{x}{L})g$ (2) $\sqrt{gL}$ (3) $\frac{L}{1+\mu}$

(4) $v = \sqrt{\frac{L(1+2\mu)}{(1+\mu)^2} + \frac{\mu g}{1+\mu}}$ (5) $\frac{1}{2}\mu\rho g\left(\frac{L}{1+\mu}\right)^2$

26 $\frac{\sqrt{5}-1}{4\pi}\sqrt{\frac{k}{m}}$

01 ③, ④, ⑤

해설 | ① 충격력은 작용 반작용 법칙에서 설명하듯이 그 크기가 같고, 충돌하는 시간이 같으므로 두 물체가 받는 충격력, 충격량 모두 동일하다.

② 충돌 순간 버스는 뒤쪽으로, 승용차는 앞쪽으로 가속되므로 버스 운전자는 앞쪽으로, 승용차 운전자는 뒤쪽으로 쏠린다.

③ 작용 반작용 법칙으로 충돌하는 두 물체가 받는 충격량은 크기가 같고 방향은 서로 반대이다.

④ 버스는 승용차에 비해 질량이 크므로 충돌 후 속도 변화는 승용차가 더 크다. 따라서 동일한 사람이 버스와 승용차에 있는 경우를 비교하면 승용차 운전자가 더 위험하다.

⑤ 버스와 승용차의 충격량은 서로 같다. 튕겨나오는 경우와 밀려가는 경우를 비교해 보면 튕겨나오는 경우가 속도 변화가 더 큰 경우이므로 튕기는 경우 운전자가 받는 충격이 더 크다.

02 ⑤

해설 | ⑤ 지레가 평형을 이룰 때 각 점에 걸리는 무게는 받침점으로부터의 거리에 반비례하므로, 왼쪽에 달아야 한다.

① (가)의 받침점은 막대를 지탱하는 줄이며, (나)의 받침점은 회전축이다. 나머지 두 물체는 작용점, 힘점이 된다.

② 받침점 역할을 하는 회전축(받침점)으로부터 물체 사이의 거리는 그 물체의 무게와 반비례하므로 같은 물체를 매달면 회전축으로부터 멀리 있는 오른쪽이 아래로 내려온다.

③, ④ 점에 걸리는 무게는 받침점으로부터의 거리에 비례하므로 받침점으로부터 거리가 멀수록 무게가 작은 물체를 달아야 한다.

03 ④, ⑤

해설 | ① $h = \frac{1}{2}gt^2 \rightarrow t = 2\sqrt{\frac{2h}{g}}$ 에서 낙하시간 t 는 최고 높이에만 의존하므로 걸린 시간은 같다.

② 두 공 모두, 지면에 대해 수평 방향의 속력이 존재한다.

③ 땅에 떨어질 때는 타격 직후와 속력이 같다. 연직 방향의 속도는 같지만 수평 방향의 속도는 다르다. 두 속도를 합한 속도의 크기(속력)은 서로 다르다.

④ 공기에 의한 마찰을 무시하므로 중력만이 존재한다.

⑤ 공기의 마찰로 인한 에너지 손실이 없다면 역학적 에너지 보존 법칙은 항상 성립한다.

04 ②, ④, ⑤

해설 | ① 고무벨트의 마찰력에 의한 에너지 소모와 운동장에서의 에너지 소모를 비교하면 운동장에서의 에너지 소모가 더 크다.

② 런닝머신에 있을 때 공기와의 상대 속도는 0이므로 공기 저항을 받지 않아 에너지 소모가 더 적긴하지만 공기 저항이 에너지 소모의 주원인이 아니다.

③ 공기와의 저항은 운동장에서 달리기 하는 사람이 더 크므로 에너지 소모량이 다르다. 실제로 운동장에서 뛰는 사람은 앞으로 나아가기 위하여 더 많은 힘을 땅에 작용하여 더 많은 일을 하게 된다. 반면 런닝머신으로 뛰고 있는 사람은 앞으로 나아가지 않는 것이므로 앞으로 나아가기 위한 힘은 필요하지 않으므로 더 적은 일을 한다.

④ 더 큰 질량을 움직이므로 더 많은 일을 하고, 에너지 소모도 더 크다.

⑤ 이 사람의 운동은 제자리뛰기 하는 사람과 유사한 에너지를 소비하고 있다. 서 있는 사람이 보면 위치의 이동이 없다.

05 ①, ⑤

해설 | ① A점의 운동 에너지가 C점에서의 위치 에너지로 전환되므로, C 점의 운동 에너지는 A점의 운동 에너지보다 작다.

② 마찰이 없으므로 모든 점에서 역학적 에너지는 같다.

③ 구심력 $F = \frac{mv^2}{R}$ 는 운동 에너지에 비례한다. 따라서 A점에서 구심력이 가장 크다.

④ 알짜힘은 중력과 구심력의 합성인데, 모든 점에서 중력은 아래 방향으로 크기가 일정하다. 구심력은 운동에너지에 비례하고, 그 방향은 물체가 위치한 점에서 회전 중심점을 향하므로 크기와 방향이 모두 변한다. 따라서 알짜힘의 방향은 일정하지않다.

⑤ 레일에 대해 접선 방향으로 나갈 때와 들어올 때 에너지 손실이 없었으므로 속력은 같다.

06 ②, ③

해설 | ① 공기의 저항도 있지만 이 사람의 운동 에너지 + 이 사람의 퍼텐셜 에너지 + 고무줄의 탄성 에너지가 일정하게 보존된다.

이 사람 만을 놓고 보면 역학적 에너지는 보존되지 않는다.

② 사람과 고무줄을 합한 총 운동량은 항상 일정하게 보존된다.

③ 최저점에 도달할 때 처음의 퍼텐셜 에너지가 모두 고무줄에 의한 탄성 에너지로 전환된 것이므로 이점에서 탄성 에너지가 최대이다.

④ 자유 낙하하는 동안의 가속도는 중력 가속도 g 로 일정하다.

고무줄이 늘어나기 시작하면 가속도는 자유 낙하에 비해 더 작아지는데, 이는 탄성력이 중력의 반대 방향으로 작용하기 때문이다.

⑤ 고무줄을 묶으면 질량이 증가하고 무게도 증가하지만 가속도가 변하지는 않는다.

⑥ 중력과 탄성력이 평형을 이룰 때까지 사람은 아래 방향으로 가속된다. 따라서 최대 속도에 이르는 점은 중력과 탄성력이 평형을 이루는 점이다(평형 상태). 고무줄이 늘어나지 않고 완전히 펴지는 순간에 이 사람에 작용하는 탄성력 = 0 이나, 중력이 여전히 작용하므로 속도는 증가한다.

07 (1) 8 m/s^2 (연직 위 방향) (2) 6 N

해설 | (1) B에서는 추에 작용하는 힘은 아래 방향의 중력, 위 방향으로 끈의 장력과 구심력이 있다. B점에서 물체의 속도가 수평 방향으로 v_B 일 때 원운동에서의 구심 가속도(연직 위 방향)가 존재한다.

역학적 에너지 보존 $\frac{1}{2}mv_B^2 = mg \times 10$, $v_B^2 = 200$

∴ B점의 가속도(구심 가속도) : $\frac{v_B^2}{r} = \frac{200}{25} = 8$ m/s^2(연직 위 방향)

(2) 문제풀이를 할 때는 구심력을 생각하는 것보다 구심력과 크기가 같고 방향이 반대인 원심력을 생각하는 것이 편하다. A 점과 C 점에서의 퍼텐셜 에너지의 차가 C 점(속도 v_C)의 운동 에너지가 되므로

$\frac{1}{2}mv_C^2 = mg \times 10 - mg \times 5 = mg \times 5 \rightarrow mv_C^2 = 10mg = 50$

$\rightarrow \frac{mv_C^2}{r}$ (C점의 원심력 크기 = 구심력 크기) $= \frac{50}{25} = 2$ N

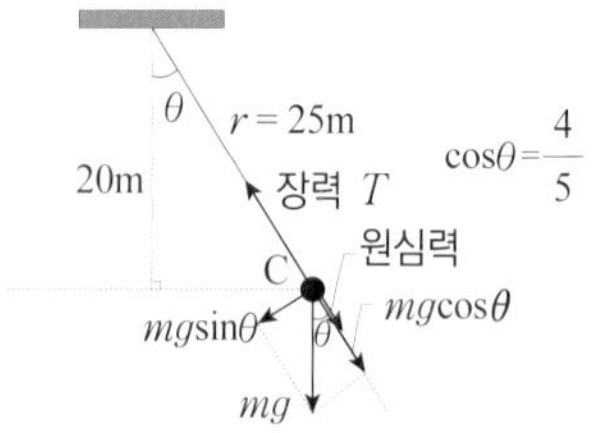

C점에서 실의 장력은 (원심력 + $mg\cos\theta$) 와 평형을 이룬다.

그러므로 장력 $T = 2 + 0.5 \times 10 \times \frac{4}{5} = 6$ N

08 (1) $\sqrt{2gh}$ (2) $\frac{h}{l}$

해설 | (1) 퍼텐셜 에너지가 운동 에너지로 전환되었다.

$mgh = \frac{1}{2}mv^2$, $v = \sqrt{2gh}$

(2) 물체가 멈췄다는 것은 마찰력이 물체에 해준 일의 양이 역학적 에너지 mgh 와 같다는 것이다. $\therefore mgh = fl = \mu mg \cdot l$, $\mu = \frac{h}{l}$

09 (1) $\frac{1}{2}kA^2$ (2) t_4

해설 | (1) 아래 쪽이 (+) 방향이고, P점에서는 변위가 (+)에서 (-)로 변하고 있으므로, 물체가 위로 상승하고 있으며 변위가 0이므로 평형점을 지나고 있음을 알 수 있다. 평형점에서의 운동 에너지는 양끝에서의 탄성 퍼텐셜 에너지와 같다. $E_k = \frac{1}{2}kA$ 이다.

(2) 진동 주기 $T = 2\pi\sqrt{\frac{m}{k}}$ 이고, 시간 t_4 에 해당한다.

달의 표면에서 진동이 일어날 때에도 위 식에서 나타나듯 진동 주기는 중력과는 무관하게 결정되어 주기는 t_4 이다.

10 (1) $a = \frac{\sqrt{2}}{2}g$ 로 같다. (2) 1 : 2 (3) 1 : 1

해설 | (1) 물체 A, B에 경사면 방향으로 작용하는 힘은 각각 $mg\sin\theta$, $2mg\sin\theta$ 이다. 경사면에서 운동 방정식은

물체 A : $F = ma_A = mg\sin\theta$, 물체 B : $F = 2ma_B = 2mg\sin\theta$

$\therefore a_A = a_B = g\sin 45° = \frac{\sqrt{2}}{2}g$ 로 같다.

(2) 바닥에서 운동하여 마찰에 의해 열량을 내는데, 역학적 에너지가 열에너지로 방출되는 것이므로 A, B의 역학적 에너지의 비가 열량비와 같다. $Q_A : Q_B = mgh : 2mgh = 1 : 2$

(3) A에 작용하는 마찰력이 한 일의 양 : $f_A \cdot s_A = \mu mg \cdot s_A = mgh$

B에 작용하는 마찰력이 한 일의 양 : $f_B \cdot s_B = \mu 2mg \cdot s_B = 2mgh$

$s_A = s_B$ 이다. ∴ 운동 거리의 비 $s_A : s_B = 1 : 1$

11 (1) 증가한다. (2) $\sqrt{\frac{5}{6}}$

해설 | (1) 3~5초 사이에 승강기의 가속도를 a 라고 하면, 승강기 내에서 단진자는 A점에서부터 아래 방향으로 ma 의 관성력을 받기 시작한다. 힘을 받아서 속도의 변화가 빠르게 나타나므로 최하점인 B점에서 속력은 더 커진다. 이것은 운동 에너지가 증가한다는 것이고, 승강기 바닥으로부터의 높이는 변하지 않으므로 역학적 에너지는 증가한다.

(2) 진자의 주기 $T = 2\pi\sqrt{\frac{l}{g}}$ 이다.구간 I 에서는 중력만을 받고 있으

므로 중력가속도는 g 로 나타나므로 $T_1 = 2\pi\sqrt{\frac{l}{g}}$이다.

구간 II에서는 승강기가 상승하기 때문에 아래 방향으로 관성력 + 중력을 받아서 중력가속도가 $g + a$ 인 것처럼 단진자는 운동한다.

이때 승강기 가속도 $a = \frac{4-0}{5-3} = 2\ (m/s^2)$(아래 방향)이므로,

$T_2 = 2\pi\sqrt{\frac{l}{g+a}} = 2\pi\sqrt{\frac{l}{12}}$ 이다. $\therefore \frac{T_2}{T_1} = \sqrt{\frac{g}{g+a}} = \sqrt{\frac{5}{6}}$

12 (1) 가속도 : 감소, 속도 : 증가 (2) 10W, $-2\ m/s^2$ (3) 25 m

해설 | (1) 빗면에서 물체에 작용하는 빗면 방향의 힘의 크기는 $mg\sin\theta$ 이다. C, D, E에서 각각 빗면에 접선을 그어 지면과 이루는 각을 각각 θ_1, θ_2, θ_3 으로 하자. 이때 $\theta_1 > \theta_2 > \theta_3$ 이고, 물체가 받는 힘의 크기도 점점 작아지므로 가속도는 감소한다(질량 일정). 하지만 가속도가 (-)값이 되지는 않으므로 속도의 크기는 지속적으로 증가한다. → 가속도 감소, 속도 증가

(2) A점에서의 퍼텐셜 에너지는 E점에서의 운동 에너지이다.

(A점) $E_P = 1 \times 10 \times 5 = 50\ (J)$,

(E점) $E_k = 50\ J = \frac{1}{2} \times 1 \times v^2$, $v = 10\ m/s$

마찰이 작용하여 5초 만에 정지했으므로 운동 에너지는 50 J 감소하였고, 마찰력이 물체에 5초 만에 50 J 의 일을 해준 것이 된다.

$\therefore$ 마찰력의 평균 일률 $P = \frac{w}{t} = \frac{50}{5} = 10W$

이때 5초 동안 속도는 10 m/s 에서 0 으로 감소한다.

$\therefore$ 가속도 $a = \frac{0-10}{5-2} = -2\ m/s^2$

(3) $2as = v^2 - v_0^2$ 에서 $2 \times (-2) \times s = 0^2 - 10^2$, $s = 25(m)$

13 ④

해설 | 돌림힘의 원리에 의해 $F \times 0.1 = 10 \times 0.2$, $F = 20\ kgf$

14 (1) ④ (2) ④

해설 | (1) 역학적에너지는 보존되므로 높이가 낮을수록 퍼텐셜 에너지가 운동에너지로 더 많이 전환되어있으므로 속도가 크다.

B > A = C > D 이다.

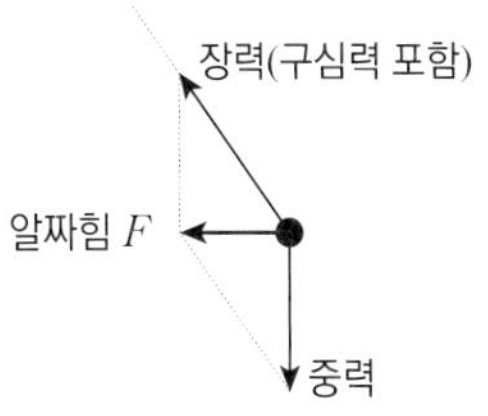

(2) C에 작용하는 힘은 장력과 중력과 구심력이다. 추는 두 힘을 그림과 같이 받고 있고, 두 힘의 합력이 물체가 받는 알짜힘이다. 힘의 방향과 가속도의 방향은 일치한다.

15 ②

해설 | 튕겨진 직후의 연직 방향 속도로 높이 h 만큼 올라가게 된다. 수평 방향의 속도 성분은 변하지 않는다. 그러므로 연직 방향의 속도 성분만 따져주면 된다. P점에서의 충돌 직후의 운동 에너지는 높이 h 에서의 퍼텐셜 에너지와 같다.(v 는 P점에서 튀어오를 때 연직 방향 속도) $\frac{1}{2}mv^2 = mgh$, $v = \sqrt{2gh}$

이제 수직, 수평 성분의 속도를 합치면, $V = \sqrt{v_0^2 + 2gh}$ 이다.

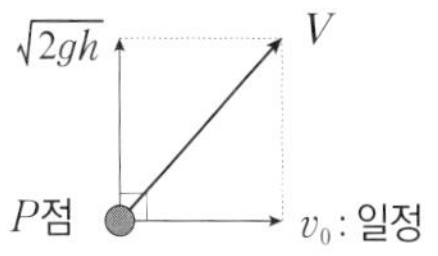

16 ③

해설 | 처음 지점에서 퍼텐셜 에너지는 mgh 이고, 수평면에 도착했을 때 운동 에너지도 mgh 이다. 빗면을 올라가기 시작하면서부터 마찰력($f = \mu \cdot N$)이 작용하는데, 빗면에서 물체에 작용하는 수직 항력(N)은 중력의 빗면에 수직 성분과 크기가 같으므로 $N = mg\cos\theta$ 이다.

마찰력 크기 $f = \frac{1}{\sqrt{3}}N = \frac{1}{\sqrt{3}}mg\cos30° = \frac{mg}{2}$

오른쪽 빗면을 오르는 경우 운동 에너지가 0이 될 때까지 올라가는 거리가 s 이다. 빗면을 따라 s 만큼 올라가며 마찰력이 일을 함과 동시에 물체의 퍼텐셜 에너지도 발생한다. 이때, 물체의 높이 $h = s\sin30°$)이고, 왼쪽 빗면으로 올라갈 때 필요한 힘 F = 마찰력 f + 무게의 빗면 방향 성분 $mg\sin30°$이다. 빗면에 올라갈 때 해 준 일이 물체의 퍼텐셜 에너지로 나타난다.

$W = F \cdot s = (f + mg\sin30°) \cdot s = mgh \rightarrow (\frac{mg}{2} + \frac{mg}{2})s = mgh$

$\therefore s = h$

17 ⑤

해설 | ① 수평으로 던진 물체의 운동에 있어 땅에 떨어지는 시간은 그 높이에서 자유낙하 시간과 같다.

$h = \frac{1}{2}gt^2$, $t = \sqrt{\frac{2h}{g}}$ $\therefore$ 중력 가속도가 클수록 낙하 시간이 짧다.

② 수평 방향 속도는 일정하게 유지된다. $\therefore$ 체공 시간(낙하 시간)이 긴 달에서 수평 도달 거리가 더 크다. (수평 도달 거리 = 수평 속도 × 체공 시간)

③ 지구에서의 퍼텐셜 에너지가 mgh 라고 하면, 달에서 퍼텐셜 에너지는 $m\frac{g}{6}h$ 이다. 바닥에 도달했을 때는 퍼텐셜 에너지가 모두 운동 에너지로 전환되며, 달과 지구에서 그 양이 다르다.

④ 지구와 달에서 처음 운동 에너지는 같으나, 퍼텐셜 에너지가 서로 달라 역학적 에너지가 다르며, 역학적 에너지는 보존되므로 땅에 떨어지기 직전 역학적 에너지도 서로 다르다.

⑤ 용수철에서 분리된 직후 물체의 운동 에너지는 용수철 퍼텐셜 에너지가 전환된 것이다. 그러므로 용수철에서 분리된 직후의 물체의 운동 에너지는 지구와 달에서 각각 같다.

18 ③

해설 | ㄱ. 충돌 전후 운동량이 보존되므로 $m_A v + 0 = 0 + m_B v$

$\therefore m_A = m_B$

ㄴ. 작용반작용이므로 서로 주고받은 충격량은 같다.

ㄷ. 질량이 같고 속도도 같으므로 운동에너지는 같다.

19 ④

해설 | ㄱ. B점은 mgh 만큼의 퍼텐셜 에너지가 운동 에너지로 전환되었으므로 B점이 C점보다 운동 에너지가 크다.

ㄴ. 물체에 작용하는 중력은 mg, 중력 방향으로의 이동 거리는 h 이므로 중력이 한일 $F \cdot s = mgh$ 이다.
ㄷ. 마찰이 무시되어 역학적 에너지는 보존이 되며, A와 C가 같은 높이에 있으므로 운동 에너지, 속력도 같다.

20 ②
해설 | ㄱ. A점에서의 퍼텐셜 에너지= C점의 운동 에너지
B점에서의 퍼텐셜 에너지= A점의 퍼텐셜 에너지의 $\frac{1}{2}$
∴ B점에서의 운동 에너지 = C점의 운동에너지의 $\frac{1}{2}$ 이다.
운동 에너지는 속력의 제곱에 비례하므로
B점에서의 속력은 C 점 속력의 $\frac{1}{\sqrt{2}}$ 배이다.
ㄴ. 용수철 상수를 k 라 하고, 운동 에너지를 E_k, 탄성 퍼텐셜 에너지를 E_p 라 하면, E_k(C점) = E_p(E점) = $\frac{1}{2}kL^2 = E$(역학적 에너지)이다.
E_p' (D에서의 탄성 퍼텐셜 에너지) = $\frac{1}{2}k\left(\frac{L}{2}\right)^2 = \frac{1}{8}kL^2$ 이므로
E_k' (D에서의 운동 에너지) = $\frac{1}{2}kL^2 - \frac{1}{8}kL^2 = \frac{3}{8}kL^2 \neq E_p'$
ㄷ. 충돌 시 에너지 손실이 없다고 명시하였으므로 A점에서의 역학적에너지와 E점에서 물체와 용수철의 역학적 에너지는 서로 같다.

21 $6m$
해설 | 축바퀴의 큰 바퀴에 연결된 실의 장력은 질량 m 인 물체의 무게와 같은 mg 이므로 작은 바퀴에 연결된 실의 장력은 $2\ mg$ 이다. 막대의 천장과 연결된 지점(왼쪽에서 거리 L 인 지점)을 회전축으로 하여 막대에 작용하는 돌림힘의 평형에 의해
(시계 방향) $L \times 8\ mg$ (막대의 무게 중심) = $\frac{1}{3}L \times Mg$ (질량이 M 인 물체) + $3L \times 2mg$ (축바퀴) - (반시계 방향)
이므로 $M = 6m$ 이다.

22 $2m$
해설 | 나무판 ㉠의 질량을 M, 중력 가속도를 g 라고 하자. 나무판 ㉡의 길이를 $2L$, ㉡의 왼쪽 끝에 작용하는 힘을 F_1 이라고 하자.
실이 나무판 ㉡ 을 끌어당기는 지점을 회전축으로 하여 돌림힘의 평형을 적용하면

$$L \times 4mg = 2L \times F_1 \rightarrow F_1 = 2mg$$

이다. 나무판 ㉠에서 받침점을 회전축으로 하여 돌림힘의 평형을 적용하면 (공 B 는 나무판 ㉡으로 부터 힘 F_1 을 받는다.)

$$2x \times mg + 0.5x \times Mg(\text{막대 ㉠의 무게 중심}) = x \times (mg + F_1)$$

$$F_1 = 2mg \text{ 이므로, } 0.5Mgx = mgx,\ \therefore M = 2m$$

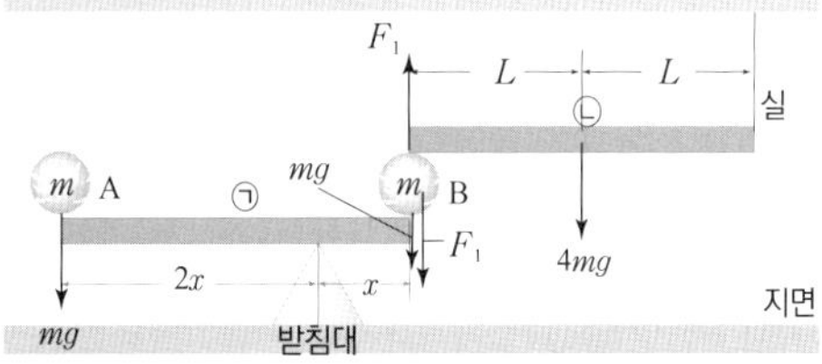

23 1.5 m
해설 | 물체 A와 B 사이 거리의 최댓값을 x, 중력 가속도를 g 라 하자. x 일 때 책상 면이 물체를 떠받치는 힘은 0이고, 막대가 받는 힘은 위 방향으로 회전축이 떠받치는 힘, 아래 방향으로는 물체 A의 중력 $8g$, 물체 B의 중력 $3g$, 막대의 중력 $2g$ 의 합력이다. 책상 끝을 회전축으로 하여 막대에 대한 돌림힘의 평형을 적용하면,
$0.5 \times 8g$ (물체 A) = $0.5 \times 2g$ (막대) + $(x - 0.5) \times 3g$ (물체 B)
(반시계 방향 돌림힘 = 시계 방향 돌림힘) ∴ $x = 1.5$ m 이다.

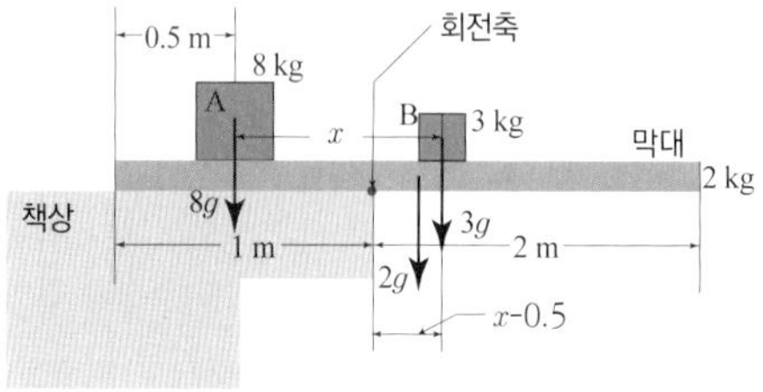

24 (1) 2.4 m (2) 6 m/s (3) 0.19 m
해설 | (1) 용수철의 원래 길이가 40 cm = 0.4 m 이므로 바닥으로부터 높이 0.2 m 인 지점에서 용수철의 압축된 길이는 0.2 m 이다. 이때, 전체 역학적 에너지 = 탄성 퍼텐셜 에너지 + 중력 퍼텐셜 에너지 + 운동 에너지이므로(기준면 : 바닥)

$$\text{전체 역학적 에너지} = \frac{1}{2} \times 2000 \times 0.2^2 + 2 \times 10 \times 0.2 + \frac{1}{2} \times 2 \times 2^2 = 48\ \text{J}$$

물체가 최고점 H 에 도달하는 순간 물체는 중력 퍼텐셜 에너지만 가진다. 역학적 에너지 보존 법칙에 따라 다음 식이 성립한다.
물체의 중력 퍼텐셜 에너지 = 전체 역학적 에너지
→ $2 \times 10 \times H = 48$, ∴ $H = 2.4$ m(바닥으로부터의 최고 높이)
(2) 용수철과 받침대의 질량은 무시하므로 용수철이 원래 길이가 되는 지면에서 높이 0.4 m 인 지점에서 용수철은 멈추고, 물체는 연직 위로 운동을 계속한다. 따라서 높이 0.6 m 지점에서는
전체 역학적 에너지 = 물체의 (중력 퍼텐셜 에너지 + 운동 에너지)가 된다. 이때의 물체의 속력을 v 라고 하면,

$$2 \times 10 \times 0.6 + \frac{1}{2} \times 2 \times v^2 = 48\ \text{J},\quad \therefore v = 6\ \text{m/s}$$

(3) 처음 용수철을 누르고 손을 떼기 직전 물체의 속력은 0이다. 이때 전체 역학적 에너지 = 탄성 퍼텐셜 에너지 + 중력 퍼텐셜 에너지가 된다. 바닥으로부터의 높이를 h 라고 하면, 용수철의 줄어든 길이는 $(0.4 - h)$가 되므로,

$$\frac{1}{2} \times 2000 \times (0.4 - h)^2 + 2 \times 10 \times h = 48\ \text{J}$$

→ $1000h^2 - 780h + 112 = 0$ 이고, 근의 공식에서 h 를 구하면, h = 0.19, 0.59 이고, 0.59 는 원래 길이보다 길므로 $h = 0.19$ m 이다.

25 (1) $(1 - \frac{x}{L})g$ (2) $\sqrt{gL}$ (3) $\frac{L}{1+\mu}$ (4) $\sqrt{\frac{L(1+2\mu)}{(1+\mu)^2} + \frac{\mu g}{1+\mu}}$
(5) $\frac{1}{2}\mu\rho g\left(\frac{L}{1+\mu}\right)^2$
해설 | (1) 줄에 작용하는 힘은 늘어진 부분인 $(L - x)$ 에 작용하는

중력이다. $F = ma$ 를 적용하여 (m(전체 밧줄 질량) = ρL)

$$\rho(L - x)g = \rho La \rightarrow a = \frac{L - x}{L}g = (1 - \frac{x}{L})g$$

(2) 책상을 떠나는 순간 줄의 운동 에너지는 중력 퍼텐셜 에너지의 감소량과 같다. 줄의 질량은 ρL 이므로, (무게 중심 $\frac{L}{2}$ 만큼 감소)

$$\frac{1}{2}\rho Lv^2 = \rho L \cdot \frac{L}{2} \cdot g \text{ (줄의 무게 중심의 퍼텐셜 에너지 감소량)}$$

$$\rightarrow v = \sqrt{gL}$$

(3) 줄이 미끄러지기 시작하게 될 때($x = x_m$), 면 위에 있는 줄의 마찰력의 크기는 줄의 $L - x_m$ 인 부분에 작용하는 중력과 같다.

$$x_m \rho g \mu = \rho(L - x_m)g \rightarrow x_m(1 + \mu) = L, \quad \therefore x_m = \frac{L}{1 + \mu}$$

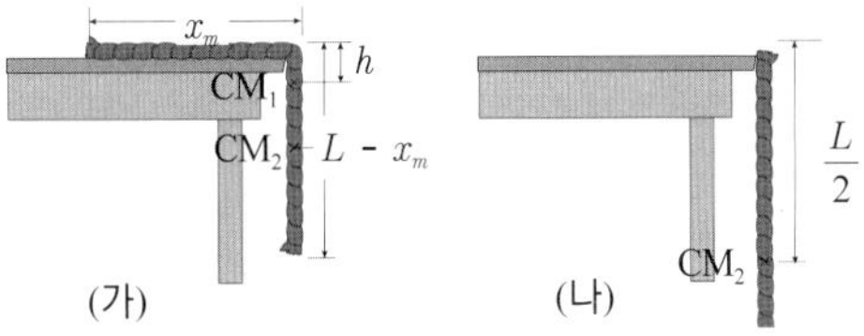

(4), (5) 그림 (가)와 같이 줄이 미끄러지기 시작할 때, 줄 전체의 무게 중심(CM_1)은 책상 면에서 h 만큼 아래인 지점에 있다. $L - x_m$ 의 무게 중심(CM_2)은 $\frac{L - x_m}{2}$ 지점이다. h 를 구하기 위해 CM_1 을 받침점으로 연직 방향(y 방향)의 돌림힘의 평형을 적용한다. (높이만 구하면 됨)

$$\rho h x_m = \rho(L - x_m)(\frac{L - x_m}{2} - h), \quad \therefore h = \frac{(L - x_m)^2}{2L}$$

미끄러지기 시작한 줄이 책상을 떠나는 순간 줄 전체의 무게 중심은 그림 (나)와 같이 책상 면에서 $\frac{L}{2}$ 인 지점(CM_3)에 오게 된다.

무게 중심이 내려가므로 퍼텐셜 에너지 변화량은 마찰력이 한 일과 책상을 떠나는 순간 줄의 운동 에너지의 합과 같다.

$$\rho L[\frac{L}{2} - \frac{(L - x_m)^2}{2L}] = W_{마} + \frac{1}{2}\rho Lv^2 \quad \cdots ㉠$$

마찰력이 한 일 = 마찰력에 의해 소모된 에너지는 마찰력-변위의 그래프에서 그래프가 그리는 넓이와 같다.

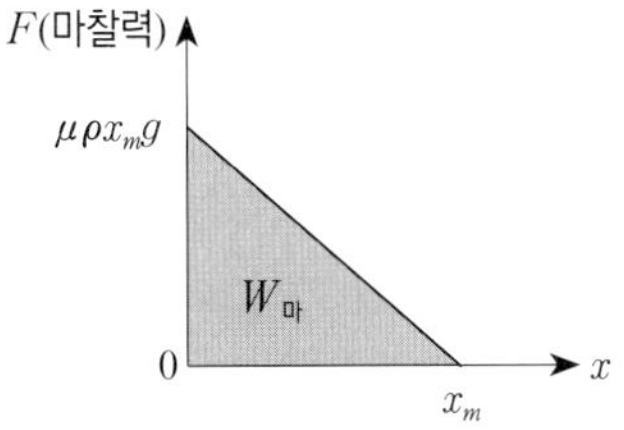

줄에 작용하는 마찰력은 줄이 미끄러지기 시작하는 순간이 최대값이고, 줄이 책상에서 떨어지는 순간 0 이 된다. $x_m = \frac{L}{1 + \mu}$ 이므로,

$$W_{마} = \frac{1}{2} \times \mu \rho x_m g \times x_m = \frac{1}{2}\mu \rho g\left(\frac{L}{1 + \mu}\right)^2$$

따라서 ㉠은 다음 식과 같이 쓸 수 있다.

$$\rho L[\frac{L}{2} - \frac{(L - x_m)^2}{2L}] = \frac{1}{2}\mu \rho x_m{}^2 g + \frac{1}{2}\rho Lv^2$$

$$\therefore v = \sqrt{\frac{L(1 + 2\mu)}{(1 + \mu)^2} + \frac{\mu g}{1 + \mu}}$$

26 $\frac{\sqrt{5} - 1}{4\pi}\sqrt{\frac{k}{m}}$

해설 | 연결된 물체를 각각 A, B 라고 하자. (오른쪽 +)

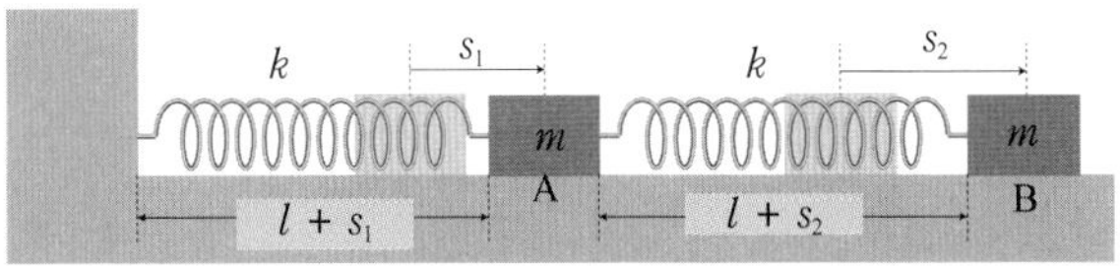

임의의 순간 용수철 A 의 늘어난 길이를 x_1, 용수철 B 의 늘어난 길이를 x_2 라고 하면, x_1, x_2 의 최대 변위는 각각 s_1, s_2 이다.

A 의 변위 $x_1 = s_1\sin\omega t \rightarrow v_1 = \omega s_1\cos\omega t \rightarrow a_1 = -\omega^2 s_1\sin\omega t$ (A 의 가속도)

B 의 변위 $x_2' = x_1 + x_2 = (s_1 + s_2)\sin\omega t \rightarrow a_2' = -\omega^2(s_1 + s_2)\sin\omega t$ (B 의 가속도)

한편, A 가 받는 탄성력 $F_A = -kx_1 + kx_2 = -k(s_1 - s_2)\sin\omega t \cdots$ ①

B 가 받는 탄성력 $F_B = -kx_2 = -ks_2\sin\omega t \cdots$ ②

① 에서 $-k(s_1 - s_2)\sin\omega t = -m\omega^2 s_1\sin\omega t \ (= ma_1)$

$$\rightarrow \omega^2 = \frac{k}{m} \cdot \frac{s_1 - s_2}{s_1} \cdots ③$$

② 에서 $-ks_2\sin\omega t = -m\omega^2(s_1 + s_2)\sin\omega t \ (= ma_2')$

$$\rightarrow \omega^2 = \frac{k}{m} \cdot \frac{s_2}{s_1 + s_2} \cdots ④$$

③ 의 $\frac{s_1 - s_2}{s_1} = 1 - \frac{s_2}{s_1} = 1 - \frac{2}{1 + \sqrt{5}} = \frac{\sqrt{5} - 1}{1 + \sqrt{5}} = \frac{3 - \sqrt{5}}{2}$

④ 의 $\frac{s_2}{s_1 + s_2} = \frac{1}{\frac{s_1}{s_2} + 1} = \frac{1}{\frac{1 + \sqrt{5}}{2} + 1} = \frac{2}{3 + \sqrt{5}} = \frac{3 - \sqrt{5}}{2}$

③ 과 ④ 는 일치한다.

$$\therefore \omega = \sqrt{\frac{k}{m}}\sqrt{\frac{3 - \sqrt{5}}{2}} = \sqrt{\frac{k}{m}}\frac{\sqrt{5} - 1}{2} = \omega_0\frac{\sqrt{5} - 1}{2}, \quad \omega_0{}^2 = \frac{k}{m}$$

$$[\because \frac{3 - \sqrt{5}}{2} = \left(\frac{\sqrt{5} - 1}{2}\right)^2]$$

$$\therefore f = \frac{\omega}{2\pi} = \frac{\sqrt{5} - 1}{4\pi}\sqrt{\frac{k}{m}}$$

imagine infinitely

p264 ~ 265

Q. 지구에서 발사되어 점점 속도를 높이면 지구를 중심으로 한 타원 궤도가 점점 커질 것이고 그 궤도에 달이 포함되면 달 주변에서 속도를 낮춰 달을 중심으로 타원 궤도를 그리다가 속도를 낮춰 달에 착륙하게 된다.

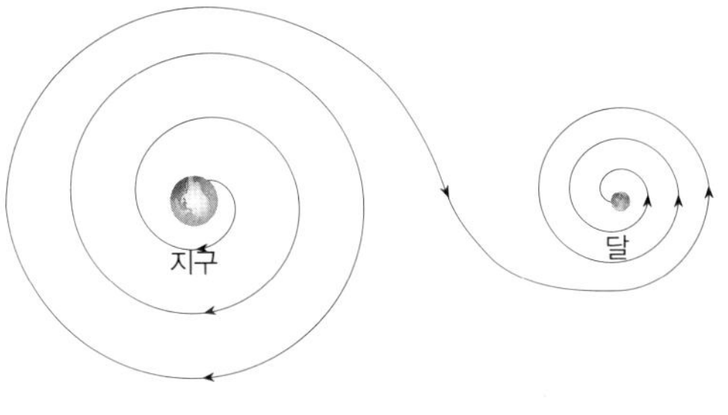

Ⅳ. 열에너지 (1)

개념 보기

Q1 77 ℉, 298 K　　Q2 -459.4 ℉
Q3 ①, ②, ④, ⑤　　Q4 ②, ③, ④

Q1 77 ℉, 298 K
해설 | 0 ℃ = 32 ℉, 100 ℃ = 212 ℉ 이고 0 ℃ 는 273 K 이다.
$F = \frac{9}{5}C + 32$ 에서 C = 25 ℃일 때 F = 77 ℉이다.
절대 온도 = 섭씨온도 + 273 이므로 25 ℃ = 298 K

Q2 -459.4 ℉
해설 | 0 K = -273 ℃ 이고, $F = \frac{9}{5}(-273) + 32 = -459.4$ ℉

Q3 ①, ②, ④, ⑤
해설 | 0 ℃ 에서도 분자의 열운동은 존재한다. 물질이 액체, 기체인 경우라면 고온의 물체와 저온의 물체가 접촉하면 충돌이 아닌 서로 섞이는 대류나 복사에 의해서도 열이 전달된다.

Q4 ②, ③, ④
해설 | 외부로 빠져나가는 열량이 없다고 할 때 B가 방출한 열량은 A가 흡수한 열량과 같고, 열평형 상태에는 동시에 도달한다.

개념 확인 문제

정답　　271 ~ 274 쪽

열평형

01 ①, ②, ④, ⑤	02 ⑤	03 ④	04 ③	05 ①
06 ⑤	07 ④	08 ④	09 ①	
10 1.8×10^5 J = 180 kJ		11 ⑤	12 ④	
13 복사	14 ④	15 (1) B (2) A	16 ①	17 ③
18 ①, ③, ⑧, ⑨		19 ②		
20 (1) 40 cal (2) 같아진다. 열평형 상태			21 ②	22 ④

01 ①, ②, ④, ⑤
해설 | ①, ④ 열은 물질을 이루는 분자의 운동 에너지와 퍼텐셜 에너지를 포함한 내부 에너지의 합이다.
② 물체의 차고 더운 정도를 숫자로 나타낸 것이 온도인데, 물체의 차고 더운 정도는 물체가 갖는 열에너지라고 할 수 있다.
③ 분자에 따라 활발하게 운동하기도 하고 느리게 운동하기도 하나 뜨거운 물체나 차가운 물체나 물체 내부의 분자들은 모두 분자 운동을 하고 있다. 단, 뜨거운 물체의 분자 운동이 평균적으로 더 활발하다.
⑥ 이상 기체는 분자 사이의 인력이 존재하지 않는 가상적인 기체이므로 퍼텐셜 에너지는 존재하지 않는다. 퍼텐셜 에너지는 분자의 위치에 따라서 다르게 갖게 되는 에너지이고, 두 입자 사이에 인력이 작용하면 서로 멀리 있을수록, 두 입자 사이에 척력이 작용하면 서로 가까이 있을수록 퍼텐셜 에너지가 크다.

02 ⑤
해설 | ①, ②, ③, ④ 온도는 물체의 뜨겁고 차가운 정도를 숫자로 표시한 것으로 물이 어는점을 0 ℃, 32 ℉ 로 하고 물이 끓는점을 100 ℃, 212 ℉ 로 하였다. 또 절대 온도의 단위는 K(캘빈)인데 0 K 는 -273 ℃ 이며 분자 운동이 멈추는 온도이다.
⑤ 겨울에 창문 유리와 나무창틀을 동시에 만져보면 창문 유리가 더 차가운 것은 철이 나무보다 열전도율이 커서 손에서 철로 열이 빨리 전달되기 때문이다. 대기와 열평형 상태이므로 같은 장소에 있는 창문 유리와 나무 창틀의 온도는 같다.

03 ④
해설 | 0 ℃는 32 ℉이고, 100 ℃는 212 ℉이다. 섭씨 온도를 C 라 하고, 화씨 온도를 F 라 하면 $(F - 32)\times\frac{100}{180} = (F - 32) \times \frac{5}{9} = C$ 가 된다. 이 식을 F 에 대해서 정리하면 다음과 같다.

$$F = \frac{9}{5}C + 32 = \frac{9}{5}(20) + 32 = 68 \text{ ℉}$$

04 ③
해설 | 섭씨 온도로 먼저 고쳐보면 $C = \frac{5}{9}(F - 32)$ 에서 F = 122 ℉일 때 C = 50 ℃이다. 0 ℃ = 273 K 이므로 50 ℃ = 323 K 이다.

05 ①
해설 | 물체 C → 물체 D, 물체 D → 물체 B, 물체 B → 물체 E, 물체 E → 물체 A 로 열이 이동되고 있으므로 순서는 CDBEA이다. 이 순서대로 하면 물체 D → 물체 E, 물체 C → 물체 B 의 열의 이동은 자연스러운 결과이다.

06 ⑤
해설 | 뜨거운 물체와 차가운 물체를 접촉시키면 뜨거운 물체(고온부)에서 차가운 물체(저온부)로 열이 이동하여 뜨거운 물체의 온도는 점차 내려가고, 차가운 물체의 온도는 점차 올라가게 된다. 두 물체의 온도가 같아지면 열은 이동하지 않는다. 열이 이동하지 않으므로 온도의 변화도 없고 분자 운동이 활발한 정도는 양쪽에서 같다.

07 ④
해설 | ③, ⑤ 고체 내부의 입자들은 강한 인력에 의해 서로 결합되어 있으므로 한 입자의 진동은 주변 입자들에게 전달된다. 입자의 진동을 열운동이라고 했을 때 이렇게 열이 전달되는 형태가 전도라고 한다.
① 두 물체를 접촉시켰을 때 온도차가 클수록 열운동의 차이도 크므로 전도는 잘 일어난다.
② 이중창을 설치하면 유리 사이의 공기가 부도체로 열전도율이 낮기 때문에 방안에서 바깥으로 전도되는 열량이 작으므로 보온 효과가 좋다.
④ 옷을 여러 벌 겹쳐 입으면 옷과 옷 사이의 공기에 의해서 전도되는 열량이 차단되므로 두꺼운 옷을 한 벌 입을 때보다 보온 효과가 좋다.

08 ④

해설 | ②, ⑤ 금속은 빛을 반사하고 플라스틱 부분은 빛을 흡수하는 효과가 있긴 하나 그것 때문에 온도의 차이를 느낄 정도는 아니다.

①, ③, ④ 물체가 차갑고 뜨겁게 느껴진다는 것은 물체와 손 사이에 열이 얼마나 전달되느냐에 달려있는 것이지 물체가 갖는 열량과 무관하다. 손에서 물체로 열이 전달되는 경우는 손의 온도가 높은 것이므로 차갑게 느껴지고, 물체에서 손으로 열이 전달되는 경우는 물체의 온도가 더 높기 때문에 뜨겁게 느껴진다.

겨울철에는 물체의 온도보다 손의 온도가 더 높으므로 손에서 물체로 열이 전달된다.

Q(전도되는 열량 ; J) = $kA\dfrac{T_1 - T_2}{l}t$ 에서

금속 물체와 플라스틱 물체는 대기와 열평형을 이루고 있으므로 온도가 같다. 따라서 금속이건 플라스틱이건 물체와 손 사이의 온도차 ($T_1 - T_2$)는 같다. 또 손을 대는 면적이 같고 시간도 같고 열이 전달되는 거리 l 은 피부 두께라 할 수 있으므로 같다고 볼 수 있다. 따라서 전도되는 열의 양은 열전도율 k 에 따라 달라진다. 금속이 플라스틱보다 열전도율이 크므로 손에서 금속으로 전달되는 열량이 손에서 플라스틱으로 전달되는 열량보다 더 크므로 금속이 더 차갑게 느껴진다.

09 ①

해설 | Q(전도되는 열량 ; J) = $kA\dfrac{T_1 - T_2}{l}t$ 에서 같은 재질이고, 면적도 같으며, 같은 시간 동안 열이 빠져나가는 것으로 해야 하므로 열전도율(k), 면적(A), 시간(t) 은 같다. 열이 빠져나가는 방향은 유리면과 수직이므로 유리의 두께가 l 이 된다. 그러므로

$Q_1 : Q_2 = \dfrac{1}{3} : \dfrac{1}{5} = 5 : 3$ 즉 $\dfrac{3}{5}$ 배가 된다.

10 1.8×10^5 J = 180 kJ

해설 | Q(전도되는 열량 ; J) = $kA\dfrac{T_1 - T_2}{l}t$ 에서 l 은 두께 0.5 cm = 5×10^{-3} m 이고 면적 A 는 1 m^2 이다. 시간은 60초 이므로

전도되는 열량 $Q = 1 \times 1 \times \dfrac{25 - 10}{5 \times 10^{-3}} \times 60 = 3000 \times 60$ J

= 1.8×10^5 J = 180 kJ 이다. (1 kJ = 1000 J)

11 ⑤

해설 | ① 에어컨의 바람은 차가우므로 무겁다. 위를 향하여 바람을 보내면 아래로 가라앉게 되고, 아래 부분의 따뜻한 공기는 가벼워져 위로 뜨게 되어 대류 현상이 일어난다.

② 물은 4℃에서 가장 밀도가 커서 무겁기 때문에 강 표면의 물이 점점 내려가 4℃가 되면 아래로 가라앉고, 온도가 더 낮은 물이 표면으로 떠올라서 얼게된다. 강 바닥은 가장 무거운 4℃ 의 물이 있기 때문에 얼지 않는다. 물의 대류 현상이다.

③ 방의 한 쪽에 공기를 따뜻하게 하는 스팀장치를 설치해 놓으면 실내 공기의 대류현상에 의해 실내가 골고루 따뜻해진다.

④ 주전자의 아래 부분을 가열하면 물의 아래 부분이 따뜻해지고 부피가 증가하므로 밀도가 작아져서 위로 떠오른다. 덜 가열된 물이 주전자의 바닥 쪽으로 가기 때문에 물의 대류가 일어나 주전자의 아래 부분을 가열하면 전체가 끓는다.

⑤ 검정색 옷은 복사열을 잘 흡수하여 따뜻하다. 열의 복사와 관련되어 있다.

12 ④

해설 | ① 난로를 방바닥에 두면 난로에 의해 따뜻해진 공기가 위로 올라가고 위에 있던 차가운 공기가 아래로 밀려 내려와 대류 현상이 일어난다.

② 난로의 굴뚝을 높게 세우면 상공으로 갈수록 공기는 차갑고 무거우므로 따뜻한 연기가 위로 높게 올라갈 수 있다.

③ 냉장고의 냉동실에서 차가워진 공기가 무거우므로 아래로 내려와서 식품을 보관하는 냉장실을 차갑게 하고 냉장실에 있던 덜 차가운 공기는 위로 올라가므로 냉장고 전체가 차가워지게 되어 냉장고를 효율적으로 사용할 수 있다.

④ 집을 지을 때 단열재를 사용하면 복사열과 열의 전도를 차단할 수 있다. 대류 현상과 관련이 없다.

⑤ 환기시킬 때는 창문을 모두 열면 아래로 차가운 공기가 밀려들어와 위에 있던 따뜻한 공기를 쉽게 밀어낸다.

13 복사

해설 | 열의 이동 방식 중에서 복사는 열이 전자기파의 형태로 대상 물체에 직접 전달되는 현상을 말한다. 전자기파는 X선, 감마선, 자외선, 가시광선, 적외선, 전파 등을 모두 일컫는다. 또 표면 온도가 높은 물체일수록 짧은 파장의 전자기파를 주로 복사한다. 물체의 표면 온도가 높을수록 더 많은 복사 에너지를 방출한다.

14 ④

해설 | 열을 흡수하는 모든 물체는 흡수한 열만큼 열을 방출해야 한다. 만약 흡수한 열량이 방출한 열량보다 많다면 물체가 포함하는 열의 양이 점점 많아져 온도가 점점 높아져야 할 것이다. 또 흡수한 열보다 방출하는 열이 많으면 물체의 온도는 점점 낮아져야 할 것이다. 모든 물체는 한 곳에 일정 시간 두면 일정한 온도가 유지되는데 그 이유는 흡수한 열과 같은 양의 열을 방출하기 때문이다.

검은색 물체는 흰색 물체보다 복사열을 잘 흡수하여 높은 온도가 되지만 흡수한 열만큼 열을 방출하여 온도가 더 이상 높아지지 않는다. 흡수한 열만큼 열을 방출하여 온도가 더 이상 높아지지 않을 때를 열평형 상태라고 한다. 온도를 일정하게 유지하는 모든 물체는 열평형 상태에 있다.

15 (1) B (2) A

해설 | 은 도금한 유리병 : 전자기파를 안쪽으로 반사시켜 열이 유리병 밖으로 복사되는 것을 막는다.

유리 : 유리는 금속보다 열전도율이 낮다. 전도에 의한 열의 이동을 작게 한다.

이중 유리병 사이의 진공 : 진공 중에서는 열의 대류와 전도가 일어나지 않는다.

마개 : 보통 단열재(코르크 등)로 하여 열의 방출을 최소화 한다.

16 ①

해설 | Q (전도되는 열량 ; J) = $kA\dfrac{T_1 - T_2}{l}t$

윗 식에서 넓이는 단면적 A 에 해당하고 두께는 전도되는 거리 l 에 해당한다. k : 열전도율 T_1, T_2 : 양쪽의 온도(℃) t : 시간(s) 는 두 유리창 모두 같으므로 $Q_A : Q_B = \frac{3}{2} : \frac{1}{1} = 3 : 2$ 이다.

17 ③

해설 | 물은 온도가 4 ℃ 이상이 되면 온도가 올라감에 따라 부피가 증가하여 밀도가 감소한다. 밀도가 감소한 물은 가벼우므로 위로 뜨게 되는데 문제에서는 위 부분의 물만 가열되어 가벼워진 경우이므로 시험관 아래쪽 물과 섞이지 않고 위 부분의 물만 끓게 된다.

18 ①, ③, ⑧, ⑨

해설 | 그림 (가)는 양초에 의해 덥혀진 공기는 가벼워져 유리관 위로 빠져나가고 아래 부분에서는 시원하고 산소가 많은 공기가 유입되므로 양초가 더 잘 타게 된다.
그림 (나)에서 검은 옷 속이 뜨겁게 되는 것은 복사열 때문이나 베두인족의 옷은 위가 헐렁하게 터져있기 때문에 뜨거운 공기가 위로 빨리 빠져나가고 아래 부분으로 시원한 공기가 유입되어서 옷 속에서는 바람이 부는 것처럼 땀이 빨리 마르고 시원함을 느낀다.
따라서 공통적으로 적용된 원리는 대류 현상이다.
① 냉동실의 무거운 찬 공기가 아래로 내려와서 냉장고를 골고루 차갑게 하므로 냉동실은 냉장고의 윗부분에 위치하는 것이 좋다.(대류)
② 에스키모인들이 이글루 안에서 물을 뿌리면 물이 빨리 얼게 된다. 물은 얼면서 응고열을 방출하므로 실내가 따뜻하게 되는 것이다.(상태변화에 의한 변환열)
③ 위로 올라갈수록 공기는 온도가 내려가므로 굴뚝에서 나오는 더운 연기가 빨리 상승할 수 있게 된다. 연기가 빨리 빠지면 벽난로 입구로 새로운 공기가 유입이 되어 벽난로에 피운 불이 잘 탄다. (대류)
④ 이중창을 하면 이중창 사이의 공기를 통해서는 열의 전도가 잘 일어나지 않는다.(전도)
⑤ 뚝배기는 열의 전도율이 낮은 흙 재질로 되어 있기 때문에 열의 전도가 잘 일어나지 않아서 국이 빨리 식지 않는다.(전도)
⑥ 흰눈은 복사열을 잘 반사하고 잘 흡수하지 않는다. 그러나 더럽혀진 눈은 복사열을 잘 흡수하여 잘 녹게 된다.(복사)
⑦ 사우나 실 안은 온도가 높은 공기가 있으나 단위 부피당 열용량이 작아서 피부에 열을 전달하더라도 한 번에 매우 작은 양을 전달하므로 사우나 실 안에서 사람은 데지 않는다. 공기 입자는 충돌에 의해 열을 전달한다.(열용량)
⑧ 풍선 안의 물의 온도가 높아지면 부피가 증가하고 밀도가 작아져 위로 상승하고 덜 가열된 물이 밑바닥으로 와서 또 상승하고 하는 과정을 되풀이하면서 물 전체가 골고루 끓게 되나 물의 온도는 100 ℃를 넘을 수 없다. 따라서 물과 열평형 상태에 있는 풍선도 타지 않게 된다.(대류)
⑨ 여름철 낮 시간에는 태양 열이 육지와 수면을 골고루 가열하나 비열이 작은 육지가 먼저 뜨거워져 그 위의 공기가 상승하고 바다 부분에서 공기는 하강하여 지표면 가까이에서는 육지 쪽으로 불어오는 해풍이 불게 된다.(대류)

19 ②

해설 | ① 복사 에너지는 물체 표면 온도(K)의 4제곱에 비례한다.
② 모든 물체는 복사 에너지를 흡수함과 동시에 방출한다. 태양을 향하는 전자기파도 있을 것이므로 태양도 복사 에너지를 흡수한다.
③ 복사 물체의 표면적이 클수록 면적에 비례하여 복사 에너지가 커진다.
④ 물체와 주변 공간과의 온도 차에 비례하여 복사 에너지가 커진다.
⑤ 물체로부터는 모든 파장의 전자기파가 방출되나 표면 온도가 높을수록 가장 강한 에너지를 가진 전자기파의 파장이 짧아진다.

20 (1) 40 cal (2) 같아진다. 열평형 상태

해설 | (1) 외부로 유출되는 열은 없으므로 열은 두 개의 시험관과 물이 든 수조 사이에서만 이동한다. 열량 보존의 법칙에 의해 전체 열량은 변동이 없어야 하므로 가열한 수조 속의 물이 잃은 열량은 물이 든 시험관이나 식용유가 든 시험관으로 모두 옮겨가야 된다.
(2) 열을 주고받음에 따라 가열한 물의 온도는 점차 내려갈 것이고, 물이 든 시험관이나 식용유가 든 시험관의 온도는 점차 올라가야 할 것이다. 온도가 서로 같아지면 열의 이동이 일어나지 않게 되는데 이때를 열평형 상태라고 한다.

21 ②

해설 | 식용유와 물의 열평형에 관한 문제이다.
열은 온도가 높은 곳(고온부)에서 낮은 곳(저온부)로 이동하므로 온도가 높은 물은 열을 잃고 온도가 점차 내려가며 온도가 낮은 식용유는 열을 얻어 온도가 점차 올라간다. 이때 식용유와 물의 질량은 같으므로 비열이 작은 식용유의 온도 변화가 크다.
온도차가 클 때는 열의 이동도 크므로 온도 변화가 빠르게 일어나나 온도차가 작아짐에 따라 온도 변화도 천천히 일어난다.
④는 식용유의 온도 변화가 너무 과도하다.
⑤는 온도 차가 클 때 온도 변화가 천천히 일어나고 있으므로 정답이 아니다.

22 ④

해설 | 냉장고는 냉장고 안의 열을 전기 펌프를 이용하여 밖으로 배출하는 장치이다. 냉장고 밖도 방안이므로 냉장고 문을 열더라도 방안의 전체 열의 변동은 없다. 그러나 전기 에너지가 계속 공급되어 펌프가 작동되므로 방안에 에너지가 공급되는 것과 같고, 결국 방안의 온도는 올라가게 된다.

개념 심화 문제

정답 275 ~ 276쪽

01 ② 02 C, E 03 30.1 ℃ 04 10 ℃ 05 ④
06 t_1 = 66.7 ℃, t_2 = 40 ℃

01 ②

해설 | ① 고체를 구성하는 입자들은 원자끼리의 결합력이 세기 때문에 자유로이 운동하지 못하고 제자리에서 주로 진동 운동을 한다.
② 고체, 액체, 기체를 구성하는 입자의 열 운동은 온도에 상관없이 운

동 에너지와 퍼텐셜 에너지 등 내부에너지에 의해서 일어난다.
③ 액체를 구성하는 입자들은 비교적 자유롭게 운동하기 때문에 운동 중 서로 충돌하면서 에너지를 주고받는다.
④, ⑤ 물체를 구성하는 입자의 운동 상태에는 병진 운동, 회전 운동, 진동 운동이 있고, 물질 구성 입자는 이러한 운동 상태에 따른 운동 에너지와 퍼텐셜 에너지를 갖는다. 고체 분자들은 서로 강하게 잡아당기고 있기 때문에 서로 일정한 거리를 유지하며 진동 운동을 하고 있다. 따라서 고체는 일정한 모양과 부피를 갖게 된다.

02 C, E
해설 | A. 냉커피를 만들 때 큰 얼음을 하나 넣는 것보다 잘게 부숴서 넣으면 물과 얼음이 닿는 면적이 증가하여 얼음으로 이동하는 열량이 증가하기 때문이다. 질량은 그대로이므로 열용량은 변하지 않는다.
B. 식용유의 비열이 물보다 작다.
C. 대부분의 물체와는 달리 얼음의 밀도는 4 ℃ 의 물보다 작다. 따라서 물이 4 ℃ 가 되면 가라앉는다.
D. 눈이 올 때 대기 중의 수증기의 일부가 승화하여(수증기→눈) 눈에 달라붙으면서 승화열을 방출한다.
E. 솜옷은 솜 사이의 공간이 많고 그 공간의 공기는 열을 잘 전도하지 않는 열의 부도체이므로 몸의 열이 바깥으로 잘 전도되지 않는다.

03 30.1 ℃
해설 | 이 온도계의 측정 온도를 t 라 하고, 실제 온도를 T 라 한다면 등 간격으로 눈금이 매겨진다고 했을 때 $T = at + b$의 관계가 있다.
$t = -0.7$ 일 때 $T = 0$, $t = 101.3$ 일 때 $T = 100$ 이므로
$0 = -0.7a + b$, $100 = 101.3a + b$ 에서 a, b 를 구하면
$T = \frac{50}{51}t + \frac{35}{51}$ 의 식이 된다.
그러므로 이 식에 $t = 30$ 을 넣으면 $T = 30.1$ ℃ 가 된다.

04 10 ℃
해설 |
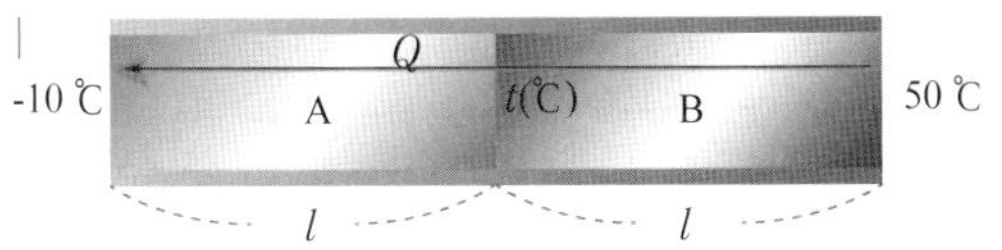

Q (전도되는 열량 ; J) $= kA\frac{T_1 - T_2}{l}t$

열의 전도에 관한 문제이다. 열은 금속 B의 오른쪽 끝에서 접촉면까지, 접촉면에서 A의 왼쪽 끝까지 전도된다. A를 통과하는 열량이 Q 라면 B를 통과하는 열량도 Q 이다. 금속 A, B의 단면적을 S라고 하면 1초 동안 전도되는 열량은 다음과 같다.
Q (전도되는 열량 ; J) $= 2kS\frac{t-(10)}{l}$ (1초) $= kS\frac{50 - t}{l}$ (1초)
$2(t + 10) = 50 - t$, $t = 10$ ℃

05 ④
해설 | Q(전도되는 열량 ; J) $= kA\frac{T_1 - T_2}{l}t$에서 면적 A 가 $\frac{1}{4}A$ 로 되었으며 열이 전도되는 거리(유리의 두께) l이 $2l$ 로 되었다. 바꿨을 때 전체적으로 전도되는 열량은 $\frac{1}{8}Q$ 가 된다.

06 $t_1 = 66.7$ ℃, $t_2 = 40$ ℃
해설 | 구리-알루미늄-납을 통해서 전도되는 열량 Q 는 같다. 납의 열전도율(k)을 2 라고 하면 구리의 열전도율은 6, 알루미늄의 열전도율은 3 이 된다. t 는 시간 (초) 이라 하면

$Q = 6A\frac{80 - t_1}{l}t = 3A\frac{t_1 - t_2}{l}t = 2A\frac{t_2 - 0}{l}t$
$6(80 - t_1) = 3(t_1 - t_2) = 2(t_2 - 0)$
$6(80 - t_1) = 3(t_1 - t_2)$ --①, $3(t_1 - t_2) = 2t_2$ --②
①을 풀면 $160 - 2t_1 = t_1 - t_2$, $t_2 = 3t_1 - 160$
②를 풀면 $3t_1 - 3t_2 = 2t_2$, $3t_1 = 5t_2 = 5(3t_1 - 160)$
$= 15t_1 - 800$, $12t_1 = 800$, $t_1 = 66.7$ ℃
$t_2 = 3t_1 - 160 = 3 \times 66.7 - 160 = 40$ ℃

Ⅳ. 열에너지 (2)

개념 보기

Q5 250 cal 의 열을 얻는다.
Q6 $m_2 : m_1$
Q7 (1) 200 J/℃ (2) 2000 J , 476.2 cal
Q8 10 ml 의 물

Q6 $m_2 : m_1$
해설 | $\frac{1}{m_1} : \frac{1}{m_2} = m_2 : m_1$

Q7 (1) 200 J/℃ (2) 2000 J , 476.2 cal
해설 | (1) $Q = C \cdot \Delta t$ 열용량은 물질의 질량에 관계없이 그 물질을 1 ℃ 높이는데 필요한 열량이다.
(2) 1 ℃ 높이는데 필요한 열량이 200 J 이므로 2000 J = 476.2 cal 가 필요하다.

Q8 10 ml 의 물
해설 | 열용량($C = mc$)이 클수록 온도 변화가 늦다. 같은 물질이라면 비열은 같으므로 질량이 클수록 열용량이 크다.

개념 확인 문제

정답	279 ~ 282쪽

고체와 액체의 비열과 열용량

23 ⑤　24 ③　25 ④　26 (1) ① (2) ④
27 (1) ② (2) ④　28 (1) 31 J/K (2) 0.09 kcal/kg·K
29 ③　30 ⑤
31 (1) 40 ℃ (2) 12000 cal (12 kcal) (3) 400 g (4) 열용량
32 ③　33 ②　34 0.0923 kcal/kg·℃　35 ④
36 ③　37 (1) ③ (2) ④ (3) ③
38 (1) 1260 J 감소 (2) 0.15 cal/g·℃ (3) 21.4 ℃
39 ⑤　40 ①　41 ②　42 ①　43 ②　44 ③
45 ④

23 ⑤
해설 | ① 맑은 날에 사막에서는 낮에 비열이 작은 모래의 온도가 빨리 높아지고, 밤에는 빨리 식기 때문에 일교차가 몹시 크다.
② 자동차 냉각 액체로는 비열이 큰 물을 사용하는 경우 비열이 큰 물의 온도가 빨리 높아지지 않기 때문에 효과적이다.
③ 바닷가에서 낮에는 비열이 작은 육지가 먼저 뜨거워져 그 위의 공기가 상승하고 바다로부터 공기가 유입되면서 바다로부터 바람이 부는데 이것이 해풍이다.
④ 기름의 비열은 물보다 작기 때문에 같은 양을 끓이면 기름이 먼저 온도가 높아져 빨리 끓는다.
⑤ 사우나 실 내부는 물이 부피가 매우 큰 수증기 상태로 있기 때문에 몸에 닿는 수증기의 양은 매우 적다. 열용량이 작기 때문에 한번에 몸에 전달되는 열량이 적고 따라서 온도가 100 ℃가 넘는데도 데지 않는다. 비열보다도 수증기의 열용량이 작기 때문이다.

24 ③
해설 | 물체가 잃거나 얻은 열량 $Q = c \cdot m \cdot \Delta t$ 로 주어진다. c 는 물체의 비열로서 물체마다 값이 다르며 물체 1 g 또는 1 kg을 1 ℃ 올리는데 드는 열량이 된다. 1 ℃ 올리는 것은 절대 온도로 하면 1 K 올리는 것과 같다. m 은 물질의 질량으로 이 문제에서는 단위가 kg 이고, Δt 는 온도 변화이므로 ℃ 대신 K 를 써도 된다. 단위를 kg, K, J 로 맞추면 열량의 단위는 J 이 된다.
$Q = 128 \times 2 \times (80 - 20) = 15360$ J

25 ④
해설 | $Q = c \cdot m \cdot \Delta t = 0.03 \times 100 \times (80 - 30) = 150$ kcal
여기에서는 비열의 단위가 kcal/kg·℃ 이므로 질량은 kg, 온도의 변화 ℃ 로 하면 열량의 단위는 kcal 가 된다.

26 (1) ① (2) ④
해설 | (1) $Q = c\,m\,\Delta t$ 에서 $34200 = c \times 3 \times (50 - 20)$
$c = 380$ J/kg·℃ (= 380 J/kg·K)
(2) 열용량(C)은 물체의 질량에 관계없이 그 물체를 1 ℃ 올리는데 필요한 열량이다. $C = m\,c$ (질량×비열)로 계산한다.
$Q = c\,m\,\Delta t = C\Delta t$ 이므로 전체 공급해 준 열량을 온도 변화로 나누어 주면 된다.
$34200 = C \times (50 - 20)$, $C = 1140$ J/℃

27 (1) ② (2) ④
해설 | (1) 열용량은 대상 물체의 온도를 1 ℃ 높이기 위해 필요한 열량이다. $Q = c \cdot m \cdot \Delta t = C \times \Delta t$ 이므로
$C = \dfrac{Q}{\Delta t} = \dfrac{2000}{20 - 10} = 200$ cal/℃ 이다.
열량이 J 로 주어졌다면 (열용량)의 단위는 J/℃ 가 되겠으나 문제에서는 열량의 단위가 cal 로 주어졌다.
(2) 1 ℃ 올릴 때 200 cal 의 열량이 필요하므로 5 ℃ 높이기 위해서는 200 cal/℃ × 5 ℃ = 1000 cal 의 열량이 더 필요하다.

28 (1) 31 J/K (2) 0.09 kcal/kg·K
해설 | 일단 단위를 맞출 줄 알아야 한다. 온도 변화의 경우 K(캘빈)은 ℃와 서로 바꿔 써도 되고, 1 cal = 4.2 J , 1 kcal = 4200 J 로 바꿔서 계산해야 한다. 1 kcal = 1000 cal , 1 kg = 1000 g
(1) $Q = c \cdot m \cdot \Delta t = C \times \Delta t$ 이므로
C (열용량) $= \dfrac{Q}{\Delta t} = \dfrac{148 \text{ cal}}{20 \text{ K}} = 7.4$ cal/K = 31.08 J/K
(2) 열용량은 (질량×비열)이므로
c (비열) $= \dfrac{7.4 \text{ cal/K}}{80 \text{ g}} \fallingdotseq 0.09$ cal/g·K = 0.09 kcal/kg·K 이다.

29 ③
해설 | $Q = c \cdot m \cdot \Delta t$ 에서 $c = \dfrac{Q}{m\Delta t}$ 이다. Q 와 Δt 가 같으므로
$$c_1 : c_2 = \frac{Q_A}{m_1\Delta t} : \frac{Q_B}{m_2\Delta t} = \frac{1}{m_1} : \frac{1}{m_2} = m_2 : m_1$$
즉, 가한 열량과 온도 변화가 같으면 질량이 클수록 비열이 작다.

30 ⑤
해설 | 단위 시간 당 공급되는 열량이 같으므로 가열 시간과 공급되는 열량은 비례한다.
$c_A : c_B = \dfrac{Q}{m_A\Delta t} : \dfrac{Q}{m_B\Delta t}$ (두 물체 모두 0 ℃에서 10 ℃로 온도 변화했을 때)
$= \dfrac{1}{2 \times 10} : \dfrac{3}{1 \times 10} = 1 : 6$ 이다.

31 (1) 40 ℃ (2) 12000 cal(12 kcal) (3) 400 g (4) 열용량
해설 | (1) 두 물체가 섞이면 찬물의 온도는 올라가고 더운 물의 온도는 내려간다. 같은 온도가 되면 열평형 상태가 되어 열의 이동이 일어나지 않으므로 온도 변화가 없다. 그래프에서는 5 분이 되었을 때 더운 물과 찬물의 온도가 모두 40 ℃ 가 되어 열평형 상태에 도달한다.
(2) 더운 물 전체의 질량이 300 g 이라면 물을 붓고 난 후 5 분이 지날 때까지 더운 물이 잃은 열량 = 1 × 300 × (80 - 40) = 12000 cal = 12 kcal이다. 비열의 단위가 cal/g·℃이므로 질량은 g , 온도변화를 ℃로 하면 열량은 cal 로 계산된다.
(3) 외부로 유출되는 열량은 없으므로 열량 보존의 법칙에 의해 더운 물

이 잃은 열량은 찬물이 얻은 열량과 같다. 찬물의 질량을 m 이라 하면 (더운 물이 잃은 열량) 12000 = (찬물이 얻은 열량) 1× m × (40 - 10), m = 400 g 이다.

(4) 열용량은 대상 물체가 1 ℃ 상승하거나 하강할 때 얻거나 잃는 열량이다. 따라서 열용량이 크면 같은 열량을 가했을 때 온도 변화가 더디게 나타나게 된다. 그래프에서는 찬물의 열용량이 더운물의 열용량보다 크기 때문에 온도 변화가 완만하게 나타난 것이다.

32 ③

해설 | 물의 비열은 1 cal/g·℃이고 열평형 온도를 t 라 하면 t 는 90 ℃ 보다 작고, 20 ℃ 보다 크다. 더운 물의 온도 변화는 90 - t 이므로 더운 물이 잃은 열량은 1000×1×(90 - t)이고 , 이 열은 전부 찬물로 이동하는 열량이 된다.

찬물이 얻은 열량은 500 × 1 × (t - 20) 이므로 (열량을 둘 다 (+) 값으로 하여 등식을 적용한다.)

1000(90 - t) = 500(t - 20)

900 - 10t = 5t - 100, t = 66.7 ℃가 된다.

33 ②

해설 | 물당량이란 어떤 물체를 비열이 1 cal/g·℃ 인 물로 취급하였을 때 몇 g 의 물과 같으냐이다. 예를 들어 질량 10 g인 물의 열용량은 10 cal/℃ (비열 1 cal/g℃)이므로, 물체의 열용량이 10 cal/℃ 이라면 물체는 10 g 의 물에 해당하는 것으로 취급해도 결과는 같다. 물체의 물당량은 단위가 g 또는 kg 이고, 크기는 열용량과 같다.

구리 그릇의 열용량을 C 라 하면 20 kcal 의 열량이 물과 구리 그릇 모두를 가열하였으므로

Q = Q(물이 얻은 열량) + Q (구리 그릇이 얻은 열량)

20000 = 1000 × 1 × (30 - 20) + C × (30 - 20)

C = 1000 cal/℃ 이고, 물당량은 1000 g이다.

34 0.0923 kcal/kg·℃

해설 | (구리 용기 + 물)의 온도는 0 ℃ 에서 15 ℃ 로 상승하였고, 구리덩어리의 온도는 100 ℃ 에서 15 ℃ 로 하강하였다. (구리 용기 + 물)이 얻은 열량은 구리 덩어리가 잃은 열량과 같다. 구리의 비열을 c 라 했을 때 물의 비열은 1 kcal/kg·℃ 이므로

(구리 용기가 얻은 열량) 0.5c · (15 - 0) + (물이 얻은 열량) 1·1·(15 - 0) = (구리 덩어리가 잃은 열량) 2c·(100 - 15)

7.5c + 15 = 170 c , 162.5 c = 15, c = 0.0923 kcal/kg·℃

35 ④

해설 | ① 두 물체는 같은 재질이므로 비열은 같다.

② 열은 온도가 높은 물체 A에서 온도가 낮은 물체 B로 이동하고, 열을 주고 받는 과정에서 물체 A가 잃은 열량과 물체 B가 얻은 열량은 같다.

③ $Q = c \cdot m \cdot \Delta t$ 에서 Q 는 물체 A 가 잃은 열량이기도 하고 물체 B 가 얻은 열량이기도 하므로 서로 같다. 비열도 두 물체가 같으므로 온도 변화 Δt 가 두 배가 되면 질량은 절반이 되어야 한다. 따라서 물체 B 의 질량은 물체 A 의 질량의 2 배이다.

④ 열용량은 질량 × 비열 이므로 물체 B 의 열용량이 물체 A 의 열용량의 두 배이다.

⑤ 외부와 차단되어 있을 때 열량 보존의 법칙에 의해서 물체 A 가 잃은 열량과 물체 B 가 얻은 열량은 같다.

36 ③

해설 | 구리 열량계도 온도 변화가 있으므로 열을 얻는다. (구리 열량계 + 물)이 얻은 열량은 납덩어리가 잃은 열량과 같다. 납덩어리의 온도는 100 ℃ 에서 22 ℃ 로 내려갔다. 단위는 모두 g 과 cal 로 맞춰야 한다.

구리 열량계가 얻은 열량 = 0.09 × 1000 × (22 - 20) = 180 cal

물이 얻은 열량 = 1 × 270 × (22 - 20) = 540 cal

납 덩어리가 잃은 열량 = c × 300 × (100 - 22) = 23400 c

180 + 540 = 23400 c , c (납의 비열) = 0.03cal/g·℃

37 (1) ③ (2) ④ (3) ③

해설 | (1) 추의 퍼텐셜 에너지 감소량은 (추가 2개 이므로)

$2mgh$ = 2 × 21 × 9.8 × 4 = 1646.4 J

(2) 물의 비열은 1 cal/g·℃이고 물의 질량은 2000 g 이므로 열량계 속의 물이 얻은 열량은

Q = 1 × 2000 × 0.2 = 400 cal

(3) 400 cal = 1646.4 J 이므로 1 cal = 4.116 J 이 된다.

38 (1) 1260 J 감소 (2) 0.15 cal/g·℃ (3) 21.4 ℃

해설 | (1) 추가 2개 이므로 추의 퍼텐셜 에너지 변화량 = $2mgh$ = 2 × 21 × 10 × 3 = 1260 J 감소

(2) 1260 J = 300 cal 이다. 추가 잃은 퍼텐셜 에너지가 전부 액체에 전달되었다면 액체가 받은 열량 $Q = c \cdot m \cdot \Delta t$ 에서

300 = c × 1000 × 2 , c = 0.15 cal/g·℃ 이다.

(3) 액체의 비열은 0.15 cal/g·℃ 이다.액체로 전달되는 에너지는 1260 J × 0.7 = 300 cal × 0.7 = 210 cal이다. 추가 낙하하기 전 액체의 온도는 20 ℃ 였으므로

210 = 0.15 × 1000 × (t - 20), t (액체의 나중 온도) = 21.4℃

39 ⑤

해설 | 질량이 같다면 비열이 작을수록 같은 조건에서 온도 변화가 더 크다. 그러나 비열이 작아도 질량이 크면 온도 변화가 작아진다. 즉, 질량 × 비열 의 값인 열용량이 클수록 물체는 천천히 데워진다.

철의 열용량 = 0.11 × 50 = 5.5 cal/℃,

납의 열용량 = 0.03 × 100 = 3 cal/℃

구리의 열용량 = 0.09 × 200 = 18 cal/℃

온도 변화가 큰 순서대로 나열하면 납 철 구리이다.

40 ①

해설 | 마찰력에 의한 일이 발생한 열량이다. 마찰력 크기 F는 일정하므로 자동차의 가속도 a (<0)는 일정하고 $s = v_0 t - 1/2\ |a|t^2$ 로 나타낼 수 있다. 마찰력에 의한 일 W (= E)= Fs = F ($v_0 t$ - 1/2 $|a|t^2$) 이므로 접선 기울기가 줄어드는 ① 이 답에 해당된다.

41 ②

해설 | 자동차의 운동 에너지 = $\frac{1}{2}mv^2$ = 420 × 100 J = 42000 J = 10 kcal. 이것이 모두 열로 전환된다.

42 ①

해설 | 떨어지는 질량 m의 물의 퍼텐셜 에너지(J) 감소량 = mgh (m : [kg], g : 9.8[m/s^2], h : [m])이 같은 질량 m 인 스스로의 온도를 높인다. 물의 온도가 Δt 만큼 상승하기 위해 물이 얻는 열량

$Q = c \cdot m \cdot \Delta t$ (kcal) = $c \cdot m \cdot \Delta t$ × 4200 (c = 1 kcal/kg·℃, m[kg], Δt [℃]), 1 cal = 4.2 J, 1 kcal = 4200 J

$\therefore mgh = c\ m\ \Delta t \times 4200,\ \Delta t = \frac{9.8 \times 100}{4200} = 0.23$ ℃

43 ②

해설 | 쇠구슬은 진흙에 박히면서 멈추게 되는데 진흙 표면에 닿을 때 쇠구슬이 가지고 있던 운동 에너지가 마찰력에 의해 진흙의 열에너지로 바뀐다.

처음 쇠구슬의 퍼텐셜 에너지 = 진흙 표면에서의 운동 에너지이므로 쇠구슬이 잃은 에너지(50회 반복) = mgh × 50 = 0.02 × 9.8 × 1 ×50 = 9.8 J = 2.33 cal 이다.

이중 60 % 가 진흙의 에너지로 전환되므로 진흙이 얻는 에너지 = 1.4 cal 이다.

44 ③

해설 | 하루에 4000 kcal 를 소모하는 것은 1초에 $\frac{4000 \times 1000}{24 \times 60 \times 60}$ ≒ 46.3 cal 를 소모하는 것과 같다.

46.3 cal = 194 J 이므로 이 씨름 선수의 일률은 194 W 이다. 그러므로 60 W 전구 3개를 켤 수 있다.

45 ④

해설 | 총알의 운동 에너지 $E_k = \frac{1}{2}mv^2 = \frac{1}{2} \times 0.02 \times 200^2$ = 400 J

이 에너지의 50 % 를 총알이 흡수하므로 흡수한 에너지는

200 J = $\frac{200}{4.2}$ ≒ 47.6 cal 이다.

47.6 = $c \cdot m \cdot \Delta t$ (여기서는 m 의 단위가 g 이다.)

47.6 = c × 20 × 60, c = 0.04 cal/g·℃ = 0.04 kcal/kg·℃

개념 심화 문제

정답		283 ~ 285쪽
07 (1) 0 ℃ (2) 100 g	08 ⑥ 은	09 ①, ③, ④
10 (1) ㄷ (2) 에탄올	11 ①, ③, ④	12 75 m
13 0.6 ℃		

07 (1) 0 ℃ (2) 100 g

해설 | -10 ℃ 의 얼음 200 g 이 0 ℃ 의 물로 다 녹기 위해

-10 ℃ 의 얼음 → 0 ℃ 의 얼음 : 필요한 열량 = 0.5 × 200 × (0 - (-10)) = 1000 cal

0 ℃ 의 얼음 → 0 ℃ 의 물 : 필요한 열량 = 200 × 80 = 16000 cal

1000 + 16000 = 17000 cal 의 열량이 필요하다. (0.5 kcal/kg·℃ = 0.5 cal/g·℃ 이고, 80 kcal/kg = 80 cal/g 이다.)

그런데 15 ℃ 의 물 600 g → 0 ℃ 의 물 600 g

: 필요한 열량 = 1 × 600 × (15 - 0) = 9000 cal

이므로 600 g 의 물이 0 ℃ 물로 되면서 잃은 열량으로는 200 g 의 얼음이 다 녹지 못한다.

그러므로 15 ℃ 의 물 600 g → 0 ℃ 의 물이 되는 과정에서 9000 cal 의 열이 나오고, -10 ℃ 의 얼음 200 g → 0 ℃ 의 얼음의 가열 과정에서 필요한 1000 cal 를 빼면 8000 cal 의 열량이 0 ℃ 의 얼음 200 g → 0 ℃ 의 물로 녹이는데 사용된다. 융해열은 80 cal/g 이므로 8000 = 80 × m(녹는 얼음의 질량), m = 100 g 녹는 얼음의 질량은 100 g 이므로 녹지않고 남아 있는 얼음의 질량도 100 g 이다. 열평형 온도는 물과 얼음이 섞여 있는 0 ℃이다.

08 ⑥ 은

해설 | 금속 도막의 비열을 구해 보자. (열평형 온도 20 ℃)

금속 도막을 열량계에 넣었을 때 금속 도막의 온도는 100 ℃ 이다. 열량계 안에서 금속 도막이 잃은 열량 = 물이 얻은 열량이고, 물 100 mL 의 질량은 100 g 이다.

c × 200 × (100 - 20) = 1 × 100 × (20 - 10),

c = 0.0625 kcal/kg·℃ 이므로 은에 제일 가깝다.

09 ①, ③, ④

해설 | 세 물체의 질량은 m, $2m$, m 이고, 열평형 온도는 20 ℃ 이다. 열량 보존의 법칙에 의해 물체 A, B가 잃은 열량은 물체 C가 얻은 열량과 같다. (열량의 총합이 변하지 않고, 이동할 뿐이다.) 단위가 cal, g, ℃ 일 때 $Q = c \cdot m \cdot \Delta t$, C(열용량) = $c \cdot m$의 관계식을 고려한다. A , B , C 의 비열을 각각 c_A , c_B , c_C 라 할 때

①, ② 물체 A가 잃은 열량 $Q_A = c_A \cdot m \cdot (40 - 20)$,

B가 잃은 열량 $Q_B = c_B \cdot 2m \cdot (30 - 20)$이다.

조건에서 $Q_A = Q_B$ 이므로 $c_A = c_B$ 이다.

③, ④, ⑤ 물체 C가 얻은 열량 $Q_C = c_C \cdot m \cdot (20 - 10)$ 이고,

$Q_A + Q_B = Q_C$ 이다. $Q_A = Q_B$ 이므로 $2Q_B = Q_C$ 가 되고,

$2 \cdot c_B \cdot 2m \cdot 10 = c_C \cdot m \cdot 10$ 이므로

$c_B \cdot 2m$ (B의 열용량) = $c_C \cdot m$ (C의 열용량) × $\frac{1}{2}$ 이다.

$$\therefore c_A = c_B = \frac{1}{4}c_C$$

10 (1) ㄷ (2) 에탄올

해설 | (1) ㄱ. 고체로 존재하기 위해서는 상온(20 ℃)이 녹는점보다 낮아야 한다. 알루미늄, 구리의 2가지이다.

ㄴ. 같은 질량의 부피가 가장 작은 것은 밀도가 가장 큰 것이다. 에탄올이 아닌 수은이다.

ㄷ. 질량이 같으면 비열이 작을수록 온도 변화가 크다. 수은의 비열이 가장 작다.

(2) C(열용량) = $c \cdot m$ 이므로 (m 은 1 몰당 질량) 물 : 18, 에탄올 : 27.6, 알미늄 : 5.67, 수은 : 6.03, 구리 : 5.76 cal/몰
답은 에탄올이다.

11 ①, ③, ④
해설 | ① 상온(15 ℃)은 두 물질의 녹는점보다 높고 끓는점 보다 낮으므로 두 물질 A 와 B 는 모두 상온에서 액체 상태로 존재한다.
② 1 몰의 열용량 A : 18 × 1 = 18 cal/mol , B : 46 × 0.6 = 27.6 cal/mol 로 B 물질이 더 크다.
③ 두 물질 모두 상온에 두었으므로 나중 온도는 결국 같아진다.
④ 그래프에서 (가) 가 (나) 보다 천천히 식는 것으로 보아 (가) 의 비열이 더 크다. 따라서 (가) 는 A 물질이고, (나) 는 B 물질이다.

12 75 m
해설 | 역학적 에너지가 운동 과정의 마찰에 의한 열만큼 감소한다. 처음 물체의 운동 에너지 = 최고점에서의 퍼텐셜 에너지가 되어야 하나 마찰에 의한 열 (50 cal = 210 J)이 발생하므로
처음 물체의 운동 에너지 - 발생한 열 = 나중 물체의 퍼텐셜 에너지 이다.

$$\frac{1}{2} \times 4.2 \times 40^2 - 50 \times 4.2 = 4.2 \times 10 \times h$$

양변을 4.2 로 나누면 800 - 50 = 10 h , h = 75m이다.

13 0.6 ℃
해설 | 총알의 질량 m_1, 총알이 날아온 속력 v
나무 도막의 질량 m_2, 총알이 박힌 후 나무 도막의 속력 v'이라고 하면, 운동량은 보존되므로

$$m_1 v = (m_1 + m_2)v'$$

$$v' = \frac{m_1 v}{m_1 + m_2} = \frac{0.008v}{0.008 + 0.992} = 0.008v$$

(나무도막 + 총알)의 운동 에너지는 용수철의 탄성 퍼텐셜 에너지로 전환된다(용수철이 최대로 줄어든 길이 x = 10cm).

$$\frac{1}{2}(m_1 + m_2)v'^2 = \frac{1}{2}kx^2$$

$$\frac{1}{2} \times 1 \times v'^2 = \frac{1}{2} \times 1600 \times 0.1^2 = 8\,\text{J}, \quad v' = 4\ \text{m/s}$$

따라서 총알이 날아온 속력 v = 500 m/s 이다.
이 과정에서 손실된 역학적 에너지는 (1 cal = 4.2 J)

$$\frac{1}{2}m_1 v^2 - \frac{1}{2}kx^2 = \frac{1}{2} \times 0.008 \times 500^2 - 8 = 992\,\text{J} \fallingdotseq 236\,\text{cal}$$

이다. 이 에너지가 모두 열로 바뀌었으므로,

$$Q = (c_{총알} \cdot m_1 + c_{나무} \cdot m_2)\Delta t = (30 \times 0.008 + 400 \times 0.992)\Delta t$$

$$397.04\Delta t = 236\,\text{cal} \rightarrow \Delta t \fallingdotseq 0.6\ ℃$$

나무 도막의 온도는 약 0.6 ℃ 상승한다.

Ⅳ. 열에너지 (3)

개념 보기

Q9 (나), (다), (라) Q10 ①
Q11 (1) b = c > d > a (2) b > c > a = d

Q9 (나), (다), (라)
해설 | (가) $5Q - 2Q$ 는 얼음이 녹는 동안 가한 열량이다. 이 값을 질량으로 나눠줘야 융해열이 된다.
(나) 물과 얼음의 질량은 같고, m 이라 하자. 5분 에서 12분 까지 물이 가열되는 구간이며 이 구간은 7분 이므로 $7Q$ 만큼 열이 가해졌으며 온도 변화(Δt) 는 100 ℃ 이다.

물의 비열 = 1 cal/g·℃ = $\frac{7Q}{m \cdot 100}$ 이다.

얼음은 0 ~ 2분 동안 가열되었으며 $2Q$ 만큼 열이 가해졌고, 온도 변화는 10 ℃ 이다.

$$c_{물} : c_{얼음} = 1 : c_{얼음} = \frac{7Q}{m \cdot 100} : \frac{2Q}{m \cdot 10} = 7 : 20,$$

$c_{얼음} = \frac{20}{7}$ cal/g·℃ 으로 계산 가능하다.

(다), (라) 물에 가한 열량 $7Q = 1 \cdot m \cdot 100$ 에서 질량을 알 수 있으며, 물이 기화할 때(12분 ~ 20분) $8Q = mL$ 에서 L(기화열)을 알 수 있다.

Q10 ①
해설 | 원판 내부의 공간도 원판처럼 열팽창한다.
Q11 (1) b = c > d > a (2) b > c > a = d
해설 | (1)원래 세로 길이가 길수록 길이 증가도 크다.
b = c > d > a
(2)원래 면적이 클수록 면적 증가도 크다. b > c > a = d

개념 확인 문제

정답 289 ~ 291쪽

물질의 상태 변화와 열팽창

46 ① 47 ④ 48 ⑤ 49 ④ 50 ③ 51 ⑤
52 A C D E 53 ⑤ 54 ② 55 ②
56 (1) 0.5 cal/g·℃ (2) 540 cal/g 57 ④ 58 ④ 59 ①
60 ⑤ 61 ③ 62 ④ 63 ④
64 (1) 20.034 cm (2) 10.017 cm (3) $V_1 = V_2$

46 ①
해설 | 고체 상태의 물질은 결합력이 강해 형태가 변하기가 어렵다. 액체 상태의 물질은 고체 상태의 물질에 열을 가해 결합력이 약해진 상태로 분자들이 움직이므로 형태가 쉽게 변한다. 기체 상태의 물질은 결합력이 매우 약한 상태로 분자들이 자유로이 운동할 수 있다.

47 ④
해설 | 얼음이 융해하고 있을 때에는 얼음의 온도 변화가 없다. 그

러므로 분자 운동의 변화도 없고, 부피의 변화도 없다. 얼음이 물로 변하기 위해서 융해열을 흡수해야만 한다. 얼음의 상태이므로 비열의 변화도 없다.

48 ⑤

해설 | 드라이아이스, 나프탈렌, 아이오딘처럼 고체→기체, 기체→고체로 직접 상태 변화하는 승화성 물질도 있다.

49 ④

해설 | 고체 → 기체, 기체 → 고체로 직접 상태 변화하는 것을 승화라고 하며 승화성 물질에는 나프탈렌, 드라이아이스, 아이오딘 등이 있다.

50 ③

해설 | ③ 주전자의 물이 끓을 때 나오는 흰 김은 수증기가 주전자 꼭지를 통해 나오다가 바깥의 찬 공기와 만나서 온도가 내려가 응결된 작은 물방울이다. 변화열과 직접 관련 있다고 할 수 없다.

① 눈이 공기 중에 있을 때 공기 중의 수증기(기체)가 눈(고체)으로 승화하므로 승화열을 대기 중으로 내놓게 되어 대기의 온도는 훈훈해진다.

② 더운 사막에서 가죽 물통을 사용하면 가죽 틈으로 조금씩 스며나오는 물이 기화하며 열을 빼앗기 때문에 물통의 물이 시원하게 유지된다.

④ 이누이트족이 이글루 안에서 물을 뿌리면 뿌린 물방울이 얼면서 응고열을 방출하므로 실내가 따뜻해진다.

⑤ 드라이아이스가 승화하면서 열을 빼앗아가기 때문에 근처의 기온이 시원하게 유지되므로 채소가 상하지 않게 보관할 수 있다.

51 ⑤

해설 | -10 ℃ 의 얼음 20 g → 0 ℃ 의 얼음 20 g (가열: Q_1), 0 ℃ 의 얼음 20 g → 0 ℃ 의 물 20 g (융해열 Q_2), 0 ℃ 의 물 20 g → 100 ℃ 의 물 20 g (가열 Q_3), 100 ℃ 의 물 20 g → 100 ℃ 의 수증기 20 g (기화열 Q_4), 위 네 단계에서 각각 열이 필요하다.

$Q_1 = 0.5 \times 20 \times (0 - (-10)) = 100$ cal,

$Q_2 = 20 \times 80 = 1600$ cal, $Q_3 = 1 \times 20 \times (100) = 2000$ cal,

$Q_4 = 20 \times 538 = 10760$ cal

(전체) = 100 + 1600 + 2000 + 10760 = 14460 cal 이다.

52 A C D E

해설 | 그래프에서 평평한 부분은 상태 변화하는 부분이다. 온도가 높아지면서 상태 변화가 두 번 일어났으므로 이 물체의 처음 상태는 20 ℃ 의 고체이다.

A. 어는점과 녹는점은 같으므로 40 ℃ 이다.

B. 가열 후 2 ~ 4분 사이에서는 상태 변화가 일어나는 부분이므로 액체와 고체가 공존한다.

C. 두 번째 평평한 부분이 80 ℃ 에서 나타났으므로 끓는점은 80 ℃ 이다.

D. 2 ~ 4분 사이에 이 물질 20 g 이 다 녹는다고 할 수 있고, 1 분당 10 J 의 에너지를 공급받으므로 2 분 동안 20 J 의 에너지를 공급받았다. 융해열 $L = \dfrac{Q}{m} = \dfrac{20\text{ J}}{20\text{ g}} = 1$ J/g 이다.

E. 가열 후 12 분이 지나면 모두 기화된다.

53 ⑤

해설 | 15 ℃ 에서 1500 ℃ 까지는 고체 상태에서 온도만 올라간다. 필요한 열량 Q_1 은

$Q_1 = c \cdot m \cdot \Delta t = 0.02 \times 100 \times (1500 - 15) = 2970$ cal

1500 ℃ 고체→1500 ℃ 액체로 상태 변화하기 위해서는 1 g 당 50 cal의 변환열(융해열) Q_2 가 필요하다.

$Q_2 = mL = 100 \times 50 = 5000$ cal

그러므로 전체 필요한 열량 $Q = Q_1 + Q_2 = 2970$ cal + 5000 cal = 7970 cal 이다.

54 ②

해설 | ①, ②, ③ 이 고체 물체는 AB 구간 동안 상태 변화 없이 가열되다가 BC 구간에서는 액체 상태와 고체 상태가 같이 존재한다. 이 구간의 온도는 변하지 않는데 가해준 열은 모두 상태 변화에 사용되기 때문이다. 이때의 온도가 융해점이다. CD 구간에서 이 물체는 액체 상태이다.

④, ⑤ 비열 $c = \dfrac{Q}{m\Delta t}$ 인데 AB 구간의 기울기와 질량을 알면 구할 수 있다. 기울기가 클수록 비열은 작다. 따라서 비열은 고체일 때보다 액체일 때 더 크다.

55 ②

해설 | 얼음의 질량을 m 이라 하면 얼음이 다 녹아 물이 되었어도 질량은 변하지 않는다.

1분 당 Q 의 열량이 가해진다고 하면 녹는 시간은 6 분이므로 녹는 동안 받은 열은 $6Q$ 이다. 융해열 $= \dfrac{6Q}{m} = 80$ (cal/g)

얼음이 물로 모두 상태 변화한 9 분에서 12 분까지 3 분 동안 가한 열은 $3Q$ 이므로

$3Q = c\,m\,\Delta t = 1 \times m \times (t - 0) \rightarrow t = \dfrac{3Q}{m}$ 이다. $\dfrac{6Q}{m} = 80$ 이므로 $t = \dfrac{3Q}{m} = 40$ ℃ 이다.

56 (1) 0.5 cal/g·℃ (2) 540 cal/g

해설 | (1) -10 ℃ 의 얼음 100 g 은 0.5 kcal = 500 cal 의 열을 받아 0 ℃ 의 얼음이 되었다.

$c = \dfrac{Q}{m\Delta t} = \dfrac{500}{100 \times 10} = 0.5$ cal/g·℃ (= 0.5kcal/kg·℃)

비열은 그 구간에서의 그래프의 기울기와 비례한다.

(2) 물의 질량도 100 g 이고 (72.5 - 18.5) kcal 의 열을 공급받아 모두 기화되므로

$$L(\text{변환열;기화열}) = \frac{Q}{m} = \frac{54\text{ kcal}}{100\text{ g}} = 540\text{ cal/g}$$

57 ④

해설 | 열평형 온도를 T 라 하면 $T > 0$ 인 경우 얼음은 다 녹아 물이 된다. 밖으로 나가는 열이 없으므로 열량 보존의 법칙에 의해 물이 잃은 열량이 얼음이 얻은 열량이 된다.

-10 ℃ 얼음 → T ℃ 의 물 의 과정에서 얻은 열

-10 ℃ 의 얼음 10 g → 0 ℃ 의 얼음 10 g : 0.5 × 10 × 10 = 50cal

0 ℃ 의 얼음 10 g → 0 ℃ 의 물 : 10 × 80 = 800 cal

0 ℃ 의 물 10 g → T ℃ 의 물 : 1 × 10 × T = 10 T

80 ℃ 의 물 20 g 이 T ℃ 의 물이 되는 과정에서 잃은 열 :

1 × 20 × (80 - T)

그러므로 50 + 800 + 10T = 20(80 - T) ,

$850 + 10T = 1600 - 20T \quad T = \frac{750}{30} = 25$ ℃가 된다.

58 ④

해설 | A - B 를 맞붙였을 때 A 가 더 많이 늘어난다. A - C 를 맞붙였을 때 A 가 더 많이 늘어난다.

A - B 를 맞붙였을 때 A - C를 맞붙였을 때보다 더 많이 휘었다. 열팽창계수가 차이가 크면 더 많이 휘므로 A-알루미늄 B-철 C-구리라는 것을 알 수 있다.

59 ①

해설 | 물과 금속은 열평형 상태이므로 온도가 같다.

액체는 고체보다 열팽창계수가 10 ~ 100배 가량 크다. 따라서 같은 온도만큼 상승시켰을 때 액체의 부피가 금속(고체)보다 커지고 그만큼 밀도는 작아진다(가벼워진다).

물속의 금속 구는 물로부터 부력을 받는다. 금속의 부피에 해당하는 만큼의 물의 무게가 부력의 크기인데, 온도가 뜨겁게(8 ~ 90 ℃)올라가면 금속구의 부피가 증가하지만 물의 부피가 더 증가하여 금속구의 부피에 해당하는 물의 무게는 감소한다. 따라서 부력이 감소하게 되고 저울의 눈금은 더 무거운 눈금을 가리키게 된다.

60 ⑤

해설 | ⑤ 전구 유리 내부를 아르곤 기체로 채우는 것은 산소를 제거하여 필라멘트가 산화되어 빨리 끊어지는 것을 막기 위해서이다.

④ 전선이 열팽창으로 늘어나서 쳐지면 위험하므로 팽팽하게 당겨서 고정한다.

61 ③

해설 | 금속의 열팽창계수가 유리보다 크므로 온도가 올라가면 금속이 더 많이 팽창하여 헐거워지기 때문에 열기 쉬워진다.

62 ④

해설 | 10 ℃ 에서 50 cm 인 자의 길이가 30 ℃ 에서 얼마인지를 먼저 구한다. $l = l_0(1 + \alpha \varDelta t)$ 에서 l 은 30 ℃ 에서 자의 길이, l_0 는 10 ℃ 에서 자의 길이, $\varDelta t$ 는 20 ℃ 이다.

$l = 50(1 + 1.7 \times 10^{-5} \times 20) = 50 \times 1.00034 = 50.017$ cm 이다.

즉, 10 ℃ 에서 50 cm 인 자의 실제 길이는 30 ℃ 에서 50.017 cm 로 늘어난다. 자의 눈금은 변하지 않으므로 30 ℃ 에서 50 cm 로 측정되는 물체의 실제 길이는 50.017 cm 이다.

63 ④

해설 | 판 전체가 팽창하므로 구멍도 똑같이 팽창하여 넓어진다. 면적팽창계수는 선팽창계수의 2 배이고, 온도 변화 $\varDelta t$ 는 50 ℃ 이다.

$S = S_0(1 + 2\alpha \varDelta t) = 100(1 + 2 \times 2.3 \times 10^{-5} \times 50)$

$= 100(1 + 0.0023) = 100.23$ cm^3 이다.

64 (1) 20.034 cm (2) 10.017 cm (3) $V_1 = V_2$

해설 | (1) $l = l_0(1 + \alpha \varDelta t) = 20(1 + 1.7 \times 10^{-5} \times 100)$

$= 20 \times (1.0017) = 20.034$ cm

(2) 지름도 길이 팽창을 한다. $l = l_0(1 + \alpha \varDelta t)$

$= 10(1 + 1.7 \times 10^{-5} \times 100) = 10 \times (1.0017) = 10.017$ cm

(3) V_1 = 밑면적 × 높이 $= \pi \times \left(\frac{10.017}{2}\right)^2 \times 20.034 = 502.55\pi$ cm^3

$V_2 = V_0(1 + \beta \Delta t)$ (β(부피팽창계수) $= 3\alpha$) $= V_0(1 + 3\alpha \varDelta t)$

$= \pi \times \left(\frac{10}{2}\right)^2 \times 20 \times (1 + 3 \times 1.7 \times 10^{-5} \times 100)$

$= 500\pi \times (1 + 3 \times 1.7 \times 10^{-5} \times 100) = 500\pi \times (1.0051)$

$= 502.55\pi$ cm^3 . $\therefore V_1 = V_2$

개념 심화 문제

정답	292 ~ 294쪽
14 32.8 g	15 ㄱ, ㄷ, ㄹ
16 (1) abc (2) abc (3) acb (4) 액체일 때 (5) bca	
17 0.88 cm	18 넘친다 0.477 cm^3 19 0.4 m

14 32.8 g

해설 | 물의 기화열은 540 kcal/kg = 540 cal/g 이므로 필요한 수증기의 질량을 m (g) 이라하면 (100 ℃ 의 수증기) → (100 ℃ 의 물)이 되는 액화 과정에서 540 m (cal)의 열량을 잃으며 (100 ℃ 의 물) →(30 ℃ 의 물)로 식는 과정에서 1 × m × (100 - 30) (cal)의 열량을 잃는다. 열량 보존의 법칙에 의해 이 열량은 모두 1 L 의 물이 10 ℃ → 30 ℃ 로 가열되는 데 사용된다. (1 L = 1000 g)

$\therefore 540\,m + 1 \times m \times (100 - 30) = 1 \times 1000 \times (30 - 10)$

$\rightarrow 610\,m = 20000, \quad m = 32.8$ g

15 ㄱ, ㄷ, ㄹ

해설 | ㄱ. DE 구간의 온도는 끓는점으로 온도가 올라가지 않고 일정하다. 물과 수증기가 같이 존재하는 구간이다.

ㄴ.ㄹ. CD구간에서 물은 7 분 = 420 초 동안 가열되었다. 20 W 는 1초 동안 20 J 의 열량을 공급하는 것이므로 물에 공급된 열량은 8400 J이고 이것은 2000 cal 에 해당한다. 이 구간 동안 20 g 의 물이 100 ℃ 의 온도변화를 했으므로

$Q = c \cdot m \cdot \Delta t$ 공식에서 $c = \frac{Q}{m \varDelta t} = \frac{2000}{20 \times 100} = 1$ cal/g·℃

(= 1 kcal/kg·℃)이다. 그래프의 기울기가 클수록 비열이 작은 것이기는 하지만 주어진 그래프의 기울기와 비열은 같지 않다.
ㄷ. 그래프 상에서 얼음이 융해되고 있는 구간은 BC 구간이며 이 구간 330 초 동안 6600 J 의 열이 20 g 의 얼음에 공급된다. 융해열은 얼음 1 g 이 녹는데 필요한 열량이므로

융해열 $L = \frac{Q}{m} = \frac{6600\ J}{20\ g}$ = 330 g/J = 330 kg/kJ 이다.

ㄹ. 물의 비열은 1 kcal/kg·℃이다.

16 (1) abc (2) abc (3) acb (4) 액체일 때 (5) bca

해설 | (1) 어는점은 평형한 곳의 온도이다 → abc
(2) 고체 상태일 때는 평평한 부분이 지났을 때의 상태이다. 질량이 같으므로 천천히 냉각될수록 비열이 크다 → abc
(3) 액체 상태일 때는 평평한 부분 이전이다 → acb
(4) 물체 a는 액체일 때 고체일 때보다 천천히 냉각되므로 비열이 크다.
(5) 평평한 부분이 길수록 많은 열이 가해지므로 융해열이 크다 → bca

17 0.88 cm

해설 | $l = l_0(1 + \alpha\Delta t)$ 이다. 철로는 양쪽으로 늘어나지만 옆의 철로도 똑같이 늘어나므로 한 철로의 늘어날 길이만큼 간격을 두면 된다. 0 ℃ 일 때의 철로의 길이를 l_0, 40 ℃ 에서 철로의 길이를 l 이라 하면 온도가 상승했을 때 늘어난 길이는 $l - l_0$ 가 되고 이만큼 철로의 간격을 두면 된다.
윗식에서 $l - l_0 = l_0\alpha\Delta t$ = 20 × 11 × 10^{-6} × 40 = 0.0088 m = 0.88 cm (늘어날 길이 = 간격)

18 넘친다, 0.477 cm^3

해설 | 부피팽창계수는 선팽창계수 × 3 이다.
온도가 올라가면 구리 컵 내부의 공간도 구리처럼 부피 팽창을 한다. 30 ℃ 에서의 구리 컵 내부의 부피를 V 라고 하고, 20 ℃ 에서는 V_0 라고 하면 (Δt (온도 변화)는 10 ℃ 이다.)
$V = V_0(1 + \beta\Delta t)$ β(팽창계수) = 3α 에서
$V - V_0 = V_0 \cdot 3\alpha \cdot \Delta t$ = 100 × 3 × 11 × 10^{-6} × 10
= 3.3 × 10^{-2} = 0.033 cm^3 (구리 컵 내부의 늘어난 부피)
글리세린도 20 ℃ 에서의 부피가 100 cm^3 였고, 부피팽창계수가 5.1 × 10^{-4}/℃ 이므로
글리세린의 늘어난 부피 = 100 × 5.1 × 10^{-4} × 10 = 0.51 cm^3
∴ 넘치는 글리세린의 양 = 글리세린의 늘어난 부피 - 구리 컵 내부의 늘어난 부피 = 0.51 - 0.033 = 0.477 cm^3

19 0.4 m

해설 | 현재 상태에서 온도가 Δt 만큼 상승한다고 할 때 강철의 늘어난 길이와 알루미늄의 늘어난 길이가 같아야 한다. 강철의 선팽창계수를 1 로 하고, 알루미늄의 선팽창계수를 2.5 라고 하면
$l = l_0(1 + \alpha\Delta t)$ 의 공식으로부터 늘어난 길이 $l - l_0 = l_0\alpha\Delta t$ 이다.
강철의 늘어난 길이 : 1 × 1 × Δt
알루미늄의 늘어난 길이 : 알루미늄의 처음 길이 x × 2.5 × Δt
두 길이가 같아야 하므로 알루미늄의 처음 길이(x)는 0.4 m 이다.

Ⅳ. 열에너지 (4)

개념 보기

Q12 12.68 m^3 Q13 400 Q14 약 1억 9천 년
Q15 (1) 0.65 몰 (2) 3.913×10^{23} 개
Q16 (1) 0.04 몰 (2) 1000 N Q17 1.933 g
Q18 (1) P_1 = 1246.5 N/m^2, P_2 = 2493 N/m^2, P_3 = 3739.5 N/m^2 (2) 7479 N/m^2
Q19 16883 개 Q20 313 ℃

Q12 12.68 m^3

해설 | $\frac{V}{T} = \frac{V_0}{T_0}$ 에서 T 는 절대 온도이므로 $\frac{V}{473} = \frac{10}{373}$,
V = 12.68 m^3

Q13 400

해설 | 양변 모두 압력의 단위를 기압(atm)으로 하여 $\frac{P_0V_0}{T_0} = \frac{PV}{T}$
에서 $\frac{3 \times 2}{300} = \frac{2 \times 4}{T}$, T = 400 K

Q14 약 1억 9천 년

해설 | 1 mol 의 분자의 개수는 6.02 × 10^{23} 개 이므로 1억(10^8)으로 나눠주면 6.02 × 10^{15} 초가 걸린다.
1년은 60 × 60 × 24 × 365 = 31536000초 = 3.1536 × 10^7초
이므로 $\frac{6.02 \times 10^{15}}{3.1536 \times 10^7}$ = 1.90893×10^8 년 이 걸린다.
즉, 약 1억 9천년이다.

Q15 (1) 0.65 몰 (2) 3.913 × 10^{23} 개

해설 | (1) $PV = nRT$ 에서 $n = \frac{PV}{RT} = \frac{0.8 \times 1.013 \times 10^5 \times 0.02}{8.31 \times 300}$
= 0.65 몰
(보일-샤를의 법칙 이용)1몰의 기체는 표준 상태 (0 ℃, 1 기압)에서 22.4 L (= 22.4 × 10^{-3} m^3)의 부피를 차지한다.
$\frac{P_0V_0}{T_0} = \frac{PV}{T}$ 에서, $\frac{1 \times V_0}{273} = \frac{0.8 \times 0.02}{300}$
(표준 상태에서의 부피) = 14.56 × 10^{-3} m^3 = 14.56 L
$V_0 = \frac{14.56}{22.4\ 몰}$ = 0.65 몰
(2) 6.02 × 10^{23} 개 × 0.65 = 3.913 × 10^{23} 개

Q16 (1) 0.04 몰 (2) 1000N

해설 | 1 Pa = 1N/m^2 이고 그릇의 부피는 10^3 cm^3 = 1 L = 10^{-3} m^3 이다.
(1) $PV = nRT$ 에서 $n = \frac{PV}{RT} = \frac{10^5 \times 10^{-3}}{8.31 \times 300}$ = 0.04 몰
(2) 한 면의 면적은 100 cm^2 = 10^{-2} m^2 이므로 $F = PA$
= 10^5 N/m^2 × 10^{-2} m^2 = 1000 N

Q17 1.933 g

해설 | 마개가 열려있으므로 압력은 대기압과 같다. 부피도 일정하고 기체의 온도만 변한다.

$n = \frac{PV}{RT}$, n_0 를 처음에 그릇에 있던 기체의 몰 수, n 을 나중에 남게 되는 기체의 몰 수라고 하면 $n_0 : n = \frac{PV}{R \times 290} : \frac{PV}{R \times 300} = 30 : 29$

처음에 2 g 이었으므로 나중에는 $2 \times \frac{29}{30} = 1.933$ g 이 남는다.

Q18 (1) $P_1 = 1246.5\ N/m^2$, $P_2 = 2493\ N/m^2$, $P_3 = 3739.5\ N/m^2$
(2) 7479 N/m^2

해설 | (1) $P(N/m^2) = \frac{nRT}{V}$ $P_1 = \frac{1 \times 8.31 \times 300}{2} = 1246.5$

$P_2 = \frac{2 \times 8.31 \times 300}{2} = 2493$, $P_3 = \frac{3 \times 8.31 \times 300}{2} = 3739.5$

(2) $P_1 + P_2 + P_3 = 7479\ N/m^2$

Q19 16883 개

해설 | $F_{기체분자 1개} = \frac{-2mv}{t}$ 이다. 1초에 n 개가 나무 판에 연속적으로 충돌한다면 1개가 충돌하는 시간 t 는 $\frac{1}{n}$초 이다.

$F_{기체분자 1개} = -2mvn$ 이며, 기체 분자는 연속적으로 충돌하므로 계속 같은 힘을 받고 그 반작용으로 벽도 같은 크기의 힘을 반대 방향으로 받게 된다. F (벽이 받는 힘) = $2mvn$ 이므로

벽의 압력 $P = \frac{벽이\ 받는\ 힘}{면적} = \frac{2 \times 0.1 \times 30 \times n}{1} = 1.013 \times 10^5\ N/m^2$

n = 16883(개)

Q20 313 ℃

해설 | 20 ℃ = 293 K 이므로 온도가 2 배가 되려면 586 K 가 되어야 하고 586 K = 313 ℃ 이다.

개념 확인 문제

정답 300 ~ 304쪽

기체 분자의 압력과 부피, 온도와의 관계

65 ⑤	66 ①	67 ②	68 ⑤	69 ②
70 ④	71 ④	72 ②	73 ④	74 ⑤
75 ③	76 C	77 ⑤		
78 B점 : 27 ℃ C점 : 927 ℃			79 ①	
80 B점 : 100 K , C점 : 50 K , D점 : 20 K				81 ③
82 ③	83 ⑤	84 ②	85 ③	
86 7.83×10^{22} 개		87 ⑤	88 ④	

기체 분자의 운동에 관한 식

89 (1) $\frac{2L}{v}$ (2) $\frac{v}{2L}$ (3) $2mv$ (4) $\frac{mv^2}{L}$				90 ④
91 ③	92 ③	93 $\sqrt{3mkT}$		94 ⑤
95 ③	96 ④	97 4배		
98 산소: 483 m/s 수소: 1932 m/s			99 1 : 2	

65 ⑤

해설 | ㄱ. 유리관을 기울여도 수은 면에서의 수직 높이인 수은 기둥의 높이는 76 cm 로 유지된다. 밑면에 가하는 압력은 일정하다.

ㄴ. 압력은 단위 면적당 작용하는 힘으로 $\frac{F}{A}$(면에 작용하는 힘 ÷ 면적)로 구한다. 유리관의 단면적이 커지면 작용하는 힘도 비례하여 커지므로 압력은 같게 되고 수은 기둥의 높이는 76 cm 로 변하지 않는다.

ㄷ. 수은 기둥 76 cm 가 밑면에 작용하는 압력과 기압이 같아서 수조의 수은 표면에서 평형을 이룬다. 기압이 작아지면 수은 기둥의 높이도 낮아지므로 기압을 측정할 수 있다.

ㄹ. 수은 대신 물을 사용하는 경우 물의 밀도는 1 이고, 밑면에 작용하는 힘이 같아야 하므로 높이가 13.6 배 = 1033.6 cm 가 되어야 된다.

66 ①

해설 | 압력 $= \frac{F\ (면에\ 수직으로\ 작용하는\ 힘)}{A\ (힘을\ 받는\ 면적)} = 100\ N/m^2$ 이다.

67 ②

해설 | 이상기 체는 액화나 응고가 일어나지 않는 이상적인 기체로 가정한다. 그러므로 0 K 에서도 기체 상태로 존재한다.

68 ⑤

해설 | 1 hpa = 1 mb = 100 N/m^2, 1 기압 = 1 atm = 760 torr = 1013 hpa , 1 kg/m^3 는 밀도의 단위이다.

69 ②

해설 | 아보가드로의 법칙의 핵심은 같은 온도와 압력이라면 기체의 종류가 달라도 같은 부피에는 같은 수의 기체 분자가 존재한다는 것이다. (표준 상태 : 0 ℃ 1 기압)

70 ④

해설 | 일정한 압력 하에서 온도와 부피와의 관계는 샤를의 법칙이 적용된다.

$\frac{V}{T} = \frac{V'}{T'}$ 즉, 절대 온도와 부피는 비례한다는 것이다.

0 ℃ = 273 K, 100 ℃ = 373 K이므로 $\frac{4}{273} = \frac{V'}{373}$

$V' = \frac{4}{273} \times 373 = 5.47$ L 단위를 맞추기 위해

1 기압은 1013 hpa = 101300 N/m^2 으로 하고, 온도는 절대 온도(K), $1L = \frac{1}{1000}\ m^3$ 로 해야 하나, 이 문제에서는 양쪽의 단위를 같게 했으므로 기압이나 L 단위를 그냥 사용해도 된다.

71 ④

해설 | 보일의 법칙은 온도가 일정할 때 성립한다. $PV = P'V' = k$ (일정)이므로 압력과 부피는 반비례한다.

$$1 \times 10 = 2 \times V', \quad V' = 5\ \text{L}$$

72 ②

해설 | 보일-샤를의 법칙-온도는 절대 온도(K)로 해야한다.(273 ℃ = 546 K)

$\frac{PV}{T} = \frac{P'V'}{T'}$, $\frac{1 \times 5}{273} = \frac{2 \times V'}{546}$, $V' = 5$ L 그대로이다.

절대 온도가 2배 → 부피 2배, 압력 2배 → 부피 $\frac{1}{2}$ 배 이므로

부피는 그대로 유지된다.

73 ④

해설 | 표에서 섭씨 온도를 절대 온도로 고치면

온도(K)	283	293	303	313
부피(㎤)	283	293	303	313

즉 절대 온도와 기체의 부피는 비례한다.

① 온도가 증가하면 부피도 증가하고는 있으나 이표의 해석으로는 부족하다. '압력이 일정하면 기체의 절대 온도와 부피는 비례한다.' 라고 해야한다.

② 이 표는 샤를의 법칙이 적용되었다.

③ 이상 기체의 운동 에너지는 절대 온도에 비례하나 이 표의 해석이 아니다.

④ 압력이 일정하면 기체의 절대 온도와 부피는 비례한다.(정답)

⑤ 압력과 온도가 일정하면 일정한 부피에서는 일정한 개수의 기체 분자가 존재한다.-아보가드로의 법칙이나 이표의 해석이 아니다.

74 ⑤

해설 | $\frac{PV}{T} = \frac{P'V'}{T'}$ = 일정, $\frac{1 \times V}{273 + 20} = \frac{20 \times \frac{1}{10}V}{T'}$,

$T' = 586$ K = 313 ℃

75 ③

해설 | 압력이 일정하므로 샤를의 법칙이다. 즉, 절대 온도와 기체의 부피는 비례한다.

27 ℃ = 300 K, 327 ℃ = 600 K 이므로 절대 온도가 2 배가 되었고, 부피도 2배가 된다.

76 C

해설 | 같은 온도일지라도 압력이 커지면 부피가 줄어든다. 같은 온도에서 부피가 작은 것일수록 압력이 큰 것이다.

또는 $PV = nRT$ 에서 (그래프의 기울기) $\frac{V}{T} = \frac{nR}{P}$ 이므로 기울기가 클수록 압력이 작다.

77 ⑤

해설 | $\frac{PV}{T} = \frac{P'V'}{T'}$ = 일정, $\frac{1 \times 1}{73 - 273} = \frac{2 \times 3}{T'}$

$T' = 200 \times 6 = 1200$ K = 927 ℃

또는 $PV = nRT$ 에서 기체의 몰수 n 은 변하지 않으므로 PV 값과 온도는 비례한다.

A → C 로 되면서 PV값이 6 배가 되었다. A 점의 온도는 200 K 이므로 C 점의 온도는 1200 K 가 되며 이것을 섭씨 온도로 고치면 927 ℃ 가 된다.

78 B점 : 27 ℃ C점 : 927 ℃

해설 | 그래프의 각 지점에서 기체의 몰수 n 은 변하지 않으므로 $PV= nRT$ 에서 PV 값과 절대 온도는 비례한다.

A점 : 압력 × 부피 = $\frac{1}{4}P_0 \times 4V_0 = P_0V_0$

B점 : 압력 × 부피 = P_0V_0

C점 : 압력 × 부피 = $P_0 \times 4V_0 = 4P_0V_0$

A 점과 B 점은 온도가 같다.(A → B 그래프는 온도가 일정할 경우의 보일의 법칙 그래프이다.)

C 점은 압력×부피 값이 A점의 4 배이므로 절대 온도가 4 배가 된다.

A 점의 절대 온도는 300 K 이므로 C 점의 절대 온도는 1200 K = 927 ℃ 이다.

79 ①

해설 | $PV = nRT$ 이고, T 는 절대 온도이다.

$$V = \frac{nRT}{P} = \frac{3 \times 8.31 \times 300}{3 \times 100{,}000} = 0.025\ \text{m}^3$$

80 B 점 : 100 K , C 점 : 50 K , D점 : 20 K

해설 | $PV = nRT$ 에서 PV 값과 절대 온도는 비례한다. 단위는 SI 단위로 통일되어 있으므로 단위는 생략하고 각 지점의 PV 값을 구한다.

A 점의 $P \times V = 2 \times 10^5 \times 5 \times 10^{-3} = 1000$

B 점의 $P \times V = 5 \times 10^5 \times 2 \times 10^{-3} = 1000$

C 점의 $P \times V = 5 \times 10^5 \times 1 \times 10^{-3} = 500$

B 점의 $P \times V = 2 \times 10^5 \times 1 \times 10^{-3} = 200$

A 점의 온도가 100 K이므로 B, C, D 점의 온도는 각각 100 K, 50 K, 20 K 이다.

81 ③

해설 | 콕을 열면 부피가 두 배가 된다. 부분압의 법칙에 의해 수소가 두 배로 부피 팽창할 때의 압력(P_1)과 헬륨이 두 배로 부피 팽창할 때의 압력(P_2)을 각각 구해 더한다. 나중 온도는 두 기체 모두 240 K가 된다.

수소의 처음 부피 V, 나중 부피 $2V$, $\frac{PV}{T} = \frac{P'V'}{T'}$ 에서

$\frac{0.5V}{400} = \frac{P_1 \times 2V}{240}$, $P_1 = 0.15$ (기압)

헬륨의 처음 부피 V, 나중 부피 $2V$, $\frac{PV}{T} = \frac{P'V'}{T'}$ 에서

$\frac{V}{200} = \frac{P_2 \times 2V}{240}$, $P_2 = 0.6$ (기압)

P (전체 압력) = $P_1 + P_2$ = 0.75 (기압) 이다.

82 ③

해설 | 용기 안의 이상 기체의 압력은 대기압과 평형을 이룬다. 따라

서 기체의 압력과 부피가 같고 온도가 다른 기체의 양을 구하면 된다. 기체의 양은 몰수와 비례한다. 처음 기체의 몰수를 n_1 , 나중에 남아있는 기체의 몰수를 n_2 라고 하면 $PV = nRT$ (T 는 절대 온도)에서

$n_1 = \dfrac{PV}{R \times 200}$, $n_2 = \dfrac{PV}{R \times 400}$ 이므로 $n_1 : n_2 = 2 : 1$ 이다.

즉, 남아있는 기체의 양은 0.1 g 이 된다.

83 ⑤
해설 | 이상 기체 상태방정식 $PV = nRT$ 를 참고한다.
① 온도를 상수로 놓으면 $PV = c$ (상수) 가 된다.
② 압력을 상수로 놓으면 $V = cT$ 가 된다.
③ 부피를 상수로 놓으면 $P = cT$ 가 된다.
④ $n = \dfrac{PV}{RT}$ 이고 R 은 알려진 값이다.
⑤ 기체상수 R 은 표준 상태(0 ℃, 1 기압)에서 부피가 22.4 L(기체1 mol 의 부피)일 때의 이상 기체의 $\dfrac{\text{압력} \times \text{부피}}{\text{절대 온도}}$ 를 구한 값이다.

84 ②
해설 | $PV = nRT$ 에서 기체상수 R 은 8.31 J/mol·K, T 는 273 K 이다. 단위는 SI 단위로 통일한다.

$V = \dfrac{nRT}{P} = \dfrac{1 \times 8.31 \times 273}{1.013 \times 10^5} = 22.4 \times 10^{-3}\,m^3 = 22.4\,L$

85 ③
해설 | 밀폐되었으므로 몰 수의 변화는 없다.(기체의 질량은 변하지 않는다.)

$PV = nRT$ 에서 $P = \dfrac{nRT}{V}$ 이므로 온도가 절반이 되고, 부피도 절반이 되더라도 압력은 변하지 않는다.

86 7.83×10^{22} 개
해설 | 1 mol 의 기체 분자의 개수는 6.02×10^{23} 개 이다. 따라서 풍선 속 공기의 몰 수를 구하면 된다.
27 ℃ = 300 K, 1 L = 10^{-3} m³ 를 사용한다.

$n = \dfrac{PV}{RT} = \dfrac{1.013 \times 10^5 \times 3.2 \times 10^{-3}}{8.31 \times 300} = 0.13\,mol$

분자의 개수 $= 0.13 \times 6.02 \times 10^{23} = 7.83 \times 10^{22}$ 개

87 ⑤
해설 | 전체 압력 = 산소의 압력 + 질소의 압력이다.
질소의 유무에 관계없이 산소는 부피가 넓어지므로 압력이 줄어들 것이다. 질소의 경우도 마찬가지이다. 온도가 일정하므로 $PV = P'V'$를 이용한다.

산소는 부피가 4배가 되었으므로 압력은 $\dfrac{1}{4}$ 기압이 되고, 질소는 부피가 $\dfrac{4}{3}$ 배가 되었으므로 압력은 $\dfrac{3}{4}$ 배인 $\dfrac{3}{2}$ 기압이 된다.

전체 압력 $= \dfrac{1}{4}$ 기압 $+ \dfrac{3}{2}$ 기압 $= \dfrac{7}{4}$ 기압

88 ④
해설 | 1 m = 100 cm, 1 m² = 10000 cm² 이다.

공기의 처음 부피는 300 cm³ = $0.3 \times \dfrac{1}{1000}$ m³ 이고, 처음 압력은 100000 N/m² (1 기압) 이다.

공기에는 추가 압력 $= \dfrac{\text{힘}}{\text{면적}} = \dfrac{20}{1/1000} = 20000\,N/m^2$ 가 발생한다. 공기의 나중 부피를 V 로 하면 공기의 나중 압력은 120000 N/m² 이다.

$PV = P'V'$ 에서 $100000 \times 300 = 120000 \times V$ (V의 단위는 cm³), $V = 250\,cm^3$

간단하게는 압력이 $\dfrac{6}{5}$ 배가 되므로 부피는 $\dfrac{5}{6}$ 배가 된다.

89 (1) $\dfrac{2L}{v}$ (2) $\dfrac{v}{2L}$ (3) $2mv$ (4) $\dfrac{mv^2}{L}$
해설 | (1) 기체 분자 1개가 왼쪽 면에 한 번 충돌하고 그 다음 충돌할 때까지 $2L$ 의 거리를 운동한다. 시간 $= \dfrac{\text{거리}}{\text{시간}} = \dfrac{2L}{v}$

(2) 만일 한 번 충돌하는데 0.1초가 걸린다면 1초 동안 충돌횟수는 $\dfrac{1}{0.1} = 10$ 회 이다.

그러므로 1초 동안 충돌횟수 $= \dfrac{1}{\text{왕복 시간}} = \dfrac{v}{2L}$

(3) 기체 분자의 충돌은 탄성충돌이므로 처음에 오른쪽으로 v 의 속력으로 간다면 충돌 후에는 왼쪽으로 v 의 속력이 된다.(오른쪽 +)
운동량의 변화량 = 나중운동량 - 처음운동량
$= (-mv) - (mv) = -2mv$, 크기 : $2mv$

(4) 평균 충격량 $= Ft = 2mv$ $\quad F \cdot \dfrac{2L}{v} = 2mv \;\therefore F = \dfrac{mv^2}{L}$

90 ④
해설 | $PV = \dfrac{1}{3}Nmv^2 = \dfrac{2N}{3}(\dfrac{1}{2}mv^2) = \dfrac{2N}{3}(\overline{E_k})$ 에서 V 와 N 은 두 기체에 있어서 같다. $\therefore P \propto E_k$ 이다.

91 ③
해설 | $PV = nRT = \dfrac{2N}{3}(\overline{E_k})$,

$E_k = \dfrac{3nRT}{2N} = \dfrac{3nRT}{2nN_0} = \dfrac{3}{2}\dfrac{R}{N_0}T = \dfrac{3}{2}kT$ 이다.

92 ③
해설 | $\overline{E_k} = \dfrac{1}{2}mv^2 = \dfrac{3}{2}kT$ 이고, m 은 변하지 않으므로

$v^2 \propto T, v \propto \sqrt{T}$ 이다. 벽에 충돌 횟수 $= \dfrac{v}{2L} \propto \sqrt{T}$, 즉 $\sqrt{2}$ 배가 된다.

93 $\sqrt{3mkT}$
해설 | v 가 분자 1개의 평균 속력일 때

$\frac{1}{2}mv^2 = \frac{3}{2}kT$, $\frac{(mv)^2}{2m} = \frac{3}{2}kT$, $(mv)^2 = 3mkT$

$mv = \sqrt{3mkT}$ (평균 운동량)이다.

94 ⑤

해설 | 평형 상태가 되면 두 기체의 온도가 같아지는 것이다.

$\overline{E_k} = \frac{3}{2}kT$ 에서 온도가 같으면 분자 1개의 평균 운동 에너지가 같다.

95 ③

해설 | 표준 상태는 0 ℃, 1 기압 을 뜻한다.

$\frac{1}{2}mv^2 = \frac{3}{2}kT$ 이므로 $v \propto \sqrt{T}$ (T 는 절대 온도)이다. v_1 = 461 m/s, v_2 는 100 ℃ = 373 K에서의 평균 속력이라 하면

$v_1 : v_2 = \sqrt{273} : \sqrt{373}$, $v_2 = \sqrt{\frac{373}{273}} \times 461 = 539$ m/s

96 ④

해설 | $\frac{1}{2}mv^2 = \frac{3}{2}kT$ 에서 $k = \frac{R}{N_0}$ (N_0 : 아보가드로 수)이고, $N_0 m$ = M(분자량) = 32 g = 0.032 kg 이므로 단위를 맞춰서

$v = \sqrt{\frac{3kT}{m}} = \sqrt{3\frac{R}{N_0}\frac{T}{m}} = \sqrt{\frac{3RT}{M}} = \sqrt{\frac{3 \times 8.31 \times 300}{0.032}} = 483$ m/s

97 4 배

해설 | $v = \sqrt{\frac{3kT}{m}} = \sqrt{3\frac{R}{N_0}\frac{T}{m}} = \sqrt{\frac{3RT}{M}}$ 이므로 온도 T 가 같다면

$v_{수소} : v_{산소} = \sqrt{\frac{1}{2}} : \sqrt{\frac{1}{32}} = 4 : 1$ 이다. 즉 분자량의 제곱근에 반비례한다.

98 산소 : 483 m/s 수소 : 1932 m/s

해설 | $v = \sqrt{\frac{3RT}{M}}$ 이다.

$v_{산소} = \sqrt{\frac{3 \times 8.31 \times 300}{0.032}} = 483$ m/s

$v_{수소} = \sqrt{\frac{3 \times 8.31 \times 300}{0.002}} = 1932$ m/s

99 1 : 2

해설 | 이산화황 기체(SO_2)의 분자량은 32 + (2 × 16) = 64, 메탄 기체(CH_4)의 분자량은 12 + (1 × 4) = 16 이다.

기체 분자의 평균 속력 $v = \sqrt{\frac{3RT}{M}}$ (m/s) 이므로, 온도가 같을 경우 평균 속력은 분자량의 제곱근에 반비례한다.

$\therefore v_A : v_B = \sqrt{M_B} : \sqrt{M_A} = 4 : 8 = 1 : 2$

개념 심화 문제

정답 305 ~ 308 쪽

20 ㉠, ㉡, ㉣ 21 −85.5 ℃
22 (1) 4.8 cm 왼쪽으로 이동 (2) 양쪽 모두 2.273 기압
23 (1) 0.48 기압 (2) 1.58 기압 (3) 2.06 기압
24 1.24 기압 25 A : 1.2 mol B : 3.6 mol
26 $\frac{4}{3}$ 기압 27 $\frac{3}{2}P$ 28 ①
29 (1) 2.45×10^{26} 개 (2) 1365.5 m/s 30 ①, ④

20 ㉠, ㉡, ㉣

해설 | ㉠ 수은 기둥 76 cm 가 누르는 압력과 수은 면을 누르는 공기의 압력이 평형을 이룬다.

㉡ 수은의 밀도는 13.6 g/cm^3 이고 물의 밀도는 1 g/cm^3 이므로 단면적이 같은 경우 물기둥의 높이는 76 cm × 13.6 = 1033.6 cm 가 되어야 수은 기둥과 압력이 같아진다.

㉢ 유리관의 단면적이 클수록 그 면을 누르는 수은의 양도 비례해서 많아지므로 단면적이 크더라도 수은기둥의 높이는 76 cm 를 유지한다.

㉣ 공기가 포함되지 않으므로 유리관 속의 수은 기둥의 윗 공간은 진공이고 수은기둥을 위에서 누르는 압력은 없다.

㉤ 유리관을 수직으로 하지 않고 비스듬히 기울이더라도 수은 기둥의 면으로부터의 수직 높이는 변하지 않는다.

21 -85.5 ℃

해설 | 1m^3 =1000 L 이고, 1 L = 1000 cm^3 이다. 1 Pa = 1 N/m^2 이므로 부피의 단위는 m^3 로 한다.

$\frac{P_0V_0}{T_0} = \frac{PV}{T}$ 에서 , $\frac{4 \times 10^5 \times 0.1}{300} = \frac{5 \times 10^5 \times 0.05}{T}$

T = 187.5 K = -85.5 ℃ 이다.

22 (1) 4.8 cm 왼쪽으로 이동 (2) 양쪽 모두 2.273 기압

해설 | (1) 칸막이 양쪽의 압력이 같아지는 곳까지 이동하게 된다. 오른쪽 공기를 가열하였으므로 칸막이는 왼쪽으로 이동한다. 칸막이의 단면적을 S 라고 하고 이동한 거리를 x (m) 라고 하면 가열 후 왼쪽의 부피는 $(0.4 - x)$ S, 오른쪽의 부피는 $(0.4 + x)$ S 가 된다.

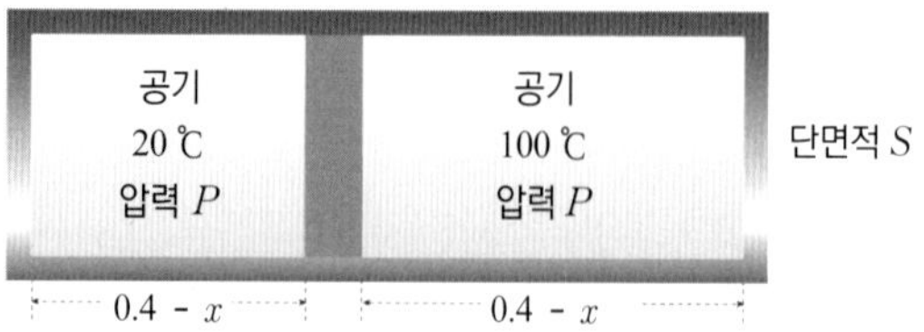

칸막이 양쪽에 각각 보일-샤를의 법칙을 적용하면

칸막이 왼쪽(처음상태와 나중상태의 온도 같음) :

$\frac{2 \times 0.4S}{293} = \frac{P \times (0.4 - x)S}{293}$, $0.8 = (0.4 - x)P$ ---①

칸막이 오른쪽(나중상태 온도 373 K)

$\frac{2 \times 0.4S}{293} = \frac{P \times (0.4 + x)S}{373}$, $0.8 \times \frac{373}{293} = (0.4 + x)P$ -②

①②식의 오른쪽과 왼쪽을 각각 더하여 등식으로 놓으면

$0.8 + 0.8 \times \frac{373}{293} = 0.8\,P$

$P = 1 + \frac{373}{293} = 2.273$ 기압

$x = 0.048$ m $= 4.8$ cm 이다.

23 (1) 0.48 기압 (2) 1.58 기압 (3) 2.06 기압

해설 | (1) 산소는 나중 부피가 두 배가 되고, 온도가 300K → 288 K 가 되었다.

$\frac{P_0V_0}{T_0} = \frac{PV}{T}$ 에서, $\frac{1 \times V_0}{300} = \frac{P \times 2V_0}{288}$ P(산소) = 0.48기압

(2) 공기는 나중 부피가 두 배가 되고, 온도가 273 K → 288 K 가 되었다.

$\frac{P_0V_0}{T_0} = \frac{PV}{T}$ 에서, $\frac{3 \times V_0}{273} = \frac{P \times 2V_0}{288}$ P(공기) = 1.58 기압

(3) 돌턴의 부분압의 법칙에 의해

P(전체) = P (산소) + P (공기) = 0.48 기압 + 1.58 기압 = 2.06 기압이 된다.

24 1.24 기압

해설 | 용기 밖으로 빠져나오는 기체가 없으므로 기체의 양인 몰 수는 변하지 않는다. 용기 A 와 용기 B 는 서로 통하므로 온도가 달라지면 용기A에 남아있는 공기의 양과 용기 B 에 남아있는 공기의 양이 달라진다. 두 용기가 받는 압력(기체의 압력)은 용기 A, B 의 어느 곳이나 같다. 두 용기의 부피를 각각 V 라고 하면 (전체 부피는 $2V$, 압력의 단위는 기압(atm)으로 통일)

온도를 올리지 않았을 때 이상 기체의 상태방정식에서

$PV = nRT \rightarrow 1 \cdot 2V = nR \cdot (273 + 27)$,

$n = \frac{2V}{300R} = \frac{V}{150R}$ (전체 공기의 몰수)

온도를 올렸을 때 용기 A의 압력을 P', 몰수 n_1 이라고 하면 온도는 350 K 이므로

$PV = nRT \rightarrow P'V = n_1 R \cdot 350$, $n_1 = \frac{P'V}{350R}$

온도를 올렸을 때 용기 B의 압력을 P', 몰수 n_2 이라고 하면 온도는 400 K 이므로

$PV = nRT \rightarrow P'V = n_2 R \cdot 400$, $n_2 = \frac{P'V}{400R}$

전체 공기의 양(몰수)는 변하지 않는다.

$n = n_1 + n_2$ 이므로 $\frac{V}{150R} = \frac{P'V}{350R} + \frac{P'V}{400R}$,

$\frac{1}{150} = (\frac{1}{350} + \frac{1}{400})P'$

$P' = \frac{35 \times 40}{15(35 + 40)} \fallingdotseq 1.24$ (기압)

25 A : 1.2 mol B : 3.6 mol

해설 | 용기 A 에 들어있는 기체의 압력과 용기 B 에 들어있는 기체의 압력은 똑같이 105 N/m²이고, 온도도 똑같은 300 K 이다.

$n_A = \frac{PV}{RT} = \frac{10^5 \times 0.03}{8.31 \times 300} \fallingdotseq 1.2$ mol

$n_B = \frac{PV}{RT} = \frac{10^5 \times 0.09}{8.31 \times 300} \fallingdotseq 3.6$ mol

즉, 온도와 압력이 같으면 기체의 몰수는 부피에 비례한다.

26 $\frac{4}{3}$ 기압

해설 | 처음에 기체의 양은 양쪽이 같다.

상태방정식 $1 \times V = nRT \rightarrow V = nRT$ (압력의 단위 : 기압)

칸막이를 오른쪽으로 옮겼다고 하자. 그러면 왼쪽 공기의 부피는 $\frac{3}{2}V$, 오른쪽 공기의 부피는 $\frac{1}{2}V$ 가 되며 온도는 같고(T), 기체의 양(n)은 변하지 않는다.

$P_{왼쪽} = \frac{nRT}{3/2\,V} = \frac{2nRT}{3V}$ $P_{오른쪽} = \frac{nRT}{1/2\,V} = \frac{2nRT}{V}$

압력차 $= P_{오른쪽} - P_{왼쪽} = \frac{2nRT}{V} - \frac{2nRT}{3V}$

$= \frac{nRT}{V}(2 - \frac{2}{3}) = \frac{4}{3}\frac{nRT}{V} = \frac{4}{3}$(기압)

27 $\frac{3}{2}P$

해설 | A부분의 온도를 올리지 않았을 때 양쪽 기체에는

$PV = nRT$ ($V = \frac{nRT}{P}$)의 공식이 성립한다.

압력 P'로 평형을 이루었을 때 A기체의 부피를 V_A, B 기체의 부피를 V_B 라고 하면 칸막이가 움직인 것이므로 $V_A + V_B$ 는 처음과 같이 $2V$ 가 된다.

상태방정식 A 기체(온도 $2T$) : $P'V_A = nR2T \rightarrow V_A = \frac{2nRT}{P'}$

B기체 : $P'V_B = nRT \rightarrow V_B = \frac{nRT}{P'}$

$V_A + V_B = \frac{2nRT}{P'} + \frac{nRT}{P'} = \frac{3nRT}{P'} = 2V = \frac{2nRT}{P}$

$\therefore \frac{3}{P'} = \frac{2}{P}$, $P' = \frac{3}{2}P$

28 ①

해설 | 같은 통 속에 있으므로 산소 기체와 수소 기체의 온도는 같다.

온도가 같으면 $\frac{1}{2}m(v_{평균})^2 = \frac{3}{2}kT$ 공식에서 수소기체와 산소 기체 1개의 운동 에너지는 같다.

$m(v_{평균})^2 = 3kT$ $(v_{평균})^2 = \frac{3kT}{m}$ $v_{평균} = \sqrt{\frac{3kT}{m}} \propto \frac{1}{\sqrt{m}}$

$v_{산소} : v_{수소} = \frac{1}{\sqrt{32}} : \frac{1}{\sqrt{2}} = 1 : 4$

29 (1) 2.45×10^{26} 개 (2) 1365.5 m/s

해설 | (1) 기체 상태 방정식 $PV = nRT$ 공식에서 $n = \frac{PV}{RT}$ 으로 하

여도 몰 수를 구할 수 있으나 기체상수 R 의 값이 주어지지 않았으므로 기체가 표준 상태(0 ℃, 1 기압)에서 부피가 얼마가 되는지를 계산하여 몰 수를 계산하면 된다. 압력은 기압 단위, 부피는 L 단위로 하여

$\frac{PV}{T} = \frac{P_0V_0}{T_0}$, $\frac{100 \text{ 기압} \times 100\text{L}}{300\text{K}} = \frac{1 \text{ 기압} \times V_0}{273\text{K}}$

$V_0 = 9100$ L (표준 상태)이고, n (몰수) = $\frac{9100}{22.4}$ = 406.25 몰이다.

1 몰 당 6.02×10^{23} 개이므로 분자의 개수는

406.25 몰 × 6.02×10^{23} = 2.45×10^{26} 개 이다.

(2) $PV = \frac{1}{3}Nm(v_{\text{평균}})^2$ 이고 m 은 기체 분자 1개의 질량이다.

기체분자 1 몰의 질량이 분자량이며 4 g 이다.

N 은 통 속의 기체 분자의 총 개수인데 406.25 몰이다. 따라서 Nm 은 406.25 몰 × 4 g = 1625 g = 1.625 kg 이다. (압력의 단위는 N/m², 부피의 단위는 m³, 질량의 단위는 kg 으로 하여)

$v_{\text{평균}} = \sqrt{\frac{3PV}{Nm}} = \sqrt{\frac{3 \times 100 \times 1.01 \times 10^5\text{N/m}^2 \times 100 \times 10^{-3}\text{m}^2}{1.625 \text{ kg}}}$

$= 1365.5\text{m/s}$

30 ①, ④

해설 | 그림 A 에서 같은 온도인 세 기체의 평균 속력은 a < b < c 라고 할 수 있다. 그래프의 가장 높은 지점이 그 기체의 평균 속력에 가깝기 때문이다. 같은 온도의 기체의 평균 속력은 분자량의 제곱근에 반비례하므로 ($v \propto \frac{1}{\sqrt{m}}$) 기체 a 의 분자량이 가장 크다.

평균 운동 에너지는 절대 온도에 비례하므로 a, b, c 세 기체의 평균 운동 에너지는 같다.

그림 B 에서 그래프의 가장 높은 지점의 속력이 평균 속력에 가깝고 같은 기체이므로 평균 운동 에너지는 온도가 T_2 일 때 더 크다.

평균 운동 에너지는 절대 온도에 비례하므로 온도 $T_1 < T_2$이다.

Ⅳ. 열에너지 (5)

개념 보기

Q21 ③	Q22 (1) 3 J (2) A → B → C (3) D → A
Q23 26	Q24 -1.68

Q21 ③

해설 | $Q = \Delta U + W$ 이므로, 같은 양의 열을 받을 때 ΔU 가 가장 큰 경우는 $W = 0$ 인 경우가 된다. 따라서 부피가 일정한 등적 과정은 $Q = \Delta U$ 이므로 등적 과정(정적 과정)이 내부 에너지가 가장 크게 증가한다.

Q22 (1) 3 J (2) A → B → C (3) D → A

해설 | ㄱ. A → B 과정은 압력이 일정한 상태에서 부피가 팽창하는 과정이므로, 이때 기체가 외부에 한 일 $W = P\Delta V$ 가 된다.

$\therefore W = P\Delta V = 3 \times (2 - 1) = 3(\text{J})$

(2) A → B → C 과정에서 부피가 증가하였으므로 외부에 대하여 일을 하였다.

(3) 이상 기체가 흡수한 열 에너지 Q 가 모두 내부 에너지(ΔU)의 증가에 쓰이기 위해서는 외부에 일을 하지 않아야 한다($W = 0$). 따라서 부피 변화가 없는 D → A 과정에서 이상 기체가 흡수한 열 에너지는 모두 내부 에너지 증가에 쓰인다.

Q23 26

해설 | 한 순환 과정동안 흡수한 열에 대하여 외부에 한 일의 비인 열효율은 다음과 같다.

$$e = \frac{\text{얻은 에너지}}{\text{공급한 에너지}} = \frac{780}{3{,}000} = 0.26 \rightarrow 26(\%)$$

Q24 −1.68

해설 | 카르노 열효율 $e_C = \frac{T_H - T_C}{T_H} = 1 - \frac{T_C}{T_H}$ 이다.

$$\therefore 0.24 = 1 - \frac{T_C}{84 + 273} \rightarrow T_C = 271.32 \text{ K} = -1.68 \text{ ℃}$$

개념 확인 문제

정답 313 ~ 315쪽

열역학 법칙과 열기관

100 (1) 100 J (2) 150 J (3) 250 J 101 1800 J
102 5 : 3 : 2 103 ① 104 ②
105 (1) 등압 과정 (2) ㉠ < ㉡ (3) $\frac{5}{2}P_0V_0$
106 ③ 107 ② 108 ③ 109 (1) 25% (2) 500 J
110 (1) ③ (2) ④ 111 (1) 1600 J (2) 560 J (3) 0
112 10 % 113 (1) 3 : 1 (2) A → B (3) D → A

100 (1) 100 J (2) 150 J (3) 250 J

해설 | (1) 0 ℃ = 273 K 이고, 273 ℃ = 273 + 273 = 546 K 이므로 기체의 절대 온도가 2배가 되었다. 압력이 일정할 때, 부피는 절대 온도에 비례하므로, 273 ℃ 일 때, 기체의 부피는 2 L = $2 \times 10^{-3}\text{m}^3$ 로 늘어난다. 1 L = $10^{-3}(\text{m}^3)$ 이므로 $\Delta V = 10^{-3}(\text{m}^3)$ 이다. 따라서 기체가 외부에 한 일은

$$W = P\Delta V = (1 \times 10^5) \times 10^{-3} = 100 \text{ J}$$

(2) 등압변화이므로 처음 상태에서 온도가 증가하는 과정에서 기체의 내부 에너지 증가량(ΔU)은 ($PV = nRT$)

$$\Delta U = \frac{3}{2}nR\Delta T = \frac{3}{2}P\Delta V = \frac{3}{2} \cdot 100 = 150 \text{ J}$$

(3) 기체가 흡수한 열량은 기체의 내부 에너지 증가량과 기체가 외부에 한 일의 양의 합이다.

$$Q = \Delta U + W = 150 + 100 = 250 \text{ J}$$

101 1800 J

해설 | 기체가 외부에 한 일 또는 받은 일은 압력-부피 그래프의 아랫 부분의 넓이와 같다.

$\therefore W = P\Delta V = (400 - 200) \times (12 - 3) = 1,800(J)$

〈또 다른 풀이〉

B → C, D → A 과정에서 부피 변화는 없으므로 외부에 한 일은 0이다. A → B 과정에서 기체가 한 일은 400 × (12 − 3) = 3,600 J, C → D 과정에서 기체가 한 일은 200 × (3 − 12) = −1,800 J 이다. 따라서 1회 순환하는 동안 기체가 외부에 한 일의 크기는 3,600 − 1,800 = 1,800 J 이다.

102 5 : 3 : 2

해설 | 등압 과정이므로 $W = P\Delta V$ 로 나타낼 수 있다.

$PV = nRT$ 에서 $P\Delta V = nR\Delta T$ 이고,

$\Delta U = \frac{3}{2}nR\Delta T = \frac{3}{2}P\Delta V$,

$Q = \Delta U + W = \frac{3}{2}P\Delta V + P\Delta V = \frac{5}{2}P\Delta V$

$\therefore Q : \Delta U : W = \frac{5}{2}P\Delta V : \frac{3}{2}P\Delta V : P\Delta V = 5 : 3 : 2$

103 ①

해설 | $Q = \Delta U + W$ 이므로, 외부로부터 받은 열을 모두 일하는 데 쓰기 위해서는 $\Delta U = 0$ 이 되어야 한다. 따라서 내부 에너지 가 일정한 등온 과정이 된다. 등온 팽창시 열을 흡수하면 흡수한 에너지만큼 외부에 일을 한다.

104 ②

해설 | 단열 팽창은 $Q = 0$ 인 변화로 외부로부터의 열을 공급받지 않는다. 기체가 단열 팽창할 때, 기체가 한 일만큼 내부 에너지가 감소한다($W > 0$). 즉, $Q = 0$, $\Delta U = -W$ 에서 $\Delta U < 0$ 이다.

따라서 기체의 내부 에너지는 500 − 100 = 400 J 이 된다.

105 (1) 등압 과정 (2) ㉠ < ㉡ (3) $\frac{5}{2}P_0V$

해설 | 부피-온도 그래프를 압력-부피 그래프로 나타내면 다음과 같다.

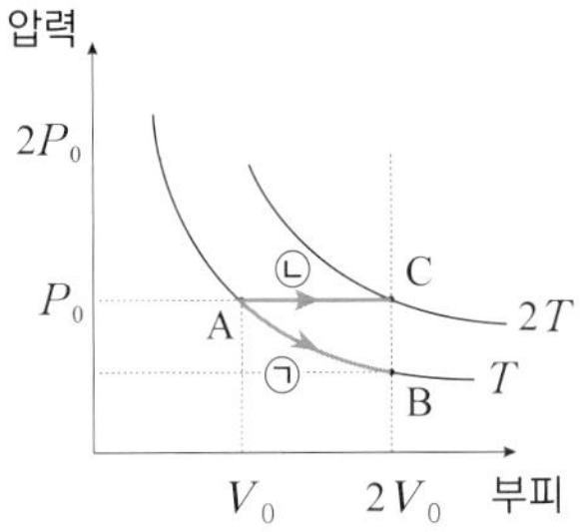

보일·샤를 법칙($\frac{P_0V_0}{T_0} = \frac{PV}{T}$)에 의해

㉠ 과정 : $\frac{P_0V_0}{T} = \frac{P_B 2V_0}{T}$ → $P_B = \frac{1}{2}P_0$ (온도 불변)

㉡ 과정 : $\frac{V_0}{T}$ (A점) $= \frac{2V_0}{2T}$ (C점) 이므로, $P_C = P_0$ (등압과정)이다.

(1) ㉠은 등온 과정, ㉡은 등압 과정이다.

(2) 압력-부피 그래프에서 기체가 외부에 한 일은 그래프의 밑넓이와 같다. 따라서 기체가 외부에 한 일은 ㉡에서가 ㉠에서 보다 크다.

(3) ㉡ 과정에서 기체가 받은 열량은 외부에 한 일과 내부 에너지 증가량의 합과 같다. 이때 $W = P\Delta V = P_0(2V_0 - V_0) = P_0V_0$이고, ㉡ 과정은 P 이 일정하므로,

$\Delta U = \frac{3}{2}nR\Delta T = \frac{3}{2}P_0\Delta V = \frac{3}{2}P_0(2V_0 - V_0) = \frac{3}{2}P_0V_0$

$\therefore Q = \Delta U + W = \frac{3}{2}P_0V_0 + P_0V_0 = \frac{5}{2}P_0V$

106 ③

해설 | $Q = \Delta U + W > 0$

㉠ 기체가 일을 하지 않고 내부 에너지가 증가하였으므로 열을 흡수한 과정이다(등적 과정). $\Delta U > 0$, $W = 0$, $Q > 0$

㉡ 내부 에너지가 변하지 않고 기체가 일을 하였으므로 열을 흡수한 과정이다(등온 팽창 과정). $\Delta U = 0$, $W > 0$, $Q > 0$

㉢ 내부 에너지가 감소하고, 외부로부터 일을 받았으므로 열을 방출한 과정이다(등압 압축 과정). $\Delta U < 0$, $Q < 0$

107 ②

해설 | 자연 상태의 공기는 상승하거나 하강하는 속도가 매우 느리기 때문에 온도 변화가 작다. 또한 열전도율도 낮아 단열 변화를 한다고 볼 수 있다.

수증기를 포함하고 있는 공기가 상승하면 기압이 낮아(㉠)져서 공기가 단열 팽창(㉡)하게 되어 온도가 낮아진다. 공기 중의 수증기는 차가워지기 때문에 응결되어 물방울이 되고 이때 구름이 형성된다. 이와 같은 단열 팽창 과정은 냉각(㉢) 과정이다.

108 ③

해설 | 열역학 제 2 법칙은 열에너지가 이동하는 방향성에 관한 법칙으로 자연 현상은 대부분 비가역적이며, 엔트로피가 증가하는 방향(일→열)으로 일어난다는 것을 설명한다.

ㄱ. 열역학 제 2 법칙에 의하면 자연적으로 열은 온도가 높은 물체에서 낮은 물체로 이동하고, 그 반대로는 이동할 수 없다.

ㄷ. 에너지의 공급 없이 계속 일을 할 수 있는 영구 기관은 제 1 종 영구 기관으로 열역학 제 1 법칙에 위배되는 가상적인 기관이다.

109 (1) 25 % (2) 500 J

해설 | 열기관은 고온의 열원에서 열에너지를 흡수하여 외부에 일을 한 후, 저온의 열원으로 열에너지를 방출하는 장치이다. 따라서 $T_1 > T_2$ 이다.

(1) $e = 1 - \frac{Q_2}{Q_1} = 1 - \frac{1500}{2000} = 0.25$ → 25(%)

(2) 열기관이 한 번 순환하는 동안 열기관의 내부 에너지는 변하지 않으므로($\Delta U = 0$), 가해준 열은 모두 일을 하는 데 사용된다. 가해준 열 $= Q_1 - Q_2$ 이므로, 열역학 제 1 법칙에 의해 $Q = W$ 가 된다.

$\therefore W = Q_1 - Q_2 = 2000 - 1500 = 500$ J

110 (1) ③ (2) ④

해설 | (1) 최대 효율은 $e = 1 - \frac{T_2}{T_1} = 1 - \frac{273 + 127}{273 + 227} = 0.2$

따라서 열기관의 최대 효율은 20 % 이다.

(2) $W = eQ = 0.2 \times 4000 = 800$ (J)

111 (1) 1600 J (2) 560 J (3) 0

해설 | 카르노 열효율(최대 효율) e_C를 구해보자.

$$e_C = 1 - \frac{T_C}{T_H} = 1 - \frac{273 + 27}{273 + 580} = 0.6483$$

(1) 한 순환과정 동안 고열원에서 흡수되는 열량은

$$e_C = \frac{W}{Q_H} \text{ 이므로 } Q_H = \frac{W}{e_C} = \frac{1040}{0.6483} = 1604.2 \text{ J}$$

(2) 한 순환과정 동안 저열원으로 방출되는 열량은

$$Q_H = Q_H - W = 1604.2 - 1040 = 564.2 \text{ J}$$

(3) 고열원에서 열량을 흡수(+)하는 동안 엔트로피 변화(+)는

$$\Delta S_H = \frac{Q_H}{T_H} = \frac{1604.2}{853} \fallingdotseq 1.88$$

저열원으로 열량을 방출(-)하는 동안 엔트로피 변화(ΔS)는

$$\Delta S_C = \frac{Q_C}{T_C} = \frac{-564.2}{300} \fallingdotseq -1.88$$

$\therefore \Delta S = \Delta S_H + \Delta S_C = 0$ (카르노 기관이 작동할 때에는 $\Delta S = 0$이다.)

112 10 %

해설 | 에너지 보존 법칙을 적용하면 $W_1 = Q_1 - Q_2$, $W_2 = Q_2 - Q_3$이다. 두 엔진 사이의 온도를 T_0라고 하고,

첫번째 엔진의 열효율은 $e_1 = 1 - \frac{Q_2}{Q_1} = 1 - \frac{T_0}{T_1}$ 이다.

두번째 엔진의 열효율은 $e_2 = 1 - \frac{Q_3}{Q_2} = 1 - \frac{T_2}{T_0}$ 이다.

전체 열효율 $e = \frac{W_1 + W_2}{Q_1} = \frac{W_1}{Q_1} + \frac{W_2}{Q_1} = \frac{W_1}{Q_1} + \frac{W_2}{Q_2}\frac{Q_2}{Q_1}$

$= 1 - \frac{T_0}{T_1} + \left(1 - \frac{T_2}{T_0}\right)\frac{T_0}{T_1} = 1 - \frac{T_2}{T_1} = 1 - \frac{900 \text{ K}}{1000 \text{ K}}$

$= 0.1 = 10$ % 이다.

113 (1) 3 : 1 (2) A → B (3) D → A

해설 | (1) 보일·샤를 법칙에 의해 기체의 양과 온도가 일정하면, $\frac{P_1V_1}{T_1} = \frac{P_2V_2}{T_2}$ 이다. A점과 D점에은 부피가 같으므로, 압력과 절대 온도는 비례 관계이다. 압력이 $P_1 = 3P_2$ 이므로, $T_1 = 3T_2$ 이다.

(2) A → B 과정은 등온 과정이므로, $\Delta U = 0$ 이다. 따라서 $Q = W$ 이므로, 기체가 한 일의 양과 흡수한 열량은 같다.

(3) B → C, D → A 과정은 모두 등적 과정이므로, $W = 0 \rightarrow Q = \Delta U$ 이다. B → C 과정은 압력이 감소하였으로 기체에서 방출한 열량만큼 내부 에너지가 감소하여 기체의 온도가 내려가고, D → A 과정은 압력이 증가하였으므로 기체가 흡수한 열량만큼 내부 에너지가 증가하여 기체의 온도가 증가한다. 이때 두 과정의 온도 변화량이 같으므로, 방출(흡수)한 열량 = 증가(감소)한 내부 에너지양 이다.

개념 심화 문제

정답 316 ~ 318쪽

31 (1) B : 400 K C : 600 K D : 500 K (2) A → B : 1500 J, B → C : 3000J (3) 1500 J 32 1.2

33 (1) $6PV$ (2) $11PV$, $9PV$ 34 (1) $\frac{Q_C}{Q_H - Q_C}$ (2) 2.05

31 (1) B : 400 K C : 600 K D : 500 K (2) 4500 J (3) 1500 J

해설 | (1) $PV = nRT$ 에서 몰수(n)가 변하지 않으므로, T 는 $P \times V$ 에 비례한다.

B 점 : A점에 비해, PV 가 $\frac{4}{3}$ 배가 되고, 온도도 $\frac{4}{3}$ 배가 되어

$T_B = \frac{4}{3} \times 300 = 400$ K 이다.

C 점 : B점에 비해 부피가 일정하고, PV 가 1.5 배가 되었으므로, $T_C = 1.5 \times 400 = 600$ K

D 점 : A점에 비해 압력이 일정하고, PV 가 $\frac{5}{3}$ 배가 되었다.

온도는 A점의 $\frac{5}{3}$ 배이다. $T_D = \frac{5}{3} \times 300 = 500$ K

(2) 〈A → B 과정〉

한 일은 $W = P\Delta V = (1.0 \times 10^5) \times (4 - 3) \times 10^{-2} = 1.0 \times 10^3$ J

이때 500 W 의 전원을 켜서 5초 동안 가열하였으므로 기체에 가한 열량 $Q = 5 \times 500 = 2500$ J

$$\therefore \Delta U = Q - W = 2500 - 1000 = 1500 \text{ J}$$

〈B → C 과정〉

B → C 과정은 정적 과정이므로 한 일은 0 이고, 500 W 의 전원으로 6초간 가열했으므로 기체에 가한 열량 $Q = 6 \times 500 = 3000$ J

$$\therefore \Delta U = Q = 3000 \text{ J}$$

(3) C → D 과정에서 내부 에너지 변화는 $\Delta U = \frac{3}{2}nR\Delta T$이고

이상 기체 방정식으로부터 $\frac{PV}{T} = nR = 10$ (어느 점에서나 같다.)

따라서 $\Delta U = \frac{3}{2} \times 10 \times (500 - 600) = -1500$ J이고,

C → D 과정은 단열 과정이므로 열역학 제1법칙에 의해 $\Delta U = -W$이다. 따라서 기체가 한 일은 $W = 1500$ J이다.

〈또 다른 풀이〉(C→D 과정)

$$\Delta U = \frac{3}{2}nR\Delta T = \frac{3}{2}\Delta(PV) = \frac{3}{2}(P_DV_D - P_CV_C)$$

$\Delta(PV) = [(1.0 \times 10^5) \times (5 \times 10^{-2})] - [(1.5 \times 10^5) \times (4 \times 10^{-2})]$

$= -1000$ J

$$\therefore \Delta U = -W = \frac{3}{2} \times (-1000) = -1500 \text{ J}$$

32 1.2

해설 | ㉠ 과정과 ㉡ 과정의 처음 상태와 나중 상태의 PV가 같으므로, 온도 변화가 같고 두 과정의 내부 에너지 변화량이 서로 같다.

압력-부피 그래프에서 한 일은 그래프가 그리는 면적이므로, ㉠ 과정에서 한 일 $W_㉠$은

$W_㉠ = P_A(3V_0 - V_0) = 2P_AV_0$, $Q_㉠ = 7P_AV_0$로 주어지므로

$\therefore \Delta U_㉠ = Q_㉠ - W_㉠ = 7P_AV_0 - 2P_AV_0 = 5P_AV_0$

$Q_㉡ = 7.2P_AV_0$ 이고, ㉡ 과정에서 한 일 $W_㉡$은

$W_㉡ = \frac{1}{2} 2V_0 (P_B - P_A) = V_0(P_B - P_A)$ (㉡ 그래프 아래 면적)

$\therefore \Delta U_㉡ = Q_㉡ - W_㉡ = 7.2P_AV_0 - (P_AV_0 + P_BV_0)$

$= 6.2P_AV_0 - P_BV_0$

$\Delta U_㉠ = \Delta U_㉡$ 이므로, $5P_AV_0 = 6.2P_AV_0 - P_BV_0$

$\therefore \frac{P_B}{P_A} = 1.2$

〈또 다른 풀이〉 그래프에서 그래프가 그리는 삼각형 ABC 의 면적은 외부에서 공급한 에너지(열량)의 차이가 된다.

$\frac{1}{2} \times (P_B - P_A) \times 2V_0 = 7.2P_AV_0 - 7.0P_AV_0 = 0.2P_AV_0$

$\therefore \frac{P_B}{P_A} = 1.2$

33 (1) $6PV$ (2) $11PV$, $9PV$

해설 | (1) 과정 1, 2, 3 은 모두 처음 상태와 나중 상태가 같으므로 내부 에너지 변화량 $\Delta U = (U_B - U_A)$ 이 같다.
과정 1 에서 한 일은 그래프 아래쪽 면적이므로
$W_1 = (5V - V) \times P = 4PV$ 이다.
$Q = (U_B - U_A) + W$이므로
$U_B - U_A = Q - W = 10PV - 4PV = 6PV$ 이다.
(2) 과정 2, 3 에서 한 일은 각 그래프 아래쪽 면적이므로
과정 2 : $W_2 = 4PV + PV = 5PV$
→ $Q_2 = W_2 + (U_B - U_A) = 5PV + 6PV = 11PV$
과정 3 : $W_3 = 3PV$
→ $Q_3 = W_3 + (U_B - U_A) = 3PV + 6PV = 9PV$

34 (1) $\frac{Q_C}{Q_H - Q_C}$ (2) 2.05

해설 | (1) 카르노 냉동 기관에서 고열원과 저열원의 온도를 각각 T_H, T_C, 고열원으로 이동하는 열량을 Q_H, 저열원에서 빼앗긴 열량을 Q_C, 라고 할 때, 내부 에너지는 변하지 않으므로($\Delta U = 0$), 열역학 제 1 법칙에 의해 $Q_H = Q_C + W_{in}$ 이 된다. 따라서 작동 계수 K는 다음과 같다.

$$K = \frac{Q_C}{W_{in}} = \frac{Q_C}{Q_H - Q_C}$$

(2) 카르노 기관에서 고열원과 저열원의 온도를 각각 T_1, T_2, 고열원에서 흡수하고 저열원으로 방출하는 열량을 각각 Q_1, Q_2 일 때, 최대 열효율로 기관이 하는 일을 계산하면 다음과 같다.

$$e = \frac{W}{Q_1} = 1 - \frac{Q_2}{Q_1} = 1 - \frac{T_2}{T_1} = \frac{T_1 - T_2}{T_1}$$

$$\rightarrow W = \frac{T_1 - T_2}{T_1} \cdot Q_1 \quad \cdots ㉠$$

또한 냉동기의 작동 계수는 고열원과 저열원의 온도를 각각 T_3, T_4, 고열원으로 이동하는 열량을 Q_3, 저열원에서 빼앗긴 열량을 Q_4 라고 할 때,

$$K = \frac{Q_4}{Q_3 - Q_4} = \frac{T_4}{T_3 - T_4} \cdots ㉡$$

냉동 기관에서 한 번의 순환 과정동안 내부 에너지는 변하지 않고($\Delta U = 0$), $Q_4 = Q_3 - W$ 이므로,

㉡ 은 $\frac{Q_3 - W}{W} = \frac{Q_3}{W} - 1 = \frac{T_4}{T_3 - T_4}$ 가 된다.

W 는 ㉠ 이므로,

$$\frac{Q_3T_1}{Q_1(T_1 - T_2)} - 1 = \frac{T_4}{T_3 - T_4}$$

$$\therefore \frac{Q_3}{Q_1} = \left(\frac{T_4}{T_3 - T_4} + 1\right)\left(\frac{T_1 - T_2}{T_1}\right) = \left(\frac{T_3}{T_3 - T_4}\right)\left(\frac{T_1 - T_2}{T_1}\right)$$

$$= \frac{1 - 0.365}{1 - 0.690} \fallingdotseq 2.05$$

✖ 창의력을 키우는 문제

319 ~ 328쪽

01. 실생활 관련 문제

(1) ③ (2) ④

해설 | (1) 쇠고기의 양이 많으면 열용량이 커지므로 천천히 가열된다. 또 높은 온도에 두면 열이 고깃속까지 전달되기 전에 고기 표면이 타버릴 수 있기 때문에 저온에서 오랫동안 익히는 것이 좋다.
① 고기의 양이 많을수록 표면적이 커지므로 열흡수량은 많아지지만 고깃속까지 열전달이 되려면 시간이 필요하다.
② 양이 많으면 열용량이 커지긴 하나 열용량이 큰 이유로 낮은 온도에서 긴 시간 가열하지는 않는다.
④ 같은 쇠고기이므로 열전도율은 변하지 않는다.
⑤ 열전달이 전도, 대류, 복사의 세가지 형태로 나타나므로 내부의 공기의 대류는 고기가 익는데 큰 영향을 미치지 않는다.
(2) 결국은 열용량이 크므로 익히기 위한 시간이 더 필요하다.

02. 논리 서술형

7.2 kg

해설 | 태양 상수는 1 분 당 수직으로 있는 $1cm^2$ 의 면에 도달하는 열에너지이다. 1 시간은 60 분 이므로 1분당 2 cal 의 열이 도달한다고 했을 때 시간 당 1 cm^2 의 면적에 120 cal 의 열이 도달하고, 집열판의 면적은 1 m^2 = 10000 cm^2 이므로 1 m^2 의 집열판에 1 시간 동안 도달하는 에너지는 120 × 10000 cal = 1200 kcal 이다.
이중 30 % 만 물을 데우는데 사용되므로 물이 1 시간 동안 받는 열량은 1200 × 0.3 = 360 kcal 이다.
$Q = c \cdot m \cdot \Delta t$ 에서 c = 1 kcal/kg·℃ 이므로
360 = 1 × m × 50, m = 7.2 kg 이다.

03. 단계적 문제 해결형

(1) 0 (2) 3000 J (3) 79.4 ℃

해설 | (1) 운동량 보존 법칙에 의해 (오른쪽 방향 +, 한 덩어리가 되면 질량은 300 g 이다.)

$0.1 \times 200 + 0.2 \times (-100) = 0.3 \times v$, $v = 0$ (멈춘 상태)

(2) 처음 운동에너지 $\frac{1}{2} \times 0.1 \times 200^2 + \frac{1}{2} \times 0.2 \times 100^2$

$= 2000 + 1000 = 3000$ J 이었는데 나중 운동에너지 = 0 이다.

그러므로 3000 J 의 에너지가 손실되었다.

(3) 3000 J = 714.3 cal 이고, 납의 질량은 300 g 이므로

$Q = c \cdot m \cdot \Delta t$ 에서 $714.3 = 0.03 \times 300 \times \Delta t = 9\Delta t$,

$\Delta t = 79.4℃$

04. 실생활 관련 문제

(1) 약 87 %　　　(2) 약 56.5 %

해설 | Q (전도되는 열량 ; J) $= kA\frac{T_1 - T_2}{l}t$ 에서 열이 전도되는 시간 t, 열전도율 k, 안팎의 온도 차 $T_1 - T_2$ 는 벽과 유리창이 서로 같다.

(1) 벽 만의 면적을 90 이라고 하면 유리창의 면적은 10 이 된다. 유리창을 제외한 벽 만에 의해 전도되는 열량을 Q_1, 유리창 만에 의해 전도되는 열량을 Q_2 라 했을 때 벽 전체를 통해 빠져나가는 열량은 $Q_1 + Q_2$ 가 된다. 단위를 같이 적용하고 비율만 구한다.

$Q_1 : Q_2 = 90k\frac{T_1 - T_2}{30}t : 10k\frac{T_1 - T_2}{0.5}t = 3 : 20$

$\therefore \frac{Q_2}{Q_1 + Q_2} = \frac{20}{23} = 0.87$, 약 87 % 이다.

(2) $Q_1 = 3k(T_1 - T_2)$, $Q_2 = 20k(T_1 - T_2)$ 이다.

두께가 2 배인 유리로 바꿨을 때

$Q_2' = 10k\frac{T_1 - T_2}{0.5 \times 2}t = 10k(T_1 - T_2)$ 로 되고

열손실은 $3k(T_1 - T_2) + 10k(T_1 - T_2)$ 로 변한다.

$\therefore \frac{\text{바꾼 후 열 손실량}}{\text{바꾸기 전 열 손실량}} = \frac{3k(T_1 - T_2)t + 10k(T_1 - T_2)t}{3k(T_1 - T_2)t + 20k(T_1 - T_2)t} = \frac{13}{23}$

$= 0.565$, 약 56.5 % 이다.

05. 추리 단답형

(1) ②　　　(2) ④

해설 | (1) 처음에 보일러에서 나오는 열 때문에 집안의 온도는 올라가나 보일러에서 나오는 열이 집밖으로 빠져나가는 열과 같으면 온도는 일정하게 유지된다(열평형). 따라서 열손실이 더 큰 집 A 의 온도가 낮게 유지된다.

(2) 시간이 지나면 보일러에서 나오는 열 = 집 밖으로 빠져나가는 열이 된다. 열손실이 더 큰 집 A 의 집 밖으로 빠져나가는 열이 더 빨리 보일러에서 나오는 열과 같아진다.

06. 논리 추론형

(1) 0.3 cm/h　　　(2) 해설 참조

해설 | 두께 l 인 얼음이 추가로 생겼다고 하면 이만큼의 얼음이 생기기 위해서 빠져나오는 융해열이 열전도로 모두 대기로 빠져나가야 한다. 열전도가 더 크면(온도차가 크면) 더 많은 열이 빠져나가서 더 두꺼운 얼음이 생성되는 원리이다. 얼음의 표면적을 A 라고 하면(단위는 cm, g, s, cal)

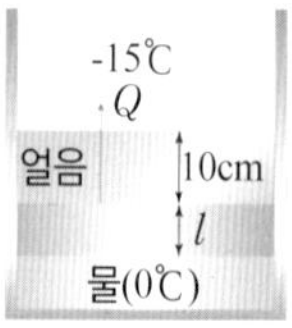

Q (전도되는 열량 ; cal) $= kA\frac{0 - (-15)}{10}t = 0.004A\frac{15}{10}t$

두께 l 인 얼음의 총 융해열 $= mL$ = 생기는 얼음의 부피×밀도×g당 융해열 $= A \times l \times 0.9 \times 80 = 72\,Al$

$72\,A\,l = 0.004A\frac{15}{10}t$, $l = \frac{12}{1000 \times 144}t = \frac{t}{1200}$

$\frac{l}{t} = \frac{1}{1200}$ cm (1 초당) $= \frac{3600}{1200}$ cm(1 시간당) = 0.3 cm/1시간

(2) 물은 4 ℃ 에서 가장 밀도가 커서 가라앉는다. 결국 표면에는 물 속보다 온도가 더 낮은 물이 올라오게 되고, 융해열을 대기 중으로 내보내면서 표면부터 어는 것이다.

07. 실생활 관련 문제

(1) 0 ℃　　　(2) 2.5 ℃

해설 | (1) t ℃가 열평형 온도라고 하면($t > 0$)

물 200 g 이 25 ℃ → t ℃가 될 때 잃는 열량 : $200(25 - t)$이고,

-15 ℃ 얼음 → t ℃ 물이 될 때 필요한 열량은 다음의 3 가지이다.

얼음 100 g 이 -15 ℃ 에서 0 ℃ 로 : $100 \times 0.5 \times 15$

0 ℃ 얼음 100 g 이 0 ℃ 물 100 g (융해열) : 80×100

0 ℃ 물 100 g 이 t ℃ 로 될 때 얻는 열량 : $100\,t$

따라서 $200(25 - t) = 100 \times 0.5 \times 15 + 80 \times 100 + 100\,t$

$2(25 - t) = 0.5 \times 15 + 80 + t$,

$50 - 2\,t = 87.5 + t$, $t = -12.5$℃ 이나 이것은 $t > 0$ 조건에 맞지 않는다. 즉, 얼음이 다 녹지 않고, 0 ℃ 상태에서 물 속에 얼음이 존재한다. 따라서 열평형온도는 0 ℃ 가 된다.

(2)위의 과정과 같이 t ℃ 가 열평형 온도라고 하면($t > 0$)

물 200 g 이 25 ℃ → t ℃가 될 때 잃는 열량 : $200(25 - t)$이고,

얼음이 50 g 이므로

$200(25 - t) = 50 \times 0.5 \times 15 + 80 \times 50 + 50\,t$

$4(25 - t) = 0.5 \times 15 + 80 + t$, $100 - 4\,t = 87.5 + t$,

$t = 2.5$ ℃이고 이 값은 $t > 0$ 의 조건에 맞는다.

08. 단계적 문제 해결형

(1) 0.25 기압, 25325 N/m^2

(2) 76 cm　　　(3) 69 cm

해설 | (1) 위가 막혀있으므로 대기압은 작용하지 않고, 오른쪽 y 지점을 수은 기둥 h 가 누르는 압력과 왼쪽 x 지점을 누르는 수소의 압력이 같다. 따라서 수소의 압력은 19 cmHg = 0.25 기압

1 기압 = 76 cmHg = 101300 N/m^2 이므로 0.25 기압 = 25325 N/m^2 이다.

(2) 수소의 압력이 1기압이므로 h = 76 cm 이다.

(3) 수소의 압력을 먼저 구한다.

$\frac{P_0V_0}{T_0} = \frac{PV}{T}$ 이므로 $\frac{1 \times V_0}{273} = \frac{P \times 0.9\,V_0}{223}$

P = 0.91 기압 = 69 cmHg

이것은 오른쪽 수은 기둥의 y 지점으로부터의 높이가 69 cm 일 때의 압력과 같다.

09. 추리 단답형

x 기체 : 1.39 기압, y 기체 : 1.03 기압, z 기체 : 1 기압

해설 | x 면을 위에서 누르는 압력(기체의 압력)과 y 면을 위에서 누르는 압력은 같으므로 y 면을 위에서 누르는 압력을 구하면 된다.

x 기체의 압력 = 대기압 + 수은 기둥 30 cm 의 압력

= 1기압 + $\frac{30}{76}$ 기압 = 1.39 기압

y 기체의 압력 = 대기압 + 물기둥 30 cm 의 압력

= 1 기압 + 수은 기둥 2.2 cm 의 압력

= 1 기압 + $\frac{2.2}{76}$ 기압 = 1.03 기압

z 기체의 압력 = 수은 기둥 76 cm 의 압력 = 1 기압

10. 단계적 문제 해결형

(1) 6 기압 (2) 6.43 V_0 (3) 5.58 cm

해설 | (1) 깊이가 10 m 들어갈 때마다 수압은 1 기압씩 높아진다. 호수 바닥의 깊이가 50 m 이므로 호수 바닥에서의 수압은 대기압을 포함하여 6 기압이 된다.

(2) $\frac{P_0V_0}{T_0} = \frac{PV}{T}$ 이므로 $\frac{6 \times V_0}{280}$ (바닥) = $\frac{1 \times V}{300}$ (수면)

$V \fallingdotseq 6.43\,V_0$이다.

(3) $V = \frac{4}{3}\pi r^3$ 에서 반지름 또는 지름이 1.86 배 증가하면 부피는 6.43 배 증가한다. 따라서 지름은 3 cm × 1.86 = 5.58 cm 이다.

11. 단계적 문제 해결형

(1) $n_A = \frac{5}{3R}$ 몰, $n_A = \frac{5}{4R}$ 몰 (2) 343 K

(3) 1.67 기압

해설 | (1) $PV = nRT$ 에서

$n_A = \frac{PV}{RT} = \frac{5 \times 10^5 \times 10^{-3}}{R \times 300} = \frac{5}{3R}$ (몰)

$n_B = \frac{10^5 \times 5 \times 10^{-3}}{R \times 400} = \frac{5}{4R}$ (몰)

(2) 콕을 열어 두 기체가 섞이지 않고 단지 접촉되었을 때 열은 온도가 높은 B 기체에서 온도가 낮은 A 기체로 이동하여 열평형 상태가 된다. 기체의 질량은 몰수에 비례하고, 기체의 비열(c)은 같으므로 평형온도를 T 라 하면 $Q = c \cdot m \cdot \Delta t$ 에서

$c\frac{5}{3R}(T - 300)$ (A기체가 얻은 열량) = $c\frac{5}{4R}(400 - T)$ (B기체가 잃은 열량)

$$\frac{5}{3}(T - 300) = \frac{5}{4}(400 - T),\ T \fallingdotseq 343\text{ K}$$

(3) 통 전체의 부피는 6L, 전체 몰수 $n = \frac{5}{3R} + \frac{5}{4R}$ 이고,

T = 343 K 이므로

$$P' = \frac{nRT}{V'} = \frac{(\frac{5}{3R} + \frac{5}{4R})R \times 343}{6 \times 10^{-3}} \fallingdotseq 1.67 \times 10^5\text{ N/m}^2 = 1.67\text{ 기압}$$

12. 단계적 문제 해결형

(1) $P_0\frac{T + T_0}{2T_0}$ (2) $V_0\frac{2T_0}{T + T_0}$

해설 | (1) A 기체를 가열했을 때 A 기체의 압력이 P 라면 B 기체의 압력도 P 가 된다. 그렇지만 A 기체의 부피가 증가한 만큼 B 기체의 부피는 감소하므로 A 기체의 부피가 V_A, B기체의 부피가 V_B 라면 $V_A + V_B = 2V_0$ 가 되어 두 기체의 부피를 합한 값은 변하지 않는다.

보일-샤를의 법칙 $\frac{P_0V_0}{T_0} = \frac{PV}{T}$ 을 적용하면

A 기체 : $\frac{P_0V_0}{T_0} = \frac{PV_A}{T} \rightarrow V_A = \frac{P_0V_0}{T_0} \times \frac{T}{P}$

B 기체 : $\frac{P_0V_0}{T_0} = \frac{PV_B}{T_0} \rightarrow V_B = \frac{P_0V_0}{P}$

$$V_A + V_B = \frac{P_0V_0}{T_0} \times \frac{T}{P} + \frac{P_0V_0}{P} = 2V_0 \rightarrow \frac{1}{P}(\frac{P_0T}{T_0} + P_0) = 2$$

$$\therefore P = P_0\frac{T + T_0}{2T_0}$$

(2) $V_B = \frac{P_0V_0}{P} = V_0\frac{2T_0}{T + T_0}$ 이다. ($PV_B = P_0V_0 = nRT_0$ 로 변하지 않는다.

13. 단계적 문제 해결형

(1) $\frac{380.9}{T}$ (2) 해설 참조 (3) 29.3 ℃

해설 | (1) 열기구 내의 공기의 온도가 올라가면 공기의 부피가 팽창하나 열기구의 부피는 50 m^3 로 고정되어 있으므로 일정량의 공

기가 밖으로 빠져나간다. 외부와 통해 있으므로 열기구 내의 압력은 대기압과 같다.

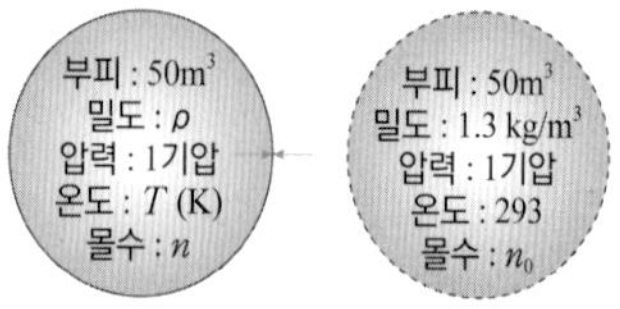

A : 열기구 (공기가 출입하므로 압력은 1기압이다.) B : 열기구 와 같은 부피의 공기

상태방정식 $PV = nRT$ $(n = \frac{PV}{RT})$ 를 A, B 두 기체에 적용시키면

(압력의 단위 : 기압)

A : $n = \frac{1 \times 50}{RT}$, B : $n_0 = \frac{1 \times 50}{293R}$

$$\therefore \frac{n}{n_0} = \frac{293}{T} \rightarrow n = \frac{293}{T} n_0$$

밀도 = $\frac{\text{질량}}{\text{부피}}$ 이고, 몰수와 질량은 비례하고($m = nM$, M : 공기의 분자량) A, B의 부피는 둘 다 50 m^3 이므로

$$\rho : 1.3 = \frac{n}{50} : \frac{n_0}{50} = \frac{293}{T} : 1 = 293 : T, \quad \therefore \rho = \frac{380.9}{T}$$

(밀도는 절대 온도와 반비례한다.)

(2) (열기구+열기구 내부의 공기)의 무게가 같은 부피의 공기의 무게(부력)보다 작을 때 상승한다.

(3) 질량 = 밀도×부피이므로

$$2 + 50\rho \leq 50 \times 1.3, \quad 2 + 50\frac{380.9}{T} \leq 50 \times 1.3$$

→ $T \geq 302.3\text{K} = 29.3℃$(정답)

14. 단계적 문제 해결형

(1) $\frac{v}{2l}$ (2) $2mvN$ (3) $\frac{Nmv^2}{Sl}$ (4) $\sqrt{\frac{RT}{N_0 m}}$

해설 | (1) 벽 A 에 충돌한 후 다시 충돌을 하기 위해서는 벽 B 까지 갔다가 와야 한다. 탄성 충돌이므로 속력은 v 로 일정하게 유지된다. 1회 충돌 시간과 충돌 횟수는 역수 관계에 있다.

1회 충돌 시간 = $\frac{2l}{v}$ 이므로 1초 동안 충돌하는 회수는 $\frac{v}{2l}$ 이다.

(2) 기체 분자 1개가 벽 A에 1회 충돌 시 가하는 충격량은 , 충돌 전 속도를 v 라고 하면 충돌 후 속도는 $-v$ 이므로

충격량 = $F \cdot t = mv - mv_0$ 공식에서 $F \cdot t = m(-v) - mv = -2mv$

기체 분자 개수가 N 개이고, 크기만을 따지면 총 충격량 = $2mvN$

(3) 기체 분자 1개 당 시간이 1초일 때 $\frac{v}{2l}$ 번 충돌하고, 기체 분자의 개수는 N 개 이므로 $F \cdot 1 = 2mvN(\frac{v}{2l})$(기체 분자 N 개)

$\therefore F = \frac{Nmv^2}{l}$ (면에 가하는 힘) , $P(\text{압력}) = \frac{F(\text{힘})}{S(\text{면적})} = \frac{Nmv^2}{Sl}$

(4) $P = \frac{Nmv^2}{Sl}$ 에서 $V = Sl$ 이므로 $PV = Nmv^2$ 이다.

$PV = nRT$ 이고, $n = \frac{N}{N_0}$ 이므로

$Nmv^2 = nRT \rightarrow v^2 = \frac{nRT}{Nm} = \frac{RT}{N_0 m}$, v (평균 속도) = $\sqrt{\frac{RT}{N_0 m}}$

15. 단계적 문제 해결형

(1) $\frac{3}{2}RT_0$, $\frac{3}{2}kL^2$ (2) $\frac{5}{8}T_0$

해설 | (1) $U = \frac{3}{2}nRT = \frac{3}{2}RT_0$

또는 $P = \frac{kL}{S}$ 이므로, $U = \frac{3}{2}PV = \frac{3}{2} \times \frac{kL}{S} \times SL = \frac{3}{2}kL^2$

(2) 용수철의 길이가 $\frac{3}{2}L$이 되면 양쪽 기체가 차지하는 공간의 길이는 $L_A = L_B = \frac{1}{2} \times (3L - \frac{3}{2}L) = \frac{3}{4}L$ 이 되고,

기체 A, B의 압력을 P 라고 하면 기체가 피스톤을 누르는 힘과 용수철의 탄성력은 같다. 압력 × 면적 = 힘 이고, 용수철이 늘어난 길이는 $2L - \frac{3}{2}L = \frac{1}{2}L$ 이므로,

$PS = \frac{1}{2}kL$ ··· ㉠ $P(S \times \frac{3}{4}L) = nR(T_0 - t)$ ··· ㉡

㉠과 ㉡을 연립하면 $T_0 - t = \frac{3kL^2}{8R}$ $(n = 1)$ 이다.

한편, 온도가 T_0 일 때 용수철의 길이가 L 이므로 기체가 피스톤에 작용하는 힘과 용수철의 탄성력은 같으므로, $P_AS = P_BS = kL$이고, $P_ASL = nRT_0$ (이상 기체 상태 방정식)이므로 두 식을 연립하면

$T_0 = \frac{P_ASL}{R} = \frac{kL^2}{R}$ 이다.

따라서 $T_0 - t = \frac{3}{8}T_0$ 이므로 $t = \frac{5}{8}T_0$ 가 된다.

16. 논리 추론형

0.015 J/K

해설 | 옥수수 알갱이가 팝콘이 될 때까지는 180 ℃에서 일어나는 기화 과정(ΔS_1)과 증기의 단열 팽창(ΔS_2) 두 가지 가역 과정에 대한 엔트로피 변화가 생긴다.

㉠ 기화 과정 : 절대 온도가 T 인 열역학적 계가 열량 Q 를 흡수하거나 방출하였을 때, 그 계의 엔트로피 변화 $\Delta S = \frac{Q}{T}$ 이다.

$$\therefore \Delta S_1 = \frac{Q}{T} = \frac{mH}{T} = \frac{(3 \times 10^{-6}) \times (2{,}260 \times 10^3)}{180 + 273}$$
$$= 14.9668\cdots \times 10^{-3} \fallingdotseq 15 \times 10^{-3} \text{ (J/K)}$$

㉡ 수증기의 팽창 과정 : 주위와 열에너지 교환을 하지 않는다고 가정하였으므로 $Q = 0$ 이다. 따라서 $\Delta S_2 = 0$ 이다.

따라서 총 엔트로피 변화량은

$$\Delta S = \Delta S_1 + \Delta S_2 = 15 \times 10^{-3}\ (J/K) = 0.015\ (J/K)$$

즉, 팝콘이 튀겨지는 동안 생기는 펑하는 소리는 물의 엔트로피가 0.015 J/K 만큼 증가함을 알려준다.

대회 기출 문제

정답 329 ~ 337쪽

01 ④	02 해설 참조	03 ③, ④, ⑤	04 해설 참조
05 5.2 기압	06 (1) 5×10^4 N/m^2 (2) 4.5 L	07 ④	
08 ①	09 ⑤	10 ①	11 ②
12 ①	13 ②	14 ④	15 $\frac{3}{8}P_0V_0$
16 1.5 기압	17 (1) $\frac{3}{2}$ (2) $\frac{1}{3}$		
18 (1) 3배 (2) $\frac{9}{5}$ 배 (3) 12.5 %			19 $\frac{9}{4}R$
20 ①, ⑤			

01 ④

해설 | 가죽주머니 바깥으로 스며나오는 물이 기화하며 열을 빼앗으므로 물이 시원해진다.

① 추운 날에는 몸에서 나오는 수증기가 차가운 바깥 공기와 만나 응결되어 작은 물방울이 되고 입김으로 보인다.

② 보온병은 대류와 전도를 막기 위한 진공장치가 있고 복사를 막기 위해 내부에 은도금 등을 한다.

③ 에스키모인들은 얼음집 안에서 물을 뿌려 얼 때 발생하는 응고열로 보온한다.

④ 용기 벽의 작은 구멍을 통해 물이 기화하며 주변의 열을 빼앗으므로 옹기 안의 물은 시원하다.

⑤ 끓고 있는 주전자 내부의 기화된 수증기가 차가운 뚜껑에 닿아 응결되어 물방울이 된 것이다.

02 해설 참조

얼음을 물에 가라앉히기 위해서는 다음의 방법 등이 있다.

1) 얼음의 밀도를 물보다 크게 하는 방법 :

① 물보다 무거운 수용액(소금물 등)을 얼려서 얼음 덩어리를 만든다.

② 순수한 물을 얼려서 얼음 덩어리를 만들더라도 얼음을 만들 때 초고압(2000 기압)에서 만들거나 온도를 초저온(-200 ℃ 이하)으로 하면 얼음의 분자배열이 달라져서 밀도가 증가하고 물에 가라앉을 수 있다.

2) 물의 밀도를 얼음보다 작게 하는 방법 : 물에 물보다 밀도가 작은 용질(알콜 등)을 녹여서 밀도를 줄인다.

03 ③, ④, ⑤

해설 | 기체의 압력이 높아진다는 것은 기체 분자 사이의 거리가 좁아져 벽면과의 충돌이 더 빈번해져서 벽면이 받는 힘이 커진다는 말이다. 기체의 압력이 커지기 위해서는 기체의 부피는 줄어들게 되나 기체 분자의 수에는 변동이 없다.

기체 분자의 부피는 기체분자 알갱이 자체의 부피를 말하는 것이고, 압력에 따라 변하지 않는다.

04 해설 참조

해설 | 온도계는 가는 유리관에 액체 물질을 넣고 온도에 따른 열팽창의 정도를 눈금으로 표시하여 온도를 숫자로 읽을 수 있도록 한다. 정확성을 요구하는 경우는 디지털온도계 등이 사용된다. 온도계의 액체 물질은 다음과 같은 이유로 물보다 에탄올, 수은 등을 쓴다.

① 상태변화의 온도 폭이 물보다 에탄올, 수은이 적절하기 때문이다. 물은 0 ℃ 이하에서 얼기 때문에 만약 물을 사용한다면 0 ℃ 이하에서는 다른 형태의 온도계가 필요할 것이다.

② 온도계의 눈금을 일정하게 매기려면 온도에 따른 부피 변화가 일정한 물질을 온도계로 쓰는 것이 적절하다. 보통 물질은 끓는점이나 어는점 근처에서 온도에 따른 부피 변화가 작아진다. 실온을 -10 ℃ ~ 40 ℃ 정도로 잡을 때 이 온도 범위에서 온도에 따른 부피변화가 일정하려면 이 온도 범위에 끓는점이나 어는점이 포함되지 않을수록 좋다. 그러한 물질은 에탄올(끓는점 : 78 ℃, 녹는점 : -114 ℃), 수은(끓는점 : 357 ℃, 녹는점 : -39 ℃) 이 있다.

05 5.2 기압

해설 | 돌턴의 부분압의 법칙에 의해서 한 용기에 여러 종류의 기체가 섞여있고, 성분 기체가 화학반응을 하지 않는 경우 각 기체는 독립적으로 압력을 작용하며 성분 기체의 압력의 합이 용기가 받는 압력이다. 각 성분 기체의 압력과 부피가 제시되어 있으므로 기체의 양을 알 수 있다. $PV = nRT$ 에서 $n = \frac{PV}{RT}$ 이고, 압력의 단위는 기압, 부피의 단위는 L (리터)로 하며, 온도는 T 로 일정하므로

A 용기: 헬륨의 몰수 = $\frac{1 \times 2}{RT}$ 아르곤의 몰수 = $\frac{3 \times 2}{RT}$

B 용기: 헬륨의 몰수 = $\frac{2 \times 3}{RT}$ 네온의 몰수 = $\frac{4 \times 3}{RT}$

이제 차단장치를 열면 전체 부피는 5 L 가 되고 온도는 변함없다.

$P = \frac{1}{V}nRT$ 를 사용한다. 헬륨은 두 용기의 합한 양만큼 존재하므로

헬륨의 압력 = $\frac{1}{5}\frac{8}{RT}RT = 1.6$ 기압,

아르곤의 압력 = $\frac{1}{5}\frac{6}{RT}RT = 1.2$ 기압

네온의 압력 = $\frac{1}{5}\frac{12}{RT}RT = 2.4$ 기압 이므로

용기가 받는 전체 압력 = 1.6 + 1.2 + 2.4 = 5.2 기압 이 된다.

06 (1) 5×10^4 N/m^2 (2) $V = 4.5$ L

해설 | (1) 유리관의 윗부분은 진공이어서 아무런 압력이 작용하지 않으므로 유리관의 높이 100 cm 되는 액체의 무게가 아랫면에 미치는 압력과 행성의 대기압은 같다.

유리관의 단면적을 A (m^2)라고 하면 밀도가 5 g/cm^3 (= 5000 kg/m^3)이고

높이가 100 cm (= 1 m)인 액체의 질량 = 부피 × 밀도

= A × 1 × 5000 kg 이고,

무게 = 질량 × 10 = 50000A (N) 이다.

행성의 대기압 = 액체기둥이 밑면에 미치는 압력 = $\frac{\text{무게}}{\text{밑면적}}$

= 50000 N/m^2 = 5 × 10^4 N/m^2

(2) 3행성기압 = 1.5 × 10^5 N/m^2 이다. 부피의 단위는 L 로 하면,

$\frac{P_0V_0}{T_0} = \frac{PV}{T}$ 에서 $\frac{1.5 \times 10^5 \times 2}{300} = \frac{10^5 \times V}{450}$, $V = 4.5$ L

07 ④

해설 | $\overline{E_K} = \frac{1}{2}m(v_{\text{평균}})^2 = \frac{3}{2}kT$ 이므로 $v_{\text{평균}} = \sqrt{\frac{3kT}{m}}$ 이다.

즉 질량이 4 배가 되면 평균 속력은 $\frac{1}{2}$ 배가 되고, 질량이 9 배가 되면 평균 속력은 $\frac{1}{3}$ 배가 된다. 문제에서는 헬륨의 질량이 네온 질량의 $\frac{1}{5}$ 배이므로 평균 속력은 $\sqrt{5}$배가 된다.

08 ①

해설 | 부피가 일정한 단원자 분자 기체(He, Ne, Ar 등) 1 몰의 온도를 1 ℃ 올릴 때 필요한 열량(정적 몰비열)은 기체마다 같다. 원자의 질량비가 1 : 2 이므로 네온 1 g 과 아르곤 1 g 의 몰수의 비는 2 : 1 이다. 그러므로 1 ℃ 올리는데 필요한 열량비도 2 : 1 이다. 따라서 아르곤 기체 1 g 의 온도를 1 ℃ 올리는데 드는 열량은 네온 기체 1 g을 1 ℃ 올리는데 드는 열량의 $\frac{1}{2}$ 이다.

09 ⑤

해설 | 실린더 내부의 부피와 압력만을 보면 보일의 법칙에서 부피가 $\frac{3}{2}$ 배가 되면 압력은 $\frac{2}{3}$ 배가 된다.

부피가 변화된 후 내부 압력은 $\frac{2}{3} \times 10^5$ N/m^2 로 되고 외부 압력은 10^5 N/m^2 로 일정하게 유지되므로 피스톤의 내부 압력과 외부 압력의 차이로 왼쪽으로 $\frac{1}{3} \times 10^5$ N/m^2 의 압력으로 밀리게 된다.

1 cm^2 = 10^{-4} m^2 이므로

피스톤이 받는 힘 = 피스톤의 단면적 × 압력

= 30 × 10^{-4} m^2 × $\frac{1}{3}$ × 10^5 N/m^2 = 100 N (왼쪽)

$F = ma$ 로부터 100 = 1 × a, a = 100 m/s^2 (왼쪽) 이다.

10 ①

해설 | 지표면에서 부피 V_0 이고 밀도 ρ_0 이고(질량 $m = \rho_0 V_0$), 온도 T (K)인 공기가 들어있는 풍선이 P_0 인 압력(기압)을 받고 있었다고 하자. 이 풍선을 압력(대기압)이 $\frac{1}{8}P_0$, 온도는 $\frac{1}{2}T$ (K)인 높이 h 인 곳에 갖다 놓으면 부피가 얼마나 되는지를 계산하면 된다. 풍선 내부의 공기의 질량 변화는 없으므로

$\frac{P_0V_0}{T_0} = \frac{PV}{T}$ 에서 $\frac{P_0V_0}{T} = \frac{\frac{1}{8}P_0 \times V}{\frac{1}{2}T}$, $V = 4V_0$

질량은 같으므로 밀도는 $\frac{1}{4}$ 배가 된다.

11 ②

해설 | 이상 기체가 열을 흡수하면 온도가 상승하거나 부피가 커진다. 이상 기체 상태 방정식 $PV = nRT$ 에서 R 은 기체상수이므로 이상기체의 몰 수(n)이 변하지 않는다면 압력(P) × 부피(V)의 값과 절대 온도(T)는 비례한다. 그래프에서 압력(P) × 부피(V)의 값이 커지는 과정은 A, B 과정이다.

12 ①

해설 | 피스톤 위에 추를 올려놓으면 A, B 실린더 내의 기체는 같은 압력을 받아 부피가 줄어든다. 단열된 실린더 A 는 외부와의 열의 출입이 없으므로 단열 압축으로 온도가 상승하나 단열되지 않는 실린더 B 는 외부와의 열의 출입으로 결국 외부와 온도가 같아지므로 온도는 상승하지 않는다.

실린더 A 의 나중 온도가 실린더 B 의 나중 온도보다 높으므로 A의 내부 에너지(평균 운동 에너지)가 더 크며 부피도 실린더 A 가 더 크게 유지된다. 피스톤의 무게 + 추의 무게가 같으므로 두 실린더의 압력은 같다.

13 ②

해설 | ㄱ. $PV = nRT$ 에서 온도와 몰수가 같은 경우 부피가 크면 압력이 작다.

ㄴ. A 기체의 압력이 작기 위해서는 누르는 힘이 작아야 한다. 따라서 $m_A > m_B$ 일 때이다.

ㄷ. 기체 분자 1개의 평균 운동 에너지는 $\frac{3}{2}kT$ 로 온도에 비례하므로 두 기체가 같다.

14 ④

해설 | 질량이 같은 경우 온도 변화가 큰 물질이 비열이 크다. 질량 × 비열 = 열용량이다. 온도가 다른 두 물체를 접촉시키면 열용량에 관계없이 항상 열평형을 이뤄 같은 온도가 된다. 열은 온도가 높은 물체에서 낮은 물체로 이동하되 다시 되돌아오지 않는다. 이와같이 반대 방향의 진행이 일어나지 않는 변화를 비가역 변화라고 한다. 비가역 변화의 다른 예로는 물이 높은 곳에서 낮은 곳으로 흐른다, 냄새가 퍼진다, 잉크가 물 속에서 퍼진다 등이 있으며, 반대 방향으로는 변화가 진행되지 않는다.

15 $\frac{3}{8}P_0V_0$

해설 | 기체의 부피는 V_0로 일정하므로 열역학 제 1 법칙에 의해 가한 열량$Q = \Delta U$ 이다.

〈열량 Q 를 가하기 전〉

끈의 장력 $T = \frac{mg}{2}$ 이고, 실린더 내부의 이상 기체의 압력은 $\frac{1}{2}P_0$ 이다. 이때 피스톤의 면적을 A 라고 하면,피스톤이 평형 상태를 유지하므로

$$\frac{1}{2}P_0 + \frac{mg}{2A} = P_0 \rightarrow P_0 = \frac{mg}{A}$$ (대기압)

〈이상 기체에 열량 Q 를 가한 후〉

끈의 장력은 T', 수직 항력을 F'_A 라 하면,

$$T' + F'_A = mg \rightarrow T' = mg - F'_A = mg - \frac{3}{4}mg = \frac{1}{4}mg$$

이다. 이때 기체의 압력을 P 라 하면 피스톤이 평형 상태를 유지하므로

$$P + \frac{mg}{4A} = P_0 \rightarrow P = \frac{3}{4}P_0$$

이다. $PV = nRT$ 에서 열량을 가하기 전과 후 이상 기체 상태 방정식은 각각 다음과 같다.

$$\frac{1}{2}P_0V_0 = nRT, \quad \frac{3}{4}P_0V_0 = nRT'$$

$$\rightarrow nR\Delta T = nR(T' - T) = \frac{1}{4}P_0V_0$$

$$\therefore Q = \Delta U = \frac{3}{2}nR\Delta T = \frac{3}{2} \times \frac{1}{4}P_0V_0 = \frac{3}{8}P_0V_0$$

16 1.5 기압

해설 | T_0 = 27 ℃ = 300 K, T = 327 ℃ = 600 K 이므로, $T = 2T_0$ 이다.

$$\frac{P_0V_0}{T_0} = \frac{PV}{2T_0} \rightarrow 2P_0V_0 = PV \quad \cdots ㉠$$

온도를 2 배로 올린 후 압축된 길이는 h 이고, 면적을 S = 0.01 m^2 라 고 하면,

600 K 일 때 : $PS = P_0S + kh$

$$kh = PS - P_0S \rightarrow h = \frac{S(P - P_0)}{k} \cdots ㉡$$

이고, 부피 $V = V_0 + Sh$ ⋯ ㉢ 이다.

㉠ 에 ㉢ 을 대입하면, $2P_0V_0 = P(V_0 + Sh)$ 이고, 이 식에 ㉡을 대입하면,

$$2P_0V_0 = PV_0 + PSh = PV_0 + PS\frac{S(P - P_0)}{k}$$

$$= PV_0 + \frac{P^2S^2 - P \cdot P_0S^2}{k}$$

$$\rightarrow \left(\frac{P}{P_0}\right)^2 + \left(\frac{kV_0}{S^2P_0} - 1\right)\left(\frac{P}{P_0}\right) - 2\frac{kV_0}{S^2P_0} = 0 \cdots ㉣$$

P_0 = 1 기압 = 10^5 N/m^2, V_0 = 10 L = 0.01 m^3, k = 2000 N/m^2 이므로,

$$\frac{kV_0}{S^2P_0} = \frac{2000 \times 0.01}{(0.01)^2 \times 10^5} = 2$$

따라서 ㉣ 은 $\left(\frac{P}{P_0}\right)^2 + \left(\frac{P}{P_0}\right) - 4 = 0$ 이고, 근의 공식을 이용하면,

$\frac{P}{P_0} \fallingdotseq 1.5$ 이다.

따라서 600 K 으로 온도를 올린 후 기체의 압력 $P = 1.5\ P_0$ = 1.5 기압이다.

17 (1) $\frac{3}{2}$ (2) $\frac{1}{3}$

해설 | (1) $\frac{P_0V_0}{T_0} = \frac{PV}{T}$ 이고, (나)에서 평형 상태이므로 기체 A 와 B 의 나중 압력은 P' 으로 같다.

$$\text{기체 A} : \frac{PV}{T_A} = \frac{P' \cdot \frac{1}{2}V}{T} \rightarrow \frac{P}{T_A} = \frac{P'}{2T}$$

$$\text{기체 B} : \frac{2PV}{T_B} = \frac{P' \cdot \frac{3}{2}V}{T} \rightarrow \frac{P}{T_B} = \frac{3P'}{4T}$$

$$\therefore \frac{T_A}{T_B} = \frac{3}{2}$$

$$(2)\ n_A = \frac{PV}{RT_A},\ n_B = \frac{2PV}{RT_B} \rightarrow \therefore \frac{n_A}{n_B} = \frac{T_B}{2T_A} = \frac{1}{3}$$

18 (1) 3배 (2) $\frac{9}{5}$ 배 (3) 12.5 %

해설 | (1) 내부 에너지 변화는 $\Delta U = \frac{3}{2}nR\Delta T$ 이므로 온도 변화량과 관계가 있다. $PV = nRT$ 에서 몰수(n)가 변하지 않으므로, T 는 $P \times V$ 에 비례한다. C 점에서 압력과 부피는 P_0, V_0 이고, 온도를 T_0 라고 하면, $P_0V_0 = nRT_0$ 이다.

A 점 : C 점에 비해 압력과 부피가 모두 3배 이므로, 온도는 $9T_0$

B 점 : C 점에 비해 부피가 3배 이므로, 온도는 $3T_0$

이므로, A → B 과정에서 내부 에너지 변화량은

$$\Delta U_{AB} = \frac{3}{2}nR\Delta T = \frac{3}{2}nR(T_B - T_A) = \frac{3}{2}nR(3T_0 - 9T_0)$$

$$= -9nRT_0 = -9P_0V_0$$

B → C 과정에서 내부 에너지 변화량은

$$\Delta U_{BC} = \frac{3}{2}nR\Delta T = \frac{3}{2}nR(T_C - T_B) = \frac{3}{2}nR(T_0 - 3T_0)$$

$$= -3nRT_0 = -3P_0V_0$$

따라서 내부 에너지 변화량은 A → B 과정이 B C 과정의 3 배이다.

〈또 다른 풀이〉

$$\Delta U_{AB} = \frac{3}{2}\Delta PV = \frac{3}{2}(P_0 \cdot 3V_0 - 3P_0 \cdot 3V_0) = -9P_0V_0$$

$$\Delta U_{BC} = \frac{3}{2}\Delta PV = \frac{3}{2}(P_0 \cdot V_0 - P_0 \cdot 3V_0) = -3P_0V_0$$

(2) A → B 과정은 압력이 감소하는 등적 과정이므로 잃은 열량만큼 기체의 내부 에너지가 감소한다(W = 0).

$$Q_{AB} = -\Delta U_{AB} = 9P_0V_0$$

B → C 과정은 등압 압축 과정으로 기체가 잃은 열량은 외부에서 받은 일과 내부 에너지 감소량의 합과 같다.

$$Q_{BC} = -(P\Delta V_{BC} + \Delta U_{BC}) = -[P_0(V_0 - 3V_0) - 3P_0V_0] = 5P_0V_0$$

$$\frac{Q_{AB}}{Q_{BC}} = \frac{9P_0V_0}{5P_0V_0} = \frac{9}{5}$$

(3) A → B → C 과정 동안 열기관에서 $9P_0V_0 + 5P_0V_0 = 14P_0V_0$ 만큼 열량이 방출(Q_2)된다.

열기관이 한 번 순환하는 동안 열기관의 내부 에너지는 변하지 않으므로(ΔU = 0), C → A 과정 동안 열기관이 얻는 에너지 Q_1 = 한 일 W + 방출된 열량 Q_2 이다.

A → B → C → A 과정 동안 열기관이 한 일은 압력-부피 그래프에서 그래프가 그리는 삼각형 ABC 의 넓이이므로

$$W = \frac{1}{2} \times 2V_0 \times 2P_0 = 2P_0V_0$$

이다. 따라서 $Q_1 = 2P_0V_0 + 14P_0V_0 = 16P_0V_0$ 이다.

$$\therefore \text{열기관의 열효율 } e = \frac{W}{Q_1} = \frac{2P_0V_0}{16P_0V_0} = \frac{1}{8} = 12.5\ \%$$

19 $\frac{9}{4}R$

해설 | 기체가 흡수하는 열은 $Q = \Delta E_{in} = \frac{3}{2}nR\Delta T$ (단원자 분자 이상 기체) = $\frac{5}{2}nR\Delta T$ (이원자 분자 이상 기체) = 내부 에너지 변화량

A, B 두 기체는 단열판이 제거된 후 퍼지는 동안 한 일 $W = 0$ 이다 (자유 팽창). 따라서 평형 상태에 도달할 때까지 기체 A에서 방출된 열(내부 에너지 변화량) = 기체 B 가 흡수한 열(내부 에너지 변화량)이 성립한다.

$$\frac{3}{2}n_A R(2T_0 - \frac{7}{6}T_0) = \frac{5}{2}n_B R(\frac{7}{6}T_0 - T_0)$$

$$3n_A\frac{5}{6} = 5n_B\frac{1}{6} \rightarrow 3n_A = n_B \quad \cdots ①$$

두 기체가 서로 섞인 상태에서 ΔT 만큼 온도가 상승할 때(부피 일정) 흡수한 열량을 Q'라 하면,

$$Q' = \Delta E_A\ (\text{기체 A}) + \Delta E_B\ (\text{기체 B})$$
$$= \frac{3}{2}n_A R\Delta T + \frac{5}{2}n_B R\Delta T = \frac{R\Delta T}{2}(3n_A + 5n_B) \quad \cdots ②$$

한편, $Q' = (n_A + n_B)c_v\Delta T$ ··· ③ 라고 할 수 있으므로 (전체 몰수 : $n_A + n_B$, 등적 비열 : c_v)

$$\frac{R\Delta T}{2}(3n_A + 5n_B) = (n_A + n_B)c_v\Delta T$$

$$c_v = \frac{3n_A + 5n_B}{2(n_A + n_B)}R = \frac{18n_A}{8n_A}R = \frac{9}{2}R$$

20 ①, ⑤

해설 | $\overline{E_K} = \frac{1}{2}m(v_{평균})^2 = \frac{3}{2}kT$ 이므로 $v_{평균} = \sqrt{\frac{3kT}{m}} = \sqrt{\frac{3RT}{M}}$ 이다.

① A 와 B 는 속도 v_0 ($v_{평균}$ 라고 할 수 있음) 를 갖는 분자수가 가장 큰 것으로 보아 $\frac{T}{M}$ 가 같다. 그렇지만 같은 조건에서 v_0 속도의 분자가 A 가 더 많으므로 $n_A > n_B$ 이다. (O)

② 같은 몰의 같은 기체라면 온도가 높을 때 C, 온도가 낮을 때 A 처럼 나타나므로 $n_B \neq n_C$ 이다. (X)

③ A 와 B 는 $\frac{T}{M}$ 가 같으나, $M_A < M_B$ 이므로 $T_A \leq T_B$ 이다. (X)

④ C 는 $\sqrt{\frac{3RT}{M}}$ 가 B 의 2배이다. M 이 다르므로 $T_C \leq 4T_B$ 라고 할 수 없다.(X)

⑤ $N(v)$ 는 원점에서 최빈점까지의 면적이 전체 면적에서 차지하는 비율이 어느 온도의 기체에서나 같은 함수이다. 따라서 B 에서 $v < v_0$ 인 분자의 비율은 C 에서 $v < 2v_0$ 인 분자의 비율과 같다. (O)

imagine infinitely

338 ~ 339쪽

Q. 어떤 계가 외부에 일을 하게 되면 열을 흡수하거나, 내부 에너지가 감소해야 한다. 따라서 열기관이 계속 일을 하려면 외부에서 열을 공급받아야 한다. 그러므로 외부에서 에너지를 공급받지 않고 계속 일을 할 수 있는 열기관인 영구 기관은 존재할 수 없다.